U0225135

建筑热能动力设计手册

关文吉　主编

中国建筑工业出版社

图书在版编目（CIP）数据

建筑热能动力设计手册/关文吉主编. —北京：中国
建筑工业出版社，2015.4
ISBN 978-7-112-17697-7

Ⅰ.①建… Ⅱ.①关… Ⅲ.①建筑热工-建筑设计-
技术手册 Ⅳ.①TU111.4-62

中国版本图书馆 CIP 数据核字（2015）第 018862 号

　　本书主要服务于建筑行业所涉及的建筑能源和动力诸领域的工程设计，包括
锅炉房工程、市政热网工程、冷热电三联供工程、热泵工程、冰蓄冷工程、医用
气体工程、燃气工程等。该手册按工程设计的固有规律，顺序阐明工程设计原理、
设计依据、设计步骤、设计内容、设计优化。书中还配有大量设计中常用基础数
据、产品数据和生产厂家信息，既方便了设计，又节省设计者在设计过程中寻找
资料所花费的时间，提高了设计效率。

　　该手册言简意赅，深入浅出，简明扼要，是一本建筑能源与动力工程设计、
施工的良好工具书，也可供高等学校相关专业师生参考。

　　　责任编辑：张文胜　姚荣华
　　　责任设计：李志立
　　　责任校对：关　健　赵　颖

建筑热能动力设计手册

关文吉　主编

*

中国建筑工业出版社出版、发行（北京西郊百万庄）
各地新华书店、建筑书店经销
霸州市顺浩图文科技发展有限公司制版
北京圣夫亚美印刷有限公司印刷

*

开本：787×1092 毫米　1/16　印张：64¾　字数：1618 千字
2015 年 5 月第一版　　2015 年 10 月第二次印刷
定价：**260.00** 元
ISBN 978-7-112-17697-7
（26915）

版权所有　翻印必究
如有印装质量问题，可寄本社退换
（邮政编码 100037）

关文吉　主编

中国建筑设计院有限公司总工程师

宋孝春　副主编

中国建筑设计院有限公司机电院院长

丁　高　副主编

中国建筑设计咨询有限公司总经理

李娥飞　主审

中国建筑设计院有限公司总工程师

熊育铭　主审

中国建筑设计院有限公司顾问总工程师

序

　　《建筑热能动力设计手册》创版问世，这是中国建筑行业、建筑热能动力及暖通空调行业的一件大喜事，祝贺关文吉总工程师带领编写团队胜利完成此巨著！感谢主编单位中国建筑设计院有限公司及参编单位的作者所付出的辛苦劳作和对行业所做出的巨大贡献！

　　本手册主编关文吉总工程师立项定位准确，逻辑思维清晰，组织工作严谨，总体把控严密，对他的耐心缜密、一丝不苟的奉献精神表示由衷的感谢。

　　主审李娥飞大师、熊育铭教授知识渊博，经验丰富，对本手册逐字逐句斟酌推敲，提出大量的宝贵意见和建议，使本手册有了质量保证，在此，向二位专家表示诚挚的敬意。

　　能源专家许文发教授在能源论述和冷热电三联供章节中提出许多宝贵意见，对提升本手册水平具有一定贡献。

　　《建筑热能动力设计手册》着眼于建筑行业所涉及的建筑能源和动力诸领域工程设计，包括锅炉房工程、市政热网工程、冷热电三联供工程、热泵工程、冰蓄冷工程、医用气体工程、燃气工程等。该手册按工程设计的固有规律，顺序阐明工程设计原理、设计依据、设计步骤、设计内容、设计优化，并有设计示例以指导设计。该手册言简意赅、深入浅出、简明扼要，是指导设计人员做工程设计的好"老师"。该手册还配有大量常用基础数据、产品数据和生产厂家信息，既方便了设计，又节省设计者在设计过程中寻找资料所花费的时间，提高了设计效率。《建筑热能动力设计手册》是一本指导工程设计及施工、教学参考的良好工具书。可谓一书在手，设计不愁。

　　我国是一个能源较为贫乏的国家，人均占有量更是排在世界后面，加上我国正处在建设大发展时期，能源需求量大，单位 GTP 耗能高，这就加剧了我国对能源需求的紧张矛盾。建筑能耗占我国总能耗的 30% 左右，大量降低建筑能耗是摆在建筑行业乃至建筑热能动力和暖通空调行业的迫切任务。建筑和热能动力、暖通空调工作者有责任和义务为降低建筑能耗做出努力。《建筑热能动力设计手册》正是在这样一种特殊背景下创版问世，相信该手册定会在建筑热能动力工程设计领域充分发挥积极效能，为挖掘节能减排潜力、降低化石燃料消耗起到重大作用。

　　衷心希望同行们使用好这本手册，发展我们的事业。

吴元炜

2014 年 10 月

前　言

为适应飞速发展的建筑事业，满足建筑热能动力设计行业的需求，中国建筑设计院有限公司立项组织编写《建筑热能动力设计手册》，该手册共分能源绪论及13章。本手册力图包含建筑热能动力设计内容并简明扼要、使用方便。本手册可作为建筑能源及动力设计、教学、施工人员参考工具书。

本手册由关文吉主编，宋孝春、丁高副主编，李娥飞、熊育铭主审。

本手册主编单位：

中国建筑设计院有限公司（关文吉、李娥飞、熊育铭、宋孝春、丁高、陈琦、徐征、夏树威、王涤平、曹荣光、李莹、李超英、刘伟、汪春华、李嘉、常晨晨、李娟、郭宇）

中国建筑学会建筑热能动力分会（修龙）

本手册参编单位：

中国中元国际工程有限公司（刘广清）

中国电力工程顾问集团公司（康慧）

中国城市建设研究院有限公司（许文发）

中国建筑科学研究院（刘磊）

北京市建筑设计研究院有限公司（徐宏庆）

北京首创集团股份有限公司（赵国宇）

北京市热力集团有限责任公司（孙知音、朱国升）

北京硕人时代科技股份有限公司（史登峰、李琳）

北京市煤气热力工程设计院有限公司（杨炯）

华电分布式能源工程技术有限公司（余莉、倪满慧）

沈阳市城市供热设计研究院有限公司（栾晓伟）

哈尔滨工业大学（李善斌）

联美（中国）投资有限公司地产集团（王烈）

本手册各章编写人：建筑能源绪论康慧；第1章徐征、栾晓伟、关文吉；第2章曹荣光；第3章李嘉、杨炯、李善斌；第4章常晨晨、刘广清；第5章孙知音、朱国升；第6章刘伟、丁高；第7章关文吉、徐宏庆、余莉、倪满慧；第8章宋孝春、李娟；第9章李超英、郭宇、关文吉；第10章李莹；第11章夏树威、王涤平、关文吉；第12章汪春华、关文吉；第13章赵国宇、王烈、史登峰、李琳、关文吉；附录许文发、刘磊、关文吉。

本手册各篇主审人：能源绪论许文发；第1、2、3、4、9章熊育铭；第5、6、7、8、10、11、12、附录李娥飞；第13章陈琪。

本手册参编企业：

BAC大连有限公司（徐雄冠）

上海创科泵业制造有限公司（潘晓晖）

北京华清元泰新能源技术开发有限公司（陈燕民）

司派莎克工程（中国）有限公司（徐华东）

北京禹辉净化技术有限公司（宛金辉）

约克（无锡）空调冷冻设备有限公司（邓伟鹏）

远大空调有限公司（张跃）

英伦泵业（江苏）有限公司（沈方华）

青岛科创新能源科技有限公司（吴荣华）

欧文托普（中国）暖通空调系统技术有限公司（高国友）

烟台荏原空调设备有限公司（蔡新联）

格兰富（中国）投资有限公司（杨玉森）

浙江力聚热水机有限公司（何俊南）

崇州杨明电子产品有限公司（杨启明）

由于编者阅历水平所限，本手册一定存在缺点和不足之处，恳请读者提出宝贵意见。

在手册发行之际，衷心感谢李娥飞大师、熊育铭教授对手册编写的严格把关。感谢主编单位、参编单位全体人员的辛苦奉献。感谢参编企业给予的帮助。感谢中国建筑工业出版社姚荣华老师、张文胜老师的大力支持。

从手册立项至定稿，中国建设科技集团股份有限公司修龙董事长、黄宏祥总裁、任庆英总工程师、中国建筑设计院有限公司文兵院长、刘燕辉书记、赵锂副院长给予了大量人力物力支持和精神关怀，在此表示衷心感谢。

关文吉

2014 年 10 月 1 日

目　录

建筑能源绪论

本章执笔人

康 慧

男（1953—），现在中国电力工程顾问集团有限公司工作，教授级高级工程师。注册咨询师（投资）、注册监理师、注册核安全工程师、注册设备监理师和注册公用设备师的执业资格。毕业于哈尔滨工业大学供热通风专业，研究方向：集中供热、电厂标识系统。

代表工程

哈尔滨三发电厂二期主设人（2×600MW）。获 2002 年全国优秀工程勘察设计（国家级）金奖；

主要科研成果

中国电力工程顾问集团公司科研项目燃气—蒸汽联合循环电厂研究，课题负责人（中国电机工程学会科技进步二等奖）。

主要论著

《集中供热设计手册》，副主编。

联系方式：hkang@cpecc. net

能源是制约暖通空调行业发展的瓶颈之一，作为建筑热能动力设计人员，应了解与建筑能耗有关的一些基本知识。建筑能耗含有：供暖、通风、空调冷热源的能耗以及驱动设备的能耗，本章将概要性的介绍与建筑热能动力有关的一次能源：煤炭、石油、气体燃料，以及建筑热能动力设备运行所需的驱动能源：电力。

0.1 煤 炭

煤炭是我国的基础一次能源。新中国成立以来，煤炭工业为国家经济的腾飞提供了2/3以上的一次能源，有效地支撑了国民经济的持续快速发展。虽然石油、天然气和水电等能源的生产和消费比重快速增长，但煤炭在我国能源中的主导地位并没有发生根本性的变化。2013年，全国原煤产量达 36.5 亿 t（标准煤）。预计今后较长时期内，煤炭在能源消费结构中的比例将缓慢下降，但以煤为主的能源结构不会发生根本性改变，煤炭仍是支撑我国经济发展的基础能源。到 2020 年，我国 GDP 翻两番，煤炭消费总量仍将持续增长，目前煤炭占全国已探明能源资源总量的 87.4%，居绝对优势地位，是我国唯一可以依赖的不需进口的一次能源。

0.1.1 资源储量与分布

煤炭是世界上最丰富的化石能（资）源。它的种类有硬煤（烟煤和无烟煤）、褐煤和泥煤。世界上的煤炭总储量共有 107539 亿 t，其中硬煤 81300 亿 t，褐煤 26229 亿 t。拥有煤炭资源的国家大约 80 个，其中储量较多的国家和地区有中国、俄罗斯、美国、德国、英国、澳大利亚、加拿大、印度、波兰和南非。它们的储量总和占世界的 90%。

近年来，我国煤炭地质勘查投入不断加大，新查明了一批大型、特大型煤炭资源地，资源保障程度逐步提高，基本满足了煤矿建设的需求。截至 2008 年底，全国煤炭保有查明资源储量为 12500 亿 t，其中，基础储量 3300 亿 t，资源量 9200 亿 t。在基础储量中，剩余探明可采储量为 1700 亿 t。内蒙古、山西、新疆、陕西、河南五省（区）保有查明资源储量为 10150 亿 t，占全国的 81%。

我国煤炭产量超过亿吨的省份有 7 个，分别是山西、内蒙古、安徽、山东、河南、贵州、陕西，合计产量 21.55 亿 t，占全国的 70.7%，如表 0-1 所示。

我国煤炭产量超过亿吨的省区　　　　　　　　　　表 0-1

序号	省（区）	产量（亿 t）	占全国比重（%）
1	山西	6.15	20.2
2	内蒙古	6.03	19.8
3	安徽	1.28	4.2
4	山东	1.44	4.7
5	河南	2.30	7.5
6	贵州	1.37	4.5
7	陕西	2.98	9.8
合计		21.55	70.7

0.1.2 近五年的煤炭消耗量

表 0-2 为我国分地区煤炭消耗量。

我国 2008～2012 年部分地区煤炭消耗量（万 t 标准煤）　　表 0-2

地区	2008 年	2009 年	2010 年	2011 年	2012 年	排序前六名
北京	2748	2665	2635	2366	2270	
天津	3473	4120	4807	5262	5298	
河北	24419	26516	27465	30792	31359	4
山西	28373	27762	29865	33479	34551	3
内蒙古	22242	24047	27004	34684	36620	2
辽宁	15347	16033	16908	18054	18219	
吉林	8367	8589	9583	11035	11083	
黑龙江	11204	11050	12219	13200	13965	
上海	5464	5305	5876	6142	5703	
江苏	20737	21003	23100	27364	27762	5
浙江	13041	13276	13950	14776	14374	
安徽	11377	12666	13376	14123	14704	
江西	5267	5356	6246	6988	6802	
山东	34390	34795	37328	38921	40233	1
河南	23868	24445	26050	28374	25240	6
湖北	10196	11100	13470	15805	15799	
湖南	10169	10751	11323	13006	12084	
广东	13248	13647	15984	18439	17634	
广西	4676	5199	6207	7033	7264	
海南	472	537	647	815	931	
重庆	5273	5782	6397	7189	6750	
四川	10727	12147	11520	11454	11872	
陕西	8941	9497	11639	13318	15744	
甘肃	4683	4479	5390	6303	6558	
青海	1316	1310	1271	1508	1859	
宁夏	4287	4781	5765	7947	8055	
新疆	5709	7418	8106	9745	12028	

从表 0-2 中可看出：我国煤耗地区前六名是山东、内蒙古、山西、河北、江苏和河南。

0.1.3 我国煤炭工业的主要问题

（1）煤炭安全供应保障能力低，产能与需求矛盾加剧。高耗能行业盲目发展，近几年

3

煤炭需求超常增长，年递增速度都在 2 亿 t 以上；煤炭消耗强度大，利用效率低。2006 年我国 GDP 仅占世界总量的 5.5％ 左右，却消耗了占全世界 15％ 的煤炭。

（2）运输瓶颈的制约，结构性矛盾突出。我国跨省区煤炭调运量占煤炭消耗总量的 1/3，煤炭运输占铁路货运能力的 45％ 以上。近两年，铁路请车满足率仅在 35％ 左右。2020 年以前，我国煤炭产量仍呈增长态势，煤炭产量将进一步向山西、陕西、内蒙古地区集中。加强煤炭输能力建设，缓解煤炭运输瓶颈压力，是保障我国能源有效供应的重要环节。

（3）资源管理滞后，资源勘查工作滞后，精查储量不足。据测算，到 2020 年煤炭精查储量缺口 1250 亿 t，详查储量缺口 2100 亿 t，普查储量缺口 6600 亿 t，需要投资 400 亿元以上。在资源管理上的落后已不能适应市场经济发展形势，资源破坏和浪费严重，资源供应紧张全面加剧。

（4）矿区生态环境制约煤炭资源开发与区域经济发展。我国主要煤炭产区水土流失和土地荒漠化严重，泥石流、滑坡等地质灾害频繁，植被覆盖率低，生态环境十分脆弱，煤炭资源开发强度受生态环境制约，全国采煤沉陷面积已达 40 万 hm^2，因采煤沉陷需要搬迁的村庄越来越多，有的地区已经到了无处可搬的境地，严重影响了煤炭开发和区域经济的发展。

（5）行业总体生产力水平低，安全生产形势依然严峻。全国煤矿平均采煤机械化程度仅为 42％，煤矿安全欠账 500 多亿元，主要技术设备陈旧，与发达国家相比性能指标落后 10～15 年。煤矿专业技术人员严重短缺。煤矿安全生产形势依然严峻。近年来，煤矿瓦斯、水害等特大事故频发，煤矿事故死亡人数居高不下。

（6）生产集中度低，小煤窑多，资源浪费大、事故多，难以管理。

0.1.4 我国煤炭市场现状

1. 基本现状

2014 年，国内煤市弱势运行，整体供过于求状态未见改观。一方面，虽然当前国家加强节能减排，控制煤炭消费，大批煤炭生产企业经营困难，资金流更是遭遇挑战，煤矿生产积极性难有提升，且前期停限产煤矿复产难度较大，导致煤炭产量不会有明显提高，但产能整体仍维持较大基数，且煤企库存压力并没有缓解。另一方面，煤炭消耗仍无法摆脱之前的萧条局面，需求疲软，受气候影响，南方水电充裕持续抑制火电需求，全产业链各环节库存均呈增加态势。

2. 价格

据海运煤炭网数据显示，2014 年 5 月前两周，环渤海 5500kcal 动力煤平均价格由 4 月末的 532 元/t 回升至 537 元/t，每吨累计上涨 5 元；5 月 14 日至 28 日两周，环渤海 5500kcal 动力煤平均价格暂时保持平稳。5 月 28 日，秦皇岛港动力煤价已保持两周平稳，秦皇岛 5500kcal 发热量动力煤价格为 530～540 元/t，5800kcal 发热量动力煤价格为565～575 元/t。尽管神华等大型煤企淡季提价，但煤价反弹缺少需求支撑，市场价格仍难改变低迷走势。

3. 后期煤炭市场基本预测

在工业用电增长乏力以及社会用电需求减速的背景下，水电出力快速增长将对火电及电煤消费形成一定的压制,电厂日耗煤保持低位,主要电力企业煤炭库存水平仍然较高,电厂对动力煤的需求仍将疲软,"以耗定购"、"以需定船"的策略仍将延续。

未来一段时间,如果大的煤炭集团继续大幅下调煤价,其他中小型煤企跟风下调价格,将加速煤炭行业的重新洗牌。预计大幅降价后,大量煤炭企业难以承受,严重的可能会停产倒闭,彻底退出市场。个别大型煤企如中煤、同煤等煤企,仍会从维护客户利益及保证企业自身生存发展出发,坚持"不挣利润占市场"的原则,继续满足下游用煤需求,扩大市场份额。煤炭行业整体供应宽松、结构性过剩的基本面仍会持续,煤价上涨动力不足,预计后期将维持弱势运行,稳中趋降。

0.2 石　油

自 20 世纪 70 年代以来,资源和能源问题一直是世人关注的焦点,特别是作为第一大能源——石油的供应问题,受到了世界各国的高度重视。石油被誉为现代经济的"血液"。近 30 多年来,因石油问题引发了不少震动世界的事件。1973 年,第一次世界石油危机爆发;1979 年,第二次石油危机爆发;1990 年,第三次石油危机爆发;2003 年,美国耗费巨大财力和武力,发动了以夺取伊拉克石油控制权为主要战略目标的伊拉克战争。

我国是一个石油消费大国,对外依存度约 70%,石油供应关系到国计民生,关系到国家经济安全,是我国能源安全的核心问题。

0.2.1　世界资源储量及分布

作为一种天赋资源,石油资源在地球上分布极不均衡。根据《BP 能源统计》的数据,世界石油探明剩余可采储量为 1636 亿 t。其中,中东的可采储量最多,占世界的 61.77%;其次是欧洲,占 11.74%;第三是俄罗斯,占 10.19%;亚太地区仅占 3.4%(表 0-3)。

资源条件决定了世界各地区和国家石油产能分布的不均。根据《BP 能源统计》的数据,2004 年,世界原油产量达到 386787 亿 t,中东地区的产量最高,达到 118663 亿 t,占世界的 30.7%,其次是欧洲,占 22%,亚太地区只占 9.8%(表 0-4)。

在世界石油市场上,中东产油国、中亚产油国和俄罗斯具有强大的石油供应能力。

中东是世界上石油资源最丰富的地区。2004 年,中东地区原油探明储量为 1000 亿 t。2000 年,由于石油探明储量增长快于石油生产能力的增长,中东石油的储产比年限平均预测为 83 年。在中东地区,伊拉克、科威特和阿拉伯联合酋长国的石油储产比年限均在 100 年以上,沙特阿拉伯为 81 年,伊朗为 65 年。国外有专家认为,1970 年以后,世界石油工业的控制权已被包括伊拉克、科威特、阿拉伯联合酋长国、沙特阿拉伯、伊朗、利比亚和墨西哥在内的"七姊妹"掌握。

近 30 多年来,中东产油国在世界石油生产和供应中起了决定性作用。据美国能源部统计,1990~2000 年,中东国家的石油产量占世界石油总产量的 30% 以上,石油出口量占世界石油出口贸易总量的 40% 以上。

世界石油探明储量分布表　　　　　表 0-3

地区	剩余可采量（亿 t）	占世界的比重（%）
世界	1619	100
中东	1000	61.77
俄罗斯	165	10.19
中南美洲	144	8.89
欧洲	190	11.74
非洲	149	9.2
亚太	55	3.4
欧佩克	1215	75.05

世界石油生产量分布表　　　　　表 0-4

地区	原油产量（万 t）	占世界的比重（%）
世界	386787	100
中东	118663	30.7
欧洲	85069	22.0
俄罗斯	55888	14.4
非洲	44107	11.4
北美洲	66804	17.3
中南美洲	34195	8.8
亚太	37950	9.8
欧佩克	158820	41.1

0.2.2 我国石油资源量评价

我国是世界石油资源大国，2008 年 8 月，国土资源部公布第三次油气资源评价结果：我国石油远景资源量 1086 亿 t，地质储量 765 亿 t，可采资源量 212 亿 t（表 0-5）。2009 年度我国石油探明地质储量 13.09 亿 t，是新中国成立以来我国储量增加第三次超过 13 亿 t（第一次为 1962 年，第二次为 2004 年），新增可采储量 2.40 亿 t。与其他产油大国相比，我国含油气规模较小，地质条件复杂，勘探难度大，石油探明程度较低（仅 33%）。松辽、鄂尔多斯、塔里木、准噶尔、渤海湾等主要产油盆地仍然是未来寻找常规石油储量的主要阵地。

全国陆域和近海 115 个盆地石油地质及可采资源量评价结果（单位：万 t）　表 0-5

评价范围	地质资源				可开采储量			
	95%	50%	5%	期望值	95%	50%	5%	期望值
115 个盆地	567.9	762.4	1050.1	765.0	161.9	211.2	287.1	212.0
陆地	497.3	657.8	909.6	657.7	142.7	182.5	548.6	182.8
近海	70.6	104.7	140.5	107.4	19.2	28.6	38.5	29.3

我国油页岩资源丰富，资源量7199亿t，其中查明资源500亿t，潜在资源6699亿t；油页岩技术可采资源2432亿t，其中查明技术可采资源259亿t，潜在技术可采资源2173亿t。

我国油砂油地质资源量59.7亿t，可采资源量22.6亿t。西部地区地质资源量32.9亿t，占全国的55.1%，可采资源量13.6亿t，占全国的60.3%。

0.2.3 近五年我国石油的生产与消费量

表0-6和表0-7为近五年我国石油的生产与消费量

2008～2012年我国部分地区原油生产量（万t）　　表0-6

地区	2008年	2009年	2010年	2011年	2012年	排序前六名
天津	1994	2297	3333	3188	3098	3
河北	643	599	599	586	584	
辽宁	1199	1000	950	1000	1000	
吉林	698	640	702	739	810	
黑龙江	4020	4001	4005	4006	4002	1
上海	14.6	901	8.3	8.1	503	
江苏	184	184	186	189	195	
山东	2830	2828	2786	2713	2775	4
河南	476	475	498	486	477	
湖北	84	81	87	79	79	
广东	1388	1345	1287	1153	1209	6
广西	2.9	3	3	2.3	2.3	
海南	12.1	18.4	20	20	19	
四川	23	22	15	16	18	
陕西	2464	2696	3017	3225	3528	2
甘肃	75	49	58	63	70	
青海	220	186	186	195	205	
新疆	2715	2513	2558	2616	2671	5

我国2008～2012年我国部分地区原油消费量（万t）　　表0-7

地区	2008年	2009年	2010年	2011年	2012年	排序前六名
北京	1117	1163	1116	1105	1076	
天津	790	845	1567	1754	1545	
河北	1358	1379	1397	1565	1548	
辽宁	5945	5874	6559	6706	7001	1
吉林	915	852	939	1065	977	
黑龙江	1736	2065	2106	2201	2167	
上海	1952	1937	2126	2135	2211	

续表

地区	2008 年	2009 年	2010 年	2011 年	2012 年	排序前六名
江苏	2313	2661	2998	2981	2948	4
浙江	2287	2505	2835	2940	2733	5
安徽	426	454	478	484	421	
福建	311	706	1141	963	1104	
江西	411	451	470	433	508	
山东	4627	5143	5593	5826	6272	2
内蒙古	189	192	141	119	87	
河南	704	786	835	875	1010	
湖北	884	947	1034	1026	948	
湖南	614	566	588	766	926	
广东	3046	3709	4455	4403	4511	3
广西	133	163	36	1064	1473	
海南	797	836	396	916	931	
四川	285	316	352	362	351	
陕西	1765	1870	2104	2096	2268	
甘肃	1394	1440	1400	1636	1544	
青海	109	82	128	156	145	
宁夏	184	183	176	92	424	
新疆	1941	1998	2308	2598	2595	6

近五年我国石油的平衡表如表 0-8 所示。

2008～2012 年我国石油的平衡表（万 t） 表 0-8

年份	2008 年	2009 年	2010 年	2011 年	2012 年
可供量	37319	38463	44178	45659	47865
生产量	19044	18949	20301	20288	20748
进口量	23016	25642	29437	31549	33089
出口量	2945	3917	4079	4117	3844
年初年末储存差	−1795	−2212	−1481	−2105	−2088
消费量	37303	38385	43245	45379	47650
平衡差额	15.9	78.3	93303	280.7	214.2
对外依存度	61.7%	66.8%	68.1%	69.6%	69.4%

注：对外依存度＝进口量/消费量（％）。

0.2.4 石油进口通道与安全

石油安全包括进口来源和运输通道两大方面，我国东部濒临大海，有漫长的海岸线，在国际经济、政治竞争激烈的复杂环境中，海上运输安全对我国进口石油至关重要。其中，马六甲海峡的战略地位和价值最引人关注。

马六甲海峡因沿岸的马六甲古城而得名。它是一条位于马来半岛与苏门答腊岛之间的呈东南—西北走向的水道。海峡全长约 1080km，最宽部分达 370km，最窄处只有 37km。海峡的西北端通安达曼海，东南端连接南海。马六甲海峡是沟通太平洋与印度洋的咽喉要道，是亚洲、非洲、澳洲、欧洲沿海岸国家船只往来的海上通道，很多国家进口的石油和货物，都须途经此海峡。1869 年，苏伊士运河贯通，从欧洲到东方的航路大为缩短，马六甲海峡的通航量迅速增加。近年来，该海峡成为世界最繁忙的海峡之一。新加坡南面濒临海峡，是南海、爪哇海与马六甲海峡间的咽喉。

我国成为石油进口大国后，马六甲海峡随即成为我国石油进口的咽喉水道。目前，我国现有的石油海运航线主要有 3 条，即中东航线、非洲航线和东南亚航线，这 3 条航线我国进口原油的 80％左右，都必须要通过马六甲海峡。马六甲海峡已成为我国的"海上生命线"。如果突发事件爆发导致该海峡出现短期运输中断，就会严重威胁我国的能源安全。这就是现在我国能源安全面临的最大问题——"马六甲困局"。

为了破解马六甲困局，我国各界专家提出了一些方案，以下几种方案具有代表性：

(1) 建立中缅石油管线。即铺设从云南省的昆明，经过缅甸的瑞丽、曼德勒直至实兑港的石油管线；来自中东的石油先运到实兑港后，再经该线路运到中国。与通过马六甲海峡将原油运抵湛江和宁波的"太平洋线路"相比，这条"印度洋线路"要 1200 多 km，而且也安全得多。

(2) 建立中巴管道。即来自中东、非洲等地的油轮在中国和巴基斯坦合作建设的巴基斯坦瓜德尔港卸油，然后通过管道输送到我国新疆。

(3) 修建克拉运河。即修建贯穿泰国南部的克拉地峡的克拉运河，运河长约 120km。克拉运河建成后，轮船可经此从安达曼海进入泰国湾，太平洋与印度洋之间的航程至少缩短约 1200km，大型轮船可节省 2～5d 时间。由于运河不仅可以运油，还可以运输其他货物。开凿克拉运河可破解"马六甲困局"，而且将改变欧亚贸易路线。目前，东亚的中、日、韩都是石油进口大国，均可从该运河受益。

(4) 与俄罗斯和中亚国家合作，修建俄罗斯和中亚国家至我国的陆运线路。

对我国来说，由于海上运输路程和时间漫长，保障石油运输安全的难度很大。建立中亚石油管线和俄罗斯石油管线是较优的能源安全方案。

为了提高我国石油供应的安全系数，我国还应建立多元化的海外油气供应体系，建立海外油气生产供应基地。要充分发挥我国几大石油公司的优势，在中东、中亚、俄罗斯和非洲的油气项目进行选择，建成几个大规模的海外油气生产供应基地。要建设多元化的国际贸易网络，开辟油气贸易渠道，实现油气来源、贸易方式和运输方式的多元化，确保石油供应安全。近年来，我国石油集团实施这一发展战略，已在海外初步形成非洲—中东、中亚、南美及亚太 4 个油气生产基地。

0.3 气 体 燃 料

0.3.1 资源储量与分布

气体燃料分为常规天然气和非常规天然气（主要包括：煤层气、页岩气、可燃冰以及油田伴生气和效密砂岩气），本节将介绍常规天然气和非常规天然气中的煤层气、页岩气和可燃冰。

1. 常规天然气

（1）我国常规天然气资源储量及分布

与短缺的石油资源相比，我国是天然气储量大国。我国沉积岩分布面积广，陆相盆地多，形成了多种优越的天然气储藏的地质条件，天然气资源蕴藏丰富。

近几年来，我国天然气探明储量逐年增加，为天然气工业加速发展奠定了坚实的物质基础。近中期天然气探明储量仍将保持持续、稳定的增长势头。按照可采资源量计算，我国天然气资源探明程度仅为 11.34%，剩余资源勘探潜力巨大。

截至 2008 年底，我国已探明天然气地质储量 6.34 万亿 m³，相对于 55.89 万亿 m³ 的预测远景资源量，勘探潜力巨大。由于技术进步等因素，我国天然气探明储量逐步提高，2008 年我国天然气探明储量 2.46 万亿 m³，世界排名第 14 位，占世界天然气探明总储量的 1.3%。

我国的天然气储量主要位于鄂尔多斯盆地（27%）、四川盆地（23%）、塔里木盆地（19%）、渤海湾盆地（8%）和松辽盆地（7%），其余分布在约 10 个盆地的小型储层中。

我国天然气增储具有集中性和区域性特点，储量的迅速增加来源于一批大中型气田的探明。我国天然气资源储量分布情况显示：我国海域的天然气储量增加迅速，陆上西部的塔里木、鄂尔多斯、四川、柴达木、准噶尔盆地，东部的松辽、渤海湾盆地以及东部近海海域的渤海、东海和南海莺琼盆地是我国天然气储量的主要聚集区域（表0-9）。

我国天然气田主要分布地区的资源情况　　　　　　表 0-9

天然气田分布地区	面积（万 km²）	远景资源量（万亿 m³）	地质资源量（万亿 m³）	剩余资源量（万亿 m³）	探明地质储量（万亿 m³）	资源探明率（%）
塔里木盆地	56.0	11.34	8.86	10.38	0.96	8.47
鄂尔多斯盆地	25.0	10.70	4.67	8.69	2.01	18.79
四川盆地	20.0	7.19	5.37	5.49	1.70	23.64
东海	24.1	5.10	3.64	5.03	0.07	1.37
柴达木盆地	10.4	2.63	1.60	2.34	0.29	11.03
南海莺琼盆地	14.0	4.17	2.40	3.91	0.26	6.24
渤海湾	22.2	2.16	1.09	1.84	0.32	14.81
松辽盆地	26.0	1.80	1.40	1.41	0.39	21.67
准噶尔盆地	13.4	1.18	0.65	0.97	0.21	17.80
其他		9.62	5.35	9.50	0.12	1.25
合计	＞211.34	55.89	35.03	49.55	6.34	11.34

资料来源：《中国能源发展报告（2010）》，崔民选主编，社会科学文献出版社，2010 年 5 月。

（2）我国常规天然气新增储量

2008 年 8 月，我国历时 4 年完成了新一轮全国油气资源评价。

国土资源部新一轮全国油气资源评价结果显示：石油储量产量进入平稳增长阶段，天然气储量产量进入快速增长阶段。到 2003 年，石油产量可以保持每年 2 亿 t 水平，天然气产量可以达到每年 2500 亿 m^3，油气当量"二分天下"的格局初步形成。同时，油页岩、页岩气和煤层气资源潜力可观，未来可以对常规油气资源逐渐形成重要的补充。

评价结果表明，我国天然气远景资源量 56 万亿 m^3，地质资源量 35 万亿 m^3，可采资源量 22 万亿 m^3，勘探处于早期。此外，非常规油气资源储量较为丰富。其中，煤层气地质资源量达 37 万亿 m^3，可采资源量为 11 万亿 m^3；油页岩折合成页岩油地质资源量达 476 亿 t，可回收页岩油为 120 亿 t；而油砂油地质资源量达 60 亿 t，可采资源量为 23 亿 t。

根据此次油气资源评价结果，近期内我国可采油气资源显著增加，尤其是天然气可采资源量高达 22 万亿 m^3，为我国一次能源"油气并举"战略奠定了良好的资源基础。

对比来看，2008 年的油气资源评价结果表明：从中近期的发展来看，我国油气资源储量替代率和储采比将获得较大提升，清洁及高热值的天然气能源在我国能源消费结构中比例的提升，能够较为有效地舒缓我国对国际原油资源进口的压力。

2. 煤层气

（1）关于煤层气的基本概念

煤层气，即煤层瓦斯或煤层甲烷，是与煤共生，开采煤炭时从煤体内析出的一种气体。煤层气的主要成分为高纯度甲烷（90％以上），是成煤过程中生成的自储式天然气体，以吸附和游离状态赋存于煤层及岩层，属于非常规天然气。

煤层气是我国常规天然气最现实、最可靠的替代能源，开发和利用煤层气可以有效弥补我国常规天然气在地域分布和供给量上的不足。2020 年，全国煤层气产量将达到 300 亿 m^3，煤层气在气体能源消费中的比重达到 15％左右，将成为常规能源的必要补充。

作为一种重要的、储量丰富的煤炭副产品，煤层气的资源化利用以及产业化开发与利用，2009 年以来已进入快速发展通道。

煤层气在我国煤炭工业史上是人们耳熟能详的煤矿安全生产"第一杀手"，是煤矿瓦斯爆炸事故的根源。同时，煤层气的温室效应约为 CO_2 的 21 倍。传统煤矿开采中对煤层气的大量排空对全球气候环境变化（温室效应）具有较大影响。但作为一种优质洁净能源，煤层气适于工业用途、化工原料、发电燃料以及居民生活燃料，也是一种热值高、污染少、安全性高的清洁优质能源。有数据显示，每 1000 m^3 煤层气相当于 1t 燃油和 1.25t 标准煤；煤层气发热量可达 8000 大卡。因此，从资源开发和环境治理的角度看，产业化开发和利用煤层气，实有一举多得之益！

（2）资源分布

从资源的角度看，我国的煤层气资源十分丰富，国际能源署（IEA）统计，我国煤层气资源量位列俄罗斯（113 万亿 m^3）、加拿大（76 万亿 m^3）之后，居世界第三，美国排第四。

根据中联煤层气有限责任公司最新一轮全国煤层气资源预测结果显示，我国煤层气资源总量为 31.64 万亿 m^3。与天然气的资源总量相当。而国土资源部油气中心的新一轮煤层气资源评价结果更高，达到 36.81 万亿 m^3，可采储量 10.87 万亿 m^3。

根据该评估结果，我国埋深 2000m 以浅煤层气地质资源量约 36.81 万亿 m^3，相当于450 亿 t 标准煤、350 亿 t 标准油；与国内陆上常规天然气资源量 38 万亿 m^3 相当。煤层气可采资源总量约 10 万亿 m^3，累计探明地质储量 1023 亿 m^3，可采储量约 470 亿 m^3。

截至 2009 年底，全国共施工各类煤层气井近 4000 口，建成煤层气地面开发产能 25 亿 m^3/a，年产量达 7 亿 m^3，煤层气抽采率约 30%，外输能力达 40 亿 m^3/a。

我国 95% 的煤层气资源分布在晋陕内蒙古、新疆、冀豫皖和云贵川渝等四个含气区，其中晋陕内蒙古含气区煤层气资源量最大，为 17.25 万亿 m^3，占全国的 50% 左右。从埋藏深度来看，1000m 以浅、1000～1500m 和 1500～2000m 的煤层气地质资源量，分别占全国煤层气资源地质总量的 38.8%，28.8% 和 32.4%。

这些煤层气资源广泛分布于 24 个省、市、自治区，主要包括：新、晋、陕、冀、豫、皖、辽、吉、黑、内蒙古、云、贵等。从区域分布来看，华北地区煤层气总资源量为 20.71 万亿 m^3，占全国的 56.3%；西北地区煤层气总资源量为 10.36 万亿 m^3，占全国的 28.1%；南方地区煤层气总资源量为 5.27 万亿 m^3，占全国的 14.3%。东北煤层气资源量相对较少，仅占全国煤层气总资源量的 1.3%（图 0-1）。

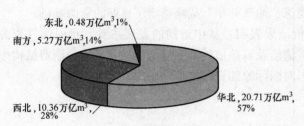

图 0-1　我国煤层气地区分布

资料来源：国家发展改革委能源局《煤层气（煤矿瓦斯）开发利用"十一五"规划》。

全国大于 5000 亿 m^3 的含煤层气盆地（群）共有 14 个，其中含气量在 5000～10000 亿 m^3 之间的有川南黔北、豫西、川渝、三塘湖、徐淮等盆地，含气量大于 10000 亿 m^3 的有 15 个：鄂尔多斯盆地东缘、沁水盆地、准噶尔盆地、滇东黔西盆地群、二连盆地、吐哈盆地、塔里木盆地、天山盆地群、海拉尔盆地等。其中，二连盆地煤层气可采资源量最多，约 2 万亿 m^3；鄂尔多斯盆地东缘、沁水盆地的可采资源量在 1 万亿 m^3 以上，准噶尔盆地可采资源量约为 8000 亿 m^3。

（3）勘探情况

我国煤层气资源勘探近年来逐步进入产业化阶段，先后在山西沁水盆地、河东煤田，安徽淮南和淮北煤田，辽宁阜新、铁法、抚顺、沈北矿区，河北开滦、大城、峰峰矿区，陕西韩城矿区，河南安阳、焦作、平顶山、荥巩煤田，江西丰城矿区，湖南涟邵、白沙矿区，新疆吐哈盆地等地区，开展了煤层气勘探和开发试验工作。截至 2006 年，我国煤层气勘探登记区块 64 个，总面积 81810km²，分布在 12 个省区。

3. 页岩气

（1）关于页岩气的基本概念

页岩气是指赋存于富含有机质的页岩及其夹层状的泥质粉砂岩中；主体上是自生自储成藏的连续性气藏；以吸附和游离状态储藏在极致密页岩地层系统中的天然气聚集，属于非常规天然气。

页岩气（shale gas）是从页岩层中开采出来的天然气，主体位于暗色泥页岩或高碳泥页岩中，页岩气是主体上以吸附或游离状态存在于泥岩、高碳泥岩、页岩及粉砂质岩类夹层中的天然气，它可以生成于有机成因的各种阶段天然气主体上以游离相态（大约 50%）存在于裂缝、孔隙及其他储集空间，以吸附状态（大约 50%）存在于干酪根、黏土颗粒及孔隙表面；极少量以溶解状态储存于干酪根、沥青质及石油中，也存在于夹层状的粉砂岩、粉砂质泥岩、泥质粉砂岩、甚至砂岩地层中；在源岩层内的就近聚集表现为典型的原地成藏模式，与油页岩、油砂、地沥青等差别较大。

与常规储层气藏不同，页岩既是天然气生成的源岩，也是聚集和保存天然气的储层和盖层。因此，有机质含量高的黑色页岩、高碳泥岩等是最好的页岩气发育条件。

含气页岩层段，是指富含有机物的烃源岩系，以页岩为主，含少量砂岩、碳酸盐岩或硅质等夹层，其中页岩厚度占层段厚度的比例不小于 60%，夹层单厚度不超过 3m。

按照国土资源部油气中心的解释，如果符合以下条件，可以理解或定义为页岩层：

1）夹层的单层厚度≤3m；

2）夹层的总厚度的比重≤40%。

（2）页岩气资源远景预测

世界页岩气技术可采资源量如表 0-10 所示。

世界页岩气技术可采资源量前 20 排名表（单位：万亿 m³） 表 0-10

序号	国家	页岩气技术可采资源量	序号	国家	页岩气技术可采资源量
1	中国	36.10	11	波兰	5.30
2	美国	24.41	12	法国	5.1
3	阿根廷	21.92	13	挪威	2.35
4	墨西哥	19.28	14	智利	1.81
5	南非	13.73	15	印度	1.78
6	澳大利亚	11.21	16	巴拉圭	1.76
7	加拿大	10.99	17	巴基斯坦	1.44
8	利比亚	8.21	18	玻利维亚	1.36
9	阿尔及利亚	6.54	19	乌克兰	1.19
10	巴西	6.40	20	瑞典	1.16

资料来源：U. S. Energy Information Administration；World Shale Gas Resources：An Initial Assessment of 14 Regions Outside the United States，APRIL 2011，本表未包括俄罗斯。

（3）我国页岩气资源量预测（表 0-11）

我国页岩气资源量预测（单位：万亿 m³） 表 0-11

年份	评价机构	资源量			技术可采资源量			说明
		取值	下限	上限	取值	下限	上限	
1997	Rogner	100.00						
2002	科罗拉多矿业大学	23.51	15.00	30.00				John B. Curtis
2008	中国石油勘探院廊坊分院	35.00		35.00				未包括褐煤及西藏、广东、福建、台湾地区的煤层
2009	国土资源部油气中心		30.00	100.00				

年份	评价机构	资源量			技术可采资源量			说明
		取值	下限	上限	取值	下限	上限	
2009	中国石油	30.70						
2009	中国地质大学				26.00			
2009	中国石油	100.00		100.00				
2011	地质通报	100.00	85.90	166.40				
2011	美国能源情报署	144.44			36.10			四川、塔里木盆地
2011	国土资源部油气中心	155.00			31.00			
2011	2011年预测结果平均	133.15	85.90	166.40	33.55			

（4）页岩气的开采

值得注意的是，这两年的政府工作报告都提到了页岩气的名字。其中，2012年政府工作报告的表述是："优化能源结构，推动传统能源清洁高效利用，安全高效发展核电，积极发展水电，加快页岩气勘查、开发攻关，提高新能源和可再生能源的比重。"

1）关键技术

与常规天然气相比，页岩气存在初期投入大、开发成本高、回收周期长（一般为30～50年）等特点。

从开发生产上讲，开采页岩气的两项核心技术是水平钻探和压裂，石油工业有数十年经验的成熟技术，随着页岩气事业的迅速发展，这两项技术将会得到进一步的发展，其适用性和效率会的提高。

2）存在的问题

开展科技攻关，掌握适用于我国页岩气开发的关键技术。我国大大小小的石油企业都不掌握核心技术。国务院发展研究中心研究员张永伟先前也曾撰文表示：中国在钻机、压裂车组、井下设备等装备制造方面已有较强的技术和生产能力，国内公司的钻井设备已批量出口美国，用于页岩气开发。目前主要在系统成套技术和一些单项配套技术设备方面存在差距。

目前最大的困惑还是"水力压裂法"以及"是否对环境有破坏及是否适用于中国"。据悉，水力压裂法是全球页岩气开采所采用的最普遍的一种方法，甚至被能源企业誉为获得页岩气资源的"金钥匙"。但该开采方法本就存在争议，一些专家认为水力压裂法会"破坏地形"；一些环保组织也坚称，由于该方法在使用过程中要添加大量化学物质，可能会导致水污染等情况的发生。

美国能源部先前的数据显示，页岩气单井钻井平均用水量高达1.5万 m^3。而从目前页岩气的开采区域看，主要还是集中于相对缺水的西部地区。同时，我国页岩气资源的地质结构也与美国相差甚远。我国的页岩气矿藏一般位于山区、沙漠，埋地深度大，开采费用每口井高达1600万美元，而美国的只有百万美元，总之，"技术上可开采"与"经济上可开采"不是一回事。

尽管前景被业内广泛看好，但尚普咨询去年年底的一份报告称，中国页岩气的市场前景"并不乐观"。对于原因，该机构分析：首先，中国页岩气开发工作还处于初期阶段，缺乏经验、技术不成熟等都制约着中国页岩气行业的发展；其次，市场需求存在局限性，且受管道输送因素的影响，页岩气目前的供给明显存在区域化特征。

4. 可燃冰

（1）可燃冰的基本知识

在一定的低温和压力下，某些低分子量气体（如：O_2、H_2、N_2、CO_2、CH_4、H_2S、Ar、Kr、Xe）以及某些高分子量碳氢化合物气体被包进水分子中，形成一种冰冷的白色透明结晶——气和水结合在一起的固体包合物，称为笼形包合物（Clathrate kydrate），当包含气体为甲烷（Methene）时，其外表看上去像冰，但又具易燃特性，能像蜡烛一样燃烧，故称为"可燃冰"。在同等条件下，可燃冰燃烧产生的能量比煤、石油、天然气要多，而且燃烧后不产生残渣和废气，不污染环境。

可燃冰还有另外 5 个名称：天然气水合物、甲烷水合物、固体瓦斯、气冰、甲烷笼形包合物。英文名称为 Natural Gas Hydrate，简称 Gas Hydrate。可燃冰的分子结构式为：$CH_4 8H_2O_2$。

可燃冰就像一个天然气的压缩包，包含着数量巨大的天然气。据理论计算，$1m^3$ 的可燃冰可释放出 $164m^3$ 的甲烷气和 $0.8m^3$ 的水。这种固体水合物只能存在于一定的温度和压力条件下，一般它要求温度 0～10℃，压力高于 3MPa，一旦温度升高或压力降低，甲烷气则会悄悄逸出，固体水合物便趋于崩解，倏然消失。在常温常压下，可燃冰会分解成水与甲烷。因此，可燃冰也被看成是高度压缩的固态天然气。

（2）可燃冰的成因

可燃冰是自然形成的，分布在海底、大洋或深湖的沉积物中，以及陆地永冻层中。有很多动植物的残骸，这些残骸腐烂时产生细菌，细菌排出甲烷，当正好具备高压和低温的条件时，细菌产生的甲烷气体就被锁进水合物中形成可燃冰。

形成可燃冰有三个基本条件：温度、压力和原材料。首先，可燃冰可在 0℃ 以上生成，但超过 20℃ 便会分解。而海底温度一般保持在 2～4℃ 左右；其次，可燃冰在 0℃ 时，只需 30 个大气压即可生成，而以海洋的深度，30 个大气压很容易保证；最后，海底的有机物沉淀，其中丰富的碳经过生物转化，可产生充足的气源。海底的地层是多孔介质，在温度、压力、气源三者都具备的条件下，可燃冰晶体就会在介质的空隙间中生成。

海底可燃冰的分布范围要比陆地大得多，据估算，可燃冰分布的陆海比例为 1∶100。在海洋深处，可燃冰有其特定的存在范围。一般来说，海底可燃冰只能存在于海底之下 500～1000m 的范围以内，再深入的话，会因为海底产生的地热使海水升温，不再符合可燃冰存在的温度条件。

（3）可燃冰是未来的新能源

目前地球上可供人类开采的石油、煤炭等能源正在日益减少，各国纷纷开始寻找新的替代能源，可燃冰受到人们的密切关注。世界上掀起寻觅可燃冰的热潮，一些国家相继把可燃冰作为后续能源进行开发研究，对可燃冰的科学考察取得了可喜成绩。美国、日本等国家先后在海底获得了可燃冰实物样品，而加拿大在冻土带内找到了可燃冰。专家认为，可燃冰这种新能源一旦得到开采，将使人类的燃料使用史延长几个世纪。

据粗略估算，在地壳浅部，可燃冰储层中所含的有机碳总量大约是全球石油、天然气和煤等化石燃料含碳量的两倍，海底可燃冰的储量够人类使用 1000 年。据最保守的统计，全世界海底可燃冰中储存的甲烷总量约为 1.8 亿亿 m^3，约合 1.1 万亿 t，如此数量巨大的能源是人类未来动力的希望，是 21 世纪具有良好前景的后续能源。

可燃冰具有比石油还高的使用价值，$1km^2$ 的可燃冰等于 $164km^2$ 的常规天然气藏；它又具有独特的高浓缩气体的能力，也就是说，高浓度气体等于高储量。甲烷可燃冰的能量密度是煤和黑色页岩的 10 倍左右，是一种罕见的高能量密度的能源。

可燃冰的储量大，分布范围广，而且清洁高效，是石油、煤、天然气等传统能源所无法比拟的，点燃了人类 21 世纪能源利用的希望之光，被西方学者称为"21 世纪能源"或"未来新能源"。

由于可燃冰的商业开发尚在研究中，可燃冰的商业用途尚无法进行定量估计，但可以定性分为以下几种商业用途：

1）直接燃烧，可产生热量做功，且只产生少量二氧化碳和水，其用途等同于液化天然气（LNG），是一种绿色清洁燃料。

2）作为汽车燃料。

3）用于民用天然气调峰。

4）在石化行业中使用。

5）用于燃料电池。

根据现有资料，国内外尚无可燃冰在发电厂应用的试验研究。

可燃冰的实际使用技术是常规的，不存在大的技术障碍。

（4）可燃冰的分布和储量

可燃冰分为陆上可燃冰气藏与海洋可燃冰气藏。

① 陆上可燃冰气藏。目前陆地上发现的可燃冰气藏与我们一般见到的气藏能源（像天然气之类的气体能源）储存形式相同，都在成岩的层状地层中，因此和常规气层的开采程序是基本相同的。陆上可燃冰气藏与海洋可燃冰气藏相比，气层厚度相对较大，并且均发现在含油气盆地中，气藏是下生上储型，气源是来自下伏地层中的常规气藏的热解气。

② 海洋可燃冰气藏。目前海洋中发现的可燃冰数量与规模比陆地上的要大得多，现已知可燃冰 90% 以上的储量都在海底。海洋可燃冰充填的天然气大多数来自同层沉积物形成的生物气。海洋可燃冰往往是在新生代成岩欠佳或未成岩的沉积物中，在砂岩和粉砂岩中以很细小的颗粒密密地进入到这些岩石的孔隙中，也有像大树深藏在泥土里的根须一样延展，看见岩石有裂隙就立刻钻进去。如果在未成岩沉积物中通常呈现出像糯米团状、棉花糖状、海苔状和镜片状沉积物，就说明含气的整体性不好，而在砂岩储集层中含气整体性较好。

（5）可燃冰在地球上的分布与储量

1）分布

据最新资料统计，目前已至少在全球 116 个地区发现了天然气水合物，其中陆地永久冻土带 38 处，海洋 78 处。其中美国、日本各 12 处；俄罗斯 8 处；加拿大 5 处；挪威、中国、墨西哥各 3 处；秘鲁、智利、印度、阿根廷、新西兰、巴拿马、澳大利亚、哥伦比亚各 2 处；巴西、危地马拉、尼加拉瓜、委内瑞拉、巴巴多斯、哥斯达黎加、乌克兰、巴基斯坦、阿曼、南非、韩国各 1 处；南极永冻带 5 处。

可燃冰矿藏探明储量与开展研究调查细致程度有关。许多没有被关注的海域也有可能存在可燃冰矿藏，随着研究和调查探查的增加，世界海洋中发现的可燃冰矿藏还将进一步增加。

2）储量

在地球的海洋和陆地永久冻土层里，埋藏着大量的可燃冰。但是，如果要问地球上的可燃冰储量是多少，相信没有人能够回答，因为没有确切的答案。虽然目前可燃冰的巨大储量没有得到证实，但是很多科学家已经对可燃冰富含的天然气做了估算，其结果是非常惊人的。

以下是科学家的若干预测值：

① 美国地质调查局的科学家卡文顿曾预测，全球的冻土和海洋中，可燃冰的储量在 $3.114 \times 10^{15} \sim 7.63 \times 10^{18} \, m^3$ 之间，当时世界海洋中发现的"可燃冰"分布带只有 57 处，2001 年就增加到 88 处，目前，世界上已发现的可燃冰分布区已多达 116 处。

② 1981 年，据潜在气体联合会（PGC）估计，包括海洋和永久冻土区可燃冰在内的资源总量为 $7.6 \times 10^{18} \, m^3$，其中永久冻土区可燃冰资源量为 $1.4 \times 10^{13} \sim 3.4 \times 10^{16} \, m^3$。

③ 日本学者山崎彰在第 20 届世界天然气大会所著的文章中对世界可燃冰的储量预计为，陆上约 $n \times 10^{12} \, m^3$，海洋为 $n \times 10^{16} \, m^3$，二者之和是世界常规探明天然气储量（$1.19 \times 10^{14} \, m^3$）的几十倍。

④ 据美国地质调查局（USGS）20 世纪 90 年代的推断，天然气水合物资源量大约在 $2.831 \times 10^{15} \sim 7.646 \times 10^{16} \, m^3$。

⑤ 有科学家推算，全世界海洋所储藏的"可燃冰"，其所含天然气约为 $(1.8 \sim 2.1) \times 10^{16} \, m^3$，而目前估算的全球天然气储量为 $(0.180 \sim 1.0) \times 10^{15} \, m^3$。

⑥ 据苏联科学家的初步估计，大陆上处于可燃冰状态的天然气资源达到 $1.0 \times 10^{16} \, m^3$，而在海域内则有 $1.5 \times 10^{16} \, m^3$.

⑦ 据苏联科学院院士 A. A. 特罗菲姆克计算，世界海洋可燃冰生成带所产气的储量约为 $8.5 \times 10^{16} \, m^3$，这一数量与当时美国学者的计算结果大致吻合。

⑧ 2005 年 8 月，美国地质调查局（USGS）通过广泛的调查，估计世界海域基于水合物形式的天然气储量为 $1.43 \times 10^{18} \, m^3$，陆地为 $3.5 \times 10^{17} \, m^3$。

目前，可燃冰资源的估计值仅仅是理论推测结果，变化范围较大，甚至相差几个数量级。实际上，科学家对可燃冰的储量都是估算的，根据目前的可燃冰勘探水平，从远景资源量再到地质资源量、再到地质储量、再到探明的储量，需要一定的时间。

（6）我国可燃冰的分布与储量

1）我国广袤的海洋中，埋藏着数量巨大的可燃冰。根据已有勘探资料判断，我国海洋可燃冰资源不但非常丰富，而且分布范围较广。

① 我国南海蕴藏着丰富的可燃冰。据中国南海研究院院长吴士存博士估计，从目前地质构造条件看，南海可燃冰储量大约在 700 亿 t 油当量左右。大约相当于我国陆上和近海石油天然气总资源量的一半以上（油当量是按照标准油的热当量值计算各种能源量时所用的综合换算指标，是一种能源计量单位）。

② 西沙海槽是位于南海北部陆坡区的新生代被动大陆边缘型沉积盆地。新生代最大沉积厚度超过 7000m。水深大于 400m。通过国家"863"研究项目"深水多道高分辨率地震技术"而获得了可靠的可燃冰存在地震标志。探测资料表明，南海北部西沙海槽可燃冰

存在面积大，是一个有利的可燃冰远景区。在西沙海槽已初步圈出可燃冰分布面积5242km²，其资源估算达 4.1×10^{12} m³。

③ 在我国台湾海域也存在可燃冰。根据台湾大学海洋所及台湾中油公司资料，在我国台湾西南海域水深 500～2000m 处广泛存在可燃冰存在迹象，台湾东南海底也发现大面积分布的白色可燃冰赋存区。

④ 我国东海的可燃冰蕴藏量也很丰富。

2）我国内陆可燃冰的分布和储量

我国陆上永久冻土带可燃冰蕴藏量丰富。与海底储藏的可燃冰相比，陆上储藏的可燃冰的勘探、开发技术相对来说比较容易，所以到目前为止，世界上几乎所有的可燃冰的开发试验均在陆上冻土区进行，等将来获得成功之后，再推广到海底沉积物中。

我国冻土带面积辽阔，达到 215 万 km²，占国土总面积的 22.4%，是世界上仅次于俄罗斯、加拿大的第三冻土大国。按照可燃冰在陆上冻土带的成藏理论，我国的冻土带地层中可能蕴藏着丰富的可燃冰矿藏。

① 羌塘盆地。羌塘盆地是最有前景的找矿远景区。羌塘盆地年平均地温最低、地温梯度最低、冻土层相对较厚，同时也是青藏高原成油成气条件最好的地区，有形成可燃冰的合适的温度和压力条件以及充足的气源条件。

② 祁连山木里地区。祁连山木里地区有丰富的煤层气，并在冻土层内发现有长年连续逸出的甲烷气体，推测这一地区在适当的温度和压力条件下易于形成可燃冰。另外，风火山—乌丽地区等也具有可燃冰的成藏条件。

③ 东北地区。东北地区年平均气温最低、地温梯度最低、冻土最发育的漠河盆地地区有充足的气源形成可燃冰。

据预测，青藏高原和黑龙江冻土带蕴藏的可燃冰将超过 1400 亿 t 油当量。

0.3.2 我国近五年的天然气生产与消费

1. 2008～2012 年我国部分地区的天然气生产量如表 0-12 所示。

2008 年～2012 年我国部分地区的天然气生产量（亿 m³）　　表 0-12

地区	2008	2009	2010	2011	2012	排序前六名
天津	14	14.3	17.2	18.4	18.7	
河北	8.74	10.87	12.7	12.2	13.4	
辽宁	8.7	8.1	8	7.2	7.2	
吉林	8.74	11.62	13.7	15	22.2	
黑龙江	27.1	30	30	31	33.7	6
上海	4.3	4	3.3	3	2.9	
江苏	0.58	0.6	0.6	0.5	0.6	
山东	8.85	9.1	5.3	5.2	6	
河南	11.2	29.6	6.7	5	5	
湖北	1.4	1.6	2	2.3	1.7	

地区	2008	2009	2010	2011	2012	排序前六名
广东	60.8	58.4	78.4	83.3	83.5	4
四川	194	238	238	266	242	3
陕西	144	190	224	272	311	1
青海	44	43	56	65	64	5
新疆	236	246	250	235	253	2

从表 0-12 可看出：天然气生产量在前六位的地区为陕西、新疆、四川、广东、青海和黑龙江。

2. 2008～2012 年我国部分地区的天然气消费量如表 0-13 所示。

2008～2012 年我国部分地区的天然气消费量（亿 m^3）　　　表 0-13

地区	2008	2009	2010	2011	2012	排序前六名
北京	60.7	69.4	74.8	73.6	92	5
天津	16.8	18.1	23.1	26	32	
河北	17.17	23.1	29.7	35.1	45	
山西	6.6	13.8	29	31.9	37.3	
内蒙古	30.5	44.3	45.3	40.8	37.8	
辽宁	16.2	16.44	19.1	39.1	63.7	
吉林	13.8	16.7	22	19.4	22.3	
黑龙江	31.5	30	29.9	31	33.6	
上海	30	33.5	45.1	55.4	64.3	
江苏	63.1	63.4	72.1	93.7	113.0	3
浙江	17.7	19.3	32.6	43.9	48.6	
安徽	7.2	9.8	12.5	20.1	24.5	
福建	1.5	8.5	29.1	38	37.4	
江西	2.5	2.6	5.3	6.3	10.6	
山东	34.5	40.2	47.8	53	68	
河南	38.2	41.5	47.2	55	73.6	6
湖北	15.6	16.5	19.6	24.9	29.3	
湖南	8.2	10.2	11.9	15.3	18.7	
广东	53.6	112.9	95.7	114.5	116.4	2
广西	1.0	1.2	1.8	2.53	3.7	
海南	26.8	24.9	29.7	48.9	47.4	
重庆	48.8	49.5	57	61.8	70.5	
四川	108.9	127	175	156.1	153.6	1
贵州	4.7	4.2	4.2	4.8	5.2	
云南	5.3	4.5	3.6	4.2	4.3	

地区	2008	2009	2010	2011	2012	排序前六名
陕西	51.6	50	59.2	62.5	66	
甘肃	12	12.4	14.4	15.9	20.3	
青海	22.9	24.6	23.7	32.1	40.1	
宁夏	11	11.9	15.5	18.6	20.5	
新疆	69.8	67.9	81.2	95	102	4

3. 近五年我国天然气的平衡表如表 0-14 所示。

2008～2012 年我国天然气的平衡表（亿 m³）　　　　　表 0-14

平衡项目	2008 年	2009 年	2010 年	2011 年	2012 年
可供量	816	897	1073	1306	1463.2
生产量	803	853	949	1027	1072
进口量	46	76.3	164.7	311.5	420.6
出口量	32.5	32.1	40.3	31.9	28.9
消费量	812.9	895.2	1069.4	1305.3	1463.0
平衡差额	3.7	1.7	3.5	1.2	0.2
对外依存度	5.6%	8.52%	15.4%	23.8%	28.74%

注：对外依存度＝进口量/消费量（%）。

由于我国天然气发展较晚，而且很长一段时间我国没有能源不足的问题，因此 2002 年以前我国基本上没有进行天然气的贸易。近年来，随着经济的发展以及能源供求的逐步紧张，开始进口液化天然气。2012 年后，天然气进口量将逐年上升，预测到 2015 年，进口天然气量占总需求量将超 30%，2020 年将占 40%。

4. 我国天然气供应安全问题

目前，国际天然气市场的态势对我国来说有利有弊，但面对天然气进口量逐年增加的事实，如何保证未来天然气的供应安全，已经成为必须面对的现实，具体有以下 5 个问题：

（1）对外依存度过高

2015 年后，我国天然气的对外依存度将超 30%，然而，天然气对外依存度过高隐藏的风险，相比石油而言可能更为严重，石油对外依存度高，还可以从国际市场上购买，但管输天然气进口受区域分布的影响，我国管道天然气进口局限在周边三个国家，面临的风险较大。

目前，我国跨境天然气管道已经开始部分运营，中亚管道尽管已经通气，却面临着诸多问题，如：地区安全、中亚国家政局稳定性、双边关系以及地区恐怖主义等，这一系列问题都将是对天然气进口安全的重大考验。

由于天然气的独特输送方式，国际上天然气"断供"事件曾不止一次上演。从 2006 年到 2008 年，俄罗斯和乌克兰两国之间就因多次"斗气"而引发全球关注。乌克兰绝大部分天然气依靠俄罗斯供应，在两国之间发生矛盾时，俄罗斯曾多次以"断气"来教训乌克兰，这些事件不仅把乌克兰暴露在寒冬之中，还让欧洲国家感受到来自俄罗斯的阵阵凉意。

事实上，俄乌前几年频频发生的天然气"断供"事件也有一个特点，那就是俄罗斯把天然气作为武器，针对的是小国，而大国之间不会轻易做出这样的举动。由于天然气独特的运输方式，决定了进口国和出口国之间是一种双向依赖关系，"断供"后不仅让进口国承担风险，出口国也会蒙受巨大损失。在 2008 年的那次断气中，俄罗斯由于不能出口天然气，其损失高达 10 多亿美元，而且还损失了在国际市场的信誉。

但也有专家认为不必对天然气对外依存度增加过于悲观，中投咨询首席能源分析师姜谦认为：

1）尽管天然气进口很大程度上依赖管输，存在"断供"风险，但我们可以用 LNG 作补充，日本和韩国的天然气消费量非常大，但是他们没有管输进口，完全是依赖 LNG，我们不用太担心管输的不安全。

2）我国对天然气的对外依存度增加到类似于石油的程度，还需要 10 年甚至更长的时间，这期间，我国的能源消费结构会加快调控，新能源和可再生能源的利用比例会大幅上升，对化石能源的依赖性会相对降低。

（2）季节性不均衡导致"气荒"

天然气生产是四季连续的，而我国目前天然气下游应用多是冬季多用，夏季少用，其冬夏耗量比达到 4∶1，北京市甚至达到 10∶1。由于天然气不易储存，在冬季室外气温连续下降时，天然气用量产生峰值叠加，常会产生"气荒"。

冬季是天然气的需求旺季，取暖需求和燃料需求大幅增加。2009 年底的雨雪天气造成大部分地区气温骤降，国内天然气需求大幅增加，导致全国多处天然气供应告急。西安、武汉、重庆、宜昌、南京、扬州、杭州、日照等地纷纷启动应急预案，武汉市天然气日缺口已高达 60 万 m^3，约为平日正常情况下气量的 40%；南京市天然气日缺口达到 40 万 m^3，相当于南京计划用量的 40%，只得采用"保民用、压商业、停工业"的供气方案运行，影响了当地的社会经济生活。

（3）储气库短缺

建立地下储气库是国际上解决天然气供应安全的重要措施。目前，在全球 30 多个国家已建设了 600 多个地下储气库，库容高达 3332 亿 m^3，而我国至今建设储气库有限，储气设施不足，直接威胁到全国的供气安全。

美国储气库的储存量占其消费总量的 20%～30%，一旦遇到紧急状况，能够进行应急调配。储气库主要以地下储气库为主，因为地上气库的成本高、安全性差，需要保持低温、高压状态。

（4）天然气管网建设

对我国而言，天然气安全最大的隐患并非从国外进口气源的可靠性如何，而是我国的管网建设落后，上下游各自为政。目前，绝大部分管道之间都是孤立的，没有将全国管道形成一个网络，在紧急情况下，各大主干管道之间难以相互备用。天然气网络的建设应上升到国家层面，因为企业集团为了各自的利益，不可能做到这一点，只有国家统筹才能做到。

（5）行业垄断

我国的天然气行业主要集中在中石油、中石化、中海油等大型国资企业，垄断过度，不利于行业健康发展。石油和天然气需要长期稳定的投资经营，应大力发展天然气或主要以天然气为主营业务的公司，以保证天然气的长期供应和运营安全，我国需要制定政策法规，规范天然气行业准入，促进公平竞争，鼓励和支持成立专业天然气公司，开放中上游市场。

0.3.3　天然气的规划与利用

对天然气利用进行统筹规划，同时考虑天然气产地的合理需要；坚持区别对待，明确天然气利用顺序，确保天然气优先用于城市燃气，促进天然气科学利用、有序发展；坚持节约优先，提高资源利用效率。

1. 天然气利用领域

天然气利用领域归纳为四大类，即城市燃气、工业燃料、天然气发电和天然气化工。

2. 天然气利用顺序

综合考虑天然气利用的社会效益、环保效益和经济效益等各方面因素，并根据不同用户的用气特点，将天然气利用分为以下 4 类：

（1）优先类：包括城镇（尤其是大中城市）居民炊事、生活热水等用气；公共服务设施（机场、政府机关、职工食堂、幼儿园、学校、宾馆、酒店、餐饮业、商场、写字楼等）用气；天然气汽车（尤其是双燃料汽车）用气；分布式热电联产、热电冷联产用户。

（2）允许类：包括集中式供暖用气（指中心城区的中心地带）；分户式供暖用气；中央空调；建材、机电、轻纺、石化、冶金等工业领域中以天然气代油、液化石油气项目；建材、机电、轻纺、石化、冶金等工业领域中环境效益和经济效益较好的以天然气代煤气项目；建材、机电、轻纺、石化、冶金等工业领域中可中断的用户；重要用电负荷中心且天然气供应充足的地区，建设利用天然气调峰发电项目；用气量不大、经济效益较好的天然气制氢项目；以不宜外输或优先类、允许类用户无法消纳的天然气生产氮肥项目。

（3）限制类：包括非重要用电负荷中心建设利用天然气发电项目；已建的合成氨厂以天然气为原料的扩建项目、合成氨厂煤改气项目；以甲烷为原料，一次产品包括乙炔、氯甲烷等的碳一化工项目；除以不宜外输或优先类、允许类用户无法消纳的天然气生产氮肥项目以外的，新建以天然气为原料的合成氨项目。

（4）禁止类：包括陕、内蒙古、晋、皖等 13 个大型煤炭基地所在地区建设基荷燃气发电项目；新建或扩建天然气制甲醇项目；以天然气代煤制甲醇项目。

3. 用气项目管理

对已建用气项目，维持供气现状，特别是国家批准建设的化肥项目，应确保长期稳定供应。天然气供应严重短缺而又有条件的地方，项目可实施煤代气改造。在建或已核准的用气项目，若供需双方已签署长期供用气合同，按合同执行；未落实用气来源的应在限定时间内予以落实。新上项目一律按天然气利用政策执行。天然气产地利用天然气也应严格遵循产业政策。

0.4　电　　力

电力是关系到国计民生的基础性能源，电力安全是全社会稳定健康发展的基础。新中国成立以来，尤其是改革开放后，我国电力工业发生了翻天覆地的变化，为保障国民经济和社会顺利发展做出了巨大贡献。在新的发展时期，我国电力工业要以科学发展观和构建和谐社会两大战略思想为指导，不断提高能源效率，加强生态环境保护，加强电网建设，有序发展水电，优化发展煤电，积极推进核电建设，适度发展天然气发电，鼓励新能源发电，带动装备工业的技术进步，加强国际合作，深化体制改革，为小康社会提供坚实的能源保障。

0.4.1 我国电力行业的基本数据

1. 我国发电装机容量（表 0-15）

我国发电装机容量（万 kW）	表 0-15
年发电装机总容量	114400
水电 其中抽水蓄能	24890(21.7%) 2031
火电	81917(71.5%)
核电	1257
风电	6083
太阳能	328
地热、潮汐	2.8
6000kW 及以上火电装机容量	76302
其中:燃煤	69634
煤矸石	1295
燃油	328
燃气	3415
生物质	559
余温、余压、余气等	1072

截至 2012 年底，我国电力总装机容量达到 11.44 亿 kW；其中，水电 24890 万 kW（含抽水蓄能 2031 万 kW），占全部装机容量的 21.7%；核电 1257 万 kW，并网风电 6083 万 kW，并网太阳能发电 328 万 kW；火电 81917 万 kW（含煤电 75811 万 kW、气电 3827 万 kW），占全部装机容量的 71.5%，煤电装机占火电装机的 92.5%，占全部装机容量的 66.3%。

2. 我国发电量（表 0-16）

我国 2012 年的发电量（亿 kWh）	表 0-16
年发电总量	49774
水电 其中抽水蓄能	8641(17.4%) 109
火电	39108(78.6%)
核电	982

续表

风电	1004
太阳能	6.8
地热、潮汐	1.4
6000kW 及以上火电装机容量	38893
其中:燃煤	36289
煤矸石	672
燃油	59
燃气	1088
生物质	233
余温、余压、余气等	552

2012 年,全国全口径发电量 49774 亿 kWh。其中,水电发电量 8641 亿 kWh,同比增长 29.3%,占全国发电量的 17.4%;火电发电量 39108 亿 kWh,占全国发电量的 78.6%;核电、并网风电发电量分别为 982 亿 kWh 和 1004 亿 kWh。可以看到,与 2011 年相比,火电(主要为煤电,占 92.6%)发电量增长放缓,占全国发电量的比例也有所下降。

2011 年,我国的发电量已超过美国,占世界总发电量的 21.3%;在电源结构方面,我国煤电仍然占主导地位,占 79.0%(其中:燃气占 1.8%、燃油占 0.2%),水电占 14.8%,核电占 1.8%。与美国、德国、日本等发达国家相比,我国煤电比例较高。

3. 我国燃煤电厂用煤情况

2005~2012 年,我国电煤消费量逐年增长,年均增长率 8.4%。2012 年,我国电力行业动力煤需求量为 18.55 亿 t,占动力煤总消费量 29.8 亿 t 的 62.23%,占全国煤炭消费总量 39.2 亿 t(总生产量 36.5 亿 t,净进口量 2.7 亿 t)的 50.8%。

从地理上划分的六大区域来看,我国动力煤消费主要集中在华东、中南和华北区域,三大区域动力煤消费量占动力煤总消费量的 73.82%,其余三区动力煤消费量仅占 26.18%。

以 2012 年电煤消费地区分布情况来看,排名前十的省区分别是江苏、山东、广东、内蒙古、河南、山西、浙江、河北、安徽和辽宁,累计消费电煤 12.01 亿 t,约占全国电煤消费总量的 64.75%。2012 年各省电力燃煤消耗情况如表 0-17 所示。

2012 年我国各省(区、市)电煤消费量(万 t 标准煤) 表 0-17

地区	消费量	地区	消费量	地区	消费量	地区	消费量
全国	185548	河北	10745.7	上海	4321.8	天津	2866.5
江苏	17983.0	安徽	8085.0	黑龙江	3743.6	吉林	2793.0
山东	14871.5	辽宁	6281.8	湖北	3650.5	云南	2298.1
广东	14018.9	陕西	5522.3	湖南	3635.8	重庆	1661.1
内蒙古	13685.7	福建	5478.2	甘肃	3518.2	北京	1386.7

地区	消费量	地区	消费量	地区	消费量	地区	消费量
河南	11867.8	贵州	5022.5	广西	3087.0	海南	877.1
山西	11740.4	宁夏	4679.5	江西	2984.1	青海	563.5
浙江	10853.5	新疆	4424.7	四川	2876.3	西藏	24.5

数据来源：煤炭资源网。

4. 电力行业基本数据（表 0-18）

电力行业基本数据		表 0-18
6000kW 及以上电厂供电标准煤耗	g/kWh	329
6000kW 及以上电厂厂用电率	%	5.39
水电	%	0.36
火电	%	6.23
6000kW 及以上电厂利用小时	h	4730
水电	h	3019
其中:抽水蓄能	h	619
火电	h	5305
核电	h	7759
风电	h	1875
供、售电量及线损		
供电量	亿 kWh	42768
售电量	亿 kWh	39980
线损用电	亿 kWh	2788
线路损失率	%	6.52

5. 凝汽式发电机组发电设计标准煤耗的参考值

凝汽式发电机组发电设计标准煤耗的参考值如表 0-19 所示。

凝汽式发电机组发电设计标准煤耗的参考值		表 0-19
发电机组	标准煤耗(g/kWh)	备注
超超临界 1000MW	268～272	参数 25/600/600 及 28/600/620
超超临界空冷 1000MW	284	参数 25/600/600
超临界 900MW	281	参数 24.2/538/566
超超临界 600MW	274	参数 25/600/600
超临界 600MW	281	参数 24.2/566/566
超临界空冷 600MW	294	参数 24.2/566/566
亚临界 600MW	288	参数 16.67/538/538
亚临界空冷 600MW	301	参数 16.67/538/538
亚临界 300MW	291	参数 16.67/538/538
亚临界空冷 300MW	304	参数 16.67/538/538

发电机组	标准煤耗(g/kWh)	备注
超高压 200MW	315	参数 12.7/535/535
超高压 135MW	319	参数 12.7/535/535
高压 100MW	366	参数 8.83/535
高压 50MW	383	参数 8.83/535
高压 25MW	416	参数 8.83/535
中压 12MW	500	参数 3.43/435
中压 6MW	525	参数 3.43/435

6. 近五年电力行业主要技术经济指标（表 0-20）

2007～2011 年电力行业主要技术经济指标　　　　　　　　表 0-20

年份	发电设备平均利用(h)	发电厂用电率(%)	线路损失率(%)	发电标准煤耗(g/kWh)	供电标准煤耗(g/kWh)
2007	5020	5.83	6.97	332	356
2008	4648	5.90	6.79	322	345
2009	4546	5.76	6.72	320	340
2010	4650	5.43	6.53	312	333
2011	4730	5.39	6.52	308	329

7. 近八年能源和电力生产弹性系数（表 0-21）

2006～2013 年能源和电力生产弹性系数　　　　　　　　表 0-21

年份	能源生产弹性系数	电力生产弹性系数
2006	0.58	1.11
2007	0.46	1.02
2008	0.56	0.60
2009	0.59	0.72
2010	0.78	1.44
2011	0.76	1.29
2012	—	0.67
2013	—	0.97

注：1. 能源生产弹力系数摘自国家统计局《中国统计摘要 2012》。

　　2. 电力生产弹力系数计算中采用的发电量数据为中电联全口径统计数据。

0.4.2　部分国家电力行业的基本数据

部分国家电力行业的基本数据如表 0-22～0-25 所示。

0.4.3 我国近五年的电力生产与消费量

1. 2008～2012 年分地区发电量（表 0-26）

世界部分国家发电装机容量（万 kW）　　　　　　　表 0-22

国家	合计	水电	火电	核电
印度	17495	3694	13389	412
加拿大	12909	7510	3762	1335
美国	111967	9857	88127	10615
韩国	7769	552	5329	1772
法国	12043	2536	2615	6313
德国	11861	1035	8621	2151
意大利	10145	2137	7336	
俄罗斯	22610	4730	15540	2330
西班牙	9929	1707	4232	773
瑞典	3573	1676	868	884
英国	8534	427	6659	1086
日本	28110	4797	18174	4885

注：数据摘自日本海外电力调查会《2011 年海外电气事业统计》。

世界部分国家发电量（亿 kWh）　　　　　　　表 0-23

国家	合计	水电	火电	核电
印度	8425	1143	7135	147
加拿大	5923	3657	1350	850
美国	39479	2688	28072	7989
韩国	4524	56	2972	1478
法国	5191	619	549	3900
德国	5246	218	3586	1349
意大利	2926	534	2320	
俄罗斯	9920	1761	6492	1636
西班牙	3006	239	1296	528
瑞典	1367	656	164	522
英国	3757	89	2745	691
日本	11126	838	7425	2798

注：数据摘自日本海外电力调查会《2011 年海外电气事业统计》。

世界部分国家主要电力技术经济指标（%）　　　　　表 0-24

国家	设备利用率	热效率	线路损失率（%）
印度	77.5		
加拿大	52.4	32.2	9.1
美国	42.7		5.8
韩国	67.8	40.6	4.1
法国	49.2		6.9
德国	50.5	41.0	5.4

续表

国家	设备利用率	热效率	线路损失率(%)
意大利	31.0	44.3	6.4
俄罗斯	53.0	36.9	10.3
西班牙	34.6		7.6
瑞典	44.3		6.9
英国	48.0	36.4	7.8
日本		41.8	

注：数据摘自日本海外电力调查会《2011年海外电气事业统计》。

世界部分国家人均电力指标计（kWh/人）　　　　表 0-25

国家	人均发电量	人均用电量
印度	733	
加拿大	17566	15071
美国	12865	
韩国	9282	8479
法国	8043	7020
德国	6405	5844
意大利	4861	4982
俄罗斯	6990	6196
西班牙	6544	5574
瑞典	16231	14484
英国	6080	5349
日本	8722	6739
中国	3829	—

注：数据摘自日本海外电力调查会《2011年海外电气事业统计》。

2008～2012 年分地区发电量（亿 kWh）　　　　表 0-26

地区	2008 年	2009 年	2010 年	2011 年	2012 年
北京	243	243	269	263	291
天津	382	416	589	621	590
河北	1528	1742	1993	2327	2411
山西	1794	1874	2151	2344	2546
内蒙古	2184	2242	2489	2973	3172
辽宁	1138	1163	1295	1370	1441
吉林	578	542	605	710	692
黑龙江	733	723	777	835	849
上海	774	778	876	949	886
江苏	2815	2928	3359	3763	4001

地区	2008 年	2009 年	2010 年	2011 年	2012 年
浙江	1905	2246	2568	2777	2808
安徽	1125	1320	1444	1636	1771
福建	1127	1171	1356	1580	1623
江西	576	533	664	730	726
山东	2648	2860	3043	3169	3212
河南	1978	2055	2192	2585	2643
湖北	1828	1818	2043	2086	2238
湖南	927	1028	1226	1347	1398
广东	2716	2758	3237	3802	3764
广西	869	944	1032	1039	1186
海南	121	128	153	173	199
重庆	457	474	504	582	598
四川	1383	1579	1795	1981	2151
贵州	1211	1380	1386	1379	1618
云南	1079	1171	1365	1555	1759
西藏	18	18	21	27	26
陕西	853	909	1112	1222	1342
甘肃	698	697	792	1028	1103
青海	310	378	468	463	584
宁夏	471	480	587	939	1010
新疆	489	549	679	875	1237

2. 2008～2012 年分地区电力消费量（表 0-27）

2008～2012 年分地区电力消费量（亿 kWh）　　　　　　表 0-27

地区	2008 年	2009 年	2010 年	2011 年	2012 年
北京	708	759	831	854	912
天津	535	577	675	727	767
河北	2095	2344	2692	2985	3078
山西	1313	1268	1460	1650	1766
内蒙古	1221	1288	1537	1834	2017
辽宁	1412	1488	1715	1862	1900
吉林	496	515	577	631	787
黑龙江	697	689	763	817	828
上海	1138	1153	1296	1340	1353
江苏	3118	3314	3864	4282	4581
浙江	2323	2471	2821	3117	3211

续表

地区	2008 年	2009 年	2010 年	2011 年	2012 年
安徽	859	952	1078	1221	1361
福建	1150	1216	1315	1520	1580
江西	547	609	701	835	868
山东	2727	2941	3298	3635	3795
河南	2093	2275	2464	2823	2926
湖北	1076	1183	1418	1573	1643
湖南	1129	1232	1353	1545	1582
广东	3507	3610	4060	4399	4619
广西	761	856	993	1112	1154
海南	123	134	158	185	210
重庆	486	532	625	717	723
四川	1213	1362	1549	1963	2010
贵州	679	750	836	944	1047
云南	829	891	1004	1204	1314
陕西	708	740	859	982	1067
甘肃	678	706	804	923	995
青海	313	337	465	561	602
宁夏	440	470	547	725	742
新疆	479	548	662	839	1152

从表 0-27 中可以看出，电力消费的前六个地区为：广东、江苏、山东、浙江、河北、河南。

0.4.4 我国电力行业存在的问题

我国电力事业的发展为国民经济和社会发展提供了坚实的能源保障基础，但是，随着发展环境和条件的变化，我国电力建设也存在一些突出问题，主要表现在如下几个方面：

1. 电力工业规划

电力建设投资周期长，投资规模大，率先做好规划很有必要。而做好规划工作的关键之一，是准确预测国家经济的发展需求，准确把握经济发展需求与电力建设的配套关系、比例关系。

2. 电源结构

一是煤电比重很高，电开发率较低，清洁发电装机总容量所占比例较小；二是大型机组（单机容量 300MW 及以上的）为数较少；三是在运行空冷机组容量约 500 万 kW，与三北缺水地区装机容量相比，所占比例低，其节水优势没有体现出来；四是热电联产机组少，城市集中供热普及率为 27%；五是电源调峰能力不足，主要依靠燃煤火电机组降负荷运行，调峰经济性较差。

3. 电力生产主要技术

火电机组参数等级不够先进，亚临界及以上参数机组占 40%，高压、超高压参数机组占 29%，高压及以下参数机组占 31%；超临界机组仅占火电装机总量的 2.95%。电网的平均损失率较高，尚有进一步降低的空间。清洁煤发电技术、核电技术的进步较慢，大型超（超）临界机组、大型燃气轮机、大型抽水蓄能设备及高压直流输电设备等本地化水平还比较低，自主开发和设计制造能力不强，不能满足电力工业产业升级和技术进步的需要。

4. 电力供需处于紧平衡

由于"十五"以来大规模的电源建设，自 2006 年始，我国电力供需开始进入供需相对平衡阶段，但是，这种平衡只是总体上的，受电力需求增长强劲、来水偏枯以及电网输送能力不足等因素影响，部分地区出现时段性、季节性供应紧张，主要集中在广东、海南、京津唐、山西、江苏、浙江、河南、湖北、湖南、四川、云南和西藏等省级电网。其中，湖北、湖南、四川、广东、云南、海南等地区，因来水偏枯、天气湿冷、电煤和天然气供应紧张等因素而不得不采取错峰避峰，甚至短时间拉闸限电措施；西藏电网因供应能力不足，出现电力缺口；其他地区出现电力短时紧张则主要是源于电网输送能力受限、机组临时故障或检修等因素影响。

5. 电网建设

近年来，随着全国电网负荷水平、装机容量的快速增加，对电网结构的安全生要求也越来越高。但是，由于建设资金等原因，我国电网建设和发展相对滞后，网间交换能力明显不足，水火互济和跨流域补偿作用不强。现有交流 500kV 跨省、跨区同步互联电网联系薄弱，系统稳定水平降低，输电能力不足，不仅难以满足西部和北部能源基地大规模、远距离电力外送的需要，而且造成了许多输电"瓶颈"。根据对国家电网公司各区域的调查结果分析，有 1/4 线路输送容量受到限制，多为跨省、跨区输电断面，制约了跨省、跨区电网综合效益的发挥。同时，部分地区 500kV 网络已相当密集，短路电流问题十分突出。此外，站址、输电走廊越来越紧张，输变电工程建设拆迁等本身外的费用大幅增长。

6. 电力信息安全建设

虽然近年来尚未发生因为网络安全问题而引发的电力生产调度故障，在网络建设、网络划分及网络连接等过程中却仍存在不同程度的安全隐患。为此，电力企业需要进一步加强电力信息网络身份认证、防病毒和防攻击的安全系统硬件和软件建设。另外，自从 2002 年电力行业实施以"厂网分开、竞价上网"为目标的体制改革后，形成了互不隶属的两大电网企业集团和五大发电集团以及其他数十家大型独立电力企业共存的局面，现有的电力行业信息安全管理协调机制已难以有效协调各电力企业开展行业信息安全工作，电力行业信息安全管理缺乏统一的规划、统一的标准和有效的监督检查机制，也使得电力信息服务体系等安全基础设施的建设工作迟迟无法启动。此外，在各级电力系统网络内部，还普遍存在访问控制不严格、网络异常状态发现不及时、缺乏预警手段、对安全风险缺乏宏观检测与控制手段等问题。

7. 电力工业的投资结构

一方面，长期沿用的严格审批制限制了民间资本的进入，使得投资主体单一化，投资缺少竞争，效率不高，浪费严重。另一方面，地方政府在电力建设中往往重火电，轻水电,追求短期利益,造成电力结构不合理,也加大了煤炭和运输的压力。此外,电网建设与电源建设不匹配,外资利用出现偏差等问题,都反映了投资体制的薄弱环节。

0.5 建筑能源与暖通空调行业的发展

目前,我国正处于城市化进程推进时期,伴随着建筑业发展,建筑能耗的比例将持续增加。据统计,我国建筑能耗所占能源总消费量的比例 2000 年为 27.8%。根据其他国家的经验,这个比例将上升到 35% 左右,因此建筑节能是影响能源安全、优化能源结构、提高能源利用效率的重要问题,是贯彻合理利用资源和可持续发展战略的重要组成部分。

我国人口众多,能源相对缺乏,我国人均能源占有量为世界平均水平的 40%,能源消费总量已达世界第二。随着我国经济持续稳定增长,随着人民生活水平的逐步提高,对住宅的舒适度要求也越来越高,供暖、通风和空调设备将不断增加,建筑能耗占总能耗的比例也会越来越大。

0.5.1 能源消耗已经成为影响中国城镇化进程的主要问题之一

由中国工程院三位院士主持的"中国特色城镇化发展战略"重大咨询项目要点如下:

1. 能耗问题可以说是资源消耗、环境消耗的具体量化体现

随着经济发展,各地大中小城市拓展城区建设,大量的建筑投入施工,城镇建筑面积大幅增加,建筑速度逐年攀升。从 2001 年到 2010 年,全国城镇建筑面积从约 110 亿 m^2 增长到约 220 亿 m^2,短短 10 年时间就翻了一番。

目前我国钢材、建材产量持续增长,主要为城市建设和基础设施建设所拉动。2009 年,钢材与建材产品占我国制造业能耗的 46%,其中一半以上是城镇建设需求所致。其次,目前城镇建筑使用状况和发展状况极不均衡,尽管仍有部分居民居住条件有待改善,却有相当多的居民把住房作为投资手段,造成大量房屋的实质性空置。尽管一些公共设施和学校的条件还有待改善,但已有过大的政府办公建筑、企业办公建筑、交通枢纽,过量的商业设施。过量的建筑是资源、能源、土地的非理性挥霍,而且还需要依赖能源消耗来维持运行,但并不能给经济发展、社会发展、人民生活水平提高带来任何实质的促进。第三,新建建筑速度大大超出人口城镇化速度的需求,大量空置房屋——无论是居住建筑还是商用建筑和过高的房价随时可能导致楼市崩盘。

日本、韩国、新加坡包括住宅和非住宅的商业建筑、公共建筑在内的人均建筑面积都在 $40m^2$ 左右,我国只能低于这一数值,即应该控制在 $40m^2$ 以内。按照未来 14.71 亿人口峰值计算,总的建筑规模应为 600 亿 m^2。

如果未来城镇化率达到 70%,城镇人口达到 10 亿,城镇建筑总的规模约为 400 亿 m^2,这是建筑面积应该严格控制的上限。目前我国城镇既有建筑总量约为 270 亿 m^2,如果按照目前的建设速度,每年竣工 20 亿 m^2,拆除 3 亿~5 亿 m^2,净增 15 亿~17 亿 m^2,则只需 8 年就将达到这一建筑总量的上限。

2. 建筑规模增长危及多方面安全

无论是老百姓、设计人员、政府,都觉得人们生活要改善,居住面积就要增大,房屋电器配备就越齐全，其实这不符合中国国情。中国不可能像美国、加拿大那样，都住大房子。对于中国来讲，人均居住面积决不是越大越好，各类公共建筑、商业建筑决不是越多越好。

建筑面积增加，最直接的就是减少耕地面积，对耕地红线造成冲击。

城镇外延扩张造成稀缺土地过量消耗，1990～2010 年，城市建成区面积增加了近 2.5 万 km^2。过高的建设用地比例，导致资源、环境的瓶颈制约与经济社会发展的矛盾日益尖锐。

持续高速建设的城镇建筑和基础设施建设推动钢铁业、建材业的同步上涨，是我国近年来能源消耗与碳排放持续上涨的主要原因。同时，建筑运行消耗的能源及碳排放与建筑面积成正比，建成规模越大，建筑运行能耗越高，且无法逆转。因此，建筑规模过快增长对经济、社会的带动作用具有不可持续性，必须改变当前"疯狂造楼"的现象。建筑能耗增长 10 年不能超过 20％

3. 在建筑规模增大之外，我国建筑能耗增长的主要原因

由于目前建筑节能工作更多地是考虑提高能效，也就是提高各类用能系统的效率，但同时也大幅度提高了建筑服务标准，如照明水平、空调水平、建筑辅助设备水平（如电梯安装量）等，二者综合，实际用能量还是有所增加。例如，一些高档住宅采用高效的"恒温恒湿"中央空调，其用能效率很高，但相比大多数住宅使用的分体空调，单位建筑面积实际的空调用电量几乎高出 10 倍。这样的"先进技术"与"高效"的使用就造成实际能耗的大幅度增长。

此外，就是近年新建的公共建筑、商业建筑大多为"大体量"、"超高层"、"高档次"建筑，采用中央空调方式，全密封不可开窗，通风、照明、冷热等环境需求完全依靠机械系统通过消耗能源来提供。这类公共建筑和商业建筑单位面积的能耗是以往普通商业建筑能耗的 3～5 倍。当前，各地大规模兴建超高层建筑、大型综合商厦、大型交通枢纽（大机场、大型高铁站），这将进一步推高公共建筑、商业建筑的单位建筑面积能耗。

其次，随着居民收入增加，生活水平的提高，家庭用能设备拥有量大幅增加，生活水平得到改善。例如，10 年前城市居民很少有生活热水，但现在生活热水普及率已超过 80％。这也在一定程度上增加了居住建筑的能耗强度。

我国目前城镇单位面积建筑运行能耗还只是美国的 40％，是西欧、北欧国家的 60％，如果完全按照他们的建筑使用模式与理念来发展我国的建筑，那么单位面积的建筑用能还会翻番，再加上建筑总量的翻番，我国建筑运行总能耗就会从目前的 8 亿 t 标准煤增加到 32 亿 t 标准煤，几乎为目前全国的能源消耗总量！

4. 当前我国城市的能源问题

研究结果表明，2005 年我国居民消费的全流程能耗为 9.7 亿 t 标准煤，占全国能源消费总量的比重为 43.3％；全流程能耗是直接能耗的 4.15 倍，占全国能源消费总量的比重全流程能耗也要比直接能耗高出 33 个百分点。从那时到 2030 年，居民消费的全流程能耗将增长 1 倍多，年均增长率将保持在 3％左右，是未来能源需求总量增长的重要领域。

同时，2005 年，我国居民消费全流程能耗的全生命周期污染物排放量中，CO_2 排放量、SO_2 排放量、烟尘排放量分别占全国 CO_2、SO_2、烟尘排放总量的 49.3％、47.4％、42.2％。由此可见，城镇居民消费全流程能耗带来的环境影响也不可忽视。

5. 解决建筑能耗问题的关键

首先，严格控制我国建筑总量，明确各地建筑发展规模。从人均建筑面积约束出发，我国未来城镇建筑面积总量不宜超过 400 亿 m²。各地政府应根据未来人口规模明确建筑总量，制定建筑量控制规划，并严格执行。

其次，逐年减少新建建筑量，稳定建筑业及相关产业市场。在城镇建筑总量控制的情况下，逐年降低新建建筑开工量，由目前的每年约 20 亿 m² 的竣工量通过 10~15 年时间逐渐降低到每年竣工 6 亿~8 亿 m²，与拆除旧建筑量平衡。

第三，开征房产税，遏制购房作为投资手段。

我国人均建筑面积、包括居住建筑、公共建筑、商业建筑不应超过 40m²，住房和城乡建设部之前曾提出每户建筑面积控制在 90m²，现在这两个都突破了。笔者认为有关部门应该尽快出台系列的、全面的政策、法规，对住房总量、各类房屋建设总量进行合理控制。同时，要让大家接受这样的概念，也需要宣传教育。

无论经济怎样增长、生活水平怎样提高，我们只能在目前的人均建筑用能强度下通过技术创新来改善室内环境，进一步满足居住者需要，而不可能因为未来生活水平的提高而允许人均建筑能耗大幅度上涨，这是中国建筑节能工作的基本出发点。

目前最急迫的任务不是控制建筑用能总量，这是长期的艰巨任务，而是控制建筑总量！立即刹住各地仍在火爆中的造楼运动。

如果不实施有效的严厉措施将其刹住，造出更多的"鬼城"、"空城"，将给中国经济背上沉重的负担，将把全社会的财力都集中到不是真正需要的房屋上，将极大地抑制服务业，阻碍产业结构调整，更将加剧我国的能源紧缺和碳排放持续增长的状况。

0.5.2 中国空调冷冻行业高峰论坛

空调的应用和发展，有没有天花板，有没有上限？我们到底需要什么样的空调？是不是就是现在开发销售和推广的模式？因为总量不够，能源有限，那么我们需要一个什么样的室内环境？室内环境是现在这样还是要再提高，还是再改进？或者说有可能通过技术创新解决这些问题？

暖通空调本身是耗能，耗能的同时产生室内适宜的环境，适宜的工业环境。我国的能源总量，世界的能源总量都是一定的，现在国内很多专家团队都做预测。暖通空调行业主要是建筑，很多专家根据建筑的发展规模对产业的一个提升，预测我们的行业提升空间。

2013 年度，慧聪网中国空调冷冻行业高峰论坛于 2013 年 12 月 4 日在北京举行，此次论坛分两场分论坛举行，其中"暖通空调行业新纪元篇章开启"主题分论坛率先开始。

在"暖通空调行业新纪元篇章开启"的主题分论坛上，主持人和嘉宾就一些行业热点争议问题展开了讨论，以下是这次会议讨论的要点：

（1）克莱门特捷联制冷设备（上海）有限公司的代表认为系统运行中的节能是一个不可忽视的问题。能源和建筑都会有一个极限，人不能无限制消耗能源，他认为行为节能可能会更重要一点。再回到关于企业，一方面企业现在要制造更高能效的设备；另一方面，日常运行中，怎么在运行中节能也是一个关键问题。因为有时候我们感觉自己的设备能效很高，很节能，但是实际用的时候不是这样用的，浪费是很多的。所以他认为，从国内设计院、建筑设备供应和制造企业，以及业主都应从意识上来优化一下运行管理很有必要。

现场举一个例子，在北京有一个建筑的能耗，光空调能耗一星期只占一小部分，水泵和冷却塔占一大部分，怎么把运行起来更优化，供同样冷量的时候，怎么在输送系统更节能一点，应该说在这方面更加努力，在运行管理上，应在优化系统设计上多下功夫，让能耗更低一点。

（2）广州恒星冷冻机械制造有限公司的代表认为，地球只有一个，能源是有限的，人的需求不会改变他的一些生活节奏，市场的需求与能源储存是不匹配的，在这个矛盾命题里面，我们应该是注重如何提升每一个环节里面减少的能耗，才能使能源有效利用。

（3）志高中央空调国内营销公司的代表指出，月球上核能是非常多的能源，我们只是没把它利用起来。他个人对未来新能源的开发是乐观的，他认为每个时代都有对未来的期望，未来会有新能源发现，他觉得也不用过于担心，每一次都会有新的平衡过程，但不是说我们现在就可以无限制浪费，我们现来讲节能或者基于现在科技理论，对企业来讲只能现在科技理论去发展。比如在空调使用中合理节能。举例说，自己家里空调是不允许开低于 26℃ 的，从自己省电这块就应该做好，企业的节能行为也需要与个人的行为一致，从现有技术来说，从国家能效五级提到三级。

本章参考文献

［1］ 张国宝. 中国能源发展报告. 北京：经济科学出版社，2010.

［2］ 李果仁等. 中国能源安全报告. 北京：红旗出版社，2009.

［3］ 国家统计局能源统计司. 中国能源统计年鉴（2013）. 北京：中国统计出版社，2014.

［4］ 杨旭中、康慧等. 燃气冷热电联供规划设计建设与运行. 北京：中国电力出版社，2014.

［5］ 张喆. 5 月份我国煤炭市场分析. 中国能源，2014，7.

［6］ 中国电力企业联合会. 2011 年电力工业资料统计手册. 规划与统计信息部，2012 年 7 月.

［7］ 吴铭. 能源消耗影响中国城镇化，须控制建筑总量. 瞭望东方周刊，2014，2.

［8］ 卢桂萍. 能源问题是否制约暖通空调行业发展空间. 慧聪空调制冷网，2013 年 12 月.

第 1 章　锅炉房

本章执笔人

徐　征

男，汉族 1968 年 5 月 7 日生。中国建筑设计有限公司副总工程师，教授级高级工程师，注册设备工程师。1991 年 7 月毕业于北京工业大学。

主要工程

1. 北京七星摩根广场写字楼，14 万 m² （工种负责人），超高层 （198m）。

2. 北京广播中心业务楼 （工种负责人），北京市优秀工程设计一等奖。

3. 辽宁五女山山城遗址博物馆，全国优秀工程设计行业建筑工程二等奖，工种负责人。

主要论著

1. 温湿度独立控制空调系统节能性实例分析，暖通空调，2007，6，独著。

2. 设置排风热回收装置能节多少能，暖通空调，2007，6，独著。

栾晓伟

男，汉族 1963 年 2 月 3 日生。沈阳市城市供热设计研究院有限公司教授级，高级工程师、注册公用设备 （动力） 工程师。1986 年 7 月毕业于沈阳建筑大学。

代表工程

1. 沈海热电厂供热工程，1993～1994 年度辽宁省优秀设计一等奖 （专业负责人）。

2. 阳泉市热电联产管网工程可行性研究报告，2005 年辽宁省优秀工程咨询一等奖 （项目负责人）。

主要论著

1. 大型热源厂变速循环水泵供热系统的设计，2005 年获中国建筑学会建筑热能动力分会优秀论文奖。

2. 《热电厂建设及工程实例》 （化学工业出版社）。

1.1　国家及地方有关规范和法规

《锅炉房设计规范》GB 50041—2008

《锅炉安全技术监察规程》TSG G0001—2012

《城镇燃气设计规范》GB 50028—2006

《锅炉节能技术监督管理规程》TSG G0002—2010

《工业锅炉水质》GB 1576—2008

《锅炉大气污染物排放标准》GB 13271—2001

《固定式压力容器安全技术监察规程》TSGR 0004—2009

《工业金属管道设计规范》GB 50316—2000（2008 年版）

《现场设备、工业管道焊接工程施工及验收规范》GB 50236—2011

《工业金属管道工程施工规范》GB 50235—2010

《建筑设计防火规范》GB 50016—2006

《高层民用建筑设计防火规范》GB 50045—95（2005 年版）

《采暖通风与空气调节设计规范》GB 50019—2003

《民用建筑供暖通风与空气调节设计规范》GB 50736—2012

《声环境质量标准》GB 3096—2008

《环境空气质量标准 GB 3095—2012》

《工业企业设计卫生标准》GBZ 1—2010

1.2　锅炉房设计程序和内容

（1）调查了解锅炉房的使用要求，如供热介质的种类、参数、负荷情况等。

（2）收集各项原始资料。

（3）做初步设计或扩大初步设计。内容包括：确定供热介质的种类和参数，锅炉及主要辅助设备，提出主要设备表；绘制锅炉房总平面布置图、主要平、剖面图、热力系统图等，供有关部门审批。

（4）当初步设计文件通过审批后，可进行设计计算和绘制施工图。

（5）设计计算包括：

1）热负荷计算（选锅炉容量及台数的依据）；

2）锅炉房的耗煤量及灰渣量计算，或燃油量和燃气耗量计算；

3）所需空气量及产生的烟气量计算，确定烟、风道断面，选择或校核送、引风机及除尘器、烟囱等；

4）水处理设备及耗水量计算；

5）各类管道的管径计算，及其附属装置的选择；

6）给水泵及水箱的计算。

以上设计计算的内容可根据锅炉房的用途、容量大小的不同来确定。

（6）锅炉房设计中绘制的图纸包括：图纸目录、设备表、图例、设计及施工说明；锅炉房平面图（设备平面布置图、工艺管线平面图、设备基础平面图）、剖面图，锅炉房汽水系统图、自控原理图、详图等。

1.3 锅炉设计容量计算及台数选择

1.3.1 锅炉房设计容量和介质参数

（1）锅炉房的容量应根据设计热负荷确定。设计热负荷宜在绘制出热负荷曲线或热平衡系统图，并计入各项热损失、锅炉房自用热量和可供利用的余热量后进行计算确定。

当缺少热负荷曲线或热平衡系统图时，设计热负荷可根据生产、供暖通风和空调、生活小时最大耗热量，并分别计入各项热损失、余热利用量和同时使用系数后确定。

锅炉房的总装机容量应按下式确定：

$$Q_0 = K \cdot (Q_1 + Q_2 + Q_3 + Q_4 + Q_5 + \cdots\cdots)$$

式中　　　　　　　Q_0——锅炉房设计总热负荷，t/h（蒸汽炉），MW（热水炉）；

Q_1、Q_2、Q_3、Q_4、Q_5——分别为供暖空调、通风、生产、生活及锅炉房自用热负荷，其值由各相关专业设计人员确定后提供，t/h（蒸汽炉），MW（热水炉）；

K——室外热网热损失修正系数，其取值为：

蒸汽管道：架空敷设取 $K=1.10\sim1.15$，地沟敷设取 $K=1.10\sim1.12$；直埋敷设取：$K=1.12\sim1.15$；

热水管道：架空敷设取 $K=1.10\sim1.12$，地沟敷设取 $K=1.05\sim1.08$；直埋敷设取：$K=1.02\sim1.06$。

（2）锅炉供热介质的选择，应符合下列要求：

1）供供暖、通风、空气调节和生活用热的锅炉房，宜采用热水作为供热介质。

对于供热半径大的大型区域供热民用锅炉房，应采用高温和大温差的热水间接供热；设计供水温度不应低于 115℃，且不宜高于 130℃，设计供回水温差不应小于 40℃，回水温差应取 50～80℃。

对于供热半径小于 lkm 的小型民用锅炉房，宜采用≤95℃热水间接供热或直接供热，不同的系统的直接供热热水温度如下：

① 散热器集中供暖系统供/回水温度宜按 75℃/50℃，且供水温度不宜大于 85℃，供回水温差不宜小于 20℃；

② 热水地面辐射供暖系统供/回水温度宜采用 45℃/35℃，供水温度不应大于 60℃，供回水温差不宜大于 10℃，且不宜小于 5℃；

③ 空调热水系统对于非预热盘管供水温度宜采用 50～60℃，用于严寒地区预热时供水温度不宜低于 70℃。空调热水的供回水温差，严寒和寒冷地区不宜小于 15℃，夏热冬冷地区不宜小于 10℃；

④ 生活热水用热要求将冷水加热至55～60℃。

2）同时供生产用汽及供暖、通风、空调和生活用热的锅炉房，经技术经济比较后，可选用蒸汽或蒸汽和热水作为供热介质。

民用建筑中除厨房、洗衣、高温消毒以及冬季空调加湿等必须采用蒸汽的热负荷外，其余热负荷应以热水锅炉为热源，当蒸汽热负荷在总热负荷中的比例大于70%且总热负荷≤1.4MW时，可采用蒸汽锅炉。

3）以生产用汽为主的锅炉房，应采用蒸汽作为供热介质。

4）锅炉房的设计压力应按供热用户中最高工作压力考虑。按下述原则确定：

① 蒸汽锅炉的运行压力，应根据用汽设备的最大供汽压力，并计入管网阻力和适当的富裕系数来确定。常用设备所需供汽压力如表1-1所示。

常用设备所需供汽压力 表1-1

用汽设备名称或类型	供暖通风及生活用热换热器	空调加湿用汽	洗衣机烫平机	吸收式制冷机	厨房蒸煮或消毒设备	医用消毒设备	蒸馏水制备设备
所需蒸汽压力(MPa)	0.02～0.6	0.05～0.10	0.5～0.9	0.4～0.9	0.15～0.25	0.3～0.6	0.3～0.5

② 热水锅炉的运行压力，应同时满足下列条件：

a. 不小于循环水系统最高静压力和系统总阻力之和；

b. 钢制热水锅炉的出口水压力不应低于最高供水温度加20℃所相应的饱和水压力（用锅炉自产蒸汽定压的热水系统除外）；铸铁热水锅炉的出水压力不应低于最高供水温度加40℃所相应的饱和压力。

5）当采用真空热水锅炉时，最高用热温度宜≤85℃，真空热水锅炉适用于低温热水供热系统。

6）真空锅炉可根据用户要求在一台锅炉内设置多个热交换单元，供应不同参数和用途的热水；当锅炉设计因控制管理复杂，难以同时满足各系统的运行要求时，不宜采用同一台锅炉直接供应几个不同供热参数的系统。

7）燃气锅炉的烟气余热回收装置应按下列要求设置：

① 供水温度不高于60℃的低温供热系统，应设烟气余热回收装置；

② 供水温度高于60℃的散热器供暖系统，宜设烟气余热回收装置；

③ 锅炉烟气余热回收装置后的排烟温度不应高于100℃；

④ 当供热系统的设计回水温度小于或等50℃时，宜采用冷凝式锅炉；当选用普通锅炉时，应另设烟气余热回收装置。

1.3.2 锅炉选型一般要求

（1）锅炉选型应综合考虑下列要求：

1）能满足用户所需要的热介质种类和运行参数（温度、压力）要求。

2）应能有效地燃烧所采用的燃料，有较高热效率。

3）锅炉在有效出力范围内调节性能好，和选用台数配合后能适应用户全年热负荷的变化，并有利于经济管理。

4）应有利于保护环境。

5）应能降低基建投资和减少运行管理费用。

6）应选用机械化、自动化程度较高的锅炉。

7）同一锅炉房宜选用容量和燃烧设备相同的锅炉，当选用不同容量和不同类型的锅炉时，其容量和类型均不宜超过 2 种。

8）其结构应与该地区抗震设防烈度相适应。

9）对燃油、燃气锅炉，除应符合上述规定外，还应符合全自动运行要求和具有可靠的燃烧安全保护装置。

（2）锅炉台数的确定应考虑下列因素：

1）锅炉台数和容量应按所有运行锅炉在额定蒸发量或热功率时，能满足锅炉房最大计算热负荷。

2）应保证锅炉房在较高或较低热负荷运行工况下能安全运行，并应使锅炉台数、额定蒸发量或热功率和其他运行性能均能有效地适应热负荷变化，且应考虑全年热负荷低峰期锅炉机组的运行工况。

3）锅炉房的锅炉台数不宜过多，全年使用时不应少于 2 台，非全年使用时不宜少于 2 台，但当选用 1 台锅炉能满足热负荷和检修需要时，可只设置 1 台。

4）锅炉房的锅炉总台数，对新建锅炉房不宜超过 5 台；扩建和改建时，总台数不宜超过 7 台；非独立锅炉房，在民用建筑内不宜超过 4 台。

5）锅炉房有多台锅炉时，当其中 1 台额定蒸发量或热功率最大的锅炉检修时，其余锅炉应能满足下列要求：

① 连续生产用热所需的最低热负荷；

② 供暖供通风、空调和生活用热所需的最低热负荷；

③ 民用建筑其中一台因故停止工作时，剩余锅炉的设计换热量应符合业主保障供热量的要求，并且对于寒冷地区和严寒地区供热（包括供暖和空调供热），剩余锅炉的总供热量分别不应低于设计供热量的 65% 和 70%。

6）居住建筑的燃煤（燃散煤）锅炉房应设置区域锅炉房，并应采用设热力站的间接供热系统；锅炉台数不宜少于 2 台，宜采用 2～3 台，且不宜超过 5 台；单台锅炉容量不宜小于 14MW，单台锅炉的负荷率不应低于 60%。对于规模较小的居住区，单台容量可适当降低，但不宜小于 4.2MW。

7）居住建筑的燃气锅炉房设计每个直接供热的燃气锅炉房面积不宜大于 10 万 m^2，当受条件限制，供热面积较大时，应经技术经济比较确定是否采用分区设置热力站的间接供热系统。单台锅炉的负荷率不应低于 30%，锅炉台数宜为 2～3 台。

8）居住建筑采用模块式组合锅炉的锅炉房宜以楼栋为单位设置。总供热面积较大，且不能以楼栋为单位设置时，锅炉房也应相对分散设置。每个锅炉房设置的模块数宜为 4～8 块，不应大于 10 块，总供热量宜在 1.4MW 以下。

（3）锅炉的选型应根据工程建设方确定的燃料为依据。锅炉的设计效率不应低于表 1-2 中规定的数值。

锅炉额定工况下热效率（%） 表1-2

锅炉类型及燃料种类		$D<1$ $Q<0.7$	$1\leqslant D\leqslant2$ $0.7\leqslant Q\leqslant1.4$	$2<D<6$ $1.4<Q<4.2$	$6\leqslant D\leqslant8$ $4.2\leqslant Q\leqslant5.6$	$8<D\leqslant20$ $5.6\leqslant Q\leqslant14$	$D>20$ $Q>14$
		锅炉额定蒸发量 D(t/h)/额定热功率 Q(MW)					
层状燃烧锅炉	Ⅲ类烟煤	75(81)	78(84)	80(86)		81(87)	82(88)
抛煤机链条炉排锅炉		—	—	—		82(88)	83(89)
流化床燃烧锅炉		—	—	—		84(90)	
燃油燃气锅炉	重油	86(90)			88(92)		
	清油	88(92)			90(94)		
	燃气	88(92)			90(94)		

注：1. 括号外为限定值，括号内为目标值。
 2. 燃料收到基低位发热量，Ⅲ类烟煤＞21000kJ/kg，燃油燃气锅炉按燃料实际化验值。

1.4 锅炉房的位置和对土建、电气、供暖、通风及给水排水设计的要求

1.4.1 锅炉房位置的选择

（1）锅炉房位置的选择，应根据下列因素分析后确定：

1）应靠近热负荷比较集中的地区，并应使引出热力管道和室外管网的布置在技术、经济上合理。

2）应便于燃料储运和灰渣的排送，并宜使人流和燃料、灰渣运输的物流分开。

3）扩建端宜留有扩建余地。

4）应有利于减少烟尘、有害气体、噪声和灰渣对居民区和主要环境保护区的影响，全年运行的锅炉房应设置于总体最小频率风向的上风侧，季节性运行的锅炉房应设置于该季节最大频率风向的下风侧，并应符合环境影响评价报告提出的各项要求。

5）应有利于室外管道的布置和凝结水回收。

6）区域锅炉房尚应符合城市总体规划、区域供热规划的要求。

7）易燃、易爆物品生产企业锅炉房的位置，除应满足本条上述要求外，还应符合有关专业规范的规定。

（2）在设计时应配合建筑总图专业在总体规划中合理安排，并应符合下列基本原则：

1）锅炉房宜为独立的建筑物。

2）当锅炉房和其他建筑物相连或设置在其内部时，严禁设置在人员密集场所和重要部门的上一层、下一层、贴邻位置以及主要通道、疏散口的两旁。并应设置在首层或地下室一层靠建筑物外墙部位。

（3）锅炉房的火灾危险性分类和耐火等级应符合下列要求：

1）锅炉间应属于丁类生产厂房，单台蒸汽锅炉额定蒸发量大于4t/h或单台热水锅炉额定热功率大于2.8MW时，锅炉间建筑不应低于二级耐火等级；单台蒸汽锅炉额定蒸发量小于或等于4t/h或单台热水锅炉额定热功率小于或等于2.8MW时，锅炉间建筑不应

低于三级耐火等级。

设在其他建筑物内的锅炉房。锅炉间的耐火等级均不应低于二级耐火等级。

2）重油油箱间、油泵间和油加热器及轻柴油的油箱间和油泵间应属于丙类生产厂房，其建筑均不应低于二级耐火等级，上述房间布置在锅炉房辅助间内时，应设置防火墙与其他房间隔开；通向其他房间的门窗必须为甲级防火门窗，并应能自行关闭。

3）燃气调压间应属于甲类生产厂房，其建筑不应低于二级耐火等级，与锅炉房贴邻的调压间应设置防火墙与锅炉房隔开，其门窗应向外开启并不应直接通向锅炉房，地面应采用不产生火花地坪。

（4）民用建筑与单独建造的单台蒸汽锅炉的蒸发量小于或等于4t/h或单台热水锅炉的额定热功率小于或等于2.8MW的燃煤锅炉房，其防火间距可按《建筑设计防火规范》第5.2.1条的规定执行。民用建筑与单独建造的燃油或燃气锅炉房及蒸发量或额定热功率大于上述规定的燃煤锅炉房，其防火间距应按《建筑设计防火规范》第3.4.1条有关室外变、配电站和丁类厂房的规定执行。

《建筑设计防火规范》相关条文：

5.2.1 民用建筑之间的防火间距不应小于表5.2.1的规定，与其他建筑物之间的防火间距应按本规范第3章和第4章的有关规定执行。

表5.2.1 民用建筑之间的防火间距 （m）

耐火等级	一、二级	三级	四级
一、二级	6	7	9
三级	7	8	10

注：1 两座建筑物相邻较高一面外墙为防火墙或高出相邻较低一座一、二级耐火等级建筑物的屋面15m范围内的外墙为防火墙且不开设门窗洞口时，其防火间距可不限；

2 相邻的两座建筑物，当较低一座的耐火等级不低于二级、屋顶不设置天窗、屋顶承重构件及屋面板的耐火极限不低于1.00h，且相邻的较低一面外墙为防火墙时，其防火间距不应小于3.5m；

3 相邻的两座建筑物，当较低一座的耐火等级不低于二级，相邻较高一面外墙的开口部位设置甲级防火门窗，或设置符合现行国家标准《自动喷水灭火系统设计规范》GB 50084规定的防火分隔水幕或本规范第7.5.3条规定的防火卷帘时，其防火间距不应小于3.5m；

4 相邻两座建筑物，当相邻外墙为不燃烧体且无外露的燃烧体屋檐，每面外墙上未设置防火保护措施的门窗洞口不正对开设，且面积之和小于或等于该外墙面积的5%时，其防火间距可按本表规定减少25%；

5 耐火等级低于四级的原有建筑物，其耐火等级可按四级确定；以木柱承重且以不燃烧材料作为墙体的建筑，其耐火等级应按四级确定；

6 防火间距应按相邻建筑物外墙的最近距离计算，当外墙有凸出的燃烧构件时，应从其凸出部分外缘算起。

3.4.1 除本规范另有规定者外，厂房之间及其与乙、丙、丁、戊类仓库、民用建筑等之间的防火间距不应小于下表的规定。

名称		民用建筑		
		耐火等级		
		一、二级	三级	四级
单层、多层丙、丁类厂房	耐火等级 一、二级	10	12	14
	三级	12	14	16
	四级	14	16	18

注：建筑之间的防火间距应按相邻建筑外墙的最近距离计算，如外墙有凸出的燃烧构件，应从其凸出部分外缘算起。

3.4.5 当丙、丁、戊类厂房与公共建筑的耐火等级均为一、二级时，其防火间距可按下列规定执行：

1. 当较高一面外墙为不开设门窗洞口的防火墙，或比相邻较低一座建筑屋面高15m及以下范围内的外墙为不开设门窗洞口的防火墙时，其防火间距可不限。

2. 相邻较低一面外墙为防火墙，且屋顶不设天窗、屋顶耐火极限不低于1.00h，或相邻较高一面外墙为防火墙，且墙上开口部位采取了防火保护措施，其防火间距可适当减小，但不应小于4m。

（5）燃煤、燃油或燃气锅炉当确有困难时，可贴邻民用建筑布置，但应采用防火墙隔开，且不应贴邻人员密集场所。

燃油或燃气锅炉宜设置在高层建筑外的专用房间内。当上述设备受条件限制需与高层建筑贴邻布置时，应设置在耐火等级不低于二级的建筑内，并应采用防火墙与高层建筑隔开，且不应贴邻人员密集场所。

（6）燃油或燃气锅炉等用房受条件限制必须布置在民用建筑内时，不应布置在人员密集场所的上一层、下一层或贴邻，并应符合下列规定：

1）燃油和燃气锅炉房应设置在首层或地下一层靠外墙部位，但常（负）压燃油、燃气锅炉可设置在地下二层，当常（负）压燃气锅炉距安全出口的距离大于6m时，可设置在屋顶上。燃油锅炉应采用丙类液体作燃料。采用相对密度（与空气密度的比值）大于或等于0.75的可燃气体为燃料的锅炉，不得设置在地下或半地下建筑（室）内。

2）锅炉房的门均应直通室外或直通安全出口；外墙开口部位的上方应设置宽度不小于1m的不燃烧体防火挑檐或高度不小于1.2m的窗槛墙。

3）锅炉房与其他部位之间应采用耐火极限不低于2.00h的不燃烧体隔墙和1.50h的不燃烧体楼板隔开。在隔墙和楼板上不应开设洞口，当必须在隔墙上开设门窗时，应设置甲级防火门窗。

4）当锅炉房内设置储油间时，其总储存量不应大于$1m^3$，且储油间应采用防火墙与锅炉间隔开；当必须在防火墙上开门时，应设置甲级防火门；甲级防火门应为能自行关闭的（向疏散方向开启的平开门，且能从任何一侧手动开启）；油箱油泵间应有挡油外泄措施。

5）应设置火灾报警装置。

6）应设置与锅炉容量和建筑规模相适应的除卤代烷以外灭火设施。

1.4.2 锅炉房土建设计要求

1. 锅炉房的建筑设计

（1）锅炉房的外墙、楼地面或屋面，应有相应的防爆措施。并应有相当于锅炉间占地面积10%的泄压面积，泄压方向不得朝向人员聚集的场所、房间和人行通道，泄压处也不得与这些地方相邻。地下锅炉房采用竖井泄爆方式时，竖井的净横断面积，应满足泄压面积的要求。

当泄压面积不能满足上述要求时，可采用在锅炉房的内墙和顶部（顶棚）敷设金属爆炸减压板作补充。

注：泄压面积可将玻璃窗、天窗、质量小于或等于$120kg/m^2$的轻质屋顶和薄弱墙等面积包括在内。

（2）燃油、燃气锅炉房锅炉间与相邻的辅助间之间的隔墙，应为防火墙；隔墙上开设的门应为甲级防火门；朝锅炉操作面方向开设的玻璃大观察窗，应采用具有抗爆能力的固定窗。

（3）锅炉房出入口的设置，必须符合下列规定：

1）出入口不应少于2个。但对独立锅炉房，当炉前走道总长度小于12m，且总建筑面积小于200m^{2}时，其出入口可设1个。

2）非独立锅炉房，其人员出入口必须有1个直通室外。

3）锅炉房为多层布置时，其各层的人员出入口不应少于2个。楼层上的人员出入口，应有直接通向地面的安全楼梯。

（4）锅炉房通向室外的门应向室外开启，锅炉房内的工作间或生活间直通锅炉间的门应向锅炉间内开启。

（5）锅炉房建筑物室内底层标高和构筑物基础顶面标高，应高出室外地坪或周围地坪0.15m及以上。锅炉间和同层的辅助间地面标高应一致。

（6）锅炉房为多层布置时，锅炉基础与楼地面接缝处应采取适应沉降的措施。

（7）锅炉房应预留能通过设备最大搬运件的安装洞，安装洞可结合门窗洞或非承重墙处设置。

（8）钢筋混凝土烟囱和砖烟道的混凝土底板等内表面，其设计计算温度高于100℃的部位应有隔热措施。烟囱和烟道连接处，应设置沉降缝。

（9）锅炉房的柱距、跨度和室内地坪至柱顶的高度，在满足工艺要求的前提下，宜符合现行国家标准《厂房建筑模数协调标准》GB 50006的规定。

（10）需要扩建的锅炉房，土建应留有扩建的措施。

（11）锅炉房内装有磨煤机、鼓风机、水泵等振动较大的设备时，应采取隔振措施。

（12）钢筋混凝土煤仓壁的内表面应光滑耐磨，壁交角处应做成圆弧形，并应设置有盖人孔和爬梯。

（13）设备吊装孔、灰渣池及高位平台周围，应设置防护栏杆。

（14）锅炉间外墙的开窗面积，除应满足泄压要求外，还应满足通风和采光的要求。锅炉房门、窗或外墙上应开设保证锅炉燃烧所需风量的百页进风口或其他消声进风口。

（15）锅炉房和其他建筑物相邻时，其相邻的墙应为防火墙。

（16）油泵房的地面应有防油措施。对有酸、碱侵蚀的水处理间地面、地沟、混凝土水箱和水池等建、构筑物的设计，应符合现行国家标准《工业建筑防腐蚀设计规范》GB 50046的规定。

（17）干煤棚挡煤墙上部敞开部分，应有防雨措施，但不应妨碍桥式起重机通过。

2. 锅炉房工艺布置

（1）锅炉房工艺布置应确保设备安装、操作运行、维护检修的安全和方便，并应使各种管线流程短、结构简单，使锅炉房面积和空间使用合理、紧凑。

（2）锅炉机组的布置应符合下列要求：

1）锅炉操作地点和通道的净空高度不应小于2m，并应符合起吊设备操作高度的要求。在锅筒、省煤器及其他发热部位的上方，当不需操作和通行时，其净空高度可为0.7m。

2）锅炉与建筑物的净距，不应小于表1-3的规定：

锅炉与建筑物的净距　　　　　　表1-3

单台锅炉容量		炉前(m)		锅炉两侧和后部通道(m)
蒸汽锅炉(t/h)	热水锅炉(Mw)	燃煤锅炉	燃气(油)锅炉	
1～4	0.7～2.8	3.00	2.50	0.80
6～20	4.2～14	4.00	3.00	1.50
≥35	≥29	5.00	4.00	1.80

3）当需在炉前更换锅管时，炉前净距应能满足操作要求。大于6t/h的蒸汽锅炉或大于4.2MW的热水锅炉，当炉前设置仪表控制室时，锅炉前端到仪表控制室的净距可减为3m。

4）当锅炉需吹灰、拨火、除渣、安装或检修螺旋除渣机时，通道净距应能满足操作的要求；装有快装锅炉的锅炉房，应有更新整装锅炉时能顺利通过的通道；锅炉后部通道的距离应根据后烟箱能否旋转开启确定。

（3）烟道和墙壁、基础之间应保持70mm宽的膨胀间隙，间隙用玻璃纤维绞绳填充，两端应用不燃材料封堵。

（4）锅炉之间的操作平台宜连通。锅炉房内所有高位布置的辅助设施及监测、控制装置和管道阀门等需操作和维修的场所，应设置方便操作的安全平台和扶梯。阀门可设置传动装置引至楼（地）面进行操作。

（5）平台和扶梯应选用不燃烧的防滑材料。操作平台宽度不小于800mm，扶梯宽度不应小于600mm。平台和扶梯上净高不应小于2m。经常使用的钢梯坡度不宜大于45°。

（6）炎热地区的锅炉间操作层，可采用半敞开布置或在其前墙开门。操作层为楼层时，门外应设置阳台。

（7）风机、水箱、除氧装置、加热装置、除尘装置、蓄热器、水处理装置等辅助设备和测量仪表露天布置时，应有防雨、防风、防冻、防腐和防噪声等措施。

居民区内锅炉房的风机不应露天布置。

3. 锅炉间、辅助间和生活间的设置

（1）锅炉房宜设置必要的修理、运输和生活设施，当可与所属企业或邻近的企业协作时，可不单独设置。

（2）锅炉房应根据其规模大小和工艺布置需要设计锅炉间、辅助间（机械上煤间、日用油箱间、燃气调压计量间、给水和水处理间、风机和除尘设备间、维修间、控制室、化验室、贮存室等）和生活间（厕所、浴室、值班室、更衣间等），对于产生高噪声的机电设备宜分别集中布置在隔声的房间内。

（3）单台蒸汽锅炉额定蒸发量为1～20t/h或单台热水锅炉额定热功率为0.7～14MW的锅炉房，其辅助间和生活间宜贴邻锅炉间固定端一侧布置。单台蒸汽锅炉额定蒸发量为35～75t/h或单台热水锅炉额定热功率为29～70MW的锅炉房，其辅助间和生活间根据具体情况，可贴邻锅炉间布置，或单独布置。

（4）锅炉房集中仪表控制室，应符合下列要求：

1）应与锅炉间运行层同层布置；

2）宜布置在便于司炉人员观察和操作的炉前适中地段；

　　3）室内光线应柔和；

　　4）朝锅炉操作面方向应采用隔声玻璃大观察窗；

　　5）控制室应采用隔声门；

　　6）布置在热力除氧器和给水箱下面及水泵间上面时，应采取有效的防振和防水措施。

　　（5）容量大的水处理系统、热交换系统、运煤系统和油泵房，宜分别设置各系统的就地机柜室。

　　（6）锅炉房宜设置修理间、仪表校验间、化验室等生产辅助间，并宜设置值班室、更衣室、浴室、厕所等生活间。当就近有生活间可利用时，可不设置。二、三班制的锅炉房可设置休息室或与值班更衣室合并设置。锅炉房按车间、工段设置时，可设置办公室。

　　（7）锅炉房生活间的卫生设施设计，应符合国家现行职业卫生标准《工业企业设计卫生标准》GBZ 1 的有关规定。

　　（8）化验室应布置在采光较好、噪声和振动影响较小处，并使取样方便。

　　化验室的地面和化验台的防腐蚀设计，应符合现行国家标准《工业建筑防腐蚀设计规范》GB 50046 的规定，其地面应有防滑措施。

　　化验室的墙面应为白色、不反光，窗户宜防尘，化验台应有洗涤设施，化验场地应做防尘、防噪处理。

　　（9）锅炉房运煤系统的布置宜使煤自固定端运入锅炉炉前。

　　（10）热力除氧设备和真空除氧设备间的布置高度，应保证锅炉给水泵有足够的进水压头。

　　（11）独立建筑的燃气锅炉房应设燃气调压间和燃气表间，燃气调压间与相邻房间的隔墙应为无门窗洞口的防火墙，设置在其他建筑内的锅炉房应设燃气表计量间。

　　（12）燃油、燃气锅炉房的控制、变配电室与锅炉间的隔墙应为防火墙。

　　（13）民用建筑中的垂直供油、供气（燃气）管道竖井宜靠外墙设置，井壁应为不燃材料，管井每隔 2～3 层作防火分隔（隔板耐火极限与楼板相同）；管井与房间、走道相连通的洞孔空隙应用不燃烧材料填塞密实；在每个防火分隔层及底部应设丙级防火门作检查用。管井顶部设置与大气相通的百叶窗，在底层防火门的下部设置带防火阀的进风百页，该防火阀应选用 24V（DC）电动式全开全关型阀门（如 FD 型防火阀），由防火中心控制，当有火警时，关闭阀门。管井为自然通风换气。

4. 锅炉房的结构设计

　　（1）锅炉房楼面、地面和屋面的活荷载，应根据工艺设备安装和检修的荷载要求确定，亦可按表 1-4 的规定确定。

楼面、地面和屋面的活荷载　　　　　　　表 1-4

名称	活荷载（kN/m²）	名称	活荷载（kN/m²）
锅炉间楼面	6～12	除氧层楼面	4
辅助间楼面	4～8	锅炉间及辅助间屋面	0.5～1
运煤层楼面	4	锅炉间地面	10

　　注：1 表中未列的其他荷载应按现行国家标准《建筑结构荷载设计规范》GB 50009 的规定选用。

　　　　2. 表中不包括设备的集中荷载。

　　　　3. 主煤层楼面有皮带头部装置的部分应由工艺提供荷载或可按 10kN/m² 计算。

　　　　4. 锅炉间地面设有运输通道时，通道部分的地坪和地沟盖板可按 20kN/m² 计算。

（2）在抗震设防烈度为 6～9 度地区建设锅炉房时，其建筑物、构筑物和管道设计，均应采取符合该地区抗震设防标准的措施。

1.4.3　锅炉房电气设计要求

1. 锅炉房电气设计

（1）锅炉房的供电负荷级别和供电方式，应根据工艺要求、锅炉容量、热负荷的重要性和环境特征等因素，按现行国家标准《供配电系统设计规范》GB 50052 的有关规定确定。

（2）电动机、启动控制设备、灯具和导线型式的选择，应与锅炉房各个不同的建筑物和构筑物的环境分类相适应。

燃油、燃气锅炉房的锅炉间、燃气调压间、燃油泵房、煤粉制备间、碎煤机间和运煤走廊等有爆炸和火灾危险场所的等级划分，必须符合现行国家标准《爆炸和火灾危险环境电力装置设计规范》GB 50058 的有关规定。

（3）单台蒸汽锅炉额定蒸发量大于或等于 6t/h 或单台热水锅炉额定热功率大于或等于 4.2MW 的锅炉房，宜设置低压配电室。当有 6kV 或 10kV 高压用电设备时，尚宜设置高压配电室。

（4）锅炉房的配电宜采用放射式为主的方式。当有数台锅炉机组时，宜按锅炉机组为单元分组配电。

（5）单台蒸汽锅炉额定蒸发量小于或等于 4t/h 或单台热水锅炉额定热功率小于或等于 2.8MW，锅炉的控制屏或控制箱宜采用与锅炉成套的设备，并宜装设在炉前或便于操作的地方。

（6）锅炉机组采用集中控制时，在远离操作屏的电动机旁，宜设置事故停机按钮。运煤皮带每隔 20m 宜设置一个事故停机按钮。

当需要在不能观察电动机或机械的地点进行控制时，应在控制点装设指示电动机工作状态的灯光信号或仪表。电动机的测量仪表应符合现行国家标准《电力装置的电气测量仪表装置设计规范》GB 50063 的规定。

自动控制或联锁的电动机，应有手动控制和解除自动控制或联锁控制的措施；远程控制的电动机，应有就地控制和解除远程控制的措施；当突然启动可能危及周围人员安全时，应在机械旁装设启动预告信号和应急断电开关或自锁按钮。

（7）电气线路宜采用穿金属管或电缆桥架布线，并不应沿锅炉热风道、烟道、热水箱和其他载热体表面敷设。当需要沿载热体表面敷设时，应采取隔热措施。

在煤场下及构筑物内不宜有电缆通过。

（8）控制室、变压器室和高、低压配电室，不应设在潮湿的生产房间、淋浴室、卫生间、用热水加热空气的通风室和输送有腐蚀性介质管道的下面。

（9）烟囱顶端上装设的飞行标志障碍灯，应根据锅炉房所在地航空部门的要求确定。障碍灯应采用红色，且不应少于 2 盏。

（10）砖砌或钢筋混凝土烟囱应设置接闪（避雷）针或接闪带，可利用烟囱爬梯作为其引下线，但必须有可靠的连接。

钢烟囱也应设避雷针，当以钢烟囱自身作引下线时，如果烟囱是用法兰连接的各段组成，并在法兰之间有非金属垫圈时，则应用扁钢作跨接线焊在法兰上。

（11）锅炉房应设置通信设施。

2. 锅炉房的照明设计

（1）锅炉房各房间及构筑物地面上人工照明标准照度值、显示指数及功率密度值，应符合现行国家标准《建筑照明设计标准》GB 50034 的规定。

（2）锅炉水位表、锅炉压力表、仪表屏和其他照度要求较高的部位，应设置局部照明。

（3）在装设锅炉水位表、锅炉压力表、给水泵以及其他主要操作的地点和通道，宜设置事故照明。事故照明的电源选择，应按锅炉房的容量、生产用汽的重要性和锅炉房附近供电设施的设置情况等因素确定。

（4）照明装置电源的电压，应符合下列要求：

1）地下凝结水箱间、出灰渣地点和安装热水箱、锅炉本体、金属平台等设备和构件处的灯具，当距地面和平台工作面小于 2.5m 时，应有防止触电的措施或采用不超过 36V 的电压。

2）手提行灯的电压不应超过 36V。在本条第（1）款中所述场所的狭窄地点和接触良好的金属面上工作时，所用手提行灯的电压不应超过 12V。

3. 燃油燃气锅炉房的电气设计

（1）燃气放散管的防雷设施，应符合现行国家标准《建筑物防雷设计规范》GB 50057 的规定。

（2）燃油锅炉房储存重油和轻柴油的金属油罐，当其顶板厚度不小于 4mm 时，可不装设接闪针，但必须接地，接地点不应少于 2 处。

当油罐装有呼吸阀和放散管时，其防雷设施应符合现行国家标准《石油库设计规范》GB 50074 的规定。

覆土在 0.5m 以上的地下油罐，可不设防雷设施。但当有通气管引出地面时，在通气管处应做局部防雷处理。

（3）气体和液体燃料管道应有静电接地装置。当其管道为金属材料，且与防雷或电气系统接地保护线相连时，可不设静电接地装置。

（4）当设置机械通风设施时，应设置导除静电的接地装置。

（5）燃气调压间、燃气表间、油箱油泵间及锅炉间应设置可燃气体浓度报警系统，并和燃气（燃油）进口总管上的紧急切断阀、相关房间的事故排风机等联锁，当报警系统启动时，自动关闭该紧急切断阀，事故排风机立即启动运行。

报警地点和声光报警讯号在锅炉房总控制柜上显示，报警系统应设置备用电源。

（6）设置在民用建筑内的锅炉房，应设置火灾自动报警系统，并接至总消防控制室，消防中心应有显示其报警器和事故排风机工作状态的装置，并能显示报警点的位置；能显示紧急切断阀的启闭状态，并能遥控紧急切断阀启闭。

1.4.4 锅炉房供暖，通风设计要求

（1）设置集中供暖的锅炉房，各生产房间生产时间的冬季室内计算温度，宜符合表1-5 的规定。在非生产时间的冬季室内计算温度宜为 5℃。

各生产房间生产时间的冬季室内计算温度 表 1-5

房间名称		温度（℃）
燃煤、燃油、燃气锅炉间	经常有人操作时	12
	设有控制室，经常无操作人员时	5
控制室、化验室、办公室		16～18
水处理间、值班室		15
燃气调压间、油泵房、化学品库、出渣间、风机间、水箱间、运煤走廊		5
水泵房	在单独房间内经常有人操作时	15
	在单独房间内经常无操作人员时	5
碎煤间及单独的煤粉制备装置间		12
更衣室		23
浴室		25～27

1）在有设备散热的房间内，应对工作地点的温度进行热平衡计算，当其散热量不能保证本规范规定工作地点的供暖温度时，应设置供暖设备。

2）锅炉房内工作地点的夏季空气温度，应根据设备散热量的大小，按国家现行职业卫生标准《工业企业设计卫生标准》GB Z1 的有关规定确定。

3）夏季运行的地下、半地下、地下室和半地下室锅炉房控制室，应设有空气调节装置，其他锅炉房的控制室、化验室的仪器分析间，宜设空气调节装置。

（2）锅炉房的通风设计应符合下列要求：

1）锅炉间、风机间、除尘间、凝结水箱间、水泵间和油泵间等房间的余热，宜采用有组织的自然通风排除。当自然通风不能满足要求时，应设置机械通风。锅炉间和风机间的通风量应满足锅炉燃烧所需要的空气量。

2）锅炉间锅炉操作区等经常有人工作的地点，在热辐射照度大于或等于 350w/m² 的地点，应设置局部送风。

3）运煤系统的转运处、破碎、筛选处，以及干式机械排灰渣出口，应设置防止粉尘扩散的封闭措施和局部通风除尘装置。

4）燃油、燃气锅炉房应有良好的自然通风或机械通风设施。设在其他建筑物内的燃油、燃气锅炉房的锅炉间，应设置独立的送排风系统，应选用防爆型风机。新风量必须符合下列要求：

① 锅炉房设置在首层时，对采用燃油作燃料的，其正常换气次数每小时不应少于 3 次，事故换气次数每小时不应少于 6 次；对采用燃气作燃料的，其正常换气次数每小时不应少于 6 次，事故换气次数每小时不应少于 12 次；

② 锅炉房设置在半地下或半地下室时，其正常换气次数每小时不应少于 6 次，事故换气次数每小时不应少于 12 次；

③ 锅炉房设置在地下或地下室时，其换气次数每小时不应少于 12 次；

④ 送入锅炉房的新风总量，必须大于锅炉房 3 次的换气量；

⑤ 送入控制室的新风量，应按最大班操作人员计算。

注：换气量中不包括锅炉燃烧所需空气量。

5）燃气调压间等有爆炸危险的房间，应有每小时不少于 3 次的换气量。当自然通风不能满足要求时，应设置机械通风装置，并应设每小时换气不少于 12 次的事故通风装置。通风装置应防爆。

6）燃油泵房和贮存闪点小于或等于 45℃ 的易燃油品的地下油库，除采用自然通风外，燃油泵房应有每小时换气 12 次的机械通风装置，油库应有每小时换气 6 次的机械通风装置。

计算换气量时，房间高度可按 4m 计算。

设置在地面上的易燃油泵房，当建筑物外墙下部设有百叶窗、花格墙等对外常开孔口时，可不设置机械通风装置。

易燃油泵房和易燃油库的通风装置应防爆。

7）机械通风房间内吸风口的位置，应根据油气和燃气的密度大小，按现行国家标准《民用建筑供暖通风与空气调节设计规范》GB 500736 中的有关规定确定。

用于排除密度大于空气的有害气体时，位于房间下部区域的排风口，其下缘至地板距离不大于 0.3m。

1.4.5 锅炉房给水排水及消防设计要求

1. 锅炉房的给水设计

（1）锅炉房的给水宜采用 1 根进水管。当中断给水造成停炉会引起生产上的重大损失时，应采用 2 根从室外环网的不同管段或不同水源分别接入的进水管。

当采用 1 根进水管时，应设置为排除故障期间用水的水箱或水池。其总容量应包括原水箱、软化或除盐水箱、除氧水箱和中间水箱等的容量，并不应小于 2h 锅炉房的计算用水量。

（2）煤场和灰渣场，应设有防止粉尘飞扬的洒水设施和防止煤屑和灰渣被冲走以及积水的设施。煤场尚应设置消除煤堆自燃用的给水点。

2. 锅炉房的排水设计

（1）化学水处理的储存酸、碱设备处，应有人身和地面沾溅后简易的冲洗措施。

（2）锅炉及辅机冷却水，宜利用作为锅炉除渣机用水及冲灰渣补充水。锅炉房冷却用水量大于或等于 8m³/h 时，应循环使用。

（3）锅炉房操作层、出灰层和水泵间等地面宜有排水措施。

（4）湿法除尘、水力除灰渣、燃油系统等排出的废水和水处理间排出的含酸、碱废水，应进行处理，使其符合国家有关工业废水排放标准的要求。

（5）锅炉排污应设排污降温池，排污水应降至 40℃ 后方可排入室外排水系统。

（6）地下室设备间应设置积水坑并配置排除积水的装置。

3. 锅炉房消防设计

（1）锅炉房的消防设计，应符合现行国家标准《建筑设计防火规范》GB 50016 和《高层民用建筑设计防火规范》GB 50045 的有关规定。

（2）锅炉房应设置室外消火栓给水系统，建筑一、二级耐火等级的锅炉间可不设室内消防给水，建筑高度超过 24m 的锅炉房还应设置室内消防水系统。

（3）民用小区内的锅炉房宜与小区统一设置消防给水系统，区域锅炉房应有独立的消防给水系统。

（4）锅炉房的消防给水，可采用与生产、生活水合并的给水系统。

（5）设置在民用建筑内的锅炉房应装设自动喷水灭火系统。

（6）独立设置的燃油锅炉房应设置蒸汽喷雾或水喷雾消防系统。

（7）设置在民用建筑内或与民用建筑贴邻的燃油燃气锅炉房的锅炉间、日用油箱间、燃气调压间等应设置蒸汽喷雾或水喷雾系统。

（8）锅炉房内灭火器的配置，应符合现行国家标准《建筑灭火器配置设计规范》GB 50140 的规定。

（9）燃油泵房、燃油罐区宜采用泡沫灭火，其系统设计应符合现行国家标准《低倍数泡沫灭火系统设计规范》GB 50151 的有关规定。

（10）燃油及燃气的非独立锅炉房的灭火系统，当建筑物设有防灾中心时，该系统应由防灾中心集中监控。

（11）非独立锅炉房和单台蒸汽锅炉额定蒸发量大于或等于 10t/h 或总额定蒸发量大于或等于 40t/h 及单台热水锅炉额定热功率大于或等于 7Mw 或总额定热功率大于或等于 28MW 的独立锅炉房，应设置火灾探测器和自动报警装置。火灾探测器的选择及其设置的位置，火灾自动报警系统的设计和消防控制设备及其功能，应符合现行国家标准《火灾自动报警系统设计规范》GB 50116 的有关规定。

（12）消防集中控制盘，宜设在仪表控制室内。

（13）锅炉房、运煤栈桥、转运站、碎煤机室等处，宜设置室内消防给水点，其相连接处并宜设置水幕防火隔离设施。

（14）贮煤场、油罐区的周围，应设置环状消防给水管网；进环状管网的输水管应不少于 2 条，当其中 1 条管道故障时，其余输水管应仍能通过消防用水总量，环状管道应采用阀门分成若干区段。

1.5 锅炉房烟风系统设计

1.5.1 鼓风机和引风机装置

（1）锅炉的鼓风机、引风机宜单炉配置。当需要集中配置时，每台锅炉的风道、烟道与总风道、总烟道的连接处，应设置密封性好的风道闸门和烟道闸门。

（2）锅炉风机的配置和选择，应符合下列要求：

1）应选用高效、节能和低噪声风机。

2）风机的计算风量和风压，应根据锅炉额定蒸发量或额定热功率、燃料品种、燃烧方式和通风系统的阻力计算确定，并按当地气压及空气、烟气的温度和密度对风机特性进行修正。

3）炉排锅炉和循环流化床锅炉的风机，宜按 1 台炉配置 1 台鼓风机和 1 台引风机，其风量的富裕量，不宜小于计算风量的 10%，风压的富裕量不宜小于计算风压的 20%。煤粉锅炉风量和风压的富裕量应符合现行国家标准《小型火力发电厂设计规范》GB

50049 的规定。

4）单台额定蒸发量大于或等于 35t/h 的蒸汽锅炉或单台额定热功率大于或等于 29MW 的热水锅炉，其鼓风机和引风机的电机宜具有调速功能。

5）满足风机在正常运行条件下处于较高的效率范围。

6）循环流化床锅炉的返料风机配置，除应符合上述要求外，尚宜按 1 台炉配置 2 台，其中 1 台返料风机宜为备用。

（3）鼓风机的风量、风压按下式计算：

$$Q_g = k_1 a_L B_j V^0 \times \frac{273 + t_k}{273} \times \frac{101.32}{b}$$

$$H_g = k_2 \sum \Delta h_f \times \frac{273 + t_k}{273 + t_g} \times \frac{101.32}{b} \times \frac{1.293}{\rho_k^0}$$

式中　a_L——炉膛过剩空气系数，参见表 1-6；

Q_g——风机风量，m^3/h；

k_1——风量富裕系数，取 $k_1 = 1.1$；

B_j——锅炉额定负荷运行时的计算燃料耗量，kg/h（煤、油）或 Nm^3/h（燃气）；

V^0——燃烧所需理论空气量，Nm^3/kg（煤、油）或 Nm^3/Nm^3（燃气），（Nm^3——标准 m^3）；

b——当地大气压，kPa；根据当地海拔高度查表 1-7；当海拔高度≤200m 时，可取 $b = 101.32kPa$；

t_k——空气温度，℃；

H_g——风机风压，Pa；

k_2——风压富裕系数，取 $k_2 = 1.2$；

$\sum h_f$——风道总阻力，Pa；

t_g——鼓风机铭牌上给出的气体温度，℃；

ρ_k^0——标准大气压 $b = 101.32kPa$，温度为 0℃时空气密度，$\rho_k^0 = 1.293kg/m^3$。

（4）引风机风量、风压按下式计算：

$$Q_y = k_1 B_j V_y \times \frac{273 + t_{py}}{273} \times \frac{101.32}{b}$$

$$H_y = k_2 (\sum \Delta h_y - S_y) \times \frac{273 + t_{py}}{273 + t_y} \times \frac{101.32}{b} \times \frac{1.293}{\rho_y^0}$$

式中　Q_y——引风机风量，m^3/h；

k_1——风量富裕系数，取 $k_1 = 1.1$；

k_2——风压富裕系数，取 $k_2 = 1.2$；

H_y——引风机风压，Pa；

V_y——排烟体积，Nm^3/kg（煤、油）或 Nm^3/Nm^3（燃气）；

t_{py}——排烟温度，℃；

$\sum \Delta h_y$——烟道总阻力，Pa；

S_y——烟囱抽力，Pa；

t_y——引风机铭牌上给出的气体温度，℃；

ρ_y^0——标准大气压 $b = 101.32\text{Pa}$，温度为 $0℃$ 时的烟气密度，kg/m^3；$\rho_y^0 = 1.34\text{kg/m}^3$。

其余各项符号意义和鼓风机计算相同。

燃煤锅炉产生 1t/h 蒸汽或 0.7MW 的热量所相应的鼓风量和排烟量可按表 1-6 所列数据估算。

锅炉产生 1t/h 蒸汽或 0.7MW 热量的估称风量和烟量　　　　　表 1-6

炉型	过剩空气系数		送风量 (20℃) (m^3/h)	在下列排烟温度下的烟气量 Q_y(m^3/h)			
	炉膛出口 a_L	排烟 a_{py}		150(℃)	200(℃)	250(℃)	300(℃)
层燃锅炉	1.3～1.4	1.6	1270	2210	2460	3080	3700
燃油燃气锅炉	1.05～1.10	正压炉≮1.15 负压炉≮1.25	1000	1800	2000	2500	3000

大气压力与海拔高度的关系　　　　　表 1-7

海拔高度(m)	≤200	300	400	600	800	1000	1200	1400	1600	1800
大气压力　kPa	101.32	97.33	95.99	93.73	91.86	89.46	87.46	85.59	83.73	81.80
mmHg	760	730	720	703	689	671	656	642	628	614

（5）二次风机的选择：

二次风机的风量及风压宜按锅炉厂提供的数据取用，对一般层燃炉，二次风机风量约占总风量的 8%～15%，当然燃料挥发较大时取较高值，当挥发分较小时取较低值。一般二次风机风压为 2500～4000Pa，风压与风嘴风速及射程关系如表 1-8 所示。

风嘴风速、风压、射程　　　　　表 1-8

风速(m/s)	40			50			60			70		
风嘴直径(mm)	40	50	60	40	50	60	40	50	60	40	50	60
射程(m)	2.7	3.4	4.0	3.4	4.2	5.1	4.1	5.0	6.1	4.8	5.9	7.1
风压(Pa)	1200			1500			2200			3000		

（6）风机及其配套电动机的功率按下式计算：

$$N = \frac{QH}{3600 \times 10^3 \times \eta_f \eta_c}$$

$$N_d = \frac{k}{\eta_d} N$$

式中　N——风机所需功率，kW；

　　　Q——风机风量，m^3/h；

　　　H——风机风压，Pa；

　　　η_f——在全压下的风机效率，$\%$；

　　　η_c——传动效率，当风机和电动机直联时，取 $\eta_c = 1.0$，当风机和电动机用联轴器连接时，取 $\eta_c = 0.95$～0.98；当风机和电动机用三角皮带传动时，取 $\eta_c = 0.90$～0.95；

N_d——电动机功率，kW；

η_d——电动机效率，取 $\eta_d = 0.9$；

k——储备系数，按表1-9取值。

电动机储备系数 k 值   表 1-9

电动机功率 N_d(kW)		$N_d \leqslant 0.5$	$1 \leqslant N_d > 0.5$	$1 < N_d \leqslant 2$	$2 < N_d \leqslant 5$	$N_d \geqslant 5$
储备系数 k 数	皮带传动	2.0	1.5	1.3	1.2	1.1
	直联或联轴器联接	1.15	1.15	1.15	1.10	1.10

1.5.2 烟道和风道设计

（1）燃煤锅炉风道、烟道系统的设计，应符合下列要求：

1）应使风道、烟道短捷、平直且气密性好，附件少和阻力小。

2）单台锅炉配置两侧风道或2条烟道时，宜对称布置，且使每侧风道或每条烟道的阻力均衡。

3）当多台锅炉共用1座烟囱时，每台锅炉宜采用单独烟道接入烟囱，每个烟道应安装密封可靠的烟道门。

4）当多台锅炉合用1条总烟道时，应保证每台锅炉排烟时互不影响，并宜使每台锅炉的通风力均衡。每台锅炉支烟道出口应安装密封可靠的烟道门，烟道门应是能全开全闭、气密性好的闸板阀或调风阀。

5）宜采用地上烟道，并应在其适当位置设置清扫人孔。

6）对烟道和热风道的热膨胀应采取补偿措施。当采用补偿器进行热补偿时，宜选用非金属补偿器；烟道和砖烟囱连接处应设置伸缩缝。

7）应在适当位置设置必要的热工和环保等测点。

8）金属材料制作的烟道和热风道应进行保温。钢烟囱在人员能接触到的部分也应进行保温隔热。

9）鼓风机的进风口应设置安全网，防止硬物或纤维杂物被吸入风机。

10）烟道在适当的位置应设置清灰人孔，为便于清灰，砖烟道的净高不宜小于1.5m，净宽不宜小于0.6m。砖烟道宜布置在地面之上，不宜设置地下烟道。

11）在烟道和风道的适当位置应按《锅炉烟尘测试方法》GB 5468 的要求，设置永久采样孔，并安装用于测量采样的固定装置。

12）钢制烟道、风道的板材厚度：冷风道可采用2～3mm厚的钢板，烟道和热风道可采用3～5mm厚的钢板，矩形或圆形烟风道应具备足够的强度和刚度，必要时应设加强筋。

13）室外布置的烟道和风道，应设置防雨和防暴晒的设施。当锅炉房使用含硫量高的燃料时，烟道和烟囱内壁应采取防腐措施。

14）鼓风机吸风口的位置宜满足下列要求：

① 室内吸风口的位置可靠近锅炉房的高温区域；

② 露天及半露天锅炉采用室外或就地吸风；

③ 室外吸风口的位置应避免吸入雨水、废气和含沙尘的空气。

15）烟风门及其传动装置的布置，应满足下列要求：

① 风门的布置应便于操作或传动装置的设置；

② 电控、气控传动装置或远方传动装置的风门，应布置在热位移较小的管段上；

③ 需同时进行配合操作的多个手动风门，各风门的操作装置宜集中布置；

④ 当烟风门的操作手轮呈水平布置时，手轮面与操作层的距离宜为900mm；当垂直布置时，手轮中心与操作层的距离宜为900~1200mm。

（2）燃煤锅炉烟道、风道的断面尺寸，按下式计算确定：

$$F=\frac{V}{3600\omega}$$

式中　F——烟道或风道流通截面积，m^2；

V——空气或烟气流量，m^3/h；

ω——空气或烟气流速，m/s，可按表1-10取值。

烟风道常用流速 表1-10

烟道或风道类别	冷风道			烟道或热风道	
	自然通风流速（m/s）	机械通风吸入段流速（m/s）	机械通风压出段流速（m/s）	机械通风流速（m/s）	自然通风流速（m/s）
砖砌或混凝土管道	3~5	6~8	8~10	6~8	3~5
金属管道		8~12	10~15	10~15	8~10

对于圆形烟风道，其计算直径为：$d=\sqrt{\dfrac{F}{0.785}}=1.1287\sqrt{F}$。

对于矩形截面的烟、风道：

$$F=H\times B$$

式中　H、B——烟道或风道的高度和宽度，m。

各种容量锅炉房的烟道、风道截面尺寸及烟囱出口处内径如表1-11所示。

烟、风道设计参考尺寸（mm） 表1-11

锅炉房总容量（t/h）	自然通风		机械通风			
	烟道断面尺寸		冷风道断面尺寸		烟道或热风道断面尺寸	
	非金属烟道	金属烟道	非金属烟道	金属烟道	非金属烟道	金属烟道
1	300×400	300×350(ϕ377×5)	200×250	200×150(ϕ273×5)	300×320	200×300
2	600×400	300×700(ϕ530×5)	400×250	200×300(ϕ326×5)	400×500	300×400
3	900×400	400×800(ϕ630×5)	300×500	300×300	500×600	400×450
4	800×600	500×800(ϕ710×5)	400×500	300×400(ϕ480×5)	500×800	400×600
6	800×900	700×900(ϕ820×5)	600×500	300×600	700×800	600×600
8	800×1200	800×1000	500×800	400×600	800×1000	600×800
10	1000×1200	800×1300	600×700	500×600(ϕ720×5)	800×1200	800×800
12	1000×1500	800×1600	700×860	600×600	800×1500	800×900

锅炉房总容量（t/h）	自然通风		机械通风			
	烟道断面尺寸		冷风道断面尺寸		烟道或热风道断面尺寸	
	非金属烟道	金属烟道	非金属烟道	金属烟道	非金属烟道	金属烟道
14			700×900	600×700	1000×1400	800×1100
16			700×1100	600×800	1000×1600	800×1200
20			900×1100	800×800(φ920×5)	1200×1600	800×1500
24			1000×1200	800×900(φ1020×5)	1300×1800	1000×1500
30					1600×1800	1000×1800
40					1800×2100	1200×2000
50					2000×2400	1400×2100
60					2200×2600	1500×2400
80					2400×3200	2000×2400
100					3000×3200	2200×2800
120					3200×3600	2500×2800

注：本表尺寸按排烟温度为200℃时燃煤锅炉考虑，燃油燃气锅炉的烟、风道断面尺寸可缩减10%～15%左右。

（3）燃煤锅炉房烟道、风道阻力计算：

1）锅炉烟气系统总阻力按下式计算：

$$\Sigma \Delta h = \Delta h_L + \Delta h_{bt} + \Delta h_{sm} + \Delta h_{ky} + \Delta h_{cc} + \Delta h_{yd} + \Delta h_{yz}$$

式中 $\Sigma \Delta h$——烟气系统总阻力，Pa；

Δh_L——炉膛出口处的负压，有鼓风机时，一般取 $\Delta h_L = 20 \sim 40 Pa$，无鼓风机时，取 $\Delta h_L = 20 \sim 30 Pa$；

Δh_{bt}——锅炉本体受热面阻力，由锅炉厂提供；

Δh_{sm}——省煤器阻力，由锅炉制造厂提供；

Δh_{ky}——空气预热器阻力，由锅炉厂提供；

Δh_{cc}——除尘器阻力，根据除尘设备厂提供资料确定，一般对旋风除尘器其阻力约为 $600 \sim 800 Pa$，多管除尘器阻力约为 $800 \sim 1000 Pa$，水膜除尘器阻力约为 $800 \sim 1200 Pa$；电除尘器阻力每级约 $200 \sim 300 Pa$，一般为 $1 \sim 3$ 级；布袋除尘器阻与积灰厚度和清灰频率有关，一般设计可按 $800 \sim 1200 Pa$ 考虑。

Δh_{yd}——烟道阻力，Δh_{yd}包括摩擦阻力 Δh_{sm} 和局部阻力 Δh_j，Pa；Δh_m 和 Δh_j 按本条第3）款计算；

Δh_{yz}——烟囱阻力，Pa；

2）锅炉空气系统的总阻力按下式计算：

$$\Sigma \Delta h = \Delta h_{fd} + \Delta h_{ky} + \Delta h_{Lp} + \Delta h_r$$

式中 $\Sigma \Delta h$——空气系统总阻力，Pa；

Δh_{fd}——风道阻力，包括摩擦阻力 Δh_m 和局部阻力 Δh_j，见本条第3）款；

Δh_{ky}——空气预热器阻力，由制造厂提供，Pa；

Δh_{Lp}——炉排阻力，Pa；

Δh_r——燃料层阻力，Pa；

炉排与燃料层的阻力取决于炉子形式和燃料层厚度等因素，宜取锅炉制造厂给定数据为计算依据。对于出力为6t/h以下的锅炉，可参考表1-12。

层燃炉炉排下所需空气压力

表1-12

炉排型式	炉排下风压(Pa)	备注
倾斜往复炉炉排	200～500	表中较大的阻力用于燃烧细粉末多的烟煤、无烟煤、贫煤和结焦性较强的煤种
快装锅炉链条炉排	350～700	
风力抛煤反转链条炉排	300～600	
风力抛煤机翻转炉排	300～600	

3）烟道和风道的阻力包括摩擦阻力和局部阻力两部分组成，按下式进行计算：

$$\Sigma h_d = \Delta h_m + \Delta h_j = 9.8 \times \left(\lambda \frac{L}{d} + \varepsilon\right) \times \frac{\omega^2}{2}\rho^0 \times \frac{273}{273+t}$$

$$= 4.9 \times \left(\lambda \frac{L}{d} + \varepsilon\right)\omega^2\rho^0 \times \frac{273}{273+t}$$

式中　Σh_d——烟道或风道阻力，Pa；

λ——摩擦阻力系数，见表1-13；

L——管道长度，m；

ε——局部阻力系数；

ω——气体流速，m/s；

ρ^0——气体（空气或烟气）在标准状态下的密度，取空气的 $\rho^0 = 1.293\text{kg/Nm}^3$，烟气 $\rho^0 = 1.34\text{kg/Nm}^3$；

t——气体（空气或烟气）温度，℃；

Δh_m 和 Δh_j——分别为烟道或风道的摩擦阻力和局部阻力，Pa；

d——管段直径，m；对非圆形管道采用当量直径 d_d，$d_d = \frac{4F}{U}$；

d_d——当量直径，m；

F——管道截面积，m^2；

U——管道截面的周长，m；

对矩形管道，$d_j = \frac{2ab}{a+b}$

a、b——矩形截面的两个边长，m；

摩擦阻力系数 λ

表1-13

管道形式	λ 值	管道形式	λ 值
纵向冲刷锅炉管束	0.03	砖砌或混凝土管道	0.04
金属管道	0.02	烟囱	0.03

烟道、风道的摩擦阻力，可取其断面不变且长度较大的1～2段进行估算，求出每米长度的摩擦阻力，然后乘以烟道或风道总长度求得总的摩擦阻力。对于水平砖烟道，当烟气流速为3～4m/s时，单位长度摩擦阻力约为0.8Pa/m；烟气流速为6～8m/s时，约为3.2Pa/m。

（4）燃油燃气锅炉房通风系统的设计要求除与燃煤锅炉房通风系统相同的一般规定外，还应符合下列要求：

1）机械通风时，鼓风机应单炉匹配，吸风口不得布置在聚集可燃气体和有爆炸危险的区域。

2）对于单台锅炉出力≥10t/h 的锅炉房，鼓风机和燃烧器宜分开设置，鼓风机宜集中布置在隔音机房内，也可布置在燃烧机下方的地下室内，进风道设计成消声进风道。

3）对于微正压燃烧的燃油燃气锅炉，锅炉机组排烟出口后的烟道烟囱阻力，一般应考虑由烟囱的抽力来克服；当烟囱抽力不足以克服系统阻力时，应采用其他有效措施。

4）对于设置在高层建筑内的锅炉房，应注意核算排烟系统的阻力平衡。当烟囱抽力过大时，应考虑减小烟道、烟囱断面尺寸，提高流速，增加阻力，适应平衡；或在烟道系统设置抽风控制器，调节阻力平衡。

当排烟系统阻力大于烟囱抽力时，可采用下列措施：

① 与锅炉制造厂家协调，由锅炉厂家提高燃烧机组和炉膛的燃烧正压，保证锅炉机组排烟出口的余压足以克服烟道烟囱的阻力，满足正常排烟要求；

② 在排烟系统设置引射排烟设施；

③ 在排烟系统设置调频引风机。

（5）燃油燃气锅炉房的烟道，烟囱设计除与燃煤锅炉房相同的一般要求外，还应考虑下列要求：

1）燃油、燃气锅炉烟囱，宜单台炉配置。当多台锅炉共用烟道时，每台锅炉的支烟道应安装密封可靠的烟道闸门。

2）多台锅炉合用烟道和烟囱还应满足以下要求：

① 多台负压燃烧的燃油燃气锅炉合用烟道和烟囱时，在气流组织设计中应避免互相干扰；

② 燃油、燃气锅炉不得与使用固体燃料的设备共用烟道和烟囱；

③ 正压燃烧锅炉和负压燃烧锅炉之间，不应合用烟道和烟囱；

④ 在烟气容易集聚的地方，以及当多台锅炉共用烟囱或总烟道时，每台锅炉出口处应装设防爆装置，其位置应有利于泄压。当爆炸气流有可能危及人员安全或损害设备时，防爆装置出口应设泄压导流管。

3）燃油、燃气锅炉烟道应采用钢制或钢筋混凝土构筑。燃气锅炉的烟道最低点，应设置水封式冷凝水排水管道。

4）水平烟道的长度应根据现场情况和烟囱抽力确定，且应使燃油、燃气锅炉能维持微正压燃烧的要求。

5）水平烟道宜有 1‰坡向排水点的坡度。

（6）防爆门的布置应遵守下列规定：

1）防爆门应布置在靠近被保护的设备或管道，膜板前的短管长度不应大于 10 倍的短管当量直径。

2）锅炉出口烟道上的防爆门应安装在锅炉与排烟阀门之间且靠近锅炉的管道上。

3）防爆门宜布置在便于检修的管段上。

4）烟道防爆门和防爆膜直径不应小于 200mm，防爆门和防爆膜均宜是可靠的定型产品。

（7）烟、风管道穿过墙壁、楼板或屋面时，宜预埋套管，安装好后，间隙用石棉绳填塞，套管与烟道（囱）之间的间隙，一般取 30～50mm；套管上端高出地面或屋面上表面 50～100mm，管道穿过屋面时应有防雨或挡水措施。

钢制烟风管道中的介质温度大于 50℃或由于防冻需要应给予保温。对经常操作或检修的管道零部件，如防爆门、人孔、手孔等，宜设置维护平台。

1.5.3　烟囱设计

（1）新建锅炉房的烟囱设计应符合下列要求：

1）燃煤锅炉房烟囱高度的规定：

① 每个新建燃煤锅炉房只允许设一个烟囱，烟囱高度应符合《锅炉大气污染物排放标准》GB 1327（表 1-14）和当地地方标准的要求。

燃煤锅炉房烟囱最低允许高度（GB 13271—2001）　　　　表 1-14

锅炉房装机总容量	MW	<0.7	0.7～<1.4	1.4～<2.8	2.8～<7	7～<14	14～<28
	t/h	<1	1～<2	2～<4	4～<10	10～<20	20～≤40
烟囱最低允许高度	m	20	25	30	35	40	45

锅炉房在飞行航道或机场附近时，烟囱高度不得超过航空主管部门的有关规定。

② 锅炉房装机总容量>28MW（40t/h）时，其烟囱高度应按批准的环境影响报告书（表）的要求确定，但不得低于45m。新建锅炉房烟囱周围半径200m距离内有建筑物时，其烟囱应高出最高建筑物3m以上。

2）燃气、燃油（轻柴油、煤油）锅炉烟囱高度的规定：燃气、燃油（轻柴油、煤油）锅炉烟囱高度应按批准的环境影响报告表（表）的要求确定，但不得低于8m，并应满足地方标准的要求。

3）锅炉烟囱高度如果达不到上述规定时，其烟尘、SO_2、NO_x 最高允许排放浓度应按相应区域和时段排放标准值50％执行。

4）出力大于或等于 0.7MW（1t/h）的各种锅炉烟囱应按《锅炉烟尘测试方法》GB 5468-91 和《固定污染源排气中颗粒物测定与气态污染物采样方法》GB/T 16157—1996 的规定，设置便于永久采样孔及其相关设施，单台容量≥14MW（20t/h）的锅炉，必须安装固定的仪器，连续监测烟气中的烟尘、SO_2 排放浓度。

5）锅炉房烟囱高度及烟气排放指标除应符合上述 1）～4）款（摘自 GB 13271—2001）的规定外，尚应满足锅炉房所在地区的地方排放标准或规定的要求。

6）烟囱出口内径应根据锅炉房总容量和锅炉运行情况合理确定，保证在锅炉房最高负荷时，烟气流速不致过高，以免阻力过大；在锅炉房最低负荷时，烟囱出口流速不低于 2.5～3m/s，以防止空气倒灌。烟囱出口烟气流速参见表 1-15，烟囱出口内径参见表 1-16 和表 1-17。

烟囱出口烟气流速表（单位：m/s）　　　　表 1-15

运行情况	全负荷时	最小负荷时
机力通风	12～20	不低于 2.5～3
微正压燃烧	10～15	不低于 2.5～3

燃煤锅炉房砖烟囱出口内径参考值 表 1-16

锅炉总容量(t/h)	≤8	12	16	20	30	40	60	80	120	200
烟囱出口直径(m)	0.8	0.8	1.0	1.0	1.2	1.4	1.7	2.0	2.5	3.0

燃油、气锅炉钢制烟囱出口直径参考值 表 1-17

单台锅炉容量 [t/h(MW)]	1 (0.7)	1.5 (1.05)	2 (1.4)	3 (2.1)	4 (2.8)	5 (3.5)	
烟囱出口直径(m)	0.25	0.30	0.35	0.45	0.5	0.55	
单台锅炉容量 [t/h(MW)]	6 (4.2)	8 (5.6)	10 (7.0)	12 (8.4)	15 (10.5)	18 (12.6)	20 (14)
烟囱出口直径(m)	0.60	0.70	0.80	0.85	0.90	0.95	1.00

7) 当烟囱位于飞行航道或飞机场附近时，烟囱高度不得超过有关航空主管部门的规定，且烟囱上应装信号灯，并刷标志颜色。

8) 自然通风的锅炉，烟囱高度除应符合上述规定外，还应保证烟囱产生的抽力，能克服锅炉机组和烟道系统的总阻力。对于负压燃烧的炉膛，还应保证在炉膛出口处有20~40Pa 的负压。每米烟囱高度产生的烟气抽力参见表 1-18。

烟囱每米高度产生的抽力（Pa） 表 1-18

烟囱内的烟气平均温度(℃)	在相对湿度 $\varphi=70\%$，大气压力为 0.1MPa 下的空气比重										
	1.420	1.375	1.327	1.300	1.276	1.252	1.228	1.206	1.182	1.160	1.137
	空气温度(℃)										
	−30	−20	−10	−5	0	+5	+10	+15	+20	+25	+30
140	5.65	5.15	4.70	4.42	4.15	3.91	3.68	3.45	3.20	3.00	2.77
160	5.97	5.50	5.02	4.75	4.51	4.27	4.03	3.81	3.57	3.35	3.12
180	6.31	5.85	5.37	5.10	4.86	4.62	4.38	4.16	3.92	3.70	3.47
200	6.65	6.20	5.72	5.45	5.21	4.97	4.73	4.51	4.27	4.05	3.82
220	6.98	6.50	6.02	5.75	5.51	5.27	5.03	4.81	4.57	4.35	4.12
240	7.28	6.78	6.30	6.03	5.79	5.55	5.31	5.09	4.85	4.63	4.40
260	7.55	7.05	6.57	6.30	6.06	5.82	5.58	5.36	5.12	4.90	4.67
280	7.80	7.28	6.80	6.53	6.29	6.05	5.81	5.59	5.35	5.13	4.90
300	8.00	7.51	7.03	6.76	6.52	6.28	6.05	5.82	5.58	5.36	5.13
320	8.20	7.72	7.24	6.97	6.73	6.49	6.25	6.03	5.79	5.57	5.34

9) 燃油、燃气锅炉烟囱应采用钢制或钢筋混凝土构筑。燃气锅炉的烟囱最低点，应设置水封式冷凝水排水管道。

10) 钢制烟囱出口的排烟温度宜高于烟气露点，且宜高于15℃。

（2）对于在不同季节或不同时段热负荷变化大，采用一个烟囱不能满足上述第 6）款的要求的锅炉房，烟囱设置可采取下列方案：

1) 每台锅炉分别设置独立烟囱。

2) 当锅炉房有几台锅炉，但只允许建一座烟囱时，可采取下列措施：

① 将每台锅炉独立的排烟管组成外形一体的组合烟囱;

② 在圆筒形或矩形烟囱内设置隔板,分成各自独立的流道,分别连通各台锅炉的排烟管,构成分流烟囱。

3) 在烟囱出口设置能防止高空气流影响烟气排放的烟囱帽罩,帽罩结构宜不影响排烟的抬升高度。

(3) 烟囱出口内径 d(单位为 m)可按下列两种方式计算:

1) 计算方法一:

$$d=\sqrt{\frac{B_jnV_y(t_c+273)}{3600\times273\times0.785\omega_0}}$$

式中 B_j——每台锅炉的计算燃料消耗量,对不同炉型的锅炉房应分台计算,kg/h(煤、油)或 m³/h(燃气);

n——合用同一烟囱的锅炉台数;

V_y——烟囱出口计入漏风系数的烟气量(标态),m³/kg(煤、油)或 m³/m³(燃气);

t_c——烟囱出口处烟气温度,℃;

ω_0——烟囱出口处流速,m/s,可按表 1-15 选用。

2) 计算方法二:

$$d=\sqrt{\frac{n_dV_y^j}{3600\times0.785\omega_0}}$$

式中 n_d——由一个烟囱负担的锅炉在额定出力下的总蒸发量值,t/h;

V_y^j——每小时产生 1t 蒸汽的估算烟气量,m³/h,可由表 1-6 查得。

烟囱出口直径(d)也可参照表 1-17 选取。

(4) 烟囱的阻力计算:

1) 烟囱的摩擦阻力 ΔP_{yc}^m(单位为 Pa):

$$\Delta P_{yc}^m=\lambda\frac{H\omega_{pj}^2}{d_{pj}}\rho_{pj}$$

式中 λ——烟囱摩擦阻力系数,砖烟囱或金属烟囱均取 $\lambda=0.04$;

d_{pj}——烟囱平均直径,m,$d_{pj}=\dfrac{d_1+d_2}{2}$,式中 d_1、d_2 烟气出口、入口的内径;

H——烟囱高度,m;

ω_{pj}——烟囱内烟气平均流速,m/s;

ρ_{pj}——烟囱内烟气平均密度,kg/m³。

2) 烟囱出口阻力 Δp_{yc}^c(单位为 Pa):

$$\Delta P_{yc}^c=A\frac{\omega_c^2}{2}\rho_c$$

式中 A——烟囱出口阻力系数,$A=1.0$;

ω_c——烟囱入口烟气流速,m/s;

ρ_c——烟囱出口处烟气密度,kg/m³。

3) 烟囱总阻力 ΔP_{yc}(单位为 Pa):

$$\Delta P_{yc}=\Delta P_{yc}^m+\Delta P_{yc}^c$$

（5）砖烟囱和钢筋混凝土烟囱的结构应符合下列要求：

1）砖烟囱的最大高度不宜超过 50m。

2）烟囱下部应设清灰孔，清灰孔在锅炉运行期间应严密封好（可用黄泥砖密封）。

3）燃煤锅炉的烟囱底部应设置比水平烟道入口低 0.5～1.0m 的积灰坑。

4）当烟囱和水平烟道有两个接入口时，两个接口一般应相对布置，并用与水平烟道成 45°角的隔板分开，隔板高出水平烟道的部分，不得小于水平烟道高度的 1/2。

5）烟囱应设置维修爬梯和避雷针。

6）锅炉采用湿法脱硫除尘时，烟囱应采取防腐措施。

（6）钢烟囱的设计应符合下列要求：

1）钢烟囱应有足够的强度和刚度，烟囱壁厚要考虑一定量的腐蚀裕度，当烟囱高度为 20～40m，直径为 0.2～1.0m 时，无内衬的筒体壁厚取 4～10mm，有内衬的壁厚取 8～18mm。

2）当烟囱高度和直径之比超过 20 时，必须设置可靠的牵引拉绳，拉绳沿圆周等弧度布置 3～4 根。

3）烟囱内外壁均应刷耐热防腐油漆。

4）烟囱与基础连接部分一般做成锥形，支承板厚度一般为 20～40mm。

5）带内衬的钢烟囱，内衬可分段支承，每段长 4～6m，内衬和筒体之间保持 20～50mm 的间隙。

6）烟囱应设避雷装置。当避雷针以烟囱筒体本身作为引下线时，在被非金属垫圈分开的两段筒体之间，应焊以钢筋作引桥导电。

7）对于有内衬的钢烟囱，为加强烟囱顶部和保护内部不受雨淋，应在顶部装防护环板将内衬盖住。

8）钢烟囱宜选用由专业厂加工制造的焊制不锈钢烟囱。

1.6 蒸汽锅炉房汽水系统设计

1.6.1 锅炉给水系统

（1）锅炉房给水方式：

1）蒸汽锅炉房的锅炉台数大于或等于 2 台时，一般采用单母管制给水系统；对常年不间断供汽的锅炉房采用双母管制给水系统。

2）同类型且扬程和流量特性曲线相同或相似的给水泵，可采用同一给水母管并联运行；备用汽动给水泵如果和电动给水泵不同时运行，也可合用一给水母管。但此时，必须在汽动给水泵的出口加装止回阀。

3）锅炉给水泵进水母管或除氧水箱出水母管，宜采用单母管；对常年不间断供汽，宜采用双母管。

4）锅炉房除氧器的台数大于或等于 2 台时，除氧器加热用蒸汽管宜采用母管制系统。

（2）锅炉给水泵的选择和设置要求：

1) 给水泵台数的选择，应能适应锅炉房全年热负荷变化的要求，且不应少于 2 台。同时并联运行的给水泵不宜多于 3 台。

2) 给水泵应设置备用，当流量最大的 1 台给水泵停止运行时，其余给水泵的总流量应能满足所有运行锅炉在额定蒸发量时所需给水量的 110%。

3) 备用泵的设置应符合下列要求：

① 采用电动给水泵为常用给水设备时，燃煤锅炉房宜采用汽动给水泵为事故备用泵，其流量应能满足所有运行锅炉的额定蒸发量时所需给水量的 20%～40%。符合下列条件之一时，可不设置事故备用汽动给水泵：a. 有一级电力负荷的锅炉房；b. 停电后锅炉停止给水不会造成锅炉缺水事故的锅炉房。如全自控的燃油、燃气锅炉房。

② 采用汽动给水泵为备用泵时，如果不与电动给水泵同时运行，可合用一根给水母管，但必须在气动给水泵的出口加装止回阀。

4) 额定蒸发量≤1t/h、额定出口蒸汽压力≤0.7MPa 的锅炉，可用注水器作备用给水装置。注水器应单炉配置。

5) 锅炉房所需给水总流量按下式计算：

$$Q=k(Q_1+Q_2)$$

式中　Q——锅炉房所需给水量，m^3/h；

　　　Q_1——所有运行锅炉在额定蒸发量时所需的给水量（含连续排污耗水量），m^3/h；

　　　Q_2——锅炉房减温器、蓄热器等其他设备所需给水量，m^3/h；

　　　k——富裕系数，取 $k=1.10$。

6) 给水泵的扬程按下式计算：

$$H=k(H_1+H_2+H_3)$$

式中　H——给水泵的扬程，$m\ H_2O$；

　　　H_1——锅炉锅筒在设计使用条件下安全阀的开启压力，$m\ H_2O$；

　　　H_2——省煤器和给水系统的压力损失，$m\ H_2O$；

　　　H_3——给水系统的水位差，$m\ H_2O$；

　　　k——裕量系数，一般取 $k=1.1$。

(3) 在几台离心水泵并联运行的给水系统中，并联运行水泵的总流量小于各台水泵单独运行时流量的叠加。设计时应根据并联运行水泵总性能曲线核算选用水泵的供水能力，以保证锅炉房所需要的给水量。

(4) 全自动燃气（油）蒸汽锅炉给水泵宜每炉单独配置，以便锅炉自动控制。

(5) 锅炉房给水箱的设置应符合下列要求：

1) 给水箱的数量和容积：季节性运行的锅炉房一般设置 1 个给水箱，但如果在给水箱内加药软化给水时，应设置两个给水箱，以便轮换清洗。常年不间断供热的锅炉房或容量大的锅炉房应设置 2 个给水箱或一个可分别清洗的分隔式给水箱。给水箱的总有效容量，宜为所有运行锅炉在额定蒸发量工况条件下所需 20～60min 的给水量（小容量锅炉房取较大值，大容量的锅炉房取其较小值）。

2) 给水箱应配置下列附件：

① 开式水箱应配置：水位计、温度计、进出口水管、排污管、溢流装置、排气管和人孔。水箱顶部安装高度>1.5m 的水箱应设外爬梯，水箱内部高度>1.5m 的应设置内

爬梯。

② 大气式（低压）热力除氧器的水箱应配置：水位计、水位变送器、高低水位报警器、压力表、压力变送器、排污管、进出水口、溢流水封装置、温度计等。在水箱底部沿长度方向布置带孔（$\phi 4 \sim \phi 6$）的再沸腾加热蒸汽管。在两台并联工作的除氧水箱之间应设置汽连通管和水连通管，其管径按除氧水箱制造厂给定尺寸，也可参照表 1-19 选用。

热力除氧水箱汽连通管和水连通管管径 表 1-19

水箱容积(m³)	<15	15~24	25~34	35~44	45~59
汽连通道管径(mm)	100	125	150	200	250
水连通管管径(mm)	80	100	125	150	200

（6）锅炉给水箱或除氧水箱的布置高度应满足在设计最大流量和水箱水位处于最低水位的情况下，保证给水泵不发生气蚀，即有足够的灌注头，其值不应小于下列 1）～4）项的代数和：

1）给水泵进水口处水的汽化压力和给水箱的工作压力之差；

2）给水泵的汽蚀余量，由制造厂提供；

3）给水泵进水管的压力损失；

4）采用 3～5kPa 的富裕量；

5）低位式热力除氧器的储水箱出口侧一般应配置加压水泵。

（7）锅炉给水系统应配备下列安全保护装置和控制装置：

1）每台给水泵的进出口应装切断阀，在水泵出口和切断阀之间应装止回阀。

2）锅炉的每个进水管上应紧接一个截止阀和一个止回阀（截止阀紧靠锅炉）。额定蒸发量>4t/h 的锅炉还应装设自动给水调节阀，并在司炉便于操作的地点装设手动控制的旁通管和阀门。

3）在不可分式省煤器入口的给水管上应装给水切断阀和给水止回阀（切断阀靠省煤器）；在可分式省煤器的入口处和通向锅筒（壳）的给水管上都应分别装设切断阀和止回阀。可分式省煤器的出水管上应装安全阀。安全阀的开启压力为装设处工作压力的 1.1 倍，安全阀的排放管应接至安全排放点（如开式水箱），安全阀排放管上不得安装阀门。

4）在省煤器可能聚集空气的位置应装放气管。省煤器最低处应装放水管和阀门。在省煤器的出口处还应装设接至给水箱的放水管和切断阀，以供锅炉启动、停炉及低负荷运行时保证省煤器有必要的水流速度，防止汽化。

5）对于配有可分式省煤器的锅炉，应设有不通过省煤器直接向汽包供水的旁通给水管及切断阀。

6）蒸汽锅炉给水管上的手动给水调节装置及热水锅炉手动控制补水装置，宜设置在便于司炉操作的地点。

1.6.2 锅炉房蒸汽系统

1. 锅炉房蒸汽系统的设计

（1）采用多管供汽的锅炉房宜设置分汽缸。

（2）锅炉房内运行参数相同的锅炉，蒸汽管宜采用单母管，对常年不间断供汽的锅炉房宜采用双母管。

（3）每台锅炉的蒸汽管与蒸汽母管（或分汽缸）连接时，在该蒸汽管上应装两个阀门，其中一个靠近蒸汽母管（或分汽缸），另一个紧靠锅炉汽包（或过热器出口），两个切断阀之间应有通向大气的疏水管和阀门，其内径不得小于18mm。

2. 蒸汽系统安全阀的设置

（1）锅炉机组上的安全阀按锅炉制造厂的规定设置安装。如发现锅炉产品配置的安全阀类别、规格或数量不符合《锅炉安全技术监察规程》的规定时，应书面提出，由锅炉制造厂家改正。

（2）蒸汽系统采用的安全阀应选用全启式弹簧式安全阀或杠杆式安全阀和控制式安全阀（脉冲式、气动式、液动式和电磁式等）。选用的安全阀应符合《安全阀安全技术监察规程》和有关技术标准的规定。

（3）对于蒸汽压力小于或等于0.1MPa的系统可采用静重式安全阀或水封式安全装置。水封装置的水封管内径不应小于25mm，且不得装设阀门，同时应有防冻措施。

（4）蒸汽安全阀的排放量确定

1）应按照下列公式进行计算：

$$E=0.235A(10.2P+1)K$$

式中 E——安全阀的理论排放量，kg/h；

P——安全阀入口处的蒸汽压力（表压），MPa；

A——安全阀的流道面积，mm^2，可用 $\dfrac{\pi d^2}{4}$ 计算；d——安全阀的流道直径，mm；

流道直径与公称直径的关系参见表1-20；

K——安全阀入口处蒸汽比容修正系数，按下式计算：

$$K=K_p \cdot K_g$$

式中 K_p——压力修正系数；

K_g——过热修正系数；

K、K_p、K_g——按表1-21选用和计算。

安全阀流道直径和公称直径关系表　　　　　　　　　表1-20

全启式	安全阀流道直径 d(mm)		25	32	50	65	100	
	公称通径 DN(mm)		40	50	80	100	150	
微启式	安全阀流道直径 d(mm)	20	25	32	40	65	80	100
	公称通径 DN(mm)	25	32	40	50	80	100	125

安全阀入口处各修正系数　　　　　　　　　表1-21

P(MPa)	K	K_p	K_g	$K=K_p \cdot K_g$
$P \leqslant 12$	饱和	1	1	1
	过热	1	$\sqrt{V_b/V_g}$ [1]	$\sqrt{V_b/V_g}$ [1]
$P > 12$	饱和	$\sqrt{2.1/(10.2P+1)V_b}$	1	$\sqrt{2.1/(10.2P+1)V_b}$
	过热		$\sqrt{V_b/V_R}(i)$	$\sqrt{2.1/(10.2P+1)V_g}$

注：$\sqrt{V_s/V_g}$ 亦可使用 $\sqrt{1000/(1000+2.7T_g)}$ 代替。

表中：V_g——过热蒸汽比容，m^3/kg；

V_b——饱和蒸汽比容，m^3/kg；

T_g——过热度，℃。

2）按照安全阀制造单位提供的额定排放量。

（5）蒸汽锅炉安全阀的流道直径应≥20mm。

（6）安全阀应铅直安装，并应装在其保护设备的最高位置。在安全阀和被其保护的设备之间，不得装有取用蒸汽的出汽管和阀门。

（7）多个安全阀共同装在一个短管上时，短管的流通截面积应不小于所有安全阀流道面积之和。

（8）采用螺纹连接的弹簧式安全阀，应符合《安全阀一般要求》GB/T 12241 的要求。其安全阀应与带有螺纹的短管相连接，而短管与被保护设备之间应采用焊接连接。

（9）锅炉本体、压力容器及压力管道上的安全阀排汽管应接至室外安全处。排汽管应有足够的流通截面积，保证排汽畅通。同时，排汽管应固定可靠。

如排汽管露天布置而影响安全阀的正常动作时，应加装防护罩。防护罩的安装应不妨碍安全阀的正常动作与维修。

安全阀排汽管底部应装有接到安全地点的疏水管。在排汽管和疏水管上都不允许装设阀门。

（10）安全阀排汽管上如装有消声器，应有足够的流通截面积，以防止安全阀排放时所产生的背压过高影响安全阀的正常动作及其排放量。消声板或其他元件的结构应避免因结垢而减少蒸汽的流通截面。

（11）安全阀上必须有下列装置：

1）杠杆式安全阀应有防止重锤自行移动的装置和限制杠杆越出的导架。

2）弹簧式安全阀应有提升手把和防止随便拧动调整螺钉的装置。

3）静重式安全阀应有防止重片飞脱的装置。

4）控制式安全阀必须有可靠的动力源和电源：

① 脉冲式安全阀的冲量接入导管上的阀门应保持全开并加铅封。

② 用压缩气体控制的安全阀必须有可靠的气源和电源。

③ 液压控制式安全阀必须有可靠的液压传送系统和电源。

④ 电磁控制式安全阀必须有可靠的电源。

（12）安全阀启闭压差一般应为整定压力的 4%～7%，最大不超过 10%。当整定压力小于 0.3MPa 时，最大启闭压差为 0.03MPa。

1.6.3 锅炉房凝结水系统

（1）蒸汽锅炉房应尽可能回收凝结水，凝结水系统设计一般应考虑下列原则：

1）根据用户凝结水的回流方式（如压力回水、自流回水等），确定锅炉房内凝结水系统的工艺流程和设备配置，与给水系统协调考虑。

2）蒸汽供热系统的凝结水一般应回收利用，但用于加热有强腐蚀性物质的凝结水、加热油槽和有毒物质的凝结水严禁回收至锅炉房利用，并应在处理达标后排放。

（2）凝结水泵的设置应符合下列要求：

1）凝结水泵不应少于 2 台，其中有一台备用。当任何一台水泵停止运行时，其余凝结水泵的总流量应能满足系统凝结水输送的要求。

2）选用水泵应能适合所需输送凝结水的温度和压力。

3）当凝结水和软化补充水在凝结水箱混合后用泵输送至锅炉或除氧水箱时，运行水泵总流量应能满足所有运行锅炉在额定蒸发量下所需给水量的 1.1 倍。

4）凝结水泵的扬程可按下式计算确定：

$$H=P+H_1H_2+H_3$$

式中　H——水泵扬程，mH_2O；

　　　P——水泵出口侧接收设备内压力，当凝结水送至开式给水箱时，取 $P=0$；当凝结水送至热力除氧水箱时，取 $P=0.2\sim0.3MPa$；

　　　H_1——凝结水管路系统阻力，mH_2O；

　　　H_2——凝结水箱最低水位和泵出口侧接收水箱（或除氧水箱）内最高水位之间的高差，mH_2O；

　　　H_3——富裕压头，取 $H_3=5mH_2O$。

（3）凝结水箱的设置应符合下列要求：

1）季节性运行的锅炉房，一般宜设置一个凝结水箱，常年不间断运行的锅炉房应设两个凝结水箱或一个中间带隔板的可分别进行清洗的分隔式凝结水箱。

2）凝结水箱的总有效容量按系统 $20\sim40min$ 最大凝结水回收量考虑。当软化水直接进入凝结水箱时，水箱容积应根据水处理设备的设计出力和运行方式适当加大。当设有再生备用设备时，软化或除盐水箱的总有效容量宜按 $30\sim60min$ 的软化水或除盐水消耗量考虑。

3）凝结水箱应配置进出水管、排污管、排气管等管接头，应设置水封溢流装置、水位计、温度计、高低水位控制器、人孔等附件，水箱本体高度$>1.5m$ 的水箱应设内爬梯。水箱顶部离地面高度$>1.5m$ 时应设外爬梯。

4）凝结水箱和凝结水管应进行保温。

5）当凝结水温度高于 $90℃$ 时，水箱内宜设置冷却降温排管。凝结水管的进水口宜接至水箱最低水位以下部位，但应有防止进水管产生虹吸反流的措施。

6）凝结水箱间应有良好的自然通风或机械通风。地下凝结水箱间应设置积水坑和排水设施。

1.6.4　疏水系统

（1）蒸汽系统的下述地点应装疏水器和疏水管道：

1）在汽水分离器、分汽缸及出口处凝结水过冷度较小的气液换热器等设备的下部、饱和蒸汽管道和蒸汽伴热管道上可能集水的低位点以及蒸汽管道的鞍形弯曲段最低点等处应设置疏水器和疏水管道。

2）在蒸汽干管末端、蒸汽立管底部、减压阀和自动调节阀及流量孔板的进气侧应装疏水器和疏水管。

3）顺坡水平蒸汽干管每隔 $150\sim200m$，逆坡水平蒸汽干管每隔 $100\sim200m$，水平蒸汽伴热管每隔 $50m$ 左右，应设疏水点，配疏水器和疏水管道。

（2）疏水器的选择和安装应符合下列要求：

1）根据凝结水排量和疏水器进口和出口的压差，由各种疏水器的排水量线图查找型号规格。疏水器排水能力和背压可按下式计算：

$$G = n_1 G_1$$
$$P_B = n_2 (\Delta P + H_1 + H_2)$$

式中 G——疏水器排水能力，t/h；

G_1——疏水系统实际凝结水排量，t/h；

n_1——流量安全系数，取 $n_1 = 2 \sim 3$；

P_B——疏水器在确定排量下的背压，在数值上等于疏水器前的汽水混合物压力减去疏水器的阻力，MPa；

n_2——压力富裕系数，取 $n_2 = 1.3 \sim 2.0$；

ΔP——由疏水器到排放终点之间的管道系统阻力，MPa；

H_1——排放终点，疏水接受容器内压力，MPa；

H_2——疏水管出口侧管道提升高度产生的水柱静压力，MPa。

2）疏水器应水平安装在蒸汽管道或用汽设备的下方，安装在蒸汽管道下的疏水器，前方应有直径较大的存水短管。

3）启动时有大量凝结水的疏水点，疏水器处应装配有阀门的旁通管，旁通管和疏水器水平安装或布置在疏水器的上方，不得布置在疏水器的下方。

4）当疏水器排出的凝结水要提升到其上方的凝结水（疏水）母管时，在疏水器后宜装一个止回阀，且支管应接至母管的上侧。

5）当有几种压力不同的疏水支管时，宜将压力相近的支管接到同一疏水母管。对于压差较大的疏水支管，宜用不同的疏水母管输送，或先引入二次蒸发箱，分离出二次蒸汽后，再合管输送。

6）疏水管、放水管和排气管的管径，可参照表 1-22 选取。

蒸汽系统疏水管、放水管、排气管管径　　　　　　　　　　表 1-22

蒸汽管道公称直径(DN)	≤125	150～200	225～300	350～600
启动疏水管公称直径(DN)	20～25	25～32	32～50	32～50
经常疏水管公称直径(DN)	20	20	20	20
放水管公称直径(DN)	20	20	25	32
排气管公称直径(DN)	15	15	20	20

7）汽水管道的高点应装设放气阀。

8）汽水管道的支、吊架设计，应计入管道、阀门与附件、管内水、保温结构等的重量以及管道热膨胀而作用在支、吊架上的力。

对于采用弹簧支、吊架的蒸汽管道，不应计入管内水的重量，但进行水压试验时，对公称直径大于或等于 250mm 的管道应有临时支撑措施。

1.7　热水锅炉房热力系统设计

1.7.1　热水锅炉及其附件

（1）锅炉机组范围内的阀门和其他附件按锅炉制造厂的规定进行布置安装。如果锅炉厂的规定不符合《锅炉安全技术监察规程》的规定，应书面提出，由锅炉制造厂处理。

（2）热水系统安全阀的设置应符合下列要求：

1）热水系统配置的安全阀应采用微启式安全阀。

2）热水系统容器和管道的安全阀的选择，可按下述公式计算：

$$W_s = 5.1 KA \sqrt{\rho \Delta p}$$

式中　ρ——阀门入口侧温度下的液体密度，kg/m³；

W_s——安全阀的排放能力，kg/h；

K——排放系数，与安全阀结构有关，应根据实验数据确定；无参考数据时，可按下述规定选取：全启式安全阀　$K = 0.60 \sim 0.70$；带调节圈的微启式安全阀　$K = 0.40 \sim 0.50$；不带调节圈的微启式安全阀　$K = 0.25 \sim 0.35$；

ΔP——阀门前后压力降，MPa；

$$\Delta P = P_d - P_o$$
$$P_d = 1.2 P_s + 0.1$$

P_d——安全阀的排放压力（绝对压力），MPa；

P_s——安全阀启始压力（绝对压力），MPa；

P_o——安全阀的出口侧压力（绝对压力），MPa；

A——安全阀最小排气截面积，mm²。全启式安全阀，即 $h \geqslant \frac{1}{4} d_1$ 时，$A = \pi \frac{d_1^2}{4}$

微启式安全阀，即 $h < \frac{1}{20} d_1$ 时，平面密封。

其中 h 为安全阀的开启高度，mm；d 为安全阀的阀口直径，mm。

3）安全阀应装设泄放管，在泄放管上不允许装设阀门。泄放管应直通安全地点或水箱，并有足够的截面积和防冻措施，保证排放畅通。

1.7.2　循环水和补给水系统

（1）采用多管供热的锅炉房，宜设置分水缸和集水缸。

每台热水锅炉与热水供、回水母管连接时，在锅炉的进水管和出水管上应装设切断阀；在进水管的切断阀前，宜装设止回阀。

（2）热水锅炉房内与热水锅炉、水加热装置和循环水泵相连接的供水和回水母管应采用单母管，对需要保证连续供热的热水锅炉房，宜采用双母管。

运行参数（压力、温度）相同的热水锅炉和循环水泵可合用一个循环管路系统；运行参数不同的热水锅炉和循环水泵应分别设置循环水管路系统。

（3）钢制热水锅炉的热水出水压力，不应低于额定出口热水温度加 20℃ 所相应的饱和水压力；铸铁锅炉的热水出水压力不应低于额定出口热水温度加 40℃ 所相应的饱和水压力。

（4）热水锅炉房循环水系统的设计还应符合下列要求：

1）在循环水泵前的回水母管上（或水泵进水管上）装设除污器，在除污器的前后管路上应配置压力表和切断阀，并应设旁通管和旁通阀。

2）在热水系统循环水泵的进、出口母管之间，应装设带止回阀的旁通管，旁通管截面积不宜小于母管的 1/2；在进口母管上，应装设安全阀，安全阀宜安装在除污器出水一侧；当采用气体加压膨胀水箱时，其连通管宜接在循环水泵进口母管上；在循环水泵进口母管上，宜装设自动排气装置。

3）循环水管路系统的最高处及易聚集气体的部位，应设置自动排气装置；在系统的最低处或低凹处，应设置排水管和排水阀。

（5）热水热力网采用集中质调时，循环水泵的选择应符合下列要求：

1）循环水泵的流量应根据锅炉进、出水的设计温差、各用户的耗热量和管网损失等因素确定。在锅炉出口母管与循环水泵进口母管之间装设旁通管时，尚应计入流经旁通管的循环水量：

$$G = k_1 \frac{3.6Q}{c(t_1 - t_2)} \times 10^{-3} + G_0 \qquad \text{t/h}$$

式中　G——循环水总流量，t/h；

　　k_1——考虑管网热损失的系数，取 $k_1 = 1.05 \sim 1.10$；

　　Q——供热系统总热负荷，W；

　　c——热水的平均比热，kJ/(kg·℃)；

t_1、t_2——供热循环水系统供、回水温度，℃；

　　G_0——锅炉出口母管和循环水泵进口母管之间旁通管的小循环流量，t/h；不设此旁通管时，取 $G_0 = 0$。

2）循环水泵的扬程，不应小于下列各项之和：

① 热水锅炉房或热交换站中设备及其管道的压力降；

② 热网供、回水干管的压力降；

③ 最不利的用户内部系统的压力降。

循环水泵的扬程按下式计算：

$$H = K(H_1 + H_2 + H_3 + H_4)$$

式中　H——循环水泵扬程，mH_2O；

　　H_1——热水锅炉的流阻压力降，该值应由锅炉制造厂提供（对 5.6MW 以下的强制循环热水锅炉，约为 $8 \sim 15 mH_2O$）；

　　H_2——锅炉房内循环水管道系统（含分、集水缸和除污器）的流阻压力降，根据系统大小可按 $5 \sim 10 mH_2O$ 考虑；

　　H_3——室外热网供、回水管道系统的流阻压力降，mH_2O；

　　H_4——最不利的用户内部循环水系统流阻压力降，mH_2O；

　　K——裕量系数，一般取 $K = 1.05 \sim 1.10$。

3）循环水泵台数不应少于 2 台，当其中 1 台停止运行时，其余水泵的总流量应满足最大循环水量的需要。

4）热水热力网采用分阶段改变流量调节时，循环水泵不宜少于 3 台，可不设备用，其流量、扬程不宜相同。

5）热水热力网采用改变流量的中央质—量调节时，宜选用调速水泵。调速水泵的特性应满足不同工况下流量和扬程的要求。

6）并联循环水泵的特性曲线宜平缓、相同或近似。

7）循环水泵的承压、耐温性能应满足热力网设计参数的要求。

8）在选配集中供暖热水系统和空调热水系统的循环水泵时，应计算循环水泵耗电输热比 HER，并应标注在施工图设计说明中。具体算法见《民用建筑供暖与空气调节设计规范》GB 50736—2012 的第 8.11.3 条和第 8.5.12 条。

（6）补给水泵的选择，应符合下列要求：

1）热水系统的小时泄漏量应根据系统的规模和供水温度等条件确定，宜为系统循环水量的 1%。

2）补给水泵的流量应根据热水系统的正常补给水量和事故补水量确定，一般按循环水量的 4%～5% 考虑。

3）补给水泵的扬程，不应小于补水点压力加 30～50kPa 的富裕量。

4）补给水泵的台数不宜少于 2 台，其中 1 台备用。

5）补给水泵宜带有变频调速措施。

6）补水点的位置一般宜设在循环水泵吸入侧母管上。

（7）补给水箱的设计应考虑下列要求：

1）补给水箱的有效容量，应根据热水系统的补水量和锅炉房软化水设备的具体情况确定。当软化水设备可以不间断供应软化水时，补给水箱的有效容积可按 30～60min 的补水量考虑。

2）常年供热的锅炉房，补给水箱宜采用带中间隔板，可分开清洗的分隔式水箱。

3）补给水箱应配备进、出水管和排污管，溢流装置、人孔、水位计等附件。

1.7.3　热水系统定压设施

（1）热水系统的恒压装置和加压方式，应根据系统规模、供水温度和使用条件等具体情况确定。通常低温热水系统可采用高位开式膨胀水箱定压或补给水泵定压；高温热水系统可采用氮气加压装置或补给水泵加压装置定压。

（2）采用氮气或蒸汽加压膨胀水箱作恒压装置的热水系统，应符合下列要求：

1）恒压点设在循环水泵进口端，循环水泵运行时，应使系统内水不汽化；循环水泵停止运行时，宜使系统内水不汽化。

2）恒压点设在循环水泵出口端，循环水泵运行时，应使系统内水不汽化。

（3）热水系统恒压点设在循环水泵进口端时，补水点位置宜设在循环水泵进口侧。

（4）采用高位膨胀水箱作恒压装置时，应符合下列要求：

1）高位膨胀水箱与热水系统连接的位置，宜设置在循环水泵进口母管上。

2）高位膨胀水箱的最低水位，应高于热水系统最高点 1m 以上，并宜使循环水泵停止运行时系统内水不汽化。

3）设置在露天的高位膨胀水箱及其管道应采取防冻措施；高位膨胀水箱应设置自循环水管，自循环管接至热水系统回水母管上，与其膨胀管接点应保持 2m 以上的间距。

4）高位膨胀水箱与热水系统的连接管上，不应装设阀门。

（5）采用补给水泵作恒压装置的热水系统，应符合下列要求：

1）除突然停电的情况外，循环水泵运行时，应使系统内水不汽化；循环水泵停止运行时，宜使系统内水不汽化。

2）当引入锅炉房的给水压力高于热水系统静压线，在循环水泵停止运行时，宜采用给水保持热水系统静压。

3）采用间歇补水的热水系统，在补给水泵停止运行期间，热水系统压力降低时，不应使系统内水汽化。

4）系统中应设置泄压装置，泄压排水宜排入补给水箱。

（6）热水系统内水的总容量小于或等于 500m³ 时，可采用隔膜式气压水罐作为定压补水装置。定压补水点宜设在循环水泵进水母管上。设定的启动压力，应使系统内水不汽化。隔膜式气压水罐不宜超过 2 台。

1.8　锅炉水处理

1.8.1　水质标准

锅炉房的锅炉给水、锅水、补给水、循环水的水质，应符合现行国家标准《工业锅炉水质》GB 1576 规定。

1.8.2　锅炉给水和补给水的软化处理

（1）锅炉水处理方式应符合下列要求：

1）民用锅炉房的给水一般采用自来水，应根据原水水质和锅炉给水、锅水标准、补给水量、锅炉排污率及建设方的具体情况确定水处理方式。

2）处理后的锅炉给水，不应使锅炉产生的蒸汽对生产或生活使用造成有害影响。

3）当原水水压不能满足水处理工艺要求时，应设置原水加压措施。

4）原水悬浮物的处理，应符合下列要求：

① 悬浮物的含量大于 5mg/L 的原水，在进入顺流再生固定床离子交换器前，应过滤；

② 悬浮物的含量大于 2mg/L 的原水，在进入逆流再生固定床或浮动床离子交换器前，应过滤；

③ 悬浮物的含量大于 20mg/L 的原水或经石灰水处理后的水，应经混凝、澄清和过滤。

5）采用压力式机械过滤器过滤原水时，宜符合下列要求：

① 机械过滤器不宜少于 2 台，其中一台备用；

② 每台每昼夜反洗次数可按 1～2 次设计；

③ 可采用反洗水箱的水进行反洗或采用压缩空气和水进行混合反洗；

④ 原水经混凝、澄清后用石英砂或无烟煤作单层过滤滤料，或用无烟煤和石英砂作双层过滤滤料。

6）采用锅内加药水处理时，应符合下列要求：

① 给水悬浮物含量不应大于 20mg/L；

② 蒸汽锅炉给水总硬度不应大于 4mmol/L，热水锅炉给水总硬度不应大于

6mmol/L；

　　③ 应设置自动加药设施；

　　④ 应设有锅炉排泥渣和清洗的设施。

　　（2）化学水处理设备宜选用组装成套设计的定型产品，选择时应考虑下列要求：

　　1）锅炉房化学水处理设备的出力应能满足用户最大用量的要求，可按下式计算：

$$D=K(D_1+D_2+D_3+D_4+D_5+D_6+D_7)$$

式中　D——水处理设备出力，t/h；

　　　　D_1——蒸汽用户凝结水损失，t/h；

　　　　D_2——锅炉房自用蒸汽凝结水损失，t/h；

　　　　D_3——锅炉连续排污损失，t/h；

　　　　D_4——蒸汽管道和凝结水管道的漏损，t/h；

　　　　D_5——供暖热水系统的补给水量，t/h；

　　　　D_6——水处理系统的化学自用水量，t/h；

　　　　D_7——其他用途的化学水消耗量，t/h；

　　　　K——富裕系数，取 $K=1.1\sim1.2$。

　　2）固定床离子交换器的设置不宜少于2台，其中一台为再生备用，每台每昼夜再生次数宜按1~2次设计。当软化水的消耗量较小时，也可设置1台，但其设计出力应满足离子交换器运行和再生时的软化水消耗量，且应设置足够容积的软化水箱。

　　3）化学软化水设备的类型可按下列原则选择：

　　① 原水总硬度小于或等于6.5mmol/L时，宜采用固定床逆流再生离子交换器；原水总硬度小于2mmol/L时，可采用固定床顺流再生离子交换器。

　　② 原水总硬度小于4mmol/L、水质稳定、软化水消耗量变化不大且设备能连续不间断运行时，可采用浮动床、流动床或移动离子交换器。

　　③ 固定床离子交换器的设置不宜少于2台，其中1台为再生备用，每台再生周期宜按12~24h设计。当软化水的消耗量较小时，可设置1台，但其设计出力应满足离子交换器运行和再生时的软化水消耗量的需要。

　　出力小于10t/h的固定床离子交换器，宜选用全自动软水装置，其再生周期宜为6~8h。

　　④ 原水总硬度大于6.5mmol/L，当一级钠离子交换器出水达不到水质标准时，可采用两级串联的钠离子交换系统。

　　⑤ 原水碳酸盐硬度较高，且允许软化水残留碱度为1.0~1.4mmol/L时，可采用钠离子交换后加酸处理。加酸处理后的软化水应经除二氧化碳器脱气，软化水的pH值应能进行连续监测。

　　⑥ 原水碳酸盐硬度较高，且允许软化水残留碱度为0.35~0.5mmol/L时，可采用弱酸性阳离子交换树脂或不足量酸再生氢离子交换剂的氢—钠离子串联系统处理。氢离子交换器应采用固定床顺流再生；氢离子交换器出水应经除二氧化碳器脱气。氢离子交换器及其出水、排水管道应防腐。

　　⑦ 除二氧化碳器的填料层高度，应根据填料的品种和尺寸、进出水中 CO_2 的含量、水温和所选定淋水密度下的实际解析系数等因素确定。除 CO_2 器风机的通风量，可按每

立方米水耗用 15~20m³ 空气计算。

(3) 钠离子交换再生用的食盐可采用干法或湿法贮存，其贮量应根据运输条件确定。当采用湿法贮存时，应符合下列要求：

1) 浓盐液池和稀盐液池宜各设 1 个，且宜采用混凝土建造，内壁贴防腐材料内衬。

2) 浓盐液池的有效容积宜为 5~10d 食盐消耗量，其底部应设置慢滤层或设置过滤器。

3) 稀盐液池的有效容积不应小于最大 1 台钠离子交换器 1 次再生盐液的消耗量。

4) 宜设装卸平台和起吊设备。

(4) 酸、碱再生系统的设计，应符合下列要求：

1) 酸、碱槽的贮量应按酸、碱液每昼夜的消耗量、交通运输条件和供应情况等因素确定，宜按贮存 15~30d 的消耗量设计。

2) 酸、碱计量箱的有效容积，不应小于最大 1 台离子交换器 1 次再生酸、碱液的消耗量。

3) 输酸、碱泵宜各设 1 台，并应选用耐酸、碱腐蚀泵。卸酸、碱宜利用自流或采用输酸、碱泵抽吸。

4) 输送并稀释再生用酸、碱液宜采用酸、碱喷射器。

5) 贮存和输送酸、碱液的设备、管道、阀门及其附件，应采取防腐和防护措施。

6) 酸、碱贮存设备布置应靠近水处理间。贮存罐地上布置时，其周围应设有能容纳最大贮存罐 110% 容积的防护堰，当围堰有排放设施时，其容积可适当减小。

7) 酸贮存罐和计量箱应采用液面密封设施，排气应接入酸雾吸收器。

8) 酸、碱贮存区内应设操作人员安全冲洗设施。

(5) 凝结水箱、软化或除盐水箱和中间水箱的设置和有效容量，应符合下列要求：

1) 凝结水箱宜设 1 个；当锅炉房常年不间断供热时，宜设 2 个或 1 个中间带隔板分为 2 格的凝结水箱。水箱的总有效容量宜按 20~40min 的凝结水回收量确定。

2) 软化或除盐水箱的总有效容量，应根据水处理设备的设计出力和运行方式确定。当设有再生备用设备时，软化或除盐水箱的总有效容量应按 30~60min 的软化或除盐水消耗量确定。

3) 中间水箱总有效容量宜按水处理设备设计出力 15~30min 的水量确定。中间水箱的内壁应采取防腐蚀措施。

(6) 凝结水泵、软化或除盐水泵以及中间水泵的选择，应符合下列要求：

1) 应有 1 台备用，当其中 1 台停止运行时，其余的总流量应满足系统水量要求；

2) 有条件时，凝结水泵和软化或除盐水泵可合用 1 台备用泵；

3) 中间水泵应选用耐腐蚀泵。

(7) 当化学软化水处理不能满足锅炉给水水质要求时，应采用离子交换、反渗透或电渗析等方式的除盐水处理系统。

除盐水处理系统排出的清洗水宜回收利用；酸、碱废水应经中和处理达标后排放。

(8) 锅炉的汽包与锅炉管束为胀管连接时，所选择的化学水处理系统应能维持炉水的相对碱度小于 20%。当达不到要求时，应设置向锅水中加入缓蚀剂的设施，缓蚀剂可采用 Na_2HPO_4。

1.8.3　锅炉给水除氧

（1）锅炉给水和补给水的溶解氧含量应符合现行国家标准《工业锅炉水质》GB 1576的规定。

1）蒸汽锅炉给水的除氧宜采用大气式喷雾或喷雾填料式热力除氧器。除氧水箱下部宜装设再沸腾用的蒸汽管。

2）当要求除氧后的水温不高于 $60℃$ 时，可采用真空除氧、解析除氧或其他低温除氧系统。

3）热水系统补给水的除氧，可采用真空除氧、解析除氧或化学除氧。当采用亚硫酸钠加药除氧时，应监测锅水中亚硫酸根的含量。

（2）采用热力除氧应注意下列要求：

1）热力除氧负荷调节有效范围一般在除氧器设计额定出力的 $30\%\sim120\%$。

2）除氧器的进汽管上应装设自动调压装置。调压器的调节信号应取自除氧头（器）。运行时保证除氧器内蒸汽压力在 $0.02\sim0.03MPa$（水温约 $104℃$）。

3）除氧器进水管上应装流量调节装置，保持连续均匀给水，并保持除氧水箱内一定水位。

4）除氧水箱底部沿长度方向应布置再沸腾蒸汽加热管。

5）几台除氧器并联运行时，在除氧水箱之间应设置汽连通管和水平衡管。

6）除氧水箱的布置高度，应保证锅炉给水泵在运行中不致产生气蚀。除氧水箱应配置便于操作、维修的平台、扶梯。设备上方应设置起吊装置。

（3）采用还原铁过滤除氧方式应注意下列要求：

1）采用还原铁过滤除氧方式，应选用配备有还原铁除氧器和树脂除铁（Fe^{2+}）器的定型产品或具有上述两个功能的组合装置，保证进入锅炉的除氧水不含铁离子（Fe^{2+}）。

2）还原铁应选用含铁量高、强度较大、不易粉化、不易板结的多孔性海绵铁粒（其堆积密度约为 $1.4t/m^3$）。

3）除铁器内宜充装 Na 型强酸阳树脂滤料。

4）系统设计时，应合理控制流经过滤层的水流压力和流速，当设备制造厂未提供运行要求时，一般可控制流经海绵铁层的流速为 $15m/h$ 左右，流经树脂过滤层的流速为 $25m/h$ 左右。

5）合理选择反洗水泵的流量和扬程，其流量一般可按通过还原铁粒层的反洗强度为 $18\sim20L/(m^2 \cdot s)$ 考虑，其扬程可按 $10\sim15mH_2O$ 左右考虑。

（4）采用真空除氧方式应注意下列要求：

1）真空除氧器内应保持足够的真空度和水温，使除氧器内的水处于饱和沸腾状态，是保证除氧效果的关键。

2）除氧器的进水管上应配备流量调节装置；除氧水箱应有液位自动调节装置，保持水箱内水位在一定范围。

3）除氧器应配备根据进水温度调节真空度，或根据真空度调节进水温度的自动调节装置。

4）保证除氧器内真空度的要点是：

① 根据喷射器设计要求，保证足够的喷射水（或蒸汽）流量和压力。

② 在喷射水管上设置过滤器，防止喷射器堵塞。

③ 在除氧器抽气管上装常闭电磁阀，并和喷射泵联锁，停泵时立即关闭电磁阀。

5）除氧器及其除氧水箱的布置高度，应保证给水泵有足够的灌注头。除氧设施应设置便于运行维护的平台、扶梯。其上方宜设置起吊设施。

6）真空除氧系统的设备和管道应保持高度的气密性，管道连接应采用焊接，尽量减少螺纹连接件。

（5）采用解析除氧方式应注意下列要求：

1）喷射器的进口水压应满足喷射器设计要求，一般不得低于 0.4MPa。

2）当水温超过 50℃时，在解析器的气体出口管道应加装冷凝器，防止水蒸气进入反应器。

3）除氧系统及其后的设备和管道应保持高度的严密性，管道系统除必须采用法兰或螺纹连接外，应采用焊接连接，除氧水箱应为密闭式水箱。

（6）采用化学药剂除氧应符合下列要求：

1）化学除氧方式只宜用于≤4t/h（2.8MW）的小型锅炉或作辅助除氧方式。常用药剂有亚硫酸钠（Na_2SO_3）和二硫四氯化钠。采用 Na_2SO_3 除氧时，应监测水中的硫酸根含量。

2）药剂制配输送系统的设备和管道必须严密防止空气渗入。

3）采用亚硫酸钠除氧时，配置液质量浓度一般为 5%～10%，溶液箱容积宜不小于一昼夜的药液用量，压力式加药罐容积宜不小于 8h 的药液用量。

1.8.4 锅炉排污

（1）锅筒（锅壳）、立式锅炉的下脚圈、每组水冷壁下集箱的最低处、省煤器下联箱等应设定期排污装置和排污管道。蒸汽锅炉应根据锅炉本体的设计情况配置连续排污装置和管道。定期排污和连续排污的锅水应在排污降温池降温至 40℃ 以下后，才可排入室外管沟或下水道。

（2）锅炉房连续排污及其设施：

1）蒸汽锅炉连续排污率应根据给水和锅水中的碱度及溶解固形物分别计算，取其中较大值为排污率。连续排污率按下式计算：

$$P = \frac{\rho A_0}{A - \rho A_0} \times 100\%$$

$$或 \quad P = \frac{\rho S_0}{S - \rho S_0} \times 100\%$$

连续排污量为：
$$D_{LP} = P \cdot D$$

式中 P——连续排污率，%，取上述两式中较大的计算值；

A_0——锅炉给水的碱度，mmol/L；

S_0——锅炉给水的溶解固形物含量，mg/L；

S——锅水所允许的溶解固形物指标，mg/L；其值见现行国家标准《工业锅炉水质》GB 1576；

　　　　A——锅水允许碱度指标，mmol/L；

　　　　ρ——锅炉补水率（或凝结水损失率），以小数表示；

　　D_{LP}——锅炉连续排污量，kg/h；

　　　　D——锅炉蒸发量，kg/h。

　　2）采用锅外化学水处理时，蒸汽锅炉的连续排污率应符合下列要求：

　　① 蒸汽压力小于或等于 2.5MPa（表压）时，连续排污率不宜大于 10％；蒸汽压力大于 2.5MPa（表压）时，连续排污率不宜大于 5％；

　　② 锅炉产生的蒸汽供供热式汽轮发电机组使用，且采用化学软化水为补给水时，连续排污率不宜大于 5％；采用化学除盐水为补给水时，连续排污率不宜大于 2％。

　　（3）蒸汽锅炉连续排污水的热量应合理利用。锅炉房宜根据总的连续排污量设置连续排污膨胀器和排污水换热器。连续排污扩容器的容积按下式计算确定：

$$V_{LP}=\frac{kD_2\,\nu}{W}$$

式中　V_{LP}——连续排污扩容器容积，m³；

　　　　k——富裕系数，取 $k=1.3\sim1.5$；

　　　　ν——二次蒸汽比容，m³/kg；

　　　　W——扩容器分离强度，一般取 $W=800\mathrm{m^3/(m^3\cdot h)}$；

　　　D_2——二次蒸汽蒸发量，kg/h；按下式计算：

$$D_2=\frac{D_{LP}(h\eta-h_1)}{(h_2-h_1)x}$$

　　D_{LP}——连续排污水量，kg/h；

　　　　h——锅炉饱和水比焓，kJ/kg；

　　　h_1——扩容器出水比焓，kJ/kg；

　　　h_2——二次蒸汽的比焓，kJ/kg；

　　　　η——排污管热损失系数，取 $\eta=0.98$；

　　　　x——二次蒸汽的干度，取 $x=0.97$。

　　（4）锅炉定期排污：

　　1）采用炉外水处理时，每次排污量按上锅筒水位变化控制，按下式计算：

$$G_d=n\cdot D\cdot h\cdot L$$

式中　G_d——每台锅炉一次定期排污量，m³/次；

　　　　n——每台锅炉上锅筒个数，个；

　　　　D——上锅筒直径，m；

　　　　L——上锅筒长度，m；

　　　　h——上锅筒水位排污前后高差，一般取 $h=0.1\mathrm{m}$。

　　2）采用锅内加药水处理时，排污量按下式计算：

$$G_d=\frac{G(g_1+g_2)}{g-(g_1+g_2)}$$

式中　G_d——每台锅炉一次定期排污量，m³/次；

　　　g_1——给水溶解固形物的含量，mg/L；

g_2——加药量，mg/L；

G——排污间隔时间内的给水量，m³；

g——锅炉最大允许溶解固形物含量，mg/L；见蒸汽锅炉水质表。

（5）锅炉排污管道系统的设计应符合下列要求：

1）锅炉机组排污管道及其配备的阀门，按锅炉制造厂成套供货的产品进行布置安装。如锅炉制造厂成套配置的产品不符合《锅炉安全技术监察规程》的规定，应按该上述"规程"的要求进行配置。

2）锅炉上的排污管和排污阀不允许采用螺纹连接，排污管不应高出锅筒或联箱的相应排污口的高度。

3）每台锅炉宜采用独立的定期排污管道，并分别接至排污膨胀器或排污降温池；当几台锅炉合用排污母管时，在每台锅炉接至排污母管的干管上必须装设切断阀，在切断阀前尚宜装设止回阀。

4）每台蒸汽锅炉的连续排污管道，应分别接至连续排污膨胀器。在锅炉出口的连续排污管道上，应装设节流阀。在锅炉出口和连续排污膨胀器进口处，应各设1个切断阀。2～4台锅炉宜合设1台连续排污膨胀器。连续排污膨胀器上应装设安全阀。

5）锅炉的排污阀及其管道不应采用螺纹连接。锅炉排污管道应减少弯头，保证排污畅通。

（6）排污热量回收：

可采用一套闪蒸罐＋板式换热器的热量回收系统来回收锅炉连续排污排出的污水热量。首先将高温高压的锅炉排污水引入一个闪蒸罐，排污水的入口位置一般在距罐底1/3处，其罐体直径应保证从顶部出口的蒸汽流速不超过3m/s，这样一个较慢的速度可保证蒸汽和水滴的充分分离。闪蒸罐内一般存在约0.5bar左右的微压，排污水入口和二次蒸汽出口的选择要求都是保证蒸汽的速度不超过15m/s。关于闪蒸罐尺寸和直径的选择如表1-23所示：

闪蒸罐尺寸和直径   表1-23

尺寸 (mm)	直径 (mm)	高度 (mm)	排污水入口 至底部的高度 (mm)	入口和二次 蒸汽出口直径 (mm)	浓缩污水 出口直径 (mm)	最大排 污水量 (kg/h)	最大二次 蒸汽量 (kg/h)
150	150	1110	282	65	40	900	225
200	200	1110	290	100	40	2250	450
300	300	1150	307	125	50	4500	900
380	380	1260	330	150	50	9000	1400
	460	1200	400	175	50	12700	2050
	500	1400	450	200	65	15900	2400
	600	1400	450	225	65	20400	3500
	760	1400	450	300	80	34000	5600
	920	1500	500	350	80	50000	8200

闪蒸罐出来的二次蒸汽可以进入除氧箱进行热力除氧，这部分回收的热量大约占整个锅炉排污热量的49％。

　　剩余的排污水可以通过一个浮球疏水阀进入一个热交换器，加热通往给水箱的补给水。这个方法通常可将剩余排污水冷却到大约 20℃。这样不仅进一步回收了排污水的热量，同时使水在排放到排水系统之前冷却。板式换热器是这个应用的首选，因为它非常紧凑并且容易维修，其内部较高的流速和紊流不仅保证了极快的传热效率，而且有助于保持换热面的清洁。通过热交换器可回收约 39％的锅炉排污热量。

　　如果希望在引入冷补给水的同时保证闪蒸罐有剩余的排污水，一个更好的设计是用一个温度开关来控制冷补给水进口的一个小循环泵，只有当剩余的排污水有足够高的温度时，再泵送冷水通过热交换器，提高水箱平均温度，而且节约能源。

1.8.5　水处理设备的布置和化验室

　　(1) 水处理设备应根据工艺流程和同类设备尽量集中的原则进行布置，并应便于操作、维修和减少主操作区的噪声。水处理间主要操作通道的净宽不宜小于 1.5m，辅助设备操作通道的净距不宜小于 0.8m。所有通道均应适应检修的需要。

　　(2) 锅炉房应设置化验室、化验设备配置应考虑下述要求（一般化验设备见表 1-24）：

　　1) 蒸汽锅炉房应配备测定浊度、总硬度、总碱度、pH 值、溶解氧、溶解固形物、硫酸根（SO_4^{2-}）、氯化物（Cl^-）、含铁量、含油量等项目的设备和药品。当采用磷酸盐锅内水处理时，尚应能测定亚硫酸根（SO_3^{2-}）含量的设备。蒸汽压力＞2.5MPa 且供汽轮机用汽的锅炉房，宜设置测定二氧化硅及电导率的设备。

　　2) 装备热水锅炉的锅炉房应设置测量浊度、总硬度、pH 值、含油量等的仪表设备。采用锅外化学水处理时，尚应配备测定溶解氧的设备。

　　3) 总蒸发量＞20t/h 或总出力＞14MW 的锅炉房，以煤为燃料时，化验室宜具备测定燃料水分、挥发分、固定碳和飞灰、炉渣可燃物含量的设备；以油为燃料时，宜配备分析油的黏度和闪点的仪表设备。

　　4) 总蒸发量≥60t/h 或总出力≥42MW 的锅炉房，化验室还宜能测定燃料的发热值。

　　5) 化验室宜配备测定烟气中含氧量和 CO、NOx、SO_2 等含量的设备。燃油燃气锅炉房还宜配备测定烟气中氢、碳氢化合物等可燃物含量的仪表设备。

化验室常用设备　　　　　　　　　　　　　　　　　　表 1-24

类别	序号	设备名称		单位	数量	用途	备注
汽水品质分析用设备	1	分析天平	称量 200mg,感量 0.1mg	台	1		
	2	工业天平	称量 200mg,感量 1mg	台	1		
	3	电热恒温干燥箱	350mm×400mm×400mm, 温度 50～200℃	台	1	烘干仪表、药品试样	
	4	普通电炉	1kW	台	1		
	5	酸度计		只	1	用于测 pH 值	
	6	水浴锅	4 孔式	个	1	配制试剂测定 溶解固形物	
	7	溶解氧测定仪		台	1	测定溶解氧	
	8	干燥箱		台	1	干燥药品	
	9	比重计	1.0～1.2	支	5	测溶液密度	

续表

类别	序号	设备名称		单位	数量	用途	备注
煤、灰渣、烟气成分分析用设备	10	分析天平	称量200mg,感量0.1mg	台	1		
	11	高温电炉	1000℃	台	1	测灰分,挥发分固定碳	
	12	电热恒温干燥箱	50～200℃,尺寸 350mm×400mm×400mm	台	1	测水分	
	13	气体分析仪	奥氏气体分析仪	台	1	烟气分析	
	14	氧弹热量计		台	1	测煤发热值	
	15	袖珍计算器		个	1		
	16	带磨口玻璃瓶	$\phi40×25$	个	2	测水分	
	17	挥发分坩埚		个	2	测挥发分、固定碳	
	18	秒表		块	1		
	19	烟气含O_2量分析器					
	20	SO_2测试仪					
	21	NO_x测试仪					
	22	可燃气含量分析仪					

（3）化验取样设备及取样方式应符合下列要求：

1）额定蒸发量≥1t/h的蒸汽锅炉和额定热功率≥0.7MW的热水锅炉应设锅水取样装置。

2）汽水系统中应装设必要的取样点。汽水取样冷却器宜相对集中布置。汽水取样头的形式、引出点和管材，应满足样品具有代表性和不受污染的要求。汽水样品的温度宜小于30℃。

3）除氧水、给水的取样管道，应采用不锈钢管。

4）高温除氧水、锅炉给水、锅水及疏水的取样系统必须设冷却器，水样温度应在30～40℃之间，水样流量为500～700ml/min。

5）测定溶解氧和除氧水的取样阀的盘根和管道，应严密不漏气。

1.9 锅炉房上煤、出渣和烟气净化系统设计

1.9.1 贮煤场设计

（1）锅炉房煤场卸煤及转堆设备的设置，应根据锅炉房的耗煤量和来煤运输方式确定，并应符合下列要求：

1）火车运煤时，应采用机械化方式卸煤。

2）船舶运煤时，应采用机械抓取设备卸煤，卸煤机械总额定出力宜为锅炉房总耗煤量的300%，卸煤机械台数不应少于2台。

3）汽车运煤时，应利用社会运力，当无条件时，应设置自备汽车及卸煤的辅助设施。

（2）火车运煤时，一次进煤的车皮数量和卸车时间，应与铁路部门协商确定。车皮数量宜为5～8节，卸车时间不宜超过3h。

（3）煤场设计应贯彻节约用地和环境保护的原则，其贮煤量应根据煤源远近、供应的均衡性和交通运输方式等因素确定，并宜符合下列要求：

1）火车和船舶运煤，宜为10～25d的锅炉房最大计算耗煤量；

2）汽车运煤，宜为5～10d的锅炉房最大计算耗煤量；

3）对于供暖用煤要求一次供给的地区和与供煤部门有特定协议的用户，煤场容量可根据具体条件确定；

4）露天煤场的面积，可按下式计算：

$$F = \frac{B \cdot t \cdot m \cdot n}{H \cdot \rho \cdot \varphi}$$

式中　F——煤场面积，m^2；

　　　B——锅炉房平均小时最大用煤量，t/h；

　　　t——锅炉房昼夜运行时间，h；

　　　m——贮煤天数，天，按上述第1）～3）款确定；

　　　n——考虑煤场通道的系数，一般取$n = 1.5 \sim 1.6$，火车运煤时，取$n = 1.3$；

　　　H——煤场高度，按装卸设备选定，见表1-25；

　　　φ——堆角系数，梯形堆取$\varphi = 0.75 \sim 0.80$；三角形堆取$\varphi = 0.45$。

煤场装卸运煤设施及技术条件　　　　　　　　　表1-25

锅炉房日用煤量（t/d）	来煤运输方式	煤场装卸运输设备名称	设备运输长度(m)	装卸设备适用范围		备注
				设备运转能力	煤堆高度(m)	
≥100	火车	桥式（或龙门）抓斗起重机	40～60	起重量5t 抓斗密积2.5m³	5～6	要设其他备用机械设备
50～100	汽车	Z_4-1.2型装载车		0.5 m³/次	≤2.25	
50～100	汽车	Z_4-1.7型装载车		1.0m³/次	≤2.50	
50～100	汽车	推土机			2～6	
20～50	汽车	带斗叉车		0.5～1.0m³/次		
20～100	汽车	移动皮带	10 50 20	50～100t/h	3～6	
<20	汽车	人工手推车			1.5～2.01	

（4）对于露天煤场宜设置实体围墙；在经常性连续降雨的地区，对露天设置的煤场，宜将其一部分设为干煤棚，其贮煤量宜为4～8d的锅炉房最大计算耗煤量。对环境要求高的燃煤锅炉房应设闭式贮煤仓。

（5）煤场装卸设施和转运设备应根据锅炉房耗煤量和来煤运输方式确定，设备力求机动灵活，缩短运输距离，减少运转次数和地下设施，表1-26为常用煤场设备。可按下述要求确定：

1）当锅炉房燃用多种煤，并需混煤时，煤场应设置混煤设备；应对煤堆大小和高度进行控制，有自燃性的煤堆，应有压实、洒水或其他防止自燃的措施。

2）当煤场设有干煤棚时，煤棚和煤场之间的运输装卸设备应与煤场统一考虑。

3）从煤场到锅炉房和锅炉房内部的运煤，宜采用下列方式：

① 总耗煤量小于等于 1t/h 时，采用人工装卸和手推车运煤；

② 总耗煤量大于 lt/h，且小于或等于 6t/h 时，采用间歇机械化设备装卸和间歇或连续机械化设备运煤；

③ 总耗煤量大于 6t/h，且小于或等于 15t/h 时，采用连续机械化设备装卸和运煤；

④ 总耗煤量大于 15t/h，且小于或等于 60t/h 时，宜采用单路带式输送机运煤；

⑤ 总耗煤量大于 60t/h 时，可采用双路带式输送机运煤。

注：当采用单路带式输送机运煤时，其驱动装置宜有备用。

（6）煤场建筑和配套设施设计应符合下列要求：

1）煤场的地面应根据装卸方式进行处理，地坪应高出地下水位 0.5m 以上，并应有不小于 0.005 排水坡度和排水措施。受煤沟应有防水和排水措施。

2）露天煤堆与周围建筑的防火间距宜为 6～10m，应按周围建筑的耐火等级而定。

3）煤场应配备洒水龙头。

4）煤棚的屋架下弦净高取 3～3.5m。

锅炉房常用运煤系统　　　　　　　　　　　　表 1-26

锅炉房规模		额定耗煤量 (t/h)	推荐运煤方式
单炉蒸发量(t/h)	台数		
≤4	1～3	1～2	手推车＋翻斗上煤机；手推车＋电动葫芦吊煤罐
≤4	3～4	2～3	电动葫芦吊煤罐＋手推车；埋刮板车输煤机
6、6.5	2～5	3～6	埋刮板输煤机；单轨抓斗输送机；多斗提升机＋带式输送机
10	1～3		
20	1～3		

1.9.2 运煤系统设计

（1）运煤系统小时运煤量的计算，应根据锅炉房昼夜最大计算耗煤量、扩建时增加的煤量、运煤系统昼夜的作业时间和 1.1～1.2 不平衡系数等因素确定：

$$Q = \frac{24 \times B \cdot m}{t}$$

式中　Q——系统设备运煤能力，t/h；

　　　B——锅炉房最大小时耗煤量，需要扩建的锅炉房，应计入扩建后的用煤量，t/h；

　　　m——不平衡系数，取 $m=1.1～1.2$；

　　　t——运煤系统每天作业时间，h；一班运煤工作制，不宜大于 6h；两班运煤工作制，不宜大于 11h；三班运煤工作制，不宜大于 16h。

（2）运煤系统的设计应符合下列要求：

1）煤场受煤斗设计应符合下列要求：

① 受煤斗进口尺寸应与装卸设备协调，受煤斗的容积应能装纳装卸设备 2～4 次加煤量；

② 钢受煤斗倾角≥55°，混凝土受煤斗倾角≥60°。受煤斗内壁应光滑耐磨，相邻壁面宜做成半径为 200mm 的圆弧；

③ 受煤斗进煤口应配筛箅，其孔格不大于 160mm×200mm；出煤口应设置可调开度的闸门；

④ 露天煤场受煤斗，其上方应设雨棚盖。

2）在受煤斗的出料口处，应设置给料机，以便均匀地向输送带或斗式提升机给料。采用振动给料机时，应有 0～10°的下倾角。

3）对于供应块煤的锅炉房，当原煤块度不符合锅炉燃烧设备的粒度要求时，应设置煤块破碎装置。在破碎装置前应设置煤的磁选和筛选装置；在破碎机的筛分和转弯部位，应设置密封防尘装置。当锅炉给煤装置、煤粉制备设施和燃烧设备另有要求时，尚宜设置煤的二次磁选装置。

4）锅炉炉前煤仓（即炉前煤斗）的设计应符合下列要求：

① 锅炉炉前煤（粉）仓的贮量，宜符合下列要求：

一班运煤工作制为 16～20h 的锅炉额定耗煤量；

二班运煤工作制为 10～12h 的锅炉额定耗煤量；

三班运煤工作制为 1～6h 的锅炉额定耗煤量。

② 煤仓内壁应光滑耐磨，煤仓溜煤管的倾角，应根据煤的水分和颗粒组成确定，壁面倾角不宜小于 60°，相邻壁交角应为半径不小于 200mm 的圆弧形。

③ 原煤仓出口的下部，宜设置圆形双曲线金属小煤斗。

④ 煤粉仓应密闭，并设有测量粉位的设施，金属煤粉仓应进行保温。

⑤ 煤斗排料尺寸不得小于 550mm×550mm。

⑥ 额定出力≥10t/h（7MW）的层燃炉，炉前煤斗部宜配分层给煤燃烧装置；额定出力≥20t/h（14MW）的层燃炉，炉前煤斗下宜装设均匀布煤装置。

⑦ 炉前煤仓的溜煤管与水平面的倾角不应小于 60°，溜煤管的截面尺寸按下式计算，但不得小于表 1-27 中规定的尺寸。

$$F=\frac{Q_{m}}{3600\times v \cdot \rho \cdot \varphi}$$

式中 F——溜煤管的截面积，m^2；

Q_{m}——输煤量，t/h；

v——溜煤管内煤流速度，一般取 $v=1.5m/s$；

ρ——煤的堆积密度，t/m^3，见表 1-28；

φ——充满系数，一般取 $\varphi=0.3～0.35$。

溜煤管截面尺寸　　　　　　　　　　　　　　　　　　表 1-27

煤的粒度（φ）	<25	40	65	100	150	200	250	300
溜煤管宽度（mm）	200	300	350	400	500	600	700	800
溜煤管高度（mm）	150	200	250	300	350	400	500	600

煤和灰渣的堆积特性   表 1-28

名称		细煤粒	干无烟煤	风干褐煤	焦炭	煤渣	干炉灰	块状褐煤
堆积密度 （t/m³）		0.75～1.0	0.8～0.95	0.65～0.78	0.36～0.53	0.6～0.9	0.4～0.9	0.65～0.78
自然堆角 （°）	动	30	20	35	35	35	40	35
	静	45	45	50	50	45	50	50

5）在锅炉房外设置集中煤仓时，其贮量宜符合下列要求：

① 一班运煤工作制为 16～18h 的锅炉房额定耗煤量；

② 二班运煤工作制为 8～10h 的锅炉房额定耗煤量。

6）采用带式输送机运煤，应符合下列要求：

① 胶带的宽度不宜小于 500mm；

② 采用普通胶带的带式输送机的倾角，运送破碎前的原煤时，不应大于 16°；运送破碎后的细煤时，不应大于 18°；

③ 在倾斜胶带上卸料时，其倾角不宜大于 12°；

④ 卸料段长度超过 30m 时，应设置人行过桥。

7）带式输送机栈桥的设置，在寒冷或风沙地区应采用封闭式，其他地区可采用敞开式、半封闭式或轻型封闭式，并应符合下列要求：

① 敞开式栈桥的运煤胶带上应设置防雨罩；

② 在寒冷地区的封闭式栈桥内，应有供暖设施；

③ 封闭式栈桥和地下栈道的净高不应小于 2.5m，运行通道的净宽不应小于 1m，检修通道的净宽不应小于 0.7m；

④ 倾斜栈桥上的人行通道应有防滑措施，倾角超过 12°的通道应做成踏步；

⑤ 输送机钢结构栈桥应封底。

8）采用多斗提升机运煤，应有不小于连续 8h 的检修时间。当不能满足其检修时间时，应设置备用设备。

9）从受煤斗卸料到带式输送机、多斗提升机或埋刮板输送机之间，宜设置均匀给料装置。

10）运煤系统的转运部位必须设置防护罩，转动机械的外露轴端应加护盖。建筑设计和系统布置应考虑设备的安装孔尺寸和操作、检修场地。

11）运煤系统的地下构筑物应防水，地坑内应有排除积水的措施。

12）运煤系统应装设煤的计量装置。

13）运煤系统的破碎、筛分、转卸处应设置效果良好的除尘措施。

14）运煤系统应根据具体情况，设置设备安装检修起吊设施和场地。

1.9.3 灰渣贮运

（1）锅炉房灰渣排量与燃煤的灰分含量及燃烧方式有关。层燃锅炉可按下述方式估算：烧无烟煤和烟煤的锅炉排渣量可按燃煤量的 20%～30%计算；燃烧褐煤和煤矸石的锅炉排渣量可按燃煤量的 30%～40%计算。

（2）锅炉房灰渣堆场的设计，一般应符合下列要求：

1）灰渣场的面积：人工运渣时，堆场贮渣量按 10 昼夜锅炉房最大排渣量考虑；机械化的出渣系统，宜为 3～5d 锅炉房最大计算排灰渣量。采用集中灰渣斗时，不宜设置灰渣场。

2）干式出渣的锅炉房，灰渣堆和煤堆之间应保持不小于 10m 的间距。

3）灰渣场应平整坚实，应有运渣车辆进出的通道。

（3）灰渣斗的设计应符合下列要求：

1）灰渣斗的总容量，宜为 1～2d 锅炉房最大计算排灰渣量。

2）灰渣斗的出口尺寸，不应小于 0.6m×0.6m。

3）严寒地区的灰渣斗，应有排水和防冻措施。

4）灰渣斗的内壁面应光滑、耐磨，壁面倾角不宜小于 60°；灰渣斗相邻两壁的交线与水平面的夹角不应小于 55°；相邻壁交角的内侧应做成圆弧形，圆弧半径不应小于 2.0mm。

5）灰渣斗排出口与地面的净高，汽车运灰渣不应小于 2.3m；火车运灰渣不应小于 5.3m，当机车不通过灰渣斗下部时，其净高可为 3.5m。

6）干式除灰渣系统的灰渣斗底部宜设置库底汽化装置。

7）灰渣斗出口处应设置检修排料设备的平台和梯子。

8）灰渣系统宜就地控制。

（4）锅炉房排渣系统及其设备的选择，一般应考虑下述原则：

1）除灰渣系统的选择，应根据锅炉房的灰渣排量、灰渣特性、输送距离、地势、气候条件及运输方式等因素确定。有条件的用户，还应考虑灰渣分除，综合利用。

2）除灰渣系统及其配置设备，应适合锅炉炉型，有利于操作管理和降低劳动强度。锅炉房最大计算灰渣量大于或等于 1t/h 时，宜采用机械、气力除灰渣系统或水力除灰渣系统。常用设备有刮板出渣机、重型链条出渣机、框链式除渣机、皮带运输机等。出渣机可不设备用，但应考虑应急措施，驱动装置应有备件。

3）锅炉采用水力除渣方式时，除尘器收集下来的灰可利用锅炉除灰渣系统排除。循环流化床锅炉除灰系统，宜采用气力输送方式。

4）水力除灰渣系统的设计，应符合下列要求：

① 灰渣池的有效容积，宜根据 1～2d 锅炉房最大计算排灰渣量设计；灰渣池应分隔为两部分：一部分深灰，另一部分抓灰，交替使用；

② 灰渣池应有机械抓取装置；

③ 灰渣泵应有备用；

④ 灰渣沟设置激流喷嘴时，灰渣沟坡度不应小于 1%；锅炉固态排渣时，渣沟坡度不应小于 1.5%；锅炉液态排渣时，渣沟坡度不应小于 2%；输送高浓度灰浆或不设激流喷嘴的灰渣沟，沟底宜采用铸石镶板或用耐磨材料衬砌；

⑤ 冲灰渣水应循环使用；

⑥ 除尘器的排灰尘和水力冲灰渣系统宜统一设计。

⑦ 冲灰渣水管宜采用耐磨衬塑钢管；

⑧ 灰渣沟的布置，应力求短而直，其布置走向和标高，不应影响扩建。

5）循环流化床锅炉排出的高温渣，应经冷渣机冷却到 200℃ 以下后排除，并宜采用机械或气力干式方式输送。

1.9.4　烟气净化

（1）锅炉排烟应进行净化治理，燃煤锅炉烟尘的初始排放浓度和烟气黑度，以及锅炉房排入大气的有害物质应符合现行国家标准《锅炉大气污染物排放标准》GP 13271—2001 的规定，当锅炉房所在地区的地方排放标准严于国家标准时，尚应符合当地标准的规定。

（2）锅炉大气污染物排放量计算：

1）燃煤锅炉烟尘排放量和排放浓度的计算：

① 单台燃煤锅炉烟尘排放量可按式下式计算：

$$M_{a1} = \frac{B \times 10^9}{3600}\left(1 - \frac{\eta_c}{100}\right)\left(\frac{A_{ar}}{100} + \frac{Q_{net,ar}q_4}{4.18 \times 8100 \times 100}\right)a_{fh}$$

式中　M_{a1}——单台燃煤锅炉烟尘排放量，mg/s；

　　　B——锅炉耗煤量，t/h；

　　　η_c——除尘效率，%；

　　　A——燃料的收到基含灰量，%；

　　　q_4——机械未完全燃烧热损失，%；

　　$Q_{net,ar}$——燃料的收到基低位发热量，kJ/kg；

　　　α_{fh}——锅炉排烟带出的飞灰份额。链条炉取 0.2，煤粉炉取 0.9，人工加煤取 0.2~0.35，抛煤机炉取 0.3~0.35。

② 多台锅炉共用一个烟囱的烟尘总排放量按下式计算：

$$M_A = \sum M_{Ai}$$

式中　M_A——多台锅炉共用一个烟囱的烟尘总排放量，mg/s；

　　　M_{Ai}——单台锅炉烟尘排放量。

③ 多台锅炉共用一个烟囱出口处烟尘的排放浓度按下式计算：

$$C_A = \frac{M_A \times 3600}{\sum Q_1 \times \frac{273}{T_1} \times \frac{101.3}{P_1}}$$

式中　C_A——多台锅炉共用一个烟囱出口处烟尘的排放浓度（标准状态），mg/m³；

　　$\sum Q_1$——排入同一座烟囱的每台锅炉烟气总量，m³/h；

　　　T_1——烟囱出口处烟温，K；

　　　P_1——当地大气压，kPa。

2）燃煤锅炉二氧化硫排放量的计算：

① 单台锅炉二氧化硫排放量可按下式计算：

$$M_{SO_2} = \frac{B \times 10^6}{3600} \cdot C \cdot \left(1 - \frac{\eta_{SO_2}}{100}\right)\frac{S_{ar}}{100} \cdot \frac{64}{32}$$

式中　M_{SO_2}——单台锅炉二氧化硫排放量，mg/s；

　　　B——锅炉耗煤量，t/h；

　　　C——含硫燃料燃烧后生成 SO_2 的份额，随燃烧方式而定，链条炉取 0.8~0.85，煤粉炉取 0.9~0.92，沸腾炉取 0.8~0.85；

η_{SO_2}——脱硫率，%。干式除尘器取 0，其他脱硫除尘器可参照产品特性选取；

S_{ar}——燃料的收到基含硫量，%；

64——SO_2 相对分子质量；

32——S 相对分子质量。

② 多台锅炉共用烟囱的二氧化硫总排放量和烟囱出口处二氧化硫的排放浓度可参照烟尘排放的计算方法进行计算。

3）燃煤锅炉氮氧化物排放量的计算：

① 单台锅炉氮氧化物排放量可按下式计算：

$$G_{NO_2} = \frac{1.63 \times 10^9}{3600} B(\beta^n + 10^{-6} V_y C_{NO_2})$$

式中　G_{NO_2}——单台锅炉氮氧化物排放量，mg/s；

B——锅炉耗煤量，t/h；

β——燃烧时氮向燃料型氮氧化物的转变率，%。与燃产含氮量 n 有关，一般层燃炉取 25%～50%，煤粉炉取 20%～25%；

n——燃料中氮的含量（质量分数，%，燃煤取 0.5%～2.5%，平均值取 1.5%）；

V——燃烧生成的烟气量（标准状态），m³/kg；

C_{NO_2}——燃烧时生成的温度型氮氧化物的浓度（标准状态），mg/m³，一般取 93.8mg/m³。

② 多台锅炉共用一个烟囱的氨氧化物总排放量和烟囱出口处氨氧化物的排放浓度可参照烟尘排放的计算方法进行计算。

（3）锅炉房除尘设备及其系统的选择和设计应考虑下列基本原则：

1）除尘装置和锅炉机组宜一对一配置。当锅炉容量较大时，也可一台锅炉配两台或多台除尘器并联运行，并联的除尘器之间，烟量分配应尽量均匀，灰斗之间不得窜风。

2）除尘器的选型，应根据锅炉额定出力时的烟气量、排尘浓度以及燃料的含硫量等因素考虑。应选用高效、低阻、负荷变化适应性好、耐磨耐蚀、价格合理、能满足烟气排放标准的除尘装置。

3）在满足烟气排放环保标准的前提下，宜优先考虑干式旋风除尘器（其体积小，价格较低）。

当干式除尘装置达不到烟气排放标准时，可采用湿式除尘系统。使用碱性水质的湿式除尘器（如麻石水膜除尘器等），兼备除尘和脱硫效果，效率较高；当湿式除尘仍达不到烟尘排放标准时，可采用除尘效率更高的袋式除尘或静电除尘设施。

4）除尘器及其附属设施应符合下述要求：

① 除尘器及其附属设施应有防腐蚀和防磨损的措施；

② 除尘器应设置可靠的密封排灰措施；

③ 除尘器排出的灰尘应设置妥善运输和存放的设施，有条件时，灰尘可进行综合利用。对于采用重型链条出渣机和水力冲灰渣的锅炉房，宜将除尘器收集的烟尘用水冲入除渣系统一起排出。

5）露天布置的除尘器及排烟管道，应有防雨和防腐蚀措施。

（4）湿式除尘的系统设计应考虑下列要求：

1）湿式除尘系统应设置灰、水分离设施，循环用水。

2）湿式除尘器及其除尘器后的排烟管道应有可靠的防腐措施。

3）除尘器后应设置烟气脱水装置（如旋流板、脱水副筒），防止烟气带水排放。

4）在严寒地区的灰、水处理系统应有防冻措施。

5）除尘系统排放的含尘废水，必须经沉淀处理，并符合《污水综合排放标准》GB 8978 后，才能排入下水道。

6）湿式除尘的补充水尽量利用锅炉的排污水和其他工业碱性废水。

（5）为保证锅炉房排烟中的 SO_2 和 NO_X 的含量，符合排放标准要求，可考虑下列措施：

1）采用低硫优质煤作锅炉燃料。

2）选择合适的锅炉炉型和燃烧设备，减少在燃烧过程中产生的 SO_2 和 NO_X 的（氮氧化物）。如选用配置有向燃烧室喷射石灰石粉的循环流化床锅炉，排烟脱硫率可达 40％～75％；如炉膛出口过量空气系数小、燃料和空气混合好、炉膛火焰中心温度较低，配置有二次送风装置的锅炉，能减少 SO_2 和 NO_X 的产生。

3）锅炉房配置具有除尘、脱硫作用的湿式除尘系统，如利用锅炉连续排污水，或其他碱性水（如 $NaOH$、$Ca(OH)_2$……的碱性水）作喷淋水的麻石除尘器系统。

4）配置专用的脱硫、脱氮氧化物装置。如湿式电气脱硫设备，根据催化还原法、吸收法或固体吸附法制造的脱 SO_2 和 NO_X 装置。

5）采用高烟囱排烟，在高空大气中扩散稀释 SO_2 和 NO_X，可提高其允许排放浓度。

1.10　锅炉房燃料油系统设计

1.10.1　燃油类型

民用建筑的燃油锅炉房，宜使用柴油。轻柴油常用于小型燃油锅炉。

1.10.2　贮油罐容量

锅炉房贮油罐的总容量，宜符合下列要求：

（1）火车或船舶运输，为 20～30d 的锅炉房最大计算耗油量。

（2）汽车油槽车运输，为 3～7d 的锅炉房最大计算耗油量。

（3）油管输送，为 3～5d 的锅炉房最大计算耗油量。

1.10.3　油罐区布置

油罐区布置及与其他建筑物、构筑物的防火间距应符合《建筑设计防火规范》GB 50016 、《高层民用建筑设计防火规范》GB 50045、《汽车加油气站设计与施工规范》GB 50156、《石油库设计规范》GB 50074 等的规定。

1）当企业设有总油库时，锅炉房燃用的重油或轻柴油，应由总油库统一贮存。

2）油库内重油贮油罐不应少于2个，轻油贮油罐不宜少于2个。

3）重油贮油罐内油被加热后的温度，应低于当地大气压力下水沸点5℃，且应低于罐内油闪点10℃，并应按两者中的较低值确定。

4）地下、半地下贮油罐或贮油罐组区，应设置防火堤。防火堤的设计应符合现行国家标准《建筑设计防火规范》GB 50016 的规定。

轻油贮油罐与重油贮油罐不应布置在同一个防火堤内。

5）设置轻油罐的场所，宜设有防止轻油流失的设施，有10%的富裕量。

1.10.4 锅炉房供油系统

（1）从贮油罐至锅炉房的输油系统设计应符合下列要求：

1）从锅炉房贮油罐输油到室内油箱的输油泵，不应少于2台，其中1台应为备用。输油泵的容量不应小于锅炉房小时最大计算耗油量的110%。

2）在输油泵进口母管上应设置油过滤器2台，其中1台应为备用。油过滤器的滤网网孔宜为8~12目/cm，滤网流通截面积宜为其进口管截面积的8~10倍。

3）油泵至贮油罐之间的管道宜采用地上敷设。当采用地沟敷设时，地沟与建筑物外墙连接处应填砂或用耐火材料隔断。

4）接入锅炉房的室外油管道，宜采用地上敷设。当采用地沟敷设时，地沟与建筑物的外墙连接处应填砂或用耐火材料隔断。

（2）锅炉房输油管系统的设计应考虑下列要求：

1）锅炉房的供油管道一般采用单母管，但常年不间断运行的锅炉房供油系统宜用双母管，其中一个母管的流量按锅炉房最大计算耗油量和回油量之和的75%计算。回油母管应采用单母管。

2）供油泵和供油管道的计算流量应按锅炉房最大计算耗油量和回流量之和考虑，确定回油量和回油管路应满足下列要求：

① 喷油嘴的回油量应根据锅炉制造厂的技术规定取值，一般为喷油嘴出力的15%~50%。

② 确定回油量时，应保证锅炉在热负荷变化的调节范围内，油系统和燃烧系统能安全、经济运行。

③ 回油管路应设置调节阀，根据锅炉热负变化调节回油量。

④ 重油回油管路的管内流入速度一般小于1m/s，最低不宜小于0.7m/s。

⑤ 回油量不宜过大或过小，回油量过大，会增加油泵的电能消耗，对于需要加热的油系统，还会加速油罐内油温的升高；回油过小，会影响回油调节阀的灵敏度，流速过小，还会造成重油等高黏度油中的沥青、胶质和碳化物在管内沉积影响运行安全。

3）输油管路宜采用无缝钢管，管路连接除因设备、附件等处连接需要者外，一般都应采用焊接连接。管内流速应根据油品黏度、运行安全合理选定。流速过低会增加管材和建设资金，而且油中的沥青胶质和碳化物易析出沉积，特别是经过二次加热器系统的重油管流速控制在0.7 m/s以上；管内流速过高，会增加系统阻力和油泵电耗量。管内一般常用流速可参见表1-29。

油品常用流速选用表   表 1-29

油品黏度		平均流速（m/s）	
恩氏黏度（0E）	运动黏度（mm²/s）	泵吸入管	泵压出管
1～2	1～11.5	≤1.5	≤2.5
2～1	11.5～27.7	≤1.3	≤2.0
1～10	27.7～72.5	≤1.2	≤1.5
10～20	72.5～115.9	≤1.1	≤1.2
20～60	145.9～138.5	≤1.0	≤1.1
20～120	138.5～877.0	≤0.8	≤1.0

4）在供油泵进口母管上，应设置过滤器两台，其中 1 台备用，过滤器的滤网网孔宜符合下列要求：

① 离心泵、蒸汽往复泵前的过滤器滤网为 8～12 目/cm；

② 螺杆泵、齿轮泵前的过滤器滤网为 16～32 目/cm；

③ 滤网流通面积宜为其进口管截面的 8～10 倍。

5）锅炉配置机械雾化燃烧器时，在油加热器和燃烧器之间的管段上应设置油过滤器。其过滤网网目不宜小于 20 目/cm，滤网流通截面积不宜小于其进口管截面积的 2 倍。

6）每台锅炉的供油干管上，应设置关闭阀和快速切断阀。每个燃烧前的支管上，应装设关闭阀。当设置有 2 台或 2 台以上锅炉时，尚应在每台锅炉的回油干管上装设止回阀。

7）供油管道宜采用顺坡敷设，柴油管道坡度不应小于 0.3%，重油管道的坡度不应小于 0.4%，但接入燃烧器的重油管上不宜坡向燃烧器。

（3）日用油箱的设计布置应符合下列要求：

1）锅炉房日用油箱应布置在专用房间，与其他房间的隔墙应是防火墙，通往其他房间的门应是甲级防火门。

2）燃油锅炉房室内油箱的总容量，重油不应超过 5m³，轻柴油不应超过 1 m³。室内油箱应安装在单独的房间内。当锅炉房总蒸发量大于或等于 30t/h，或总热功率大于或等于 21MW 时，室内油箱应采用连续进油的自动控制装置。当锅炉房发生火灾事故时，室内油箱应自动停止进油。

3）设置在锅炉房外的中间油箱，其总容量不宜超过锅炉房 1d 的计算耗油量。

4）室内油箱应采用闭式油箱。油箱上应装设直通室外的通气管，通气管上应设置阻火器和防雨设施。油箱上不应采用玻璃管式油位表。

5）油箱的布置高度，宜使供油泵有足够的灌注头。

6）室内油箱应装设将油排放到室外贮油罐或事故贮油罐的紧急排放管。排放管上应并列装设手动和自动紧急排油阀。排放管上的阀门应装设在安全和便于操作的地点。对地下（室）锅炉房，室内油箱直接排油有困难时，应设事故排油泵。

非独立锅炉房，自动紧急排油阀应有就地启动、集中控制室遥控启动或消防防灾中心遥控启动的功能。

7）室外事故贮油罐的容积应大于或等于室内油箱的容积，且宜埋地安装。

（4）锅炉房集中设置的供油泵，应符合下列要求：

1）供油泵的台数不应少于2台。当其中任何1台停止运行时，其余的总容量不应少于锅炉房最大计算耗油量和回油量之和。

2）供油泵的扬程，不应小于下列各项的代数和：

① 供油系统的压力降；

② 供油系统的油位差；

③ 燃烧器前所需的油压；

④ 本款上述3项之和的10%～20%富裕量。

3）不带安全阀的容积式供油泵，在其出口的阀门前靠近油泵处的管段上，必须装设安全阀。

（5）锅炉房重油供油系统的设计，除应符合上述一般要求外，还应符合下述要求：

1）重油通过供油泵加压后，经油加热器加热至燃烧器所要求供油黏度，然后送至锅炉燃烧器燃烧。部分重油经循环回路回到油箱。重油供油系统一般采用经锅炉燃烧器的单循环系统。

2）集中设置的重油加热器应符合下列要求：

① 加热面应根据锅炉房要求加热的油量和油温计算确定，并有10%的富裕量；

② 加热面组宜能进行调节；

③ 应装设旁通管；

④ 常年不间断供热的锅炉房，应设置备用油加热器。

3）燃用重油的锅炉房，当冷炉启动点火缺少蒸汽加热重油时，应采用重油电加热器或设置轻油、燃气的辅助燃料系统。

4）燃油锅炉房采用电热式油加热器时，应限于启动点火或临时加热，不宜作为经常加热燃油的设备。

5）室内重油箱的油加热后的温度，不应超过90℃。

6）燃油锅炉房点火用的液化气罐，不应存放在锅炉间，应存放在专用房间内。气罐的总容积应小于1 m³。

1.10.5　锅炉房燃油安全设计要求

（1）燃油锅炉的油罐区、油箱间、油泵间的所有电力设备和电气设施，如油泵、事故排风机、电气仪表、电动电磁阀门、灯具、电气插座等都应按《爆炸和火灾危险环境电力装置设计规范》的规定选用合格的防爆产品和材料，并正确地进行安装布置

（2）燃油锅炉的炉膛、烟室及烟道均应装设置泄爆装置，泄爆门的位置应有利于泄压。当泄爆气流可能危及人员或设备仪表安全时，在防爆门处应装设泄压导向管。

燃用重油的锅炉尾部受热面和烟道，宜设置蒸汽吹扫和蒸汽灭火装置。

（3）室内油箱间、油泵间、锅炉间等处应设置可燃气体浓度报警系统，该系统应和事故排风机联锁。

1.11　锅炉房燃气系统设计

（1）我国民用锅炉使用的气体燃料主要是天然气，但也有些地区或用户使用油田伴生

气、焦炉煤气、液化石油气等其他气体燃料。锅炉使用的气体燃料，其性能和供气压力应力求稳定。

锅炉燃气的供气压力，应根据锅炉设备制造厂的规定确定。采用大气式燃烧的小型锅炉宜按低压设计；采用燃烧机的锅炉宜按中压设计。燃用液化石油气的供气压力一般为 $30\sim100Pa$。

(2) 燃气调压装置应设置在有围护的露天场地上或地上独立的建、构筑物内，不应设置在地下建、构筑物内。

(3) 锅炉房燃气宜从城市中压供气主管上铺设专用管道供给，并应经过滤、调压后使用。单台调压装置低压侧供气流量不宜大于 $3000m^3/h$（标准状态），撬装式调压装置低压侧单台供气量宜为 $5000m^3/h$（标准状态）。

(4) 锅炉房燃气管道系统的设计应符合下列要求：

1) 锅炉房内燃气管道设计，应符合现行国家标准《城镇燃气设计规范》GB 50028 和《工业金属管道设计规范》GB 50316 的有关规定。

2) 锅炉房燃气管道宜采用单母管，常年不间断供热时，宜采用从不同燃气调压箱接来的 2 路供气的双母管。采用双母管时，每一母管的流量可按锅炉房最大计算耗气量的 75% 计算。

3) 在引入锅炉房的室外燃气母管上，在安全和便于操作的地点，应装设与锅炉房燃气浓度报警装置联动的总切断阀，阀后应装设压力表；当调压站距锅炉房较远时，总关闭阀宜加装过滤器。

4) 锅炉房的燃气计量装置宜单炉配置，集中布置在一个单独的房间。台数较多的小锅炉（如模块炉），也可在锅炉房内设置总的计量装置；燃气计量间应通风良好。

5) 每台锅炉燃气干管上应配套性能可靠的燃气阀组，阀组前燃气供气压力和阀组规格应满足燃烧器最大负荷需要。阀组基本组成和顺序应为：切断阀、压力表、过滤器、稳压阀、波纹接管、2 级或组合式检漏电磁阀、阀前后压力开关和流量调节蝶阀。点火用的燃气管道宜从燃烧器前燃气干管上的 2 级或组合式检漏电磁阀前引出，且应在其上装设切断阀和 2 级电磁阀。

6) 锅炉燃气阀组切断阀前的燃气供气压力应根据燃烧器要求确定，并宜设定在 $5\sim20kPa$ 之间，燃气阀组供气质量流量应能使锅炉在额定负荷运行时，燃烧器稳定燃烧。

7) 燃气管道应采用输送流体的无缝钢管，并应符合现行国家标准《流体输送用无缝钢管》GB/T 8163 的有关规定；燃气管道的连接，除与设备、阀门附件等处可用法兰连接外，其余宜采用氩弧焊打底的焊接连接。

8) 锅炉房燃气管道宜架空敷设。输送相对密度小于 0.75 的燃气管道，应设在空气流通的高处；输送相对密度大于 0.75 的燃气管道，宜装设在锅炉房外墙和便于检测的位置。

9) 锅炉房内燃气管道不应穿越易燃或易爆品仓库、值班室、配变电室、电缆沟（井）、通风沟、风道、烟道和具有腐蚀性质的场所；当必需穿越防火墙时，其穿孔间隙应采用非燃烧物填实。

10) 燃气管道穿越楼板或隔墙时，应敷设在套管内，套管的内径与油管的外径四周间隙不应小于 20mm。套管内管段不得有接火，管道与套管之间的空隙应用麻丝填实，并应用不燃材料封口。管道穿越楼板的套管，上端应高出楼板 $60\sim80mm$，套管下端与楼板底面（吊顶底面）平齐。

11）燃气管道垂直穿越建筑物楼层时，应设置在独立的管道井内，并应靠外墙敷设；穿越建筑物楼层的管道井每隔 2 层或 3 层，应设置相当于楼板耐火极限的防火隔断；相邻 2 个防火隔断的下部，应设置丙级防火检修门；建筑物底层管道井防火检修门的下部，应设置带有电动防火阀的进风百页；管道井顶部应设置通风的百页窗；管道井应采用自然通风。

12）管道井内的燃气立管上，不应设置阀门。

13）燃气管道与附件严禁使用铸铁件。在防火区内使用的阀门，应具有耐火性能。

（5）燃气管道上应装设放散管、取样口和吹扫口，其位置应能满足将管道与附件内的燃气或空气吹净的要求。

（6）放散管可汇合成总管引至室外，其排出口应高出锅炉房屋脊 2m 以上，并使放出的气体不致窜入邻近的建筑物和被通风装置吸入。

（7）密度比空气大的燃气放散，应采用高空或火炬排放，并满足最小频率上风侧区域的安全和环境保护要求。当工厂有火炬放空系统时，宜将放散气体排入该系统中。

（8）燃气放散管管径应根据吹扫段的容积和吹扫时间确定。吹扫量可按吹扫段容积的 10～20 倍计算，吹扫时间可采用 15～20min。吹扫气体可采用氮气或其他惰性气体。

（9）燃气锅炉房安全设计要求：

1）锅炉房燃气系统的所有电动阀门和电气仪表以及调压间、燃气表间、锅炉间的事故排风机、照明灯具、电气插座等均应采用防爆型产品。

2）燃气调压间、燃气表间、锅炉间以及其他有燃气设施的房间，应设置可燃气体液浓度报警系统并和相应部位的事故排风机联锁控制。

3）燃气系统的设备、管道以及烟囱等应设置防静电、防雷击的接地装置。

1.12　监测和控制

1.12.1　监测

（1）蒸汽锅炉必须装设指示仪表监测下列安全运行参数：

1）锅筒蒸汽压力；

2）锅筒水位；

3）锅筒进口给水压力；

4）过热器出口蒸汽压力和温度；

5）省煤器进、出口水温和水压；

6）单台额定蒸发量大于或等于 20t/h 的蒸汽锅炉，除应装设本条第 1）、2）、4）款参数的指示仪表外，尚应装设记录仪表。

注：1. 采用的水位计中，应有双色水位计或电接点水位计中的一种；

2. 锅炉有省煤器时，可不监测给水压力。

（2）每台蒸汽锅炉应按表 1-30 的规定装设监测经济运行参数的仪表。

蒸汽锅炉装设监测经济运行参数的仪表　　　　　　　　　　表 1-30

监测项目	单台锅炉额定蒸发量(t/h)						
	≤4		>4～<20		≥20		
	指示	积算	指示	积算	指示	积算	记录
燃料量(煤、油、燃气)	—	√	—	√	—	√	—
蒸汽流量	√	√	√	√	√	√	√
给水流量	—	√	—	√	√	√	—
排烟温度	√	—	√	—	√	—	—
排烟含 O_2 量或含 CO_2 量	—	—	—	√	√	—	√
排烟烟气流速	—	—	—	—	—	—	√
排烟烟尘浓度	—	—	—	—	—	—	√
排烟 SO_2 浓度	—	—	—	—	—	—	√
炉膛出口烟气温度	—	—	—	√	√	—	—
对流受热面进、出口烟气温度	—	—	—	√	√	—	—
省煤器出口烟气温度	—	—	—	√	√	—	—
湿式除尘器出口烟气温度	—	—	—	√	√	—	—
空气预热器出口热风温度	—	—	—	√	√	—	—
炉膛烟气压力	—	—	—	√	√	—	—
对流受热面进、出口烟气压力	—	—	—	√	√	—	—
省煤器出口烟气压力	—	—	—	√	√	—	—
空气预热器出口烟气压力	—	—	—	√	√	—	—
除尘器出口烟气压力	—	—	—	√	√	—	—
一次风压及风室风压	—	—	—	√	√	—	—
二次风压	—	—	—	√	√	—	—
给水调节阀开度	—	—	—	√	√	—	—
鼓、引风机进口挡板开度或调速风机转速	—	—	—	√	√	—	—
鼓、引风机负荷电流	—	—	—	√	√	—	—

注：1. 表中符号："√"为需装设，"—"为可不装设。

2. 大于 4t/h 至小于 20t/h 火管锅炉或水火管组合锅炉，当不便装设烟风系统参数测点时，可不装设。

3. 带空气预热器时，排烟温度是指空气预热器出口烟气温度。

4. 大于 4t/h 至小于 20t/h 锅炉无条件时，可不装设检测排烟含氧量的仪表。

（3）热水锅炉应装设指示仪表，监测下列安全及经济运行参数：

1）锅炉进、出口水温和水压；

2）锅炉循环水流量；

3）风、烟系统各段压力、温度和排烟污染物浓度；

4）应装设煤量、油量或燃气量积算仪表；

5）单台额定热功率大于或等于 14MW 的热水锅炉，出口水温和循环水流量仪表应选用记录式仪表；

6）风、烟系统的压力和温度仪表，可按表 1-28 的规定设置。

（4）循环流化床锅炉、煤粉锅炉、燃油和燃气锅炉，除应符合以上第（1）条、第（2）条和第（3）条规定外，尚应装设指示仪表监测下列参数：

1）循环流化床锅炉：

① 炉床密相区和稀相区温度；

② 料层压差；

③ 分离器出口烟气温度；

④ 返料器温度；

⑤ 一次风量；

⑥ 二次风量；

⑦ 石灰石给料量。

2）煤粉锅炉的制粉设备出口处气、粉混合物的温度。

3）燃油锅炉：

① 燃烧器前的油温和油压；

② 带中间回油燃烧器的回油油压；

③ 蒸汽雾化燃烧器前的蒸汽压力或空气雾化燃烧器前的空气压力；

④ 锅炉后或锅炉尾部受热面后的烟气温度。

4）燃气锅炉：

① 燃烧器前的燃气压力；

② 锅炉后或锅炉尾部受热面后的烟气温度。

（5）锅炉房各辅助部分装设监测参数的仪表，应符合表 1-31 的规定。

锅炉房辅助部分装设监测参数仪表　　　　　　　　　　　　表 1-31

辅助部分	监 测 项 目	监测仪表		
		指示	积算	记录
水泵 油泵	水泵、油泵出口压力	√	—	—
	循环水泵进、出口压力	√	—	—
	汽动水泵进汽压力	√	—	—
	水泵、油泵负荷电流	√	—	—
热力 除氧器	除氧器工作压力	√	—	—
	除氧水箱水位	√	—	—
	除氧水箱水温	√	—	—
	除氧器进水温度	√	—	—
	蒸汽压力调节器前、后蒸汽压力	√	—	—
真空 除氧器	除氧器进水温度	√	—	—
	除氧器真空度	√	—	—
	除氧水箱水温	√	—	—
	除氧器进水温度	√	—	—
	射水抽气器进口水压	√	—	—
解析 除氧器	喷射器进口水压	√	—	—
	解析器水温	√	—	—

续表

辅助部分	监 测 项 目	监测仪表		
		指示	积算	记录
离子交换水处理	离子交换器进、出口水压	√	—	—
	离子交换器进水温度	√	—	—
	软化或除盐水流量	√	√	—
	再生液流量	√	—	—
	阴离子交换器出口水的 SiO_2 和 pH 值	√	—	√
	出水电导率	√	—	√
反渗透水处理	进、出口水压力	√	—	—
	进、出口水流量	√	√	—
	进口水温度	√	—	—
	进、出口水 pH 值	√	—	—
	进、出口水电导率	√	—	√
减温减压器	高压、低压侧蒸汽压力和温度	√	—	—
	减温水压力、温度和水量	√	—	—
	高压侧蒸汽流量	√	—	—
	低压侧蒸汽流量	√	√	—
热交换器	被加热介质进、出口总管流量	√	√	—
	被加热介质进、出口总管压力、温度	√	—	—
	加热介质进、出口总管压力、温度	√	—	—
	加热蒸汽压力和温度	√	—	—
	每台换热器加热介质进、出口压力和温度	√	—	—
	每台换热器被加热介质进、出口压力和温度	√	—	—
蒸汽蓄热器	蓄热器工作压力	√	—	—
	蓄热器水位	√	—	—
	蓄热器水温	√	—	—
蒸汽凝结水	凝结水水质电导率	√	—	—
	凝结水 pH 值	√	—	—
	凝结水流量	√	√	√
	凝结水温度	√	—	—
燃煤系统	磨煤机热风进风温度	√	—	—
	煤粉仓中煤粉温度	√	—	—
	气、粉混合物温度	√	—	—
	煤斗、煤(粉)仓料位	√	—	—
石灰石制备	石灰石输送量	√	—	—
	石灰石仓料位	√	—	—
其他	水箱、油箱液位和温度	√	—	—
	酸、碱贮罐液位	√	—	—
	连续排污膨胀器工作压力和液位	√	—	—
	热水系统加压膨胀箱压力和液位	√	—	—
	热水系统供、回水总管压力和温度	√	—	—
	燃油加热器前后油压和油温	√	—	—

注：1. 表中符号："√"为需装设，"—"为可不装设。

2. 水泵和油泵电流负荷仪表，在无集中仪表箱及功率小于 20kW 时，可不装设。

3. 除氧器工作压力、除氧器真空度和除氧水箱水位的监测仪表信号，宜在水处理控制室或锅炉控制室显示。

（6）锅炉房应装设供经济核算用的下列计量仪表：

1）蒸汽量指示和积算；

2）过热蒸汽温度记录；

3）供热量积算；

4）煤、油、燃气和石灰石总耗量；

5）原水总耗量；

6）凝结水回收量；

7）热水系统补给水量；

8）总电耗量指示和积算。

（7）锅炉房的报警信号，必须按表 1-32 的规定装设。

锅炉房装设报警信号表　　　　　　　　　　　　表 1-32

报警项目名称	报警信号		
	设备故障停运	参数过高	参数过低
锅筒水位	—	√	√
锅筒出口蒸汽压力	—	√	—
省煤器出口水温	—	√	—
热水锅炉出口水温	—	√	—
过热蒸汽温度	—	—	√
连续给水调节系统给水泵	√	—	—
炉排	√	—	—
给煤（粉）系统	√	—	—
循环流化床、煤粉、燃油和燃气锅炉的风机	√	—	—
煤粉、燃油和燃气锅炉炉膛熄火	√	—	—
燃油锅炉房贮油罐和中间油箱油位	—	√	√
燃油锅炉房贮油罐和中间油箱油温	—	√	√
燃气锅炉燃烧器前燃气干管压力	—	√	√
煤粉锅炉制粉设备出口气、粉混合物温度	—	√	—
煤粉锅炉炉膛负压	—	√	√
循环流化床锅炉炉床温度	—	√	√
循环流化床锅炉返料器温度	—	√	—
循环流化床锅炉返料器堵塞	√	—	—
热水系统的循环水泵	√	—	—
热交换器出水温度	—	√	—
热水系统中高位膨胀水箱水位	—	—	√
热水系统中蒸汽、氮气加压膨胀水箱压力和水位	—	√	√
除氧水箱水位	—	√	√
自动保护装置动作	√	—	—
燃气调压间、燃气锅炉间、油泵间的可燃气体浓度	—	√	—

注：表中符号："√"为需装设，"—"为不可装设。

（8）燃气调压间、燃气锅炉间可燃气体浓度报警装置，应与燃气供气母管总切断阀和排风扇联动。设有防灾中心时，应将信号传至防灾中心。

（9）油泵间的可燃气体浓度报警装置应与燃油供油母管总切断阀和排风扇联动。设有防灾中心时，应将信号传至防灾中心。

（10）锅炉房能量计量应符合下列规定：

1）应计量燃料的消耗量；

2）应计量耗电量；

3）应计量集中供热系统的供热量；

4）应计量补水量；

5）循环水泵耗电量宜单独计量。

1. 12. 2　控制

（1）锅炉房下列设备和工艺系统应设置自动调节或远距离控制装置：

1）蒸汽锅炉应设置给水自动调节装置，单台额定蒸发量小于或等于4t/h的蒸汽锅炉可设置位式给水自动调节装置，大于或等于6t/h的蒸汽锅炉宜设置连续给水自动调节装置。

采用给水自动调节时，备用电动给水泵宜装设自动投入装置。

2）蒸汽锅炉应设置极限低水位保护装置，当单台额定蒸发量大于或等于6t/h时，尚应设置蒸汽超压保护装置。

3）热水锅炉应设置当锅炉的压力降低到热水可能发生汽化、水温升高超过规定值，或循环水泵突然停止运行时的自动切断燃料供应和停止鼓风机、引风机运行的保护装置。

4）热水系统应设置自动补水装置并宜设置自动排气装置，加压膨胀水箱应设置水位和压力自动调节装置。

5）锅炉房应设置供热量控制装置。热交换站应设置加热介质的流量自动调节装置，由温度补偿器按室外温度调节一次水的流量，以控制二次水的供水温度。

6）燃用煤粉、油、气体的锅炉和单台额定蒸发量大于或等于10t/h的蒸汽锅炉或单台额定热功率大于或等于7MW的热水锅炉，当热负荷变化幅度在调节装置的可调范围内，且经济上合理时，宜装设燃烧过程自动调节装置。

7）循环流化床锅炉应设置炉床温度控制装置，并宜设置料层差压控制装置。

8）锅炉燃烧过程自动调节，宜采用微机控制；锅炉机组的自动控制或者同一锅炉房内多台锅炉综合协调自动控制，宜采用集散控制系统。

9）热力除氧设备应设置水位自动调节装置和蒸汽压力自动调节装置。

10）真空除氧设备应设置水位自动调节装置和进水温度自动调节装置。

11）解析除氧设备应设置喷射器进水压力自动调节装置和进水温度自动调节装置。

12）燃用煤粉、油或气体的锅炉，应设置点火程序控制和熄火保护装置。

13）喷水式减温的锅炉过热器，宜设置过热蒸汽温度自动调节装置。

14）减压减温装置宜设置蒸汽压力和温度自动调节装置。

15）单台蒸汽锅炉额定蒸发量大于或等于6t/h或单台热水锅炉额定热功率大于或等于4.2MW的锅炉房，当风机布置在司炉不便操作的地点时，宜设置风机进风门的远距离控制装置和风门开度指示。

16）电动设备、阀门和烟、风道门，宜设置远距离控制装置。

17）单台蒸汽锅炉额定蒸发量大于或等于10t/h或单台热水铁炉额定热功率大于或等于7MW的锅炉房，宜设集中控制系统。

18）控制系统的供电，应设置不间断电源供电方式，并应留有裕量。

19）燃煤锅炉鼓引风机应装设变频调节转速装置。

20）燃油、燃气锅炉应装设燃烧过程自动调节装置和点火程序控制和熄火保护装置。

21）采用备用电动给水泵宜装设自动投入装置。

22）热水系统的循环泵、补给水泵应装设变频调节转速装置。

23）重油输配系统的油罐、油加热器应装设油温自动调节装置。

24）锅炉最低进水温度应进行控制。

（2）锅炉房的下列设备和工艺系统应设置电气联锁装置：

1）层燃锅炉的引风机、鼓风机和锅炉抛煤机、炉排减速箱等加煤设备之间，应装设电气联锁装置。

2）燃用煤粉、油或气体的锅炉，应设置下列电气联锁装置：

① 引风机故障时，自动切断鼓风机和燃料供应；

② 鼓风机故障时，自动切断燃料供应；

③ 燃油、燃气压力低于规定值时，自动切断燃油、燃气供应；

④ 室内空气中可燃气体浓度高于规定值时，自动切断燃气供应和开启事故排气扇。

3）制粉系统各设备之间，应设置电气联锁装置。

4）连续机械化运煤系统、除灰渣系统中，各运煤设备之间、除灰渣设备之间，均应设置电气联锁装置，并使在正常工作时能按顺序停车，且其延时时间应能达到空载再启动。

5）运煤和煤的制备设备应与其局部排风和除尘装置联锁。

6）锅炉的鼓风机和引风机之间，应设置自动联锁装置。启动时先开引风机，停机时先停鼓风机。

（3）锅炉房的下列设备和工艺系统应设置自动保护装置：

1）蒸汽锅炉应设置极限低水位保护装置，蒸发量≥6t/h的锅炉，应设置蒸汽超压保护装置。

2）热水锅炉应设置在锅炉运行压力降低到热水可能气化、水温升高超过规定值或循环水泵突然停止运行时，能自动切断燃料供应和停止鼓风机、引风机运行的保护装置。

3）燃油、燃气锅炉和煤粉锅炉，应设置点火程序控制和熄火保护装置。

1.13 区域燃煤锅炉房设计及实例

1.13.1 区域燃煤锅炉房外部条件

1. 一般要求

（1）外部资料

1）锅炉房设计应取得热负荷、燃料和水质资料，并应取得气象、地质、水文、电力和供水等有关资料。

2）锅炉房设计应根据城市（地区）或工厂（单位）的总体规划进行，做到远近结合，以近期为主，并宜留有扩建的余地。对扩建和改建的锅炉房，应合理利用原有建筑物、构筑物、设备和管线，并应与原有生产系统、设备布置、建筑物和构筑物相协调。

3）锅炉房设计应以煤为燃料，并应落实煤的供应。如以重油、柴油或天然气、城市煤气为燃料时，应经有关主管部门批准。

4）锅炉房设计必须采取有效措施，减轻废气、废水、废渣和噪声对环境的影响，排出的有害物和噪声应符合有关标准、规范的规定。防治污染的工程应和主体工程同时设计。

5）工厂（单位）所需热负荷的供应应根据所在区域的供热规划确定。当其热负荷不能由区域热电站、区域锅炉或其他单位的锅炉房供应，且不具备热电联产的条件时，才应设置锅炉房。

（2）锅炉房的建设条件

区域所需热负荷的供应应根据所在城市（地区）的供热规划确定，符合下列条件之一时，可设置区域锅炉房：

1）居住区和公用建筑设施的供暖和生活热负荷，不属热电站的供热范围时。

2）用户的生产、供暖通风和生活热负荷较小，负荷不稳定，年使用时数较低，或由于场地、资金等原因，不具备热电合产的条件时。

3）根据城市热规划和用户先期用热的要求需要过渡性供热，以后可作为热电站的调峰或备用热源时。

2. 锅炉房用地规划

锅炉房建设应符合城市供热规划，并根据近期、中期、远期发展热负荷情况预留扩建用地。

根据《城镇供热厂工程项目建设标准》（建标112）的要求，热水锅炉、蒸汽锅炉房用地面积指标如表1-33和表1-34所示。

热水锅炉房用地面积指标 表1-33

锅炉总容量（MW）	用地面积（hm²）
5.8～11.6	0.3～0.5
11.6～35	0.6～1.0
35～58	1.1～1.5
58～116	1.6～2.5
116～232	2.6～3.5
232～350	4～5

蒸汽锅炉用地面积指标 表1-34

锅炉额定蒸发量（t/h）	锅炉房内是否有汽水换热站	用地面积（hm²）
10～20	无/有	0.25～0.45/0.3～0.5
20～60	无/有	0.5～0.8/0.6～1.0
60～100	无/有	0.8～1.2/0.9～1.4

关于锅炉房的用地面积，各种炉型的锅炉房用地面积也稍有差异。

（1）层燃锅炉用地面积

层燃锅炉分为链条炉排锅炉和往复炉排锅炉。

1）链条炉排锅炉适应煤种范围比较广，因此用地面积要偏小一些。

2）往复炉排锅炉一般燃烧褐煤（或Ⅰ、Ⅱ类烟煤），由于褐煤发热值较低、挥发分较高、较易自燃、比重小等特点。因此，往复炉排锅炉的用地面积应充分考虑煤炭长期储存、防止煤炭自燃等相关措施，且原煤入场、需要筛分、破碎等，用地面积应稍微大于链条炉排锅炉。

（2）循环流化床锅炉用地面积

循环流化床锅炉适用于各种燃料，由于对煤炭的粒度要求，上煤系统需设置筛分、破碎装置，循环流化床锅炉本体比较高，炉前煤斗容积较大，输煤层较高，因此循环流化床锅炉用地面积较大。

（3）煤粉锅炉用地面积

煤粉锅炉分为集中制粉和厂内制粉两种制粉方式。

对于大型锅炉房，一般采用厂内制粉方式，即在锅炉房厂区内建设制粉厂，然后通过气力输送到锅炉燃烧。由于这种制粉方式在厂区内除煤炭储存、煤炭输送、煤炭筛分、煤炭破碎等环节外，还增加了干燥、制粉装置等，因此，锅炉房用地面积较大。

而对于中小型锅炉房，一般采用厂外集中制粉方式，采用密闭罐车运输到锅炉房厂区内储存，减少了煤场、渣场、制粉、输送等设施。因此，锅炉房用地面积较小，一般为《城镇供热厂工程项目建设标准》（建标 112）热水锅炉、蒸汽锅炉房用地面积指标的 1/3 左右。

3. 热负荷条件

热负荷种类及数量是确定锅炉房规模和锅炉台数的主要依据。

热负荷资料是确定锅炉房的规模、锅炉选型和确定热力系统等原则性问题，是必不可少的资料，设计人员应根据热负荷的种类、数量、参数等详细了解，并绘制热负荷延时曲线图。

一般情况下，锅炉房应根据热负荷发展情况分期建设。根据近期热负荷确定锅炉房一期工程规模，然后根据中远期热负荷情况，确定锅炉房二期、三期工程以及最终的建设规模。

（1）热用户

对于锅炉房重要设计条件热负荷，是各个热用户真实用热数据。因此，了解热用户的用热资料相当关键。

热用户用热性质、保温情况、热损失情况等，都关系到热负荷是否准确。

（2）热负荷

热负荷是锅炉的重要设计条件。特别是在新规划建设的工业园区、新城区，热负荷落实的是否准确，将直接关系到项目的经济效益和社会效益。在供热行业中，很多项目因为建设规模过大、热负荷发展过缓，造成项目投产后连年亏损，经济损失巨大。

4. 煤炭来源

（1）煤炭的种类

1）一般要求

① 煤炭的产地、煤炭的种类、煤炭的价格、运输方式等；

② 煤炭的元素分析资料；

③ 煤炭的工业分析资料；

④ 煤炭的低位发热量；

⑤ 煤炭的粒度；

⑥ 煤炭的粘结性及燃烧时结焦情况；灰的变形温度、软化温度和液化温度；煤炭的可磨系数（煤炭制粉时）。

煤质资料是选择锅炉形式、确定锅炉型号、确定上煤系统的重要依据。

2）煤炭的工业分析

煤炭的工业分析也称技术分析或实用分析，包括水分、灰分、挥发分、固定碳四项。广义地讲，工业分析也可包括发热量，但一般将发热量单独列出。根据工业分析数据，可以大致了解煤炭的种类和用途。

3）煤炭的元素分析

通过煤炭的元素分析，可以了解其炭化程度，并用于计算空气量、发热量及其他热工指标等。元素分析的主要项目包括碳、氢、氧、氮、硫。

4）硫分

硫分对煤炭的质量影响较大，是一种有害物，因燃烧后生成二氧化硫或三氧化硫，具有腐蚀作用并污染环境。

煤炭中的硫分的赋存形态分为无机硫和有机硫两大类；无机硫分为硫化物硫和硫酸盐硫两种。硫化物大部分为黄铁矿硫，硫酸盐硫的主要存在形态是石膏，也有少数绿矾。

根据硫在燃烧过程中的不同形式分为挥发硫、可燃硫和固定硫三种；除硫酸盐硫外，煤炭中其他形态的硫都有可能形成挥发硫。可燃硫包括有机硫和无机硫化物硫。固定硫是指煤炭燃烧后残留在煤灰中的含硫量，以硫酸盐的形态存在。

5）发热量

煤炭的发热量也称发热值，是 1kg 煤炭完全燃烧后所放出的热量。

煤炭的发热量又分为高位发热量和低位发热量。

（2）煤炭来源

对于锅炉房项目，煤炭来源决定了锅炉选型及供热成本。因此，在项目前期应首先确定煤炭的来源及煤炭的种类以及煤炭的供应量，只有这样才能保证项目投产后顺利、正常运行。

煤炭来源、运输方式、煤炭种类等都与煤炭的成本有关，也是项目投产后是否经济运行的重要因素。

1）煤炭运输

受煤炭价格等多因素的影响，锅炉房燃烧的煤炭来源也越来越多。因此，煤炭的运输方式将直接影响到煤炭的价格。

① 大型区域锅炉房。对于大型区域锅炉房，耗煤量较大，如果具备铁路运输条件，应优先考虑铁路专用线运输煤炭。

② 中小型锅炉房。中小型锅炉房通常采用汽车运输煤炭。煤炭来源距离较远的，采

用火车运输到当地货站，然后通过汽车运输到锅炉房厂区内煤场。

2）煤炭储存

煤炭的储存一般分为锅炉房厂区内储存和厂外煤场储存。

锅炉房厂区内设厂区煤场，根据环保部门的要求，厂区内煤场均要求采用封闭煤场，设置干煤棚、煤库等，避免煤炭倒运过程中飞尘污染。厂外煤场一般均距离中心城区较远，采用火车运输到煤场储存。

对于褐煤，在储存时应考虑防止褐煤自燃的措施。

3）煤炭混配

随着区域锅炉房规模的增大，根据锅炉对燃料热值、粒度、挥发分、硫分、灰分等要求，各种煤炭的混配燃烧，将提高锅炉热效率、降低供热成本。

5. 电力供应

锅炉房的主机及其辅机等用电设备较多，大型用电设备包括热网循环水泵、锅炉给水泵、鼓风机、引风机、破碎机、脱硫循环泵等，还有其他上煤、除渣、水泵等用电设备。锅炉房的用电设备以及照明设备的电力供应，应向当地供电公司申请，通过高压电网就近引入锅炉房厂区，并在厂区内设置变电所、箱变等设施，为锅炉房供电。

6. 供水、排水

根据锅炉房生产以及环境保护的要求，锅炉房设计前应确定供水、排水等条件。

（1）水质资料就是水质分析的各项资料，是设计锅炉房水处理系统时必不可少的资料。

（2）锅炉房的用水一般采用城市自来水，也可以采用城市污水处理厂中水和江河水。

（3）锅炉房一般通过城市自来水管网供水。城市自来水管网不能满足供水需求的，应考虑污水处理厂中水作为锅炉房生产用水，生活、消防用水由城市自来水供应。

（4）锅炉房的排水包括生产排水和生活排水，生产排水应重复利用，达到零排放；生活排水排入市政排水管网。

7. 灰渣综合利用

锅炉房产生的灰、渣，应就近综合利用。主要用于生产建筑材料、保温材料等。对于大型锅炉房灰、渣量很大，应提前与综合利用工厂签订合作协议。

灰渣的综合利用方式：

（1）灰渣建筑砌块；

（2）建筑物屋顶保温材料；

（3）细灰可以用于建筑材料。

8. 其他资料

（1）气象资料

暖通专业所需的设计资料：气象资料应包括海拔高度、冬季供暖室外计算温度、冬季通风室外计算温度、夏季通风室外计算温度、供暖期室外平均温度、供暖期天数、冬季主导风向及频率、夏季主导风向及频率、冬季大气压力、夏季大气压力、最大冻土深度等。

（2）地质资料

1）地质情况：包括湿陷性黄土等级、地下水位、地耐力等；应委托专业的地质勘探部门来进行，并出具地质报告；

　　2）地震等级：锅炉房设计应地震等级要求考虑防震。

　　（3）锅炉房用地的规划图、地形图

　　锅炉房用地的规划图及地形图，供确定锅炉房位置、总平面布置、厂区规划以及场地平整等使用。

　　（4）其他资料

　　1）交通情况：厂外道路情况；确定燃料、灰渣的运输方式，并且能否满足锅炉房大型设备的运输条件。

　　2）卫生要求。

1. 13. 2　锅炉房各个系统及附属设施

1. 锅炉房各个系统

　　燃煤锅炉房一般由煤储运系统、燃烧系统、灰渣排放系统、锅炉烟风系统、热力系统（含汽水系统、水处理系统）、烟气净化系统及自动监控系统等组成。

　　（1）上煤系统

　　锅炉房的上煤系统应采用机械化输送系统。

　　上煤系统包括煤炭的储存、防雨、防风，煤炭倒运、输送、计量，煤炭除铁、筛选、破碎及煤炭混配等环节。

　　（2）除灰、除渣系统

　　除灰、除渣系统应采用机械化输送系统或者气力输送系统，也有部分工程采用水力除灰渣系统。

　　（3）燃烧系统

　　燃烧系统主要包括鼓风机、引风机、锅炉等。鼓风机又分为一次风机、二次风机。为了节约能源，排烟温度过高的烟道，建议设计时考虑安装烟气余热回收装置。

　　流程：室外、室内混合风—鼓风机—风道—锅炉—烟道—余热回收装置—除尘器除尘—引风机—烟囱排空。中间烟气脱硫脱硝系统单独介绍。

　　（4）热力系统

　　1）蒸汽锅炉热力系统

　　蒸汽锅炉热力系统主要包括蒸汽锅炉给水以及产生蒸汽外输。

　　流程：软化、除氧水—除氧水箱—锅炉给水泵—蒸汽锅炉—蒸汽—分汽缸—蒸汽外输。

　　2）热水锅炉热力系统

　　热水锅炉热力系统主要包括回水加压、锅炉加热以及热水外输。

　　流程：回水—除污—热网循环水泵—锅炉加热—供水。

　　（5）热水锅炉补水系统

　　热水锅炉补水系统，通常采用补水泵补水，补水泵变频调速。补水应采用达到低压锅炉水质标准的水质要求，通常采用软化、除氧水。

　　（6）水处理系统

　　1）蒸汽锅炉水处理系统

　　蒸汽锅炉应根据蒸汽的压力、温度等参数来确定蒸汽锅炉的给水水质。

2）热水锅炉水处理系统

热水锅炉水处理系统包括补水软化、补水除氧等，杂质较多，不符合水质要求的还应增加过滤装置。

2. 附属设施

锅炉房的附属设施包括综合楼、煤场、干煤棚、渣场、给水消防水池、给水消防泵房、沉灰池、灰渣泵房、地磅房、材料库、车库、厂区综合管网、厂区道路、厂区围墙、大门、门卫等。根据实际项目的需要，附属设施的建设内容也不尽相同。

1.13.3　锅炉本体

1. 锅炉分类

按介质分：蒸汽锅炉和热水锅炉；

按压力分：常压锅炉、低压锅炉、中压锅炉和高压锅炉，一般工业锅炉常采用为低压锅炉；

按燃料分：燃煤锅炉、燃油锅炉、燃气锅炉和生物质锅炉等；

按结构分：卧式锅炉、立式锅炉。

燃煤锅炉有多种类型，可按燃烧方式、除渣方式以及结构安装方式分类。

（1）按燃烧方式分类

1）层燃炉：原煤经破碎成粒径为 25～40mm 的碎块后，用炉前煤斗的煤闸板或播煤机平铺在链条炉排上作层状燃烧。层燃炉的优点是附属设备少，制造、安装简便，易于运行操作。适用于中小容量锅炉。这种锅炉的缺点为煤的燃烧不完全，炉渣和飞灰中可燃物含量多，锅炉效率一般为 75%～85%。通常要烧较好的烟煤。

2）室燃炉：又称煤粉炉。原煤经筛选、破碎和研磨成大部分粒径小于 0.1mm 的煤粉后，经燃烧器喷入炉膛作悬浮状燃烧。煤粉喷入炉膛后能很快着火，烟气能达到 1500℃ 左右的高温。但煤粉和周围气体间的相对运动很微弱，煤粉在较大的炉膛内停留约 2～3s 才能基本上烧完，故煤粉炉的炉膛容积常比同蒸发量的层燃炉炉膛约大 1 倍。这种锅炉的优点为能燃烧各种煤且燃烧较完全，所以锅炉容量可做得很大，适用于大、中型及特大型锅炉。锅炉效率一般可达 90%～92%。其缺点为附属机械多，自动化水平要求高，锅炉给水须经过处理，基建投资大。

3）旋风炉：将粒径小于 10mm 的碎煤粒或粗煤粉先在前置式旋风筒内作旋风状燃烧，所产生的高温烟气再进入主炉膛（冷却室）内进行辐射换热。旋风炉的优点为炉膛容积热强度高，炉子的尺寸小；过剩空气系数小（仅为 1.05～1.10），可以降低排烟热的损失；燃用粗煤粉可简化制粉设备；排渣率高，飞灰浓度低，提高烟气速度加强对流受热面的传热。其缺点是适用煤种受灰熔点和渣的黏滞性的限制；锅炉负荷变动范围较小；不能快速启停；由于炉内温度可达 2000℃ 左右，有害气体 NO_x 排放量大，对大气污染较严重。

4）沸腾燃烧炉：即沸腾燃烧锅炉。

（2）按除渣方式分类

1）固态除渣炉：炉膛中熔渣经炉底冷灰斗或凝渣箱凝固后排出。适用于燃用灰熔点较高的煤。

2）液态除渣炉：炉底有保温熔液池。熔渣经排渣口流出（或经冷水凝固后排出），或用蒸汽吹拉成炉渣绵排出（可作保温材料）。

（3）按结构安装方式分类

1）悬吊式锅炉：锅炉炉膛和转向烟室均用吊杆悬吊于架设在钢筋混凝土立柱上的大板框架梁上。悬吊式锅炉的优点是炉体可自由膨胀，易于防震，节省钢材，炉底下面的空间较大便于布置送风机及除灰设备。但安装技术要求高。

2）支承式锅炉：锅炉整体支撑于框形骨架上。特点是便于安装、占地少，但耗用钢材多。

（4）锅炉选型

燃料是锅炉工作的基本物质，是影响锅炉设备燃烧、出力和效率的决定性因素。

锅炉燃料的选用，应符合国家和地方的能源和节能政策。锅炉用煤一般应就近取用，使燃料得以充分合理的有效利用。并设法解决石煤、煤矸石等低质燃料的燃烧利用。也应做好适应各种锅炉燃烧的混配煤，达到能源利用、热效率最大化。

同时可以考虑煤炭燃料与生物质燃料等可再生能源的混配燃料。

1）链条炉排锅炉

煤炭在链条炉排上，从预热、干燥、燃烧到燃尽排除，整个过程是在与炉排一起移动中完成的。

适应煤炭种类为低位发热量4500～5000kcal/kg以上的烟煤、劣质烟煤以及烟煤与无烟煤的混合燃料。

煤炭的水分不宜大于20％，灰分不宜大于30％且不宜小于10％，挥发分不宜低于15％，最大力度不宜超过30mm，0～3mm的碎屑不宜超过25％。

2）往复炉排锅炉

煤炭在往复炉排的推动下，自上而下翻滚，着火自下而上。烟气对上部煤层有强烈的干燥作用，水分和挥发分首先被析出，析出的挥发分和被干燥的热的煤炭很容易燃烧，着火条件非常好。

适用于高水分、高挥发分、低热值的褐煤、泥煤、劣质烟煤以及甘蔗渣、垃圾、生物质等燃料。

不适用于低挥发份、高热值的煤炭。

3）循环流化床锅炉

循环流行化床锅炉技术是近十几年来迅速发展的一项高效低污染清洁燃烧技术。这项技术国际上在电站锅炉、工业锅炉和废弃物处理利用等领域已得到广泛的商业应用，并向几十万千瓦级规模的大型循环流化床锅炉发展；国内在这方面的研究、开发和应用也逐渐兴起。

当固体颗粒中有流体通过时，随着流体速度逐渐增大，固体颗粒开始运动，且固体颗粒之间的摩擦力也越来越大，当流速达到一定值时，固体颗粒之间的摩擦力与它们的重力相等，每个颗粒可以自由运动，所有固体颗粒表现出类似流体状态的现象，这种现象称为流态化。

对于液固流态化的固体颗粒来说，颗粒均匀地分布于床层中，称为"散式"流态化。而对于气固流态化的固体颗粒来说，气体并不均匀地流过床层，固体颗粒分成群体作紊流运动，床层中的空隙率随位置和时间的不同而变化，这种流态化称为"聚式"流态化。循环流化床锅炉属于"聚式"流态化。

固体颗粒（床料）、流体（流化风）以及完成流态化过程的设备称为流化床。

对于由均匀粒度的颗粒组成的床层中，在固定床通过的气体流速很低时，随着风速的增加，床层压降成正比例增加，并且当风速达到一定值时，床层压降达到最大值，该值略大于床层静压，如果继续增加风速，固定床会突然解锁，床层压降降至床层的静压。如果床层是由宽筛分颗粒组成的话，其特性为：在大颗粒尚未运动前，床内的小颗粒已经部分流化，床层从固定床转变为流化床的解锁现象并不明显，而往往会出现分层流化的现象。颗粒床层从静止状态转变为流态化所需的最低速度，称为临界流化速度。随着风速的进一步增大，床层压降几乎不变。循环流化床锅炉一般的流化风速临界流化速度的 2～3 倍。

① 燃料适应性广。这是循环流化床锅炉的主要优点之一。在循环流化床锅炉中按重量计，燃料仅占床料的 1%～3%，其余是不可燃的固体颗粒，如脱硫剂、灰渣等。因此，加到床中的新鲜煤颗粒相当于被一个"大蓄热池"的灼热灰渣颗粒所包围。由于床内混合剧烈，这些灼热的灰渣颗粒实际上起到了无穷的"理想拱"的作用，把煤料加热到着火温度而开始燃烧。在这个加热过程中，所吸收的热量只占床层总热容量的千分之几，因而对床层温度影响很小，而煤颗粒的燃烧，又释放出热量，从而能使床层保持一定的温度水平，这也是流化床一般着火没有困难，并且煤种适应性很广的原因所在。

② 燃烧效率高。循环流化床锅炉的燃烧效率要比鼓泡流化床锅炉高，通常在 95%～99% 范围内，可与煤粉锅炉相媲美。循环流化床锅炉燃烧效率高是因为有下述特点：气固混合良好，燃烧速率高；其次是飞灰的再循环燃烧。

③ 高效脱硫。由于飞灰的循环燃烧过程，床料中未发生脱硫反应而被吹出燃烧室的石灰石、石灰能送回至床内再利用。另外，已发生脱硫反应部分，生成了硫酸钙的大粒子，在循环燃烧过程中发生碰撞破裂，使新的氧化钙粒子表面又暴露于硫化反应的气氛中。这样循环流化床燃烧与鼓泡流化床燃烧相比脱硫性能大大改善。当钙硫比为 1.5～2.0 时，脱硫率可达 85%～90%。而鼓泡流化床锅炉，脱硫效率要达到 85%～90%，钙硫比要达到 3～4，钙的消耗量大 1 倍。与煤粉燃烧锅炉相比，不需采用尾部脱硫脱硝装置，投资和运行费用都大为降低。

④ 氮氧化物（NOx）排放低。氮氧化物排放低是循环流化床锅炉另一个非常吸引人的特点。运行经验表明，循环流化床锅炉的 NOx 排放范围为 50～150ppm 或 40～120mg/MJ。循环流化床锅炉 NOx 排放低是由于以下两个原因：一是低温燃烧，此时空气中的氮一般不会生成 NOx；二是分段燃烧，抑制燃料中的氮转化为 NOx，并使部分已生成的 NOx 得到还原。

⑤ 燃烧强度高，炉膛截面积小。炉膛单位截面积的热负荷高是循环流化床锅炉的另一主要优点。其截面热负荷约为 3.5～4.5MW/m^2，接近或高于煤粉炉。同样热负荷下鼓泡流化床锅炉需要的炉膛截面积要比循环流化床锅炉大 2～3 倍。

⑥ 负荷调节范围大，负荷调节快。当负荷变化时，只需调节给煤量、空气量和物料循环量，不必像鼓泡流化床锅炉那样采用分床压火技术。也不像煤粉锅炉那样，低负荷时要用油助燃，以维持稳定燃烧。一般而言，循环流化床锅炉的负荷调节比可达（3～4）：1。负荷调节速率也很快，一般可达每分钟 4%。

⑦ 易于实现灰渣综合利用。循环流化床燃烧过程属于低温燃烧，同时炉内优良的燃尽条件使得锅炉的灰渣含碳量低（含碳量小于1%），属于低温烧透，易于实现灰渣的综合利用，如作为水泥掺合料或作建筑材料。同时，低温烧透也有利于灰渣中稀有金属的提取。

⑧ 床内不布置埋管受热面。循环流化床锅炉的床内不布置埋管受热面，因而不存在鼓泡流化床锅炉的埋管受热面易磨损的问题。此外，由于床内没有埋管受热面，启动、停炉、结焦处理时间短，可以长时间压火等。

⑨ 燃料预处理系统简单。循环流化床锅炉的给煤粒度一般小于13mm，因此与煤粉锅炉相比，燃料的制备破碎系统大为简化。

⑩ 给煤点少。循环流化床锅炉的炉膛截面积小，同时良好的混合和燃烧区域的扩展使所需的给煤点数大大减少。既有利于燃烧，也简化了给煤系统。

4）工业煤粉锅炉

新型高效煤粉锅炉供热系统采用煤粉集中制备、煤粉密闭运输、精密密闭储供粉、空气分级燃烧、锅壳（或水管）式锅炉换热、高效布袋除尘、烟气脱硫和全过程自动控制等先进技术，实现了燃煤锅炉的高效运行和洁净排放。燃料燃烧效率可达98%以上，热效率达90%以上；烟尘采用布袋除尘器除尘效率达99.5%，脱硫效率达到85%以上；锅炉低温燃烧减少氮氧化合物的生成，二氧化硫和氮氧化合物排放均远低于国家标准，高度迎合了国家十分紧迫的节能减排形势和政策导向，是传统油气锅炉和高污染、高能耗燃煤锅炉的理想升级换代产品，可广泛适用于供热生产、蒸汽生产等行业及区域锅炉房供暖改造、锅炉改造等。其特点：

① 洁净能源燃料。新型高效煤粉锅炉采用高热值、高挥发分、低灰分、低硫的Ⅲ类烟煤作为燃料。煤粉的低位发热值高达6500kcal/kg左右，含水分5%左右，灰分6%左右，硫分0.3左右，大大地低于Ⅱ类烟煤的相关数据。

② 热效率高，节约能源。新型高效煤粉锅炉热效率高达90%以上，燃烧效率为98%，煤粉密闭运输、密闭储存，减少了煤炭运输及储存过程的损耗。燃料煤粉用量减少1/3以上。

③ 清洁排放、干净整洁。烟气除尘效率达99.5%以上，烟气脱硫效率达85%以上，锅炉低温燃烧减少氮氧化合物的生成，二氧化硫和氮氧化合物排放均远低于国家最新标准，完全可以满足《锅炉大气污染物排放标准》的要求，煤粉和灰密封储供，现场环境和天然气锅炉房一样干净。

④ 投资适中、占地少、见效快、机动灵活。整个建设投资适中，单位投资40万元/蒸吨左右；取消了煤场、渣场，占地面积只有传统燃煤锅炉的一半左右；新型高效煤粉锅炉取消了上煤系统、除渣系统，工艺流程相对简单、设备厂内制造，缩短了现场土建及设备安装的周期，当年建设、当年投运供热。

⑤ 无论容量大小，热效率均较高，适用于分布式供热系统。新型高效煤粉锅炉不同容量的热效率均在88%～90%，占地面积小，取消了上煤、除渣、除灰等噪声干扰，非常适用于中小规模的分布式供热系统，大大地提高了供热系统的热效率。

⑥ 快捷点火、操作简单。采用燃气点火，点火时间短，操作简单，点火成本低。

⑦ 科学测控、安全稳定，降低供热成本。锅炉所有系统均由自动测控系统控制运行，

基本可以实现无人值守。采用高可靠程序点火控制系统，设置静电接地、二氧化碳保护、氮气保护和防爆门防爆等措施，系统运行安全稳定。自动化程度高，减少了运行人员，降低供热成本。综合成本减少30％以上。

新型高效煤粉锅炉供热系统技术也被列入国家发展改革委编制的《国家重点节能技术推广目录（第三批）》第二项（详见国家发改委2010年第33号公告）。

2. 锅炉结构

（1）火管锅炉结构

在火管锅炉中，烟气在火筒（俗称炉胆）和烟管中流动，以辐射和对流方式将热量传递给工质，使之受热形成蒸汽。容纳水和蒸汽并兼作锅炉外壳的筒形受压容器称为锅壳。锅炉受热面——火筒和烟管即布置在锅壳之中。燃烧装置布置在火筒之中，并以火筒为炉膛的燃烧方式称为内燃；反之，燃烧装置布置在锅壳之外者则称为外燃。火管锅炉按照其布置方式可分为卧式和立式两种，前者的锅壳纵向中心线平行于地面，后者的锅壳纵向中心线则垂直于地面。卧式火管锅炉又可分为单火筒（炉胆）锅炉（也称康尼许锅炉）、双火筒（炉胆）锅炉（亦称兰开夏锅炉）、烟管锅炉（外燃锅炉）和烟火管锅炉（内燃锅炉）。立式火管锅炉可分为立式横烟管锅炉和立式竖烟管锅炉两种。过去曾广泛使用的考克兰锅炉就属于前者。由于这种纯火管立式锅炉结构复杂、受热面布置受限制、热效率过低，故我国已不再制造。一种取消此种锅炉中的烟管，增设水管而形成的立式水火管组合锅炉在我国得到了广泛的应用，并获得了很大的发展。现在这种立式水火管组合锅炉已有多种形式，包括立式大横水管锅炉、立式小横水管锅炉、立式直水管锅炉和立式弯水管锅炉。上述各类锅炉中现在已不再生产的还有立式横水管锅炉；而单火管锅炉和双火筒则广泛用于燃油，燃气。

1）外燃烟管锅炉。外燃烟管锅炉是一种卧式火管锅炉。这种锅炉的锅壳中布置有众多的烟管，但没有火筒。烟管沉浸在锅壳的水空间内。锅壳高架，燃烧装置安置在锅壳之下。在炉排的周围砌筑炉墙，形成外置炉膛。燃烧后生成的烟气在炉膛中从前向后流动，冲刷锅壳外壁，在炉膛的后端向上折入烟管中，然后在烟管内自后向前流动，直至前烟箱，再从烟箱上面的烟囱排出。烟气在锅炉内先自前向后，再从后向前各流动一次，称为两回程。但有些外燃烟管锅炉也有三回程的。烟管通常用无缝钢管制成。这种锅炉的优点在于：采用了外燃方式，易于增减炉排面积和炉膛容积，故燃料的适用范围较广，燃烧操作也较方便。其缺点在于：锅炉整体性差，炉墙需现场砌筑，无法实现快装；炉墙内表面不敷设辐射受热面，这非但使炉墙得不到冷却而不得不使用重型炉墙，而且还因缺少高效的辐射受热面而使整台锅炉的传热效率降低。这些缺点导致锅炉占地面积大、安装费用高、装移不便等一系列问题。现在这种锅炉已很少生产，而被水火管锅炉所取代。

2）卧式内燃烟火锅炉。这种锅炉目前制造最多，可用于烧煤，但更适合于燃油和燃气。在卧式烟火管锅炉的锅壳内偏心地布置有一个具有弹性的波形火筒，在锅壳的左右侧及火筒的上部都布置有烟管。火筒和烟管均浸没在锅壳的水空间内。燃烧装置、链条炉排安置在火筒之中。烟气的第一回程是从前向后冲刷火筒，第二回程是经两侧的烟管从后向前流至前烟箱，第三回程从前烟箱经上部烟管自前向后流入锅炉后部，然后由引风机排出。这种内燃锅炉不需外砌炉膛，整体性和密封性极好，都采用快装，安装费用少，占地面积小。但煤种适用范围较小。另外，这种锅炉还有一些与烟管本身有关的缺点：烟管一般采用胀接，此时如胀接工艺不恰当，就容易汇漏；烟管的间距小，清洗水垢比较困难，因而对水质的要求较高；烟管水平布置易积灰，且烟气在管内为纵向冲刷，因而传热效率低，大量使用烟管不仅使锅炉的金属耗量大增，而且使锅炉的通风阻力增大，特别是当烟管中烟速较高时。燃油、燃气的卧式内燃烟火管锅炉因充分利用了燃油和燃气的优越性，不用引风机，节省了投资和电耗。最大限度地发挥了内燃炉的优点，避免了其缺点。达到了结构和布置上的紧凑、快装及运行上的高效清洁、安全可行和自动化。因此，随着国内外交流的不断增强，这种锅炉近年来在我国流行得相当快。

3）立式小横水管火管锅炉。这种锅炉简称立式横水管锅炉。锅炉本体由锅壳、炉胆、横水管、冲天管等主要受压元件所组成。横水管也有采用斜布置，以利水循环。这类立式火管锅炉为内燃式。由于炉胆容积较小，水冷程度较大，燃料不易燃烧充分，受热面积较小，排烟温度高，因此这类锅炉的热效率低，消烟除尘也较差。锅炉的容量小，参数低。

4）立式直水管火管锅炉，简称立式直水管锅炉。这是前些时期发展起来的立式水管锅炉。锅壳分为上下两个锅筒的部分，各垂直水管的上下两端分别与锅壳的这两部分相连接。这种锅炉相对于前一种立式锅炉的优越性在于：水循环有所改善；上下管板不受炉膛的高温辐射，不因产生水垢而使管板过热，管中的水垢也较易消除；受热面可布置较多，结构紧凑，安装维修较方便。但仍有如下缺点：锅炉热次序仍不高，钢耗也较大。而且管束中的积灰不易消除。

5）立式弯水管锅炉。它是近期在改革旧式锅炉的基础上发展起来的一种立式火管锅炉。炉胆内布置有水冷管，其两端分别连接于炉胆侧壁和炉胆顶球面壁。这些水管与炉胆内壁构成了锅炉的辐射受热面。在锅壳外壁上安装有一圈呈交错排列的耳形管，在耳形管排的外面罩以绝热的环形烟箱，形成锅炉的对流蒸发受热面。炉排置于炉胆的底部。燃料在炉排上燃烧后所生成的高温烟气流经炉膛中的弯水管，从炉膛上部的喉管流出，分左右两路进入耳形对流管束区，沿锅壳外壁各绕流半圈，横向冲刷锅壳外烟箱中的耳管及相应的锅壳外壁。最后，烟气经烟囱排入大气。这种锅炉，由于其在炉胆内和锅壳都安装了水管，从而增大了辐射受热面和对流受热面，排烟温度较低，锅炉效率较高，结构上也考虑了清灰的方便，但对锅炉给水的要求较高。这种锅炉是我国目前应用很广的一种立式锅炉。

（2）水火管锅炉结构

水火管锅炉一般是指由卧式外燃烟管锅炉在锅壳下部加装水冷壁而成的一种卧式外燃烟水管锅炉。这种锅炉结构紧凑，整装出厂，曾被专称为"快装锅炉"，并以 KZ 的型号来表示。现在为了与水管锅炉的命名相一致，已有开始改为 DZ 型号的。在我国，快装锅炉原初是为了取代兰开夏、考克兰等老式锅炉的，现在已成了我国工业锅炉生产中最主要的品种。燃烧设备一般采用链条炉排，但也有采用往复炉排的，个别采用振动炉排，在小容量锅炉中也采用固定炉排。烟气流程为：烟气从炉膛向后流出后，先向上流入第一烟管束，从后向前流至前烟管，然后由前烟箱折流入第二烟管束，从前向后流至省煤器，最后由引风机引出。这种锅炉的优点是结构紧凑，占地面积和高度小，安装和运输方便，热效率高。其缺点主要是锅壳下部直接受炉膛高温辐射，对水质要求高。

（3）水管锅炉结构

水管锅炉的显著特点是汽水在管内流动，烟气在管外冲刷流动。与火管锅炉相比，它在结构上没有大直径的锅壳，并以富有弹性的弯水管取代刚性较大的直烟管，这不仅可节约金属，而且更为增大容量和提高蒸汽参数创造了条件。采用外燃方式可不受锅壳的限制，燃烧的规模和燃料的适应范围可以扩大。从传热学的观点来看，可以采用高效的传热方式：适当增大辐射受热面；组织烟气对水管受热面的横向冲刷，必要时还可将管子交错排列。同时，水管受热面布置简便，清垢除灰容易，可以在最合适的烟温区间布置蒸汽过热器，以及在尾部安置省煤器及空气预热器。当然这种锅炉对水质要求高，但这对大容量、高参数锅炉和现代水处理技术来说，不是什么麻烦事。总之，对于大容量，高参数锅炉来说，水管锅炉具有极大的优越性，而且往往是唯一的选择；而对于小容量低压锅炉来说，水火锅炉乃至火管锅炉则保持很大的优势。水管锅炉按管子的布置方位可以分为横水管锅炉和竖水管锅炉；按照管子的形状又可分为直水管锅炉和弯水管锅炉。横水管锅炉中水管呈水平或微斜布置，对水循环很不利；而直水管锅炉中水管挺直，刚性大而缺乏弹性，对缓解热应力和制造应力不利。但直水管用于横水管锅炉中时，各直水管用整集箱或波形分集箱相连，集箱上各相连管端的对壁的相当位置上开有手孔，可用以清洗管内水垢。不过因为整集箱尺寸大，形状不利于承压，故其承压能力差；波形分集箱和手孔的制造比较麻烦，维修工作量大，金属耗量大，故现已被具有少量锅筒的竖弯水管所代替。竖弯水管锅炉按照锅筒的数量可分为单锅筒和双锅筒；按照锅筒的布置方向可分为纵置式和横置式两种。

1) 单锅筒纵置式锅炉。最常使用的一种单锅筒纵置式锅炉是"A"字形锅炉。锅筒位于炉膛的中央上部，沿锅炉（炉排）的纵向中心线布置，下面左右两侧各有一个纵置大直径集箱，左右两组对流管束在上部与锅筒相连，下部则分别与左右两侧集箱相连。这种锅炉本体的形式最适用于烟气作二回程流动，故常用于抛煤机倒转链条炉排的燃烧，但也可采用其他燃烧装置。烟气在炉膛自后向前流动，流至前墙附近时，分左右两股经两侧的狭长烟窗进入对流管束，然后由前向后流动，横向冲刷管束。蒸汽过热器布置在右侧前半部对流管束烟道中，成为第二回程对流受热面的一部分。烟气流至锅炉后部后，左右两股分别向上，汇合于锅炉顶部，然后转弯向下，依次流过铸铁省煤器和空气预热器，经除尘器后由引风机抽出排入烟囱。"A"字形锅炉的突出优点有：结构紧凑，对称，容易制成快装，金属耗量小。其缺点是锅炉管束布置受结构限制，制造和维修也较麻烦。

2) 单锅筒横置式锅炉。这种单筒锅炉的结构特点在于其锅炉管束不是直接由上部锅筒和下部大直径集箱连成，而是采用组合式。即先在较小直径的上、下两集箱之间安装上数排管子构成一个组件，然后将若干组件的上集箱沿锅筒长度与锅筒垂直连接，各组件的下集箱则通过连接管与一个在锅筒下方，并与之平行的汇合集箱垂直地相连，汇合集箱则通过若干下降管与锅筒相连。锅炉采用链条炉排及组合长后拱，燃用劣质烟煤。这种锅炉金属耗量较小，但占面积较大，且锅炉管束水循环阻力大，清洗不便，因而对水质要求高。

3) 双锅筒纵置式锅炉。在这种锅炉中，上下平行布置的两个锅筒之间装置着锅炉管束。两个锅筒的纵向中心线与锅炉的纵向中心线相平行。根据锅炉管束相对于炉膛的布置位置的不同，双锅筒纵置式锅炉又可以分为锅炉管束旁置，即所谓"D"字形锅炉以及锅炉管束后置，即所"O"字形锅炉。锅炉的燃烧设备多采用抛煤机手摇炉排，链条炉排或振动炉排，近年来广泛用于沸腾炉。这种锅炉的结构特点为烟气横向冲刷管束，传热好、紧凑、对称，宜用于整装或叠装。

4）双锅筒横置式锅炉。双锅筒横式锅炉在较大的工业锅炉中使用最广。上下锅筒及其间的管束被横向悬置在炉膛之后。燃烧所生成的烟气从炉膛后部上方烟窗流出，经凝渣管后进入管束中的过热器烟道。然后向下，从管束下部，对管束作前后三次曲折向上冲刷绕行。再从上部出口窗向后流至尾部烟道，依次流过省煤器和空气预热器后排出锅炉。这种锅炉已具有中、大型锅炉的特点：燃烧设备机械化程度高，受热面积高效齐全，锅炉效率高。但锅炉整体性差，构架和炉墙复杂；金属耗量较大。

3. 锅炉类型的选择

（1）一般要求

1）从节能角度，选择高热效率锅炉

从燃煤锅炉看，锅炉设计热效率最高的是煤粉锅炉，热效率高达 90％以上；循环流化床锅炉次之，热效率一般在 88％以上；层燃锅炉再次之，热效率一般在 81％左右。

因此，从节能、能源利用角度，首选高热效率的锅炉。

2）从煤炭种类，选择煤种适应性强、经济型较好的锅炉

新型高效煤粉锅炉适应高挥发分、低灰分的煤炭，在采用褐煤、Ⅲ类烟煤作为燃料时，应优先考虑新型高效煤粉锅炉。

而采用褐煤、贫煤、煤矸石、煤泥等作为燃料时，优先考虑循环流化床锅炉。

采用烟煤作为燃料，通常考虑层燃锅炉。而层燃锅炉中的往复炉排锅炉，可以适应燃烧褐煤、烟煤等，近些年应用越来越多。

（2）锅炉类型的选择

锅炉类型的选择，应根据煤炭种类、煤炭价格、电力价格、锅炉热效率、污染物排放等多方面比较后，采用经济技术合理的锅炉类型。

1.13.4 除尘脱硫

1. 一般规定

（1）锅炉房的烟气排放应采取综合治理。排入大气中的有害物质浓度应符合现行国家标准有关工业"三废"排放试行标准、工业企业设计卫生标准、锅炉烟尘排放标准和大气环境质量标准的规定。

（2）除尘器的选择应根据锅炉在额定蒸发量或额定出力下的出口烟尘浓度、燃料含硫量和除尘器对负荷的适应性等因素确定，并应采用高效，低阻、低钢耗和价廉的产品。

（3）当采用干式旋风除尘达不到烟尘排放标准或在具有碱性工业废水的工厂，可采用湿式除尘，并应符合下列要求：

1）除尘器及除尘系统应有可靠的防腐措施；

2）应采用闭式循环系统，并设置灰、水分离设施；

3）严寒地区的灰、水处理系统应有防冻措施。

（4）除尘器及其附属设施的设计应符合下列要求；

1）除尘器及其附属设施应有防腐蚀和防磨损的措施；

2）除尘器应设置可靠的密封排灰装置；

3）除尘器推出的灰尘应设置妥善运输和存放设施，有条件时，灰尘宜进行综合利用。

（5）当具备型煤供应格适应的燃烧设备等条件时，宜燃用型煤。

2. 除尘

由于环保要求越来越严，根据《锅炉大气污染物排放标准》，燃煤锅炉除尘一般采用袋式除尘器、电袋除尘器、静电除尘器。

（1）袋式除尘器

袋式除尘是采用过滤技术将气体中的固体颗粒物进行分离的过程。袋式除尘器是采用过滤技术，将棉、毛、合成纤维或人造纤维等织物作为滤料纺织成滤袋，对含尘气体进行过滤的除尘装置。当含尘气体通过洁净的滤袋时，由于滤袋本身的网孔较大，一般为20~50μm，除尘效率不高，大部分微细粉尘会随着气流从滤袋的网孔中通过，而粗大的尘粒靠惯性碰撞和拦截被阻留。随着滤袋上截流粉尘的加厚，细小的颗粒靠扩散、静电等作用也被纤维捕获，并在网孔中产生"架桥"现象。随着含尘气体不断通过滤袋的纤维间隙，纤维间粉尘"架桥"现象不断加强，一段时间后，滤袋表面积聚成一层粉尘，称为粉尘初层。在以后的除尘过程中，粉尘初层便成了滤袋的主要过滤层，它允许气体通过而截留粉尘颗粒，此时滤布主要起到支撑骨架的作用，随着粉尘在滤布上的积累，除尘效率和阻力都相应增加。当滤袋两侧压力差很大时除尘器阻力过大，系统的风量会显著下降，以致影响生产系统的排风，此时要及时进行清灰，但清灰时必须注意不能破坏粉尘初层，以免降低除尘效率（图1-1和图1-2）。

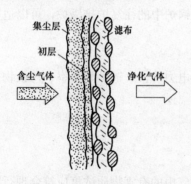

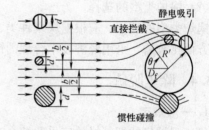

图1-1　滤布捕集粉尘的过程　　　　图1-2　袋式除尘器除尘原理示意图

布袋除尘器的最大优点是：除尘效率不受烟气成分、烟尘浓度、颗粒分散度及烟尘比电阻等烟气烟尘性质的影响，对微细烟尘捕集率一般可达99.9%以上，安装运行良好的设备排放浓度<20mg/Nm³甚至更低。特别是用于收集高比电阻烟尘及微细烟尘，对于电除尘器来说难以收集去除的烟尘时，布袋除尘器具有明显的技术优势。但是在处理高浓度烟尘时，其设计选型需慎重。实际应用经验表明：布袋除尘器一般使用在燃烧低灰分煤种（进口烟尘浓度<15g/m³，灰分一般<15%，）的锅炉烟气除尘上最稳妥，灰分超过20%的煤种应用布袋除尘器经济性降低。因为烟气含尘浓度越高，过滤风速的选择需越低，对滤袋的要求越高，投资费用相应增高。同时，烟气含尘浓度越高，设备运行阻力越大（一般为1200~1500Pa），对喷吹系统的要求越高，造成运行维护费用越高；烟气含尘浓度越高，对滤袋的磨损冲刷加剧；同时，在保证阻力一定的条件下，滤袋喷吹清灰周期越短，滤袋清灰频繁，滤袋的使用寿命越短。

（2）电袋复合除尘器

电袋复合除尘器是一种集成静电除尘和过滤除尘两种除尘机理的除尘器。电袋复合除尘器的原理：电袋除尘器前端设置一个电场区，能收集烟尘中大部分粉尘，电除尘器的设计效率为75%～85%，并使流经该电场到达后端未被收集下来的微细粉尘荷电，起到使滤袋表面粉尘有序排列、粉尘疏松，提高透气率，降低阻力的作用。后端设置布袋过滤区，使含尘浓度低、并预荷电的粉尘通过滤袋而被收集下来，达到排放浓度≤20mg/Nm³要求。从而达到将粉尘预处理和粉尘分级的功能，降低滤袋阻力上升率，延长滤袋清灰周期，避免粗颗粒冲刷，最终达到延长滤袋和脉冲阀寿命。

电除尘区在电袋复合技术原理中起到两个重要作用。

烟气从进口喇叭进入前级电除尘区，烟尘在电场电晕电流作用下荷电，大部分被电场收集下来，少量已荷电未被捕集粉尘随烟气均匀缓慢进入后级布袋除尘区，经滤袋过滤后达到烟气净化目的。

电除尘第一电场具有除尘效率最高特点，其效率达80%以上。当大量烟尘被电场收集后，烟气进入布袋除尘区含尘浓度只有20%以下，颗粒粒径小。除尘作用改善了滤袋工作条件，从而降低滤袋阻力、延长清灰周期、延长滤袋寿命。

理论和实践表明，荷电粉尘到达滤袋表面时堆积结构起到微妙效果。电场在电离时同时产生大量负离子和少量正离子。负离子荷电粉尘之间引起相互排斥，粉尘在滤袋表面堆积规则有序、结构"蓬松"；另外有一部分正离子荷电粉尘与负离子荷电粉尘之间相互吸引、凝并而加大粒径。粉尘在两种极性荷电作用下，提高粉层透气性、提高清灰效率、提高微细粒子（小于PM_{10}）捕集效率并防止细粉层堵塞滤孔，使滤袋具有高效、低阻功效。图1-3和图1-4为通过试验拍摄有、无荷电粉尘在滤袋表面堆积状态。

图1-3 有荷电粉尘在滤袋表面堆积状态

图1-4 无荷电粉尘在滤袋表面堆积状态

1）适合高浓度烟尘除尘。电袋复合除尘器前级电区具有最强的高效预除尘特点，在处理干法脱硫后高浓度烟尘场合，具有90%的效率，使进入后级袋区的浓度仅为进口的10%。

2）保证长期高效稳定运行。电袋复合除尘器的除尘效率不受煤种、烟气特性、飞灰比电阻等影响，排放浓度可以保持长期高效、稳定。

3）运行阻力低，滤袋清灰周期时间长，具有节能功效。电袋复合除尘器滤袋的粉尘负荷量小，以及荷电效应作用（经过电场荷电后的粉尘排列有序且呈蓬松状态），滤袋形成的粉尘层阻力小，易于清灰，比常规布袋除尘器低 500Pa 的运行阻力，清灰周期时间是纯布袋除尘器 4 倍以上，降低设备 20％的运行能耗。

4）滤袋使用寿命长、维护费用低。由于滤袋清灰周期的延长，从而清灰次数少，且滤袋粉尘透气性强、阻力低，滤袋的强度负荷小，从而大大延长滤料使用寿命，降低除尘器的运行、维护费用。

（3）静电除尘器

静电除尘器是利用静电力实现粒子与气流分离的一种除尘装置。静电除尘器的放电极（又称电晕极）和收尘极（又称为集尘极）与高压直流电源相连接，维持一个足以使气体电离的静电场，当含尘气体通过两极间非均匀电场时，在放电极周围强电场的作用下，气体首先被电离，并使尘粒荷电，荷电的尘粒在电场力的作用下在电场内向集尘极迁移并沉积在集尘极上，得以从气体中分离并被收集，从而达到除尘目的，如图 1-5 所示。当集尘极上粉尘达到一定厚度时，借助于振打机构使粉尘落入下部灰斗。

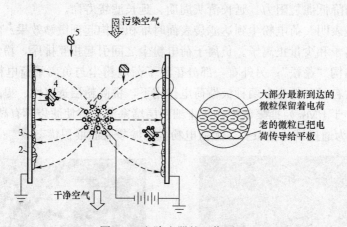

图 1-5　电除尘器的工作原理

1—放电极；2—集尘极；3—粉尘层；4—荷电的尘粒；5—未荷电的尘粒；6—放电区

静电除尘过程与其他除尘过程的根本区别在于：分离力（主要是静电力）直接作用在粒子上，而不是作用在整个气流上，这就决定了它具有分离粒子耗能少、气流阻力小的特点。由于作用在粒子上的静电力相对较大，所以即使对 $10\mu m$ 以下的粒子也能较好地捕集。

1）优点：

① 压力损失小，一般为 200～500Pa；

② 处理烟气量大，单台静电除尘装置烟气处理量可达 $10^5 \sim 10^6\, m^3/h$；

③ 能耗低，大约 $0.2 \sim 0.4 kW \cdot h/1000\ m^3$；

④ 对细粉尘有较高的捕集效率，可达 99％；

⑤ 耐高温，可达 350～450℃；

⑥ 干法除灰，有利于粉尘的输送和再利用，没有水污染；

⑦ 自动化程度高，运行可靠。

2）缺点：

① 设备造价高，一次投资较大。静电除尘装置和其他除尘设备相比，结构较复杂，

耗用钢材较多，每个电场需配用一套高压电源、电极的绝缘及控制装置，设备造价较高。

② 静电除尘器的最大缺点是对煤种变化较敏感，除尘效率受烟尘比电阻影响大、不稳定。粉尘比电阻在 $10^4 \sim 10^{11}$ Ω·cm 范围以外，除尘效率显著下降，特别是灰中的 Al_2O_3 和 SiO_2 的含量较高，而 K_2O 和 Na_2O 含量低，电除尘器几乎很难收集。因此，粉尘的比电阻过高或过低，采用静电除尘器不仅不经济，有时甚至不可能。

（4）常用除尘器介绍

1）LFM 型布袋除尘器（图 1-6）

工作原理：含尘气体由外向内通过滤袋，尘粒被阻隔在滤袋的外表面，含尘气体被净化，净化后的气体由布袋上端口出口排出。清灰时通过周期性地向滤室内喷吹压缩空气，滤袋内形成的瞬时反向气流使滤袋急剧变形，将外表面的粉尘吹落，经排灰口排出。

设备特点：适用于高浓度粉尘处理；自动化程度高，设备操作简单，运行稳定；密封性能好，换袋方便；滤袋寿命长、维修量小。

2）GEP 型静电除尘器（图 1-7）

工作原理：GEP 型电除尘器是利用电场力来除掉烟气中的固态粒子，含尘气体通过由电晕极与收尘极形成的高强度电场，电晕极在负高压的作用下产生放电效应，将负电荷传导给粉尘粒子，带负电荷的粒子在电场力的作用下向收尘极移动，最终被收尘极板吸附，并通过周期性的振打使粉尘脱离，沉降至集灰斗。被净化的烟气经由烟囱排入大气。

设备特点：

① 处理风量大、范围广、设备阻力小、除尘效率高；

② 电晕极采用新型 RS 整体芒刺线，其具有良好的伏安特性，电场强度高，电晕强烈，能够持续高效运行；

③ 收尘极采用 C480 型极板，其板面电流分布均匀，电流密度高，收尘效果好；

④ 清灰方式采用侧部振打，程序控制振打顺序和振打周期，清灰完全彻底；

⑤ 耐高温，设备可在 300℃ 以下工作。

图 1-6　LFM 型布袋除尘器

图 1-7　GEP 型静电除尘器

3）XZTD-C 型陶瓷多管除尘器（图 1-8）

工作原理：XZTD-C 型陶瓷多管除尘器依据离心力原理，含尘烟气由进烟口均匀地进入按等高排列的旋风子切向入口处，导入旋风子内，在离心力的作用下进行烟尘分离，粉尘落入集灰斗内，经下部排灰阀排出。净化后的烟气经芯管由烟口排出。

设备特点：

① 耐腐蚀、耐磨损、耐高温；

② 占地面积小，管理维护方便；

③ 运行费用少，使用寿命长。

4）SJ-II 型双击式脱硫除尘器（图 1-9）

工作原理：SJ-II 型双击式脱硫除尘器通过喷淋、洗涤等工艺脱除烟气中的粉尘。锅炉烟气在进气室中通过喷淋洗涤，而使粉尘润湿凝并，烟气温度下降，湿度增加后冲击液面，激起大量洗涤液并高度通过"S"形通道，进入洗涤反应区，完成除尘脱硫过程，洗涤后的烟气经过脱水，除雾后由烟口排出。

设备特点：

① 内衬耐腐、耐热、耐磨的防腐材料，设备使用寿命长；

② 设备体积小，占地面积小，投资少，能耗低，运行稳定；

③ 设备脱水效果好，确保引风机不带水；

④ 管理维护方便。

图 1-8　XZTD-C 型陶瓷多管除尘器　　　　　图 1-9　SJ-II 型双击式脱硫除尘器

3. 脱硫

脱硫方式比较多，比较成熟的有钙法、镁法等双碱法脱硫。

（1）氧化镁法脱硫

氧化镁脱硫技术是一种成熟度仅次于钙法的脱硫工艺，氧化镁脱硫工艺在世界各地都有非常多的应用，其中在日本已经应用了 100 多个项目，我国台湾的电站 95％ 是用氧化镁法，另外，在美国、德国等地都已经应用。我国玖龙纸业集团东莞、太仓、重庆、天津、泉州等造纸基地的燃煤锅炉均采用镁法脱硫工艺。

1）镁法脱硫技术特点

① 技术成熟。

② 原料来源充足。我国氧化镁的储量十分可观，目前已探明的氧化镁储藏量占全世界的 80％ 左右。其资源主要在辽宁，氧化镁完全能够作为脱硫剂应用于锅炉的脱硫系统。

③ 脱硫效率高。由于氢氧化镁反应活性高，氧化镁脱硫效率可高达 95％。

④ 投资费用少。由于氧化镁作为脱硫本身有其独特的优越性，因此在吸收塔的结构

设计、循环浆液量的大小、系统的整体规模、设备的功率都可以相应较小，因此可以降低整个脱硫系统的投资费用。

⑤ 脱硫系统的可利用率高。

⑥ 脱硫系统运行的负荷变化适应范围大。

⑦ 由于脱硫产物硫酸镁溶解度都较高，不容易出现结垢现象，系统运行可靠性高。

2）氧化镁脱硫工艺原理

湿式镁法脱硫工艺是使用氢氧化镁 $Mg(OH)_2$ 浆液在脱硫吸收塔中和与含 SO_2 烟气接触并吸收脱除烟气中 SO_2 的脱硫工艺。在吸收塔内进行的化学反应非常复杂，吸收过程主要发生如下反应：

① 吸收

浆液水相中的氧化镁首先发生熟化：

$$MgO+H_2O \rightarrow Mg(OH)_2$$

SO_2 等与氧化镁浆液发生以下化学反应：

$$SO_2+Mg(OH)_2 \rightarrow MgSO_3+H_2O$$

$$SO_2+MgSO_3 \rightarrow Mg(HSO3)2$$

② 氧化

$$2MgSO_3+O_2 \rightarrow 2MgSO_4$$

湿式镁法烟气脱硫使用氧化镁作吸收剂，首先在脱硫浆液制备系统中对氧化镁进行熟化，然后通过浆液泵输送到吸收系统；在脱硫吸收塔内，含脱硫剂的浆液经喷嘴喷出与含二氧化硫的烟气充分反应，以脱除烟气中二氧化硫；脱硫后的烟气经过除雾器除去雾滴后排入烟囱；脱硫反应生成的亚硫酸镁，经鼓入空气氧化生成硫酸镁。

3）氧化镁脱硫工艺流程

氧化镁与石灰同为金属氧化物，其脱硫工艺流程类似于石灰法。锅炉烟气经过布袋除尘器除去烟气中的烟尘，并经引风机升压后，进入脱硫塔；在脱硫内含二氧化硫的烟气与喷淋系统喷淋下来的脱硫浆液接触，烟气中的二氧化硫被脱硫剂吸收而脱除；脱除二氧化硫后的烟气再经过塔上部除雾器除去机械水后，由脱硫吸收塔顶部排出经烟道去烟囱排空。脱硫产物亚硫酸镁在脱硫塔底部的循环池集中，经鼓入压缩空气，强制氧化成硫酸镁（图 1-10）。

（2）氧化钙法脱硫

钠钙双碱法，用 NaOH 作吸收剂在洗涤塔内与烟气逆向接触，吸收烟气中的 SO_2，产生 Na_2SO_3，$NaHSO_3$ 进入再生池后用 $Ca(OH)_2$ 再生。

钠钙—消石灰双碱湿法脱硫工艺的主要化学反应为氧化反应，反应方程式为：

1）在脱硫吸收塔内，烟气中的 SO_2 首先被浆液中的水吸收，形成亚硫酸，并部分电离：

$$SO_2+H_2O \rightarrow H_2SO_3 \rightarrow H^+ +HSO_3^- \rightarrow 2H^+ +SO_3^{2-}$$

2）钠钙吸收反应：

$$2NaOH+SO_2 \rightarrow Na_2SO_3+H_2O$$

$$Na_2CO_3+SO_2 \rightarrow Na_2SO_3+CO_2$$

$$Na_2SO_3+SO_2+H_2O \rightarrow 2NaHSO_3$$

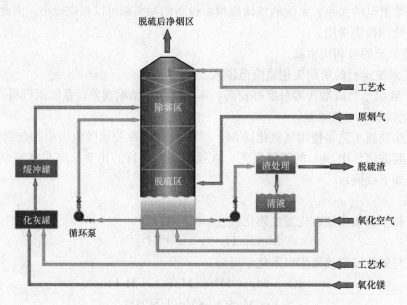

图 1-10 氧化镁法脱硫工艺流程

3）钠钙再生反应：

$$2NaHSO_3 + Ca(OH)_2 \rightarrow Na_2SO_3 + CaSO_3 \cdot 1/2H_2O + 3/2H_2O$$

$$Na_2SO_3 + Ca(OH)_2 + 1/2H_2O \rightarrow 2NaOH + CaSO_3 \cdot 1/2H_2O$$

$$2NaHSO_3 + CaCO_3 \rightarrow Na_2SO_3 + CaSO_3 \cdot 1/2H_2O + CO_2 + 1/2H_2O$$

优点：吸收剂采用钠钙，吸收率高，脱硫率一般高于其他法，吸收系统内没有结垢和堵塞现象。

4）结晶

氧化反应后接着就是石膏结晶：

结晶：$CaSO_4 + 2H_2O \rightarrow CaSO_4 \cdot 2H_2O$

结晶主要发生在吸收塔浆池内。吸收塔浆池的 pH 值由石灰石计量控制，约为 8～10。pH 值是石灰石反应率和总的石灰石化学计量系数的函数，化学计量系数典型值是 1.01～1.025。

（3）其他常用脱硫方法和脱硫设备

1）双碱法

工艺概述：双碱法是采用钠碱吸收剂进行脱硫，用氢氧化钙乳液对吸收剂进行还原再生，再生出的钠碱溶液被送回吸收塔内循环使用，再生形成的亚硫酸钙及硫酸钙经处理后去除（图 1-11）。因此，双碱法脱硫在实际运行中消耗的是氧化钙，从而降低了运行费用，由于采用钠碱进行脱硫，所以液气比低碱少了系统的初期投资。

吸收反应：

$$2NaOH + SO_2 = Na_2SO_3 + H_2O$$

$$Na_2SO_3 + SO_2 + H_2O = 2NaHSO_3$$

$$Na_2CO_3 + SO_2 = Na_2SO_3 + CO_2$$

再生反应：

$$CaO+H_2O=Ca(OH)_2$$

$$2NaHSO_3+Ca(OH)_2=Na_2SO_3+ CaSO_3 \cdot 1/2H_2O\downarrow+^3/_2H_2O$$

$$Na_2SO_3+Ca(OH)_2+3H_2O=2NaOH+ CaSO_3 \cdot 1/2H_2O$$

氧化反应：

$$2CaSO_3 \cdot 1/2H_2O+O_2+3H_2O=2CaSO_4 \cdot 2H_2O$$

技术特点：

① 采用钠碱作为吸收剂系统不存在结垢、堵塞现象；

② 系统在运行中所消耗的为氧化钙，运行费用低；

③ 钠碱的反应活性高，脱硫效率高，液气比小，初期投资少；

④ 脱硫系统可用率高，运行维护简便。

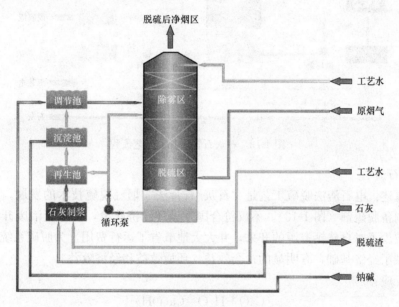

图 1-11 双碱法脱硫工艺流程

2）石灰石膏法

工艺概述：石灰石膏法脱硫工艺是应用最为广泛、工艺最为成熟、应用最早的脱硫技术，该方法是用石灰浆液吸收烟气中的二氧化硫，首先生成亚硫酸钙，然后亚硫酸钙被氧化为石膏，经处理后外运或作为建材材料使用（图 1-12）。

吸收反应：

$$CaO+H_2O=Ca(OH)_2$$

$$Ca(OH)_2+SO_2=CaSO_3 \cdot 1/2H_2O+1/2H_2O$$

$$CaSO_3 \cdot 1/2H_2O+SO_2+1/2H_2O=Ca(HSO_3)_2$$

氧化反应：

$$2CaSO_3 \cdot 1/2H_2O+O_2+3H_2O=2CaSO_4 \cdot 2H_2O$$

技术特点：

① 吸收剂来源广泛价格低廉，运行费用低；

② 工艺成熟可靠，脱硫效率高；

③ 副产物可回收，可抛弃，操作灵活；

④ 脱硫系统运行稳定，操作维护简便。

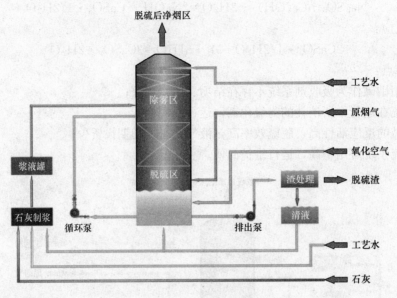

图 1-12　石灰石膏法脱硫工艺流程

3）电石渣法

工艺概述：电石渣法脱硫工艺是"石灰/石膏法"烟气脱硫技术的发展，以电石废渣替代石灰制备脱硫剂（图 1-13）。不仅符合国家循环经济政策，为以废治废开辟了新的途径。而且减少了对自然钙资源的开采，并大大地节省了运行费用，为脱硫系统能够长期连续投运提供了经济基础，有明显的社会效益、环境效益和经济效益。

吸收反应：

$$CaO + H_2O = Ca(OH)_2$$
$$Ca(OH)_2 + SO_2 = CaSO_3 \cdot 1/2H_2O + 1/2H_2O$$
$$CaSO_3 \cdot 1/2H_2O + SO_2 + 1/2H_2O = Ca(HSO_3)_2$$

氧化反应：

$$2CaSO_3 \cdot 1/2H_2O + O_2 + 3H_2O = 2CaSO_4 \cdot 2H_2O$$

技术特点：

① 吸收剂为电石渣，达到了以废治废的目的；

② 工艺技术先进，大幅度降低了设备的磨损和结垢；

③ 脱硫活性较高，降低了脱硫过程的液气比，能耗明显降低。

4）脱硫喷淋塔（图 1-14）

工作原理：烟气由塔体下部的进烟口处进入，在塔内烟气通过塔内的均流层，从而保证烟气在塔截面上形成非常均匀的分布，并形成强烈的湍流，提高了脱硫效率。经均流层后的烟气与喷淋层喷淋下的碱液逆流接触，脱除烟气中的二氧化硫，脱硫后的烟气经除雾器脱水后排入大气。

设备特点：

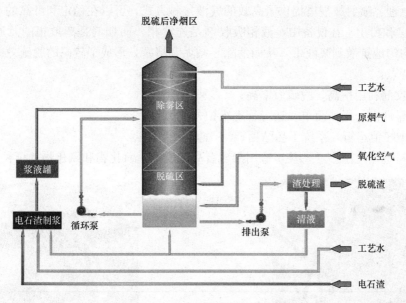

图 1-13　电石渣法脱硫工艺流程

① 均流层具有强化浆液与烟气传质、传热的功能，而且不会出现结垢和磨损现象；

② 在传统的喷淋塔相比，体积小；

③ 在同样液气比的情况下，具备更高的脱硫效率；

④ 相比同等脱硫效率，此种脱硫塔可减少20％～25％的循环泵浆液量；

⑤ 均流装置的布置，改善了气流在脱硫塔内的均匀性。

5）脱硫旋流板塔（图 1-15）

工作原理：锅炉烟气由塔底沿切线方向进入塔体，由于塔板叶片的导向作用旋转上升，液滴被气流带动旋转，产生离心力强化气流间的相互接触，最后被甩到塔壁上，沿壁流下。在此过程中，由于塔内提供了良好的气液接触条件，所以烟气中的二氧化硫被碱性液体吸收，脱硫后的烟气经除雾器脱水后通过烟囱排入大气。

图 1-14　脱硫喷淋塔

设备特点：

① 传质、传热效果好；

② 防堵性能好、易于操作；

③ 气液负荷高，雾沫夹带少；

④ 塔板压降低，系统阻力小；

⑤ 脱硫效率高。

6）脱硫喷射鼓泡塔（图 1-16）

工作原理：喷射鼓泡塔提供了高效的气液接触方式，可以在稳定和可靠的基础上高效地脱除 SO_2 和粉尘。在设备中，液相吸收剂是连续相，而烟气是离散相的。通过鼓泡装置，烟气均匀地扩散到浆液中，从而消除了结垢和堵塞，形成了较高的脱硫效率。

设备特点：

① 吸收剂利用率高，脱硫效率高；

② 可靠性高，操作简单，运行管理维护方便；

③ 低 pH 值运行，系统不易结垢；

④ 燃料适用范围广泛，甚至适用于含有高浓度铝，氧化物和氯化物的煤种。

图 1-15　脱硫旋流板塔

图 1-16　脱硫喷射鼓泡塔

7）脱硫大孔径筛板塔（图 1-17）

工作原理：烟气通过筛板孔接触到筛板上的碱液，由于高速烟气的喷射作用，将吸收液切割分散，先是拉成液膜，继而喷射成雾状小液滴，这时气体为连续相，液体为分散相，从而大大降低了传质阻力，加快了反应速度，增大了设备的处理能力。

设备特点：

① 气液两相的接触面积大，有利于传质；

② 由于气体的喷射夹带大量液体，板上的清液层降低，湿板压降低；

③ 气速高，液体的漏液量少；

④ 不容易堵塞。

1.13.5　脱硝

在采用低温燃烧各项脱硝技术的基础上，采用尿素作为还原剂，增设选择性非催化还原法炉内喷

图 1-17　脱硫大孔径筛板塔

氨（SNCR）脱硝系统，用作低 NO_x 燃烧技术的补充处理手段，使总的脱硝效率≥70％，将 NO_x 排放浓度控制在 100 mg/Nm^3 以下。

（1）SNCR 脱硝系统

选择性非催化还原法（SNCR），是在无催化剂存在的条件下向炉内喷入还原剂氨或尿素，将 NO_x 还原为 N_2 和 H_2O。在 950℃左右温度范围内，反应式为：

$$4NH_3 + 4NO + O_2 \rightarrow 4N_2 + 6H_2O$$

当温度过高时，会发生如下的副反应，又会生成 NO：

$$4NH_3 + 5O_2 \rightarrow 4NO + 6H_2O$$

当温度过低时，又会减慢反应速度，所以温度的控制是至关重要的。

SNCR 系统烟气脱硝过程由下面四个基本过程完成：

1）接收和储存还原剂；

2）还原剂的计量输出、与水混合稀释；

3）在锅炉合适位置注入稀释后的还原剂；

4）还原剂与烟气混合进行脱硝反应。

工艺流程如图 1-18 所示。

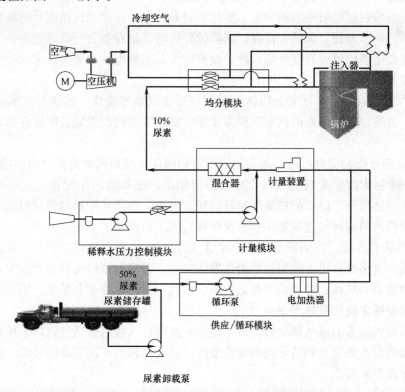

图 1-18　尿素 SNCR 系统工艺流程

技术特点：还原剂使用便捷；施工方便，便于维护检修；节约用地，工程量小，运行费用低。

1）还原剂的选择与来源

① 还原剂的选择

SNCR 的还原剂通常选用尿素和氨，但是与氨相比，尿素具有以下优点：

a. 不易燃烧和爆炸，运输、存储、使用比较简单、安全；

b. 尿素挥发性比氨水溶液小，因此在炉膛烟气中的穿透性好，有利于混合；

c. 在大型的锅炉设备的 SNCR 系统上的应用比氨普遍；

d. 尿素的温度窗口比氨水高 50℃左右，这更符合大容量锅炉的实际要求。

e. 目前在锅炉上应用选择性非催化还原技术时，采用尿素溶液比氨水的脱硝率要高。

② 还原剂的来源

尿素可由专业生产公司供应，其品质均应满足下列要求：

a. 白色或浅色颗粒状；

b. 工业用尿素合格品符合我国国家标准《尿素 GB 2440—2001》对工业用尿素品质的规定。

2）脱硝公用系统的选择与系统

SNCR 系统主要包括干尿素储存系统、尿素溶液配制储存系统、在线稀释系统和喷射系统四部分。尿素溶液配制系统实现尿素储存、溶液配制和溶液储存的功能，然后由在线稀释系统根据锅炉运行情况和 NOx 排放情况在线稀释成所需的浓度，送入喷射系统。喷射系统实现各喷射层的尿素溶液分配、雾化喷射和计量。还原剂的供应量能满足锅炉不同负荷的要求，调节方便、灵活、可靠；尿素储存区与其他设备、厂房等要有一定的安全防火距离，并在适当位置设置室外防火栓，设有防雷、防静电接地装置；尿素喷射系统应配有良好的控制系统。

① 干尿素储存系统。尿素为固体颗粒物，不易燃烧和爆炸，运输与氨水液氨相比简单、安全、方便。袋装尿素由汽车运到尿素站。在尿素站内设置袋装尿素仓库，用于堆放袋装尿素。

② 尿素溶液配制储存系统。尿素溶液配制和储存系统给锅炉提供反应用的尿素溶液。系统配置一个尿素溶液配料池和两个尿素溶液储罐，配料池用于配置一定浓度的尿素溶液，尿素溶液储罐用于储存配料池配制好的尿素溶液，溶液从配料池到储罐通过配料输送泵实现。储罐内的溶液经过泵加压和在线稀释后到达炉前喷射系统。

③ 在线稀释系统。当锅炉负荷或炉膛出口的 NOx 浓度变化时，送入炉膛的尿素量也应随之变化，这将导致送入喷射器的流量发生变化。若喷射器的流量变化太大，将会影响到雾化喷射效果，从而影响脱硝率和氨残余。因此，设计在线稀释系统，用来保证在运行工况变化时喷嘴中流体流量不变。

特定浓度的尿素溶液从储罐输出后，增加一路稀释水接入输送管路，来稀释溶液，通过监测在线稀释水流量来调节最终的尿素浓度，以满足锅炉不同负荷的要求。稀释水的输送通过稀释水泵来实现。

④ 背压控制。背压控制回路用于调节到各台炉的尿素溶液和稀释水的稳定流量和压力，以保证脱硝效果。因此，每台炉尿素溶液管路和稀释水管路均有背压控制回路，背压控制通过电动调整阀来实现。

⑤ 喷射计量和分配装置。根据锅炉炉内温度场，初步设置三个喷射区计量模块。喷射区计量模块是一级模块，每个模块由若干个流量测量设备和电动阀门设备组成。用于精确计量和独立控制到锅炉每个喷射区的反应剂流量和浓度。该模块连接并响应来自锅炉的

控制信号，自动调节反应剂流量，对 NO_x 水平、锅炉负荷、燃料或燃烧方式的变化做出响应，打开或关闭喷射区或控制其质量流量。

⑥ 喷射系统。在线配制稀释好的尿素溶液将送到各层喷射层，各喷射层设有总阀门控制本喷射层是否投运，投运的喷射层则由电动/气动推进装置驱动推进。各喷射层设有流量调节阀门和流量计量设备。喷射所需的雾化介质采用压缩空气。炉前压缩空气总管上设有流量压力测量，分几路通到各喷射层，每个喷射层的雾化蒸汽总管设有压力调节和压力测量，再通往各个喷射器。

每只喷射器都配有电动/气动推进器，实现自动推进和推出 SNCR 喷射器的动作。推进器的位置信号接到 SNCR 控制系统上，与开/停雾化空气和开/停尿素溶液的阀门动作联动，实现整个 SNCR 系统的喷射器自动运行。电动/气动推进器可配置就地控制柜，可以直接就地操作控制推进器进行检修和维护，同时实现 SNCR 自控系统的远方程控操作，并显示设备实际工作状态信号。一个就地控制柜可以控制多个推进器，每层设有一个或者多个控制柜，用以分别控制该喷射层的推进器。在正常运行时，每个喷射层每面炉墙上的所有喷射器同进同退。

多喷嘴枪喷射器用于在标准的墙式喷射器不能提供适当覆盖的区域提供化学剂覆盖。每一个多喷嘴枪喷射器配有一个伸缩机构，当喷射器不使用、冷却水流量不足、冷却水温度高或雾化蒸汽流量不足时，将其从锅炉中抽出。

每台锅炉配制一定数量的喷枪，喷枪布置在燃烧室出口与分离器入口之间的烟道截面处，用于分配稀释后的还原剂，孔径尺寸根据实际选择喷枪尺寸确定。施工图设计阶段时，通过数学模型计算（CFD）了解炉膛 NOx 浓度分布、炉膛温度分布、炉膛气流分布以及烟气组分分布情况，再最终确定喷枪（喷嘴）的布置方式和安装位置。

⑦ 控制系统。脱硝装置的控制采用 PLC 实现，操作人员依据 PLC 控制系统，实现对还原剂储存及供应系统、稀释水系统、计量混合及喷射系统的设备控制及运行状态的监视，并依据各子系统的运行参数的变化进行调整和操作。

整套系统为自动运行及机旁操作，采用成熟、可靠、完善的控制方案，可在少量操作人员的操作下安全、稳定地运行。从而提高工作效率，减轻工人劳动强度。除溶液配制需由人工配合操作完成外，就地可实现无人值守。

（2）SCR 脱硝系统（图 1-19）

SCR 工艺即选择性催化还原法脱硝工艺，是利用还原剂在催化剂作用下有选择地与烟气中的 NOx 发生化学反应，生成氮气和水的方法。其主要的还原剂为液氨，氨水，尿素等。用于 SCR 系统的催化剂主要有贵金属催化剂、碱金属催化剂和分子筛催化剂三种。其形式可分为蜂窝式、板式、波纹式等。

技术特点：氨逃逸浓度小，脱硝效率高；采用尿素或氨水作为还原剂，无运输和储存的安全问题；脱硝系统可用率高，运行维护简便。

1）SCR 装置运行原理

氨气作为脱硝剂被喷入高温烟气脱硝装置中，在催化剂的作用下将烟气中 NO_x 解成为 N_2 和 H_2O，其反应公式如下：

$$4NO + 4NH_3 + O_2 \rightarrow 4N_2 + 6H_2O$$

$$NO + NO_2 + 2NH_3 \rightarrow 2N_2 + 3H_2O$$

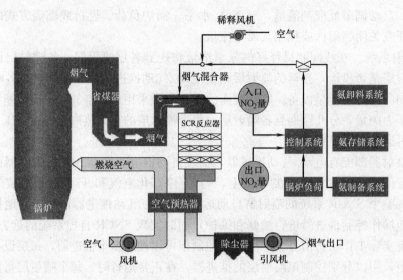

图 1-19　典型火电场烟气 SCR 脱硝系统流程图

一般通过使用适当的催化剂，上述反应可以在 $200\sim450$ ℃的温度范围内有效进行，在 $NH_3/NO=1$ 的情况下，可以达到 $80\%\sim90\%$ 的脱硝效率。

烟气中的 NOx 浓度通常是低的，但是烟气的体积相对很大，因此用在 SCR 装置的催化剂一定是高性能。因此用在这种条件下的催化剂一定满足燃煤锅炉高可靠性运行的要求。

2）烟气脱硝技术特点

SCR 脱硝技术以其脱除效率高，适应当前环保要求而得到电力行业的高度重视和广泛的应用。在环保要求严格的发达国家，例如德国、日本、美国、加拿大、荷兰、奥地利、瑞典、丹麦等国 SCR 脱硝技术已经是应用最多、最成熟的技术之一。根据发达国家的经验，SCR 脱硝技术必然会成为我国火力电站燃煤锅炉主要的脱硝技术并得到越来越广泛的应用。

3）SCR 脱硝系统一般组成

SCR 系统一般由氨的储存系统、氨与空气混合系统、氨气喷入系统、反应器系统、省煤器旁路、SCR 旁路、检测控制系统等组成。

液氨从液氨槽车由卸料压缩机送入液氨储槽，再经过蒸发槽蒸发为氨气后通过氨缓冲槽和输送管道进入锅炉区，通过与空气均匀混合后由分布导阀进入 SCR 反应器内部反应，SCR 反应器设置于空气预热器前，氨气在 SCR 反应器的上方，通过一种特殊的喷雾装置和烟气均匀分布混合，混合后烟气通过反应器内催化剂层进行还原反应。

SCR 系统设计技术参数主要有反应器入口 NOx 浓度、反应温度、反应器内空间速度或还原剂的停留时间、NH_3/NOx 摩尔比、NH_3 的逃逸量、SCR 系统的脱硝效率等。

4）氨储存、混合系统

每个 SCR 反应器的氨储存系统都由一个氨储存罐、一个氨气——空气混合器、两台用于氨稀释的空气压缩机（一台备用）和阀门、氨蒸发器等组成。氨储存罐可以容纳 15d 使用的无水氨，可充至 85% 的储罐体积，装有液面仪和温度显示仪。液氨汽化采用电加热的方式，同时保证氨气-空气混合器内的压力为 350kPa。NH_3 和烟气混合的均匀性和分散性是维持低 NH_3 逃逸水平的关键。为了保证烟气和氨气在烟道分散好、混合均匀，可以通过下面方式保证混合：在反应器前安装静态混合器；增加 NH_3 喷入的能量；增加喷点的数量和区域；改进喷射的分散性和方向；在 NH_3 喷入后的烟道中设置导流板；同时还应根据冷态流动模型试验结果和数学流动模型计算结果对喷氨系统的结构进行优化。

1.13.6 运煤

1. 煤的输送

（1）采用带式输送机运煤应符合下列要求：

1）胶带宽度不宜小于 500mm。

2）胶带倾角不宜大于 18°，但输送破碎或筛选后的煤时，最大倾角可达 20°。

3）在倾斜胶带上卸料时其倾角不宜大于 12°。

4）卸料段长度超过 30mm 时，应设置人行过桥。

（2）带式输送机栈桥的设置在寒冷或风沙地区应采用封闭式，在气象条件合适的地区，可采用敞开式、半封闭式或轻型封闭式，并应符合下列要求：

1）敞开式栈桥的运煤胶带上应设置防雨罩。

2）封闭式栈桥和地下栈道的净高不应小于 2.2m，人行通道的净宽度不应小于 0.8m，检修通道的净宽不应小于 0.6m。

3）倾斜栈桥上的人行通道应有防滑措施，倾角超过 12° 的通道应做成踏级。

4）输送机底部的钢结构栈桥就封底。

（3）采用多斗提升机运煤应有小于连续 8h 的检修时间。当不能满足其检修时间时，应设置备用设备。

（4）从受煤斗卸料到带式输送机，多斗提升机或埋刮板输送机之间，宜装设均匀给料的装置。

2. 上煤系统

（1）锅炉房上煤系统是指煤炭从煤库（煤场）到锅炉前煤斗的输送，其中包括煤炭的转运、贮存、原煤处理（破碎、筛分、磁选）、计量、输送等部分。

上煤系统应采用机械化输送系统。

流程：煤场—装载机（铲车、桥式抓斗起重机）—煤篦子—受煤斗—给料机—倾斜胶带输送机（多斗提升机）—除铁器—水平胶带输送机—电子皮带秤—卸料器—炉前煤斗。

1）层燃锅炉

层燃锅炉的上煤系统种类很多，有炉前单斗提升机上煤方式、斗式提升机加胶带输送机上煤方式、组合式胶带运输机上煤方式等，根据锅炉对煤炭粒度要求的不同，大部分锅炉房上煤系统设置了破碎设备。

① 单斗提升机上煤系统：一般适用于单台容量在 20t/h（14MW）以下的小型锅炉房，由于操作人员劳动强度较大，已很少采用。

流程：煤场—装载机、手推车—受煤坑—单斗提升机—炉前锅炉煤斗。

② 斗式提升机上煤系统：斗式提升机上煤是一种常见的上煤方式，特别适用于锅炉房场地较小、煤炭粒度适合锅炉房燃烧的情况。

流程：煤场—装载机—受煤坑—煤篦子—受煤斗—给料机—斗式提升机—水平胶带输送机—除铁器—电子皮带秤—卸料器—炉前煤斗。

③ 组合式胶带输送机上煤系统：对于大型区域锅炉房上煤系统，首选组合式胶带输送机上煤方式。

流程：煤场—装载机（铲车、桥式抓斗起重机）—受煤坑—煤篦子—受煤斗—给料机—倾斜胶带输送机—除铁器—固定筛—破碎机—倾斜胶带输送机—电子皮带秤—水平胶带输送机—卸料器—炉前煤斗。

2）循环流化床锅炉

循环流化床锅炉上煤系统通常采用组合式胶带输送机上煤方式，由于循环流化床锅炉对煤炭的粒度有严格的要求，因此一般在上煤系统中都设有筛分及破碎设备。炉前煤斗给煤一般采用螺旋给料机上煤。

3）煤粉锅炉

新型高效煤粉锅炉采用煤粉作为燃料，煤粉制备对于中小型锅炉，一般采用集中制粉，分别配送的方式；对于大型锅炉，一般采用厂区内制粉方式。由于制粉系统比较复杂，参照热电厂设计规范进行设计，这里就不过多介绍。

流程：制粉厂—密闭罐车—氮气保护—气力输送到炉前煤粉仓—二次粉仓—给粉设备—罗茨风机—通过煤粉管道—锅炉燃烧器—进入锅炉。

（2）上煤系统主要设备

1）带式输送机

带式输送机是一种普遍采用的连续运输机械。我国现已形成标准化和系列化，TD75通用固定式带式输送机在工业部门得到了广泛应用。

带式输送机作为锅炉房的上煤、除渣设备，具有运输量大、运输距离远、耗能低、工作可靠和维修工作量少等优点。当然也有投资较大和占地较大等缺点。

带式输送机有五种基本布置形式：第一种为水平带式输送机；第二种为倾斜带式输送机；第三种为带凹弧曲线段带式输送机；第四种为带凸弧曲线段带式输送机；第五种为带凸弧及凹弧曲线段带式输送机。

带式输送机的倾角随运送物料与胶带间的摩擦系数、物料的堆角而异。当倾角向上输送块煤时，允许的最大倾角为18°；倾角向上输送煤粉时，允许的最大倾角为20°；倾角向上输送块状煤渣（破碎后）时，允许的最大倾角为22°。

带式输送机在曲线段内，不允许设置给料或卸料装置。给料点应设在水平或倾角较小的倾斜段上。卸料装置应设在水平段上。

带式输送机带宽分别有500mm、650mm、800mm等。带式输送机输送量如表1-35。

随着带式输送机倾角加大，输送量也将随之减少。

带式输送机主要部件包括输送带、传动滚筒、改向滚筒、托辊、拉紧装置、清扫器、卸料装置、制动装置等。

2）全封闭式带式输送机

国外一种新型全封闭式胶带输送机已经面市。传统的带式输送机都是开式的，输送物料时，流动空气易将粉尘带入周围环境中，而且物料也易从输送带上洒落下，造成环境污染。新的称之为 kleenbelt 的全封闭式带式输送机，克服了上述缺点。这种带式输送机

带式输送机输送量 表 1-35

断面形式	带速(m/s)	带宽 B(mm)		
		500	650	800
		输送量 Q(t/h)		
槽形	0.8	78	131	—
	1.0	97	164	278
	1.25	122	206	348
	1.6	156	264	445
平形	0.8	41	67	118
	1.0	52	88	147
	1.25	66	110	184
	1.6	84	142	236

配有滤袋收尘器，可以将收集的粉尘送回输送机。这种输送机取消了传统带式输送机采用的槽型托辊，但仍保留了为支承输送带和物料的中间托辊。中间托辊的两侧采用了由低摩擦材料制作的连续不间断的板带，板带与输送带之间的摩擦很小，起到了良好的密封作用。板带代替了过去的边翼托辊。对于新的带式输送机，用户既可成套购置，也可购置改进后的专用配件，以利于用户利用原有胶带输送机的驱动和张紧系统。这种新型的 Kleenbelt 带式输送机输送料护规格有 500~1050mm 多种。最近，国外一种新型全封闭式胶带输送机已经面市。传统的带式输送机都是开式的，输送物料时，流动空气易将粉尘带入周围环境中，而且物料也易从输送带上洒落下，造成环境污染。

3）大倾角带式输送机

大倾角带式输送机与通用带式输送机结构十分相似，均由输送带、驱动装置、滚筒、托辊和支架等部件组成。

大倾角带式输送机具有倾角大（30°~70°）、输送能力大（表 1-36）、缩短机长、减少占地、输送多种物料等特点。

大倾角带式输送机输送量 表 1-36

倾角(°)	带宽 B(mm)		
	500	650	800
	输送量 Q(t/h)		
≤35	100	190	300
36~50	76	130	245
50~70	50	85	200

4）多斗提升机

多斗提升机分为 D 型多斗提升机和 HL 型多斗提升机。

多斗提升机多应用在因场地所限不能采用带式输送机的项目。采用多斗提升机上煤应设备用。

D 型多斗提升机输送量：D450S 制法 56t/h，D450Q 制法 40t/h。对应的水平带式输送机带宽 500mm。

HL 型多斗提升机输送量：HL400S 制法 38t/h，HL400Q 制法 25t/h。对应的水平带式输送机带宽 500mm。

5）其他上煤设备

上煤系统的其他设备还包括给料设备、破碎设备、筛分设备、磁选设备、称重设备等。

锅炉房采用的破碎设备主要包括双棍齿牙式破碎机和环锤式破碎机。

1.13.7 除灰渣系统

灰渣排除是一项繁重的工作，劳动条件较差，环境比较恶劣，劳动强度较大，应提高其机械化程度。

1. 机械除灰渣系统

除灰、除渣系统应采用机械化输送系统或者气力输送系统。

（1）层燃锅炉除渣系统流程：炉底灰渣—溜渣管—水封水平重型板链（框链）除渣机—倾斜重型板链（框链）除渣机—室外渣仓—汽车外运—综合利用工厂。

除灰流程：炉底、除尘器细灰—仓泵—管道—室外灰仓—罐车外运—综合利用工厂。

有时也将炉底细灰水冲到炉底水平除渣机，也有采用埋刮板等密闭输送设备将细灰输送到室外灰仓。

（2）循环流化床锅炉除渣流程：炉底灰渣—溜渣管—冷渣器—埋刮板除渣机—室外渣仓—汽车外运—综合利用工厂。

除灰流程基本上与层燃锅炉相同。

2. 主要设备

（1）刮板除渣机

刮板除渣机分为重型板链除渣机和轻型板链除渣机。

刮板除渣机具有浸水、耐高温、碎渣等功能，是层燃锅炉经常采用的除灰渣设备。它可以作水平或倾斜布置，倾斜角一般在30°以下，随着倾斜角的增大，其输送量也相应递减。

输送量与除渣机槽宽、板链高度、倾斜角度等有关。

（2）重型框链除渣机

重型框链除渣机具有浸水、耐高温、碎渣等功能，也是层燃锅炉经常采用的除灰渣设备。它可以作水平或倾斜布置，倾斜角一般在30°以下，随着倾斜角的增大，其输送量也相应递减。

输送量与除渣机槽宽、倾斜角度等有关。

（3）皮带输送机

在多渣仓时，也常在渣仓上部设皮带输送机，将灰渣分别输送到各个渣仓。

1.13.8 节能

1. 一般要求

节约能源是我国经济发展的一项长期战略任务，要认真贯彻《中华人民共和国节约能源法》，执行相关的设计规范，注意节能工作。

为了更有效地节约能源，从以下几方面采取措施：

（1）设计中贯彻执行国务院第四号节能指令和国务院节能管理暂行条例中的有关规定。风机、水泵、变压器及电机等设备均选用节能产品。

（2）选用单台大容量的大型锅炉，热效率较高，大大降低了水、电、煤的消耗，节能效果明显。

（3）热网循环水泵采用效率较高的大型循环水泵，同时水泵驱动采用调速，使循环水泵根据系统不同的运行状况调节调整转速，保持系统在经济状态下运行，达到节电的目的。

（4）锅炉给水泵、热网循环水泵、补水泵采用变频调速，根据补水量及压力的不同调节补水泵运行，节约电能。

（5）锅炉鼓引风机采用变频调速，根据锅炉热负荷变化调整鼓、引风机运行参数，使锅炉及鼓引风机均运行于较高的效率状态下，从而达到节能的目的。

（6）整个热源厂采用微机控制，不仅提高了热源厂的自动化程度，同时可根据热负荷的变化情况及时调整锅炉出力，降低不必要的煤耗及电耗。

（7）锅炉燃烧系统，循环水系统和换热站等均设置节能所必需的仪表。

（8）为了节能和保证良好的工作环境，外表面温度高于50℃的设备和管道都进行了保温，主要保温材料为岩棉及硅酸铝板。

2. 余热回收利用

锅炉运行时产生大量的余热，充分利用余热是提高锅炉房效率的有效途径。

（1）锅炉排烟中水蒸气含量较大，供暖系统回水温度一般低于烟气露点温度，有效利用水的潜热可以提高锅炉运行热效率。

（2）燃煤锅炉设省煤器和空气预热器利用烟气余热。根据锅炉省煤器及空气预热器配置情况，可以增加热管省煤器等装置进一步回收烟气余热。

（3）有组织通风可减少设备间排风量，同时利用设备散热量。在夏季应利用锅炉鼓风机吸取锅炉间上部的热空气；在冬季锅炉鼓风机的室内吸风量应根据热平衡计算确定。

（4）蒸汽系统应防止泄漏，并应充分利用凝结水、连续排污水的热量和二次蒸汽。蒸汽锅炉的排污水还可作热水热网的补充水。

（5）做好温度超过50℃的设备、管道、管件、阀门等的保温，减少散热损失。

1.13.9 锅炉房设计示例

1. 设计条件

该工程位于沈阳地区新城，规划由居住区为主大型新城区。供热现状由分散小锅炉房供热，现状供热面积200万 m^2 ；规划到2015年新增供热面积100万 m^2 ，到2020年新增供热面积200万 m^2 ，从锅炉房到最远热力站的管网主干线距离6km。根据该新区总体规划，建设一座大型区域锅炉房，总供热面积500万 m^2 ，其中一期工程供热面积300万 m^2 。规划锅炉房厂址位于该新区的北侧中心位置，规划厂址占地面积5hm²，厂址四周均为规划道路，地势平坦，交通便捷。

2. 热负荷及外部条件

（1）热负荷

1）各种建筑的供热面积

该项目一期工程供热面积 300 万 m^2，到 2020 年供热面积 500 万 m^2。

按照一般新城居住建筑与公共建筑比例 7：3，则该新区一期工程居住建筑 210 万 m^2，公共建筑 90 万 m^2；2020 年居住建筑 350 万 m^2，公共建筑 150 万 m^2。

2）热指标

现有非节能居住建筑热指标取 $50W/m^2$，非节能公共建筑热指标取 $65W/m^2$，综合热指标 54.5 W/m^2；规划节能居住建筑热指标取 $45W/m^2$，节能公共建筑热指标取 $60W/m^2$，综合热指标 $49.5W/m^2$。现有建筑物与规划建筑物比例为 2：5，经过计算该工程综合热指标为 $51.0W/m^2$。

3）热负荷

一期工程供暖热负荷 153 MW，二期工程供暖热负荷 102MW，整个工程供暖热负荷 255MW。

沈阳地区平均热负荷系数为 0.66189，最小热负荷系数为 0.37249，整个工程供暖期设计热负荷 255MW，平均热负荷 168.782MW，最小热负荷 94.985MW。

整个工程供暖耗热量为 2216579.59296GJ。

（2）外部条件

1）供电：从沈阳地区电网 10kV 供电，在厂区设变电所。

2）供水：从自来水公司接入，在厂区建设自来水蓄水池和给水、消防泵房。

3）燃料：方案一从辽宁阜新、抚顺等煤矿采购 II 类烟煤；方案二从辽宁当地采购劣质煤或从内蒙古采购褐煤。均由铁路运输到沈阳地区，然后采用公路运输到厂区。

4）交通：锅炉房厂址四周均为规划城市道路，与主要交通干道相连，交通十分便捷。

5）灰渣：锅炉房产生的灰渣均由综合利用工厂生产建筑材料。

（3）主要设备的选择

1）锅炉的选择

发热量为 70MW，工作压力为 1.6MPa，供/回水温度为 150℃/90℃，适应燃料种类为褐煤。

2）热水锅炉循环系统

一级热水网回水回到锅炉房，经过除污器去除杂质后由循环水泵加压，进入热水锅炉加热后，再进入一级热水网供水管道送出。

循环流量计算：整个供热系统总循环流量为 3655t/h。

① 循环水泵设 3 台，2 用 1 备；流量 2000t/h，扬程 100 mH_2O。

② 除污器 1 台，设在一级热水网回水官道上。

3）上煤系统

① 煤炭储存

厂区设煤库，汽车运输到厂区将煤炭卸至煤库储存，煤库设桥式抓斗起重机，供上煤、煤炭倒运使用，另煤库内设铲车、推土机各1台，供堆煤、临时上煤、煤炭压实等使用。

由于该项目采用褐煤作为燃料，储存时应考虑防自然措施。

煤库储存煤炭量应满足远期锅炉房10～15d的燃煤量要求。煤库高度12m，堆煤高度7m，煤库7m以下设挡土墙，承受煤炭储存时的压力。

② 上煤系统及主要设备

在煤库内设两个受煤坑，可以同时上煤。受煤坑内设受煤斗，受煤斗侧壁倾角应大于60°，避免煤炭堆积。

受煤斗下部设往复给料机，将煤炭直接给到胶带输送机上。往复给料机的出力应满足上煤量的需要。

上煤系统设双胶带输送机，1用1备。胶带输送机带宽800mm，1号胶带输送机由受煤坑将煤炭输送到破碎机间破碎。

破碎机选用双滚齿破碎机，将煤炭破碎满足往复炉排锅炉燃烧使用。煤炭破碎前采用固定筛将原煤先筛分，满足粒度要求的直接落到下方的2号胶带输送机，粒度较大的煤炭进入破碎机破碎后落入2号胶带输送机。

2号胶带输送机倾斜角度18°，将煤炭直接输送到锅炉间前部输煤层，将煤炭转运到输煤层的3号胶带输送机，然后由3号胶带输送机分别送到每台锅炉的炉前煤斗。

1号胶带输送机上方设除铁器，2号胶带输送机上方设电子皮带秤。3号胶带输送机上方设卸料器。每条胶带输送机尾部均设拉紧装置、头部设检修起吊设备。

4）除灰渣设备

室外设灰渣仓，灰渣仓储灰渣量满足锅炉运行24h产生的灰渣量的要求。

4台70MW热水锅炉炉底设1台1号水平重型板链除渣机；倒运到设在2号倾斜重型板链除渣机上，输送到室外灰渣仓中储存。

炉底细灰通过水冲到炉底重型板链除渣机中，除尘器下部的细灰也采用水冲到炉底重型板链除渣机。

5）软化除氧系统

热水锅炉补水采用软化除氧水。

软化设备采用钠离子交换器，采用铁屑过滤式除氧，将补水水质处理到满足热水锅炉给水、补水水质要求。

设软化水箱1台，设除氧水箱1台。

6）鼓引风除尘、脱硫系统

鼓风机、引风机单炉配置，除尘器采用布袋除尘器，除尘效率在99.5%以上；脱硫采用氧化镁法脱硫，脱硫效率在85%以上；脱硝采用SNCR法脱硝，脱硝效率在30%～50%以上。并根据脱硫、脱硝系统要求设置必要的附属设施。

7）主要设计图纸（图1-20～图1-34）

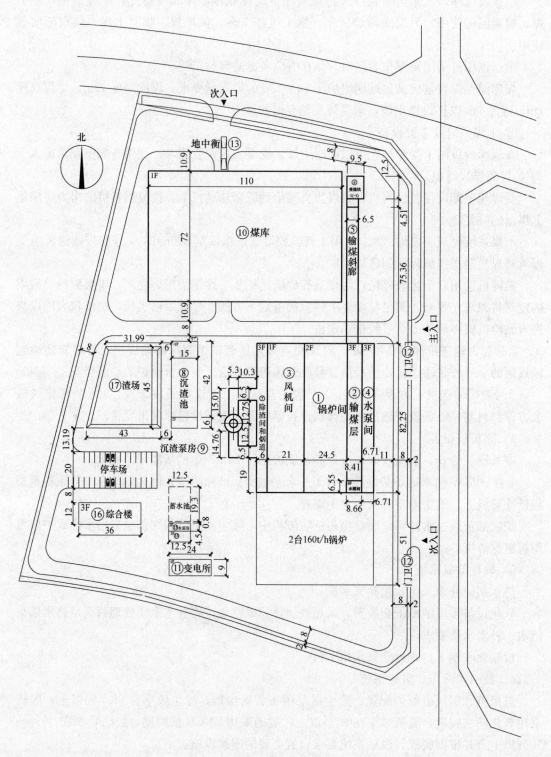

图 1-20　总平面布置图

序号	编号	名称	型号及规格	单位	数量	重量(kg)单重	总重	备注
1	1	设备表 热水锅炉	QXL70-1.6/150/90-AII	台	4			
2		炉排减速机		台	4			
3		配用电机	N=4.0kW	台	4			
4	2	鼓风机	G6-70-11 No16D 风量147333m³/h 全压2429Pa	台	4			左、右旋90°各两台 1.3号炉为右旋 2.4号炉为左旋
6		配用电机	Y355M2-6B3 N=185kW	台	4			
9	3	引风机	CHY120-12 No22D 风量242257m³/h 全压5496Pa	台	4			右旋90°
12		配用电机	Y400-8B3 N=630kW	台	4			10kV
14	4	陶瓷多管除尘器		台	8			
15	5	70MW脱硫塔 烟气处理量	280000m³/h	台	4			
16	6	重型板链除渣机	ZBC1010	台	4			配用100t/h锅炉 提升高度H=2.1m
17		配用电机	N=11kW	台	4			
18	7	重型板链除渣机	ZBC1010	台	2			提升高度H=8.8m
19		配用电机	N=15kW	台	2			
20	8	斜型皮带运输机	TD75-800	台	2			L=41m,角度25° 得升高度H=27.5m
21		配用电机	N=30kW	台	2			
22	9	水平胶带运输机	TD75-800	台	2			L=96m,角度18°
23		配用电机	N=15kW	台	2			L=74m
24	10	往复给料机	k2	台	2			
25		配用电机	N=4kW	台	2			
26	11	电磁除铁器	RCDB-8	台	2			
27		配用电机	N=4kW	台	2			
28	12	电子皮带秤	ICS-ST2	台	2			
29		配用电机	N=4kW	台	2			
30	13	循环水泵	SB-ZL300S-250-355 Q=1200m³/h H=28mH₂O	台	2			变频调速
32		配用电机	N=110kW	台	2			
33								变频调速
34	14	循环水泵	SB-ZL350S-300-400A	台	2			
35			Q=2450m³/h H=28mH₂O					
36		配用电机	H=280kW	台	2			10kV
37	15	补水泵	ZHL80-250B	台	2			一运一补
38		配用电机	Q=26-43-56m³/h H=63-60-54mH₂O	台	2			变频调速
39								
40		配用电机	N=15kW	台	2			
41	16	全自动钠离子交换器	LNZD-40	套	1			
42	17	常温过滤除氧器	-40	套	1			
43	18	除氧水泵	ZHL80-160 Q=30-50-60m³/h H=36-32-29mH₂O	台	2			一运一备
44		配用电机	N=7.5kW	台	2			
47	19	软化水箱	V=30m³	台	1			4400mm×3200mm
48	20	除氧水箱	V=30m³	台	1			4400mm×3200mm
49	21	一级网液体过滤器	YQG900-1.6Z	台	1			
50	22	厂区热力站板式换热器	BBR0.5-1.6-30	台	2			
51	23	厂区热力站循环水泵	ZHL100-160A Q=56-92.5-121m³/h H=31-28-21mH₂O	台	2			一运一备
52		配用电机	N=11kW	台	2			
55	24	厂区热力站补水泵	ZHL40-160A Q=3.5-5.9-7.8m³/h H=29-28-26.5mH₂O	台	2			一运一补
56		配用电机	N=11kW	台	2			变频调速
57	25	厂区二级网液体过滤器	YQG150-1.6Z	台	1			
58	26	电动葫芦	起吊重量10t 提升高度6m	台	4			引用机电机用
59		配用电机	起重电机 N=13kW 运行电机	台	4			
65	27	电动葫芦	起吊重量3t N=0.8×2kW	台	2			锅炉间、水平运煤层

图1-21 设备及主要材料汇总表（一）

序号	编号	名称	型号及规格	单位	数量	重量(kg) 单重	总重	备注
66			提升高度30m					
67		配用电机	起重电机 N=4.5kW	台	2			
68			运行电机 N=0.4kW					
69		电动葫芦	起吊重量5t	台	1			
70			提升高度6m					
71		配用电机	起重电机 N=7.5kW	台	1			
72		运行电机	运行电机 N=0.8kW					
		材料表						
1		螺旋缝电焊钢管	SY/T 5037-2000 φ920×10	m	312			材料Q235B
		螺旋缝电焊钢管	SY/T 5037-2000 φ529×8	m	24			材料Q235B
		螺旋缝电焊钢管	SY/T 5037-2000 φ426×7	m	72			材料Q235B
		螺旋缝电焊钢管	SY/T 5037-2000 φ377×7	m	24			材料Q235B
		螺旋缝电焊钢管	SY/T 5037-2000 φ273×7	m	144			材料Q235B
2		无缝钢管	GB/T 8163-2008 φ159×4.5	m	108			材料20#
		无缝钢管	GB/T 8163-2008 φ133×4	m	216			材料20#
		无缝钢管	GB/T 8163-2008 φ108×4	m	36			材料20#
		无缝钢管	GB/T 8163-2008 φ89×3.5	m	24			材料20#
		无缝钢管	GB/T 8163-2008 φ57×3.5	m	72			材料20#
		无缝钢管	GB/T 8163-2008 φ45×2.5	m	108			材料20#
		无缝钢管	GB/T 8163-2008 φ32×2.5	m	552			材料20#
3		90°冲制弯头	R=1.5DN DN900	个	13			材料20#
		90°冲制弯头	R=1.0DN DN900	个	2			材料20#
		90°冲制弯头	R=1.5DN DN500	个	6			材料20#
		90°冲制弯头	R=1.5DN DN400	个	6			材料20#
		90°冲制弯头	R=1.5DN DN350	个	6			材料20#
		90°冲制弯头	R=1.5DN DN250	个	14			材料20#
		90°冲制弯头	R=1.5DN DN150	个	31			材料20#
		90°冲制弯头	R=1.5DN DN25	个	22			材料20#
		90°冲制弯头	R=1.5DN DN100	个	8			材料20#
		90°冲制弯头	R=1.5DN DN80	个	4			材料20#

序号	编号	名称	型号及规格	单位	数量	重量(kg) 单重	总重	备注
66		90°冲制弯头	R=1.5DN DN50	个	13			材料20#
67		90°冲制弯头	R=1.5DN DN40	个	38			材料20#
68		90°冲制弯头	R=1.5DN DN25	个	102			材料20#
69	4	电动蝶阀	D943H-25C DN900	个	2			循环水泵电机用
70	5	蝶阀	D3434H-25C DN500	个	1			
71		蝶阀	D343H-25C DN500	个	5			
72		蝶阀	D343H-25C DN350	个	4			
		蝶阀	D343H-16C DN500	个	4			
1	6	闸阀	Z41H-16C DN150	个	9			
		闸阀	Z41H-16C DN125	个	2			
		闸阀	Z41H-16C DN100	个	3			
		闸阀	Z41H-16C DN80	个	4			
		闸阀	Z41H-16C DN50	个	4			
		闸阀	Z41H-16C DN45	个	4			
	7	截止阀	Z41H-16C DN100	个	2			
2	8	微阻缓闭止回阀	HH44X-25C DN500	个	3			
		微阻缓闭止回阀	HH44X-25C DN350	个	2			
	9	旋启式止回阀	H41H-16C DN100	个	2			
		旋启式止回阀	H41H-16C DN80	个	4			
		旋启式止回阀	H41H-16C DN40	个	2			
	10	避震喉	$GD_1$100-16 DN100	个	4			
		避震喉	$GD_1$80-16 DN80	个	8			
		避震喉	$GD_1$40-16 DN40	个	4			
3	11	温度计	WNG-11级 0-200℃	个	12			
	12	压力表	Y-150 2.5 0-2.5MPa	个	12			
		压力表	Y-150 1.6 0-1.6MPa	个	27			
	13	冲灰管道	SY/F 5037-2000 DN500	m	168			材料Q235B
	14	冲灰管道弯头	SY/F 5037-2000 DN300	m	132			材料Q235B
	15	重锤阀门	SY/T 5037-2C00 DN400	个	44			材料Q235B
			DN300		64			材料Q235B

图1-22 设备及主要材料汇总表 (二)

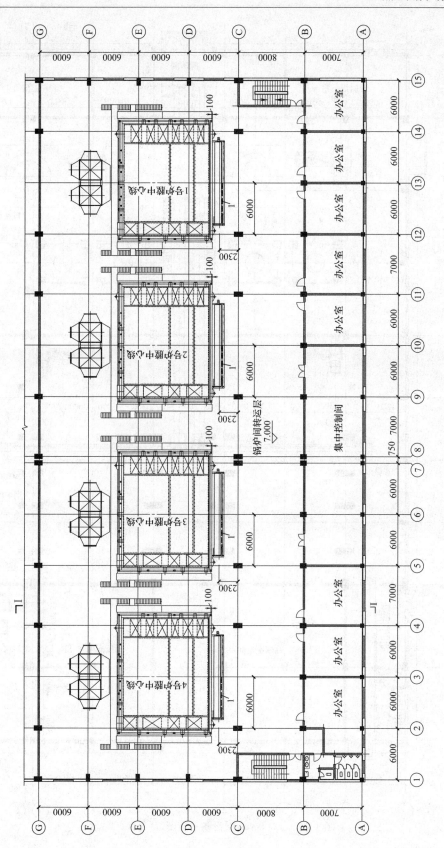

图 1-23 7.000m 层设备平面图

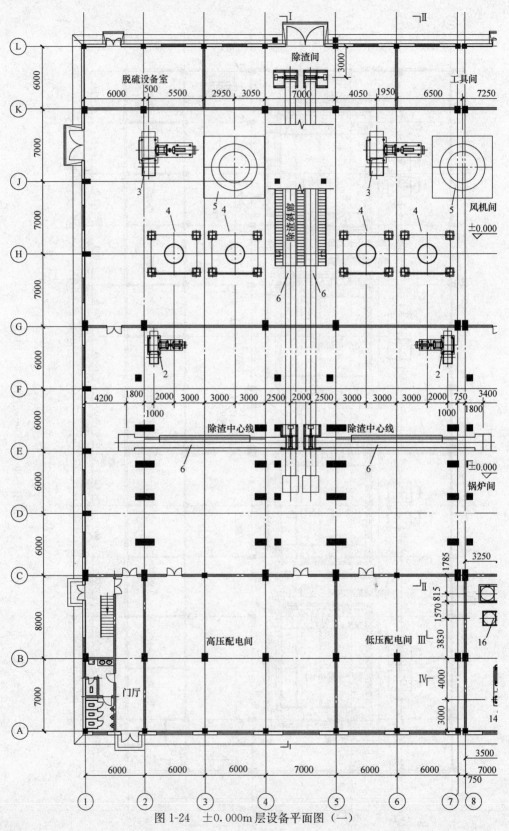

图1-24 ±0.000m层设备平面图（一）

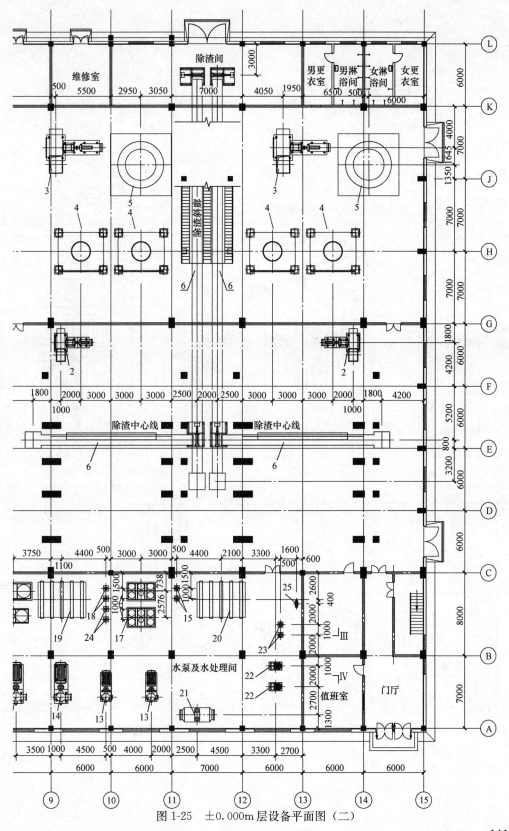

图 1-25 ±0.000m层设备平面图（二）

设 备 明 细 表

序号	编号	名 称	型号及规格	单位	数量	备注
14	25	厂区二级网机械过滤器	YQG150-1.6Z	台	1	
13	24	厂区热力站补水泵	ZHI40-160A	台	2	一运一补
12	23	厂区热力站循环泵	ZHI100-160A	台	2	一运一备
11	22	厂区热力站板式换热器	BBR0.5-1.6-30	台	1	
10	21	一级网机械过滤器	YQG900-1.6Z	台	1	
9	20	除氧水箱	V=30m³	台	1	
8	19	软化水箱	V=30m³	台	1	
7	18	除氧水泵	ZHL80-160	台	2	一运一备
6	17	常温过滤除氧器		套	1	
5	16	全自动钠离子交换器	LNZD-40	套	1	
4	15	补水泵	ZHL80-250B	台	2	一运一补
3	14	循环水泵	ZOS400-600A	台	2	
2	13	循环水泵	ZOS250-600(I)B	台	2	
1	1	热水锅炉	QXL70-1.6/150/90-AII	台	4	

图 例

H	供水管		微阻缓闭止回阀
HR	回水管		截止阀
H1	热力站一次供水管		自力式压力调节阀
HR1	热力站一次回水管		快速排污阀
H2	热力站二次供水管		电磁阀
HR2	热力站二次回水管		手动调节阀
W	自来水管		浮球阀
M	补水管		弹簧安全阀
SW	软化水管		流量计
DA	除氧水管		温度计
V	放气管		压力表
PB	定期排污管		远传压力表
D	泄水管		水 表
OF	溢水管		避震喉
	闸阀		金属软管
	止回阀		排水沟
	蝶阀		排 空

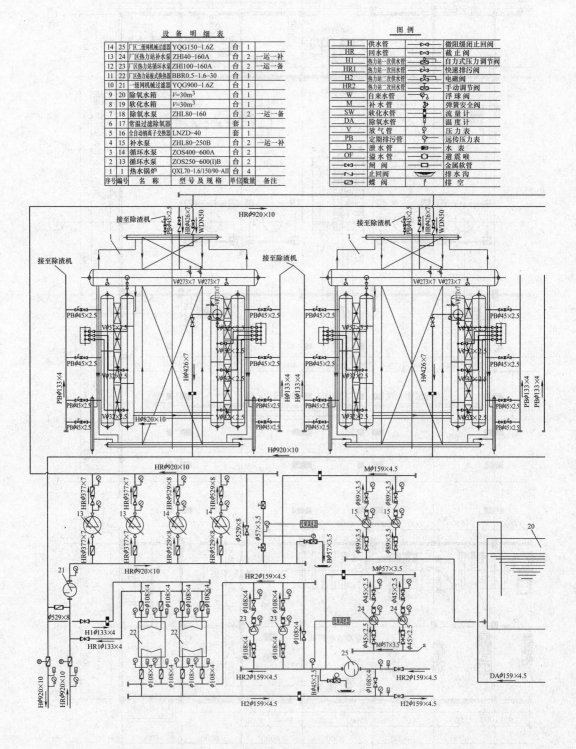

图1-26 热

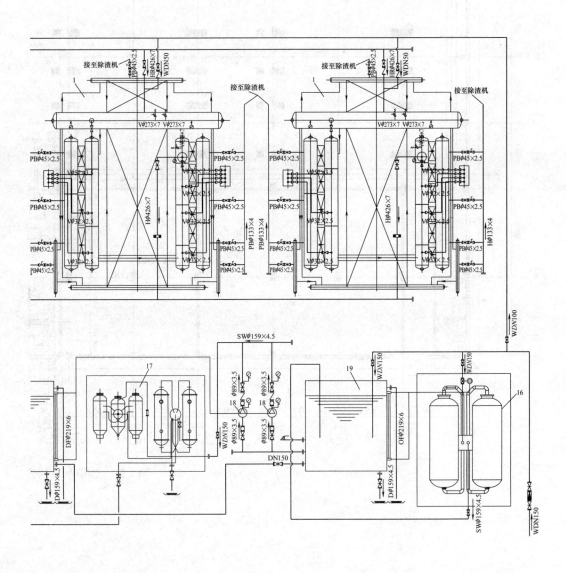

力系统图

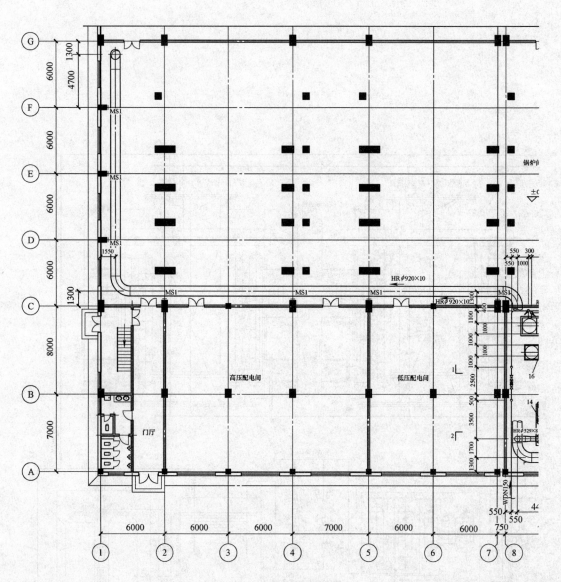

图 1-27 ±0.000m 层管

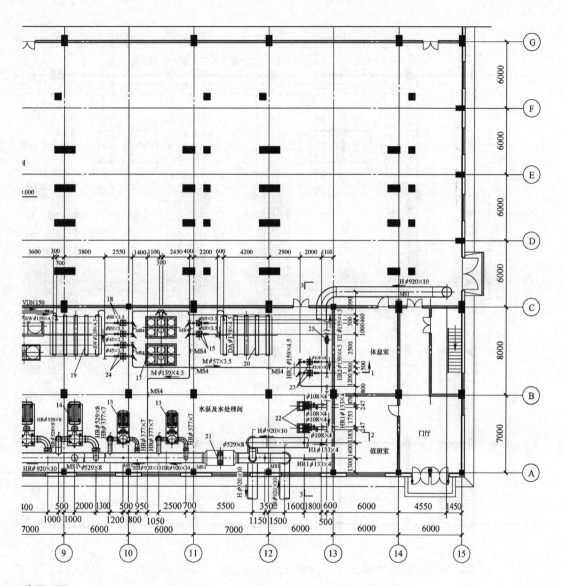

道平面图

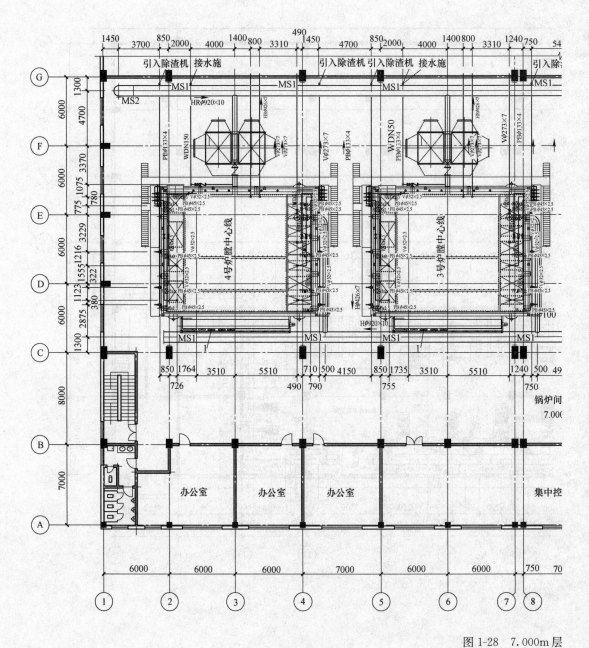

图 1-28　7.000m 层

注：1. 锅炉本体上排污、放气、安全阀排气管道视

2. 安全阀引至室外。

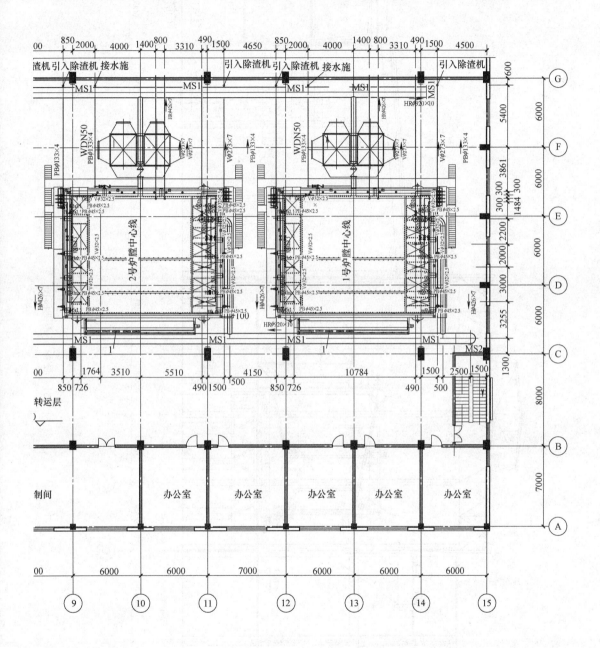

管道平面图

锅炉情况，经锅炉厂确认后现场确定支架位置及形式。

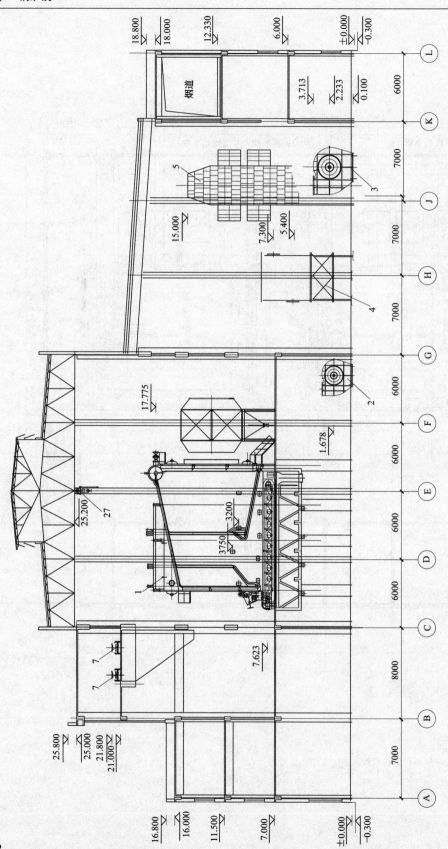

图 1-31 设备 I - I 剖面图

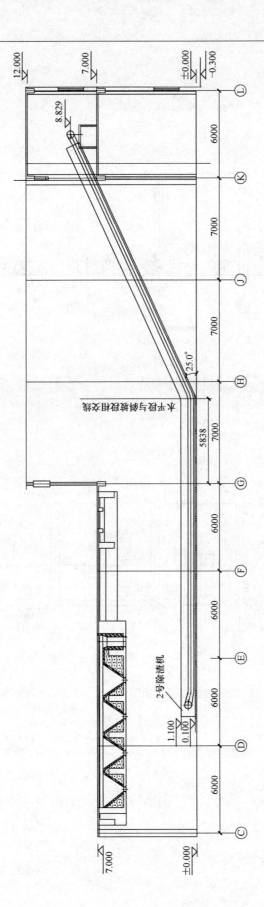

图 1-32 设备 Ⅱ-Ⅱ 剖面图

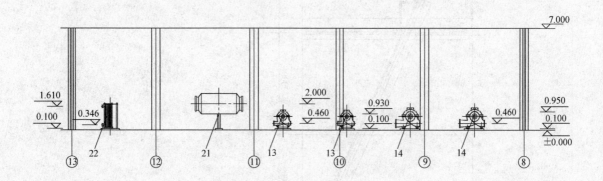

图 1-31　设备Ⅳ-Ⅳ剖面图

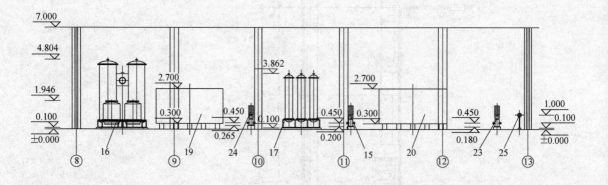

图 1-32　设备Ⅲ-Ⅲ剖面图

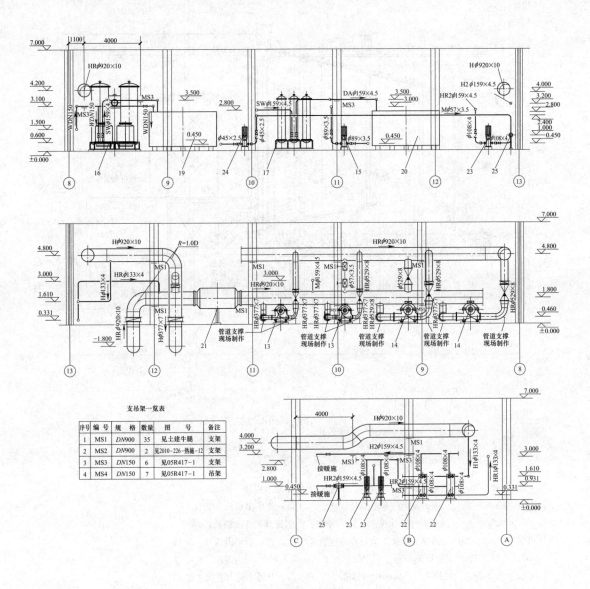

图 1-33 管道剖面图（一）

序号	编号	规格	数量	图号	备注
1	MS1	DN900	35	见土建牛腿	支架
2	MS2	DN900	2	见2010-226-热施-12	支架
3	MS3	DN150	6	见05R417-1	支架
4	MS4	DN150	7	见05R417-1	吊架

支吊架一览表

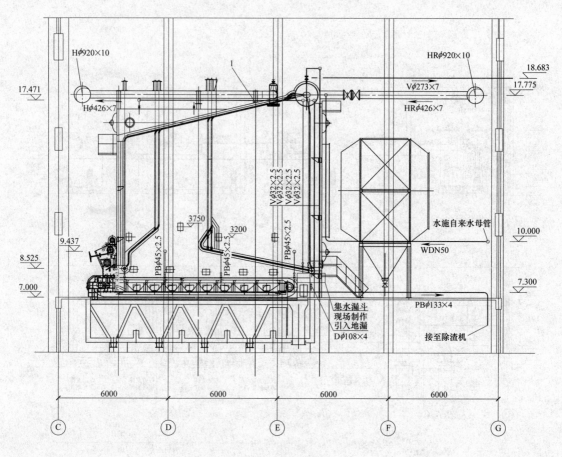

图 1-34　管道剖面图（二）

本章参考文献

[1]　GB 50041—2008. 锅炉房设计规范 [S]. 北京：中国计划出版社，2008.

[2]　TSG G0001—2012. 锅炉安全技术监察规程 [S]. 北京：新华出版社，2012.

[3]　GB 50028—2006. 城镇燃气设计规范 [S]. 北京：中国建筑工业出版社，2006.

[4]　TSG G0002—2010. 锅炉节能技术监督管理规程 [S]. 北京：新华出版社，2010

[5]　GB 1576—2008. 工业锅炉水质 [S]. 北京：中国标准出版社，2009.

[6]　GB13271—2001. 锅炉大气污染物排放标准 [S]. 北京：中国环境出版社，2002.

[7]　GB 50016—2006. 建筑设计防火规范 [S]. 北京：中国计划出版社，2006.

[8]　GB 50045—1995. 高层民用建筑设计防火规范 [S]. （2005 年版）北京：中国计划出版社，2005.

[9]　GB 50736—2012. 民用建筑供暖通风与空气调节设计规范 [S]. 北京：中国建筑工业出版社，2012.

[10]　GJ 26—2010. 严寒和寒冷地区居住建筑节能设计标准 [S]. 北京：中国建筑工业出版社，2010.

[11]　DB 11/891—2012. 居住建筑节能设计标准 [S]. 北京市地方标准（2013 版）.

[12]　GB 50189—2005. 公共建筑节能设计标准 [S]. 北京：中国建筑工业出版社，2005

[13]　住房和城乡建设部工程质量安全监管司. 《全国民用建筑工程设计技术措施暖通空调动力》北京：中国计划出版社，2009.

第 2 章　室外热力管网

本章执笔人

曹荣光

　　男，汉族 1979 年 11 月 30 日生。中国建筑设计院有限公司高级工程师。2011 年 6 月毕业于天津大学，获博士学位。

代表工程

　　1. 山东省第二十三届运动会综合服务中心会议和后勤服务中心，7.5 万 m^2（工种负责人）。

　　2. 中国建设银行北京生产基地一期项目，14.2 万 m^2（工种负责人）。

主要论著

　　1. 采用分阶段变流量质调节方式的供暖期细分，煤气与热力，2013，6（独著）。

　　2. Test and analysis on three heating systems in north china. J. Chongqing Univ. Eng. Ed，2009，8（First）。

　　联系方式：caorg@cadg.cn

生产和生活中，都需要热能，热媒将热能从热电厂、锅炉房等热源输送到热用户必须通过热力管网，热力管网是连接热源与热用户的纽带。简单直连供热系统的供热管网是由将热媒从热源输送和分配到各热用户的管线系统所组成。在大型集中供热系统中，热网是由一级网、二级网以及分配到各热用户的管线系统和中继泵站、二级换热站、混水泵站等组成。

2.1　国家及地方有关规范和法规

《锅炉房设计规范》GB 50041—2008

《城镇供热管网设计规范》CJJ 34—2010

《火力发电厂汽水管道应力计算技术规程》DL/T 5366—2006

《城镇供热直埋热水管道技术规程》CJJ/T 81—2013

《城镇供热直埋蒸汽管道技术规程》CJJ 104—2014

《工业金属管道设计规范》GB 50316—2000（2008 年版）

《压力管道规范－工业管道》GB/T 20801—2006

《设备及管道绝热设计导则》GB/T 8175—2008

《工业设备及管道绝热工程设计规范》GB 50264—2013

《压力管道安全技术监察规程－工业管道》TSG D 0001—2009

《高密度聚乙烯外护管聚氨酯泡沫塑料预制直埋保温管》CJ/T 114—2000

《高密度聚乙烯外护管聚氨酯泡沫塑料预制直埋保温管管件》CJ/T 155—2001

《城镇供热管网工程施工及验收规范》CJJ 28—2004

《工业金属管道工程施工及验收规范》GB 50235—2010

《现场设备、工业管道焊接工程施工及验收规范》GB 50236—98

《工业设备及管道绝热工程施工及验收规范》GBJ 50126—2008

《熔融结合环氧粉末涂料的防腐蚀涂装》GB/T 18593—2001

《埋地钢制管道双层熔结环氧粉末外涂层技术规范》Q/CNPC 38—2002

《管道防腐层检漏试验方法》SY/T 0063—1999

2.2　热网类别和形式

集中供热系统由热源、热网和热用户三部分组成，由集中热源产生的蒸汽、热水通过热网供给一个城市（镇）或部分区域生产、供暖和生活所需的热量。

室外供热管网系统按照管道内输送的介质划分，有热水供热系统、蒸汽供热系统；按照热源形式划分，有锅炉房集中供热系统、热电厂集中供热系统和多热源集中供热系统；按照热网形式划分，有枝状管网、环状管网。

2.2.1　热水供热室外管网系统

根据热媒流动的形式，供热系统可以分为闭式系统、半闭式系统和开式系统。在闭式系统中，用户只利用热媒所携带的部分热量，而热媒本身则带着它剩余的热量返回到热源，在热源重新增补热量（双管闭式系统）。在半闭式系统中，用户利用送给用户的部分热量并消耗一部分热媒，而剩余的热媒和它所含有的余热返回到热源（双管制开式系统）。在开式系统中，不论热媒本身还是热媒所携带的热量都完全被用户利用（单管制）。

热水供热室外管网系统，根据管路的条数，可以分为单管制、双管制、三管制和四管制。

单管制（开式系统）如图 2-1（a）所示，只有在供暖和空调等所需管网水的平均小时流量与供热水所需的平均小时流量相等时才是合理的，在国内华北和东北地区，供暖和空调所需的管网水量总是大于供热水所需的水流量。在这种不平衡情况下，供热水所不用的那部分水就得排入下水道，这是很不经济的，所以单管制应用的很少。

双管制（闭式系统）如图 2-1（b）所示，由热源产生的高温水通过供水管将携带的热量供给用户，水温降低后又全部经过回水管流回热源。其热源的流出水量与流进水量大小一样。这种系统是应用最广泛的一种系统。

双管制（半闭式系统）如图 2-1（c）所示，由热源产生的高温水供给热用户，降温后大部分水流回热源，有一小部分回水与高温水混合给用户供应热水。

三管制（闭式系统）如图 2-1（d）所示，该系统具有两条供水管路、一条回水管路，其中一条供水管以不变的水温向工艺装备和热水供应换热器送水，而另一条供水管以可变的水温满足供暖和空调需求，来自各局部系统的回水通过一条总回水管返回到热源。

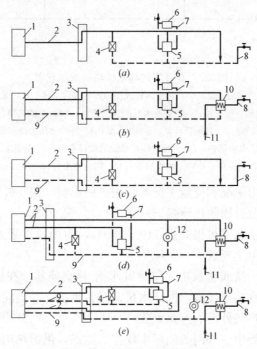

图 2-1　热水供热管网系统原理图

（a）单管制（开式）；（b）双管制（闭式）；（c）双管制（半闭式）；（d）三管制（闭式）；（e）四管制（闭式）

1—热源；2—热网供水管；3—用户引入口；4—通风用热风机；5—用户端供暖换热器；

6—供暖散热器；7—局部供暖系统管路；8—局部热水供应系统；9—热网回水管；

10—热水供应换热器；11—冷自来水管；12—工艺用热装置

四管制（闭式系统）如图2-1（e）所示，该系统是将季节性用热的供暖和空调用热，与常年性供应热水的用热分开，各有一条供水管和一条回水管，季节性用热的热负荷是变化的。而常年性负荷是不变的，供水温度不变化。

1. 闭式热水供热系统

图2-2所示为双管制的闭式热水供热系统的示意图。热水供热系统主要应用于供暖、通风和热水供应等热用户，热水沿外网供水管输送到各个热用户，在热用户系统的用热设备内放出热量后，沿着外网回水管返回热源。双管闭式热水供热系统是应用最广泛的热水供热系统。下面分别介绍闭式热水供热系统外网与供暖、空调、热水供应等热用户的连接方式。

供暖系统热用户与热水外网的连接方式可分为直接连接和间接连接两种方式。

（1）间接连接

间接连接［图2-2（a）］，外网供水管的热水进入热力站或建筑物用户入口的水-水换热器内，通过换热器将热能传递给供暖系统热用户的循环水，冷却后的回水返回外网回水管流回热源再加热。供暖系统的循环水由热用户系统的循环水泵驱动循环。

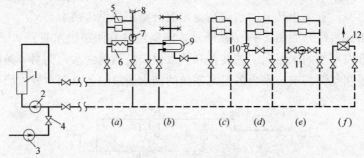

图2-2　双管闭式热水供热系统示意图

（a）供暖热用户与热网的间接连接；（b）装置容积式换热器的连接形式；（c）无混合装置的直接连接；
（d）装水喷射器的直接连接；（e）装混水泵的直接连接；（f）空调热用户与外网的连接
1—热源的加热装置；2—外网循环泵；3—补水泵；4—补给水压力调节器；5—散热器；
6—水-水换热器；7—供暖热用户系统的循环水泵；8—膨胀水箱；
9—容积式换热器；10—水喷射器；11—混合水泵；12—空气加热器

间接连接外网的压力工况和流量工况不受用户的影响，便于外网进行管理，我国北方大中城市集中供热大部分采用间接连接。

间接连接外网的供水温度可提高到110～130℃，而用户供暖系统供水温度仍能保持95℃或更低，满足房间卫生要求。

但间接连接需在热力站或建筑物入口设置水-水热交换器，在供暖系统热用户增设循环水泵等设备，造价比直接连接高，循环水泵需经常维护，并消耗电能，运行费高。

（2）热水供应热用户与外网的连接方式

在闭式热水供热系统中，外网的循环水仅作为热媒，供给热用户热量，而不从外网中取水使用。因此，闭式供热系统中的热水供应热用户与外网的连接必须通过水-水热交换器。根据用户热水供应系统中是否设置储水箱等，连接的方式不同。

图2-2（b）是装设容积式换热器的连接方式。

在建筑物用户引入口或热力站处装设容积式换热器，换热器兼有换热和储存热水的功能，不必设置上部储水箱。

容积式水-水换热器的传热系数低，需要较大的换热面积。但易清水垢，宜用于城市上水硬度高、易结水垢的场合。

（3）无混合装置的直接连接

热水由外网供水管直接进入供暖系统热用户，在散热器内放热后，返回外网回水管去。这种直接连接方式最简单，造价低。但只能是用户系统的水力工况和热力工况与外网相同时方可采用。

绝大多数低温水热水供热系统是采用无混合装置的直接连接方式，如图 2-2（c）所示。

当集中供热系统采用高温水供热，外网设计供水温度超过上述供暖卫生标准时，如采用直接连接方式，就要采用装水喷射器或装混合水泵的形式。

（4）装水喷射器的直接连接

如图 2-2（d）所示，外网供水管的高温水进入水喷射器，在喷嘴处形成很高的流速，喷嘴出口处动压升高，静压降低到低于回水管的压力，回水管的低温水被抽引进入喷射器，并与供水混合，使进入用户供暖系统的供水温度低于外网供水温度，满足用户系统的要求。

水喷射器无活动部件、构造简单、运行可靠、网路系统的水力稳定性好，在高温水热水供热系统中得到应用。但由于抽引回水需要消耗能量，外网供、回水之间需要足够的资用压差才能保证水喷射器正常工作。一般资用压差需 $\Delta P_w = 80 \sim 120$kPa。这种系统不需要其他能源，而是靠外网与用户系统连接处供、回水压差工作的。

（5）装混合水泵的直接连接

如图 2-2（e）所示，当用户入口处热水外网的供、回水压差较小，不能满足水喷射器正常工作所需的压差时，可采用这种连接方式。

来自外网的高温水与混合泵送来的供暖系统的回水混合以后进入供暖系统，降低供暖系统的供水温度。经常用在外网供水是高温水而供暖系统供水需低温水的工程中。为了防止混合水泵的扬程高于外网供、回水管的压差，而将外网回水抽入外网供水管内，在外网供水管入口处应装设止回阀，通过调节混合水泵的阀门和外网供、回水管进出口处的阀门开启度，可以在较大范围内调节进入用户供热系统的供水温度和流量。

在热力站处设置混合水泵的连接方式，可以集中管理。但混合水泵消耗电能，运行费用比水喷射器高。

（6）空调系统热用户与热水外网的连接

如图 2-2（f）所示，由于空调系统中的加热空气设备能承受较高的压力，并对热媒温度无限高温的限制，因此，空调用热设备（如空气加热器等）与外网的连接，通常都采用最简单的连接形式。

2. 闭式双级串联和混联连接的热水供热系统

在热水供热系统中，各种热用户（供暖、空调和热水供应）通常都是并联连接在热水网路上。热水供热系统中的网路循环水量应等于各用户所需的最大水量之和。热水供应热用户所需的外网循环水量与网路的连接方式有关。如热水供应用户系统没有储水箱，网路水量应按热水供应的最大小时用热量来确定；而装设有足够容积的储水箱时，可按热水供应平均小时用热量来确定。此外，由于热水供应的用热量随室外温度的变化很小，比较固定，但热水网路的水温通常随室外温度的升高而降低供水温度。因此，在计算热水供应热用户所需的网路循环水量时，必须按最不利情况（即按网路供水温度最低时）来计算。所以，尽管热水供应热负荷占总供热负荷的比例不大，但在运行中，供暖负荷达到最小时，热水供应负荷（不变值）占的比例就增大了，这时，在计算外网总循环水量中，却占有相当大的比例。

为了减少热水供应热负荷所需的外网循环水量，可采用供暖系统与热水供应系统串联或混联连接的方式。

图 2-3 (a) 是一个双级串联的连接方式。热水供应系统的用水首先由串联在外网回水管上的水加热器（Ⅰ级加热器）加热。如热水供应水温仍低于所要求的温度，则通过水温调节器将阀门打开，进一步利用外网供水管的高温水通过第Ⅱ级加热器将水加热到所需温度。为了稳定供暖系统的水力工况，在供水管上安装流量调节器，控制用户系统的流量。

图 2-3 (b) 是一个混联连接的图式，热水供应系统的用水在Ⅰ级与Ⅱ级加热器中经过两级加热，以利用供暖系统换热器回水的热能。在Ⅱ级加热器中，进入用户引入口的一部分热网水被用作加热器的加热用水，而在Ⅰ级加热器中，从供暖换热器和Ⅱ级加热器排出的两股水混合后作为该加热器的加热用水。"混合式"一词是根据以下理由定名的：在热网水侧，Ⅱ级加热器与供暖换热器是并联连接的，而Ⅰ级加热器与供暖换热器则是串联连接的。

由于具有热水供应的供暖热用户系统与外网连接采用了串联式或混联连接的方式，利用了供暖系统回水的部分热量预热上水，可减少网路的总计算循环水量，适宜用在热水供应负荷较大的城市热水供应系统上。除了采用混合联接的连接方式外，供暖热用户与热水外网采用了间接连接。这种全部热用户（供暖、热水供应、通风空调等）与热水外网均采用间接连接的方式，使用户系统与热水网路的水力工况（流量与压力状况）完全隔开，便于进行管理。

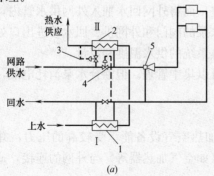 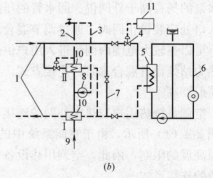

(a)　　　　　　　　　　　　　　　(b)

图 2-3

(a) 闭式双级串联水加热器的连接图式；　　　　(b) 闭式混合连接的示意图

Ⅰ级热水供应水加热器；2—Ⅱ级热水供应水加热器；　1—热网；2—局部热水供应系统；3—再循环管路；
3—水温调节器；4—流量调节器；5-水喷射器　　4—供暖水量调节阀；5—供暖换热器；6—局部供暖系统；7—短路管；8—循环水泵；9—自来水管；
10—热水供应加热器；11—室内温度传感器

3. 开式热水供热系统

开式热水供热系统是指用户热水供应用水直接从热水外网取水，而供暖和空调热用户系统仍采用闭式系统连接。这种只是热水供应采用开式连接形式（图2-4），当热水外网回水温度 $t_h \geqslant 65℃$ 时，只从回水取水；当外网回水温度 $t_h < 65℃$ 时，同时从回水管和供水管取水；当外网供水管 $t_g = 65℃$ 时，只从供水管取水。开式热水供热系统的热水供应热用户与网路的连接，有下列几种形式：

（1）无储水箱的连接方式

如图2-4（a）所示，热水直接从网路的供、回水管取水，通过混合三通后的水温可由温度调节器来控制。为了防止网路供水管的热水直接流入回水管，回水管上应设止回阀。

直接取水，必须满足网路供、回水管的压力都大于热水供应用户系统的水静压力、管路阻力损失和取水点水头的总和。

这种连接是最简单的连接方式，它适用于小型住宅和公用建筑。

（2）装设上部储水箱的连接方式

如图2-4（b）所示，这种连接方式常用于集中用水量大的用户，如浴室、洗衣房和工业厂房等，靠外网流量满足不了短

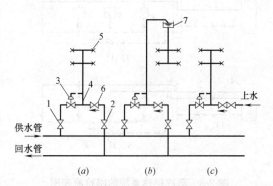

图 2-4 开式热水供热系统中，热水
供应热用户与网路的连接方式
1、2—进水阀门；3—温度调节器；4—混合三通；
5—取水栓；6—止回阀；7—上部储水箱

时集中用水量。网路供水和回水先在混合三通中混合，然后送到上部储水箱，热水再沿配水管送到各取水点。

（3）与上水混合的连接方式

如图2-4（c）所示，当热水供应用户的用水量很大，外网供水温度 $t_g > 65℃$ 时，建筑物中（如浴室、洗衣房等）来自供暖空调用户系统的回水量不足与供水管中的热水混合时，则可采用这种连接方式。

网路供水管的压力应高于上水管的压力，在上水管上要安装止回阀，防止外网供水管水流入上水管路。如果上水压力高于外网供水压力时，在上水管上安装减压阀。

2.2.2　蒸汽供热室外管网系统

蒸汽供热系统广泛地应用于工业建筑，它主要承担向生产工艺热用户供热，同时也向热水供应、空调和供暖热用户供热。根据热用户的要求，蒸汽供热系统可以分为单管制、双管制和多管制等几种。

1. 蒸汽供热室外管网系统形式

（1）单管制蒸汽供热系统

如图2-5（a）所示，蒸汽的凝结水不从用户返回热源，而用于热水供应及工艺用途或排入疏水系统。这种系统不太经济，一般用于用汽量不大的系统。

（2）双管制蒸汽供热系统

如图 2-5（b）所示，凝结水返回热源的双管制蒸汽供热系统，各个局部供热系统的凝结水收集到热力站的总凝水箱，然后用凝水泵送到热源。这种系统是应用最广的系统。

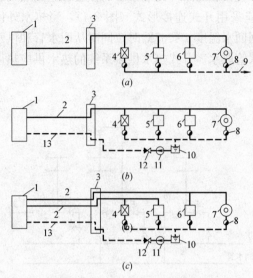

图 2-5 蒸汽供热系统的网路原理图

（a）不回收凝结水的单管式系统；（b）回收凝结水
的双管式系统；（c）回收凝结水的三管式系统

1—热源；2—蒸汽管路；3—用户引入口；4—通风用热风器；
5—局部供暖系统的换热器；6—局部热水供应系统的换热器；
7—工艺装备；8—凝结水疏水器；9—排水；10—凝结水水箱；
11—凝结水泵；12—止回阀；13—凝结水管路

（3）多管制蒸汽供热系统

如图 2-5（c）所示，常用于生产工艺要求有几种不同压力的蒸汽的场合。建造不同压力的多条蒸汽管路的费用，总要比热源只供给一种压力较高的蒸汽，然后在用户处减压为低压蒸汽所多消耗的燃料费用来得低。根据用户对蒸汽压力的要求，设 3 条以上蒸汽管，而凝结水统一回到热力站凝水箱，由凝水泵送回热源。

具体设几条供汽管合适，要根据用户所需蒸汽压力的不同，经过技术经济比较而定，还与热源至热用户的距离等因素有关，应综合考虑。

2. 蒸汽外网与热用户的连接方式

根据热用户需要热媒参数的不同，蒸汽外网与热用户的连接方式也不同，下面分别阐述各种热用户与蒸汽网路的连接方式。

图 2-6 所示为蒸汽供热系统的示意图。

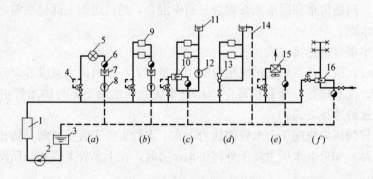

图 2-6 蒸汽供热系统示意图

（a）生产工艺热用户与蒸汽网连接图；（b）蒸汽供暖用户系统与蒸汽网直接连接图；
（c）采用蒸汽-水换热器的连接图；（d）采用蒸汽喷射器的连接图；
（e）通风系统与蒸汽网路的连接图；（f）无储水箱的热水供应图式

1—蒸汽锅炉；2—锅炉给水泵；3—凝结水箱；4—减压阀；5—生产工艺用热设备；
6—疏水器；7—用户凝结水箱；8—用户凝结水泵；9—散热器；10—供暖系统
用的蒸汽-水换热器；11—膨胀水箱；12—循环水泵；13—蒸汽喷射器；
14—溢流管；15—空气加热装置；16—热水供应系统的蒸汽-水换热器

（1）生产工艺热用户与蒸汽网路的连接方式

如图 2-6（a）所示，外网蒸汽管的蒸汽经过用户减压阀降到工艺设备所需压力，供给工艺用热设备，凝结水经疏水器后流进用户凝结水箱，经凝水泵送回外网凝水管。凝结水有玷污可能或回收凝结水在技术经济上不合理时，凝结水可采用不回收方式。此时，应在用户内对其凝结水及其热量加以就地利用，对于直接用蒸汽加热的生产工艺，就不产生凝结水了，也不用回收凝水。

（2）蒸汽外网与蒸汽供暖用户的连接方式

如图 2-6（b）所示，蒸汽供暖用户的蒸汽压力不能超过散热设备的承受压力，所以外网蒸汽管内的蒸汽必须经过减压阀降压才能进入散热设备，散热后的凝结水通过疏水器进入用户凝结水箱，然后由凝结水泵送回热源。

（3）蒸汽外网与热水供暖用户的连接方式

如图 2-6（c）所示，由于用户是热水供暖系统，所以蒸汽外网与用户连接采用间接连接，设置汽-水换热器，外网蒸汽减压后（满足换热器承压要求）进入汽-水换热器，散热后凝结水经疏水器靠余压流回外网凝水管。而热水供暖用户自己成一封闭系统，不断经汽-水换热器加热循环。

（4）蒸汽外网与蒸汽喷射装置的连接

如图 2-6（d）所示，用户为热水供暖系统，蒸汽外网与蒸汽喷射装置直接连接，蒸汽与供暖系统回水直接混合加热，使供暖回水加热到供水温度。系统中多余的水量从水箱溢流回凝结水管。

（5）蒸汽外网与空调系统的连接

如图 2-6（e）所示，这种连接为直接连接，蒸汽外网的蒸汽经减压阀降压后，满足散热设备（空气加热器）的承压要求，直接向散热设备散热，散热后的凝结水经疏水器流回外网凝水管。

（6）蒸汽外网与热水供应系统的连接

如图 2-6（f）所示，热水供应系统为开式系统，上水经汽-水换热器加热送到各配水点。而蒸汽外网与汽-水换热器连接为间接连接，外网蒸汽经减压阀降压，进入汽-水换热器，换热器凝结水经疏水器流回外网凝水管。

蒸汽在用热设备内放热凝结后，凝结水流出用热设备，经疏水器、凝结水管道返回热源的管路系统及其设备组成的整个系统，称为凝结水回收系统。

2.2.3　集中供热系统的热力站

1. 热力站的作用

连接外网和局部系统并装有全部与用户连接的有关设备、仪表和控制装置的机房称为热力站（图 2-7）。

热力站的作用如下：

（1）将热量从外网转移到局部系统内（有时也包括热介质本身）。

（2）将热源产生的热介质温度、压力、流量调稳、变换到用户设备所要求的状态，保证局部系统安全和经济运行。

（3）保证局部系统的补水、定压和循环，检

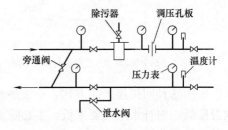

图 2-7　用户热力站示意图

测和计量各用户消耗的热量。

（4）在蒸汽供热系统中，热力站除了保证向局部系统供热之外，还具有收集凝结水（不含盐类和可溶性气体，含热量约为蒸汽含热量的 15% 的有价值的水），并将其回收利用。

2. 热力站的类型

根据外网系统的不同，可分为换热站和热力分配站；根据外网热介质的不同，可分为水-水换热的热力站和汽-水换热的热力站；根据服务对象的不同，可分为工业热力站和民用热力站。根据热力站的设置位置可分为：

（1）用户热力站

也称为用户引入口。它设置在单幢建筑物用户的地沟入口或该用户的地下室。当无换热设备时，用户没有自己的二级网路，只是向各用户分配热量，称为热力分配站。

图 2-7 为供暖用户热力站（引入口）示意图，站内设置温度计、压力表等检测仪表。在供水管上装设除污器，防止污垢、杂物等进入局部系统内。在供水管或回水管装设平衡阀（或调压孔板等）调节流量。在低点处设泄水阀，检修时排泄供暖系统中的水量。

（2）集中热力站

也称为民用小区热力站，集中热力站的最佳供热规模取决于热力站与外网总基建费用和运行费用，应通过技术经济比较确定。一般来说，对新建居住小区，每个小区设一座热力站，规模在 5 万～15 万 m² 建筑面积为宜。

图 2-8 为热水外网与热力站的间接连接方式，一级热网的高温水（温度可为 110℃/70℃，120℃/70℃，130℃/70℃，130℃/80℃，150℃/80℃，…），通过热交换器加热二级热网的低温水（温度可为 70℃/50℃，80℃/60℃，90℃/70℃，95℃/70℃，…），一级热网水与二级热网水互相隔绝。热力站内设置二级网的补水定压装置，补水源可用经过简单软化处理的生活水，也可以从一级热网回水管上接管作为二级热网的补水备用水源。

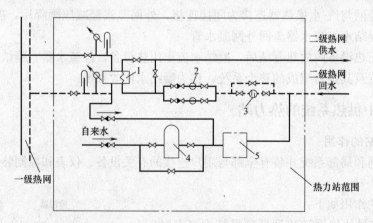

图 2-8　用水-水式热交换器间接连接的热力站

1—热交换器；2—二级热网循环水泵；3—除污器；4—简易水处理装置；5—补水定压装置

采用这种间接连接的方式，一级热网的水不进入热用户，失水量很小。而二级热网供水温度低，对补水水质要求低，不必除氧处理，因此，这是大中型供热系统中经常采用的一种连接方式。

（3）工业热力站

工业热力站的服务对象是工厂企业用热单位，多为蒸汽热力站。图 2-9 所示为一个具有多类热负荷（生产、空调、供暖、热水供应负荷）的工业热力站示意图。

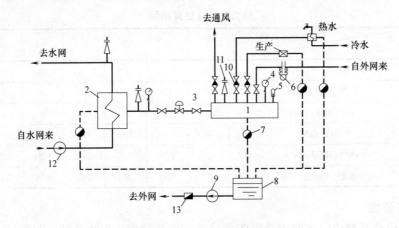

图 2-9　工业蒸汽热力站示意图

1—分汽缸；2—汽-水换热器；3—减压阀；4—压力表；5—温度计；6—蒸汽流量计；7—疏水器；
8—凝水箱；9—凝水泵；10—调节阀；11—安全阀；12—循环水泵；13—凝水流量计

外网蒸汽首先进入分汽缸，然后根据各类热用户要求的工作压力、温度，经减压器（或降温器）调节后分别输送到各类用户。如工厂采用热水供暖系统，则多采用汽-水式换热器，将热水供暖系统的循环水加热。

凝结水回收设备是蒸汽供热热力站的重要组成部分，主要包括凝结水箱、凝结水泵以及疏水器、安全水封等附件。所有可回收的凝结水分别从各热用户返回凝结水箱。有条件的，应考虑凝结水的二次汽的余热利用。

工业热力站应设置必需的热工仪表，应在分汽缸上设压力表、温度计和安全阀，凝水箱内设液位计或设置与凝水泵联动的液位自动控制装置，换热器上设置压力表、温度计。为了计量，外网蒸汽入口处设置蒸汽流量计和在凝水接外网的出口处设置凝水流量计等。

3. 热力站的布置

热力站的位置应尽量靠近供热区域的中心或热负荷最集中区的中心，可以设在单独的建筑内，也可以利用旧建筑的底层或地下室。工业用热力站应尽量利用企业原有锅炉房，为旧的居住区供热，热力站尽量利用原有的供暖锅炉房，这样可以完全利用原有的管网系统，减少小区管网投资，如图 2-10 所示。

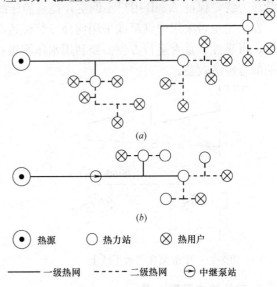

图 2-10　热力站、热用户、中继泵站示意图

（a）热源、热力站、热用户；（b）中继泵站

热力站的平面布置中，一般应包括换热间、泵房、仪表间、值班间和生活附属间。对于汽-水热力站，当有热水供应系统时，换热间面积较大，可布置双层。水-水式热力站，一般布置在单层建筑中。不同规模热力站的设计估算指标如表 2-1 所示，仅供参考。

热力站设计估算指标　　　　　　　　　　　　　　　　　　表 2-1

序号	热力站系列 项目	1	2	3	4	5	6	7
1	供热面积($\times 10^4 m^2$)	5	8	12	16	20	30	40
2	供热负荷(GJ/h)	13	20	30	40	50	75	100
3	补给水量(t/h)	3	4	6	8	10	15	20
4	耗电量(kW)	40	65	100	130	160	200	250
5	热力站面积(m^2)	350	400	450	500	600	820	1000
6	循环水量(t/h,Δt=25℃)	125	190	286	380	476	715	952

4. 中继泵站

在集中供热系统中，有时因热网距离较长，高差较大，用户分散，仅靠设在热源的热网循环泵运行不能满足输送要求，需要在热网主干线的供水（或回水）管道上设置升压泵。凡是在热源外部、热网主干线上的升压泵都统称为中继泵站。

中继泵站设置在什么位置是方案性问题，这涉及供热区域内的地形高度差、热用户的分布位置、热用户系统承压等多种因素，下面以常用的两种方式加以说明。

（1）中继泵安装在供水主干管上

如图 2-11 所示，当远端用户 C、D 的地形较高而又不允许提高外网静压线时，采用这种类型，降低了供热系统静水压力线。

（2）中继泵安装在回水主干线上

如图 2-12 所示，当热网长度太长，沿途阻力大时采用这种类型。为了提高热网回水干管压力线，保证 A、B 用户不倒空，提高静压线。

在决定是否采用中继泵或采用何种安装位置时，应注意初投资和运行费用，系统的安全性、可靠性、是否运行方便。要利用水压图进行定性、定量分析，优化方案，以求得最佳的综合经济效益。

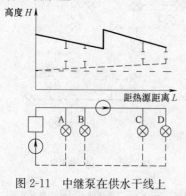

图 2-11　中继泵在供水干线上

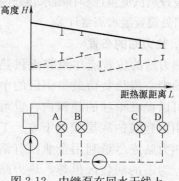

图 2-12　中继泵在回水干线上

5. 室外热力管网水泵

（1）循环水泵

1）循环水量计算

$$G=0.86 \cdot k_1 \cdot \frac{Q}{\Delta t} \qquad (2\text{-}1)$$

式中 G——循环水量，t/h；

Q——供热系统总计算换热量，kW；

Δt——热力管网供、回水温差，℃；

k_1——管网漏损系数，取 1.05～1.10；

2）扬程计算

计算循环水泵扬程，只考虑克服整个系统的压降阻力损失，可按式（2-2）计算：

$$H=0.1 \times K(H_1+H_2+H_3+H_4) \qquad (2\text{-}2)$$

式中 H——循环水泵扬程，m；

H_1——换热器内部系统的阻力损失，kPa，一般在 30～100kPa，该值应由换热器制造厂提供；

H_2——热力站内循环水管道系统（含分/集水器和除污器）的压力损失，kPa，根据系统大小可按 30～100kPa 考虑；

H_3——外网供水、回水管道的阻力损失 kPa；

H_4——最不利的用户内部阻力损失，kPa；

K——裕量系数，一般取 K=1.05～1.10。

用户系统的压力损失与用户的连接方式及用户入口设备有关。在设计中可采用如下的参考数据：

① 对与网路直接连接的供暖系统，约为 10～20kPa；

② 对与网路直接连接的暖风机供暖系统或大型的散热器供暖系统、地暖系统约为 30～50kPa；

③ 对采用水喷射器的供暖系统，约为 80～120kPa；

④ 对采用水-水换热器间接连接的用户系统，约为 100～150kPa。

3）水泵选择及台数确定

水泵台数应综合考虑系统规模、运行调节方式以及运行节能进行确定。在任何情况下，循环水泵不应少于两台，并且当任何一台停止运行时，其余水泵的总流量应能满足系统最大循环水量的需要。

采用分阶段改变流量调节的设计系统时，循环水泵可按各阶段的流量、扬程要求配置，其台数不宜少于 3 台。

并联运行的循环水泵，应选择规格型号相同，流量特性曲线比较平缓，水泵工作效率高的泵型，含合适规格的节能型变频调速水泵。

（2）补水泵

1）补水量确定

室内外供热管网系统经过一段时间运行，由于管道和附件的连接处不严密或管理不善而产生漏水。漏水量与系统规模、供水温度和运行管理的水平有关。

补给水量一般按热网系统循环水量的 1%设计估算。正常运行时，补给水量也可按热网系统换热器、室内外管网、用户用热设备的水容量的 4%～5%来估算。选择补水泵容量应考虑事故增加的补给水量，一般为正常补给水量的 4～5 倍。

2）扬程计算

补水泵扬程不应小于补水点压头加 3～5m，可按式（2-3）确定：

$$H=\left[(P_1+P_2+P_3)/10\right]-h+(3\sim5) \tag{2-3}$$

式中　H——补水泵扬程，m；

　　　　P_1——系统补水点所需压力（由水压图分析确定），kPa；

　　　　P_2——补水泵吸入管路中的阻力损失，kPa；

　　　　P_3——补水泵出水管路中的阻力损失，kPa；

　　　　h——补给水箱最低水位高出补水泵吸入口的高度，m。

3）水泵选择及台数确定

① 补水泵一般不少于两台，其中一台备用；

② 补水点的位置一般宜设在循环水泵吸入侧母管上；

③ 补水泵宜带有变频调速措施。

4）补水箱

补给水箱的有效容量应根据供热系统的补水量和热力站软化水设备的具体情况确定，但不应小于 1～1.5h 的正常补水量。

常年供热的热力站，补给水箱宜采用中间带隔板可分开清洗的隔板水箱。

补给水箱应配备进、出水管和排污管、溢流装置、人孔、水位计等附件。

2.3　供热介质和热网形式选择

2.3.1　供热介质选择

承担民用建筑物供暖、通风、空调及生活热水热负荷的城镇供热管网应采用水作供热介质。

同时承担生产工艺热负荷和供暖、通风、空调、生活热水热负荷的城镇供热管网，供热介质应按下列原则确定：

（1）当生产工艺热负荷为主要负荷，且必须采用蒸汽供热时，应采用蒸汽作供热介质。

（2）当以水为供热介质能够满足生产工艺需要（包括在用户处转换为蒸汽），且技术经济合理时，应采用水作供热介质。

（3）当供暖、通风、空调热负荷为主要负荷，生产工艺又必须采用蒸汽供热，经技术经济比较认为合理时，可采用水和蒸汽两种供热介质。

2.3.2　供热介质参数

热水供热管网最佳设计供、回水温度，应结合具体工程条件，考虑热源、供热管线、热用户系统等方面的因素，进行技术经济比较确定。

当不具备条件进行最佳供、回水温度的技术经济比较时，热水热力网供、回水温度可按下列原则确定：

（1）以热电厂或大型区域锅炉房为热源时，设计供水温度可取 110～150℃，回水温度不应高于 70℃。热电厂采用一级加热时，供水温度取较小值；采用二级加热（包括串联尖峰锅炉）时，供水温度取较大值。

（2）以小型区域锅炉房为热源时，设计供回水温度可采用户内供暖系统的设计温度。

（3）多热源联网运行的供热系统中，各热源的设计供回水温度应一致。当区域锅炉房与热电厂联网运行时，应采用以热电厂为热源的供热系统的最佳供、回水温度。

2.3.3 热网形式选择

热水供热管网宜采用闭式双管制。

以热电厂为热源的热水热力网，同时有生产工艺、供暖、通风、空调、生活热水多种热负荷，在生产工艺热负荷与供暖热负荷所需供热介质参数相差较大，或季节性热负荷占总热负荷比例较大，且技术经济合理时，可采用闭式多管制。

当热水热力网满足下列条件，且技术经济合理时，可采用开式热力网：

（1）具有水处理费用较低的丰富的补给水资源。

（2）具有与生活热水热负荷相适应的廉价低位能热源。

开式热水热力网在生活热水热负荷足够大且技术经济合理时，可不设回水管。

蒸汽供热管网的蒸汽管道，宜采用单管制。当符合下列情况时，可采用双管或多管制：

（1）各用户间所需蒸汽参数相差较大，或季节性热负荷占总热负荷比例较大且技术经济合理。

（2）热负荷分期增长。

蒸汽供热系统应采用间接换热系统。当被加热介质泄露不会产生危害时，其凝结水应全部回收并设置凝结水管道。当蒸汽供热系统的凝结水回收率较低时，是否设置凝结水管道，应根据用户凝结水量、凝结水管网投资等因素进行技术经济比较后确定。对不能回收的凝结水，应充分利用其热能和水资源。

当凝结水回收时，用户热力站应设闭式凝结水箱并应将凝结水送回热源。当热力网凝结水管采用无内防腐的钢管时，应采取措施保证凝结水管充满水。

供热建筑面积大于 $1000 \times 10^4 m^2$ 的供热系统应采用多热源供热，且各热源热力干线应连通。在技术经济合理时，热力网干线宜连接成环状管网。

供热系统的主环线或多热源供热系统中热源间的连通干线设计时，各种事故工况下的最低供热量保证率应符合表 2-2 的规定，并应考虑不同事故工况下的切换手段。

| 事故工况下的最低供热量保证率 | 表 2-2 |

供暖室外计算温度 t（℃）	最低供热量保证率（%）
$t > -10$	40
$-10 \leqslant t \leqslant -20$	55
$t < -20$	65

自热源向同一方向引出的干线之间宜设连通管线。连通管线应结合分段阀门设置。连通管线可作为输配干线使用。

连通管线设计时，应使故障段切除后其余热用户的最低供热量保证率符合表 2-2 的规定。

对供热可靠性有特殊要求的用户，有条件时应有两个热源供热，或者设置自备热源。

2.4　热力管网布置与敷设

集中供热系统的供热管网是将热媒从热源输送和分配到各热用户的管线系统所组成，在大型热网中，有时为保证管网压力工况、集中调节和检测热媒参数，还设置中继泵站或控制分配站。

2.4.1　管网布置原则

外网的网路形式对于供热的可靠性、系统的机动性、运行是否方便以及经济效益有着很大的影响，所以合理地选择供热管道的敷设方式以及做好管网平面的定线工作，对节省投资、保证热网安全可靠地运行和施工维修方便等，都具有重要的意义。

城镇供热管网的布置应在城市建设规划的指导下，考虑热负荷分布、热源布置、与各种管道及构筑物、园林绿地的关系和水文、地质条件等多种因素，经技术经济比较确定。

供热管线平面位置的确定，应遵守如下基本原则：

（1）经济上合理。主干线力求短直，主干线尽量走热负荷集中区。要注意管线上的阀门、补偿器和其他管道附件（如放气、泄水、疏水等装置）的合理布置，因为这将涉及检查室（或操作平台）的位置和数量，应尽可能使其数量减少。

（2）技术上可靠。供热管线应尽量避开采空区、土质松软地区、地震断裂带、滑坡危险地带以及地下水位高等不利地段。

（3）对周围环境影响小而协调。供热管线应少穿越主要交通线。一般平行于道路中心线并应尽量敷设在车行道以外的地方。当必须设置在车行道下时，宜将检查小室人孔引至车行道外。通常情况下管线应只沿街道的一侧敷设。地上敷设的管道不应影响城市的环境美观，不妨碍交通。供热管道与各种管道、构筑物应协调安排，相互之间的距离，应能保证运行安全、施工及检修方便。

供热管道与建筑物、构筑物或其他管线的最小水平净距参见《城镇供热管网设计规范》CJJ 34—2010《城镇供热直埋热水管道技术规程》CJJ/T 81—2013、《城镇供热直埋蒸汽管道技术规程》CJJ 104—2014 等有关规定。

2.4.2　管网布置形式

供热管网的平面布置主要有枝状和环状两种形式（图 2-13），最常见的是枝状布置。

枝状管网布置简单，供热管道的直径随距热源越远而逐渐减小；且金属耗量小，基建投资小，运行管理简便。但枝状管网不具后备供热的性能。当供热管网某处发生故障时，在故障点以后的热用户都将停止供热。由于建筑物具有一定的蓄热能力，通常可采用迅速

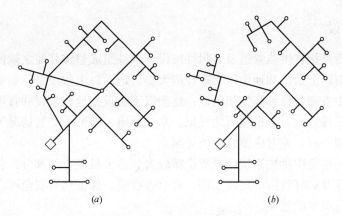

图 2-13 热网平面布置

(*a*) 环状布置；(*b*) 枝状布置

消除热网故障的办法，以使建筑物室温不致大幅度地降低。因此，枝状管网是供热管网最普遍采用的方式。

为了使管网发生故障时，缩小事故的影响范围和迅速消除故障，在与干管相连接的管路分枝处，及在与分支管路相连接的较长的用户支管处，均应装设阀门。

环状管网布置的主要优点是具有很高的供热后备能力。当输配干线某处出现事故时，可以切除故障段后，通过环状管网由另一方向保证供热。

环状管网和枝状管网相比，热网投资增大，运行管理更为复杂，热网要有较高的自动控制措施。

1. 蒸汽供热管网布置

蒸汽作为热媒主要用于工厂的生产工艺用热上。热用户主要是工厂的各生产设备，比较集中且数量不多，因此单根蒸汽管和凝结水管的热网系统形式是最普遍采用的方式，同时采用枝状管网布置。

凝结水尽量回收，产生的二次蒸汽可用于供暖、余热利用。在凝结水质量不符合回收要求或凝结水回收率很低，敷设凝水管道明显不经济时，可不设凝水管道，但应在用户处充分利用凝结水的热量。对工厂的生产工艺用热不允许中断时，可采用复线蒸汽管供热系统形式，但复线敷设（两根 50％热负荷的蒸汽管代替单管 100％热负荷的供汽管）必然增加热网的基建费用。当工厂各用户所需的蒸汽压力相差较大，或季节性负荷占总热负荷的比例较大时，可考虑采用双根蒸汽管或多根蒸汽管的热网系统形式。

2. 热水供热管网布置

在城市热水供热（暖）系统中，以区域锅炉房为热源的热水供热系统，其供暖建筑面积一般为数万至数十万平方米，个别系统甚至超过百万平方米。以热电厂为热源或具有几个热源的大型热水供热系统，其供暖建筑面积可达数百万平方米。因此，在确定热水供暖系统形式时，应特别注意供热的可靠性，当部分管段出现故障后，热网具有后备供热的可能性问题。

对大型管网，在长度超过 2km 的输送干线（无分支管的干线）和输配干线（指有分支管线接出的主干线和支干线）上，还应按相关规范要求配置分段阀门。

2.4.3 管道敷设

供热管道敷设是指将供热管道及其附件按设计条件组成整体并使之就位的工作。供热管道的敷设分地面以上敷设和地面以下敷设两大类。地面以上敷设常称架空敷设，其中又分低支架敷设、中支架敷设和高支架敷设；地面以下敷设指地沟敷设和直埋敷设。在工程设计中采用何种敷设方式，应根据当地气象、水文地质、地形及交通情况等综合考虑。力求与总体布局协调一致，并考虑维修方便等因素。

室外供热管网是集中供热系统中投资份额较大、施工最繁重的部分。合理地选择供热管道的敷设方式以及做好管网的定线工作，对节省投资、保证热网安全可靠地运行和施工维修方便等，都有重要的意义。

1. 地上敷设

地上敷设是管道敷设在地面以上的独立支架或建筑物的墙壁上。其优点是不受地下水位、土质和其他管线的影响，构造简单，维修方便，是一种较为经济的敷设方式。其缺点是占地面积较多，管道热损失大，在某些场合下不够美观，因而多用于厂区和市郊。对于年降水量大，地下水位高（距地面小于1.2m），或者地形高差大，地下多岩石或腐蚀性土壤，以及地下管线太多或有特殊障碍的地区，可考虑采用架空敷设。按照支架的高度不同，可有以下三种地上敷设形式：

（1）低支架敷设，如图2-14所示，在不妨碍交通的地段，均可采用。个别跨越交通干线处，可局部升高。除固定支柱必须采用钢或钢筋混凝土结构外，其他滑动支柱均可采用砌筑，就地取材。低支架敷设节约材料，施工维修方便，是一种最经济的敷设方式。保温层外壳距地面净距为0.5～1.0m，以免受地面水、雪的侵袭。

（2）中支架敷设，如图2-15所示，中支架净高2～4m，在不通行或非主要通行车辆的地段，人行交通不频繁的地方敷设。中支架敷设一般采用方形补偿器。

（3）高支架敷设，如图2-15所示，在交通要道或当管道跨越铁路、公路时，一般采用高支架敷设，其净高管道保温结构底距地面为4m以上，跨越铁路时 H 为6m，跨越公路时为4m，为了减少管道热胀时对支架的推力，高支架可采用套管补偿器。高支架敷设较低支架及中支架敷设耗材料多，投资较大，维护检修不方便，且在管道上有附件（如阀门等）处必须设置操作平台。

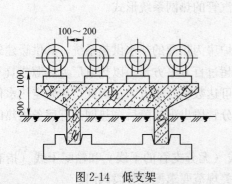

图2-14 低支架

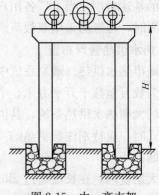

图2-15 中、高支架

地上敷设所用的支架按其构成材料可分为：砖砌、毛石砌、钢筋混凝土结构（预制或现场浇灌）、钢结构和木结构等。

2. 地沟敷设

在市区以及对环境有要求的地区，采用地下敷设，不影响市容和交通，是城镇集中供热管道广泛采用的敷设方式。地下敷设分地沟敷设和直埋敷设两种。地沟又分通行地沟、半通行地沟和不通行地沟三种。

（1）通行地沟敷设

通行地沟的最小净断面应为 1.2m（宽）×1.8m（高），通道的净宽一般宜取 0.7m，地沟沟底应有与地沟内主要管道坡向一致的坡度，并坡向集水坑。通行地沟每隔 200m 应设置出入口（事故人孔），但装有蒸汽管道的地沟每隔 100m 应设一个事故人孔。整体混凝土结构的通行地沟，每隔 200m 宜设一个安装孔，安装孔宽度不小于 0.6m，并应大于管沟内最大一根管的外径加 0.4m，其长度至少应保证 6m 长的管子进入管沟。

通行地沟内应设置永久性照明设备，电压不应大于 36V。沟内的空气温度不宜超过 45℃，一般可利用自然通风，但当自然通风不能满足要求时，可采用机械通风。

通行地沟可单侧布管或双侧布管（图 2-16）两种方式。

通行地沟用在供热管道比较大，管道数目比较多，或与其他管道共沟敷设以及用在不允许开挖检修的地段。通行地沟的主要优点是操作人员可在地沟内进行管道的日常维修以至大修更换管道。但通行地沟造价高。

（2）半通行地沟敷设

半通行地沟横断面应为 0.7m（宽）×1.4m（高），其通道宽宜采用 0.5～0.6m。沟内管道尽量采用沿沟壁一侧单排上下布置（图 2-17），半通行地沟长度超过 200m 时，应设置检查口，孔口直径一般不应小于 0.6m。

半通行地沟操作人员可以在地沟内检查管道和进行小型修理工作，但更换管道等大修工作仍需挖开地面进行。当无条件采用通行地沟时，可用半通行地沟代替，以利于管道维修和判断故障地点，缩小大修时的开挖范围。

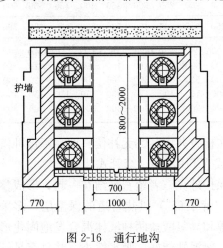

图 2-16 通行地沟   图 2-17 半通行地沟

（3）不通行地沟敷设

当管道根数不多且维修工作量不大时，可采用不通行地沟敷设，因为其造价低，被广泛采用。地沟断面尺寸仅满足管道安装的需要即可，如图 2-18 所示，地沟宽度不宜超过 1.5m，否则宜采用双槽地沟，管沟敷设有关尺寸如表 2-3 所示。

地沟的构造：沟底多为素混凝土或预制钢筋混凝土（防止管道下沉），沟壁为水泥砂浆砖砌，沟盖板为预制钢筋混凝土板。

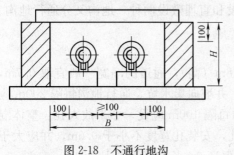

图 2-18　不通行地沟

地沟敷设要力求严密、不漏水，以防破坏保温结构和腐蚀管道。一般情况下，地沟的沟底应位于当地近 30 年来的最高地下水位以上。否则必须采取防水、排水措施。为防止地面水侵入地沟，沟盖板做出 0.01～0.02 的横向坡度，盖板间、盖板与沟壁间用水泥砂浆封缝，地沟顶上覆土应不小于 0.3～0.5m。沟底应与管道的坡向一致，以便将可能渗入的水流入检查井的集水坑内，定期用移动水泵抽出。

管沟敷设有关尺寸　　　　　　　　　　　　　表 2-3

地沟类型	有关尺寸名称					
	管沟净高 （m）	人行通道宽 （m）	管道保温表面 与沟墙净距(m)	管道保温表面 与沟顶净距(m)	管道保温表面 与沟底净距(m)	管道保温 表面间净距(m)
通行地沟	≥1.8	≥0.6	≥0.2	≥0.2	≥0.2	≥0.2
半通行地沟	≥1.2	≥0.5	≥0.2	≥0.2	≥0.2	≥0.2
不通行地沟	—	—	≥0.1	≥0.05	≥0.15	≥0.2

注：1. 本表摘自《城镇供热管网设计规范》CJJ 34—2010。
　　2. 考虑在沟内更换钢管时，人行通道宽度还应不小于管子外径加 0.1m。

3. 直埋敷设

供热管道直接埋于土壤中的敷设形式（图 2-19）。在热水供热管网中，直埋敷设在国内外已得到广泛地应用。埋地管道沟槽尺寸如表 2-4 所示。

埋地管道沟槽尺寸　　　　　　　　　　　　　表 2-4

公称直径 DN(mm)	25	32	40	50	65	80	100	125	150	200	250	300	350	400	450	500	600
保温管外径 D'_w(mm)	96	110	110	140	140	160	200	225	250	315	365	420	500	550	630	655	760
沟槽尺寸(mm) A	800	800	800	800	800	800	1000	1000	1000	1240	1240	1320	1500	1500	1870	1870	2000
B	250	250	250	250	250	250	300	300	300	360	360	360	400	400	520	520	550
C	300	300	300	300	300	300	400	400	400	520	520	600	700	700	830	830	900
E	100	100	100	100	100	100	100	100	100	100	100	150	150	150	150	150	150
H	200	200	200	200	200	200	200	200	200	200	200	200	300	300	300	300	300

直埋敷设类型分为：①有补偿直埋，补偿器设在检查井内。②无补偿直埋，不设补偿器。③一次性补偿直埋，设 E 膨胀带（波纹管式）或 YTB-A 型（套管式）。

目前，最多采用的形式是供热管道、保温层和保护外壳三者紧密粘结在一起，形成整体式的预制保温管结构形式。预制保温管（也称为"管中管"）供热管道的保温层，多采用硬质聚氨酯泡沫塑料作为保温材料。它是由多元醇和异氢酸盐两种液体混合发泡固化形成的。硬质聚氨酯泡沫塑料的密度小、导热系数低、保温性能好、吸水性小、并具有足够的机械强度。

预制保温保护外壳多采用高密度聚乙烯硬质塑料管。高密度聚乙烯具有较高的机械性能，耐磨损、抗冲击性能较好；化学稳定性好，具有良好的耐腐蚀性和抗老化性能。

施工安装时在管道沟槽底部要预先铺约100～150mm 厚的 1～8mm 粗砂砾夯实，管道四周填充砂砾，填砂高度约 100～200mm 后，再回填原土并夯实。

目前，直埋敷设已是热水供热管网的主要敷设方式。不需砌筑地沟，土方量及土建工程量减少；管道预制，现场安装工作量减少，施工进度快；因此，可节省供热管网的投资费用。直埋敷设占地小，易于与其他地下管道和设施相协调。此优点在老城区、街道窄小、地下管线密集的地段敷设供热管网时更为明显。

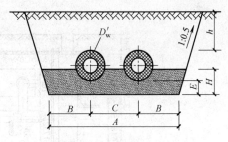

图 2-19　埋地管道沟槽尺寸

注：1. 图中保温管底部为砂垫层，砂的最大粒度≯2.0mm。上面用砂质黏土分层夯实。

　　2. 保温管套顶至地面的深度 h 一般干管 800～1200mm，接向用户的支管覆土深度≮400mm。

4. 检查井

地下敷设供热管网，在管道分支处和装有套筒补偿器、阀门、排水、放气装置等处，都应设置检查井，以便检查和检修。

检查井的尺寸根据管道的数量、管径和阀门尺寸确定，净高不应小于 1.8m，人行通道宽度不小于 0.6m，干管保温结构表面与检查井地面距离不小于 0.6m。检查井应设人孔，直径不小于 0.7m，人孔出口处应高出地面 0.15m。面积≥4m² 的检查井应设采光孔，其大小一般取与人孔相同，与人孔成对角布置。

检查井地面应低于地沟底 0.3m 左右，检查井内应设集水坑（400mm×400mm×400mm），并置于人孔扶梯近侧，以便将积水抽出。图 2-20 所示为一个检查井的例子。

2.4.4　管道材料及连接

各种管道系统都是由管道和管道附件组成的。管道附件包括管件和阀门两部分。管道和管道附件目前均已采用标准化生产。

1. 供热管道

供热管道通常采用钢管，钢管的最大优点是能承受较大的内压力和动荷载，管道连接简便，但其缺点是钢管内部及外部易受腐蚀，室内供暖管通常采用水煤气管或无缝钢管；室外供热管道都采用无缝钢管和钢板卷焊管。使用钢材钢号应符合《城镇供热管网设计规范》CJJ 34—2010 的规定。

钢管品种有：无缝钢管、电焊钢管和水煤气输送钢管。

无缝钢管：公称压力 P_N≥2.5MPa 时选用；P_N=1.6MPa 且 $DN150$ 及以下时选用。

电焊钢管：公称压力 P_N=2.5MPa、P_N=1.6MPa 及以下公称直径 $DN200$ 及以上选用。电焊钢管有螺旋缝和直缝两种，目前较多采用螺旋缝电焊钢管。工作温度>300℃时，钢管材料选用 16MPa。

水煤气钢管：公称压力 P_N=1.0MPa、公称直径 $DN150$ 及以下，最高工作温度≤200℃时可选用。

常用钢管种类详见《工业金属管道设计规范》GB 50316—2000（2008 年版）。

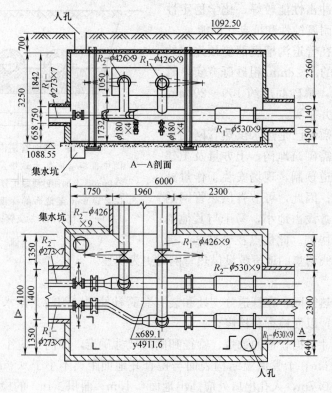

图 2-20 检查井布置图例

2. 管道附件

室外供暖计算温度低于-5℃的地区，露天敷设的不连续运行的凝结水管道放水阀门及室外供暖计算温度低于-10℃的地区，露天敷设的热水管道设备附件均不得采用灰铸铁制品。

城市供热蒸汽管网及室外供暖计算温度低于-30℃的地区露天敷设的热水管道，应采用钢制阀门及附件。

弯管的材质应不低于管道钢材质量，壁厚不小于管道壁厚。焊接弯管要双面焊接。

钢管的焊制三通、支管开孔应进行补强，对于承受管子轴向荷载较大的直埋敷设管道，应考虑三通干管的轴向补强。

供热管道应采用压制或钢板卷制变径管，其材质不应低于管道钢材质量，壁厚不小于管壁厚度。

阀门是用来开闭管路和调节输送介质流量的设备。在供热管道上，常用的阀门形式有：截止阀、闸阀、蝶阀、止回阀和调节阀等。

截止阀按介质流向可分为直通式、直角式和直流式（斜杆式）三种，其结构形式，按阀杆螺纹的位置可分为明杆和暗杆两种。图 2-21 是最常用的直通式截止阀结构示意图，截止阀关闭严密性较好，但阀体长，介质流动阻力大，产品公称通径不大于 200mm。截止阀只用于全开、全闭的供热管道，一般不作流量和压力调节用。

闸阀的结构形式，也有明杆和暗杆两种。另外按闸板的形状及数目，有楔式与平行式，以及单板与双板的区分。图 2-22 是明杆平行式双板闸阀构造示意图，图 2-23 是暗杆楔式单闸板闸阀构造示意图。闸板阀只用于全开、全闭的供热管道，不允许作节流用。

蜗轮传动型蝶阀，阀板沿垂直管道轴线的立轴旋转，当阀板与管道轴线垂直时，阀门全闭；阀板与管道轴线平行时，阀门全开。蝶阀阀体长度很小，流动阻力小，调节性能优于截止阀和闸阀，但造价高。在供热管网上广泛采用。图 2-24 是蜗轮传动型蝶阀的结构示意图。

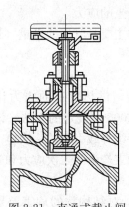

图 2-21　直通式截止阀

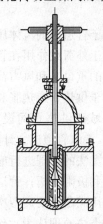

图 2-22　明杆平行式双板闸阀

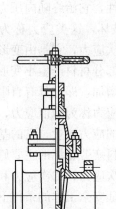

图 2-23　暗杆锲式单板闸阀

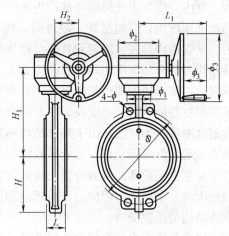

图 2-24　蝶阀结构示意图

截止阀、闸阀和蝶阀的连接可用法兰、螺纹连接或采用焊接。它们的传动方式可用手动传动（用于小口径），齿轮、电动、液动和气动等（用于大口径）传动方式。对公称直径大于或等于 600mm 的阀门，应采用电动驱动装置。

阀门的设置应当在满足使用和维修的条件下，尽量减少。一般情况下在管道分支处、预留扩建处应装阀门。室外热水管网，应根据分支环路的大小，适当考虑设置分段阀门，对于没有分支的主干管，宜每隔 800～1000m 设置一个。蒸汽供热管网可不安装分段阀门。

2.5　管道应力计算和作用力计算

2.5.1　概述

供热管道应力计算的任务是计算供热管道由内压力、外部荷载和热胀冷缩引起的力、力矩和应力，从而确定管道的结构尺寸，采取适当的补偿措施，保证设计的供热管道安全可靠并尽可能经济合理。

作用在供热管道上的荷载是多种多样的。进行应力计算时，主要考虑下列荷载所引起的应力：

（1）由于管道内的流体压力（简称内压力）作用所产生的应力。

（2）由于外荷载作用在管道上所产生的应力。外荷载主要是管道的自重（管子、流体和保温结构的重量）和风雪荷载（对室外管道）。

（3）由于供热管道热胀和冷缩受约束所产生的应力。

根据《城镇供热管网设计规范》CJJ 34—2010 规定，供热管道的应力计算，采用《火力发电厂汽水管道应力计算技术规程》DL/T 5366—2006 中规定的方法，该技术规程是按应力分类法的原理进行应力计算的。管道由内压、持续外载引起的一次应力验算应采用弹性分析和极限分析；管道由热胀冷缩及其他位移受约束产生的二次应力和管件上的峰值应力应采用满足必要疲劳次数的许用应力范围进行验算。

应力分类法原理认为：作用在结构物上的各种应力，对结构物的危害差别很大。例如：管内介质压力或持续外载产生的应力，其特点是没有自限性，它始终随内压力或外载的增加而增大，当超过某一限度时，将使管道变形增加直至破坏，这类应力称为一次应力。又管道由热胀、冷缩和其他位移作用产生的应力认为是二次应力，它是由变形受约束或结构各部分间变形协调引起的应力。二次应力的主要特征是部分材料产生小变形或进入屈服后，变形协调即得到满足，变形不再继续发展，应力不再增加，即它具有自限性。对于塑形良好的钢管，二次应力一般不会直接导致破坏。另一类应力称为峰值应力，它是指管道或附件（如三通）由于局部结构不连续或局部应力等产生的应力增量，它的基本特征是不引起任何显著变形，可能导致疲劳裂纹或脆性破坏，是材料疲劳破坏的主要原因。

根据上述原理，应力分类法将危害程度不同的应力分为一次应力、二次应力和峰值应力三大类。采用不同的应力分析理论和许用应力值，会使在保证安全工作的条件下，充分发挥结构的承载能力。

供热管道应力计算的主要目的是：选定或校核钢管壁厚；确定活动支座（架）的最大允许间距；分析固定支座（架）受力情况，计算其受力大小；计算供热管道的热伸长量，确定补偿器的结构尺寸及其弹性力等。

进行管道应力计算时，供热介质计算参数应按下列规定取用：

（1）蒸汽管道应取用锅炉、汽轮机抽（排）汽口的最大工作压力和温度作为管道计算压力和工作循环最高温度。

（2）热水供热管网供、回水管道的计算压力均应取用循环水泵最高出口压力加上循环水泵与管道最低点地形高差产生的静水压力，工作循环最高温度应取用供热管网设计供水温度。

（3）凝结水管道计算压力应取用户凝结水泵最高出水压力加上地形高差产生的静水压力，工作循环最高温度应取用户凝结水箱的最高水温。

（4）管道工作循环最低温度，对于全年运行的管道，地下敷设时应取 30℃，地上敷设时应取 15℃；对于只在供暖期运行的管道，地下敷设时应取 10℃，地上敷设时应取 5℃。

地上敷设和管沟敷设供热管道的许用应力取值、管壁厚度计算、补偿值计算及应力验算应按现行行业标准《火力发电厂汽水管道应力计算技术规程》DL/T 5366 的规定执行。

直埋敷设蒸汽管道的许用应力取值、管壁厚度计算、热伸长量计算及应力验算应按现行行业标准《城镇供热直埋蒸汽管道技术规程》CJJ 104 的规定执行。

直埋敷设热水管道的许用应力取值、管壁厚度计算、热伸长量计算及应力验算应按现行行业标准《城镇供热直埋热水管道技术规程》CJJ/T 81 的规定执行。

计算供热管道对固定点的作用力时，应考虑升温或降温，选择最不利的工况和最大温差进行计算。当管道安装温度低于工作循环最低温度时应采用安装温度计算。

管道对固定点的作用力计算时应包括以下三部分：

（1）管道热胀冷缩受约束产生的作用力；

（2）内压产生的不平衡力；

（3）活动端位移产生的作用力。

固定点两侧管段作用力合成时应按下列原则进行：

（1）地上敷设和管沟敷设管道

1）固定点两侧管段由热胀冷缩受约束引起的作用力和活动端位移产生的作用力的合力相互抵消时，较小方向作用力应乘以 0.7 的抵消系数。

2）固定点两侧管段内压不平衡力的抵消系数应取 1。

3）当固定点承受几个支管的作用力时，应考虑几个支管不同时升温或降温产生作用力的最不利组合。

（2）直埋敷设热水管道

直埋敷设热水管道应按现行行业标准《城镇供热直埋热水管道技术规程》CJJ/T 81 的规定执行。

2.5.2 管壁厚度计算

1. 直管最小壁厚 S_m 的计算

按直管外径确定时：

$$S_m = \frac{pD_0}{2[\sigma]^t\eta + 2Yp} + a \tag{2-4}$$

按直管内径确定时：

$$S_m = \frac{pD_i + 2[\sigma]^t\eta a + 2Ypa}{2[\sigma]^t\eta - 2p(1-Y)} \tag{2-5}$$

设计压力不应超过式（2-6）和式（2-7）的规定：

（1）按直管外径确定时：

$$p = \frac{2[\sigma]\eta^t(S_m - a)}{D_0 - 2Y(S_m - a)} \tag{2-6}$$

（2）按直管内径确定时：

$$p = \frac{2[\sigma]\eta^t(S_m - a)}{d - 2Y(S_m - a) + 2S_m} \tag{2-7}$$

式中 S_m——直管的最小壁厚，mm；

p——设计压力，MPa；

D_0——管道外径，mm；

D_i——管道内径，mm；

$[\sigma]^t$——钢材在设计温度下的许用应力，MPa；

Y——温度对计算管道壁厚公式的修正系数。

a——考虑腐蚀、磨损和机械强度要求的附加厚度，mm；

η——许用应力的修正系数。

（1）设计计算时，管道外径选用标准和材料技术条件表内所列的外径来计算 S_m 值。当计算现有的或库存的管道的许用工作压力时，实测管道外径和管端较薄处的最小壁厚，用来计算许用工作压力。

（2）设计计算时，管道内径可取采购技术条件内允许的最大可能值。当计算现有或库存的管道许用工作压力时，实测内径和管端最薄处的最小壁厚可用来计算许用工作压力。

（3）铁素体钢：480℃及以下时，$Y=0.4$；510℃时，$Y=0.5$；538℃及以上时，$Y=0.7$；奥氏体钢：566℃及以下时，$Y=0.4$；593℃时，$Y=0.5$；621℃及以上时，$Y=0.7$；中间温度的 Y 值，可按内插法计算；当管子的 $D_0/S_m<6$ 时，对于设计温度小于或等于 480℃的铁素体和奥氏体钢，其 Y 值应按下式计算：

$$Y=\frac{D_i}{D_i+D_0} \tag{2-8}$$

（4）无缝钢管的 $\eta=1.0$；纵缝焊接钢管按有关制造技术条件检验合格时，其 η 值按表 2-5 选用；螺旋焊缝钢管按 SY/T 5037 标准生产制作和无损检验合格者，$\eta=0.9$。

纵缝焊接钢管许用应力修正系数表表 2-5

焊接方法	焊 缝 形 式	η
手工电焊或气焊	双面焊接有坡口对接焊缝，100％无损检测（附加 100％射线探伤）	1.0
	有氩弧焊打底的单面焊接有坡口对接焊缝	0.90
	无氩弧焊打底的单面焊接有坡口对接焊缝	0.75
熔剂下的自动焊	双面焊接对接焊缝，100％无损检测（附加 100％射线探伤）	1.0
	单面焊接有坡口对接焊缝	0.85
	单面焊接无坡口对接焊缝	0.80

2. 直管计算壁厚 S_c 的确定

直管计算壁厚 S_c 应按下列方法确定：

$$S_c=S_m+c \tag{2-9}$$

式中　c——直管壁厚负偏差的附加值，mm。

对于热轧生产的无缝钢管，壁厚负偏差的附加值可按式（2-10）确定：

$$c=AS_m \tag{2-10}$$

式中　A——直管壁厚负偏差系数，根据管子产品技术条件中规定的壁厚允许负偏差

（m，单位％）按公式 $A=\dfrac{m}{100-m}$ 计算。

对于按内径确定壁厚及采用热挤压方式生产的无缝钢管，壁厚负偏差的附加值应根据管子产品技术条件中的规定选用。

对于焊接钢管，采用钢板厚度的负偏差值，但 c 值不得小于 0.5mm。

3. 直管公称壁厚 S_n

对于按外径确定壁厚的钢管，根据直管计算壁厚 S_c 按管子产品规格选用；对于按内径确定壁厚的无缝钢管，根据直管计算壁厚 S_c 和制造厂产品技术条件中的有关规定选用。在任何情况下，S_n 均应等于或大于 S_c。

4. 弯管壁厚的确定方法

用作弯管的直管，其最小壁厚根据弯曲半径而定，按表 2-6 确定。

推荐的弯管前最小壁厚 **表 2-6**

弯曲半径	推荐的弯管前最小壁厚
≥6 倍管子外径	$1.06S_m$
5 倍管子外径	$1.08S_m$
4 倍管子外径	$1.14S_m$
3 倍管子外径	$1.25S_m$

弯管后任何一点的实测最小壁厚不得小于直管最小壁厚 S_m。

弯管进行弯曲和加工完成后的最小需要壁厚 S_m 也可按式（2-11）或式（2-12）确定：

$$S_m = \frac{pD_0}{2([\sigma]^t \eta / I + pY)} + a \quad (2\text{-}11)$$

或

$$S_m = \frac{pd + 2[\sigma]^t \eta a / I + 2Ypa}{2([\sigma]^t \eta / I + pY - p)} \quad (2\text{-}12)$$

$$I = \frac{4(R/D_0) - 1}{4(R/D_0) - 2} \quad (2\text{-}13)$$

$$I = \frac{4(R/D_0) + 1}{4(R/D_0) + 2} \quad (2\text{-}14)$$

式中　I——在内弧线处（弯管内侧）时按式（2-13）计算，在外弧线处（弯管外侧）时按式（2-14）计算；

　　　R——弯管的弯曲半径。

从内弧线至外弧线以及弯管端面处的厚度变化应是渐变的。在弯管弧线中点、内弧线、外弧线和弯管中线处（图 2-25）需符合壁厚的要求。弯管端面处的最小壁厚不应小于本节中对直管要求的最小壁厚值。

2.5.3 管道的热伸长及其补偿

供热管道在内压力、管道自重、外载负荷、温度变形等因素的作用下，需要承受由于上述这些因素所引起的应力（如拉伸、弯曲等应力）。因此，对供热管道进行机械强度计算，校核它所承受和产生的应力，是保证供热管道安全运行的一个重要环节。

供热管道安装投运后，由于管道被加热引起管道受热伸长。管道受热的自由伸长量，可按下式计算：

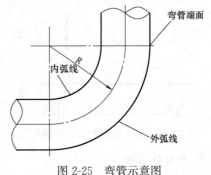

图 2-25　弯管示意图

$$\Delta x = a(t_1 - t_2) \cdot L \quad (2\text{-}15)$$

式中　Δx——管道的热伸长量，m；

179

a——管道的线膨胀系数，应按实际使用的管材和设计温度查值，详见《工业金属管道设计规范》GB 50316—2000 附录 B；

t_1——管壁最高温度，可取热媒的最高温度，℃；

t_2——管道安装时的温度，在温度不能确定时，可取为最冷月平均温度，℃；

L——计算管段的长度，m。

在供热管网中设置固定支架，并在固定支架之间设置各种形式的补偿器，如套管式补偿器、波纹式补偿器、方形或球形补偿器等，其目的在于补偿该管段的热伸长，从而减弱或消除因热胀冷缩力所产生的应力。

供热管道在设计过程中应充分利用管道本身的自然弯曲（柔性）来补偿管道的热伸长。当无条件利用管道本身自然弯曲来补偿管道的热伸长时，应采用合适的伸缩补偿器，以降低管道在运行过程中所产生的作用力，减少管道应力和作用于阀门及支架结构的作用力，保证管道的稳定和安全运行。

1. 管道自然补偿

常用自然补偿方式有 L 形和 Z 形两种，当弯管转角小于 150° 时，可用作自然补偿。自然补偿的管道长臂不宜超过 25m。

（1）L 形自然补偿的短臂长度可按下式计算（图 2-26）：

$$L_2 = 1.1\sqrt{\frac{\Delta L_1 d_0}{300}} \tag{2-16}$$

式中　L_2——L 形自然补偿的短臂长度，m；

ΔL_1——长臂 L_1 的热伸长量，mm；

d_0——管道外径，mm。

（2）Z 形自然补偿的外臂长度 h，可按下式估算（图 2-27）：

$$h = \left[\frac{6\Delta t \cdot E \cdot d_0}{10^2 [\sigma](1+1.2L_2/L_1)}\right]^{\frac{1}{2}} \tag{2-17}$$

式中　h——Z 形自然补偿的外臂长度，m

E——材料弹性模量，MPa，

$[\sigma]$——弯曲允许应力，可取 $[\sigma]=80$MPa。

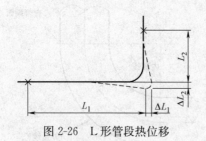

图 2-26　L 形管段热位移

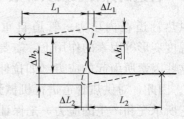

图 2-27　Z 形管段热位移

2. 方形补偿器

方形补偿器是应用很普遍的供热管道补偿器。进行管道的强度计算时，通常需要确定：

（1）方形补偿器所补偿的伸长量 Δx；

（2）选择方形补偿器的形式和几何尺寸；

（3）根据方形补偿器的几何尺寸和热伸长量，进行应力验算。验算最不利断面上的应力不得超过钢材在设计温度下的许用应力，并计算方形补偿器的弹性力，从而确定对固定支座产生的水平推力的大小。

管道由热胀、冷缩和其他位移受约束而产生的热胀二次应力，不得大于按下式计算的许用应力值。

$$\sigma_f \leqslant 1.2[\sigma]_j^{20} + 0.2[\sigma]_j^t \tag{2-18}$$

式中　$[\sigma]_j^{20}$——钢材在 20℃时的基本许用应力，MPa，见《工业金属管道设计规范》GB 50316—2000 附录 A；

$[\sigma]_j^t$——钢材在计算温度下的基本许用应力，MPa，见《工业金属管道设计规范》GB 50316—2000 附录 A；

σ_f——热胀二次应力，取补偿器危险断面的应力值，MPa。

验算补偿器应力时，采用较高的许用应力值，是基于热胀应力属于二次应力范畴。利用上述应力分类法，充分考虑发挥结构的承载能力。

弯管形式的补偿器（如方形、S形、自然补偿器等）的弹性力和热胀应力的计算方法，采用力学的"弹性中心法"进行计算。

（1）弯管柔性系数 k_r

方形补偿器的弯管部分受热变形而被弯曲时，弯管的外侧受拉，内侧受压，其合力均垂直于中心轴，于是管的横截面因内外两侧的挤压力而变得较为平直，由圆形变为椭圆形。此时管子的刚度将降低，弯管刚度降低的系数称为减刚系数 k_g。

弯管减刚系数 k_g 的倒数称为弯管柔性系数 k_r，弯管的柔性系数表示弯管相对于直管在承受弯矩时柔性增大的程度。

煨制弯管或热压弯管的柔性系数应按下列方法确定：

$$k_r = \frac{1.65}{\lambda} \tag{2-19}$$

而

$$\lambda = \frac{k \cdot s}{r_p^2} \tag{2-20}$$

式中　k——弯管柔性系数；

λ——弯管尺寸系数；

s——管子壁厚，mm；

r_p——管 子 平 均 半 径，mm；$r_p = (D_w - s)/2$，其中，D_w 为管子外径，mm；s 为管子壁厚，mm。

当计算得出的柔性系数 k_r 值小于 1 时，取 $k_r = 1$ 计算。常用管材的柔性系数和尺寸系数详见《工业金属管道设计规范》GB 50316—2000（2008 年版）。

（2）方形补偿器弹性力 p_x 值的确定方法

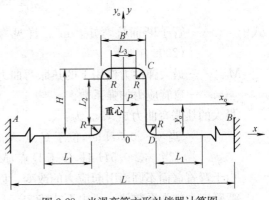

图 2-28　光滑弯管方形补偿器计算图

图 2-28 所示为采用"弹性中心法"计算煨制（光滑）弯管补偿器的弹性力和热胀弯曲应力的计算图。

方形补偿器的弹性中心坐标位置（对应 x、y 坐标轴）为：

$$x_0 = 0$$

$$y_0 = \frac{(L_2 + 2R)(L_2 + L_3 + 3.14R \cdot k_r)}{L_{zh}} \tag{2-21}$$

式中　L_{zh}——光滑弯管方形补偿器的折算长度，m；

$$L_{zh} = 2L_1 + 2L_2 + L_3 + 6.28R \cdot k_r \tag{2-22}$$

L_1——方形补偿器两边的自由臂长，m；

L_2——方形补偿器外伸臂的直管段长，m；

L_3——方形补偿器宽边的直管段长，m；

计算中引入折算长度 L_{zh} 和自由臂长 L_1，是为了表征出方形补偿器受热时参与形变的计算管段。认为在自由臂 L_1 以外的管段，由于支架和摩擦阻力的影响，管道的自由横向位移受到了限制。方形补偿器的自由臂长 L_1，可取为 $40DN$ 值（DN 为管子公称直径，m）。

根据补偿器弹性力和管段形变的关系，可求得：

$$p_{t \cdot x} = \frac{\Delta x \cdot E \cdot I}{I_{x_0}} \times 10^{-3} \tag{2-23}$$

$$p_{t \cdot y} = 0 \tag{2-24}$$

式中　Δx——固定支架之间管道的计算热伸长量，m，采用应力分类法时，不论管道是否冷紧（预拉），均应按全补偿量计算；

E——管道钢材在 20℃ 时的弹性模数，N/m²；

I——管道断面的惯性矩，m⁴；

I_{x_0}——折算管段对 x_0 轴的线惯性矩，m³。

$$I_{x_0} = \frac{L_2^3}{6} + (2L_2 + 4L_3) \cdot \left(\frac{L_2}{2} + R\right)^2 + 6.28R \cdot k\left(\frac{L_2^2}{2} + 1.635L_2R + 1.5R^2\right) - L_{zh}y_0^2 \tag{2-25}$$

（3）方形补偿器的应力验算

由于方形补偿器的弹性力的作用，在管道危险截面上的最大热胀弯曲应力 σ_f，可按下式确定：

$$\sigma_f = \frac{M_{max} \cdot m}{w} \tag{2-26}$$

式中　w——管子断面抗弯矩，m³，详见《工业金属管道设计规范》GB 50316—2000（2008 年版）；

M_{max}——最大弹性力作用下的热胀弯曲力矩，N·m；

m——弯管应力加强系数。

最大的热胀弯曲力矩 M_{max} 为：

$$\text{当 } y_0 < 0.5H \text{ 时，位于 C 点，} M_{max} = (H - y_0) \cdot p_{t \cdot x} \quad \text{kN·m} \tag{2-27}$$

$$\text{当 } y_0 \geqslant 0.5H \text{ 时，位于 D 点，} M_{max} = -y_0 \cdot p_{t \cdot x} \quad \text{kN·m} \tag{2-28}$$

由于弯管截面不圆而引起应力的改变，以弯管应力加强系数 m 修正之。

弯管应力加强系数值，可由下式确定：

$$m=0.9/\lambda^{\frac{2}{3}} \tag{2-29}$$

式中 λ——弯管尺寸系数，见式（2-20），计算得出的 $m<1$ 时，取 $m=1$。

最后，利用式（2-17）来判别，危险截面上的最大热胀二次应力是否超过式（2-17）给定的许用应力值。

3. 套筒（管）式补偿器

套筒补偿器应设置在直线管段上，以补偿两个固定支座之间管道的热伸长。套筒补偿器的最大补偿量，设计手册和产品样本上都可根据型号查出。考虑到管道安装后可能达到的最低温度 t_{min}，会低于补偿器安装时的温度 t_m，补偿器产生冷缩。因此，两个固定支座之间被补偿管段的长度 L，应由下列计算确定：

$$L=\frac{L_{max}-L_{min}}{a(t_{max}-t_a)} \tag{2-30}$$

式中 L_{max}——套筒行程（即最大补偿能力），mm；

L_{min}——考虑管道可能冷却的安装裕量，mm；

$$L_{min}=a(t_a-t_{min}) \tag{2-31}$$

a——钢管的线膨胀系数，通常取 $a=1.2\times10^{-2}$ mm（m·℃）；

t_a——补偿器安装时的温度，℃；

t_{min}——热力管道安装后可能达到的最低温度，℃。

在套筒补偿器中，由于拉紧螺栓挤压密封填料产生的摩擦力 p_m 为：

$$p_m=\frac{4n\pi D_{tw}\mu B}{f_t} \tag{2-32}$$

式中 n——螺栓个数，个；

f_t——填料的横断面面积，cm²；

D_{tw}——套筒补偿器的套筒外径，cm；

B——沿补偿器轴线的填料长度，cm；

μ——填料与管道的摩擦系数，橡胶填料，$\mu=0.15$；油浸和涂石墨的石棉圈，$\mu=0.1$；

4——用螺帽扳子拧紧螺栓的最大作用力，kN。

由于管道热媒内压力所产生的摩擦力，可用下式计算：

$$p_m=A\pi P_n D_{tw}\mu B \tag{2-33}$$

式中 P_n——管道内压力（表压），Pa；

A——系数，当 $DN\leqslant400$mm 时，$A=0.2$；当 $DN>450$mm 时，取 $A=0.175$；其余符号同式（2-32）。

计算时，应分别按拉紧螺栓产生的摩擦力或由内压力产生的摩擦力的两种情况，算出其数值后，取用其较大值。

4. 波纹管补偿器

波纹管补偿器按补偿方式分，有轴向、横向及铰接等形式。在供热管道上，轴向补偿器应用最广，用以补偿直线管段的热伸长量。轴向补偿器的最大补偿能力，同样可以从设计手册和产品样本上查出选用。

轴向波纹管补偿器受热膨胀时，由于位移产生的弹性力 P_t，可按下式计算：

$$P_t = K \cdot \Delta X \tag{2-34}$$

式中　ΔX——波纹管补偿器的轴向位移，cm；

　　　K——波纹管补偿器的轴向刚度，N/cm；可从产品样本中查出。

通常，在安装时将补偿器进行预拉伸应补偿量的 50%，可减少其弹性力。

管道内压力作用在波纹管环面上产生的推力 P_h，可近似按下式计算：

$$P_h = P \cdot AN \tag{2-35}$$

式中　P——管道内压力，Pa；

　　　A——有效面积，m²；近似以波纹半波高为直径计算出的圆面积，同样可以从产品样本中查出。

为使轴向波纹管补偿器严格地按管线轴线热胀或冷缩，补偿器应靠近一个固定支座（架）设置，并设置导向支座。导向支座宜采用整体箍住管子的形式，以控制横向位移和防止管子纵向变形。

2.5.4　支座（架）的跨距及其受力计算

1. 活动支座间距的确定

在确保安全运行的前提下，应尽可能扩大活动支座的间距，以节约供热管线的投资费用。

活动支座的最大允许间距，通常按强度条件和刚度条件来确定。

（1）按强度条件确定活动的允许间距

供热管道支撑在活动支座上，管道断面承受由内压和持续外载产生的一次应力。管道的工作状态下，由内压和持续外载产生的应力，同样应不得大于钢材在计算温度下的基本允许应力 $[\sigma]_j^t$ 值。

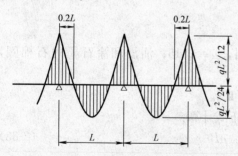

图 2-29　多跨距供热管道弯矩图

支撑在多个活动支座上的管道，可视为多跨梁。根据材料力学中均匀载荷的多跨梁，起跨距如图 2-29 所示。最大跨距所产生的弯矩出现在活动支座处。根据分析，均匀载荷所产生的弯矩应力，比由于内压和持续外载所产生的轴向应力大得多。

为了计算方便，通常在确定活动支座间距时只计算由于均匀载荷所产生的弯矩应力，而采用一个降低了的许用应力值（称为许用应力外载综合应力），此值低于钢材在计算温度下的基本许用应力 $[\sigma]_j^t$ 值。在活动支座处得：

$$M = \frac{qL^2}{12} = [\sigma_w] W \times \varphi$$

因而，

$$L = \sqrt{\frac{12[\sigma_w] W \times \varphi}{q}} \tag{2-36}$$

考虑供热管道的塑性条件，供热管道活动支座的允许间距可按下式计算。

$$L_{max} = \sqrt{\frac{15[\sigma_w] W \times \varphi}{q}} \tag{2-37}$$

式中　L_{max}——供热管道活动支座的允许间距，m；

　　　$[\sigma_w]$——管材的许用外载综合应力，MPa，详见《工业金属管道设计规范》GB
　　　　　　50316—2000（2008年版）；

　　　W——管道断面抗弯矩，cm³；

　　　φ——外载负荷作用力下的管子单位长度的计算重量，N/m，其值如表2-7
　　　　　　所示。

对于地下敷设和室内的供热管道，外载荷重是管道的重量（对蒸汽管包括管子和保温结构的重量，对水管还应加上水的重量）。对于室外架敷设的供热管道，φ值还应考虑风载荷的影响。

管子横向焊缝系数 φ 值　　　　　　　　　　　　　　　　表 2-7

焊接方式	φ值	焊接方式	φ值
手工电弧焊	0.7	手工双面加强焊	0.95
有垫环对焊	0.9	自动双面焊	1.0
无垫环对焊	0.7	自动单面焊	0.8

（2）按刚度条件确定活动支座的允许间距

管道在一定的跨距下总有一定的挠度。根据对挠度的限制而确定活动支座的允许间距，称为按刚度条件确定的支座允许间距。

对具有一定坡度 i 的管道，如要求管道挠曲时不出现反坡，以防止最低点处积水排不出或避免在蒸汽管道启动时产生水击，就要保证管道挠曲后产生的最大角应变不大于管道的坡度，如图2-30管线1所示。

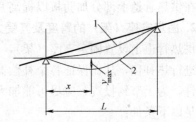

图 2-30　活动支座间供热管道变形示意图
1—管线按最大角度不大于管线坡度条件下的变形线；
2—管线按允许最大挠度 y_{max} 条件下的变形线

根据材料力学中受均匀载荷的连续梁的角变方程式，可得出结论：如管道中间最大挠度值等于或小于 $0.25iL$ 值则管道不出现反坡，即满足如下方程式：

$$f_{max}=\frac{qL^4}{384EI}=0.25iL$$

$$L=4.6\times\sqrt[3]{\frac{iEI}{q}} \tag{2-38}$$

考虑供热管道的塑性条件，不允许有反坡的供热管道活动支座的最大允许间距可按下式确定：

$$L_{max}=5\times\sqrt[3]{\frac{iEI}{q}} \tag{2-39}$$

式中　i——管道的坡度；

　　　I——管道断面惯性矩，m⁴；

　　　E——管道材料的弹性模数，N/m²；

　　　q——外载负荷作用下管子的单位长度的计算重量，N/m。

对热水管道存在反坡也不会影响运行。因此，也可采用控制管道的最大允许挠度 y_{max}（见图2-30曲线2）的方法，来加大活动支座的允许间距，管道的最大允许挠度 y_{max}

应控制在（0.02~0.1）DN以内，可用下列方程组确定：

$$L = L_1 = \frac{24EI}{qx^3}\left(y_{max} + \frac{ix}{2}\right) + x \tag{2-40}$$

$$L = L_2 = 2x + \sqrt{x^2 - \frac{24EI}{q} \times y_{max}\frac{1}{x^2}} \tag{2-41}$$

式中　L、L_1、L_2——活动支座的允许间距，m；

$\quad\quad\quad x$——管道活动支座到管道最大挠曲面的间距，m；

$\quad\quad\quad EI$——管子的刚度，N/m；

$\quad\quad\quad y_{max}$——最大允许强度，$y_{max} =$（0.02-0.1）DN，m；

$\quad\quad\quad i$——管子的坡度。

根据式（2-36）和（2-37），用试算法求解，直到 $L = L_1 = L_2$ 为止。

在不通行地沟中，供热管道活动支座的间距易采用比最大允许间距小一些的间距。因考虑无法检修而当个别支座下沉时，会使弯曲应力增大，从安全角度考虑，宜缩短些间距。对架空敷设管道，为了扩大活动支座的间距，可采用基本允许应力较高的钢号制作钢管和在供热管道上部分加肋板以提高其强度。

2. 固定支座（架）的跨度及其受力计算

供热管道上设置固定支座（架），其目的是限制管道轴向位移，将管道分为若干管段，分别进行热补偿，从而保证各个补偿器的正常工作。固定支座（架）是供热管道中主要受力构件，为了节约投资，应尽可能加大固定支座（架）的间距，减少其数目，但其间距必须满足以下条件：

（1）管段的热伸长量不得超过补偿器所允许的补偿量。

（2）管段因膨胀和其他作用而产生的推力，不得超过支架能承受的允许推力。

（3）不应使管道产生纵向弯曲。

固定支座所受到的水平推力，是由于下列几方面产生的：

（1）由于活动支座上的摩擦力而产生的水平推力 $P_{g,m}$，可按下式计算：

$$P_{g,m} = \mu qL \tag{2-42}$$

式中　q——计算管数单位长度的自体载荷，N/m；

$\quad\quad\quad \mu$——摩擦系数，钢对钢 $\mu = 0.3$；

$\quad\quad\quad L$——管段计算长度，m。

（2）由于弯管补偿器或波纹补偿器的弹性力 P_t，或由于套筒补偿器摩擦力 P_m 而产生的水平推力。

（3）由于不平衡内压力而产生的水平推力。如在固定支座（架）两端管段设置套筒或波纹管补偿器，其管径不同；或在固定支座（架）两端管段之一端，设置阀门、堵板、弯管，而在另一管段设置套筒或波纹管补偿器；当管道水压试验和运行时，将出现管道的不平衡轴向力。

1）当固定支座（架）设置在两个不同管径间时，不平衡轴向力按下式计算：

$$P_{ch} = P(F_1 - F_2) \tag{2-43}$$

式中　P_{ch}——不平衡轴向力，N；

$\quad\quad\quad P$——介质的工作压力，Pa；

F——计算截面积，m^2。对套筒补偿器 $F=f_1$；f_1 代表以套筒补偿器外套管的内径 D' 为直径计算的圆面积；对波纹管补偿器，$F=A$。

2）当固定支架设置在有堵板的端头，或有弯管以及阀门的管段和设有套筒或波纹管补偿器管段之间时，内压力产生的轴向力 P_n 按下式计算：

$$P_n = P \cdot F \tag{2-44}$$

式中代表符号同式（2-39）。

在表 2-8 和表 2-9 中列举了常用的补偿器和固定支座的布置形式，并相应地列出固定支座水平推力的计算公式，也可详见一些设计手册。

固定支架在两个方向的水平推力作用下，确定其计算水平推力公式时，考虑了下列几个原则：

（1）对管道由于温度变化产生的水平推力（如管道摩擦力、补偿器弹性力），从安全角度出发，不按理论合成的水平推力值作为计算水平推力。

如在表 2-8 序号 1 的情况下，对固定支座 F，由温升产生一个反作用力，一个向右的推力，其值为 $(P_{t_1}+\mu q_1 L_1)$，而同时产生一个向左的推力 $(P_{t_2}+\mu q_2 L_2)$。理论上分析，作用在固定支座 F 上的合成水平推力（设 $L_1>L_2$），应为向右的推力 $(P_{t_1}+\mu q_1 L_1)$ — $(P_{t_2}+\mu q_2 L_2)$。如 $L_1=L_2$，$P_{t_1}=P_{t_2}$ 时，则理论上可以认为固定支座下不承受任何水平推力。

考虑到固定支座两侧的管道升温先后的差异，摩擦面光滑程度不尽相同等因素，以安全角度出发，考虑固定支座两侧只对消 70%（指推力小的一侧），因而得出如表 2-8 序号 1 示意图的水平推力计算公式：

$$F=P_{t1}+\mu \cdot q_1 \cdot l_1 - 0.7(P_{t2}+\mu \cdot q_2 \cdot l_2) \tag{2-45}$$

（2）对由内压力产生的水平推力，作用在固定支座两侧的数值应如实地计算其不平衡力，而不作任何折扣计算。因为管内压力传播极快，固定支座两侧的压力认为每一时刻都同时起作用。因此，如表 2-9 中的序号 1 配置套筒补偿器形式中，由于内压力产生的不平衡水平推力，要如实地按 $P(f_1 - f_2)$ 计算。

（3）在固定支座（架）两侧配置阀门和套筒补偿器的情况，如表 2-9 序号 4 所示，需要按可能出现的最不利情况进行计算。最不利情况出现在阀门全闭状态。以单侧水平推力的最大值作为设计依据。此外，必须注意因设置阀门（堵板或有弯管段），由管道介质内压力产生的盲板力（如表中的水平推力 Pf_1 或 Pf_2 值）。

配置弯管补偿器的供热管道固定支架受力计算公式表　　　　　表 2-8

序号	示　意　图	计　算　公　式	备　注
1	2	3	4
1		$F=P_{t1}+\mu q_1 L_1 - 0.7(P_{t2}+\mu q_2 L_2)$	$L_1 \geqslant L_2$（下同）
2		$F_1=P_{t1}+\mu q_1 L_1$ $F_2=P_{t2}+\mu q_2 L_2$	阀门关闭时（下同）

序号	示 意 图	计 算 公 式	备 注
1	2	3	4
3		$F = P_{t1} + \mu q_1 L_1$	
4		$F = P_{t1} + \mu q_1 L_1 - 0.7 [P_x + \mu q_2 \cos\alpha \times (L_2 + L_3/2)]$ $F_y = P_y + \mu q_2 \sin\alpha (L_2 + L_3/2)$	
5		$F_1 = P_{t1} + \mu q_1 L_1$ $F_2 = P_x + \mu q_2 \cos\alpha (L_2 + L_3/2)$ $F_y = P_y + \mu q_2 \sin\alpha (L_2 + L_3/2)$	
6		$F_x = P_{x1} + \mu q_1 \cos\alpha_1 (L_1 + L_3/2)$ $- 0.7 [P_{x2} + \mu q_2 \cos\alpha_1 (L_2 + L_4/2)]$ $F_y = P_{y1} + \mu q_1 \sin\alpha_1 (L_1 + L_3/2)$ $- 0.7 [P_{y2} + \mu q_2 \sin\alpha_2 (L_2 + L_4/2)]$	

注：F、F_x——固定支架承受的水平推力，N；

F_1、F_2——介质从不同方向流动时，在固定支架上承受的水平推力，N；

F_y——固定支架承受的侧向推力，N；

P_t——方形补偿器的弹性力，N；

P_x、P_y——自然补偿管道在 x、y 轴方向的弹性力，N；

P——管内介质的工作压力，Pa；

q——计算管段的管道单位长度重量，N/M；

μ——管道与支座（架）间的摩擦系数。

配置套管补偿器的供热管道固定支架受力计算公式表　　　　　表 2-9

序号	示 意 图	计 算 公 式	备 注
1	2	3	4
1		$F = P_{m1} - 0.7 P_{m2} + P(f_1 - f_2)$	$D_1 \geqslant D_2$ （下同）
2		$F = P_{m1} + \mu q_1 L_1 - 0.7 (P_{m2} + \mu q_2 L_2) + P(f_1 - f_2)$	

序号	示 意 图	计 算 公 式	备 注
1	2	3	4
2		$F = P_{m1} + \mu q_1 L_1 - 0.7 P_{m2} + P(f_1 - f_2)$	
3		$F_1 = P_{m1} + \mu q_1 L_1 + P \cdot f_1$ $F_2 = P_{m2} + P \cdot f_2$	阀门关闭时
4		$F = P_{m1} + \mu q_1 L_1 + P \cdot f_1$	
5		$F = P_{m1} + P \cdot f_1$	
6		$F = P_{m1} + \mu q_1 L_1 - 0.7[P_x + \mu q_2 \cos\alpha$ $\times (L_2 + L_3/2)] + P \cdot f_1$ $F_y = P_y + \mu q_2 \sin\alpha (L_2 + L_3/2)$	
7		$F_1 = P_{m1} + P \cdot f_1$ $F_2 = P_x + \mu q_2 \cos\alpha (L_2 + L_3/2)$ $F_y = P_y + \mu q_2 \sin\alpha (L_2 + L_3/2)$	阀门关闭时

注：P_m——套筒补偿器的摩擦力，N；

　　D——管道内径；

　　f——套筒补偿器外套管内径 D' 为直径计算的截面积，m^2；

其他符号同表 2-8 注。

2.6 保温与防腐

2.6.1 一般规定

供热管道及设备的保温结构设计，除应符合《城镇供热管网设计规范》CJJ 34 的规定外，还应符合现行国家标准《设备及管道绝热技术通则》GB/T 4272、《设备及管道绝热设计导则》GB/T 8175 和《工业设备及管道绝热工程设计规范》GB 50264 的有关规定。

供热介质设计温度高于 50℃ 的管道、设备、阀门应进行保温。在不通行管沟敷设或直埋敷设条件下，热水回水管道、与蒸汽管道并行的凝结水管道以及其他温度较低的热水管道，在技术经济合理的情况下可不保温。

对操作人员需要接近维修的地方，当维修时，设备及管道保温结构的表面温度不得超过 60℃。

保温材料及其制品的主要技术性能应符合下列规定：

（1）平均温度为 25℃ 时，导热系数值不应大于 0.08W/(m·℃)，并应有明确的随温度变化的导热系数方程式或图表；松散或可压缩的保温材料及其制品，应具有在使用密度下的导热系数方程式或图表。

（2）密度不应大于 300kg/m³。

（3）硬质预制成型制品的抗压强度不应小于 0.3MPa，半硬质的保温材料压缩 10% 时的抗压强度不应小于 0.2MPa。

保温层设计时宜采用经济保温厚度。当经济保温厚度不能满足技术要求时，应按技术条件确定保温层厚度。

根据集中供热外网的参数，推荐选用的保温材料及其性能如表 2-10 和表 2-11 所示。

2.6.2　保温计算

供热管道保温热力计算的任务是计算管路散热损失、供热介质沿途温降、管道表面温度及环境温度（地沟温度、土壤温度等），从而确定保温层厚度。

保温厚度计算应按现行国家标准《设备及管道绝热设计导则》GB/T 8175 的规定执行。

按规定的散热损失、环境温度等技术条件计算双管或多管地下敷设管道的保温层厚度时，应选取满足技术条件的最经济的保温层厚度组合。

计算地下敷设管道的散热损失时，当管道中心埋深大于 2 倍管道保温外径（或管沟当量外径）时，环境温度应取管道（或管沟）中心埋深处的土壤自然温度；当管道中心埋深小于 2 倍管道保温外径（或管沟当量外径）时，环境温度可取地表面的土壤自然温度。

计算年散热损失时，供热介质温度和环境温度应按下列规定取值：

（1）供热介质温度：

1）热水供热管网应取运行期间运行温度的平均值；

2）蒸汽供热管网应取逐管段年平均蒸汽温度；

3）凝结水管道应取设计温度。

（2）环境温度：

1）地上敷设的管道，应取供热管网运行期间室外平均温度；

2）不通行管沟、半通行管沟和直埋敷设的管道，应取供热管网运行期间平均土壤（或地表）自然温度；

3）经常有人工作、有机械通风的通行管沟敷设的管道应取 40℃；无人工作的通行管沟敷设的管道，应取供热管网运行期间平均土壤（或地表）自然温度。

表2-10

常用保温材料性能

序号	材料名称		使用密度 (kg/m³)	最高使用温度(℃)	推荐使用温度 T_2(℃)	常用导热系数 λ_0(平均温度 T_m=70℃时) [W/(m·K)]	导热系数参考方程 [T_m为平均温度(℃)]	抗压强度(MPa)	要 求
1	硅酸钙制品		170	650(Ⅰ型) / 1000(Ⅱ型)	≤500 / ≤900	0.055	$\lambda=0.0479+0.00010185T_m+9.65015\times10^{-11}T_m^3$ ($T_m<800℃$)	≥0.5	应提供满足国家标准《硅酸钙绝热制品》GB/T 10699—1998第5.2条中最高使用温度要求的检测报告
			220	650(Ⅰ型) / 1000(Ⅱ型)	≤500 / ≤900	0.062	$\lambda=0.0564+0.00007786T_m+7.8571\times10^{-8}T_m^2$ ($T_m<500℃$); $\lambda=0.0937+1.67397\times10^{-10}T_m^3$ ($T_m=500\sim800℃$)	≥0.6	
2	复合硅酸盐制品	涂料	180~200(干态)	600	≤500	≤0.065	$\lambda=\lambda_0+0.00017(T_m-70)$	—	应提供不含石棉的检测报告
		毡	60~80	550	≤450	≤0.043	$\lambda=\lambda_0+0.00015(T_m-70)$	—	
			81~130	600	≤500	≤0.044	—	—	
		管壳	80~180	600	≤500	≤0.048	—	≥0.3	
3	岩棉制品	毡	60~100	500	≤400	≤0.044	$\lambda=0.0337+0.000151T_m$ ($-20℃\leq T_m\leq100℃$); $\lambda=0.0395+4.71\times10^{-5}T_m+5.03\times10^{-7}T_m^2$ ($100℃<T_m\leq600℃$)		岩棉制品的酸度系数不应低于1.6；岩棉制品的加热线收缩率(试验温度为最高使用温度，保温24h)，不应超过4%；应提供高温使用温度评估报告，且满足现行国家标准《绝热用岩棉、矿渣棉及其制品》GB/T 11835—2007中第5.7.3条的要求；缝毡、贴面制品的最高使用温度均以基材的最高使用温度为准
		缝毡	80~130	650	≤550	≤0.09(T_m=350℃)	$\lambda=0.0337+0.000128T_m$ ($-20℃\leq T_m\leq100℃$); $\lambda=0.0407+2.52\times10^{-5}T_m+3.34\times10^{-7}T_m^2$ ($100℃<T_m\leq600℃$)		
		板	60~100	500	≤400	≤0.044	$\lambda=0.0337+0.000151T_m$ ($-20℃\leq T_m\leq100℃$); $\lambda=0.0395+4.71\times10^{-5}T_m+5.03\times10^{-7}T_m^2$ ($100℃<T_m\leq600℃$)		
			101~160	550	≤450	≤0.09(T_m=350℃)	$\lambda=0.0337+0.000128T_m$ ($-20℃\leq T_m\leq100℃$); $\lambda=0.0407+2.52\times10^{-5}T_m+3.34\times10^{-7}T_m^2$ ($100℃<T_m\leq600℃$)		
		管壳	100~150	450	≤350	≤0.10(T_m=350℃)	$\lambda=0.0314+0.000174T_m$ ($-20℃\leq T_m\leq100℃$); $\lambda=0.0384+7.13\times10^{-5}T_m+3.51\times10^{-7}T_m^2$ ($100℃<T_m\leq600℃$)		

续表

序号	材料名称		使用密度 (kg/m³)	最高使用温度 (℃)	推荐使用温度 T_2 (℃)	常用导热系数 λ_0 (平均温度 $T_m=70℃$时) [W/(m·K)]	导热系数参考方程 [T_m为平均温度 (℃)]	抗压强度 (MPa)	要求
4	矿渣棉制品	毡	80~100	400	≤300	≤0.044	$\lambda=0.0337+0.000151T_m$ $(-20℃\leqslant T_m\leqslant100℃)$ $\lambda=0.0395+4.71\times10^{-5}T_m+5.03\times10^{-7}T_m^2$ $(100℃<T_m\leqslant400℃)$		矿渣棉制品的加热线收缩率(试验温度为最高使用温度,保温24h),不应超过4%;应提供比工况使用温度至少高于100℃的评估热用岩棉、矿渣棉及其制品的报告,且满足国家标准《绝热用岩棉、矿渣棉制品》GB/T 11835—2007中5.7.3的要求;缝毡、贴面制品的最高使用温度均指基材
		板	101~130	500	≤350	≤0.043	$\lambda=0.0337+0.000128T_m$ $(-20℃\leqslant T_m\leqslant100℃)$ $\lambda=0.0407+2.52\times10^{-5}T_m+3.34\times10^{-7}T_m^2$ $(100℃<T_m\leqslant500℃)$		
		毡	80~100	400	≤300	≤0.044	$\lambda=0.0337+0.000151T_m$ $(-20℃\leqslant T_m\leqslant100℃)$ $\lambda=0.0395+4.71\times10^{-5}T_m+5.03\times10^{-7}T_m^2$ $(100℃<T_m\leqslant400℃)$		
		板	101~130	450	≤350	≤0.043	$\lambda=0.0337+0.000128T_m$ $(-20℃\leqslant T_m\leqslant100℃)$ $\lambda=0.0407+2.52\times10^{-5}T_m+3.34\times10^{-7}T_m^2$ $(100℃<T_m\leqslant500℃)$		
		管壳	≥100	400	≤300	≤0.044	$\lambda=0.0314+0.000174T_m$ $(-20℃\leqslant T_m\leqslant100℃)$ $\lambda=0.0384+7.13\times10^{-5}T_m+3.51\times10^{-7}T_m^2$ $(100℃<T_m\leqslant500℃)$	—	
5	玻璃棉制品	毡	24~40	400	≤300	≤0.046	$\lambda=\lambda_0+0.00017(T_m-70)$ $(-20℃\leqslant T_m\leqslant220℃)$		应提供比工况使用温度至少高于100℃的评估热用玻璃棉及其制品的报告,且满足国家标准《绝热用玻璃棉制品》GB/T 13350—2008中第5.8.5条的要求;贴面制品的最高使用温度均指基材
		毡	41~120	450	≤350	≤0.041			
		板	24	400	≤300	≤0.047			
		板	32	400	≤300	≤0.044			
		板	40	450	≤350	≤0.042			
		板	48	450	≤350	≤0.041			
		板	64	450	≤350	≤0.040			
		毡	24	400	≤300	≤0.046			
		毡	32	400	≤300	≤0.046			
		毡	40	450	≤350	≤0.041			
		毡	48	450	≤350	≤0.041			
		管壳	≥48	400	≤300	≤0.041		—	

续表

序号	材料名称		使用密度 (kg/m³)	最高使用温度(℃)	推荐使用温度 T_2(℃)	常用导热系数 λ_0(平均温度 $T_m=70℃$时) [W/m·K]	导热系数参考方程 [T_m为平均温度(℃)]	抗压强度 (MPa)	要求
6	硅酸铝棉及其制品	1号毡	96	1000	≤800	≤0.044	$\lambda_L = \lambda_0 + 0.0002(T_m-70)$ $(T_m \le 400℃)$ $\lambda_H = \lambda_L + 0.00036(T_m-400)$ $(T_m > 400℃)$ (式中 λ_L 取上式 $T_m=400℃$时计算结果)	—	应提供产品 500℃ 时的导热系数和加热永久线变化，且应满足现行国家标准《绝热用硅酸铝棉及其制品》GB/T 16400 的有关规定
			128	1000	≤800				
		2号毡	96	1200	≤1000				
			128	1200	≤1000				
		1号毡	≤200	1000	≤800				
		2号毡	≤200	1200	≤1000				
		板、管壳	≤220	1100	≤1000				
		树脂结合毡	128	—	350	≤0.044	$\lambda_L = \lambda_0 + 0.0002(T_m-70)$	—	含粘结剂的硅酸铝制品应提供高于工况使用温度至少 100℃ 的最高使用温度评估报告
7	硅酸镁纤维毯	100±10、130±10	900	≤700	≤0.040		$\lambda = 0.0397 - 2.741 \times 10^{-6} T_m + 4.526 \times 10^{-7} T_m^2$ $(70℃ \le T_m \le 500℃)$	—	应提供产品 500℃ 时的导热系数和加热永久线变化，加热永久线变化(试验温度为最高使用温度，保温 24h)不大于 4%

注：1. 设计采用的各种绝热材料的物理化学性能及数据应符合各自的产品标准规定。
2. 导热系数参考方程中(T_m-70)、(T_m-400) 等表示改与方程的数据项。
3. 当选用高出本表推荐使用温度的玻璃棉、岩棉、矿渣棉和含粘结剂的硅酸铝制品时，需由生产厂家提供国家法定检测机构出具的合格的最高使用温度评估报告，其最高使用温度应高于工况使用温度至少 100℃。

常用保冷材料性能表

表 2-11

序号	材料名称	使用密度 (kg/m³)	使用温度范围 (℃)	推荐使用温度范围 T_2 (℃)	常用导热系数 λ_0 [W/(m·K)]	导热系数参考方程 T_m 为平均温度 (℃)	抗压强度 (MPa)	要求
1	柔性泡沫橡塑制品	40~60	−40~105	−35~85	≤0.036(0℃)	$\lambda=\lambda_0+0.0001T_m$	—	—
2	硬质聚氨酯泡沫塑料 (PUR) 制品	45~55	−80~100	−65~80	≤0.023(25℃)	$\lambda=\lambda_0+0.000122(T_m-25)+3.51\times10^{-7}(T_m-25)^2$	≥0.2	—
3	泡沫玻璃制品 Ⅰ类	120±8	−196~450	−196~400	≤0.045(25℃)	$\lambda=\lambda_0+0.000150(T_m-25)+3.21\times10^{-7}(T_m-25)^2$	≥0.8	—
	泡沫玻璃制品 Ⅱ类	160±10	−196~450	−196~400	≤0.064(25℃)	$\lambda=\lambda_0+0.000155(T_m-25)+1.60\times10^{-7}(T_m-25)^2$	≥0.8	—
4	聚异氰脲酸酯 (PIR)	40~50	−196~120	−170~100	0.029(25℃)	$\lambda=\lambda_0+0.000118(T_m-25)+3.39\times10^{-7}(T_m-25)^2$	≥0.22	—
5	高密度聚氰脲酸酯 (HDPIR)	160±16	−196~120	−196~100	≤0.038(25℃)	$\lambda=\lambda_0+0.000219(T_m-25)+0.43\times10^{-7}(T_m-25)^2$	≥1.6(常温)　≥2.0(−196℃)	—
		240±24	−196~110	−196~100	≤0.045(25℃)	$\lambda=\lambda_0+0.000235(T_m-25)+1.41\times10^{-7}(T_m-25)^2$	≥2.5(常温)　≥3.5(−196℃)	—
		320±32	−196~110	−196~100	≤0.050(25℃)	$\lambda=\lambda_0+0.000341(T_m-25)+8.1\times10^{-7}(T_m-25)^2$	≥5(常温)　≥7.0(−196℃)	—
		450±45	−196~110	−196~100	≤0.080(25℃)	$\lambda=\lambda_0+0.000309(T_m-25)+1.51\times10^{-7}(T_m-25)^2$	≥10(常温)　≥14(−196℃)	—
		550±55	−196~110	−196~100	≤0.090(25℃)	$\lambda=\lambda_0+0.000338(T_m-25)+5.21\times10^{-7}(T_m-25)^2$	≥15(常温)　≥20(−196℃)	—

注：1. 设计采用的各种绝热材料的物理化学性能及数据应符合各自的产品标准规定。

2. 导热系数参考方程中 (T_m-25) 表示该方程的数据项，λ_0 对应代入 T_m 为 25℃ 时的值。

　　蒸汽管道按规定的供热介质温降条件计算保温层厚度时，应选择最不利工况进行计算。供热介质温度应取计算管道在计算工况下的平均温度，环境温度应按下列规定取值：

　　(1) 地上敷设时，应取计算工况下相应的室外空气温度。

　　(2) 通行管沟敷设时，应取 40℃。

　　(3) 其他类型的地下敷设时，应取计算工况下相应的月平均土壤（或地表）自然温度。

　　按规定的土壤（或管沟）温度条件计算保温层厚度时，供热介质温度和环境温度应按下列规定取值：

　　(1) 蒸汽供热管网应按下列两种工况计算，并取保温层厚度较大值：

　　1) 供热介质温度取计算管段的最高温度，环境温度取同时期的月平均土壤（或地表）自然温度；

　　2) 环境温度取最热月平均土壤（或地表）自然温度，供热介质温度取同时期的最高运行温度。

　　(2) 热水供热管网应按下列两种供热介质温度和环境温度计算，并取保温层厚度较大值：

　　1) 冬季供热介质温度取设计温度，环境温度取最冷月平均土壤（或地表）自然温度；

　　2) 夏季环境温度取最热月平均土壤（或地表）自然温度，供热介质温度取同时期的运行温度。

　　当按规定的保温层外表面温度条件计算保温层厚度时，蒸汽供热管网的供热介质温度和环境温度应按下列规定取值：

　　(1) 供热介质温度应取可能出现的最高运行温度。

　　(2) 环境温度取值应符合下列规定：

　　1) 地上敷设时，应取夏季空调室外计算日平均温度；

　　2) 室内敷设时，应取室内可能出现的最高温度；

　　3) 不通行管沟、半通行管沟和直埋敷设时，应取最热月平均土壤（或地表）自然温度；

　　4) 检查室和通行管沟内，当人员进入维修时，可取 40℃。

　　当按规定的保温层外表面温度条件计算保温层厚度时，热水供热管网应分别按下列两种供热介质温度和环境温度计算，并取保温层厚度较大值：

　　(1) 冬季时，供热介质温度应取设计温度；环境温度取值应符合下列规定：

　　1) 地上敷设时，应取供热介质按设计温度运行时的最高室外日平均温度；

　　2) 室内敷设时，应取室内设计温度；

　　3) 不通行管沟、半通行管沟和直埋敷设时，应取最冷月平均土壤（或地表）自然温度；

　　4) 检查室和通行管沟内，当人员进入维修时，可取 40℃。

　　(2) 夏季时，供热介质温度应取同时期的运行温度；环境温度取值应符合下列规定：

　　1) 地上敷设时，应取夏季空调室外计算日平均温度；

　　2) 室内敷设时，应取室内可能出现的最高温度；

　　3) 不通行管沟、半通行管沟和直埋敷设时，应取最热月平均土壤（或地表）自然温度；

4）检查室和通行管沟内，当人员进入维修时，可取 40℃。

当采用复合保温层时，耐温高的材料应作内层保温，内层保温材料的外表面温度应等于或小于外层保温材料的允许最高使用温度的 0.9 倍。

采用软质保温材料计算保温层厚度时，应按施工压缩后的密度选取导热系数，保温层的设计厚度应为施工压缩后的保温层厚度。

1. 控制最大热损失计算法

（1）露天敷设的长距离热力管道一般按控制最大热损失方法计算，以确定其保温层厚度：

平面单层保温

$$\delta_1 = \lambda_1 \frac{t - t_K}{q} - R_1 \tag{2-46}$$

圆筒面单层保温

$$\ln \frac{d_1}{d_w} = 2\pi\lambda_1 \cdot \left(\frac{t - t_K}{q} - R_2 \right) \tag{2-47}$$

$$\delta_1 = \frac{d_1 - d_w}{2} \tag{2-48}$$

式中　λ_1——保温材料在 t_p 时的导热系数（安装密度时），W/（m·℃）；

　　t——管道内介质温度，℃；

　　t_K——周围空气温度，℃；

　　q——单位表面允许最大散热量，W/m²，可由表 2-12 和表 2-13 查出；

　　d_1——管道保温层外径，m；

　　d_w——管道外径，m；

　　R_1——平面保温层到周围空气的放热热阻，m²·k/W，可查表 2-14；

　　R_2——圆筒保温层到周围空气的放热热阻，m²·k/W，可查表 2-14。

季节运行工况允许最大散热损失　　　　　　　　表 2-12

设备、管道及附件外表面温度（℃）	50	100	150	200	250	300
允许最大散热损失（W/m²）	116	163	203	244	279	308

常年运行工况允许最大散热损失　　　　　　　　表 2-13

设备、管道及附件外表面温度 K（℃）	323 （50）	373 （100）	423 （150）	473 （200）	523 （250）	573 （300）	623 （350）
允许最大散热损失（W/m²）	58	93	116	140	163	186	209

在采用控制最大允许热损失方法计算保温层厚度时，其外表面温度为未知数，保温层的平均温度按表 2-15 查取，再换算成表面温度。

（2）当预先定出管道或设备的表面最大允许散热损失时，其保温层的经济厚度可用下式计算：

$$\delta = 2.69 \frac{d_w^{1.2} \cdot \lambda_1^{1.35} \cdot t_{w1}^{1.73}}{q^{1.5}} \tag{2-49}$$

式中 t_{w1}—保温层外表面温度，℃；

其余符号同前。

保温层表面热阻　　　　表 2-14

公称管径 (mm)	室内					室外				
	介质温度 t(℃)					介质温度 t(℃)				
	≤100	200	300	400	500	≤100	200	300	400	500
	圆筒面放热阻力 R_2(m²·k/W)									
25	0.301	0.258	0.215	0.198	0.189	0.103	0.095	0.086	0.077	0.077
32	0.275	0.232	0.198	0.163	0.138	0.095	0.086	0.077	0.069	0.060
40	0.258	0.215	0.181	0.155	0.129	0.086	0.077	0.069	0.060	0.052
50	0.198	0.163	0.138	0.120	0.103	0.069	0.060	0.052	0.043	0.043
100	0.155	0.129	0.112	0.095	0.077	0.052	0.043	0.043	0.034	0.034
125	0.129	0.112	0.095	0.077	0.069	0.043	0.034	0.034	0.026	0.026
150	0.103	0.086	0.077	0.069	0.060	0.034	0.026	0.026	0.026	0.026
200	0.086	0.077	0.069	0.060	0.052	0.034	0.026	0.026	0.017	0.017
250	0.077	0.069	0.060	0.052	0.043	0.026	0.017	0.017	0.017	0.017
300	0.069	0.060	0.052	0.043	0.043	0.026	0.017	0.017	0.017	0.017
350	0.060	0.052	0.043	0.043	0.043	0.017	0.017	0.017	0.017	0.017
400	0.052	0.043	0.043	0.034	0.034	0.017	0.017	0.017	0.017	0.017
500	0.043	0.034	0.034	0.034	0.034	0.017	0.017	0.017	0.017	0.017
600	0.036	0.034	0.032	0.030	0.028	0.014	0.013	0.013	0.012	0.011
700	0.033	0.031	0.029	0.028	0.026	0.013	0.012	0.011	0.010	0.010
800	0.029	0.028	0.025	0.025	0.023	0.011	0.010	0.010	0.095	0.095
900	0.026	0.025	0.025	0.022	0.022	0.010	0.095	0.095	0.086	0.086
1000	0.023	0.022	0.022	0.021	0.021	0.009	0.086	0.086	0.008	0.008
2000	0.014	0.013	0.012	0.011	0.010	0.005	0.004	0.004	0.004	0.004
	平面放热阻力 R_1(m²·k/W)									
平壁	0.086	0.086	0.086	0.086	0.086	0.344	0.344	0.344	0.344	0.344

保温层平均温度 t_p　　　　表 2-15

周围空气温度 (℃)	热介质温度 t(℃)						
	100	150	200	250	300	350	400
25	70	95	125	150	175	205	230
15	65	90	120	145	170	200	225
0	60	80	110	135	160	190	215
−15	55	75	105	130	155	185	210

2. 控制温度降时的保温层厚度计算

当已给出介质在管道中的温度降，可按下式计算其保温层厚度：

当 $\dfrac{t_1-t_K}{t_2-t_K}<2$ 时

$$\ln\frac{d_1}{d_w}=2\pi\lambda_1\cdot\left[\frac{(t_p-t_K)\cdot L\cdot k_1}{G\cdot c(t_1-t_2)}-R_1\right] \tag{2-50}$$

$$\delta=\frac{d_1-d_w}{2}\qquad \text{m} \tag{2-51}$$

当 $\dfrac{t_1-t_K}{t_2-t_K}\geqslant 2$ 时

$$\ln\frac{d_1}{d_w}=2\pi\lambda_1\cdot\left[\frac{(t_2-t_K)\cdot L\cdot k_1}{G\cdot c(t_1-t_K)}-R_1\right]\qquad(2-52)$$

式中　G——介质流量，kg/h；

c——介质平均比热，kJ/（kg·℃）；

t_1——介质始端温度，℃；

t_2——介质终端温度，℃；

L——管道输送长度，m；

k_1——管道支吊架局部保温修正系数，按下列值选取：吊架室内 1.10，室外 1.15；支架室内 1.15，室外 1.20；

t_p——保温层平均温度，℃；$t_p=\dfrac{1}{2}(t_{w1}+t)$。

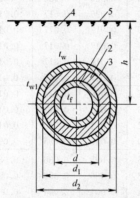

图 2-31　直埋管道示意图
1—工作管；2—保温层；3—外保护管；
4—土壤层；5—地表

3. 直埋管道保温层厚度计算法

直埋管道散出的热量由土壤吸收，因而土壤的热阻是总热阻的一部分。图 2-31 是直埋管道示意图。

$$\ln d_1=\frac{\lambda_1(t_{w1}-t_t)\cdot\ln d_w+\lambda_1(t-t_{w1})\cdot\ln 4h}{\lambda_t(t_{w1}-t_t)+\lambda_1(t-t_{w1})}\quad(2-53)$$

$$\delta_1=\frac{d_1-d_w}{2}\quad\text{m}\qquad(2-54)$$

式中　λ_t——土壤的导热系数，参见表 2-16，可取 1.74W/（m·℃）；

t_{w1}——保温层表面温度，℃；

t_t——土壤层温度，℃，可取 5℃；

h——埋管深度，m。

常用地质资料　　　　　　　　　　表 2-16

名称	密度 ρ (kg/m³)	导热系数 λ [W/(m·℃)]	质量比热 c [kJ/(kg·℃)]	导温系数 α (m²/h)
砂岩、石英岩	2400	2.035	0.92	0.003
重石灰岩	2000	1.163	0.92	0.00227
贝壳石灰岩	1400	0.639	0.92	0.00179
石灰重火山灰岩	1300	0.523	0.92	0.00157
大理石、花岗石	2800	3.489	0.92	0.00487
石灰岩	2000	3.024	0.92	0.0045
灰质页岩	1765	0.837	1.036	0.00166
片麻岩	2700	3.489	1.036	0.00463
钢筋混凝土	2400	1.547	0.836	0.00277
混凝土		1.279		
沥青混凝土	2100	1.047	1.673	
砾石混凝土	2200	1.628	0.837	0.0025

续表

名称	密度 ρ (kg/m³)	导热系数 λ [W/(m·℃)]	质量比热 c [kJ/(kg·℃)]	导温系数 α (m²/h)
碎石混凝土	1800	0.872	0.837	0.00208
水泥砂浆粉刷	1800	0.930	0.837	
轻砂浆砖砌体		0.756		
重砂浆砖砌体		0.814		
黄土(湿)	1910	1.651		
黄土(干)	1440	0.628		
黏土	1457		0.878	0.0036
软黏土(湿)	1770			
硬黏土(湿)	2000			
硬黏土(干)	1610	1.163		
砂土(干)		0.349		
砂土(湿)		2.326		
砂土(中等湿度)		1.745		
黏土及砂质黏土(湿)		1.861		
砂质黏土(中等湿度)		1.396		
砂质黏土(干)		1.407		

4. 保温层经济厚度计算法

保温层经济厚度取决于保温材料与单价、安装费、损耗费、折旧费、运输费用、热能价格、年运行时间、年利率和计息年数等指标有关。一般可用下式计算:

$$\delta = A_1 \sqrt{\frac{f_n \cdot \lambda_1 \cdot \tau(t - t_K)}{p \cdot s}} - \frac{\lambda_1}{\alpha_1 H} \tag{2-55}$$

$$d_1 \ln \frac{d_1}{d_w} = A_2 \sqrt{\frac{f_n \cdot \lambda_1 \cdot \tau(t - t_K)}{p \cdot s}} - \frac{2\lambda_1}{d_H^L} \tag{2-56}$$

式中　A_1——系数，$A_1 = 1.8975 \times 10^{-3}$；

A_2——系数，$A_2 = 3.795 \times 10^{-3}$；

p——保温结构的单位造价，元/m²；

s——保温工程投资贷款的年分摊率,%，按复利计息:

$$s = \frac{i(1+i)^n}{(1+i)^n - 1} \times 100\% \tag{2-57}$$

式中　i——年利息,%，一般为 $6\% \sim 12\%$；

n——计算系数，一般取 5~10a；

τ——年运行时间，h；

f_n——热能价格，元/GJ；

其余符号同前。

2.6.3　散热损失计算

供热管道的散热损失是根据传热学的基本原理进行计算的。供热管道敷设方式不同，计算方法也有所差别。

1. 架空敷设管道的热损失

根据图 2-32，架空敷设供热管路的散热损失可由下式求得：

$$\Delta Q = \frac{(t - t_0)}{R_n + R_g + R_b + R_w} \cdot (1 + \beta) \cdot L \tag{2-58}$$

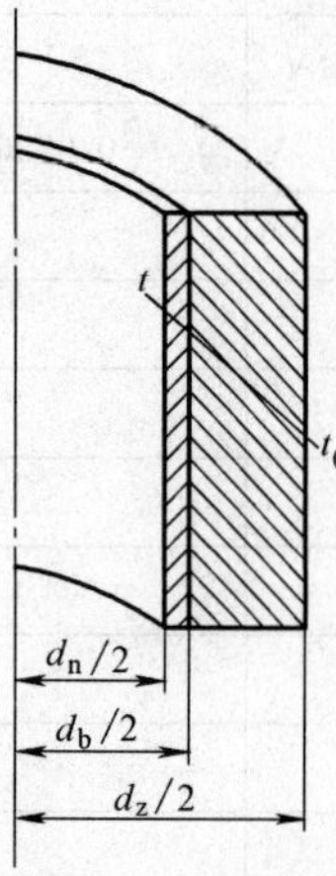

式中　ΔQ——管道热损失，W；

图 2-32　架空敷设管道
散热损失计算图

　　　　t——管道中热媒温度，℃；

　　　　t_0——管道周围环境（空气）温度，℃；

　　　　R_n——从热媒到管内的热阻：

$$R_n = \frac{1}{\pi \cdot a_n \cdot d_n} \tag{2-59}$$

　　　　a_n——从热媒到管内壁的放热系数，W/(m² · ℃)；

　　　　d_n——管道内径，m；

　　　　R_g——管壁热阻：

$$R_g = \frac{1}{2\pi\lambda_g} \cdot \ln\frac{d_w}{d_n} \tag{2-60}$$

　　　　λ_g——管材的导热系数，W/(m · ℃)；

　　　　d_w——管道外径，m；

　　　　R_b——保温材料的热阻：

$$R_b = \frac{1}{2\pi\lambda_b} \cdot \ln\frac{d_z}{d_w} \tag{2-61}$$

　　　　λ_b——保温材料的导热系数，W/ (m · ℃)；

　　　　d_z——保温层外表面的直径，m；

　　　　R_w——从管道保温层外表面到周围介质（空气）的热阻：

$$R_w = \frac{1}{\pi d_z a_w} \tag{2-62}$$

　　　　a_w——保温层外表面对空气的放热系数，W/(m² · ℃)；a_w 值可用下列近似公式求得：

$$a_w = 11.6 + 7\sqrt{v} \tag{2-63}$$

　　　　v——保温层外表面附近空气的流动速度，m/s；

　　　　L——管道长度，m；

　　　　β——管道附件、阀门、补偿器、支座等的散热损失附加系数，可按下列数值计算：对地上敷设，$\beta = 0.25$；对地沟敷设，$\beta = 0.20$；对直埋敷设，$\beta = 0.15$。

在实际计算中，热媒对管内壁的热阻和金属管壁的热阻与其他两项相比数值很小，可将它们忽略不计，式（2-54）可简化为：

$$\Delta Q = \frac{t-t_0}{R_b+R_w} \cdot (1+\beta) \cdot L = \frac{t-t_0}{\frac{1}{2\pi\lambda_b}\ln\frac{d_z}{d_w}+\frac{1}{\pi d_z a_w}} \cdot (1+\beta) \cdot L \qquad (2\text{-}64)$$

2. 直埋敷设管道的热损失

$$\Delta Q = \frac{t-t_{d,b}}{R+R_t} = \frac{t-t_{d,b}}{\frac{1}{2\pi\lambda_b}\ln\frac{d_z}{d_w}+\frac{1}{2\pi\lambda_t}\ln\left[\frac{2H}{d_z}+\sqrt{\left(\frac{2H}{d_z}\right)^2-1}\right]} \cdot (1+\beta) \cdot L \qquad (2\text{-}65)$$

土壤的热阻可根据福尔赫盖伊默推导的传热学理论计算公式，土壤的热阻可用下式表示：

$$R_t = \frac{1}{2\pi\lambda_t}\ln\left[\frac{2H}{d_z}+\sqrt{\left(\frac{2H}{d_z}\right)^2-1}\right] \qquad (2\text{-}66)$$

式中　d_z——与土壤接触的管子外表面的直径，m；

　　　λ_t——土壤的导热系数。当土壤温度为 $10\sim40℃$ 时，中等温度土壤的导热系数 $\lambda_t=1.2\sim2.5\text{W/(m}\cdot℃)$；

　　　H——管子的折算埋深，m。

管子的折算埋深 H，按下式计算：

$$H = h+h_j = h+\frac{\lambda_t}{a_k} \qquad (2\text{-}67)$$

式中　h——从地表面到管中心线的埋设深度，m；

　　　h_j——假想土壤层厚度，m；此厚度的热阻等于土壤表面的热阻；

　　　a_k——土壤表面的放热系数，可采用 $a_k=12\sim15$ W/(m² $\cdot℃)$ 计算；

　　　$t_{d,b}$——土壤地表面温度，℃。

如埋设深度较深 $\left(\frac{h}{d_z}\geqslant2\right)$ 时，式（2-65）和式（2-66）可近似地用更简单的公式进行计算（图 2-33）：

$$\Delta Q = \frac{t-t_{d,b}}{\frac{1}{2\pi\lambda_b}\ln\frac{d_z}{d_w}+\frac{1}{2\pi\lambda_t}\ln\frac{4H}{d_z}} \cdot (1+\beta) \cdot L \qquad (2\text{-}68)$$

$$R_t = \frac{1}{2\pi\lambda_t}\ln\frac{4H}{d_z} \qquad (2\text{-}69)$$

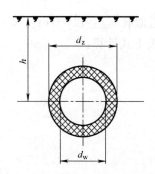

图 2-33　直埋敷设管道散热损失计算图

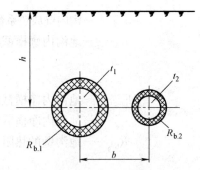

图 2-34　直埋敷设双管散热损失计算图

以上是单根管道直埋敷设的散热损失计算方法。当几根管道并列一起直埋时，需要考虑其相互间的传热影响。其相互传热影响可以考虑为一个假想的附加热阻 R_c。在双管直埋敷设情况下，如图 2-34 所示，附加热阻可用下式表示：

$$R_c = \frac{1}{2\pi\lambda_t}\ln\sqrt{\left(\frac{2H}{b}\right)^2 + 1} \qquad (2\text{-}70)$$

式中　b——两管中心线的距离，m；

其他符号同前。

考虑附加热阻后，第一根管的散热损失：

$$q_1 = \frac{(t_1 - t_{d,b})\sum R_2 - (t_2 - t_{d,b})R_c}{\sum R_1 \cdot \sum R_2 - R_c^2} \qquad (2\text{-}71)$$

第二根管的散热损失：

$$q_2 = \frac{(t_2 - t_{d,b})\sum R_1 - (t_1 - t_{d,b})R_c}{\sum R_1 \cdot \sum R_2 - R_c^2} \qquad (2\text{-}72)$$

式中　q_1、q_2——第一根和第二根管道单位长度的散热损失，W/m；

t_1、t_2——第一根和第二根管内的热媒温度，℃；

$\sum R_1$、$\sum R_2$——第一根和第二根管道的总热阻，m·℃/W：
$$\sum R_1 = R_{b,1} + R_t, \sum R_2 = R_{b,2} + R_t$$

$R_{b,1}$、$R_{b,2}$——第一根和第二根管道保温层的热阻，m·℃/W，按式（2-20）计算；

R_t——土壤热阻，$m·℃/W$，按式（2-67）或式（2-69）计算；

R_c——附加热阻，$m·℃/W$，按式（2-70）计算；

$t_{d,b}$——土壤地表面温度，℃

3. 地沟敷设管道的散热损失

地沟敷设管道的散热损失计算方法，只是在计算总热阻中，除了保温层热阻和土壤热阻外，还应包括从保温层表面到地沟内空气的热阻、从地沟内空气到地沟内壁的热阻以及沟壁热阻，即：

$$\sum R = R_b + R_w + R_{ng0} + R_{g0} + R_t \quad m·℃/W \qquad (2\text{-}73)$$

式中　R_b、R_w、R_t——代表意义及求法同前所述，m·℃/W；

R_{ng0}——从沟内空气到沟内壁之间的热阻，m·℃/W；

$$R_{ng0} = \frac{1}{\pi a_{ng0} d_{ng0}} \qquad (2\text{-}74)$$

a_{ng0}——沟内壁放热系数，W/(m²·℃)，可近似取 $a_{ng0} = 12W/(m^2·℃)$；

d_{ng0}——地沟内廓横截面的当量直径，m；按下式计算：

$$d_{ng0} = \frac{4F_{ng0}}{s_{ng0}}$$

F_{ng0}——地沟内净横截面面积，m²；

s_{ng0}——地沟内净横截面的周长，m；

R_{g0}——地沟壁的热阻：

$$R_{g0} = \frac{1}{2\pi\lambda_{g0}}\ln\frac{d_{wg0}}{d_{ng0}} \qquad (2\text{-}75)$$

d_{wg0}——地沟横截面外表面的当量直径，m；

$$d_{wg0} = 4F_{wg0}/s_{wg0}$$

F_{wg0}——地沟外横截面面积，m^2；

s_{wg0}——地沟外横截面周长，m。

当地沟内只有一根管道时，散热损失可按下式计算：

$$q=(t-t_{d,b})/\sum R \qquad (2-76)$$

式中　$t_{d,b}$——土壤地表面温度，℃。

当地沟内有若干条供热管道时，为了考虑各条管路之间的相互影响，首先要确定地沟内的空气温度。根据热平衡原理，地沟内所有管路的散热量应等于地沟向土壤散失的热量，即：

$$\frac{(t_i-t_{g0})}{R_I}+\frac{(t_{II}-t_{g0})}{R_{II}}+\cdots+\frac{(t_m-t_{g0})}{R_m}=\frac{(t_{g0}-t_{d,b})}{R_0} \qquad (2-77)$$

得：

$$t_{g0}=\left(\frac{t_i}{R_i}+\frac{t_{II}}{R_{II}}+\cdots+\frac{t_m}{R_m}+\frac{t_{d,b}}{R_0}\right)\bigg/\left(\frac{1}{R_i}+\frac{1}{R_{II}}+\cdots+\frac{1}{R_m}+\frac{1}{R_0}\right) \qquad (2-78)$$

式中　t_{g0}——地沟内空气温度，℃；

t_i、t_{II}、t_m——地沟内敷设的第Ⅰ、Ⅱ、m根管路中热媒温度，℃；

R_i、R_{II}、R_m——第Ⅰ、Ⅱ、m根管路从热媒到地沟中空气间的热阻，m·℃/W；

$$R_i=R_{b,I}+R_{w,I}；R_m=R_{b,m}+R_{w,m}$$

R_0——从地沟内空气到室外空气的热阻，m·℃/W。

$$R_0=R_{ng0}+R_{g0}+R_t \qquad (2-79)$$

在计算通行地沟内管道的热损失时，如通行地沟设置了通风系统，则根据热平衡原理，通行地沟中各条管路的总散热量应等于从沟壁到周围土壤的散热量与通风系统排热量之和。

$$Q_t=\sum Q-\Delta Q_{g0} \qquad (2-80)$$

式中　$\sum Q$——地沟内各供热管路的总散热量，W；

ΔQ_{g0}——从沟壁到周围土壤的散热损失，W；

Q_t——通风系统的排热量，W。

通风地沟内的通风排热量，则可用下式求出：

$$Q_t=\left[\frac{(t_i-t'_{g0})}{R_i}+\frac{(t_{II}-t'_{g0})}{R_{II}}+\cdots+\frac{(t_m-t'_{g0})}{R_m}-\frac{(t'_{g0}-t_{d,b})}{R_0}\right]\cdot(1+\beta)\cdot L \qquad (2-81)$$

式中　t'_{g0}——通风系统工作时，要求保证的通行地沟内的空气温度，℃，按设计规定要求，不得高于40℃。

2.6.4　防腐涂层

1. 管道防腐的原则

热水供热管网或季节性运行的蒸汽供热管网的管道及附件，应涂刷耐热、耐湿、防腐性能良好的涂料。

常年运行的室内蒸汽管道及附件，可不涂刷防腐材料。常年运行的室外蒸汽管道也可涂刷耐高温的防腐涂料。

架空管道采用普通铁皮作保护层时，铁皮内外表面均应涂刷防腐材料，施工后外表面应涂刷面漆。

不保温管道及附件，为了防腐和便于识别，应进行外部油漆。保温管道的保温层外表面，应涂刷油漆，并标记管道内介质流向及色环。

保温层外表面不应做防潮层。

2. 防腐层的要求

不保温管道，室内管道先涂二度防锈漆，再涂一度调和漆；室外管道先涂刷二度云母氧化铁酚醛底漆，再涂二度云母氧化铁面漆；管沟中的管道，先涂一度防锈漆，再涂二度沥青漆。

保温管道，管道内介质温度低于 120℃时，管道表面涂刷二度防锈漆；管道内介质温度高于 120℃时，管道表面可不涂刷防锈漆。

保护层面漆、保温结构的保护层采用黑铁皮时，其内表面涂刷二度防锈漆，外表面先涂二度云母防锈漆，再涂二度银粉漆，或涂刷二度云母氧化铁酚醛底漆和二度云母氧化铁面漆。油毡、玻璃纤维布作保护层时，室内外架空管道涂刷醇酸树脂磁漆三度；地沟内管道涂冷底子油三度。石棉水泥做保护层时，表面涂色漆三度。不通行地沟内的管道，保护层外表面可不进行刷漆处理。

直埋管道应根据表 2-17 中土壤腐蚀性等级和相应的防腐等级，再按表 2-18 中有关直埋管道沥青防腐层的要求，来确定防腐层的结构。

土壤腐蚀性等级及防腐等级　　　　　　　　　表 2-17

项　　目	土壤腐蚀性等级				
	特高	高	较高	中高	低
土壤电阻率(Ω·m)	<5	5~10	10~20	20~100	>100
含盐量(%)	>0.75	0.1~0.75	0.05~0.1	0.01~0.05	<0.01
含水量(%)	12~25	10~12	5~10	5	<5
在 $\Delta V=500mV$ 时极化电流密度(mA/cm²)	0.3	0.08~0.3	0.025~0.08	0.001~0.025	<0.001
防腐等级	特加强	加强	加强	普通	普通

直埋管道沥青防腐层结构　　　　　　　　　表 2-18

防腐等级	防腐层结构	每层沥青厚度(mm)	总厚度不少于(mm)
普通防腐	沥青底漆—沥青三层夹玻璃布二层—玻璃布	2	6
加强防腐	沥青底漆—沥青四层夹玻璃布三层—玻璃布	2	8
特加强防腐	沥青底漆—沥青五或六层夹玻璃布四或五层—玻璃布	2	10 或 12

3. 管道涂色、色环、色标

为了便于识别对锅炉房、换热站、加压站等处的供热管道，其涂料颜色及色环颜色要求详见表 2-19。

管道弯头、穿墙处及需要观察的地方，必须涂刷色环或介质名称及介质流向箭头。

管道的色环，介质名称及介质流向箭头的位置和形状如图 2-36 所示，图中的尺寸数值如表 2-20 所示。

常用管道涂色标记　　　　　　　　　　　　　　　　　表 2-19

序号	管道名称	管道底色	色环颜色	序号	管道名称	管道底色	色环颜色
1	蒸汽管道	红	黄	6	软化水管	绿	白
2	凝结水管	绿	红	7	自来水管	绿	黄
3	采暖热水管	红	绿	8	热水供应管	蓝	绿
4	采暖回水管	红	蓝	9	排汽管	红	黑
5	补给水管	绿	白	10	排污管	黑	

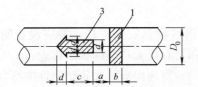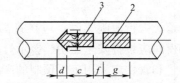

图 2-35　管道色环、介质名称及介质流向箭头
1—色环；2—介质名称；3—介质流向箭头

管道的色环、介质名称及介质流向箭头的位置、形状尺寸（mm）　　　表 2-20

序号	保温外径或防腐管道外径 D_0	a	b	c	d	f	g	h
1	≤50	24	30			45	100	20
2	51～100	28	30			55	100	25
3	101～200	35	70	$\frac{1}{5}D_0+50$	$\frac{1}{2}c$	60	200	50
4	201～300	55	85			80	200	70
5	>300	65	130			80	400	100

　　地上敷设和管沟敷设的热水（或凝结水）管道、季节运行的蒸汽管道及附件，应涂刷耐热、耐湿、防腐性能良好的涂料。

　　常年运行的蒸汽管道及附件，可不涂刷防腐涂料。常年运行的室外蒸汽管道及附件，可涂刷耐常温的防腐涂料。

　　架空敷设的管道宜采用镀锌钢板、铝合金板、塑料外护等做保护层，当采用普通薄钢板作保护层时，钢板内外表面均应涂刷防腐涂料，施工后外表面应涂敷面漆。

2.7　管道施工与验收

2.7.1　施工

　　管道工程的施工单位应具有相应的施工资质。

　　施工现场管理应有施工安全、技术、质量标准，健全的安全、技术、质量管理体系和制度。

施工中应执行设计文件的规定，需要变更设计时应按有关规定执行，未经审批的设计变更严禁施工。

施工前应按设计要求对管线进行平面位置和高程测量，并应符合现行行业标准《城市测量规范》CJJ/T 8 和《城镇供热管网工程施工及验收规范》CJJ 28 的相关规定。

施工前，施工单位应会同建设、监理等单位，核对管道路由、相关地下管道以及构筑物的资料，必要时应局部开挖核实。

管道穿越其他市政设施时，应对其采取保护措施，并应征得产权单位的同意。

在地下水位较高的地区或雨期施工时，应采取降低水位或排水措施，并应及时清除沟内积水。

在沿车行道、人行道施工时，应在管沟沿线设置安全护栏，并应设置明显的警示标志。施工现场夜间应设置安全照明、警示灯和具有反光功能的警示标志。

直埋保温管和管件应采用工厂预制的产品。直埋保温管和管路附件应符合现行的国家有关产品标准，并应具有生产厂质量检验部门的产品合格文件。

管道及管路附件在入库和进入施工现场安装前应进行检查，其材质、规格、型号应符合设计文件和合同的规定，并应进行外观检查。当对外观质量有异议或设计文件有要求时，应进行质量检验，不合格者不得使用。

在有限空间内作业应制定实施方案，作业前应进行气体检测，合格后方可进行现场作业。作业时地面上应有监护人员，并应保持联络畅通。

管道及管路附件安装应按现行行业标准《城镇供热管网工程施工及验收规范》CJJ 28 的相关规定执行，并应符合下列规定：

（1）同一施工段的等径直管段宜采用相同厂家、相同规格和性能的预制保温管、管件及保温接头。当无法满足时，应征得设计单位的同意。

（2）当直埋保温管采用预热安装时，应以一个预热伸长段作为一个施工分段，并应符合 CJJ 28 附录 E 的规定。

（3）安装至回填前，管沟内不应有积水。当日工程完工时，应对未安装完成的管端采取临时封堵措施，并应对裸露的保温层进行封端防水处理。

（4）管道安装坡度应与设计要求一致。在管道安装过程中出现折角或管道折角大于设计值时，应与设计单位确认后再进行安装。

（5）焊缝内部质量检验应采用射线探伤，当不能采用射线探伤时，应经质检部门同意后，方可采用超声波探伤。焊缝内部质量检验数量应符合下列规定：

1）管道公称直径大于或等于 400mm、设计温度大于或等于 100℃、压力大于1.0MPa，焊缝应进行 100％焊缝内部质量检验；

2）对穿越铁路、公路、河流、桥梁、有轨电车及非开挖敷设的直埋管道，焊缝应进行 100％焊缝内部质量检验；

3）对于抽查的焊缝，抽查数量不应少于焊缝总数的 25％，且每个焊工不应少于 1 个焊缝。抽查时，应侧重抽查固定焊口。

（6）带泄漏监测系统的保温管的安装还应符合下列规定：

1）信号线的位置应在管道的上方，相同颜色的信号线应对齐；

2）工作钢管焊接前应测试信号线的通断状况和电阻值，合格后方可对口焊接。

（7）接头保温应符合下列规定：

1）接头保温应在工作钢管安装完毕及焊缝检测合格、强度试验合格后进行；

2）管道接头使用聚氨酯发泡时，环境温度宜为25℃，且不应低于10℃；管道温度不应超过50℃；

3）接头保温的结构、保温材料的材质及厚度应与预制保温管相同；

4）保温管的保温层被水浸泡后，应清除被浸湿的保温材料方可进行接头保温；

5）接头外护层与其两侧的保温管外护管的搭接长度不应小于100mm。接口时，外护层和工作钢管表面应洁净干燥。如因雨水、受潮或结露而使外护层或工作钢管潮湿时，应进行加热烘干处理。

（8）接头外护层安装完成后，应进行100%的气密性检验。

（9）施工过程中应对保温管的保温层采取防潮措施，保温层不得进水或受潮。

固定墩、固定支架施工应符合下列规定：

1）固定墩预制件的几何尺寸、焊接质量及隔热层、防腐层应满足设计要求。在固定墩浇筑混凝土前应检查与混凝土接触部位的防腐层是否完好，如有损坏应进行修补。

2）固定墩、固定支架的混凝土强度应达到设计强度并回填后，方可进行管道整体压力试验和试运行。

2.7.2 管道试验和清洗

管道试验和清洗应符合现行行业标准《城镇供热管网工程施工及验收规范》CJJ 28的相关规定。

管道应进行压力试验、清洗。强度试验应在焊接完成、接头保温和安装设备前进行，严密性试验应在管道回填后进行。

压力试验和清洗应具备经建设单位、设计单位和监理单位批准的压力试验和清洗方案规定的条件。

压力试验和清洗前应划定安全区、设置安全标志。在整个试验和清洗过程中应有专人值守，无关人员不得进入试验区。

管道压力试验应符合下列规定：

（1）管道压力试验的介质应采用干净水。

（2）压力试验时环境温度不宜低于5℃，否则应采取防冻措施。

（3）试验压力应符合设计规定。当设计未规定时，强度试验压力应为设计压力的1.5倍，严密性试验压力应为设计压力的1.25倍，且均不得低于0.6MPa。

（4）当试验过程中发现渗漏时，严禁带压处理。消除缺陷后，应重新进行压力试验。

（5）试验结束后，应及时排尽管道内的积水。

管道清洗应符合下列规定：

（1）管道清洗宜采用清洁水。

（2）不与管道同时清洗的设备、容器及仪表应与清洗管道隔离或拆除。

（3）清洗进水管的截面积不应小于被清洗管截面积的50%，清洗排水管截面积不应小于进水管截面积，排放水应引入可靠的排水井或排水沟内。

（4）管道清洗宜按主干线—支干线—支线顺序进行，排水时，不得形成负压。

（5）管道清洗前应将管道充满水并浸泡，冲洗的水流方向应与设计介质流向一致。

（6）管道清洗应连续进行，并应逐渐加大管内流量，管内平均流速不应低于1m/s。

（7）管道清洗过程中应观察排出水的清洁度，当目测排水口的水色和透明度与入口水一致时，清洗合格。

管道试验和清洗完成后，应在分项工程、分部工程验收合格的基础上进行单位工程验收，并应符合现行行业标准《城镇供热管网工程施工及验收规范》CJJ 28 的相关规定。

2.7.3　试运行

试运行应在单位工程验收合格，管道试验和清洗合格后，同时在热源具备供热条件下进行。

试运行前应编制试运行方案，对试运行各个阶段的任务、方法、步骤、指挥等各方面的协调配合及应急措施均应作详细的安排。在环境温度低于5℃时，应制定可靠的防冻措施。试运行方案应由建设单位、设计单位和监理单位审查同意并进行交底。

试运行应有完善、可靠的通信系统及其他安全保障措施。

试运行的实施应符合现行行业标准《城镇供热管网工程施工及验收规范》CJJ 28 的相关规定。

当试运行期间发现不影响运行安全和试运行效果的问题时，可待试运行结束后进行处理，否则应停止试运行，并应在降温、降压后进行处理。

2.7.4　竣工验收

竣工验收应在单位工程验收和试运行合格后进行。

竣工验收应按《城镇供热管网工程施工及验收规范》CJJ 28 的相关规定执行，验收还应包括下列内容：

（1）管道轴线偏差。

（2）管道地基处理、胸腔回填料、回填土高度和回填密实度。

（3）回填前预制保温管外壳完好性。

（4）预制保温管接口及报警线。

（5）预制保温管与固定墩连接处防水防腐及检查室穿越口处理。

（6）预拉预热伸长量、一次性补偿器预调整值及焊接线吻合程度。

（7）防止管道失稳措施。

本章参考文献

［1］陆耀庆. 实用供热空调设计手册（第二版）［M］. 北京：中国建筑工业出版社，2008.

［2］李德英. 供热工程［M］. 北京：中国建筑工业出版社，2004.

［3］GB 5041—2008. 锅炉房设计规范［S］. 北京：中国计划出版社，2008.

［4］CJJ 34—2010. 城镇供热管网设计规范［S］. 北京：中国建筑工业出版社，2011.

［5］DL/T 5366—2006. 火力发电厂汽水管道应力计算技术规程［S］. 北京：中国电力出版社，2006.

［6］CJJ/T 81—2013. 城镇供热直埋热水管道技术规程［S］. 北京：中国建筑工业出版社，2014.

［7］CJJ 104—2014. 城镇供热直埋蒸汽管道技术规程［S］. 北京：中国建筑工业出版社，2014.

［8］GB 50316—2000. 工业金属管道设计规范［S］. 北京：中国建筑工业出版社，2008.

［9］ GB/T 20801—2006. 压力管道规范—工业管道［S］. 北京：中国标准出版社，2007.

［10］ GB/T 8175—2008. 设备及管道绝热设计导则［S］. 北京：中国标准出版社，2009.

［11］ GB 50264—2013. 工业设备及管道绝热工程设计规范［S］. 北京：中国建筑工业出版社，2013.

［12］ TSG D0001—2009. 压力管道安全技术监察规程—工业管道［S］. 北京：新华出版社，2009.

［13］ CJ/T 114—2000. 高密度聚乙烯外护管聚氨酯泡沫塑料预制直埋保温管［S］. 北京：中国标准出版社，2004.

［14］ CJ/T 155—2001. 高密度聚乙烯外护管聚氨酯泡沫塑料预制直埋保温管管件［S］. 北京：中国标准出版社，2002.

［15］ CJJ 28—2004. 城镇供热管网工程施工及验收规范［S］. 北京：中国建筑工业出版社，2005.

［16］ GB 50235—2010. 工业金属管道工程施工及验收规范［S］. 北京：中国计划出版社，2011.

［17］ GB 50236—1998. 现场设备、工业管道焊接工程施工及验收规范［S］. 北京：中国计划出版社，2005.

［18］ GB 50126—2008. 工业设备及管道绝热工程施工规范［S］，北京：中国计划出版社，2012.

［19］ GB/T 18593—2010. 熔融结合环氧粉末涂料的防腐蚀涂装［S］. 北京：中国标准出版社，2010.

［20］ Q/CNPC 38—2002. 埋地钢制管道双层熔结环氧粉末外涂层技术规范.

［21］ SY/T 0063—1999. 管道防腐层检漏试验方法［S］. 北京：石油工业出版社，1999.

第 3 章　燃气输配

本章执笔人

李　嘉

女，汉族，1982 年 2 月 20 日出生。中国建筑设计院有限公司工程师。2005 年 7 月毕业于哈尔滨工业大学（学士）。2013 年 7 月毕业于北京建筑大学（硕士）。

代表工程

1. 东南航运中心总部大厦，13 万 m^2（专业负责人）。

2. 唐山传媒大厦，13 万 m^2（专业负责人）。

主要论著

1. 供热管网动态特性研究，城市设计研究，2010，6（第一作者）。

2. 蒸发冷却技术在西部建筑空调通风系统中的应用研究，2014 年第十九届全国暖通空调制冷学术年会论文（第一作者）。

联系方式：lijia@cadg.cn

杨　炯

男，汉族，1972 年 4 月 12 日生。北京市煤气热力工程设计院有限公司院副总工程师、高级工程师、注册公用设备（动力）工程师。1994 年 7 月毕业于北京建筑工程学院。

代表工程

通州接收门站及出站管线工程（通州接收站）（项目负责人），获 2013 年度全国工程勘察设计行业优秀工程勘察设计行业二等奖。

主要科研成果

北京市规划委员会科研课题："地震灾害对市政基础设施的影响调查及分析——地震灾害对燃气管道的影响调查及分析"。课题负责人。

主要论著

燃气调压站震害经济损失评估和评估软件开发，煤气热力，2013，2（第一作者）。

3.1 国家现行相关规范

3.1.1 基本知识

《城镇燃气计量单位和符号》CJ/T 3069—1997

《管道元件 DN（公称直径）的定义和选用》GB 1047—2005

《城镇燃气工程基本属于标准》GB/T 50680—2012

3.1.2 城镇燃气分类规范

《城镇燃气分类和基本特性》GB/T 13611—2006

《天然气》GB 17820—2012

《人工煤气》GB 13612—2006

《液化石油气》GB 11174—2011

3.1.3 设计规范（管网类）

1. 常规类规范

《城镇燃气设计规范（最新修改）》GB 50028—2006

《城镇燃气技术规范》GB 50494—2009

《输气管道工程设计规范》GB 50251—2003

《聚乙烯燃气管道工程技术规程》CJJ 63—2008

《燃气工程制图标准》CJJ/T 130—2009

《城镇燃气技术规范》GB 50494—2009

2. 涉及的分类规范

《油气长输管道穿越工程设计规范》GB 50423—2007

《埋地钢质管道牺牲阳极阴极保护设计规范》SY/T 0019—97

《工业金属管道设计规范》GB 50316—2000

《建筑物防雷设计规范》GB 50057—2010

《室外给水排水和燃气热力工程抗震规范》GB 50032—2003

《工业企业设计卫生标准》GBZ 1—2010

《室外给水排水和燃气热力工程抗震设计规范》CB 50032—2003

3. 国家法律、法规

《中华人民共和国节约能源法》1997 年版

《中华人民共和国环境保护法》2014 年版

《大气污染物综合排放标准》GB 16297—96

《石油天然气管道安全监督与管理规定》2000 年版

3.1.4 管道类施工、验收技术规范

《城镇燃气室内工程施工及验收规范》CJJ 94—2009

《城镇燃气输配工程施工及验收规范》CJJ 33—2005

《工业金属管道工程施工规范》GB 50235—2010

《工业企业煤气安全规程》GB 6222—2005

《天然气运行管线试压技术规范》SY/T 6149—1995

《油气长输管道工程施工及验收规范》GB 50369—2006

《现场设备、工业管道焊接工程施工规范》GB 50236—2011

《石油天然气管道跨越工程施工及验收规范》SY 0470—2000

《玻璃纤维增强热固性树脂压力管道施工及验收规范》SY/T 0323—2000

《阀门的检查与安装规范》SY/T 4102—95

《埋地钢质管道外防腐层和保温层现场施工及验收》SY 4058—93

3.1.5 运行、抢修规范

《城镇燃气设施运行、维护和抢修安全技术规程》CJJ 51—2006

《油气管道架空部分及其附属设施维护保养规程》SY/T 6068—1994

《埋地钢质管道强制电流阴极保护设计规范》SY/T 0036—2000

《输油气管道通用阀门操作、维护、检修规程》SY 6150—1995

法律部分：

（1）城市燃气管理办法（建设部令［62号］）1997年版

（2）城市燃气安全管理规定（建设部、劳动部、公安部令［第10号］）1991年版

3.1.6 燃气设备

1. 管道

《燃气用埋地聚乙烯（PE）管道系统第1部分：管材》GB 15558.1—2003

《燃气用埋地聚乙烯（PE）管道系统第2部分：管件》GB 15558.2—2005

《水及燃气管道用球墨铸铁管、管件和附件》GB/T 13295—2003

《低压流体用无缝钢管》GB/T 8163

《低压流体输送用焊接钢管》GB/T 3091—2001

《燃气用钢骨架聚乙烯塑料复合管》CJ/T 125—2000

《燃气用钢骨架聚乙烯塑料复合管件》CJ/T 126—2000

《燃气用埋地孔网钢带聚乙烯复合管》CJ/T 182—2003

《灰口铸铁管件》GB/T 3420—2008

《压力管道安全技术监察规程——工业管道》TSG D0001—2009

《石油天然气工业管线输送系统用钢管》GB/T 9711—2011

2. 燃气表、灶类

《膜式煤气表》GB 6968—2011

《IC卡家用膜式燃气表》CJ/T 112—2000

《家用燃气快速热水器（2001版）》GB 6932—2001

《家用燃气燃烧器具安全管理规程》GB 17905—2008

《家用燃气燃烧器具安装及验收规程》CJJ 12—2013

《燃气燃烧器具安全技术通则》GB 16914—2012

3. 阀门

《家用手动燃气阀门》CJ/T 180—2003

《城镇燃气用球墨铸铁、铸钢制阀门通用技术要求》CJ/T 3056—1995

4. 报警器类

《城镇燃气报警控制系统技术规程》CJJ/T 146—2011

3.1.7　设备防腐

《城镇燃气埋地钢质管道腐蚀控制技术规程》CJJ 95—2013

《钢质管道外腐蚀控制规范》GB/T 21447—2008

《埋地钢质管道聚乙烯防腐层》GB/T 23257—2009

《钢质管道聚乙烯胶粘带防腐层技术标准》SY/T 04147—2007

3.2　城镇燃气分类及性质

3.2.1　城镇燃气的组成及基本物理热力参数

城镇燃气是由多种气体组成的混合气体，含有可燃气体和不可燃气体。其中可燃气体有碳氢化合物（如甲烷、乙烷、乙烯、丙烷、丙烯、丁烷、丁烯等烃类可燃气体）、氢和一氧化碳等，不可燃气体有二氧化碳、氮和氧等。典型的天然气、液化石油气和人工燃气的组分及低热值如表 3-1 所示。

各种燃气平均组分及低热值（273.15K、101325Pa）　　　　表 3-1

种类		燃气成分体积分数(干成分)(%)									低热值(kJ/m³)
		CH_4	C_3H_8	C_4H_{10}	C_mH_n	CO	H_2	CO_2	O_2	N_2	
1	天然气										
(1)	纯天然气	98	0.3	0.3	0.4					1.0	36216
(2)	石油伴生气	81.7	6.2	4.86	4.94				0.3	0.2	1.8	45470
(3)	凝析气田气	74.3	6.75	1.87	14.91			1.62		0.55	48360
(4)	矿井气	52.4	—	—				4.6	7.0	36.0	18841
2	液化石油气（概略值）	—	50	50							108438
3	人工燃气										
1)	固体燃料干馏煤气										
(1)	焦炉煤气	27	—	—	2	6	56	3	1	5	18254
(2)	连续式直立炭化炉煤气	18	—	—	1.7	17	56	5	0.3	2	16161

种类		燃气成分体积分数(干成分)(%)									低热值
		CH_4	C_3H_8	C_4H_{10}	C_mH_n	CO	H_2	CO_2	O_2	N_2	(kJ/m³)
(3)	立箱炉煤气	25	—	—	—	9.5	55	6	0.5	4	16119
2)	固体燃料气化煤气										
(1)	压力气化煤气	18	—	—	0.7	18	56	3	0.3	4	15410
(2)	水煤气	1.2	—	—	—	34.4	52	8.2	0.2	4.0	10380
(3)	发生炉煤气	1.8	—	0.4	—	30.4	8.4	2.4	0.2	56.4	5900
3)油制气											
(1)	重油蓄热热裂解气	28.5	—	—	32.17	2.68	31.51	2.13	0.62	2.39	42161
(2)	重油蓄热催化热裂解气	16.5	—	—	5	17.3	46.5	7.0	1.0	6.7	17543
4)	高炉煤气	0.3	—	—	—	28	2.7	10.5	—	58.5	3936
5)	掺混气										
(1)	焦炉气掺混高炉气	18.7	—	—	2	9.3	50.6	4.7	0.7	14.0	15062
(2)	液化石油气混空气	—	15	35	—	—	—	—	10.5	39.5	57230
6)	沼气(生物气)	60	—	—	—	少量	少量	35	少量	—	21771

3.2.2 燃气分类

1. 按燃气生成原因分类

根据各种燃气的生成原因或者来源可以归纳为天然气、人工燃气和液化石油气三大类。其中天然气是自然生成的;人工燃气或是由其他能源转化而成,或是生产工艺的副产品;而液化石油气是石油加工的副产品。

天然气主要包括气田气(或称纯天然气)、石油伴生气、凝析气田气和煤层气四种。气田气、石油伴生气和凝析气田气经过净化处理后,主要组分为甲烷(CH_4),这三种天然气称为常规天然气。

煤层气(随采煤过程产出的煤层气混有较多空气,俗称煤矿瓦斯)是一种以吸附状态为主,生成并储存在煤系地层中的非常规天然气。煤层气的主要成分也是甲烷,但相对常规天然气含量较低。它与常规天然气一样,具有很高的经济价值。

人工燃气主要是指那些通过能源转换技术,由煤炭或重油转换而成的煤制气或油制气。煤制气又可分为干馏煤气和气化煤气。干馏煤气包括以制气为主的炭化炉煤气和炼焦

215

副产的焦炉煤气；气化煤气根据气化工艺的不同，又可分为压力气化煤气、水煤气和发生炉煤气等。

油制气根据工艺的不同主要分为热裂解气和催化裂解气。

炼铁过程副产的高炉煤气和炼钢过程副产的转炉煤气也可归入人工燃气类。

沼气是人们利用生物质在厌氧条件下通过微生物分解代谢的生物化学过程形成的以甲烷和二氧化碳为主的可燃性混合气体。

液化石油气主要是炼油厂的副产气，而进口的液化石油气主要是通过按一定的比例将丙烷（或丙烯）和丁烷（或丁烯）混合而成的。

2. 按燃气热值分类

根据燃气热值的大小，习惯上分为三个等级，即高等热值燃气、中等热值燃气和低等热值燃气。高等热值燃气的热值在 $30MJ/m^3$ 以上，高等热值燃气的组分以烃类为主，天然气、部分油制气和液化石油气都属于高等热值燃气；中等热值燃气的热值在 $20MJ/m^3$ 左右，中等热值燃气除含有氢和一氧化碳外，还含有甲烷和其他烃类，如焦炉煤气，或者主要可燃成分为甲烷，但伴有大量非可燃组分，如沼气；低等热值燃气的热值在 $12\sim13MJ/m^3$ 之间或更低，低等热值燃气的可燃组成主要为氢和一氧化碳，同时含有相当数量的不可燃惰性组分，多数气化煤气、高炉煤气等属于低等热值燃气。

3. 按燃气燃烧特性分类

由于不同燃气的热值、密度、火焰传播速度等各不相同，因此，它们的燃烧特性也有所不同。在进行燃具设计时，需要考虑到燃气的燃烧特性。按某一种燃气设计的燃具，不能随意换用另外一种燃气，否则燃具负荷会不满足原来的设计要求，还会发生回火、脱火、燃烧不完全等现象。

对于火焰传播速度相近，热值和密度不同的两种燃气，如果他们的华白数或广义华白数相等，则可以使用同一个燃具，也就是说这两种燃气具有互换性。

$$W'=H\sqrt{\frac{P}{S}} \tag{3-1}$$

式中　W'——广义华白数；

　　　H——热值；

　　　P——燃具前燃气相对压力；

　　　S——燃气的相对密度。

如果置换前后两种燃气的广义华白数相等，则它们可以进行互换。

如果置换前后燃气具前的燃气压力相等，则上述广义华白数可改写为：

$$W_s=\frac{H}{\sqrt{S}} \tag{3-2}$$

W_s 称为华白数。华白数作为燃具相对热负荷的一个量度，是燃具设计选型的重要依据。

两种燃气满足华白数相等，但如果它们的火焰传播速度有比较大的差异，则尚需满足燃烧势相等的要求，这样才可能使置换后的燃气在原来燃具上不会发生回火、脱火或不完全燃烧现象。

燃烧势 C_P 的一般表达式为：

$$C_P = \frac{ar_{H_2} + br_{CO} + cr_{CH_4} + dr_{C_m H_n}}{\sqrt{S}} \tag{3-3}$$

式中 r_{H_2}、r_{CO}、r_{CH_4} $r_{C_m H_n}$——燃气中氢、一氧化碳、甲烷和其他碳氢化合物的体积百分数，%；

   a、b、c、d——相应各燃气成分的系数；

   S——燃气的相对密度。

式（3-3）中的系数需要通过试验确定。在国家标准《城市燃气分类》GB/T 13611 中，燃烧势按下式计算：

$$C_P = K \frac{1.0r_{H_2} + 0.6r_{CO} + 0.3r_{CH_4} + 0.6r_{C_m H_n}}{\sqrt{S}} \tag{3-4}$$

$$K = 1 + 0.0054 \times r_{O_2}^2 \tag{3-5}$$

式中 K——燃气中氧含量修正系数；

   $r_{O_2}^2$——燃气中氧的体积百分数，%。

《城镇燃气分类和基本特性》GB/T 13611 根据燃气的华白数和燃烧势对燃气进行的分类，如表 3-2 所示。表中所列华白数和燃烧势的波动范围是规定的最大允许波动范围，作为城镇燃气气源时用尽量控制在 ±5% 以内。

城镇燃气的类别及特性指标（干燃气，15℃，101.325kPa）　　　　表 3-2

类别		华白数 W_s(MJ/m³)		燃烧势 C_P	
		标准	范围	标准	范围
人工燃气	3R	13.71	12.62~14.66	77.7	46.5~85.5
	4R	17.78	16.38~19.03	107.9	64.7~118.7
	5R	21.57	19.81~23.17	93.9	54.4~95.6
	6R	25.69	23.85~27.95	108.3	63.1~111.4
	7R	31.00	28.57~33.12	120.9	71.5~129.0
天然气	3T	13.28	12.22~14.35	22.0	21.0~50.6
	4T	17.13	15.75~18.54	24.9	24.0~57.3
	6T	23.35	21.76~25.01	18.5	17.3~42.7
	10T	41.52	39.06~44.84	33.0	31.0~34.3
	12T	50.73	45.67~54.78	40.3	36.3~69.3
液化石油气	19Y	76.84	72.86~76.84	48.2	48.2~49.4
	20Y	79.64	72.86~87.53	46.3	41.6~49.4
	22Y	87.53	81.83~87.53	41.6	41.6~44.9

3.2.3 城镇燃气的质量要求

城镇燃气在进入输配管网和供给用户前，都应满足热值相对稳定、毒性小和杂质少等基本要求，并且达到一定的质量指标，这对于保障城镇燃气系统和用户的安全、减少管道腐蚀与堵塞以及对环境的污染等都有重要意义。

城镇燃气质量指标要求：城镇燃气（应按基准气分类）的发热量和组分的波动应符合城镇燃气互换的要求；城镇燃气偏离基准气的波动范围宜按现行的国家标准《城市燃气分类》GB/T 13611 的规定采用，并应适当留有余地。

1. 人工燃气与天然气中的主要杂质及质量要求

（1）人工燃气与天然气中的主要杂质

1）焦油与尘。焦油、尘的主要危害是影响燃气的正常输送与使用。天然气中的尘是因管道腐蚀而产生的氧化铁尘粒，输送天然气过程中由于尘粒所引起的故障，多发生在远离气源的用户端。人工燃气中通常含有焦油和尘，当含量较高时，所引起的故障多发生在煤气厂内部或离煤气厂不远的厂外管道内。

2）奈。人工燃气特别是干馏煤气中含奈较多。人工燃气在管道输送过程中温度逐渐下降，当煤气中的含奈量大于煤气温度相应的饱和含奈量时，过饱和部分的气态奈以结晶状态析出，沉积于管内而使管道流通截面减小，甚至堵塞，造成供气中断。奈的堵塞又因焦油和尘的存在而加剧。

3）硫化物。燃气中的硫化物分为无机硫和有机硫。无机硫指硫化氢（H_2S），有机硫有二硫化碳（CS_2）、硫化碳（COS）、硫醇（CH_3SH、C_2H_5SH）、硫醚（CH_3SCH_3）等。燃气中的硫化物 90%～95%为无机硫。

硫化氢及其氧化物（二氧化硫）都具有强烈的刺鼻气味，对眼黏膜和呼吸道有损害作用。空气中硫化氢浓度大于 $910mg/m^3$（约 0.06%体积分数）时，人呼吸 1h，就会严重中毒。当空气中含有 0.05%（体积分数）的二氧化硫时，短时呼吸生命就有危险。

硫化氢又是一种活性腐蚀剂。在高压、高温以及在燃气中含有水分时，腐蚀作用会加剧。燃气中的二氧化碳及氧也是腐蚀剂，当它们与硫化氢同时存在时，对管道和设备更为有害。燃气输配系统中硫化氢的腐蚀可分为两种：一种是硫化氢和氧在干燥的钢管内壁发生缓慢的腐蚀作用；另一种是在管内壁上形成一层水膜，即使硫化氢含量不大，金属的腐蚀速度也很快，而硫化氢和氧的浓度越高，腐蚀越加剧。硫化氢的燃烧产物二氧化硫（SO_2）也具有腐蚀性。

有机硫对燃气用具的腐蚀有两种情况：一种是燃气在燃具内部与高温金属表面接触后，有机硫分解生成硫化氢造成腐蚀；另一种是燃气燃烧后生成二氧化硫和三氧化硫造成腐蚀。前者常发生在点火器、火孔等高温部位，由于腐蚀物的堵塞引起点火不良等故障。后者因二氧化硫溶于燃烧产物中的水分，并在设备低温部位的金属表面冷凝下来而发生腐蚀。

4）氨。高温干馏煤气中含有氨气。氨能腐蚀燃气管道、设备及燃气用具。燃烧时产生 NO、NO_2 等有害气体，影响人体健康，并污染环境。然而氨能对硫化物产生的酸类物质起中和作用，所以城镇燃气输配系统中含有微量的氨，对保护金属又是有利的。

5）一氧化碳。一氧化碳是无色、无味、有剧毒的气体，通常在人工燃气中含有一氧化碳。如果空气中含有 0.1%（体积分数）的一氧化碳，人呼吸 1h，会引起头痛和呕吐，含量达 0.5%（体积份数）时，人呼吸约 20～30min，就会危及生命。

6）氧化氮。燃烧产物中的氧化氮对人体有害，空气中含量有 0.01%（体积份数）的氧化氮时，短时间呼吸后，支气管将受刺激，长时间呼吸会危及生命。

燃气中的一氧化氮与氧气生成二氧化氮，后者与燃气中的二烯烃、特别是丁二烯及环戊二烯等具有共轭双键的烃类反应，再经聚合形成气态胶质，因此也称为 NO 胶质，易沉积于流速及流向变化的地方，或附着于输气设备及燃具，引起各种故障。从燃气厂输出的燃气中，即使只含有 $0.114g/m^3$ 的 NO 胶质，在管道末端也会出现胶质的沉积现象。如果每立方米燃气中胶质达数十毫克时，将会沉积在压缩机的叶轮和中间冷却器的管壁上，使压送能力急剧降低，而且经很短时间就需要拆卸清除。如胶质附着在调压器内，则会使调压器动作失灵，造成不良的后果。

7）水。水和水蒸气与燃气中的烃类气体会产生固态水合物，造成管道、设备及仪表等的堵塞。液态水会加剧硫化氢和二氧化碳等酸性气体对金属管道及设备的腐蚀，特别是水蒸气在管道和管道内表面冷凝时形成水膜，造成的腐蚀更为严重。

（2）对天然气及人工燃气的质量要求

天然气发热量、总硫和硫化氢含量、水露点指标应符合国家现行标准《天然气》GB 17820 的一类气或二类气的规定。在天然气交接点的压力和温度条件下，天然气的烃露点应比最低环境温度低 5℃；天然气中不应有固态、液态或胶状物质。

压缩天然气加气站进站天然气的质量应符合前述管输天然气质量标准的二类气质量标准，增压后进入储气装置及出站的压缩天然气质量，必须符合现行国家标准《车用压缩天然气》GB 18047 的规定。

人工燃气的质量技术指标应符合国家现行标准《人工煤气》GB/T 13612 的规定。

2. 液化石油气中的主要杂质及质量要求

（1）液化石油气中的主要杂质

1）硫分。液化石油气如含有硫化氢和有机硫化物，会造成运输、储存和气化设备的腐蚀。硫化氢的燃烧产物 SO_2 也是强腐蚀性气体。

2）水分。水和水蒸气与液态或气态的 C_2、C_3 和 C_4 会生成结晶水合物。若在液化石油气容器底部形成水合物，会使容器与吹扫管、排液管及液位计的接口管堵塞。液化石油气中的水蒸气也能加剧 O_2、H_2S 和 SO_2 对管道、阀件及燃气用具的腐蚀。由于水分具有上述危害，通常要求液化石油气中不含水分。

3）二烯烃。从炼油厂获得的液化石油气中，可能含有二烯烃，它会聚合成分子量高达 4×10^5 的橡胶状固体聚合物。在气体中，当温度大于 $60 \sim 75℃$ 时，即开始强烈的聚合。在液态碳氢化合物中，丁二烯的强烈聚合反应在 $40 \sim 60℃$ 时就开始了。

当气化含有二烯烃的液化石油气时，在气化装置的加热面上可能生成固体聚合物，使气化装置在很短时间内就不能正常工作。

4）乙烷和乙烯。由于乙烷和乙烯的饱和蒸汽压总是高于丙烷和丙烯的饱和蒸汽压，而液化石油气的容器多是按纯丙烷设计的，液化石油气中乙烷和乙烯含量应予以限制。

5）残液。C_5 和 C_5 以上的组分沸点较高，在常温下不能气化而留存在容器内，故称为残液。残液量多，会增加用户更换气瓶的次数，增加运输量，因而对其含量应加以限制。

（2）对液化石油气的质量要求

民用及工业用液化石油气质量技术指标应符合国家现行标准《油气田液化石油气》GB 9052.1 或《液化石油气》GB 11174 的规定。

液化石油气作为车用燃料使用时，应严格控制烯烃与二烯烃含量，防止聚合现象的发生。车用液化石油气应满足现行国家标准《车用液化石油气》GB 19159 的相关规定。

液化石油气与空气的混合气作主气源时，液化石油气的体积分数应高于其爆炸上限的 2 倍，且混合气得露点温度应低于管道外壁温度 5℃。硫化氢含量不应大于 20mg/m³。

3. 城镇燃气的加臭

城镇燃气是易燃易爆的气体，并有毒性。燃气管道及设备在施工和维护过程中，如果存在质量问题或使用不当，容易漏气。有引起爆炸、着火和人身中毒的危险。

燃气经过净化处理，一般没有明显的异味，因此，燃气在经过输配管网向用户供应时应加注一定的加臭剂，使燃气具有可以察觉的臭味。燃气中加臭剂的最小量应符合下列规定：无毒燃气泄漏到空气中，达到爆炸下限的 20% 时，应能察觉；有毒燃气泄漏到空气中，达到对人体允许的有害浓度时，应能察觉；对于以一氧化碳为有毒成分的燃气，空气中一氧化碳的含量 0.02%（体积分数）时，应能察觉。

城镇燃气加臭剂应符合下列条件：加臭剂和燃气混合在一起后应具有特殊的臭味；加臭剂不应对人体、管道或与其接触的材料有害；加臭剂燃烧产物不应对人体呼吸有害，并不应腐蚀或伤害与此燃烧产物经常接触的材料；加臭剂溶解于水的程度不应大于 2.5%（质量分数）；加臭剂应有在空气中应能察觉的加臭剂含量指标。目前，较为常用的加臭剂为四氢噻吩。

3.2.4　燃气的物理和热力性质

1. 单一气体的物理热力特性

单一气体的物理特性是计算各种混合燃气特性的基础数据。燃气中常见的单一气体在标准状态下的主要物理热力特性值列于表 3-3 和表 3-4 中

某些低级烃的基本性质（273.15K，101325Pa）　　　　表 3-3

一气体	甲烷	乙烷	乙烯	丙烷	丙烯	正丁烷	异丁烷	丁烯	正戊烷
分子式	CH_4	C_2H_6	C_2H_4	C_3H_8	C_3H_6	C_4H_{10}	C_4H_{10}	C_4H_8	C_5H_{12}
分子量 M	16.0430	30.0700	28.0540	44.0970	42.0810	58.1240	58.1240	56.1080	72.1510
摩尔容积 V_M(m³/kmol)	22.3621	22.1872	22.2567	21.9362	21.990	21.5036	21.5977	21.6067	20.891
密度 ρ(kg/m³)	0.7174	1.3553	1.2605	2.0102	1.9136	2.7073	2.6912	2.5968	3.4537
相对密度 S(空气＝1)	0.5548	1.048	0.9748	1.554	1.479	2.090	2.081	2.008	2.671
气体常数 R[kJ/(kg·K)]	517.1	273.7	294.3	184.5	193.8	137.2	137.8	148.2	107.3
临界参数									
临界温度 T_c(K)	191.05	305.45	282.95	368.85	364.75	425.95	407.15	419.59	470.35
临界压力 P_c(MPa)	4.6407	4.8839	5.3389	4.3975	4.7623	3.6173	3.6578	4.020	3.3437
临界密度 ρ_c(kg/m³)	162	210	220	226	232	225	221	234	232
热值									
高热值 H_h(MJ/m³)	39.842	70.351	63.438	101.266	93.667	133.886	133.048	125.847	169.377
低热值 H_L(MJ/m³)	35.902	64.397	59.477	93.240	87.667	123.649	122.853	117.695	156.733
爆炸极限									
爆炸下限 L_h(体积%)	5.0	2.9	2.7	2.1	2.0	1.5	1.8	1.6	1.4
爆炸上限 L_L(体积%)	15.0	13.0	34.0	9.5	11.7	8.5	8.5	10	8.3

续表

气体	甲烷	乙烷	乙烯	丙烷	丙烯	正丁烷	异丁烷	丁烯	正戊烷
黏度									
动力黏度 $\mu \times 10^6$(Pa·s)	10.393	8.600	9.316	7.502	7.649	6.835	6.875	8.937	6.355
运动黏度 $\nu \times 10^6$(m²/s)	14.50	6.41	7.46	3.81	3.99	2.53	2.556	3.433	1.85
无因次系数 C	164	252	225	278	321	377	368	329	383
沸点 t(℃)	−161.49	−88	−103.68	−42.05	−47.72	−0.50	−11.72	−6.25	36.06
定压比热 c_p[kJ/(m³·K)]	1.545	2.244	1.888	2.960	2.675	4.130	4.2941	3.871	5.127
绝热指数 k	1.309	1.198	1.258	1.161	1.170	1.144	1.144	1.146	1.121
导热系数 λ[W/(m·K)]	0.03024	0.01861	0.0164	0.01512	0.01467	0.01349	0.01434	0.01742	0.01212

某些气体的基本性质 (273.15K, 101325Pa) 表 3-4

气体	一氧化碳	氢	氮	氧	二氧化碳	硫化氢	空气	水蒸气
分子式	CO	H_2	N_2	O_2	CO_2	H_2S	—	H_2O
分子量 M	28.0104	2.0160	28.014	31.9988	44.0098	34.076	28.966	18.0154
摩尔容积 V_M(m³/kmol)	22.3984	22.427	22.403	22.3923	22.2601	22.1802	22.4003	21.629
密度 ρ(kg/m³)	1.2506	0.0899	1.2504	1.4291	1.9771	1.5363	1.2931	0.833
气体常数 R[kJ/(kg·K)]	296.63	412.664	296.66	259.585	188.74	241.45	286.867	445.357
临界参数								
临界温度 T_c(K)	133.0	33.30	126.2	154.8	304.2	373.55	132.5	647.3
临界压力 P_c(MPa)	3.4957	1.2970	3.3944	5.0764	7.3866	8.890	3.7663	22.1193
临界密度 ρ_c(kg/m³)	300.86	31.015	310.91	430.09	468.19	349.00	320.07	321.70
热值								
高热值 H_h(MJ/m³)	12.636	12.745	—	—	—	25.348	—	—
低热值 H_L(MJ/m³)	12.636	10.786	—	—	—	23.368	—	—
爆炸极限								
爆炸下限 L_h(体积%)	12.5	4.0	—	—	—	4.3	—	—
爆炸上限 L_L(体积%)	74.2	75.9	—	—	—	45.5	—	—
黏度								
动力黏度 $\mu \times 10^6$(Pa·s)	16.573	8.355	16.671	19.417	14.023	11.670	17.162	8.434
运动黏度 $\nu \times 10^6$(m²/s)	13.30	93.0	13.30	13.60	7.09	7.63	13.40	10.12
无因次系数 C	104	81.7	112	131	266	—	122	—
沸点 t(℃)	−191.48	−252.75	−195.78	−182.98	−78.20[①]	−60.30	−192.00	—
定压比热 c_p[kJ/(m³·K)]	1.302	1.298	1.302	1.315	1.620	1.557	1.306	1.491
绝热指数 k	1.403	1.407	1.402	1.400	1.304	1.320	1.401	1.335
导热系数 λ[W/(m·K)]	0.0230	0.2163	0.02489	0.250	0.01372	0.01314	0.02489	0.01617

① 升华。

2. 混合物组分换算

（1）混合物组分表示方法

混合气体的组分有三种表示方法：容积成分（又称体积成分）、质量成分和摩尔成分（又称分子成分）。

1）容积成分

容积成分是指混合气体中各组分的分容积与混合气体的总容积之比，即：

$$r_1 = \frac{V_1}{V} ; r_2 = \frac{V_2}{V} \ldots r_n = \frac{V_n}{V} \tag{3-6}$$

混合气体的总容积等于各组分的分容积之和，即：

$$V = V_1 + V_2 + \ldots + V_n \tag{3-7}$$

$$\therefore r_1 + r_2 + \ldots + r_n = \sum_1^n r_i = 1 \tag{3-8}$$

式中　V_1，$V_2 \ldots V_n$——混合气体各组分的分容积，m^3；

　　　r_1，$r_2 \ldots r_n$——混合气体各组分的容积成分，以 r_i 表示任一组分；

　　　　　　n——混合气体的组分数；

　　　　　　V——混合气体总容积，m^3。

2）质量成分

质量成分是指混合气体各组分的质量与混合气体的总质量之比，即：

$$g_1 = \frac{G_1}{G} ; g_2 = \frac{G_2}{G} \ldots g_n = \frac{G_n}{G} \tag{3-9}$$

式中　G_1，$G_2 \ldots G_n$——各组分的质量，kg；

　　　g_1，$g_2 \ldots g_n$——混合气体各组分的质量成分；

　　　　　　G——混合气体总质量，kg。

3）摩尔成分

摩尔成分是指各组分摩尔数与混合气体的摩尔数之比，即：

$$m_1 = \frac{N_1}{N} ; m_2 = \frac{N_2}{N} \ldots m_n = \frac{N_n}{N} \tag{3-10}$$

式中　N_1，$N_2 \ldots N_n$——各组分的摩尔数；

　　　　　　N——混合气体的摩尔数；

　　　m_1，$m_2 \ldots m_n$——各组分的摩尔成分。

由式（3-6）已知，容积成分为：

$$r_i = \frac{V_i}{V} \quad i = 1, 2 \ldots n \tag{3-11}$$

显然

$$r_i = \frac{V_{M_i} \cdot N_i}{V_M \cdot N} \quad i = 1, 2 \ldots n \tag{3-12}$$

上式中，V_{M_i} 是各单一气体摩尔容积，而 V_M 则是混合气体的平均摩尔容积，由于在同温同压下，1mol 任何气体的容积大致相等，因此，有：

$$r_i = \frac{V_i}{V} \simeq \frac{N_i}{N} = m_i \quad i = 1, 2 \ldots n \tag{3-13}$$

由式（3-13）可知，气体的摩尔成分在数值上近似等于容积成分。

混合液体组分的表示方法与混合气体相同，也用容积成分 y_i、质量成分 g_{yi} 和摩尔成分 x_i 三种方法表示。但混合液体的容积成分与摩尔成分不相等。

（2）混合物组分的换算

1）混合气体组分的换算

① 由混合气体的容积（或摩尔）成分换算为质量成分的计算公式：

$$g_i = \frac{r_i M_i}{\sum\limits_1^n r_i M_i} \quad i = 1, 2 \ldots n \tag{3-14}$$

② 由混合气体的质量成分换算为容积（或摩尔）成分的计算公式：

$$m_i = \frac{g_i / M_i}{\sum\limits_1^n g_i / M_i} \quad i = 1, 2 \ldots n \tag{3-15}$$

式中　g_1，$g_2 \ldots g_n$——混合气体各组分的质量成分；

　　　r_1，$r_2 \ldots r_n$——混合气体各组分的容积成分；

　　M_1，$M_2 \ldots M_n$——混合气体各组分的分子量。

2）混合液体组分的换算

① 由混合液体的容积成分换算为质量成分的计算公式：

$$g_{y_i} = \frac{y_i \rho_i}{\sum\limits_1^n y_i \rho_i} \quad i = 1, 2 \ldots n \tag{3-16}$$

② 由混合液体的质量成分换算为摩尔成分的计算公式：

$$x_i = \frac{g_{y_i} / M_i}{\sum\limits_1^n g_{y_i} / M_i} \quad i = 1, 2 \ldots n \tag{3-17}$$

③ 由混合液体的质量成分换算为容积成分的计算公式：

$$y_i = \frac{g_{y_i} / \rho_i}{\sum\limits_1^n g_{yi} / \rho_i} \quad i = 1, 2 \ldots n \tag{3-18}$$

式中　g_{y_1}，$g_{y_2} \ldots$，g_{y_n}——混合液体各组分的质量成分；

　　　y_1，$y_2 \ldots y_n$——混合液体各组分的容积成分；

　　　x_1，$x_2 \ldots x_n$——混合液体各组分的摩尔成分；

　　　ρ_1，$\rho_2 \ldots \rho_n$——混合液体各组分的密度，kg/m^3；

　　M_1，$M_2 \ldots M_n$——混合液体各组分的分子量；

　　　　　　　n——混合液体的组分数。

3. 密度和相对密度

单位体积的物质所具有的质量称为这种物质的密度。气体的相对密度是指在相同的温度、压力条件下，气体的密度与干空气密度的比值，工程上常采用气体在标准状态的相对密度；液体的相对密度是指该液体在其温度下的密度与规定的参比温度下的密度之比值。在科研工作中取 4℃下蒸馏水的密度作为参比量；在工程上，蒸馏水的参比温度是 20℃

（或 15.6℃）；对于液化石油产品，国际标准化组织（ISO）规定的参比温度是 15℃。

（1）平均分子量

1）混合气体的平均分子量的计算公式：

$$M = r_1M_1 + r_2M_2 + \ldots + r_nM_n \tag{3-19}$$

式中　M——混合气体平均分子量。

2）混合液体平均分子量的计算公式：

$$M = x_1M_1 + x_2M_2 + \ldots + x_nM_n \tag{3-20}$$

式中　M——混合液体平均分子量。

（2）平均密度和相对密度

混合气体平均密度和相对密度的计算公式：

$$\rho = \frac{M}{V_M} \tag{3-21}$$

$$S = \frac{\rho}{1.293} = \frac{M}{1.293 V_M} \tag{3-22}$$

式中　ρ——混合气体平均密度，kg/m^3；

$\quad\quad V_M$——混合气体平均摩尔容积，$m^3/kmol$；

$\quad\quad S$——混合气体相对密度，空气为 1。

$\quad$ 1.293——标准状态下空气的密度，kg/m^3。

对于双原子气体和甲烷组成的混合气体，标准状态下的 V_M 可取 $22.4m^3/kmol$，而对于由其他碳氢化合物组成的混合气体，则取 $22m^3/kmol$。若要精确计算，可采用下式计算：

$$V_M = r_1V_{M_1} + r_2V_{M_2} + \ldots + r_nV_{M_n} \tag{3-23}$$

式中　V_{M_1}，$V_{M_2}\ldots V_{M_n}$——混合气体各组分的摩尔容积，$m^3/kmol$。

混合气体平均密度还可根据单一气体密度及容积成分可按下式计算：

$$\rho = r_1\rho_1 + r_2\rho_2 + \ldots + r_n\rho_n \tag{3-24}$$

式中　ρ_1，$\rho_2\ldots\rho_n$——混合气体各组分的密度，kg/m^3；

$\quad\quad\quad \rho$——混合气体平均密度，kg/m^3。

燃气通常含有水蒸气，则湿燃气密度可按下式计算：

$$\rho^w = (\rho + d)\frac{0.833}{0.833 + d} \tag{3-25}$$

式中　ρ^w——湿燃气密度，kg/m^3；

$\quad\quad \rho$——干燃气密度，kg/m^3；

$\quad\quad d$——水蒸气含量，kg/m^3 干燃气；

$\quad$ 0.833——水蒸气密度，kg/m^3。

干、湿燃气容积成分按下式换算：

$$r_i^w = kr_i \tag{3-26}$$

$$k = \frac{0.833}{0.833 + d}$$

式中　r_i^w——湿燃气容积成分；

$\quad\quad k$——换算系数。

三类燃气的密度和相对密度变化范围（即平均密度和平均相对密度）列于表 3-5 中。

三类燃气的密度和相对密度   **表 3-5**

燃气种类	密度（kg/m³）	相对密度
天然气	0.75～0.8	0.58～0.62
焦炉煤气	0.4～0.5	0.3～0.4
气态液化石油气	1.9～2.5	1.5～2.0

4. 临界参数及实际气体状态方程

（1）临界参数

温度不超过某一数值，对气体进行加压，可以使气体液化，而在该温度以上，无论加多大的压力都不能使气体液化，这个温度就叫该气体的临界温度。在临界温度下，使气体液化所必需的压力叫临界压力。

图 3-1 所示为在不同温度下对气体压缩时，其压力和体积的变化情况。从 E 点开始压缩至 D 点时气体开始液化，到 B 点气体液化完成；而从 F 点开始压缩至 C 点时气体开始液化，但此时没有相当于 BD 的直线部分，其液化的状态与前者不同。C 点为临界点，气体在 C 点所处的状态称为临界状态，它既不属于气相，也不属于液相。这时的温度 T_c、压力 P_c，比容 ν_c、密度 ρ_c 分别叫做临界温度、临界压力、临界比容和临界密度。在图 3-1 中，ND-CG 线的右边是气体状态，MBCG 线的左边是液体状态，而在 MCN 线以下为气液共存状态，CM 和 CN 为边界线。

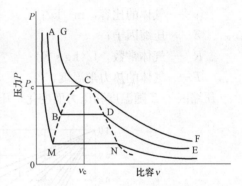

图 3-1 气体 P-ν 图的示意图

气体的临界温度越高，越易于液化。天然气主要成分甲烷的临界温度低，故较难液化；而组成液化石油气的碳氢化合物的临界温度较高，故较容易液化。

几种气体的液态—气态平衡曲线如图 3-2 所示，曲线左侧为液态，右侧为气态，曲线的顶点为临界点。

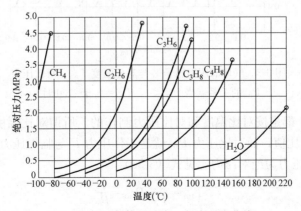

图 3-2 几种气体的液态—气态平衡曲线

由图 3-2 可知，气体温度比临界温度低得越多，则气化所需压力越小。

混合气体的平均临界压力和平均临界温度按式（3-27）和式（3-28）计算：

$$P_{cm} = r_1 P_{c_1} + r_2 P_{c_2} + \ldots + r_n P_{c_n} \tag{3-27}$$

$$T_{cm} = r_1 T_{c_1} + r_2 T_{c_2} + \ldots + r_n T_{c_n} \tag{3-28}$$

式中　P_{cm}，T_{cm}——混合气体的平均临界压力和平均临界温度；

P_{c_1}，$P_{c_2} \ldots P_{c_n}$——混合气体各组分的临界压力；

T_{c_1}，$T_{c_2} \ldots T_{c_n}$——混合气体各组分的临界温度；

r_1，$r_2 \ldots r_n$——混合气体各组分的容积成分。

（2）实际气体状态方程

当燃气压力低于 1MPa 和温度在 10～20℃时，在工程上还可视为理想气体。但当压力很高（如在天然气的长输管线中）、温度很低时，用理想气体状态方程进行计算所引起的误差会很大。实际工程中，在理想气体状态方程中引入考虑气体压缩性的压缩因子 Z，可以得到实际气体状态方程式：

$$P\nu = ZRT \tag{3-29}$$

式中　P——气体的绝对压力，Pa；

ν——气体的比容，m^3/kg；

Z——压缩因子；

R——气体常数，$J/(kg \cdot K)$；

T——气体的热力学温度，K。

压缩因子 Z 随温度和压力而变化，压缩因子 Z 值可由图 3-3 和图 3-4 确定。

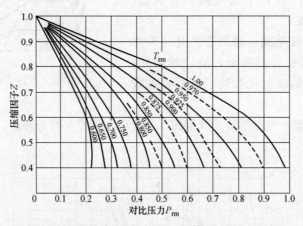

图 3-3　气体的压缩因子 Z 与对比温度 T_{rm}、对比压力

P_{rm} 的关系（当 $P_{rm} < 1$，$T_{rm} = 0.6 \sim 1.0$ 时）

图 3-3 和图 3-4 都是按对比温度和对比压力制作的。所谓对比温度 T_{rm} 就是工作温度 T 与临界温度 T_c 的比值，而对比压力 P_{rm} 就是工作压力 P 与临界压力 P_c 的比值。此处温度为热力学温度，压力为绝对压力，见式（3-30）。

$$T_{rm} = \frac{T}{T_c}, \quad P_{rm} = \frac{P}{P_c} \tag{3-30}$$

对于混合气体，在确定 Z 值之前，首先要按式（3-27）和式（3-28）确定平均临界压力和平均临界温度，再按图 3-3 和图 3-4 求得压缩因子 Z。

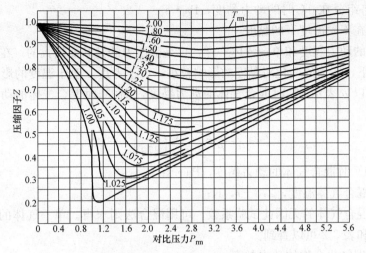

图 3-4 气体的压缩因子 Z 与对比温度 T_{rm}、对比压力
P_{rm} 的关系（当 $P_{rm} < 5.6$，$T_{rm} = 1.0 \sim 2.0$ 时）

5. 黏度

气体或液体内部一些质点对另一些质点位移产生阻力的性质，叫做黏度，包括动力黏度和运动黏度。

在低压下和高压下气体的黏度变化规律各不相同，当单组分气体在接近大气压的情况下，气体的动力黏度与压力几乎无关，其在大气压情况下的动力黏度与温度关系如图 3-5 所示。从图中可以看出，动力黏度随温度的升高而增大，随相对分子质量的增大而降低。在高压下气体动力黏度特性近似液体黏度特性，即黏度随压力的升高而增大；随温度的升高而减小；随相对分子质量的增加而增加。

（1）低压燃气的黏度计算公式

已知各组分的黏度计算燃气的黏度，混合气体的动力黏度常用的有以下两个近似计算公式：

$$\mu = \frac{1}{\sum\limits_1^n \left(\dfrac{g_i}{\mu_i} \right)} \qquad (3\text{-}31)$$

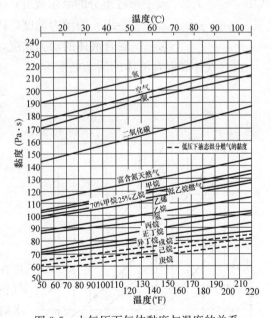

图 3-5 大气压下气体黏度与温度的关系

$$\mu = \frac{\sum\limits_1^n \mu_i m_i M_i^{0.5}}{\sum\limits_1^n m_i M_i^{0.5}} \qquad (3\text{-}32)$$

式中 μ——混合气体在 $0\,℃$ 时的动力黏度，$Pa \cdot s$；

μ_i——各组分在 0℃时的动力黏度，Pa·s。

（2）燃气在不同温度下的黏度

混合气体的动力黏度和单一气体一样，也是随压力的升高而增大的，在绝对压力小于 1MPa 的情况下，压力的变化对黏度的影响较小，可不考虑。至于温度的影响，却不容许忽略。若仍然以 μ 表示 0℃时混合气体的动力黏度，则 t℃时混合气体的动力黏度按下式计算：

$$\mu_t = \mu \frac{273+C}{T+C}\left(\frac{T}{273}\right)^{3/2} \tag{3-33}$$

式中 μ_t——t℃时混合气体的动力黏度，Pa·s；

   T——混合气体温度，273＋t，K；

   C——混合气体的无因此试验系数，可用混合法则求得。单一气体的 C 值由表 3-1 和表 3-2 可以查到。

（3）液态碳氢化合物的动力黏度

不同温度下液态碳氢化合物的动力黏度如图 3-6 所示。

液态碳氢化合物的动力黏度随分子量的增加而增大，随温度的上升而急剧减小。

混合液体的动力黏度可以近似地按下式计算：

$$\frac{1}{\mu} = \frac{x_1}{\mu_1} + \frac{x_2}{\mu_2} + \ldots + \frac{x_n}{\mu_n} \tag{3-34}$$

式中 $x_1, x_2 \ldots x_n$——各组分的摩尔成分；

   $\mu_1, \mu_2 \ldots \mu_n$——各组分的动力黏度，Pa·s；

   μ——混合液体的动力黏度，Pa·s。

混合气体和混合液体的运动黏度为：

$$\nu = \frac{\mu}{\rho} \tag{3-35}$$

式中 ν——混合气体或混合液体的运动黏度，m^2/s；

   μ——相应的动力黏度，Pa·s；

   ρ——混合气体或混合液体的密度，kg/m^3。

6. 热值

热值可以分为高热值和低热值。高热值是指在标准状态（101.325kPa，0℃）下，1m^3 燃气在理论空气量下完全燃烧，蒸汽全部凝结成水时，所释放出的反应热量。低热值是指在标准状态（101.325kPa，0℃）下，1m^3 燃气在理论空气量下完全燃烧，烟气中的水蒸气以气态排出时，所释放出的热量。

（1）混合可燃气体的热值

混合可燃气体的热值可由各单一气体的热值根据混合法则按下式计算：

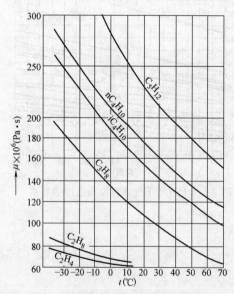

图 3-6   液态碳氢化合物的动力黏度

$$H = \sum H_i r_i \tag{3-36}$$

式中　H——混合可燃气体的高热值或低热值，kJ/ m³；

　　　　H_i——燃气中第 i 种可燃组分的高热值或低热值，kJ/ m³；

　　　　r_i——燃气中第 i 种可燃组分的容积成分。

（2）干、湿燃气的热值

燃气中通常含有水蒸气，计算时可以 1m³ 湿燃气为基准，或以 1m³ 干燃气带有 dkg 水蒸气的燃气（简称湿燃气）为基准。采用后者计算的优点是燃气的容积成分不随含湿量的变化而变化。

1）干燃气高、低热值的换算

$$H_h^{dr} = H_L^{dr} + 19.59\left(r_{H_2} + \sum \frac{n}{2} r_{C_m H_n} + r_{H_2 S}\right) \tag{3-37}$$

式中　　　　H_h^{dr}——干燃气的高热值，kJ/ m³ 干燃气；

　　　　　　H_L^{dr}——干燃气的低热值，kJ/ m³ 干燃气；

r_{H_2}、$r_{C_m H_n}$、$r_{H_2 S}$——氢、碳氢化合物、硫化氢在干燃气中的容积成分。

2）湿燃气高、低热值的换算：

$$H_h^{w} = H_L^{w} + \left[19.59\left(r_{H_2} + \sum \frac{n}{2} r_{C_m H_n} + r_{H_2 S}\right) + 2352 d_g\right]\frac{0.833}{0.833 + d_g}$$

或　　　　　　$$H_h^{w} = H_L^{w} + 19.59\left(r_{H_2^{w}} + \sum \frac{n}{2} r_{C_m H_n^{w}} + r_{H_2 S^{w}} + r_{H_2 O^{w}}\right) \tag{3-38}$$

式中　　　　　　　　H_h^{w}——湿燃气的高热值，kJ/ m³ 湿燃气；

　　　　　　　　　　H_L^{w}——湿燃气的低热值，kJ/ m³ 湿燃气；

　　　　　　　　　　d_g——燃气的含湿量，kJ/ m³ 干燃气；

$r_{H_2^{w}}$、$r_{C_m H_n^{w}}$、$r_{H_2 S^{w}}$、$r_{H_2 O^{w}}$——氢、碳氢化合物、硫化氢、水蒸气在湿燃气中的容积成分。

3）干、湿燃气低热值的换算：

$$H_L^{w} = H_L^{dr}\frac{0.833}{0.833 + d_g}$$

或　　　　　　$$H_L^{w} = H_L^{dr}\left(1 - \frac{\varphi P_s}{P}\right) \tag{3-39}$$

式中　φ——燃气的相对湿度；

　　　P——燃气的绝对压力，Pa；

　　　P_s——在与燃气相同温度下水蒸气的饱和分压力，Pa。

4）干、湿燃气高热值的换算：

$$H_h^{w} = (H_h^{dr} + 2352 d_g)\frac{0.833}{0.833 + d_g}$$

或　　　　　　$$H_h^{w} = H_h^{dr}\left(1 - \frac{\varphi P_s}{P}\right) + 1959\frac{\varphi P_s}{P} \tag{3-40}$$

7. 爆炸极限

可燃气体与空气混合，经点火发生爆炸所必需的最低可燃气体（体积）浓度，称为爆炸下限；可燃气体与空气混合，经点火发生爆炸所容许的最高可燃气体（体积）浓度，称为爆炸上限（图 3-7 和图 3-8）。

（1）燃气爆炸极限的计算

1）只含有可燃组分的燃气

对于只含有可燃组分的混合型燃气的爆炸极限可用混合法则估算，当已知各组分容积分数和爆炸极限时，其容积分数与爆炸极限之比的和等于混合气体总爆炸极限的倒数，即：

$$L = \frac{1}{\sum\limits_{i=1}^{n} \dfrac{r_i}{L_i}} \tag{3-41}$$

式中　L——混合气体的爆炸上（下）限，%；

$\quad\quad r_i$——可燃气体各组分容积分数；

$\quad\quad L_i$——可燃气体各组分的爆炸上（下）限，%；

$\quad\quad n$——可燃气体的组分数。

2）含有惰性气体组分的燃气，根据图 3-7 与图 3-8 用下式计算：

$$L = \frac{1}{\sum\limits_{i=1}^{n} \dfrac{r_i}{L_i} + \sum\limits_{j=1}^{m} \dfrac{r'_j}{L'_j}} \tag{3-42}$$

式中　L——可燃气体的爆炸上（下）限，%；

$\quad\quad r_i$——可燃气体各组分容积分数；

$\quad\quad L_i$——可燃气体各组分的爆炸上（下）限，%；

$\quad\quad n$——可燃气体的组分数；

$\quad\quad r'_j$——由某一可燃气体组分与某一惰性气体组分组成的混合组分在混合气体中的容积分数；

$\quad\quad L'_j$——由某一可燃气体组分与某一惰性气体组分组成的混合组分在该混合比时的爆炸上（下）限，%；

$\quad\quad m$——由可燃气体组分与惰性气体组分组成的总组合数。

3）含有氧气的燃气

混合型燃气中含有氧气时，可认为混入了空气。对含有氧气的燃气，扣除其按空气氧氮比例的空气量，其余组分的爆炸极限即是含有惰性气体组分的燃气的爆炸极限，即燃气的无空气基的爆炸极限，也即是一般所指的"燃气爆炸极限"，因为计算含有氧气的燃气爆炸极限，先扣除含氧量以及按空气氧氮比例求得的氮含量，重新调整可燃气体的容积分数，再按式（3-41）和式（3-42）计算其爆炸极限。

（2）燃气整体爆炸极限

上述扣除了按空气氧氮比例空气量求得的爆炸极限是"无空气基燃气的爆炸极限"，即是通常所称的"燃气爆炸极限"，不是就原燃气全部组分整体的浓度界定的爆炸极限。为此定义按原燃气整体的浓度界定的爆炸极限为"整体爆炸极限"。

燃气整体爆炸极限由下式计算：

$$L_T = L \frac{1}{1 - r_A} \tag{3-43}$$

$$r_A = 4.76 r_O$$

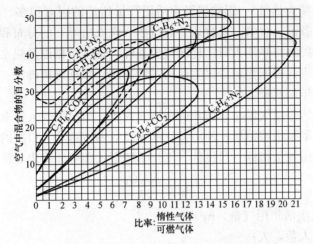

图 3-7　C_2H_4、C_2H_6、C_6H_6 与 N_2、CO_2 混合物的爆炸极限

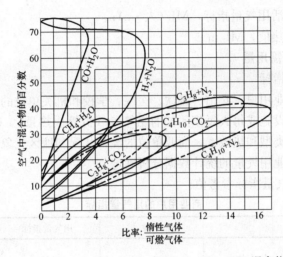

图 3-8　CO、H_2、CH_4、C_3H_8、C_4H_{10} 与 H_2O、N_2、CO_2 混合物的爆炸极限

式中　L_T——燃气整体爆炸极限，%；

　　　L——燃气爆炸极限（无空气基燃气的爆炸极限），%；

　　　r_A——燃气的折算空气含量；

　　　r_O——燃气中氧含量。

3.3　燃气管道的流量计算

3.3.1　燃气需用量计算

1. 居民用户燃气需用量

（1）居民生活用气量指标

居民生活用气指居民用于炊事、生活用热水的用气。居民生活用气量指标指每人每年消耗的燃气量（折算为热量）。影响居民生活用气量指标的因素很多，如用气设备的设置情况；公共生活服务网（食堂、熟食店、餐饮店、洗衣房等）的分布和应用情况；居民生活水平和习惯；居民每户平均人口；地区气象条件；燃气价格以及热水供应设备等。居民生活用气量的指标应该根据当地居民生活用气量的统计数据分析确定。

（2）居民生活年用气量

在计算居民生活年用气量时，需要确定用气人数。居民用气人数取决于城镇居民人口数和气化率。气化率是指城镇居民使用燃气的人口数占城镇总人口数的百分比。

根据居民生活用气量指标、居民数、气化率按下式即可计算出居民生活年用气量：

$$q_{a1}=\frac{NKQ_P}{H_L} \tag{3-44}$$

式中　q_{a1}——居民生活年用气量，m^3/a；

　　　N——居民人数，人；

　　　K——气化率，%；

　　　Q_P——居民生活用气量指标，$MJ/(人 \cdot a)$；

　　　H_L——燃气低热值，MJ/m^3。

2. 商业用户燃气需用量

（1）商业用气量指标

商业用气包括商业用户、宾馆、餐饮、医院、学校和机关单位的用气。商业用气量指标指单位成品或单位设施或每人每年消耗的燃气量（折算成热量）。影响该用气量指标的重要因素是燃具设备类型和热效率，商业单位的经营状况和地区气象条件等。商业用气量指标应该根据当地商业用气量的统计数据分析确定。

表 3-6 为商业用气量指标参考值。

商业用户的用气量指标　　　　　　　　　　　　　表 3-6

类别		单位	用气量指标	备注
商业建筑	有餐饮	$kJ/(m^2 \cdot d)$	502	商业性购物中心，娱乐城，办公贸易综合楼、写字楼、图书馆、展览厅、医院等。有餐饮指有小型办公餐厅或食堂
	无餐饮		335	
宾馆	高级宾馆(有餐厅)	$MJ/(床 \cdot a)$	29302	该指标耗热包括卫生用热、洗衣消毒用热、洗浴中心用热等。中级宾馆不考虑洗浴中心用热
	中级宾馆(有餐厅)		16744	
旅馆	有餐厅	$MJ/(床 \cdot a)$	8372	指仅提供普通设施，条件一般的旅馆及招待所
	无餐厅		3350	
餐饮业		$MJ/(座 \cdot a)$	7955~9211	主要指中级以下的营业餐馆和小吃店
燃气直燃机		$MJ/(m^2 \cdot d)$	991	供生活热水、制冷、供暖综合指标

类别		单位	用气量指标	备注
燃气锅炉		MJ/(t·a)	25.1	按蒸发量、供热量及锅炉燃烧效率计算
职工食堂		MJ/(人·a)	1884	指机关、企业、医院事业单位的职工内部食堂
医院		MJ/(床·a)	1931	按医院病床折算
幼儿园	全托	MJ/(人·a)	2300	用气天数 275d
	半托	MJ/(人·a)	1260	
大中专院校		MJ/(人·a)	2512	用气天数 300d

表 3-7 是北京市部分商业用户用气量指标范围，可供参考。

北京市部分商业用户用气量指标范围　　　　　表 3-7

用户类型	单位	平均用气量	用气量指标范围
幼儿园、托儿所	m³/(人·d)	0.107	0.068~0.146
小学	m³/(人·d)	0.033	0.012~0.053
中学	m³/(人·d)	0.046	0.035~0.057
大学	m³/(人·d)	0.061	—
办公(写字)楼	m³/(人·d)	0.148	0.097~0.199
综合商场、娱乐城	m³/(座·d)	0.780	—
五星级宾馆	m³/(床·d)	0.567	0.512~0.615
四星级宾馆	m³/(床·d)	0.748	0.372~1.123
三星级宾馆	m³/(床·d)	0.897	0.882~0.912
普通旅馆、招待所(三星级以下)	m³/(床·d)	0.853	0.755~0.951
普通饭店、小吃店	m³/(座·d)	0.665	0.490~0.840
医院	m³/(床·d)	0.322	0.259~0.385
企事业单位食堂	m³/(人·d)	0.197	0.164~0.230
企事业单位食堂(含生活热水)	m³/(人·d)	0.468	0.257~0.679
部队	m³/(人·d)	0.917	0.907~0.927

注：本表用气量系相应于北京市天然气热值。

(2) 商业年用气量

在计算商业用气年用气量时，需要确定各类商业用户的用气量指标和各类商业用气人数占总人口的比例以及气化率。对公共建筑，用气人数取决于城镇居民人口数和公共建筑的设施标准。

商业年用气量可按下式计算：

$$q_{a2} = \frac{MNQ_C}{H_L} \tag{3-45}$$

式中　q_{a2}——商业年用气量，m^3/a；

N——居民人数，人；

M——各类用气人数占总人口的比例数；

Q_c——各类商业用气量指标，MJ/（人·a）或 MJ/（床·a）或 MJ/（座·a）；

H_L——燃气低热值，MJ/m³。

3. 建筑物供暖年用气量

建筑物供暖年用气量与建筑面积、耗热指标和供暖期长短有关，一般可按下式计算：

$$q_{a3} = \frac{FQ_H n}{H_L \eta} \tag{3-46}$$

式中　q_{a3}——供暖年用气量，m³/a；

F——使用燃气供暖的建筑面积，m²；

Q_H——建筑物耗热指标，MJ/（m²h）；

H_L——燃气低热值，MJ/m³；

η——供暖系统热效率，%；

n——供暖负荷最大利用小时数，h。

由于各地冬季供暖计算温度不同，因此各地区的建筑物能耗热指标也不相同，其值可由供暖通风设计手册查得。

供暖负荷最大利用小时数可按下式计算：

$$n = n_1 \frac{t_1 - t_2}{t_1 - t_3} \tag{3-47}$$

式中　n——供暖负荷最大利用小时数，h；

n_1——供暖期，h；

t_1——供暖室内计算温度，℃；

t_2——供暖室外计算温度，℃；

t_3——供暖期室外平均气温，℃。

3.3.2　庭院和室内燃气管道的计算流量

1. 居民用户

（1）计算区域的居民用户规模大于或等于 2000 户，燃气管道计算流量宜按不均匀系数法计算。

$$q = K_{m,max} K_{d,max} K_{h,max} \frac{q_a}{8760} \tag{3-48}$$

式中　q——燃气管道计算流量，m³/h；

q_a——年用气量，m³/a；

$K_{m,max}$——月高峰系数；

$K_{d,max}$——计算月日高峰系数；

$K_{h,max}$——计算月计算日小时高峰系数。

$$K_m = \frac{\text{该月平均日用气量}}{\text{全年平均日用气量}} \tag{3-49}$$

十二个月中平均日用气量最大的月，也即月不均匀系数最大的月，称为计算月，并将

最大月不均匀系数 $K_{m,max}$ 称为月高峰系数。

$$K_d = \frac{该月中某日用气量}{该月平均日用气量} \tag{3-50}$$

该月中最大日不均匀系数 $K_{d,max}$ 称为该月的日高峰系数，

$$K_h = \frac{该日某小时用气量}{该日平均小时用气量} \tag{3-51}$$

该日最大小时不均匀系数 $K_{h,max}$ 称为该日的小时高峰系数。

用气高峰系数应根据城市用气量的实际统计资料确定。居民生活及商业用户用气的高峰系数，当缺乏用气量的实际统计资料时，结合当地具体情况，可按下列范围选用：

$$K_{m,max} = 1.1 \sim 1.3$$
$$K_{d,max} = 1.05 \sim 1.2$$
$$K_{h,max} = 2.2 \sim 3.2$$

因此，$K_{m,max} K_{d,max} K_{h,max} = 2.54 \sim 4.99$

当供气户数多时，小时高峰系数应取低限值。当总户数小于 1500 户时，$K_{h,max}$ 可取 3.3～4.0。

(2) 计算区域的居民用户规模小于 2000 户，燃气管道计算流量宜按同时工作系数法计算。

$$q = \sum_1^n K_0 q_n N \tag{3-52}$$

式中 q——室内及庭院燃气管道的计算流量，m^3/h；

K_0——相同燃具或相同组合燃具的同时工作系数；

q_n——相同燃具或相同组合燃具的额定流量，m^3/h；

N——相同燃具或相同组合燃具数；

n——燃具类型数。

同时工作系数 K_0 反映燃气用具集中使用的程度，它与用户的生活规律、燃气用具的种类、数量等因素密切相关。

居民生活用燃具的同时工作系数如表 3-8 所示。

居民生活用燃具的同时工作系数 K　　　　　　　　　　　　　　表 3-8

同类型燃具数目	燃气双眼灶	燃气双眼灶和快速热水器	同类型燃具数目	燃气双眼灶	燃气双眼灶和快速热水器
1	1.000	1.000	15	0.480	0.200
2	1.008	0.560	20	0.450	0.210
3	0.850	0.440	25	0.430	0.200
4	0.750	0.380	30	0.400	0.190
5	0.680	0.350	40	0.390	0.180
6	0.640	0.310	50	0.380	0.178
7	0.600	0.290	60	0.370	0.176
8	0.580	0.270	70	0.360	0.174
9	0.560	0.260	80	0.350	0.172
10	0.540	0.250	90	0.345	0.171

续表

同类型燃具数目	燃气双眼灶	燃气双眼灶和快速热水器	同类型燃具数目	燃气双眼灶	燃气双眼灶和快速热水器
100	0.340	0.170	500	0.280	0.138
200	0.310	0.160	700	0.260	0.134
300	0.300	0.150	1000	0.250	0.130
400	0.290	0.140	2000	0.240	0.120

注：1. 表中"燃气双眼灶"是指一户居民装设一个双眼灶的同时工作系数；当每一户居民装设两个单眼灶时，也可参照本表计算。

2. 表中"燃气双眼灶和快速热水器"是指一户居民装设一个双眼灶和一个快速热水器的同时工作系数。

3. 分散供暖系统供暖装置的同时工作系数可参照国家现行标准《家用燃气燃烧器具安装及验收规程》CJJ12-99 中表 3.3.3-2 的规定确定。

当每一户除装一台双眼灶或烤箱灶之外，还装有热水器时，可参考表 3-9 选取同时工作系数。

居民生活用双眼灶或烤箱灶和热水器同时工作系数　　　　　　表 3-9

设备类型	户数									
	1	2	3	4	5	6	7	8	9	10
和一个热水器一个烤箱灶	0.7	0.51	0.44	0.38	0.36	0.33	0.30	0.28	0.26	0.25
一个双眼灶和一个热水器	0.8	0.55	0.47	0.42	0.39	0.36	0.33	0.31	0.29	0.27

设备类型	户数									
	100	15	20	30	40	50	60	70	80	90
和一个热水器一个烤箱灶	0.22	0.20	0.19	0.19	0.18	0.18	0.18	0.17	0.17	0.17
一个双眼灶和一个热水器	0.24	0.22	0.21	0.20	0.20	0.19	0.19	0.18	0.18	0.18

2. 单位用户

包括商业用户和工业用户等，在庭院管设计阶段，一般已知用气设备的额定热负荷和使用规律，则可按同时工作系数法确定燃气计算流量，表 3-10 列出了一些商业用户的燃具额定热负荷。

如果无法得知单位用户的用气设备额定热负荷和使用规律，则可按用气量指标和不均匀系数确定。

一般商业用户燃气具额定热负荷　　　　　　表 3-10

燃气具名称	总热负荷(kW)	燃气具名称	总热负荷(kW)
单头小超炉	50	双头小炒一蒸三头炉	50×3
双头小超炉	50×2	一小炒两大锅三头炉	50+60×2
头三小超炉	50×3	单头肠粉炉	50
φ700～1200 中锅炉	60	双头肠粉炉	50×2
φ700～1200 双头中锅炉	60×2	单头蒸炉	50
φ700～1200 三头中锅炉	60×3	双头蒸炉	50×2
单头大锅灶(鼓风式)	35	三头蒸炉	50×3
双头大锅灶(鼓风式)	70	三门海鲜蒸柜	50
单头矮仔炉	50	单门蒸饭(消毒)柜	50
双头矮仔炉	50×2	双门蒸饭(消毒)柜	50×2

燃气具名称	总热负荷(kW)	燃气具名称	总热负荷(kW)
三头矮仔炉	50×3	四眼平头炉	12
单头汤炉	60	六眼平头炉	18
双头汤炉	60×2	八眼平头炉	24
三头汤炉	60×3	烤乳猪炉	57
一小炒一蒸双头炉	50×2	烤鸭炉	14
一小炒一大锅双头炉	$50 + 60$	燃气沸水器	$19 \sim 47$

此外，居民生活及商业用气的小时最大流量也可采用供气量最大负荷利用小时数来计算。所谓供气量最大负荷利用小时数就是假设将全年 8760h（24×365）所使用的燃气总量，按一年中最大负荷小时用量连续大量使用所延续的小时数。

计算公式如下：

$$q = \frac{q_a}{n} \tag{3-53}$$

式中　q——燃气管道计算流量，m^3/h；

　　　q_a——年用气量，m^3/a；

　　　n——供气量最大负荷利用小时数，h/a。

供气量最大负荷利用小时数与高峰系数间的关系为：

$$n = \frac{8760}{K_{m,max} K_{d,max} K_{h,max}} \tag{3-54}$$

居民及商业供气量最大负荷利用小时数随城市人口的多少而异，城市人口越多，用气量比较均匀，则最大负荷利用小时数较大。目前，我国尚无 n 值的统计数据，表 3-11 中的数据仅供参考。

供气量最大利用小时数 n　　　　　　　　　　表 3-11

气化人口数(万人)	0.1	0.2	0.3	0.5	1	2	3
n(h/a)	1800	2000	2050	2100	2200	2300	2400
气化人口数(万人)	4	5	10	30	50	75	$\geqslant 100$
n(h/a)	2500	2600	2800	3000	3300	3500	3700

3.4　燃气管道水力计算

3.4.1　燃气管道摩擦阻力计算公式

气体管道的摩擦阻力系数与其流动状态、管道内壁的粗糙度、连接方法、安装质量以及气体的性质有关。

下面仅介绍目前广泛采用摩擦阻力系数 λ 值的燃气管道摩擦阻力计算公式。

1. 低压燃气管道摩擦阻力损失计算公式

（1）层流状态（$Re < 2100$）

$$\lambda = \frac{64}{Re}$$

$$\frac{P}{l} = 1.13 \times 10^{10} \frac{q_0}{d^4} \nu \rho_0 \frac{T}{T_0} \tag{3-55}$$

（2）临界状态（$Re = 2100 \sim 3500$）

$$\lambda = 0.03 + \frac{Re - 2100}{65Re - 10^5}$$

$$\frac{\Delta P}{l} = 1.9 \times 10^6 \left(1 + \frac{11.8q_0 - 7 \times 10^4 d\nu}{23q_0 - 10^5 d\nu}\right) \frac{q_0^2}{d^5} \rho_0 \frac{T}{T_0} \tag{3-56}$$

（3）紊流状态（$Re > 3500$）

1）钢管

$$\lambda = 0.01 \left(\frac{\Delta}{d} + \frac{68}{Re}\right)^{0.25}$$

$$\frac{\Delta P}{l} = 6.9 \times 10^6 \left(\frac{\Delta}{d} + 192.2 \frac{d\nu}{q_0}\right)^{0.25} \frac{q_0^2}{d^5} \rho_0 \frac{T}{T_0} \tag{3-57}$$

2）铸铁管

$$\lambda = 0.102 \left(\frac{1}{d} + 5158 \frac{d\nu}{q_0}\right)^{0.284}$$

$$\frac{\Delta P}{l} = 6.4 \times 10^6 \left(\frac{1}{d} + 5158 \frac{d\nu}{q_0}\right)^{0.248} \frac{q_0^2}{d^5} \rho_0 \frac{T}{T_0} \tag{3-58}$$

式中　ν——0℃，101.325℃时燃气运动黏度，m^2/s

　　　Δ——管壁内表面的当量绝对粗糙度（mm），钢管一般取 $\Delta = 0.1 \sim 0.2mm$，塑料管一般取 $\Delta = 0.01mm$；

　　　Re——雷诺数；

　　　ΔP——管道的摩擦阻力损失，Pa；

　　　d——燃气管道的内径，mm；

　　　l——燃气管道的计算长度，m；

　　　q_0——燃气管道的设计流量，m^3/h；

　　　ρ_0——燃气的密度，kg/m^3；

　　　T——设计中所采用的燃气温度，K。

3）塑料管

燃气在聚乙烯管道中的运动状态绝大多数为紊流过渡区，少数在水力光滑区，极少数在阻力平方区，人工计算采用（3-57），采用计算机编程应按阻力分区计算。

根据《城镇燃气设计规范》GB 50028，低压燃气管道单位长度的摩擦阻力损失还可按照下式进行计算：

$$\frac{\Delta P}{l} = 6.26 \times 10^7 \lambda \frac{q_0^2}{d^5} \rho_0 \frac{T}{T_0} \tag{3-59}$$

式中　ΔP——燃气管道摩擦阻力损失，（Pa）；

　　　λ——燃气管道摩擦阻力系数；

　　　l——燃气管道的计算长度，m；

q_0——燃气管道的计算流量，m^3/h；

d——管道内径，mm；

ρ_0——燃气的密度，kg/m^3；

T——设计中所采用的燃气温度，K；

T_0——273.15，K。

2. 高、中压燃气管道摩擦阻力损失计算公式

（1）钢管

$$\lambda=0.01\left(\frac{\Delta}{d}+\frac{68}{Re}\right)^{0.25}$$

$$\frac{P_1^2-P_2^2}{L}=1.4\times10^9\left(\frac{\Delta}{d}+192.2\frac{d\nu}{q_0}\right)^{0.25}\frac{q_0^2}{d}\rho_0\frac{T}{T_0} \tag{3-60}$$

（2）铸铁管

$$\lambda=0.102\left(\frac{1}{d}+5158\frac{d\nu}{q_0}\right)^{0.284}$$

$$\frac{P_1^2-P_2^2}{L}=1.3\times10^9\left(\frac{1}{d}+5158\frac{d\nu}{q_0}\right)^{0.25}\frac{q_0^2}{d}\rho_0\frac{T}{T_0} \tag{3-61}$$

式中　P_1——管道起点燃气的绝对压力，kPa；

P_2——管道终点燃气的绝对压力，kPa；

λ——摩擦阻力系数；

d——燃气管道的管径，mm；

L——燃气管道的计算长度，km；

q_0——折算到标准状态时燃气管道的计算流量，m^3/h；

ρ_0——折算到标准状态时燃气密度，kg/m^3；

T_0——标准状态时绝对温度，273.15K；

T——燃气绝对温度，K。

（3）塑料管

聚乙烯燃气管道输送燃气采用式（3-60）计算摩擦阻力损失。

根据《城镇燃气设计规范》GB 50028，高、中压燃气管道单位长度的摩擦阻力损失还可按照下式进行计算：

$$\frac{P_1^2-P_2^2}{L}=1.27\times10^{10}\lambda\frac{q_0^2}{d^5}\rho_0\frac{T}{T_0}Z \tag{3-62}$$

$$\frac{1}{\sqrt{\lambda}}=-\lg\left[\frac{K}{3.7d}+\frac{2.51}{Re\sqrt{\lambda}}\right] \tag{3-63}$$

式中　P_1——燃气管道起点的压力（绝对压力），kPa；

P_2——燃气管道终点的压力（绝对压力），kPa；

Z——压缩因子，当燃气压力小于1.2MPa（表压）时，Z取1；

L——燃气管道的计算长度，km；

λ——燃气管道摩擦阻力系数；

K——管壁内表面的当量绝对粗糙度 mm；

Re——雷诺数。

3.4.2　燃气管道摩擦阻力损失计算图表

当采用人工进行燃气管道水力计算时，为了便于燃气管道的水力计算，通常将摩阻系数 λ 值代入水力计算基本公式，利用计算公式或计算图表，进行水力计算。根据上述摩擦阻力损失计算公式制成图 3-9～图 3-22。

计算图表绘制条件：

（1）燃气密度：图 3-9～图 3-18，按 $\rho_0 = 1 \text{kg/m}^3$ 计算；图 3-19～图 3-22，按 $\rho_0 = 1.8 \text{kg/m}^3$ 计算。因此，在使用图表时应根据不同的燃气密度 ρ 进行修正。

$$\text{低压管道}\quad \frac{\Delta P}{L} = \left(\frac{\Delta P}{L}\right)_{\rho_0} \rho \tag{3-64}$$

$$\text{高、中压管道}\quad \frac{P_1^2 - P_2^2}{L} = \left(\frac{P_1^2 - P_2^2}{L}\right)_{\rho_0} \rho \tag{3-65}$$

（2）运动黏度

焦炉燃气 $\nu = 25 \times 10^{-6} \text{ m}^2/\text{s}$，LPG 混空气 $\nu = 5 \times 10^{-6} \text{ m}^2/\text{s}$，天然气 $\nu = 15 \times 10^{-6} \text{ m}^2/\text{s}$。

（3）对钢管，输送天然气时，当量绝对粗糙度取 $\Delta = 0.01 \text{mm}$；输送焦炉燃气时，当量绝对粗糙度取 $\Delta = 0.17 \text{mm}$；对聚乙烯（PE）管，当量绝对粗糙度取 $\Delta = 0.01 \text{mm}$。

（4）中压燃气管道计算图中 Z 取 1，用于高压管道时，可对查图结果乘以实际 Z 进行修正。

（5）计算温度取 0℃。

（6）中压燃气管道计算图中纵坐标 L 的单位是 m，不是 km。

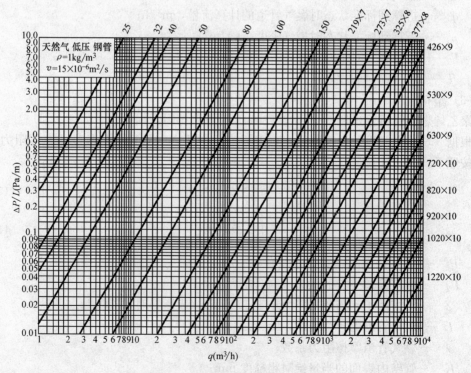

图 3-9　燃气管道水力计算表（一）

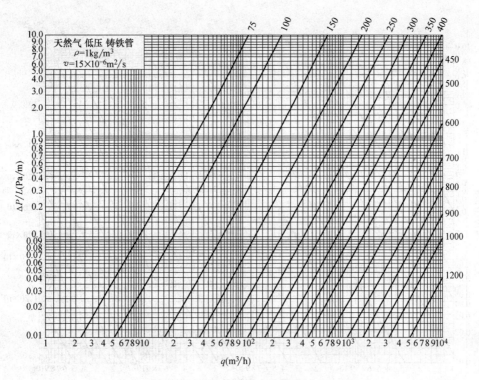

图 3-10　燃气管道水力计算表（二）

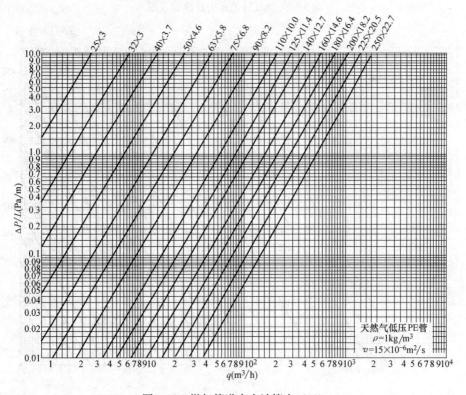

图 3-11　燃气管道水力计算表（三）

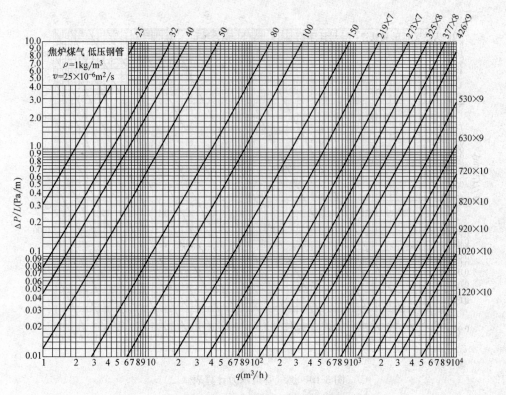

图 3-12　燃气管道水力计算表（四）

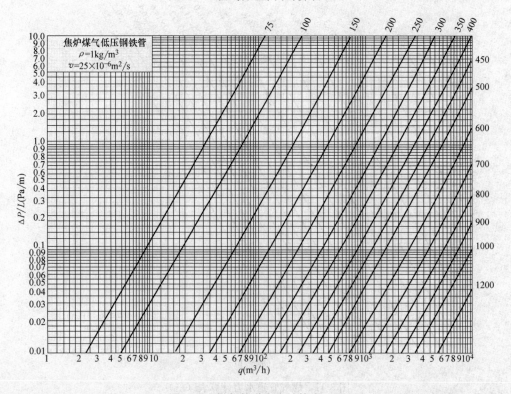

图 3-13　燃气管道水力计算表（五）

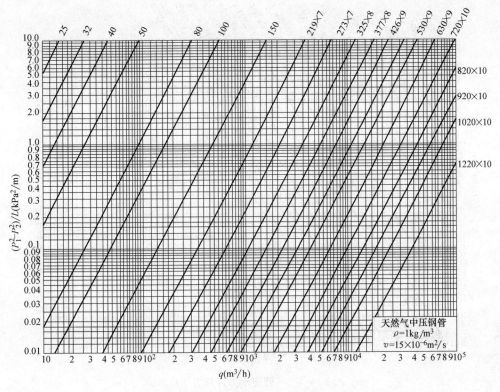

图 3-14 燃气管道水力计算表（六）

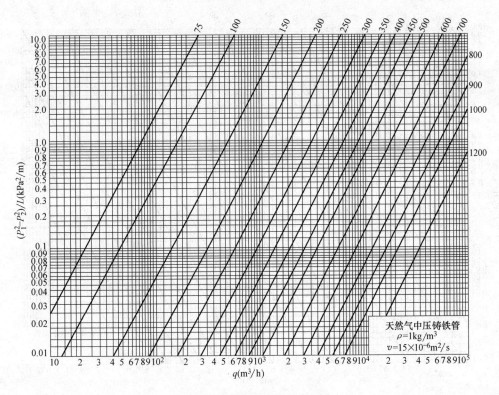

图 3-15 燃气管道水力计算表（七）

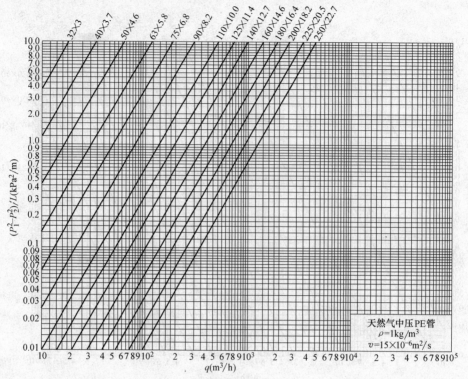

图 3-16　燃气管道水力计算表（八）

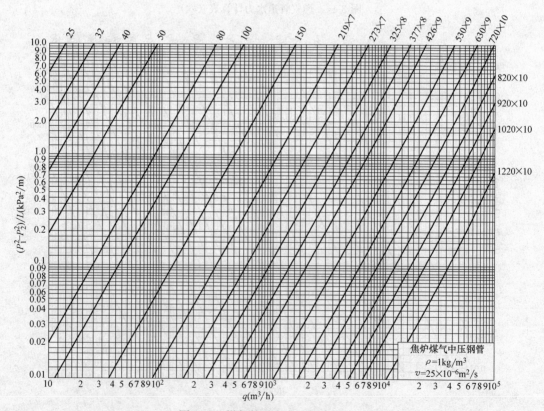

图 3-17　燃气管道水力计算表（九）

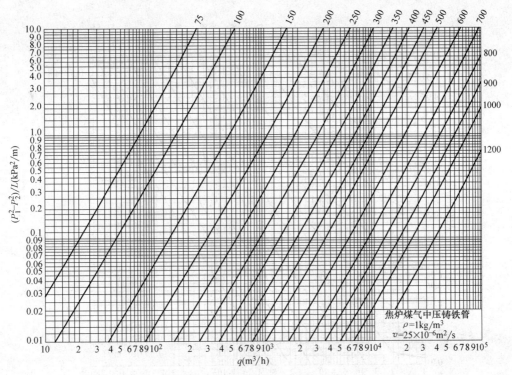

图 3-18　燃气管道水力计算表（十）

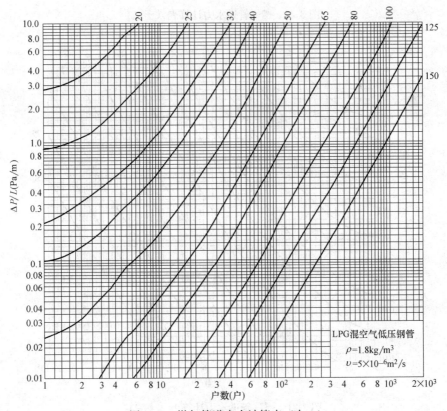

图 3-19　燃气管道水力计算表（十一）

245

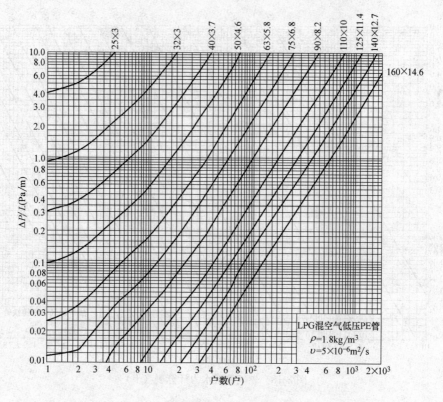

图 3-20 燃气管道水力计算表（十二）

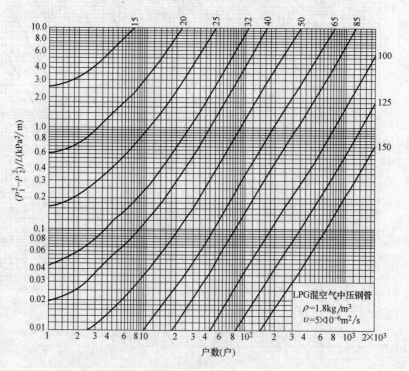

图 3-21 燃气管道水力计算表（十三）

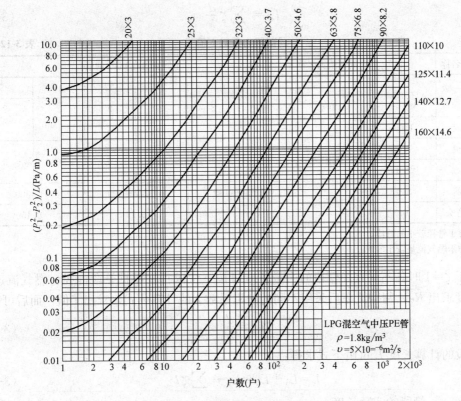

图 3-22　燃气管道水力计算表（十四）

3.4.3　燃气管道局部阻力损失和附加压头

1. 局部阻力损失

当燃气流经三通、弯头、变径管、阀门等管道附件时，由于几何边界的急剧改变、燃气流线的变化，必然产生额外的压力损失，称之为局部阻力损失。对于街坊内庭院管道和室内管道及厂、站区域的燃气管道，由于管路附件较多，局部阻力损失所占比例较大，常需逐一计算。

局部阻力损失，可用下式求得：

$$\Delta P = \sum \zeta \frac{\upsilon^2}{2} \rho \qquad (3\text{-}66)$$

式中　ΔP——局部阻力的压力损失，Pa；

$\sum \zeta$——计算管段中局部阻力系数的总和；

υ——管段中燃气流速，m/s；

ρ——燃气的密度，kg/m³。

燃气管路中一些常用管件的局部阻力系数可参考表 3-12

局部阻力损失也可用当量长度来计算，各种管件折成相同管径管段的当量长度 L_2 可按下式确定：

$$\Delta P = \sum \zeta \frac{\upsilon^2}{2} \rho = \lambda \frac{L_2}{d} \cdot \frac{\upsilon^2}{2} \rho$$

$$L_2 = \sum \zeta \frac{d}{\lambda} \tag{3-67}$$

局部阻力系数 ζ 值　　　　　　　　　　表 3-12

局部阻力名称	ζ	局部阻力名称	不同直径(mm) ζ 的值					
管径相差一级的骤缩变径管	0.35①	旋塞	15	20	25	32	40	≥50
			4	2	2	2	2	2
三通直流	1.05②	截止阀	11	7	6	6	6	5
三通分流	1.5②							
四通直流	2.0②							
四通分流	3.0②	闸板阀	d=50~100		d=175~200		D≥300	
90°光滑弯头	0.3		0.5		0.25		0.15	

　　① ζ 对于管径较小的管段。
　　② ζ 对于燃气流量较小的管段。

对于 $\zeta = 1$ 时各不同直径管段的当量长度可按下法求得：根据管段内径、燃气流速及运动黏度求出 Re，判别流态后采用不同的摩阻系数 λ 的计算公式，求出 λ 值，而后可得：

$$L_2 = \frac{d}{\lambda} \tag{3-68}$$

管段的计算长度 L 可由下式求得：

$$L = L_1 + L_2 = L_1 + \sum \zeta l_2 \tag{3-69}$$

式中　L_1——管段的实际长度，m；
　　　　L_2——当 $\zeta = 1$ 时管段的当量长度，m。

2. 附加压头

由于燃气与空气的密度不同，当管段始末端存在标高差值时，在燃气管道中将产生附加压头，其值由下式确定：

$$\Delta P = g(\rho_a - \rho_g)\Delta H \tag{3-70}$$

式中　ΔP——附加压头，Pa；
　　　　g——重力加速度，m/s^2；
　　　　ρ_a——空气的密度，kg/m^3；
　　　　ρ_g——燃气的密度，kg/m^3；
　　　　ΔH——管段终端和始端的标高差值，m。

计算室内燃气管道及地面标高变化相当大的室外或厂区的低压燃气管道，应考虑附加压头。

3.5　燃气庭院管道设计

3.5.1　庭院管

庭院管一般指自市政管道开口接往用气建筑物的庭院内管道。按气体压力等级可分为中压庭院管道和低压庭院管道；按敷设的方式可分为埋地庭院管道和架空庭院管道。

1. 压力级制与调压方式

庭院管道的压力与城镇燃气输配系统的压力级制相关。若城市燃气输配系统为低压的方式，则庭院管道为低压；若城镇燃气输配系统为中压一级系统、区域调压的方式，则庭院管道为低压；城镇燃气输配系统为中压一级系统、楼栋调压的方式，则庭院管道为中压。庭院管道为中压时，输送能力大、经济性好，但安全性差；庭院管道为低压时，安全性好，但输送能力小，经济性差。

庭院管道设计最首要的问题是确定庭院管的压力级制和调压方式，设计者应根据建筑小区的用气量、分布特点和安全要求等条件，经过水力计算确定各方案，对各方案进行技术经济分析后，选择最优方案。常见的调压方式及其使用范围如图 3-23 及表 3-13 所示。

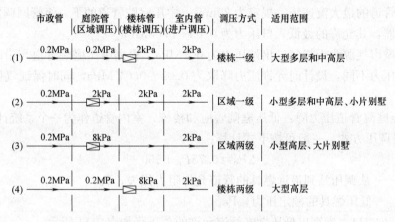

图 3-23　调压方式及其适用范围

各调压方式的比较　　　　　　　　　　　　　　　　　　　　　表 3-13

调压方式	(1)	(2)	(3)	(4)
特点	楼栋一级调压	区域一级调压	区域两级调压	楼栋两级调压
安全性	一般	很好	好	好
增容性	较好	差	一般	好
管材费用	较少	多	少	较少
设备数量	多	少	较多	较多
炊具压力	较稳定	不稳定	很稳定	很稳定
适用场合	大型多层和中高层建筑	小型多层和中高层建筑、小片别墅	小型高层建筑、大片别墅	大型高层建筑

2. 管道水力计算

（1）设计原则

庭院管道一般是枝状管道，其水力计算过程较为简单，原则是管道始端至末端的压力降不能超过允许压力降。

1）管道摩擦阻力损失。燃气管道摩擦阻力损失按式（3-55）～式（3-63）计算，也可利用图 3-9 ～图 3-22 进行计算。

2）附加压力。

按式（3-70）进行计算。

3）局部阻力损失。按式（3-66）～式（3-69）进行计算。

局部阻力损失计算一般可用以下两种方法计算：一种是用公式计算，根据实验数据查取局部阻力系数，代入公式进行计算；另一种用当量长度法。实际工程应用时，为简化起见，可按燃气管道摩擦阻力损失的5%～10%进行计算，即将管道实际长度放大1.05～1.1倍来计算总阻力损失。

（2）允许压力降的确定

1）中压庭院管道允许压力降：市政管道接口压力（结合城镇燃气规划）与下一级管网调压器允许的最低入口压力之差，同时对气体流速有限制。现在一般将液化石油气气相管和天然气管道的最大流速统一规定为20m/s。中压庭院管道的下一级管网调压器一般为中低压调压器，其允许的最低入口压力为0.03～0.05MPa。

例如某城市气源为天然气，出站压力为0.2MPa，根据中压庭院管道与市政管道的接口处的规划压力不同，设计时允许压力降取为0.02～0.04 MPa，同时保证气体流速不超过20m/s。

2）低压庭院管道压力降：低压庭院管应和楼栋、室内管道作为一个系统计算压力降。

① 一级调压方式，一般可按下式计算：

$$\Delta P_d = 0.75 P_n + 150 \tag{3-71}$$

式中 ΔP_d——从调压站到最远燃具的管道允许阻力损失，Pa；

P_n——低压燃具的额定压力，Pa。

根据式（3-71），推算出低压燃气管道允许的总压降如表3-14所示。

低压燃气管道允许的总压降 　　　　　　　　　表 3-14

燃气种类 压力(Pa)	人工煤气		天然气	液化石油气
燃具额定压力	800	1000	2000	2800
燃具前最大压力	1200	1500	3000	4200
燃具前最小压力	600	750	1500	2100
调压站出口最大压力	1350	1650	3150	4350
允许总压降	750	900	1650	2250

低压燃气管道允许总压力降的分配，应根据技术经济分析比较后确定，按《城镇燃气设计规范》GB 50028推荐，如表3-15所示。

低压燃气管道允许总压降分配（Pa） 　　　　　　表 3-15

燃气种类及灶具额定压力		允许总压降	街区	单层建筑		多层建筑	
				庭院	室内	庭院	室内
人工煤气	800Pa	750	400	200	150	100	250
	1000Pa	900	500	200	200	100	300
天然气 2000Pa		1050	1050	300	300	200	400

② 两级调压方式。两级调压方式的低压庭院管道允许压力降为一级调压器的出口压力与二级调压器的允许的最低入口压力之差。某城市的两级调压方式允许压力降按表3-16采用。

两级调压方式的允许压力降 表 3-16

项目	天然气	液化石油气
燃具额定压力 P_n(Pa)	2000	2800
燃具前允许的最低压力(Pa)	1500	2300
一级调压器出口压力(Pa)	8000	8000
二级调(稳)压器允许的最低进口压力(Pa)	5000	5000
二级调(稳)压器的出口压力(Pa)	2000～2300	2800～3100
一、二级调压器之间管道系统允许总压降(Pa)	3000	3000

（3）计算流量的确定

1）居民用户按式（3-48）～式（3-52）进行计算。

2）单位用户按式（3-53）和式（3-54）进行计算。

3. 管道与阀门

（1）管材

按《城镇燃气设计规范》GB 50028，中压和低压庭院燃气管道可采用聚乙烯管、钢管、钢骨架聚乙烯塑料复合管或机械接口球墨铸铁管，并应符合下列要求：

1）聚乙烯燃气管道应符合现行的国家标准《燃气用埋地聚乙烯管材》GB 15558.1 和《燃气用埋地聚乙烯管件》GB 15558.2 的规定；

2）机械接口球墨铸铁管道应符合现行的国家标准《水及燃气管道用球墨铸铁管、管件和附件》GB/T13295 的规定。

3）钢管采用焊接钢管、镀锌钢管或无缝钢管时，应分别符合现行的国家标准《低压流体输送焊接钢管》GB/T 3091、《输送流体用无缝钢管》GB/T 8163 的规定。

4）钢骨架聚乙烯塑料复合管道应符合国家现行标准《燃气用钢骨架聚乙烯塑料符合管》CJ/T 125 和《燃气用钢骨架举一些塑料复合管件》CJ/T 126 的规定。

（2）管道壁厚

庭院的设计压力一般小于或等于 0.4MPa，若只考虑内压，按强度理论计算出的管道壁厚很小。实际上埋地的庭院管还受到土壤荷载、地面荷载、地基不均匀引起的应力等复杂作用，同时需考虑到刚度要求。设计时可参照 GB 50028 和 GB 15558.1 的规定，也可参考某设计院的管道壁厚选用，如表 3-17 所示。

常用钢管、管件管材及壁厚规格表 表 3-17

名称及标准	钢管		管件壁厚(mm)(规格)	管道材质
	管外径×壁厚(mm)	质量(kg/m)		
无缝钢管(GB/T 8163) 管件(GB 12459)	$D38\times3.5$	2.98	3.6(Sch40)	20
	$D57\times3.5$	4.62	4.0(Sch40)	
	$D89\times4$	9.38	4.5(Sch20)	
	$D108\times5$	12.7	5.9(Sch40)	

续表

名称及标准	钢管		管件壁厚(mm)(规格)	管道材质
	管外径×壁厚(mm)	质量(kg/m)		
无缝钢管(GB/T 8163) 管件(GB 12459)	$D159 \times 5$	18.99	5.6(Sch20)	20
	$D219 \times 7$	36.6	7.1(Sch30)	
	$D325 \times 8$	62.54	8.8(Sch30)	
直缝钢管(GB/T 9711.1) 管件(GB 12459)	$D159 \times 5$	18.99	5.6(Sch20)	Q235B L245
	$D219.1 \times 6.4$	33.57	7.1(Sch30)	
	$D323.9 \times 8.4$	65.35	8.8(Sch30)	
镀锌钢管(GB/T 3091) （普通钢管） 管件(GB 12459)	$D21.3 \times 2.8$(DN15)	1.28	2.9(Sch40)	Q235B
	$D33.7 \times 3.2$(DN25)	2.41	3.2(Sch40)	
	$D48.3 \times 3.5$(DN40)	3.87	3.6(Sch40)	
	$D60.3 \times 3.8$(DN50)	5.29	4.0(Sch40)	
	$D76.1 \times 4.0$(DN65)	5.29	4.5(Sch20)	
	$D88.9 \times 4.0$(DN80)	8.38	4.5(Sch20)	
	$D114.3 \times 4.0$(DN100)	10.88	5.0(Sch20)	
	$D168.3 \times 4.5$(DN150)	18.18	5.0(Sch20s)	

聚乙烯管壁厚根据《燃气用埋地聚乙烯管材》GB 15558.1 选取，如表 3-18 所示。

聚乙烯管管材最小壁厚 （mm）　　　　　　　　　表 3-18

公称外径 d_n	最小壁厚 $e_{y,min}$	
	SDR17.6	SDR11
16	2.3	3.0
20	2.3	3.0
25	2.3	3.0
32	2.3	3.0
40	2.3	3.7
50	2.9	4.6
63	3.6	5.8
75	4.3	6.8
90	5.2	8.2
110	6.3	10.0
125	7.1	11.4
140	8.0	12.7
160	9.1	14.6
180	10.3	16.4
200	11.4	18.2
225	12.8	20.5
250	14.2	22.7

公称外径 d_n	最小壁厚 $e_{y,min}$	
	SDR17.6	SDR11
280	15.9	25.4
315	17.9	28.6
355	20.2	32.3
400	22.8	36.4
450	25.6	40.9
500	28.4	45.5
560	31.9	50.9
630	35.8	57.3

（3）阀门选型

阀门应选择符合现行国家标准及行业标准的燃气专用阀门，一般开关情况下应首选闸阀。$DN \leqslant 40$ 的闸阀宜采用明杆支架楔式固定闸板结构形式；$DN \geqslant 50$ 的闸阀宜采用明杆支架楔式弹性闸板结构形式。

对要求有一定调节作用的开关场合（如调压器旁路），宜选用截止阀；截止阀宜采用明杆支架形式。截止阀一般适用于 $DN200$ 及以下尺寸。

常用的庭院管阀门型号如表 3-19

常用阀门的型号　　　　　　　　　　　　　　　　　表 3-19

名称	型号规格
楼栋用放散螺纹球阀（全通径）	Q11F-16T $DN15$
楼栋用法兰球阀	Q41F-16C $DN32 \sim DN100$
埋地管用闸板阀	Z67F-16C $DN65 \sim DN500$
埋地管用法兰球阀	Q41F-16C $DN150 \sim DN300$

4. 管道的敷设与布置

（1）一般要求

1）庭院燃气管道应按当地规划部门的规划位置布置，并优先考虑敷设在人行道、绿化草地、非车行道下，尽量避免敷设在车道下。

2）地下燃气管道与建筑物、构筑物或相邻管道之间的水平净距不应小于表 3-20 的规定，垂直净距见不应小于表 3-21 的规定。

地下燃气管道与建筑物、构筑物或相邻管道之间的水平净距（m）　　　　表 3-20

项目		地下燃气管道压力（MPa）		
		低压	中压	
			B	A
建筑物的	基础	0.7	1.0	1.5
	外墙面（出地面处）	—	—	—
给水管		0.5	0.5	0.5

续表

项目		地下燃气管道压力（MPa）		
		低压	中压	
			B	A
污水、雨水排水管		1.0	1.2	1.2
电力电缆（含电气电缆）	直埋	0.5	0.5	0.5
	在导管内	1.0	1.0	1.0
通信电缆	直埋	0.5	0.5	0.5
	在导管内	1.0	1.0	1.0
其他燃气管道	$DN \leqslant 300mm$	0.4	0.4	0.4
	$DN > 300mm$	0.5	0.5	0.5
热力管	直埋	1.0	1.0	1.0
	在管沟内（至外壁）	1.0	1.5	1.5
电杆（塔）基础	$\leqslant 35kV$	1.0	1.0	1.0
	$> 35kV$	2.0	2.0	2.0
通信照明电杆（至电杆中心）		1.0	1.0	1.0
铁路路堤坡脚		5.0	5.0	5.0
有轨电车钢轨		2.0	2.0	2.0
街树（至树中心）		0.75	0.75	0.75

地下燃气管道与构筑物或相邻管道之间的垂直净距（m）　　　　表 3-21

项目		地下燃气管道（当有套管时，以套管计）
给水管、排水管或其他燃气管道		0.15
热力管的管沟底（或顶）		0.15
电缆	直埋	0.50
	在导管内	0.15
铁路轨底		1.20
有轨电车轨底		1.00

注：1. 如受地形限制无法满足表 3-20 和表 3-21 的规定净距时，均可适当缩小，但低压管道不应影响建（构）筑物和相邻管道的基础稳固性；中压管道距建筑物基础不应小于 0.5m，且距建筑物外墙面不应小于 1.0m，低压管道应不影响建（构）筑物和相邻管道基础的稳定性。
2. 以上两表除地下燃气管道与热力管的净距不适于聚乙烯燃气管道和钢骨架聚乙烯塑料复合管外，其他规定也均适用于聚乙烯燃气管道和钢骨架聚乙烯塑料复合管道。聚乙烯燃气管道和钢骨架聚乙烯复合管道与热力管道之间的水平净距和垂直净距应按国家现行标准《聚乙烯燃气管道工程技术规程》CJJ 63 执行（表 3-22 和表 3-23）。

聚乙烯燃气管道和钢骨架聚乙烯复合管道与热力管之间水平净距　　　　表 3-22

项目			燃气管道			
			低压	中压		次高压
			B	A		B
热力管	直埋	热水	1.0	1.0	1.0	1.5
		蒸汽	2.0	2.0	2.0	3.0
	在管沟内（至外壁）		1.0	1.5	1.5	2.0

聚乙烯燃气管道和钢骨架聚乙烯复合管道与热力管之间垂直净距 表 3-23

项目		燃气管道(当有套管时,以套管计)
热力管	燃气管在直埋(热水)管上方	0.5 加套管
	燃气管在直埋(热水)管下方	1.0 加套管
	燃气管在管沟上方	0.2 加套管或 0.4
	燃气管在管沟下方	0.3 加套管

3) 室外架空的燃气管道,可沿建筑物外墙或支柱敷设,并应符合下列要求:

① 中压和低压燃气管道,可沿建筑耐火等级不低于二级的住宅或公共建筑的外墙敷设;次高压 B、中压和低压燃气管道,可沿建筑耐火等级不低于二级的丁、戊类生产厂房的外墙敷设。

② 沿建筑物外墙的燃气管道距住宅或公共建筑物门、窗洞口的净距;中压管道不应小于 0.5m,低压管道不应小于 0.3m。燃气管道距生产厂房建筑物门、窗洞口的净距不限。

架空燃气管道与铁路、道路、其他管线交叉时的垂直净距不应小于表 3-24 的规定。

架空燃气管道与铁路、道路、其他管线交叉时的垂直净距 表 3-24

建筑和管线名称		最小垂直净距(m)	
		燃气管道下	燃气管道上
铁路轨顶		6.00	—
城市道路路面		5.50	—
厂区道路路面		5.00	—
人行道路路面		2.20	—
架空电力线,电压	3kV 以下	—	1.50
	3~10kV	—	3.00
	35~66kV	—	4.00
其他管道,管径	DN≤300mm	同管道直径,但不小于 0.10	同管道直径,但不小于 0.10
	DN>300mm	0.30	0.30

注:1. 厂区内部的燃气管道,在保证安全的情况下,管底至道路路面的垂直净距可取 4.5m;管底至铁路轨顶的垂直净距,可取 5.5m。在车辆和人行道以外的地区,可在从地面到管底高度不小于 0.35m 的低支柱上敷设燃气管道。

2. 电气机车铁路除外。

3. 架空电力线与燃气管道的交叉垂直净距尚应考虑导线的最大垂度。

③ 输送湿燃气的管道应采取排水措施,在寒冷地区还应采取保温措施。燃气管道坡向凝液缸的坡度不宜小于 0.002。

④ 工业企业内燃气管道沿支柱敷设时,尚应符合《工业企业煤气安全规程》GB 6222 的规定。

4) 地下燃气管道埋设的最小覆土厚度(路面至管顶)应符合下列要求:

① 埋设在车行道下时,不得小于 0.9m;

② 埋设在非车行道(含人行道)下时,不得小于 0.6m;

③ 埋设在庭院(指绿化地及载货汽车不能进入之地)内时,不得小于 0.3m;

④ 埋设在水田下时,不得小于0.8m。

注:当采取行之有效的防护措施后,上述规定均可适当降低。

5)地下燃气管道穿过排水管、热力管沟、联合地沟、隧道及其他各种用途沟槽时应将燃气管道敷设于套管内。套管伸出构筑物外壁不应小于表3-20中燃气管道与该构筑物的水平净距。套管两端应采用柔性的防腐、防水材料密封。

6)燃气管道的套管公称直径可按表3-25采用。

套管公称直径 (mm)   表 3-25

内管 DN	15	20	25	32	40	50	65	80	100	150	200	300
套管 DN	32	40	50	65	65	80	100	150	150	200	300	400

7)地下燃气管道的有效防护措施:指受道路宽度、断面以及现状工程管线位置等因素限制难以满足净距或埋深要求时,根据现场实际情况而采取的有效保护措施。对于不同情况,可采取不同的保护措施,包括加套管、砌砖墙、焊缝内部100%无损探伤、提高防腐等级或加盖板等。

(2)阀门的设置

1)中压燃气管道每1.5~2km宜设分段阀门,并在阀门两侧设置放散管。在燃气支管的起点处,应设置阀门。中压楼栋引入管应在伸出地面1.5m高处安装架空阀门。

2)低压燃气管道阀门:

① 低压分支管供应户数超过500户时,在低压分支管的起点处;

② 区域调压站的低压出口处。

3)阀门井位置的选择:

① 阀门井应尽量避开车行道,设置在绿化带或人行道上;

② 阀门井应选择在地势较高处,不宜选择在积水或排水不畅处;

③ 阀门井应尽量避开停车场范围;

④ 在有可能扩建或改建道路的地方设置阀门井时,阀门井的标高应考虑满足未来道路的改建或扩建需要。

5. 管道的补偿

对于建筑外立管,需考虑管道的温差补偿,实际应用中常用的办法是利用管道的自然弯曲形状所具有的柔性以补偿,如L形补偿。对于跨越建筑伸缩缝的,需考虑建筑伸缩缝对管道的影响,一般采用方形补偿器。

方形补偿器宜用无缝钢管煨弯而成,固定支架与方形补偿器的焊口距离不应小于2.5m,若两固定支架的间距不超过管道固定件的最大允许间距,可不在水平臂处设置导向支架。方形补偿器的垂直臂处不应设置支架。

3.5.2 庭院管道设计内容

1. 庭院管道设计基础资料

(1)设计任务书。

(2)燃气气源条资料(气源名称、燃气类别、组分、热值、供气压力)。

（3）现状管道的位置、接口位置、燃气压力。

（4）供气区域的规划平面图和现状平面图（管线综合图）。

（5）其他地下管道布置的规划图和现状图。

（6）工程区域内各燃气用户的建筑名称（如住宅、锅炉房、厨房、宾馆、医院、食街……），各用气点的用气量，要求供气压力，燃气接入位置等。

（7）水文地质资料（土层类别和性质，地下水位和地下特性等）。

（8）气象资料（冻土层深度，室外计算温度等）。

（9）其他有关设计资料。

2. 庭院管道设计文件组成

（1）图纸目录、设计图例。

（2）设计、施工说明。

（3）主要设备材料表。

（4）施工图纸：

1）管道平面布置图；

2）管道纵断面图；

3）阀门设置及阀门井图；

4）管道附件设置及安装详图；

5）管道的穿越及跨越设计；

6）其他节点详图；

7）管线的防腐设计等。

3. 庭院管道设计内容

（1）通过水力计算，确定庭院管的压力级制与调压方式。

（2）管材与设备的选型。

（3）管道壁厚的计算。

（4）防腐设计。

（5）管道的敷设与布置。

（6）施工图纸的设计。

4. 施工图纸的设计

（1）平面布置图

1）标明管线的准确位置，管线的起止点、拐点均应标明该点的城市 X、Y 坐标，或区域坐标（先定 $X=0$，$Y=0$ 的基准点）；

2）准确标明阀门井、凝液缸、检查井、标志柱和指示牌等各管道附件的平面位置；

3）准确标明管道穿越障碍物的位置；

4）标明管线与相邻建（构）筑物、相邻管道的距离；

5）阀门井详图；

6）凝液缸安装详图；

7）管道穿跨越障碍物的详细设计等；

8）管道平面图应在城市或区域规划图或现状图上绘制（图上应标有地面标高）；

9）图面比例一般为 1∶500 为宜，局部放大图可以是其他符合制图标准的比例；

10）绘制必要的图例、符号和图纸说明。

（2）纵断面图

管道纵断面图一般包括以下内容：

1）管道路面的地形标高；

2）管道平面布置示意图；

3）燃气管道走势及埋深；

4）相邻管线、穿越管线及穿越障碍物的断面位置；

5）管道附件的安装深度；

6）管道的坡向及坡度；

7）绘制纵断面时应在图纸左侧绘制标尺，图面中管道高程和长度方向应采用不同的比例。

（3）交叉点标高表

因庭院管道的分支较多、布置比较复杂，其他管道的资料一般不是很完备，纵断面图在设计应用中参考价值不高，很多设计院不再绘制庭院管道的纵断面图，而简化为交叉点标高表。交叉点标高表表达了燃气管道与其他管道交叉处的高程、垂直净距和保护措施，一般格式如图 3-24 所示。若埋深不足或垂直净距不满足需要保护措施，可写在交叉点编号下方，如"加套管"、"加盖板"等。

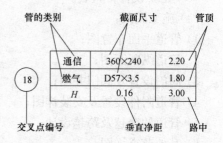

	管的类别	截面尺寸	管顶
	通信	360×240	2.20
18	燃气	D57×3.5	1.80
	H	0.16	3.00
交叉点编号		垂直净距	路中

图 3-24　埋地管道交叉点标高表

3.6　燃气室内管道设计

3.6.1　室内管

室内管的供气系统，由用户引入管、立管、水平干管、用户支管、燃气计量表、用具连接管和燃气用具组成。当燃气低压进户时，燃气直接进入室内管；当燃气中压进户时，燃气经过楼栋调压箱后进入室内管。室内管供气系统如图 3-25 所示。

室内管的设计按管道系统划分，一般包括引入管、调压箱（柜）、楼栋及室内管道几部分；室内管按用户类型划分，一般分为居民住宅室内管、工商业用户室内管。

1. 引入管

引入管指室外配气支管与用户室内燃气进口管总阀门（当无总阀门时，指距室内地面 1m 高处）之间的管道。引入管一般可分地下引入法和地上引入法两种。

（1）引入管设计原则

1）燃气引入管敷设位置应符合下列规定：

① 燃气引入管不得敷设在卧室、卫生间、易燃或易爆品的仓库、有腐蚀性介质的房间、发电间、配电间、变电室、不使用燃气的空调机房、通风机房、计算机房、电缆沟、暖气沟、烟道和进风道、垃圾道等地方。

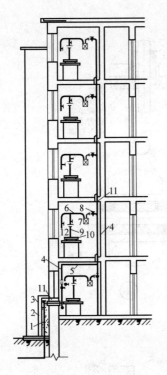

图 3-25　建筑燃气供应系统剖面图

1—用户引入管；2—砖台；3—保温层；4—立管；
5—水平干管；6—用户支管；7—燃气计量表；
8—表前阀门；9—燃气灶具连接管；10—燃气灶；
11—套管；12—燃气热水器接头

② 住宅燃气引入管宜设在厨房、外走廊、与厨房相连的阳台内（寒冷地区输送湿燃气时阳台应封闭）等便于检修的非居住房间内。当确有困难，可从楼梯间引入（高层建筑除外），但应采用金属管道且引入管阀门宜设在室外。

③ 商业和工业企业的燃气引入管宜设在使用燃气的房间或燃气表间内。

④ 燃气引入管宜沿外墙地面上穿墙引入。室外露明管段的上端弯曲处应加不小于 $DN15$ 清扫用三通和丝堵，并做防腐处理。寒冷地区输送湿燃气时应保温。

2）燃气引入管穿墙与其他管道的平行净距应满足安装和维修的需要，当与地下管沟或下水道距离较近时，应采取有效的防护措施。

3）燃气引入管穿过建筑物基础、墙或管沟时，均应设置在套管中，并应考虑沉降的影响，必要时应采取补偿措施。

套管与基础、墙或管沟等之间的间隙应填实，其厚度应为被穿过结构的整个厚度。

套管与燃气引入管之间的间隙应采用柔性防腐、防水材料密封。

4）建筑物设计沉降量大于 50mm 时，可对燃气引入管采取如下补偿措施：加大引入管穿墙处的预留洞尺寸；引入管穿墙前水平或垂直弯曲 2 次以上；引入管穿墙前设置金属柔性管或波纹补偿器。

5）燃气引入管的最小公称直径应符合下列要求：输送人工煤气和矿井气不应小于 25mm；输送天然气不应小于 20mm；输送气态液化石油气不应小于 15mm。

6）燃气引入管阀门宜设在建筑物内，对重要用户还应在室外另设阀门。

7）输送湿燃气的引入管，埋设深度应在土壤冰冻线以下，并宜有不小于 0.01 坡向室外管道的坡度。

（2）地下引入法

1）如图 3-26 所示，室外燃气管道从地下穿过房屋基础或首层厨房地面直接引入室内。在室内的引入管上，离地面 0.5m 处，安装一个 $DN20 \sim DN25$ 的斜三通作为清扫口。引入管管材采用无缝钢管，套管可采用普通钢管；外墙至室内地面支管段采用加强级防腐；该图若用于高层建筑时，燃气管在穿墙处预留管洞或凿洞。管洞与燃气管顶的间隙不小于建筑物的最大沉降量，两侧保留一定间隙，并用沥青油麻堵严。

2）图 3-27 为地下引入管通过暖气沟或地下室的做法大样，地下管道一律采用无缝钢管煨弯，地上部分亦可采用镀锌钢管管件连接。引入管室外做加强级防腐，并填充膨胀珍珠岩保温和砌砖台保护。砖台内外抹砂浆，砖台与建筑物外墙应连接严密，不能有裂纹，

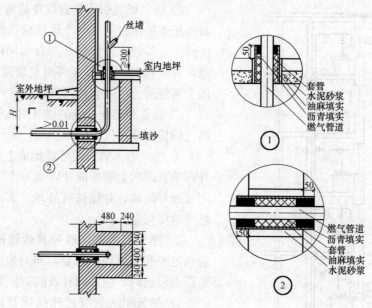

图 3-26　地下引入法（一）

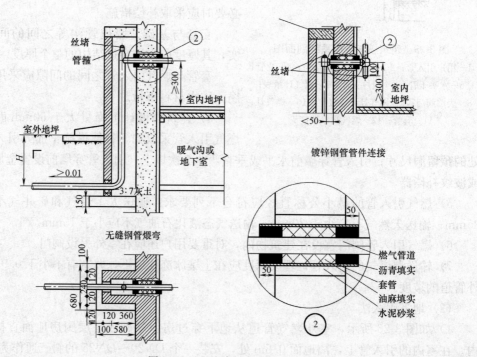

图 3-27　地下引入法（二）

盖板保持 3°倾斜角。引入管进入地上后应设置快速切断阀。

（3）地上引入法

在我国长江以南没有冰冻期的地方或北方寒冷地区引入管遇到建筑物内的暖气管沟而无法从地下引入时，常用地上引入法。燃气管道穿过室外地面沿外墙敷设到一定高度，然后穿建筑外墙进入室内。

1）图 3-28 为地上低立管引入管大样，离室外地面 0.5～0.8m 处引入室内。此种设计管可采用无缝钢管煨弯，或用镀锌钢管管件连接，但不管采用何种方式，地上部分管道必须具有良好的保护措施，确保安全。

2）图 3-29 为地上高立管引入管大样，燃气立管完全敷设在外墙上，各用户支管分别进入各用气房间内。

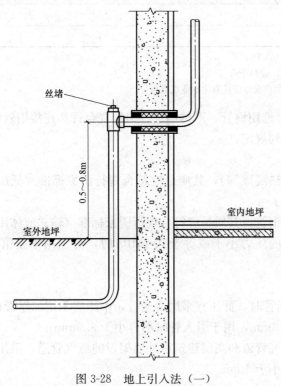

图 3-28 地上引入法（一）

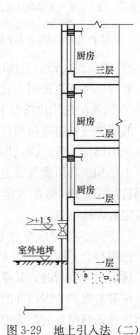

图 3-29 地上引入法（二）

（4）引入管的补偿

1）建筑物设计沉降量大于 50mm 时，可对燃气引入管采取如下补偿措施：

① 加大引入管穿墙处的预留洞尺寸。

② 引入管穿墙前水平或垂直弯曲 2 次以上。

③ 引入管穿墙前设置金属柔性管或波纹补偿器。

2）地上引入管的补偿器安装形式如图 3-30 所示，设计时应根据所需补偿量确定金属软管的长度、弯曲半径。

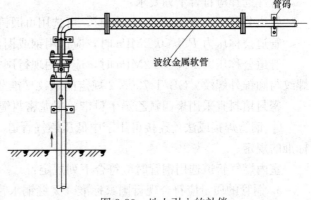

图 3-30 地上引入的补偿

2. 室内燃气管道

（1）压力及管材

1）用户室内燃气管道的最高压力不应大于表 3-26 的规定。

用户室内燃气管道的最高压力（表压，MPa） 表 3-26

燃气用户		最高压力
工业用户	独立、单层建筑	0.8
	其他	0.4
商业用户		0.4
居民用户（中压进户）		0.2
居民用户（低压进户）		＜0.01

注：1. 液化石油气管道的最高压力不压大于 0.14MPa；
　　2. 管道井内的燃气管道的最高压力不应大于 0.2MPa；
　　3. 室内燃气管道压力大于 0.8MPa 的特殊用户设计应按有关专业规范执行。

2）室内燃气管道宜选用钢管，也可选用铜管、不锈钢管、铝塑复合管和连接用软管。室内燃气管道选用钢管时应符合下列规定：

① 钢管的选用应符合下列规定：

低压燃气管道应选用热镀锌钢管（热浸镀锌），其质量应符合现行国家标准《低压流体输送用焊接钢管》GB/T 3091 的规定；

中压和次高压燃气管道宜选用无缝钢管，其质量应符合现行国家标准《输送流体用无缝钢管》GB/T8163 的规定；燃气管道的压力小于或等于 0.4MPa 时，可选用本款第 1）项规定的焊接钢管。

② 钢管的壁厚应符合下列规定：

选用符合 GB/T 3091 标准的焊接钢管时，低压宜采用普通管，中压应采用加厚管；

选用无缝钢管时，其壁厚不得小于 3mm，用于引入管时不得小于 3.5mm；

在避雷保护范围以外的屋面上的燃气管道和高层建筑沿外墙架设的燃气管道，采用焊接钢管或无缝钢管时其管道壁厚均不得小于 4mm。

③ 钢管螺纹连接时应符合下列规定：

室内低压燃气管道（地下室、半地下室等部位除外）、室外压力小于或等于 0.2MPa 的燃气管道，可采用螺纹连接；管道公称直径大于 DN100 时不宜选用螺纹连接。

管件选择应符合下列要求：

管道公称压力 $PN\leqslant0.01$MPa 时，可选用可锻铸铁螺纹管件；

管道公称压力 $PN\leqslant0.2$MPa 时，应选用钢或铜合金螺纹管件。

管道公称压力 $PN\leqslant0.2$MPa 时，应采用现行国家标准《密封螺纹第 2 部分：圆锥内螺纹与圆锥外螺纹》GB/T 7306.2 规定的螺纹（锥/锥）连接。

密封填料宜采用聚四氟乙烯生料带、尼龙密封绳等性能良好的填料。

④ 钢管焊接或法兰连接可用于中低压燃气管道（阀门、仪表处除外），并应符合有关标准的规定。

室内燃气管道选用铜管时应符合下列规定：

a. 铜管的质量应符合现行国家标准《无缝铜水管和铜气管》GB/T 18033 的规定；

b. 铜管道应采用硬钎焊连接，宜采用不低于 1.8％的银（铜—磷基）焊料（低银铜磷钎料）；铜管接头和焊接工艺可按现行国家标准《铜管接头》GB/T 11618 的规定执行；铜管道不得采用对焊、螺纹或软钎焊（熔点小于 500℃）连接；

c. 埋入建筑物地板和墙中的铜管应是覆塑铜管或带有专用涂层的铜管，其质量应符合有关标准的规定。

d. 燃气中硫化氢含量小于或等于 7mg/m³ 时，中低压燃气管道可采用现行国家标准《无缝铜水管和铜气管》GB/T 18033 中表 3-1 规定的 A 型管或 B 型管；

e. 燃气中硫化氢含量大于 7mg/m³ 而小于 20mg/m³ 时，中压燃气管道应选用带耐腐蚀内衬的铜管；无耐腐蚀内衬的铜管只允许在室内的低压燃气管道中采用；铜管类型可按本条第④款的规定执行。

f. 铜管必须有防外部损坏的保护措施。

室内燃气管道选用不锈钢管时应符合下列规定：

a. 薄壁不锈钢管：薄壁不锈钢管的壁厚不得小于 0.6mm（$DN15$ 及以上），其质量应符合现行国家标准《流体输送用不锈钢焊接钢管》GB/T12771 的规定；薄壁不锈钢管的连接方式，应采用承插氩弧焊式管件连接或卡套式管件机械连接，并宜优先选用承插氩弧焊式管件连接。承插氩弧焊式管件和卡套式管件应符合有关标准的规定。

b. 不锈钢波纹管：不锈钢波纹管的壁厚不得小于 0.2mm，其质量应符合现行标准《燃气用不锈钢波纹软管》CJ/T197 的规定；不锈钢波纹管应采用卡套式管件机械连接，卡套式管件应符合有关标准的规定。

c. 薄壁不锈钢管和不锈钢波纹管必须有防外部损坏的保护措施。

室内燃气管道选用铝塑复合管时应符合下列规定：

a. 铝塑复合管的质量应符合现行国家标准《铝塑复合压力管第 1 部分：铝管搭接焊式铝塑管》GB/T 18997.1 或《铝塑复合压力管第 2 部分：铝管对接焊式铝塑管》GB/T 18997.2 的规定。

b. 铝塑复合管应采用卡套式管件或承插式管件机械连接，承插式管件应符合现行标准《承插式管接头》CJ/T 110 的规定，卡套式管件应符合现行标准《卡套式管接头》CJ/T111 和《铝塑复合管用卡压式管件》CJ/T 190 的规定。

c. 铝塑复合管安装时必须对铝塑复合管材进行防机械损伤、防紫外线（UV）伤害及防热保护。并应符合下列规定：

环境温度不应高于 60℃；

工作压力应小于 10kPa；

在户内的计量装置（燃气表）后安装。

室内燃气管道采用软管时，应符合下列规定：

a. 燃气用具连接部位、实验室用具或移动式用具等处可采用软管连接；

b. 中压燃气管道上应采用符合现行国家标准《波纹金属软管通用技术条件》GB/T 14525、《液化石油气（LPG）用橡胶软管和软管组合件散装运输用》GB/T 10546 或同等性能以上的软管；

c. 低压燃气管道上应采用符合现行标准《家用煤气软管》HG 2486 或现行标准《燃气用不锈钢波纹软管》CJ/T197 规定的软管；

d. 软管最高允许工作压力不应小于管道设计压力的 4 倍；

e. 软管与家用燃具连接时，其长度不应超过 2m，并不得有接口；

f. 软管与移动式的工业燃具连接时，其长度不应超过 30m，接口不应超过 2 个；

g. 软管与管道、燃具的连接处应采用压紧螺帽（锁母）或管卡（喉箍）固定；在软管的上游与硬管的连接处应设阀门；

h. 橡胶软管不得穿墙、顶棚、地面、窗和门。

（2）管道布置

1）地下室、半地下室、设备层和地上密闭房间敷设燃气管道时，应符合下列要求：

① 净高不宜小于 2.2m。

② 应有良好的通风设施。房间换气次数不得小于 $3h^{-1}$；并应有独立的事故机械通风设施，其换气次数不应小于 $6h^{-1}$。

③ 应有固定的防爆照明设备。

④ 应采用非燃烧体实体墙与电话间、变配电室、修理间、储藏室、卧室、休息室隔开。

⑤ 应设置燃气监控设施。

⑥ 当燃气管道与其他管道平行敷设时，应敷设在其他管道的外侧。

⑦ 地下室内燃气管道末端应设放散管，并应引出地上。放散管的出口位置应保证吹扫放散时的安全和卫生要求。

注：地上密闭房间包括地上无窗或窗仅用作采光的密闭房间等。

2）液化石油气管道和烹调用液化石油气燃烧设备不应设置在地下室、半地下室内。当确需要设置在地下一层、半地下室时，应针对具体条件采取有效的安全措施，并进行专题技术论证。

3）敷设在地下室、半地下室、设备层和地上密闭房间以及竖井、住宅汽车库（不使用燃气，并能设置钢套管的除外）的燃气管道应符合下列要求：

① 管材、管件及阀门、阀件的公称压力应按提高一个压力等级进行设计；

② 管道宜采用钢号为 10、20 的无缝钢管或具有同等及同等以上性能的其他金属管材；

③ 除阀门、仪表等部位和采用加厚管的低压管道外，均应焊接和法兰连接；应尽量减少焊缝数量，钢管道的固定焊口应进行 100％射线照相检验，活动焊口应进行 10％射线照相检验。其质量不得低于现行国家标准《现场设备、工业管道焊接工程施工及验收规范》GB 50236—98 中的Ⅲ级；其他金属管材的焊接质量应符合相关标准的规定。

4）燃气水平干管和立管不得穿过易燃易爆品仓库、配电间、变电室、电缆沟、烟道、进风道和电梯井等。

5）燃气水平干管宜明设，当建筑设计有特殊美观要求时可敷设在能安全操作、通风良好和检修方便的吊顶内，管道应符合第 3）条的要求；当吊顶内设有可能产生明火的电气设备或空调回风管时，燃气干管宜设在与吊顶底平的独立密封 n 形管槽内，管槽底宜采用可卸式活动百叶或带孔板。

燃气水平干管不宜穿过建筑物的沉降缝。

6）燃气立管不得敷设在卧室或卫生间内。立管穿过通风不良的吊顶时应设在套管内。

7）燃气立管宜明设，当设在便于安装和检修的管道竖井内时，应符合下列要求：

① 燃气立管可与空气、惰性气体、上下水、热力管道等设在一个公用竖井内，但不得与电线、电气设备或氧气管、进风管、回风管、排气管、排烟管、垃圾道等共用一个

竖井。

② 竖井内的燃气管道应符合第 3）条的要求，并尽量不设或少设阀门等附件。竖井内的燃气管道的最高压力不得大于 0.2MPa；燃气管道应涂黄色防腐识别漆。

③ 竖井应每隔 2～3 层做相当于楼板耐火极限的不燃烧体进行防火分隔，且应设法保证平时竖井内自然通风和火灾时防止产生"烟囱"作用的措施。

④ 每隔 4～5 层设一燃气浓度检测报警器，上、下两个报警器的高度差不应大于 20m。

⑤ 管道竖井的墙体应为耐火极限不低于 1.0h 的不燃烧体，井壁上的检查门应采用丙级防火门。

8）高层建筑的燃气立管应有承受自重和热伸缩推力的固定支架和活动支架。

9）燃气水平干管和高层建筑立管应考虑工作环境温度下的极限变形，当自然补偿不能满足要求时，应设置补偿器；补偿器宜采用Ⅱ形或波纹管形，不得采用填料型。补偿量计算温差可按下列条件选取：

① 有空气调节的建筑物内取 20℃；

② 无空气调节的建筑物内取 40℃；

③ 沿外墙和屋面敷设时可取 70℃。

10）燃气支管宜明设。燃气支管不宜穿过起居室（厅）。敷设在起居室（厅）、走道内的燃气管道不宜有接头。

当穿过卫生间、阁楼或壁柜时，燃气管道应采用焊接连接（金属软管不得有接头），并应设在钢套管内。

11）住宅内暗埋的燃气支管应符合下列要求：

① 暗埋部分不宜有接头，且不应有机械接头。暗埋部分宜有涂层或覆塑等防腐蚀措施。

② 暗埋的管道应与其他金属管道或部件绝缘，暗埋的柔性管道宜采用钢盖板保护。

③ 暗埋管道必须在气密性试验合格后覆盖。

④ 覆盖层厚度不应小于 10mm。

⑤ 覆盖层面上应有明显标志，标明管道位置，或采取其他安全保护措施。

12）住宅内暗封的燃气支管应符合下列要求：

① 暗封管道应设在不受外力冲击和暖气烘烤的部位。

② 暗封部位应可拆卸，检修方便，并应通风良好。

13）商业和工业企业室内暗设燃气支管应符合下列要求：

① 可暗埋在楼层地板内；

② 可暗封在管沟内，管沟应设活动盖板，并填充干砂；

③ 燃气管道不得暗封在可以渗入腐蚀性介质的管沟中；

④ 当暗封燃气管道的管沟与其他管沟相交时，管沟之间应密封，燃气管道应设套管。

14）民用建筑室内燃气水平干管，不得暗埋在地下土层或地面混凝土层内。

工业和实验室的室内燃气管道可暗埋在混凝土地面中，其燃气管道的引入和引出处应设钢套管。钢套管应伸出地面 5～10cm。钢套管两端应采用柔性的防水材料密封；管道应有防腐绝缘层。

15）燃气管道不应敷设在潮湿或有腐蚀性介质的房间内。当确需敷设时，必须采取防腐蚀措施。

输送湿燃气的燃气管道敷设在气温低于 0℃ 的房间或输送气相液化石油气管道处的环境温度低于其露点温度时，其管道应采取保温措施。

16）室内燃气管道与电气设备、相邻管道之间的净距不应小于表 3-27 的规定。

室内燃气管道与电气设备、相邻管道之间的净距　　　　表 3-27

管道和设备		与燃气管道的净距(cm)	
		平行敷设	交叉敷设
电气设备	明装的绝缘电线或电缆	25	10 注
	暗装或管内绝缘电线	5（从所做的槽或管子的边缘算起）	1
	电压小于 1000V 的裸露电线	100	100
	配电盘或配电箱、电表	30	不允许
	电插座、电源开关	15	不允许
相邻管道		保证燃气管道、相邻管道的安装和维修	2

注：1. 当明装电线加绝缘套管且套管的两端各伸出燃气管道 10cm 时，套管与燃气管道的交叉净距可降至 1cm。
　　2. 当布置确有困难时，在采取有效措施后，可适当减小净距。

17）沿墙、柱、楼板和加热设备构件上明设的燃气管道应采用管支架、管卡或吊卡固定。管支架、管卡、吊卡等固定件的安装不应妨碍管道的自由膨胀和收缩。

18）室内燃气管道穿过承重墙、地板或楼板时必须加钢套管，套管内管道不得有接头，套管与承重墙、地板或楼板之间的间隙应填实，套管与燃气管道之间的间隙应采用柔性防腐、防水材料密封。

19）工业企业用气车间、锅炉房以及大中型用气设备的燃气管道上应设放散管，放散管管口应高出屋脊（或平屋顶）1m 以上或设置在地面上安全处，并应采取防止雨雪进入管道和放散物进入房间的措施。

当建筑物位于防雷区之外时，放散管的引线应接地，接地电阻应小于 10Ω。

20）室内燃气管道的下列部位应设置阀门：燃气引入管、调压器前和燃气表前、燃气用具前、测压计前、放散管起点。

21）室内燃气管道阀门宜采用球阀。

22）输送干燃气的室内燃气管道可不设置坡度。输送湿燃气（包括气相液化石油气）的管道，其敷设坡度不宜小于 0.003。燃气表前后的湿燃气水平支管应分别坡向立管和燃具。

（3）工艺计算

在管道布置确定后，水力计算利用式（3-55）～式（3-63），也可利用图 3-9 ～图 3-22 和表 3-13、表 3-14 的允许压力降进行计算，确定各管段的管径。

1）在进行压力降计算前，应绘制室内燃气管道平面图和管道系统图，并进行计算管段编号和标上计算管段的长度。

2）确定各用户燃具的额定小时用气量（包括燃气灶具及燃气热水器等）。

3）确定燃气压力降计算参数（燃气密度、运动黏度、当量绝对粗糙度等）。

4）根据管段长度和流量计算，凭经验初定各管段的管径。

5）算出各管段的局部阻力系数，求出其当量长度，可得管段的计算长度。实际工程应用时，为简化起见，可按燃气管道摩擦阻力损失的 $10\%\sim20\%$ 进行计算，即将管道实际长度放大 $1.1\sim1.2$ 倍来计算总阻力损失。

6）计算各管段的附加压力，注意按流向和高程差确定正负号。

7）各管段的实际压力损失为沿程阻力损失与附加压力之和，校核调压器出口至最不利点（通常是离调压器最远处）的压力降是否小于允许总压力降。如果计算数值大于允许总压力降，则分析压力损失较大的管段，根据情况放大管径；如果计算数值小于允许总压力降，则分析压力损失较小的管段，根据情况缩小管径。

8）对于高层用户，则还应着重分析附加压力的影响，如果层数太高，附加压力很大，立管最末端可能超出灶具的最高允许压力；也可能小于灶具的最低压力要求，此时需考虑两级调压。

3.6.2 高层建筑室内管

高层建筑的室内管设计除了本章 3.1 节的内容外，还需特别注意如下问题：

（1）附加压力问题：高层建筑燃气立管较长，燃气因高程差所产生的附加压力对用户燃具的燃烧效果影响较大。

（2）管道系统的安全问题：燃气立管较长，自重较大，温差变形大，刚性较差，容易引起管道失稳、变形或断裂；另外，高层建筑住户较多，人员密集，需采取泄漏报警等安全措施。

1. 消除附加压力影响的措施

如果供应比空气轻的天然气，则附加压力会引起高层用户压力升高，如果楼层很高，附加压力影响将很大，高层用户的燃具前压力将超出允许的最高压力，导致燃具燃烧不正常。

消除附加压力影响的措施一般有：

（1）通过水力计算的压力降分配，增加管道阻力。通过水力计算和压力降分配来选择适当的燃气立管管径或在燃气立管上增加截流阀来增加燃气管道的阻力。这种方法的优点是简便、经济、易操作。但缺点是浪费了压力能。同时，燃气管道内的燃气流量随用户用气的多少而变化，由于流量的变化使燃气立管的阻力也随之变化，造成用户燃具前压力的波动，影响燃具的正常燃烧。

（2）在燃气立管上设置低—低压调压器。这种方法比较可行，但较少采用。根据水力计算，当燃气立管在某处的压力达到 $1.5P_n$ 时，在此处设置一个低—低压调压器，将低—低压调压器的出口压力调整到燃气具的额定压力。当燃气立管继续升高，管道内压力再次达到 $1.5P_n$ 时的高度，则再次设置一个低—低压调压器，如此类推。采用此种方法，可以使燃具前的燃气压力稳定在额定工作压力范围内，但缺点是当低—低压调压器出现故障时，其后的许多用户的燃气压力将受影响。

（3）用户表前设置低—低压调压器，这种方法现在被广泛采用。在用户燃气表前设置低—低压调压器，用户燃具前压力较稳定，也有利于提高热效率和减少污染。为与国际接轨，新版《城镇燃气设计规范》GB 50028 把低压管道的压力上限由 0.005MPa 提高到0.01MPa，为今后提高压力管道供气系统的经济性和为高层建筑低压管道供气解决高程差的附加压力问题提供方便。

2. 高层建筑燃气管道的安全措施

（1）燃气立管的安全设计

燃气立管较长，自重较大，温差变形大，刚性较差，容易引起管道失稳、变形或断裂。高层建筑的燃气立管应有承受自重和热伸缩推力的固定支架和活动支架。燃气水平干管和高层建筑立管应考虑工作环境温度下的极限变形，当自然补偿不能满足要求时，应设置补偿器；补偿器宜采用 Π 形或波纹管型，不得采用填料型。补偿量计算温差可按下列条件选取：

1）有空气调节的建筑物内取 20℃；

2）无空气调节的建筑物内取 40℃；

3）沿外墙和屋面敷设时可取 70℃。

《城镇燃气设计规范》GB 50028 第 10.2.4 条规定：在避雷保护范围以外的屋面上的燃气管道和高层建筑沿外墙架设的燃气管道，采用焊接钢管或无缝钢管时，其管壁厚度均不得小于 4mm。

（2）管道的紧急自动切断

《城镇燃气设计规范》GB 50028 规定：一类高层民用建筑（≥19 层的建筑）宜设置燃气紧急自动切断阀；燃气紧急自动切断阀的设置应符合下列要求：

1）紧急自动切断阀应设在用气场所的燃气入口管、干管或总管上；

2）紧急自动切断阀宜设在室外；

3）紧急自动切断阀前应设手动切断阀；

4）紧急自动切断阀宜采用自动关闭、现场人工开启型，当浓度达到设定值时，报警后关闭。

（3）用户室内的泄漏报警

《城镇燃气设计规范》GB 50028 目前还没有强制要求在高层建筑用户室内安装泄漏报警系统，但对于定位高档的住宅，甲方常主动要求安装。《城镇燃气设计规范》GB 50028 第 10.8.2 条规定：燃气浓度检测报警器的设置应符合下列要求：

1）当检测比空气轻的燃气时，检测报警器与燃具或阀门的水平距离不得大于 8m，安装高度应距顶棚 0.3m 以内，且不得设在燃具上方。

2）当检测比空气重的燃气时，检测报警器与燃具或阀门的水平距离不得大于 4m，安装高度应距地面 0.3m 以内。

3）燃气浓度检测报警器的报警浓度应按《家用燃气泄漏报警器》CJJ 3057 的规定确定。

4）燃气浓度检测报警器宜集中管理监视。

5）报警系统应有备用电源。

3.6.3 施工图设计文件

室内燃气管道施工图设计文件由以下几部分组成：

（1）图纸目录。包括设计图纸和通用图的全部图纸目录。

（2）材料目录。包括过滤器、燃气表、调压器及管道材料等，分类、分项列出。

（3）平面布置图：

1）准确标示引入管的位置，标明与建筑物的相对位置；

2）室内管道、燃气表、燃具的平面位置，标明与建筑物轴线的相对尺寸；

3）与相邻管道和构筑物的平面相对位置，标明间距；标明安装阀门的平面位置及特殊性管道附件（如放散管等）的平面位置等；

（4）管道系统图。管道系统图是室内燃气管道的主要设计图纸。它表示了管径、管道走向、坡向、高程、平面位置（包括阀门、管件布置）。

3.6.4 调压设施

1. 调压器的选型

城镇燃气中低调压器一般是直接作用式，具有反应迅速、结构简单、性价比高和精度较差的特点。现在大多调压器自带一体式的超高（低）压切断阀，以保证下游用气的安全。城镇燃气中低压调压器的选型，应根据中压管网的压力、用户燃气具额定压力和用户高峰小时用气量等参数确定。这些参数分别对应着调压器的进口压力 P_1、出口压力 P_2 和额定流量 q_n。

（1）进口压力

调压器有最大进口压力 P_{1max} 和最小进口压力 P_{1min} 两个参数，中压管网的压力应在这两个值之间。中压管网在出站处和末端处压力相差较大，近期管网和远期管网输配压力也不一样，所选调压器均应能满足这些进口压力要求。

（2）出口压力

调压器同样有最大出口压力 P_{2max} 和最小口出压力 P_{2min} 两个参数，由额定出口压力（设定压力）和稳压精度确定。我国标准规定 $P_1 \leqslant 0.2\text{MPa}$ 时最低稳压精度为 $\pm 15\%$，欧洲标准为 $\pm 5\%$。额定出口压力应根据用户燃气具额定压力和允许波动范围、调压器后管网工况确定，如对于天然气，居民燃气具额定压力 $P_n = 2000\text{Pa}$，允许波动范围为 $+0.5P_n$、$-0.25P_n$，对于楼栋调压，我国标准规定额定出口压力为 2400Pa，应用时应根据实际情况确定。出口压力由主弹簧设定。因此，选定了额定出口压力，也就可以根据产品选型手册选择合适的主弹簧型号。

（3）额定流量

额定流量 q_n 指当进口压力为 P_{1min} 时，出口压力达到 P_{2min} 时的流量。因此，额定流量应按管网最不利点压力为进口压力来查表或计算。为获得良好的使用工况，调压器后管网小时流量 q 应处于 q_n 的 $20\% \sim 80\%$ 范围内，即 $q = (20\% \sim 80\%) q_n$。

根据设计要求的工况参数应用以下公式进行换算，确定实际所需调压器的型号规格。

如果产品样本中给出的调压器参数是 q'（m^3/h）、ρ'_0（kg/m^3）、P_1'（表压力）、P_2'（表压力）和 $\Delta P'$ 则换算公式如下：

亚临界流动状态，即当 $\nu = \left(\dfrac{P_2 + P_0}{P_1 + P_0} \right) > 0.5$ 时，有：

$$q = q' \sqrt{\frac{\Delta P (P_2 + P_0) \rho'_0}{\Delta P' (P_2' + P_0) \rho_0}} \tag{3-72}$$

临界流状态，即当 $\nu = \left(\dfrac{P_2 + P_0}{P_1 + P_0} \right) \leqslant 0.5$ 时，有：

$$q = 50q'(P_1 + P_0)\sqrt{\frac{\rho'_0}{\Delta P'(P_2' + P_0)\rho_0}} \quad (3\text{-}73)$$

式中 q——所求调压器的额定流量，m^3/h；

        q'——样本中调压器的额定流量，m^3/h；

       ΔP——所选调压器时的计算压力降，Pa；

       $\Delta P'$——样本中调压器时的计算压力降，Pa；

   P_1、P_2——所选调压器的进、出口表压力，Pa；

  P_1'、P_2'——样本中调压器的进、出口表压力 Pa；

      ρ_0——所选调压器通过的燃气密度，kg/m^3；

      ρ'_0——样本中调压器检测用的介质密度，kg/m^3；

      P_0——标准大气压力，$101325Pa$；

为了保证调压器本身调节的稳定性，其调节阀的开启度不宜处在完全开启状态，一般要求调压器调节阀的最大开启度以 $75\% \sim 95\%$ 为宜，因而按上述公式求得的额定计算流量需作适当修正，即放大 $1.15 \sim 1.20$ 倍计算出调压器的最大流量：

$$q_{max} = (1.15 \sim 1.20)q_n$$

考虑到管网事故工况和其他不可预计的因素，选用调压器的额定计算流量与管网计算流量之间有如下关系：

$$q_n = 1.20q_j \quad (3\text{-}74)$$

式中 q_n——选用调压器的额定计算流量，m^3/h；

    q_j——管网计算流量，m^3/h；

因此，选用调压器的最大流量 q_{max} 为：

$$q_{max} = (1.15 \sim 1.20)q_n = (1.38 \sim 1.44)q_j$$

值得注意的是，调压器的调节范围与所选配的指挥器有直接关系，指挥器更换不同型号的压缩弹簧可能得到调压器不同的调节范围。调压器压差过小会影响调节性能；压差过大也会影响调节性能和阀芯的使用寿命，因而必须采取二级调压。调压器具体的调节范围及压差应按产品使用说明书正确选择。

2. 调压箱

向工业、企业、商业和小区用户供应露点很低的燃气（如天然气）时，可通过调压箱（调压柜）直接由中压管道接入。小型的调压箱可挂在墙上；大型的落地式调压柜可设置在较开阔的供气区庭院内，并外加围护栅栏，适当备以消防灭火器具。供居民和商业的燃气进口压力不应大于 $0.4MPa$；供工业用户（含锅炉房）燃气进口压力不应大于 $0.8MPa$。调压箱应有自然通风孔，而体积大于 $1.5m^3$ 的调压柜应有爆炸泄压口，并便于检修。

调压箱（调压柜）结构紧凑、占地少、施工方便、建设费用省，适于在城镇中心区各种类型用户选用，如图 3-31 所示。

调压箱（调压柜）结构代号分为 A、B、C、D 四类，是指调压流程的支路数及旁通的设置情况，即：A——单支路无旁通，B——单支路加旁通，C——双支路无旁通和 D——双支路加旁通。如 RX150/0.4A（B）是指调压箱（调压柜）代号为 RX，公称流量为 $150m^3/h$，最大进口压力为 $0.4MPa$，单支路无旁通（单支路加旁通）的调压箱。

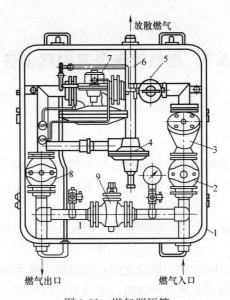

图 3-31 燃气调压箱

1—金属壳；2—进口阀；3—过滤器；4—安全放散阀；5—安全切断阀；

6—放散阀；7—调压器；8—出口阀；9—旁通阀

3.6.5 燃气表

1. 居民用户燃气表

居民用户燃气表通常是一户一表，使用量最多。它是一种皮膜装配式气体流量计，由滑阀、皮袋盒、计数机等部件组成。

居民用户燃气表适用于人工燃气、天然气、液化石油气等。常用的家用燃气表规格有 $1.6m^3/h$、$2.5m^3/h$、$4m^3/h$、$6m^3/h$ 等。

为了便于收费和管理，配有智能卡的燃气表正在得到广泛使用。

2. 工商业用户燃气表

工商业用户常用的燃气表有皮膜表、罗茨表和涡轮表。皮膜表和罗茨表属体积型，涡轮表属速度型。皮膜表一般用于低压计量，其结构简单，不易损坏，受杂质影响较小，价格便宜，始动流量和最小流量很小，但测量范围小，且占用空间大，适用于一般商业用户，常用的流量范围是 $1.6\sim100m^3/h$。罗茨表既可用于低压计量也可用于中压计量，入口无须直管段，体积小，量程比可达 $1:160$，始动流量和最小流量很小，但价格较贵，对气体纯净度要求较高，罗茨表适用流量范围较广，常用的系列是 G16～G250。涡轮表一般用于中高压计量，测量精度高，测量范围宽，动态响应好，压力损失小，能耐较高的工作压力，仪表发生故障时，不影响燃气管路系统内燃气正常输送，可实现流量的指示和总量的计算，但量程比不高，一般为 $1:20$，表前需 $5\sim10$ 倍 DN 直管段或整流器，适用于大型工业用户。

燃气表应根据燃气的工作压力、温度、流量和允许的压力降（阻力损失）等条件选择。因燃气表有一定的计量范围，燃气表选型时需满足以下条件：

（1）燃气表的额定最小流量 q_{min} 应小于用气设备极端最小用气工况下的流量；

（2）燃气表的额定最大流量 q_{max} 应大于用气设备极端最大用气工况下的流量。

3.7　燃气管道及其附属设备

3.7.1　管道连接方法

1. 钢管的连接

钢管可以用螺纹、焊接和法兰进行连接。室内管道管径较小、压力较低，一般用螺纹连接。高层建筑有时也用焊接连接。室外输配管道以焊接连接为主。设备与管道的连接常用法兰连接。

室内管道广泛采用三通、弯头、变径接头、活接头、补心和丝堵等螺纹连接管件，施工安装十分简便。

为了防止管道螺纹连接时漏气，螺纹之间必须缠绕适量的填料。常用的填料有铅油加麻丝和聚四氟乙烯。对于输送天然气的管道，必须采用聚四氟乙烯作密封填料。

焊接是管道连接的主要形式，可采用的方法很多，有气焊、手工电弧焊、手工氩弧焊、埋弧自动焊、埋弧半自动焊、接触焊和气压焊等。

大口径钢管一般采用电焊，电焊焊缝强度高，比较经济。管径小于 80mm、壁厚小于 4mm 的管道可用气焊焊接。焊接时，要求管道端面与轴线垂直，偏斜值最大不能超过 1.5mm。对焊管道时，必须在管端按管壁厚度做适当的坡口形式。

燃气管道及其附属设备之间的连接，也常用法兰连接。当公称压力为 0.25～2.5MPa、介质温度不超过 300℃时，一般采用平焊钢法兰。为了保证法兰连接的气密性，法兰密封面应垂直于管道中心线，成对法兰螺栓紧固时，不允许使用斜垫片或双层垫片，并避免螺栓拧得过紧而承受过大的不均匀应力。垫片的材质，可根据输送介质的性质来选择。当输送焦炉气时，用石棉橡胶垫片；输送液化石油气或天然气时，则用耐油橡胶垫片，以防止介质侵蚀垫片破坏管道的气密性。

2. 聚乙烯（PE）管的连接

随着塑料管的广泛应用，它的连接方法越来越简便和多样化。聚乙烯管道的连接通常采用热熔连接、电熔连接。

PE 管与金属管通常使用钢塑接头连接。

3. 铸铁管的连接

低压燃气铸铁管道的连接，广泛采用机械接口的形式。

3.7.2　燃气管道的附属设备

为了保证管网的安全运行，并考虑到检修、接线的需要，在管道的适当地点设置必要的附属设备。这些设备包括阀门、补偿器、凝液缸、放散管等。

1. 阀门

阀门适用于启闭管道通路或调节管道介质流量的设备。因此要求阀体的机械强度高，转动部件灵活，密封部件严密耐用，对输送介质的抗腐蚀性强，同时零部件的通用性好。

燃气阀门必须进行定期检查和维修，以便掌握其腐蚀、堵塞、润滑、气密性等情况以及部件的损坏程度，避免不应有的事故发生。然而，阀门的设置达到足以维持系统正常运行即可，尽量减少其设置数，以减少漏气点和额外的投资。

阀门的种类很多，燃气管道常用的有球阀、闸阀、截止阀、蝶阀、旋塞及聚乙烯（PE）球阀等。

2. 补偿器

补偿器作为消除因管段膨胀对管道所产生的应力的设备，常用于架空管道和需要进行蒸汽吹扫的管道上。此外，补偿器安装在阀门的下侧（按气流方向），利用其伸缩性能，方便阀门的拆卸和检修。在埋地燃气管道上，多用钢制波形补偿器，其补偿量约为10mm。为防止其中存水锈蚀，由套管的注入孔灌入石油沥青，安装时注入孔应在下方。补偿器的安装长度应是螺杆不受力时的补偿器的实际长度，否则不但不能发挥其补偿作用，反使管道或管件受到不应有的应力。

另外，还使用一种橡胶—卡普隆补偿器，它是带法兰的螺旋皱纹软管，软管是用卡普隆布作夹层的胶管，外层则用粗卡普隆绳加强。其补偿能力在拉伸时为150mm，压缩时为100mm。这种补偿器的优点是纵横方向均可变形，多用于通过山区、坑道和多地震区的中、低压燃气管道上。

3. 凝液缸

为排除燃气管道中的冷凝水和石油伴生气管道中的轻质油，管道敷设时应有一定坡度，以便在低处设凝液缸，将汇流的水或油排出。凝液缸的间距，视水量和油量多少而定。

由于管道中燃气的压力不同，凝液缸有不能自喷和自喷两种。如管道内压力较低，水或油就要依靠手动唧筒等抽水设备来排出（图3-32）。安装在高、中压管道上的凝液缸（图3-33），由于管道内压力较高，积水（油）在排水管旋塞打开以后自行喷出。为防止

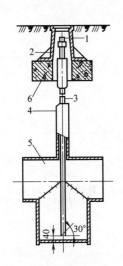

图 3-32 低压凝液缸

1—丝堵；2—防护罩；3—抽水管；
4—套管；5—集水器；6—底座

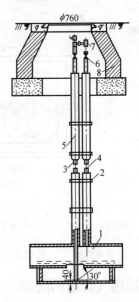

图 3-33 高、中凝液缸

1—集水器；2—管卡；3—排水管；4—循环管；
5—套管；6—旋塞；7—丝堵；8—井圈

剩余在排水管内的水在冬季冻结，另设有循环管，使排水管内水柱上、下压力平衡，水柱依靠重力回到下部的集水器中。为避免人工煤气中焦油及萘等杂质堵塞，排水管与循环管的直径应适当加大。在管道上布置的凝液缸还可以对其运行状况进行观测，并可作为消除管道堵塞的手段。当以天然气为气源时，鉴于管网输送的介质为干气，没有必要安装凝液缸。

4. 放散管

这是一种专门用来排放管道内部空气或燃气的装置。在管道投入运行时利用放散管排出管内的空气，在管道或设备检修时，可利用放散管排放管内的燃气，防止在管道内形成爆炸性的混合气体。放散管设在阀门井中时，在环网中阀门的前后都应安装，而在单向供气的管道上则安装在阀门之前。

5. 阀门井

为保证管网的安全与操作方便，地下燃气管道上的阀门一般设置在阀门井中。阀门井应坚固耐久，有良好的防水性能，并保证检修时有必要的空间。考虑到人员的安全，井筒不宜过深。阀门井的构造如图 3-34 所示。

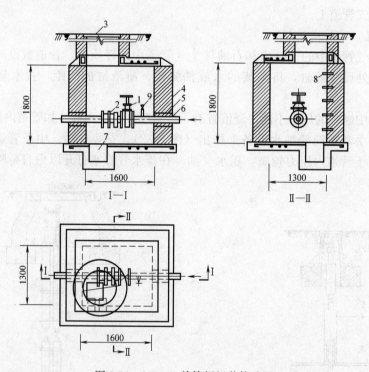

图 3-34 100mm 单管阀门井构造图

1—阀门；2—补偿器；3—井盖；4—防水层；5—浸沥青麻；6—沥青砂浆；7—集水坑；8—爬梯；9—放散管

对于直埋设置的阀门，不设阀门井。

3.7.3 钢制燃气管道的防腐

腐蚀是金属在周围介质的化学、电化学作用下引起的一种破坏。金属腐蚀按其性质可分为化学腐蚀和电化学腐蚀。

钢制燃气管道的防腐方法如下：

对于架空管道，防止外壁腐蚀的方法，通常是在钢管的外壁上涂上油漆覆盖层。由于内壁的腐蚀并不严重，一般不需做特殊的防腐处理。

对于埋地管道，针对土壤腐蚀性的特点，可以从下述三个途径来防止腐蚀的发生和降低腐蚀的程度：

采用耐腐蚀的管材，如聚乙烯管、铸铁管等；增加金属管道和土壤之间的过渡电阻，减小腐蚀电流，如采用防腐绝缘层使电阻增大，在局部地区采用地沟敷设或非金属套管敷设等方法；采用电保护法，一般也与绝缘层防腐法相结合，以减小电流的消耗。

1. 绝缘层防腐法

管道的绝缘层一般应满足下列基本要求：

（1）涂覆过程中不应危害人体健康及污染环境；

（2）绝缘电阻不应小于 $10000\Omega \cdot m^2$；

（3）应有足够的抗阴极剥离能力；

（4）与管道应有良好的粘结性；

（5）应有良好的耐水、汽渗透性；

（6）应具有下列机械性能：规定的抗冲击强度；良好的抗弯曲性能；良好的耐磨性能；规定的压痕硬度；

（7）应有良好的耐化学介质性能；

（8）应有良好的耐环境老化性能；

（9）应易于修复；

（10）工作温度应为 $-30\sim70℃$。

选择防腐层应考虑下列因素：土壤环境和地形地貌；管道运行工况；管道系统预期工作寿命；管道施工环境和施工条件；现场补口条件；防腐层及其与阴极保护相配合的经济合理性。

防腐层的等级按结构可分为普通级和加强级。挤压聚乙烯防腐层、熔结环氧粉末防腐层、聚乙烯胶带防腐层的普通级和加强级基本结构应符合表 3-28 的规定。

防腐层基本结构　　　　　　　　　　　　　表 3-28

防腐层		防腐层基本结构		国家现行标准
		普通级	加强级	
挤压聚乙烯防腐层	二层	$170\sim250\mu m$ 胶粘剂 ＋聚乙烯厚 $1.8\sim3.0mm$	$170\sim250\mu m$ 胶粘剂 ＋聚乙烯厚 $2.5\sim3.7mm$	SY/T0413
	三层	$\geqslant80\mu m$ 环氧＋ $170\sim250\mu m$ 胶粘剂 ＋聚乙烯厚 $1.8\sim3.0mm$	$\geqslant80\mu m$ 环氧 ＋$170\sim250\mu m$ 胶粘剂 ＋聚乙烯厚 $2.5\sim3.7mm$	
熔结环氧粉末防腐层		$300\sim400\mu m$	$400\sim500\mu m$	SY/T0315
聚乙烯胶带防腐层		底漆＋内带＋外带$\geqslant$ $0.7mm$	底漆＋内带搭接 50% ＋外带搭接 50%$\geqslant1.4mm$	SY/T0414

钢套管和管道附件的防腐层不应低于管体防腐层等级和性能要求。

防腐管的施工应符合下列规定：

1）管沟底上方段应平整无石块，石方段应有不小于 300mm 厚的松软垫层，沟底不得出现损伤防腐层或造成电屏蔽的物体；

2）防腐管下沟前必须对防腐层进行外观检查，并使用电火花检漏仪检漏；

3）防腐管下沟时必须采取措施保护防腐层不受损伤；

4）防腐管下沟后应对防腐层外观再次进行检查，发现防腐层缺陷应及时修复；

5）防腐管下沟后的回填应符合国家现行标准《城镇燃气输配工程施工及验收规范》CJJ 33 的有关规定。

防腐管回填后必须对防腐层完整性进行检查，防腐管的修复和补口应使用与原防腐层相容的材料，其不得低于原防腐层性能，其施工、验收应符合国家现行标准有关规定。

目前国内外埋地钢管所采用的防腐绝缘层种类很多，有沥青绝缘层、聚乙烯包扎带、塑料薄膜涂层、酚醛泡沫树脂塑料绝缘层等。

沥青是埋地管道中应用最多和效果较好的防腐材料。煤焦油沥青具有抗细菌腐蚀的特点，但有毒性。沥青绝缘层由沥青玻璃布和防腐专用的聚乙烯塑料布组成。采用沥青玻璃布薄涂多层结构，外包扎塑料布或玻璃布，其结构因绝缘等级而异。

塑料绝缘层在强度、弹性、受撞击、粘结力、化学稳定性、防水性和电绝缘性等方面，均优于沥青绝缘层。

聚乙烯包扎带和塑料绝缘层防腐正在得到广泛的应用，塑料绝缘层防腐是在金属外表面涂一层密封防腐胶粘剂后，再包覆层高密度（因其为黄色，又称黄夹克）或低密度（因其为绿色，称为又绿夹克）聚乙烯塑料层即可。其厚度均在 $1.3 \pm (0.15 \sim 0.5)$ mm 之间。

应根据土壤的腐蚀性能来选取防腐绝缘等级。除根据沿管线的工程地质资料（土壤电阻率）外，还要参照管道所通过的不同地段的具体情况综合考虑来确定防腐等级较为合理。如土壤腐蚀等级属于特高级或一些重要地段，则应采用特加强绝缘。

2. 电保护法

（1）外加电流阴极保护法。利用外加的直流电源，通常是阴极保护站产生的直流电源，使金属管道对土壤造成负电位的保护方法，称为外加电流阴极保护法。

（2）牺牲阳极阴极保护法。采用比被保护金属电极电位较负的金属材料和被保护金属相连，以防止被保护金属遭受腐蚀，这种方法称为牺牲阳极阴极保护法。电极电位较负的金属成为阳极，在输出电流过程中遭受破坏，故称为牺牲阳极。

（3）排流保护法。用排流导线将管道的排流点与电气铁路的钢轨、回馈线或牵引变电站的阴极母线相连接，使管道上的杂散电流不经土壤而经过导线单向地流回电源负极，从而保护管道不受腐蚀，这种方法称为排流保护法。排流保护有直接排流和极化排流两种。

3.8　民用燃气用具

民用燃气用具包括居民家庭、公共建筑和商业企业等用于制备食品、热水和供暖的各种燃气用具和设备。

3.8.1　民用燃具

1. 家用燃气具

用于居民家庭的燃气具主要有燃气灶、热水器、烤箱灶、供暖热水两用炉等。

（1）家用燃气灶

家用燃气灶按灶眼数可分为单眼灶、双眼灶、多眼灶；按结构形式可分为台式、嵌入式、落地式等。最常见的是嵌入式和台式双眼灶。

（2）燃气烤箱

家用燃气烤箱的固定容积（加热室）在 40～55L 之间。加热形式有自然对流循环式和强制对流循环式两种。前者是利用热烟气的升力在箱内（直火式）或在箱外（间接式）循环加热，然后由排烟口逸出；后者是利用风机强制烟气循环，其优点是可充分利用加热室的空间，缩短了加热室的预热时间，从而缩短了烤制时间。

（3）燃气热水器与采暖炉

燃气热水器是提供生活热水的燃气用具，采暖炉是用于住宅单户供暖的、结构类似于热水器的民用燃气具。

通常按照加热水的方式，将热水器和采暖炉分为快速式（直流式、即热式）和容积式两类；按照空气供应烟气排除方式可分为直排式、烟道式、平衡式、强制排烟式、强制给排气式等。

在国家标准中，对快速式热水器的基本性能要求如下：热水温度≤95℃，热效率≥84%，燃烧产物中 CO 含量≤0.1%，NO_x 浓度≤260mg/kWh，运行噪声≤65dB。对容积式热水器的性能要求：热水温度≤95℃，热效率≥75%，燃烧产物中 CO 含量≤0.04%，运行噪声≤65dB。

《家用燃气快速热水器和燃气采暖炉能效限定值及能效等级》GB 20665—2007 中将热水器能效等级分为三级，其中 1 级能效最高。各等级的热效率要求如表 3-29 所示。

热水器能效等级　　　　　　　　　　　　　　　　　　表 3-29

热水器类型		负荷率（相对于额定热负荷）	最低热效率（%）		
			能效等级		
			1	2	3
供热水型		100%	96%	88%	84%
		50%	不低于额定热负荷时效率 2 个百分点	不低于额定热负荷时效率 4 个百分点	—
采暖型		100%	94%	88%	84%
		50%	不低于额定热负荷时效率 2 个百分点	不低于额定热负荷时效率 4 个百分点	—
两用型	供暖	100%	94%	88%	84%
		50%	不低于额定热负荷时效率 2 个百分点	不低于额定热负荷时效率 4 个百分点	—
	热水	100%	96%	88%	84%
		50%	不低于额定热负荷时效率 2 个百分点	不低于额定热负荷时效率 4 个百分点	—

2. 商业燃气具

商业燃气具系指在宾馆、食堂、餐馆等厨房中广泛使用的炊事用具，产品设计多根据用户使用要求决定，品种繁多。按其使用功能分类，有中餐炒菜灶、大锅灶、蒸箱、西餐灶、烤炉、煲仔炉、矮仔炉、砂锅灶、消毒柜、煎饼炉等。按其灶体所使用的材质及结构特点，可分为不锈钢灶具和砖砌灶具。与同样功能的家用燃气具相比，商业燃气具的热负荷要大得多。随着城市燃气事业的发展，这类燃具的用气量逐步增高。

（1）中餐炒菜灶

中餐炒菜灶是一种用于快速烹饪少量菜肴的设备，一般配备主炒菜灶、副炒菜灶、带容器的煮汤灶（汤锅）、给水排水装置等。中餐炒菜灶的热负荷大，火力强劲，出菜速度快，可以满足各种菜系的烹调工艺要求。

（2）大锅灶

大锅灶用来烹饪大量食物，常用于食堂等的厨房。按照灶眼数量，大锅灶一般可分为单眼灶和双眼灶。按照所使用的燃烧器形式，大锅灶可分为扩散式、大气式、强制鼓风式；按照排烟方式，大锅灶可分为间接排烟大锅灶和烟道式大锅灶。

通常按所使用铁锅直径来描述大锅灶规格，常用规格有 $\Phi600mm$（24 英寸）、$\Phi660mm$（26 英寸）、$\Phi710mm$（28 英寸）、$\Phi760mm$（39 英寸）、$\Phi860mm$（34 英寸）、$\Phi1020mm$（40 英寸）等。单个灶眼的热负荷不大于 80kW。

（3）蒸箱

蒸箱按照用途与加热要求分为蒸饭箱和三门蒸柜，蒸饭箱又分为单门蒸饭箱和双门蒸饭箱。蒸饭箱是用于宾馆、饭店以及企事业单位、学校、公共食堂厨房蒸制食品的主要设备，可用于蒸饭、面制品、菜肴以及餐具消毒。

3.8.2　民用燃具的通风排气

1. 用气房间的卫生要求

烟气中的有害气体是 CO、CO_2、SO_2 和 NO_x。CO 毒性很大，与人体内血红蛋白的结合力大于 O_2，会使血液中的氧合血红蛋白减少，造成人体缺氧，引起内脏出血、水肿和坏死，最后导致死亡。空气中的 CO_2 含量增加到一定浓度，能使人中毒亦可导致死亡。SO_2 主要对呼吸道和眼睛具有强烈的刺激作用，大量吸入会引起肺水肿、喉痉挛直至窒息。NO_x 在日光照射下与光化学反应形成有毒的烟雾，当人们长期处于含量大于 50×10^{-6} 的环境中可导致死亡。

因此，对设置燃具的房间，必须充分考虑燃烧可能带来的污染问题。我国标准《室内空气质量标准》GB/T 18883—2002 中规定：CO_2 不得超过 0.1%，CO 不得超过 10mg/m^3，NO_2 不得大于 0.24mg/m^3，SO_2 不得大于 0.50mg/m^3。

2. 用气房间的通风

通风方式分自然通风和机械通风两种。前者是靠风力造成的压力差和室内外温差造成的热压进行的通风，后者是依靠消耗电能的风机造成的机械力进行的通风。

房间换气量可用控制室内 CO_2 浓度的方法进行计算，公式如下：

$$V=\frac{M}{K-K_0}$$

（3-75）

式中　V——房间换气量，m^3/h；

　　　M——室内 CO_2 发生量，m^3/h；包括燃具发生量和人体产生的量，见表 3-30；

　　　K——CO_2 允许浓度，%，取 0.1%；

　　　K_0——室外空气中 CO_2 浓度，一般取 0.03%～0.04%。

人体产生的 CO_2 量　　　　表 3-30

作业程度	产生量[$m^3/(h \cdot 人)$]	作业程度	产生量[$m^3/(h \cdot 人)$]
就寝时	0.011	中作业时	0.033～0.054
轻作业时	0.023～0.033	重作业时	0.054～0.084

房间的换气次数按下式计算：

$$N = \frac{V}{v} \tag{3-76}$$

式中　N——房间换气次数，h^{-1}；

　　　V——房间换气量，m^3/h；

　　　v——房间容积，m^3。

对于安装燃具的房间，通风换气的形式及强度取决于房间内燃具的热负荷，其目的是保护用气的安全。相关规定如下：

（1）安装燃具的房间应设给气口，并且上部宜设排气口或气窗（设排气扇时除外）。

（2）严禁在没有排气条件的房间安装非密闭式燃具。非密闭式燃具指进气口、排气口任一方或两方与室内连通的燃具。

（3）安装半密闭型自然排气式燃具的室内给气口和换气口的断面积均应大于排气筒的断面积。

（4）安装在浴室内的燃具必须是密闭型燃具。

（5）单户住宅供暖和制冷系统使用燃气时，燃具应设置在通风良好的走廊、阳台或其他非居住房间内。

（6）商业用气设备设置在地下室、半地下室或地上密闭房间内时，应设置独立的机械送排风系统；通风量应满足下列要求：

1）正常工作时，换气次数不应不小于 $6h^{-1}$；事故通风时，换气次数不应小于 $12h^{-1}$；不工作时换气次数不应小于 $3h^{-1}$；

2）当燃烧需要的空气取自室内时，应满足燃烧所需的空气量；

3）应满足排除房间热力设备散失多余热量所需的空气量。

（7）液化石油气管道和烹调用液化石油气燃烧设备不应设置在地下室、半地下室内。这是因为液化石油气的密度大于空气，一旦泄漏，会沉积在下方，在地下室则不易散失，危险性增加。

3. 烟囱（排气筒）的设计

燃烧所产生的烟气必须排出室外，排烟方式有自然排烟和机械排烟两种。烟囱的形式根据燃具的结构不同，又大致分为半密闭型燃具烟囱和密闭型燃具烟囱。半密闭型燃具指空气进口设在室内，排烟口引向室外。密闭型燃具指空气进口和排烟口均不设在室内的燃具。

设置烟囱还可以提高燃具的运行安全性。例如，当燃具一旦发生不完全燃烧或漏气时，烟囱可及时地排出可燃气体，它既可预防人员中毒，又可预防发生爆炸。

（1）半密闭型燃具的排烟系统

1）自然排烟

自然排烟的烟囱可分为单独排烟筒型和共用排烟筒型，二者的结构与工作原理大致相同。图3-35为一个单独排烟的半密闭型燃具的自然排烟装置示意图。

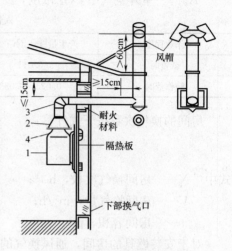

图 3-35　单独排烟筒装置示意图
1—燃具；2—安全排烟罩；
3—二次排烟筒；4—一次排烟筒

在燃烧器内，由燃烧室高温烟气与外部空气的密度差而形成的热压（上浮力）作为自然通风的动力，此热压形成的抽力需克服空气口和换热器的阻力损失，抽力与阻力的大小决定了空气的供给量，必须保证在使用过程中保持不变；在烟道内，同样依靠热压产生的抽力将燃烧的烟气不断引向室外。

排烟装置由一次排烟筒、安全排烟罩、二次排烟筒、风帽等构成。

风帽设置在烟道末端，是为了防止倒灌风和避免雨雪漏入排烟筒内，并能产生一定的附加抽力。有多叶形、T形、H形、文丘里形等多种形式。

自然排烟的设计计算：设计烟囱主要是确定烟道、连接管的断面尺寸和燃具前的抽力。断面积可根据烟气流速 1.5～2m/s 范围内预先给定，给定值是否合理可用计算燃具前的抽力数值来判断。烟囱末端至燃具烟气出口处（安全排气罩进口）的垂直距离为 H，烟囱末端的大气压力为 B，此时烟囱的抽力用下式计算：

$$\Delta P = 0.0345 H\left(\frac{1}{273+t_a} - \frac{1}{273+t_f}\right)B \tag{3-77}$$

式中　ΔP——烟囱的抽力，Pa；

t_a、t_f——分别为外部空气温度和计算管段中的烟气平均温度，℃；

B——大气压力，Pa；

H——产生抽力的烟囱高度，m。

为了计算烟气的平均温度，首先要计算出烟气在连接管和烟道中流动时由于传热造成的温度降。烟气向烟道周围空气传热的方程式为：

$$Q = KF_f(t_f' - t_a) - \frac{KF_f \Delta t}{2} \tag{3-78}$$

计算管段的热平衡方程式：

$$Q = c_f L_{0,f} \Delta t \frac{1}{3.6} \tag{3-79}$$

式中　Δt——烟道（囱）中烟气的温度降，℃；

K——烟道（囱）的平均传热系数，W/(m²·K)；

F_f——烟道（囱）内表面积，m²；

t_f'——进入烟道（囱）处的烟气温度，℃；

t_a——烟道（囱）周围空气温度，℃；

Q——温降为 Δt 时烟气放出的热量，W；

c_f——烟气的平均容积比热，kJ/(Nm^3 · K)；

$L_{0,f}$——标准状态下通过烟道（囱）的烟气量，Nm^3/h。

不同材料的烟道（囱）的传热系数 K 如下：

断面 1 砖×1 砖（1 砖厚）：3.25～3.72；

断面 1/2 砖×1/2 砖（半砖厚）：3.95～4.53；

屋顶保温烟道（半砖厚）：3.13～3.48；

抹灰砖墙中的烟道（半砖厚）：2.32～2.56；

无保温钢制室内排气筒：3.48～4.65。

烟囱造成的抽力 ΔP 应能克服燃具、烟道和烟囱的阻力 $\sum \Delta P$，而且抽力 ΔP 应为阻力 $\sum \Delta P$ 的 1.2～1.3 倍。

烟道、烟囱的阻力 $\sum \Delta P$ 包括摩擦阻力 ΔP_1 和局部阻力 ΔP_2。

摩擦阻力按下式计算：

$$\Delta P_1 = \lambda \frac{l}{d} \frac{v_f^2}{2} \rho_{0,f} \frac{273 + t_f}{288} \tag{3-80}$$

式中　λ——摩擦阻力系数，对砖烟道为 0.04，金属烟道为 0.02，旧的金属烟道为 0.04；

l——计算管段的长度，m；

d——计算管道的直径，m；

v_f——标准状态下的烟气流速，Nm/s；

$\rho_{0,f}$——标准状态下的烟气密度，kg/Nm^3；

t_f——计算管段中烟气的平均温度，℃。

局部阻力按照下式计算：

$$\Delta P_2 = \sum \zeta \frac{v_f^2}{2} \rho_{0,f} \frac{273 + t_f}{288} \tag{3-81}$$

式中　$\sum \zeta$——包括保证一定出口速度压力损失在内的局部阻力系数之和。

计算中采用下述局部阻力系数，安全排气罩入口：0.5；90°弯头：0.9；进入砖砌烟道时的气流骤扩和 90°弯头：1.2；有风帽的烟道（排气筒）出口：1.5～2.5。

燃具出口处的真空度按下式计算：

$$\Delta P_v = \Delta P - \sum \Delta P \tag{3-82}$$

式中　ΔP_v——燃具烟气出口处的真空度，Pa；

ΔP——烟囱抽力，Pa；

$\sum \Delta P$——烟道、烟囱的阻力，Pa。

最后，半密闭型自然排气燃具的排气筒高度还需大于下式的计算结果（当排气筒总长度小于 8m 时）：

$$H = \cfrac{0.5 + 0.4n + 0.1l'}{\cfrac{1000A_v}{6Q \times 0.945}} \tag{3-83}$$

式中　H——排气筒的高度，m；

$\quad\quad$ n——排气筒上的弯头数目，个；

$\quad\quad$ l'——从防倒风罩开口下端到排气筒风帽高度 1/2 处的排气筒总长度，m，$l' = H + l$；

$\quad\quad$ l——已知排气筒的水平部分长度，m；

$\quad\quad$ A_v——排气筒的有效截面积，cm^2；

$\quad\quad$ Q——燃具的热负荷，W。

2）机械排烟

机械排烟分为单独机械排烟和共用机械排烟两种。

单独机械排烟的壁挂式半密闭型燃具的排气口距门窗和地面的高度应符合下列要求：排气口在窗的下部和门的侧部时，距相邻卧室的窗和门的距离不得小于 0.3m；距地面的高度不得小于 0.3m；排气口在相邻卧室的窗的上部时，距窗的距离不得小于 0.3m；排气口在机械（强制）进风口的上部，且水平距离小于 0.3m 时，距机械进风口的垂直距离不得小于 0.1m。

高层建筑的共用机械排烟系统是在共用排烟筒顶端安装引风机。选用风机的排风量为各燃具排烟筒的设计流量之和。燃具排烟筒的设计流量按照下式计算：

$$L_v = 3.88Q \tag{3-84}$$

式中　L_v排烟筒的设计流量，m^3/h。

$\quad\quad$ Q——燃具的热负荷，kW。

风机的风压按下述方法确定：首先利用式（3-84）计算出排气量，使其自最下层燃具的安全排烟罩起，至共用排烟筒出口止的路程上所消耗的压力损失，再加上共用排烟筒顶端的附加压力之和定为风机的风压。附加压力选取原则是：若顶端处于风压带内，取 120Pa；顶端处于风压带之外，则取 20Pa。

（2）密闭型燃具的排烟系统

安装密闭型燃具，运行不会对室内空气造成影响。对装有空调的建筑应安装密闭型燃具。

密闭型燃具的排烟系统大多采用平衡式，即供、排气口大致处于同一位置，也即处于同环境条件下，从而可尽量避免风压、风速等对燃烧室内部的影响。

1）外墙安装形式：平衡式燃具可装在外墙上，给、排气口直接通到室外。

2）共用给排气筒形式：对于高层建筑内设共用给、排气筒，将各楼层平衡式燃具连接其上。这样不仅方便了建筑设计，还不破坏建筑外观。共用给、排气筒主要有 U 形和 SE 形两种。

图 3-36 为 U 形给、排气筒示意图。它有两个垂直风道，下端相连呈 U 字形。其特点是因为进排气口均设于屋顶，故不受风力影响；地下室可使用燃具；占地面积较 SE 形大。

图 3-37 所示为 SE 形给、排气筒，它在建筑底层水平风道上连接垂直的给、排气通道，呈倒 T 字形。其特点是占地面积小，工况受风力影响，地下室用气困难。

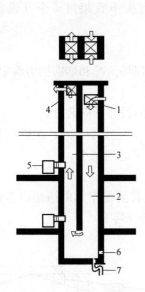

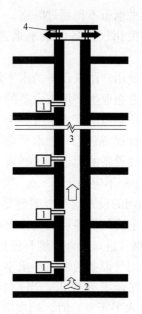

图 3-36　U 形给、排气筒

1—给气口；2—给气筒；3—排气筒；

4—排气口；5—燃具；

6—清扫口；7—排水管

图 3-37　SE 型给、排气筒

1—燃具；2—水平风道；

3—垂直风道，4—排气口

（3）燃烧烟气排除的一些规定

1）设有直排式燃具的室内容积热负荷指标超过 $207W/m^3$ 时，必须设置有效的排气装置将烟气排至室外。有直通洞口（哑口）的毗邻房间的容积也可一并作为室内容积计算。

2）家用燃气具和热水器（或采暖炉）应分别采用竖向烟道进行排气。

3）浴室内燃气热水器的给、排气口应直接通向室外。其排气系统与浴室必须有防止燃气泄漏的措施。

4）商业用户厨房中的燃气用具上方应设排气扇或排气罩。

5）燃气用气设备的排烟应符合下列要求：

① 不得与使用固体燃料的设备共用一套排烟设施；

② 每台用气设备宜采用单独烟道；当多台设备合用一个总烟道时，应保证排烟时互不影响；

③ 易积聚烟气的地方，应设置泄爆装置；

④ 设有防止倒风的装置；

⑤ 从设备顶部排烟或设置排烟罩排烟时，其正上部应有不小于 0.3m 的垂直烟道方可接水平烟道；

⑥ 有防倒风排烟罩的用气设备不得设置烟道闸板；无防倒风排烟罩的用气设备，在至总烟道的每个支管上应设置闸板，闸板上应有直径大于 15mm 的孔；

⑦ 安装在低于 0℃ 房间的金属烟道应做保温。

6）水平烟道的设置应符合下列要求：

① 水平烟道不得通过卧室；

② 居民用气设备的水平烟道长度不宜超过 5m，弯头不宜超过 4 个（强制排烟式除外）；

③ 商业用户用气设备的水平烟道长度不宜超过 6m；

④ 工业企业生产用气设备的水平烟道长度，应根据现场情况和烟囱抽力确定；

⑤ 水平烟道应有大于或等于 0.01 的坡度坡向用气设备；

⑥ 多台设备合用一个水平烟道时，应顺烟气流动方向设置导向装置；

⑦ 用气设备的烟道距难燃或不燃的顶棚或墙的净距不应小于 5cm；距燃烧材料的顶棚或墙的净距不应小于 25cm。当有防火保护时，其距离可适当减小。

7）烟囱的设置应符合下列要求：

① 住宅建筑的各层烟气排出可合用一个烟囱，但应有防止串烟的措施；多台燃具共用烟囱的烟气进口处，在燃具停用时的静压值应小于或等于零；

② 当用气设备的烟囱伸出室外时（图 3-38），其高度应符合下列要求：当烟囱距离屋脊小于 1.5m 时（水平距离）时，烟囱应高出屋脊 0.6m；当烟囱离屋脊 1.5～3.0m（水平距离）时，烟囱可与屋脊等高；当烟囱离屋脊的距离大于 3.0m（水平距离）时，烟囱应在屋脊水平线下 10°的直线上。在任何情况下，烟囱应高出屋脊屋面 0.6m；当烟囱的位置邻近高层建筑时，烟囱应高出沿高层建筑物 45°的阴影线；

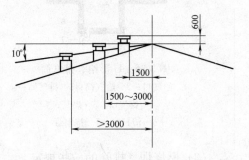

图 3-38 排烟筒安装高度示意图

③ 烟囱出口应有防止雨雪进入和防倒风的装置；

④ 烟囱出口的排烟温度应高于烟气露点 15℃以上。

8）用气设备排烟设施的烟道抽力（余压）应符合下列要求：

① 负荷在 30kW 以下的用气设备，烟道的抽力不应小于 3Pa；

② 负荷在 30kW 以上的用气设备，烟道的抽力不应小于 10Pa；

③ 工业企业生产用气工业炉窑的烟道抽力，不应小于烟气系统总阻力的 1.2 倍。

9）排气装置的出口位置应符合下列规定：

①建筑物壁装的密闭式燃具的给、排气口距上部窗口和下部地面的距离不得小于 0.3m；

②建筑物壁装的半密闭式强制排气式燃具的排气口距门窗洞口和地面的距离应符合下列要求：排气口在窗的下部和门的侧部时，距相邻卧室的窗和门的距离不得小于 1.2m，距地面的距离不得小于 0.3m；排气口在相邻卧室的窗的上部时，距窗的距离不得小于 0.3m；

③排气口在机械（强制）进风口的上部，且水平距离小于 3.0m 时，距机械进风口的垂直距离不得小于 0.9m；

④高海拔地区安装的排气系统的最大排气能力，应按在海平面使用时的额定热负荷确定。高海拔地区安装的排气系统的最小排气能力，应按实际热负荷（海拔的减小额定值）确定。

3.9 设 计 示 例

3.9.1 室内部分示例

1. 工程简介

（1）工程名称：××商业用户燃气工程。

（2）工程地点：该工程位于××，属四环内/外。

（3）工程气源：该工程低压燃气来自××调压柜（站），所用燃气为天然气，其低热值 9000kCal/m³。

（4）设计压力：低压小于 0.01MPa

户内低压燃气管道强度试验压力 0.2MPa；严密性试验压力表前为 10kPa，表后为 5kPa。

（5）工程内容：

该工程首层和二层两个厨房共有 10 台燃气灶具，灶具热负荷按甲方提供资料确定，总用气量 56.5Nm³/h，如表 3-31 所示。

表 3-31

序号	灶具名称	台数（台）	接口管径（mm）	单台负荷（m³/h）	负荷（m³/h）	流量计形式	计量范围
1	单蒸肠粉炉	1	DN40	8.0	8.0	罗茨流量计 DN50	0.06～85Nm³/h
2	三门海鲜蒸柜	1	DN40	6.0	12.0		
3	单头单尾炒灶	2	DN40	4.0	4.0		
4	双头双尾炒灶	1	DN40	8.0	16.0		
5	六头煲仔炉	2	DN40	4.5	13.5		
6	双头低汤灶	3	DN40	3.0	3.0		
	合计	11			56.3		

（6）工程说明：

1）燃气管道的位置已征得甲方及其建筑设计单位同意。

2）燃气计量装置的选型已征得燃气集团第××分公司同意。

3）地上引入口 1 个，地上引入口外加保护罩，具体作法参见《建筑设备施工安装通用图集》91SB8。

4）甲方需保证室内燃气管道与其他相邻管道之间的净距满足规范要求，具体详见 DB11/T 301－2005 P10。

5）施工单位在工程焊接前进行焊接工艺评定，工艺评定应 100％覆盖焊接施工中各种材质、焊接接头形式的焊接。

6）为保证供气安全，该工程室内燃气管道全部采用无缝钢管焊接连接，设备采用法兰连接。钢管在焊接之前须进行氩弧焊打底，管道所有焊缝全周长 100％用射线照相，焊缝质量不得低于现行国家标准《无损检测 金属管道熔化焊环向对接接头射线照相检测方法》GB 12605－2008 的要求，Ⅱ级及以上合格。

7）穿墙套管防水做法见 91SB8 P72。

8）若建筑有接地母排时，燃气引入口处应做等电位联结安装，具体做法见《等电位联结安装》02D501-2。

9）甲方需保证燃气管道途径房间为通风良好的房间，表房及厨房操作间的门上需开设百页；同时厨房操作间内还应设有独立的机械送排风系统，保证其具有良好的通风、可靠的排烟，保障用户用气安全。操作间及计量间的通风换气量，不工作时不应少于 $3h^{-1}$，正常工作时不应少于 $6h^{-1}$，事故状态少于 $12h^{-1}$。通风系统由甲方另行委托。

10）所有燃气管道经过的地方需设燃气报警探头，电气设备应为防爆型，报警系统与现状紧急切断阀联动，当燃气泄漏浓度达到爆炸下限的 20%，报警信号启动排风机，当燃气泄漏浓度达到爆炸下限的 50% 时，紧急切断阀关断，信号远传至值班室。报警装置及联动系统设计由甲方另行委托。

11）高位管道做支架或吊架，间距 3m，支架具体做法见《建筑设备施工安装通用图集》91SB8。

12）燃气管道敷设在吊顶内时，要求该处为独立、可拆卸的格栅吊顶，并在其中加浓度探头。

13）图注长度单位为米，管径单位为毫米。凡图中阀门未注标高者均为距地＋1.5m。

2. 该工程相关图表

主要设备材料表如表 3-32 所示，工程主要图纸如图 3-39～图 3-41 所示。

燃气专业主要设备材料表 表 3-32

序号	名称	型号及规格	材质	单位	数量	重量(kg) 单重	重量(kg) 总重	备注
一	厨房部分							
1	无缝钢管	$D89×4.0$	20钢	m	27		GB/T 8163	燃气专用材料
		$D60×3.5$	20钢	m	2		GB/T 8163	燃气专用材料
		$D48×3.5$	20钢	m	3		GB/T 8163	燃气专用材料
2	紧急切断阀	$DN80$ PN1.6MPa		个	1		防爆常开型	燃气专用设备
3	法兰球阀	$DN80$ Q41F-16C		个	1			燃气专用设备
		$DN50$ Q41F-16C			1			燃气专用设备
		$DN40$ Q41F-16C		个	10			燃气专用设备
4	钢法兰	$DN80$ $PN1.6MPa$	20钢	片	4		GB/T 9119	配螺栓螺母
		$DN50$ $PN1.6MPa$	20钢	片	8		GB/T 9119	配螺栓螺母
		$DN40$ $PN1.6MPa$	20钢	片	8		GB/T 9119	配螺栓螺母
5	金属缠绕垫片	$DN80$ $PN1.6MPa$		片	4			
		$DN50$ $PN1.6MPa$		片	8			
		$DN40$ $PN1.6MPa$		片	20			

序号	名称	型号及规格	材质	单位	数量	重量(kg) 单重	重量(kg) 总重	备注
6	罗茨流量计	$DN50(0.06 \sim 85Nm^3/h)$		台	1			燃气专用设备
7	CPU 控制器	$DN50$		台	1			燃气专用设备
8	过滤器	$DN50$		台	1			燃气专用设备
9	波纹管	$DN50$ $PN1.6MPa$		台	1			燃气专用材料
10	燃气表箱			个	1			
11	单蒸肠粉炉			台	1			甲方提供
12	三门海鲜蒸柜			台	2			甲方提供
13	单头单尾炒灶			台	1			甲方提供
14	双头双尾炒灶			台	2			甲方提供
15	六头煲仔炉			台	3			甲方提供
16	双头低汤灶			台	1			甲方提供
17	地上引入口	$DN80$		个	1			

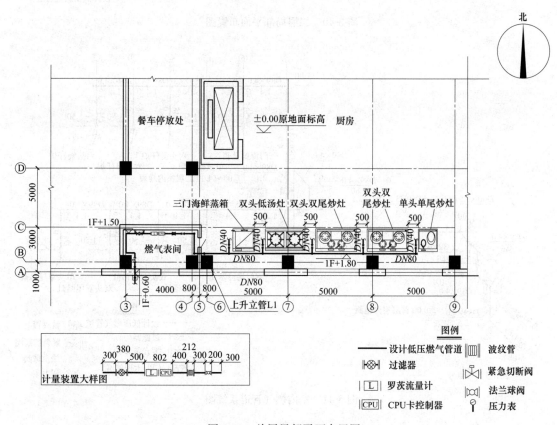

图 3-39 首层局部平面布置图

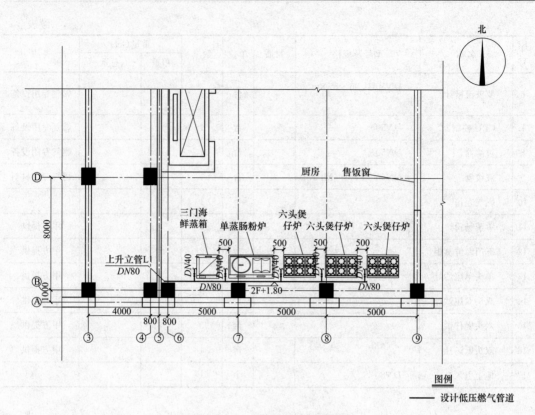

图 3-40 二层局部平面布置图

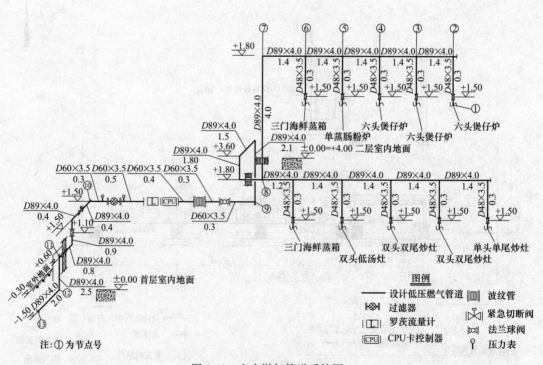

注：①为节点号

图 3-41 室内燃气管道系统图

3.9.2 室外部分示例

1. 工程简介

(1) 工程名称：×××燃气工程。

(2) 工程地点：该工程位于×××，属四环内/外。

(3) 工程气源：该工程气源为该地块西侧现状 $DN200$ 中压 A 燃气管道。

(4) 设计内容：本次设计的主要内容为小区庭院内燃气管道设计。

(5) 设计压力：中压 A 为 0.4MPa；低压小于 0.01MPa（表 3-33）。

中压燃气管道强度及严密性试验压力见《燃气专业施工图技术说明书（0.4MPa 钢管）》

户外低压燃气管道强度试验压力 0.4MPa；严密性试验压力 0.2MPa。

燃气设计压力　　　　　　　　　　　表 3-33

公称压力（MPa）	0.4	介质	天然气		管道等级	GB1
设计温度（℃） 设计温度范围 （℃）	10 −19～+50	工艺介质	压力（MPa）	0.4	特殊要求	无
			温度（℃）	−10～+50		

(6) 工程内容：

1) 外线：

中低压天然气管道总长 322m，其中：

中压 A 燃气管道：$D114×4.5$，长 22m，材质为 20 钢；

低压燃气管道：$D114×4.5$，长 106m，材质为 20 钢；$D89×4.0$，长 97m，材质为 20 钢；$D60×3.5$，长 97m，材质为 20 钢。

2) $DN100$ 中压 A 燃气单管单阀室 1 座；

3) $DN100$ $PN1.6MPa$ 绝缘接头 1 套，$DN50PN1.6MPa$ 绝缘接头 14 套；

4) $Q=100Nm^3/h$ 中低压民用燃气调压箱 1 座，出口压力：3kPa；

5) 新管 $DN100$/母管 $DN200$ 中压 A 带气接线××外；带气接线部分由燃气集团相关部门单位负责实施，施工前需做坑探，核实地下管线情况，并做好施工方案，确保安全和不影响其他用户用气。

(7) 工程说明：

1) 新建 $DN00$ 中压 A 天然气在用气地块西侧×路上与现状 $DN200$ 中压 A 天然气管道相接，向东敷设至新建 $Q=200Nm^3/h$ 中低压调压柜，经调压箱调压后，为居民用户供气。

2) 燃气管道的位置已征得甲方及其建筑设计单位同意。

3) 本设计钢质管道防腐采用三层结构加强级聚乙烯防腐。管道下沟前必须对防腐层进行 100% 的外观检查。回填前应进行 100% 的外观检测及 15kV 电火花检漏，回填后必须对防腐层完整性进行全线检查，不合格必须返工处理直至合格。

4) 回填土应为素土，质量标准参见《城镇燃气输配工程施工及验收规范》CJJ

33—2005。

5) 施工单位在工程焊接前进行焊接工艺评定，工艺评定应 100% 覆盖焊接施工中各种材质、焊接接头形式的焊接。

6) 钢管在焊接之前须进行氩弧焊打底，管道所有焊缝全周长 100% 用射线照相，焊缝质量不得低于现行国家标准《无损检测 金属管道熔化焊环向对接接头射线照相检测方法》GB/12605—2008 的要求，Ⅱ级及以上合格。

7) 带气接线工作需要燃气集团负责施工，施工前需做坑探，核实地下管线情况，并做好施工方案，确保安全和不影响其他用户用气。

8) 该工程纵断图设计根据甲方提供的管线综合进行设计。施工前需与有关专业及部门配合，核实地面及交叉管道高程后，方可进行施工，管道埋深要求不小于 1.5m，钢质燃气管道与其他管道安全净距应符合《城镇燃气设计规范》GB 50028—2006 第 48 页第 6.3.3 条的规定和《城镇燃气输配工程施工及验收规范》CJJ 33—2005 的规定。间距不能满足时，需采取加套管、砌保护墙或砌过街沟等保护措施。

9) 管道埋深以现状地面高为难，管道施工完毕后应回填至现状地面高程。

10) 调压箱设在 0.2～0.3m 基座上，上面要有雨搭遮挡，四围要有栅栏维护，栅栏内设 5kg 灭火器 2 个。

11) 引入口位置应以户内图为准。

12) 钢质管道标志带的敷设：将标志带平敷在管道位置的上方 0.5m 处。每段搭接处不少于 0.2m，标志带中间不得撕裂或扭曲。

13) 该工程有关防腐、焊接、试压等施工技术问题，详见《燃气专业施工图技术说明书（0.4MPa 钢管）》

2. 该工程相关图表

主要设备材料表如表 3-34 所示，工程主要图纸如图 3-42～图 3-44 所示。

本章参考文献

[1] 严铭卿主编. 燃气工程设计手册 [M]. 北京：中国建筑工业出版社，2009.
[2] 姜正侯主编. 燃气工程技术手册 [M]. 上海：同济大学出版社，1993.
[3] 段常贵主编. 燃气输配（第四版）[M]. 北京：中国建筑工业出版社，2011.
[4] 同济大学等编. 燃气燃烧与应用（第四版）[M]. 北京：中国建筑工业出版社，2011.
[5] 袁国汀主编. 建筑燃气设计手册 [M]. 北京：中国建筑工业出版社，1999.
[6] 刘松林著. 高层建筑燃气系统设计指南 [M]. 北京：机械工业出版社，2004.

燃气专业主要设备材料表　　　　　　　　　　　　　　　　　　　　表 3-34

序号	名称	型号及规格	材质	单位	数量	重量(kg)		备注
						单重	总重	
一	外线部分							
1	无缝钢管	$D114\times4.5$ GB/T 8163	20 钢	m	22	中压 A		燃气专用材料
		$D114\times4.5$　GB/T 8163	20 钢	m	106	低压		燃气专用材料
		$D89\times4.0$　GB/T 8163	20 钢	m	97	低压		燃气专用材料
		$D60\times3.5$　GB/T 8163	20 钢	m	97	低压		燃气专用材料

续表

序号	名称	型号及规格	材质	单位	数量	重量(kg)		备注
						单重	总重	
2	三层结构聚乙烯防腐层	加强级		m²	92			燃气专用材料
3	标志带			m	322			燃气专用设备、材料
4	绝缘接头	DN100　PN1.6MPa		套	1			燃气专用材料
		DN50　PN1.6MPa		套	14			燃气专用材料
5	异径三通	D219×6.0/D114×4.5PN1.6MPa		个	1			GB/T 112459—Ⅰ系列 燃气专用材料
6	民用中低压调压柜	$Q=100Nm^3/h$ $P_1=0.2\sim0.4MPa$ $P_2=3KPa$		座	1			配护栏及雨搭 燃气专用设备
7	干粉灭火器	5kg		个	2			
8	燃气单管阀室	DN100　PN1.6MPa		座	1			燃气专用材料
	球阀	DN100　PN1.6MPa	Q41F-16C	个	1			燃气专用材料
		DN50　PN1.6MPa	Q41F-16C	个	2			放散用
	波纹管	DN100　PN1.6MPa		个	1			
	钢法兰	DN100　PN1.6MPa	20钢	片	2			GB/T 9119 配螺栓螺母
		DN50　PN1.6MPa	20钢	片	4			GB/T 9119 配螺栓螺母
	金属缠绕垫片	DN100　PN1.6MPa		片	2			
		DN50　PN1.6MPa		片	4			
	井圈、井盖	φ760		套	2			加重型
9	带气接线	DN200/DN100		处	1	中压A		三通碰口

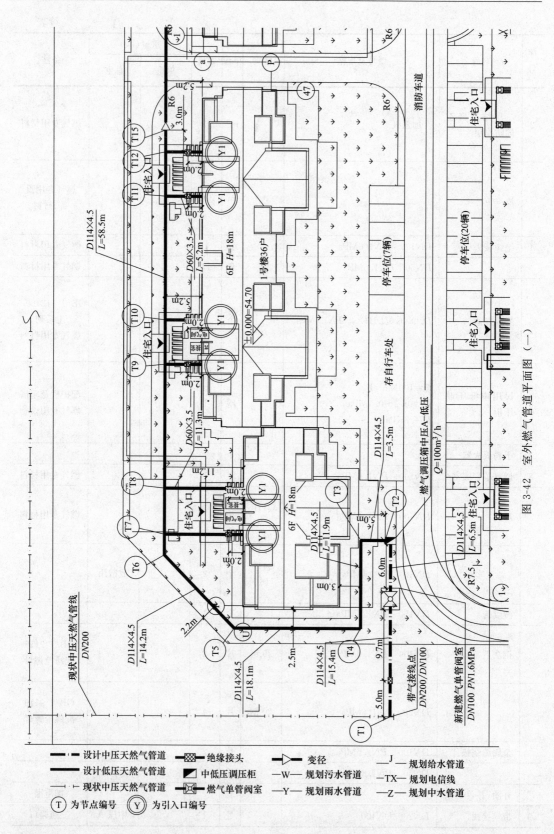

图 3-42　室外燃气管道平面图（一）

设计中压天然气管道　　绝缘接头　　变径　　J—规划给水管道
设计低压天然气管道　　中低压调压柜　　W—规划污水管道　　TX—规划电信线
现状中压天然气管道　　燃气单管阀室　　Y—规划雨水管道　　Z—规划中水管道
T 为节点编号　　Y 为引入口编号

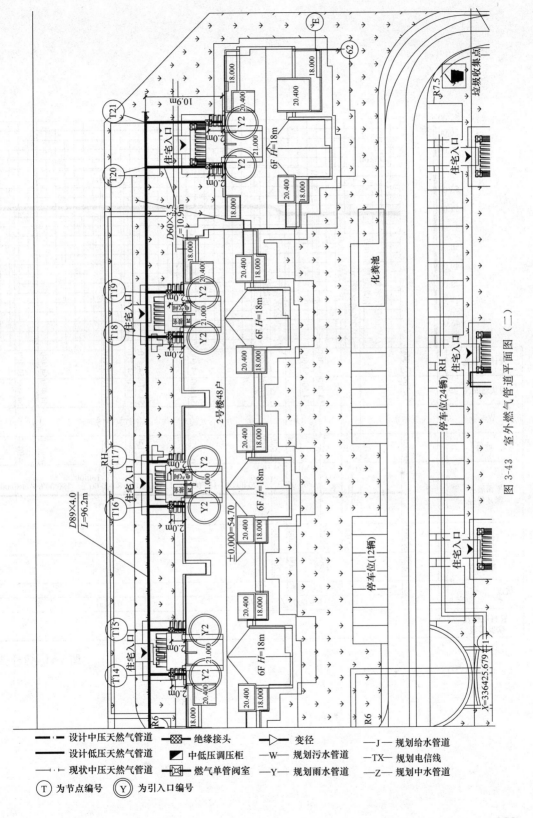

图 3-43 室外燃气管道平面图（二）

—■—·■— 设计中压天然气管道	绝缘接头	变径	—J— 规划给水管道
—■— 设计低压天然气管道	中低压调压柜	—W— 规划污水管道	—TX— 规划电信线
—·—┝— 现状中压天然气管道	燃气单管阀室	—Y— 规划雨水管道	—Z— 规划中水管道
Ⓣ 为节点编号	Ⓨ 为引入口编号		

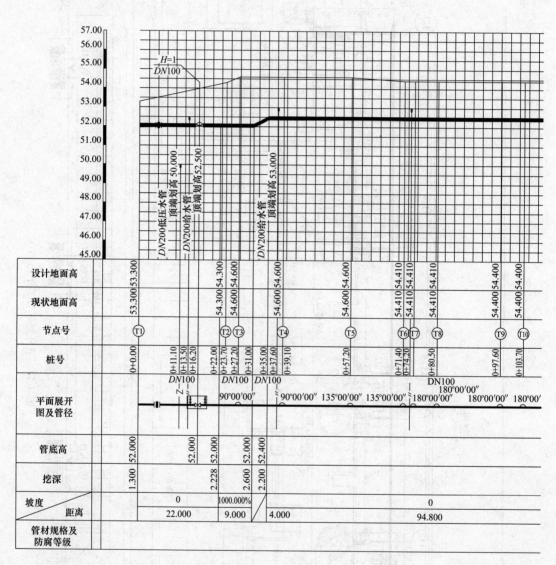

图 3-44　室外燃

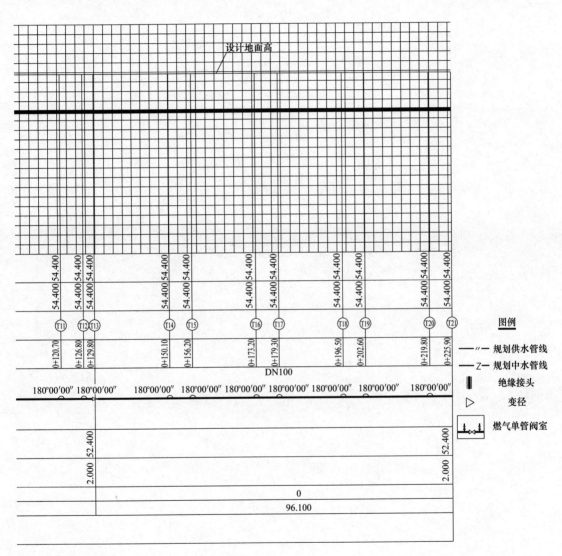

气管道纵断面图

第 4 章　医用气体

本章执笔人

常晨晨

女，汉族，1987 年 7 月 23 日生。中国建筑设计院有限公司助理设计师，助理工程师。2009 年 7 月毕业于太原理工大学（2005 级本科），2012 年 1 月毕业于天津大学（2009 级硕士）。

代表工程

北京昌平沙河高教园二期 A-7 地块，19.4 万 m^2（主要设计人）。

主要论著

1. Energy saving effect prediction and post evaluation of air-conditioning system in public buildings. Energy and Buildings，2011，43（11）（First）。

2. 基于建筑热惰性的阶跃式供热策略的研究，2014 年全国暖通空调制冷学术年会论文集（第一作者）。

联系方式：ccctutu@163.com

刘广清

男，汉族，1971 年 4 月 26 日生。1994 年 7 月毕业于甘肃工业大学。中国中元国际工程有限公司高级工程师，住房和城乡建设部供热标准化技术委员会委员。注册公用设备工程师，具有压力管道、压力容器审批人资质。

代表工程

解放军总医院外科大楼（气体及动力专业设计负责人）。

主要论著

1. 国家建筑标准设计图集 07K505《洁净手术部和医用气体设计与安装》，主要编写人。

2. 国家建筑标准设计图集 05R501《建筑公用设备专业常用压力管道设计》，主要编写人。

联系方式：liu.g.q@163.com

4.1 国家及地方有关规定和法规

4.1.1 通用设计规范

《建筑设计防火规范》GB 50016—2006

《高层民用建筑设计防火规范》GB 50045—95（2005 版）

《医院洁净手术部建筑技术规范》GB 50333—2013

《医用气体工程技术规范》GB 50751—2012

《工业金属管道设计规范》GB 50316—2000（2008 版）

《工业企业设计卫生标准》GBZ 1—2002

《医疗机构水污染物净化等级》GB/T 13277.1—2008

《医疗机构水污染物排放标准》GB 18466

4.1.2 专用设计规范

《压缩空气站设计规范》GB 50029—2014

《固定式压力容器安全技术监察规程》TSG R0004—2009

《压力管道安全技术监察规程—工业管道》TSG D0001—2009

《压力管道规范 工业管道》GB/T 2080.1～2080.6—2006

《压缩空气 第一部分 污染物净化等级》GB/T13277.1—2008

《氧气站设计规范》GB 50030—2013

《氧气及相关气体安全技术规程》GB 16912—1997

《医用空气加压氧舱》GB/T 12130—2005

《医用氧气加压舱》GB/T 19284—2003

4.1.3 施工及验收规范

《工业金属管道工程施工规范》GB 50235—2010

4.2 医用气体工程设计原则

4.2.1 使用性原则

（1）气体终端应气量充足、压力稳定、流量可调。气源应有 3d 以上的储备量。

（2）洁净手术室气体终端应配置柱式（或悬吊式）和暗装壁式各一套，一用一备。

（3）气体终端采用插拔式自封快速接头。不同种类气体终端接头不得有互换性。

（4）嵌壁终端箱面盘应与墙面齐平，缝隙密封。装置底边距地 1.0～1.2m。洁净手术部的壁上终端位置宜临近麻醉师工作位置。

（5）应根据医院的类别、等级、工艺要求及建设单位的具体条件，合理确定医疗用气的种类，气源设备的类别、标准及储备用量。

（6）应根据医院各部门、各房室的实际需求，分别合理确定供气种类和终端数量。

（7）医用气体站房设计，应根据其规模大小、工艺要求及运行管理的需要，设置必要的辅助房间（如控制室、储存室、值班室）和生活用房（如厕所）。

4.2.2 安全性原则

（1）医用气源站房的位置选定和建筑设计应符合《建筑设计防火规范》GB 50016、《建筑物防雷设计规范》GB 50057、《医用气体工程技术规范》GB 50751 及其他相关规范的规定；站房内工艺系统的设计应符合《医用气体工程技术规范》GB 50751 及相关规范的规定。

（2）由医院集中医用气源供应生命支持区域（如手术室、抢救室、重症监护室、产房等）的医用气体，应设专用管道供应。供应医用氧舱的医用气体，也应按氧舱供气压力，设专用管道供应。

（3）医用气体系统的设备、容器，管道的防雷、防静电设计应符合《建筑物防雷设计规范》GB 50057、《医用气体工程技术规范》GB 50751、《氧气站设计规范》GB 50030 及其他相关规范的规定；医用气体系统设备、容器、管道的防爆设施配置应符合《固定式压力容器安全技术监察规程》TSG R0004、《压力管道安全技术监察规程——工业管道》TSG D0001、《医用气体工程技术规范》GB 50751 及其他相关规范、规程的规定。

（4）医用气体监测报警系统的设计，应符合 GB 50751—2012 第 7 章的规定。

（5）氧气管道的敷设，应符合下述要求：

1）氧气管道的支吊架必须用不燃烧体材料制作；当氧气管沿建筑物的外墙或屋顶敷设时，该建筑物应为一、二级耐火等级。

2）室外氧气管道可采用架空、直埋敷设或采用不通行地沟敷设。但应符合下列要求：①严禁埋设在不使用氧气的建筑物、构筑物或露天场地的下方，或穿过烟道；②氧气管道采用不通行地沟敷设时，沟上应设防止可燃物料、火花或雨水侵入的不燃烧体盖板，且严禁与油品管道、燃气管道、腐蚀性管道及各种导电线路同构敷设，也不得与敷设有上述管道、管线的管沟相通；③直埋或不通行管沟敷设的氧气管道上不应装设阀门、法兰或螺纹连接点，当必须设阀门时，应设独立阀门井。

3）建筑物内的氧气管道，在进入建筑物入口处应装设切断阀，并在适当处加设放散管，放散管应排至室外，并高出附件操作面 4m 以上的无明火场所。室内氧气管道不得穿过生活间、办公室，不应穿过不使用氧气的房间。当必须穿越不用氧房间时，在该房间内的管段上不得设有阀门、法兰或螺纹链接点。

4.2.3 维护性原则

（1）各手术室有气体切断阀；楼层各气体总管有切断阀。

（2）各气体管道上要作标记，以示区别。

（3）阀门应设置在检修口附近。

（4）需要检修的成品、仪表等与管道的连接应为可拆连接。需要定期校验的仪表、设备,其接管处应有检修阀,以便封闭管口。

4.2.4 经济性原则

(1) 在满足医用工艺要求和保证安全供气的前提下,医用气体工程设计应贯彻节省基建投资和运行管理消耗的基本原则。

(2) 在满足医用工艺要求的前提下,合理确定医院医用气体的种类,合理确定各医疗部门、科室、房间的用气种类和终端数量,合理确定各气源的备用储量。

(3) 在保证医疗工艺要求和质量可靠的前提下,合理选用经济性好的设备、仪表、管材,合理确定经济性好的工艺流程。

(4) 合理选择各气源站房的位置,力求靠近供气负荷中心,缩短供气半径,以节省管道系统的建设投资和运行、维修费用。

4.3 压 缩 空 气

4.3.1 性质和用途

压缩空气是经压缩、净化、限定了污染物浓度的空气,由医用管道系统供应,作用于病人,或为外科、牙科工具提供动力。压缩空气系统包括医疗用气、器械用气和牙科用气三种。

4.3.2 终端设置

1. 参数要求 (表4-1)

压缩空气终端组件处参数　　　　　　　　　　　表 4-1

医用气体种类	使用场所	额定压力 (kPa)	典型使用流量 (L/min)	设计流量 (L/min)
医疗空气	手术室	400	20	40
医疗空气	重症病房、新生儿、高护病房	400	60	80
医疗空气	其他病房床位	400	10	20
器械空气	骨科、神经外科手术室	800	350	350
牙科空气	牙科、口腔外科	550	50	50

注:牙科空气流量需求视牙椅具体型号的不同有差别。

2. 终端组件设置要求

压缩空气各终端组件设置要求如表4-2所示。

压缩空气终端组件设置要求　　　　　　　　　表 4-2

部门	单元	医疗空气终端个数	器械空气终端个数	牙科空气终端个数
手术部	内窥镜/膀胱镜	1	1	—
手术部	主手术室	2	1	—

部门	单元	医疗空气终端个数	器械空气终端个数	牙科空气终端个数
手术部	副手术室	1	—	—
	骨科/神经科手术室	1	2	—
	麻醉室	1	—	—
	恢复室	1	—	—
	门诊手术室	1	—	—
妇产科	待产室	1	—	—
	分娩室	1	—	—
	产后恢复	1	—	—
	婴儿室	1	—	—
儿科	新生儿重症监护	2	—	—
	儿科重症监护	2	—	—
	育婴室	1	—	—
诊断学	数字减影血管造影室(DSA)	2	—	—
	MRI	1	—	—
	CAT 室	1	—	—
	眼耳鼻喉科 EENT	1	—	—
	内窥镜检查	1	—	—
	直线加速器	1	—	—
病房及其他	病房	1a	—	—
	烧伤病房	2	—	—
	ICU	2	—	—
	CCU	2	—	—
	抢救室	2	—	—
	透析	1	—	—
	外伤治疗室	1	—	—
	石膏室	1a	1a	—
	动物研究	1	1a	—
	尸体解剖	—	1a	—
	心导管检查	2	—	—
	消毒室	×	—	—
	牙科、口腔外科	—	—	1

注：本表为常规的最少设置方案。其中 a 表示可能需要的设置，×表示禁止使用。

4.3.3 压缩空气的品质要求

压缩空气系统分医疗用气、器械用气和牙科用气三种，其用气品质要求不尽相同，如表 4-3 所示。

部分压缩空气的品质要求　　　　　　　　表 4-3

气体种类	油 mg/Nm³	水 mg/Nm³	CO 10^{-6}(v/v)	CO_2 10^{-6}(v/v)	NO 和 NO_2 10^{-6}(v/v)	SO_2 10^{-6}(v/v)	颗粒物(GB 13277.1)[①]	气味
医疗空气	≤0.1	≤575	≤5	≤500	≤2	≤1	2 级	无
器械空气	≤0.1	≤50	—	—	—	—	2 级	无
牙科空气	≤0.1	≤780	≤5	≤500	≤2	≤1	2 级	无

①《压缩空气　第 1 部分：污染物净化等级》GB 13277.1—2008，具体数值见表 4-4。

固体颗粒物 2 级的具体数值　　　　　　　　表 4-4

颗粒物尺寸 d （μm）	≤0.10	0.10≤d<0.5	0.5≤d≤1.0	1.0≤d≤5.0
每立方米中最多颗粒数	不规定	100 000	1 000	10

4.3.4　气源设计——医疗空气供应源

1. 基本组成

（1）医疗空气供应源的基本组成

医院使用压缩空气级别较高，必须保证高效、低功耗、高可靠性。医疗空气供应源通常由进气消声装置、压缩机、后冷却器、储气罐、空气干燥机、空气过滤器、减压装置、止回阀等部分组成，压缩机是系统的核心设备。压缩空气站的工艺流程如图 4-1 所示。

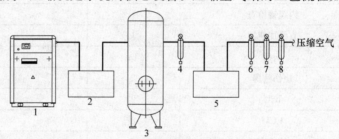

图 4-1　压缩空气站工艺流程图

1—压缩机；2—后冷却器；3—储气罐；4—除尘过滤器；5—冷冻干燥机；6、7、8—除尘除油过滤器

（2）三种空压机及性能比较

空气压缩机按工作原理可分为三种基本类型：活塞式、螺杆式和离心式；按冷却方式可分为风冷型和水冷型；按润滑方式可分为喷油型和无油型；活塞式空气压缩机有喷油和无油两种；螺杆式空气压缩机有风冷和水冷两种、喷油和无油两种；离心式空气压缩机是无油、连续工况式，水冷式压缩机，移动件很少，特别适用于大气量无油的要求。三种基本类型空气压缩机性能比较如表 4-5 所示。

空气压缩机性能比较　　　　　　　　表 4-5

性能	活塞式	螺杆式	离心式
生产能力	小	较大	大
效率	高	较高	低
调节范围	0～100%	40%～100%	70%～100%

性能	活塞式	螺杆式	离心式
喘振	无	无	小气量发生
噪声	≤90～104dB(A)	≤75dB(A)	≤85dB(A)
振动	大	无	无
设备基础	牢固	不需要	轻型
维修量	大	小	小
控制水平	低	高	高
外形尺寸	大	小	中
电耗	低	高	高
价格	低	较高	高

2. 气源设计要求

医疗空气严禁用于非医用用途，因为非医用用途的压缩空气流量波动较大，且无法预计，会影响医疗空气的流量和压力，增加系统故障率及污染率，对病人构成危险。医疗空气不宜与器械空气共用压缩机，若需共用，其空气含水量应符合器械空气的要求。

(1) 医疗空气供应源系统设计要求

1) 医疗空气供应源系统的所有元件、部件在设计时均应有冗余，使得供应源在单台压缩机故障或机组任何单一支路上的元件或部件发生故障时，能连续供气并满足流量的需求。

2) 供应源应设置备用压缩机，当最大流量的单台压缩机故障时，其余压缩机应仍能满足设计流量。

3) 使用含油压缩机容易导致管道系统污损、末端设备损坏等事故，对医疗卫生机构管理提出了更高的要求。因此，建议使用无油压缩机。

4) 供应源应设置防倒流装置，防止系统中的压缩空气回流至不运行的压缩机中，造成压缩机的损坏。此外，在单台压缩机检修维护时，防倒流装置起到隔离该压缩机与系统的作用。

5) 压缩机的排气口与储气罐之间应设后冷却器。通常螺杆机会自带后冷却器，其后冷却器内置于机箱内。后冷却器作为独立部件时应至少配置两台，当最大流量的单台后冷却器故障时，其余后冷却器应能满足设计流量。

6) 供应源的空气干燥机排气露点应保证系统任何季节、任何使用状况下满足医疗空气品质要求。空气在进入干燥装置前，其含油量应符合干燥装置的要求。应设置备用空气干燥机，且备用干燥机应能满足系统设计流量。

7) 为了减少或消除压力波动，供应源应设储气罐。储气罐容积不应小于空气压缩机每分钟最大流量的10%～15%。压缩空气储气罐应布置在室外，位于机器间的北面。立式储气罐与机器间外墙的净距不应小于1m，并不宜影响采光和通风。对压缩空气中含油量不大于$1mg/m^3$的储气罐，在室外布置有困难时，可布置在室内。储气罐应使用耐腐蚀材料或进行耐腐蚀处理。

8) 排污排水系统的设计应尽可能考虑油污对环境的影响。

（2）医疗空气供应源进气系统的设计要求

1）进气口位置的选择需考虑进气口周围的空气质量。进气口不宜设置在发动机排气口，燃油、燃气、储藏室通风口，医用真空系统及麻醉废气排放系统的排气口附近。

2）进气口设于室外时，进气口应高于底面5m，且与建筑物的门、窗、进排气口或其他开口距离不小于3m，应使用耐腐蚀材料，并采取进气防护措施。

3）进气口设于室内时，医疗空气供应源不得与医用真空汇、牙科专用真空汇以及麻醉废气排放系统设置在同一房间内。进气口不应设置在电机风扇或传送皮带附近，且室内空气质量应等同或优于室外，并能连续供应。

4）进气管应采用耐腐蚀材料，并应配备进气过滤器。

5）多台压缩机合用进气管时，每台压缩机进气端应采取隔离措施。

（3）医疗空气供应源过滤系统的设计要求

过滤器应安装在减压装置的进气侧，防止油污、粉尘等损坏减压阀。系统应设置不少于两级的空气过滤器，末级过滤器均应设置备用。医疗空气压缩机不是全无油压缩机时，应设置活性炭过滤器，过滤油蒸气并消除油异味，进而减少对病人的刺激和不利影响。过滤系统的末级可设置细菌过滤器，有效防止花粉、孢子等致敏原对病人的影响。

（4）医疗空气供应源设备、管道、阀门及附件的设计要求

1）为保证气源在单一故障状态下能不间断供气，压缩机、后冷却器、储气罐、干燥机、过滤器等设备之间宜设置阀门，储气罐应设备用或旁通。

活塞空气压缩机与储气罐之间应装止回阀。在压缩机与止回阀之间应设放空管。放空管应设消声器。活塞空气压缩机与储气罐之间，不应装切断阀。当需装设时，在压缩机与切断阀之间，必须装设安全阀。

2）压缩机进、排气管的连接宜采用柔性连接。

3）储气罐上必须装设安全阀。储气罐与供气总管之间应装设切断阀。储气罐等设备的冷凝水排放应设置自动和手动排水阀门。

4）压缩空气站输出端应设取样阀，以便检测气体质量。

5）为保持气体的清洁度，冷干机、过滤器以后的设备、管路内壁应采用不生锈材料制作。

（5）医疗空气供应源控制系统、监测与报警系统的设计要求

1）每台压缩机应设置独立的电源开关及控制回路。机组中的每台压缩机应能自动逐台投入运行，断电恢复后压缩机应能自动启动。机组的自动切换控制应使得每台压缩机均匀分配运行时间。机组的控制面板应显示每台压缩机的运行状态，机组内应有每台压缩机运行时间指示。

2）医疗空气供应源应设置应急备用电源。

（6）离心机系统的特殊设计要求

1）离心机的吸气系统。离心式压缩空气系统中，空气经百页窗进入，经过过滤装置后进入离心机。百叶窗的进气流速应控制在4m/s以下，吸气室为负压运行，吸气室的门应采用向外开启的密封门。离心式压缩机的流量调节，多采用进气节流。当离心机没有配置可动导流叶片调节装置时，吸气管道上应设置蝶阀等进行必要的调节。离心机与供气总管之间应装设止回阀、切断阀，并在止回阀与离心机间装设安全阀和放散管。放散管供离

汗汗汗汗

心机启动用。放散管上装设调节阀。调节阀应设旁通管，管上装设切断阀。当离心机排气管压力过高（如排气阀门未开启）使得机组接近设定的最小流量值时，放散管上的调节阀可自行开启，将压缩空气排向大气，避免管内压力过高超过允许值。上述系统确保压缩机在喘振流量以上运行，防止发生喘振现象。若放散噪声强烈，应装设消声器。

2）离心机的润滑系统。每台离心机都有单独的润滑系统，包括高位油箱、主油泵、启动油泵、油滤器、油冷却器和储油箱。通常启动油泵、油滤器、油冷却器和储油箱组成"油站"。主油泵由离心机带动，供离心机运行使用。启动油泵供离心机启动、停车使用。高位油箱及其他部分可防止因停电而引发润滑油中断事故的发生，保证供油设施连续运行。高位油箱的安装高度，由离心机轴承润滑所需的最低压力而定，一般高于离心机中心线 5m 以上。

3）离心机的冷却及调峰方式。离心机的冷却器均为水冷式，包括中间冷却器、后冷却器、油冷却器。离心机排气连续且无脉冲，因此不设储气罐，负荷的平衡依靠排气量调节装置或变频电机调速来实现。或设小离心机或其他形式的压缩机作为调峰使用。

离心机的备用可以采用离心机、活塞机或螺杆机。但是，对供气的可靠性要求很高，短时间停气会造成重大事故或严重的经济损失的系统，则不宜采用离心机作为备用。因为从离心机的启动到正常运行需用较长的时间，通常需要 0.5h 以上。

4.3.5 气源设计——器械空气供应源

1. 基本组成

空压站作为器械空气供应源，其基本组成与医疗空气供应源相同，见第 4.3.4 节。

2. 气源设计要求

（1）器械空气供应源的系统设计要求

1）器械空气供应源各组成部分的设置要求，如压缩机的备用要求，选择润滑类型，供应源的防倒流要求，后冷却器备用要求，空气干燥机设置要求，储气罐的设置要求等均应符合医疗空气供应源的有关规定（见第 4.3.4 节）；其设备、管道、阀门及附件的设置于链接以及控制系统、监测及报警均与医疗空气供应源一致（见第 4.3.4 节）。

2）为保证压缩空气供应系统内的流量和压力，降低系统故障频率，非独立设置的器械空气系统不得用于工具维修或吹扫以及非医疗气动工具或密封门等的驱动用途。

3）独立设置的器械供应源应设置急备用电源。

（2）器械空气过滤系统的设计要求

1）机组如使用有减压装置，则器械空气过滤器应安装在机组减压装置的进气侧。

2）应设两级或两级以上过滤，系统过滤精度不应低于 $0.01\mu m$ 且效率应在 98% 以上。

3）每级过滤应设有备用过滤器，常用与备用过滤器均应能满足设计流量需求。

4）每个器械空气过滤器应有滤芯寿命监视措施。

5）如使用含油压缩机，器械空气过滤器末级应设活性炭过滤器。

4.3.6 气源设计——牙科空气供应源

牙科空气供应源宜设置为独立的系统，且不得与医疗空气供应源共用压缩机。

1. 基本组成

牙科空气供应源由进气消声装置、压缩机、后冷却器、储气罐、空气干燥机、空气过滤系统、减压装置、止回阀等组成。

2. 气源设计要求

1）当牙椅超过 5 个时，压缩机不宜少于两台，此时控制系统与运行显示设计要求与医疗空气供应源相同。

2）牙科空气与器械空气共用系统时，牙科供气总管处应安装止回阀。

3）牙科空气供应源的压缩机进气装置以及储气罐等设置要求应符合医疗空气供应源的规定。

4.4 氧 气

4.4.1 性质和用途

氧气（O_2）是一种强烈的氧化剂和助燃剂。在《建筑设计防火规范》中氧气被列为乙类火灾危险物质。

同时，氧气也是维持生命的最基本物质，医疗上用来给缺氧病人补充氧气。直接吸入高纯氧对人体有害，长期使用的氧气浓度一般不超过 30%～40%。普通病人通过湿化瓶吸氧；危重病人通过呼吸机吸氧。氧气还用于高压仓治疗潜水病、煤气中毒以及用于药物雾化等。

4.4.2 终端设置

1. 参数要求（表 4-6）

氧气终端组件处参数　　　　　　　　　　　　表 4-6

医用气体种类	使用场所	额定压力（kPa）	典型使用流量（L/min）	设计流量（L/min）
医用氧气	手术室和用 N_2O 进行麻醉的用点	400	6～10	100
	所有其他病房用点	400	6	10
	牙科、口腔外科	400	5～10	10

2. 终端组件设置要求（表 4-7）

氧气终端组件设置要求　　　　　　　　　　　　表 4-7

部门	单元	氧气终端个数
手术部	内窥镜/膀胱镜	1
	主手术室	2
	副手术室	2
	骨科/神经科手术室	2
	麻醉室	1

部门	单元	氧气终端个数
手术部	恢复室	2
	门诊手术室	2
妇产科	待产室	1
	分娩室	2
	产后恢复	1
	婴儿室	1
儿科	新生儿重症监护	2
	儿科重症监护	2
	育婴室	1
	儿科病房	1
诊断学	脑电图、心电图、肌电图	1
	数字减影血管造影室（DSA）	2
	MRI	1
	CAT室	1
	超声波	1
	内窥镜检查	1
	尿路造影	1
	直线加速器	1
病房及其他	病房	1
	烧伤病房	2
	ICU	2
	CCU	2
	抢救室	2
	透析	1
	外伤治疗室	1
	检查/治疗/处置	1
	石膏室	1
	动物研究	1
	尸体解剖	1
	心导管检查	2
	消毒室	1
	牙科、口腔外科	1a
	普通门诊	1

注：本表为常规的最少设置方案。其中 a 表示可能需要的设置。

4.4.3 医用氧气气源组成

医用氧气气源应由主气源、备用气源和应急备用气源组成。这三个独立气源应满足下述设计要求：

（1）主气源应满足总供氧流量需求。储备量应满足一周以上用气量，至少不低于 3d 用氧量。

（2）备用气源同样应满足总供氧流量需求，且能自动投入使用。储备量应满足 24h 以上用氧量

（3）应急备用气源，应设置自动或手动切换。储备量应至少保证生命支持区域 4h 以上的用氧量。应急备用气源的医用氧气不得由分子筛制氧系统或医用液氧系统供应。

4.4.4　气源设计——液氧储罐供应源

1. 基本组成

液态氧站主要由液氧储罐、汽化器、减压装置组成，通常是在室外露天设置。液态氧站的工艺流程如图 4-2 所示。

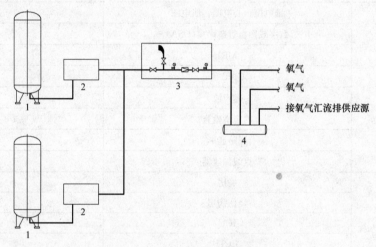

图 4-2　液态氧站工艺流程图

1—液氧罐；2—液氧汽化器；3—减压装置；4—分气缸

2. 气源设计要求

（1）液氧罐是液氧供应的核心设备，应保证其质量；储液罐属于低温压力容器，应保证其保温性能。

（2）液氧灌容积大小根据医院用气量确定，液氧罐不宜少于两个，且应能切换使用，互为备用。气源储量宜满足一周以上的用气量。液氧罐的压力通常为 0.8MPa。

（3）气化器宜设置 2 组，应能互相切换，每组均应能满足最大供氧流量。

（4）分配器通常用不锈钢制作。采用液氧供氧方式时，容积大于 500L 的液氧罐应放在室外。液氧站与其他建筑之间的防火间距，应符合现行国家标准 GB 50016 和 GB 50030 的规定。

（5）露天设置的液氧罐，须设遮阳、防雨设施。液氧站气源设超压排放安全阀，开启压力应高于最高工作压力 0.02MPa，关闭压力应低于最高工作压力 0.05MPa，气体排至室外安全地点，并应设超压欠压报警装置。

（6）气体放散管和液氧等排放管应引至室外安全处，放散管口宜高出地面 4.5m 或

以上。

（7）放置液氧罐的场地不允许有可燃、易燃流体管道和裸露电线穿过。

（8）室内应通风良好，氧气浓度应小于23％。

（9）布置液氧罐的场地应设安全出口。

3. 特点及适用场合

使用液氧罐作为氧气源具有气源品质较高、供应安全可靠、调峰能力强等优势，且国内在其管理方面已经具有一定的经验，是推荐使用的方案。

4.4.5 气源设计——医用氧焊接绝热气瓶汇流排供应源

1. 汇流排设计的一般要求

（1）医用气体汇流排高、中压段应使用铜或铜合金材料。

（2）医用气体汇流排高、中压段阀门不应采用快开阀门。

（3）医用气体汇流排应使用安全低压电源。

2. 医用氧焊接绝热气瓶汇流排供应源设计要求

（1）医用氧焊接绝热气瓶汇流排气源宜选用配置有内置蒸发器的医用氧焊接绝热气瓶。

（2）医用氧焊接绝热气瓶汇流排作为主气源时，宜设置两组数量相同的医用氧焊接绝热气瓶，并应能自动切换使用。每组医用氧焊接绝热气瓶应满足最大用氧流量且不得少于2只。

（3）汇流排与医用氧焊接绝热气瓶的连接应有防错接措施。

4.4.6 气源设计——钢瓶汇流排供应源

1. 基本组成

瓶组站由多个40L，15MPa的钢瓶组合，使用气瓶组作为供氧气源。将气瓶组分成A，B两组通过汇流排，当一组瓶内氧气压力降到某一规定值时，通过控制台自动切换至备用气瓶组，实现连续供氧。瓶组站包括减压装置、安全卸压装置、报警装置等。气氧站的工艺流程如图4-3所示。

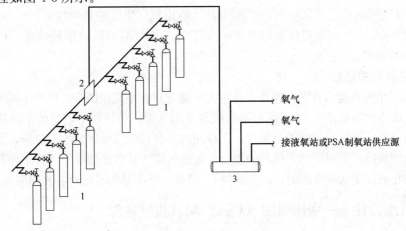

图 4-3 瓶组站的工艺流程

1—氧气汇流排；2—自动切换机；3—分气缸

2. 气源设计要求

(1) 气瓶组的数量根据医院日用气量确定，一般每组 10 个，两组气瓶一用一备，相互转换工作；两组气瓶的高压气管均连接到汇流排高压管，送入切换减压设备内，并分别通过减压设备送至用气点或手术室。气瓶组分为工作组和备用组。

(2) 气瓶站内应设空瓶和实瓶的存放位置，储气量应保证 3d 的用量。存有气体的气瓶不能露天存放。使用过的气瓶角阀必须关闭，并戴上防护钢帽。此外，瓶组间的温度宜控制在 10～35℃，避免气温过低导致减压器结冰。

(3) 气瓶站内应作好防爆措施，通风保持良好，5m 内不许有连接地沟的通气口，满足相关规范的要求。

(4) 气瓶站内的供氧系统应设置安全排放和报警装置。当输出压力高于设计压力 0.015 MPa 时，安全泄气阀开启，排除多余压力，同时报警装置发出超压报警信号，保证系统管道及其设备安全。当泄压后输出压力低于设计压力 0.025MPa 时，欠压报警装置发出信号，安全泄气阀关闭，以保证系统恢复正常。安全阀前后不设断流阀。

(5) 当液氧与氧气瓶共同使用时，可以液氧为主，气瓶为辅或备用。当安装了制氧机时，可以自制氧源为主，气瓶备用。

(6) 经中心供氧站一级减压后，输送管道将压力减为 0.4～0.5MPa（可调）的氧气输送到各楼层内，可满足病员呼吸，启动各型号呼吸机、麻醉机，也可给高压氧舱供氧。

(7) 医用氧气瓶的容积通常以升来计算，容积越大、压力越大则容量越大。充满气体的钢瓶内压力大约为 13.5～15MPa，医用氧气钢瓶的压力上限为 15MPa。

(8) 压力表是医用氧气吸入器的一部分，其读数直接指示氧气瓶内的压力。通过压力表读数可以掌握氧气瓶内氧气的余量，进而掌握医用氧气的使用速度，拟定合理的换气周期。

(9) 常规钢瓶中的医用氧气储量如表 4-8 所示。

常规钢瓶中的医用氧气储量 表 4-8

钢瓶规格(50MPa)	10L	15L	40L
储氧量(L)	1350～1500	2000～2200	5500～6000

(10) 氧气瓶组站应与其他气站严密隔开，防止氧气飘逸进其他气站。

(11) 氧气汇流排间室温应保持在 10～38℃，防止气温过低减压器结冰。应考虑自然通风并设事故排风。

3. 特点及适用场合

由于瓶组站供氧能力有限，操作工作量大，通常只在小规模医院或用量少的单体医用建筑中采用，或作为液氧站或 PSA 制氧站的应急备用气源。在使用中，有的汇流排未使用自动切换控制装置，降低了供气的可靠性；而在用的具有自动切换能力的汇流排，大部分使用电力进行自动切换。若对应防火规范的规定，汇流排应为具有自动切换能力且不使用电力的控制装置（防止其用于含氧气体时，产生意外）。可见，瓶组站的设计存在其局限性。

4.4.7 气源设计——变压吸附（PSA）制氧机供应源

1. 基本组成

PSA 制氧站包括下述三部分：

（1）空气处理系统，包括空气压缩机、冷冻干燥机、空气储罐、过滤器等。

（2）压力转换吸附制氧系统，即制氧机，包括分子筛、减压装置、油水分离过滤器等。

（3）氧气输送系统，包括氧气储罐、氧气浓度显示、分配器等。制氧站的工艺流程如图 4-4 所示。

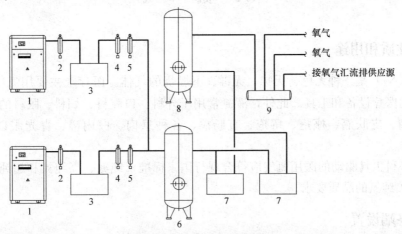

图 4-4　制氧站的工艺流程

1—压缩机；2—AO 级除油过滤器；3—冷冻干燥机；4—AA 级高效除油过滤器；5—ACS 级超高效除臭过滤器；
6—空气储罐；7—制氧主机；8—氧气储罐；9—分气缸

2. 气源设计要求

（1）中心供氧站的设备通常采用一用一备的原则设置。医院采用分子筛制氧机组制氧时，取风口宜布置在室外洁净区，保证制得氧气源的质量。制得氧气应符合医用氧气标准，且氧气的浓度≥90％。

（2）氧气站设计容量的确定应考虑当地海拔高度的影响。

（3）采用分子筛制氧机组，其台数宜按大容量、少机组、同型号的原则确定。

（4）压缩机超过 2 台时，宜布置在单独的房间内，且不宜与其他房间直接相通。

（5）采用分子筛制氧机组的医院中心供氧站内设氧气汇流排，氧气汇流排间与机器间应采用耐火极限不低于 1.5h 的防火墙和丙级防火门进行分隔。

（6）制氧机不应设置在地下室，应设置在通风良好，具有防爆设施且便于运输的位置，不应与锅炉房、配电站等房间相邻。可单独设置在屋顶上或庭院内，远离明火，且不应受太阳直射。

（7）制氧站还应设有中断供氧的报警装置，站内使用的阀门采用不锈钢制球阀。

（8）储气罐宜布置在室外。当储气罐确需布置在室内时，宜设置在单独的房间内。储气罐的水槽和放水管，应采取防冻措施。

（9）氧气压缩机间、净化间、储气罐间均应设安全出口。

（10）氧气站的气体放散管应引至室外安全处，放散管口宜高出地面 4.5m 以上。

3. 特点及适用场合

吸附式制氧机配备后续的压缩充瓶设备后，采用低负荷时对钢瓶充气，高负荷时通过氧气汇流排外供的方法，可具备调峰供应能力。具有工艺简单、设备先进、体积小、供给方便等优点。单位体积成本为瓶装供氧的 1/4，为液氧集中供氧的 1/2。因此，这种方式被医院广泛使用。

4.5　氮　　气

4.5.1　性质和用途

氮气（N_2）是一种无色、无味、无毒、不燃烧的气体。医疗上主要用氮气作为气体动力，驱动医疗设备和工具。此外，液氮常用于外科、口腔科、妇科、眼科的冷冻疗法，治疗血管瘤、皮肤癌、痤疮、痔疮、直肠癌、各种息肉、白内障、青光眼以及人工授精等。

用于外科工具驱动的医用氮气应符合现行国家标准《纯氮、高纯氮和超纯氮》GB/T 8979 中有关纯氮的品质要求。

4.5.2　终端设置

氮气终端阻件处参数和设置要求如表 4-9 和表 4-10 所示。

氮气终端组件处参数　　表 4-9

医用气体种类	使用场所	额定压力 （kPa）	典型使用流量 （L/min）	设计流量 （L/min）
医用氮气	骨科、神经外科手术室	900～950	350	350

氮气终端组件设置要求　　表 4-10

部门	单元	氮气终端个数
手术部	内窥镜/膀胱镜	1
	主手术室	1
	骨科/神经科手术室	2
病房及其他	石膏室	1a
	动物研究	1a
	尸体解剖	1a
	牙科、口腔外科	1

注：本表为常规的最少设置方案。其中 a 表示可能需要的设置。

4.5.3　气源设备——氮气瓶组站

洁净手术部使用的氧气、压缩空气以及真空吸引外的其他气体，气源设备是气体汇流排。这些气站主要为手术部服务，具有设备轻小、便于搬运、安全问题易解决的优势。瓶组站一般布置在靠近手术部的非洁净区或设备层等处，以缩短输送距离，减少压力损失。

根据医疗需求和氮气供应情况设置氮气供应源，可设置满足一周以上，至少不低于

3d 的用气或储备量。氮气汇流排容量应根据最大用气量确定。气体汇流排供应源的医用气瓶可设置为数量相同的两组，应能自动切换使用，每组气瓶均应满足最大用气流量。气体供应源过滤器应安装在减压装置之前，过滤精度应为 $100\mu m$。汇流排与医用气体钢瓶的连接应采取防错接措施。医用气体汇流排在电力中断或控制电路故障时，应能持续供气。医用氮气供应源应设置排气放散管，应引至室外安全处。

洁净手术室使用的氮气可采用 5×2 瓶组自动切换汇流排供气，减压至 0.95MPa。

4.6　氩　气

4.6.1　性质和用途

氩气（Ar）是一种无色、无味、无毒的惰性气体。它不可燃、不助燃，也不与其他物质发生化学反应，因此可用于保护金属不被氧化。

氩气在高频高压作用下，被电离成氩气离子，这种氩气离子具有极好的导电性，可连续传递电流。在手术中氩气可降低创面温度，减少损伤组织的氧化、炭化（冒烟、焦痂）。因此，医疗上常用于高频氩气刀等手术器械。

高频氩气刀是将一根近 1m 长的柔软的内镜器械，沿着口腔生理腔道放置到病灶处，再利用电离氩气将高频电流输送到靶组织，并利用热效应致使肿瘤组织失活、干燥和坏死，达到治疗气管、支气管及肺脏疾病的目的。另外，氩气刀能在组织损伤最小的前提下实现快速切割和止血，很少有烟雾异味，对肝脏、脾脏和肾脏等止血非常困难的器官也能有效凝血，是当今外科手术中重要的电外科设备。

4.6.2　终端设置

氩气终端阻件外参数和设置要求如表 4-11 和表 4-12 所示。

氩气终端组件处参数　　　　　　　　　　　　　表 4-11

医用气体种类	使用场所	额定压力 （kPa）	典型使用流量 （L/min）	设计流量 （L/min）
氩气	手术室	350~400	15	15

氩气终端组件设置要求　　　　　　　　　　　　表 4-12

部门	单元	氩气终端个数
手术部	内窥镜/膀胱镜	1a
	主手术室	1a
	副手术室	1a
	骨科/神经科手术室	1a

注：本表为常规的最少设置方案。其中 a 表示可能需要的设置。

4.6.3 气源设备——氩气瓶组站

洁净手术室使用的氩气采用 2×2 瓶组自动切换汇流排供气，减压至 0.4MPa。具体设计要求与氮气瓶组站设计要求一致。

4.7 二氧化碳气体

4.7.1 性质和用途

二氧化碳（CO_2）是一种无色、有酸味、毒性小的气体。空气中二氧化碳含量的安全界限为 0.5%，超过 3% 时会对身体有影响，超过 7% 时将出现昏迷，超过 20% 会造成死亡。

医疗上二氧化碳用来收缩血管，减少血液中的气泡，使血液流畅。还可用于腹腔和结肠充气，以便进行腹腔镜检查和纤维结肠镜检查。此外，二氧化碳还用于试验室培养细菌（厌氧菌）。高压二氧化碳还可用于冷冻疗法，用来治疗白内障、血管病等。

4.7.2 终端设置

二氧化碳终端组件处参数和设置要求如表 4-13 和表 4-14 所示。

二氧化碳终端组件处参数 表 4-13

医用气体种类	使用场所	额定压力（kPa）	典型使用流量（L/min）	设计流量（L/min）
二氧化碳	手术室、造影室、腹腔检查用点	350~400	6~10	20
二氧化碳/氧气混合气	重症病房、所有其他需要的床位	350~400	6~15	20

注：在使用处，二氧化碳与氧气混合形成医用混合气体时，配比的二氧化碳压力应低于该处医用氧气压力 50~80kPa，相应的额定压力也应减小为 350kPa。

二氧化碳终端组件设置要求 表 4-14

部门	单元	二氧化碳终端个数
手术部	内窥镜/膀胱镜	1a
	主手术室	1a
	副手术室	1a
	骨科/神经科手术室	1a

注：本表为常规的最少设置方案。其中 a 表示可能需要的设置。

4.7.3 气源设备——二氧化碳瓶组站

洁净手术室使用的二氧化碳采用 2×2 瓶组自动切换汇流排供气，减压至 0.4MPa。具体设计要求与氮气瓶组站设计要求一致。此外应注意，医用二氧化碳供应源气流排，不得出现气体供应结冰情况。

4.8 笑 气

4.8.1 性质和用途

笑气，既氧化亚氮（N_2O），是一种无色、有甜味的气体。人少量吸入后，面部肌肉会发生痉挛，出现笑的表情，故俗称笑气（laugh-gas）。

人少量吸入笑气，有麻醉止痛的作用，但大量吸入会使人窒息。医疗上用笑气和氧气的混合气（混合比为：65% N_2O + 35% O_2）作麻醉剂，通过封闭方式或呼吸机供给病人吸入。麻醉时应用准确的氧气、笑气流量计来监控两者的混合比，防止病人窒息。停吸时，应继续给病人吸氧10min以上，以防缺氧。

用笑气作麻醉剂具有诱导期短、镇痛效果好、苏醒快、对呼吸和肝、肾功能无不良影响的优点。但它对心肌略有抑制作用，肌松不完全，全麻效果较弱。单独使用笑气作麻醉剂，仅适用于拔牙、骨折整复、脓肿切开、外科缝合、人工流产、无痛分娩等小手术。大手术时常要与巴比妥类药物、琥珀酰胆碱、鸦片制剂、环丙烷、乙醚等联合使用，以增强效果。

4.8.2 终端设置

笑气终端组件处参数和设置要求如表4-15和表4-16所示。

笑气终端组件处参数 　　　　　　　　　　　　　　　　　　　表4-15

医用气体种类	使用场所	额定压力（kPa）	典型使用流量（L/min）	设计流量（L/min）
笑气	手术、产科、所有病房用点	400	6～10	15
笑气/氧气混合气	LDRP(待产、分娩、恢复、产后、家庭化产房)用点	400(350)	10～20	275
	所有其他需要的病房床位	400(350)	6～15	20
	牙科、口腔外科	400(350)	6～15	20

注：在使用处，笑气与氧气混合形成医用混合气体时，配比的笑气压力应低于该处医用氧气压力50～80kPa，相应的额定压力也应减小为350kPa。

笑气终端组件设置要求 　　　　　　　　　　　　　　　　　　表4-16

部门	单元	笑气/氧气混合气终端个数	笑气终端个数
手术部	内窥镜/膀胱镜	—	1
	主手术室	—	2
	副手术室	—	1
	骨科/神经科手术室	—	1
	麻醉室	—	1
妇产科	待产室	1	—
	分娩室	1	—
	产后恢复	1	—

续表

部门	单元	笑气/氧气混合气终端个数	笑气终端个数
诊断学	数字减影血管造影室(DSA)	—	1a
病房及其他	烧伤病房	1a	1a
	动物研究	—	1a
	牙科、口腔外科	—	1a

注：本表为常规的最少设置方案。其中a表示可能需要的设置。

4.8.3 气源设备——笑气瓶组站

洁净手术室使用的笑气采用2×2瓶组自动切换汇流排供气，减压至0.45MPa。具体设计要求与氮气瓶组站设计要求一致。此外应注意，医用笑气供应源气流排，不得出现气体供应结冰情况；笑气瓶组站应与其他气站严密隔开，防止笑气飘逸进其他气站，且瓶组站内应注意防爆。

4.9 真空吸引

4.9.1 用途

治疗中产生的液体废物有痰、脓血、腹水、清洗污水等，它们可由真空吸引系统(Vac)收集、处理。

4.9.2 终端设置

1. 参数要求（表4-17）

真空吸引终端组件处参数　　　　　　表4-17

医用气体种类	使用场所	额定压力(kPa)	典型使用流量(L/min)	设计流量(L/min)
医用真空	大手术	40(真空压力)	15~80	80
	小手术、所有病房床位	40(真空压力)	15~40	40
牙科专用真空	牙科、口腔外科	15(真空压力)	300	300

注：牙科专用真空流量需求视牙椅具体型号的不同有差别。

2. 终端组件设置要求（表4-18）

真空吸引终端组件设置要求　　　　　　表4-18

部门	单元	医用真空终端个数	牙科专用真空终端个数
手术部	内窥镜/膀胱镜	3	—
	主手术室	3	—
	副手术室	2	—
	骨科/神经科手术室	4	—
	麻醉室	1	—
	恢复室	2	—

部门	单元	医用真空终端个数	牙科专用真空终端个数
手术部	门诊手术室	2	—
妇产科	待产室	1	—
	分娩室	2	—
	产后恢复	2	—
	婴儿室	1	—
儿科	新生儿重症监护	2	—
	儿科重症监护	2	—
	育婴室	1	—
	儿科病房	1	—
诊断学	脑电图、心电图、肌电图	1	—
	数字减影血管造影室(DSA)	2	—
	MRI	1	—
	CAT 室	1	—
	眼耳鼻喉科 EENT	1	—
	超声波	1	—
	内窥镜检查	1	—
	尿路造影	1	—
	直线加速器	1	—
病房及其他	病房	1a	—
	烧伤病房	2	—
	ICU	2	—
	CCU	2	—
	抢救室	2	—
	透析	1	—
	外伤治疗室	2	—
	检查/治疗/处置	1	—
	石膏室	1	—
	动物研究	2	—
	尸体解剖	1	—
	心导管检查	2	—
	消毒室	1	—
	牙科、口腔外科	—	1
	普通门诊	1	—

注：本表为常规的最少设置方案。其中 a 表示可能需要的设置。

4.9.3 气源设计——医用真空吸引站

1. 基本组成

真空吸引站通常由集污罐、医用真空罐、除菌过滤器、真空泵、气液分离器、电控柜、电磁阀、管路系统等组成。真空吸引站的工艺流程如图 4-5 所示。

2. 气源设计要求

为防止交叉感染，对医用真空吸引做如下规定：医用真空不得用于三级、四级生物安全实验室及放射性沾染场所；独立传染病科医疗建筑物的医用真空系统宜独立设置；实验室用真空吸引与医用真空吸引共用时，两者真空罐之间应设置独立的阀门及真空除污罐。

（1）医用真空吸引系统设计要求

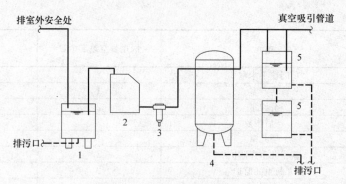

图 4-5　真空吸引站工艺流程

1—气液分离器；2—往复式真空泵；3—除菌过滤器；4—真空罐；5—集污罐

1）医用真空吸引系统的所有元件、部件在设计时均应有冗余，使得系统在单台真空泵故障或机组任何单一支路上的元件或部件发生故障时，能连续供应并满足流量的需求。

2）真空泵宜为同一种类型，其型号和台数应根据供气要求、负荷确定。

3）医用真空吸引应设置备用真空泵，当最大流量的单台真空泵故障时，其余真空泵应能满足设计流量。

4）真空机组应设置防倒流装置，防止真空系统内气体回流至不运行的真空泵。

5）供应吸引站的冷却水流量应大于水环真空泵所需的最大流量。

6）系统小时增压率应低于 1.2%（负压到达 0.07MPa）。

（2）医用真空吸引系统过滤、灭菌及排放系统设计要求

1）真空吸引泵站应远离洁净手术室，因为负压气体可能与病人存在直接接触，吸引站存在大量细菌。故应在排出口与真空泵之间设气体过滤器，对排放的气体进行灭菌过滤处理，保证排放时的废气中细菌数量不超过 500 个/m^3。

2）多台真空泵合用排气管时，每台真空泵排气应采取隔离措施。排气管口应使用耐腐蚀材料，并应采取排气防护措施，排气管道的最低部位应设置排污阀。

3）排气口应位于室外，不应与医用空气进气口位于同一高度，且与建筑物的门窗、其他开口的距离不少于 3m。排气口应设置有害气体警示标识。

（3）医用真空吸引系统设备、管道连接、阀门及附件的设计要求

1）为保证系统在单一故障状态下能不间断运行，真空泵、真空罐、过滤器等设备之间均应设置阀门或止回阀，真空罐应设备用或旁通。真空罐应设置排污阀，其进气口之前宜设置真空除污罐。

2）真空泵与进气管、排气管的连接宜采用柔性连接。

3）真空罐的设计和制造应符合《固定式压力容器安全技术监察规程》TSG R0004 和《压力容器》GB 150 的有关规定。

4）水平布置的真空吸引气管道流方向应有不小于 0.003 的坡度，阀门采用真空阀。

（4）医用真空吸引控制系统、监测与报警系统的设计要求

1）每台真空泵应设置独立的电源开关及控制回路。

2）真空泵应有自动、手动两种启动方式，自动启停为主，手动启停为辅。通过电控柜控制真空泵的自动启停：当真空罐内负压达 −500mmHg 时真空泵自动停机，当真空罐内负压达到 −300mmHg 时真空泵自行起动。真空泵自动启停的压力上下限可按医院要求

调整。

3）各真空泵均按设定的程序工作，互为备用，自动循环，确保真空吸引系统正常运行。控制面板应能显示每台真空泵的运行状态与运行时间。

4）医用真空吸引系统吸入部分应有超、欠压报警装置。当负压高于 0.019MPa（140mmHg）或低于 0.073 MPa（550mmHg）时，应发出报警信号。

5）医用真空吸引系统应设置应急备用电源。

（5）液环式真空泵的特殊要求

液环式真空泵是医用真空吸引站的常用设备之一，具有结构简单、维护方便等优势。但其密封、冷却液体直接与真空废气接触，处理相对困难，易成为各种传染病的传染源。使用该种真空泵，必须对真空泵排水采取可靠的废水处理措施，排入市政管网的废水应满足《医疗机构水污染物排放标准》GB 18466 的规定。

4.9.4 气源设计——牙科专用真空吸引源

牙科专用真空吸引源应独立设置。牙科用汞合金对水及环境会造成严重污染，因此应设置汞合金分离装置。

1. 基本组成

牙科专用真空吸引源由真空泵、真空罐、止回阀等组成，也可采用粗真空风机机组形式。

2. 气源设计要求

牙科专用真空吸引源应独立设置。

（1）牙科专用真空吸引源的设计要求

1）牙科专用真空吸引源使用液环真空泵时，应设置水循环系统，起到节水并减少污水处理量的作用，并在外部供水短暂停止时通过内部水循环系统维持吸引系统持续工作，保护水环泵。

2）牙科专用真空吸引源不得对牙科设备的供水造成交叉污染。

（2）过滤系统的设计要求

1）进气口应设置过滤网，应能滤除粒径大于 1mm 的颗粒。

2）系统设置细菌过滤器时，过滤精度应为 $0.01\sim0.2\mu m$，效率应达到 99.995%。应设置备用细菌过滤器，且每组细菌过滤器均能满足实际流量要求。此外，应采取滤芯性能监测措施。湿式牙科专用吸引系统的细菌过滤器应设置在真空泵的排气口。

（3）牙科专用真空吸引排气系统设计要求

牙科专用真空吸引系统的排气应符合医院环境卫生标准要求。多台真空泵合用排气管时，每台真空泵排气应采取隔离措施。排气管口应使用耐腐蚀材料，并应采取排气防护措施，排气管道的最低部位应设置排污阀。排气口应位于室外，不应与医用空气进气口位于同一高度，且与建筑物的门窗、其他开口的距离不少于 3m。排气口应设置有害气体警示标识。

（4）牙科专用真空吸引控制系统、监测与报警系统的设计要求

系统中每台真空泵应设置独立的电源开关及控制回路。各真空泵均按设定的程序工作，互为备用，自动循环，确保真空吸引系统正常运行。控制面板应能显示每台真空泵的

运行状态与运行时间。

（5）汞合金分离的措施和设备

牙科用汞合金对水机环境会造成严重污染，因此应设置汞合金分离器。汞合金分离器，可以截留从牙科治疗中心排出的废水中所携带的银汞合金微粒，从而减少进入下水道系统的银汞合金含量。汞合金分离可使用离心、沉淀、过滤法，或上述方法的组合。银汞合金分离器效率应≥95%。分离器应包括警告系统和报警系统。警告系统用于指示收集器的充满程度，以便清空或更换；报警系统用于指示收集器已经达到最高界限。系统选用的银汞合金分离器应符合《牙科学银汞合金分离器》YY 0835—2011 的有关规定。

4.10 麻醉或呼吸废气排放

4.10.1 性质和危害

一般是指病人在麻醉过程中呼出的混合废气，其主要成分为一氧化二氮、二氧化碳、空气、安氟醚、七氟醚、异氟醚等醚类气体。

麻醉或呼吸废气对医护人员和病人均有危害，同时废气中的低酸成分对设备有腐蚀作用，所以病人呼出的麻醉废气应当由麻醉废气排放系统（WAGD）收集处理或稀释后排至室外。

4.10.2 终端设置

麻醉或呼吸废气排放系统终端组件处参数和设置要求如表 4-19 和表 4-20 所示。

麻醉或呼吸废气排放系统终端组件处参数 表 4-19

医用气体种类	使用场所	额定压力（kPa）	典型使用流量（L/min）	设计流量（L/min）
麻醉或呼吸废气排放	手术室、麻醉室、重症监护室（ICU）用点	15（真空压力）	50～80	50～80

麻醉或呼吸废气排放系统终端组件设置要求 表 4-20

部门	单元	麻醉或呼吸废气终端个数
手术部	内窥镜/膀胱镜	1
	主手术室	1
	副手术室	1
	骨科/神经科手术室	1
	麻醉室	1
诊断学	数字减影血管造影室（DSA）	1a
病房及其他	烧伤病房	1a
	ICU	1a
	CCU	1a
	动物研究	1a

注：本表为常规的最少设置方案。其中 a 表示可能需要的设置。

4.10.3 机组组成部件

整个系统为开放式系统,由收集系统和排放系统两部分组成。

收集系统包括废气收集器(2L)、流量调节器、负压指示器等部件。废气收集器具有缓冲呼吸峰值,降低动态内阻的作用。在放空管口应装设流量调节器及负压 U 形指示器,便于调节收集器的负压状态,保证患者的安全。

排放系统包括吸引终端、负压调节器、负压瓶、负压表等部件。用真空吸引管把收集系统和排放系统连接起来,调节负压调节开关,使收集系统处于低于 5mmH$_2$O 的负压状态。

麻醉机气体循环系统内的气体压力大于 0.2MPa 时,即需要向外排出废气。

4.10.4 系统设计要求

1. 麻醉或呼吸废气排放机组设计要求

机组的所有元件、部件在设计时均应有冗余,使得系统在任何单一支路上的元件或部件发生故障时,能连续供应并满足流量的需求。机组的真空泵或风机可为同一种类型。机组应设置备用真空泵,当最大流量的单台真空泵故障时,其余部分应能满足设计流量。机组应设置防倒流装置。

粗真空风机排放机组中风机的设计运行真空压力宜高于 17.3kPa,且机组不应在用作其他用途。大于 0.75kW 的麻醉或呼吸废气真空泵或风机,宜设置在独立的机房内。

2. 麻醉或呼吸废气排放机组中设备、管道连接、阀门及附件的设计要求

每台麻醉或呼吸废气排放真空泵应设置阀门或止回阀。麻醉或呼吸废气排放机组的进气管、排气管的连接宜采用柔性连接。机组进气口应设置阀门。

3. 麻醉或呼吸废气排放机组排气要求

多台真空泵或风机合用排气管,应采取隔离措施。排气管口应使用耐腐蚀材料,并应采取排气防护措施,排气管道的最低部位应设置排污阀。排气应符合医院环境卫生标准要求。排气口应位于室外,不应与进气口高度相同,与其他开口距离应不少于 3m。排气口应位于背风侧,使得排放得气体不会飘散至附近人员工作和生活区域。

4. 引射式排放系统设计要求

引射式排放系统是麻醉或呼吸废弃排放系统的常用系统形式之一。系统采用医疗空气驱动引射器时,不得干扰本区域其他设备正常使用医疗空气。用于引射式排放的独立压缩空气系统,应设置备用压缩机,当最大流量的单台压缩机故障时,其余压缩机应仍能满足设计流量,且系统各元件、部件在设计时均应有冗余。

4.11 医用氧舱气体供应

4.11.1 医用氧舱的用途

医用氧舱是高压氧治疗的关键设备,其形成的高压氧环境可以治疗多种疾病。与缺氧有关的急性或慢性、局部或全身的疾病,均可在高压氧这种特殊的环境中得到治疗。对急

性一氧化碳中毒、减压病、空气栓塞等疾病的治疗有特殊疗效。

4.11.2 医用氧舱气体供应系统设计要求

医用氧舱气体供应一般是一个独立的系统,且不属于生命支持系统的一部分。除医用空气加压氧舱的氧气供应源或液氧供应源在适当情况下可以与医疗卫生机构医用气体系统共用外,其余所有的部分均应独立于集中供应的医用气体系统之外自成体系。

医用氧气加压舱最高工作压力不大于 0.2MPa。成人氧舱供氧系统的供氧量应能满足氧舱按最高工作压力加压不少于两次的要求。医用空气加压氧舱最高工作压力不大于 0.3MPa。

1. 医用空气供应

(1)医用空气加压氧舱的医用空气品质应符合本书第 4.3.3 节,表 4-3 中有关医疗空气品质的规定。

(2)医用空气加压氧舱的医用空气气源和管道系统,均应独立于医疗卫生机构集中供应的医用气体系统。

(3)医用空气加压氧舱的医用空气气源要求与本书第 4.3.4 节所述一致,但可不设备用压缩机与备用后处理系统。多人医用空气加压氧舱的空压机配置不应少于 2 台,每台的排气量应满足对一组储气罐充气时间不超过 2h。

(4)多人氧舱应配置 2 组储气罐,空压机出气口或空气冷却器出口压缩空气温度不超过 37℃时,可设置 1 组。每组储气罐均应满足所有舱室以最高工作压力加压 1 次和过渡舱再加压 1 次的容量要求。单人氧舱可配置 1 组储气罐,应满足舱室以最高工作压力加压 4 次的要求。

2. 医用氧气供应

(1)供应医用氧舱的氧气应符合医用氧气品质的要求。

(2)医用氧舱与其他医疗用氧气共用氧气源时,氧气源应能同时保证医疗用氧的供应参数。

(3)除液氧供应方式外,医用氧气加压舱的医用氧气源应为独立气源,医用空气加压氧舱氧气源宜为独立气源。此外,医用氧舱氧气源减压装置、供应管道,均应独立于医疗卫生机构集中供应的医用气体系统。医用氧气加压舱与其他医疗用氧共用液氧气源时,应设置专用的汽化器。

(4)医用空气加压氧舱的供氧压力应高于工作舱压力 0.4~0.7MPa,当舱内满员且同时吸氧时,供氧压降不应大于 0.1MPa。

(5)医用氧舱供氧主管道的医用氧气阀门不应使用快开式阀门。医用氧舱排氧管道应接至室外,排氧口应高于地面 3m 以上并远离明火或火花散发出。

4.12 医用气站建筑及构筑物设计要求

除压缩空气站、真空吸引站外,其他医用气体供应源均不应设置在地下空间或半地下空间。

4.12.1 压缩空气站、制氧站、真空吸引站、牙科专用真空吸引站以及麻醉废弃排放泵房设计要求

（1）室内噪声不高于 80dB（A），室外噪声不高于 60dB（A）。

（2）站房应有良好的通风，应采取通风或空调措施，站房内环境温度不应超过相关设备的允许温度。压缩空气站机器间的供暖温度不宜低于 15℃，非工作时间机器间的温度不得低于 5℃。真空吸引泵站冬季室温应≥7℃。

（3）站内若有较重的设备，要考虑设备安装、维修时的起吊、搬运问题。

（4）站房内设备的布置应紧凑合理、便于操作和维修。主要设备之间的净距宜为 1.5m。设备与墙壁之间的净距宜为 1m。设备双排布置时，两排之间的净距宜为 2m。

4.12.2 液氧储罐站的设计要求

（1）储罐站应设置防火围堰，围堰的有效容积不应小于围堰最大液氧储罐的容积，且高度不应低于 0.9m。

（2）液氧储罐和输送设备的液体接口下方周围 5m 范围内地面应为不燃材料，在机动输送设备下方的不燃材料地面不应小于车辆的全长。

（3）医用液氧储罐与建筑物、构筑物的防火间距，应符合下列规定：

1）应符合现行《建筑设计防火规范》GB 50016 的有关规定。

2）液氧储罐的实体围墙高度不应低于 2.5m；当围墙外为道路或开阔地时，储罐与实体围墙的间距不应小于 1m；围墙外为建筑物、构筑物时，储罐与实体围墙的间距不应小于 5m。

3）液氧储罐与医疗卫生机构内部建筑物、构筑物之间的防火间距不应小于表 4-21 的规定。

液氧储罐与医疗卫生机构内部建筑物、构筑物之间的防火间距　　　表 4-21

建筑物、构筑物	防火间距（m）
医院内道路	3.0
一、二级建筑物墙壁或突出部分	10.0
三、四级建筑物墙壁或突出部分	15.0
医院变电站	12.0
独立车库、地下车库出入口、排水沟	15.0
公共集会场所、生命支持区域	15.0
燃煤锅炉房	30.0
一般架空电力线	≥1.5 倍电杆高度

4.12.3 汇流排间设计的一般要求

医用气体汇流排间不应与医用空气压缩机、真空吸引站设备或医用分子筛制氧机设置在同一房间内。

（1）汇流排间应通风良好，室温应为 10～38℃。

（2）汇流排间的气体放散管应引至室外安全处，放散管口应高出地面至少 4.5m。

（3）相邻气瓶之间的距离不应小于最大气瓶直径的 0.75 倍。

（4）输送氧气含量超过 23.5% 的医用气体汇流排间，当供气量不超过 $60m^3/h$ 时，可设置在耐火等级不低于三级的建筑内，应靠外墙布置，并应采用耐火极限不低于 2.0h 的墙和甲级防火门与建筑物的其他部分隔开。

4.12.4 医用气体气源站及储存库通风换气要求

医用气体气源站、医用气体储存库的房间内宜设置相应气体浓度报警装置。房间换气次数不应少于 $8h^{-1}$；或平时换气次数不应少于 $3h^{-1}$，事故工况换气次数不少于 $12h^{-1}$。

医院压缩空气站内宜维持正压 5Pa。真空吸引泵房通风设计应保持负压状态，内外压差 5Pa。通风装置用防水型。

4.13 医用气体系统设计

4.13.1 水力计算表

1. 医用气体气源流量计算

各医用气体管道的计算流量可按式（4-1）计算：

$$Q = \sum [Q_a + Q_b(n-1)\eta] \tag{4-1}$$

式中　Q——计算流量，L/min；

　　　　Q_a——终端处设计流量，L/min；

　　　　Q_b——终端处使用流量，L/min；

　　　　n——终端组件或计算单元的数量；

　　　　η——同时使用系数，见表 4-22。

医疗空气、医用真空与医用氧气系统气源的流量计算中有关参数可按表 4-22 取值。

		医疗空气(L/min)			医用真空(L/min)			医用氧气(L/min)			
使用科室		Q_a	Q_b	η	Q_a	Q_b	η	Q_a	Q_b	η
手术室	麻醉诱导	40	40	10%	40	30	25%	100	6	25%
	重大手术室、整形、神经外科	40	20	100%	80	40	100%	100	10	75%
	小手术室	60	20	75%	80	40	50%	100	10	50%
	术后恢复、苏醒	60	25	50%	40	30	25%	10	6	100%
重症监护	ICU、CCU	60	30	75%	40	40	75%	10	10	100%
	新生儿 NICU	40	40	75%	40	20	25%	10	4	100%
妇产科	分娩	20	15	100%	40	40	50%	10	10	25%
	待产或家化产房	40	25	50%	40	40	50%	10	6	25%
	产后恢复	20	15	25%	40	40	25%	10	6	25%
	新生儿	20	15	50%	40	40	25%	10	3	50%

表 4-22 医疗空气、医用真空与医用氧气流量计算参数

续表

使用科室		医疗空气(L/min)			医用真空(L/min)			医用氧气(L/min)		
		Q_a	Q_b	η	Q_a	Q_b	η	Q_a	Q_b	η
其他	急诊、抢救室	60	20	20%	40	40	50%	100	6	15%
	普通病房	60	15	5%	40	20	10%	10	6	15%
	呼吸治疗室	40	25	50%	40	40	25%	—	—	—
	创伤室	20	15	25%	60	60	100%	—	—	—
	实验室	40	40	25%	40	40	25%	—	—	—
	增加的呼吸机	80	40	50%	—	—	—			
	CPAP 呼吸机	—	—	—	—	—	—	75	75	75%
	门诊	20	15	10%				10	6	15%

氮气或器械空气系统气源的流量计算中有关参数可按表 4-23 取值。

氮气或器械空气流量计算参数 表 4-23

使用科室	Q_a(L/min)	Q_b(L/min)	η
手术室	350	350	50%(<4 间的部分)
			25%(≥4 间的部分)
石膏室、其他科室	350	—	—
射流式麻醉废气排放(共用)	20	20	见表 B.7
气动门等非医用场所	按实际用量另计		

牙科空气与牙科专用真空系统气源的流量计算中有关参数可按表 4-24 取值。

牙科空气与牙科专用真空计算参数 表 4-24

气体种类	Q_a(L/min)	Q_b(L/min)	η	η
牙科空气	50	50	80%(<10 张牙椅的部分)	60%(≥10 张牙椅的部分)
牙科真空	300	300		

注：Q_a、Q_b的数值与牙椅具体型号有关。

医用笑气系统气源的流量计算中有关参数可按表 4-25 取值。

笑气流量计算参数 表 4-25

使用科室	Q_a(L/min)	Q_b(L/min)	η
抢救室	10	5	25%
手术室	15	5	100%
妇产科	15	5	100%
放射诊断(麻醉室)	10	5	25%
重症监护	10	5	25%
口腔、骨科诊疗室	10	5	25%
其他部门	10	—	—

医用笑气与医用氧混合气体系统气源的流量计算中有关参数可按表 4-26 取值。

笑气与医用氧混合气体流量计算参数　　　　　　　表 4-26

使用科室	Q_a(L/min)	Q_b(L/min)	η
待产/分娩/恢复/产后(<12 间)	275	5	50%
待产/分娩/恢复/产后(≥12 间)	550	5	50%
其他区域	20	10	25%

医用二氧化碳气体系统气源的流量计算中有关参数可按表 4-27 取值。

医用二氧化碳气体流量计算参数　　　　　　　　表 4-27

使用科室	Q_a(L/min)	Q_b(L/min)	η
终端使用设备	20	5	100%
其他专用设备	另计		

麻醉或呼吸废气排放系统流量计算中有关参数可按表 4-28 取值。

麻醉或呼吸废气排放流量计算参数　　　　　　　表 4-28

使用科室	η	Q_a 与 Q_b(L/min)
抢救室	25%	80(高流量排放方式) 50(低流量排放方式)
手术室	100%	
妇产科	100%	
放射诊断(麻醉室)	25%	
口腔、骨科诊疗室	25%	
其他麻醉科室	15%	

2. 管径计算表

（1）氧气管径计算表

一般病床，手术室以及重症监护、抢救室氧气支干管管径选择如表 4-29～表 4-32 所示。

一般病床氧气支干管管径选择表　　　　　　　　表 4-29

床位个数	200	300	400	500	600	700
用气量(L/min)	190	280	370	460	550	640
管径	DN15	DN20	DN25	DN25	DN25	DN25
床位个数	800	900	1000	1300	1500	
用气量(L/min)	730	820	910	1180	1360	
管径	DN25	DN25	DN32	DN32	DN32	

手术室氧气支干管管径选择表　　　　　　　　　表 4-30

手术台个数	4	6	8	10	12	14
用气量(L/min)	135	155	175	195	215	235
管径	DN15	DN15	DN15	DN15	DN15	DN20
手术台个数	16	18	20	25	30	
用气量(L/min)	255	275	295	345	395	
管径	DN20	DN20	DN20	DN25	DN25	

重症监护、抢救室氧气支干管管径选择表 表 4-31

床位个数	8	10	12	14	16	18
用气量(L/min)	100	124	148	172	196	220
管径	DN15	DN15	DN15	DN15	DN15	DN15
床位个数	20	25	30	35	40	
用气量(L/min)	244	304	364	424	484	
管径	DN20	DN20	DN25	DN25	DN25	

不同用气量对应配管管径选择表 表 4-32

用气量(L/min)	500	700	900	1100	1300	1500	1700	1900
管径	DN25	DN25	DN32	DN32	DN32	DN32	DN40	DN40
用气量(L/min)	2100	2300	2500	2700	2900	3100	3300	3500
管径	DN40	DN40	DN50	DN50	DN50	DN50	DN50	DN50

（2）压缩空气管径计算表

一般病床、手术室以及重症监护、抢救室压缩空气支干管管径选择如表 4-33～表 4-36 所示。

一般病床压缩空气支干管管径选择表 表 4-33

床位个数	200	300	400	500	600	700
用气量(L/min)	210	285	360	435	510	585
管径	DN15	DN20	DN25	DN25	DN25	DN25
床位个数	800	900	1000	1300	1500	
用气量(L/min)	660	735	810	1035	1185	
管径	DN25	DN25	DN32	DN32	DN32	

手术室压缩空气支干管管径选择表 表 4-34

手术台个数	4	6	8	10	12	14
用气量(L/min)	105	135	165	195	225	255
管径	DN15	DN15	DN15	DN15	DN20	DN20
手术台个数	16	18	20	25	30	
用气量(L/min)	285	315	345	420	495	
管径	DN20	DN20	DN25	DN25	DN25	

重症监护、抢救室压缩空气支干管管径选择表 表 4-35

床位个数	8	10	12	14	16	18
用气量(L/min)	397.5	487.5	577.5	667.5	757.5	847.5
管径	DN25	DN25	DN25	DN25	DN25	DN32
床位个数	20	25	30	35	40	
用气量(L/min)	937.5	1162.5	1387.5	1612.5	1837.5	
管径	DN32	DN32	DN32	DN40	DN40	

不同用气量对应配管管径选择表 表 4-36

用气量(L/min)	2500	3000	3500	4000	4500	5000	5500	6000
管径	DN40	DN40	DN50	DN50	DN50	DN50	DN50	DN65
用气量(L/min)	6500	7000	7500	8000	8500	9000	9500	10000
管径	DN65	DN65	DN65	DN65	DN65	DN65	DN80	DN80

（3）真空吸引管径计算表

一般病床、手术室以及重症监护、抢救室真空吸引支干管管径选择如表 4-37～表 4-40 所示。

一般病床真空吸引支干管管径选择表 表 4-37

床位个数	200	300	400	500	600	700
用气量(L/min)	438	638	838	1038	1238	1438
管径	DN40	DN50	DN65	DN80	DN80	DN80
床位个数	800	900	1000	1300	1500	
用气量(L/min)	1638	1838	2038	2638	3038	
管径	DN100	DN100	DN100	DN125	DN125	

手术室真空吸引支干管管径选择表 表 4-38

手术台个数	4	6	8	10	12	14
用气量(L/min)	220	300	380	460	540	620
管径	DN40	DN40	DN40	DN40	DN50	DN50
手术台个数	16	18	20	25	30	
用气量(L/min)	700	780	860	1060	1260	
管径	DN50	DN65	DN65	DN65	DN80	

重症监护、抢救室真空吸引支干管管径选择表 表 4-39

床位个数	8	10	12	14	16	18
用气量(L/min)	490	610	730	850	970	1090
管径	DN50	DN50	DN65	DN65	DN65	DN80
床位个数	20	25	30	35	40	
用气量(L/min)	1210	1510	1810	2110	2410	
管径	DN80	DN80	DN100	DN100	DN125	

不同用气量对应配管管径选择表 表 4-40

用气量(L/min)	2500	3000	3500	4000	4500	5000	5500	6000
管径	DN125	DN125	DN125	DN125	DN150	DN150	DN150	DN150
用气量(L/min)	6500	7000	7500	8000	8500	9000	9500	10000
管径	DN200	DN200	DN200	DN200	DN200	DN200	DN200	DN200

（4）笑气、二氧化碳、氮气、氩气管径计算表（表 4-41～表 4-44）

手术室笑气支干管管径选择表　　　　　　表 4-41

手术台个数	4	6	8	10	12	14
用气量(L/min)	33	45	57	69	81	93
管径	DN10	DN10	DN15	DN15	DN15	DN15
手术台个数	16	18	20	25	30	
用气量(L/min)	105	117	129	159	189	
管径	DN15	DN15	DN15	DN15	DN15	

手术室二氧化碳支干管管径选择表　　　　　　表 4-42

手术台个数	4	6	8	10	12	14
用气量(L/min)	38	50	62	74	86	98
管径	DN10	DN10	DN15	DN15	DN15	DN15
手术台个数	16	18	20	25	30	
用气量(L/min)	110	122	134	164	194	
管径	DN15	DN15	DN15	DN15	DN15	

手术室（主）氮气支干管管径选择表　　　　　　表 4-43

手术台个数	4	6	8	10	12	14
用气量(L/min)	612.5	787.5	962.5	1137.5	1312.5	1487.5
管径	DN25	DN32	DN32	DN32	DN32	DN32
手术台个数	16	18	20	25	30	
用气量(L/min)	1662.5	1837.5	2012.5	2450	2887.5	
管径	DN40	DN40	DN40	DN50	DN50	

手术室氩气支干管管径选择表　　　　　　表 4-44

手术台个数	4	6	8	10	12	14
用气量(L/min)	48	72	96	120	144	168
管径	DN10	DN10	DN15	DN15	DN15	DN15
手术台个数	16	18	20	25	30	
用气量(L/min)	192	216	240	300	360	
管径	DN15	DN15	DN15	DN20	DN20	

4.13.2　医用气体管道与附件设计

1. 气体配管要求

（1）气体配管一般要求

1）除设计真空压力低于 27kPa 的真空管道外，医用气体的管材均应采用无缝铜管或无缝钢管。

2）医用气体管道、阀门和仪表安装前必须清洗内部并进行脱脂处理。

3）有洁净度和露点要求的系统中，要注意不锈钢管和铜管管路附件的使用。管路系统管道附件材质的选用，应与管材的选用原则一致。

4）医用气体管道必须接地，其接地电阻不应大于 10Ω。

（2）氧气管内容

1）医用氧气根据用氧气的重要性分为一级供氧负荷和二级供氧负荷。一级供氧负荷供应手术部、重症监护病房及门诊急救；医院的其他用氧为二级供氧负荷。一级供氧负荷的供氧管道应从供氧气源中心站单独接出；二级供氧负荷的供氧系统在每层（病房区）或每病区单元（手术区）设氧气调压设备，包括气体恒压控制、仪表监控装置，经二次调压后，送至各用气终端。

2）移动式终端适用于手术室，配置软管可左右移动，盒式终端上的插孔数按病房需要配置。

3）氧气管道和阀门工作压力按 0.1MPa 选用。氧气管道必须进行脱油处理，所有输送氧气的管道、管件、阀门、仪表附件以及接触氧气的附件必须进行脱脂处理，且脱脂后的管道须用不含油的空气或氧气吹净。室内供氧管道应涂刷防火涂料。

4）氧气管道安装不应与燃气、燃油管道共架敷设，必须共架敷设时要保持 0.5m 以上的间距，共架敷设部分不许有阀门或接头。共架时，氧气管道宜布置在其他管道外侧，且宜布置在燃油管道上方。氧气管与其他管线之间的距离见表 4-46，如空间无法保证，则应做好保护处理。供应医院洁净手术部的医用气体管道应作单独支吊架。

5）为防止漏电火花击穿管道造成事故，除氧气管道专用的导电线路外，其他导电线路、电缆不得与氧气管道敷设在同一支架上。氧气管道不得与导电线路，电缆交叉接触。

6）氧气管道穿墙或楼板应设在套管内，套管内的管段不得有焊缝或接头，并应用不燃材料将套管与管道间隙填塞密实。

7）氧气管道不宜穿过不使用氧气的房间，当必须穿过时，该段管道不得有法兰或螺纹连接的接口。

8）氧气终端为快速自封插拔式，双密封并自带维修阀。

9）氧气管除阀门和仪表外均采用焊接连接，阀门附件采用法兰或丝扣连接，不锈钢管采用氩弧焊接，铜管采用银基钎焊。

10）氧气是乙类助燃气体，管道经过的建筑部分要有良好的通风，在氧气总管入户处应设置紧急切断供氧气的阀门。

（3）真空吸引管内容

1）真空管道坡向总管和缓冲罐的坡度不小于 0.002。

2）真空吸引系统的阀门采用带 O 形真空密封圈的真空阀门。

3）吸引站负压经管道输送到盒式吸引终端、组合吸引终端以及吊塔吸引终端。

4）真空吸引终端为快速自封插拔式，双密封并自带维修阀。

（4）压缩空气管内容

1）压缩空气管道的阀门和附件的密封耐磨抗腐蚀性能应与管材相匹配。

2）压缩空气管道的连接，除设备、阀门等处用法兰或螺纹连接外，宜采用焊接。干燥和净化压缩空气的管道连接，应符合现行国家标准《洁净厂房设计规范》GB 50073 的规定。

3）压缩空气管道在用气建筑物入口处，应设置切断阀门、压力表和流量计。

4）气体管道采用钢管和不锈钢管时，应作绝缘处理，防止静电腐蚀。

2. 室外管线设计

医用气体输送管道的安装支架应采用不燃烧材料制作并经防腐处理，管道与支吊架的接触处应作绝缘处理。

（1）架空敷设规定

1）架空敷设水平支架间距应符合表 4-45 的规定，垂直管道支架间距应为表中数据的 1.2～1.5 倍。

医用气体水平支管道支吊架最大间距　　　　　　　　表 4-45

公称直径 DN (mm)	10	15	20	25	32	40	50	65	80	100	125	≥150
铜管最大间距 (m)	1.5	1.5	2.0	2.0	2.5	2.5	2.5	3.0	3.0	3.0	3.0	3.0
不锈钢管最大间距(m)	1.7	2.2	2.8	3.3	3.7	4.2	5.0	6.0	6.7	7.7	8.9	10.0

2）架空敷设的医用气体管道之间的距离应符合下列规定：

① 医用气体管道之间、管道与附件外绝缘之间的距离，不应小于 25mm，且应满足维护要求。

② 医用气体管道与其他管道之间的最小距离应符合表 4-46 的规定。

架空医用气体管道与其他管道之间的最小间距　　　　　　表 4-46

名称	与氧气管道净距(m)		与其他医用气体管道净距(m)	
	并行	交叉	并行	交叉
给水、排水、不燃气体管	0.15	0.10	0.15	0.10
保温热力管	0.25	0.10	0.15	0.10
燃气管、燃油管	0.50	0.25	0.15	0.10
裸导线	1.50	1.00	1.50	1.00
绝缘导线或电缆	0.50	0.30	0.50	0.30
穿有导线的电缆管	0.50	0.10	0.50	0.10

（2）埋地敷设规定

1）医用气体管道需要在室外布置时，应采取防腐措施，在冻土层下，并加保温。室外埋地管不设阀门、法兰连接。

2）供氧管道采用管沟敷设时，不得与电缆、腐蚀性气体、可燃气体管道敷设在同一地沟内。沟上不能有可燃物。

3）压缩空气采用单一管道供气，埋地管应采取防腐措施，在冻土层下，并加保温。室外埋地管不设阀门、法兰连接。

4）真空管道的安装同压缩空气管道。

5）含湿医用气体管道，在寒冷地区可能造成管道冻塞时，应采取防冻措施。

6）医用气体埋地管与其他管线之间最小距离应符合表 4-47 的规定。

埋地医用气体管道与其他管道之间的最小间距　　　　　表 4-47

名称	与氧气管道净距（m）		与其他医用气体管道净距（m）	
	并行	交叉	并行	交叉
给水、排水、不燃气体管	1.5	0.15	1.5	0.15
保温热力管	1.5	0.25	1.5	0.15
燃气管、燃油管	1.5	0.25	1.0	0.25
绝缘导线或电缆	1.0	0.5	1.5	0.5

3. 颜色和标识

医用气体管道、终端组件、软管组件、压力指示仪表等附件均应有耐久、清晰、易识别的标识。标识的方法应为金属标记、模板硬刷、盖印或粘着性标志。管道及附件的颜色和标识代号如表 4-48 所示。

医用气体管道及附件的颜色和标识代号　　　　　表 4-48

医用气体名称	代号		颜色规定	颜色编号
	中文	英文		
医疗空气	医疗空气	Med Air	黑色-白色	—
器械空气	器械空气	Air 800	黑色-白色	—
牙科空气	牙科空气	Dent Air	黑色-白色	—
医用合成空气	合成空气	Syn Air	黑色-白色	
医用真空	医用真空	Vac	黄色	Y07
牙科专用真空	牙科真空	Dent Vac	黄色	Y07
医用氧气	医用氧气	O_2	白色	—
医用氮气	氮气	N_2	黑色	PB11
医用二氧化碳	二氧化碳	CO_2	灰色	B03
医用氧化亚氮	氧化亚氮	N_2O	蓝色	PB06
医用氧气/氧化亚氮混合气体	氧/氧化亚氮	O_2/N_2O	白色-蓝色	-PB06
医用氧气/二氧化碳混合气体	氧/二氧化碳	O_2/CO_2	白色-灰色	-B03
医用氦气/氧气混合气体	氦气/氧气	He/O_2	棕色-白色	YR05
麻醉废气排放	麻醉废气	AGSS	朱紫色	R02
呼吸废气排放	呼吸废气	AGSS	朱紫色	R02

医用气体管道标识应至少包含气体的中文名称或代号、气体的颜色标记、指示气流方向的箭头。标识应沿管道间距不超过 10m 的间隔连续设置，任一房间内的管道应至少设置一个标识。输入、输出口标识应包含气体代号、压力及气流方向的箭头。医用气体的阀门标识应包括中文名称或代号、服务区域或房间名称，明确当前开、闭状态，注明注意事项。气体终端组件、插头外表面，以及低压软管组件的夹箍应注明气体的颜色和中文名称或代号。报警装置、计量表等标识要求应有明确的中文标识。

4.13.3　医用气体供应末端设施

1. 安全性能

医用气体的终端组件、低压软管组件和供应装置的安全性能应符合《医用气体管道系统终端》、《医用气体低压软管组件》的要求。

2. 颜色和标识

医用气体的终端组件、低压软管组件和供应装置的应有耐久、清晰、易识别的颜色和标识，详见本书第 4.13.2 节。

3. 医用气体终端组件的安装规定

(1) 安装高度应为距地面 900～1600mm。

(2) 中心距侧墙或隔断距离不应小于 200mm。

(3) 横排布置得终端组件，相邻中心距为 80～150mm，宜等距离布置。

4. 医用气体供应装置的安装规定

(1) 装置内不可活动的气体供应部件与医用气体管道的连接宜采用无缝铜管，且不得使用软管及低压软管组件。

(2) 装置安装后不得存在可能造成人员伤害或设备损伤的粗糙表面、尖角或锐边。

(3) 安装高度：条带形式的医用供应装置的中心线宜距地面 1350～1450mm；悬梁形式的医用供应装置底面的安装高度距底面宜为 1600～2000mm。

(4) 医用供应装置应具有一定的适应环境波动的能力。

4.13.4 医用气体计量、监测及报警

1. 报警

除安装在医用气源上的本地报警外，每一个监测点应有独立报警显示。报警应满足以下要求：报警显示应持续至故障解除；报警声响应无条件启动，1m 处声响不应低于 55dB（A）并有暂时静音功能；具有报警指示灯故障测试功能；报警传感器连线断开时应有声光报警；应有断电恢复自启动功能。

(1) 气源报警安装与设置

气源报警应安装在有 24h 连续监控的区域。如需设第二个气源报警，两个气源报警均应直接连接至所要监控的触发装置。报警信号如需通过继电器连接至气源报警器，则继电器的控制电源不能与任何气源报警共用电源。气源报警应设有如下报警内容：①汇流排钢瓶切换时应启动报警；②医用液体储罐中气体供应量低时应启动报警；医用供气系统切换至应急备用供气源时应启动报警；③应急备用供气源储备量低时应启动报警；④正压供气源工作压力超出允许压力上限及欠压 20% 时应启动超、欠压报警；⑤真空压力低于 56kPa（420mmHg）时应启动欠压报警；⑥气源报警器应对每一个气源设备至少设一个故障报警显示，任何一个本地报警启动时，应同时在气源报警上显示相应设备的故障。

(2) 区域报警安装与设置

区域报警面板应安装在护士站或其他类似监视区域，区域报警宜设医用气体压力显示。生命支持区域应设有压缩气体工作压力超出允许压力上限及欠压 20% 时的超、欠压报警；真空压力低于 37kPa（275mmHg）时的欠压报警。

(3) 本地报警设置与规定

医疗空气系统、器械用空气系统、医用真空汇、医用分子筛制氧机组、麻醉气体排放系统本地报警应设置如下内容：①当备用压缩机、真空泵、麻醉废气排放真空泵投入运行时，应启动备用运行报警；②医疗空气系统未安装一氧化碳转换为二氧化碳装置时宜设置一氧化碳浓度监控，当一氧化碳浓度超标时应启动报警；③当医疗空气压力露点温度超过 0℃时应

启动报警，器械用空气压力露点温度高于-30℃时应启动报警；④液环压缩机内应具有水分离器高水位报警功能；非液环压缩机系统应设排气高温停机报警；⑤采用液环水冷式压缩机的空气系统中，储气罐内液位高于可视玻璃窗口或液位计最高位置时应启动液位报警；⑥医用真空汇应设真空泵故障停机报警；医用分子筛制氧机压缩机、分子筛吸附塔应设故障停机报警；⑦医用分子筛制氧机富氧空气压力露点温度超过0℃时应启动报警；⑧当医用分子筛制氧机氧浓度低于93%时应启动氧气浓度低报警及应急备用气源运行报警；⑨医用分子筛制氧机宜设一氧化碳浓度超限报警。本地报警可与气源设备共用电源。

2. 计量

集中供应的医用气体系统，应视医院需求在确有必要时设置计量仪表。医用气体计量表应根据医用气体的种类、工作压力、温度、流量和允许压力降等条件选择。医用气体计量表应安装在不燃或难燃结构上，便于巡视、检修的地方。禁止安装在下列场所：①有可能因泄漏而滞留医用气体的隐蔽场所；②潮湿及环境温度高于45℃的地方；③堆放易燃易爆、易腐蚀或有放射性物质等危险的地方。医用氧气源计量表应可瞬时、累计计量，宜具有数据传输功能。

3. 集中监测与报警

医用气体管道系统宜设置集中监测与报警系统。中央监测管理系统应能够与现场测量仪表以相同的频率与测量精度连续记录各系统运行参数和设备状态。监测系统的应用软件宜配备实时瞬态模拟软件，可进行存量分析和用气量预测等。中央监测管理系统应有参数超限报警、事故报警及报警记录功能，宜有系统或设备故障诊断功能。中央监测管理系统可以不同方式显示各系统运行参数和设备状态的当前值与历史值。其储存介质和数据库应保证连续记录一年的运行参数。中央监控管理系统宜兼有信息管理（MIS）功能。

监测系统的电路和接口设计应符合有关标准的规定，具有通用性、兼容性和可扩展性。监测系统应从硬件和软件两方面充分提高可靠性，应设有系统自身诊断功能，并对关键设备应采用冗余技术。监测及数据采集系统的主机站房应有不间断电源和后备电源。

4. 医用气体传感器

露点传感器精度漂移应小于1℃/a。一氧化碳传感器应是化学型的，在浓度为10×10^{-6}时误差不应超过2×10^{-6}。区域报警传感器不宜使用电接点压力表。传感器测量范围和精度应与二次仪表匹配，并高于工艺要求的控制和测量精度。压力或压差传感器的工作压力或压差应大于该点可能出现的最大压力（压差）的1.5倍，量程应为该点正常值变化范围的$1.2 \sim 1.3$倍。流量传感器的安装位置前后应有保证产品所要求的直管段长度，量程应为系统最大工作流量的$1.2 \sim 1.3$倍。气源压力报警监控传感器应安装在管路总阀门的使用侧。区域报警传感器应安装在如下位置：除手术室、麻醉室外的报警传感器应安装在区域阀门使用侧管道上；区域报警传感器应安装有支管阀门。

4.14 设计示例

4.14.1 工程概况

（1）××医疗卫生园区工程总用地面积约149379m²，总建筑面积246645m²（其中地上建筑面积 199200m²，地下 47445m²）。建筑高度 77m，由一所三级甲等综合医院、一所妇幼保健院和一所中医院以及卫生局、疾控中心、食品药品监督局等组成，医院病床总数 1700 床。

（2）该医院的医疗气体系统，包括：氧气、真空吸引、压缩空气、笑气、氮气、二氧化碳及麻醉及呼吸废气排放系统。真空泵房、空压机房设置在地下二层。液氧站（含氧气汇流排间）设置在医院建筑外的独立场所，笑气、氮气、二氧化碳钢瓶间设置在综合医院五层。

4.14.2 医用气体用气量

1. 氧气供应

该医疗卫生园医用氧气主、备用气源为液氧储罐，应急备用气源为氧气钢瓶汇流排。

统计医院所有用气点，根据表 4-7，确定各用气点的气体出口数。从表 4-22 中选取相关参数，代入式（4-1），计算各用气点的气源计算流量，进而确定总用气量。医用氧气负荷的出口数量及用气量计算如表 4-49 所示。

医用氧气出口数量及用气量计算 表 4-49

	气体出口数（个）	终端处额定流量（L/min）	终端处计算平均流量（L/min）	同时使用系数（%）	气源计算流量（L/min）	日使用量（L/d）
中医院：						
5～12F 病房	384	10	6	15	354.7	42564
5～12F 治疗	8	10	6	15	16.3	1956
合计	392				371	44520
妇幼医院：						
4～12F 病房	468	10	6	15	430.3	51636
4～12F 治疗	9	10	6	15	17.2	2064
3F 治疗	1	10	6	15	10	1200
3FNICU	59	10	4	100	242	348480
3F 婴儿	2	10	3	50	11.5	1380
2F 手术	2	100	10	50	105	12600
2F 产房	14	10	10	25	42.5	10200
2F 待产	23	10	6	25	43	10320
1FDR	2	10	6	15	10.9	654
1F 心电图	1	10	6	15	10	600
1FB 超	3	10	6	15	11.8	708
1F 抢救	4	100	6	15	102.7	18486
1F 洗胃	1	100	6	15	100	12000
1F 治疗	2	10	6	15	10.9	1308
1F 输液	3	10	6	15	11.8	1416

	气体出口数（个）	终端处额定流量（L/min）	终端处计算平均流量（L/min）	同时使用系数（%）	气源计算流量（L/min）	日使用量（L/d）
合计：	594				1159.6	473052
综合医院：						
2～16F 病房	720	10	6	15	657.1	78852
2～16F 治疗	29	10	6	15	35.2	4224
5～16F 病房	624	10	6	15	570.7	68484
2～3F 病房	120	10	6	15	117.1	14052
3F 内镜	8	10	6	15	16.3	978
3FB 超	14	10	6	15	21.7	1302
3F 牙科	11	10	6	15	19	2280
2F 心电图	14	10	6	15	21.7	1302
2F 留观	28	10	6	15	34.3	4116
1F 抢救	2	10	6	15	10.9	1962
1F 透析	24	10	6	15	30.7	7368
1FECT	2	10	6	15	10.9	654
1F 留观	6	10	6	15	115	13800
1FDSA	2	100	10	50	105	6300
1F 抢救	2	100	6	15	100.9	18162
1FMRI	2	10	6	15	10.9	654
1F 碎石机	2	10	6	15	10.9	1308
1FCT	3	10	6	15	11.8	708
1FDR	10	10	6	15	18.1	1086
1F 急诊手术	2	100	10	50	105	151200
1F 洗胃	1	100	10	50	100	12000
1F 抢救	4	100	6	15	102.7	18486
1F 输液	4	10	6	15	12.25	1470
合计：	1634				2237.75	410748
手术室 ICU：						
4FICU	30	10	6	100	184	264960
4F 手术	40	100	10	75	392.5	47100
4F 苏醒	12	10	6	100	76	109440
合计：	76				652.5	421500
1F 氧舱				预留	60	7200
总计：	2702				4481.25	1357020

2. 真空吸引

真空吸引系统应用在病房、门诊治疗室、手术室及 ICU 病房等处，用于排除脓血和除痰，真空泵的启停由电接点压力表进行自动控制。

统计医院所有用气点，根据表 4-18，确定各用气点的气体出口数。从表 4-22、表 4-24 中选取相关参数，代入式（4-1），计算各用气点的气源计算流量，进而确定总用气量。医用真空负荷的出口数量及用气量计算如表 4-50 所示。

医用真空负荷出口数量及用气量计算　　　　表 4-50

	气体出口数（个）	终端处额定流量（L/min）	终端处计算平均流量（L/min）	同时使用系数（%）	气源计算流量（L/min）
中医院：					
5～12F 病房	384	40	20	10	806
5～12F 治疗	8	40	20	10	54
合计：	392				860
妇幼医院：					
4～12F 病房	468	40	20	10	974
4～12F 治疗	9	40	20	10	56
3F 治疗	1	40	20	10	40
3FNICU	59	40	20	25	330
3F 婴儿	2	40	40	25	50
2F 手术	2	80	40	50	100
2F 产房	14	40	40	50	300
2F 待产	23	40	40	50	480
1FDR	2	40	20	10	42
1F 心电图	1	40	20	10	40
1FB 超	3	40	20	10	44
1F 抢救	4	40	40	50	100
1F 洗胃	1	40	40	50	40
1F 治疗	2	40	20	10	42
1F 输液	3	40	20	10	44
合计：	594				2682
综合医院：					
2～16F 病房	720	40	20	10	1478
2～16F 治疗	29	40	20	10	96
5～16F 病房	624	40	20	10	1286
2～3F 病房	120	40	20	10	278
3F 内镜	8	40	20	10	54
3FB 超	14	40	20	10	66
3F 牙科	11	300	300	80	2700

	气体出口数(个)	终端处额定流量(L/min)	终端处计算平均流量(L/min)	同时使用系数(%)	气源计算流量(L/min)
2F 心电图	14	40	20	10	66
2F 留观	28	40	20	10	94
1F 抢救	2	40	40	50	60
1F 透析	24	40	20	10	86
1FECT	2	40	20	10	42
1F 留观	6	40	20	10	50
1FDSA	2	80	40	50	100
1F 抢救	2	40	40	50	60
1FMRI	2	40	20	10	42
1F 碎石机	2	40	20	10	42
1FCT	3	40	20	10	44
1FDR	10	40	20	10	58
1F 急诊手术	2	80	40	50	100
1F 洗胃	1	40	20	50	40
1F 抢救	4	40	40	50	100
1F 输液	4	40	20	10	46
合计：	1634				6988
手术室及 ICU：					
4FICU	30	40	40	75	910
4F 手术	40	80	40	100	1640
4F 苏醒	12	40	30	25	123
合计：	82				2673
总计：	2702				13203

3. 压缩空气

手术室、ICU、抢救室设压缩空气供应系统,空气压缩机设在地下二层空压机房内。统计医院所有用气点,根据表 4-2,确定各用气点的气体出口数。从表 4-22~表 4-24 中选取相关参数,代入式(4-1),计算各用气点的气源计算流量,进而确定总用气量。医疗空气负荷的出口数量及用气量计算如表 4-51 所示。

医疗空气负荷出口数量及用气量计算　　　　　　　　　表 4-51

	气体出口数(个)	终端处额定流量(L/min)	终端处计算平均流量(L/min)	同时使用系数(%)	气源计算流量(L/min)
妇幼医院：					
3FNICU	59	40	40	75	1780
3F 婴儿	2	20	15	50	27.5

	气体出口数 (个)	终端处额定流量 (L/min)	终端处计算平均流量 (L/min)	同时使用系数 (%)	气源计算流量 (L/min)
2F 手术	1	60	20	75	60
2F 产房	7	20	15	100	110
2F 待产	23	40	25	50	315
1F 抢救	4	60	20	20	72
1F 洗胃	1	60	20	20	60
合计:	97				2424.5
综合医院:					
3F 内镜	8	60	15	5	65.25
3F 牙科	11	50	50	80	450
3F 模具	1	50	50	80	50
1F 抢救	2	60	20	20	64
1FDSA	2	60	20	75	75
1F 抢救	2	60	20	20	64
1F 急诊手术	1	60	20	75	60
1F 洗胃	1	60	20	20	60
1F 抢救	4	60	20	20	72
1FMRI	2	60	15	5	60.75
合计:	34				1021
手术室及 ICU:					
4FICU	30	60	30	75	713
4F 手术	20	40	20	100	420
4F 苏醒	6	60	25	50	123
合计:	56				1256
1F 氧舱				预留	240
总计:	187				4941.5

4. 手术部专用气体

统计所有笑气用气点,根据表 4-16,确定各用气点的笑气出口数。从表 4-25 中选取相关参数,带入式(4-1),计算各用气点的气源计算流量,进而确定总用气量。笑气负荷的出口数量及用气量计算如表 4-52 所示。

笑气负荷的出口数量及用气量计算   表 4-52

	气体出口数 (个)	终端处额定流量(L/min)	终端处计算平均流量(L/min)	同时使用系数 (%)	气源计算流量 (L/min)	日使用量 (L/d)
妇幼医院:						
2F 手术	1	15	6	100	15	1800
综合医院:						

续表

	气体出口数（个）	终端处额定流量（L/min）	终端处计算平均流量（L/min）	同时使用系数（%）	气源计算流量（L/min）	日使用量（L/d）
3F 内镜	8	10	6	25	20.5	2460
1FMRI	1	10	6	25	10	1200
1F CT	1	10	6	25	10	1200
1F 急诊手术	1	15	6	100	15	1800
手术室 ICU						
4F 手术	20	15	6	100	129	15480
总计：	32					23940

统计所有氮气用气点，根据表 4-10，确定各用气点的氮气出口数。从表 4-23 中选取相关参数，带入式（4-1），计算各用气点的气源计算流量，进而确定总用气量。氮气负荷的出口数量及用气量计算如表 4-53 所示。

氮气负荷出口数量及用气量计算　　　　　　　　　　　　　表 4-53

	气体出口数（个）	终端处额定流量（L/min）	终端处计算平均流量(L/min)	同时使用系数（%）	气源计算流量（L/min）	日使用量（L/d）
妇幼医院：						
2F 手术	1	350	350	50	350	10500
手术室 ICU：						
4F 手术	2	350	350	50	525	15750
4F 手术	18	350	350	25	1837.5	55125
总计：	21					26250

统计所有二氧化碳用气点，根据表 4-14，确定各用气点的二氧化碳出口数。从表 4-27 中选取相关参数，带入式（4-1），计算各用气点的气源计算流量，进而确定总用气量。二氧化碳负荷的出口数量及用气量计算如表 4-54 所示。

二氧化碳负荷出口数量及用气量计算　　　　　　　　　表 4-54

	气体出口数（个）	终端处额定流量(L/min)	终端处计算平均流量(L/min)	同时使用系数（%）	气源计算流量（L/min）	日使用量（L/d）
妇幼医院：						
2F 手术	1	20	6	30	20	1200
综合医院：						
1F 急诊手术	1	20	6	30	20	1200
手术室 ICU：						
4F 手术	20	20	6	30	54.2	3252
总计：	22					5652

统计所有麻醉废气排放点，根据表 4-20，确定各点麻醉废气排放出口数。从表 4-28 中选取相关参数，带入式（4-1），计算各点的气源计算流量，进而确定总排放量。麻醉废气排放负荷的出口数量及用气量计算如表 4-55 所示。

麻醉废气出口数量及用气量计算 表 4-55

	气体出口数（个）	终端处额定流量(L/min)	终端处计算平均流量(L/min)	同时使用系数（%）	气源计算流量（L/min）
妇幼医院：					
2F 手术	1	80	50	100	80
综合医院：					
1FDSA	1	80	50	25	80
1F 急诊手术	1	80	50	100	80
手术室 ICU：					
4FICU	15	80	50	15	185
4F 手术	20	80	50	100	1030
总计：	38				1455

4.14.3 医用气体系统设计

1. 设计压力

（1）氧气系统：供气压力 0.8MPa，一级调压空气供气压力 0.5MPa，使用压力 0.4～0.45MPa。

（2）真空吸引系统：系统负压在大气环境下不高于 0.02MPa（50mmHg）绝对压力，不低于 0.07MPa（525mmHg）绝对压力，对于不同负压需求的终端，在各层手动调节至 -0.03～-0.06MPa 后，可满足需求。

（3）压缩空气系统：系统压力在大气环境下最高排气压力 0.6MPa，一级调压空气供气压力 0.5MPa，对于不同需求的终端，在各层手动调节至 0.45MPa 后，可满足需求。

（4）手术部专用气体系统：笑气的供气压力为 0.4～0.5MPa，氮气的供气压力为 0.75～1.0MPa，二氧化碳的供气压力为 0.4～0.5MPa。

2. 管道系统设计

医用气体管道设计是根据甲方提供的委托设计任务书及相关资料，以建筑专业提供的平面图纸为依据。

（1）氧气来自液氧站，管道由地下一层接入，设一级氧气调压，供气压力为 0.5～0.55MPa，二级氧气调压设在各层护士站，二次调压后至各用气终端；氧气管道在各层吊顶内最下层敷设。

（2）真空吸引系统管道由地下一层中心吸引站房接出至动力管井，在各层护士站经二次调压后，经阀门至各吸引终端。真空吸引管道在各层吊顶内最下层敷设。

（3）压缩空气系统管道由地下一层压缩空气站接出至动力管井，在各层护士站经二次调压后，经阀门至各用气终端。该院已建部分压缩空气管道从压缩空气站单独接出。压缩空气管道在各层吊顶内最下层敷设。

（4）病房区每层或手术区每病区单元设气体恒压控制、仪表监控装置。

（5）氧气及真空吸引终端为快速自封插拔式，双密封并自带维修阀。

（6）手术室使用的瓶装气体，应经管道送洁净室，气瓶设置在洁净室附近。

（7）手术室设笑气、氮气、二氧化碳独立管道供应系统。

（8）麻醉或呼吸废气排放系统采用射流原理（或气环泵），射流原理以压缩空气作动力源，通过射流技术的废气终端收集气体，管道汇总后排至室外安全处（气环泵抽吸收集麻醉废气，排至室外安全处）。

3. 站房设计

（1）压缩空气站房设在地下二层，站房内设 3 台 $2.6m^3/min$ 风冷螺杆式空压机，（属于油润滑系统）配除尘除油过滤器、要求含油小于 $1g/m^3$，二用一备。供气压力 $0.7MPa$，配储气罐、风冷高温型冷冻干燥机、经除尘过滤器，高效除油过滤器分别至用气点，其生产火灾危险性类别为戊类。空压机取风口布置在室外洁净区，以保证进风质量。此外，压缩空气的品质应符合以下指标：相对湿度 20%，含油量 $\leqslant 0.1mg/m^3$，细菌总数：$0.3\mu m$ 以上细菌数 $\leqslant 35$ 个，CO_2 含量 $\leqslant 1000ppm$（$1000g/m^3$），CO 含量 $\leqslant 10ppm$（$10g/m^3$）。

（2）真空吸引站设在地下二层，站房内设 3 台真空吸引抽气量为 $300m^3/h$ 的油环真空泵，负压出口压力为 $-0.06MPa$，二用一备。配集污罐、医用真空罐、除菌过滤器、真空机、电控柜、气液分离器、排风机、消声器、真空吸引排放，经过滤、消毒处理后，排放管由真空吸引站至屋面排放，排放气体中的细菌数不多于 500 个$/m^3$，并满足废气的排放要求。空压站和真空吸引站配有备用及自控装置设及远程压力报警装置，由值班室监控。

（3）该工程液氧站设在医院建筑外，站内设 2 个 15000L 的液氧罐，作为医用氧气主、备用气源。氧气汇流排间设在液氧站内，钢瓶汇流排供应源作为氧气的应急备用气源。氧气管道埋地至地下一层东侧引入，并设一级氧气调压，供气压力为 $0.5\sim$ $0.55MPa$，二级氧气调压设在各层护士站，二次调压后至各用气终端；一级氧气调压设压力报警。氧气火灾危险性类别为乙类。

（4）手术部专用气体来自综合医院五层钢瓶室内。

4. 设备选型

（1）液氧站房各设备性能规格如表 4-56 所示，系统图如图 4-6。

液氧站房设备表　　　　　　　　　　　　　　　　　　　表 4-56

设备编号	设备名称	规格特性	单位	数量
1	液氧罐	型号：15000/0.8 有效容积：15000L 最高工作压力：0.8MPa 容器重量：8490kg 外形尺寸：2516mm×7490mm	台	2

设备编号	设备名称	规格特性	单位	数量
2	液氧汽化器	型号：QQ150/0.8 供气能力：150m³/h 最高工作压力：0.8MPa 工作环境温度：−40～50℃ 出口气体温度：低于环境温度5℃ 外形尺寸：2029mm×764mm×2614mm	台	2
3	减压装置	进气压力：0.8MPa 出气压力：0.6 MPa	套	1
4	分气缸	公称直径：DN200×1200mm	台	1
5	自动切换汇流排	规格：10×2瓶/组	组	2
6	液氧站内氧气系统电气监控柜		台	1
7	氧气系统远程信息电气监控柜		台	1

注：备用氧气钢瓶按应急备用气源的要求，备用4h的储藏量考虑，选用8组7瓶×2（共计112瓶）、每瓶容量为40L（15MPa，折合标准工况6000L）的备用氧气钢瓶，放置在液氧站房内。

（2）真空吸引站各设备性能规格如表4-57所示，系统图如图4-7。

真空吸引站设备表 表4-57

序号	设备名称	型号及规格	电源		数量 （台）	备注
			容量（kW）	电压		
1	油环真空泵	$Q=300m³/h$	5.5kW	380V	3	二用一备
2	除菌过滤器				3	二用一备
3	真空罐	$\phi1600×2500mm$			2	
4	集污罐	$600,H=900mm$			2	
5	气水分离器	$800,H=1000mm$			2	

注：本系统属于油滑真空系统，排气需处理废油；吸引系统出口压力为0.06MPa，吸引系统阀门采用真空阀。

（3）压缩空气站各设备性能规格如表4-58所示，系统图如图4-8所示。

压缩空气站设备表 表4-58

序号	设备名称	规格	电源		形尺寸 $L×W×H$(mm)	数量	备注
			容量	电压			
1	风冷螺杆式空压机	排气量 $Q=2.6m³/min$ 最高排气压力 0.6MPa 冷却风量 5000m³/h	18kW	380V	1290×980×1535	3	二用一备 噪声 69dB(A)
2	储气罐	$V=1.0m³,P=1.0MPa$， $\phi800×2400mm$				3	
3	除尘过滤器	处理空气量 $Q=3.5m³/min,P=1.0MPa$ 除尘精度≤3μm			Q级 DN32	3	
4	风冷冷冻干燥机	$Q=2.6m³/min$ $P=1.0MPa$ 常压露点<−20℃	1.2kW	380V		3	二用一备

续表

序号	设备名称	规格	电源		形尺寸 L×W×H(mm)	数量	备注
			容量	电压			
5	除尘除油过滤器	处理空气量 $Q=3.5m^3/min$，$P=1.0MPa$ 除尘精度$\leqslant 1\mu m$，残余油分$\leqslant 0.1mg/m^3$			P级 DN32	3	
6	除尘除油过滤器	处理空气量 $Q=3.5m^3/min$，$P=1.0MPa$ 除尘精度$\leqslant 0.01\mu m$，残余油分$\leqslant 0.01mg/m^3$			S级 DN32	3	
7	高效除油过滤器	处理空气量 $Q=3.5m^3/min$，$P=1.0MPa$ 残余油分$\leqslant 0.003mg/m^3$			C级 DN32	3	活性炭过滤器
8	分气缸	公称直径：$DN200\times 1200mm$				1	

注：压缩空气供气量为 3.8m³/min，供气压力为 0.6MPa；一级调压 0.5MPa，二级调压 0.4～0.45MPa。

（4）手术部气体钢瓶室各设备性能规格如表 4-59 所示。

手术部气体钢瓶室设备表　　　　　　　　表 4-59

序号	设备名称	规格特性	单位	数量	备注
1	自动切换二氧化碳汇流排	4×2瓶/组(每瓶容积40L,压力15MPa,折合标准工况6000L)	组	1	1周的储气量
2	自动切换笑气汇流排	8×2瓶/组(每瓶容积40L,压力15MPa,折合标准工况6000L)	组	2	1周的储气量
3	自动切换氮气汇流排	8×2瓶/组(每瓶容积40L,压力15MPa,折合标准工况6000L)	组	2	1周的储气量
4	二氧化碳远程压力报警器	—	个	1	
5	笑气远程压力报警器	—	个	1	
6	氮气远程压力报警器	—	个	1	
7	气体浓度报警装置	—	个	1	

4.14.4　施工说明

1. 医用气体监控报警与显示

医用气体气源设超压排放安全阀，开启压力应高于最高工作压力 0.02MPa，关闭压力应低于最高工作压力 0.05MPa，气体排至室外安全地点，气源供应处应设超压欠压报警装置。

（1）氧气供应源设远程声、光压力报警器及浓度报警装置。

（2）负压吸引站设远程声、光压力报警装置。

（3）压缩空气站设远程声、光压力报警装置。

（4）手术室等用气点设医用气体超压欠压报警装置，终端面板显示气体压力状态。

（5）病房各层（护士站）设医用气体阀门报警箱，监控超、欠压情况。

2. 医用气体管道系统施工要求

（1）对医用气体系统安装的所有材料必须具有有效的产品检验制度和合格证。

（2）管道焊接的焊工须按国家有关规定进行考试并取得技术考试合格证书后，方可进行焊接作业。

（3）真空机组和空气压缩机组均应待设备到货后校核其性能参数、规格及外形尺寸，确认无误后方可安装施工。

（4）氧气管道用无缝不锈钢管或紫铜管，氧气管道和阀门按公称压力 1.0MPa 选用。阀门采用钢制球阀、不锈钢球阀，严禁使用闸阀。氧气系统管道和阀门附件必须进行脱脂处理。室内供氧管道应涂刷防火涂料。

（5）真空系统采用无缝不锈钢管，房间支管道采用脱脂铜管。系统的阀门采用带 O 形真空密封圈的真空阀门。

（6）压缩空气系统干管与支管选用无缝不锈钢管，与管道配套的减压器、阀门阀件及接口也采用不锈钢材料，管道、阀门附件需脱脂处理。经干燥和净化的压缩空气管道的阀门等附件其密封、耐磨、抗腐蚀性能应与管材相匹配，在管道的适当位置上设固定支架。

（7）压缩空气管道的连接，除设备、阀门等处用法兰或螺纹连接外，宜采用焊接。干燥和净化压缩空气的管道连接，应符合现行国家标准。压缩空气管道安装前，管子内壁必须清除铁锈与污物，压力表温度计的开孔要在管道安装前进行，管道弯头采用煨弯，变径时为底平，便于排水。不锈钢管的表示为 $D32 \times 3$ 表示管径和壁厚。

3. 医用气体管道系统管道安全和施工要求

（1）各类气体管道与其他管线的安装净距，必须符合现行国家标准、规范的要求。各种气体管道应设明显标志及流动方向。

氧气管与其他管线之间的距离如表 4-60 所示。

氧气管与其他管线之间的距离 表 4-60

名称	给排水管	热力管	不燃气体管	燃气管、燃油管	绝缘导线或电缆
平行净距（m）	0.25	0.25	0.25	0.50	0.50
交叉净距（m）	0.10	0.10	0.10	0.25	0.30

注：进入手术室的医用气体管道必须接地，接地电阻小于或等于 4Ω，其他场所医用气体管道必须接地，接地电阻不应大于 10Ω。

（2）氧气、真空吸引管道穿防火墙和楼板处，应敷设在套管内，并应用不燃材料将套管与管道间隙填塞密实。

（3）真空吸引水平管道坡度不小于 0.003。

（4）压缩空气管道需防雷接地时，应符合现行的国家标准《建筑物防雷设计规范》GB 50057—94（2000 年版）的规定。

（5）试压：管道安装完毕后，应对其采取保护，尤其是氧气管道，防止受到油脂污染，再进行压力试验。强度与严密性试验，均用空气或氮气，试验验压力为 1.0MPa。强度试验达到压力后，稳压 5min，无泄漏为合格。严密性试验达到压力后，稳压 24h，无泄漏为合格。

（6）系统清洗与吹扫：严密试验后的气体管道还要采用无油的干空气或氮气以不小于 20m/s 的流速吹扫，直至出口处无污物时为合格。

（7）质量验收标准：管道系统的施工及验收除应符合设计图纸文件要求外，尚应符合相关的现行国家标准规范规程．并且应有建设方代表工程质量监理代表共同参加。

（8）对说明未提及的事宜按：《工业管道工程施工及验收规范》（金属管道篇）GB 50235—97，《现场设备工业管道施工及验收规范》GB 50236—98，《工业金属管道工程质量检验评定标准》GB 50184—93 等执行。

（9）除图中特别注明外，图中所注气体管道标高为管中心标高。如个别管道有碰撞现场解决。

4. 节能环保设计说明

（1）选用符合国家标准的优质环保设备与材料。

（2）动力运转设备基础均有减振、隔振设施。

（3）动力机房门、窗、墙、楼板均采用隔声、吸声处理。

（4）动力站设备均选用低噪声机型。

（5）真空泵房室内噪音不超过 80dB（A），室外不超过 60dB（A）。

（6）真空泵房的排气，经清洗过滤，消毒过滤然后排出。

4.14.5　附图（图 4-6～图 4-10）

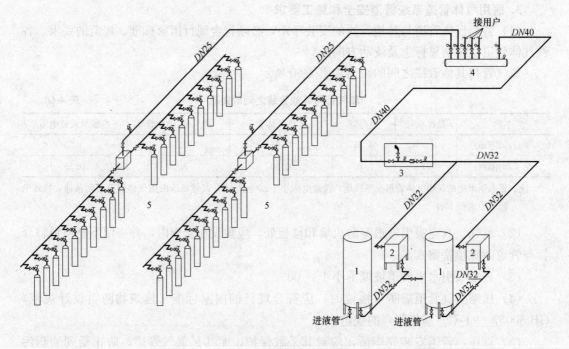

图 4-6　液氧站系统图

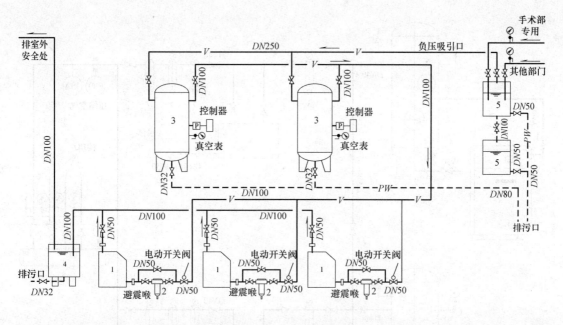

图 4-7 真空吸引站系统图

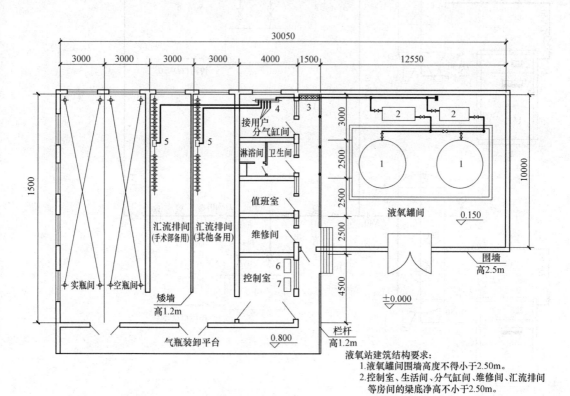

图 4-8 液氧站设备布置平面图

347

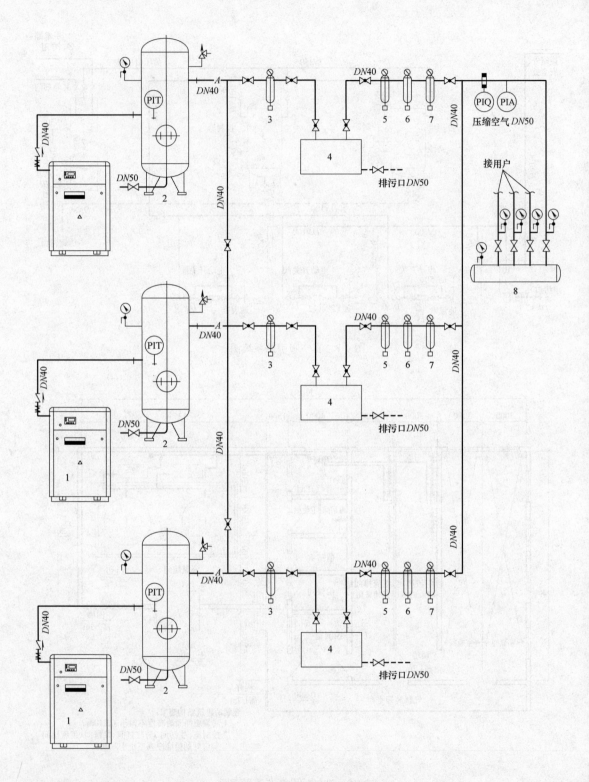

图 4-9　压缩空气站系统图

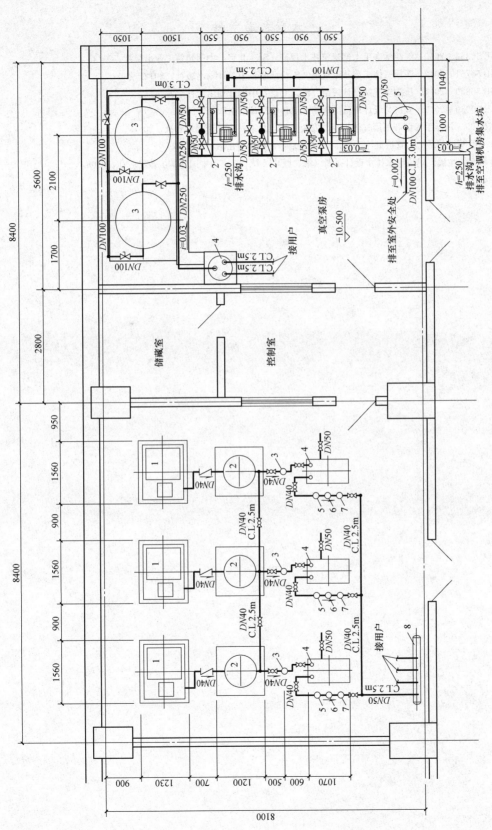

图 4-10 压缩空气站、真空吸引站平面图

本章参考文献

［1］ GB 50333—2013. 医院洁净手术部建筑技术规范［S］. 北京：中国建筑工业出版社，2013.

［2］ GB 50751—2012. 医用气体工程技术规范［S］. 北京：中国计划出版社，2012.

［3］ GB 50029—2014. 压缩空气站设计规范［S］. 北京：中国计划出版社，2014.

［4］ GB 50030—2013. 氧气站设计规范［S］. 北京：中国计划出版社，2014.

［5］ 07K505. 洁净手术部和医用气体设计与安装［S］. 北京：中国计划出版社，2007.

［6］ 本书编写组编. 动力管道设计手册［M］. 北京：机械工业出版社，2006.

［7］ 陈耀宗等主编. 建筑给水排水设计手册（第二版）［M］. 北京：中国建筑工业出版社，2008.

第 5 章　换热站

本章执笔人

孙知音

男，满族，1974 年 4 月 12 日生。北京市热力集团总经理助理，供热生产部经理，高级工程师。1997 年 7 月毕业于重庆建筑大学（1993 级本科）；2000 年 7 月毕业于重庆大学（1997 级硕士）；2008 年 7 月毕业于清华大学（2005 级工商管理硕士）。

社会兼职

北京市青联委员，北京市朝阳区青联委员。

代表工程

北京市供热资源整合控制性详细规划，2010 年度北京市优秀工程咨询成果二等奖。

主要获奖情况

拉萨市政府太阳能供热工程，北京市第十五届优秀工程设计评选一等奖。

主要论著

城市热电冷联供系统的冷热负荷计算，城市住宅，2008，05，（独著）。

联系方式：szy@bhpd.cn

朱国升

男，汉族，1972 年 10 月 9 日生，北京市热力集团供热生产部调度与监控中心副主任，高级工程师，注册设备工程师。1995 年 7 月毕业于吉林工业大学（1991 级本科），1998 年 3 月毕业于吉林工业大学（1995 级工学硕士）。

代表工程

拉萨市政府太阳能供热工程，北京市第十五届优秀工程设计评选一等奖，2011 年度全国优秀工程勘察设计行业市政工程三等奖。

主要获奖情况

多热源大型供热系统优化调度管理，北京市第二十七届企业管理现代化创新成果一等奖。

主要论著

一个电子工厂的气体供应系统，工厂动力，1999，83。

联系方式：zhugs1117@sina.com

工业建筑和民用建筑供暖、通风、空调、生产、生活供应所需的热水，通常设立能转变供热介质品种、改变供热介质热力性能参数的换热设备、站房，即换热站。换热站是供热网路与热用户的连接场所。它的作用是根据热网工况和不同条件，采用不同的连接方式，将热网输送的热媒加以调节、转换，向热用户系统分配热量以满足用户需求，并根据需要，进行集中计量、检测供热热媒的参数和数量。

换热站以过热蒸汽、饱和蒸汽、高温热水为热源，利用各种类型的换热器，进行间接换热或直接加热，经热网循环水泵将热水供给热网系统各用户。

根据热网输送的热媒不同，可分为热水供热换热站和蒸汽供热换热站。

根据服务对象的不同，可分为工业换热站和民用换热站。

根据二级热网对供热介质参数要求的不同，又分为换热型换热站和分配型换热站。

根据换热站的位置和功能的不同，可分为：

用户换热站（点）——也称为用户引入口。它设置在单栋建筑用户的地沟入口或该用户的地下室或底层处，通过它向该用户或相邻几个用户分配热能。

小区换热站（常简称为换热站）——供热网路通过小区换热站向一个或几个街区的多幢建筑分配热能。这种换热站大多是单独的建筑物。从集中换热站向各级热用户输送热能的网路，通常称为二级供热管网。

区域性换热站——它用于特大型的供热网路，设置在供热主干线和分支干线的连接点处。

供热首站——位于电厂的出口，完成汽—水换热过程，并作为整个管网的热媒制备和传输中心。

根据制备热媒的用途可分为供暖换热站（热站）、空调换热站（冷站）和生活热水换热站或它们间的相互与共同组合。

本章规定适用于供热热水介质设计压力小于或等于 2.5MPa，设计温度小于或等于 200℃；供热蒸汽介质设计压力小于或等于 1.6MPa，设计温度小于或等于 350℃ 的换热站的工艺设计。

5.1　国家及行业有关规范和法规

（1）进行换热站工程设计时，必须遵守国家颁布的各种有关规范、规程和标准中的各项规定。

（2）与换热站工程设计有密切和直接关系的现行规范、规程和标准有：

《城镇供热管网设计规范》CJJ 34—2010

《城镇供热管网工程施工及验收规范》CJJ 28—2004

《锅炉房设计规范》GB 50041—2008

《民用建筑供暖通风与空气调节设计规范》GB 50736—2012

《建筑给水排水设计规范》GB 50015—2009

《建筑给水排水及采暖工程施工质量验收规范》GB 50242—2002

《建筑设计防火规范》GB 50016—2006

《工业金属管道设计规范》GB 50316—2000（2008 年版）

《工业金属管道工程施工及验收规范》GB 50235—2010

《工业金属管道工程施工质量验收规范》GB 50184—2011

《设备及管道绝热技术通则》GB/T 4272—2008

《设备及管道绝热技术导则》GB/T 8175—2008

《工业设备及管道绝热工程设计规范》GB 50264—2013

《工业设备及管道绝热工程质量检验评定标准》GB 50185—2010

《风机、压缩机、泵安装工程施工及验收规范》GB 50275—2010

《采暖空调系统水质》GB/T 29044—2012

《供热采暖系统水质及防腐技术规程》DBJ 01-619—2004

《城镇供热用换热机组》GB/T 28185—2011

《板式热交换器机组》GB/T 29466—2012

《板式换热机组》CJ/T 191—2004

《板式热交换器》NB/T 47004—2009

《管壳式换热器》GB 151—1999

《半即热式换热器》CJ/T 3047—1995

《声环境质量标准》GB 3096—2008

《污水排入城镇下水道水质标准》CJ 343—2010

《火力发电厂汽水管道应力计算技术规程》DL/T 5366—2006

《特种设备安全监察条例》（中华人民共和国国务院令 2003 第 373 号文）

《压力容器压力管道设计许可规则》TSG R 1001—2008

《供热工程制图标准》CJJ/T 78—2010

《工业企业噪声控制设计规范》GBJ 87—85

《现场设备、工业管道焊接工程施工规范》GB 50236—2011

《现场设备、工业管道焊接工程施工质量验收规范》GB 50683—2011

《压力管道安全管理与监察规定》（原劳动部劳部发〔1996〕140 号）

5.2 换热站设计原则

5.2.1 一般规定

（1）换热站设计必须遵循国家能源政策，遵守有关规范和安全规程，合理推行热能综合利用，保护环境，选用成熟可靠、技术先进的换热设备及系统。

（2）换热站应降低噪声，不应对环境产生干扰。当换热站设备噪声较高时，应加大与周围建筑物的距离，或采取降低噪声的措施，使受影响建筑物处的噪声符合现行国家标准《声环境质量标准》GB 3096 的规定。当换热站所在场所有隔振要求时，水泵基础和连接水泵的管道应采取隔振措施。

（3）换热站应有良好的采光条件及通风措施，以保证站房内正常的劳动条件。

（4）换热站内换热器、除污器、阀门、水箱、管道应进行良好保温。

（5）换热站设计必须与其室外的供热管网及室内热网系统设计统一考虑。

5.2.2　换热站规模和站房位置

1. 换热站的规模和站房位置及站房数量设置原则

（1）热水热力网民用换热站最佳供热规模，应通过技术经济比较确定。当不具备技术经济比较条件时，换热站的规模宜按下列原则确定：

1）对于新建的居住区，换热站最大规模以供热范围不超过本街区为限。

2）对已有供暖系统的小区，在减少原有供暖系统改造工程量的前提下，宜减少换热站的个数。

3）换热站的规模应根据用户长期总热负荷确定。分期建设的小区，应统一考虑换热站的位置和站房建筑，工艺系统和设备可一次或分期设计安装。

（2）对于小区供暖用的换热站，供热半径在 1.5km 以内的，宜设集中换热站。

（3）自然地形高差大的小区或企业，宜根据管道布置条件和设备承压能力，部分集中分区设置换热站。

（4）燃油、燃气锅炉房提供热源时，供热半径及换热站规模不宜过大。

2. 换热站的位置要求

（1）换热站的位置，一般根据用户总热负荷及其参数，凝结水回收利用，热网系统安全稳定及管理方便，经济技术及建设的合理性等综合考虑确定。

（2）换热站的位置可选择靠近热负荷中心区域单建，或合建，或附属锅炉房、综合动力站房内。供热系统最远距离不超过 1.5～2.0km 为宜。

（3）当用户需同时建锅炉房和换热站时，两者合建，可共用水处理设备和辅助用房，且锅炉的连续排污热水可用作循环水系统的补充水。

5.2.3　站房设计

（1）换热站以设在底层或单层室内为宜。对多层建筑、高层建筑允许设在地下室、半地下室或地上中间层内。土建设计应按照《建筑设计防火规范》的规定进行。

（2）门、窗、墙、层板、屋顶、设备基础应按《工业企业噪声控制设计规范》的规定，采取隔声措施。

（3）换热站的站房应有良好的照明和通风。

（4）换热站的面积和净高应按系统负荷的大小，设备和管道的安装高度，并考虑适当的操作面积及检修通道等要求而确定。

1）设备用房的面积，应保证设备之间有运行操作通道和维修拆卸设备的场地。管壳式换热器前端应留有抽管束需要的空间；板式换热器侧面应留有维修拆卸板片垫片的空间，设备运行操作通道净宽不宜小于 0.8m。

2）设备用房的净高，应满足安装、检修时起吊设备的空间和管道安装的需要。热交换间高度不宜小于 3.0m。设于多层建筑内小型换热站（间）的净高不宜低于 2.7m。

3）换热站内宜设集中检修场地，其面积应根据需检修设备的要求确定，并在周围留有宽度不小于 0.7m 的通道。当考虑设备就地检修时，可不设集中检修场地。

（5）站房的门应向外开。热水换热站当热力网设计水温大于或等于100℃、站房长度大于12m时，应设2个出口。蒸汽换热站均应设置2个出口。安装孔或门的大小应保证站内需检修更换的最大设备出入。多层站房应考虑用于设备垂直搬运的安装孔。大型换热站应有单独通往室外及满足换热设备最大搬运件的安装孔洞，并设大设备吊装点。

（6）根据换热站规模、管理方式及管理人员数量，设置热交换间、水处理间、控制室、化验室和运行人员必要的生活用房（如厕所、浴室、值班室等）。对兼作小区维修中心的站房，还应考虑设置维修间和存放备用设备、仪表、阀件及维修工具的储存间。

（7）站内地面宜有坡度或采取措施保证管道和设备排出的水引向排水系统。当站内排水不能直接排入室外管道时，应设集水坑和排水泵。

（8）站内应有必要的起重设施，并应符合下列规定：

1）当需起重的设备数量较少且起重重量小于2t时，应采用固定吊钩或移动吊架。

2）当需起重的设备数量较多或需要移动且起重重量小于2t时，应采用手动单轨或单梁吊车。

3）当起重重量大于2t时，宜采用电动起重设备。

4）站内地坪到屋面梁底（屋架下弦）的净高，除应考虑通风、采光等因素外，尚应考虑起重设备的需要，且应符合下列规定：

① 当采用固定吊钩或移动吊架时，不应小于3m；

② 当采用单轨、单梁、桥式吊车时，应保持吊起物底部与吊运所越过的物体顶部之间有0.5m以上的净距；

③ 当采用桥式吊车时，除符合本条第②款规定外，还应考虑吊车安装和检修的需要。

5.2.4 换热站布置

1. 设备布置

（1）换热器布置

1）卧式换热器前端、立式换热器顶部均应考虑检修和清理加热管束、浮动盘管、板片的空间，其距离一般不应小于抽出管件的长度，并使控制阀门及操作方便。对于卧式换热器，布置时应避免换热器中心线正对管架或框架柱子的中心线，以利换热器管程的污垢清理及更换单根管子。

2）尽量避免直径较大的两个以上的换热器叠放在一起布置，若工艺有特殊要求或考虑节省占地面积，可考虑将换热器重叠布置，但不应有维修困难的问题存在。

3）汽水换热器和水水换热器设计采用上下布置组合形式时，为汽水换热器操作及检修方便，应设置钢平台。结构要求简便和牢固。注意钢平台与汽水换热器支座和留孔洞的配合。

4）换热器侧面离墙应设有不小于0.8m的通道。容积式换热器罐底距地不应小于0.5m，并应保证其底部连接管道的最低点净空不小于0.15m；罐后距墙不小于0.8m；罐顶距屋内梁底不小于2.0m，当不需要操作和通行时，其净高可为0.7m。

5）卧式换热器支座因考虑到热膨胀位移，设计只设一个固定支座，并应布置在加热管束检修端。

6）成组布置的卧式换热器宜取管程管口中心线对齐或支座基础中心线对齐。

7) 位置较高而且需要经常操作的设备处应设操作平台、扶梯和防护栏等措施。

（2）换热机组布置

换热站的换热器和水泵选用组合式换热机组时，机组与建筑物之间的净距应满足操作、检修和安装的需要。

1) 机组前净距：换热机组为 0.7～2.8MW，不宜小于机组宽度；换热机组为 4.2～14MW，不宜小于机组宽度加 0.5m；换热机组为 29～58MW，不宜小于机组宽度加 1.0m。

2) 机组侧面和后面的通道净距：换热机组为 0.7～2.8MW，不宜小于 0.8m；换热机组为 4.2～14MW，不宜小于 1.5m；换热机组为 29～58MW，不宜小于 1.8m。

（3）水泵布置

1) 换热站内，水泵的布置有集中布置和分散布置。集中布置是将水泵呈单排或双排布置形式集中布置；分散布置是按工艺流程将水泵直接布置在设备附近。

2) 换热站水泵布置的一般要求：

① 泵的布置首先要考虑方便操作与检修，其次是注意整齐美观。由于泵的型号、特性、外形不一，难于布置得十分整齐，因此水泵在集中布置时，一般采用下列两种布置方式。

② 离心泵的排出口取齐，并列布置，使泵的出口管整齐，也便于操作。这是泵的典型布置方式。

③ 当泵的排出口不能取齐时，则可采用泵的一端基础取齐。这种布置方式便于设置排污管或排污沟。

④ 布置泵时要考虑阀门的安装和操作的位置。

⑤ 当移动式起重设施无法接近重量较大的泵及其驱动机时，应设置检修用固定式起重设施，如吊梁、单轨吊车或桥式吊车。在建、构筑物内要留有足够的空间。

2. 管道布置

（1）站内管道布置的净空高度及净距应符合《工业金属管道设计规范》的相关规定。平行管道间净距应满足管子焊接、隔热层及组成件安装维修的要求。有侧向位移的管道应适当加大管道间的净距。

（2）站内架设的管道不得阻挡通道，不得跨越配电盘、仪表柜等设备。

（3）管道布置不应影响起重机的运行。在建筑物安装孔范围内不应布置管道。在设备内件抽出区域及设备法兰拆卸区内不应布置管道。

（4）管道与设备连接时，管道上宜设支、吊架，应减小加在设备上的管道荷载。

（5）管道布置应整齐有序，有条件的地方，管道应集中成排布置。

（6）从水平的蒸汽主管上引接支管时，应从主管的顶部接出。

（7）管道穿过隔墙时应加套管，套管内的空隙应采用非金属柔性材料充填。管道穿屋面处，应有防雨设施。

（8）管道支吊架设置按国家现行标准中许用支吊架间距的规定进行。

（9）管道由热胀冷缩产生的位移、力和力矩，必须经过认真的计算，优先利用管道布置的自然几何形状来吸收。

3. 阀门布置

（1）阀门应设在容易接近、便于操作、维修的地方。成排管道上的阀门应集中布置，并考虑设置操作平台及梯子。平行布置管道上的阀门，其中心线应尽量取齐。手轮间的净距不应小于 100mm，为了减少管道间距，可把阀门错开布置。

（2）阀门应设在热位移小的地方。

（3）阀门最适宜的安装高度和水平管道上阀门安装阀杆的方向：

1）所有手动阀门应布置在便于操作的高度范围内。阀门最适宜的安装高度是距离操作面 0.7~1.6m 范围。

2）按照阀门的结构、工作原理、正确流向及制造厂的要求，采用水平或直立或阀杆向上方倾斜等安装方式，阀杆不应向下垂直或向下倾斜安装。

（4）所有安全阀、减压阀及控制阀的位置，应便于调整及维修，并留有抽出阀芯的空间。

（5）换热器等设备的可拆端盖上设有管口并需接阀门时，应备有可拆管段，并将切断阀布置在端盖拆卸区的外侧。

（6）安全阀的管道布置应考虑开启时反力及其方向，其位置应便于出口管的支架设计。阀的接管承受弯矩时，应有足够的强度。

5.2.5 有关压力管道的设计要求

1. 一般规定

根据原劳动部颁发的《压力管道安全管理与监察规定》（劳部发［1996］140 号文），及国家质量监督检验检疫总局颁发的《压力容器压力管道设计单位资格许可与管理规则》（国质检锅［2002］235 号文）的规定，换热站内的蒸汽管道及市政热水管道属于压力管道。压力管道的设计必须符合有关法规、规范、规程的规定和要求。

（1）设计压力和设计温度

1）压力管道设计应根据压力、温度、流体特性等工艺条件，并结合环境和各种荷载等条件进行。

2）设计压力。管道设计压力（表压）系指管道运行中内部介质最大工作压力。管道设计压力的确定应符合下列规定：

① 一条管道及其每个组成件的设计压力，不应小于运行中遇到的内压或外压与温度相偶合时最严重条件下的压力。最严重条件应为强度计算中管道组成件需要最大厚度及最高公称压力时的参数。

② 装有泄压装置的管道的设计压力不应小于泄压装置开启的压力。

3）设计温度。管道设计温度是指管道运行中内部介质的最高工作温度。管道设计温度的确定应符合下列规定：

① 管道的设计温度应为管道在运行时，压力和温度相偶合最严重条件下的温度。

② 在应力计算中，计算温度取正常操作温度并非总是偏于安全。因为设计温度应该取操作中可能遇到的压力与温度相偶合时最苛刻条件时的温度。因此，在应力计算中确定计算温度时，除了应考虑正常操作条件下的温度，还应考虑调试、停机、除垢、排污等情况。

（2）设计基准

1）管道组成件的压力—温度参数值应符合下列规定：

① 组成件标准所规定的基准参数值不应低于管道的设计压力和设计温度。

② 对于只标注公称压力的组成件，包括阀门、管件等，除另有规定外，在设计温度的许用压力可按下式计算：

$$P_A = PN \frac{[\sigma]^t}{[\sigma]_X} \tag{5-1}$$

式中　P_A——在设计温度下的许用压力，MPa；

　　PN——公称压力，MPa；

　　$[\sigma]^t$——在设计温度下材料的许用应力，MPa；

　　$[\sigma]_X$——决定组成件厚度时采用的计算温度下材料的许用应力，MPa。

2) 两种不同压力—温度参数的流体管道连接在一起时，分隔两种流体的阀门参数应按较严重的条件决定。位于阀门任一侧的管道，应按其输送条件设计。

2. 管材的规定

供热管道应采用无缝钢管、电弧焊或高频焊焊接钢管。管道及钢制管件的钢材钢号应不低于表 5-1 的规定。管道和钢材的规格及质量应符合国家现行相关标准的规定。

供热管道钢材钢号及适用范围　　　　　　　　　　　　　　　　表 5-1

钢号	设计参数	钢板厚度
Q235AF	$P \leqslant 1.0\text{MPa}$　$t \leqslant 95℃$	$\leqslant 8\text{mm}$
Q235A	$P \leqslant 1.6\text{MPa}$　$t \leqslant 150℃$	$\leqslant 16\text{mm}$
Q235B	$P \leqslant 2.5\text{MPa}$　$t \leqslant 300℃$	$\leqslant 20\text{mm}$
10、20、低合金钢	适用于本章适用范围的全部参数	不限

3. 柔性计算

(1) 一般规定

1) 管道对所连接机器设备的作用力和力矩应符合设备制造厂提出的允许作用力和力矩的规定。当超过规定值，同时可能协商解决时，应取得制造厂的书面认可。管道对压力容器管口上的作用力和力矩应作为校核容器强度的依据条件。

2) 经柔性计算确认为剧烈循环条件的管道时，应按《工业金属管道设计规范》核对管道组成件选用的规定；当不能满足要求时，应修改设计，降低计算的位移应力范围，使剧烈循环条件变为非剧烈循环条件。

(2) 管道柔性计算的范围与方法

1) 柔性计算的范围应符合下列规定：

① 管道的设计温度大于或等于 100℃，应为柔性计算范围。

② 对柔性计算的公称直径范围应按设计温度和管道布置的具体情况在工程设计时确定。

③ 符合下列条件之一的管道，也应列入柔性计算的范围：管道的端点附加位移量大，不能用经验判断其柔性的管道；小支管与大管连接，且大管有位移并会影响柔性的判断时，小管应与大管同时计算。

④ 具备下列条件之一的管道，可不做柔性分析：该管道与某一运行情况良好的管道完全相同；该管道与已经过柔性分析合格的管道相比较，几乎没有变化。

2）柔性计算方法应符合下列规定：

① 宜采用计算机程序进行柔性计算。

② 对简单的 L 形、Ⅱ形、Z 形等管道，可采用表格法、图解法等验算，但所采用的表和图必须是经计算验证的。

③ 无分支管道或管系的局部作为计算机柔性计算前的初步判断时，可采用简化的分析方法。

（3）改善管道柔性的措施

1）管道设计中可利用管道自身的弯曲或扭转产生的变位来达到热胀或冷缩时的自补偿，当其柔性不能满足要求时，可采用下列办法改善管道的柔性：调整支吊架的形式与位置；改变管道走向。

2）当受条件限制，不能采用以上方法改善管道的柔性时，可根据管道设计参数和类别选用补偿装置。

4. 常用管道流速

进行换热站设计时，有关流体介质在管道内的常用流速可参考表 5-2。表内流速为经济流速，当采用时，压力降在允许范围内，否则应以允许压力降计算确定管径。

常用流速 表 5-2

工作介质	管道种类	流速(m/s)
过热蒸汽	$DN>200$ $DN=100\sim200$ $DN<100$	$60\sim80$ $30\sim40$ $20\sim40$
饱和蒸汽	$DN>200$ $DN=100\sim200$ $DN<100$	$20\sim60$ $25\sim35$ $15\sim30$
给水	水泵入口① 离心泵出口 给水总管	$0.5\sim1.0$ $2\sim3$ $1.5\sim3$
凝结水	凝结水泵入口 凝结水泵出口 自流回水 压力回水 余压回水	$0.5\sim1.0$ $1\sim2$ <0.5 $1\sim2$ $0.5\sim2.0$
热网循环水	$DN=25\sim32$ $DN=40\sim50$ $DN=65\sim80$ $DN\geqslant100$	$0.5\sim0.7$ $\leqslant1.0$ $\leqslant1.6$ $\leqslant2.0$
生活热水	$DN=15\sim20$ $DN=25\sim40$ $DN\geqslant50$	$\leqslant0.8$ $\leqslant1.0$ $\leqslant1.2$

① 当补水泵入口为重力流（如接自水箱）时，管道流速应按水泵实际流量及入口接口管径核算管道比摩阻，对入口接管较长的管道应适当加大管径，取用较低流速（即较小的比摩阻）。

5.2.6 换热站参数检测与控制

1. 换热站参数检测的规定

（1）热水热力网的换热站应检测、记录热力网和用户系统总管和各分支供热系统供水压力、回水压力、供水温度、回水温度，热力网侧总流量和热量，用户系统补水量，生活热水耗水量。有条件时宜检测热力网侧各分支供热系统流量和热量。

（2）蒸汽热力网的换热站应检测、记录总供汽瞬时和累计流量、压力、温度和各分支系统压力、温度，需要时应检测各分支系统流量。凝结水系统应检测凝结水温度、凝结水回收量。有二次蒸发器、汽水换热器时，还应检测其二次侧的压力、温度。

2. 热水热力网换热站自动控制方案

热水热力网换热站宜根据不同类型的热负荷按下列方案进行自动控制：

（1）对于直接连接混合水泵供暖系统，应根据室外温度和温度调节曲线，调节热力网流量使供暖系统水温维持室外温度下的给定值。

（2）对于间接连接供暖系统宜采用质调节。调节装置应根据室外温度和质调节温度曲线，调节换热器（换热器组）热力网侧流量使供暖系统水温维持室外温度下的给定值。

（3）对于生活热水热负荷采用定值调节：

1）调节热力网流量使生活热水供水温度控制在设计温度±5℃以内；

2）控制热力网流量使热力网回水温度不超标，并以此为优先控制。

（4）对于通风、空调热负荷，其调节方案应根据工艺要求确定。

（5）换热站内的排水泵、生活热水循环泵、补水泵等应根据工艺要求自动启停。

3. 蒸汽热力网换热站自动控制规定

（1）对于蒸汽负荷应根据用热设备需要设置减压、减温装置并进行自动控制。

（2）采用热水为介质的供暖、通风、空调和生活热水系统其控制方式应符合上条的规定。

（3）凝结水泵应自动启停。

4. 流量（热温）仪表

当换热站需用流量（热量）进行贸易结算时，其流量仪表的系统精度，热水流量仪表不应低于1%；蒸汽流量仪表不应低于2%。

5. 大型换热站宜设置微机控制系统

6. 换热站内就地显示压力表和温度计

换热站内就地显示压力表及温度计的设置要求：

（1）站内热网系统管道上应设压力表的部位：

1）除污器、循环水泵、补给水泵前后；

2）减压阀、调压阀（板）前后；

3）供水管及回水管的总管上；

4）一次加热介质总管或分汽缸、分水缸上；

5）自动温控调节阀前后。

（2）站内热网系统管道应设温度计的部位：

1）一次加热介质总管或分汽缸、分水缸上；

2）换热器至热网供水总管上；

3）供暖、空调季节性热网供水管、回水管上；

4）生产、生活常年性热网供水管、回水管上；

5）凝结水水箱上；

6）生活热水容积式换热器上。

7. 换热站热工监测和控制仪表设置要求

换热站工艺系统热工监测仪表和热工控制仪表的设置参见表 5-3 的规定。

换热站热工参数监测控制项目　　　　　　　表 5-3

项目内容		就地指示	单台系统控制柜													多台系统控制柜												
			指示	记录	累计	控制	报警					联锁				指示	记录	累计	控制	报警					联锁			
							O	LL	L	H	HH	O	LL	L	H					O	LL	L	H	HH	O	LL	L	H
热力入口	加热介质入口压力	√	√													√							√	√				
	加热介质入口温度	√	√													√												
	加热介质出口压力	√	√													√												
	加热介质出口温度	√	√													√												
	加热介质入口流量		√	√	√											√	√	√										
	加热介质出口流量（只用于凝结水）		√	√	√											√	√	√										
	加热介质减压器后压力	√	√	√					√	√						√	√					√	√					
换热器	加热介质入口压力	√																										
	加热介质入口流量					√													√										
	被加热水进口压力	√																										
	被加热水进口温度	√																										
	被加热水出口压力	√																										
	被加热水出口温度	√						√						√								√						√
循环水系统	分（集）水器内压力	√	√													√												
	分（集）水器内温度	√	√					√						√		√					√						√	
	过滤器前压力	√																										
	过滤器后压力	√																										
	每台循环水泵出口压力	√																										
	供回水母管压差					√						√	√							√								√	√
	循环水系统流量		√													√												
水处理和补水定压系统	自来水进水压力	√																										
	自来水进水总流量		√	√	√											√	√	√										
	软化水流量		√	√	√											√												
	补水箱水位	√								√													√	√				
	补水箱进水电磁阀启闭	√	√						√	√									√				√	√				
	软化水泵启动、停泵	√	√						√	√													√	√				
	补给水泵启动、停泵	√	√						√	√													√	√				
凝结水系统	凝结水箱水位							√	√														√	√				
	凝结水集水罐水位	√						√	√														√	√				
	凝结水集水罐压力	√																										
	凝结水温度	√	√																									
	凝结水泵启动、停泵	√	√						√	√													√	√				

361

5.2.7　供配电

（1）换热站的负荷分级及供电要求，应根据各站在供热管网中的重要程度，按现行国家标准《供配电系统设计规范》GB 50052 的规定确定。

（2）供热管网中按一级负荷要求供电的换热站，当主电源电压下降或消失时应投入备用电源，并应采用有延时的自动切换装置。

（3）换热站的高低压配电设备应布置在专用的配电室内。换热站的低压配电设备容量较小时，可不设专用的低压配电室，但配电设备应设置在便于观察和操作且上方无管道的位置。

（4）换热站的配电线路宜采用放射式布置。

（5）低压配线应符合现行国家标准《低压配电设计规范》GB 50054 对电源与供热管道净距的规定，并宜采用桥架或钢管敷设。在进入电机接线盒处应设置防水弯头或金属软管。

（6）换热站的水泵宜设置就地控制按钮。

（7）换热站的水泵采用变频调速时，应符合现行国家标准《电能质量公用电网谐波》GB/T 14549 对谐波的规定。

（8）用于供热管网的电气设备和控制设备的防护等级应适应所在场所的环境条件。

5.2.8　工艺与各专业的关系

1. 土建专业

（1）要求配合承担的内容

1）换热站建筑及结构设计。

2）换热器和辅助设备基础设计。

3）组合式换热机组基础设计。

4）其他：水沟、地沟、平台、预埋支吊架、安装孔洞、吊点梁轨等设计。

（2）提交的资料

1）换热站设备布置平面图。

2）换热器和辅助设备重量、转速及基础资料。

3）组合式换热机组重量、转速及基础资料。

4）预埋件和预留孔洞位置尺寸资料。

5）设有生活间时，须提供人员编制。

2. 给水、排水专业

（1）要求配合承担的内容

1）换热站站房给水、排水系统设计。

2）软化水补水由水专业提供时，压力、温度及进口位置尺寸条件。

3）生活热水系统的热负荷及水质、温度、压力的确定条件。

（2）提交的资料

1）换热站设备布置平面图。

2）给水、排水最大及平均小时流量。

3）给水、排水出入口位置，接管标高及管径资料。

4）补水水量及水质、水温、水压要求条件。

5）给水的压力及水质要求。

6）排水压力、温度及特性。

3. 暖通专业

（1）要求配合承担的内容

1）换热站供暖设计。

2）换热站通风设计。

（2）提交的资料

1）换热站设备布置平面图。

2）换热器及辅助设备的发热量。

3）电动机有效功率。

4）供暖和通风特性及要求。

4. 电气专业

（1）要求配合承担的内容

1）换热站电气设备及仪表等供电设计。

2）换热站室内一般照明、局部照明、事故照明设计。

3）联锁、自控设计及通信、信号设计。

（2）提交的资料

1）换热站设备布置平面图、系统图。

2）用电设备台数、电压、装设功率、使用功率等明细表。

3）局部照明与检修插座位置及要求。

4）联锁、通信、自控的设计要求。

5. 总图专业

（1）要求配合承担的内容

1）单建时须确定换热站方向、位置、设计地面标高、自然地面标高。

2）换热站周围道路设计及管线综合设计。

（2）提交的资料

1）换热站建筑平面图。

2）城市热网供热时，厂内外管网交接点位置。

6. 技术经济专业

（1）要求配合承担的内容

编制换热站概算。

（2）提交的资料

1）设备及安装工程概算。

2）建筑工程概算。

5.3 换热站设计

5.3.1 负荷确定

1. 热负荷

（1）进行换热站设计时，供暖、通风、空调及生活热水热负荷，宜采用经核实的建筑物设计热负荷。

（2）当无建筑物设计热负荷资料时，民用建筑的供暖、通风、空调及生活热水热负荷，可按下列方法计算：

1）供暖热负荷：

$$Q_h = q_h \times A_c \times 10^{-3} \tag{5-2}$$

式中　Q_h——供暖设计热负荷，kW；

　　　q_h——供暖热指标，W/m²，可按表 5-4 取用；

　　　A_c——供暖建筑物的建筑面积，m²。

供暖热指标推荐值　　　　　　　　　　　　　　　表 5-4

建筑物类型	供暖热指标 q_h (W/m²)		建筑物类型	供暖热指标 q_h (W/m²)	
	未采取节能措施	采取节能措施		未采取节能措施	采取节能措施
住宅	58～64	40～45	商店	65～80	55～70
居住区综合	60～67	45～55	食堂、餐厅	115～140	100～130
学校、办公	60～80	50～70	影剧院、展览馆	95～115	80～105
医院、托幼	65～80	55～70	大礼堂、体育馆	115～165	100～150
旅馆	60～70	50～60			

注：1. 表中数值适用于我国东北、华北、西北地区；

　　2. 热指标中已包括约 5% 的管网热损失。

2）通风热负荷：

$$Q_v = K_v \times Q_h \tag{5-3}$$

式中　Q_v——通风设计热负荷，kW；

　　　Q_h——供暖设计热负荷，kW；

　　　K_v——建筑物通风热负荷系数，可取 0.3～0.5。

3）空调热负荷：

空调冬季热负荷

$$Q_a = q_a \times A_k \times 10^{-3} \tag{5-4}$$

式中　Q_a——空调冬季设计热负荷，kW；

　　　q_a——空调热指标，W/m²，可按表 5-5 取用；

　　　A_k——空调建筑物的建筑面积，m²。

空调热指标推荐值　　　　　　　　　　　　　　　表 5-5

建筑物类型	热指标 q_a (W/m²)	建筑物类型	热指标 q_a (W/m²)
办公	80～100	商店、展览馆	100～120
医院	90～120	影剧院	115～140
旅馆、宾馆	90～120	体育馆	130～190

注：1. 表中数值适用于我国东北、华北、西北地区；

　　2. 寒冷地区热指标取较小值；严寒地区热指标取较大值。

4）生活热水热负荷：

生活热水平均热负荷

$$Q_{w,a} = q_w \times A \times 10^{-3} \qquad (5-5)$$

式中 $Q_{w,a}$——生活热水平均热负荷，kW；

$\quad q_w$——生活热水热指标，W/m²，应根据建筑物类型，采用实际统计资料，居住区生活热水日平均热指标可按表 5-6 取用；

$\quad A$——总建筑面积，m²。

居住区供暖期生活热水日平均热指标推荐值   表 5-6

用水设备情况	热指标 q_w(W/m²)
住宅无生活热水设备，只对公共建筑供热水时	2～3
全部住宅有沐浴设备，并供给生活热水时	5～15

注：1. 冷水温度较高时采用较小值，冷水温度较低时采用较大值；

    2. 热指标中已包括约 10% 的管网热损失在内。

生活热水最大热负荷

$$Q_{w,max} = K_h \times Q_{w,a} \qquad (5-6)$$

式中 $Q_{w,max}$——生活热水最大热负荷，kW；

$\quad Q_{w,a}$——生活热水平均热负荷，kW；

$\quad K_h$——小时变化系数，根据用热水计算单位数按现行国家标准《建筑给水排水设计规范》GB 50015 的规定取用。

（3）工业热负荷包括生产工艺热负荷、生活热负荷和工业建筑的供暖、通风、空调热负荷。生产工艺热负荷的最大热负荷、最小热负荷、平均热负荷和凝结水回收率应采用生产工艺系统的实际数据，并应收集生产工艺系统不同季节的典型日（周）负荷曲线图。对各热用户提供的热负荷资料进行整理汇总时，应通过下列方法对由各热用户提供的热负荷数据分别进行平均热负荷的验算：

1）按年燃料耗量验算：

全年供暖、通风、空调及生活燃料耗量

$$B_2 = \frac{Q^a}{Q_L \times \eta_b \times \eta_s} \qquad (5-7)$$

式中 B_2——全年供暖、通风、空调及生活燃料耗量，kg；

$\quad Q^a$——全年供暖、通风、空调及生活耗热量，kJ；

$\quad Q_L$——燃料平均低位发热量，kJ/kg；

$\quad \eta_b$——用户原有锅炉年平均运行效率；

$\quad \eta_s$——用户原有供热系统的热效率，可取 0.9～0.97。

全年生产燃料耗量

$$B_1 = B - B_2 \qquad (5-8)$$

式中 B——全年总燃料耗量，kg；

$\quad B_1$——全年生产燃料耗量，kg；

$\quad B_2$——全年供暖、通风、空调及生活燃料耗量，kg。

生产平均耗汽量

$$D=\frac{B_1 \times Q_L \times \eta_b \times \eta_s}{[h_b-h_{m,a}-\psi(h_{r,t}-h_{m,a})] \times T_a} \tag{5-9}$$

式中　D——生产平均耗汽量，kg/h；

B_1——全年生产燃料耗量，kg；

Q_L——燃料平均低位发热量，kJ/kg；

η_b——用户原有锅炉年平均运行效率；

η_s——用户原有供热系统的热效率，可取 0.90～0.97；

h_b——锅炉供汽焓，kJ/kg；

$h_{m,a}$——锅炉补水焓，kJ/kg；

$h_{r,t}$——用户回水焓，kJ/kg；

ψ——回水率；

T_a——年平均负荷利用小时数，h。

2）按产品单耗验算：

$$D=\frac{W \times b \times Q_n \times \eta_b \times \eta_s}{[h_b-h_{m,a}-\psi(h_{r,t}-h_{m,a})] \times T_a} \tag{5-10}$$

式中　D——生产平均耗汽量，kg/h；

W——产品年产量，t 或件；

b——单位产品耗标煤量，kg/t 或 kg/件；

Q_n——标准煤发热量，kJ/kg，取 29308kJ/kg；

η_b——锅炉年平均运行效率；

η_s——供热系统的热效率，可取 0.90～0.97；

h_b——锅炉供汽焓，kJ/kg；

$h_{m,a}$——锅炉补水焓，kJ/kg；

$h_{r,t}$——用户回水焓，kJ/kg；

ψ——回水率；

T_a——年平均负荷利用小时数，h。

（4）当无工业建筑供暖、通风、空调、生活及生产工艺热负荷的设计资料时，对现有企业，应采用生产建筑和生产工艺的实际耗热数据，并考虑今后可能的变化；对规划建设的工业企业，可按不同行业项目估算指标中典型生产规模进行估算，也可按同类型、同地区企业的设计资料或实际耗热定额计算。

2. 年耗热量

（1）民用建筑的全年耗热量应按下列公式计算：

1）供暖全年耗热量：

$$Q_h^a=0.0864N \times Q_h \frac{t_i-t_a}{t_i-t_{o,h}} \tag{5-11}$$

式中　Q_h^a——供暖全年耗热量，GJ；

N——供暖期天数，d；

Q_h——供暖设计热负荷，kW；

t_i——室内计算温度，℃；

t_a——供暖期室外平均温度，℃；

$t_{o,h}$——供暖室外计算温度，℃。

2）供暖期通风耗热量：

$$Q_v^a = 0.0036 T_v \times N \times Q_v \frac{t_i - t_a}{t_i - t_{o,v}} \qquad (5\text{-}12)$$

式中 Q_v^a——供暖期通风耗热量，GJ；

　　T_v——供暖期内通风装置每日平均运行小时数，h；

　　N——供暖期天数，d；

　　Q_v——通风设计热负荷，kW；

　　t_i——室内计算温度，℃；

　　t_a——供暖期室外平均温度，℃；

　　$t_{o,v}$——冬季通风室外计算温度，℃。

3）空调供暖耗热量：

$$Q_a^a = 0.0036 T_a \times N \times Q_a \frac{t_i - t_a}{t_i - t_{o,a}} \qquad (5\text{-}13)$$

式中 Q_a^a——空调供暖耗热量，GJ；

　　T_a——供暖期内空调装置每日平均运行小时数，h；

　　N——供暖期天数，d；

　　Q_a——空调冬季设计热负荷，kW；

　　t_i——室内计算温度，℃；

　　t_a——供暖期室外平均温度，℃；

　　$t_{o,a}$——冬季空调室外计算温度，℃。

4）供冷期制冷耗热量：

$$Q_c^a = 0.0036 Q_c \times T_{c,max} \qquad (5\text{-}14)$$

式中 Q_c^a——供冷期制冷耗热量，GJ；

　　Q_c——空调夏季设计热负荷，kW；

　　$T_{c,max}$——空调夏季最大负荷利用小时数，h。

5）生活热水全年耗热量：

$$Q_w^a = 30.24 Q_{w,a} \qquad (5\text{-}15)$$

式中 Q_w^a——生活热水全年耗热量，GJ；

　　$Q_{w,a}$——生活热水平均热负荷，kW。

（2）生产工艺热负荷的全年耗热量应根据年负荷曲线图计算。工业建筑的供暖、通风、空调及生活热水的全年耗热量可按本节第（1）条的规定计算。

5.3.2 系统选择

1. 一般要求

（1）无城市供热或区域供热的管网供应加热介质：用户各种热负荷有蒸汽和热水。当生活和生产蒸汽热负荷很小时，可以由热水锅炉供应热水，而小型蒸汽锅炉供应蒸汽。当生活和生产蒸汽热负荷数量大于总耗热量30％以上时，锅炉房可只设蒸汽锅炉生产蒸汽，而热水由换热设备换热制取为宜。

（2）加热介质由城市供热或区域供热的管网供应：设计时，根据一次加热蒸汽或一次加热水工况，经济合理地选择换热器系统，如单独汽水换热器或者单独水水换热器形式，或者汽水换热器和水水换热器组合形式。

1）当加热介质为蒸汽时：

应根据生产工艺、供暖、通风、空调及生活热负荷的需要设置分汽缸，蒸汽主管和分支管上应装设阀门。当各种负荷需要不同的参数时，应分别设置分支管、减压减温装置和独立安全阀。

换热系统可选择汽水换热器和水水换热器组合的两级换热形式；或采用带有凝结水过冷段的高效汽水换热设备，并设凝结水水位调节装置。

2）当加热介质为热水时：

当生活热水热负荷较小时，生活热水换热器与供暖系统可采用并联连接；

当生活热水热负荷较大时，生活热水换热器与供暖系统宜采用两级串联或两级混合连接。

（3）当一个换热站需要供应多种不同参数或不同水质要求的热水时，可根据需要设置多个不同的热交换系统分别满足不同用户的需要。各个系统都应配备各自的定压装置和相关设备。

（4）换热站内换热器及水泵等设备供水能力，应与用户热负荷相适应。

1）除考虑应有备用发展余量外，一般换热器的设备出力为用户最大热负荷的120％～130％，换热器的出口压力不应小于最高供水温度加 20℃的相应饱和压力。

2）换热站内的换热器容量可由单台或者两台的换热器并联供给。若设两台换热器时，则每台换热器选型应按总热负荷的 70％～80％考虑。站内同种热介质换热器台数 2～5 台为宜。

3）循环水泵可按用户热网总负荷及管网水压图，同时考虑换热站内热损失及压力降来确定。循环水泵应装设两台以上，其中一台停止运行时，其余水泵能供应全部循环水量的 110％。

（5）系统的补给水采用软化水为宜，以避免在换热器内结垢，影响换热效果。特种用热设备和用户对供热水水质有含氧量规定时，应在系统上设除氧装置。

（6）当换热站附属锅炉房内时，还应与锅炉房的凝结水回收设备、水处理设备、除氧设备统一综合考虑，力求布置合理、管理方便、流程简短、安全可靠。

（7）在有条件的情况下，换热站应采用全自动组合换热机组。

（8）选用的压力容器应符合国家现行相关标准的规定。

2. 工艺设计

（1）换热站热力系统设计，应符合下列要求：

1）热力系统加热介质一侧的设计应考虑下列要求：

① 加热介质在进入换热站的入口总管上应设置切断阀、过滤器、流量计等设备。有条件时应安装热量计。当换热站设 2 个及以上换热系统时，进入站内的一次加热蒸汽或一次加热水入口应设蒸汽分汽缸或热水分水器，以便于系统管理及计量核算。

② 由热源来的加热介质工作压力高于换热站设备的承压能力时，在入口总管上应设

减压阀，减压阀后应配置安全阀，安全阀泄压管出口应引至安全放散点。

③ 当加热介质为来自市政管网的高温热水时：

热力网供、回水总管上应设阀门。当供热系统采用质调节时，宜在供水或回水总管上装设自动流量调节阀；当供热系统采用变流量调节时，宜装设自力式压差调节阀。热力网供水总管上及用户系统回水总管上，应设除污器。换热站内各分支管路的供、回水管道上应设阀门。在各分支管路没有自动调节设备时，宜装设手动调节阀。当入口处资用压头小于换热站内的系统阻力时，应在取得市政热力主管部门的同意后设置加压泵，加压泵宜布置在换热站总回水管道上。加压泵宜采用调频控制。换热站的回水温度也应符合热源主管部门的要求。

④ 当加热介质为蒸汽时：

蒸汽系统应按下列规定设疏水装置：蒸汽管路的最低点、流量测量孔板前和分汽缸底部应设启动疏水装置；分汽缸底部和饱和蒸汽管路安装启动疏水装置处应安装经常疏水装置；无凝结水水位控制的换热设备应安装经常疏水装置。凝结水的出水温度和回流水压应符合热源（或市政）管理部门的规定。从节能考虑，凝结水温度宜在换热站内降至85℃以下，当选用的汽水换热器凝结水出口温度达不到这一要求时，宜在汽水换热器后串联水水换热器，并在汽水换热器出口管上装设疏水器。水水换热器接至凝结水箱的管道应装设防止倒空的上反管段。

每台换热器的加热介质进、出口管道上应装设切断阀，进口管道上应装设过滤器。对于二次供水温度需要根据用户热负荷变化自动调节的系统，还应在一次热介质总管设自动温控调节阀，调控一次加热介质流量。汽水换热器的凝结水出口管段应装设运行可靠的疏水阀，以便运行时系统的凝结水及空气排出。疏水阀宜考虑互为备用的双阀，安装位置需考虑检修空间及疏水通畅。

2）热力系统被加热介质侧设计应符合下列要求：

① 换热站被加热介质的供热参数（温度、压力）应符合用户设备的要求。

② 当换热站需要向外供应多路循环水时，宜设置分水器和集水器。分水器和集水器的每根进出口水管上均应装切断阀，还应配置温度计、压力表等附件。为便于二次系统水力调节，集水器的回水支管上宜装设手动调节阀。

③ 循环水泵的进口侧回水管（或母管）上应设置过滤器，过滤器前后应设置切断阀和旁通管。

④ 循环水泵进出口侧的母管之间应设置旁通管，旁通管管径宜与母管接近，当布置困难时，可用较小管径，但其最小截面面积不得小于母管截面积的1/2，旁通管上安装止回阀，止回阀安装方向是在水泵停运时，进水母管中的水能流向出水侧母管。

3）两台或两台以上换热器并联工作时，其流程系统按同程连接设计为宜。

（2）汽水换热站，应设置凝结水回送系统，其系统设计应考虑下列要求：

1）宜采用闭式凝结水回收系统。换热站中应采用闭式凝结水箱（或凝结水罐）收集凝结水，然后用凝结水泵送回锅炉房或热源的市政凝结水回收母管。闭式凝结水罐应按压力容器设计制造，应配备安全阀和水位计。闭式凝结水收集装置宜选用定型产品。

2）当凝结水量小于10t/h或距热源小于500m时，可采用开式凝结水回收系统，然后用凝结水泵送回锅炉房或热源的市政凝结水回收母管。为减少凝结水溶氧，此时凝结水温度不应低于 95℃。开式凝结水箱上的人孔应密封关闭，溢流管应配水封，排气管应接至室外。

3）凝结水箱的总储水量宜按 10～20min 最大凝结水量计算。

4）全年工作的凝结水箱宜设 2 个，每个容积为 50％；当凝结水箱季节工作且凝结水量在 5t/h 以下时，可只设一个。

5）凝结水泵不应少于 2 台，其中一台备用。选择凝结水泵时，应考虑泵的适用温度，其流量应按进入凝结水箱的最大凝结水流量计算；扬程应按凝结水管网水压图的要求确定，并留有 30～50kPa 的富裕压力。

凝结水泵的吸入口压力不应低于吸入口可能达到的最高水温下的饱和蒸汽压力加 50kPa，且不得低于 50kPa。

6）换热站内应设凝结水取样点。取样管宜设在凝结水箱最低水位以上、中轴线以下。

（3）换热站工艺系统安全装置设置要求：

1）当加热介质入口处设置有减压阀时，减压阀后应装设安全阀。

2）换热器被加热水的壳程应设置安全阀。

3）闭式凝结水罐、闭式定压膨胀水罐、分汽缸、分集水器等容器上一般宜设置安全阀。

4）循环水泵进水侧母管上应设置安全阀（当集水器上已配安全阀时，此处可不再装安全阀）。

5）当热水供应系统换热器热水出口上装有阀门时，应在每台换热器上设安全阀；当每台换热器出口管不设阀门时，应在生活热水总管阀门前设安全阀。

6）水路系统的安全阀应选用微启式弹簧安全阀。蒸汽系统的安全阀应采用全启式弹簧安全阀。

5.3.3 换热器

1. 换热器类型、形式

一般可分为表面式换热器和直接混合式换热器。表面式换热器是利用高温介质蒸汽或高温热水，通过换热的金属管（板）壁表面传热，将低温热介质水加热到所需温度的设备。直接混合式换热器是高温热介质蒸汽直接同低温热介质水混合，使低温热介质水加热到所需的温度的设备。

表面式换热器在供热系统中，因高低温两种热介质相互不接触混合，运行管理方便，可靠性好，技术经济性高等优点而被普遍应用。

换热器类型很多，用途和场合也各不相同。大体分类如下：

（1）表面式换热器

1）按热媒分类：分为汽水换热器，水水换热器。

2）按换热面形状分类：

管壳式换热器；

直管式换热器——光管式换热器、螺旋槽管式换热器、套管式换热器、浮头式换热器；

弯管式换热器——U 形管式换热器、W 形管式换热器、螺旋形管式换热器、双螺旋波接管式换热器、波纹管式换热器；

容积式换热器——立式、卧式容积式换热器，浮动盘管立式、卧式容积式换热器，浮动盘管半即热式换热器，浮动盘管半容积式换热器；

板式换热器——组装式板式换热器，全焊接式板式换热器，钎焊式板式换热器；

螺旋板式换热器；

板壳式换热器。

3）按外壳结构分类：

单壳式换热器；

分段式换热器。

4）按换热面布置分类：

垂直式换热器；

水平式换热器。

（2）直接混合式换热器/汽水混合加热器

蒸汽喷射器；

蒸汽喷射二级加热器；

淋水式换热器；

喷管式换热器。

（3）其他

热管式换热器；

快速换热器。

2. 换热器选型的基本原则

（1）换热器的设计参数和适用介质应符合换热站的使用要求。

（2）间接连接系统应选用工作可靠、传热性能良好的换热器，生活热水系统还应根据水质情况选用易于清除水垢的换热设备。

（3）汽水换热系统，宜选用管壳式换热器，并宜选用在设计满负荷下，能将凝结水出口水温降至 85℃ 以下的产品。

当选用凝结水出口温度为饱和水温或温度超过 100℃ 的汽水换热器时，宜在其汽水换热器后再串联设置水水换热器，以将凝结水温度降至 85℃ 以下。

（4）水水换热系统可采用板式换热器或管壳类换热器。

（5）热交换器的单台出力和配置台数组合结果应能满足换热站的总供热负荷及其调节要求。

1）换热器台数的选择和单台能力的确定应适应热负荷的分期增长，并考虑供热可靠性的需要；

2）在满足用户热负荷调节要求的前提下，同一个供热系统中的换热器台数不宜少于 2 台，也不宜多于 5 台；

3）一般供暖、空调用的换热系统，可不设备用换热器。但当其中一台停用时，其余换热器的换热量应能满足 70% 总计算热负荷需要；

4）医院热水供应系统的换热器不得少于 2 台，其他建筑的热水供应系统的换热器不宜少于 2 台，一台检修时，其余各台的总供热能力不得小于设计小时耗热量的 50%。医院建筑热水供应系统不得采用有滞水区的容积式换热器。

3. 换热器选型计算

（1）计算要求

1）列管式、板式换热器计算时应考虑换热表面污垢的影响，传热系数计算时应考虑污垢修正系数；

2）计算容积式换热器传热系数时按考虑水垢热阻的方法进行；

3）热水供应系统换热器换热面积的选择应符合下列规定：

① 当用户有足够容积的储水箱时，按生活热水日平均热负荷选择；

② 当用户没有储水箱或储水容积不足，但有串联缓冲水箱（沉淀箱，储水容积不足的容积式换热器）时，可按最大小时热负荷选择；

③ 当用户无储水箱，且无串联缓冲水箱（水垢沉淀箱）时，应按最大秒流量选择。

④ 热水供应系统尚需计入热损失系数：1.1～1.15。

（2）换热器选型计算

1）换热站总计算热负荷：

$$Q_{jz} = K \cdot \sum Q_i \tag{5-16}$$

式中　Q_{jz}——换热站总计算热负荷，W；

　　$\sum Q_i$——各用户所需热负荷之和，W；

　　　K——考虑室外管网热损失的系数，取值范围为 1.05～1.10，供热半径长的室外热网采用较大的系数。

2）当加热介质为热水时，其总流量按下式计算：

$$G_2 = \frac{3.6 Q_{jz}}{c_p (t_1 - t_2)} \tag{5-17}$$

式中　G_2——加热水总流量，kg/h；

　　Q_{jz}——热交换系统总计算热负荷，W；

　　c_p——加热水平均定压比热，kJ/(kg·℃)；

　　t_1——加热水供水温度，℃；

　　t_2——加热水回水温度，℃。

3）当加热介质为蒸汽时，其计算流量按下式计算：

$$G_2 = \frac{3.6 Q_{jz}}{h'' - h'} \tag{5-18}$$

式中　G_2——蒸汽流量，kg/h；

　　Q_{jz}——热交换系统总计算热负荷，W；

　　h''——蒸汽入口焓值，kJ/kg；

　　h'——换热系统凝结水出口焓值，kJ/kg。

4）循环水（被加热水）流量：

$$G = \frac{3.6 Q_{jz}}{(t_1' - t_2') \cdot c_p} \tag{5-19}$$

式中　G——循环水流量，kg/h；

　　Q_{jz}——热交换系统总计算热负荷，W；

　　t_1'——循环水供水温度，℃；

t'_2——循环水回水温度，℃；

c_p——循环水平均定压比热，kJ/(kg·℃)。

5）单台换热器的热负荷，根据调解需要和换热器选用台数确定：

$$Q_{jz}=\sum n_i \cdot q_i \tag{5-20}$$

式中　Q_{jz}——热交换系统总计算热负荷，W；

n_i——同一规格换热器台数；

q_i——同一规格换热器的出力，W。

6）单台换热器的传热面积计算：

$$F=\frac{q}{\beta \cdot k \cdot \Delta t_{cp}} \tag{5-21}$$

式中　F——换热器有效换热面积，m²；

q——单台换热器的换热量（出力），W；

k——传热系数，该值应由换热器制造厂提供，因不同厂家产品，k值相差很大，应慎重选择参考书上的推荐值，W/(m²·℃)；

β——传热面污垢修正系数，$\beta=0.7\sim1.0$，如表5-7所示；

Δt_{cp}——换热器对数平均温差，℃。

传热面污垢修正系数 β 　　　　　　　　表 5-7

序号	特　　性	β
1	清洁的(新的)黄铜管	1
2	直流热水供应(清洁水)时黄铜管	0.85
3	具有循环管的热水供应，或化学处理水时的黄铜管	0.80
4	当水较脏有机或无机沉淀物的黄铜管	0.75
5	附有薄的水垢层的钢管	0.7

注：对钢管和钢板换热器，取$\beta=0.7$；对铜管和铜板换热器，取$\beta=0.75\sim0.80$。

$$\Delta t_{cp}=\frac{\Delta t_d - \Delta t_x}{\ln\dfrac{\Delta t_d}{\Delta t_x}}$$

式中　Δt_{cp}——加热介质与被加热介质之间的对数平均温差，℃；

Δt_d——最大温差端温差，℃；

Δt_x——最小温差端温差，℃。

4. 热水供应系统换热器选型计算

（1）设计小时供热量

全日集中热水供应系统中，换热器的设计小时供热量应根据日热水用量小时变化曲线、加热方式及换热器的工作制度经积分曲线计算确定。当无条件时，可按下列原则确定：

1）容积式换热器或贮热容积与其相当换热器应按下式计算：

$$Q_g=Q_h-1.163\frac{\eta V_r}{T}(t_r-t_l)\rho_r \tag{5-22}$$

式中　Q_g——容积式水加热器的设计小时供热量，W；

Q_h——设计小时耗热量，W；

η——有效贮热容积系数；容积式换热器 $\eta = 0.75$，导流型容积式换热器 $\eta = 0.85$；

V_r——总贮热容积，L；

T——设计小时耗热量持续时间，h，$T = 2 \sim 24h$；

t_r——热水温度，℃。按设计水加热器出水温度或贮水温度计算；

t_l——冷水温度，℃，应以当地最冷月平均水温资料确定，当无水温资料时，可按《建筑给水排水设计规范》等相关资料取用；

ρ_r——热水密度，kg/L。

2）半容积式换热器或贮热容积与其相当的换热器的设计小时，供热量应按设计小时耗热量计算。

3）半即热式、快速式换热器及其他无贮热容积的换热设备的设计小时，供热量应按设计秒流量所需耗热量计算。

（2）换热器传热面积计算

换热器的传热面积，应按下式计算：

$$F_{jr} = \frac{C_r Q_z}{\varepsilon K \Delta t_j} \tag{5-23}$$

式中 F_{jr}——换热器的传热面积，m^2；

Q_z——制备热水所需的热量，W；

K——传热系数，$W/(m^2 \cdot ℃)$；

ε——由于水垢和热媒分布不均匀影响传热效率的系数，一般采用 $0.6 \sim 0.8$；

Δt_j——热媒与被加热水的计算温度差，℃，按本节第（3）条的规定确定；

C_r——热损失系数，$1.1 \sim 1.15$。

（3）换热器热媒与被加热水的计算温度差计算

1）容积式换热器、导流型容积式换热器、半容积式换热器：

$$\Delta t_j = \frac{t_{mc} + t_{mz}}{2} - \frac{t_c + t_z}{2} \tag{5-24}$$

式中 Δt_j——计算温度差，℃；

t_{mc}、t_{mz}——热媒的初温和终温，℃；

t_c、t_z——被加热水的初温和终温，℃。

2）快速式换热器、半即热式换热器：

$$\Delta t_j = \frac{\Delta t_{max} - \Delta t_{min}}{\ln \dfrac{\Delta t_{max}}{\Delta t_{min}}} \tag{5-25}$$

式中 Δt_j——计算温度差，℃；

Δt_{max}——热媒与被加热水在水加热器一端的最大温度差，℃；

Δt_{min}——热媒与被加热水在水加热器另一端的最小温度差，℃。

（4）热媒的计算温度的规定

1）热媒为饱和蒸汽时的热媒初温、终温的计算：

热媒的初温 t_{mc}：当热媒为压力大于 70kPa 的饱和蒸汽时，t_{mc} 按饱和蒸汽温度计算；压力小于或等于 70kPa 时，t_{mc} 按 100℃计算。

热媒的终温 t_{mz}：应由经热工性能测定的产品提供；可按：容积式换热器的 $t_{mc}=t_{mz}$；导流型容积式换热器、半容积式换热器、半即热式换热器的 $t_{mz}=50\sim90℃$。

2）热媒为热水时，热媒的初温应按热媒供水的最低温度计算；热媒的终温应由经热工性能测定的产品提供；当热媒初温 $t_{mc}=70\sim100℃$ 时，其终温可按：容积式换热器的终温 $t_{mz}=60\sim85℃$；导流型容积式换热器、半容积式换热器、半即热式换热器的终温 $t_{mz}=50\sim80℃$；

3）热媒为热力管网的热水时，热媒的计算温度应按热力管网供回水的最低温度计算，但热媒的初温与被加热水的终温的温度差，不得小于10℃。

（5）集中热水供应系统的贮水器容积

集中热水供应系统的贮水器容积应根据日用热水小时变化曲线及换热器的工作制度和供热能力以及自动温度控制装置等因素按积分曲线计算确定，并应符合下列规定：

1）容积式换热器或加热水箱、半容积式换热器的贮热量不得小于表5-8的要求；

2）半即热式、快速式换热器，当热媒按设计秒流量供应且有完善可靠的温度自动控制装置时，可不设贮水器；当其不具备上述条件时，应设贮水器；贮热量宜根据热媒供应情况按导流型容积式换热器或半容积式换热器确定。

换热器的贮热量　　　　　　　　　　　　　　　　表5-8

加热设备	以蒸汽和95℃以上的热水为热媒时		以≤95℃的热水为热媒时	
	工业企业淋浴室	其他建筑物	工业企业淋浴室	其他建筑物
容积式换热器或加热水箱	≥30minQ_h	≥45minQ_h	≥60minQ_h	≥90minQ_h
导流型容积式换热器	≥20minQ_h	≥30minQ_h	≥30minQ_h	≥40minQ_h
半容积式换热器	≥15minQ_h	≥15minQ_h	≥15minQ_h	≥20minQ_h

注：表中 Q_h 为设计小时耗热量，kJ/h。

5.3.4 水泵

1. 供暖、空调系统的水泵选择

（1）循环水泵

1）循环水量计算

$$q'_{m,w}=k_1\times3.6\times\frac{Q_j}{c_2t_2-c_1t_1} \qquad (5-26)$$

或 $$q'_{m,w}=k_1\times3.6\times\frac{Q_j}{1000(c_2t_2-c_1t_1)} \qquad (5-27)$$

式中　$q'_{m,w}$——循环水量，当采用单位为 kg/h 时，按式（5-26）计算；当采用单位为 t/h 时，按式（5-27）计算；

　　　Q_j——供热系统总计算换热量，W；

　　　t_2——供水温度，℃；

　　　t_1——回水温度，℃；

　c_1、c_2——水温在 t_1、t_2 时的比热容，$c_1\approx c_2\approx4.186kJ/(kg\cdot K)$；

　　　k_1——管网漏损系数，取 $1.05\sim1.10$；

若供热系统有备用发展用热量设计考虑，则循环水泵容量或台数的确定应相应考虑其余量。

2）扬程计算

计算循环水泵扬程，只考虑克服整个系统的压降阻力损失，可按式（5-28）计算：

$$H=0.1\times K(H_1+H_2+H_3+H_4) \tag{5-28}$$

式中　H——循环水泵扬程，m；

$\quad\quad H_1$——换热器内部系统的阻力损失，kPa，一般为 $30\sim100$kPa，该值应由换热器制造厂提供；

$\quad\quad H_2$——换热站内循环水管道系统（含分/集水器和除污器）的压力损失，kPa，根据系统大小可按 $30\sim100$kPa 考虑；

$\quad\quad H_4$——最不利的用户内部阻力损失，kPa；用户系统的压力损失与用户的连接方式及用户入口设备有关。在设计中可采用如下的参考数据：

对与网路直接连接的供暖系统，约为 $10\sim20$kPa；

对与网路直接连接的暖风机供暖系统或大型的散热器供暖系统、地暖系统约为 $30\sim50$kPa；

对采用水喷射器的供暖系统，约为 $80\sim120$kPa；

对采用水水换热器间接连接的用户系统，约为 $100\sim150$kPa；

$\quad\quad K$——裕量系数，一般取 $K=1.05\sim1.10$；

$\quad\quad H_3$——外网供水、回水管道的阻力损失，kPa，阻力损失 H_3 的估算方法，一般可按每米长管段约 $0.1\sim0.15$kPa 的平均比摩阻计。亦可按下式计算：

$$H_3=(1.1\sim1.3)\times0.02L$$

式中　L——供回水干管长度，m；

$\quad 1.1\sim1.3$——系数，套筒补偿器取 1.1，波纹管补偿器取 1.2，方形补偿器取 1.3；

$\quad\quad 0.02$——经验系数。

3）水泵选择及台数确定

① 应根据最佳节能运行和系统的规模及调节的方式确定。设计考虑任何情况下，循环水泵不应少于两台，并且当任何一台停止运行时，其余水泵的总流量应能满足系统最大循环水量的需要。

② 采用分阶段改变流量调节的设计系统时，循环水泵可按各阶段的流量、扬程要求配置，其台数不宜少于 3 台。

③ 并联运行的循环水泵，应选择规格型号相同、流量特性曲线比较平缓、水泵工作效率高的泵型，含合适规格的节能型变频调速水泵。

④ 循环水泵宜采用变频调速水泵。

4）安全要求

为防止运行的系统因突然停电时产生的水击损坏循环水泵，一般采用单级离心泵。在循环水泵的进、出口母管之间，应装设带止回阀的旁通管，旁通管截面积不宜小于母管的 1/2。

在循环水泵进口母管上，应装设除污器和安全阀，安全阀宜安装在除污器出水一侧；当采用气体加压膨胀水箱时，其连通管宜接在循环水泵进口母管上；在循环水泵进口母管上，宜装设高于系统静压的泄压放气管。

循环水泵常设置在换热器被加热水（循环水）进口侧，以保证泵的安全运行。若设置在换热器出口侧，则循环水泵应选择耐热 R 型热水泵，并且转速宜小于 1800r/min 的泵型规格。

循环水泵的承压能力和耐温能力，应高于循环水供热系统的最大工作压力和最高工作温度的 10％～20％为宜。

（2）补给水泵

1）补给水量的确定：

室内外供热管网系统经过一段时间运行，由于管道和附件的连接处不严密或管理不善而产生漏水。漏水量与系统规模、供水温度和运行管理的水平而有所不同。

补给水量一般按热网系统的循环水量的 1％估算。正常运行时，补给水量也可按热网系统换热器、室内外管网、用户用热设备的水容量的 4％～5％来估算。选择补给水泵容量应考虑事故增加的补给水量，一般为正常补给水量的 4～5 倍。

2）扬程计算：

补给水泵扬程不应小于补水点压头加 3～5m，可按式（5-29）确定：

$$H=[(p_1+p_2+p_3)/10]-h+(3\sim5) \tag{5-29}$$

式中　H——补给水泵扬程，m；

p_1——系统补水点所需压力（由水压图分析确定），kPa；

p_2——补给水泵吸入管路中的阻力损失，kPa；

p_3——补给水泵出水管路中的阻力损失，kPa；

h——补给水箱最低水位高出补给水泵吸入口的高度，m；

3～5——富裕压头，m。

3）水泵选择及台数确定：

① 补给水泵一般不少于两台，其中一台备用。

② 补水点的位置一般宜设在循环水泵吸入侧母管上。

③ 补给水泵宜带有变频调速措施。

4）补给水箱

补给水箱的有效容量应根据供热系统的补水量和换热站软化水设备的具体情况确定，但不应小于 1～1.5h 的正常补水量。

常年供热的换热站，补给水箱宜采用中间带隔板可分开清洗的隔板水箱。

补给水箱应配备进、出水管和排污管、溢流装置、人孔、水位计等附件。

2. 热水供应系统循环水泵选择

（1）流量计算

机械循环的热水供应系统，其循环水泵的流量应为系统的热水循环流量。热水循环流量按以下方法确定：

1）全日热水供应系统的热水循环流量应按下式计算：

$$q_x=\frac{Q_s}{C\rho_\tau\Delta t} \tag{5-30}$$

式中　q_x——全日供应热水的循环流量，L/h；

Q_s——配水管道的热损失，kJ/h，经计算确定，可按单体建筑：（3％～5％）Q_h；

小区：$(4\% \sim 6\%) \, Q_h$ 选取；Q_h 为设计小时耗热量，kJ/h；

C——水的比热，$C = 4.187$，kJ/(kg·℃)；

ρ_τ——热水的密度，kg/m³；

Δt——配水管道的热水温度差，℃，按系统大小确定，可按单体建筑 $5 \sim 10$℃；小区 $6 \sim 12$℃ 选取。

2）定时热水供应系统的热水循环流量可按循环管网中的水每小时循环 $2 \sim 4$ 次计算。

（2）扬程计算

水泵的扬程应按下式计算：

$$H_b = h_p + h_x \qquad (5\text{-}31)$$

式中 H_b——循环水泵的扬程，kPa；

h_p——循环水泵通过配水管网的水头损失，kPa；

h_x——循环水泵通过回水管网的水头损失，kPa。

注：当采用半即热式水加热器或快速水加热器时，水泵扬程尚应计算水加热器的水头损失。

（3）其他要求

1）循环水泵应选用热水泵，水泵壳体承受的工作压力不得小于其所承受的静水压力加水泵扬程；

2）循环水泵宜设备用泵，交替运行；

3）全日制热水供应系统的循环水泵应由泵前回水管的温度控制开停。

5.3.5 水处理

1. 水质要求

换热站循环水和补给水的水质，以及水处理设施的选定，应根据有关规范、用热设备及用户的使用要求确定。一般应符合以下要求：

（1）供暖、空调系统的补水质量应保证换热器不结垢，应对补给水进行软化处理或加药处理，水质标准应符合表 5-9 的规定。当供暖系统中没有钢板制散热器时可不除氧。

水质标准 表 5-9

项目	加药处理		化学处理	
	补给水	循环水	补给水	循环水
悬浮物(mg/L)	≤20	—	≤5	—
总硬度(mmol/L)	≤6	—	≤0.6	—
pH(25℃)	≥7	10~12	≥7	10~12
溶解氧(mg/L)	—	—	≤0.1	—
含油量(mg/L)	≤2	—	≤2	—

（2）生活热水水质的水质指标，应符合现行国家标准《生活饮用水卫生标准》GB 5749 的要求。

2. 水处理方式选择

换热站内水处理系统的设计，应按现行国家标准《锅炉房设计规范》GB 50041 的规定执行。

（1）为供暖、空调用户供热的系统，其补给水一般应进行软化处理，宜选用离子交换软化水设备。对于原水水质较好、供热系统较小且用热设备对水质要求不高的系统，也可采用加药水处理或电磁水处理。

（2）当用热设备或用户对循环水的含氧量有规定时，换热站的补给水系统应设置除氧设施。除氧方式应根据给水温度、换热站具体条件确定。换热站常用的除氧方式有真空除氧、解吸除氧、还原铁除氧及化学药剂除氧等。

（3）集中热水供应系统的原水的水处理，应根据水质、水量、水温、换热器设备的构造、使用要求等因素，经技术经济比较按下列规定确定。可采用的水处理方式有电磁水处理、局部钠离子交换及化学稳定剂处理等。

1）当洗衣房日用热水量（按 60℃计）大于或等于 10m³ 且原水总硬度（以碳酸钙计）大于 300mg/L 时，应进行水质软化处理；原水总硬度（以碳酸钙计）为 150～300mg/L 时，宜进行水质软化处理。

2）其他生活日用热水量（按 60℃计）大于或等于 10m³ 且原水总硬度（以碳酸钙计）大于 300mg/L 时，宜进行水质软化或阻垢缓蚀处理。

3）经软化处理后的水质总硬度宜为：洗衣房用水：50～100mg/L；其他用水：75～150mg/L。

4）水质阻垢缓蚀处理应根据水的硬度、适用流速、温度、作用时间或有效长度及工作电压等选择合适的物理处理或化学稳定剂处理方法。

5）当系统对溶解氧控制要求较高时，宜采取除氧措施。

3. 换热站常用除氧方式设计要求

换热站补给水和循环水的溶解氧应符合相关规范、地方规定及换热设备、热用户的要求，应根据给水温度、换热站具体条件等确定合适的除氧方式。常用的除氧方式有：真空除氧、解析除氧、还原铁（海绵铁）过滤除氧及化学药剂除氧等。

（1）采用还原铁过滤除氧方式应注意下列要求：

1）宜选用配备有还原铁除氧器和树脂除铁（Fe^{2+}）器的定型产品或具有上述两个功能的组合装置。

2）原铁应选用含铁量高、强度较大、不易粉化、不易板结的多孔性海绵铁粒（其堆积密度约为 1.4t/m³）。

3）除氧器内宜装充 Na 型强酸阳树脂滤料。

4）系统设计时，应合理控制流经滤层的水流压力和流速，当设备制造厂未提运行要求时，一般可控制流经海绵铁层的流速为 15m/h 左右，流经树脂过滤层的流速为 25m/h 左右。

（2）采用真空除氧方式应注意下列要求：

1）真空除氧器内应保持足够的真空度和水温，使除氧器内的水处于饱和沸腾状态。

2）除氧器的进水管上应配备流量调节装置；除氧水箱应有液位自动调节装置，保持水箱内水位在一定范围。

3）除氧器应配备根据进水温度调节真空度，或根据真空度调节进水温度的自动调节装置。

4）保证除氧器内真空度的要点是：

① 根据喷射器设计要求，保证足够的喷射水（或蒸汽）流量和压力；

② 在喷射水管上设置过滤器，防止喷射器堵塞；

③ 在除氧器抽气管上安装常闭电磁阀，并和喷射泵联锁，停泵时立即关闭电磁阀。

5) 除氧器及其除氧水箱的布置高度，应保证给水泵有足够的灌注头。除氧设施应设置便于运行维护的平台、扶梯。其上方宜设置起吊设施。

6) 真空除氧系统的设备和管道应保持高度的气密性，管道连接应采用焊接，尽量减少螺纹连接件。

(3) 采用解析除氧方式应注意下列要求：

1) 喷射器的进口水压应满足喷射器设计要求，一般不得低于0.4MPa。

2) 当水温超过50℃时，在解析器的气体出口管道应加装冷凝器，防止水蒸气进入反应器。

3) 除氧系统及其下游的设备和管道应保持高度的严密性，管道系统除必须采用法兰或螺纹连接外，应采用焊接连接，除氧水箱应为密闭式水箱。

(4) 采用化学药剂除氧应符合下列要求：

1) 化学除氧常用药剂有亚硫酸钠（Na_2SO_3）和二硫四氯化钠。采用Na_2SO_3除氧时，应监测水中的硫酸根含量。

2) 药剂制配输送系统的设备和管道必须严密，防止空气渗入。

3) 采用亚硫酸钠除氧时，配置液质量浓度一般为5%～10%，溶液箱容积不宜小于1d的药液用量，压力式加药罐容积不宜小于8h的药液用量。

5.3.6　定压

1. 定压值

确定换热站供热系统二次侧的定压值时，需满足二次系统的压力工况符合《城镇供热管网设计规范》中有关供热系统压力工况的要求。《城镇供热管网设计规范》对系统压力工况要求如下：

(1) 热水热力网供水管道任何一点的压力不应低于供热介质的汽化压力，并应留有30～50kPa的富裕压力。

(2) 热水热力网的回水压力应符合下列规定：

1) 不应超过直接连接用户系统的允许压力；

2) 任何一点的压力不应低于50kPa。

(3) 热水热力网循环水泵停止运行时，应保持必要的静态压力，静态压力应符合下列规定：

1) 不应使热力网任何一点的水汽化，并应有30～50kPa的富裕压力；

2) 与热力网直接连接的用户系统应充满水；

3) 不应超过系统中任何一点的允许压力。

2. 定压设施

换热站的各个循环系统都应配备各自的定压装置和相关设备。定压装置（或定压方式）包括高位膨胀水箱，氮气、蒸汽、空气定压装置、补水泵定压等。

空气定压宜采用空气与水用隔膜隔离的装置。成套氮气、空气定压装置中的补水泵性能应符合本书第5.5.4节的有关规定。

定压系统设计参考如下：

(1) 热水系统的恒压装置和加压方式，应根据系统规模、供水温度和使用条件等具体情况确定。

1）通常≤95℃的热水系统可采用高位膨胀水箱定压或补给水泵定压；

2）高温热水系统可采用氮气加压装置或补给水泵加压装置定压；

3）当热水系统内水的总容量小于或等于 500m³ 时，可采用成套氮气、空气定压装置作为定压补水装置。隔膜式气压水罐不宜超过 2 台。

（2）采用成套氮气、空气定压装置作恒压装置时，应符合下列要求：

1）氮气、空气系统应配置可靠的调压设施。

2）恒压点一般设在循环水泵进口侧，并保证循环水泵运行时，系统不应汽化；停泵时，系统不宜发生汽化。

3）热水系统宜配置闭式膨胀水罐。

（3）采用高位膨胀水箱作恒压装置时，应符合下列要求：

1）高位膨胀水箱与热水系统连接的位置，宜设置在循环水泵进口母管上。

2）高位膨胀水箱的最低水位，应高于热水系统最高点 1m 以上，并宜保证循环水泵停止运行时系统不汽化。

3）设置在露天的高位膨胀水箱及其管道应有防冻措施。高位膨胀水箱设置自循环水管，应接至热水系统回水母管上，并与膨胀管接点相距 2m 以上。

4）高位膨胀水箱与热水系统的连接管上，不应装设阀门。

（4）采用补给水泵作恒压装置时，应符合下列要求：

1）定压补给水泵宜采用调频变速泵，连续补水；当采用一般水泵间断补水时，在补水泵停止运行期间，热水系统的压力降低，不得导致系统汽化或系统最高点缺水。

2）热水系统应设置超压泄压装置，泄压水宜排至补给水箱。

3）热水系统宜配置闭式膨胀水罐。

5.3.7 排气泄水

（1）热水、凝结水管道的高点应安装放气装置。

（2）热水、凝结水管道的低点应安装放水装置。

（3）蒸汽管道的低点和垂直升高的管段前应设启动疏水和经常疏水装置。

（4）经常疏水装置与管道连接处应设聚集凝结水的短管，短管直径为管道直径的 1/2～1/3。经常疏水管应连接在短管侧面。

（5）汽水换热器的凝结水出口管段应装设运行可靠的疏水阀，以便运行时系统的凝结水及空气排出。疏水阀宜考虑互为备用的双阀，安装位置需考虑检修空间及疏水通畅。

（6）蒸汽管道和设备上的安全阀应有通向室外的排汽管。热水管道和设备上的安全阀应有接到安全地点的排水管，并应有足够的截面积和防冻措施确保排放通畅。在排汽管和排水管上不得装设阀门。

5.3.8 通风

（1）换热站应有良好的通风措施，以保证站房内正常的劳动条件。

（2）换热站内供暖、通风、空调系统的设计，应按现行国家标准《民用建筑供暖通风与空气调节设计规范》GB 50736 的规定执行。

（3）设计局部排风或全面排风时，宜优先采用自然通风，利用自然通风消除建筑物余热、余湿；当利用自然通风不能满足要求时，应采用机械通风。

（4）地上建筑可利用外窗自然通风或机械排风自然补风，地下建筑应设机械排风。采用机械通风时每小时换气次数宜为 $10\sim12h^{-1}$。

（5）通风系统的风管布置及防火阀的设置，应符合国家现行有关建筑设计防火规范的规定。

5.4 组合式换热站

5.4.1 简介

生产厂家把换热器、循环水泵、除污器、定压泵、电气控制系统、必要的阀门表计等组装成套，整机出厂，称为换热机组或组合式换热站（图 5-1）。《城镇供热用换热机组》GB/T 28185—2011 对换热机组的定义是："由换热器、水泵、变频器、过滤器、阀门、电控柜、仪表、控制系统及附属设备等组成，以实现流体间热量交换的整体换热装置"。

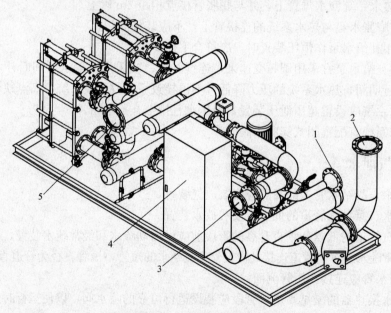

图 5-1 换热机组外形图
1——次回水；2—二次回水；3——次供水；4—控制柜；5—二次供水

换热机组由于结构紧凑、安装方便、操作简单，广泛应用于供暖、热水供应和空气调节等系统中。并可利用微机控制，实现换热站无人值守。

5.4.2 设计示例

1. 工程概况

（1）规模

3 万 m^2 住宅供暖及生活热水。

（2）热负荷

供暖热负荷 1500kW，生活热水热负荷 300kW。

（3）技术参数

热网供/回水温度：125℃/65℃；

供暖供/回水温度：85℃/60℃；

生活热水供水温度/自来水温度：55℃/4℃。

2. 主要设备及管道选型计算

因为换热站面积小，换热器、水泵等设备未考虑设备用。

（1）供暖系统主要设备选型及有关参数计算

1）流量

热负荷为 1500kW，按式（5-17）及式（5-19）计算，得到：热网水流量 $G_1=21.5$t/h、供暖二次水流量 $G_2=51.6$t/h。

2）换热器

选用板式换热器 1 台，热负荷按系统计算热负荷的 1.2 倍选取，为 1800kW。

换热器传热面积可按式（5-21）计算得到，也可将计算条件提供给换热器厂家，由换热器厂家计算选取。

本示例为由厂家选取，换热器参数为：$Q=1800$kW，$F=21.25$m^2，承压 1.6MPa。

3）供暖循环泵

按式（5-26）或式（5-27）计算，得到供暖循环泵流量 $G=56.76$t/h（取 $k_1=1.1$）。

按式（5-28）计算，得到水泵扬程 $H=20$mH$_2$O。

查水泵产品样本，选用离心式水泵 1 台，无备用泵。

水泵参数为：$G=57$m^3/h，$H=220$kPa，$N=7.5$kW。

4）系统定压值

换热站位于地上一层，系统最高用水点高度为 18m，取 5mH$_2$O 富裕压力，得到系统定压值为 23mH$_2$O。参见本书第 5.3.6 节。

5）补水泵

补水泵流量按系统循环水量的 4％计算，得 $G=2.27$t/h。

补水泵扬程按式（5-29）计算，得 $H=28$mH$_2$O。

查水泵产品样本，选用离心式水泵 1 台，无备用泵。

水泵参数为：$G=2.5$m^3/h，$H=320$kPa，$N=1.5$kW。

（2）生活热水系统主要设备选型及有关参数计算

1）流量

热负荷为 300kW，按式（5-17）及式（5-19）计算，得到：

热网水流量 $G_1=4.3$t/h，生活热水流量 $G_2=5.06$t/h。

2）换热器

选用板式换热器 1 台，热负荷按系统计算热负荷的 1.2 倍选取，为 360kW。

换热器传热面积可按式（5-23）计算得到，也可将计算条件提供给换热器厂家，由换热器厂家计算选取。

本示例为由厂家选取。换热器参数为：$Q=360$kW，$F=5.78$m^2，承压 1.6MPa。

3）生活热水循环泵

生活热水为 24 小时全天供应，按式（5-30）计算，得到生活热水循环泵流量 $G=1.5\text{t/h}$。按式（5-31）计算，得到水泵扬程 $H=15\text{mH}_2\text{O}$。

查水泵产品样本，选用离心式水泵 1 台，无备用泵。

水泵参数为：$G=1.8\text{m}^3/\text{h}$，$H=160\text{kPa}$，$N=0.37\text{kW}$。

（3）主要管道水力计算

管道水力计算方法参见本书第 10 章，本示例的主要管道水力计算结果如表 5-10 所示。

水力计算表 表 5-10

序号	系统名称	面积（万 m²）	热负荷（kW）	供/回水温度（℃）	流量（t/h）	管径（mm）	流速（m/s）	比摩阻（Pa/m）	备注
1	供暖	3.0	1500	125/65	21.5	DN100	0.79	88.28	热网水
				85/60	51.6	DN125	1.19	153.57	二次水
2	生活热水		300	125/65	4.3	DN50	0.63	134.37	热网水
				55/4	5.06	DN65	0.43	45.74	二次水
3	热网水合计		1800	125/65	25.8	DN100	0.95	127.12	

3. 综合技术指标

本示例综合技术指标如表 5-11 所示。

综合技术指标 表 5-11

序号	项目	数值	备注
1	总热负荷	1.80MW	
2	热源类别		城市热网
3	站房建筑面积	33.64m²	
4	站房梁底标高	4.50m	
5	热网水最大循环量	25.8m³/h	
6	装机容量	9.37kW	
7	自来水小时最大用量	6.5 m³/h	

4. 主要设备明细表

本示例选用的主要设备如表 5-12 所示。

主要设备明细表 表 5-12

序号	名称	型号及规格	单位	数量	备注
1	供暖及生活热水换热机组		台	1	
	板式换热器	$Q=1800\text{kW},F=21.25\text{m}^2$	台	1	供暖系统
	板式换热器	$Q=360\text{kW},F=5.78\text{m}^2$	台	1	生活热水系统
	热水循环泵	$G=57\text{m}^3/\text{h},H=220\text{kPa},N=7.5\text{kW}$	台	1	供暖系统
	补水泵	$G=2.5\text{m}^3/\text{h},H=320\text{kPa},N=1.5\text{kW}$	台	1	供暖系统
	循环泵	$G=1.8\text{m}^3/\text{h},H=160\text{kPa},N=0.37\text{kW}$	台	1	生活热水系统
2	软水器	产水量:2～3m³/h	套	1	
3	软化水箱	$V=2\text{m}^3$，尺寸:1400mm×1400mm×1200mm	个	1	参见国家标准图集《开式水箱》

5. 设计及施工说明（图 5-2 和图 5-3）

6. 系统工艺流程图（图 5-4）

7. 设备及管道平面布置图（图 5-5）

一、设计说明

1. 工程概况

本工程为×××热力站工程。

热力站设于地下一层，净空高4.025m，地面垫层厚500mm。

本设计以站内地坪为±0.00。站内设2个系统，供热面积为30000m²。采暖季总负荷1800kW，非采暖季总负荷300kW。

2. 设计依据

2.1 《城镇供热管网设计规范》CJJ 34—2010；

2.2 《民用建筑供暖通风与空气调节设计规范》GB 50736—2012；

2.3 《建筑给水排水设计规范》（GB 50015—2009）

2.4 《工业金属管道设计规范》GB 50316—2000（2008年版）；

2.5 《工业设备及管道绝热工程设计规范》GB 50264—2013；

2.6 其他相关的现行国家及地方的规范和规定。

3. 管道分类分级：公用管道之热力管道，GB2级。

4. 设计参数及分系统简述

4.1 热网设计参数

热网供水：压力，1.60MPa；温度：125℃/65℃。

二次水：采暖系统85℃/60℃ 生活热水系统55℃/4℃

4.2 各系统简述见下表

序号	系统名称	供热面积(m²)	采暖季热负荷(kW)	非采暖季热负荷(kW)	定压方式（或给水方式）	定压值（或给水）压力）(kPa)
1	供暖	30000	1500	—	补水泵变频定压	230
2	生活水	—	300	300	水泵变频给水	300

5. 主要设备

序号	系统名称及机组名称	换热设备	循环水泵	补水泵	备注
1	采暖	板式换热器 Q=1800kW, F=21.25m²,1台	G=57m³/h, H=220kPa, N=7.5kW,1台	G=2.5m³/h, H=320kPa, N=1.5kW,1台	一套机组
2	生活水	板式换热器 Q=360kW, F=5.78m²,1台	G=1.8m³/h, H=160kPa, N=0.37kW,1台	—	

6. 管材选用

生活热水管道和自来水管道选用热镀锌钢管；其他管道选用无缝钢管。

7. 供热系统同程连接方式。

8. 软水器采用全自动逆流再生型软水器，产水量2~3m³/h。

9. 控制与安全保护装置

9.1 热网总回水管道上设流量控制阀。

9.2 供热系统的二次供水温度由一次回水管上的电动调节阀控制。

9.3 供热系统补水泵采用变频调节，系统变频补水水箱水位的控制见电气说明。

9.4 供暖系统、生活热水系统安全阀回水接至站内软化水箱。生活热水系统安全阀排水接至站内安全处。供暖系统安全阀排水接至站内安全处。

10. 热量计：热力站热网回水总管道上安装一套热计量装置。

图 5-2 设计及施工说明（一）

385

二、施工说明

1. 本工程施工时应遵守以下有关施工及验收规范
1.1 《城镇供热管网工程施工及验收规范》CJJ 28—2004；
1.2 《建筑给水排水及采暖工程质量验收规范》GB 50242—2002；
1.3 《工业金属管道施工及验收规范》GB 50235—2010；
1.4 《工业设备及管道绝热工程施工质量检评定标准》GB 50185—2010；
1.5 《现场设备、工业管道焊接工程施工及验收规范》GB 50236—2011；
1.6 《风机、压缩机、泵安装工程施工及验收规范》GB 50275—2010。
2. 设备安装
2.1 设备安装应根据制造厂说明的要求进行。
2.2 设备基础施工前，必须与到货核对基础尺寸，无误后方可施工。否则应按实际尺寸修改后施工。
2.3 设备就位后再抹地面，地面夜交土建图要求施工。
2.4 机组及水泵要求做做减振基础，具体做法见土建图。
3. 管道安装
3.1 管径小于或等于100mm的镀锌钢管采用螺纹连接，套丝扣时破坏了的镀锌层表面及外露螺纹部分应做防腐处理；镀锌钢管与法兰的焊接处应进行二次镀锌。无缝钢管除与设备、阀门采用法兰、螺纹连接外，一律采用焊接。
3.2 管道安装前必须清洁内壁，去除污物，焊接时应加防止焊渣及污物掉入管内。
3.3 管道支吊架做法见土建图。靠近地面的管道应加设支座，做法参见国家标准图集05R417-1。支、吊梁安装完毕后应做防锈漆二道。
3.4 热力站内管道应有2‰的坡度，高点跑风阀门应引至距地面1.3m处，其出口距地面0.3m。

3.5 管道安装完毕后应进行冲洗。
4. 管道保温及涂色
保温采用橡塑保温外包镀锌铁皮，热网水内衬高温玻璃棉，保温厚度及做法见×××定型图。管道涂色及标志做法见×××定型图。
5. 仪表安装
温度表安装参见国家标准图集05R406，压力表安装参见国家标准图集05R405。
6. 管道防腐
埋设和喑设钢管均刷沥青漆二道。
7. 设备及管道试压
7.1 设备试压按设备制造厂的要求进行。
7.2 管道试验压力以GB 50235—2010为准。管道试验压力如下：
热网水：2.0MPa。
采暖系统二次水：0.6MPa；生活水系统二次水：0.6MPa。
8. 热力站排水方式：明沟排水，排至集水坑，具体做法见土建图。

图 5-3 设计及施工说明（二）

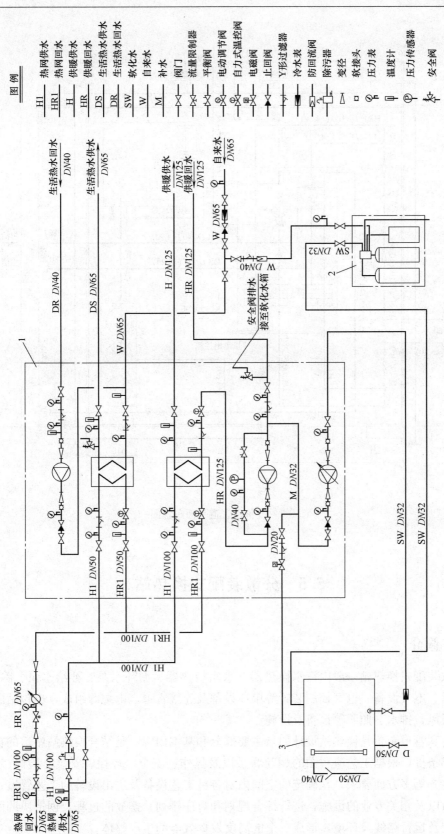

图 5-4　系统工艺流程图

图　例

H1		热网供水
HR1		热网回水
H		供暖供水
HR		供暖回水
DS		生活热水供水
DR		生活热水回水
SW		软化水
W		自来水
M		补水
		阀门
		流量限制器
		平衡阀
		电动调节阀
		自力式温控阀
		电磁阀
		止回阀
		Y形过滤器
		冷水表
		防回流器
		除污器
		变径
		软接头
		压力表
		温度计
		压力传感器
		安全阀

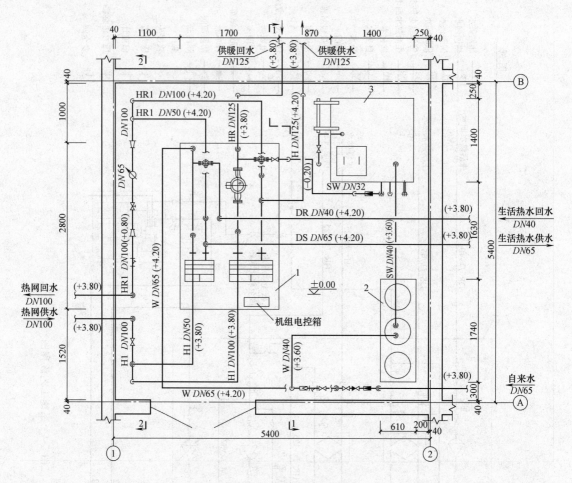

图 5-5 设备及管道平面布置图

5.5 分散装配式换热站

5.5.1 简介

　　分散装配式换热站一般由汽水换热器、水水换热器、循环水泵、补给水泵、除污器、软水装置、电气设备、电气控制装置等单体设备及连接管道、电缆等组成，也包括配套的起重、通风、排水、照明等设备及设施。

　　设备和管道布置是换热站设计的最主要部分和基本内容，是结合换热站站房的自然条件和外部条件，根据工艺流程图的相互联系以及操作、安全、环保、安装、检修、采光、通风、整齐等多方面要求，在确定的空间内对各种工艺设备及进出设备的工艺管道、共用工程管道以及相关专业的设施，进行综合规划和有序排列、摆放的过程，创造协调而又合理的生产及运行路线及环境，形成一个能高度发挥效能的生产整体。

5.5.2 设计示例

1. 工程概况

（1）规模

30万 m^2 住宅供暖、空调、生活热水及泳池热水。

（2）热负荷

27万 m^2 供暖热负荷为12500kW，3万 m^2 空调热负荷为4500kW，生活热水热负荷为3000kW，泳池热水负荷为600kW。

（3）技术参数

热网供/回水温度：115℃/55℃；

供暖供/回水温度：85℃/60℃；

空调供/回水温度：60℃/50℃；

生活热水供水温度/自来水温度：55℃/4℃；

泳池供/回水温度：55℃/35℃。

2. 主要设备及管道选型计算

（1）供暖系统主要设备选型及有关参数计算

1）流量

热负荷为12500kW，按式（5-17）及式（5-19）计算，得到：

热网水流量 $G_1=179.17t/h$，供暖二次水流量 $G_2=430t/h$。

2）换热器

选用管壳式换热器3台，保证当其中一台换热器停用时，其余换热器的换热量应能满足80%总计算热负荷需要，即每台换热器热负荷按总计算热负荷的40%选取，为5000kW。

换热器传热面积可按式（5-21）计算得到，也可将计算条件提供给换热器厂家，由换热器厂家计算选取。

本示例为由厂家选取。换热器计算条件为：$Q=5000kW$；热网供/回水温度：115℃/55℃；供暖供/回水温度：85℃/60℃；管程/壳程压力为1.6/1.0MPa。

3）供暖循环泵

按式（5-26）或式（5-27）计算，得到供暖循环泵流量 $G=473t/h$（取 $k_1=1.1$）。

按式（5-28）计算，得到水泵扬程 $H=36mH_2O$。

查水泵产品样本，选用离心式水泵2台，一用一备。

水泵参数为：$G=470m^3/h$，$H=380kPa$，$N=75kW$。

4）系统定压值

换热站位于地上一层，系统最高用水点高度为40m，取 $5mH_2O$ 富裕压力，得到系统定压值为 $45mH_2O$。参见本书第5.3.6节。

5）补水泵

补水泵流量按系统循环水量的3%计算，得 $G=12.9t/h$。

补水泵扬程按式（5-29）计算，得 $H=50mH_2O$。

查水泵产品样本，选用离心式水泵2台，一用一备。

水泵参数为：$G=13\mathrm{m^3/h}$，$H=500\mathrm{kPa}$，$N=4\mathrm{kW}$。

（2）空调系统主要设备选型及有关参数计算

参见本节"（1）供暖系统主要设备选型及有关参数计算"，此处略。

（3）泳池系统主要设备选型及有关参数计算

参见本节"（1）供暖系统主要设备选型及有关参数计算"，此处略。

（4）生活热水系统主要设备选型及有关参数计算

1）流量

热负荷为 3000kW，按式（5-17）及式（5-19）计算，得到：

热网水流量 $G_1=43\mathrm{t/h}$，生活热水流量 $G_2=50.6\mathrm{t/h}$。

2）换热器

选用容积式换热器 2 台，单台换热器热负荷按总计算热负荷的 70% 选取，为 2100kW。

容积式换热器可按参照式（5-22）、式（5-23）计算选取，贮热量符合表 5-8 的要求。也可将计算条件提供给换热器厂家，由换热器厂家计算选取。

本示例为由厂家选取。换热器计算条件为：$Q=2100\mathrm{kW}$；热网供/回水温度：115℃/55℃；生活热水供水温度/自来水温度：55℃/4℃；管程/壳程压力为 1.6/1.0MPa。

3）生活热水循环泵

生活热水为 24 小时全天供应，按式（5-30）计算，得到生活热水循环泵流量 $G=14\mathrm{t/h}$。

按式（5-31）计算，得到水泵扬程 $H=18\mathrm{mH_2O}$。

查水泵产品样本，选用离心式水泵 2 台，一用一备。

水泵参数为：$G=15\mathrm{m^3/h}$，$H=200\mathrm{kPa}$，$N=1.5\mathrm{kW}$。

（5）主要管道水力计算

管道水力计算方法参见本书第 10 章，本示例的主要管道水力计算结果如表 5-13 所示。

水力计算表

表 5-13

序号	系统名称	面积（万 m²）	热负荷（kW）	供/回水温度（℃）	流量（t/h）	管径（mm）	流速（m/s）	比摩阻（Pa/m）	备注
1	供暖	27	12500	115/55	179.2	DN250	1.05	48.91	热网水
				85/60	430.0	DN350	1.17	39.56	二次水
2	空调	3.0	4500	115/55	64.5	DN150	1.06	94.54	热网水
				60/50	387.0	DN300	1.44	72.15	二次水
3	泳池		600	115/55	8.6	DN80	0.48	42.70	热网水
				55/35	25.8	DN125	0.59	38.39	二次水
4	生活水		3000	115/55	43.0	DN150	0.71	42.02	热网水
				55/4	50.6	DN200	0.42	10.45	二次水
5	热网水合计		20600	115/55	295.3	DN250	1.6	108.18	

3. 综合技术指标

本示例综合技术指标如表 5-14 所示。

综合技术指标 表 5-14

序号	项目	数值	备注
1	总热负荷	20.60MW	
2	热源类别		城市热网
3	站房建筑面积	306.25m²	
4	站房梁底标高	4.50m	
5	热网水最大循环量	295.27m³/h	
6	装机容量	324.14kW	其中备用155.5kW
7	自来水小时最大用量	80m³/h	

4. 主要设备明细表

本示例选用的主要设备如表5-15所示。

主要设备明细表 表 5-15

序号	名称	型号及规格	单位	数量	备注
1	板式换热器	$Q=420kW, F=3.24m^2$	台	2	泳池系统
2	板式换热器	$Q=3150kW, F=34.56m^2$	台	2	空调系统
3	管壳式换热器	$Q=5000kW$ 管程/壳程压力: 1.6/1.0MPa	台	3	供暖系统
4	容积式换热器	$Q=2100kW$ 管程/壳程压力: 1.6/1.0MPa	台	2	生活热水系统
5	循环泵	$G=28m^3/h, H=270kPa, N=4kW$	台	2	泳池系统 一用一备
6	补水泵	$G=1m^3/h, H=200kPa, N=0.37kW$	台	2	泳池系统 一用一备
7	循环泵	$G=430m^3/h, H=430kPa, N=75kW$	台	2	空调系统 一用一备
8	补水泵	$G=12m^3/h, H=250kPa, N=2.2kW$	台	2	空调系统 一用一备
9	循环泵	$G=470m^3/h, H=380kPa, N=75kW$	台	2	供暖系统 一用一备
10	补水泵	$G=13m^3/h, H=500kPa, N=4kW$	台	2	供暖系统 一用一备
11	循环泵	$G=15m^3/h, H=200kPa, N=1.5kW$	台	2	生活热水系统 一用一备
12	软水器	产水量: 25～30m³/h	套	1	
13	软化水箱	$V=8m^3$, 尺寸: 2600mm×2000mm×1800mm	个	1	参见国家标准图集 《开式水箱》
14	分水器	$DN700, P=1.6MPa, t=150℃$	个	1	
15	集水器	$DN700, P=1.6MPa, t=150℃$	个	1	

5. 设计及施工说明（图5-6和图5-7）

6. 系统工艺流程图（图5-8）

7. 设备及管道平面布置图（图5-9）

一、设计说明

1. 工程概况

本工程为×××热力站工程。

热力站设于地上一层，为独立建筑，站内净空高 4.5m。

本设计以站内地坪为±0.00。站内设 4 个系统，供热面积为 300000m²。

采暖季总负荷 20600W，非采暖季总负荷 3600kW。

2. 设计依据

2.1 《城镇供热管网设计规范》CJJ 34—2010；

2.2 《民用建筑供暖通风与空气调节设计规范》GB 50736—2012；

2.3 《建筑给水排水设计规范》GB 50015—2009；

2.4 《工业设备及管道绝热工程设计规范》GB 50316—2000 (2008 年版)；

2.5 《工业金属管道设计规范》GB 50264—2013；

2.6 其他相关的现行国家及地方的规范和规定。

3. 管道分类分级及各系统简述

公用管道之热力管道，GB2 级。

4. 设计参数及系统设计参数

4.1 热水设计参数

一次水供水：压力：1.60MPa；温度：115℃/55℃。

二次水：采暖系统 85℃/60℃　空调系统 60℃/50℃
生活热水系统 55℃/4℃　泳池系统 55℃/35℃。

4.2 各系统简述见下表

序号	系统名称	供热面积 (m²)	采暖季热负荷 (kW)	非采暖季热负荷 (kW)	定压方式 (或给水方式)	定压值 (或给水) 压力 (kPa)
1	供暖	270000	12500	—	补水泵变频定压	450
2	空调	30000	4500	—	补水泵变频定压	200
3	生活水	—	3000	3000	水泵变频给水	600
4	泳池	—	600	600	补水泵变频定压	120

5. 主要设备

序号	系统名称	换热设备	循环水泵	补水泵
1	采暖	管壳式换热器 Q=1500kW 管程/壳程压力：1.6/1.0MPa，3 台	G=480m³/h，H=370kPa，N=75kW，2 台，一用一备	G=13m³/h，H=500kPa，N=4kW，2 台，一用一备
2	空调	板式换热器 Q=3150kW，F=34.56m²，2 台	G=430m³/h，H=430kPa，N=75kW，2 台，一用一备	G=12m³/h，H=250kPa，N=2.2kW，2 台，一用一备
3	生活水	容积式换热器 Q=2100kW，管程/壳程压力：1.6/1.0MPa，2 台	G=15m³/h，H=200kPa，N=1.5kW，2 台，一用一备	—
4	泳池	板式换热器 Q=420kW，F=3.24m²，2 台	G=28m³/h，H=270kPa，N=4kW，2 台，一用一备	G=1m³/h，H=200kPa，N=0.37kW，2 台，一用一备

6. 管材选用

生活热水管道和自来水管道选用热镀锌钢管；其他管道：DN<250 选用无缝钢管，DN≥250 选用热镀锌钢管旋缝焊接连接方式。

7. 保温热水管采用全自动逆流再生型软水器。

8. 软水器采用全自动逆流再生型软水器。产水量 25~30m³/h。

9. 控制与安全保护装置

9.1 热网总回水管上设流量控制网。

9.2 供热系统的二次供水温度由热网回水上的电动调节阀控制。

9.3 空调系统循环泵和空调、供暖、泳池系统的控制见电气说明。

9.4 系统变频补水箱和水位的控制见电气说明。采暖系统、空调系统、泳池系统、生活热水系统二次侧均设安全阀。

图 5-6　设计及施工说明 (一)

供暖系统、空调系统、泳池系统安全阀排水接至站内软化水箱。生活热水系统安全阀排水接至站内安全处。

10. 热量计：热力站热网回水总管道上安装一套热计量装置。

二、施工说明

1. 本工程施工时应遵守以下有关施工及验收规范：

1.1 《城镇供热管网工程施工及验收规范》CJJ 28—2004；

1.2 《建筑给水排水及采暖工程施工质量验收规范》GB 50242—2002；

1.3 《工业金属管道工程施工质量验收规范》GB 50235—2010；

1.4 《工业设备及管道绝热工程质量检验评定标准》GB 50185—2010；

1.5 《现场设备、工业管道焊接工程施工及验收规范》GB 50236—2011；

1.6 《风机、压缩机、泵安装工程施工及验收规范》GB 50275—2010。

2. 设备安装

2.1 设备安装应根据制造厂说明的要求进行。

2.2 设备基础施工前，必须与到货设备核对基础尺寸，无误后方可施工。否则应按实际尺寸修改后施工。

2.3 设备就位后再抹地面，地面按土建图要求施工。

2.4 机组及水泵应按要求做减振基础，具体做法见土建图。

3. 管道安装

3.1 管径小于或等于100mm的镀锌钢管采用螺纹连接；管径大于100mm的镀锌钢管应采用法兰或卡套式专用管件连接，镀锌钢管与管道的焊接应进行二次镀锌。无缝钢管和螺旋缝焊接钢管除采用法兰连接外，一律采用焊接。螺纹连接锌层表面及外露螺纹部分应做防腐处理。

3.2 管道安装前必须清洁内壁，去除污物，焊接时防止焊渣及污物掉入管内。

3.3 管道支吊架做法见土建图。靠近地面的管道应加支座，吊架安装完毕后应及时刷防锈漆二道。做法参见国家标准图集05R17-1。支、吊架安装完毕后应及时刷防锈漆二道。

3.4 热力站内管道应有2‰的坡度，高点跑风阀门应引至距地面1.3m处，其出口距地面0.3m。

3.5 管道安装完毕应进行冲洗。

4. 管道保温及涂色

保温采用橡塑保温外包镀锌铁皮，热网水内衬高温玻璃棉，保温厚度及做法见×××定型图。管道涂色及色标做法见×××定型图。

5. 仪表安装

温度表安装参见国家标准图集05R406，压力表安装参见国家标准图集05R405。

6. 管道防腐

埋设和暗装钢管均刷沥青漆二道。

7. 设备及管道试压

7.1 设备试压应按设备制造厂的要求进行。

7.2 管道试压方法和步骤以 GB 50235—2010 为准，管道试验压力如下：

热网水：2.0MPa；

采暖系统二次水：1.1MPa；空调系统二次水：0.8MPa；

泳池系统二次水：0.6MPa；生活热水系统二次水：0.75MPa。

8. 热力站排水方式：明沟排水，排至集水坑，具体做法见土建图。

9. 控制室设电话一部。

10. 热力站内设一活动操作平台，以便高处阀门操作，具体做法见土建图。

图5-7 设计及施工说明（二）

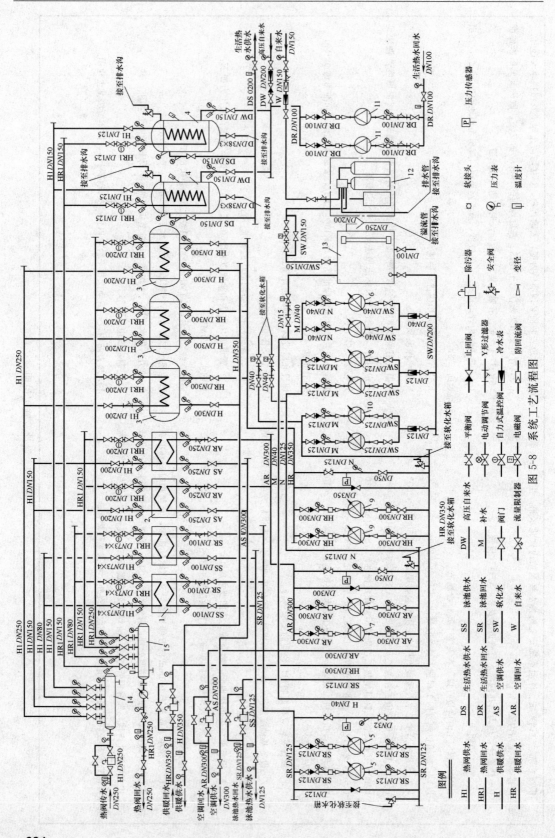

图 5-8　系统工艺流程图

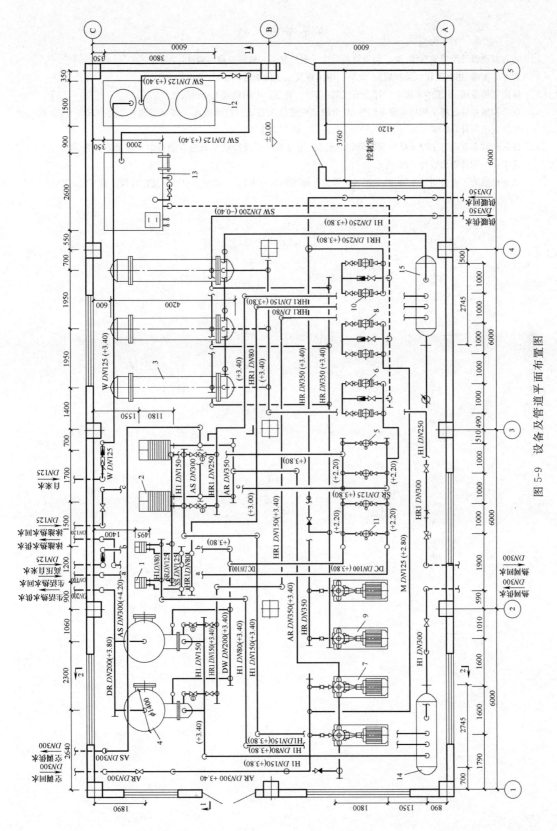

图 5-9 设备及管道平面布置图

本章参考文献

［1］　动力管道设计手册编写组.编.动力管道设计手册.北京：机械工业出版社，2006.

［2］　贺平等主编.供热工程（第四版）.北京：中国建筑工业出版社，2011.

［3］　陈耀宗等主编.建筑给水排水设计手册（第二版）.北京：中国建筑工业出版社，2008.

［4］　住房和城乡建设部工程质量安全监管司.全国民用建筑工程设计技术措施　暖通空调·动力（2009）.北京：中国计划出版社，2009.

［5］　住房和城乡建设部工程质量安全监管司.全国民用建筑工程设计技术措施节能专篇　暖通空调·动力（2007）.北京：中国计划出版社，2007.

［6］　北京市热力工程公司等主编.热交换站工程设计施工图集 05R103.北京：中国建筑标准设计研究院，2005.

第6章 热泵及其应用

本章执笔人

刘伟

男，汉族，1985年5月15日生。中国建筑设计院有限公司工程师。2008年7月毕业于安徽建筑工业学院（2004级本科），2011年3月毕业于北京建筑工程学院（2008级硕士）。

代表工程

华都中心项目-办公楼及其地下，17.3万 m^2（主要设计人），北京市建筑信息模型（BIM）设计优秀奖。

主要科研成果

"高效能建筑设备系统设计关键技术研究-建筑机电设备系统关键技术研究"——绿色通风空调系统设计指南，主要研究人员。

主要论著

江水源热泵在空调工程中的应用分析，暖通空调，2010，12（第一作者）。

联系方式：liuwei@cadg.cn

6.1 国家及地方有关规范和法规

6.1.1 国家规范及标准

《容积式和离心式冷水（热泵）机组性能试验方法》GB/T 10870—2001

《蒸汽和热水型溴化锂吸收式冷水机组》GB/T 18431—2001

《多联式空调（热泵）机组》GB/T 18837—2002

《水源热泵机组》GB/T 19409—2003

《冷水机组能效限定值及能源效率等级》GB 19577—2004

《地源热泵系统工程技术规范》（2009 年版）GB 50366—2009

《蒸汽压缩循环冷水（热泵）机组第 1 部分：工业或商业用及类似用途的冷水（热泵）机组》GB/T 18430.1—2007

《蒸气压缩循环冷水（热泵）机组第 2 部分：户用及类似用途的冷水（热泵）机组》GB/T 18430.2—2008

《多联式空调（热泵）机组能效限定值及能源效率等级》GB 21454—2008

《燃气发动机驱动空调（热泵）机组》GB/T 22069—2008

《蒸气压缩循环冷水（热泵）机组安全要求》GB 25131—2010

《低环境温度空气源多联式热泵（空调）机组》GB/T 25857—2010

《蒸气压缩循环水源高温热泵机组》GB/T 25861—2010

《多联机空调系统工程技术规程》JGJ 174—2010

6.1.2 相关法规

1. 国家法规

《中国应对气候变化国家方案》

《中华人民共和国节约能源法》

《中华人民共和国和再生能源法》

《国务院关于加强节能工作的决定》

《可再生能源中长期发展规划》

《民用建筑节能条例》

《节能中长期专项规划》

《建设部、财政部关于推进可再生能源在建筑中应用的实施意见》

《可再生能源建筑应用专项资金管理暂行办法》

《绿色建筑行动方案》

《"十二五"控制温室气体排放工作方案》

《"十二五"国家应对气候变化科技发展专项规划》

《"十二五"节能减排综合性工作方案》

《可再生能源发展"十二五"规划》

《"十二五"建筑节能专项规划》

《"十二五"节能环保产业发展规划》

《"十二五"国家战略性新兴产业发展规划》

2. 地方法规

北京市：

《关于发展热泵系统的指导意见》

《关于发展热泵系统的指导意见有关问题的补充通知》

《北京市节能减排综合性工作方案》

《北京市振兴发展新能源产业实施方案》

《北京市"十二五"时期民用建筑节能规划》

《北京市"十二五"时期新能源和可再生能源发展规划》

天津市：

《天津市地源热泵系统管理暂行规定》

《天津市建筑节约能源条例》

重庆市：

《重庆市人民政府关于加强地热资源管理的意见》

《重庆市可再生能源建筑应用示范工程专项补助资金管理暂行办法》

《重庆市可再生能源建筑应用示范工程管理办法》

福建省：

《厦门市建筑节能五年规划》

《厦门市"十二五"节能专项规划》

河北省：

《河北省地热资源管理条例》

《河北省新能源产业"十二五"发展规划》

河南省：

《关于加强节能工作决定的实施意见》

湖北省：

《武汉市冬暖夏凉工程规划》

《武汉市地下水管理办法》

《武汉市节能减排综合性工作方案》

辽宁省：

《沈阳市地源热泵系统建设应用管理办法》

《沈阳市关于全面推进地源热泵系统建设和应用工作的实施意见》

《沈阳市"十二五"节能减排综合性工作方案》

陕西省：

《陕西省建筑节能条例》

《陕西省可再生能源"十二五"发展规划》

山东省：

《山东省"十二五"节能减排综合性工作实施方案》

浙江省：

《浙江省建筑节能管理办法》

《浙江省"十二五"及中长期可再生能源发展规划》

《宁波市节能与清洁生产专项资金使用管理暂行办法》

《宁波市"十二五"节能减排综合性工作实施方案》

6.2　热泵系统概述

6.2.1　泵系统基本原理

1. 热泵基本原理

热泵是在热力学第二定律的基础上利用高位能使热量从低位热源转移到高位热源的装置。热泵的基本特点是消耗少量的高位能源即可制取大量的高位热源。

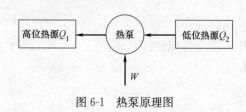

图 6-1　热泵原理图

如图 6-1 所示，热泵消耗少量高能 W（电能、燃料等），将环境中蕴含的大量低温热能 Q_2（水、地热、或生产过程中的无用低温废热等），变为满足用户要求的高温热能 Q_1。根据热力学第一定律，其关系式可以表述为：

$$Q_1 = W + Q_2 \tag{6-1}$$

式中　Q_1——热泵提供给用户的高位热能（有用热能），kW；

　　　Q_2——热泵从低温热源中吸取的低位热能（环境热能或工业废热），kW；

　　　W——热泵工作时消耗的电能或燃料能，kW。

从式（6-1）可以看出，热泵制取的高位能，总是大于所消耗的电能或燃料能，而用燃烧加热、电加热等装置制热时，所获得的热能一般小于所消耗的电能或燃料的燃烧能，这是热泵与普通加热装置的根本区别，也是热泵制热最突出的优点。

2. 热泵系统

热泵系统是由热泵机组、高位热能输配系统、低位热能采集系统和热能分配系统四大部分组成的一种能级提升的能量利用系统。热泵空调系统是在空调系统中选用热泵，与常规空调系统相比，具有如下特点：

（1）热泵空调系统用能遵循了能级提升的用能原则，避免了常规空调系统用能的单向性。

（2）热泵空调系统利用大量的低温再生能源代替了常规空调系统中的高位能。

（3）热泵空调系统将常规空调系统中的冷源与热源合二为一，用一套热泵设备实现了夏季供冷、冬季供热的要求。

（4）热泵空调系统较常规空调系统有较好的节能效果和环保效益。

6.2.2　热泵系统分类

热泵机组的种类繁多，按热源种类、热泵驱动方式、用途及供回水温度分类如表 6-1 所示。

热泵机组分类 表 6-1

按热源种类	空气源热泵	空气-空气热泵	
		空气-水热泵	
	水源热泵	根据水源类型	地表水源热泵
			地下水源热泵
			生活污水源热泵
			工业废水源热泵
		根据换热方式	水—空气热泵
			水—水热泵
	土壤源热泵	大地耦合热泵（地下换热器热泵）	
		大地直接蒸发式热泵	
	太阳能热泵		
按热泵驱动方式	蒸汽压缩式热泵	根据压缩机不同	往复式压缩机热泵
			螺杆式压缩机热泵
			涡旋式压缩机热泵
			离心式压缩机热泵
		根据驱动能源不同	电动机驱动热泵
			柴油机驱动热泵
			汽油机驱动热泵
			燃气机驱动热泵
			蒸汽透平驱动热泵
	吸收式热泵	第一类吸收式热泵	
		第二类吸收式热泵	
根据热泵在建筑物中的用途	供暖和热水供应的热泵		
	全年空调的热泵		
	同时供冷与供热的热泵		
	热回收热泵		
按热泵供回水温度	高温热泵		
	低温热泵		

目前国内应用较为广泛的热泵空调系统是以热泵冷热水机组作为空调冷热源，由全空气系统、全水系统或空气-水系统组成，常见的分类如表 6-2 所示。

热泵空调系统分类 表 6-2

以热泵机组为集中式空调系统的冷热源	空气源热泵空调系统		
	地源热泵空调系统	地表水源热泵空调系统	河（湖）水源热泵空调系统
			海水源热泵空调系统
			污水源热泵空调系统
		大地耦合热泵空调系统	
		地下水源热泵空调系统	同井回灌地下水源热泵空调系统
			异井回灌地下水源热泵空调系统

	分散式系统	窗式热泵空调器
		分体式热泵空调器
		一拖多热泵空调系统
	集中式系统	
冷剂式热泵空调系统	水环热泵空调系统	常规水环热泵空调系统
		太阳能水环热泵空调系统
		土壤源水环热泵空调系统
		井水源水环热泵空调系统
		双级耦合水环热泵空调系统
	变制冷剂流量空气源多联分体式热泵空调系统	
	变制冷剂流量水源多联分体式热泵空调系统	

6.2.3　热泵的驱动能源与低温热源

1. 驱动能源

热泵原则上可采用各种发动机来驱动，其驱动装置主要有电动机、燃料发动机、蒸汽轮机等。而空调用热泵的驱动装置仍以电动机驱动为主。因此，热泵的驱动能源主要是电能，其次是液体燃料、燃气等。

（1）电动机驱动

作为各类热泵的主要驱动力，电动机应用于旋转式至离心式各类型号的压缩机。如果电动机与压缩机选配恰当，它就能平稳、可靠和高效率的运行，维修保养简单；大中型电动机效率可达 93％ 左右，小型单相电动机的效率也在 60％～80％。常用的电动机有：单项交流电动机、三相交流异步电动机、直流电动机和变频电动机。

电动机驱动的缺点主要有：用于发电的一次能源利用率低；电动机启动电流大，启动电流一般是正常运行电流的 4～6 倍，持续时间为 0.1～0.2s，导致能量损失并会对其他电气设备的正常运行产生影响。

（2）燃料发动机驱动

燃料发动机是将燃料的内能转化为动能驱动热泵运行的机构，一般指柴油机、汽油机、燃气机等。燃气发动机驱动热泵机组是燃气热泵技术中较为成熟的一种技术组合，在楼宇或区域能源供应方面得到广泛应用。与电驱动热泵机组相比，由于无需考虑电力系统的发电效率及输配电效率，具有较高的性能系数，是一种既可以燃气为能源又具有较高性能系数的制冷机组。

2. 低温热源

热泵常用的低温热源有：环境空气、地下水、地表水（河水、湖泊水、城市公共用水等）、海水、土壤、工业废热、太阳能或地热能等。各低温热源的基本特性如表 6-3 和表 6-4 所示。

低温热源对热泵的性能有直接影响，对低温热源的要求主要包括以下方面：

（1）热容量。低温热源的热容量是否足够，能否允许热泵连续工作。

常用热泵热源的综合比较 表 6-3

项目	自然热源						排热热源		
	空气	井水	河川水	海水	土壤	太阳能	建筑内热量	排水	生产废热
作为热源的适用性	良好	良好	良好	良好	一般	良好	良好	一般	良好
适用规模	小~大	小~大	小~大	大	小~大	小~中	中~大	中	小~大
用途	主要热源	主要热源	主要热源	主要热源	辅助热源	主要或辅助热源	辅助热源	主要或辅助热源	主要或辅助热源
注意问题	1. 供热时,热泵能力与房间所需热量不易匹配。 2. 当室外温度较低时要解决蒸发器的除霜问题。 3. 可考虑采用蓄热设备,小容量热泵可用变频器改善	1. 注意水垢和腐蚀问题。 2. 有地面沉降之虞,受当地市政管理部门制约	1. 除有水垢和腐蚀可能之外,要防止生长藻类。 2. 冬季水温下降,应考虑增加水量或利用加热塔	1. 因腐蚀问题较大,可采用取水换热器。 2. 冬、夏季在不同深度取水	1. 设备费用估算困难,投资较大。 2. 要注意腐蚀问题。 3. 故障检修困难(地下盘管)	1. 可与太阳能供暖联合应用。 2. 因太阳能的间断性,必须设置蓄热设备	从建筑物内区利用热泵升温提供给外区,应用时应注意时间匹配问题	1. 要注意水处理(除污等)。 2. 温度和流量不稳定	根据不同工艺过程中产生的废热进行处理和应用

低温热源的基本特性 表 6-4

低温热源	空气	地下水	地表水	海水	土壤	太阳能	地热能
热源温度(℃)	−15~38	5~20	0~30	−1~20	0~20	10~50	30~90
受气候的影响	大	小	较大	较小	较小	较大	小
是否随处可得	是	否	否	否	是	是	否
是否随时可得	是	是	否	否	是	否	是
说明	需考虑除霜问题	一般需审批,需回灌	冬季有结冰问题	需考虑取水方式及腐蚀问题	通常用深层土壤,需打井及回填	需有场地,通常作为辅助热源	通常直接利用后再用于热泵

（2）温度水平。低温热源的温度越高，热泵的制热温度也越高；制热温度一定时，低温热源温度越高，热泵的制热系数越高；低温热源任何时候在可能的最高供热温度下，都能满足供热的要求。

（3）温度的稳定性。低温热源的温度波动较小时，热泵的设计和调控可相对简捷。

（4）低温热源介质的热物理性质。低温热源介质的比热容、密度和热导率越大，则热泵低温侧换热器越紧凑。

（5）低温热源介质的腐蚀性和清洁性。低温热源介质越清洁、腐蚀性越小，则热泵的低温侧换热器材料要求越低。

（6）低温热源的易得性。是否随时随地可得。

（7）低温热源时间一致性。热源温度的时间特性与供热的时间特性应尽量一致。

（8）热源多元化。将不同种类低温热源集成，充分发挥各自特点，组成热泵的组合热源，有利于改善热泵的运行特性和提高其经济性。

（9）输送能耗。输送热量的载热（冷）介质的动力能耗要尽可能小，以减少输送费用和提高系统的总制热性能系数。

（10）低温热源的政策影响。低温热源的使用是否需经相关部门审批。

（11）其他。包括低温热源使用过程中对环境是否有影响等。

（1）空气

室外空气的热能来源于太阳对地球表面直接或间接的辐射，不同地区的气候特点差异很大，这将直接对空气源热泵的结构、性能、运行特性产生很大的影响。空气作为空气源热泵的低温热源，主要特点有：

1）室外空气的状态参数随地区和季节的不同而变化，直接影响热泵的供热能力和制热性能系数。

图 6-2 所示为采用空气源热泵供暖系统的特性。图中 AB 线为建筑物耗热量特性曲线；CD 线为空气源热泵供热量特性曲线，两条线呈相反的变化趋势。其交点 O 称为平衡点，相对应的室外温度 t_0 称为平衡点温度。当室外空气温度为 t_0 时，热泵供热量与建筑物耗热量相平衡。当室外空气温度高于 t_0 时，热泵供热量大于建筑物耗热量，此时，可通过对热泵的能量调节来解决热泵供热量过剩的问题。当室外空气温度低于 t_0 时，热泵供热量小于建筑物耗热量，此时，可采用辅助热源来解决热泵供热量的不足。如在温度为 t_a 时，建筑物耗热量为 $Q_{h,f}$，热泵供热量为 $Q_{h,e}$，辅助热源供热量为 $(Q_{h,f}-Q_{h,e})$。因此，优化全国各地的平衡点温度，合理选取辅助热源及热泵的调节方式是空气源热泵空调设计中的重要问题。

2）室外换热器中工质的蒸发温度受室外温度影响。当室外换热器表面结霜时，室外换热器传热效果就会恶化，空气流动阻力增加，制热性能系数下降，机组的可靠性降低。

空气源热泵蒸发器的结霜情况取决于室外空气的温湿度。在相对湿度 φ 相同的情况下（70％以上），室外空气温度在 3～5℃ 之间时，结霜最严重。空气相对湿度变化对结霜情况的影响远远大于空气温度变化对结霜的影响。当空气相对湿度低于 65％ 时，单位时间的结霜量明显减少；而相对湿度在 50％ 以下时，则不会结霜。图 6-3 所示为日本提出的某些空气源热泵结霜的室外空气参数范围。根据我国气象资料统计，我国南方地区热泵的结霜情况要比北方地区严重得多。

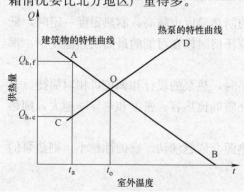

图 6-2　空气源热泵供热系统的特性

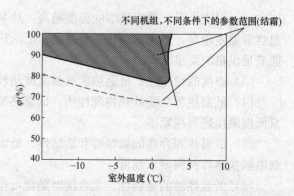

图 6-3　空气源热泵结霜的室外空气参数范围

3）空气的热容量小，为了获得足够的热量时，需要较大的空气量，增加风机容量。一般 1kW 的供热量需要 $0.24m^3/s$ 的空气，进风温度与蒸发温度之差为 5℃；且热泵装置的噪声也随空气量的增大而增大。

（2）地下水

在推广和应用地下水源热泵时，首要任务是保护地下水资源。地下水源热泵只能通过地下采集浅层地能（热），而不得再对地下水资源造成浪费和污染，基本实现补采平衡，不得引发地下水超采现象。

1）地下水的温度

地下水的温度是地下水源热泵系统设计中的主要参数，关系到地下水流量的确定、换热设备的选择以及系统的优化设计。因此，当采用地下水作为低温热源时，需要对地下水做以下工作：

① 地下水水文地质勘察，准确了解地下水的水温，作为设计依据，一般冬季不宜低于 10℃，夏季不宜高于 30℃。

② 化验水的化学组成，测量水的物理特性，并监控其变化，作为泵及其他部件选取或设计的参考。

地下水的温度与同层地温相同，深井水的水温一般比当地年平均气温高 1～2℃。我国东北北部地区深井水水源温度约为 4℃，中部地区约为 8～12℃，南部地区约为 12～14℃；华北地区深井水水温约为 15～19℃；华东地区深井水水温约为 19～20℃；西北地区浅井水水温约为 16～18℃，深井水水温约为 19～20℃；中南地区浅深井水水温约为 20～21℃。国内部分城市的地下水水温值如表 6-5 所示。

部分城市地下水温概略值 表 6-5

城市	地下水温(℃)	备注	城市	地下水温(℃)	备注
北京	13～14		西安	16～18	760～130m 深处
沈阳	8～12		兰州	11	
哈尔滨	6		宝鸡	16～17.5	
齐齐哈尔	6～7.5	60～110m 深处	银川	11.3	低限值
鞍山	12～13		乌鲁木齐	8	低限值
呼和浩特	8～9	100m 以下	武汉	18～20	
郑州	18	浅层井 60～130m	南昌	20	井深 20～25m
石家庄	16	100m 以下	南宁	17～18	
济南	18		上海	17.8	
青岛	18.4	月平均最高温	成都	18	18～20m 深处
太原	15		贵阳	18	

2）地下水的水质

地下水的水质差将会降低地下水源热泵系统的运行寿命、增加其维修费用、引起地下水回灌造成含水层堵塞等问题，地下水的主要影响因素与水质特性关系如表 6-6 所示。因此，对地下水水质的基本要求是：清澈、水质稳定、不腐蚀、不滋生微生物或生物、不结垢等。而对于地下水水质的具体要求，在目前还未设有机组产品标准的情况下，可参照下列要求：pH 值为 6.5～8.5，CaO 含量＜200mg/L，矿化度＜3g/L，Cl^- 含量＜100mg/L，SO_4^{2-} 含量＜200mg/L，Fe^{2+} 含量＜1mg/L，H_2S 含量＜0.5mg/L，含砂量＜1/200000。当水质达不到要求时，应进行水处理，经过处理后仍达不到规定时，应在地下水与水源热泵机组之间加设中间换热器。对于腐蚀性及硬度高的水源，应设置抗腐蚀的不锈钢换热器或钛板换热器。

地下水主要影响因素与水质特性的关系 表 6-6

地下水应用特性	影响因素及规律
腐蚀性	溶解氧含量大则对钢铁材料的腐蚀速率加快； 氧和二氧化碳含量高时对铜材料的腐蚀速率加快； 氯离子会加剧管道的局部腐蚀； 缺氧条件下游离二氧化碳也会导致铜和钢的腐蚀
结垢性	游离二氧化碳影响碳酸盐结垢； 以正盐和碱式盐形式存在的钙、镁离子易在换热面上沉积形成水垢； 二价铁离子以胶体形式存在，易在换热面上凝聚沉积促使碳酸钙析出结晶而加剧水垢形成； 二价铁离子遇到氧气被氧化成三价铁离子后，在碱性条件下转化为呈絮状物的氢氧化铁沉积而可能阻塞管道
澄清性	含砂量多时会对换热器、管道及阀门造成磨损，加快材料腐蚀； 水质混浊时易在系统中形成沉积而可能阻塞管道； 含砂量和混浊度高时易造成地下水回灌时含水层的阻塞
水质变化及其他	进入地下水的油污会污染地下水源且影响换热和缓蚀效果； 水处理时带入地下水的外来成分可能造成地下水污染； 地下水回灌处理不当时可能造成地下水沉降及地质破坏； 地下水利用一般需经过相关部门审批

（3）地表水

地表水包括江水、河水、湖水、水库水等，按其流动特性可以分为两类：一是流动水体，如江河等；二是静止滞留水体，如湖泊等。地表水相对于室外空气来说，不存在结霜现象，冬季水温也较稳定，其初始水温的分布情况直接决定了是否可作为热泵的低温热源。因此，在进行地表水源热泵系统设计前，必须对地表水的水温、水质和水容量等基础数据进行调查。

1）地表水的水质特征

地表水作为热泵的低温热源时，水质指标主要有：悬浮物及含砂量、溶解固体含量、总硬度、pH 值、藻类和微生物含量。

地表水中的悬浮物和含砂量一年中往往会有变化，在洪水季节或雨季，水中悬浮物和含砂量会急剧增加。在确定地表水的水质时，应有洪水或雨季时水中悬浮物和含砂量的数据。进入换热器的地表水中悬浮物与砂粒的直径与形状，对换热管的冲击腐蚀会有不同的影响。因此，除测定其含量外，还应分析其粒径分布特性及形状特征。

地表水中各种盐类中氯离子和硫酸根离子对铜换热器腐蚀作用较大。一般而言，淡水含溶解固形物在 500mg/L 以下，微咸水含溶解固形物在 500～2000mg/L 之间，成水含溶解固形物在 2000mg/L 以上，海水含溶解固形物在 35000mg/L 左右。地表水中的溶解固形物含量在一年中是有变化的，特别是靠近海边的江河水，由于海水倒灌，变化更大。

地表水源热泵系统利用的是地表水的冷热资源特性，冷热利用后的水仍需要排回地表水体，在选择水处理措施时需要考虑技术的适用性和经济性，有以下两条原则：

① 宜采用物理处理方法，不宜采用化学处理方法，以免对地表水体造成污染。

② 水处理设施的造价应控制在合理的水平。在选择水处理设施时应遵循"够用为度"的原则，以免造成水处理设施投资过大，影响地表水源热泵系统的经济性。

2) 地表水水体温度分布特性

① 典型流动水体水温分布

流动水体水温基本呈现分布一致的温度结构。水体的水温主要由其上游的水源温度决定，即冬季和夏季的水温均由其季节温度决定。不管是冬季还是夏季，其水温分布的特性均是一致的，即水温不呈现分层状态，水源热泵系统利用此类水体，进行简单的测试或利用水利单位的水温资料即可了解其水温分布。

② 典型滞留水体水温分布

滞留水体相对流动水体，其水温分布复杂。按照其垂向温度结构形式，大致分成三种类型：混合型、分层型、过渡型。

混合型（又称等温型）分布特征是一年中任何时间湖内或库内水温分布比较均匀，水温梯度很小，库底水温随水库表面水温而变，库底层水温的年较差可达 15～24℃，水体与库底之间有明显的热量交换，对于小型浅水水库和池塘，其水很浅（一般水深在 3m 以内），这类水体多为混合型，即使夏季整个水体水温分布也较一致，水温的变化受气象条件变化的影响很大，夏季天气最热也正是冷负荷最大时，其水温也达到最高，冬季气温最低也是热负荷最大时，水温却达到最低，这类型水体不是水源热泵冷热源的理想选择。

分层型的湖泊和水库表层受气温、太阳辐射和水面上的风作用，温度较高，混合均匀，成为湖面温水层；温水层以下，温度竖向梯度大，称为温跃层；其下温度梯度小，称为底温层。但到冬季则上下层水温无明显差别。

过渡型湖泊和水库介于两者之间，同时兼有混合型、分层型的水温分布特征。

对于大型湖泊和大型深水库（水深＞10m）时，其水较深，水面很广，水量巨大，在春季的中后期、夏季全季和秋季的初期、中期水温在垂直方向上呈现明显的热分层现象，但到冬季，则全湖或全库水温一致，上下层无明显温差。该类湖泊和水库从某一深度处开始水温几乎全年保持不变，如夏热冬冷地区在 10℃ 左右，对这类水体来说，一般其水面很广，适宜地表水源热泵的水量很大，且从水温角度来说，品质较高，其水体热容量很大。

国内外大量实测资料表明：分层型湖泊和水库的水温分布都有一个基本特征，水体中的等温面基本上是水平面，水平方向上温差相对于垂向上温差来说很小。对自然水温来说，可以不考虑水平方向上的温度变化，重点考虑垂直方向上温度变化。

对于水深不是很大（4m 以上、10m 以下）、水面不是很广的分层型湖泊和水库，这类水体水温具有明显的温度分层特性。夏季底层水温较低，是水源热泵良好的冷源选择，但其适宜水源热泵的水量有限，其水体承担负荷的能力有限。

对于分层型水体，主要利用的是 3m 以下的水温。因此，在这里指的水容量参数，实际是 3m 以下的水容量。对于地表水体进行勘察，首先是要了解水体的水下地形分布，才能确定水源热泵能够使用的水体水容量。

对于流动水体，由于水温是不分层的。在确定可以利用的水体后，其断面流量可以作为其水容量。在一般非区域性供冷热的情况下，利用的水量一般不大，可以不考虑其水容量。

（4）海水

海水作为热泵的低温热源时的优缺点与采用地表水时相似，但海水的资源丰富，海水的温度变化一般也小于地表淡水。与地表水主要不同之处是与海水接触的材料需要具有较强的耐蚀性，如钛、不锈钢等，在小型工程中，也可考虑塑料等非金属材料。海水作为低温热源对近海企业或单位利用热泵制热时特别适宜。

1）海水的典型温度与热物性

① 海水温度

我国沿海典型区域的海水温度和密度如表 6-7 所示。

我国沿海典型区域的海水温度和密度

表 6-7

月份	深度（m）	黄海、渤海		东海		南海	
		温度（℃）	密度（kg/m³）	温度（℃）	密度（kg/m³）	温度（℃）	密度（kg/m³）
二月	0	0～12	1022～1026	5～23	1014～1026	16～28	1022～1024
	25	0～13	1024～1026	9～23	1024～1026	17～27	1022～1025
	50	5～12	1025～1026	11～23	1025～1026	19～26	1022～1025
	100	—	—	14～21	1025～1026	18～22	1025～1026
	200	—	—	17～20	1026	14～19	1026～1027
五月	0	9～20	1019～1025	17～27	1010～1025	24～30	1015～1023
	25	6～11	1023～1026	10～26	1023～1025	23～29	1021～1023
	50	5～13	1026	12～25	1024～1026	22～27	1022～1024
	100	—	—	14～24	1024～1026	19～22	1024～1025
	200	—	—	15～20	1026～1027	15～17	1026～1027
八月	0	23～29	1013～1021	26～29	1008～1022	25～31	1016～1022
	25	8～25	1021～1025	20～28	1022～1024	21～29	1022～1024
	50	7～16	1024～1026	15～27	1022～1025	21～25	1022～1025
	100	—	—	14～26	1024～1025	18～22	1024～1025
	200	—	—	14～21	1026	14～17	1027
十一月	0	8～19	1019～1024	17～26	1012～1024	21～29	1021～1023
	25	12～19	1023～1024	20～26	1024	22～28	1021～1024
	50	9～20	1024～1025	19～25	1023～1025	24～28	1022～1023
	100	—	—	17～25	1024～1025	20～25	1024～1025
	200	—	—	15～20	1026	14～19	1026

② 海水的含盐量

海水所含盐度一般在 33‰～37‰ 之间（河流入海口附近的盐度较低），标准海水（盐度为 3.5%）中各种盐的含量如表 6-8 所示。

③ 海水的冰点

不同盐度时海水的冰点如表 6-9 所示。

海水中的盐及其含量 表 6-8

盐类	含量(g/L)	质量分数(%)
氯化钠(NaCl)	27.23	77.76
氯化镁(MgCl$_2$)	3.81	10.88
硫酸镁(MgSO$_4$)	1.66	4.74
硫酸钙(CaSO$_4$)	1.27	3.60
硫酸钾(K$_2$SO$_4$)	0.86	2.47
碳酸钙(CaCO$_3$)	0.12	0.35
溴化镁(MgBr$_2$)及其他	0.05	0.20
总计	35.00	100.00

海水的冰点 表 6-9

盐度(‰)	冰点(℃)	盐度(‰)	冰点(℃)	盐度(‰)	冰点(℃)	盐度(‰)	冰点(℃)
5	−0.275	14	−0.756	23	−1.248	32	−1.751
6	−0.328	15	−0.810	24	−1.303	33	−1.808
7	−0.381	16	−0.864	25	−1.359	34	−1.865
8	−0.434	17	−0.918	26	−1.414	35	−1.922
9	−0.487	18	−0.973	27	−1.470	36	−1.979
10	−0.541	19	−1.028	28	−1.528	37	−2.036
11	−0.594	20	−1.082	29	−1.581	38	−2.094
12	−0.648	21	−1.137	30	−1.638	39	−2.151
13	−0.702	22	−1.192	31	−1.695	40	−2.209

④ 海水的黏度

海水的动力黏度随温度和盐度的变化如表 6-10 所示。

海水的动力黏度 表 6-10

盐度(‰)	温度(℃)							
	0	2	4	6	8	10	12	14
	动力黏度(cP)							
0	1.7916	1.6739	1.5681	1.4725	1.3857	1.3069	1.2349	1.1691
5	1.8049	1.6868	1.5808	1.4849	1.3979	1.3189	1.2466	1.1807
10	1.8180	1.6995	1.5930	1.4968	1.4095	1.3302	1.2576	1.1913
15	1.8312	1.7122	1.6054	1.5807	1.4210	1.3412	1.2685	1.2018
20	1.8445	1.7251	1.6178	1.5208	1.4325	1.3525	1.2794	1.2125
25	1.8579	1.7380	1.6302	1.5327	1.4442	1.3638	1.2903	1.2231
30	1.8413	1.7509	1.6427	1.5448	1.4560	1.3751	1.3012	1.2338
32	1.8767	1.7563	1.6478	1.5497	1.4607	1.3797	1.3057	1.2379
34	1.8823	1.7643	1.6528	1.5545	1.4652	1.3843	1.3101	1.2423
36	1.8876	1.7696	1.6578	1.5594	1.4701	1.3888	1.3146	1.2465
38	1.8932	1.7752	1.6630	15644	1.4748	1.3934	1.3189	1.2508
40	1.8986	1.7835	1.6680	1.5692	1.4795	1.3980	1.3233	1.2551
42	1.9041	1.7881	1.6732	1.5741	1.4842	1.4026	1.3278	1.2595

409

⑤ 海水最大密度时的温度

海水最大密度时的温度随盐度的变化如表 6-11 所示。

海水的最大密度时的温度　　　　　　　表 6-11

盐度(‰)	温度(℃)	盐度(‰)	温度(℃)	盐度(‰)	温度(℃)	盐度(‰)	温度(℃)
0	3.947	11	1.645	22	−0.744	33	−3.109
1	3.743	12	1.426	23	−0.964	34	−3.318
2	3.546	13	1.210	24	−1.180	35	−3.524
3	3.347	14	0.994	25	−1.398	36	−3.733
4	3.133	15	0.772	26	−1.613	37	−3.936
5	2.926	16	0.562	27	−1.831	38	−4.138
6	2.713	17	0.342	28	−2.048	39	−4.340
7	2.501	18	0.124	29	−2.262	40	−4.541
8	2.292	19	−0.090	30	−2.473	41	−4.738
9	2.075	20	−0.310	31	−2.687		
10	1.880	21	−0.529	32	−2.900		

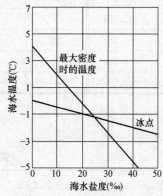

图 6-4　海水最大密度时的温度
与冰点的变化规律

不同海水密度下海水的冰点和最大密度时的温度关系如图 6-4 所示。

由图 6-4 可见，冰点温度和最大密度时的温度均随盐度增大而线性下降，但冰点下降慢，在盐度为 24.96‰时，二者取相间温度值，均为−1.33℃。

(5) 土壤

土壤作为热泵低温热源一般是指 200m 以内的浅层地壳内储存的热能，其中 10m 以下的土壤温度接近年平均大气温度，且具有以下优点：

1) 土壤温度波动小且数值相对稳定，冬季土壤温度高于对应气候条件下的地面空气温度，所以冬季供热系数较高，其 COP 值一般为 2.5～3。

2) 埋地热交换器不需要除霜，减少了结霜和除霜的能耗。

3) 土壤具有较好的蓄热性能，冬季从土壤中取出的热量可在夏季得到补偿。

4) 在室外空气温度处于极端状态下，可以提供较低的冷凝温度和较高的蒸发温度。

5) 换热器设在地下，不占用地面用地，没有空气源热泵的风扇能耗且不生产生的大量噪声。

土壤源热泵的主要缺点是：

1) 埋地换热器受土壤性质影响较大。

2) 连续运行时，热泵的冷凝温度或蒸发温度受土壤温度变化的影响而发生波动。

3) 土壤热导率较小，换热量较小，且受地下土壤的结构、密度、含水率与地下水流动状况等因素影响，其单位管长持续吸热速率为 20～70W/m。

土壤的热物性对地源热泵系统的性能影响较大。它是土壤源热泵系统设计和研究过程诸多环节中最基本、最重要的参数，它直接与土壤源热泵系统的埋地换热器的面积和运行参数有关，是计算有关地表层中的能量平衡、土壤中的蓄能量和温度分布特征等所必需的基本参数。研究表明，干燥土壤的地源热泵的性能系数 COP 要比潮湿土壤的 COP 低 35%，当土壤含水量低于 15% 时，随着含水量的降低，热泵循环的性能系数将迅速下降。土壤含水量在 25% 以上，土壤源热泵的性能将会得到有效提高，而当含水量超过 50% 后，随着含水量的增加，热泵循环性能系数提高的趋势减缓。土壤含水量从 50% 增加到 100%，其 COP 仅增加 1.5%。

（6）太阳能

太阳能作为热泵低温热源的优点是随处可得，但其缺点是强度随时间、季节的变化很大，能量密度小，即使在夏天中午，能量密度也只有 $1000W/m^2$ 左右，冬天则只有 50～200W/m²，其中能利用的能量一般低于其中的 50%。因此，太阳能通常只能作为热泵的一个辅助热源。

（7）地热能

地热能是蕴藏在地层深处的热能，其温度可从 30℃ 到 100℃ 以上。我国有丰富的地热资源，并以 30～60℃ 的低温地热为主，可用作热泵的低温热源制取生产、生活所需的高温热能，提高地热资源的经济效益和社会效益。

（8）城市污水

城市污水是一种巨大的低温余热热源，根据污水处理工艺的要求，经过处理的二次水全年水温一般为 10～23℃，温度范围等同于相同气候条件下的空气温度，可以提取和排放能够满足供暖制冷需要的热量。

污水处理厂往往远离城市，利用处理后二次污水的热泵站必然离用户太远而使经济效益下降。而城市污水干管总是通过整个市区，如果直接利用水干管中未处理的污水作为热泵站的热源，这样经济效益将大大提高。但是应注意两个问题：一是取水设施中应设置适当的水处理装置；二是利用城市原生污水余热不能对后续水处理工艺有影响。

1）城市污水的温度

随地区的不同，城市污水的温度冬季一般为 7～17℃，夏季一般为 15～25℃，北方偏向低值，南方偏向高值。

2）城市污水的容量

城市生活污水的年排放量如图 6-5 所示。

此外，城市生活污水的排放也可按住宅人均生活用水量近似估算。以福州市为例，住宅人均生活用水量约为 187.2L/（人·d），其分布如表 6-12 所示。

城市污水中除生活污水外，还有工业、商业、办公等场所污水排放，故污水的总排放量要大于生活污水排放量，以 2010 年为例，我国城市污水年排放总量达 464 亿 m³。

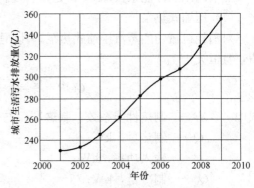

图 6-5　城市生活污水的年排放量

住宅人均生活用水量分布（按每户 3 人计）　　　　　　表 6-12

用水量[L/(人·d)]	所占百分比(%)	用水量[L/(人·d)]	所占百分比(%)
<100	4.6	200~250	29.9
100~150	20.7	250~300	6.9
150~200	33.3	>300	4.6

3) 城市污水的易用性划分

根据城市污水中赋存的可利用热量密度和城市热需要量密度，可对城市污水的易利用情况进行初步划分，如表 6-13 所示。

部分城市的污水易利用性划分　　　　　　表 6-13

类型	城　市	说　明
Ⅰ	石家庄、南京、苏州、上海、南通、杭州、合肥、长沙、南昌、西安、广州、汕头	城市污水中赋存的可利用热烈密度和热需要量较高
Ⅱ	北京、青岛、郑州、济南、武汉、温州、重庆、福州、成都	城市污水中赋存的可利用热烈密度较Ⅰ类小、但热需要量密度与Ⅰ类基本相同
Ⅲ	天津、银川、秦皇岛、兰州、大连、太原、西宁、连云港、烟台、宁波、贵阳、呼和浩特、长春、哈尔滨、沈阳、乌鲁木齐	城市污水中赋存的可利用热烈密度较Ⅱ类小，但热需要量密度大小不一致
Ⅳ	厦门、深圳、南宁、昆明、海口、三亚、湛江、珠海、桂林、北海	城市污水中赋存的可利用热烈密度和热需要量较小

城市污水利用中的核心技术难点是与污水接触的换热器的材料防腐、防堵、防垢。换热器材料方面，可考虑的有钛、铜、塑料及复合材料；防堵方面，除用格栅拦截漂浮物外，还可在换热器前设自动筛滤器；防垢方面，换热器中应设传热管自动清洗装置（如毛刷自动刷洗，每日 4~6 次）。

6.2.4 热泵系统的制热性能系数和季节制热性能系数

热泵在将低温热源提升为高位热源的过程中势必要消耗一定量的高位热源。因此，需要通过一些指标来衡量热泵的制热效果和节能性。现在通常使用的是热泵的制热性能系数和季节制热性能系数。

1. 热泵的制热性能系数

热泵的制热性能系数即 COP 是指有效制热量与所消耗的机械功或热能的比值。

（1）压缩式热泵

对消耗机械功的蒸汽压缩式热泵，其制热系数 COP 即为制热量 Q 与输入功率 P 的比值，且恒大于 1。

$$COP = \frac{Q}{P} = \frac{P + Q_c}{P} = 1 + COP_c \tag{6-2}$$

式中　COP——制热性能系数，制热量 Q 与输入功率 P 的比值；

　　　Q——制热量，kW；

　　　P——输入功率，kW；

　　　Q_c——制冷量，kW；

　　COP_c——制冷性能系数，制冷量 Q_c 与输入功率 P 的比值。

（2）吸收式热泵

对消耗蒸汽或者高温热水热能的吸收式热泵，其热力性能系数用来表示，即为制热量 Q 与输入热能 Q_g 的比值。

$$\xi = \frac{Q}{Q_g} \tag{6-3}$$

除第二类（升温型）吸收式热泵外，其值也恒大于1。

2. 季节制热性能系数

热泵的制热性能系数除了与热泵机组本身的设计和制造情况影响之外，还受到运行时低温热源变化、末端负荷承担比例以及热泵运行特性等因素的影响。因此，为了评价热泵用于某一地区在整个供暖季节运行的热力经济性，提出了热泵季节制热性能系数 $HSPF$ 这一概念。$HSPF$ 可表示为：

$$HSPF = \frac{\text{整个供热季节总的供热量} + \text{整个供热季节辅助加热量}}{\text{整个供热季节总的输入能量} + \text{整个供热季节辅助加热量的耗能量}} \tag{6-4}$$

由于室外空气的温度随着不同地区、不同季节变化很大，因此对于不同地区使用热泵时，应注意选取 $HSPF$ 最大时的最佳点，以此来选择热泵容量和辅助加热量。

6.3 土壤源热泵系统

6.3.1 土壤源热泵系统的组成与分类

1. 土壤源热泵系统组成

土壤源地源热泵空调系统（图 6-6），一般由地埋管换热器、水源热泵机组和室内空调末端系统三部分组成。在夏季，热泵机组冷凝器释放出的热量通过地埋管换热器传递给土壤，土壤蓄热；蒸发器产生的冷冻水通过空调末端设备对房间进行供冷。在冬季，热泵机组蒸发器通过地埋管换热器吸收热量，土壤蓄冷；冷凝器产生的热水通过空调末端设备对房间进行供暖。在特定的条件下，夏季也可利用地下换热器进行直接供冷。

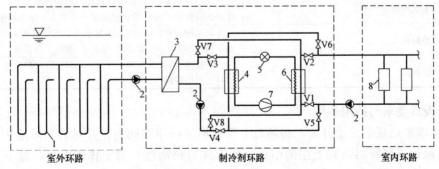

图 6-6 典型土壤源热泵系统图

1—地下埋管；2—循环水泵；3—板式换热器；4—蒸发器；5—节流机构；

6—冷凝器；7—制冷压缩机；8—热用户；V1～V8—阀门

2. 土壤源热泵系统分类及特点

（1）土壤源热泵系统分类

土壤源热泵系统分类如表 6-14 所示。

土壤源热泵系统分类表 6-14

土壤源热泵系统	闭式系统	水平式埋管换热器	盘管
			螺旋管
		垂直式埋管换热器	U 形管
			套管
			螺旋管
	混合式系统	冷却塔补偿式土壤源热泵	
		太阳能辅助式土壤源热泵	
		冷却池塘辅助式土壤源热泵	
	单井循环式		

（2）土壤源热泵系统特点

土壤源热泵系统特点如表 6-15 所示。

土壤源热泵系统特点表 6-15

优缺点	特　点	说　明
优点	土壤全年温度稳定性好	热泵机组的季节性能系数具有恒温热源特性,运行效率高,节能效果明显
	土壤蓄热性能良好	地源热泵系统利用土壤作冷热源,夏季蓄热、冬季蓄冷
	末端采用辐射设备,系统 COP 值高	末端如采用辐射供暖/供冷系统,夏季较高的出水温度和冬季较低的供水温度,可提高系统 COP 值
	无需除霜	地埋管换热器无需除霜,节省空气源热泵的除霜能耗
	环保	与土壤只有能量交换,没有质量交换,对环境没有污染;与燃油燃气锅炉相比,减少污染物的排放
	运行费用低	较一般供热制冷空调系统节约 30%～40% 的运行费用
	系统寿命长	地埋管寿命可达 50 年以上
缺点	受土壤热物性影响	当土壤导热率小时,地埋管换热器面积将增大;传递相同热量所需的管长在潮湿土壤中为干燥土壤中的 1/3
	占地面积大	无论采用何种形式,地源热泵系统均需要有可利用的埋设地下换热器的空间,如道路、绿化带、基础下位置等
	初投资高	土方开挖、钻孔以及地下埋设的塑料管管材和管件、专用回填料等费用较高

（3）设计要求与适用条件

1）土壤源热泵系统设计前，必须对工程现场进行详细调查，并对岩土体地质条件进行勘察，取得下列资料：岩土层的结构、岩土体的热物性、岩土体的温度、地下水静水位、水温、水质及分布、地下水径流方向、速度、冻土层厚度。

2）建筑物周围有可供埋设地下换热器的较大面积的绿地或其他空地。

3）建筑物全年有供冷和供热需求，且冬、夏季的负荷相差不大。

　4）如建筑物冷热负荷相差较大，应有其他辅助补热或排热措施，保证地下热平衡。

6.3.2　现场调查与工程勘察

　　工程场地的资源条件以及是否允许使用，是应用地源热泵系统的基础。在地源热泵系统设计的初期阶段，应按照建筑物设计供暖、供冷负荷的要求，对工程场地的资源条件，即工程场地状况、岩土类型、分布、厚度、水文地质条件、地层温度分布情况等进行调查或勘察，为地源热泵项目的可行性评估和地源热泵工程设计提供依据。

1. 工程现场状况调查的主要内容

　　（1）场地规划面积、形状及坡度。工程场地可利用面积应满足埋设水平岩土体或垂直地埋管换热器的需要。同时应满足放置和操作施工机械及埋设室外管网的需要。

　　（2）场地内已有建筑物和规划建筑物的占地面积及其分布。

　　（3）场地内树木植被、池塘、排水沟及架空输电线、电信电缆的分布。

　　（4）场地内已有的、计划修建的地下管线和地下构筑物的分布及其埋深。

　　（5）场地内已有水井位置等。

2. 岩土体地质勘察

　　工程场区内岩土体地质条件勘察包括以下内容：

　　（1）岩土体热物性。

　　（2）岩土体温度随深度和四季的变化。

　　（3）地下水静水位、水温、水质及分布。

　　（4）地下水径流方向、速度。

　　（5）了解冻土层厚度。

　　采用水平地埋管换热器时，地埋管换热系统勘察采用槽探、坑探或钎探进行。槽探是为了了解构造线和破碎带宽度、地层和岩性界限及其延伸方向等在地表挖掘探槽的工程勘察技术。探槽应根据场地形状确定，探槽的深度一般超过埋管深度1m。采用竖直地埋管换热器时，地埋管换热系统勘察采用钻探进行。钻探方案应根据场地大小确定，勘探孔深度应比钻孔至少深5m。

　　岩土体热物性指岩土体的热物性参数，包括岩土体导热系数、密度及比热等。若埋管区域已具有权威部门认可的热物性参数，可直接采用已有数据，否则应进行岩土体导热系数、密度及比热等热物性测定。测定方法可采用实验室法或现场测定法。

　　（1）实验室法：对勘探孔不同深度的岩土体样品进行测定，并以其深度加权平均，计算该勘探孔的岩土体热物性参数；对探槽不同水平长度的岩土体样品进行测定，并以其长度加权平均，计算该探槽的岩土体热物性参数。

　　（2）现场测试法：即岩土热响应试验。

3. 岩土热响应实验

　　（1）一般规定

　　1）在岩土热响应试验之前，应对测试地点进行实地勘察，根据地质条件的复杂程度，确定测试孔的数量和测试方案。地埋管地源热泵系统的应用建筑面积大于或等于10000m²时，测试孔的数量不应少于2个。对2个及以上测试孔的测试，其测试结果应取算术平均值。

2）在岩土热响应试验之前应通过钻孔勘察，绘制项目场区钻孔地质综合柱状图。

3）岩土热响应试验应包括下列内容：

① 岩土初始平均温度；

② 地埋管换热器的循环水进出口温度、流量以及试验过程中向地埋管换热器施加的加热功率。

4）岩土热响应试验报告应包括下列内容：

① 项目概况；

② 测试方案；

③ 参考标准；

④ 测试过程中参数的连续记录，应包括：循环水流量、加热功率、地埋管换热器的进出口水温；

⑤ 项目所在地岩土柱状图；

⑥ 岩土热物性参数；

⑦ 测试条件下，钻孔单位延米换热量参考值。

5）测试现场应提供稳定的电源，具备可靠的测试条件。

6）在对测试设备进行外部连接时，应遵循先接水后接电的原则。

7）测试孔的施工应由具有相应资质的专业队伍承担。

8）连接应减少弯头、变径，连接管外露部分应保温，保温层厚度不应小于 10mm。

9）岩土热响应的测试过程应遵守国家和地方有关安全、劳动保护、防火、环境保护等方面的规定。

（2）测试仪表

1）在输入电压稳定的情况下，加热功率的测量误差不应大于 $\pm 1\%$。

2）流量的测量误差不应大于 $\pm 1\%$。

3）温度的测量误差不应大于 $\pm 0.2℃$。

（3）岩土热响应试验方法

1）岩土热响应试验的测试过程，应遵循下列步骤：

① 制作测试孔；

② 平整测试孔周边场地，提供水电接驳点；

③ 测试岩土初始温度；

④ 测试仪器与测试孔的管道连接；

⑤ 水电等外部设备连接完毕后，应对测试设备本身以及外部设备的连接再次进行检查；

⑥ 启动电加热、水泵等试验设备，待设备运转稳定后开始读取记录试验数据；

⑦ 岩土热响应试验过程中，应做好对试验设备的保护工作；

⑧ 提取试验数据，分析计算得出岩土综合热物性参数；

⑨ 测试试验完成后，对测试孔应做好防护工作。

2）测试孔的深度应与实际的用孔一致。

3）岩土热响应试验应在测试孔完成并放置至少 48h 以后进行。

4）岩土初始平均温度的测试应采用布置温度传感器的方法。测点的布置宜在地埋管换热器埋设深度范围内，且间隔不宜大于10m；以各测点实测温度的算术平均值作为岩土初始平均温度。

5）岩土热响应试验测试过程应符合下列要求：

①岩土热响应试验应连续不间断，持续时间不宜少于48h；

②试验期间，加热功率应保持恒定；

③地埋管换热器的出口温度稳定后，其温度宜高于岩土初始平均温度5℃以上且维持时间不应少于12h。

6）地埋管换热器内流速不应低于0.2m/s。

7）试验数据读取和记录的时间间隔不应大于10min。

6.3.3 负荷特性与设备选择

1. 负荷特性分析

土壤源热泵系统设计时，必须考虑全年冷热负荷的影响，避免因全年冷、热负荷平衡失调，导致地埋管区域岩土体温度持续升高或降低，从而影响地埋管换热器的换热性能，使效率降低。

土壤源热泵系统负荷计算主要包含以下几个方面：

（1）建筑物设计冷热负荷：用来确定系统设备（如热泵机组）的大小和型号，以及根据设计负荷设计室内末端系统。

（2）全年动态负荷：地埋管换热系统设计应进行全年动态负荷计算，最小计算周期宜为一年。在计算周期内，地源热泵系统的总释热量与总吸热量宜相平衡。

（3）地源热泵系统的最大释热量Q（kW）：地源热泵系统的最大释热量与空调设计冷负荷相对应。供冷工况下释放至循环水中的总热量包括：

1）各空调分区内水源热泵机组释放到循环水中的热量（空调负荷和机组压缩机耗功）Q_1（kW）；

2）循环水在输送过程中得到的热量Q_2（kW）；

3）水泵释放到循环水中的热量Q_3（kW）。

上列三项热量之和，即为供冷工况下释放至循环水的总热量Q（kW）：

$$Q=Q_1+Q_2+Q_3=\Sigma\left[q_1\cdot\left(1+\frac{1}{EER}\right)\right]+Q_2+Q_3 \tag{6-5}$$

式中　　q_1——各分区的空调冷负荷，kW；

　　　　EER——机组的能效比。

（4）地源热泵系统的最大吸热量Q'（kW）：地源热泵系统的实际最大吸热量与空调设计热负荷相对应。供热工况下循环水的总吸热量包括：

1）各空调分区内水源热泵机组或集式中式水源热泵机组从循环水中吸收的热量（空调热负荷，并扣除机组压缩机的耗功）Q_1'（kW）；

2）循环水在输送过程中的失热量Q_2'（kW）；

3）水泵释放至循环水中的热量Q_3'（kW）。

上述三项热量的代数和，即为供热工况下循环水的总吸热量Q'（kW）：

$$Q'=Q_1'+Q_2'+Q_3'=\Sigma\left[q_1'\cdot\left(1-\frac{1}{COP}\right)\right]+Q_2'+Q_3' \tag{6-6}$$

式中　q'_1——各分区的空调热负荷；

　　COP——机组的性能系数。

（5）地埋管换热器的设计负荷：最大吸热量与最大释热量相差不大时，可分别计算供热与制冷工况下地埋管换热器的长度，按其大者进行地埋管换热器的设计。当两者相差较大时，应通过技术经济比较，通过增加辅助热源或增加冷却塔辅助散热的方式来解决。也可以通过水源热泵机组间歇运行来调节；还可以采用热回收机组，降低供冷季节的释热量，增大供热季节的吸热量。

2. 热泵系统选择及设备选择

（1）系统选择

系统形式的选择应在全年能耗分析的基础上，全面考虑系统的初投资和运行费用，最终以寿命周期费用作为判断的依据。在进行系统初步选择时，可参考以下原则：

1）对于别墅等小型低密度建筑（每栋建筑的占地面积较大，但建筑负荷较小）：宜取冷、热负荷中的高值作为热泵机组的选型依据，不必采用其他辅助冷热源。必要时，可根据冬、夏负荷的不平衡情况，适当调整地下换热器的间距。

2）对于中型建筑：如设计热负荷高于设计冷负荷，宜按冷负荷来选配热泵机组，夏季仅采用地下水环路式水源热泵机组来供冷，冬季采用地下环路式水源热泵机组和辅助热源联合供热；若设计冷负荷高于设计热负荷，宜按热负荷来选配热泵机组，冬季仅采用地下环路式水源热泵机组供暖，夏季采用地下水环路式水源热泵机组和常规制冷方式联合供冷。

3）大型建筑：由于设计冷热峰值负荷出现的时间短，按设计冷热负荷匹配，会导致机组容量和系统投资增加。为保证系统的安全可靠和降低系统投资，宜采用复合式系统。即地埋管式水源热泵系统承担基本负荷，常规系统承担峰值负荷。

（2）热泵机组的选择

1）热泵机组工作的冷（热）源温度范围：

制冷时：10～40℃；

供热时：-5～25℃。

2）当水温达到设定温度时，热泵机组应能减载或停机。

3）不同项目地下流体温度相差较大，设计时应按实际温差参数进行设备选型。末端设备选择时应适应水源热泵供回水温度的特点，提高地下环路式水源热泵系统的效率和节能性。

4）夏季运行时，空调水进入机组蒸发器，冷源水进入机组冷凝器。冬季运行时，空调水进入机组冷凝器，热源水进入机组蒸发器。冬、夏季节的供暖转换阀门应性能可靠，严密不漏。

（3）传热介质的选择及流量计算

1）地埋管换热器传热介质的选择

根据地埋管换热器的匹配情况，利用软件对传热介质的温度进行模拟计算，如果冬季地下埋管进水温度在5℃以上，可采用水作为传热介质；当进水温度低于5℃时，应使用防冻液。通常，大都采用乙烯乙二醇溶液。

在计算水泵扬程的时候，需考虑流体的黏度影响。具体的修正系数取决于防冻液的类型。在进行循环泵设计时需要进行系数的修正。

2）地源侧流量的计算：

循环水泵的选型对热泵的季节性能系数有直接影响；循环流量的选择一般应遵循以下原则：

① 蒸发器的进出口水温差：$\Delta t \leqslant 4℃$；

② 冷凝器的进出口水温差：$\Delta t \leqslant 5℃$。

夏季地源侧总流量 G_s（m³/h）可按下式计算：

$$G_s = 0.86(Q_L + N)/\Delta t_{s,x} \tag{6-7}$$

式中　Q_L——地源热泵机组总制冷量，kW；

N——地源热泵机组总耗电功率，kW；

$\Delta t_{s,x}$——夏季地源水进出热泵机组温差，℃。

冬季地源侧水量 G'_s（m³/h），可按下式计算：

$$G'_s = 0.86(Q_R + N)\Delta t_{s,d} \tag{6-8}$$

式中　Q_R——地源热泵机组总制热量，kW；

N——地源热泵机组总耗电功率，kW；

$\Delta t_{s,d}$——夏季地源水进出热泵机组温差，℃。

地源侧流量取 G_s 和 G'_s 中的较大者。

由于冬、夏季地下流体流量相差较大，地埋管换热系统宜根据建筑负荷变化情况进行流量调节，可以节省运行电耗。地下流体温差的取值与热泵机组标准工况不同时，应对机组进行冷热量的校核。

6.3.4　地埋管换热器设计

1. 地埋管换热器形式

（1）地埋管换热器的埋管形式

地埋管换热器根据布置形式可分为水平地埋管换热器和垂直地埋管换热器。当建筑物周围可利用地表面积较大，浅层岩土体的温度及热物性受气候、雨水、埋设深度影响较小时，宜采用水平地埋管换热器。否则，宜采用垂直地埋管换热器。

1）水平地埋管换热器

① 按照埋设方式可分为单层埋管和多层埋管两种；按照埋管在管沟中的管型不同，可分为直管和螺旋管两种。多层埋管的下层管处于一个较稳定的温度场，换热效果优于单层埋管。螺旋管型的换热效果优于直管，如可利用大地面积较小，可采用螺旋盘管形式，但不易施工。

② 埋深：水平埋管的地沟深度不能太深，单层管最佳深度为 0.8～1.0m，双层管为 1.2～1.8m，但无论何种情况，均应埋在当地冰冻线以下。

图 6-7 为几种常见的水平地埋管换热器形式。图 6-8 为新近开发的水平地埋管换热器形式。

2）垂直地埋管换热器

① 按照形式可分为：单 U 形管、双 U 形管、小直径螺旋盘管、大直径螺旋盘管、立式柱状管、蜘蛛状管、套管式管、单管式管等，图 6-9 为垂直地埋管换热器的几种形式。

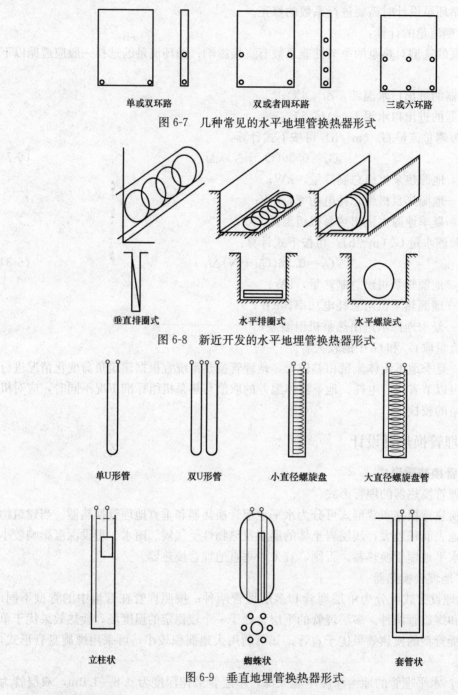

单或双环路　　　　双或者四环路　　　　三或六环路

图 6-7　几种常见的水平地埋管换热器形式

垂直排圈式　　　　水平排圈式　　　　水平螺旋式

图 6-8　新近开发的水平地埋管换热器形式

单U形管　　　双U形管　　　小直径螺旋盘　　　大直径螺旋盘管

立柱状　　　　　　蜘蛛状　　　　　　套管状

图 6-9　垂直地埋管换热器形式

② 在室外没有合适用地时，可以与建筑混凝土基桩结合，即将 U 形管捆扎在钢筋网架上，然后浇灌混凝土。

③ 按埋设深度可分为：浅埋（≤30m）、中埋（31～80m）和深埋（＞80m）。

目前使用最多的是如图 6-10 所示的 U 形管、套管式和单管式。U 形管是在钻孔的管井内安装，一般管井直径为 100～150mm，井深 10～200m，由于 U 形管流量不宜过大，其直径一般在 50mm 以下，且施工简单，换热性能较好，在同等工程条件下，双 U 形管比单 U 形管换热性能提高 15%～30%，可减少钻孔成本。

套管式外管直径一般为 100～200mm，内管直径为 25～25mm。由于增大了管外壁与岩土的换热面积，可减少钻孔数和埋深，但内管与外腔中的流体发生热交换会带来热损失。

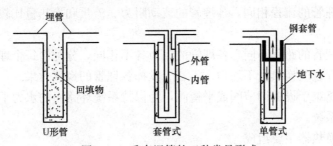

图 6-10 垂直埋管的三种常见形式

（2）地埋管换热器连接方式

地埋管换热器中连接方式分为串联和并联两种；根据分配管和总管的布置方式，有同程式系统和异程式系统，如图 6-11 和图 6-12 所示。

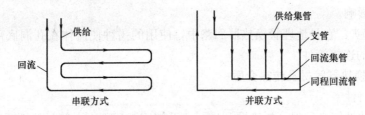

图 6-11 水平埋管串联和并联方式

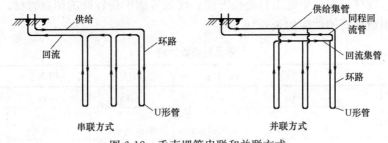

图 6-12 垂直埋管串联和并联方式

1）串联方式

① 管道直径较大，单位长度埋管换热量略高于并联方式，且管内积存的空气容易排出；

② 在冬季气温低的地区需充注的防冻液（如乙醇水溶液）多，因而成本高；

③ 管路系统不能太长，否则系统阻力损失太大。

2）并联方式

① 管道直径较小，所需防冻液少、成本低；

② 设计安装中必须注意确保管内流体流速较高，以充分排出空气；

③ 各并联管道的长度尽量一致（偏差应≤10%），以保证每个并联回路有相同的流

量，确保每个并联回路的进口与出口有相同的压力，使用较大管径的管道作集箱，可达到此目的。

从国内外工程实践来看，中、深埋管采用并联方式较多；浅埋管采用串联方式较多。

3）同程式

流体流过各埋管的流程相同，各埋管的流动阻力、流量和换热量比较均匀。

4）异程式

流体通过各埋管的路程不同，各埋管的阻力各不相同，分配给每个埋管的流体流量也不均衡，使得各埋管的换热量不均匀，不利于发挥各埋管的换热效果。

地埋管各环路难于设置调节阀或平衡阀，为保持系统环路间的水力平衡，在实际工程中多采用同程式系统。

（3）地埋管换热器主要组成

1）供、回集管：供、回集管是地埋管换热器从水源热泵机组到并联环路的流体供、回管路。为使管道当量长度的流体压降最小，集管宜采用大直径管道。

2）环路：管道从供给集管到一个孔洞或沟，转入相同孔洞或沟，再接到回流集管。

3）同程回流管：为保证并联系统中每个环路有相同的压力降，消除沿集管长度方向上压力损失的影响。

4）U形弯头：它是地埋管换热器回路中，使用的一种使流体在孔洞底部或地沟端部产生180°转向的连接管件。

2. 地埋管换热器管材及传热介质

（1）管材特性

选用管材的性能必须保证施工顺利进行、系统正常运行。对管材特性要求如下：化学稳定性好、耐腐蚀、流动阻力小、热导率大、较强的耐冲击性、管道连接处强度要高、密封性能要好、管材必须易于施工且连接方便、优先考虑价格较低的塑料管材。

几种常用塑料管的性能如表6-16所示。

常见塑料管性能   表 6-16

名称	UPVC	PB	PP-R	PEX	PE[①]
温度（长期使用）(℃)	≤45	≤45	≤45	≤45	≤45
公称压力(MPa)	1.6	1.6~2.5(冷水) 1.0(热水)	2.0(冷水) 1.0(热水)	1.6(冷水) 1.0(热水)	1.25
热膨胀系数(K^{-1})	$71×10^{-5}$	$13×10^{-5}$	$11×10^{-5}$	$15×10^{-5}$	$15×10^{-4}$
热导率[W/(m5·AR)]	0.16	0.22	0.24	0.41	0.49
弹性模量(MPa)	$3.5×10^3$	$3.5×10^3$	$1.1×10^3$	$0.6×10^3$	$8.6×10^3$
管壁厚度	中间	最薄	最厚	中间	中间
单价	便宜	贵	贵	较贵	较贵
规格范围(外径)(mm)	20~315	16~110	20~110	16~63	20~730
寿命(a)	50	50	50	50	50
链接方式	弹性密封 或粘接	夹紧式,热熔式, 插接电熔合连接	热熔式连接	夹紧式,采用金属 或尼龙管件	夹紧式,热熔式, 插接电熔合连接

① 以国内高密度聚乙烯（HDPE）PE80 SDR11管材为准。

（2）管材质量的要求

1）地埋管宜采用聚乙烯管（PE80 或 PE100）或聚丁烯管（PB），不宜采用聚氯乙烯（PVC）管。管件与管材应为相同的材料。

2）地埋管质量应符合国家现行标准中的各项规定。管材的公称压力及使用温度应满足设计要求，且管材的公称压力不应小于 1.0MPa。

（3）地埋管管径

地埋管管径的选取应基于流体的压力损失和换热性能，选管时应选择安装成本最低、地埋管换热器中流体流量最小且能保持紊流状态的管材规格。

地埋管管径通常采用 $DN25～50mm$，一般并联环路用小管径，集管用大管径。管内流速大小按以下原则选取：对于小于 $DN50mm$ 的管材，管内流速应在 $0.46～1.2m/s$ 范围内；对于大于 $DN50mm$ 的管材，管内流速应小于 $1.8m/s$，并使所有管子的压降小于 $400Pa/m$。

（4）确定地理管管道长度

地埋管管道中流体流过水源热泵换热器的阻力损失与流体流过地理管换热器以及相关管道的压力损失大小应大致相当。地埋管管道阻力损失等于沿程阻力与局部阻力之和，局部阻力可通过局部元件的当量长度法计算。

（5）传热介质

传热介质应以水为首选，也可选用符合下列要求的其他介质：

1）安全，腐蚀性弱，与地埋管管材无化学反应；

2）较低的冰点；

3）良好的传热特性，具有较大的热导率；

4）较低的摩擦阻力，具有较低的黏度；

5）易于购买、运输和储藏。

可采用的其他传热介质包括：氯化钠溶液、氯化钙溶液、乙二醇溶液、丙醇溶液、丙二醇溶液、甲醇溶液、乙醇溶液、醋酸钾溶液及碳酸钾溶液。

在传热介质（水）有可能冻结的场合，应添加防冻液，并在充注阀处注明防冻液的类型、浓度及有效期。地埋管换热系统的金属部件（循环泵及其法兰、金属管道、传感部件等与防冻液接触的所有金属部件）应与防冻液兼容。选择防冻液时，应同时考虑防冻液对管道、管件的腐蚀性，防冻液的安全性、热工性能、压降特性、经济性及其对换热的影响。表 6-17 给出了不同防冻液特性的比较。

不同防冻液的比较　　　　　　　　　　　　　　　　　　　表 6-17

防冻液	传热能力（%）①	泵的功率（%）①	腐蚀性	无毒性	对环境的影响
氯化钙	120	140	不能用于不锈钢、铝、低碳钢、锌或锌焊接管等	粉尘刺激皮肤、眼睛，若不慎泄露，地下水会由于污染而不能饮用	影响地下水质
乙醇	80	110	必须使用防蚀剂将其腐蚀性降低到最低程度	蒸汽会烧痛喉咙和眼睛。过多的摄食会引起疾病，长期的暴露会加剧对肝脏的影响	不详

续表

防冻液	传热能力（%）[①]	泵的功率（%）[①]	腐蚀性	无毒性	对环境的影响
乙烯基乙二醇	90	125	须采用防腐蚀剂。保护低碳钢、铸铁、铝和焊接材料	刺激皮肤、眼睛。少量摄入毒性不大。过多或长期的暴露则可能有危害	与 CO_2 和 H_2O 结合会引起分解。会产生不稳定的有机酸
甲醇	100	100	须采用杀虫剂来防止污染	若不慎吸入、皮肤接触、摄入，毒性很大。这种危害可用积累，长期暴露是有害的	可分解成 CO_2 和 H_2O。会产生不稳定的有机酸
醋酸钾	85	115	须采用防蚀剂来保护铝和碳钢。由于其表面张力较低，须防止泄露	对眼睛或皮肤可能有刺激作用，相对无毒	同甲醇
碳酸钾	110	130	对低碳钢、铜须采用防蚀剂，对锌、锡或青铜则不须保护	具有腐蚀性，在处理时可能产生一定的危害。人员应避免长期接触	形成碳酸盐沉淀物。对环境无污染
丙烯基乙二醇	70	135	须采用防蚀剂来保护铸铁、焊料和铝	一般认为无毒	同乙烯基乙二醇
氯化钠	110	120	对低碳钢、铜和铝无须采用防蚀剂	粉尘刺激皮肤/眼睛，若不慎泄露，地下水可能会由于污染而不能饮用	由于溶解度较高，其扩散较快，流动快。对地下水有不利的影响

① 以甲醇为对照物（甲醇为 100）。

应当指出的是，由于防冻液的密度、黏度、比热容和热导率等物性参数与出水都有一定的差异，这将影响循环液在冷凝器（制冷工况）和蒸发器（制热工况）内的换热效果，从而影响整个热泵机组的性能。当选用氯化钠、氯化钙等盐类或者乙二醇作为防冻液时，循环液对流换热随着防冻液浓度的增大而减小；并且随着防冻液浓度的增大，循环水泵耗功率以及防冻剂的费用都要相应的提高。因此，在满足防冻温度要求的前提下，应尽量采用较低浓度的防冻液。一般来说，防冻液浓度的选取应保证防冻液的凝固点温度比循环液的最低温度最好低 8℃，最少也要低 3℃。

3. 地埋管换热器长度计算

地埋管换热器换热效果受岩土体热物性及地下水流动情况等地质条件影响非常大，不同地区甚至同一地区不同区域岩土体的换热特性差别都很大。因此，正确地设计地埋管换热器是保证地源热泵系统正常运行的关键因素，其设计计算主要有以下两种工况：

应能满足地源热泵系统最大释热量和最大吸热量要求；

系统长期运行稳定。

（1）采用专用的设计软件计算

地埋管换热器设计计算宜根据现场实测岩土体及回填料热物性参数，采用专用软件进行，计算软件应具有如下功能：

1）能计算或输入建筑物全年动态负荷；

2）能计算当地岩土体平均温度及地表温度波幅；

3）能模拟岩土体与换热管间的热传递及岩土体长期储热效果；

4）能计算岩土体、传热介质及换热的热物性；

5）能对所设计系统的地埋管换热器的结构进行（如钻孔直径、换热器类型、灌浆情况等）；

6）能计算出制冷工况或制热工况的垂直地埋管长度。

目前，在国际上比较认可的地埋管换热器的计算算法为瑞典隆德（Lund）大学开发的 g-functions 算法。主要的设计软件有：

1）瑞典隆德 Lund 大学开发的 EED 程序；

2）美国威斯康星 Wisconsin-Madison 大学 SoLar Energy 实验室（SEL）开发的 TRNSYS 程序；

3）美国俄克拉荷马州 Oklahoma 大学开发的 GLHEPRO 程序；

4）美国亚拉巴马州塔斯卡卢萨的能源信息服务机构开发的 GchpCalc 程序；

5）美国加利福尼亚州 Gaia Geothermal 公司设计开发，明尼苏达州 Thermal Dynamics 提供技术支持的 GLD 程序；

6）国内科研院所、大专院校开发的计算软件，如天津大学、山东建筑大学、清华大学、中国建筑科学研究院等。

（2）竖直地埋管换热器的设计计算

1）竖直地埋管换热器的热阻计算

传热介质与 U 形管内壁的对流换热热阻可按下式计算：

$$R_f = \frac{1}{\pi d_i K} \tag{6-9}$$

式中　R_f——传热介质与 U 形管内壁的对流换热热阻，m·K/W；

　　　d_i——U 形管的内径，m；

　　　K——传热介质与 U 形管内壁的对流换热系数，W/(m²·K)。

2）U 形管的管壁热阻可按下列公式计算：

$$R_{ep} = \frac{1}{2\pi\lambda_p} \ln\left[\frac{d_e}{d_e - (d_0 - d_i)}\right] \tag{6-10}$$

式中　R_{ep}——U 形管的管壁热阻，m·K/W；

　　　λ_p——U 形管导热系数，W/(m·K)；

　　　d_o——U 形管的外径，m；

　　　d_e——U 形管的当量直径，m。

3）钻孔灌浆回填材料的热阻可按下式计算：

$$R_b = \frac{1}{2\pi\lambda_b} \ln\left(\frac{d_b}{d_e}\right) \tag{6-11}$$

式中　R_b——钻孔灌浆回填材料的热阻，m·K/W；

　　　λ_b——灌浆材料导热系数，W/(m·K)；

　　　d_b——钻孔的直径，m。

4）地层热阻，即从孔壁到无穷远处的热阻可按下式计算：

对于单个钻孔

$$R_s = \frac{1}{2\pi\lambda_s} I\left(\frac{r_b}{2\sqrt{a\tau}}\right) \tag{6-12}$$

$$I(u) = \frac{1}{2} \int_u^\infty \frac{e^{-s}}{s} ds \tag{6-13}$$

对于多个钻孔

$$R_s = \frac{1}{2\pi\lambda_s}\left[I\left(\frac{r_b}{2\sqrt{a\tau}} + \sum_{i=2}^{N}I\left(\frac{x_i}{2\sqrt{a\tau}}\right)\right)\right] \qquad (6-14)$$

式中 R_s——地层热阻，m·K/W；

I——指数积分公式，可按式（6-13）计算；

λ_s——岩土体的平均导热系数，W/(m·K)；

a——岩土体的热扩散率，m²/s；

r_b——钻孔的半径，m；

τ——运行时间，s；

x_i——第 i 个钻孔与所计算钻孔之间的距离，m。

5）短期连续脉冲负荷引起的附加热阻可按下式计算：

$$R_{sp} = \frac{1}{2\pi\lambda_s}I\left(\frac{r_b}{2\sqrt{a\tau_p}}\right) \qquad (6-15)$$

式中 R_{sp}——短期连续脉冲负荷引起的附加热阻；

τ_p——短期脉冲负荷连续运行时间，例如 8h。

（3）竖直地埋管换热器钻孔长度的计算

1）制冷工况下，竖直地埋管换热器钻孔长度可按下列公式计算：

$$L_c = \frac{100Q_e[R_f + R_{ep} + R_b + R_s \times F_c \times R_{sp}(1-F_c)]}{t_{max} - t_\infty}\left(\frac{EER+1}{EER}\right) \qquad (6-16)$$

$$F_c = T_{c1} + T_{c2} \qquad (6-17)$$

式中 L_c——制冷工况下，竖直地埋管换热器所需钻孔的总长度，m；

Q_e——水源热泵机组的额定冷负荷，kW；

EER——水源热泵机组的制冷能效比；

t_{max}——制冷工况下，地埋管换热器中传热介质的设计平均温度，通常取 37℃；

t_∞——埋管区域岩土体的初始温度，℃；

F_c——制冷运行份额；

T_{c1}——一个制冷季中水源热泵机组的运行小时数，当运行时间取一个月时，T_{c1} 为最热月份水源热泵机组的运行小时数；

T_{c2}——一个制冷季中的小时数，当运行时间取一个月时，T_{c2} 为最热月份的小时数。

2）供热工况下，竖直地埋管换热器钻孔的长度可按下列公式计算：

$$L_h = \frac{100Q_c[R_f + R_{ep} + R_b + R_s \times F_c + R_{sp}(1-F_h)]}{t_\infty - t_{min}}\left(\frac{COP-1}{COP}\right) \qquad (6-18)$$

$$F_h = T_{h1}/T_{h2} \qquad (6-19)$$

式中 L_h——制热工况下，竖直地埋管换热器所需钻孔的总长度，m；

Q_c——水源热泵机组的额定热负荷，kW；

COP——水源热泵机组的供热能效比；

t_{min}——供热工况下，地埋管换热器中传热介质的设计平均温度，通常取 $-2\sim5$℃；

t_∞——埋管区域岩土体的初始温度，℃；

F_h——供热运行份额；

T_{h1}——一个供热季中水源热泵机组的运行小时数，当运行时间取一个月时，T_{h1} 为最冷月份水源热泵机组的运行小时数；

T_{h2}——一个供热季中的小时数，当运行时间取一个月时，T_{h2} 为最热月份的小时数。

式（6-20）和式（6-21）中的运行份额 F 是考虑热泵间歇运行的影响：

$$制冷运行份额 \ F_c = \frac{一个制冷季中热泵的运行小时数}{一个制冷季天数 \times 24} \tag{6-20}$$

$$供热运行份额 \ F_h = \frac{一个制冷季中热泵的运行小时数}{一个制冷季天数 \times 24} \tag{6-21}$$

或当运行时间取一个月时

$$制冷运行份额 \ F_c = \frac{最热月份运行小时数}{最热月份天数 \times 24} \tag{6-22}$$

$$供热运行份额 \ F_h = \frac{最冷月份运行小时数}{最冷月份天数 \times 24} \tag{6-23}$$

计算地埋管长度时，环路集管的长度不应包括在地埋管换热器之内。

3）按现场测试获得的单位钻孔深度（或管长）的换热量确定其长度：

$$N = \frac{Q \times 1000}{q \times H} \tag{6-24}$$

$$L = 2NH \tag{6-25}$$

式中　N——所需钻孔数目（应进行圆整，个）；

　　　Q——地埋管热负荷，kW；

　　　q——通过现场测试获得的单位钻孔深度的换热量，W/m；

　　　H——钻孔深度，m；

　　　L——钻孔中单 U 形埋管的总长度，m。

（4）按经验数据取值

在进行地下环路式水源热泵系统的方案设计或初步设计时，可参考表 6-18 和表 6-19 的数据进行估算。

地热换热器计算参考指标 表 6-18

地埋管形式		延长米换热量 q(W/m)			建筑面积与埋管面积比		
		土层	岩土层	岩石层	土层	岩土层	岩石层
竖直埋管	单 U 形	30～45	40～55	50～60	3:1	4:1	5:1
	双 U 形	35～50	45～60	60～75	4:1	5:1	6:1

土壤相关参数 表 6-19

土壤类别	热导率 [W/(m·℃)]	比热容 [J/(kg·℃)]	密度 (kg/m³)	单位孔深换热量 q (W/m)
页岩	0.835	840	2046.9	33.8
石灰岩	0.984	890.4	2881.9	39.3
砂岩	1.838	1008	2626.8	63.8
大理石	3.489	924	3256.4	96.5

4. 地埋管换热器水力计算

（1）压力损失计算

1）确定管内流体的流量 G（m^3/h）和公称直径。

2）根据公称直径，确定地埋管的内径 d_j。

3）计算地埋管的断面面积 A：

$$A=\frac{\pi d_j^2}{4} \tag{6-26}$$

式中　A——地埋管的断面面积，m^2；

　　　d_j——地埋管的内径，m。

4）计算管内流体的流速 v：

$$v=\frac{G}{3600A} \tag{6-27}$$

式中　v——管内流体的流速，m/s；

　　　G——管内流体的流量，m^3/h。

应注意，地埋管换热器内流体流动应为紊流，流速应大于 $0.4m/s$。

5）雷诺数 Re 的计算（Re 应该大于 2300 以确保紊流）：

$$Re=\frac{\rho v d_j}{\mu} \tag{6-28}$$

式中　Re——管内流体的雷诺数；

　　　ρ——管内流体的密度，kg/m^3；

　　　μ——管内流体的动力黏度，$Pa\cdot s$。

6）计算管段的沿程阻力损失：

$$P_d=0.158\rho^{0.75}\mu^{0.25}d_j^{-1.25}v^{1.75} \tag{6-29}$$

$$P_y=P_dL \tag{6-30}$$

式中　P_y——计算管段的沿程阻力损失，Pa；

　　　P_d——管段单位管长的沿程阻力损失，Pa/m；

　　　L——计算管段的长度，m。

7）计算管段的局部阻力损失 P_j：

$$P_j=P_dL_j \tag{6-31}$$

式中　P_j——计算管段的局部阻力，Pa；

　　　L_j——计算管段管件的当量长度，m。

8）计算管段的总阻力损失 P_z

$$P_z=P_y+P_j \tag{6-32}$$

式中　P_z——计算管段的总阻力损失，Pa。

（2）循环泵的选择

在设计中，应根据地埋管换热器系统设计工况运行时的水流量 M_{de} 和管路的阻力损失 $\sum\Delta H$，再分别加 10%～20% 的安全系数作为选择水泵的流量和扬程（压头），即：

$$M_p=1.1M_{de} \tag{6-33}$$

$$H_p=(1.1\sim1.2)\sum\Delta H \tag{6-34}$$

根据式（6-33）、式（6-34）和水泵特性曲线或特性表，选择循环水泵。在选择中应注意：

1）但为了减少造价和占地面积，一般台数不宜过多（不应超过4台）。

2）如选两台泵，应选择其工作特性曲线平坦型的。

3）水泵长时间工作点应位于最高效率点附近的区间内。

6.3.5 热泵系统设计注意事项

（1）热泵的运行结果很大程度上取决于热能利用系统与热源系统之间的温度差。因此，冬季系统的供水温度越低越好，夏季系统的供水温度越高越好。地源热泵系统宜与辐射系统结合使用，这样，可以最大限度地提高系统的季节性能系数。

（2）设计水平地埋管换热器时，最上层埋管的顶部应在冻土层以下400mm，且距地面不应少于800mm；沟槽内的管间距及沟槽间的距离，除应满足换热需要外，还应考虑挖掘机械施工的需要。

（3）竖直地埋管换热器的埋管深度应大于20m；水平连接管的深度应在冻土层以下600mm，且距地面不宜小于1500mm。

（4）地埋管环路两端应分别与供、回水环路集管相连接，且宜同程布置，每对供、回水环路集管连接的地埋管环路数宜相等。供、回水环路集管的间距不应小于600mm。

（5）竖直地埋管环路也可以采取分、集水器连接方式，一定数量的地埋管环路供、回水管分别接入相应的分、集水器，但分、集水器应有平衡和调节各地埋管环路流量的措施。

（6）通过空调水路系统进行冷、热工况转换的系统，应在水系统管路上设置冬、夏季节工况转换的阀门。转换阀的性能应可靠，并确保严密不漏。

（7）地埋管换热器管内的介质，应保持为紊流流动状态（$Re > 2300$）；通常，管内介质的流速v宜采用：单U形管，$v \geqslant 0.6\text{m/s}$；双U形管，$v \geqslant 0.4\text{m/s}$。水平环路集管的坡度不应小于2‰。

（8）地埋管换热器的安装位置应远离水井及室外排水设施，且宜靠近机房或以机房为中心设置。敷设供、回水集管的管沟应分开布置。

（9）地埋管换热系统应根据地质特征确定回填料的配方，回填料的导热系数应大于或等于钻孔外或沟槽外岩土体的导热系数。

（10）地埋管换热系统应设置自动充液及泄露报警装置，并配置反冲洗系统，冲洗流量可取工作流量的两倍。

（11）地埋管换热系统宜采用变流量调节方式，1kW供冷、热量的循环水泵耗电量不应大于43kW。

（12）若是内系统的压力超过地埋管换热器的承压能力时，应设置中间换热器将地埋管换热器与室内系统隔开。

（13）地埋管换热器的换热量应满足计算周期内地源热泵系统实际最大吸/释热量的要求。当最大吸释热量相差较大时，应设置辅助热源或冷源，与地埋管换热器并联运行。

（14）地埋管道应采用热熔或电熔连接。竖直地埋管换热器的U形弯管接头，应选用定型的U形成品弯头。

（15）铺设水平地埋管换热器前，沟底部应先铺设厚度相当于管径的细砂。

（16）竖直地埋管换热器的 U 形管，应在钻孔完成且孔壁固化后立即进行。下管过程中，U 形管内宜充满水，并采取可靠措施，使 U 形管的两条管道处于分开状态。

（17）竖直地埋管换热器的 U 形管安装完毕后，应立即进行灌浆、回填、封孔。当埋管深度超过 40m 时，灌浆回填应在周围临近钻孔均钻凿完毕后进行。

（18）竖直地埋管换热器的泥浆回填料，宜采用膨润土和细砂（或水泥）的混合浆或专用泥浆材料。当地埋管换热器设计在密实或坚硬的岩土体中时，宜采用水泥基料泥浆回填。

（19）地埋管安装前后，应进行冲洗。

（20）环境温度低于 0℃时，不宜进行地埋管换热器施工。

6.3.6　设计示例

1. 工程概况

该工程为综合楼，建设地点位于北京市海淀区，建筑性质为以办公楼为主、附带商业的综合公共建筑，总建筑面积为 94000m²。

2. 系统设计

（1）热源

1）冬季空调系统热负荷为 6800kW（热指标 72W/m²），冬季供暖系统热负荷为 50kW，全楼冬季总热负荷为 6850kW（热指标 73W/m²）。

2）空调及供暖热源均来自本楼地下冷冻机房集中设置的地源热泵机组（供暖为二次热水）。全楼共设 3 台机组，每台供热量为 2290kW。与之配套设置 3 台地源水泵和空调供水泵。

3）地源水冬季设计供/回水温度为 13℃/7℃，总设计流量为 1230m³/h。

4）空调热水（及供暖一次热水）供/回水温度为 45℃/38℃，总设计流量为 750m³/h。

（2）冷源

1）全楼空调冷负荷 8820kW（冷指标 94W/m²）。

2）冷源装置为 3 台同型号地源热泵机组加上一台电制冷离心式冷水机组。

3）地源热泵机组供冷量为 1948kW（单台），离心式冷水机组供冷量为 3000kW。

4）冬季为地源热泵机组配套的地源水泵和空调供水泵在夏季同样使用；同时为离心式冷水机组配套冷冻水泵和冷却水泵各一台，冷却塔两台。

5）地源水夏季设计供/回水温度为 32℃/37℃，总设计流量为 1230m³/h；冷却塔冷却水设计供/回水温度为 32℃/37℃，总设计流量为 620m³/h；空调冷水设计供/回水温度为 6℃/12℃，总设计流量为 1270m³/h。

（3）地源及地埋管系统

1）该工程采用竖向地埋管换热系统，在建筑红线内布井孔 760 个，孔径 φ200，井深 130m，井距 4200mm，井内为双 U 形管方式。

2）地埋管换热系统应由供货商进行深化设计，应包括地质勘察、换热能力试验、全年动态负荷平衡计算，以及施工组织方案。

3. 附图（图 6-13～图 6-16）

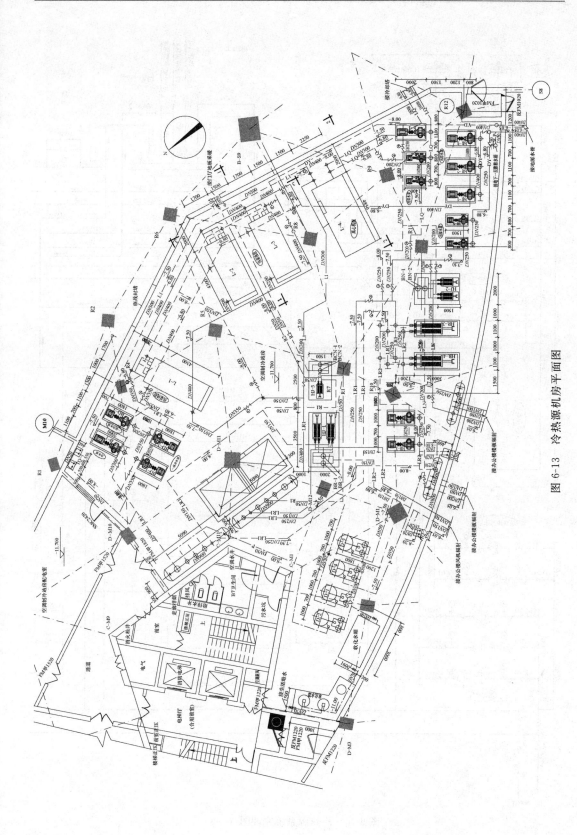

图 6-13 冷热热源机房平面图

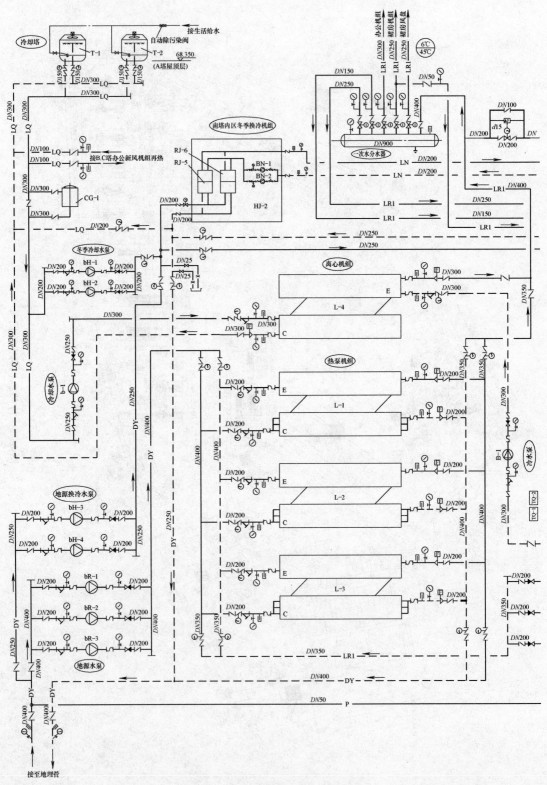

图 6-14　冷热源系统原理图（一）

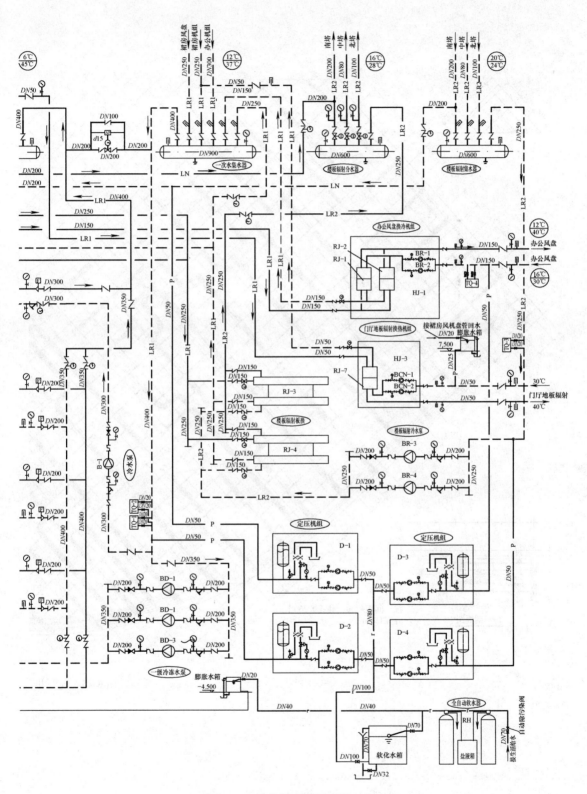

图 6-15　冷热源系统原理图（二）

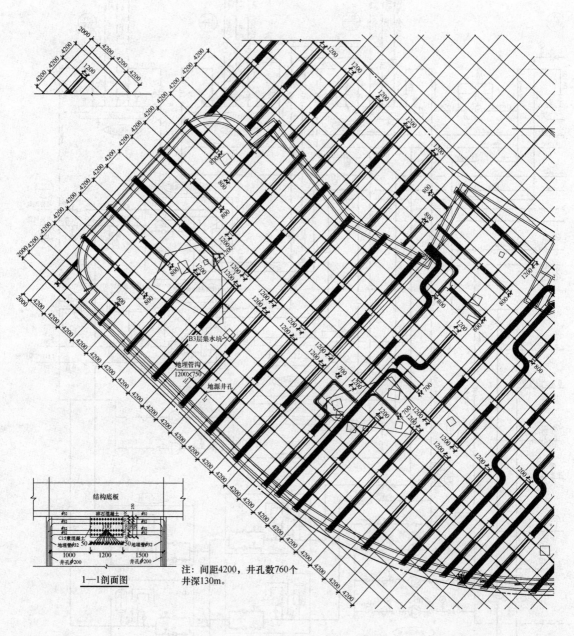

注：间距4200，井孔数760个
井深130m。

1—1剖面图

图 6-16　地源井

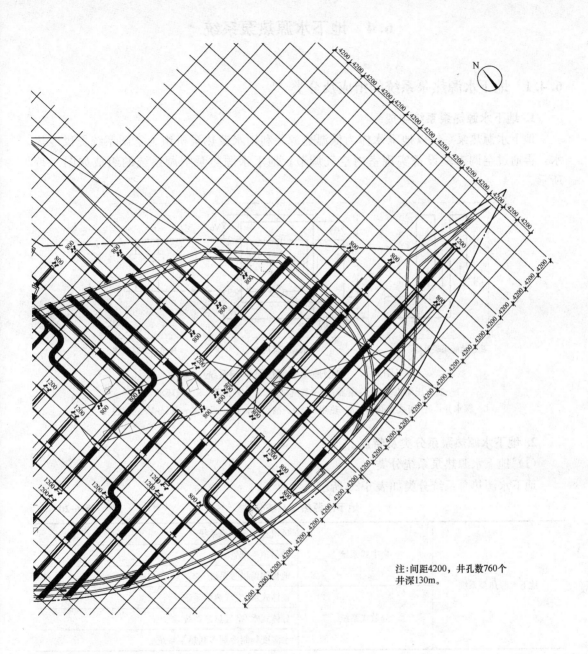

注:间距4200，井孔数760个
井深130m。

孔埋管平面图

6.4 地下水源热泵系统

6.4.1 地下水源热泵系统的组成及分类

1. 地下水源热泵系统组成

地下水源热泵系统以地下水体为低温热源，利用水源热泵机组为空调系统提供冷热水，再通过空调末端设备实现室内空气调节。地下水源热泵空调系统的组成如图 6-17 所示。

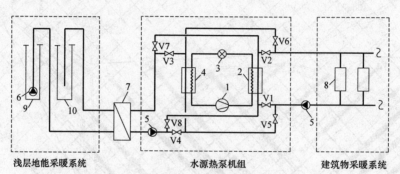

图 6-17 典型地下水源热泵空调系统

1—制冷压缩机；2—冷凝器；3—节流机构；4—蒸发器；5—循环水泵；
6—深水井；7—板式换热器；8—热用户；9—抽水井；10—回灌井；V1～V8—阀门

2. 地下水源热泵系分类及特点

（1）地下水源热泵系统分类

地下水源热泵系统分类如表 6-20 所示。

地下水源热泵系统分类 表 6-20

地下水源热泵系统	集中式系统	风机盘管＋新风系统
		冷吊顶毛细管系统
		地板辐射供暖系统
	分散式系统	整体式水/空气热泵系统
		分体式水/空气热泵系统
		水源变频制冷剂多联热泵系统

（2）地下水源热泵系统特点

地下水源热泵系统特点如表 6-21 所示。

6.4.2 现场调查与工程勘察

1. 工程现场状况调查

工程现场状况调查应包括以下内容：

地下水源热泵系统特点 表 6-21

优缺点	特点	说明
优点	节能	能效比高,可充分利用地下水等低位热源
	环保	不向大气排放热量,无污染物排放
	多功能	制冷、制热、制取生活热水,可按需设计
	系统运行稳定	系统运行时,主机运行工况变化小
	运行费用低	耗电量少,运行费用大大降低
	投资适中	在水源容易获取、取水构筑物投资不突出的情况下,空调系统初投资适中
缺点	水质需要处理	当水源水质较差时,水质处理比较复杂
	取水构筑物繁琐	地下水打井受地质条件约束较大,施工比较繁琐
	使用地下水时,很难确保100%回灌	地下水回灌须针对不同的地质情况,采用相应的保证回灌措施

（1）勘察范围应比拟定换热区边界大 100～200m。

（2）勘察工程场区地貌、场内已有井的情况、地下水的污染、水资源开采规划等。

（3）利用现有的水文地质勘察和研究成果，初步查明大范围区域性水文地质条件，包括：地下水含水层结构、厚度、埋藏、水位分布、水温分布、水量和水质及动态情况。

（4）确定勘测井位置，当建筑物面积小于 2800m² 时，可设勘测井；当建筑面积更大时至少应设两个勘测井。

2. 地下水文地质勘察

（1）地下水水文地质勘察应采用物探和钻探的方式进行，具体可参考《地源热泵系统工程技术规范（2009 年版）》GB 50366—2005、《供水水文地质勘察规范》GB 50027—2001 和《供水管井技术规范》GB 50296—1999，勘察应包括下列内容：

1）地下水类型；

2）含水层岩性、分布、埋深及厚度；

3）含水层的富水性和渗透性；

4）地下水径流方向、速度和水力坡度；

5）地下水水温及其分布；

6）地下水水质；

7）地下水水位动态变化。

（2）地下水换热系统勘察应进行水文地质试验，试验应包括下列内容：

1）抽水试验；

2）回灌试验；

3）测量出水水温；

4）取分层水样并化验分析分层水质；

5）水流方向试验；

6）渗透系数计算。

（3）当地下水换热系统的勘察结果符合地源热泵系统要求时，应采用成井技术将水文地质勘探孔完善成热源井加以利用。成井过程应由水文地质专业人员进行监理。

（4）编写水文地质勘察报告，报告中应明确指明地下是否有水、水量是否充足、水温是否合适、供水是否稳定、水质是否合格、场地是否合适打井和回灌等，并确定出地下水源热泵系统在此使用的适宜性和对设置生产井和回灌井的建议等。

3. 地下水供水系统形式选择

地下水供水系统形式可分为间接供水形式和直接供水形式，应根据地下水水质进行选择。

（1）间接供水系统

使用板式换热器将地下水和水源热泵机组循环水系统分开，地下水不直接进入水源热泵机组中，保证机组不受地下水质影响，防止机组出现结垢、腐蚀、泥渣堵塞等现象，从而减少维修费用、延长使用寿命。当采用分散式地下水源热泵空调系统时，必须采用间接供水系统。

（2）直接供水系统

地下水直接进入水源热泵机组中，作为机组循环水系统使用，其水质基本要求：清澈、水质稳定、不腐蚀、不滋生微生物或生物、不结垢等。

对于地下水水质的具体要求，在目前还未设有机组产品标准的情况下，可参照下列要求：pH 值为 6.5～8.5，CaO 含量＜200mg/L，矿化度＜3g/L，Cl^- 含量＜100mg/L，SO_4^{2-} 含量＜200mg/L.，Fe^{2+} 含量＜1mg/L，H_2S 含量＜0.5mg/L，含砂量＜1/200000。根据地下水的不同水质，当达不到要求时，可采用除砂、除铁、软化、杀菌灭藻、安装净水器或过滤器等水处理技术措施。

6.4.3　地下水源热泵系统设计

1. 地下水换热系统设计步骤

设计可按下列步骤进行：

（1）确定工程项目所需的地下水总水量，即夏季向地下水排放的最大释热量或冬季向地下水吸收的最大吸热量，由该工程负荷与水源热泵机组性能等确定。

（2）确定地下水井的数量和位置。根据试验井的出水量和当地水文地质单位的意见，定出每口井的小时出水量。由项目所需的总数量和每口井的出水量，确定井的数量并布置井群的位置。

（3）井或井群管路的设计。通过水力计算选择管路及计算其阻力损失，另外，对于集中式间接供水系统，还有二次水回路的设计。

（4）板式换热器的选择与计算。

（5）地下水的回灌方式的确定与计算。

（6）井泵等的选择。根据采用地下水泵的形式，以及井水系统管路的阻力损失来选择适合的井泵。

2. 地下水总水量的确定

地下水总量是由系统的供水方式（直接供水、间接供水）、水源热泵机组的性能、地下水（井水）可利用温差、设计建筑物空调的冷、热负荷等因素决定的。

（1）地下水可利用温差的确定

地下水的水温常年保持不变，我国各地区的地下水水温条件可参考本手册第 6.2.4 节相关内容。对于地下水源热泵系统，增大地下水的利用温差，可较少相应所需的取水量和回灌量，较少一次投资和降低水泵能耗，但会导致热泵机组夏季冷凝温度提高以及冬季蒸发温度下降，降低机组的 COP。

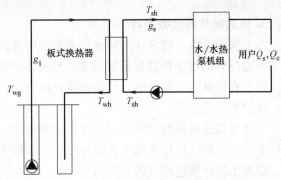

通常，受热泵机组的性能影响，冬季地下水的回灌温度在 5℃ 以上，一般为 7℃ 左右；夏季地下水的回灌温度在 25℃ 以上，一般为 30℃ 左右。

图 6-18　地下水换热系统简图

（2）地下水总水量

图 6-18 所示为地下水换热系统简图。在夏季，热泵机组按制冷工况运行时，地下水总水量为：

$$m_{\mathrm{gw}}=\frac{Q_{\mathrm{s}}}{c_{\mathrm{p}}(T_{\mathrm{wh}}-T_{\mathrm{wg}})}\times\frac{EER+1}{EER} \tag{6-35}$$

式中　m_{gw}——热泵机组按制冷工况运行时，所需的地下水总水量，kg/s；

　　　　T_{wg}——井水水温，℃，即进入热交换器的地下水水温；

　　　　T_{wh}——回灌水水温，℃，即离开热交换器的地下水水温；

　　　　c_{p}——水的比定压热容，通常取 $c_{\mathrm{p}}=4.19\mathrm{kJ/(kg\cdot℃)}$；

　　　　Q_{s}——建筑物空调冷负荷，kW；

　　　　EER——热泵机组的制冷能效比，所谓的 EER 是指热泵机组的制冷量与电机输入功率之比；

$Q_{\mathrm{s}}\dfrac{EER+1}{EER}$——热泵机组按制冷工况运行时，由地下水带着的最大冷凝热量。

在冬季，热泵机组按制热工况运行时，地下水总水量为：

$$m_{\mathrm{gw}}=\frac{Q_{\mathrm{c}}}{c_{\mathrm{p}}(T_{\mathrm{wg}}-T_{\mathrm{wh}})}\times\frac{COP-1}{COP} \tag{6-36}$$

式中　　　　m_{gw}——热泵机组按制热工况运行时，所需的地下水总水量，kg/s；

　　　　　　T_{wg}——井水水温，℃，即进入热交换器的地下水水温；

　　　　　　T_{wh}——回灌水水温，℃，即离开热交换器的地下水水温；

　　　　　　c_{p}——水的比定压热容，通常取 $c_{\mathrm{p}}=4.19\mathrm{kJ/(kg\cdot℃)}$；

　　　　　　Q_{c}——建筑物空调热负荷，kW；

　　　　　　COP——热泵机组的制热性能系数，所谓的 COP 是指热泵机组的制冷量与电机输入功率之比；

$Q_{\mathrm{c}}\left(1-\dfrac{1}{COP}\right)$——热泵机组按制热工况运行时，从地下水吸取的最大热量。

式（6-35）和式（6-36）中，已知量有：

1）对于选定的水源热泵机组，当运行工况确定后，其 COP 值与 EER 值已为定值。

2）建筑物空调冷负荷 Q_{e} 和热负荷 Q_{c}。

3）井水水温（T_{wg}）可以通过地下水水文地质勘察获得。

由此可见，只要求得离开热交换器的地下水水温 t_{gw2}，就可以根据式（6-35）和式（6-36）求得 m_{gw}。

3. 板式换热器选型设计

在工程设计中，通常在间接式供水系统中选用逆流换热方式，以使热泵机组在冬季制热工况运行时能尽量提高其蒸发温度。目前，最常用的间接式供水系统换热器是板式换热器，它具有优良的导热性能；结构紧凑，体积小；可以用抗腐蚀的材料制作；造价低；清洗、维护方便等优点。

当选用板式换热器同时用于制冷工况和制热工况两种功能时，要分别进行计算，最终以较不利的工况（计算的地下水流量较大）来确定板式换热器的型号。

制冷工况计算过程（图 6-19）：

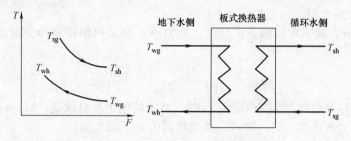

图 6-19　制冷工况的板式换热器

（1）通过调研或测试，确定制冷设计工况下地下水源侧的进水温度 T_{wg}。

（2）确定水源热泵机组循环水的进水温度 T_{sh}。水源热泵机组的循环水进水温度 T_{sh} 可按照《水源热泵机组》GB/T 19409 来确定，其制冷工况下的进水温度范围为 10～25℃。

（3）根据已知的设计散热量 Q_s、设计循环水流量 G_s 及热泵机组循环水的进水温度 T_{sh}，可确定热泵机组循环水的出水温度 T_{sg}：

$$T_{sg} = T_{sh} + 0.86 \times Q_s / G_s \tag{6-37}$$

式中　Q_s——设计散热量，kW；

　　　G_s——设计循环水流量，m³/h。

（4）选择板式换热器地下水的回水温度 T_{wh} 与热泵机组循环水的出水温度 T_{sg} 的温差 ΔT，一般为 1～2.5℃，来确定地下水的回水温度 T_{wh}。

$$T_{wh} = T_{sg} - \Delta T \tag{6-38}$$

（5）根据地下水供水温度 T_{wg}、回水温度 T_{wh}、设计散热量 Q_R，确定制冷工况时的设计地下水流量 G_L。

$$G_L = 0.86 \times Q_s / (T_{wg} - T_{wh}) \tag{6-39}$$

式中　G_L——制冷工况下，设计地下水流量，m³/h。

制热工况计算过程（图 6-20）：

（1）通过调研或测试，确定制热设计工况下地下水源侧的进水温度 T_{wg}。

（2）确定水源热泵机组循环水的进水温度 T_{sh}。水源热泵机组的循环水进水温度 T_{sh} 可按照《水源热泵机组》GB/T 19409 来确定，制热工况下的进水温度范围为 10～25℃。

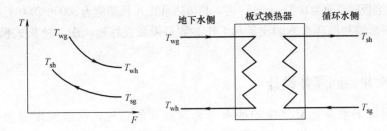

图 6-20 制热工况的板式换热器

（3）根据已知的设计散热量 Q_R、设计循环水流量 G_s 及热泵机组循环水的进水温度 T_{sh}，可确定热泵机组循环水的出水温度 T_{sg}：

$$T_{sg} = T_{sh} - 0.86 \times Q_R / G_s \tag{6-40}$$

式中　Q_R——设计吸热量，kW；

　　　G_s——设计循环水流量，m^3/h。

（4）选择板式换热器地下水的回水温度 T_{wh} 与热泵机组循环水的出水温度 T_{sg} 的温差 ΔT，一般为 1~2.5℃，来确定地下水的回水温度 T_{wh}。

$$T_{wh} = T_{sg} - \Delta T \tag{6-41}$$

（5）根据地下水供水温度 T_{wg}、回水温度 T_{wh}、及设计吸热量 Q_R，确定供热工况时的设计地下水流量 G_w。

$$G_w = 0.86 \times Q_s / (T_{wg} - T_{wh}) \tag{6-42}$$

式中　G_w——制热工况下，设计地下水流量，m^3/h。

根据计算出的两个设计地下水流量（G_L、G_w）的较大值，地下水侧进、出口温度（T_{wg}、T_{wh}），设计循环水流量（G_s），循环水侧进、出口温度（T_{sg}、T_{sh}）、水质等确定板式换热器的型号。

另外，板式换热器在设计选型中应注意以下几点：

（1）当地下水的矿化度小于 350mg/L，含砂量小于 1/1000000 时，地下水系统中可不设置换热器，选用直接供水系统。

（2）当地下水的矿化度为 350~500mg/L 时，可以采用不锈钢板式换热器。当地下水的矿化度大于 500mg/L 时，则应安装抗腐蚀性强的铁合金板式换热器。

（3）应根据板式换热器的工作压力、流体的压力降和传热系数来选择波纹形式。

（4）一般板间平均流速为 0.2~0.8m/s。

（5）单板面积可按流体流过角孔的速度为 6m/s 左右考虑。当角孔中流体速度为 6m/s 时，各种单板面积组成的板式换热器处理量如表 6-22 所示。

单台最大处理量参考值　　　　　　　　　　　　　　　　　表 6-22

单板面积（m²）	0.1	0.2	0.3	0.5	0.8	1.0	2.0
角孔直径（mm）	40~50	65~90	80~100	125~150	175~200	200~250	—400
单台最大流通能力（m³/h）	27~42	71.4~137	108~170	264~381	520~678	678~1060	—2500

（6）设计中，可采用厂家使用的专用计算机软件来选择板式换热器。如估算时，对于水—水

板式换热器，当板间流速为 0.3～0.5m/s 时，总传热系数 K 概略值为 3000～7000W/($\text{m}^2 \cdot \text{℃}$)。

（7）地下水侧和循环水侧的流量和工作参数必须要很好地匹配，使板式换热器始终高效运行。

6.4.4 抽水井、回灌井设计

热源井是地下水源热泵系统的抽水井和回灌井的总称，一般深度局限于地表以下 200m 深的范围内，其水井设计及成井工艺等均可参考一般地下水供水管井的相关规范要求。供水井和回灌井的设计与施工必须由具备相关设计和施工资质的人员或单位完成，地下水源热泵系统的设计人员应根据水井的设计和勘察施工报告，来设计选择满足系统峰值流量要求的最佳方案，包括水井的水量、间距和供水井、回灌井的尺寸。

1. 热源井设计

（1）热源井的形式

热源井的主要形式有管井、大口井、辐射井等。

1）管井一般是指用凿井机开凿至含水层中，用井壁管保护井壁，垂直地面的直井，又称机井。管井按含水层的类型划分，有潜水井和承压井；按揭露含水层的程度划分，有完整井和非完整井。管井是目前地下水源热泵空调系统中最常见的。

2）大口井井径一般大于 1.5m，大口井可以作为开采浅层地下水的热源井，其构造如图 6-22 所示。它具有构造简单、取材容易、施工方便、使用年限长、容积大，能兼起调节水量作用等优点。但大口井深度小，对潜水水位变化适应性差。

3）辐射井是由集水井与若干呈辐射状铺设的水平集水管（辐射管）组合而成。集水井用来汇集从辐射管来的水，同时是辐射管施工的场所，又是抽水设备安装的场所。辐射管是用来集取地下水的，辐射管可以单层铺设，亦可多层铺设，其结构如图 6-21 所示。辐射井具有管理集中、占地少，便于卫生防护等优点。但它的施工技术难度大，成本高。

管径、大口井和辐射井的基本尺寸及适用范围如表 6-22 所示。

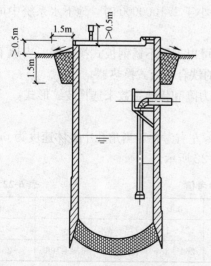

图 6-21　大口井的构造图

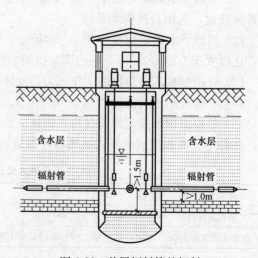

图 6-22　单层辐射管的辐射

管径、大口井和辐射井的基本尺寸及适用范围　　　　　表 6-23

形式	尺寸	深度	使用范围				出水量
			地下水类型	地下水埋深	含水层厚度	水温地址特征	
管径	井径 50～1000mm，150～600mm	井深 20～1000m，常用300m 以内	潜水，承压水，裂隙水，溶洞水	200m 以内，常用在70m 以内	大于 5m 或有多层含水层	适用于任何砂、卵石、砾石地层及构造缝隙、岩溶裂隙地带	单井出水量 500～6000m³/d，最大可达 $(2～3)×10^4 m^3/d$
大口井	井径 1.5～10m，3～6m	井深 20m 以内，常用6～15m	潜水，承压水	一般在10m 以内	一般为5～15m	适用于任何砂、卵石、砾石地层及构造缝隙、岩溶裂隙地带	单井出水量 500～$1×10^4 m^3/d$，最大可达 $(2～3)×10^4 m^3/d$
辐射井	集水井直径 4～6m，辐射管直径 50～300mm，常用 75～150mm	集水井井深 3～12m	潜水，承压水	埋深在12m 以内，辐射管距降水层应大于 1m	一般大于 2m	补给良好的中粗砂、砾石层，但不可含有飘砾	单井出水量 5000～$5×10^4 m^3/d$，最大可达 $10×10^4 m^3/d$

（2）管井的构造

热源井是垂直安装在地下的取水构筑物，由井室、井壁管、过滤器以及沉砂管组成，如图 6-23 所示。井的终孔直径应根据井管口径和主要储能含水层的种类确定：在砾石、粗砂层中，孔径应比井管外径大 150mm，在中、细、粉砂层中，应大于 200mm，但采用笼状填砾石过滤器时，孔径应比井管外径大 300mm。我国现有的管径的直径有 200mm、300mm、400mm、500mm、550mm、600mm、650mm 等规格。管井最大出水量可达（2～3)×10⁴ m³/d。

1）井室

井室的功能是安装井泵电动机、井口阀门、压力表等，保护井口免受污染和提供运行管理维护场所。其形式可分为地面式、地下式或半地下式。井室的基本要求：

① 井口应高出地面 0.3～0.5m，以防止井室地面的积水进入井内。

② 井口周围需要用黏土或水泥等不透水材料封闭，其封闭深度不小于 3m。

③ 井室内应有采光、通风、采暖、防水等设施。

2）井壁管

井壁管有钢管、铸铁管、卷焊管及非金属材料管等，主要安装在不需要进水的岩土层段（如黏性土层段等），其功能是加固井壁，隔离不良（如水质较差、水头较低）的含水

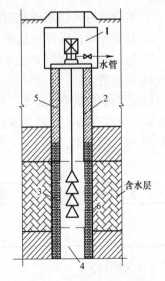

图 6-23　管井构造示意图

1—井室；2—井壁管；3—过滤器；4—沉淀管；5—黏土封闭；6—规格填砾

层。井壁管的基本要求有：

① 井壁管应具有足够的强度，能经受地层和人工充填物的侧压力，不宜弯曲，内壁平滑圆整，经久耐用。

井深小于 250m 时，井壁管一般采用铸铁管；

井深小于 150m 时，一般采用钢筋混凝土管；

井深较小时，可采用塑料管。

② 井壁管的内径应按出水量要求、水泵类型、吸水管外形尺寸等因素确定，通常大于或等于过滤器的内径。当采用潜水泵或深水泵扬水时，井管壁的内径应比水泵井下部分最大外径大 50～100mm；有时井管上部和下部采用不同的口径，即上大下小，中间用大小接头连接，这样可以安装较大规格的水泵，充分发挥井的作用。

常用的异径井管有以下几种：

上部口径为 250～300mm，下部口径为 200mm；

上部口径为 400～500mm，下部口径为 300～400mm。

③ 在井管壁与井壁间的环形空间内填入不透水黏土，形成黏土封闭层，以防不良地下水沿井管壁和井壁之间的环形空间流向填砾层，并通过填砾层进入井中。

3）过滤器

过滤器是带有孔眼或缝隙的管段，与井管壁直接连接，安装在含水层中，其功能是集取地下水和阻挡含水层中的砂粒进入井中。一般有钢管、钢骨架管、铸铁管、石棉水泥管、混凝土管、砾石水泥管及塑料管等，常用的有钢管和铸铁管过滤器。过滤器的基本要求是：

① 具有良好的透水性和阻砂型；

② 具有足够的强度和抗腐蚀性能；

③ 保护热工填砾层和含水层的稳定性。

4）沉淀管

沉淀管位于管井的底部，用于沉淀进入井内的细小泥沙颗粒和自地下水中析出的其他沉淀物。沉淀管的长度视井深和井水沉砂可能性而定，一般为 2～10m。根据井深可参考表 6-24 所列的数据。

			表 6-24
沉淀管长度参考值			

井深(m)	沉淀管长度(m)	井深(m)	沉淀管长度(m)
16～30	不小于 3	＞90	不小于 10
31～90	不小于 5		

（3）管井设计

热源井的设计单位应具有水文地质勘察资质。管井设计应符合现行国家标准《供水管井技术规范》GB 50296—1999 的相关规定。

管井设计应包括以下内容：

1）管井抽水量和回灌量、水温和水质；

2）管井数量、井位分布及取水层位；

3）管井配置及管材选用，抽灌设备选择；

4）井身结构、填砾位置、滤料规格及止水材料；

5）抽水试验和回灌试验要求及措施；

6）井口装置及附属设施。

管井设计时应遵循以下原则：

1）氧气会与管井内存在的低价铁离子反应形成铁的氧化物，也能产生气体粘合物，引起回灌井阻塞。为此，管井设计时应采取有效措施消除空气侵入现象。

2）抽水井与回灌井宜能相互转换，以利于开采、洗井以及岩土体和含水层的热平衡；为避免将空气带入含水层，其间应设排气装置；抽水井具有长时间抽水和回灌的双重功能，要求不出砂又保持通畅；抽水管和回灌管上均应设置水样采集口及监测口。

3）管井数目应满足持续出水量和完全回灌的需求，在水质较差或经常出现过滤网堵塞现象的区域，应多打一口抽水井作为备用。

4）为了避免污染地下水，管井位的设置应避开有污染的地面或地层，管井井口应严格封闭，井内装置应使用对地下水无污染的材料。

5）管井井口处应设检查井，井口之上若有构筑物，应留有检修用的足够高度或在构筑物上留有检修口。

（4）过滤器设计

1）过滤器类型与选择

过滤器的类型可分为不填砾和填砾两大类。常用的过滤器结构形式有：

① 圆孔、条孔过滤器：由金属管材或非金属管材加工制造而成，即在管上按错开的梅花形钻孔眼或条孔。

② 缠丝过滤器：以圆孔、条孔滤水管为骨架，在滤水管外壁铺设若干垫筋（$\phi 6 \sim \phi 8$），然后在其外面用直径 $2 \sim 3mm$ 的镀锌钢丝并排缠绕而成。

③ 包网过滤器：也是以各种圆孔、条孔滤水管为骨架，在滤水管外壁铺设若干条垫筋，然后包裹铜网、或棕树皮、或尼龙箩底布，再用钢丝缠绕而成。

在过滤器周围回填一定规格的砾石层为填砾过滤器。过滤器直接下到井中含水层部分为不填砾过滤器。不同含水层使用过滤器的类型如表 6-25 所示，过滤器类型的选择原则如下：

① 在各类砂、砾石和卵石含水层中选用填砾过滤器，以防涌砂，保持含水层的稳定性。

② 在保证强度要求的条件下，应尽量采用较大孔隙率的过滤器

③ 在粉细砂层中含铁质较多的地区，应尽量采用双层填砾过滤器。

不同含水层使用过滤器的类型 表 6-25

储能含水层特性	过滤器类型
坚硬或半坚硬的稳定岩石	不安装过滤器
半坚硬的不稳定岩石	圆孔或条孔过滤器
砂、砾、卵石层	圆孔或条孔外缠金属丝或包网过滤器、钢筋骨架或填砾过滤器
粗砂	圆孔或条孔外缠金属丝或包网过滤器、钢筋骨架或填砾过滤器
中细砂	填砾过滤器
粉砂	填砾过滤器、笼状填砾过滤器

2）过滤器进水孔眼直径与孔隙率

过滤器进水孔眼直径或宽度与其接触的含水层颗粒径有关，进水孔眼或宽度可参考表 6-26 选取。

过滤器的进水孔眼直径或宽度　　　　　表 6-26

过滤器名称	进水孔眼直径或宽度	
	岩层不均匀系数(d_{60}/d_{10})＜2	岩层不均匀系数(d_{60}/d_{10})＞2
圆孔过滤器	$(2.0\sim3.0)d_{50}$	$(3.0\sim4.0)d_{50}$
条孔缠丝过滤器	$(1.25\sim1.5)d_{50}$	$(1.5\sim2.0)d_{50}$
包网过滤器	$(1.5\sim2.0)d_{50}$	$(2.0\sim2.5)d_{50}$

注：1. d_{60}、d_{50}、d_{10} 是指颗粒中按质量计算有 60%、50%、10% 粒径小于这一粒径。

　　2. 较细砂层取小值，较粗砂层取大值。

过滤器的孔隙率是指管壁圆孔或条孔的孔隙率。各种管材允许孔隙率为：钢管 30%～35%，铸铁管 18%～25%，钢筋混凝土管 10%～15%，塑料管 10%。一般钢制圆孔、条孔过滤器的孔隙率要求在 30% 以上，铸铁过滤器要求在 23% 以上。

3）过滤器长度的选用估算

① 当储能含水层厚度小于 10m 时，过滤器长度应与含水层厚度相等；

② 当储能含水层厚度很厚时，过滤器长度可按下式进行概略计算：

$$l=\frac{m_{w}a}{d}$$ （6-43）

式中　l——过滤器长度，m；

　　　m_{w}——水井抽水量或回灌量，m³/h；

　　　d——过滤器外径，mm，非填砾管井按过滤器缠丝或包网的外径计算，填砾管井按填砾层外径计算；

　　　a——取决于储能含水层颗粒组成的经验系数，按表 6-27 确定。

不同储能含水层经验系数 a 值　　　　　表 6-27

渗透系数 K(m/d)	经验系数 a	渗透系数 K(m/d)	经验系数 a
2～5	90	15～30	50
5～15	60	30～70	30

4）最小过滤管长度。

最小过滤器长度可按下式计算：

$$L_{\min}=\frac{m_{w}}{3600\times0.85\pi n v_{g}D_{g}}$$ （6-44）

式中　$L_{\min}$——最小过滤器长度，m；

　　　n——过滤管进水面层有效孔隙率；

　　　v_{g}——允许过滤管进水流速，m/s，不得大于 0.03m/s，当地下水具有腐蚀性和容易结垢时，还应减少 1/3～1/2 后确定；

　　　D_{g}——过滤管外径，m；

　　　m_{w}——生产井的井流量，m³/h。

对松散层中的管井，还应校核：

$$L_{\min} \geqslant \frac{m_w}{240\pi nD_k \sqrt{K}}$$ (6-45)

式中 D_k——开采段井径，m；

K——含水层渗透系数，m/s。

设计时还应注意：实际选用时还有余量，对于地下水源热泵热源井尽量采用完整井。

（5）井管及过滤器的一般要求

常用井管（通常兼指井壁管及过滤器而言）应符合以下的要求：

1）井管本身及连接部分不应弯曲，以保持整个井壁垂直；

2）井管内壁需光滑，圆整，且满足在井管内顺利无碍地安装抽水或回灌设备；

3）井管管材应有足够的抗压、抗剪和抗弯强度，能经受管壁外侧岩层和人工填砾的压力；

4）安装时，井管及连接部分要有一定的抗拉强度、能经受住全部井管的重量；

5）过滤器要有较大的空隙率，以保证减少地下水通过管内的阻力，最大可能地增加出水量或回灌量。

（6）单井井流量

1）承压含水层中的单个定流量完整井井流量按下式计算：

$$m_w \geqslant \frac{4\pi KMS_p}{W(u)} \times 3600$$ (6-46)

式中 m_w——热源井的井流量，m³/h；

K——含水层渗透系数，m/s；

M——含水层厚度，m；

S_p——长期抽水允许的降深，m，应根据当地的水文地质条件，经过技术经济比较确定，一般情况下可取 $5mH_2O$；

$W(u)$——泰斯井函数，按下式计算：

$$W(u) = \int_u^\infty \frac{e^{-x}}{x} dx$$ (6-47)

u 的计算式为：

$$u = \frac{r_e^2 \mu_s}{4Kt}$$ (6-48)

式中 r_e——热源井的有效半径，m，一般来说，对于生产井由于洗井和长期抽水井，有效半径会大于实际井径 r_w；

μ_s——含水层储水系数，m^{-1}；

t——计算时间，s，可取热源井的寿命 15 年。

2）潜水完整井，单井井流量按下式计算：

$$m_w = \frac{2\pi K(2h_0 - S_p)S_p}{W(u)} \times 3600$$ (6-49)

式中 h_0——含水层初始厚度，m。

3）地下水源热泵所需要的井数 N：

$$N=\frac{3600 m_{\mathrm{gw}}}{\rho_{\mathrm{w}} m_{\mathrm{w}}}\qquad\qquad(6\text{-}50)$$

式中　N——热源井的井数，向上取整；

　　　ρ_{w}——地下水的密度，$\mathrm{kg/m^3}$。

4）设计中的注意事项：

① 对于一般的井群设计来说，应当有备用管井，备用管井的数量宜按照设计水量的 10%～20% 设置，并不得少于 1 口。但对于地下水源热泵系统来说，部分负荷出现的时间较长，井群同时工作的时间较短，考虑到节省系统投资，生产井可以不设置备用管井。

② 井间距的大小直接影响地下水热泵系统的热贯通程度。热贯通定义为热泵运行期间抽水温度发生改变的现象。在设计中，对于渗透性较好的松散砂、石层，井间距应在 100m 左右，且回灌井宜在生产井的下游；对于渗透性较差的含水层，井间距一般在 50m 左右，不宜小于 50m。

2. 回灌井设计

地下水回灌就是将被水源热泵机组交换热量后排出的水再注入地下含水层中去，以补充地下水源，调节水位，维持储量平衡，防止地面沉降。由于地下水资源是有限的，对于开采的地下水应要求回灌，且必须是等量回灌，即抽出的水量应与回灌的水量相等，并同层回灌，以防止地面沉降和地下水源污染。同时，还可以回灌蓄能，达到冬季回灌蓄冷为夏季空调用，夏季回灌蓄热为冬季供暖所用。

（1）回灌井的结构与布置

回灌井同抽水井一样，也是由井管、滤水管、沉砂管组成。但由于回灌井要承受两个方面的水流作用和两种水质的影响，故要注意回灌井过滤网的强度和耐腐蚀能力。

由于水文地质条件、成井工艺、回灌方法和回灌操作程序不同，在渗透性好的含水层中，回灌井与取水井的间距较大；在渗透性较差的含水层中，回灌井可均匀分布，井距密集些。对渗透性较好的松散砂石层，两井间距应在 100m 左右，且回灌井宜在抽水井的下游；对渗透性较差的黏土层，两井间距一般在 50m 左右，不宜小于 50m。

（2）地下回灌的方法

目前，地下水源热泵空调系统的地下水回灌方法有三种：真空回灌、重力（自流）回灌和压力回灌。

1）真空回灌

真空回灌又称负压回灌，在具有密封专职的回灌井中，开泵扬水时，井管和管路内充满地下水［图 6-24（a）］。停泵，并立即关闭泵出口的控制阀门，此时由于重力作用，井管内水迅速下降，在管内的水面与控制阀之间造成真空状态［图 6-24（b）］。在这种真空状态下，开启控制阀门和回灌水管路上的进水阀，靠真空虹吸作用，水就迅速进入井管内，并克服阻力向含水层中渗透。真空回灌适用于地下水位埋藏较深（静水位埋藏深度大于 10m），渗透性良好的含水层。由于回灌时对井的滤水层冲击不强，所以很适宜老井。

2）重力回灌

重力回灌又称无压自流回灌。它是依靠自然重力进行回灌，即依靠井中回灌水位和静水位之差。此法的优点是系统简单。它也适用于低水位和渗透性良好的含水层。现在国内大多数系统都采用这种无压自流回灌方式。

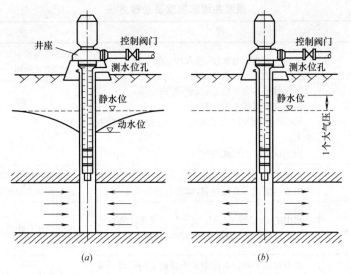

图 6-24 真空回灌

3）压力回灌

通过提高回灌水压的方法将热泵系统用后的地下水回灌含水层内，压力回灌适用于高水位和低渗透性的含水层和承压含水层。它的优点是有利于壁面回灌的堵塞，也能维持稳定的回灌速率，维持系统一定压力可以避免外界空气侵入而引起地下水氧化。但它的缺点是回灌时对井的过滤层和含砂层的冲击力强。

地下水灌抽比在理论上可以达到100%，但是往往由于水文地质条件的不同，常常影响到回灌量大小的不同。特别在细砂含水层中，回灌的速度大大低于抽水速度。对于砂粒较粗的含水层，由于空隙较大，相对而言，回灌比较容易。表 6-28 列出了国内针对不同地下含水层情况，典型的灌抽比、井的布置和单井出水量情况。

不同地质条件下的地下水系统设计参数   表 6-28

含水层类型	灌抽比（%）	井的布置	井的流量（t/h）
砾石	>80	一抽一灌	200
中粗砂	50～70	一抽二灌	100
细砂	30～50	一抽三灌	50

（3）回灌井堵塞及处理方法

目前，地下水源热泵空调系统运行中常出现灌抽比逐渐降低，甚至出现灌抽比小于30%的现象。其主要原因是：

1）在回灌过程中，由于井管内水位最高，使地下水的运动出现发散的径流向。同时，含水层常出现水丘现象，即使静水位线局部升高，或需要提高灌压。而在原灌压的情况下，回灌水量将会下降。

2）回灌井堵塞。回灌井堵塞的原因大致可归纳为六种情况，如表 6-29 所示。

3）腐蚀问题。腐蚀和生锈是早期地下水源热泵遇到的普遍性问题之一。地下水水质是引起腐蚀的根本原因。管道和过滤器因受电化学腐蚀，在水中铁质增加，堵塞了滤网或含砂层的空隙，导致灌抽比减小。

回灌井堵塞机理及处理方法   表 6-29

堵塞情况	成　因	处理方法
悬浮物的堵塞	浑浊物被带入含水层，堵塞砂层的空隙	控制回灌水中悬浮物的含量； 运行中采用回扬水措施
气泡堵塞	空气被带入含水层，空气来源有： 回灌井水可能夹带气泡； 水中溶解性气体由于浓度、压力的变化而释放出来； 因生化反应而生成的气体	回扬
微生物的生长	回灌水中的微生物在适宜条件下，在回灌井的周围迅速繁殖形成生物膜，堵塞过滤器孔隙	去除水中的有机物； 进行预消毒杀死微生物
化学沉淀堵塞	水中的 Fe、Mn、Ca、Mg 离子与空气相接触所产生的化合物沉淀，堵塞滤网和砂层孔隙	回扬； 酸化(HCl)处理； 水质监测
黏粒膨胀和扩散	水中的离子和含水层中黏土颗粒上的阳离子发生交换，导致黏性颗粒膨胀与扩散	注入 $CaCl_2$
砂层压密	砂层扰动压缩密、孔隙度减小、渗透能力降低	打新井

（4）回灌井堵塞的评价方法

地下水源热泵系统回灌井发生下列现象之一者，则认为回灌井堵塞：

1）在回灌过程中，若回灌水位突然上升或连续上升，甚至从井口溢出。

2）回扬时的动水位突然下降或连续下降，不能稳定在某一标高。

3）回灌井经过多年的回灌后，井的单位回灌量逐年减少。

目前尚无科学的评价标准评价地下水源热泵系统回灌井堵塞的程度，可参照地下水含水层储能回灌的评价方法指标，即通过井的单位回灌量和堵塞系数等数据来判断其堵塞程度。

单位回灌量定义为井在单位时间内，水位每上升 1m 时所能灌入的水量，可由下式计算：

$$q_i = \frac{m_w}{\Delta h_i} \tag{6-51}$$

式中　q_i——回灌井的单位回灌量，$m^3/h \cdot m$；

　　　m_w——回灌井的单井回灌量，m^3/h；

　　　Δh_i——水位上升的幅度，m。

堵塞系数定义为回灌末期的单位回灌量与回灌初期的单位回灌量之比值，堵塞系数按下式计算：

$$\varepsilon_s = \frac{q_{i2}}{q_{i1}}$$

式中　ε_s——回灌井的堵塞系数；

　　　q_{i1}——会馆初期的单位回灌量，$m^3/h \cdot m$；

　　　q_{i2}——回灌末期的单位回灌量，$m^3/h \cdot m$。

在一个回灌周期内，当 $\varepsilon_s \geq 0.6$ 时，则为轻度堵塞；$\varepsilon_s = 0.5 \sim 0.3$ 时，则为中度堵塞；$\varepsilon_s \leq 0.3$ 时，则为严重堵塞。

（5）防止回灌井堵塞的技术措施

1）回扬。回扬清洗方法是预防和处理回灌井堵塞的有效方法之一。回扬次数和回扬的时间主要取决于含水层的渗水性的大小和井的特征、水质、回灌水量、回灌方法等因素。例如：

① 对于中、细砂的含水层，压力回灌每天需要回扬 2～3 次，真空回灌每天需要回扬 1 次。回扬时间的确定，以每天抽完浑浊水后出清水为限，一般需要 15～30min。

② 在停用期，20～30d 回扬 1 次。

③ 对于轻度堵塞的回灌井，可采用连续回扬，直到井的单位开采量和动水位恢复，方可恢复回灌。

④ 对于严重堵塞的回灌井，可采用回扬与间歇停泵反冲的处理方法或用回扬与压力灌水相结合的处理方法。

2）辐射井回灌。由表 6-29 可以看出，辐射井的单井出水量要比管径和大口井的单井出水量大。若在地下水源热泵工程中采用辐射井作回灌井，对回灌是有利的。

3）双功能回灌井。抽水井与回灌井定期交换作用，使每口井都轮流工作于取水和回灌两种状态。

4）同井回灌可有效地减小灌压。当同井回灌系统采取井中加装隔板的技术措施来提高回灌压力（约 0.1MPa）时，可以改善回灌条件，使回灌水畅通的返回地下含水层中。

5）在同一含水层中，完整井异井回灌地下水源热泵可有效降低灌压。

6）管井的过滤管过滤面积加大或采用多井回灌，都有利于回灌和节能（减小灌压）。

7）采用化学处理方法防治管井堵塞。用 HCl（含量 10%，加酸洗抗蚀剂）处理滤水管的沉淀物。通过水中加药或提高 pH 值（加石灰），使之变为碱性水，抑制铁细菌的生长。

（6）回灌井设计原则

为了保证地下水源热泵空调系统长期正常运行，以补充地下水源，调节水位，维持贮量平衡，并使地下水不受污染，应该遵循以下原则：

1）回灌井与取水井之间的距离应按其影响半径确定；

2）应视当地地下水流情况，以及岩土质情况，布置取水井和回灌井；

3）在含水层介质颗粒较细的地区，可以采用一井抽水，两井或多井回灌的方式增大回灌流量，保证将所抽地下水完全回灌到原含水层中。

目前，虽然还没有回灌水质的国家标准，但回灌水质至少应同于原地下水水质，以保证回灌后不会引起区域性地下水水质污染。因此，应遵守以下条款：

1）地下水应在封闭系统中输送；

2）回灌井处的地质结构要有良好的覆盖层和止水层，防止回灌后各个含水层相互贯通，引起水质污染；

3）热泵空调系统中与地下水接触的部件应采用耐腐蚀材料制造；

4）取水管路和回灌水管路应装有水表和采集水样用的旋塞阀；

5）若采用化学方法处理地下水，则需在回灌前进行水质检测，符合标准后再回灌；

6）定期对地下水进行化验，并将化验结果报送有关部门备案；

7）发现地下水质异常，特别是水中出现化学物质含量升高或其他物质时，应及时采取措施。

为预防井管堵塞，要及时清除堵塞含水层和井管的杂质。在进行回灌后，要经常开泵，清除回灌井水中的堵塞物。回灌井的回扬次数和回扬持续时间取决于含水层颗粒大小和渗透性。在岩溶裂隙含水层中的回灌井，长期不回扬，回灌能力仍能维持不变；在松散粗大颗粒含水层中的回灌井，每周回扬 1~2 次；在中细颗粒含水层中的回灌井，回扬间隔应进一步缩短；对于细颗粒含水层中的回灌井来说，应经常回扬。

回灌井设计时，要按下列步骤进行：

1) 回灌场地的选择；

2) 确定渗滤速率，即正确地确定抽灌比，以确定单井的回灌量；

3) 确定回灌井的个数；

4) 设计和布置回灌井。

6.4.5　设计示题

1. 工程概况

某办公中心北京市城区西北部，地处于永定河冲淤积扇的前缘部位，主要是第四系地下水取水层。此处早期沉积了较厚的砂砾石层，其水文地质条件优越，富水性、渗透性好，对抽水和回灌都十分有利。

该项目为公共建筑，建筑面积 42187m²，其中 A、B 楼 30780m²，C 楼 11407m²。教学楼主要用于教学、培训，平时人员密集，运营过程中需要补充大量的新风，所以要保持室内舒适的温、湿度，冬天和夏天的能耗都比较大。为了节约能源，采用地下水式水源热泵系统进行制冷和制热。

2. 系统设计

（1）气象条件

当地全年平均气温 14.0℃，1 月 −7~−4℃，7 月 25~26℃。极端最低气温 −27.4℃，极端最高气温 42℃以上。

（2）冷热负荷

经过计算，A、B 楼总冷负荷 2800kW，总热负荷 2200kW；C 楼总冷负荷 800kW，总热负荷 920kW。

（3）供热制冷系统

该工程采用水源热泵系统，夏季供冷水温度为 7℃/12℃，冬季供热水温度为 40℃/45℃，水源来自地下水。根据冷、热负荷选用国内技术领先且已取得成功经验的涡旋式水源热泵机组。A、B 楼共 8 台机组，总制冷量 2880kW、总制热量 3390kW；C 楼共 3 台机组，总制冷量 870kW、总制热量 900kW。

（4）水井布置

根据项目的冷、热负荷，高峰期最大需水量为 310m³/h，需要打空调井 9 口，其中 3 口井抽水，6 口井回灌。

为保证该项目空调井的使用安全，主要考虑了以下几方面：

1) 抽水井与回灌井可以互换使用。抽水井与回灌井交替使用可以避免回灌井长时间回灌导致井管堵塞现象的发生，同时在交替过程中水井可以达到自清洗的目的，延长水井的使用寿命，提高水井的抽、回效率。

2）水井水位监测。在每眼水井中均设置了水位监测仪。当井内水位超过设定值，监测仪器会及时发出声光报警。

3）严把水井建设关。水井回灌不好主要有两方面原因：一方面是地质条件的局限性；另一方面是水井自身建设不好。该项目与具有丰富施工经验的水井施工队伍合作，确保水井的质量。

4）系统原理图如图 6-25 所示。

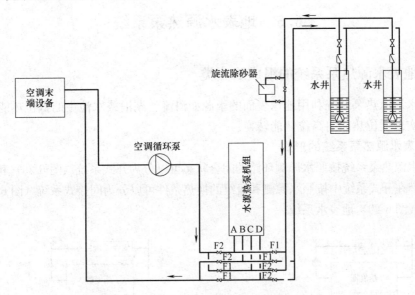

图 6-25　水源热泵系统原理图

注：图中，A/B 为蒸发器进/出口；C/D 为冷凝器进/出口。冬、夏季阀门切换：冬季开
F1、关 F2；夏季开 F2、关 F1。

5）主要设备表如表 6-30 和表 6-31 所示。

A、B 楼热泵机组及机房辅助设备表　　　　　　　　　　　　　　　表 6-30

名　　称	型　　号	单位	数量
热泵机组	制冷量：380kW，制热量：450kW	台	7
热泵机组	制冷量：202kW，制热量：238kW	台	1
除砂器	流量：300m³/h	台	1
空调循环泵	流量：160m³/h，扬程：32m，功率：22kW	台	4
定压补水系统	流量：6.3m³/h，扬程：32m	套	1
自动软水器	流量：4～5m³/h	台	1

C 楼热泵机组及机房辅助设备表　　　　　　　　　　　　　　　表 6-31

名　　称	型　　号	单位	数量
热泵机组	制冷量：380kW，制热量：450kW	台	2
热泵机组	制冷量：110kW，制热量：123kW	台	1
除砂器	流量：80m³/h	台	1
生活热水加热循环泵	流量：89m³/h，扬程：16m，功率：7.5kW	台	2
生活热水循环泵	流量：3.2m³/h，扬程：16m，功率：1.5kW	台	2
空调循环泵	流量：100m³/h，扬程：32m，功率：15kW	台	3

续表

名　　称	型　号	单位	数量
定压补水系统	流量:6.3m³/h,扬程:32m	套	1
自动软水器	流量:1～2m³/h	台	1
全能水处理器	50～80m³/h	台	1
生活热水储水罐	总容积 3.5t	台	1

6.5　地表水源热泵系统

6.5.1　地表水源热泵系统的组成及分类

地表水地源热泵系统利用地球表面的水源如河流、湖泊或水池中的低位热能资源,通过泵技术实现低位热能向高位热能转换。

1. 地表水源热泵系统的形式

地表水源热泵系统按照水源侧环路的闭合状态可以分为开式系统(图 6-26)和闭式系统(图 6-27)。在开式系统中按照水源侧和机组的换热条件可以分为间接式系统(图 6-28)和直接式系统(图 6-29)地表水系统。

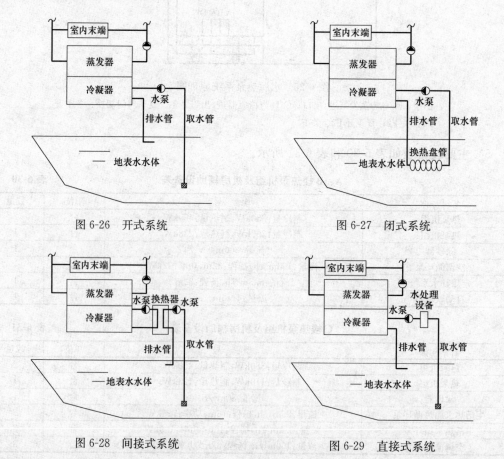

图 6-26　开式系统　　　　　　　　　　图 6-27　闭式系统

图 6-28　间接式系统　　　　　　　　　图 6-29　直接式系统

2. 开式系统和闭式系统的特点

开式系统与闭式系统特点如表 6-32。

开式系统与闭式系统特点　　　　　　　　　　　　　　表 6-32

系统形式	特　　点	说　　明
开式系统	水质要求高,避免换热器结垢、腐蚀、滋生微生物; 循环水要提升一定高度,水泵扬程高; 换热效率高,投资较低; 引起湖水流动,加快富营养化现象在水体中的扩散	适用于容量较大的系统,如区域供冷供热系统等; 取水泵扬程过大,不宜采用
闭式系统	气温较寒冷地区,一般采用防冻液作为循环介质,以防止循环介质冻结; 循环介质清洁,系统内无堵塞现象,但换热盘管外表面宜结垢,换热系数降低; 循环水扬程低于开式系统; 循环介质与地表水存在 2~7℃ 温差,会引起水源热泵机组性能下降	换热盘管置放在水体中,要有一定的固定措施; 不影响水体的使用,如不影响航道等

3. 开式地表水系统中的直接式系统和间接式系统的特点（表 6-33）

直接式和间接式系统特点　　　　　　　　　　　　　　表 6-33

系统形式	特　　点
直接式系统	有水源侧设取水泵,循环水要提升一定高度,水泵扬程高; 水质要求高,避免换热器结垢、腐蚀、滋生微生物
间接式系统	设置中间换热器; 水源侧和热泵侧均设有循环泵; 中间换热器存在换热损失,换热温差可达到 1~3℃; 水源侧水质不会对水源热泵机组产生影响

4. 水体参数对地表水源热泵系统的影响

地表水源热泵系统受到水体的水温、水质、水量等参数的影响,水体水温过高或过低导致机组无法正常运行,影响机组或管路的水质条件使系统无法长时间稳定运行;水体合适的水温层也存在无法保证系统正常运行水量的可能。因此,选择地表水作为低温热源前需进行详尽的勘察工作。

6.5.2　现场调查与工程勘察

1. 工程现场状况调查

工程现场状况调查应包括以下内容:

(1) 地表水源周边的地形、坡度及面积;

(2) 工程场地内已有建筑物和规划建筑物的分布及占地面积;

(3) 工程场地内数目植被、排水沟、池塘的分布及电源供应状况;

(4) 工程场地内已有的、规划的地下管线及地下构筑物的分布及其埋深。

2. 地表水水文地质勘察

地表水水文地质勘察应包括下列内容:

(1) 地表水源于热泵机房（包括泵房）的水平距离及垂向距离;

（2）地表水源的性质、用途、深度及面积；

（3）不同深度的地表水温，水位的季节性变化；

（4）地表水流速和流量的动态变化；

（5）地表水水质及其动态变化规律；

（6）地表水源被利用情况；

（7）地表水取水和排水的适宜地点及路线。

地表水水温、水位及流量勘察应包括近20年最高和最低水温、水位及最大和最小水量；地表水水质勘察应包括：引起腐蚀与结垢的主要化学成分，地表水源中含有的水生物、细菌类、固体含量及盐碱量等。

水质勘察还应注意以下问题：

（1）氨氯离子对换热器铜管的腐蚀较大，在水质分析中，必须测定这些离子，以保护设备的安全；

（2）藻类和微生物的水质参数分析以及水质变化预测也必须作为水质勘察的重要基础资料，以避免换热器堵塞，影响机组的稳定性；

（3）对于滞留水体，其水体的主要补水水源也应列在勘察之列，避免补水水源不能满足机组水质要求，影响机组运行安全；

（4）对于水位变化过大的流动型水体，应收集冬季和夏季的水位标高。全年运行的地表水源热泵系统，应以制冷制热季节中的最低水位作为设计取水标高，否则将不能满足取水水量的稳定性要求；

（5）对于流动水体，计算水体水量主要测定水体3～4m以下的水容量。3m以上的水体由于和大气温度一致，不能作为地表水源热泵系统的低位冷热源，其水容量不应计算在水体的容量内。为此，构筑水体的水下地形特征是水体容量计算的重要参数。

3. 地表水设计水温及热承载能力

（1）地表水设计水温的确定

对于地表水源热泵系统设计中地表水设计水温尚无明确确定方法的前提下，可参照《工业循环水冷却设计规范》GB/T 50102—2003中规定的冷却池设计水温确定方法，按以下方法确定湖水的设计水温：

1）水深大于4m的水体，采用多年平均的年最热月和最冷月月平均自然水温，即在各年的月平均自然水温中，选取出现最高值和最低值的月份，然后分别计算各自的多年平均值，分别作为夏季和冬季的地表水设计水温。

2）水深小于4m的水体，采用多年平均的年最炎热和最寒冷连续15d平均自然水温，即选取各年中气温最高和最低的连续15d，求出其平均水温，然后分别计算各自的多年平均值，分别作为夏季和冬季的地表水设计水温。

显然，水深小于4m的浅水体的设计水温夏季更高、冬季更低，这是因为浅水体的水温受气象条件的影响更明显。以上方法要有1年以上的水温全年分布数据，如果缺乏1年以上的观测数据，可以根据当地的典型气象年参数，可以使用模型计算出全年的水温分布。

此外，冬季我国许多纬度较低的南方地区地表水温一般在4～10℃之间，高纬度的北方地区地表水温一般低于4℃。在方案论证时要重点分析冬季地表水温对水源热泵机组制热的影响。夏季夏热冬冷地区地表水设计温度不宜超过 $31.5 \sim 33℃$，如果夏季地表水设计温度偏高，地表水水源热泵系统的制冷性能系数与带冷却塔的冷水机组系统相比并无优势。

除地表水温的要求外，地表水泵能耗不应高于冷却塔风机和冷却水泵能耗之和，可以通过加大地表水利用温差及流量调节等措施降低地表水泵能耗。

（2）水库水温垂向分布经验公式

目前应用较多的水库水温垂向分布经验公式是《水利水电工程水文计算规范》SL 278—2002 推荐使用的经验公式，采用的是指数函数的形式，公式如下：

$$t_z = (t_0 - t_b) \exp\left(-\frac{Z}{G}\right)^n + t_b \tag{6-52}$$

$$n = \frac{15}{m^2} + \frac{m^2}{35} \tag{6-53}$$

$$G = \frac{40}{m} + \frac{m^2}{2.37(1 + 0.1m)} \tag{6-54}$$

$$t_b = t_y - KN \tag{6-55}$$

式中　t_z——水库表面下深度 Z 处的月平均水温，℃；

t_0——库表面的月平均水温，℃；

t_b——库底的月平均水温，℃；

m——月份，即 $m = 1, 2, \cdots 1$ 即；

N——纬度，适用于北纬 $23° \sim 44°$ 之间的地区；

t_y、K——与水深、月份有关的参数，取值见表 6-34。

t_y 及 K 的取值　　　　　表 6-34

月份	1～3	4～5			6～8			9		
水深(m)		20	40	60	20	40	60	20	40	60
t_y	24.0	30.4	25.6	23.6	35.4	29.9	22.9	37.3	30.0	23.6
K	0.49	0.48	0.48	0.47	0.42	0.43	0.44	0.44	0.43	0.44

月份	10			11			12		
水深(m)	20	40	60	20	40	60			
t_y	33.1	28.0	23.6	37.4	30.9	24.1	31.5		
K	0.45	0.43	0.44	0.61	0.52	0.44	0.64		

（3）水体热承载能力的确定

水体的热承载能力是指相对传统空调（冷水机＋冷却塔）的基础上，地表水系统向水体排热负荷引起的温度变化造成的系统能效变化仍保持地表水系统具备一定的节能率。在该节能率的基础上，水体所能够承担的最大排热负荷称为水体的热承载能力。超过水体的热承载能力，地表水系统的节能率低于传统空调的节能率，严重时还会导致系统瘫痪。

对于大型的流动水体，由于水体热容量大，且水体不存在热分层现象，在一般情况下，可以不考虑水体的热承载能力。而对于滞留水体，由于水体存在热分层，且某些水体的热容量有限，必须考虑水体的热承载能力。

从环境影响的角度看，根据《中华人民共和国地表水环境质量标准》，对人为造成的环境水温变化应限制在：周平均最大温升≤1℃，周平均最大温降≤2℃。

对于水体热承载能力的计算，首先应详细分析建筑的负荷特征，其主要步骤如下：

1) 基础资料的收集：气候因素，包括当地的气温、太阳辐射强度、风力、无气等；水体特征因素，包括水面大小、水深、水温等。

2) 建筑负荷的逐时计算，得到供冷期和供热期的逐时排热量和排冷量。

3) 建立能量方程组求解或通过模拟计算软件计算建筑负荷作用下的水温分布。

4) 根据得到的水温分布曲线，结合热泵系统的进水要求，确定水体的适应性。

5) 通过水体热承载能力计算的水体，才进行下一步的方案选择。

水体承担的最大空调冷负荷与水体特征参数之间的关系式为：

$$q_{cl} = (130.7321 + 1.0025(\overline{h})^{1.7509} - 11.8729(\overline{t})^{0.7333}) \times \frac{EER}{(EER+1)} (4m \leqslant \overline{h} \leqslant 10m)$$

(6-56)

式中　q_{cl}——单位水面面积水体承担的最大空调冷负荷，W/m²；

　　　$\overline{h}$——水体平均水深，m；

　　　$\overline{t}$——供冷开始时垂直方向上平均水温，℃；

　　EER——水源热泵机组制冷能效比。

根据式（6-21），参照实际项目参数，可计算得到某水体承担一定建筑排热负荷的水温变化曲线，如图 6-30 所示。

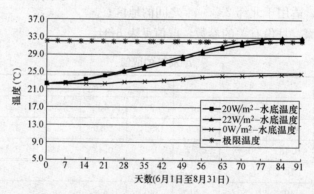

图 6-30　平均水深为 5m、平均水温为 26.02℃时水体承担热负荷后水温示意图

图 6-31 的计算结果是以 32℃作为开式地表水系统的最高取水温度条件为前提，计算图示中的各单位面积的负荷表示在供冷期中取水层的水面面积可以承担的最大负荷。其他最高温度限值温度的计算可参照此方法进行。

水体承担的最大空调热负荷与水体特征参数之间的关系式为：

$$q_r = [-94.2202 + 9.231(\overline{h}) - 9.9024(\overline{t}) - 0.4616(\overline{h})^2 - 0.2694(\overline{t})^2]$$

$$\times \frac{EER_r}{(EER_r + 1)} (4m \leqslant \overline{h} \leqslant 10m)$$

(6-57)

式中　q_r——单位水面面积水体承担的最大空调热负荷，W/m²；

　　　$\overline{h}$——水体平均水深，m；

　　　$\overline{t}$——供冷开始时垂直方向上平均水温，℃；

EER_r——水源热泵机组制热能效比。

式（6-57）的计算前提为 4℃作为开式地表水系统的最低取水温度条件。

6.5.3 开式地表水源热泵系统设计

1. 开式地表水系统的设计步骤

开式地表水系统的设计步骤如下：

（1）水体初始参数调查和水体热承载能力计算；

（2）取水水质处理和取水方案的确定；

（3）取水水泵能耗计算；

（4）取水、排水口设置；

（5）管路和系统设计。

2. 开式地表水换热器选型

（1）直接式系统换热器

直接式系统中，地表水的水质要求应满足水源热泵机组的推荐值，如表 6-35 所示。从实际测试的数据看，大部分水体的水质均不能满足直接进水要求，其中主要是含沙量不能满足要求。

水源热泵机组水质推荐值 表 6-35

名称	pH 值	CaO 含量 (mg/L)	矿化度 (g/L)	Cl^- (mg/L)	SO_4^{2-} (mg/L)	Fe^{2+} (mg/L)	H_2S (mg/L)	含砂量 (mg/L)
允许含量值	6.5~8.5	<200	<3	<100	<200	<1	<0.5	<10

砂粒对水源热泵机组寿命的影响是对换热铜管的磨损和堵塞，一般通过旋流除砂器来处理水体中的含砂量，但当砂粒半径较小，旋流除砂器因处理能力有限而失去作用，因此，一般需对水源机组进行特殊处理，如通过加厚铜管壁或涂抹耐磨层来解决，但还应预留换热器清洗装置的接口。

另外，也可采用新型的水源热泵机组，其技术原理如下：

对传统的管壳型冷凝器进行改造，采取干式冷凝器，即江河水在换热器换热管束外壁进行换热，制冷剂在换热管束内流动，使其成为能够自动除泥砂，实现换热和清洗功能同时进行的一体化换热器，其结构形式如图 6-31 所示。

该新型换热器结合传统的壳管式换热器原理，换热器壳体与盖板活动连接，方便拆卸并可对换热管束进行彻底清洗。下部设计了具有沉淀作用的集沙斗，当含有固体杂质的液体在壳体内流动时，由于水流冲击和重量作用，泥沙将会向下落入集沙斗，不会堵塞换热管束，同时通过集沙斗下部设置的排沙管，又可以连续或者定期排出泥沙，解决了传统的壳管式换热器换热管束内容易出现堵塞、管箱内容易出现沉淀淤积、清洗不方便、需要复杂的水处理过程等问题，可以明显减少初投资和运行成本。

当地表水源热泵系统采用直接式系统时，应注意以下应用原则：

1）采用该换热器的直接进水方式，由于采用四通换向阀实现制冷和制热的转换，其单机冷量目前只能控制在 1000kW 以内。

2）采用传统机组必须进行化学和物理处理水质，才能保证机组运行的稳定。对于一

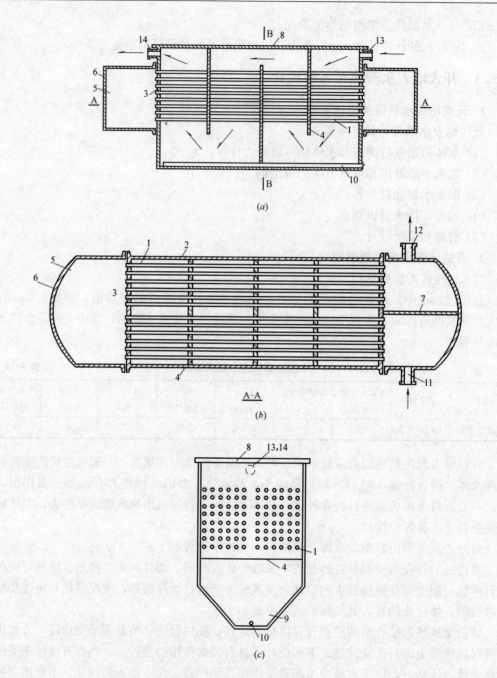

图 6-31 两管程的换热器

(a) 两管程的换热器的主视图；(b) 换热器 A—A 剖面；(c) 换热器 B—B 剖面

1—换热管束；2—壳体；3—管板；4—右部挡板；5—管箱；6—封头；7—隔板；

8—盖板；9—集砂头；10—排砂管；11—被冷却介质的入口（制冷剂）；

12—被冷却介质的出口；13—冷却介质入口（江水）；14—冷却介质出口

般水体，可以通过对源水进行旋砂处理器＋综合水处理器的方式来解决水质问题。

3）过高的水质处理不仅降低了地表水系统的经济性角度和能效，增加清洗装置（如清洗胶球等方式）可以降低水处理的成本，以保证源水直接进机组。

（2）间接式系统换热器

间接式系统避免了源水水质对机组的影响，但形式需要增加二次水泵，增加了水泵能耗，同时中间换热器存在换热温度梯度损失，冬季降低（夏季升高）了机组的进水温度，降低了机组的 *COP*。

中间换热器多采用换热效率高的板式换热器，其主要优点有：

1）具有较高的传热系数；

2）对数平均温差大，末端温差小，适合于小温差换热场合；

3）重量轻，占地面积小；

4）容易改变换热面积或流程组合；

5）污垢系数较小，容易拆卸清洗；

6）热损失小，不要保温措施。

板式换热器的最大使用压力取决于板面结构、材质、厚度、压紧装置的强度、密封圈的材料和断面形状；最高使用温度取决于密封圈的耐热性能。工作压力一般不能超过 2.5MPa，介质温度应低于 250℃。而且由于板片间通道很窄，一般是 2～5mm，要求流体中的杂质及颗粒物粒径应小于 0.5～1.0mm，以避免阻塞板片之间的通道，降低换热能力，增大流动阻力。地表水在进入板式换热器之前需要经过除砂、过滤及杀菌除藻等处理，去除流体中较大的杂质及颗粒物。

板片形式主要有人字形波纹板、水平平直波纹板和瘤形板片三种，前两种应用最多。人字形波纹板的传热效率较高、承压能力较强，但流体阻力较大，适用于要求传热效率高、允许压降较大的场合；相对而言，水平平直波纹板片的传热效率和承压能力要低一些，但其流动阻力小一些，适用于对传热效率及压降的要求适中的场合。

3. 开式地表水水质处理

（1）地表水水质指标

与地表水源热泵相关的水质指标主要有：

1）悬浮物及含砂量：是引起开式地表水换热器冲击腐蚀和沉积物下局部腐蚀的重要因素，不同直径与形状悬浮物与砂粒对换热管的冲击腐蚀会有不同的影响，因此在确定地表水的水质时，应有洪水或雨季时水中悬浮物和含砂量的数据，还应分析其粒径分布特性及形状特征。

2）溶解固形物：包含水中溶解的盐类和有机物，其值越大，水质越差。水中各种盐类中氯离子和硫酸根离子对铜换热器的腐蚀作用较大。

3）总硬度：水中含有钙、镁离子的总量。

4）pH 值：与水中其他杂质的存在形态以此水对金属的腐蚀程度有着密切的关系。

5）藻类和微生物含量。

（2）地表水的物理处理方法

为了避免对地表水体造成污染，宜采用物理方法进行水处理。

1）对于水中较大的固体悬浮物或漂浮物，可以在取水处初步过滤除掉。

2）对于水中的悬浮颗粒物及砂粒，可以采用沉淀池、旋流除砂器或全自动反冲洗过滤器。

3）对于藻类和微生物可采用高频电子水处理法和超声波法处理。

相比于沉淀池，旋流除砂器体积小、占地面积小，安装和使用方便，可有效地将在砂粒、垢、泥、石灰质等微小固体物从水中分离出来并排出，降低水的浊度，在工程上应用较多。

旋流除砂器在一定范围和条件下，进口压力越大，除砂率越高，进水压力不能低于要求的最低值。当处理水量较大时，可以多台旋流除砂器并联使用。

（3）换热器防腐除垢技术

1）污垢的类型

换热设备污垢是指流体中的组分或杂质在与之相接触的换热表面上逐渐积聚起来的那层固态物质，它通常以混合物的形式存在。污垢的存在不但降低了换热器的传热系数，还会使局部腐蚀加剧，产生点腐蚀，严重的甚至会造成换热器局部穿孔。N. Epstein 将污垢分为5种类型：

① 结晶污垢：在流动条件下呈过饱和的流动溶液中的溶解无机盐在换热面上结晶、附着而形成的污垢，这种污垢又被称作水垢或锈垢。粒径大小为零点几纳米的溶解态盐类通过结晶过程产生污垢。地表水中溶解有各种盐类，如：如重碳酸盐、碳酸盐、硫酸盐、氯化物、磷酸盐、硅酸盐等，其中以溶解的重碳酸盐最不稳定，容易分解生成难溶的碳酸盐。大多数情况下，换热器传热面上形成的结晶污垢都以碳酸钙为主。

② 化学反应污垢：液体中各组成分之间发生化学反应而形成的沉积在换热面上的物质。

③ 微粒型污垢：指悬浮在液体中的固体微粒在换热壁面上积聚形成的污垢。这种污垢包括较大固体颗粒在水平换热面上重力沉淀形成的污垢和以其他机制形成的附着在倾斜换热面上的胶体颗粒沉淀物。泥沙、细砂的颗粒一般在 $50\sim250nm$ 之间，通过吸附沉淀产生污垢。

④ 腐蚀型污垢：只有腐蚀性的流体或流体中含有腐蚀性的杂质对换热表面材料腐蚀产生的腐蚀物积聚所形成的污垢。腐蚀程度取决于流体的成分、温度和被处理流体的 pH 值。腐蚀性污垢不仅垢化了换热表面，而且可能促使其他污物附着于换热面而形成污垢。

⑤ 生物型污垢：由微生物体和宏观有机物体附着于换热表面繁殖滋生而形成的污垢。除海水换热装置外，一般生物污垢均指微生物污垢。开式地表水换热器表面往往会附着有污泥，而污泥反过来又为生物污垢的繁殖提供了条件。这种污垢对温度非常敏感，在适宜的温度条件下，可形成一定厚度的物污垢层。

在实际换热面上的污垢往往是几种污垢混合在一起的，且相互影响。

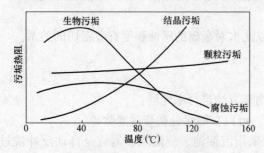

图 6-32 流速不变时界面温度
对不同类型污垢的影响

2）换热器的防腐防垢措施

开式地表水换热器中可能产生的污垢包括生物型污垢、微粒型污垢、腐蚀型污垢、水垢，针对这些可能产生的污垢，可以考虑以下防腐防垢措施。

① 出水温度不宜过高

换热器内流体温度对污垢有着较大的影响。图 6-32 为流速不变时换热器表面与流体界面温度对不同类型污垢形成的影响曲线示意图。图中显示，结晶污垢的热阻随着温度的升高而增加较快。生物污垢最初的热阻随温度的升高而增加，40℃左右时达到最大，而后就随温度的升高而迅速降低。这是因为生物污垢机体在高温时会被杀死。夏季地表水温较高时，热泵机组冷凝器出口水温随之升高。过高的出水温度不仅会使冷凝压力增大，降低机组 *COP*，也会加快结晶污垢的生长速度。一般来说冷凝器出水温度不宜超过 40℃，开式地表水换热器的夏季设计温差不宜过大。

② 采用合理的水流速度

图 6-33 为界面温度不变时管壳式换热器内水流速度对不同污垢的影响曲线图。流速对生物污垢和悬浮的固体颗粒污垢有较大的影响。在较高的流速下，流体中的悬浮颗粒难以在壁面上积聚形成颗粒污垢，生物污垢生长的难度加大，生物污垢热阻和颗粒污垢热阻显著降低。在低流速下，生物污垢和结晶污垢随流速的增加而有所加强。在较高的流速下，流体剪切力会将结晶沉积物去除，结晶污垢减缓。因此，必要的水流速度有利于减缓污垢的产生，尤其是对于水质欠佳的地表水。

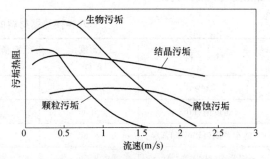

图 6-33　界面温度不变时流速对
不同类型污垢的影响

如果管内流速过大，会使冲击腐蚀加剧。管内冲击腐蚀还与管材及换热器的年使用时间有关。应根据管材及年使用时间选取合理的管内流速。美国列管式换热器制造商协会（Tubular Exchanger Manufacturers Association，TEMA）建议管壳式换热器的关内侧流速为：$v \geqslant 1.8\text{m/s}$（碳钢或钛合金管）；$v \geqslant 1.2\text{m/s}$（非钛合金管）。

③ 采用轧槽管或波纹管

横纹轧槽管、螺旋槽管及波纹管均具有良好的防垢性能，波纹管还具有良好的污垢自清洗功能。这几种管内的流动状态不仅存在二维的绕流流动，还存在沿管轴线方向的流速周期性脉动，使污垢不易形成。

④ 高频电磁场防腐防垢

高频电子水处理器通过电子元件产生高频电磁场，使得水中的电磁场强度瞬间改变，刺激了藻类和微生物的细胞核，破坏其细胞结构，造成藻类和微生物死亡，达到杀菌灭藻的目的，有效抑制生物污垢的产生。同时，水的物理结构也发生变化，水分子聚合度降低，偶极矩增大，极性增强，使原来缔合形成的各种综合链状、团状大分子 $(H_2O)_n$ 解离成单个水分子，形成活化水。水中溶解盐类离子及带电离子被单个水分子包围，运动速度降低，有效碰撞次数减少，静电吸引力减弱，斥力增加，在一定程度上可以阻碍离子及微粒间聚结成垢面沉积。发射的高频波与已有水垢的自振频率相近，产生微共振现象及活性水对旧垢分子间电子结合力的破坏，使坚硬的旧垢变为疏松的软垢，逐渐脱落，达到防垢除垢的目的。

金属腐蚀分为化学腐蚀和电化学腐蚀两种，地表水换热时产生的腐蚀中要是由溶解氧和氯离子引起的电化学腐蚀。水通过高频电磁场时增加了水的活性，改变了水分子与其他离子的结合状态，降低了电导率，改变了金属与非金属离子间的电位差，使电化学腐蚀受到一定程度的抑制。

⑤ 采用合理的换热器材料与结构

开式地表水换热器可采用紫铜、铜合金或不锈钢等换热材料，也有的海水换热器采用钛合金，但造价高。表 6-36 为几种换热器材料的物理性能对比。紫铜的导热系数高，但强度不高，耐冲蚀能力不强，管内流速不宜过高。黄铜、铜镍合金（又称白铜）及不锈钢的强度高，耐冲蚀能力较强，但导热系数较低。如果地表水质较差、腐蚀性较强（海水），应优先考虑铜合金或不锈钢；如果水质较好，在进行一定水处理的前提下，可以采用传热性能更好的紫铜管。

几种换热器材料的物理性能对比 表 6-36

材 料	密度 （g/cm³）	线膨胀系数×10⁻⁶ （℃⁻¹）	比热 [J/(kg·℃)]	导热系数 [W/(m·℃)]
紫铜	8.96	17	384	388~391
普通黄铜（H68A）	8.50	20	377	117
海军黄铜（HSn70-1A）	8.80	21.2	377	116
铝黄铜（HA177-2A）	8.50	18.5	376	99
铜镍合金（B30）	8.91	16.2	377	29
不锈钢（304）	7.94	16.6	502	16.3
工业纯钛	4.51	8.4	519	17

表 6-37 列出了几种铜合金主要成分的比例。各种黄铜的成分中均含有一定的锌，黄铜在大气和淡水中的抗腐蚀性能很高，海水对黄铜的腐蚀作用也较弱，但由于锌的电位比铜低很多，黄铜在中性盐类水溶液中易发生电化学腐蚀，出现脱锌腐蚀现象。为了防止脱锌腐蚀，往往在黄铜成分中添加砷。

几种铜合金主要成分 表 6-37

材 料	主要成分（%）					
	Cu	Al	Sn	As	Zn	Ni
普通黄铜（H68A）	67.0~70.0	—	—	0.03~0.06	余量	—
海军黄铜（HSn70-1A）	69.0~71.0	—	0.8~1.3	0.03~0.06	余量	—
铝黄铜（HA177-2A）	76.0~79.0	1.8~2.3	—	0.03~0.06	余量	—
铜镍合金（B30）	余量					20~33

表 6-38 列出了管壳式换热器中几种铜合金管材适用的水质条件和流速，可根据一年中地表水水质最差时期的水质选用合适的管材。其中铝黄铜的耐冲蚀能力较差，在悬浮物及含砂量较高的海水或淡水中，会发生严重的入口管端冲刷和由异物引起的冲击腐蚀。因此，铝黄铜对悬浮物和含砂量的要求较严格，但铝黄铜对溶解固形物的耐腐蚀能力较强，一般推荐在海水或溶解固形物大于 1500mg/L 的场合中使用。白铜具有良好的耐冲蚀性能和耐受溶解固形物腐蚀性能，一般推荐用于海水。

几种铜合金管材使用的水质条件和流速

表 6-38

管　材	溶解固形物 (mg/L)	氯离子 (mg/L)	悬浮物和含砂量 (mg/L)	允许最高流速 (m/s)	最低流速 (m/s)
普通黄铜(H68A)	<300	<50	<100	2.0	1.0
海军黄铜(HSn70-1A)	<1000	<150	<300	2.0~2.2	1.0
铝黄铜(HA177-2A)	>1500 或海水	海水	<50	2.0	1.0
铜镍合金(B30)	海水	海水	500~1000	3.0	1.4

不锈钢的导热性能不如铜及铜合金,但不锈钢的耐冲蚀能力比铜合金强。不锈钢管内的允许最高流速为 3.5m/s。为了提高整体的传热系数,需要选用壁薄的铜管,以减小管壁的热阻。如果用壁厚为 0.71mm 的不锈钢管代替壁厚为 1mm 的铜合金管,且采用较高的管内流速,两者的整体传热系数非常接近。水质差的淡水,可采用奥氏体不锈钢 304 型,对于海水一般采用 316 型、317 型不锈钢,这两种型号的不锈钢添加了钼,耐腐蚀性能优于 304 型不锈钢。

1) 换热器表面处理技术

除选择合适的换热器材料外,也可以采用喷、涂、渗、镀等方法改变表面条件或其物理、化学性质,以减轻换热器表面污垢的积聚。在一些海水淡化装置中就有采用镀铬钢管的做法,实践表明其有着较好的耐腐蚀性能。

表面涂层也有防腐防垢的功效,但采用表面涂层会加大热阻,降低换热效率。防腐涂料的主要成分有:树脂基料(包括所添加的增塑剂)、防腐颜料、填料、溶剂以及加量很少但又作用显著的各种涂料助剂,防腐涂料的防腐机理主要是:屏蔽作用、缓释作用、阴极保护作用和 pH 缓冲作用。

2) 换热器的污垢清洗方法

常用的换热器污垢清洗方法有机械清洗方法和化学清洗方法两大类。对于开式地表水换热器,可以考虑以下几种清洗方法。

① 机械清洗。管壳式换热器不便于解体,而板式换热器可以拆卸后清洗。先卸下板式换热器的夹紧螺栓,移开活动压紧板,依次拆下板片,先用高压水枪冲刷,对于难以冲刷掉的污垢,可用软纤维刷子或鬃毛刷将其刷掉。

② 反冲洗。通过改变换热器中水的流向来实现清洗的冲洗力法,其冲洗的效果比正冲洗要好。对于泥沙和软垢冲洗效果较好,但对于硬垢和致密的沉积物效果并不好,有时甚至根本无效。一般应在系统设计与安装时设置反冲洗所需的管路与阀门。

③ 海绵胶球在线清洗。主要用来清洗机组的管壳式换热器。海绵胶球清洗系统由胶球泵、集球室、收球网、二次滤网等组成。海绵胶球比管直径略大,通过管道的每只胶球轻微地压迫管壁,在运动中擦除沉积物、有机物、淤泥等。同时,海绵胶球扰动管壁附近的滞留水层,使传热性能提高。胶球表面要有特制的表面粗糙度,以便缓和地清洗管壁而不磨蚀管道表面。胶球在浸水后的密度应该接近于水的密度,若胶球密度过小,将使胶球停留在端盖的上部,影响胶球的回收。海绵胶球清洗时,胶球进入管内是随机的,在管内污垢严重的地方,胶球易于堵塞,会出现收球率低的现象。

④ 化学清洗。化学清洗方法是用化学药剂使污垢溶解、剥离而被清洗的方法。化学

清洗时多采用循环法，消洗时，通常在清洗液贮槽和被清洗的设备之间接上循环泵和管道，形成一个闭合的回路，使清洗液不断循环，沉淀物层不断受到新鲜清洗液的化学作用和冲刷作用而溶解和脱落。化学清洗常采用的药剂及其适用的污垢如表 6-39 所示。

化学清洗常采用的药剂及其适用的污垢　　　　　　　　　　　　　表 6-39

清 洗 方 法	适用的主要药剂	主 要 用 途
碱洗	氢氧化钠、碳酸钠、磷酸钠、硅酸钠	除去油脂、二氧化硅垢
酸洗	盐酸、硫酸、硝酸、氨基磺酸、氢氟酸、聚磷酸盐、柠檬酸、乙二胺四乙酸、氮三乙酸	除去金属氧化物和水垢，除去二氧化硅垢，除去铁的氧化物、碳酸钙和硫酸钙垢，除去铜垢
络合剂清洗	低泡型非离子型表面活性剂、乳化剂	除去油脂
表面活性剂清洗	季铵盐类、次氯酸盐、氯	剥离微生物黏泥、藻类
杀生剂清洗	聚丙烯酸、水解聚马来酸酐、聚丙烯酰胺	除去碳酸钙垢和硫酸钙垢
聚电解质清洗、有机溶剂清洗	煤油、二甲苯、甲苯、重芳烃汽油、三氯乙烷、乙二醇	除去有机污垢

4. 取排水方式及设施

（1）取排水口位置

一般来说，取排水口的位置应选择在长期稳定的河床上，具体内容如下：

1）对于流动水体的取排水口设置，应计算排水造成的温度变化对下游建筑的影响，其计算周期应为整个供冷和供热期。

2）对于滞留水体，必须计算排水对取水温度的影响，以确定取水的位置和深度以及取排水口之间的空间距离，其计算周期应为整个供冷和供热期。

3）对于滞留水体，夏季取水应尽量取深层水温，排水接近同温层排水。

4）取水口的取水速度要尽量低或采用多点取水或水平线性取水，目的是保证水体上部的高温水被卷吸到取水层，导致取水温度升高，破坏温度分层结构。

5）在弯曲河段，宜在凹岸"顶冲点"（水流对凹岸冲刷最强烈的点）下游处设置取水口。

6）在顺直河段，宜在主流近岸处设置取水口。

7）取水口应选在地形地质良好、便于施工的河段。

8）一般情况下，应尽量避免在河流交汇处设置的水口。如果必需设置，应通过实地调查和资料分析，确定泥沙、淤积的影响范围，将取水口设置在影响范围之外。

9）在分叉河流处取水时，应注重调查研究，掌握河汊的水特性与和河道演变规律，将取水口位置选在发展的汊道上。

10）避免在游荡性河段及湖岸浅滩处设置的水口。

11）充分利用表层水与底层水之间的温差特性，将取水口设在靠近底部的位置，不能高于地表水的最低水位。取水头部离湖底、河底不应小于 0.5m，以避免泥沙堆积而影响进水。取水点的水深一般要求不小于 2.5～3m。

12）送取水口和取水构筑物应注意下述影响因素：

① 泥沙、水草等杂物会使取水头部淤积堵塞，阻断水流。

② 河流历年的径流资料及其统计分析数据是设计大型地表水热泵站的取水构筑物的重要依据。

③ 注意人为因素对河床稳定性的影响等。

（2）岸边式取水构筑物

固定式取水构筑物是常见的取水形式，通常它分为岸边式和河床式两种。所谓岸边式取水构筑物，是指建于河流的一岸，直接从河岸边取水的构筑物。

1）岸边式取水构筑物的基本形式

岸边式取水构筑物的基本形式可分为合建式和分建式。

合建式岸边取水构筑物进水间与泵房合建在一起，布置紧凑，占地面积小，水泵吸水管路短，运行安全，维护管理方便。但合建式取水构筑物要求岸边水深相对较大、河岸较陡，对地质条件要求相对也较高。

根据岸边的地质条件，可将合建式岸边取水构筑物的基础设计成阶梯式（图 6-34）或水平式（图 6-35），分建式岸边取水构筑物进水间与泵房分开设置，如图 6-36 所示。

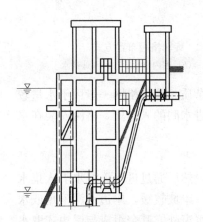 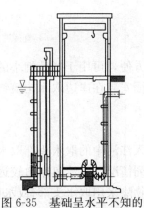 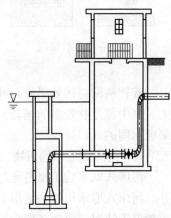

图 6-34　基础呈现接替试的　　图 6-35　基础呈水平不知的　　图 6-36　分建式岸边取水构筑物
合建式岸边取水构筑物图　　　　合建式岸边取水构筑物

分建式结构进水间和泵房分建，可以分别进行结构处理，单独施工，适于地质较差、不宜合建的场合。由于分建式构筑物造成水泵的吸水管长，故应对洪水的安全可靠性相对降低。因此，进水间与泵房间的距离尽量要小。

2）岸边式取水构筑物设计应注意的问题

① 岸边取水构筑物应保证在洪水位、常水位、枯水位等都能取到含砂量较小的水，所以岸边取水构筑物往往采用在不同高程处分层设置进水窗的方法取水。上层进水口的上沿应在洪水位一下 1.0m，下层进水口的下沿至少应高出河底 0.5m，上沿至少应在设计最低水位以下 0.3m。

② 为了截留水中粗大的漂浮物，须在进水口处设置格栅，格栅要便于拆卸和清洗。格栅条的厚度或直径一般为 10mm，格栅条之间的净距离视水中漂浮物情况而定，通常为 30~120mm。

③ 为进一步截留水中细小的杂质，可在格栅后设置格网。格网有平板格网和旋转格网两种。

平板格网由框架与耐腐蚀性的金属、格网构成。构造简单，但冲洗麻烦。

旋转格网由许多窄长的平板网铰接而成，可绕上下两个转轮旋转，可间歇旋转，也可连续旋转。当格网上的拦截物达到一定数量时，就可将其提升至操作间清洗，清洗水压一般采用200~400kPa。旋转格网及其布置如图6-37和图6-38所示。

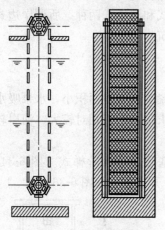

图6-37　旋转格网

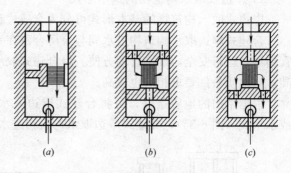

图6-38　旋转格网布置方式
（a）直接进水；（b）网内进水；（c）网外进水

旋转格网拦污效果好，冲洗方便，可用于拦截细小的杂质。旋转格网一般用于水量较大、水中漂浮物较多的场合。格栅安装在岸边取水构筑物进水间的入口处，格网安装在水泵吸水间的入口处。

（3）河床式取水构筑物

河床式取水构筑物是通过伸入江河中的取水头部取水，然后通过进水管将水引入集水井。河床式取水构筑物适用于下列情况：主流离岸边较远，岸坡较缓，岸边水深不足或水质较差等情况。河床式取水构筑物除采用取水头部替代进水窗外，其余组成与岸边式取水构筑物基本相同。

河床式取水构筑物根据集水井与泵房间的联系，可分为合建式（图6-39）与分建式两种（图6-40）。

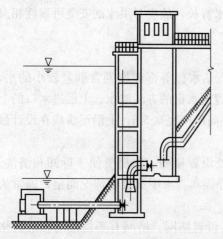

图6-39　合建式直流管取水构筑物

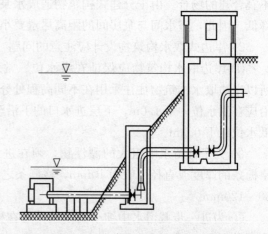

图6-40　分建式自流管取水构筑物

1) 取水头部引水采用方式

① 自流管取水。河水在重力作用下，从取水头部流入集水井，经落网后进入水泵吸水间。这种引水方法安全可靠，但土方开挖量较大。选择这种方式应注意：洪水期泥沙及草情严重、河底易发生淤积、河水主流游荡不定等情况下，最好不用自流管引水。自流管一般埋设在河床下 0.5~1.0m，以减少其对江河水流的影响，免受水流的冲击。自流管的坡度和坡向应视具体条件而定，可以坡向河心、坡向集水间或水平敷设。自流管一般采用钢管、铸铁管或钢筋混凝土管。

② 虹吸管引水。采用虹吸管引水（图 6-41）时，河水从取水头部报虹吸作用流至集水井中。这种引水方法适用于河水水位变化幅度较大、河床为坚硬的岩石或不稳定的砂土、岸边设有防洪堤等情况时从河中引水。由于虹吸管管路相对较长，容积也大，真空引水水泵启动时间较长。虹吸管的虹吸高度一般不大于 4~6m，虹吸管应朝进水室方向上升，虹吸管末端至少应伸入进水室最低动水位以下 1.0m。虹吸管要求严密不漏气，宜采用钢管，但埋在地下的也可采用铸铁管。

③ 水泵直接抽水。河水由伸入河中的水泵吸水管（图 6-42）直接取水。这种引水方式，由于没有经过格网，故只适用于河水水质较好、水中漂浮杂质少、不需设格网时的情况。

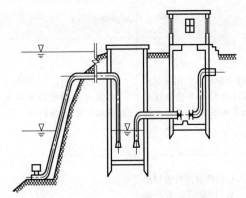

图 6-41　分建式虹吸管取水构筑物

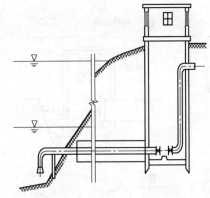

图 6-42　水泵直吸式取水构筑物

2) 河床式取水构筑物取水头部的形式和构造

河床式取水构筑物取水头部的形式和构造如表 6-40 所示。

固定式取水头部及适用条件　　　　　　　　　　　　　表 6-40

形式	图　示	特　点	适用条件
管式取水头部（喇叭管取水头部）	*(a)* 顺水流式　*(b)* 水平式　*(c)* 垂直向上式　*(d)* 垂直向下式	结构简单；造价较低；施工方便；喇叭口上应设置搁栅或其他拦截粗大漂浮物的措施；搁栅的进水流速一般不应考虑有反冲措施或清洗设施	顺水流式，一般用于泥沙和漂浮物较多的河流；水平式，一般用于纵坡较小的河段；垂直式（喇叭口向上），一般用于河床较陡，无冰凌、漂浮物较少，而又有较多推移质的河流；垂直式（喇叭口向下），一般用于直吸式取水泵房

形式	图　示	特　点	适用条件
蘑菇形取水头部		头部高度较大，要求在枯水期仍有一定的水深； 进水方向系自帽盖底下曲折流入，一般泥沙和漂浮物带入较少； 帽盖可做成装配式，便于拆卸检修； 施工安装较困难	适用于中小型取水构筑物
鱼形罩及鱼鳞式取水头部		鱼形罩为圆孔进水；鱼鳞罩为条缝进水； 外形圆滑、水流阻力小、防漂浮物、草类效果较好	适用于水泵直接吸水式的中小型取水构筑物
箱式取水头部		钢筋混凝土箱体可采用预制构件，根据施工条件作为整体浮运部分，部分在水下拼接	适用于水深较浅，含砂量少，以及冬季潜冰较多的河流，且取水量较大时
岸边隧洞式喇叭口形取水头部		倾斜喇叭口形的自流管管口形与河岸相一致；进水部分采用插板式搁栅； 根据岸坡基岩情况，自流管可采用隧洞掘进施工，最后再将取水口部分岩石进行爆破通水； 可减少水下工作量，施工方便，节省投资	适用于取水量较大，取水河段主流近岸，岸坡较陡，地质条件较好时
桩架式取水头部		可用木桩和钢筋混凝土土桩，打入河底的深度视河床地质和冲刷条件决定； 框架周围宜加以围护，防止漂浮物进入； 大型取水头部一般水平安装，也可向下弯	适用于河床地质宜打桩和水位变化不大的河流

（4）浮船取水

浮船取水利用船体作为取水构筑物，由三部分组成。

1）浮船。浮船一般采用钢丝网水泥船或钢板船。通常制造成平底囤船的形式，平面为矩形，断面为梯形或矩形，其尺寸大小应根据设备（水泵、中间换热器、平衡水箱等）及管路布置、操作和检修要求、浮船稳定性因素决定。

2）浮船上的水泵、中间换热器等设备。水泵多安装在甲板上，其设备应布置紧凑、操作检修方便，但要注意解决船的垂心升高带来的稳定性下降的问题。如果浮船在水泵运转、风浪作用、移船时难以保持平衡与稳定，可用平衡水箱或压舱垂物来调整平衡。

3）连接管。浮船随河水涨落而升降，随风浪而摇摆，船上的水泵压水管与岸边的输水管之间应当采用转动灵活的联络管相连接。目前多采用摇臂式连接。套筒接头摇臂式连接的联络管由钢管和几个套筒旋转接头组成。水位涨落时，联络管可以围绕岸边支墩上的固定接头转动。这种连接的优点是不需要拆换接头，不用经常移船，能适应河流水位的猛涨猛落，管理方便，不中断供水。目前已用于水位变化幅度达 20m 的河流。由于一个套筒接头只能在一个平面上转动，因此一根联络管上需要设置 5 个或 7 个套筒接头，才能适应浮船上下、东右摇摆运动。图 6-43 为由 5 个套筒接头组成的摇臂或联络管。

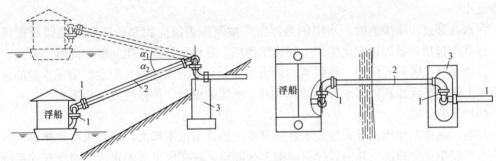

图 6-43　摇臂式套筒接头连接
1—臂套筒接头；2—接摇臂联络管；3—联岸边支墩

浮船取水适用于水源水位变化幅度大、供水要求急和取水量不大（一只浮船最大取水能力可达到 $30 \times 10^4 m^3/d$）的场合。我国西南、中南等地区广泛应用浮船取水方式。

浮船取水的位置选择除应符合有关地表水取水构筑物位置选择的基本要求外，还应注意以下事项：

1）河岸有一定的坡度，避开河漫滩和浅滩地段。岸坡过于平缓，不仅联络管增长，而且移船不方便，容易搁浅。

2）设在水流平缓、风浪小的地方，以便浮船的锚固和减小颠簸。在水流湍急的河流上，浮船位置应避开急流和大回流区，并与航道保持一定的距离。

（5）渗滤取水

渗滤取水的取水原理是靠渗滤取水系统自身运行诱导河水下渗，穿过河床表层滤膜、砂砾石层和过滤器进入渗滤孔及汇水系统，形成取水的持续补给。天然河床渗滤取水是一种利用天然河床底部砂砾石层作为滤床，直接净化高浊度、微污染的江河水的取水净水工艺技术。由于在渗滤过程中河水会与滤床换热，取出的水温夏季比河水低，冬季比河水高，且水质好，适合于热泵系统。鉴于渗滤取水工程的初投资较大，工程的勘察、施工等

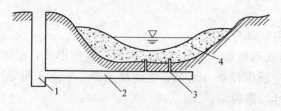

情况复杂，如果将渗滤取水应用于地表水源热泵系统，宜在取水换热后对其进行二次利用，提高渗滤取水系统的综合利用效益。目前在重庆市出现了采用渗滤取水技术的江水热泵工程。

图6-44　渗滤取水的基本原理图
1—竖井；2—输水平巷；3—取水孔；4—砂砾石层

图6-44给出渗滤取水的原理图。由竖井、输水平巷、渗流孔群组成。竖井是取水的主要集水设施，渗滤水由深井泵抽出。井直径一般为4～6m；输水平巷是江底渗流孔的施工通道和取水输水通道；渗流孔群是江底输水平巷基岩中向上河底砂砾石层钻凿的取水孔，其孔群数量根据砂砾石层的渗透性和取水量确定。在取水孔内安装过滤器，过滤器长度一般为1～5m。

河水转化为河床渗透水有两种形式：

1) 河水经过河床砂砾石层过滤，直接从渗流孔群的渗透取水孔汇流进入河底输水隧道，这部分水称为渗流孔渗透水。

2) 河床潜流水通过基岩裂隙汇聚，从河底输水隧道基岩裂隙中浸出和涌出，称为裂隙渗透水。

河水在穿过河床渗透时，水中的悬浮杂质被河床表层滤膜和砂砾石层截留而得到净化，这其中包括一系列物理化学和生物化学作用，有机械筛滤、生物吸附降解、沉淀、扩散、传递及静电吸附等作用。被截留的杂质大部分会被河水冲刷并带走，余下少量的杂质在河床上淤积形成滤膜，河水冲刷滤膜有利于滤膜的更新，使系统能长期取水。

(6) 排水设施

与电厂温排水相比，开式地表水源热泵系统的排水量不算大，但要求射流能够快速与地表水体发生充分掺混，并消耗掉射流的多余能量，转变成平缓的水流。对于开式系统排水可考虑以下方法：

1) 底流消能方法

图6-45为底流消能的原理示意图。该方法在下游设置消能池，从排水管或排水槽中泄出的水流在消能池产生水跃，水跃的表面漩滚和强烈紊动起到了消能的作用，使下泄的高速水流通过水跃发生掺混而转变为缓流。底流消能方法消能效果较好，应用时应注意以下问题：

① 为了在下游形成消能池，需要适当降低下游护坦的高程，并在护坦末端设置消能坎或消能墙用来壅高水位，使坎前形成消能池。

② 为了抵抗排水水流的冲刷，护坦一般由钢筋混凝土筑成。

③ 消能池应具有足够的深度和长度，从而有效地产生水跃，并将水跃控制在消能池内。

对于具体的工程应通过水力计算来确定消能池的深度和长度，计算方法可参阅水力学方面的书籍。

2) 面流消能方法

图6-46为面流消能的原理示意图。该方法需要设置专门的泄水建筑物，并将泄水建筑物的末端做成跌坎，使下泄水流经跌坎后，射向下游水域的表层，高速水流与河床（湖

床）之间形成巨大的漩滚，起到消能的作用，避免了下泄水流对河床（湖床）的冲刷。面流消能要求下游水深比较大且水位较稳定。

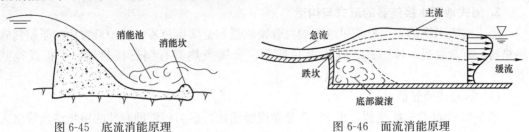

图 6-45　底流消能原理　　　　　　　　　图 6-46　面流消能原理

5. 管路及系统设计

（1）管路设计

对于开式地表水系统，主机侧到负荷侧的管路和传统空调的设计一致。其区别在于取水到主机侧的设计。在水体中取水的管材应采用非金属管道，防止水体中的腐蚀性离子对管路的腐蚀。建筑室外取水管路以及水下取水管路的设计，可参照给水排水和市政管道的输配系统进行设计。

（2）系统设计应考虑大温差、小流量的方式

对于开式地表水系统，大温差、小流量能够降低水泵的取水能耗。对于滞留水体，取水系统设计成为大温差，能够保证排水温度高。当较高的排水温度排在水体表面时，有利于水体的散热。而小温差的设计方式，不仅会浪费宝贵的底部低温水品质，而且会导致较低的排水在水体表面后，增大太阳辐射对水体的加热程度，增加水体水温的增幅值。

（3）取水水泵应采用变频控制

取水泵是严重影响开式地表水系统能耗的主要参数，取水水量应根据建筑负荷的变化进行动态控制。这不仅降低了取水水泵的能耗，更为重要的是降低了滞留水体取水层的取水量，使水体的热承载力增加，且保护了水体的水温分布结构。

（4）系统取水水质的处理

由于水质的不同，水处理方式不同。水质处理应根据不同的取水方案以及系统设计来确定水质处理方式。同一个项目，若系统设置不同，则水处理的方式也相应不同。

6.5.4　闭式地表水源热泵系统设计

1. 闭式地表水系统的设计步骤

（1）闭式地表水系统的应用范围

闭式地表水系统换热器由于存在管内、外等热阻，因此有换热温差，当使用时间较长时，换热器表面结垢，将严重影响换热器的换热器效率。另一方面，换热器沉没在水面以下，安装和维修不便，因此，应用的范围不如开式系统广泛。其主要的应用条件如下：

1）地表水水体环境保护要求较高或水质复杂，水体面积、水深与水温合适。

2）冷热负荷小的建筑，所需换热器长度小且安装方便，水体温度能够满足换热需求。

（2）闭式地表水系统的设计步骤

1）水体初始参数调查和水体热承载能力计算；

2）换热器选择计算；

3）取水水泵能耗计算；

4）管路和系统设计。

2. 闭式地表水换热器的形式与构造

闭式地表水换热器按材质可分为塑料管换热器和金属换热器。其中最常用的是塑料管换热器，有盘卷式、排圈式、U 形换热器等；金属换热器有铜管换热器、平板式换热器等。

（1）盘卷式换热器

图 6-47 为盘卷式换热器，由 PE 管盘卷成螺旋状，捆绑后借助底部的重物将盘管沉入水底。PE 管在盘卷时，管子之间会存在相互重叠与搭接的现象，在一定程度上削弱了盘管的外表面换热系数和有效换热面积，需要用隔离物将 PE 管适当地隔开，分隔后的层数不应少于 3 层。隔离物可采用废旧管子，每个隔离层至少采用 4 根废旧管子。需要用尼龙绳对盘管进行有效的捆绑，尼龙绳应将 PE 管束、隔离层及底部重物牢固地捆绑在一起。底部重物通常采用混凝土块，也有的采用废旧轮胎。混凝土块的高度不小于 250mm，以防止水底淤泥淹没盘管。混凝土块表面应预制钢制连接口，以便将沉块与盘管进行捆绑。

（2）排圈式换热器

图 6-48 为排圈式换热器，同样需要借助底部重物将其沉入水底。排圈式结构减少了管子之间的相互重叠与搭接，换热效率高一些，所需的盘管长度小一些。但由于排圈式盘管占用的水体面积大，不便于清洗、安装和维护管理，一般用于小型热泵系统。如果需要清洗塑料管换热器表面的污垢，只需放空管内流体，由于塑料管的密度小于水，塑料盘管将浮至水面，然后对其进行清洗。相对而言，盘卷式盘管的制作、安装及清洗更方便，占用的水体面积较小，可以实现标准化生产和制作，在实际中应用更为普遍。

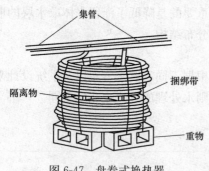

图 6-47　盘卷式换热器

图 6-48　排圈式换热器

（3）U 形管换热器

U 形管的铺设简单，换热效率最高，只需在水底部设置一些固定基座，将 HDPE 管沿基座铺成 U 形即可，但需要制作大量分水器和集水器。U 形管形式简单，但占用面积较大，安装工程量比线圈状盘管的要大，连接如图 6-49 所示。

由于 U 形管换热器在流动水体中安装困难，对水环境要求高的场所，若必须使用闭式换热器，则可以将 U 形管换热器方式在沉箱中安装，沉箱置于水体中，如图 6-50 所示。

当在流动水体中设置浮船时，可在浮船底部设置可进水的船舱，在船舱中设置 U 形管换热器，这种方式可以避免直接在水体中安装换热器的困难，而且水位的变化也会不影

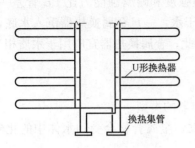

图 6-49　U 形管换热盘管

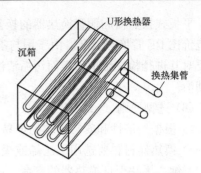

图 6-50　沉箱设置 U 形换热盘管

响换热盘管的换热，如图 6-51 所示。

（4）铜管换热器

图 6-52 为铜管换热器，将铜管绕成螺旋状，管间要隔开一定的距离，以减少管间的热干扰。

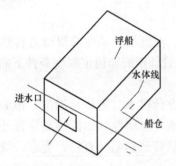

图 6-51　在浮船中设置 U 形换热盘管

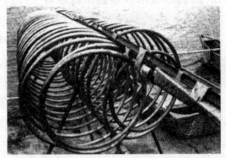

图 6-52　铜管换热器

（5）平板式换热器

平板式换热器在两块不锈钢板片的基础上加工制成。如图 6-53 所示，其工作原理与板式换热器类似，换热流体流经不锈钢板片之间的狭窄通道，与周围的地表水进行换热。两块板片的凹陷接合处成为两个相邻流道之间的分隔线，换热流体可以实现多流程的流动。平板上有凹凸的波纹，以强化换热。这种换热器可实现标准化生产，由多块平板进行组合，以满足工程的需要。平板式换热器需要竖直安装，平板之间应保持足够的距离，以避免平板之间的热干扰。图 6-54 为一个 4 块平板式换热器的组件在进行吊装，其总换热量达 112.5kW。

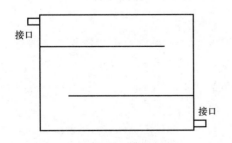

图 6-53　平板式换热器结构

图 6-54　正在吊装的平板式换热器

平板式换热器和铜管换热器的换热效率较高，但强度和耐腐蚀能力比 PE 管差一些，且造价比 PE 管换热器高。由于铜与不锈钢的密度大于水，一旦金属换热器沉入水底，日后要对其进行检修维护和表面污垢清洗比较麻烦。因此，金属换热器宜应用于水质相当好的湖泊。

（6）选型原则

1）根据经济性和安装工艺的难易程度，确定换热器的类型。

2）换热器材料要选用聚乙烯或聚丁烯等塑料管材，金属管材会受到水体中的化学离子的腐蚀，无法保证换热器的寿命。

3）换热器选型要根据现场的具体情况确定，并可以和其他装置组合，以保证换热器固定的稳定性。

4）换热器的选型应计算固定物和满管换热器以及放空循环水后的浮力，以便换热器循环水放水后，换热器通过浮力作用能够达到水面，保证闭式换热器的维护管理。

3. 闭式地表水换热器系统设计

（1）闭式换热器设计热工计算方法

1）建立圆管壁面温度模型，求解获得管外速度场、温度场，从而求得综合传热系数以及管外水温的变化对管外温度场的影响，进而计算圆管外壁面非恒定温度条件下的非稳态传热过程，求得管路水温和管外水温的温度分布。

2）软件设计，通过计算软件提供设计数据，包括设计供水（流体）温度、地温、系统流量、流体属性（主要针对使用了防冻液的流体）、地表水属性（如换热器位置处的冬夏季平均水温、水面积大小、深度等）、管道属性（包括管道热阻、直径、流态、管道数量、方位等）；从而确定换热器的总长度

（2）传热计算步骤

对于滞留水体，水温在夏季是分层的。闭式换热器的换热导致管外水体水温发生变化，水体水温的变化引起水体不同水温层的自然流动。换热器的换热量将发生变化，即效率是随时间的变量。而对于流动水体，这种影响将会减弱。

对于不考虑水温分层、短时间运行条件下的传热计算步骤如下：

1）换热器外侧

换热器外部水体多为湖体等静止水体，因此换热器外部传热过程可以认为是自热对流换热，采用下式计算。由 Nu 数可以计算换热器外部对流传热系数 h_w。

$$Nu = C(Gr \cdot Pr)^n = CRa^n \tag{6-58}$$

式中　Ra——瑞利准则，$Ra = Gr \cdot Pr$，$Gr = \dfrac{g\alpha \Delta t l^3}{\nu^2}$，为格拉晓夫准则；

　　　α——体积膨胀系数，$1/K$；

　　　ν——运动黏度，m^2/s；

　　　l——定型尺寸，m；

　　　Δt——外壁面温度与外部水体温度之差，℃；

　C，n——常数，由 $Gr \cdot Pr$，即 Ra 确定。

2）换热器内侧

换热器内部传热与流态有关，采用普通抛管时，内部流速一般可以达到紊流状态，而

毛细管内流速一般很小，计算表明其流态处于层流状态。紊流换热计算采用 Dittus-Boelter 公式，见式（6-59）和式（6-60）。

在工程条件下，为提高传热效率，管内流动一般处于紊流状态，管内紊流传热计算关联式如下：

$$Nu_a = 0.023Re_f^{0.8} \cdot Pr_f^{0.3}（夏季工况：t_{nw} < t_{nf}） \tag{6-59}$$

对于管内对流换热，计算关联式如下：

$$Nu_a = 0.023Re_f^{0.8} \cdot Pr_f^{0.4}（夏季工况：t_{nw} < t_{nf}） \tag{6-60}$$

3）换热器管壁

管壁传热为导热过程，驱动势为管内外壁的温差。由于换热器为圆管，采用圆柱管导热方程式计算单位管长传热量。

$$q_w = \frac{|t_{ww} - t_{nw}|}{\frac{1}{2\pi\lambda}\ln\frac{d_w}{d_n}} \tag{6-61}$$

4）内外换热耦合

外壁传热系数的计算需要用外壁的温度来计算特征温度，进而计算传热量（或传热系数），而内壁以及壁面的传热也需要内外壁温度数据，因而，在换热器内外水温确定的条件下，要计算单位管长的换热量，必须先设定外壁温度，由此确定特征温度，查找水的特征参数，进而计算外壁传热量及热阻。

假设内壁温度，计算内壁传热量、热阻以及管壁导热量、热阻，由此计算三者的总热阻 R，用总热阻 R 及换热器内外水温，计算实际传热量，将该传热量与前面计算出的三个传热量相比较，如果差异小于一定值，可以认为计算已收敛，停止计算；如果差异较大，则已传热量及内外水温及内外热阻，分别计算内外壁温度，根据新的内外壁温度及内外水混，查特性参数，进入下一个循环的计算，直到计算所得三个传热量差异可以忽略，得到计算结果。框图如图 6-55 所示。

根据上述计算流程，可以计算得到换热器内不同平均水温条件下，换热器所处不同水体水温影响的传热量。

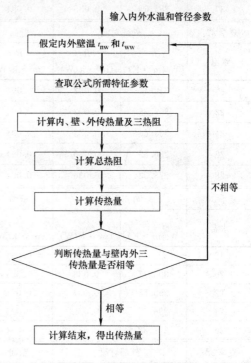

图 6-55 换热器计算框图

$DN32$ 的 PE 管计算结果如表 6-41 所示（表头部分，"夏季 36"表示：夏季工况、换热器内平均水温为 36℃，下同）。对于特殊的温度情况可以采用差值法估算。每个结果表中第一行第一列说明季节工况及管内水温。

不同的 PE 管热阻，计算结果不一致。但该计算结果可以作为工程估算值使用。

PE 管估算结果 表 6-41

夏季 36：	外部对流		壁面	内部对流		总热阻	总传热量
水温	h [W/(m²·K)]	R (m²·k/W)	R (m²·k/W)	h [W/(m²·K)]	R (m²·k/W)	(m²·k/W)	(W/m)
28	322.27	0.031	0.094	2.57×10^3	0.005	0.13	61.48
30	311.88	0.032	0.094	2.57×10^3	0.005	0.131	45.75
32	284.68	0.035	0.094	2.57×10^3	0.005	0.134	29.81
34	255.59	0.039	0.094	2.57×10^3	0.005	0.138	14.47
夏季 34：	外部对流		壁面	内部对流		总热阻	总传热量
水温	h [W/(m²·K)]	R (m²·k/W)	R (m²·k/W)	h [W/(m²·K)]	R (m²·k/W)	(m²·k/W)	(W/m)
20	327.84	0.030	0.094	2.53×10^3	0.005	0.13	107.96
22	322.25	0.031	0.094	2.53×10^3	0.005	0.13	92.16
24	319.31	0.031	0.094	2.53×10^3	0.005	0.13	76.64
26	313.49	0.032	0.094	2.53×10^3	0.005	0.131	61.04
28	303.78	0.033	0.094	2.53×10^3	0.005	0.132	45.43
30	283.61	0.035	0.094	2.53×10^3	0.005	0.134	29.76
夏季 32：	外部对流		壁面	内部对流		总热阻	总传热量
水温	h [W/(m²·K)]	R (m²·k/W)	R (m²·k/W)	h [W/(m²·K)]	R (m²·k/W)	(m²·k/W)	(W/m)
20	312.41	0.032	0.094	2.48×10^3	0.005	0.131	91.42
22	309.98	0.032	0.094	2.48×10^3	0.005	0.132	76.04
24	304.64	0.033	0.094	2.48×10^3	0.005	0.132	60.57
26	286.55	0.035	0.094	2.48×10^3	0.005	0.134	44.73
28	278.52	0.036	0.094	2.48×10^3	0.005	0.135	29.6
夏季 30：	外部对流		壁面	内部对流		总热阻	总传热量
水温	h [W/(m²·K)]	R (m²·k/W)	R (m²·k/W)	h [W/(m²·K)]	R (m²·k/W)	(m²·k/W)	(W/m)
18	304.36	0.033	0.094	2.45×10^3	0.005	0.132	90.8
20	300.77	0.033	0.094	2.45×10^3	0.005	0.133	75.44
22	295.68	0.034	0.094	2.45×10^3	0.005	0.133	60.09
24	286.55	0.035	0.094	2.45×10^3	0.005	0.134	44.71
26	271.22	0.037	0.094	2.45×10^3	0.005	0.136	29.38
夏季 28：	外部对流		壁面	内部对流		总热阻	总传热量
水温	h [W/(m²·K)]	R (m²·k/W)	R (m²·k/W)	h [W/(m²·K)]	R (m²·k/W)	(m²·k/W)	(W/m)
18	293.03	0.034	0.094	2.38×10^3	0.005	0.134	74.86
20	286.7	0.035	0.094	2.38×10^3	0.005	0.134	59.55
22	278.15	0.036	0.094	2.38×10^3	0.005	0.135	44.31
24	261.34	0.038	0.094	2.38×10^3	0.005	0.138	29.05

续表

冬季2: 水温	外部对流 h [W/(m²·K)]	外部对流 R (m²·k/W)	壁面 R (m²·k/W)	内部对流 h [W/(m²·K)]	内部对流 R (m²·k/W)	总热阻 (m²·k/W)	总传热量 (W/m)
10	203.61	0.049	0.094	$1.74×10^3$	0.007	0.15	53.2
8	163.89	0.061	0.094	$1.74×10^3$	0.007	0.162	36.99
6	84.46	0.118	0.094	$1.74×10^3$	0.007	0.219	18.24
4	110.27	0.09	0.094	$1.74×10^3$	0.007	0.192	10.43

冬季5: 水温	外部对流 h [W/(m²·K)]	外部对流 R (m²·k/W)	壁面 R (m²·k/W)	内部对流 h [W/(m²·K)]	内部对流 R (m²·k/W)	总热阻 (m²·k/W)	总传热量 (W/m)
17	273.23	0.036	0.094	$1.66×10^3$	0.007	0.138	86.77
15	256.04	0.039	0.094	$1.66×10^3$	0.007	0.141	71.05
13	230.39	0.043	0.094	$1.66×10^3$	0.007	0.145	55.05
11	202.24	0.049	0.094	$1.66×10^3$	0.007	0.151	39.71
9	163.86	0.061	0.094	$1.66×10^3$	0.007	0.163	24.6

冬季7: 水温	外部对流 h [W/(m²·K)]	外部对流 R (m²·k/W)	壁面 R (m²·k/W)	内部对流 h [W/(m²·K)]	内部对流 R (m²·k/W)	总热阻 (m²·k/W)	总传热量 (W/m)
17	269.55	0.037	0.094	$1.72×10^3$	0.007	0.139	72.19
15	244.1	0.041	0.094	$1.72×10^3$	0.007	0.142	56.19
13	216.91	0.046	0.094	$1.72×10^3$	0.007	0.147	40.69
11	185.49	0.054	0.094	$1.72×10^3$	0.007	0.155	25.77

冬季8: 水温	外部对流 h [W/(m²·K)]	外部对流 R (m²·k/W)	壁面 R (m²·k/W)	内部对流 h [W/(m²·K)]	内部对流 R (m²·k/W)	总热阻 (m²·k/W)	总传热量 (W/m)
17	263.8	0.038	0.094	$1.75×10^3$	0.007	0.139	64.66
15	237.69	0.042	0.094	$1.75×10^3$	0.007	0.143	48.84
13	208.61	0.048	0.094	$1.75×10^3$	0.007	0.149	33.52
11	177.86	0.056	0.094	$1.75×10^3$	0.007	0.157	19.06

实际工程中可以根据以下数据作为不同换热器在不同水体中的换热量参考值：

1）螺旋管换热量

管径 DN20 螺旋管实验得到的测试数据如表 6-42 所示。

管径 DN20 螺旋管测试数据　　　　表 6-42

循环水流量 (m³/h)	盘管进水温度 (℃)	江水温度 (℃)	80%换热量位置处温度(℃)	对数平均温差(℃)	单位管长换热量 K [W/(m·K)]
0.4453	31.8	24.4	27.0	4.56	10.38
	32.5	24.9	27.4	4.61	11.49
0.3947	32.1	24.4	26.9	4.66	10.33
	32.8	24.8	27.3	4.77	10.20
0.3125	31.7	24.4	27.1	4.56	7.07
	32.6	24.7	27.6	4.99	6.57

注：螺旋管长度为 100m，当长度达到 55m 左右时，管内温度和江水温度基本一致，无工程意义上的换热，此段达到总体换热器的 80%。

管内水温沿管内流体流动方向的变化如图 6-56 所示。

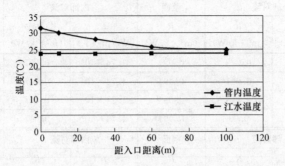

图 6-56　流量为 0.48m³/h 时换热器内外水温

2）松散螺旋管换热量

松散螺旋管在静止水体，水温为 27.4℃的实验结果如表 6-43 所示。

表 6-43

80%换热量处对数平均温差

工况	进水温度 （℃）	回水温度 （℃）	湖水温度 （℃）	80%处温度 （℃）	80%位置 （℃）	对数平均温差 （℃）	K 值 [W/(m·K)]
1.5kW/0.375	30.54	28.29	27.35	28.74	43.50	2.17	8.33
0.5kW/0.375	31.29	28.50	27.35	29.06	51.94	2.67	7.03
0.5kW/0.240	31.50	28.08	27.35	28.77	54.74	2.54	5.48

在换热器热稳定时刻，管内水温分布如图 6-57 所示。

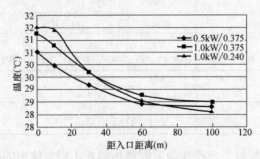

图 6-57　稳定时刻管内水温分布

3）U 形管换热器

U 形管在静止水体，水温在 27.4℃的实验结果如表 6-44 所示。

表 6-44

总换热量对数平均温差

换热器承担 换热量工况	进水温度 （℃）	回水温度 （℃）	湖水温度 （℃）	流量 （m³/h）	总传热量 （W）	对数温差 （℃）	K 值 [W/(m·K)]
1.5kW	35.45	32.21	27.45	0.240	904.3	6.24	5.79
1.5kW	35.75	33.38	27.45	0.380	1044.3	7.05	5.93
1.5kW	34.77	33.48	27.45	0.680	1016.0	6.65	6.11
2.5kW	36.53	35.14	27.45	0.800	1294.6	8.37	6.19
2.5kW	37.90	33.68	27.45	0.375	1844.0	8.16	9.04

流量对 K 值的影响，拟合成曲线如图 6-58 所示。

根据图 6-58，可以拟合得到 K 值与流量的变化线性公式为：

$$K = 3.34l^2 - 1.98l + 6.13 \quad (6\text{-}62)$$

其中，l 为换热器内循环水流量（m^3/h）；回归误差 $R^2 = 0.8323$。

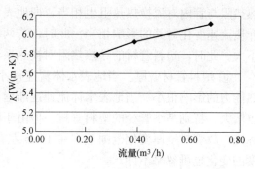

图 6-58　实验工况下流量对 K 值的影响

（3）塑料螺旋管换热器工程设计计算基准线算图

1）基准线算图及使用注意事项

塑料螺旋管换热器材料为高密度聚乙烯塑料管材（HDPE），其热导率为 $0.50W/(m \cdot K)$。哈尔滨工业大学热泵空调技术研究所通过分别对供热工况和供冷工况进行大量的计算，包括不同的换热介质、地表水流速、换热介质流速、水体温度、换热器进出口温差等，比较得到的线算图可知：

① 换热介质种类及浓度。在其他条件不变的情况下，换热介质由水变为质量分数为 20% 的乙二醇溶液，换热器单位负荷需要盘管长度仅增加 0.01%。在工程计算中，可以认为两者近似相等。因此，水和质量分数不太高的乙二醇溶液的换热能力几乎没有差别，可以采用相同的线算图。但需要说明的是，换热介质的种类和浓度的变化对换热器的流动阻力影响很大，需针对不同情况分别计算。

② 换热介质流速。在其他条件不变的情况下，换热介质流速由 0.3m/s 增加到 1.8m/s，换热器单位负荷需要盘管长度仅减少 3.3%。因此，换热介质流速变化对换热器换热能力的影响不大，在工程设计值范围内，可以忽略其对换热器换热能力的影响，而采用相同的线算图。

③ 换热器进出口温差。不论供热工况还是供冷工况，换热器进出口温差对塑料螺旋管换热器的长度的影响都比较大。若换热器出口温度一定，当换热器进出口温差增大时，所需的螺旋管换热器长度显著减小。

④ 地表水体温度。地表水温度的变化对塑料螺旋管换热器传热能力的影响远小于地表水流速变化对其的影响。对于供冷工况，在其他条件（换热介质种类、换热器进出口温差、地表水体流速等）不变的情况下，地表水体温度由 20℃ 增加为 30℃，换热器单位负荷需要盘管长度仅减少 2.3%。对供热工况其变化量值相似。因此，地表水体温度变化对换热器换热能力影响不大，在工程计算中可忽略。

⑤ 地表水流速。当地表水流速远小于换热介质流速时，换热器管外对流换热热阻比管内对流换热热阻和间壁导热热阻要大得多。如当水体流速为 0.0005m/s，换热介质流速为 0.3m/s 时，管外单位长度对流换热热阻为 0.15K·m/W，而管内单位长度对流换热热阻为 0.008K·m/W；当水体流速由 0.0005m/s 增大到 0.002m/s 时，换热器总热阻减少了 32%，而当换热介质流速由 0.3m/s 增大到 1.8m/s 时，换热器总热阻仅减少了 3.3%。换热器盘管外的对流换热是制约换热器换热能力的主要因素。在此情况下，地表水流速的变化对换热器传热系数的影响远大于换热介质流速对其的影响。

当地表水流速与换热介质流速相当（数值处于相同的数量级）时，换热器管外对流换热热阻与管内对流换热热阻也相当，即地表水流速的变化对换热器传热系数的影响与换热介质流速变化对其的影响相当。此时，若两者在合理范围内变化，换热器传热系数的变化不大。此时，塑料管材的导热热阻对换热系数的影响变大。

⑥ 塑料管材壁厚。当地表水体流速很小时，高密度聚乙烯塑料管材壁厚对换热器换热能力的影响很小。当地表水体流速逐渐增大时，塑料管材壁厚对换热器换热能力的影响也增大，特别是小管径的塑料管材。但由于国家对高密度聚乙烯塑料管材的生产有一定的标准，故管材壁厚变化范围基本在 1mm 左右，由此所产生的换热器单位负荷盘管需要长度的变化也可忽略不计。

⑦ 供热工况与供冷工况。将供热工况与供冷工况进行对比，当换热器出口温度与地表水体温度之差的绝对值和地表水流速相同时，由于冬夏水体物性参数差别，冬季供热盘管单位负荷需要长度比夏季供冷盘管单位负荷需要长度要大，两者的比值大约为 1.07。

考虑到上述影响因素，为了工程选用方便，这里分别给出供热工况和供冷工况的基本线算图，如图 6-59 所示，而对某些显著因素的值与基本线算图不符时，可采用修正的方法。图 6-59 的计算条件为：供热工况水体温度为 5℃，供冷工况水体温度为 28℃；两种工况的水体流速均为 0.0001m/s；换热介质是质量分数为 20% 的乙二醇溶液，流速为 0.8m/s；换热器进出口温差 5℃。图 6-60 中横坐标接近温差为换热器出口温度与水体温度之差，供热工况时从地表水体吸热，换热器出口温度小于水体温度，接近温差为负值；供冷工况相反，近温差为正值；纵坐标为高密度聚乙烯塑料管材塑料螺旋管换热器供热/供冷需要长度，指的是换热器每 kW 换热量所需的管材长度，不同于冷热负荷。

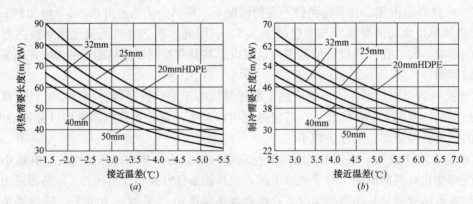

图 6-59 塑料螺旋管换热器需要长度
(a) 供热工况；(b) 供冷工况

2）线算图修正

由前面的分析可知，塑料螺旋管换热器进出口温差和地表水体流速的变化对换热器长度的影响较大，为显著因素，当实际条件与图 6-59 不符时应加以修正。

① 换热器进出口温差修正

图 6-59 中换热器进出口温差均为 5℃，当进出口温差不满足此设计条件时，可将基本线算图进行修正后再使用。由换热的基本公式得：

$$Q = K_{m1} \Delta t_{m1} A_1 = K_{m2} \Delta t_{m2} A_2 \tag{6-63}$$

式中　Q——换热量；

K——传热系数；

Δt——传热温差；

A——换热面积，与塑料螺旋管换热长度成正比；

m——平均值；

1、2——不同换热进出口温差。

在其他条件不变而仅改变换热器进出口温差时，换热介质平均温度变化不大，由此而导致的换热系数的变化微乎其微，可以认为 $K_{m1}\approx K_{m2}$。传热温差可以表示为，

$$\Delta t_m = t_w - \frac{(t_{h,o}+t_{h,j})}{2} = t_w - t_{h,o} \pm 0.5\,|\Delta t_{h,o}| = \Delta t_{w,h} \pm 0.5\,|\Delta t_h| \qquad (6\text{-}64)$$

式中　t_w——地表水体温度；

$t_{h,o}$、$t_{h,j}$——换热器出口和进口温度；

$|\Delta t_h|$——换热器进出口温差，取正值；为接近温差。式中"$\pm$"，对于供热工况取"$+$"，供冷工况取"$-$"。

这样就可以得到不同换热器进出口温差相对于基准线算图的修正值。具体的修正方法为：

a. 根据技术经济条件确定合理的换热进出口温度和接近温差。

b. 根据接近温差和塑料管管径，在基本线算图中确定换热器进出口温差为5℃时的单位换热量供冷/供热需要长度值 l_1。

c. 利用下式求取换热器进出口温差为 $|\Delta t_h|$ 时的单位换热量供冷/供热需要长度值 l_2。

$$l_2 = l_1 \times \frac{接近温度 \pm 2.5}{接近温度 \pm 0.5\,|\Delta t_h|} \qquad (6\text{-}65)$$

式中，"$\pm$"供热工况为"$+$"；供冷工况为"$-$"。

② 地表水体流速修正

在大多数情况下，水体流速要远小于换热介质流速，换热器管外对流换热热阻比管内对流换热热阻和间壁导热热阻要大得多，换热器盘管外的对流换热是制约换热器换热能力的主要因素。基准线算图（图6-60）中对应的水体流速为 0.0001m/s，可近似看作静止的湖水，以此所需的单位换热量盘管长度为基准，当流速增大时，采用流速修正系数对基准长度进行修正，表6-45给出了不同地表水体流速下的修正系数。

地表水体流速修正系数　　　　　　　　　　　　　　　　表 6-45

地表水体流速（m/s）	0.0001	0.0005	0.002	0.01	0.05	≥0.05
供热工况	1.00	0.60	0.42	0.29	0.21	0.18
供冷工况	1.00	0.60	0.42	0.29	0.22	0.17

由表6-44可知，地表水体流速对换热器长度的影响很大，尤其是低流速的情况。当地表水体流速大于 0.3m/s 时，地表水流速与换热介质流速相当，此时地表水体侧的对流换热热阻亦与换热介质侧相当，换热器的主要热阻为塑料管材的导热热阻，此时地表水体流速的增加对换热器长度的影响较小，因此地表水体流速修正系数近似取相同值。

3）闭式换热器设计要点

① 闭式地表水换热器的换热特性与规格应通过计算或试验确定。

② 当冬季湖水温度在 5℃左右时，若换热器的进出口温差为 5℃，则会导致热泵机组入口水温低于 0℃，小型的闭式地表水系统可以采用防冻液作为保护措施，常用的防冻液有乙醇水溶液。

③ 由于安装不得当，有可能出现管道泄漏。对于冬季必须采取防冻措施的大负荷闭式地表水系统，大面积的防冻液泄漏会造成对水体的污染。从技术经济分析看，防冻液由于黏度的增加，会增加水泵的能耗。同时，由于季节的不同转换，防冻液的充注会带来初投资成本的增加，综合比较，采用辅助加热措施是一个较好的方案。

④ 保证换热器内的介质流动为紊流状态，换热器的管径应控制在 $DN25\sim40$ 之间。

⑤ 流速达到 1.5m/s 的长江水体中，由于流速较大，换热器各部位换热效率一致，上游对下游基本上没有影响，即使外部流速小到 0.01m/s，换热器对温度场的影响也非常小，实验条件下下游换热量比上游小 6.04%，这是 PE 管传热效率低造成的。因此，在流动的水体中，只要保证换热管之间有 1 个管径的距离，即可忽略换热管之间的影响。

⑥ 当换热管在静止水体中上下排列时，下层换热造成的浮力流将会被加热的水带到上层，因此导致上层换热器的换热效率比下层的低，实验条件下，下层换热量比最上层换热量大 4.79%。

⑦ 单个供回水管间距为 1m 的 U 形管在静止分层水体中短时间运行不会明显改变水温分层状态，两管之间也不会有影响。

⑧ 大面积换热器的设置，应设计成不同的环路，避免个别管路出现问题而影响整个换热器的运行。

⑨ 各换热环路应考虑成同长度，总集管应设计成同程。

⑩ 闭式地表水换热系统地表水换热器单元的阻力不应大于 100kPa，各组换热器单元（组）的环路集管应采用同程布置形式。环路集管比摩阻不宜大于 100~150Pa/m，流速不宜大于 1.5m/s。系统供回水管比摩阻不宜大于 200Pa/m，流速不大于 3.05m/s。

⑪ 地表水换热系统水下部分管道应采用化学稳定性好、耐腐蚀、比摩阻小、强度满足具体工程要求的非金属管材与管件。所选用管材应符合相关国家标准或行业标准。管材的公称压力与使用温度应满足工程要求。

6.5.5　设计示例

1. 工程概况

该工程为某纪念馆，位于重庆万州市，建筑面积 15062.7m²。共 3 层，地下一层层高 7.0m，一层、二层层高 6.0m，地下一层为专题展厅、库房、文物整理、变配电室、冷冻机房等，一层为基本展厅、临时展厅、门厅、多媒体剧场、消防控制室等、二层为图书馆、基本展厅、纪念品商店等。

2. 系统设计

（1）空调冷热负荷（表 6-46）

空调冷热负荷　　　　　　　　　　　　　　　表 6-46

建筑面积 （m²）	冷负荷 （kW）	冷指标 （W/m²）	热负荷 （kW）	热指标 （W/m²）
15063	1911	127	949	91

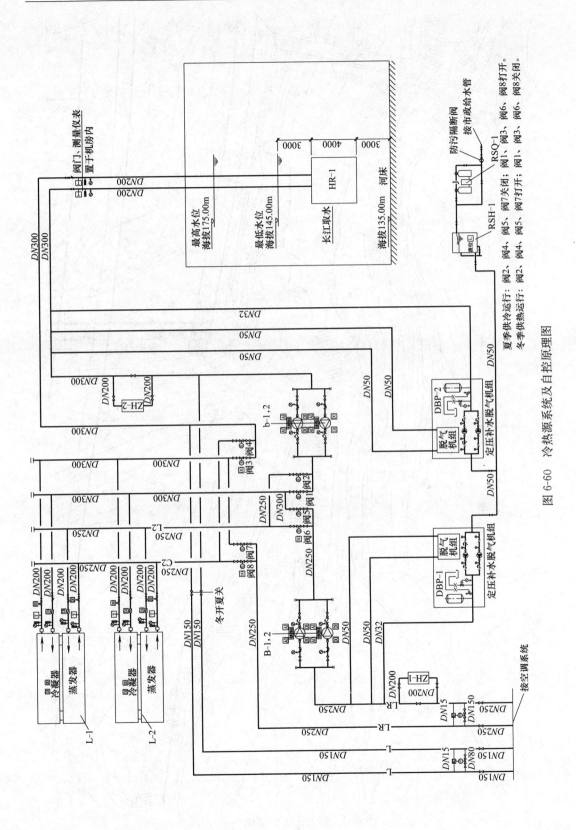

图 6-60　冷热源系统及自控原理图

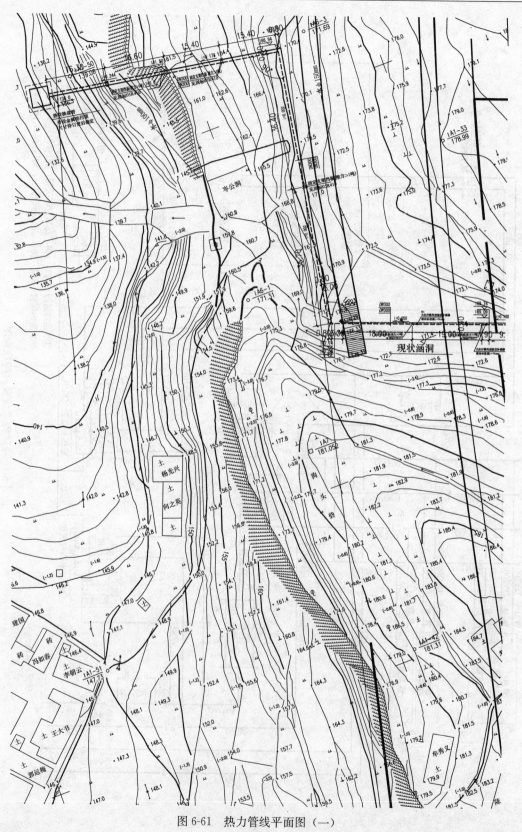

图 6-61 热力管线平面图（一）

图 6-62　热力管线平面图（二）

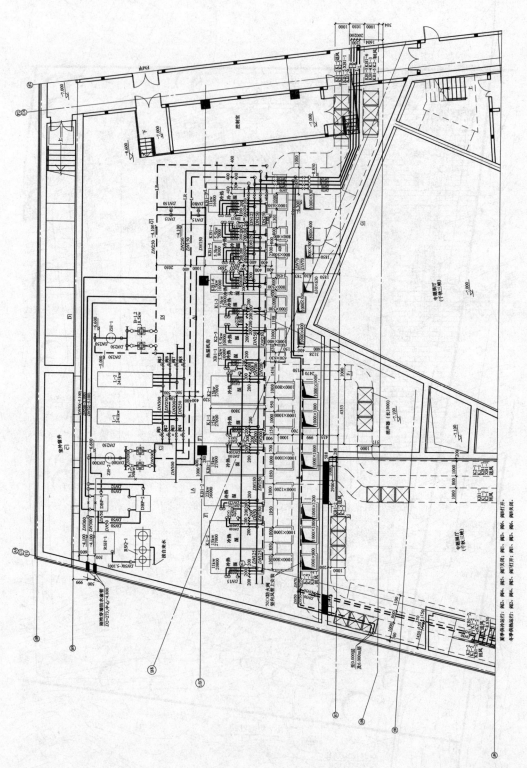

图 6-63 热泵机房水管及地沟送回风平面

（2）低位热源设计

利用长江水作为低位热源。长江水经换热器换热后，至热泵机组，热泵机组可满足夏季制冷和冬季制热要求。根据甲方前期提供的资料，长江水冬季最低水温 9.75℃，夏季最高水温 26.6℃，深度方向水温变化不大。水质含沙量 2kg/m³，低位热源经江水换热器后进机组，制冷时为 29/34℃，制热时为 7.5/3.5℃。江水换热器顶绝对标高 138m，设计压力 0.8MPa。

（3）热泵冷热水机组选择

该工程冷热源设两台螺杆热泵冷热水机组。单台热泵机组制冷量 958kW，制热量 942kW。夏季空调冷水供/回水温度 7℃/12℃，冷冻水流量：156.2m³/h；夏季水源侧供/回水温度 29℃/34℃，水源水流量：187m³/h。冬季空调热水供/回水温度 45℃/40℃，热水流量：162m³/h；冬季水源侧供/回水温度 7.5℃/3.5℃，水源水流量：175m³/h。

冬季最大负荷时一台运行，夏季最大负荷时 2 台运行。冷冻水泵、冷却水泵均为变频变流量运行。

（4）室外管线系统设计

由于该工程建筑红线内热力管沟现场已预留，红线外穿越道路部分有现状涵洞可利用，故室外热力管道设计建筑红线采用半通行管沟敷设（管沟现场已预留）、现状涵洞采用通行管沟敷设、沿江岸采用无偿直埋的方式。

（5）江水换热器

该工程江水换热器采用盘管式换热器。

3. 附图（图 6-60～图 6-63）

6.6　海水源热泵系统

6.6.1　海水源热泵系统的组成与分类

海水源热泵系统主要包括海水循环系统、热泵系统及末端空调系统三部分，其中海水循环部分由取水构筑物、海水引入管道、海水泵站及海水排出管道组成。

1. 根据海水资源应用形式分类

（1）海水源热泵系统（Sea-Water Source Heat Pump，SWHP）

以海水作为热泵机组的低位冷热源，冬季供冷和供热使用一套输配管网系统。系统主要组成部分包括海水取、泄放系统、热泵机组、冷冻水（热水）输配管网和热交换器（海水直接进入热泵时可不设）。这种系统是在瑞典、挪威等欧洲国家应用比较多的形式。

（2）深水冷源系统（Deep Water Source Cooling，DWSC）

利用一定深度海水常年保持低温的特性，以海水作为冷源，夏季把这部分海水取上来在热交换器中与冷冻水回水进行热交换，制备温度足够低的冷冻水供建筑物使用。系统主要由海水取、泄放系统、热交换器和冷冻水分配管网构成。这种系统可以部分或者全部取代传统空调系统中的冷冻机，是美国、加拿大等美洲国家应用比较多的形式。系统工作原

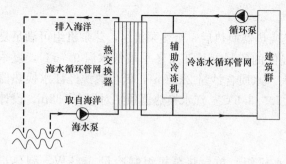

图 6-64 DWSC 系统原理图

理图如图 6-64 所示。

（3）SWHP 和 DWSC 结合形式

在过渡季和夏季部分负荷时可以利用海水直接供冷，在峰值负荷时运行热泵。冬季切换部分阀门，热泵按照制热模式进行区域供热。夏季联合运行系统如图 6-65 所示。这种系统设计形式在热泵供冷运行时海水作为冷却水使用，充分利用海水的自然温度条件，是节能运行的最佳模式。因此，在设计时要充分调查当地水温和水深条件，找到最佳的取水深度。

2. 根据热泵站形式分类

（1）集中式海水源热泵系统

将大型海水源热泵机组集中设置于统一的热泵机房内。热泵机房制备的冷/热水通过输配管网输送至各用户，如图 6-66 所示。这种设计适用于建筑物相对集中的区域，每个泵站可以设多个热泵机组，根据负荷变化情况进行台数调节。

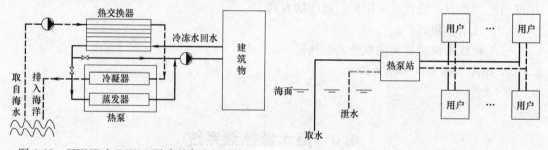

图 6-65 SWHP 和 DWSC 夏季联合运行系统图

图 6-66 集中式海水源热泵空调系统

集中式海水源热泵系统具有以下特点：

1）并非所有的用户都在同一时刻达到峰值负荷，可以减少设备的总装机容量，有利于降低初投资。

2）一般采用大型热泵机组，COP 值比小型机组的要高，提高了能量利用效率。

3）热泵机组、水泵等设备集中布置，运行管理方便，同时也提高了供热和供冷的可靠性。

4）无需冷却塔，既节省建筑面积，又增加了业主的收益。

（2）多级泵站海水源热泵空调系统

由一个主热泵站和多个子热泵站构成，系统原理图如图 6-67 所示。主站的供水水温可以不用太高，10～15℃即可，二级热泵站可以根据末端设备的不同需要灵活运行。采取这种系统运行调节比较方便，便于管理，适用于建筑规模大，建筑群分散并存在多个功能组团的区域。

（3）分散式海水源热泵空调系统

一般应为间接式系统，系统形式如图 6-68 所示。所有的热泵机组都分散至各用户，室外输配管网系统只为各用户机组提供所需的循环水，循环水一般非海水。

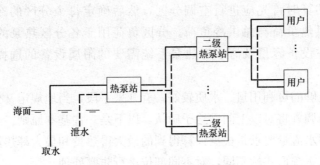

图 6-67 多级泵站海水源热泵空调系统

与集中式海水源热泵空调系统相比，分散系统具有以下特点：

1）热泵机组分散，运行管理及维护不便。

2）热泵机组容量相对较小，初投资会相应增加，机组的 COP 值也会比集中放量的大型机组略低。

3）各用户需设冷热源机房。

4）各用户的热泵机组相对独立，增大了用户的灵活性。如各用户可根据自身的特定需要来调节热泵的进出水温度。

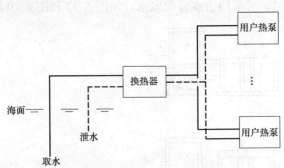

图 6-68 分散式海水源热泵空调系统图

3. 根据海水是否进入热泵机组分类

（1）直接式系统

海水经过输运管道直接进入热泵的蒸发器或者冷凝器，释热或者取热后经管道排入海中。在直接式系统中要求海水泵以及热泵的蒸发器或者冷凝器必须采用耐腐蚀材料。

（2）间接式系统

采用换热器将海水与热泵机组隔离开，利用循环水泵将海水通过输送管送至换热器中，使其与热泵回水在换热器中实现能量交换，从而将海水的冷热量传递给热泵系统的循环介质，再通过循环介质将冷热量传递给热泵的蒸发器或者冷凝器，海水则经过管道排入海中。在间接式系统中，由于热泵不与海水直接接触。以采用常规的热泵机组。换热器则需要采用耐腐蚀材料，而且可以方便地进行清洗或更换。缺点是海水温度过低时会降低热泵效率。

6.6.2 海水源热泵系统设计

1. 海水源热泵技术条件

在系统选择、设备选型及进行地源热泵系统设计之前，必须对建筑物的冷、热负荷进行精确估算。估算时首先应进行空调分区，然后确定每个分区的冷、热负荷，最后计算整幢建筑总供热负荷与总供冷负荷。分区负荷用于各分区热泵的选型，总负荷用于确定热泵系统主设备容量及海水源热泵系统需要的附属设备的选择，如热交换器或对水井的要求。

如果海水有足够的可利用量、水质较好，有开采手段，当地规定又允许，就应该考虑此系统设计，现场调查将对以上问题给予确认，以下是一些基本原则：

（1）海水循环水流量要求是根据计算得到的最大得热量和最大释热量确定。

（2）根据具体系统形式的不同，对不同部位进行防腐处理。

（3）如果选择一个带有板式热交换器的闭式海水源热泵系统，建筑物的高度就不必考虑。

（4）海水系统的运行温度要求管道保温。

（5）海水系统的投资效益比，较大的建筑物比小的建筑物好，因为海水取水设施的投资并没有随容量的增加而线性上升。

2. 海水源热泵系统取水方案

（1）引水管渠取水

当海滩比较平缓时，可采用引水管渠取水，如图 6-69 和图 6-70 所示。

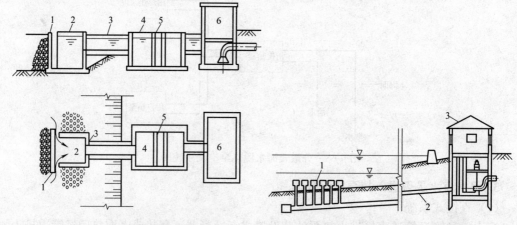

图 6-69　引水渠取海水的构筑物
1—水防浪墙；2—墙进水斗；3—斗引水渠；
4—水沉淀池；5—池滤网；6—池泵房

图 6-70　海底引水的取水构筑物
1—立管式进水口；2—自流引水管；3—取水泵房

（2）岸边式取水

在深水海岸，若地质条件及水质良好，可考虑设置岸边式取水构筑物，如图 6-71 所示。

（3）斗槽式取水

斗槽式取水构筑物如图 6-72 所示。斗槽的作用是防止波浪的影响和使泥沙沉淀。

（4）潮汐式取水

潮汐式取水构筑物如图 6-73 所示。涨潮时，海水自动推开潮门，蓄水池蓄水；退潮时，潮门自动关闭，可使用蓄水池中蓄水。利用潮汐蓄水，可以节省投资和电耗。

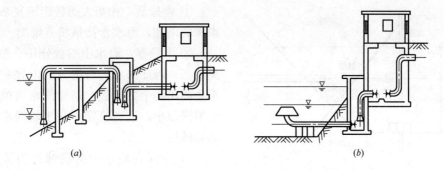

图 6-71　岸边式取水泵房

(a) 虹吸管分建式泵房；(b) 自流管合建式泵房

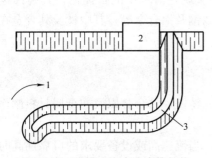

图 6-72　斗槽式海水取水构筑物

1—斗槽；2—取水泵；3—堤

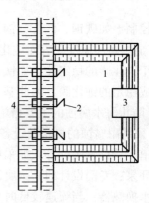

图 6-73　潮汐式取水构筑物

1—蓄水池；2—潮门；3—取水泵房；4—海湾

（5）幕墙式取水构筑物

幕墙式取水构筑物如图 6-74 和图 6-75 所示。幕墙式取水构筑物是在海岸线的外侧修建一幕墙，海水可通过幕墙进入取水口。

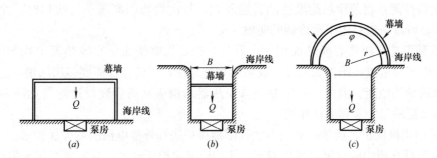

图 6-74　幕墙取水口平面布置

(a) 槽形垂直幕墙；(b) 垂直平板式幕墙；(c) 圆弧形幕墙

r—圆弧幕墙半径；φ—圆弧幕墙重心角；B—幕墙宽度；Q—取水量

3. 海水源热泵系统的特殊技术措施

（1）防腐蚀措施

1）金属在海水中的腐蚀程度主要与海水的盐度、电导率、pH 值及溶解氧有关。

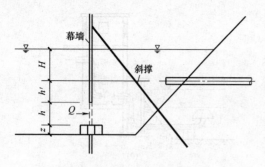

图 6-75　幕墙结构断面示意

H—表层海水厚度；h'—进水口上端跃层的距离；

h—进水口高度；z—进水口下端到海底的距离

① 含盐量：相当大而且组成复杂，随着水深的增加，海水含盐量稍有增加。

② 电导率：海水中的盐分几乎都处于电离状态，因此海水具有很高的电导率，比淡水要高出两个数量级，这样海水腐蚀的电阻性阻滞很小，这也决定了海水较淡水有更强的腐蚀性。

2）金属在海水中的腐蚀行为按腐蚀速度受控制情况

① 金属的腐蚀速度受阴极过程控制。这类金属在海水中不发生钝化，腐蚀速度受氧的扩散控制。如碳钢、低合金钢、铸铁、锌和镉等。

② 金属腐蚀速度受表面钝化膜的控制。这类金属在海水中能自钝化，其腐蚀速度主要取决于钝化膜的稳定性。如钛、镍基合金、不锈钢及铝合金等，其中钛及其合金在海水中能形成稳定的钝化膜，因此基本不腐蚀。

3）防止海水腐蚀的主要措施

① 采用耐腐蚀的材料及设备：

管道、管件、阀件等：如采用铝黄铜、镍铜、铸铁、铁合金以及非金属材料制作的；

循环泵：专门设计的高耐腐蚀性材料；

海水换热器：当流速较低时可以采用铜合金；当流速高或设备要求的可靠性高时，应选用镍基合金和钛合金。

选用高耐腐蚀材料常常存在这些材料价格昂贵，换热器制造成本高的缺陷。

② 表面涂敷防护：如管内壁涂防腐涂料，采用有内衬防腐材料的管件、阀件等；涂料有环氧树脂漆、环氧沥青涂料、硅酸锌漆等。

防腐蚀涂层的方法存在两个问题：

a. 涂料性能：目前涂料耐温性能普遍较差，每次检修用高压蒸气吹扫时，涂层容易剥落破坏，所以一般只用于水冷器的防腐。

b. 涂装工艺：换热器换热面积大，形状复杂，很难使涂层在换热面上均匀无孔隙，使用过程中容易造成小阳极大阴极，反而会加速腐蚀，因此往往需要多层涂覆，这样却影响换热器的导热性能。因此，一定要注重换热器结构形状的合理设计对简化涂料涂装工艺、提高涂层质量能起到关键作用。

③ 采用阴极保护，通常的做法有牺牲阳极保护法和外加电流的阴极保护法。

a. 在酸性介质中的放氢腐蚀环境下，使用阴极保护耗电多，且容易引起氢脆；

b. 牺牲阳极的阴极保护作用仅限于换热器管子入口处的有限长度内，管内深处目前还难以实现阴极保护。

④ 宜采用强度等级较高的抗硫酸盐水泥及制品，或采用混凝土表面涂敷防腐技术。

⑤ 化学防腐法，向水中投加化学药剂，进行简化在管内形成保护层。

（2）防治和消除海生生物

1）海洋附着生物最常见的有两种：

① 硬壳生物：结壳苔藓虫、软体动物、珊瑚虫等；

② 无硬壳生物：海藻、腔肠动物或水螅虫等。

2）海生物附着造成的破坏作用：

① 由于海生物附着不完整、不均匀，将造成金属管道的局部腐蚀或缝隙腐蚀；

② 由于生物的生命活动，使局部海水的成分发生改变，如藻类植物由于光合作用将使附着区域海水的氧浓度增加，从而加速了金属的腐蚀速度；

③ 藻类、硬壳类生物附着在管道内部，在适宜的条件下大量繁殖，会堵塞管道，影响设备的正常运行。

3）防止海生生物的主要措施：

① 在外网取水口设置滤网去除水中的贝类动物、海藻以及其他较大的杂质。

② 为防止砂砾进入机组。在海水进入机组前可设置通过除砂器，用以去除直径在0.5mm以上的砂砾，并且经过过滤器过滤保证进入机组的海水含砂量在50ppm以下。

③ 采用电解海水法（电解产生的次氯酸钠，强氧化剂）或者化学加药法（如氧化型杀生剂，氯气、二氧化氯、臭氧和非氧化型杀生剂，十六烷基化吡啶、异氰尿酸酯等）杀死海水管路中的海生物幼虫或虫卵。或采用含毒涂料防护法，通常以加氯法采用较多，效果较好。

（3）其他

1）在过渡季节系统停用期间应采取措施对管道、换热器等进行保养（比如添加药剂），以确保防止海洋生物造成的堵塞。

2）换热器可采用钛板可拆式板式换热器，其具有良好的耐腐蚀性和传热效果，可拆式换热器清洗更换非常方便。

3）为了确保取水安全，取水管道至少两条，管径和水泵扬程适当加大。

4）如果海水直接进入机组，需要考虑加设自动清洗装置。

6.6.3 设计示例

1. 工程概况

某候船楼坐落在大连市旅顺口区，位于辽东半岛西侧渤海海岸，建筑面积5590m^2。

2. 系统设计

（1）设计条件

该建筑物的冷负荷约600kW，热负荷约500kW，选取主机容量约0.85MW。项目所在地海水冰点含盐量30‰时为−1.64℃，含盐量35‰时为−1.92℃。项目所需海水流量按热负荷450kW，进口海水温度1.6℃，出口海水温度−1℃计算，海水流量为150t/h。

（2）技术方案

1）防冻措施

采用ϕ90 UPVC管输送海水，在90m长的输送距离内，海水温度得到提升（估计可提升1～1.5℃）。

热泵蒸发器与钛金板换热器之间灌注20%的乙二醇水溶液，热泵工质−5℃蒸发。海水循环泵变频控制，采集钛金板换出水口海水温度，控制其不低于−1℃。

2）防藻措施

输送海水的 UPVC 管道内添加含量 40％以上含量的 IPBC 防藻剂，添加量 2.5kg/t。估计防藻期限为 15 年。机房内设自动反冲洗过滤器，防止海藻进入钛金板换。采用可拆卸式钛金板换，便于拆洗。海水输送管采用直管，便于清理。

3）海水输送流程

海水吸入口处设塑料采集水箱（长 6000mm×宽 600mm×高 600mm），箱前设可拆卸的不锈钢滤网（10×10 网孔）。定期更换。海水经采集水箱进入 10 根 ϕ90 的 UPVC 海水输送管，靠海水压差（大约 4mH$_2$O）流进混凝土预制的海水箱（长 6000mm×宽 3000mm×深 3000mm，表土覆盖 2000mm）。

设有底阀的自吸式海水泵由装有吸入口过滤器的海水箱中抽出海水，送入可拆卸式钛金板内完成热交换。热交换后的海水由 ϕ120 塑料输水管输送至下水总管，排入大海。

（3）热泵机组主要设计参数

1）夏季空调系统供/回水设计温度为 7℃/12℃。

2）夏季冷却水供水温度为：24℃（海水）。

3）冬季空调系统供/回水设计温度为：50℃/40℃。

4）冬季热源水供/回水温度为：海水 2℃/10℃。

（4）海水冷却系统运行方式

海水自流到集水井，由设在集水井内的玻璃钢自吸泵送入热泵机组钛板换热器中，换热后就近排入雨水井。根据海水温度及冷热负荷变化情况，由变频器控制水泵供水量（图 6-76）。

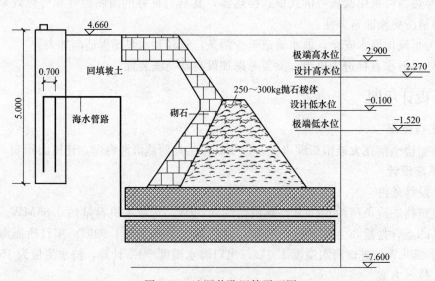

图 6-76　地源井孔埋管平面图

（5）运行模式（图 6-77）

1）冬季运行模式：从取水井口来的海水通过板式换热器将热量传给乙二醇混合液循环系统，乙二醇循环系统通过二次循环将热量传给空调水系统和洗澡热水。洗澡热水获得的热量另一部分来自于风冷式热泵从热泵机房吸收的热量。由于机房面积较小，且有总功率大约为 350kW 的散热设备，所以风冷式热泵有效利用了机房设备的散热量。根据供暖

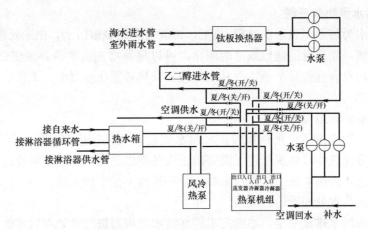

图 6-77 海水源热泵系统运行原理图

期实际运行情况，风冷式热泵约承担大半洗澡热负荷。因此，海水通过二次换热最终将热量传递给室内空气和洗澡热水。

2）夏季运行模式：从取水井来的海水通过板式换热器将冷量传给乙二醇混合液循环系统，乙二醇通过二次换热将冷量传递给空调水系统。由于此时热泵需要同时供冷和供热，即对室内空气供冷和对洗澡热水供热，所以可通过水环热泵系统实现系统内部的热量转移。即通过循环工质将空调系统排出的部分冷凝热量输送给热水供应系统，用来加热储热水箱中的洗澡热水。多余的热量由海水带走。由于夏季机房内的温度可达到 20 多度，为降低室温，将启动风冷式热泵。此时，风冷式热泵继续向热水供应系统提供热量，并承担部分洗澡热负荷。

（6）材料选择

1）管材：空调供回水系统采用热浸镀锌钢管，热泵机房内冷却水系统采用 PE 或 PPR 管，室外海水及井水管采用 PVC 管，地耦管采用 PE 管，室外空调供回水管采用聚氨酯预置直埋保温管道，管材为无缝钢管。

2）阀门：海水和净水冷却水系统均采用玻璃钢阀门，地耦管冷却水系统采用钢质阀门，空调供回水系统采用钢质阀门，阀门应严格保证质量标准，严禁出现跑、冒、滴、漏等现象，其材质、加工工艺必须执行国家标准。

6.7 污水源热泵系统

6.7.1 污水源热泵系统的组成与分类

污水源热泵系统分类较多，按照其使用污水的处理状态可分为以原生污水源热泵系统和以二级出水和中水作为热源/热汇的污水源热泵系统；按照热泵机组机房的布置情况可分为集中式、半集中式和分散式的污水源热泵系统；按照是否直接从污水中提取冷热能，可分为直接式和间接式污水源热泵系统。

1. 原生污水源热泵系统

以原生污水为污水源热泵的热源/热汇，可就近利用城市污水，把未处理污水的冷/热量通过热泵系统，能就近输送给城市的用户，可以显著增加污水源热泵供热供冷的范围。但由于未处理污点含有大量杂质，故其水处理和换热装置比较复杂。工程中常用的方案有两种：

（1）附污水主管道设热泵站

污水排放主管道排污收集面积较广，污水流量较大且较稳定，可在其沿线设置热泵站，供沿线部分建筑作冷热源使用。需要防止在冬季供热时污水温度降低过多而影响其后的污水处理工艺，否则，从系统观点来看，是一种得不偿失的方法。

（2）在小区污水处理器设热泵站

据有关城市污水排放规定，小区污水需在污水处理器进行预处理后才能排放入市政排水管网。污水处理器集中了小区的全部污水，具有稳定的来源，且维持了一定的容量，也很适合作为污水源热泵。特别是随着人们对水资源的关注，污水回用的中水系统逐渐得到普遍认可，中水也将会是很好的冷热源。

城市污水干渠（污水干管）通常通过整个市区，直接利用城市污水干渠中的原生污水作为污水源热泵的低温热源，应注意以下几个问题：

1）污水取水设施如图 6-78 所示，取水设施中应设置适当的水处理装置。

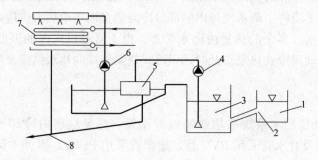

图 6-78　污水干渠取水设施

1—污水干渠（污水干管）；2—过滤网；3—蓄水池；4—污水泵；5—旋转式晒分器；
6—已过滤污水水泵；7—污水/制冷剂换热器；8—回水和排水管

2）应注意利用原生污水热能对后续污水处理工艺的影响，若原生污水水温降低过大，将会影响污水生物处理的正常运行。

3）初步的工程实测数据表明，在同等流速、管径条件下，污水流动阻力为清水的 2～4 倍。在设计中要适当加大污水泵的扬程，采取技术措施适当减少污水流动阻力损失。

4）污水-水换热器换热系数约为清水的 25%～50%。在设计中要适当加大换热器面积，或采取技术措施强化其换热过程。

5）提高原生污水源热泵运行稳定性及其改善措施。原生污水源热泵运行稳定性差是指热泵在运行过程中随着运行天数的增加，其供热量不断衰减的现象。引起这种现象的主要原因有：

① 流入换热器内的污水量随着热泵运行天数的增加而不断减少，热泵随着从污水中吸取热量的减少而使其供热量也减少。

② 换热器内积垢随着运行天数的增加也会越来越多，换热热阻的加大，使换热器的换热能力下降。

③ 在设计中通常采用设置热水蓄热罐的方式，向用户供应的热量趋于稳定，以改善污水源热泵的运行特性。

在设计中也可考虑设置辅助加热系统，在污水源热泵供热量不足时，投入辅助加热系统运行，通过辅助加热器来改善其运行特性。

2. 污水处理厂设置大型热泵站

利用处理后的排放污水或城市中水设备制备的中水作为冷热源，污水集中，流量大，几乎不受污水水温降温的影响，将较大地提高热泵的性能，减少换热器的腐蚀结垢等。

城市污水处理厂通常远离城市市区，远离热用户。因此，将热泵站与区域供冷、供热相结合，在远离城市市区的污水处理厂附近建立大型污水源热泵站，发挥其更大的节能效益，将有助于中小冷热用户减少投资和运行费用。

3. 污水处理厂设立泵站的分散式热泵系统

在污水处理厂设立泵站，把处理后的污水分送到需要的热用户，作为用户水源热泵的低位热源，向用户供冷或供热。系统有如下特点：

（1）处理后的污水输送管网不用保温，管网投资低，热量损失少。

（2）用户可以根据自己的需要选择常规热泵机组，并且可以根据自己的需要开启热泵机组提供冷水或热水，使用起来方便灵活。

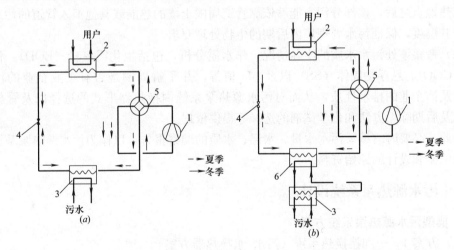

图 6-79　污水热能利用方式

(a) 直接利用方式；(b) 间接利用方式

1—压缩机；2—用户换热侧；3—污水侧换热器；4—节流阀；5—四通换向阀；6—间接换热器

4. 直接式和间接式污水源热泵系统（图 6-79）

（1）间接式污水源热泵：热泵低位热源环路与污水热量抽取环路之间设有中间换热器，或热泵低位热源环路通过水-污水浸没式换热器在污水池中直接吸取污水中的热量。

（2）直接式污水源热泵：将热泵或热泵的蒸发器直接设置在污水池中，通过制冷剂汽化吸取污水中的热量。

直接式和间接式系统相比，具有以下特点：

（1）间接式系统相对运行条件要好，一般来说热泵机组没有堵塞、腐蚀、繁殖微生物的可能性，但是中间水-污水换热器应具有防堵塞、防腐蚀、防繁殖微生物等功能。

（2）间接式系统复杂且设备（换热器、水泵等）多，造价要高于直接式系统。

（3）在同样的污水温度条件下，直接式污水源热泵的蒸发温度要比间接式高 2～3℃，在供热能力相同情况下，直接式污水源热泵要比间接式节能 7% 左右。

6.7.2　现场调查与工程勘察

在选择和设计污水源热泵系统之前，首先要在工程地点做好调查工作，详细了解该处污水的水温和水量以及水质情况，尤其对原生污水热能的回用更为重要。应该通过勘察充分了解、掌握和考虑如下因素：

（1）污水管道的主干渠位置，跟踪测定一天、一个月乃至一个供暖周期内的该处污水管道内的污水水量及水温的详细变化情况，水量太小或水温太低，都不适合采用污水源热泵系统。

（2）根据该处水温水量的变化，从而了解该处可提取冷热能的潜力，并据此决定污水源热量是否可行；是否需要补充内部水源作为冷热源，如自来水水池等；是否需要选择加设辅助加热装置或蓄热装置及其容量。

（3）了解该处污水管道的流动方向，距污水处理厂的距离等。因原生污水热能不能全线取用，如果长期并大量使用原生污水热能，将影响处理厂内后期的污水生物处理，应该保证取热地点之后，该部分污水能够依靠管道周围土壤的热能或其他汇入管道的污水热能来恢复其温度，保证污水处理厂内后期的生物处理要求。

（4）考察该处污水水质的实际情况，作水质分析，包括生化需氧量（BOD）、化学需氧量（COD）、悬浮物固体（SS）以及 pH 值等，并了解周围是否有工业企业的污水汇入，以及该企业的排水性质，从而对污水源热泵系统内换热器形式的选择以及管材和涂层，以及后期除垢方法和化学试剂的选择等提供依据。

因此，必要时需编写污水水量、水温、水质的勘察报告，以作为污水源热泵系统科学决策的依据和设计的原始资料。

6.7.3　污水源热泵系统设计

1. 典型污水源热泵系统方案

（1）方案 1——间接换热系统（污水/水换热器方案）

如图 6-80 所示，该方案由三个环路组成。环路 I 将污水中的热量转移给中间介质（水），环路 II 又将中间介质（水）中的热量转移给热泵，通过热泵将中间介质（水）中的热量提高其品位，并转移给环路 III 中的热媒，热媒通过环路 III 向楼内供暖。

方案 1 的特点：

1）热泵设备工作条件好，不受污水的腐蚀和污垢的影响。

2）由于环路多，相应的循环泵亦多，循环泵耗功过大。

3）系统复杂，中间环节多，从而造成低温热源温度品味的降低，这又直接使热泵 *COP* 下降。

4）为了尽量提高中间介质的热泵进出口温度，污水-水换热器的传热温差势必很小，这样造成了污水-水换热器的换热面积非常大。

5）由于夜间污水量很小，因而为了满足夜间供暖的要求，应设置蓄水池（供 6～7h 使用）。且出口处应设置过滤装置。

（2）方案 2——间接换热系统（浸没式换热方案）

如图 6-81 所示，方案 2 种利用浸没式换热将方案 1 中的蓄水池与污水-水换热器有机地集成在一起，从而省掉了环路 I，既节省了初投资，又节省了环路 I 循环泵的耗功，同时可节省过滤装置。两个方案均属于间接式换热方式，因此都存在传热温差小、换热器的换热面积大、传热性能差、传热管易被腐蚀等问题。浸没式污水换热器传热管易被腐蚀结垢，并且不易清洗和更换。吉林建筑工程学院通过实验研究，建议换热管选用塑铝螺旋管形式，管间距为 150mm。

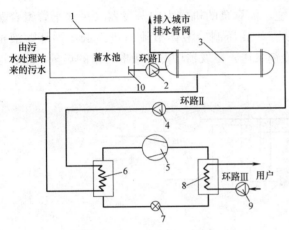

图 6-80　方案 1 原理图

1—污水管渠/污水蓄水池；2—环路 I 循环泵（污水泵）；
3—污水/水换热器；4—环路 II 循环泵；5—压缩机；
6—蒸发器（热泵工况）；7—节流阀；8—冷凝器（热泵工况）；
9—环路 III 循环泵（热泵水泵）；10—过滤装置

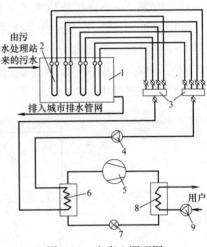

图 6-81　方案 2 原理图

1—蓄水池；2—污水/水换热器；
3—循环水分-集水器；4—循环水泵；5—压缩机；
6—蒸发器（热泵工况）；7—节流阀；
8—冷凝器（热泵工况）；9—用户侧水泵

（3）方案 3——直接换热系统

如图 6-82 所示，将蒸发器直接放置在污水蓄水池内，制冷剂在此直接蒸发，吸取污水中的热量，制冷剂蒸发后，再经过压缩机压缩至高压，送入冷凝器，用于加热热媒，以供供暖使用。

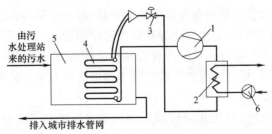

图 6-82　方案 3 原理图

1—压缩机；2—冷凝器（热泵工况）；3—节流阀；4—蒸发器（热泵工况）；
5—蓄水池（1500m³）；6—循环泵

由图 6-82 可见：

1) 相对方案 1 和方案 2 而言，方案 3 系统简单，蒸发温度要高些，从而使热泵的制冷性能系数也高些，有利于节能。

2) 方案 3 省略了方案 1 中的环路 I 和环路 II，从而避免了两个环路循环泵的耗功，这两个环路中循环泵的耗功约占方案 1 中总耗功的 15% 左右。

3) 在污水蓄水池中布置盘管数量相对方案 1 与方案 2 而言要少。

4) 在污水蓄水池中布置的盘管仍存在腐蚀、结垢问题。

5) 该方案无技术问题，但要因地制宜现场安装。

6) 设计中要注意制冷工况与热泵工况运行时设备与系统的回油问题。

7) 系统采用直接供液系统。

（4）方案 4——直接换热系统（泵供液方案）

如图 6-83 所示，它是一种泵供液系统，依靠泵的机械力向蒸发器（污水干管组合蒸发器）供制冷剂。高压部分的系统同方案 3。高压制冷液体节流后进入低压循环贮液桶中，汽液分离，其中制冷剂液体经过制冷剂泵送入蒸发器中蒸发吸取污水的热量，然后返回低压循环贮液桶中。

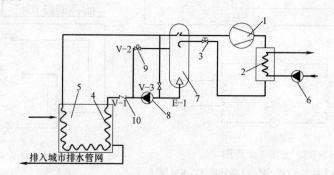

图 6-83 方案 4 原理图

1—压缩机；2—冷凝器（热泵工况）；3—节流阀；4—蒸发器（热泵工况）；
5—污水灌渠/蓄水池；6—循环泵；7—低压循环贮液桶；8—制冷剂泵；9—旁通阀；10—止回阀

与方案 3 相比，它有如下特点：

1) 方案 3 与方案 4 同属于直接式污水源热泵形式，但方案 3 是直接供液系统，而方案 4 是泵供液系统。

2) 系统中设有低压循环贮液桶，其功能是汽液分离和贮存低压制冷剂液体用。

3) 制冷剂泵的供液量通常是蒸发器中的蒸发量的 3～6 倍。泵的入口段要保持一定高度的液柱，以防止工作时因压力损失而导致液体管中闪发蒸汽和泵气蚀。

4) 系统采用污水干管组合式蒸发，其传热性能比方案 3 蒸发器的传热性能差，安装也较复杂，必须设置检漏装置。因此，在实际工程中应用方案 3 的难度要大。

2. 换热器结构形式

污水换热器的结构设计和优化应针对不同污水水质的特点，还应具有防堵塞、防腐蚀、防繁殖微生物等功能，通常采用水平管（或板式）淋水式、或浸没式换热器、或污水干管组合式换热器，如图 6-84 所示。目前换热系统常见的板式换热不可用（除非大流道板式）。

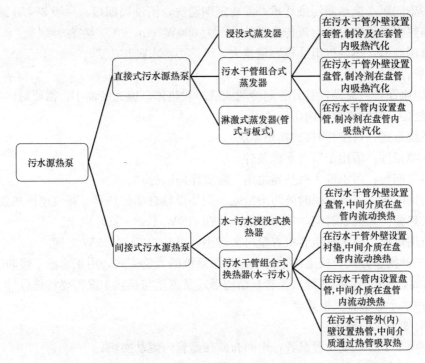

图 6-84　污水源热泵形式框图

（1）浸没式换热

将换热管束浸泡于污水池内，以特大流通断面的方式避免流通断面的阻塞。

1）由直管或螺旋状弯管组成，结构简单，制作简单。

2）系统形式：间接式换热系统。

3）水源条件：适用于所有水源条件。

4）阻塞问题：很好地解决了阻塞问题。

5）污染问题：换热面污染严重，维护困难，必须定期清洗，换热面污染物最大贴附厚度可达 12.5mm。

6）换热强度：污水管外流动，为自然对流，换热温差小，传热系数较小，为 $300W/(m^2 \cdot ℃)$ 左右，因此需要的换热面积较大。

7）应用规模：热泵机组装机容量较小，以不超过 600kW 为宜。

（2）淋激式换热器

污水以喷淋的形式穿越管束或板组，水在换热面上呈膜状流动，流通断面较大，需要对污水作防阻处理。国内有关淋激式换热器的研究很少，其降膜换热机理及强化，以及污水液膜稳定性，污水布水器的形式、淋激式换热器的管间距等结构优化等方面都需进一步详细研究。

1）结构简单，形式开放，易于清洗维修。

2）系统形式：间接式换热系统。

3）水源条件：适用于所有水源条件。

4）阻塞问题：污水进入换热器之前，需要作防阻处理。

5）污染问题：换热面污染严重，需要定期清洗，清洗周期短，一般 3～7d 维护一次。

6）换热强度：较自然对流传热系数大，为 600W/(m² · ℃) 左右。

7）应用规模：热泵机组装机容量较大，可达 2000kW 以上。

（3）管壳式换热器

水源、水在管内流动，管外为制冷剂或洁净载热体，流通断面小，需要对污水或地表水作防阻处理，同时需要管内防污染。

1）系统形式：直接/间接式换热系统。

2）水源条件：适用于所有水源条件。

3）阻塞问题：污水进入换热器之前，需要作防阻处理。

4）污染问题：需要有瞬时防污染措施，例如浮球自动传热管、高流速换热条件等。

5）换热强：为强制对流，传热系数大，在 800W/(m² · ℃) 以上。

6）应用规模：热泵机组装机容量可大可小，可在 100～400kW 之间。

上述三种换热方式，较适用于污水源热泵系统的为管壳式，由于水源水经防阻处理后还含有微尺度污染物，换热器（壳管）结构形式及流动与换热工况需要特殊设计。

（4）污水干管组合式换热器

一般有如下几种形式：

1）在污水干管外壁设置盘管，中间介质在盘管内流动换热；

2）在污水干管内壁设置盘管，中间介质在盘管内流动换热；

3）在污水干管外壁设置热管，中间介质在热管内流动换热；

4）在污水干管内壁设置热管，中间介质在热管内流动换热；

5）在污水干管外壁设置衬垫，中间介质在衬垫内流动换热；

6）在污水干管外壁设置套管，中间介质在套管内流动换热。

3. 换热工况设计

换热工况主要是指水源的进出水温度、温降或温升，换热器面积大小、换热传热温差大小，末端供热或供冷进出水温度或温差等，该设计要求综合考虑，系统尽量高效运行，同时初投资相对较少。

按现有设备的运行性能，水源温度每降低或升高 1℃，热泵机组 COP 减少或增加 3%，或影响投资 5%（改变换热面积），同时影响机组出力 3%（供热供冷能力），影响耗能 1%。另外还涉及水泵等辅助设备的运行能耗问题，因此需要根据实际情况在保证系统可靠运行的前提下，兼顾投资成本与运行成本。

（1）直接系统换热工况

有专家实地考察了我国北京、天津、大连、青岛、上海、江苏、西安、内蒙古、沈阳、哈尔滨 1 月份的水源温度情况得出：已处理城市污水温度为 8℃ 左右，未处理城市污水温度为 9～11℃。因此，在直接式系统中，水源温度的设计调节范围不大，热泵机组的运行性能系数也不会有明显差异，在考虑防冻时（满液式蒸发器出水温度不低于 1℃，干式蒸发器出水温度不低于 3℃）按大温降、小流量运行，以减少投资与水泵能耗。

利用满液式机组时，已处理污水蒸发器最低出水温度按 3℃ 设计，蒸发器蒸发温度根据出水温度来确定，比出水温度低 2℃ 左右。冷凝器进出水温度根据末端系统来确定，冷凝温度高于出水温度 2～3℃。

（2）间接式系统换热工况

闭式系统应用于原生污水，由于有二次换热过程，需增设专用换热器与水泵，水源的温降或温升值、换热面积的大小及传热温差大小直接影响到系统的投资与运行能耗。

热泵系统中，污水泵能耗、二次载热泵能耗、空调循环泵能耗总计占系统总能耗的10%～15%，系统小流量、大温差运行可减少各水泵能耗，但需增加换热面积或降低机组COP值。污水温差增大或减小1℃，污水泵减小或增大的能耗值约为系统的1%，而机组增大或减小的能耗值约为2%。污水温降以4～6℃为宜，温升以5～7℃为宜。当水量不足时，可大温差运行，二次载热循环水温差可较污水温差小1～1.5℃，以提高机组运行性能系数。

4. 防阻塞与防腐蚀技术措施

（1）污水及对污水源热泵的影响

城市污水由生活污水和工业废水组成，它的成分极其复杂。生活污水是城市居民日常生活中产生的污水，常含有较高的有机物（如淀粉、蛋白质、油质等）、大量柔性纤维状杂物与发丝、柔性漂浮物和微尺度悬浮物等。工业废水是各工厂企业生产工艺过程中产生的废水，一般来说，工业废水中含有金属及无机化合物、油类、有机污物等成分，同时工业废水的pH值偏离7，具有一定的酸碱度。污水的这些特殊问题常使污水源热泵出现下列问题：

1）易在管道和设备（换热设备、水泵等）表面上积垢、形成生物膜、油膜等，漂浮物和悬浮固形物等堵塞管道和设备的入口。出现污水的流动阻塞和传热过程恶化。

2）引起管道和设备的腐蚀问题，尤其是污水中的硫化氢易使管道和设备腐蚀生锈。

3）由管道和设备阻塞使流动阻力不断增大，污水量不断减小，传热系数不断减小，热量随运行时间的延长而衰减，系统运行稳定性差。

4）运行管理和维修工作量大。

5）设备阻塞、结垢导致机组耗功增加。

（2）防阻塞、防垢与防腐蚀技术措施

1）在可能的条件下，宜选用二级出水或中水作污水源热泵的热源和热汇，这样其系统类似于一般的水源热泵系统。

2）设计中，宜选用便于清污的淋激式蒸发器和浸没式蒸发器。污水-水换热器宜采用浸没式换热器。

3）在原生污水源热泵系统中要采取防堵塞的技术措施，通常采用：

① 在污水进入换热器之前，系统中应设有能自动工作的筛滤器，去除污水中的浮游性物质，如污水中的毛发、纸片等纤维质。目前常用自动筛滤器、转动滚筒式筛滤器等。

② 在系统的换热管中设置自动清洗装置，去除因溶解于污水中的各种污染物而沉积在管道内壁的污垢。目前常用胶球型自动清洗装置、钢刷型自动清洗装置等。

③ 设有加热清洁系统。用外部热源制备热水来加热换热管，去除换热管内壁污物，其效果十分显著。

4）系统设计阶段，防垢措施是：充分考虑污垢形成后，其热阻对换热性能的影响，计算洁净系数和冗余面积，合理加大换热器面积。

5）系统运行阶段，抑垢措施有：投放杀生剂、缓蚀剂、阻垢剂以及控制污水pH值。污垢组分的溶解能力随pH值的减小而增大，向污水中加酸使pH值维持在6.5～7.5，对抑制污垢有利。

6) 污垢形成后阶段，除垢措施有：

① 物理清洗，最常采用的是喷水清洗，即利用具有一定压力的水流对设备污脏表面产生冲刷、利用气蚀、水楔等作用以清除表面污垢。现推荐的污水除垢喷水压力为 70～140MPa。

② 化学清洗，主要化学清洗分为酸清洗、碱清洗和杀生剂清洗等，化学清洗能清洗到机械清洗所清洗不到的微小间隙，且清洗均匀一致，不会留下沉积颗粒。

7) 合理选用换热设备、管材等。常用的换热管有：铜质材质传热管、钛质传热管、镀铝管材传热管和铝塑管传热管等。在原生污水源热泵，宜选用钛质传热器和铝塑传热管。但应注意：

① 钛质传热管与其他材质相比较，其价格昂贵。

② 铜管对污水中酸、碱、氨、汞等的抗腐蚀能力相对较弱。

③ 表面电镀铜合金的钢制、铝制换热管不适用于污水源热泵系统。

④ 采用金属表面喷涂、刷防腐涂料的防腐方法，在工艺上很难做到将涂料均匀地覆盖在换热器内壁上。

8) 加强日常运行的维护保养工作是不容忽视的防堵塞、防腐蚀的措施。如每日清水冲洗管内，一般每日冲洗 4～6 次；也要进行定期的水力冲洗，一般每月末对污水换热器进行 1 次高压反冲洗。否则，由于污水堵塞使污水量急剧减少。

5. 污水源热泵取水方案

（1）潜水泵取水方法

利用潜水泵直接取水，转筒式特效防阻器防阻，在水源附近设置取水井，如图 6-85 所示，取水井与水源相通，排水口布置在水源下游或较远处。

（2）干式水泵取水方法

利用干式水泵取水需设置取水泵房，且泵房底面高度或水泵吸入口要低于水源液面 0.7m 左右，污水经短距离管线自流进入污水泵吸入口。在水源取水口设置转轮式防阻器，或在机房设置转筒式防阻器，如图 6-86 所示。

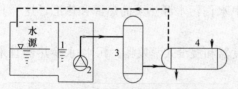

图 6-85　潜水泵取水方法示意图

1—取水井；2—潜水泵；3—转筒式防阻器；
4—专用换热器或蒸发器或冷凝器

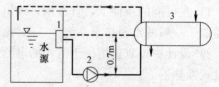

图 6-86　干式水泵取水方法示意图

1—转轮式防阻器；2—水泵；
3—专用换热器、蒸发器或冷凝器

（3）自吸水泵取水方法

利用自吸水泵抽引水源水，水泵吸入口可高出水源液面 2m 左右，取水泵房可设置在地面或浅层地下，利用转筒式防阻器防阻，如图 6-87 所示。

6. 设备选型与管线设计

（1）设备选型

1) 管材：室外污水管道一般可选用铸铁管或者 PPE 管、PVC 管；室内管道和换热器可选用内、外防腐的碳钢管。

2) 阀门：污水子系统尽量减少阀门安装。

3）水泵：进口无需底阀，出口无需止回阀，无需设置旁通管道，水泵进、出口均应装设闸阀。水泵必须选择污水泵或者排污泵，一般为单级单吸管道泵或者湿式潜水泵。污水泵一般采用开式叶轮，而且叶片数量少，只有 2～5 片，流道宽，可输送含有尺寸在 40～90mm 范围内的纤维或者其他悬浮杂质的污水，污水泵与清水泵的最大外观区别在于污水泵壳体上开设有清扫孔。

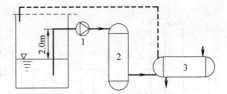

图 6-87 自吸水泵取水方法示意图
1—转轮式防阻器；2—水泵；
3—专用换热器或蒸发器或冷凝器

4）粗效过滤设备：由于运行时污水流量大、污物浓度大，传统过滤技术无法承受，而且容易造成二次污染，可选用滤面水力连续再生技术的回筒式污水防阻机，过滤尺寸＜4mm。

5）换热器：可选用多壳程串联的壳管式换热器，换热管内径 15mm 或者 20mm；为防止堵塞与软垢快速生长，不要选择板式换热器。

（2）管线设计

管线走向要注意三点：管线在垂直高度上变向时，以缓坡为宜；垂直管路的底部以 90°以上的弧形变向；垂直管路上尽量避免使用止回阀。此外还要注意以下三点：

1）建议污水泵台数不宜太多，3 台即可，两用一备。由于污水源热泵系统大都是间歇运行，一天之内污水泵启停频繁，而且污水泵的自身结构决定了它的自吸能力很差，因此污水泵站必须设计成自灌式，不建议采用真空泵或者水射器抽气引水，一般污水水面需高于水泵吸入口 0.5～1.0m，而且在自流管的进口和端头分别安装闸阀和法兰盲板，以便于检修和清洗。在条件允许时，每台水泵应该设各自的吸水管，吸水口朝下，而且各自的出水管必须从顶部接入压水干管（避免污物淤积），如图 6-88（a）所示。若选用潜水泵，则应设集水池，并且从压水干管上接出一根 50mm 的主管伸到集水池底部，定期开启将沉渣冲起，由水泵抽走，如图 6-88（b）所示。

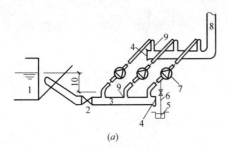

(a)

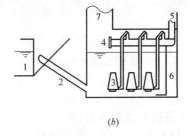

(b)

1—污水干渠；2—闸阀；3—吸水干管；
4—盲板；5—积水坑；6—泵房排水管；
7—管道污水泵；8—压水干管；
9—顶部接入；10—自灌高差

1—污水干渠；2—自灌引水管；
3—潜水泵；4—盲板；5—压水干管；
6—集水池冲洗管；7—集水池维修管

图 6-88 污水源热泵取水与配管方式
（a）管道泵取水方案；（b）潜水泵取水方案

2）一般情况下，在无氧的条件下，污水对金属腐蚀性很弱，在有氧条件下，界面的腐蚀速度将增加几十倍至上百倍，如果系统间歇运行，停泵期间污水倒空，就会加剧碳钢换热器的腐蚀，为了避免每次启泵后管道和换热器的频繁人工排气，有必要设置存水弯和

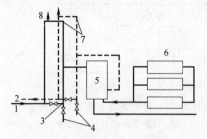

图6-89　机房污水进出管道的存水弯
1—污水进户管；2—污水出户管；
3—存水弯旁管；4—泄水管；5—防阻机；
6—换热器；7—最高点存水弯；
8—自动排气阀

泄水管，如图6-89所示，存水弯是室内管网的最高点上安装排气阀。存水弯能保证停泵期间室内污水管道和换热器内始终充满水，泄水管用于过渡季系统长时间停止运行或者检修时泄空污水。

3）在水泵的总压水管上、污水干管进出户处、换热器进出口处等位置必须安装测压装置和温度计，若选用压力表，建议无表弯而有阀门且朝上安装。压力表阀门平时关闭，仅在检查污水系统是否出现堵塞故障或判定换热器是否需要清洗时使用。

污水泵房周围设有排水沟，坡度 $i=0.01$，并通向积水坑，设置小型潜式排水泵，或者在污水泵吸水口附近（管径最小处）接出一根25mm的小管伸到积水坑内。水泵低水位工作时，开启阀门，将坑中污水抽走。泵房同时设置机房远程控制和泵房现场控制，无需供暖，做好防水、防潮工作，并采用机械通风。在地下泵房顶板上预留吊钩，以便水泵检修。

（3）水力设计计算

污水管道内的最低流速不得小于0.7m/s，否则容易产生管内污物沉淀。一般水泵吸水管流速为1.0～1.5m/s，压水管流速为1.5～2.0m/s。

污水实际为多相非牛顿流体，流动阻力与洁净水有一定的差异，湍流黏度为洁净水的2～3倍，有一定的随机性，污水流动阻力是由管壁污物粗糙度引起的，流动阻力因数可用下式计算：

$$f=0.0122d-0.35 \tag{6-66}$$

式中　f——阻力因数；

　　　D——管径，m。

污水沿程阻力的经验计算公式如下：

$$\Delta H_\mathrm{f}=2.108\times10^{-3}\times L\times\frac{V^2}{d_i^{\frac{16}{3}}} \tag{6-67}$$

式中　ΔH_f——污水沿程阻力水头损失，m；

　　　L——管道长度，m；

　　　V——污水设计流量，m³/s；

　　　d_i——管道内径，m。

7. 热泵机组匹配性设计

（1）热泵机组容量选型与匹配性设计

热泵机组的制热、制冷容量是在特定工况下标定的，一般较实际工况下的制热、制冷容量要高，需要根据实际的设计工况做修正，有时需按80%来做修正。热泵机组的制热（冷）量随时间的衰减量很小，一般在5%以内，可不作保守裕量选型。在开式系统中，热泵机组的运行模式与出力直接决定了水源水的温降，该温降可大可小，例如，启动1台压缩机，温降为2℃；启动2台压缩机，温降可能为4℃。但在闭式系统中，由于有二次载热水环路，一旦热泵机组的选型容量较大，蒸发器吸热量大于换热器的换热量，并超出一定的比例，例如10%，一段时间内机组满负荷运行时换热器换热量供应不上，二次载热水环路水温不断下降，将出现低温报警状况。因此，热泵系统设计时，应尽量避免蒸发器吸热量大于换热器换热量，当富裕量大时，要设定压缩机负载率的控制，避免满载运行。

(2) 过滤器的设计选择

在污水源热泵系统中，为确保系统的稳定运行，过滤器的设置是必不可少的。目前常用的过滤有两种：开放型和密闭型。

1) 开放型过滤器：当污水流进过滤器时，其表面的筛网就将杂质截流，故筛网孔径等相关结构参数的设计选择是关键。此种污水过滤器适用于污水量较大的场合。

2) 密闭型过滤器：当污水流进过滤器时，杂质被截流在转筒表面而被去除或被切刀切断后通过杂质出口排除，并有反冲洗阀门，必要时打开反冲洗阀门用清水进行反冲洗，以消除残留在过滤器内的污水杂物。

(3) 换热器的设计

1) 污水换热器设计要求

① 满足工艺要求。污水换热器是将污水中的能量与中间介质进行交换，两者之间的温差不大，因此要求换热器在此工作条件下具有较高的换热强度，且尽量减少热量损失。

② 要求在此工作条件下具有一定的强度，结构要求简单、紧凑，便于安装和维护，不能出现堵塞状况，造价低廉且运行安全。

③ 污水换热器更重要的是要防腐蚀性能好，抗垢，清洗方便，处理量大。

2) 换热器设计计算

换热器设计时，流速在 $0.9 \sim 1.1 \text{m/s}$，污水沿程阻力水头损失不大于 5m，局部阻力按沿程阻力的 $1.2 \sim 1.3$ 倍考虑即可，考虑到因污水泵在使用过程中效率下降和随管道阻力的增加而增加的能量损失，可增加 $2 \sim 3 \text{m}$ 的安全扬程。

由于软垢的粗糙高度的影响，污水流动换热可视为粗糙管壁的换热，污水管内对流换热的经验准则关联式为：

$$Nu = 0.025Re^{\frac{3}{4}} - 3Pr^{\frac{1}{3}} \tag{6-68}$$

式中，所有物性参数均按同温度下的清水物性参数选取。

在进行换热器设计时，为避免重复试算，推荐如下步骤进行：首先，确定换热管内径（一般为 $16 \sim 20 \text{mm}$）、阻力（一般为 $5 \sim 6 \text{m}$，或者流速，一般为 1.0m/s）、对数传热温差（一般定为 3.0℃）以及换热量、流量；其次，通过阻力方程和能量方程解得换热管的总根数 N 和总长度 L，然后根据 N 和 L 来确定换热器的台数、壳程数、流程数、单程根数、单程长度，最后就可以确定换热器的直径和长度了。

(4) 蒸发器材质设计

目前应用的管材主要为波纹内外肋片紫铜管，壁厚 0.8mm 或 1.2mm，内径16.5mm；防腐材质采用铜镍合金管（含镍 10%）。几种材质的基本情况如表 6-47 所示。

蒸发器几种材质的基本情况　　　　　　　　　　　　　　　　　　　表 6-47

材质	防腐性能	导热热阻（m·℃/W）	使用系统、水源	价格（万元/t）	备　注
紫铜	弱	300	开式地下水源、闭式地表水源	8	
铝青铜	强	300	开式地下水源、海水源	10	在海水中使用时寿命为 0.5a 左右
铜镍合金	强	90	开式地下水源、海水源	12	在海水中使用时寿命为 0.5a 左右
纯钛			各种水源	50	
S304 不锈钢	弱	30	闭式地表水源	6	有管板与管束连接问题
316L 不锈钢	强	30	开式地下水源、闭式地表水源	9	有管板与管束连接问题
普通碳钢	弱	54	闭式地表水	0.7	

注：开式地表水源系统中，蒸发器为满液式，换热管需要光管。

(5) 蒸发温度与面积的变化

在非标定工况下，修正制热（冷）量时，蒸发温度也相应发生变化，一般情况下会降低，为保持热泵机组较高的 COP 值，或尽量增加制热（冷）量，蒸发温度需要提高，此时蒸发面积要加大。

(6) 制热与制冷的切换工艺

热泵机组冬、夏制热、制冷切换有两种方式：靠四通换向阀改变制冷剂流向，蒸发器与冷凝器功能调换；或靠水环路切换，蒸发器与冷凝器功能不变。四通换向阀切换机组容量较小，单压缩机最大只能做到 500kW，较可靠。另外，蒸发器与冷凝器基本均为满液型，较适合直接式系统，要防腐只考虑两者中的一个。目前较大型热泵机组均采用水环路切换方式，这种方式较适用于间接式系统，应用于直接式系统时，则蒸发器与冷凝器均要考虑防腐。

在直接式系统中，水源水冬季进入蒸发器，夏季进入冷凝器，四通换向阀切换时，不影响水源水与末端循环水的接触，若水路切换，在水质不好时，需要清洗水源侧；在间接式系统中，水源水不改变流向，靠二次载热水环路切换，由于水温较低，可能利用乙二醇溶液或盐溶液防冻，因此载热水环路需要设置单向阀，避免切换时溶液流失。

8. 设计要点

污水源热泵系统的重点设计内容是水源取水方式设计、换热工况设计、热泵机组的匹配设计，关键技术是防阻塞换热技术。要考虑到防阻工艺的可靠性、系统运行的稳定性、维护管理的可操作性，经济性方面要考虑初投资和运行费用。

污水源热泵系统设计要点如下：

(1) 污水的水质：此项应进行现场调查，应避免强酸强碱的高腐蚀性的水质。

(2) 污水的水温：此项应进行现场调查，水温不能过低，应有可以利用的温降。

(3) 污水的水量：此项应进行现场调查，水量与水深有一定关系，一般水深不应小于 300mm。

(4) 污水的流速：污水系统中污水的流速不应小于 1m/s，不宜小于 1.2m/s。

(5) 污水系统的管径：污水系统主要输送管道的管径不应小于 100mm，不宜小于 150mm。污水管线不宜过长，且管内壁应光滑，应尽量减少污水管线拐弯，且少设不必要的阀门。

(6) 污水泵：因为污水系统是开式系统，没有水击现象的存在，故污水泵出口可不设止回阀，以减少管道堵塞的可能性。

(7) 污水换热器：宜采用管壳式换热器，管程不应单管程，宜多管程，推荐 6 管程，换热管径不应小于 15mm，不宜小于 20mm。污水换热器两端壳头应方便打开。

(8) 中介水系统：冬季与夏季的阻力变化较大，中介水泵宜采用变频水泵。

(9) 噪声同其他水源热泵系统要求。

同时，在工程设计及施工中要注意以下一些问题：

(1) 供暖空调工程设计要根据地区的不同核算负荷，选用设备时配合辅助系统，使得机组在冬夏季都能满负荷运行，由能源的综合利用率来评价方案的可行性，得出最优方案，使得工程造价最低，运行费用也最低。

(2) 污水源热泵工程设计施工中首先要实地测试污水的水质、水温及水量，由此确定方案中其他设备的配套使用。

（3）污水利用时，污染、腐蚀、结垢都是不可避免的问题，但是如何将此负面影响降低到最小限度就是方案设计的重点。

（4）污水利用不能对环境造成影响或二次污染，因此在污水的取排水施工过程中应该注意管道输送的密闭性，而且管材的选择也要防腐性强，并定期检查。

6.7.4 设计示例

1. 工程概况

奥运村位于北京市朝阳区奥运公园，赛时主要为运动员居住地，赛后为高档住宅小区。总建筑面积约为 51.7 万 m^2，地上建筑面积 41.05 万 m^2，其中运动员公寓（地上 6 层或 9 层）建筑面积 38 万 m^2，公共建筑（地上 3 层）建筑面积 3.05 万 m^2（赛后公共建筑增加面积 $2750m^2$）。

奥运村再生水热泵冷热源工程是为满足奥运村赛时、赛后的供冷、供热需要而兴建的冷热源系统，主要包括：

（1）在清河岸边的取水、退水、换热和换热水输送系统工程。

（2）在奥运村内的冷热水制备和输送系统工程。

2. 系统设计

（1）中心站房

1）再生水设计条件

来自清河污水处理厂，其日处理污水量 40 万 t，再生水排至清河用于河道还清。冬季最低水温 12.5℃，夏季最高水温 25.9℃。

2）清河岸边工程系统概述

取水、引水、退水、应急水源设计：

取水、引水：再生水排入清河之前（清河北岸），设取水管及构筑物；奥运赛时需再生水量 $3500m^3/h$ 计，用 $DN1600$ 加强水泥管，靠 5.8m 高程差自行流入换热站内蓄水池中。

退水：再生水经换热使用后向清河排放，水温冬季 7.5℃，夏季 35℃，流量 $3500m^3/h$，按 $DN800$ 管设计，出换热站水压约 0.25MPa，输水管工作压力 0.6MPa。

应急水源（赛时）：在清河设取水口，再生水断流后，打开闸板，河水通过再生水引水管流入蓄水池中（高差 4.47m）。

3）再生水提升与换热系统设计

建在清河南岸，占地 $2000m^2$，地下埋设 $3000m^2$ 调节蓄水池，换热站建筑面积 $1219.12m^2$，地上一层、地下一层，层高 6m。

站内设再生水提升泵 5 台（四用一备）、自洁式过滤器 5 台（四用一备），换热器 5 台（四用一备），并按一对一匹配设计。

设计再生水和换热循环水供/回温度如表 6-48 所示。

再生水和换热循环水供/回水温度 表 6-48

	再生水	换热循环水
冬季	12.5℃/7.5℃	10.5℃/5.6℃（计算确定）
夏季	26℃/35℃	29℃/39℃（赛后应计算）

4）换热循环水输送系统设计

站内设换热水循环泵 5 台（四用一备），根据中心站房需水量变频控制，通过室外埋设 DN800 管送到奥运村中心站房。

5）中心站房制热、制冷系统设计

采用三次泵冷热水系统，即一次泵定流量运行，二次泵定压差变频控制，三次泵比例压差变频控制。

① 制冷制热：

奥运村冬季计算供热负荷为 20937kW。

4 台离心式热泵机组，单台供热量 5247kW，总供热量 20988kW。

热水供/回水温度 44.5℃/38.5℃，循环水（水源水）水温 5℃/10℃。

一次冷热水泵、水源冷热水泵与热泵机组一一对应设置，并各设一台备用泵。

② 中心站房制冷系统设计

计算冷负荷：赛时 28187kW，赛后 19048kW。根据要求，热泵机组夏季全负荷供冷，不足部分拟考虑由冷水机组承担。

热泵机组：4 台热泵机组，单台制冷量 5331kW；

冷水机组：4 台离心式冷水机组，单台制冷量 1856kW；

赛时总制冷量：四加四方案，总供冷量 28748kW；

赛后总制冷量：四加一方案，总供冷量 23180kW；

特点：供/回水温度为 5℃/12℃；

　　　　大温差供水，减少一、二次水系统投资，同时降低一、二次水输送费用；

　　　　机组大小搭配，负荷适应性强。

（2）再生水热泵冷热源换热站

1）蓄水池

在用地区域内建设 3000m³ 地下蓄水池，用以调整冷热源用水变化与再生水能力间的矛盾，同时也可保证短时间（1h 左右）再生水断水的系统使用。该工程地下调节水池顶部埋深约 10m，其上部覆土可做绿化用地。

2）提水、退水

蓄水池内的再生水经提升泵（四用一备）、防阻机（四用一备）后进入换热器（板式，四用一备），换热后由管道送至清河排放。水泵总流量 3500m³/h。

3）换热站、泵站

赛时总换热能力需求约 3637kW，赛后冬季换热量 17640kW，夏季换热量 28370kW。再生水经换热器（板式，四用一备）换热后，由换热循环水泵（四用一备）输送至中心站房。

该工程设计供/回水温度为：夏季再生水进/出口水温 26℃/35℃，循环水供回水温度为 29℃/39℃。冬季再生水进出口水温 12.5℃/7.5℃，循环水供回水温度为 10.5℃/5.5℃。

换热循环水泵总水量约 3200m³/h，采用卧式端吸离心泵（四用一备），满足换热站至奥运村中心站房单程近 3km 的输水循环任务。换热循环水系统在本站内采用全自动定压补水设备进行定压及补水。

3. 附图（图 6-90～图 6-100）

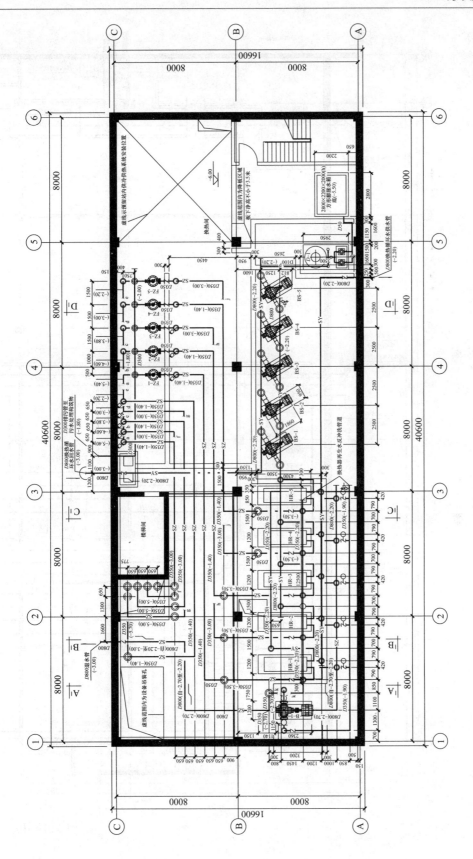

图 6-90 地下一层水管平面图

注：本图标高为相对于±0.00 的标高，水管标注中心标高。本图剖面详设施—10。

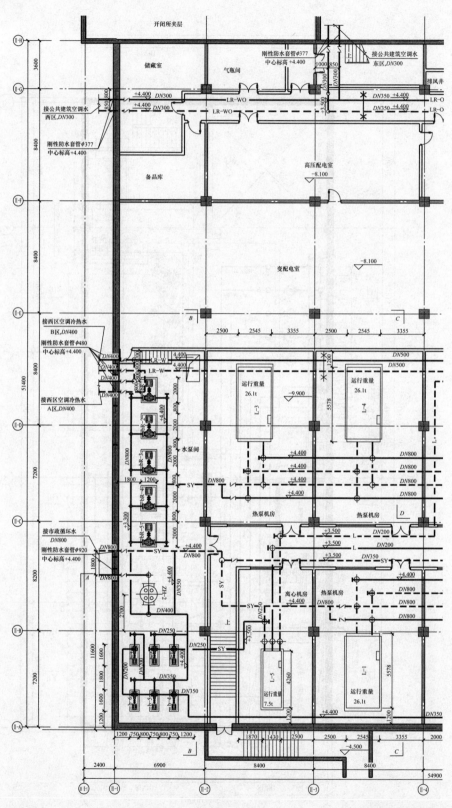

图 6-91 中心

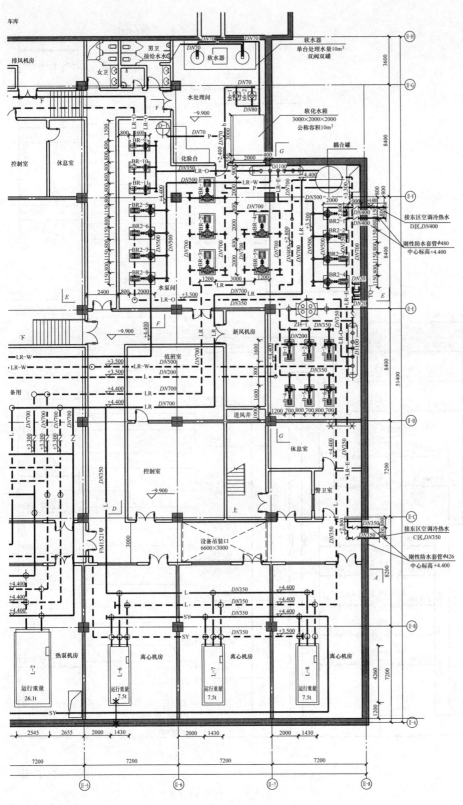

站房平面图

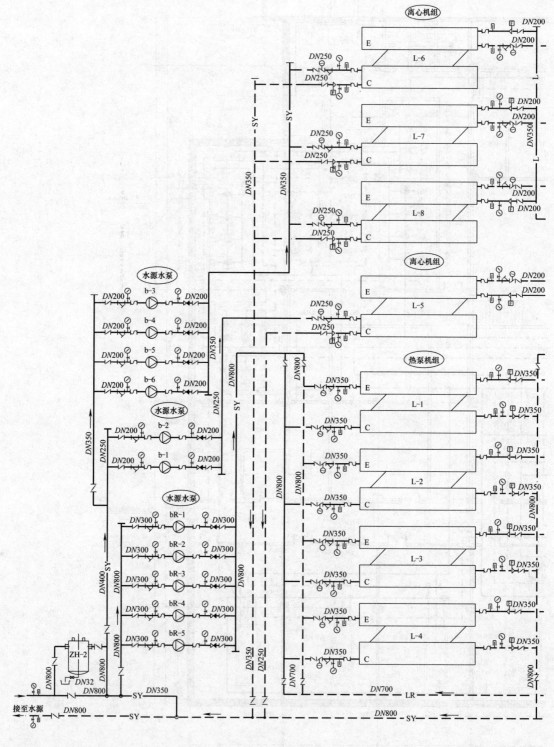

图 6-92 冷热

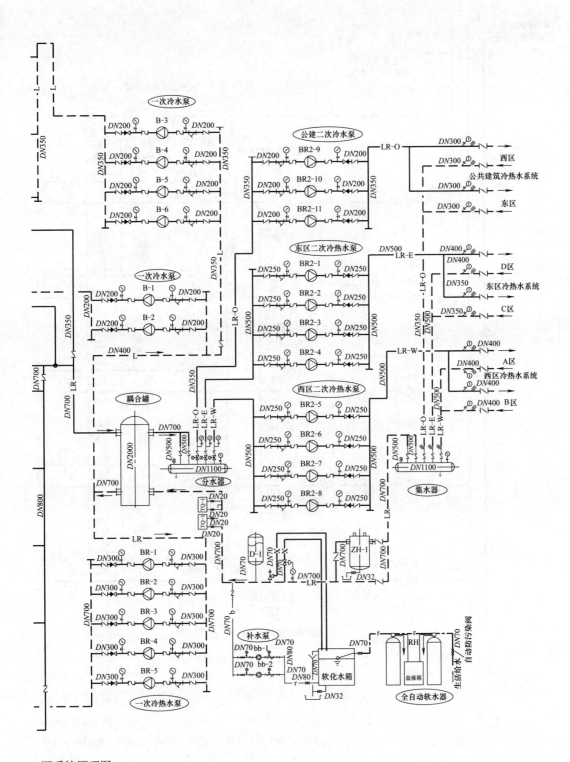

源系统原理图

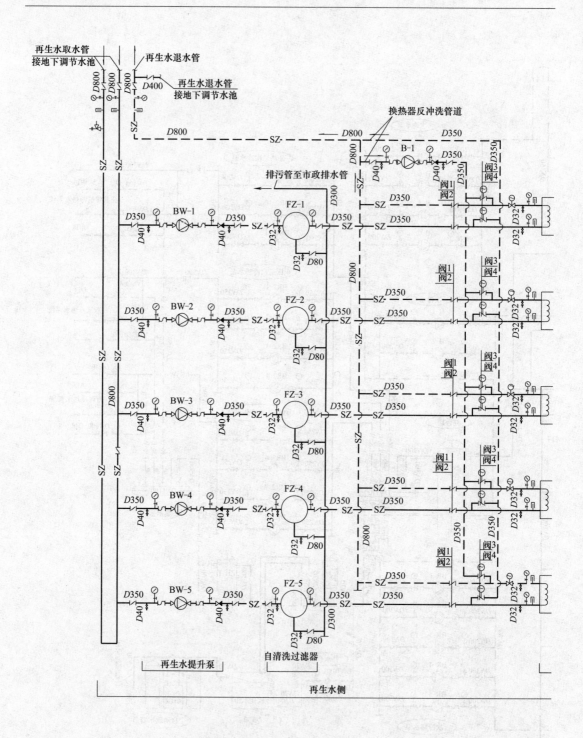

图 6-93　换热

注：换热器再生水侧正常运行时开启阀 1，2 关闭阀 3，4；当反冲

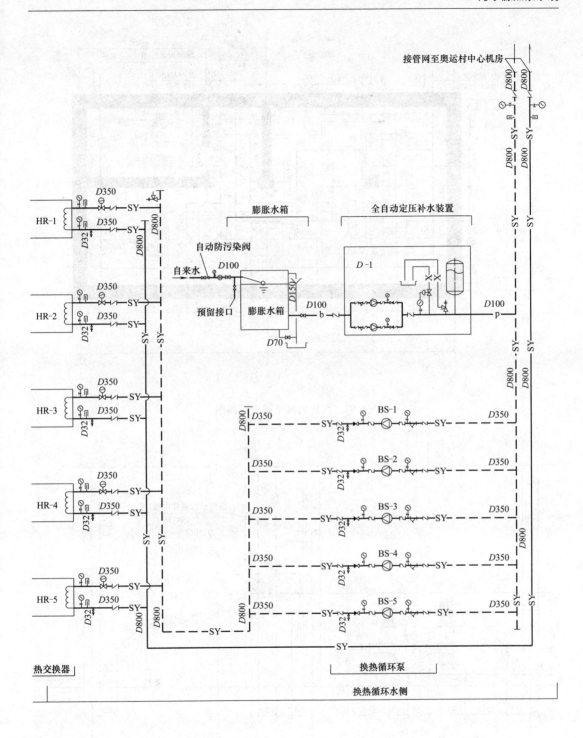

站系统原理图

洗时，关闭阀1，2开启阀3，4；反冲洗应当逐台进行。

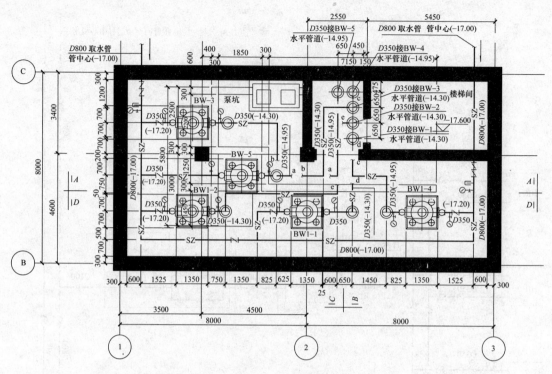

图 6-94　泵坑通风空调平剖面图

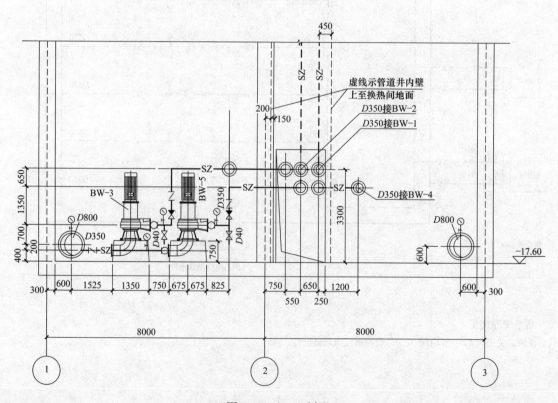

图 6-95　A—A 剖面

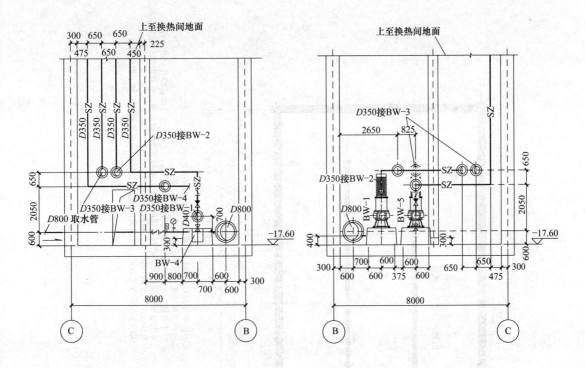

图 6-96　B—B 剖面　　　　　　　　　　图 6-97　C—C 剖面

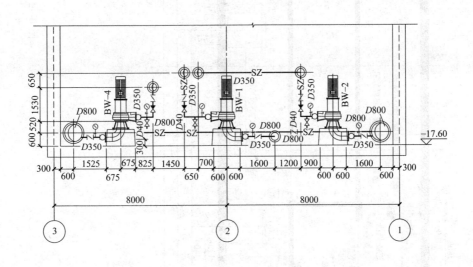

图 6-98　D—D 剖面

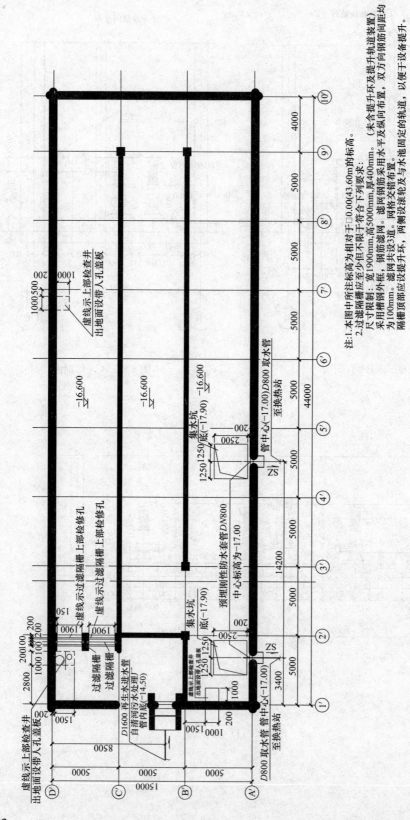

图 6-99 调节水池平面图

注:1.本图中所注标高为相对于□0.00(43.60m)的标高。
2.过滤隔栅应至少powiększ不限于符合下列要求:
尺寸限制:宽1900mm,高5000mm,厚400mm。(未含提升环及提升轨道装置)
采用槽钢外框、钢筋滤网。滤网钢筋采用水平及纵向布置,双方向钢筋间距均
为100mm。滤网共设3道。网格交错布置。
隔栅顶部应设提升环,两侧设滚轮及与水池固定的轨道,以便于设备提升。

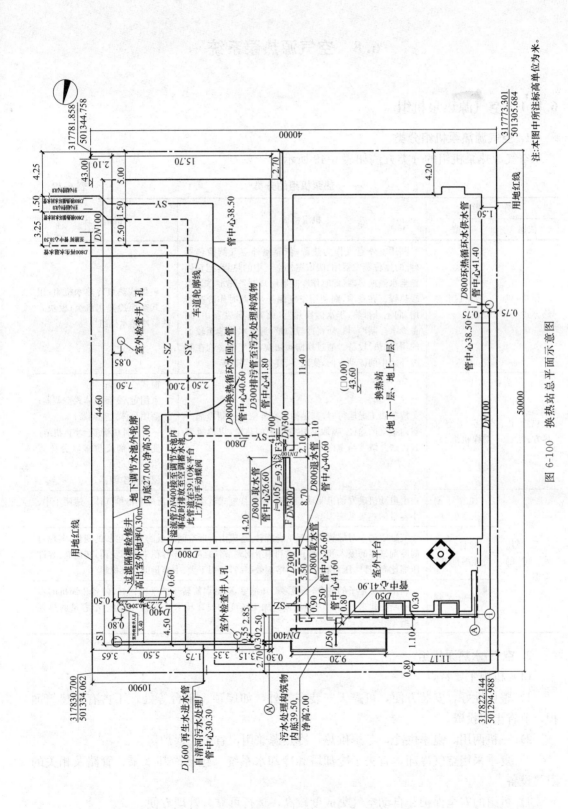

图 6-100 换热站总平面示意图

注：本图中所注标高单位为米。

6.8 空气源热泵系统

6.8.1 空气源热泵机组

1. 空气源热泵机组分类

空气源热泵机组的分类方法如表 6-49 所示。

热泵机组的分类 表 6-49

分类依据	类型	机组特征	机组形式
供冷/供热方式	空气-水热泵机组	利用室外空气作为热源,依靠室外空气侧换热器(此时座位蒸发器用)吸取室外空气中的热量,把它传输至水侧换热器(此时作冷凝器用),制备热水作为供暖热媒。在夏季,则利用空气侧换热(此时作冷凝器用)向室外排热,于水侧换热器(此时作蒸发器用)制备冷水。制冷(热)所得冷(热)量,通过水传输至较远的用冷(热)设备。通过换向阀切换,改变制冷剂在制冷环路中的流动方向,实现冬、夏工况的转换	整体式热泵冷热水机组;组合式热泵冷热水机组;模块式热泵冷热水机组
供冷/供热方式	空气-空气热泵机组	按制热工况运行时,都是循着室外空气→制冷剂→室内空气的途径,吸取室外空气中的热量,以热风形式传送并散发与室内	窗式空调器;家用定/变频分体式空调器;商用分体式空调器;一台室外机拖多台室内机组;变制冷剂流量多联分体式机组;屋顶式空调器
采用压缩机的类型	往复式制冷压缩机组	由电动机或发动机驱动,通过活塞的往复式运动吸入和压缩制冷剂气体。适用于中、小容量的热泵系统	
	螺杆式制冷压缩机组	气缸中的一对螺旋齿相互啮合旋转,造成由齿形空间组成的基元容积的变化,实现对制冷剂气体的吸入和压缩。它利用滑阀调节气缸的工作容积来调节负荷,转速高、容许压缩比高,排气压力脉冲性小,溶剂效率高,适用于大、中容量的热泵机组	
	涡旋式制冷压缩机组	利用涡旋定子的啮合,形成多个压缩室,随着涡旋转子的平动回转,使各压缩机的容积不断变化来压缩制冷剂气体。加工精度和安装技术要求高,适用于小容量的热泵机组	

2. 空气-水热泵机组

（1）机组主要特点

1）整体性好,安装方便,可露天安装在室外,如屋顶、阳台等处,不占有效建筑面积,节省土建投资。

2）一机两用,夏季供冷,冬季供热,冷热源兼用,省去了锅炉房。

3）夏季采用空气冷却,省去了冷却塔和冷却水系统,包括冷却水泵、管路及相关的附属设备。

4）机组的安全保护和自动空气集成度较高,运行可靠,管理方便。

5）夏季依靠风冷冷却，冷凝压力比水冷时高，*COP* 值比水冷式机组低。

6）由于输出的有效热量总大于机组消耗的功率，所以比直接电热供暖节能。

7）价格较水冷式机组高。

8）机组常年暴露在室外，运行环境差，使用寿命比水冷式机组短。

9）机组的噪声与振动的易对环境形成污染。

10）机组的制冷、制热性能随时外气候变化明显。制冷量随室外气温升高而降低，制热量随室外气温降低而降低。

11）机组是以室外空气作为冷却介质（供冷时）或热源（供热时），由于空气比热容小以及室外侧换热器的传热温差小，故所需风量较大，机组的体积也较大。

12）冬季室外温度处于 −5～5℃ 范围时，蒸发器常会结霜，需频繁的进行融霜，供热能力会下降。

（2）机组额定工况

国家标准《蒸汽压缩循环冷水（热泵）机组工商业用和类似用途的冷水（热泵）机组》GB/T 18430.1—2001 和《蒸汽压缩循回冷水（热泵）机组用户用和类似用途的冷热水（热泵）机组》GB/T 18430.2—2001 规定的名义工况时的温度条件、制冷性能系数和噪声限制分别如表 6-50～表 6-52 所示。机组变工况性能如表 6-53 所示。

机组名义工况时的温度条件 表 6-50

项　　目	使用侧		热泵侧（或放热侧）	
	冷、热水		风冷式	
	进口水温(℃)	出口水温(℃)	干球温度(℃)	湿球温度(℃)
制冷	12	7	35	—
热泵制热	40	45	7	6

机组名义工况时的制冷性能系数与噪声限制（声压级） 表 6-51

名义制冷量(kW)	制冷性能系数（风冷式）	噪声值[dB(A)]
＜8	2.30	65
≥8～16	2.35	67
≥16～31.5	2.40	69
≥31.5～50	2.45	71

机组名义工况时的制冷性能系数 表 6-52

压缩机类型	往复式		涡旋式		螺杆式		
机组制冷量(kW)	＞50～116	＞116	＞50～116	＞116	≤116	116～230	＞230
性能系数	2.48	2.57	2.48	2.57	2.46	2.55	2.64

变工况性能温度范围 表 6-53

项　　目	使用侧		热泵侧（或放热侧）	
	冷、热水		风冷式	
	进口水温(℃)	出口水温(℃)	干球温度(℃)	湿球温度(℃)
制冷	—	5～15	21～43	—
热泵制热		40～45	−7～21	

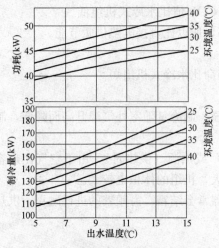

图 6-101　热泵型机组制冷量、功耗与
环境温度和冷水出水温度的关系

3. 机组的变工况特性

（1）环境温度、冷水出水温度对机组性能的
影响

确定热泵机组名义制冷量的工况为：环境空
气温度 35℃，出水温度 7℃，蒸发器侧污垢系数
0.086m² · ℃/kW。在实际使用中，当工况改变
时，机组的制冷量、功耗将随环境温度和出水温
度的变化而改变，如图 6-101 所示。

由图 6-101 可以看出：

1）空气源热泵冷水机组的制冷量随冷水出
水温度的升高而增加，随环境温度的升高而减
少。这主要是由于冷水出水温度升高时，系统的
蒸发压力提高，压缩机的吸气压力也提高，系统
中的制冷剂流量增加了，因此制冷量增大。反
之，当环境温度升高时，系统中的冷凝压力提高，压缩机的排气压力也提高，使系统中的
制冷剂流量减少，制冷量也相应减少。

2）机组的功耗随出水温度的升高而增加，随环境温的升高而增加。这主要是由于出
水温度升高时蒸发压力提高，如果此时环境温度不变，则压缩机的压缩比减小，虽然单位
质量制冷剂的耗功减少了，但由于系统中的制冷剂流量增加，因而压缩机的耗功仍然增
大。当环境温度升高时，系统的冷凝压力升高，导致压缩机的压缩比增加，单位制冷制冷
剂的耗功也增加，此时虽然由于冷凝压力提高使系统中的制冷剂流量略有减少，但压缩机
的耗功仍然是增加的。

3）空气源热泵机组的制冷量和输入功率大
体上与冷水出水温度和环境温度呈线性关系。

（2）环境温度、热水出水温度对机组性能
的影响

确定热泵机组名义制冷量的工况为：环境
空气干球温度 7℃，湿球温度 6℃，进水温度
40℃，出水温度 45℃，冷凝器侧污垢系数
0.086m² · ℃/kW。在实际使用中，当工况改变
时，机组的制冷量、功耗将随环境温度和出水
温度的变化而改变，如图 6-102 所示。

1）空气源热泵型冷热水机组的制热量随热
水出水温度的升高而减少，随环境温度的降低
而减少。这主要是由于机组在制热时，如果要
求出水温度提高，则冷凝压力必然相应提高，
并导致系统的制冷剂流量减少，制热量也相应
减少。此外，当环境温度降低至 0℃ 左右时，空

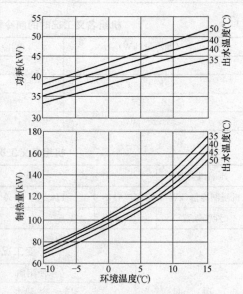

图 6-102　热泵型机组制冷量、功耗与
环境温度和冷水出水温度的关系

气侧换热器表面结霜加速，蒸发温度下降速率增加，机组制冷量下降加剧，同时，必须周

期地进行除霜，机组才能正常工作。

2）机组在制热工况下的输入功率随热水出水温度的升高而增加，随环境温度的降低而减少。这主要是由于热水出水温度升高时要求的冷凝压力相应提高，如果环境温度不变，则压缩机压缩比增加，压缩机对单位质量制冷剂的耗功增加。当环境温度降低时，系统中的蒸发温度降低，使压缩机的制冷剂流量减小，特别是环境温度降低到 0℃ 以下时，由于空气侧换热器表面结霜，传热温差增大，此时流量减小更快，使压缩机相应的输入功率减小。

目前，市场上不同厂家生产的空气源热泵机组之间存在一定的差异性，当空气源热泵机组在非标准工况下工作时，应根据设备厂家提供的特性曲线进行修正。

6.8.2 空气源热泵的结霜与融霜

1. 结霜的原因与危害

霜层是由冰的结晶和结晶之间的空气组成的多孔松散物质。空气源热泵机组冬季运行时，当室外侧换热器表面温度低于周围空气的露点温度且低于 0℃ 时，换热表面就会结霜，使得换热传热效果恶化，增加了空气流动的阻力，机组的供热能力降低，严重时机组会停止运行。

结霜过程是很复杂的，特别是对复杂几何形状的翅片管式换热器。但霜的形成大致可以分为三个时期，即结晶生长期、霜层生长期和霜层充分生长期。

（1）结晶生长期。当空气接触到低于其露点温度的冷壁面时，空气中的水分就会凝结形成彼此相隔一定距离的结晶胚胎，水蒸气进一步凝结后，会形成沿壁面均匀分布的针状或柱状的霜的晶体。这个时期霜层高度的增长最大，而霜的密度有减小的趋势。

（2）霜层生长期。当柱状晶体的顶部开始分枝时，就进入霜层生长期。由于枝状结晶的相互作用，逐渐形成网状的霜层，霜层表面趋向平坦，这个时期霜层高度增长缓慢，而密度增加较快。

（3）霜层充分生长期。当霜层表面几乎成为平面时，进入霜层充分生长期。在这以后，霜层的形状基本不变。

2. 结霜的规律

（1）结霜厚度、密度随时间的增加而迅速增加，而且相对湿度越大，霜厚度增加的越快且密度也在不断增加。

（2）不同的管排处的结霜量沿空气流动方向上递减，越靠前的管道，结霜越多。因此，空气源热泵冬季运行时，室外侧换热器前排管子的结霜比后排的管子严重得多。

（3）随着迎面风速的增加，结霜量减少，当迎面风速大于 4.0m/s 时，增加风速对于减少结霜量的作用已不大，却使阻力增加很大。

（4）随着结霜量的增加，风量迅速减小，室外侧换热器的换热量将有所减少，而且相对湿度越大，换热量减少的程度越大。

（5）随着结霜量以及室外相对湿度的增加，室外则的压降迅速增加。

3. 延缓结霜的技术

解决空气源热泵结霜的途径有两个：一是设法防止室外侧换热器结霜；二是选择良好的除霜方法。抑制结霜主要有以下方法：

（1）系统中增加一个辅助的室外换热器。在空调工况运行中，这个辅助换热器起过冷器的作用；而在供热工况运行时，这个辅助换热器起除霜的作用。这时，通过辅助换热器的高温液体可使换热器本身维持在 20～45℃ 的温度范围，来自辅助换热器的热量能有效地融化主换热器的冰霜。

（2）在系统的室内换热器中设置一个点加热器。当接通点加热器时，使系统工质的压力、温度比普通系统高，使室外换热器表面温度比一般热泵系统高 1～2℃，因此在同一室外温度下，该系统不易结霜。

（3）改进系统，提出新流程，如采用蓄能热气除霜系统等。

（4）对室外换热器表面进行特殊处理。如在换热器表面喷镀高疏水性镀层，降低其与水蒸气之间的表面能，增大接触角，对抑制结霜是有效的。

（5）适当增加室外换热器通过空气的流量。可考虑室外换热的风机采用变频调速，冬季采用高速运行，这样可减少空气的降温，即可减少结霜的风险。

4. 除霜的方法与控制方式

虽然可以采取一些措施抑制结霜，但不可能完全避免结霜。空气源热泵结霜后，必须采取有效的融霜方法，并采取可靠的控制方式。

空气源热泵的融霜方式通常有：热气融霜法、电热融霜法、空气融霜法、热水融霜法等。目前除霜控制方法主要有以下几种：

（1）定时控制法：早期采用的方法，在设定时往往考虑了最恶劣的环境条件，因此，必然产生不必要的除霜动作。

（2）时间-温度法：这是目前最普遍采用的一种方法。当除霜检测元件感受到换热器翅片管表面温度及热泵炙热时间均达到设定值时，开始除霜。这种方法由于盘管温度设定为定值，不能兼顾环境温度高低和湿度变化。在环境温度不低而相对湿度较大时或环境温度低而相对湿度较小时，不能准确地把握除霜切入点，容易产生误操作。而且这种方法对温度传感器的安装位置敏感。常见的中部位置安装，易造成结霜结束的判断不准确，除霜不干净。

（3）空气压差除霜控制法：由于换热器表面结霜，两侧空气压差增大，通过检测换热器两侧的空气压差，确定是否需要除霜。这种方法可实现根据需要除霜，但在换热器表面有异物或严重积灰时，会出现误操作。

（4）最大平均供热量法：引入了平均供暖能力的概念，认为对于一定的大气温度，有一机组蒸发温度相对应，此时机组的平均供暖能力最大。以热泵机组能产生的最大供热效果为目标来进行除霜控制。这种除霜方法具有理论意义，但怎样得到不同机组在不同气候条件下的最佳蒸发温度，实施有一定的困难。

（5）室内外双传感器除霜方法：通过检测室外环境温度和蒸发器盘管温度及两者之差作为除霜判断依据。这种方法避开对室外参数的检测，不受室外环境湿度的影响，避免室外恶劣环境对电控装置的影响，提高可靠性，且可直接利用室内机温度传感器，降低成本。

（6）自修正除霜控制方法：引入 4 个除霜控制参数：最小热泵工作时间 TR，最大除霜运行时间 TC，盘管温度与室外温度的最大差值 Δt，结束除霜盘管温度 t_0。除霜判定：热泵连续运行时间大于 TR 且盘管温度与室外温度的最大插值 Δt 时，开始除霜；除霜运

行时间等于 TC 或盘管温度大于 t_0 时结束除霜。自修正是指根据制冷系数、结构参数和运行环境等，结合除霜效果对 Δt 修正。这种除霜方法涉及因素多，检测自控复杂，Δt 修正实际操作困难。

（7）霜层传感器法：换热器的结霜情况可由光电或电容探测器直接检测，这种方法原理简单，但涉及高增益信号放大器及昂贵的传感器，作为试验方法可行，实际应用经济性差。

（8）模糊智能控制除霜法：将模糊控制技术引入空气源热泵机组的除霜控制中。整个除霜控制系统由数据采集与 A/D 转换、输入量模化、模糊推理、除霜控制、除霜监控及控制规则调整 5 个功能模块组成。通过对除霜过程的相应分析，对除霜监控及控制规则进行修正，以使除霜控制自动适应机组工作环境的变化，达到智能除霜的要求。这种控制方法的关键在于怎样得到合适的模糊控制规则和采用什么样的标准对控制规则进行修改，根据一般经验得到的控制规则有局限性和片面性。若根据实验制定控制规则又存在工作量太大的问题。

5. 我国空气源热泵机组使用地区分类

我国空气源热泵机组使用地区分成四类：

（1）低温结霜区：济南、北京、郑州、西安、兰州等。这些地区属于寒冷地区，气温比较低，相对湿度也比较小，所以结霜现象不太严重。

（2）轻霜区：成都、重庆、桂林等。在这些地区使用热泵时，结霜不明显或不会对制热造成大的影响，热泵机组特别适合这类地区应用。

（3）重霜区：如长沙，主要是因为该地区相对湿度过大，而且室外空气状态点恰好处于结霜速率较大区间的缘故。在使用空气源热泵供热时，应充分考虑结霜除霜损失对热泵性能的影响。

（4）一般结霜区：杭州、武汉、上海、南京、南昌、宜昌等。在使用空气源热泵供热时，要考虑结霜除霜损失对热泵性能的影响。

6.8.3 空气源热泵机组的最佳平衡点

1. 平衡点与平衡点温度

当空气源热泵机组供热时，其供热量随室外温度的降低逐渐减少，而建筑物热负荷随室外温度的降低逐渐增加。图 6-103 为空气源热泵机组供热量与建筑热负荷随室外温度变化的曲线，图中机组所提供的实际供热量曲线 $Q_f = f_3(T)$ 与建筑物热负荷曲线 $Q_1 = f_1(T)$ 的交点 O 称为空气源热泵的平衡点，此时，机组所提供的热量与建筑物所需热负荷恰好相等，该点所对应的室外温度称为平衡点温度（图 6-103 中的温度 T_b）。

设计中，应在平衡点温度工况下选择热泵机组的大小。当室外温度高于平衡点温度时，热泵机组供热有余，需要对机组进行容量调节，使机组所提供的热量尽可能接近建筑物的热负

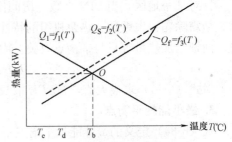

图 6-103　空气源热泵的稳态供热量 Q_s、
实际供热量 Q_f、建筑物
热负荷 Q_1 随温度的变化示意图

荷，有利于节能。当室外温度低于平衡点时，热泵供热量又不足，不足部分由辅助热源提供。辅助热源可为电锅炉、燃油锅炉、燃气锅炉等。平衡点不但与热泵机组本身的机械特性、热工特性有关，还与建筑物的围护结构特性、负荷特性有关，同时，还与当地气候条件等有关。

在实际设计中，合理选择机组的平衡点是极其困难的事情。因此，评价空气源热泵用于某一地区在整个供暖季节运行的热力经济性时，常采用供热季节性能系数（HSPF）作为评价指标。

2. 最佳能量平衡点

通常情况下，为了使热泵系统控制简便，空气源热泵系统的辅助热源通常选用电锅炉。在此情况下，所谓最佳能量平衡点，即在该平衡点温度下所选取的空气源热泵机组的供热季节性能系数最大。供热季节性能系数的定义如下：

$$HSPF = \frac{供热季的总供热量}{供热季的总耗功量} = \frac{功能房间总热负荷}{热泵总耗功量+辅助加热总耗能+曲轴箱加热总耗能}$$

（6-69）

$$HSPF = \frac{SQ_l}{SW+SQ_a+SQ_e}$$

$$= \frac{\sum_{j=1}^{m} Q_l(T_j) \cdot n_j}{\sum_{j=1}^{m} K(T_j)W(T_j) \cdot n_j + \sum_{j=1}^{m} Q_a(T_j) \cdot n_j + \sum_{j=1}^{m} K(T_j)Q_e(T_j) \cdot n_j}$$

（6-70）

式中　SQ_a——整个供暖季节的辅助加热耗电量，kWh；

　　　SQ_e——整个供暖季节加热总耗电，kWh；

　　　SW——整个供暖季节的总耗功量，kWh；

　　　SQ_l——供暖房间季节热负荷，kWh；

　　$Q_a(T_j)$——第 j 个温度区间的辅助加热量，kW；

　　$W(T_j)$——第 j 个温度区间空气源热泵消耗的功，kW；

　　$Q_l(T_j)$——第 j 个温度区间的房间热负荷，kW；

　　　　j——第 j 个温度区间，$=1, 2, 3, \cdots, m$；

　　　n_j——第 j 个温度区间的小时数；

　　　m——以 1℃ 为区间，划分供暖季温度区间数。

针对某一地区，当 BIN 参数、房间围护结构特性、室内设计参数、室外空调设计温度、结霜除霜损失系数、热泵机组的特性等确定后，空气源热泵机组的耗功量、辅助加热量、曲轴箱加热量等只与平衡点有关。因此供热季节性能系数是平衡点的函数，记作：

$$HDPF = F(T_b)$$ 　　　　（6-71）

对式（6-71）求最大值，HSPE 取最大值时所对应的 T_b，即为最佳能量平衡点。

3. 最小能耗平衡点

式（6-34）定义的最佳能量平衡点不适合采用燃煤锅炉、燃气锅炉或燃油锅炉作为辅助热源的空气源热泵系统，因此采用最小能耗平衡点从一次能源利用角度寻求在整个运行季节的一次能源利用率最高的温度，作为热泵机组和辅助热源的开停转换点。

运行模式：室外温度高于该温度，运行热泵机组；低于该温度，关闭热泵机组，辅助热源（电锅炉除外）全部投入运行。最小能耗平衡点温度可用下列条件来约束，即能够使热泵运行时间内的供热能源利用系数和辅助锅炉中的最高的能源利用系数（效率）相等：

$$E_{\text{热泵}} = E_{\text{锅炉}} \tag{6-72}$$

其中：

$$E_{\text{热泵}} = COP_{yj} \eta_1 \eta_2 \tag{6-73}$$

$$COP_{yj} = \frac{\sum Q(T_j) \cdot n_j}{\sum W(T_j) \cdot n_j} \tag{6-74}$$

式中　$E_{\text{热泵}}$——热泵的一次能源利用系数；

$E_{\text{锅炉}}$——锅炉的一次能源利用系数；

COP_{yj}——热泵运行时所对应的季节性能系数；

η_1——火力发电厂效率；

η_2——输配电效率。

这样就可以保证热泵在较高的效率下运行，使整个供热季节获得较高的一次能源利用率，从而减少了一次能源的消耗。

4. 最佳经济平衡点

在选择空气源热泵机组和辅助热源时，能够使整个供热系统（热泵＋辅助热源）的初投资和运行费用最少的平衡点为最佳经济平衡点。研究表明：影响最佳经济平衡点的因素是很多的，如气候特性、负荷特性、能源价格结构、主机设备价格等。其中，气候特性、能源价格是影响最佳经济平衡点的重要因素，在确定最佳经济平衡点时应给予足够的重视。

6.8.4　空气源热泵的低温适应性

1. 空气源热泵在寒冷地区应用存在的问题

我国寒冷地区冬季供暖室外计算温度基本在 $-15 \sim -5$℃，最冷月平均室外相对湿度基本在 $45\% \sim 65\%$ 之间。在这些地区选用空气源热泵，其结霜现象不太严重。因此，结霜问题不是这些地区冬季使用空气源热泵的最大障碍，但存在下列一些制约空气源热泵在寒冷地区应用的问题：

（1）当需要的热量比较大时，空气源热泵的制热量不足，机组的制热量将会急剧下降。

（2）空气源热泵在寒冷地区应用的可靠性差。空气源热泵在寒冷地区应用时可靠性主要体现在以下几个方面：

1）空气源热泵在保证供一定温度热水时，由于室外温度低，供热会引起压缩机压缩比变大，使空气源热泵机组无法正常运行。

2）由于室外气温低，会出现压缩机排气温度过高，而使机组无法正常运行。

3）会出现失油问题。引起失油问题的具体原因，一是吸气管回油困难；二是在低温工况下，使得大量的润滑油积存在气液分离器内而造成压缩机的缺油；三是润滑油在低温下黏度增加，因此启动时失油，可能会降低润滑效果。

4）润滑油在低温下，其黏度变大，会在毛细管等节流装置里形成"蜡"状膜或油"弹"，引起毛细管不畅，而影响空气源热泵的正常运行。

5）由于蒸发温度越来越低，制冷剂质量流量也会越来越小，这样半封闭压缩机或全封闭压缩机的电机冷却不足而出现电机过热，甚至烧毁电机。

（3）在低温环境下，空气源热泵的能效比（EER）会急速下降。

2. 改善空气源热泵低温运行特性的技术措施

在机组设计时，必须考虑寒冷地区的气候特点，在压缩机与部件的选择、热泵系统的配置、热泵循环方式上采取技术措施，以改善空气源热泵性能，提高空气源热泵机组在寒冷地区运行的可靠性、低温适应性。目前，常采取的技术措施有：

（1）在低温工况下，加大压缩机容量，机组的制热能力也会随着工质质量流量的增加而增大。改善压缩机容量的方法通常：多机并联、变频技术、变速电机。

（2）喷液旁通技术扩大了空气源热泵在低温环境下运行范围，提高了大约 15% 的制热量，与单级压缩循环相比，性能几乎不受影响。

（3）加大室外换热器的面积和风量，提高热泵的制热能力。实验表明：当室外蒸发器面积增大一倍后，其机组的蒸发温度平均提高了约 2.5℃。有文献介绍了室外换热器采用变风速风机，在环境温度较低时，风机高速运转，以提高系统制热量。

（4）适用于寒冷气候的热泵循环，如：两次节流准二级螺杆压缩机热泵循环、一次节流准二级涡旋压缩机热泵循环、带中间冷却器的两级压缩、带有经济器的两级热泵循环、单、双级耦合热泵循环等。

6.8.5 空气源热泵系统设计

1. 空气-水热泵机组选择

（1）选择方法

空气源热泵机组选型时要同时考虑制冷和制热性能，其制冷量和制热量既要满足夏季空调冷负荷，又要满足冬季空调热负荷。通常有以下三种方法：

1）根据夏季冷负荷来选择空气源热泵冷热水机组，对冬季热负荷进行校核计算，如果机组的供热量大于冬季设计工况热负荷，则该机组满足冬季供暖要求；如果机组的供热量小于冬季热负荷，可按两种情况进行考虑：

① 当机组供热量小于或等于冬季热负荷的 50%～60% 时，可以增加辅助加热装置；

② 综合考虑初投资和运行费用来增加机组容量，当夏季冷负荷比冬季热负荷大得多，则在冬季供热时，机组所提供的热量远高于建筑物所需要的热量，机组经常在部分负荷下运行，利用效率不高。

2）根据冬季热负荷来选择空气源热泵冷热水机组，对夏季冷负荷进行校核。如果机组的制冷量大于夏季空调设计冷负荷，则满足要求；如果小于夏季空调设计冷负荷，则应增加单冷机组供冷，以满足负荷要求。当所选择机组的制冷量远大于夏季空调冷负荷时，则机组也常在部分负荷下运行，设备利用率不高。

3）根据最佳平衡点选择机组。

表 6-54～表 6-59 在统计各地区冬夏空调室外计算温度、冷热负荷指标和分析空气源热泵机组、风冷单冷机组特性的基础上，针对不同辅助热源，给出了宾馆类、办公楼类、商场类建筑中辅助热源、热泵机组、辅助冷源在设计工况下的配比情况。

宾馆类建筑在冬季空调室外计算温度下辅助热源、空气源热泵机组的容量配比情况　　表 6-54

城市名称	北京	济南	郑州	南京	武汉	上海	长沙	南昌	成都	重庆	广州
设计温度(℃)	−12	−10	−7	−6	−5	−4	−3	−3	1	2	6
最佳经济平衡点(℃)	17	−4	−4	−1	2	1	6	6	2	6	6
热泵提供热量(%)	67.1	62.1	64.5	67.5	57.1	67.1	56.9	66.9	92.0	70.2	0
辅助加热量(%)	32.9	37.9	35.5	32.5	42.9	32.9	43.1	33.1	8.0	29.8	100

宾馆类建筑在夏季空调室外计算温度下辅助冷源、空气源热泵机组的容量配比情况　　表 6-55

城市名称	北京	济南	郑州	南京	武汉	上海	长沙	南昌	成都	重庆	广州
设计温度(℃)	33.2	34.8	35.6	35.0	35.2	36.4	35.8	35.6	31.6	36.5	32.8
最佳经济平衡点(℃)	−7	−4	−4	−1	2	1	6	6	2	6	6
热泵提供冷量(%)	76.2	60.7	63.2	53.2	41.3	46.1	40.4	30.3	54.1	36.2	0
辅助供冷量(%)	23.8	39.1	36.8	46.8	58.7	53.4	59.6	69.7	45.9	63.8	100

商场类建筑在冬季空调室外计算温度下辅助热源、空气源热泵机组的容量配比情况　　表 6-56

城市名称	北京	济南	郑州	南京	武汉	上海	长沙	南昌	成都	重庆	广州
设计温度(℃)	−12	−10	−7	−6	−5	−4	−3	−3	1	2	6
最佳经济平衡点(℃)	4	0	−1	2	3	4	6	7	4	7	6
热泵提供热量(%)	52.5	45.2	48.9	52.8	52.5	52.0	46.9	42.6	77.5	63.7	0
辅助加热量(%)	47.5	54.8	51.1	47.2	47.5	48.0	53.1	57.4	22.5	36.3	100

商场类建筑在夏季空调室外计算温度下辅助冷源、空气源热泵机组的容量配比情况　　表 6-57

城市名称	北京	济南	郑州	南京	武汉	上海	长沙	南昌	成都	重庆	广州
设计温度(℃)	33.2	34.8	35.6	35.0	35.2	36.4	35.8	35.6	31.6	36.5	32.8
最佳经济平衡点(℃)	4	0	−1	2	3	4	6	7	4	7	6
热泵提供冷量(%)	40.9	30.5	36	29.1	26.2	23.5	21.7	19.3	33.6	23.1	0
辅助供冷量(%)	59.1	69.5	64.0	70.9	73.8	76.5	78.3	80.7	66.4	76.9	100

办公楼类建筑在冬季空调室外计算温度下辅助热源、空气源热泵机组的容量配比情况　　表 6-58

城市名称	北京	济南	郑州	南京	武汉	上海	长沙	南昌	成都	重庆	广州
设计温度(℃)	−12	−10	−7	−6	−5	−4	−3	−3	1	2	6
最佳经济平衡点(℃)	4	0	−1	2	3	4	6	7	4	7	6
热泵提供热量(%)	52.5	45.2	62.3	52.8	52.5	52.0	46.9	42.6	75.0	63.7	0
辅助加热量(%)	47.5	54.8	37.7	47.2	47.5	48.0	53.1	57.4	25.0	36.3	100

办公楼类建筑在夏季空调室外计算温度下辅助冷源、空气源热泵机组的容量配比情况　　表 6-59

城市名称	北京	济南	郑州	南京	武汉	上海	长沙	南昌	成都	重庆	广州
设计温度(℃)	33.2	34.8	35.6	35.0	35.2	36.4	35.8	35.6	31.6	36.5	32.8
最佳经济平衡点(℃)	4	0	−1	2	3	4	6	7	4	7	6
热泵提供冷量(%)	41.9	55.8	64.7	45.0	47.6	41.9	40.2	35.0	60.9	41.2	0
辅助供冷量(%)	51.8	44.2	35.3	55.0	52.4	58.1	59.8	65.0	39.1	58.8	100

注：以最佳经济平衡点来选择空气源热泵机组，辅助热源为电锅炉。在计算最佳经济平衡点时，各地区电价和电力增容费为：上海：电价 0.6 元/(kWh)，电力增容费为 900 元/kW；北京：电价 0.462 元/(kWh)，电力增容费为 5800 元/kW；其他：电价 0.55 元/(kWh)，电力增容费为 1000 元/kW。空气源热泵价格：300 元/kW，电锅炉 300 元/kW（均包括安装费和运输费）

以上只针对辅助热源为电锅炉，按最佳经济平衡点计算得到的数值，供设计人员参考。但这种配比情况不是绝对的，可因各种设备和能源的价格波动而有所变化。在实际设计中，应考虑设备的使用寿命、初投资、运行费用、对环境的影响等，并结合实际情况做出决定。

2. 热泵机组容量

生产企业提供的机组变工况性能或特性曲线中的制热量，一般为标准工况下的名义制热量，并未考虑如融霜等所引起的制热量损失。因此，确定机组冬季时的实际制热量 Q (kW) 时，应根据室外空调计算温度和融霜频率按下式进行修正：

$$Q = qK_1K_2 \tag{6-75}$$

式中　q——机组的名义制热量，kW；

　　　K_1——使用低区的室外空调计算干球温度的修正系数，按产品样本选取；

　　　K_2——机组融霜修正系数，每小时融霜一次取 0.9，两次取 0.8。

机组的融霜次数，可按所选机组的融霜控制方式、冬季室外计算温度、温度选取；也可要求生产企业提供。

3. 热泵系统辅助加热

辅助加热的热源可以是电、蒸汽或热水等，其中最常用的为电加热，一般设在供水侧。电加热器宜分档设置，按室外环境温度低于平衡点的不同幅度，自动调节。

（1）空气源热泵辅助加热量计算

1）蒸发器从室外空气中获得的热量 Q_z (W)：

$$Q_z = K_z \cdot F_z \cdot \left(\frac{t_1 + t_2}{2} - t_z \right) \tag{6-76}$$

$$Q_z = c \cdot L \cdot (t_1 - t_2) \tag{6-77}$$

或

$$Q_z = k \cdot (t_1 - t_z) \tag{6-78}$$

$$k = \frac{K_z \cdot F_z}{1 + [(K_z \cdot F_z)/(2c \cdot L)]} (t_1 - t_z)$$

式中　K_z——蒸发器的传热系数，W/(m²·℃)；

　　　F_z——蒸发器的传热面积，m²；

　t_1、t_2——空气的进、出口温度，℃；

　　　t_z——蒸发温度，℃；

　　　c——空气的比热容，J/(kg·℃)；

　　　L——空气的质量流量，kg/s。

2）具体设计计算步骤：

① 根据规定的供暖时间，求出该时段内室外空气的平均温度 t_p（℃），并计算出对应于 t_p 的供暖负荷 Q_p(W)：

$$Q_p = Q_w \cdot \frac{t_n - t_p}{t_n - t_w} \tag{6-79}$$

式中　t_n——室内供暖温度，℃；

　　　t_w——供暖室外计算温度，℃；

Q_w——对应 t_w 的建筑物设计热负荷，W。

② 确定蒸发温度 t_z 和冷凝温度 t_1：一般取蒸发温度 $t_z = t_w - 10 \sim 15℃$；冷凝温度 $t_1 = 40 \sim 50℃$。

根据 t_z 和 t_1 值，在制冷剂的 $\lg p-h$ 图上画出热力过程，并计算出 q_z 和 q_1，以及 q_z 和 q_1 的比值 $k_c = \dfrac{q_1}{q_z}$。表 6-60 列出了 R22 制冷剂的 k_c 值。

式中　q_z——蒸发温度时单位制冷剂流量的制冷量，W；

　　　q_1——冷凝温度时单位制冷剂流量的冷凝热量，W。

制冷剂的 k_c 值　　　　　　　　　　　表 6-60

t_z(℃)	t_1(℃)						
	25	30	35	40	45	50	55
−30	1.193	1.216	1.193	1.237	1.256	1.280	1.334
−25	1.169	1.188	1.169	1.207	1.226	1.248	1.293
−20	1.142	1.159	1.142	1.179	1.195	1.217	1.257
−15	1.124	1.142	1.124	1.158	1.174	1.193	1.230
−10	1.105	1.122	1.105	1.136	1.151	1.169	1.203
−5	1.087	1.103	1.087	1.115	1.130	1.148	1.180
0	1.068	1.085	1.068	1.094	1.107	1.124	1.152
+5	1.051	1.064	1.051	1.075	1.088	1.104	1.132

注：本表按 R-22 的 $\lg p-h$ 图算出。

③ 计算平均制冷能力 Q_{zp}（W）：

$$Q_{zp} = \frac{Q_p}{k_c} \tag{6-80}$$

确定通过蒸发器的室外空气量 L（kg/s）：空气量大时，蒸发器所需的传热面积少，但风机的动力消耗增多。表 6-61 中引用了国外文献中的数据。

空气量的参考数据　　　　　　　　　　　表 6-61

压缩机类型	设计条件		空气量/供热量 $[(m^3/h)/kW]$	压缩机功率/供热量(kW/kW)
	室外空气温度(℃)	热空气出口温度(℃)		
往复式	7	45	390~520	0.28~0.38
螺杆式	−2	45	690~770	0.41~0.46

注：国际制冷学会节能组的 G. Nussbaum 提出：1kW 供热量的空气量宜取 1200 m³/h，这样有可能在 $t_w = 3 \sim 4℃$ 时，实现无霜运行。

④ 由式（6-42），可求出蒸发器出口的空气温度 t_2：

$$t_2 = t_p - \frac{Q_{zp}}{c \cdot L} \tag{6-81}$$

⑤ 将 Q_p 和 t_p 分别带入式（6-41）中的 Q_z 和 t_1，并求出传热面积 F_z。考虑到蒸发器表面的结霜因素，一般应对传热系数 K_z 乘以 0.8 的修正系数。

⑥ 对应 t_z 和 t_1，选定能力为 Q_{zp} 热泵机组，并绘制如图 6-104 所示的热泵加热能力曲线，从而求出温度为 t_w 时的加热能力 Q_1。

⑦ 加热能力的不足部分为 Q_F（W）：

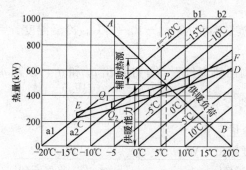

图 6-104 空气源热泵的加热能力曲线

$$Q_F = Q_w - Q_1 \qquad (6\text{-}82)$$

这部分热量应由辅助加热设备提供。

4. 机组的布置要求

（1）布置热泵机组时，必须充分考虑周围环境对机组进风与排风的影响。应布置在空气流通好的环境中，保证进风流畅，捕风不受遮挡与阻碍；同时，应注意防止进、排风气流产生短路。

（2）机组的进风口出的气流速度（v_i），宜保持 $v_i = 1.5 \sim 2.0\text{m/s}$；排风口处的气流速度 v_0，宜保持 $v_0 \geqslant 7\text{m/s}$。进、排风口之间的距离应尽可能大。

（3）应优先考虑选用噪声低、振动小的机组。

（4）机组宜安装在主楼屋面上，因其噪声对主楼本身及周围环境影响小；如安装在前裙房屋面上，要注意防止其噪声对主楼房间和周围环境的影响。必要时，应果取降低噪声措施。

（5）机组与机组之间应保持足够的间距，机组的一个进风侧离建筑物墙面的距离应大于 1.5m。

（6）机组放置在周围以及顶部既有围挡又有开口的地方，易造成通风不畅，排风气流有可能受阻后形成部分回流。

（7）若机组放置在高差不大、平面距离很近的上、下平台上，供冷时低位机组排出的热气流上升，易被高位机组吸入；供热时高位机组排出的冷气流下降，易被低位机组吸入。在这两种工况下，机组的运行性能都会受到影响。

（8）多台机组分前后布置时，应避免位于主导风向上游的机组排出的冷（热）气流对下游机组吸气的影响。

（9）机组的排风出口前方，不应有任何受限，以确保射流能充分扩展。

（10）当受条件限制，机组必须装置在室内时，宜采用下列方式：

1）将设备层在高度方向上分隔成上、下两层，机组布置在下层，在下层四周的外墙上设置进风百页窗，让室外空气经百页窗进入室内，然后再进入机组；机组的排风通过风管与分隔板（隔板或楼板）相连，排风通过风管排至被分隔的上层内，在该上层的四周外墙上设置排风百页窗，排风经此排至室外。

2）将机组布置在设备层内，该层四周的外墙上设有进风百页窗，而机组上部的排风通过风管连接至加装的轴流风机，通过风机再排至室外。

注：香港中环广场采用的是上列的方式（1），其机组分别布置在五层与六层、四十四层与四十五层、七十层与七十一层以及七十二层（共7个设备层）。在夏季使用过程中，测得的机房内进风百页窗处的温度比无排风口处的室外空气温度高，说明有部分排风被吸入了机房，即有短路现象。

香港中银大厦采用的是上述的方式（2），进风百页窗处的空气温度与室外空气温度基本相同，未发现有短路现象。

5. 设计注意事项

（1）空气-水热泵机组定压点的设置

空气-水热泵机组一般设置在建筑物的屋面上，循环水泵则布置在地下室或屋面水泵房内。

由于闭式膨胀水箱控制要求较严格，造价也高，所以水系统的定压，应优先采用开式膨胀水箱。

开式膨胀水箱与循环水泵设置在屋面上时，应注意膨胀管连接点（定压点）的位置。由于开式膨胀水箱（补水由屋顶给水箱提供）内水面与水系统最高点的高差（定压值）较小，通常仅有1~2m，若定压点接在回水总管上的过滤器前（图6-105），当定压点后的阀门、受堵水过滤器后的阻力大于定压值时，则水泵入口前的压力可能会出现负压，使空气进入系统，破坏系统正常运行，所以定压点宜接至水泵入口（图6-106）可确保水系统在正压下运行。

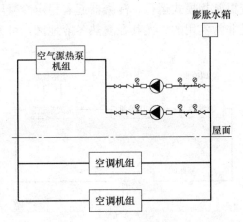

图 6-105 膨胀水箱定压点接至回水总管示意图

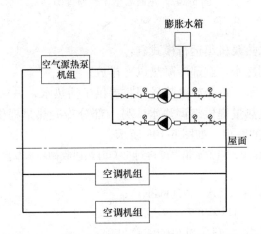

图 6-106 膨胀水箱定压点接至谁碰入口处示意图

（2）末端设备热量校核

常规舒适性空调系统的热媒水温度为60℃，所有末端设备的名义供热量也是据此给出的。对于空气-水热泵机组，其名义制热量是基于进水温度40℃，出水温度45℃，温差5℃。对于热媒参数不同，因此，选择末端设备时，必须对其供热量进行校核与修正，以确保满足室内热负荷的要求。

（3）机组水侧换热器形式

空气-水热泵机组的水侧换热器，大多数为壳管式，仅少数产品采用板式换热器。板式换热器的传热系数大、热效率高、外形尺寸小，值得推广应用；但板式换热器对水质要求较高，设计时不仅应在板式换热器前设置水过滤器，还应对系统中的热媒水进行有效的处理。

（4）热回收型机组的应用

1）工作原理

带热回收功能的空气-水热泵机组的工作原理如图6-107所示。从图中可知，当机组供冷时，被压缩机压缩后的气态制冷剂先经热回收板式换热器，在被生活热水取走部分冷凝热量后再进入常规型冷凝器，由室外空气带走剩余的热量。由于生活热水一般贮存在生活水箱中且需求量经常在变化，当热水量满足要求时，可通过自动控制使冷凝热量仍全部由室外空气带走，即系统以常规模式运行，冷凝器起着稳定冷凝压力的作用。这种能提供生活热水的热回收系统是非常实用的。尤其在夏热冬冷地区，可为旅馆、医院、度假村等热水用户节省大量能量。

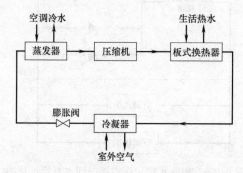

图 6-107 热回收型工作原理图

2）运行模式

带热回收的空气-水热泵机组运行模式有：

① 机组仅提供空调冷水，全部冷凝热风冷排放；

② 机组提供空调冷水，部分冷凝热量回收提供生活热水，另一部分冷凝热风冷排放；

③ 机组的部分冷凝热量提供空调热水，另一部分冷凝热量提供生活热水。部分冷凝热量回收用于生活热水的原理，如图6-108所示。

注：1. 温度控制器的作用：当蓄水箱温度达到60℃时热回收循环水泵停止运行废热全部通过部分冷凝器排出。

2. V1开，V2、V3关，注入药水，清洗机组。

3. 若生活热水要求不高，可以采用开式蓄热水箱

3）应用热回收型空气-水热泵机组的注意事项：

① 当机组提供空调冷水时，所获得生活热水的能量完全是属能量回收，原理是将排到空气中的热量部分地转移到生活热水中，因此是很好的节能措施。

② 当机组在冬季提供空调热水时，也可同时提供生活热水，但此时生活热水所获得的热量是占用了空调热水所取得冷凝热，故它不是热回收，也不是节能运行。

③ 机组提供的生活热水温度达不到规范要求的60℃时，还应有其他热源进行辅助加热。

④ 生活热水一般是给水排水专业的设计范围，所以热水系统应由暖通与给水排水两

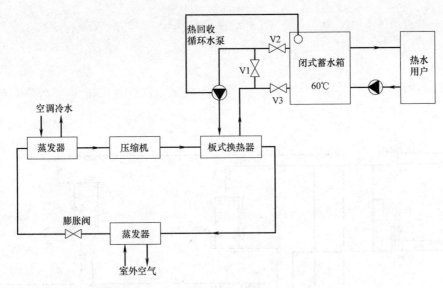

图 6-108　部分热回收用于生活热水原理图

专业配合才能达到良好效果。

6.8.6　设计示例

1. 工程概况

大同机场位于大同县倍加造镇以北，距市中心 15.2km，新机场在原有机场的基础上进行扩建，以满足经济增长的需要。该工程为扩建项目中的大同机场新航站楼，建筑面积为 10000m²，建筑高度 32.350m。主要功能为候机厅、行李提取大厅、办公室、休息室、母婴室、诊断室、商业等。

2. 系统设计

（1）室外气象参数

夏季：空调计算干球温度 30.3℃；空调计算湿球温度 20.8℃。

冬季：空调计算干球温度 −20℃；空调计算相对湿度 50％；供暖计算干球温度 −17℃。

（2）冷热负荷

空调冷负荷 1001kW，空调冷指标 92W/m²，供暖空调总热负荷为 1630kW，供暖空调热指标 150W/m²。

（3）冷热源设计

考虑到室外气象条件的特殊性，系统冷源采用 2 台板管蒸发式冷凝螺杆热泵机组（带热回收），冷冻水进/出口温度为 12℃/7℃，单台制冷量 603kW，热源采用原有燃煤锅炉房提供的 95～70℃热水分别经换热至 55℃/45℃热水供地板辐射供暖和经换热至 65℃/55℃热水供空调供热。

（4）工程特点

由于业主要求室外地面及屋顶不能放置冷却塔以及风冷热泵机组，该工程中将风冷热泵机组放置于地下一层制冷机房内。在制冷机房侧墙上设置进风百页，屋顶设置机械排风，风机与风冷热泵机组联锁启动，目前风冷热泵机组运行稳定。

3. 附图（图 6-109～图 6-111）

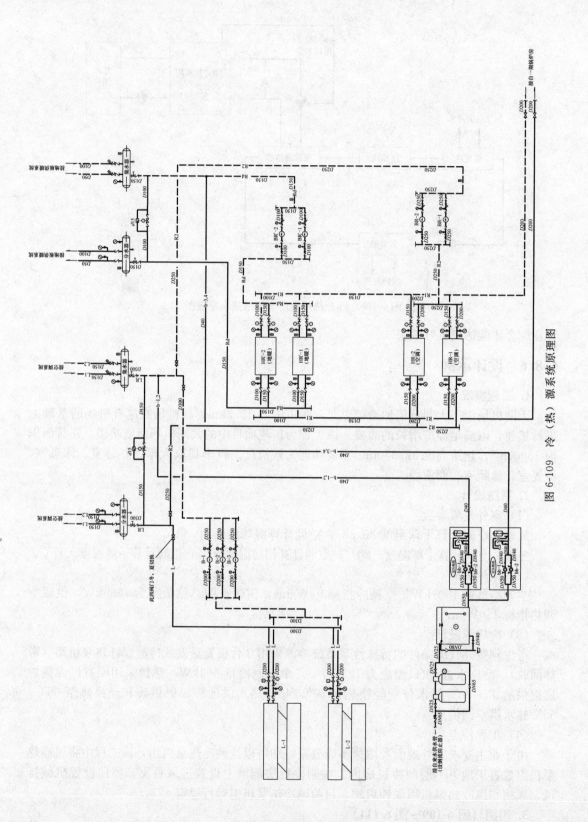

图 6-109 冷（热）源系统原理图

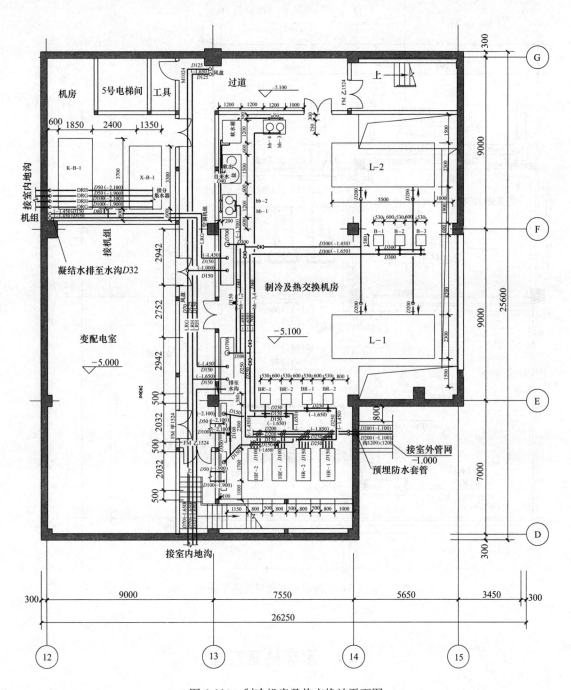

图 6-110 制冷机房及热交换站平面图

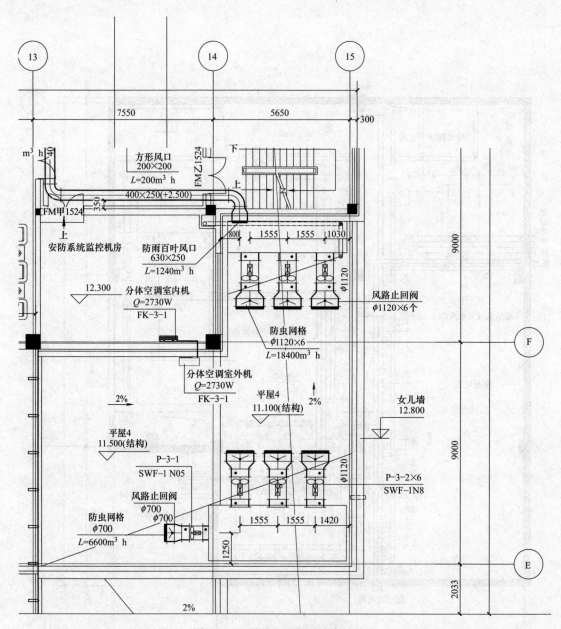

图 6-111 顶层空调通风风路平面图

6.9 水环热泵系统

6.9.1 水环热泵系统的组成及分类

闭式水环路热泵空气调节系统简称水环热泵空调系统,是水-空气热泵的一种应用方式，通过一个双管封闭的水环路将众多的水-空气热泵机组并联成一个以回收建筑余热为主要特性的空气调节系统。

1. 水环热泵系统组成

（1）水环热泵空调系统的基本组成

水环热泵空调系统的典型图式如图 6-112 所示，由以下 5 部分组成：

1）水源（水环）热泵机组：空调房间用室内机组（水-空气热泵机组），它由压缩机、冷凝器、蒸发器换向阀、节流阀、风机等组成，与空气源热泵机组的构成基本相同，只不过与室外换热是由水体完成的。

2）水环水循环系统：所有水源（水环）热泵机组都并联在水环管路上，循环水泵能确保环路流动畅通、各机组达到额定的水流量。

3）辅助设备：它包括夏季弃热所需的冷却塔，冬季加热水环路水用的加热装置及蓄水箱，水环路与冷（热）水进行热交换用板式换热器。

4）新风与排气系统：与常规空调系统一样，为保证空调房间人体需要的新鲜空气，需设计新风系统，全热换热器可以利用排气能量，节约能源。

5）空调自控系统：在回水管路上安装测温元件，可以自动控制水环系统的弃热与加热过程（冷却塔或加热装置的开停）。

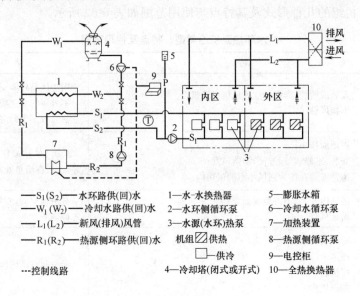

—$S_1(S_2)$—水环路供(回)水	1—水-水换热器	5—膨胀水箱
—$W_1(W_2)$—冷却水路供(回)水	2—水环侧循环泵	6—冷却水循环泵
—$L_1(L_2)$—新风(排风)风管	3—水源(水环)热泵	7—加热装置
—$R_1(R_2)$—热源侧环路供(回)水	机组▨供热	8—热源侧循环泵
□—供冷	9—电控柜
---控制线路	4—冷却塔(闭式或开式)	10—全热换热器

图 6-112 水环热泵空调系统的典型图式

（2）工作原理

水环热泵机组的工作原理如图 6-113 所示。供冷时，热量从空调房间排向循环水系统；供热时，空调房间内的空气从循环水中吸取热量。当供冷机组向循环水排放的热量与同时工作的供热机组自水系统吸收的热量相等时，系统既不需加热也不需冷却，从而理想地实现了热量的转移和回收。当供冷机组向水系统排放的热量大于供热机组自水系统吸收的热量，甚至全部机组均以供冷状态运行，使循环水系统温度升高，超过一定限值时，需启动排热设备向大气排放热量；反之，当供热机组自水系统吸收的热量大于供冷机组向水系统排放的热量，甚至全部机组均以供热状态运行，使循环水温度下降，低于一定限值时，需启动加热设备向水系统补充热量。

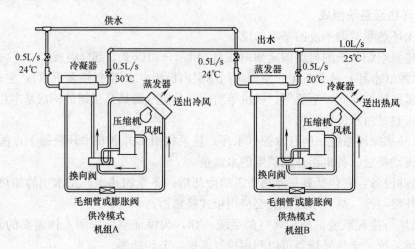

图 6-113 水环热泵系统热能回收原理

（3）机组的类型

水环热泵机组的几种形式及其特点与使用范围如表 6-62 所示。

水环热泵机组类型、特点及使用范围 表 6-62

形 式	特 点	使 用 范 围
坐地式机组	安装或明装，类似于立式风机盘管机组 不接风管	周边区靠外墙安装； 不分隔的独立房间； 独立或多个固定内区空间
立柱式机组	占地面积小； 安装、维修、管理方便；需接风管； 通常安装在作为回风小室的机房内	公寓、单元式住宅楼、办公楼内区等，一般在墙角处安装
水平卧式机组	吊顶内安装，不占地面面积； 需接风管	有吊顶空间，对噪声要求不严格的各种场所
大型立式机组	冷热负荷大； 送风余压高； 可接新风； 需设机房	大空间空调场所
屋顶式机组	室外屋顶安装； 需接风管； 噪声易于处理	通常用于工业建筑或作为新风处理机组
分体式机组	压缩机、制冷及-水换热器（外机）与风机、制冷剂-空气换热器（内机）分开布置，用制冷剂管道连接，利于处理噪声； 可用一台室外机连接多台（一般 1～3 台）室内机，布置灵活	对噪声要求严格的空调场所
全新风机组	处理全新风； 初投资较高	对新风处理要求较高的场所

续表

形式	特 点	使 用 范 围
水-水式热泵机组	利用空调系统提供40℃左右的热水； 回收空调系统冷凝热； 初投资较高	有少量卫生热水需要的建筑； 用于冬季预热新风
独立空气加热器机组	也称双盘管机组； 制冷剂-空气换热器仅用于夏季供冷； 内置独立的空气加热器，用于冬季连接低温热水供热； 不能实现同时供热供冷以及建筑物内部热回收	用于冬季采用集中供热、锅炉等商品位能有作热源的场合

（4）额定工况性能

水环热泵机组额定工况如表6-63。

水环热泵机组额定工况性能　　　　　　　　　　表 6-63

序号	性能	美国空调和制冷协会 AEI-320 标准	国家标准《水源热泵机组》19409 源热泵机组
1	制冷量	$t_d=26.7℃$，$t_w=19.4℃$，$t_1=29.4℃$	$t_d=27℃$，$t_w=19℃$，$t_1/t_2=30℃/35℃$
2	制热量	$t_d=21.1℃$，$t_w=15.6℃$，$t_1=21.1℃$	$t_d=20℃$，$t_w=15℃$，$t_1=20℃$
3	送风量	额定制冷工况下的送风量	
4	耗电量	分别为额定制冷、制热工况下的耗电量	

注：t_d——进风干球温度；t_w——进风湿球温度；t_1——冷却水（制冷工况）或热媒水（制热工况）进水温度；
t_2——冷却水（制冷工况）或热媒水（制热工况）出水温度。

（5）变工况性能

当水环热泵机组的进水温度、水流量、进风干湿球温度、风量等条件不同时，机组制冷量、制热量、输入功率、制冷系数、制热系数的相应变化如表6-64所示。

水环热泵机组变工况性能　　　　　　　　　　表 6-64

影响因素		制 冷 工 况	制 热 工 况
进水参数	进水温度 t_1	$t_1(-)$，制冷量（＋），制冷系数（＋＋），输入功率（－）	$t_1(+)$，制热量（＋＋），制热系数（＋），输入功率（＋）
	水流量 G	$G(-)$，制冷量（＋），制冷系数（＋＋），输入功率（－）	$G(+)$，制热量（＋），输入功率（＋）
进风参数	湿球温度 t_w	$t_w(+)$，制冷量（＋），输入功率（＋）	$t_w(+)$，制热量（＋），输入功率（＋）
	干球温度 t_d	$t_d(+)$，显热冷量比例（＋）	
	风量 L	$L(+)$，制冷量（＋），输入功率（＋），显热冷量增幅大于总冷量	$L(+)$，制热量（＋），输入功率（＋）

图6-114和图6-115表示制冷量、制冷系数、制热量、制热系数随进水温度 t_1 变化的相对修正系数 a。图6-116和图6-117为水流量对水环热泵空调机组性能的影响。

表6-65为GEHA系列水环热泵机组的制冷量、制热量和输入功率受进风参数变化的影响。表6-66为GEHA系列水环热泵机组的制冷量、制热量和输入功率受风机风量变化的影响。

545

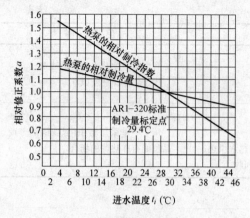

图 6-114 水环热泵机组在制冷工况
下的相对性能曲线

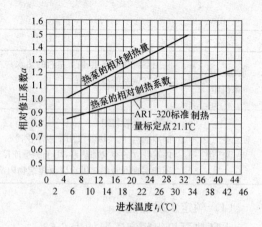

图 6-115 水环热泵机组在制热工况
下的相对性能曲线

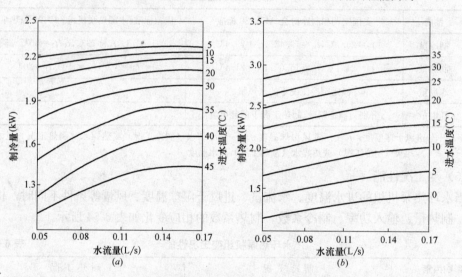

图 6-116 水流量和进水为年度对水环热泵机组制冷量和制热量的影响
（a）制冷工况；（b）制热工况

进风参数对水环热泵机组的制冷量、制热量和输入功率的影响 表 6-65

进风湿球温度（℃）	全热冷量（kW）	显热冷量（kW）					耗电（kW）	进风湿球温度（℃）	供热量（kW）	耗电（kW）
		干球温度（℃）								
		19	21	24	27	30				
10	0.76	—	—	—	—	—	0.95	12	1.05	0.93
14	0.83	0.79	1.01	—	—	—	0.97	14	1.04	0.96
16	0.90	0.62	0.73	1.04	—	—	0.99	17	1.02	0.98
17	0.94	0.50	0.71	0.92	1.13	—	1.00	20	1.00	1.00
19	1.00	0.37	0.57	0.79	1.00	1.21	1.03	23	0.98	1.02
22	1.10			0.53	0.74	0.95	1.05	26	0.97	1.05
25	1.20			0.51	0.73		1.08	28	0.95	1.07

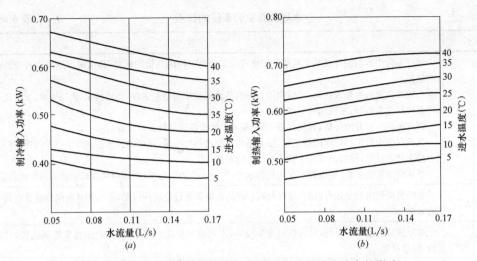

图 6-117 水流量和进水温度对水环热泵机组输入功率的影响
(a) 制冷工况；(b) 制热工况

风机风量对水环热泵机组的制冷量、制热量和输入功率的影响　　表 6-66

风量变化（%）	供冷			供热	
	全热冷量	显热冷量	耗电量	供热量	耗电量
80	0.97	0.89	0.96	0.97	1.03
85	0.98	0.92	0.97	0.98	1.02
90	0.99	0.95	0.98	0.99	1.02
95	0.99	0.97	0.99	0.99	1.01
100	1.00	1.00	1.00	1.00	1.00
110	1.01	1.05	1.02	1.01	0.98
115	1.02	1.08	1.03	1.02	0.98
120	1.03	1.10	1.04	1.03	0.97

（6）水环热泵机组的工作范围

水环热泵机组要求进出水温度和进风参数在一定的范围内，表 6-67 为国家标准《水源热泵机组》中规定的运行范围。一般情况下，循环水水温宜控制在 15～35℃。

水环热泵机组运行参数　　表 6-67

参　　数		供冷工况			供热工况		
		最低	标准	最高	最低	标准	最高
进风干球温度（℃）	t_d	21	27	32	15	20	27
进风湿球温度（℃）	t_w	15	19	23			
进水温度（℃）	t_1	20	30	40	15	20	30
出水温度（℃）	t_2		35				

2. 水环热泵系统的特点

（1）水环热泵空调系统的优、缺点（表 6-68 和表 6-69）。

水环热泵空调系统的优点 表 6-68

优点	说　明
节能	通过系统中水的循环及热泵机组的工作可以实现建筑物内热量的转移,最大限度地减少外少外界供给能量; 水源式热泵机组能效比高,可以应用各种低品位能源作为辅助热源,如地热水、供热废水、太阳能等; 各房间自主控制,不使用时可以关机; 部分负荷时仅开冷却塔、辅助热源、循环泵等少数设备即可维持系统运行; 当只有极少数用户短时间使用时,依靠循环水的蓄热(冷)量,还可维持系统正常供热或供冷; 易于分户计量,使用户养成主动节约能源的习惯; 系统增加蓄热水箱,可以利用夜间低谷电力,进一步节约运行费用,同时减少辅助热源的装机容量
舒适	水环热泵机组独立运行,用户可以根据自己的需要任意设定房间温度,达到四管制风机盘管空调系统的效果
可靠	水环热泵机组分散运行,某台机组发生故障,不影响其他用户正常使用;机组自带控制装置,自动运行,简单可靠
灵活	可先安装水环热泵的主管和支管,热泵机组可在用户装修时按实际需要来配置;不需建造主机房;容易满足用户房间二次分隔要求
节省投资	免去了集中制冷、空调机房,降低了锅炉或加热设备的容量; 管内水温适中,不会产生冷凝水或散失大量热量,水管不必保温; 所需风管小,可降低楼层高度; 不需复杂的楼宇自控系统
设计简单	水系统一般为定流量; 风系统小而独立; 分区容易; 控制系统简单
施工容易	管道数量少,且不需保温; 无大型设备;调试工作量小
管理方便	操作人员数量少,技术要求低; 计费方便

水环热泵空调系统的缺点 表 6-69

缺点	说　明
噪声较大	水环热泵机组自带压缩机、风机,通常直接安装于室内,噪声较大
新风处理困难	水环热泵机组对进风温度有要求,夏季处理新风时负荷太大,机组的除湿能力不足; 冬季新风温度过低时,可能造成机组停机
过渡季节难以利用室外新风"免费供冷"	除了采用大型机组集中处理空气的系统外,小型机组直接安装在房间内,过渡季节无法利用室外新风"免费供冷"
配电容量大	小型热泵机组能效比远低于大型蒸汽压缩式水冷机组,因此总的配电容量较大
用能方式不合理	当内区余热不足以补充外区需热量且缺乏合适的低品位能源时,需采用集中供热、电、燃油、燃气等高品位能源进行辅助加热时,则用能方式不合理,有时甚至比常规空调系统能耗还高

(2) 水环热泵空调系统的运行特点

根据空调场所的需要,水环热泵可能按供热工况运行,也可能按供冷工况运行。这样,水环路供、回水温度可能出现如图 6-118 所示的 5 种运行工况:

1）夏季，各热泵机组都处于制冷工况，向环路中释放热量，冷却塔全部运行，将冷凝热量释放到大气中，使水温下降到35℃以下。

2）大部分热泵机组制冷，使循环水温度上升，达到32℃时，部分循环水流经冷却塔。

3）在一些大型建筑中，建筑内区往往有全年性冷负荷。因此，在过渡季，甚至冬季，当周边区的热负荷与内区的冷负荷比例适当时，排入水环路中的热量与从环路中提取的热量相当，水面维持在13～32℃范围内，冷却塔和辅助加热装置停止运行。由于从内区向周边区转移的热量不可能每时每刻都平衡，因此，系统中还设有蓄热容器，暂存多余的热量。

4）大部分机组制热，循环水温度下降，达到13℃，投入部分辅助加热器。

5）在冬季，可能所有的水环热泵机组都处于制热工况，从环路循环水中吸取热量，这时全部辅助加热器投入运行，使循环水水温不低于13℃。

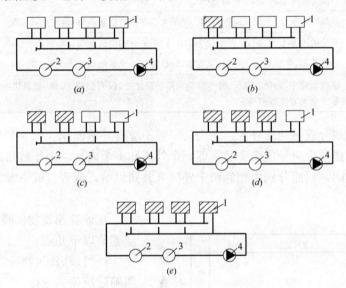

图 6-118　水环热泵系统全年运行工况

(a) 冷却塔全部运行；(b) 冷却塔部分运行；(c) 热收支平衡；
(d) 辅助热源部分运行；(e) 辅助热源全部运行
1—水-空气热泵机组；2—冷却塔；3—辅助热源；4—循环泵
▨▨机组供暖；□机组供冷

（3）水环热泵空调系统适用范围

1）有明显的内区和外区划分，冬季内区余热量较大或者建筑物内有较大量的工艺余热；当采用电、燃油、燃气等高品位能源作为冬季辅助热源时，辅助加热量不宜超过水环热泵机组的耗电量。

2）有同时供热、供冷需求。

3）有分别计费要求。

4）以冬季供暖为主、有合适的低品位辅助热源（如工厂废热、地热尾水等）。

5）空调负荷被动率较大。

6）与地热水源结合为地源水环热泵系统。

7）采用能效比高的水环热泵机组。

6.9.2　水环热泵系统设计

1. 建筑物负荷计算

（1）负荷特性

对大型办公建筑来说，周边区（由临外玻璃窗到进深 3～5m 左右）受到室外空气和日照的影响大，冬、夏季空调负荷变化大；内部区由于远离外围护结构，室内负荷主要是人体、照明、设备等的发热，可能全年都为冷负荷。因此，可将平面分为外区和内区，外区可按朝向分区。各区的负荷特性如表 6-70 所示。

按朝向不同分区的负荷特性

表 6-70

外区	东侧	早晨 8 时冷负荷最大，午后变小
	西侧	早晨冷负荷小，午后 4 时的负荷达到最大。冬季有西北风时，供暖负荷仅次于北侧
	南侧	夏季的冷并不大，但春、秋季（4 月，10 月）正午时的冷负荷与夏季东西侧相当
	北侧	冷负荷小，冬季则因无日照、风力强，故供暖负荷比其他地区为大
内区		供暖负荷小，即使在冬天，除午前的预热负荷之外，仅有照明、人体、设备供冷负荷。其中最上层内部区全天有供暖负荷

不同朝向应划分成不同的外区，而内区一般不应有外墙面积。图 6-119 为一个矩形建筑平面图，每层楼至少应分成 5 个区，即 4 个外区和 1 个内区。由于转角处的情况与相邻两个外区并不相同，只能分别由相邻两个外区来共同供给，或者自成一区，由单独的水源热泵机组来供给。

图 6-119　某建筑物中间层平面

在计算建筑物供暖和供冷负荷时，应明确以下几点：

1）计算建筑物冷、热负荷时先要明确建筑物的分区。

2）计算分区热负荷与冷负荷，以便确定各分区水-空气热泵机组的规格和大小。

3）计算建筑物热负荷和冷负荷是确定水环路的管径及循环水泵大小以及确定加热设备和排热设备大小的依据。

4）冬季内外区水水环路的吸热量和排热量计算如下：

$$q_e = \frac{COP_H - 1}{COP_H} \cdot Q_e \tag{6-83}$$

$$q_i = \frac{COP_C + 1}{COP_C} \cdot Q_i \tag{6-84}$$

式中　Q_e——外区热负荷，kW；

Q_i——内区冷负荷，kW；

q_e——制热运行的热泵自水环路的吸热量，kW；

q_i——制冷运行的热泵向水环路的排热量，kW；

COP_H——水环热泵机组制热细数；

COP_C——水环热泵机组制冷系数。

（2）系统运行工况确定

选择和校核水环热泵机组前，必须首先确定系统运行工况，主要是循环水的供回水温度。

1）夏季工况

国家标准《水源热泵机组》中规定水环热泵机组的额定进/出水温度为 30℃/35℃。水环热泵空调系统中，夏季冷却水温度应通过经济比较确定。常规空调用冷却塔的出水温度为 32℃。开式冷却塔还应加上 1～2℃ 的板式换热器传热温差。降低冷却水温度可提高水环热泵机组的效率，但须加大冷却塔型号。

2）冬季工况

随着水温的升高，水环热泵机组制热能力增大，辅助热源容量减小，但同时制热系数降低，耗电量增大。因此，在制热量满足负荷要求的前提下，应尽可能降低冬季循环水的供水温度。国家标准《水源热泵机组》中规定水环热泵机组的额定进水温度为 20℃。另外，为了保证系统水力工况稳定，应使循环水流量恒定，冬、夏季取相同的进出水温差。

2. 热泵机组的选择

（1）水环热泵机组选择

1）一般情况下，根据夏季冷负荷进行机组选型，并对冬季制热量或制冷量（内区需制冷的机组）进行校核。

2）对于需要冬季供冷的机组，应注意其制冷量应为冬季工况下的制冷量。

3）根据机组实际的进水温度、进风干湿球温度、循环水流量（当有差异时）等工况条件进行机组选型修正，必要时，应重新选择机组型号或调整系统运行工况。

4）根据空调区的使用功能、装修要求、分区情况等选择水环热泵机组的形式，其选择要点有：

① 吊顶暗装机组可节约安装空间，但应充分注意其噪声影响。一般适合于小容量的机型，单台机组容量不大于 35.2kW（10RT），并尽量布置在走廊、贮藏室、卫生间等非主要功能区域，机组之间相距 2.4m 以上，防止产生噪声叠加。

② 尽量避免选用明装式机组。

③ 立式机组宜设在壁柜形式的小室内，小室隔墙采用隔声性能好的材料。

④ 分体式机组的外机设于吊顶内，与吊顶暗装机组同样要求。集中布置在机房内时，应注意机房的隔声处理。以及因内、外机间制冷剂管路长度引起的冷热量修正。

（2）机组容量的确定

根据空调房间的总冷负荷和 h-d 图上处理过程的实际要求，查水源热泵机组样本上的特性曲线或性能表（不同进风湿球温度和不同的进水温度下的供冷量），使冷量和出风温度符合工程设计的要求，来确定机组的型号。

机组容量的选择步骤：

1）确定水源热泵运行的基本参数，即机组进风干湿球温度，环路水温一般在 13～35℃之间，冬季进水温度宜控制在 13～20℃为宜，当水温低于 13℃时，辅助加热投入运行；夏季供水温度一般可按当地夏季空气调节室外计算湿球温度加 3～4℃考虑。

2）确定机组空气处理过程。

3）选择适宜的水源热泵机组形式和品种。选定机种后，根据机组送风足以消除室内的全热负荷（含显热和潜热负荷，新风不承担室内负荷时）的原则来估计机组的风量范围，再由风量和制冷量的大致范围，预选机组的型号和台数。每个建筑分区内机组台数不宜过多。对于大的开启式办公室，若选用十几台小型机组，显然会增加投资，使水系统复杂，噪声也大。因此，这种大的开启式办公室内选用大型机组更为合理。但应注意，对周边区的空调房间来说，水源热泵机组应同时满足冬、夏季设计工况下的要求。对内区房间来说，水源热泵机组按夏季设计工况选取。

4）根据水源热泵机组的实际运行工况和生产厂商提供的水源热泵机组的特性曲线（或性能表），确定水源热泵机组的制冷量、排热量、制热量、吸收热量、输入功率等性能参数。将修正后的总制冷量及显制冷量与计算总制冷量和显制冷量相比较，其差值小于10％左右，则认为所选热泵机组是合适的。

5）也可采用有些公司提供的电子计算机程序进行选型。

3. 风系统设计

风系统设计包括水环热泵机组送回风管路设计和空调新风系统设计两部分，前者需要注意对噪声的控制，后者根据新风处理方式有以下几种：

（1）新回风混合系统

新风自室外通过风管送至每台水环热泵机组的回风静压箱，与回风混合后进入机组，此时机组承担空调房间包括新风负荷在内全部的冷热负荷。该方式适用于写字楼、宾馆、公寓、住宅等新风量较小的建筑。新、回风混合后的温度一般可以满足水环热泵机组对进风参数的要求。此类房间室内余热余湿比一般为 10000～20000kJ/kg，对水环热泵机组来说有足够的除湿能力。

（2）独立新风系统

与风机盘管加新风系统类似，新风由单独设置的新风机组处理，水环热泵机组处理循环风，只负担空调房间的冷、热负荷。该方式适用于商场、餐厅、娱乐、会议室等新风量较大、冬季工况下新、回风混合后的温度可能不满足机组对进风参数要求的场合。此类房间余热余湿比一般为 5000～8000kJ/kg，由于一般水环热泵机组自身除湿能力不足，故仍需新风机组负担夏季空调房间部分湿负荷。

独立新风系统中新风的处理方式：

1）常规冷热源加普通新风机组。常规冷热源指普通水冷冷水机组、风冷热泵冷（热）水机组、风冷整体式机组、锅炉等常见冷热源形式。

2）全新风水环热泵机组。采用专门设计的水环热泵机组，并联接入水环热泵系统内，自循环水中吸收或排放热量。它仅用于处理室外新风。

（3）新风预热系统

新风预热器预热后直接送入室内或送入水环热泵机组回风口处。根据预热器的能力不同，水环热泵机组要负担部分新风负荷。

新风预热的方式有：

1）采用普通新风空调机组并联接入水环热泵环路，利用循环水对新风进行冬季预热、夏季预冷，寒冷地区不宜采用；

2）采用各种全热或显热空气热回收装置回收排风的热量同时预热、预冷新风；

3）新风管道内设置预热装置，一般仅冬季使用，可采用电力、燃气或其他能源。

4. 水系统设计

（1）水系统形式

表 6-71 列出了水环热泵空调系统各种系统形式。

水环热泵空调水系统形式   表 6-71

系统形式	系 统 特 点
开式系统	采用开式冷却塔直接冷却循环水，循环水与大气相通； 不另设水-水换热器、一次冷却水泵、定压膨胀装置等，造价低； 不存在间接冷却的传热温差，冷却水温度低，热泵机组效率高； 水系统开式运行，水质不易保证，管道腐蚀、结垢、脏堵严重； 不适于冬季设辅助热源的全年空调系统
闭式系统	开式冷却塔加水-水板式换热器； 存在换热温差； 需另设换热器、一次冷却水泵、定压膨胀装置等设备； 综合造价高于开式系统但低于闭式冷却塔。 闭式循环蒸发式冷却塔： 不存在换热温差； 不另设换热器、一次冷却水泵； 耗水量低； 可室内安装，适于冬季也需排热的系统； 重量大； 生产厂家少，价格高
同程系统	易于实现水力平衡，一般不需流量平衡阀
异程系统	为保证机组水量，宜设置流量平衡阀
定流量系统	机组不依靠改变水流量调节负荷，一般采用定流量系统，保证机组水量不变
变流量系统	机组设电磁阀或二通式电动阀，与压缩机联动，压缩机启停的同时水流相应通断，系统的循环流量相应改变 供回水干管应设压差控制器，循环泵进行变流量控制

（2）水循环管路

水源热泵机组在夏季工作时全部处于制冷工况。当循环水温度超过 35℃时，需要进行冷却。循环水直接流经热泵机组的热交换器对循环水水质要求较高且必须采用闭式冷却塔。由于闭式冷却塔较重、价格高，故在设计时可考虑选用开式冷却塔，配合水-水换热器将冷却水和循环水分隔开。选择换热器时，冷却水、循环水的进出口水温要根据当地气象条件及一次性投资和运行费用进行技术经济比较来确定。一般情况下，冷却塔的出水温度要比当地夏季空调室外计算湿球温度高 3～5℃；冷却水温差为 4～6℃。循环水的出水温度比冷却水供水温度高 2℃左右，循环水的温差为 5℃左右。冷却水循环泵前设过滤器和电子式水处理器，起杀菌、防藻及防堵塞作用，以便延长换热器和管道的使用寿命。

水源热泵机组在冬季工作且当循环水温度低于13℃时，辅助热源投入运行。但当机组供热量较富裕时，可以适当降低循环水温度（如保持10℃以上），这样可以大大减少辅助热源投入运行的时间；并且当选用低温型水源热泵时，其循环水温还可降至4℃。热源的形式可以多种多样，可根据实际工程的具体情况来确定。可以使用的热源有热水、蒸汽、电力、燃油或燃气锅炉及太阳能等。

（3）水循环管路的布置

水环热泵空调系统水环管路的形式和特征如表6-72所示。

环热泵空调系统水环管路的形式和特征 表 6-72

系统形式	图 示	特 征
闭式系统		系统中的介质基本上不与空气接触
开式系统		系统中的介质与空气相接触，系统中有水箱
同程系统		各并联环路中水的流程基本相同，即各环路的管路总长基本相等
异程系统		各并联环路中水的流程各不相同，即各环路的管路总长也不一样

水环热泵空调系统原理图如图6-120所示，设计时应注意以下问题：

1）循环水泵一般置于辅助设备（如锅炉、冷却塔）和水源热泵机组之间，这样的布置可使机组的供水管处于水泵的压出段。

2）补水点和定压点选在处于水泵的吸入段。

3）管道的布置要尽可能选用同程式系统，易于保持环路的水力稳定性。如果采用异程系统时，应注意各支管间的压力平衡问题，各支管上要设置平衡阀。

4）要尽量采用闭式环路，减少对管路、设备的腐蚀；水容量小；系统流动阻力小于开式系统。

（4）管径的确定

1）系统水流量的确定

一般水流量范围（每千瓦）为0.04～0.06L/s，以每千瓦0.054L/s为宜，最大不超过0.065L/s。如果水流量过低，不但会影响水源热泵机组的效率，而且可能造成机组内高压过高（供冷时）或低压过低（供热时）而停机。表6-73为水环热泵空调系统水环路

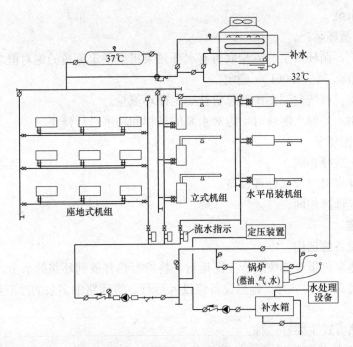

图 6-120　水环热泵空调系统原理图

中水的最低推荐流量（表中冷幅差为冷却塔出水温度与湿球温度之差）。

表 6-73

水环路中水的最低推荐流量

室外计算湿球 温度（℃）	冷却塔出水 温度（℃）	参差系数为 0.8 时 的温差（℃）	冷幅差 （℃）	每千瓦的水 流量（L/s）
18	32	7	14	0.043
21	32	7	11	0.043
23	32	7	9	0.043
24	32	6.5	8	0.046
25	33	6	8	0.046
26	33	6	7	0.048
27	34	5.5	7	0.054

　　这样，设计中可根据系统冷负荷求出系统中所有管段的水流量。一般来说，南方地区按夏季条件确定的水流量能够满足冬季的使用要求，对寒冷地区应取供冷和供热状态下水流量较大值。

　　2）管径的确定

　　水管管径的选用应按经济流速选用，一般推荐流速如表 6-74 所示。水流速的低限值为 0.45～0.6m/s。水流速过低时，不便于带走水中的空气和悬浮的污垢。

表 6-74

一般推荐流速

部位	水泵压出口	水泵吸入口	主干段	向上立管	一般管道	冷却水
流速（m/s）	2.4～3.6	1.2～2.1	1.2～4.5	1～3	1.5～3.0	1～2.4

555

（5）循环水泵

1）冷冻水循环泵

定流量系统：循环水泵的流量取所有水环热泵机组额定流量的绝对值之和，估算时可按每千瓦制冷量 $0.04\sim0.06L/s$ 确定。

变流量系统：可按空调系统的总负荷确定循环流量。

当系统采用乙二醇水溶液时，应对水泵的扬程和功率进行修正。

2）冷却水循环泵

与常规系统选择相同。

（6）定压补水机组及水处理设备

与常规系统选择相同。

5. 辅助设备

（1）排热设备的选用

夏季水源热泵机组全部按制冷工况运行，将冷凝热释放到环路的水中，使环路水温不但升高。当水温高于 32℃ 时，排热设备应投入运行，将环路中多余的冷凝热向外排放。

1）排热方式

目前，排热方式主要有三种。

① 天然能源加热换热设备，如图 6-121 所示。当井水、河水或湖水的水温较低时，直接作为冷却水环路的冷却水，通过板式换热器使水环路的水温不超过 32℃。

② 开式冷却塔加热换热设备，如图 6-122 所示。在开式冷却塔加板式换热器的循环水系统中，水源热泵机组夏季选用的进水温度比当地空气湿球温度高 5～6℃较为合适，这样可选用标准冷却塔。

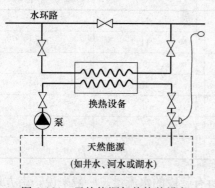

图 6-121 天然能源加热换热设备

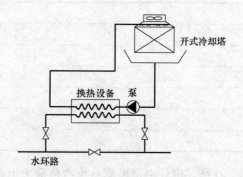

图 6-122 开式冷却塔加热换热设备

③ 闭式蒸发式冷却塔，如图 6-123 所示，选用进出风量的调节阀门，控制环路水的温度。

蒸发式冷却塔安装在室内时要配有进风管和排风管，这样可使通风机的压头加大，以便把空气引出室外。

2）冷却塔容量

选择冷却塔容量时，必须确定以下要点：

① 冷却塔的最大排热量为全部水源热泵机组均按供冷工况运行时的总排热量。

② 冷却塔水的总流量，对于闭式冷却塔来说就是水环路的总流量。

③ 冷却塔的进水温度 T_1（对于闭式冷却塔，即水环路的回水温度）和冷却塔出水温度 T_2（对于闭式冷却塔，即水环路的供水温度）。

④ 当地的空调室外计算湿球温度 $t_{w,b}$。冷却塔将环路中的冷凝热及时排放到大气中，主要与当地的空调室外计算湿球温度有关。因此，应根据冷却塔的进出水温度、当地湿球温度，查冷却塔选型曲线对冷却塔的流量进行修正。

3）负荷参差性和运行参差性对冷却塔选型的影响

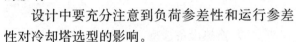

图 6-123　闭式蒸发式冷却塔

设计中要充分注意到负荷参差性和运行参差性对冷却塔选型的影响。

① 负荷参差性修正系数 K_1。

负荷参差性修正系数为设计工况下建筑物的冷负荷与所选用机组制冷量之和的比值。其值与建筑物的大小、性质和用途有关。冷却塔的选型要考虑负荷参差性的影响。负荷参差性修正系数 K_1 值按定义式计算或按表 6-75 选取。

负荷参差性修正系数 K_1 　　　　　　　　表 6-75

系统总水量/(L/s)	<13	13~19	>19
K_1	0.9	0.85	0.8

因此，考虑 K_1 后，环路的回水温度 $T_{回水}$ 为：

$$T_{回水} = \Delta t \cdot K_1 + T_{供水} \tag{6-85}$$

式中　Δt——水源热泵机组额定工况进出水温差，℃；

　　　K_1——负荷参差性修正系数；

　　$T_{供水}$——环路供水温度，对于闭式冷却塔就是离开排热设备的水温；对于开式冷却塔则是环路水离开板式换热器时的水温。

② 运行参差性修正系数 K_2。

水源热泵机组大部分时间是在部分负荷条件下运行，水源热泵机组在设计工况下运行的小时数仅占系统全年运行小时数的 5%，而且在 75% 的运行时间里负荷小于 50%。为此，选用排热设备时，一般要考虑运行参差性修正系数，这样冷却塔的进水温度如下 T_1：

$$T_1 = K_2(T_{回水} - T_{供水}) + T_2 \tag{6-86}$$

式中　T_2——冷却塔出水温度，℃；对于闭式冷却塔 $T_2 = T_{供水}$，对于开式系统，冷却塔出水温度等于冷却水系统进板式换热器时的水温；

　　　K_2——系统运行参差性修正系数。K_2 是一种判断性的统计值，要慎重选用，应充分了解建筑物的功能和使用情况，一般应根据经验确定。当暂无经验时，可考虑安全，K_2 取 1。

4）防冻措施

设计中，将排热设备安装在室外时还应注意冬季防冻问题，目前常采用的措施主要如下：

① 室内设置辅助水箱。如图 6-124 所示，停机时，室外冷却塔及管路中水完全流回室内辅助水箱中。

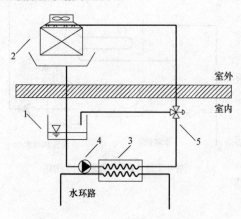

图 6-124 室内设置辅助水箱
1—室内辅助水箱；2—开式冷却塔；3—板式换热器；
4—冷却水循环水泵；5—自动三通阀

② 将电加热器或蒸汽加热其置入冷却塔水槽中。

③ 冷却水侧采用乙二醇水溶液。

④ 室外冷却水管路采用电伴热。

⑤ 开式冷却塔补水量为：蒸发损失占总循环水量的 0.75%；飞溅损失占总循环水量的 0.2%～0.5%；排污损失占总循环水量的 1.0% 或更大。因此，实际中补水量常取总循环水量的 2%～2.5%。

5) 换热设备选型

常用换热设备为板式换热器，选型时须注意以下问题：

① 供回水温差：在开式冷却塔＋板式换热器系统中，一次水为冷却水，其供回水温差即为冷却塔进出水温差；二次水为循环水，供回水温差按系统温差计算，一般为 5℃ 左右。

② 循环流量：一、二次水的循环流量相同，为系统的循环流量。

③ 传热温差：一般采用 1～2℃。

由一、二次水供回水温度、循环流量，利用选型软件可计算出换热器的换热面积。

(2) 加热设备的选用

建筑物周边区的水源热泵机组在冬季供热工况运行时，内区的机组向环路释放的热量小于周边区机组从水环路中吸取的热量时，环路中的水温降至 13℃ 时就必须投入加热设备，给水环路加热。

加热方法主要有两种：一是水的加热设备将外部热量加入水循环管路中；二是空气电加热，将外部热量直接加入室内循环空气中。

1) 水的加热设备

水的加热设备主要有：电热锅炉、燃油（气）炉、水-水换热器，汽-水换热器、太阳能集热器等。确定加热设备的是大供热量的条件是：

① 室外空气温度为冬季供暖室外计算温度；

② 建筑物无其他热源（如灯光、人和太阳辐射等）；

③ 室温为设计温度。

但应注意在确定加热设备时，与是否用夜间降低室温、早晨预热或蓄热水箱等有关。选用步骤如下：

① 计算建筑物的热损失；

② 确定建筑物周边区、屋顶安装的水源热泵机组输出的总热量；

③ 计算装机容量的参差系数 k，即

$$k = \frac{\text{建筑物的计算热损失}}{\text{机组的输出总热量}} \qquad (6\text{-}87)$$

④ 计算安装的水源热泵机组从循环水中吸取的总热量；

⑤ 确定加热设备的容量，即机组从循环水中吸取的总热量乘以装机容量的参差系数。此容量满足非居住时期的设计条件。

设计时还应注意下述问题：

① 夜间如可能降低室温会使建筑物的热损失相应减小，以减小装机参差系数，使加热设备的容量变小；

② 建筑物内区机组供冷时，其排热量可供利用，可以减小加热设备的容量。但这一供冷机组应是可靠和稳定的热源；

③ 由于运行的参差性按上述步骤⑤确定的容量可以降低 30%，不会对建筑物或空调系统造成任何危害；

④ 对于夜间降低室温、早晨预热的系统中，有可能同时启动全部水源热泵机组，这时加热设备的有效热量必须等于全部水源热泵机组的吸热量。

将上述步骤简化如下：

① 计算建筑物的热负荷；

② 上述热负荷乘以 $\left(\dfrac{\text{平均供热}\,COP-1}{\text{平均供热}\,COP}\right)$（该比值约为 0.7）即为加热设备的容量。

2）空气电加热器

空气一般由电加热器加热，安装在水源热泵机组送、回风管内或直接安装在机组内。当环路中的水温不低于 13℃时，机组按热源热泵工况运行。当环路水温等于或低于 13℃时，关闭制冷压缩机，机组停止按热泵工况的运行，而空气电加热器投入运行，加热室内空气。通过室内温控器控制加热量以调节室内温度。当环路水温升至 21℃时，停止电加热器，恢复机组按热泵工况运行。

但是，系统此时实际上已是电供暖系统。这种系统的用能方式极为不合理，在实际工程中不宜采用。

（3）蓄热水箱的确定

在水环热泵空调系统中常设置低温蓄热水箱（13～32℃）或高温蓄热水箱（60～82℃），以改善系统的运行特征。

1）低温蓄热水箱

蓄热水箱，这样水系统可以实现热量在时间上的转移，即内区按制冷工况运行的机组向环路中释放的冷凝热与周边区按制热工况运行的机组从环路中吸取的热量可以在一天或更长的时间周期内实现热量平衡，从而降低冷却塔和水加热器的耗电量。但是，冷却塔和水加热器的容量不能太小，这是因为恶劣天气的持续性往往又要求冷却塔或水加热器按最大负荷运行。

图 6-125 为水环热泵空调系统设置低温蓄热水箱原理图。低温蓄热水箱是串联在水环路上的，以增大系统的蓄水量。系统蓄水量越多，就可以越少开启冷却塔或水加热器，系统回收建筑物余热的能力也越强。为了减少安装空间，可选用容积式加热器，同时起蓄水和加热的作用。

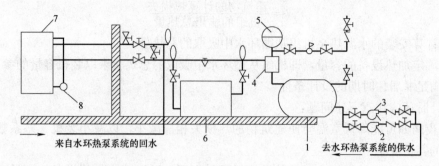

图 6-125 水环热泵空调系统设置低温蓄热水箱原理图

1—蓄热水箱；2—循环水泵；3—备用泵；4—空气分离器；5—定压装置；

6—水加热器；7—闭式冷却塔；8—冷却水泵

低温蓄热水箱的容量一般按能够平衡一天中的冷、热负荷来确定，即可以利用白天的过剩热量作为夜间和早上升温供热用。具体步骤如下：

① 假设水环热泵系统的水温为 32℃，供冷工况运行时进出水温差为 7℃，供热工况运行时进水温差为 4℃，系统中有 45% 的热泵供冷，55% 的热泵供热。

② 计算水系统热泵机组出口温度及水系统平均混合温度：对于供冷机组出口温度：32＋7＝39℃，对于供热机组出口温度：32-4＝28，

则水系统平均混合温度为：0.45×39＋0.55×28＝33℃。

③ 确定蓄热水箱可以利用的最大温差。系统中的水温最低为 13℃，则可以利用的最大温差为：$\Delta t＝33－13＝20℃$。

④ 计算蓄热水箱每千克水可蓄存的热量。蓄热水箱内可利用的最大温差同环路中水的最大温差（$\Delta t＝20℃$）。假设环路水系统的蓄水量为 12.8kg/kW（冷量），则蓄热量为：

$$Q＝Gc_p\Delta t＝12.8×4.187×20＝1072kJ/kW$$

则每千克水可蓄存 83.74kJ 的热量。

⑤ 确定环路水系统蓄热量可供热时间：

每千瓦时的吸热量为：

$$1kJ/s×3600s＝3600kJ$$

每千瓦冷量的环路水系统蓄热量为 1072kJ，则环路水系统蓄热量可供热的时间为：

$$1072/3600＝0.298h$$

即约为 18min。

⑥ 确定预热时间（如 60～90min 之间）及蓄热水箱尚需蓄存的热量（即相当于预热时间减去环路水系统蓄热量可供热的时间之差的热量）。

若早晨预热时间为 60min，满足早晨供热需要尚需蓄存相当于 60-18＝42min 的热量。

⑦ 根据蓄热水箱应蓄存的热量，计算出蓄热水箱所需的容积：

每千瓦装机容量，水箱应蓄存的热量为：

$$\frac{1072}{18}×42＝2501.3kJ/kW$$

每千瓦装机容量计，所需水箱容积为：

$$2501.3/(20×4.178)＝30kg/kW＝0.03m^3/kW$$

估算出蓄热水箱容积后，应当进行技术经济分析以确定蓄热水箱的最佳尺寸。

一般蓄热水箱有如下几种设计方案：

a. 按蓄存冬季设计日工作时间所产生的余热，但不超过次日夜间所需热量来确定蓄水箱的容量，此方法水箱容积最大。

b. 按蓄存早晨预热所需热量来确定蓄水箱的容量。

c. 上述两种方法的折中方案。

d. 蓄热水箱容积取 10～20L/kW 较为合理。

2）高温蓄热水箱

图 6-126 为水环热泵空调系统设置高温蓄热水箱原理图，其中高温蓄热水箱与闭式水环路并联在一起。这是因为高温蓄热水箱中的水可加热到 82℃ 甚至更高，通过三通混合阀把水环路中的水温维持在所要求的最低温度极限。与低温蓄热水箱相比，高温蓄热水箱不能吸收建筑物内区的余热量。因此，高温蓄热水箱会使冷却塔年运行小时数增加。

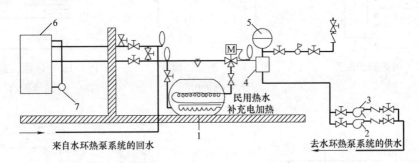

图 6-126　水环热泵空调概念图系统设置高温蓄热水箱原理图

1—高温蓄热水箱；2—循环水泵；3—备用泵；4—空气分离器；

5—定压装置；6—闭式冷却塔；7—冷却水泵

高温蓄热水箱可在下列情况下选用：

1）当地供电部门实行分时电价，可利用晚间廉价的低谷时段电力加热蓄热水箱中的水，以减少或取小高峰用电时水加热器的耗电量。

2）热负荷大的场合（每天超过 5000kWh）。

3）要求大量的生活热水供应的场合。

6. 管路设计

（1）设计要点

1）循环水系统管路应尽量按同程布置。

2）优先选用闭式冷却塔或开式冷却塔加板式换热器，实现水环系统闭式循环。

3）循环水系统补水宜采用软化水或经其他化学处理后的水；冷却水系统中采取防腐、防垢、抑藻、排污、过滤等综合处理措施。

4）水泵、换热器、冷却塔等设备配置应充分考虑检修和清洗。

5）管路应设置水流开关，与机组进行联锁控制。

6）各管路的设计流量等于该管段管路所服务的所有热泵机组的流量总和，按此流量计算管径和压力损失。

7）水系统应设置必要的过滤除污设备。水环热泵机组进水管应设有滤网目数不低于 50 目的 Y 形过滤器。

8）水环热泵机组的流量调节对于定流量系统可采用手动调节阀、静态平衡阀或定流量平衡阀，对于变流量系统设置电动二通阀。

9）一般情况下，水环路的水温全年均在室内空气露点以上，管道不需进行防结露保温。

（2）设备配管

1）冷却塔、冷却水泵、换热器配管，与常规系统相同。

2）辅助加热设备配管如图 6-127～图 6-131 所示。

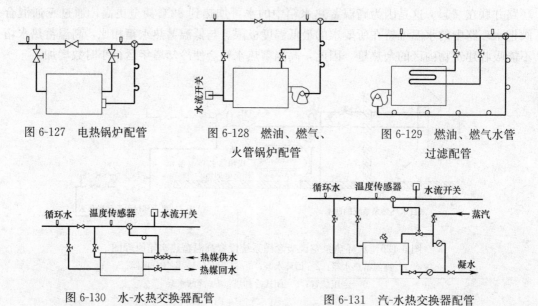

图 6-127　电热锅炉配管　　图 6-128　燃油、燃气、火管锅炉配管　　图 6-129　燃油、燃气水管过滤配管

图 6-130　水-水热交换器配管　　图 6-131　汽-水热交换器配管

水环热泵空调系统循环水为大流量、小温差低温运行方式，一般加热设备不能直接使用。如管壳式换热器流量增大，将使压降剧增；燃油火管锅炉出水温度过低，使得烟气温度过低，烟气冷凝造成腐蚀，故燃油锅炉出水温度一般不低于 60℃。故通常设置一个带平衡阀的旁通管（图 6-127～图 6-131），使部分循环水流经加热设备。当加热设备允许时，也可取消旁通管。

3）蓄热水箱配管如图 6-132 和图 6-133 所示。

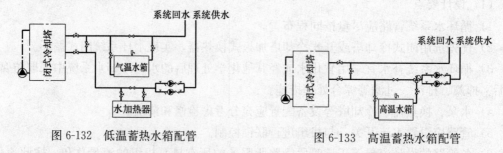

图 6-132　低温蓄热水箱配管　　图 6-133　高温蓄热水箱配管

4）水环热泵机组配管如图 6-134 所示。

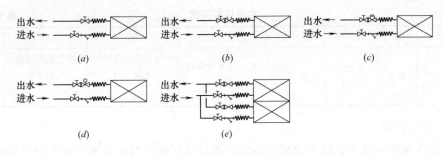

图 6-134 水环热泵机组配管

(*a*) 设手动调节阀；(*b*) 设静态平衡阀；(*c*) 设动态流量平衡阀；

(*d*) 设电动阀；(*e*) 带独立空气加热器双盘管机组

6.9.3 水环热泵系统的控制

1. 热泵机组控制

热泵机组的运行一般由机组配带的壁挂式室温控制器进行控制，其基本的控制功能为温度控制（图 6-135）。常见控制功能如下：

（1）10～40s 随机启动定时器，可避免所有机组同时启动，减少对电网的冲击。

（2）防止压缩机频繁启停的时间继电器，可使压缩机在停止运行后的几分钟内不再启动。

（3）冷凝水溢流开关控制，可使压缩机在凝水盘水位较高时停止运转。

（4）防冻保护，当水温低于设定值时，关闭压缩机。

温控器应装在对空调区域温度有代表性的墙面上。

2. 水系统集中控制

水系统控制应确保两点：一是环路的水温在 15～35℃ 范围内；二是连续稳定的流量。主要是通过温度传感器和水流开关来实现的。

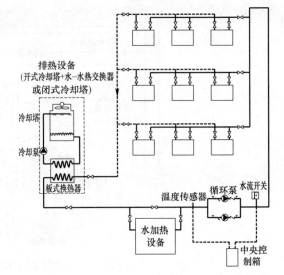

图 6-135 水环热泵空调系统典型控制原理图

（1）温度控制

一般在循环水泵进口处设温度传感器，并与锅炉或换热器保持一定的距离。温度传感器探测冷却塔出水温度或锅炉（换热器）后的混合水温，由控制系统根据设定值对冷却塔风机、水泵或锅炉的运行及换热器热媒的供给进行控制。表 6-76 为一个采用闭式冷却塔的系统水温控制实例。

当采用开式冷却塔时，温度传感器检测板式换热器循环水侧出水温度，随着水温的升高，依次启动第一台冷却水泵、第一台冷却塔风机、第二台冷却水泵、第二台冷却塔风机。冷却塔控制与普通空调水系统相同。

水温(℃)	14	15～20	24	29	31	32	34	40
控制要点	报警	加热设备开启	中点	阀门开启	淋水泵开启	第一台冷却塔风机开启	第二胎冷却塔风机开启	报警
				冷却设备运行				

水温控制实例　　　　　　　　　　　　　　　　　　　　　　表 6-76

（2）水泵控制

1）循环泵的控制主要指主水泵与备用泵的自动切换。当水泵水流开关检测到缺水时，自动由主水泵切换到备用泵，并发出报警信号。若几秒内水流不能恢复正常，将会使系统停机。

2）当采用变流量运行时，循环泵应采取相应的变流量措施，如变频调速等，与常规系统相同。

（3）水电联锁控制

定流量系统：对应的水电联锁区域的回水总管上，设置靶式水流开关（图 6-136）。

变流量系统：在对应的水电联锁区域的供回水管之间设置压差开关（图 6-137）。

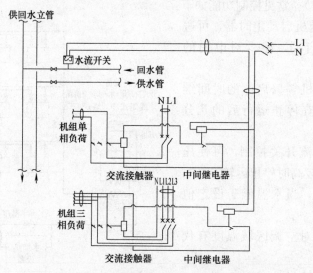

图 6-136　定流量系统水电联锁控制原理图

设置水电联锁的区域，可以是整个系统，也可以是一个楼层或一个水系统分区等，根据设计确定。当水系统的水流开关或压差开关闭合时，对应区域的空调总电源才能供电。否则，自动切断空调电源。一些厂家的产品，在每台机组的控制器上均设有水流开关（或压差开关）输入接口，当此开关闭合时，机组才能启动；当此开关断开时，机组自动关闭或无法启动。当不安装水流开关（或压差开关）时，输入接口短接，联锁功能取消。

3. 蓄热设备控制

通过三通阀来调节环路水和蓄热水箱中水的混合比，以保证水环路水温在设定温度以上。

4. 中央控制系统

根据工程具体情况可以设置 DDC 中央控制系统。采用 DDC 控制可以加强中央控制系

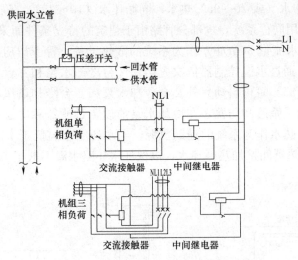

图 6-137 变流量相同水电联锁控制原理图

统与个别机组的配合，除前述对每台机组的控制之外，还可增加以下功能：

（1）夜间回置和设定；

（2）长期运行记录；

（3）水泵循环（工作或非工作）；

（4）系统水温度记录；

（5）系统水流检测：系统水流、水质、缺水、高水温、低水温、供热设备水流、排热设备水流和循环泵水流等。

6.9.4 设计示例

1. 工程概况

该工程为上海市某公寓式写字楼及部分裙房，总建筑面积为197755m²，分为Ⅰ、Ⅱ、Ⅲ段。Ⅰ段中有 A、B 两幢公寓式写字楼，建筑面积为39194m²，各 28 层，高 99.9m。Ⅲ段有超高层办公楼，50 层，高 181.1m。三幢塔楼通过裙房连为一体（图 6-138）。地下两层为商场、展厅、娱乐、设备用房，局部地下三层为地下停车场。

Ⅰ段 A、B 座公寓式写字楼、Ⅰ段裙房和Ⅱ段部分裙房（图 6-138 中阴影部分）采用水环热泵空调系统，建筑面积为 39194 ＋ 18752 ＝ 57946m²。

2. 系统设计

（1）空调冷热负荷

总冷负荷为7763kW，单位建筑面积冷指标

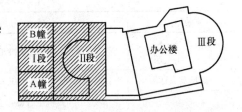

图 6-138 平面分区示意图

为 134W/m²；总热负荷为2910kW，单位建筑面积热指标为 50.22W/m²。

（2）空调系统设计

图 6-139 为该工程水环热泵空调系统原理图，由图可知，水环路中的循环水直接流经热泵机组中的水-制冷剂换热器，对水质要求较高。因此，通过 4 台板式换热器（换热面

积 112m² ×4）将冷却水（或 70～95℃热水）同循环水（10～35℃）隔开。该工程在水管路设计中绝大部分采用同程系统，少部分管路由于建筑的特立条件而采用异程系统。选 4台开式冷却塔（每台水流量 500t/h）作为系统的散热设备，置于裙房屋顶上。当水环路的水温高于 32℃时，通过水温控制器依次先启动 2 台冷却水泵和 2 台冷却塔风机。若水温继续升高，当高于 35℃时再启动另外 2 台冷却水泵和 2 台冷却塔风机，以保证水环路水温不高于 35℃。为了杀菌和防藻，在冷却水泵前设置过滤器和电子水处理器；选燃油锅炉提供的 70～95℃热水作为系统的辅助热源，当水环路水温低于 15.6℃时，辅助热源投入运行，经板式换热器间接加热循环水，以保证水环路水温不低于 10℃。

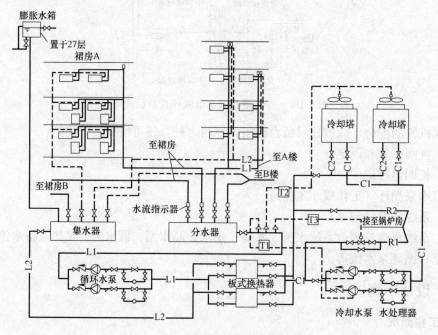

图 6-139　水环热泵空调系统原理图

根据建筑物的使用功能、朝向、内区和周边区分别选择小型的水—空气热泵机组，如表 6-77 所示。

热泵机组选型明细表 表 6-77

安装地点	系列型号	计量单位	数量	备注
公寓式写字楼七～二十七层	卧式分体水/空气热泵机组、HE 系列	台	236	Climate Master 公司
商场及大厅	落地式机组（803-480、803 300）	台	24	
其他	卧式机组、HS 系列	台	42	
	立式机组、VS 系列	台	6	

该工程所用水环热泵空调系统的特点如下：

1）水环热泵空调系统从运行时间和运行工况上可为用户提供充分选择的自由，用户可根据自己的需要决定水-空气热泵机组的运行时间与选择制冷或制热工况。这点能满足Ⅰ段 A、B 座公寓式写字楼集办公、居住、生活的功能于一体的空调特点。

2) 水环热泵空调系统的耗电量可通过各自的电表计量，避免了用户之间分摊空调用电的矛盾，用户对空调的享用程度直接与电费挂钩，可以鼓励用户做到人走机停，节约能源。分户计量、分户计价深受用户与物业管理部门的欢迎。

3) 可以回收建筑物内的余热。据计算，裙房内可以转移的热量（余热不少于1100kW），超过裙房的供暖负荷。在秋末冬初和冬末春初，如果向供暖区供应的热量等于或接近供冷区放出的热量，就不需要启动辅助热源和冷却塔，这样可以充分体现出水环热泵空调系统的节能特点。

4) 系统可随着 A、B 两幢公寓式写字楼的出租或销售情况，分期安装水-空气热泵机组。因此，业主可分期分批投资，对此业户乐于接受。

(3) 新风系统与噪声处理

新风量是保障良好的室内空气品质的关键。因此，水环热泵空调系统中设有新风系统是必要的。该工程处理新风方式有以下两种。

1) 商住楼的公寓式写字间及Ⅰ段裙房部分房间采用回风与新风相混合的办法来解决一定量的新风问题。由于在冬季水-空气热泵机组的进风参数不宜低于 15.6℃，因此，通过调节新风阀与回风阀开度使混合后的空气温度高于 15.6℃。

2) Ⅰ、Ⅱ段裙房新风先经吊顶式新风处到机组（BFPX）预热，预热后的新风与回风混合，以保证高于 15.6℃，再进入热泵机组处理后送入室内。

设计中，采取了如下降低噪声的技术措施。

1) 公寓式写字楼选用卧式分体式水-空气热泵机组，Climate Master 公司提供的室内机组噪声值为 38dB（A）以下。此外，机组与送风管连接采用软接头并加消声静压箱，以确保运行时的低噪声。

2) 裙房内大中型水-空气热泵机组均设有专用机房，并且采用减振支座、减振吊架和消声静压箱。

6.10 变制冷剂流量热泵式多联机系统

6.10.1 变制冷剂流量热泵式多联机系统组成与分类

1. 变制冷剂流量热泵式多联机系统组成及工作范围

(1) 系统组成

变制冷剂流量多联分体式空调，是指一台室外空气源制冷或热泵机组配置多台室内机，通过改变制冷剂流量能适应各房间负荷变化的直接膨胀式空气调节系统。它也是一个以制冷剂为输送介质，由制冷压缩机、电子膨胀阀、其他阀件（附件）以及一系列管路构成的环状管网系统。系统室外机包括室外侧换热器、压缩机、风机和其他制冷附件；室内机包括风机、电子膨胀阀和直接蒸发式换热器等附件。一台室外机通过管路能够向若干台室内机输送制冷剂液体，通过控制压缩机的制冷剂循环量和进入室内各个换热器的制冷剂流量，可以适时地满足室内冷热符合要求。

变制冷剂流量多联分体式空调的基本单元是一台室外机连接多台室内机，每台室内机可以自由地运转/停运，或群组或集中控制。在单台室外机运行的基础上，又发展出多台室外机并联系统，可以连接更多的室内机。众多的室内机同样可以自由地运转/停运，或群组或集中控制。系统的制冷原理及系统管路配置示意分别如图 6-140 和图 6-141 所示。

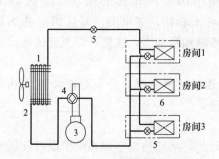

图 6-140　制冷系统原理图

1—冷风冷换热器；2—换热器风扇；3—压缩机；
4—四通阀；5—电子膨胀阀；6—直接蒸发式换热器

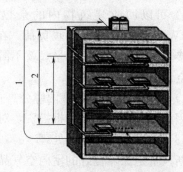

图 6-141　空调系统示意图

1—室内外及机等效配管长度；2—室内外机
高度落差；3—室内机间高度落差

（2）产品性能测试条件

变制冷剂流量多联分体式空调产品性能的测试条件如表 6-78 所示。

产品性能测试条件（参照 GB/T 18837—2002）　　　　　　表 6-78

分类内容		范　围
制冷工况	室内温度	27℃ DB，19℃ WB
	室外温度	35℃ DB
制热工况	室内温度	20℃ DB
	室外温度	7℃ DB，6℃ WB
室内外机等效配管长度		7.5m
室内外机高度落差		0m

（3）系统工作范围

制冷剂流量多联分体式空调系统的工作范围如表 6-79 所示。

变制冷剂流量多联分体式空调系统的工作范围　　　　　　表 6-79

分类内容	范　围	分类内容	范　围
制冷运行温度	−5~43℃（DB）	室内外机高度落差	≤50m
制热运行温度	−15~16℃（WB）	室外机系统室内机间高度落差	≤18m
室内外机等效配管长度	≤175m	室内外机容量比	≤135%

注：不同厂家上述参数略有不同。

（4）系统应用场合

变制冷剂流量多联分体式空调系统主要适用于办公楼、饭店、学校、高档住宅等建筑，特别适合于房间数量多区域、划分细致的建筑。另外，对于同时使用率比较低（部分运转）的建筑物来说其节能性更加显著。

根据《公共建筑节能设计标准》GB 50189—2005 的规定，适用于中、小型规模的建筑。该系统不宜用于振动较大及产生大量油污、蒸汽的场所，对于变频机组还要尽量避免在有电磁波或高频波产生的场所使用。空调系统全年运行时，宜采用热泵式机组。在同一空调系统中，当同时需要供冷和供热时，宜选择热回收式机组。

表 6-80 列出了变制冷剂流量多联分体式空调系统与传统集中空调相比的主要优缺点。

变制冷剂流量多联分体式空调系统的应用特点　　　　　表 6-80

优点	安装管路简单、节省空间、设计简单、布置灵活、部分负荷情况下能效比高、节能性好、运行成本低、运行管理方便、维护简单，可分户计量、可分期建设
缺点	初投资较高，对建筑设计有要求，特别对于高层建筑，在设计时必须考虑系统的安装范围、室外机的安装位置。新风与湿度处理能力相对较差

2. 变制冷剂流量热泵式多联机系统分类及特性

变制冷剂流量多联分体式空调有不同类型（表 6-81）。目前国内变制冷剂流量多联分体式空调的主流是风冷变频机组空调和数码涡旋机组空调，其中数码涡旋机组空调是近几年发展起来的，在后述的系统设计中主要以风冷变频机组空调为例。

变制冷剂流量多联分体式空调系统分类　　　　　表 6-81

分类内容	类型	特 点 说 明
按压缩机类型	变频式	 以目前普遍采用的 10 匹室外机为例，一般都采用双压缩机系统，一台为变频压缩机，另一台为定频压缩机。如上图 所示，当系统负荷在 50% 以内时，通过改变压缩机的运转频率来调节制冷剂流量，以适应室内负荷的变化；当系统负荷超过 50% 时，定频压缩机开启，变频压缩机仍进行负荷调节。在部分室内机开启的情况下，能效比较满负荷时高。如果与定频系统在满负荷时系统能效比相同，则变频系统的整体节能性比定频式好
	定频式（包括采用数码涡旋压缩机）	 对于 10 匹系统而言，室外压缩机由一台 5 匹的数码涡旋压缩机和一台 5 匹的普通定频压缩机组成。其中，数码涡旋压缩机起调节作用。数码涡旋压缩机在电磁阀控制电源的作用下，调节开启-关闭时间的比例，实现能量调节。上图是数码涡旋压缩机实现能量调节的原理： 输出和卸载的比例为 2：8，则系统能力输出为 2 匹；输出和卸载的比例为 5：5，则系统能力输出为 5 匹。由于数码涡旋压缩机是定速压缩机，在系统启动后一直处于运行状态，因此，在部分室内机开启的情况下，能效比较满负荷时低

续表

分类内容	类型	特点说明
按室外机冷却方式	风冷式	风冷式系统,室外换热器的换热介质是空气,与水冷式相比安装比较简单,但在环境工况恶劣时,对系统性能影响比较大
	水冷式	水冷式系统,室外换热器的换热介质是水,与风冷式相比,多一套水系统,设计安装比较复杂。系统性能比较高,环境工况对其影响没有风冷式大,目前国内还没有此类系统的应用
其他类型	热回收式	同一制冷系统中的不同室内机可以分别进行制冷和制热运转,系统性能好
	冰蓄冷式	变制冷剂流量多联分体式空调可以通过与小型冰蓄冷装置相连,在晚间用电低谷时进行蓄冷,在白天用电高峰时释放冷量,达到转移用电高峰的效果

6.10.2 变制冷剂流量热泵式多联机系统设计

1. 系统设计

空调系统设计流程图如图 6-142 所示,各设计流程分述如下:

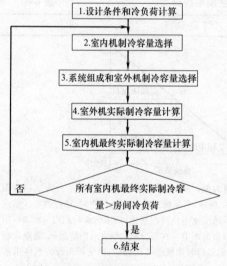

图 6-142 空调系统设计流程图

1.设计条件和冷负荷计算
2.室内机制冷容量选择
3.系统组成和室外机制冷容量选择
4.室外机实际制冷容量计算
5.室内机最终实际制冷容量计算
所有室内机最终实际制冷容量>房间冷负荷
否 是
6.结束

（1）设计条件和冷负荷

根据夏季室内要求的空气计算干、湿球温度以及夏季空调室外空气计算干、湿球温度等资料，计算出每个房间的冷负荷 $Q_{CL\cdot i}$，其中 $i = 1\cdots\cdots,n$，n 为房间数量。

（2）室内机制冷容量选择

室内机的额定制冷容量 Q_{CD} 是标准空调工况时的制冷量。由于夏季空调系统的设计调节与标准空调工况不一样，因此空调室内机的制冷容量与额定制冷容量也不相同。根据室内空气干、湿球温度以及室外空气计算干球温度，在厂家提供室内机制冷容量表中，选出接近或大于房间冷负荷的室内机。

（3）系统组成和室外机制冷容量选择

在系统组成时，主要考虑以下几个原则:

1）初步估算所连室内机实际总容量对应的室外机额定制冷容量。

2）室外机放置位置。

3）本节中有关配管布置要求。

4）配管长度尽可能短。系统配管长度越长，系统能力衰减就越大，因此考虑到经济性，配管等效长度最好不超过 80～100m。

5）尽量把经常使用的房间和不经常使用的房间组合在一个系统，系统同时使用率最好能控制在 50%～80%，此时系统的能效比较高。如系统同时使用率低于 30%，则系统能效比低、设备利用率低，系统经济性较差。

室内外机的容量配比系数是一个系统内所有室内机额定制冷容量之和与室外机额定制冷容量之比。尽管室外机可以在容量配比系数 135% 以内运行，但在设计选型时应根据系统的具体使用情况来决定，也可参考表 6-82 选择。需要注意的是，对制热有特殊要求的场合不适合超配。

室内外机的容量配比系数选择参考表　　　　　　　　　　表 6-82

同时使用率	最大容量配比系数	同时使用率	最大容量配比系数
≤大容量	125%～135%	>80%,≤80%	100%～110%
>70%,≤70%	110%～125%	>90%	100%

6）室内机数量不能超过室外机容许连接的数量。

（4）室外机实际制冷容量计算

根据室内外机的容量配比系数、室内空气计算干、湿球温度以及室外空气计算干球温度，在厂家提供的室外机制冷容量表中查出室外机在设计工况下的实际制冷容量 Q_{COF}。

（5）室内机最终实际制冷容量计算

系统中每台室内机的最终实际制冷量容量为：

$$Q_{CIF,j} = Q_{CD,j} \times Q_{COF} / \sum_{k=1}^{m} Q_{CD,k} \times a_{C,j} \tag{6-88}$$

式中　$Q_{CIF,j}$——室内机的最终实际制冷容量，$j=1$、…、m，W；

　　　$Q_{CD,k}$——室内机的额定制冷容量，$k=1$、…、m，W；

　　　m——室外机的实际制冷容量，W；

　　　Q_{COF}——系统中室内机的数量；

　　　$a_{C,j}$——配管长度及高度差容量修正系数（图 6-143），$j=1$、…、m。

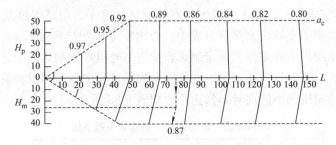

图 6-143　室内机制冷容量修正系数图

注：H_P—室内机置于室外机下方时，室内外机的高度差，m；H_m—室内机置于室外机上方时，室内外机的高度，m；L—等效配管长度，m；a_c—配管长度及高度差容量修正系数。

应该指出，不同厂家产品的容量修正系数会略有区别。图 6-147 中虚线表示了选择线路容量修正系数选择举例：当 $H_m=25m$ 时，$L=75m$，$a_c=0.87$。

如果按照式（6-88）计算出的室内机的最终实际制冷量小于室内机服务房间的冷负荷，则应重新选择室内机，再按（2）～（5）步骤进行计算，直到满足要求为止。

对于一般家用场合，由于房间间歇使用空调的间隔时间可能较长，为了使房间的温度在启动后快速下降，可以考虑室内机最终实际制冷容量远大于房间负荷，室内机最终实际容量与房间负荷之比的最大参考值为 1.5。若室内机最终实际容量与房间负荷比例值超过最大容许值，则选配的空调容量会大大超出房间实际所需负荷，运行时会造成能源浪费、房间温度过冷过热、噪声增大等不良现象。家用空调系统同时开启的可能性非常小，室内外机的容量配比系数可选最大容许值。

2. 系统制热能力校核

由于各空调房间内冷、热负荷存在着差异，即冷负荷接近的房间其热负荷可能相差很大，可以满足冷负荷要求的机组不一定能满足热负荷的要求，所以在完成按冷负荷选择机组后，还应对机组的制热能力进行校核。制热能力的校核流程如图 6-144 所示。

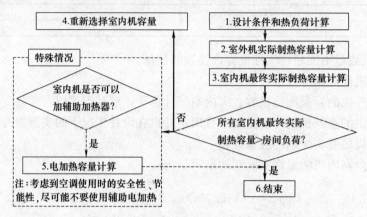

图 6-144　空调系统制热能力校核流程图

（1）计算条件

根据冬季房间内要求的空气计算干球温度以及冬季空调室外空气计算干球温度，计算出每个房间的热负荷 $Q_{HI·i}$，其中 $i = 1……n$；n 为房间数量。

（2）室外机实际制热容量

1）根据冬季室内空气计算干球温度、室外空气计算干、湿球温度及室内外机容量配比系数，在厂家提供的室外机制热容量表中，查出室外机制热容量 Q_{HOX}。室内外机容量配比系数是一个系统内所有室内机额定制热容量与室外机额定制热容量之比。

制热时结霜、除霜容量修正。机组在结霜和除霜过程中的制热量会有衰减，衰减幅度根据室外空气湿球温度的不同而异，修正系数如表 6-83 所示。

外机结霜、除霜制热容量修正系数 β 值　　　　　　　　　　　　表 6-83

室外湿球温度（℃）	−10	−8	−6	−4	−2	0	1	2	4	6
修正系数 β	0.93	0.93	0.92	0.89	0.87	0.86	0.87	0.89	0.95	1.0

注：有部分厂家的机组在提供室外机制热容量表中已包含了结霜、除霜的容量修正系数，此时 $β = 1$；由于不同厂家除霜技术不同，故结霜、除霜容量修正系数也会不同。

2）室外机实际制热容量 Q_{HOF}（W）：

$$Q_{HOF} = Q_{HOX} × β \tag{6-89}$$

式中　Q_{BOX}——空调系统设计工况下室外机制热容量，W；

　　　　$β$——制热时结霜、除霜容量修正系数。

3）室内机最终实际制热容量为：

$$Q_{HIF,j} = Q_{HD,j} × Q_{OF} / \sum_{k=1}^{m} Q_{HD,k} × a_{H,j} \tag{6-90}$$

式中　$Q_{HIF,j}$——室内机的最终实际制热容量，$j = 1、…、m$，W；

　　　　$Q_{HD,j}$——室内机的额定制热容量，$j = 1、…、m$，W；

Q_{HOF}——室外机的实际制热容量，W；

m——系统中室内机的数量；

$a_{H,j}$——配管长度及高差容量修正系数（图 6-145），$j=1$、…、m。

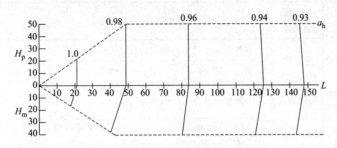

图 6-145 室内机制热容量修正系数图

注：H_P—室内机置于室外机下方时，室内外机的高度差，m；H_m—室内机置于室外机上方时，室内外机的高度，m；L—等效配管长度，m；a_h—配管长度及高度差容量修正系数。

不同生产厂家的容量修正系数略有区别。选择示例类同"室内机制冷容量修正系数图"。

如果按照式（6-90）计算出的室内机的实际制热量小于该室内机所服务房间的热负荷，而室内机又不容许加电热器，则需重新选择室内机容量，直到满足要求为止。

（3）辅助电热器容量选配

如果室内机需要又容许加电热器，则电热器选配容量 $Q_{E,j}$ 为：

$$Q_{E,j}=Q_{HI,i}-Q_{HIF,i}, \quad i=1\cdots\cdots n, n \text{ 为房间数量} \tag{6-91}$$

式中 $Q_{E,j}$——电加热器选配容量，W；

$Q_{HI,j}$——室内机对应房间的热负，W；

$Q_{HIF,j}$——室内机的最终实际制热容量，W。

3. 系统配管设计

（1）三种管道布置方式

1）线式布管方式（表 6-84）

线式布管方式与配管   表 6-84

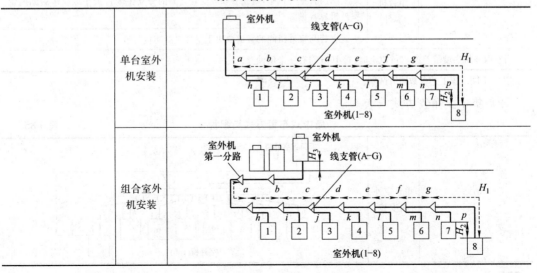

续表

最大允许长度	室外机与室内机之间	实际管长	室内/外机间配管长度≤150m
			如:$a+b+c+d+e+f+g+p$≤150m
		等效配管长度	室内/外机间等效配管长度≤175m
		总长度	室外机到全部室内机间的总管长≤300m
			如:$a+b+c+d+e+f+g+p+h+i+j+k+l+m+n$≤300m
	室外机分路与室外机之间	实际管长	室外机分路到室外机的管长≤10m
允许高度	室外机与室内机之间	高度差	室内/外机间高度差(H_1)≤50m(如果室外机处于下方时为最大40m),当高度差为30m以上时,每10m需加一个捕油器
	室内机与室内机之间	高度差	相邻室内机间高度差(H_2)≤18m
	室外机与室外机之间	高度差	室外机(主机)与室外机(副机)间高度差(H_3)≤5m
分路后的允许长度		实际配管长度	第一室内线只管与室内机之间管长≤40m
			如:$b+c+d+e+f+g+p$≤40m
线支管选择			室内机线支管的选择取决于下游室内机的总容量。如C线支管大小取决于3+4+5+6+7+8的室内机总容量
			室外机线支管的选取取决于上游室外机的总容量。如室外机第一分路线支管大小取决于所有室外机总容量
配管尺寸选择		室内	主干管(单机:室外机到室内机第一线支管分路的配管;组合机:室外机第一分路到室内机第一线支管分路的配管)选择取决于所有室外机总容量。当等效管长超过90m时,要加大气体端主干管的直径
			分支主干管(线支管到线支管配管)取决于后面线支管下游室内机的总容量,如C线支管和D线支管之间的分支主干管大小取决于4+5+6+7+8的室内机总容量
			线支管与室内机间的管道取决于室内机的连接管道
		组合机室外	分支主干管(线支管到线支管配管)取决于后面线支管上游室外机的总容量,如上图组合室外机中,线支管和线支管之间的分支主干管大小取决于后面两台室外机总容量
			线支管与室外机间的管道取决于室外机的连接管道

当室内外机高度落差为30m以上时,每10m需有一个回油弯。

注:不同厂家上述参数略有区别。

2)集中式布管方式(表6-85)

集中式布管方式与配管 　　　　　　　　　　　　　表6-85

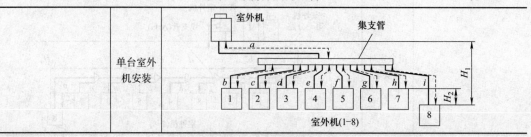

室外机(1-8)

组合室外机安装			 室外机(1-8)
最大允许长度	室外机与室内机之间	实际管长	室内/外机间配管长度≤150m
			如：$a+i$≤150m
		等效配管长度	室内/外机间等效配管长度≤175m
		总长度	室外机到全部室内机间的总管长≤300m
			如：$a+b+c+d+e+f+g+h+i$≤300m
	室外机分路与室外机之间	实际管长	室外机分路到室外机的管长≤10m
允许高度	室外机与室内机之间	高度差	室内/外机间高度差（H_1）≤50m（如果室外机处于下方时为最大40m），当高度差为30m以上时，每1m需加一个捕油器
	室内机与室内机之间	高度差	相邻室内机间高度差（H_2）≤18m
	室外机与室外机之间	高度差	室外机（主机）与室外机（副机）间高度差（H_3）≤5m
分路后的允许长度		实际配管长度	第一室内线只管与室内机之间管长≤40m
			如：i≤40m
集支管选择			室内集支管的选择取决于室内机的总容量和数量
组合室外机线支管选择			室外机线支管的选取取决于上游室外机的总容量。如室外机第一分路线支管大小取决于所有室外机总容量
配管尺寸选择		室内	主干管（单机：室外机到室内机第一线支管分路的配管；组合机：室外机第一分路到室内机第一线支管分路的配管）选择取决于所有室外机总容量。当等效管长超过90m时，要加大气体端主干管的直径
			集支管与室内机间的管道取决于室内机的连接管道
		组合机室外	分支主干管（线支管到线支管配管）取决于后面线支管上游室外机的总容量，如上图组合室外机中，线支管和线支管之间的分支主干管大小取决于后面两台室外机总容量
			线支管与室外机间的管道取决于室外机的连接管道

注：集支管分支之后，不能再用集支管或线支管进行分支。当室内外机高度落差为30m以上时，每10m需有一个回油弯。

3）线式和集中式组合布管方式（表6-86）

组合布管方式与配管 表 6-86

室外机(1-8)

室外机(1-8)

最大允许长度	室外机与室内机之间	实际管长	室内/外机间配管长度≤150m
			如:$a+b+h≤150m$,$a+i+k≤150m$
		等效配管长度	室内/外机间等效配管长度≤175m
		总长度	室外机到全部室内机间的总管长≤300m
			如:$a+b+c+d+e+f+g+h+j+k≤300m$
	室外机分路与室外机之间	实际管长	室外机分路到室外机的管长≤10m
允许高度	室外机与室内机之间	高度差	室内/外机间高度差(H_1)≤50m(如果室外机处于下方时为最大 40m),当高度差为 30m 以上时,每 10m 需加一个捕油器
	室内机与室内机之间	高度差	相邻室内机间高度差(H_2)≤18m
	室外机与室外机之间	高度差	室外机(主机)与室外机(副机)间高度差(H_3)≤5m
分路后的允许长度		实际配管长度	第一室内线只管与室内机之间管长≤40m
			如:$b+h≤40m$,$i+k≤40m$
集支管选择			室内集支管的选择取决于室内机的总容量和数量
线支管选择			室内机线支管的选择取决于下游室外机的总容量。如第二个线支管大小取决于 7+8 的室内机总容量
			室外机线支管的选择取决于上游室外机的总容量。如室外机第一分路线支管大小取决于所有室外机总容量
配管尺寸选择			主干管(单机:室外机到室内机第一线支管分路的配管;组合机:室外机第一分路到室内机第一线支管分路的配管)选择取决于所有室外机总容量。当等效管长超过 90m 时,要加大气体端主干管的直径
		室内	分支主干管(线支管到线支管或集支管配管)取决于后面线支管或集支管下游室内机的总容量。如上图第一线支管和集支管之间的分支主干管大小取决于集支管所连接的 1+2+3+4+5+6 的室内机总容量
			集支管或线支管与室内机间的管道取决于室内机的连接管道

续表

配管尺寸选择	组合机室外	分支主干管(线支管到线支管配管)取决于后面线支管上游室外机的总容量,如上图组合室外机中,线支管和线支管之间的分支主干管大小取决于后面两台室外机总容量
		线支管与室外机间的管道取决于室外机的连接管道

注:当室内外机高度落差为30m以上时,每10m需有一个回油弯。

(2)室内外机等效配管长度(表6-87)

室内外机等效配管长度 表6-87

等效配管长度	等效配管长度=实际配管长度+弯管个数×低处弯管等效长度+回油弯个数×低处回油弯管等效长度+线支管个数×线支管等效长度+集支管等效长度 注:当等效管长超过90m时,加大气体端主干管的直径。在进行等效管长制冷、制热容量修正时,总的等效长度应按下式计算: 总的等效长度=主干管等效长度×0.5+其他等效长度 然后按照总的等效长度进行查图,得出制冷、制热容量修正系数		
实际配管长度	室内外机实际配管长度		
弯管以及回油弯等效长度	管径(mm)	弯管等效长度(m)	回油弯管等效长度(m)
	9.52	0.18	1.3
	12.7	0.2	1.5
	15.88	0.25	2.0
	19.05	0.35	2.4
	22.22	0.4	3.0
	25.4	0.45	3.4
	28.58	0.5	3.7
	31.8	0.55	4.0
	38.1	0.65	4.8
	44.5	0.8	5.9
线支管等效长度	0.5m		
集支管等效长度	集支管连接室内机总容量(kW)		等效长度(m)
	78.4~84.0		2
	84.0~98.0		3
	>98.0		4

注:不同厂家上述参数略有区别。

(3)配管规格及最小壁厚(表6-88)

配管规格及最小壁厚 表6-88

规格	材料热处理等级	最小壁厚(mm)	规格	材料热处理等级	最小壁厚(mm)
φ19.1及以下	○	1.0	φ44.5以上	1/2H	1.7
φ44.5及以下	1/2H	1.4			

4. 系统控制配线设计

(1)系统控制配线设计(表6-89)

系统控制配线设计参考表 表 6-89

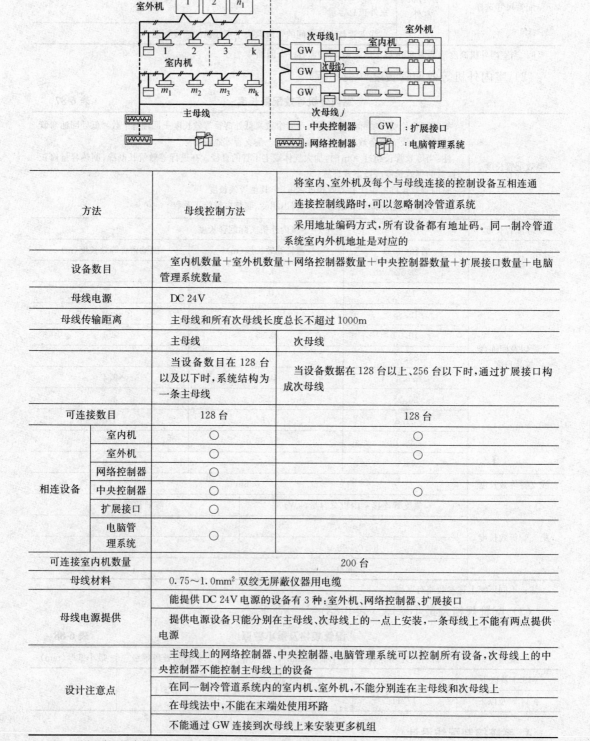

方法	母线控制方法	将室内、室外机及每个与母线连接的控制设备互相连通
		连接控制线路时,可以忽略制冷管道系统
		采用地址编码方式,所有设备都有地址码。同一制冷管道系统室内外机地址是对应的
设备数目		室内机数量+室外机数量+网络控制器数量+中央控制器数量+扩展接口数量+电脑管理系统数量
母线电源		DC 24V
母线传输距离		主母线和所有次母线长度总长不超过 1000m
	主母线	次母线
	当设备数目在 128 台以及以下时,系统结构为一条主母线	当设备数据在 128 台以上、256 台以下时,通过扩展接口构成次母线
可连接数目	128 台	128 台
相连设备	室内机	○	○
	室外机	○	○
	网络控制器	○	
	中央控制器	○	○
	扩展接口	○	
	电脑管理系统	○	
可连接室内机数量		200 台
母线材料		0.75～1.0mm² 双绞无屏蔽仪器用电缆
母线电源提供		能提供 DC 24V 电源的设备有 3 种:室外机、网络控制器、扩展接口
		提供电源设备只能分别在主母线、次母线上的一点上安装,一条母线上不能有两点提供电源
设计注意点		主母线上的网络控制器、中央控制器、电脑管理系统可以控制所有设备,次母线上的中央控制器不能控制主母线上的设备
		在同一制冷管道系统内的室内机、室外机,不能分别连在主母线和次母线上
		在母线法中,不能在末端处使用环路
		不能通过 GW 连接到次母线上来安装更多机组

注:不同厂家上述参数略有区别。

（2）系统控制设备功能说明（表6-90）

系统控制色斑功能说明　　　　　　　　　　表 6-90

控制设备台数	控制部分	工作设定							显示监控				智能管理	
		开关控制	群组设定	日程设定	控制方式设定	工作模式设定	温度设定	风量设定	工作状态显示	故障显示	工作模式显示	温度设定显示	用电计费系统	楼宇控制系统
中央控制器 16	全部	○	—	○	○	○	○	○						
	群组	○	○	○	○	○	○	○	○	○	○	○	—	—
	单个	○	—	○	○	○	○	○						
网络控制器 128	全部	○	—	○	○	○	○	○						
	群组	○	○	○	○	○	○	○	○	○	○	○	—	—
	单个	○	—	○	○	○	○	○						
电脑管理系统 1024	全部	○	○	○	○	○	○	○						
	群组	○	○	○	○	○	○	○						
	单个	○	—	○	○	○	○	○						

注："○"表示有此功能，"—"表示无此功能；不同厂家上述参数略有区别。

5. 室外机安装

室外机安装要求如表6-91所示。

室外机安装要求　　　　　　　　　　表 6-91

579

续表

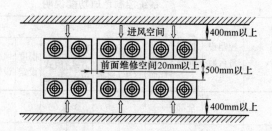

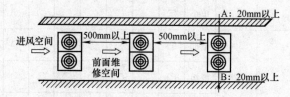

注:当室外机数量超过3台时,A或B有一个通道在500mm以上。墙壁高度不超过机组高度约1.5倍。

有两面墙体

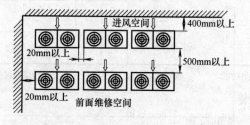

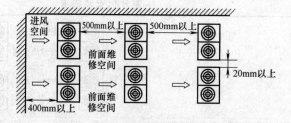

有三面墙体

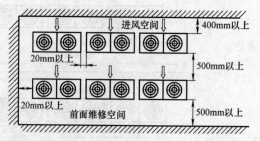

注:墙体底部如无通气间隙,则机组离地面必须保证500mm以上的距离。

有三面墙体	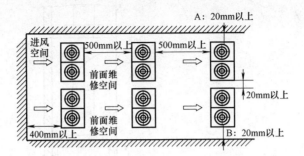 注:当室外机数量超过 3 台时,A 或 B 有一个通道在 500mm 以上。墙壁高度不超过机组高度的1.5 倍,墙体底部如无通气间隙,则机组离地面必须保证 500mm 以上的距离。 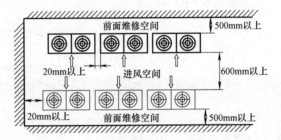 注:墙体底部如无通气间隙,则机组离地面必须保证 500mm 以上的距离。
有四面墙体	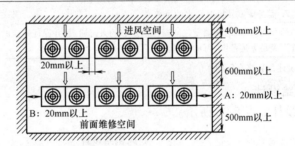 注:墙壁高度不超过机组高度的 1.5 倍,墙体底部如无通气间隙,则机组离地面必须保证 500mm 以上的距离。 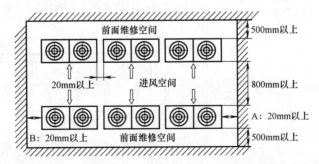 注:当室外机数量超过 3 台时,A 或 B 有一个通道在 500mm 以上。墙壁高度不超过机组高度的1.5 倍,墙体底部如无通气间隙,则机组离地面必须保证 500mm 以上的距离。

分层放置	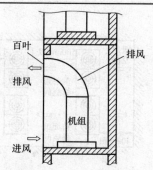 注：1. 移除室外机风扇上的送风格栅。 　2. 在所有的室外机上安装渐弯排风帽。如果有百页，使排风毛边缘紧贴百叶内测端部，确保无缝隙。 　3. 百页的角度：小于水平 20°。 　4. 空气速度：排风：$v_D=5\sim8m/s$，v_D：有效排风速度，$v_D=$风量/有效排风面积；进风：$v_S\leqslant1.6$，v_S：有效进风速度，$v_S=$风量/有效进风面积。 　5. 总压降(包括排风帽和百叶)需小于室外机外静压。 　6. 需确保机组有正常进风及安装、维护所需空间。 　7. 需考虑室外机融霜水的排放。

为了获得最合适的空间，在机组和墙壁之间需流出足够的人行通道，并保证气流的畅通，机组排风上方应无障碍物。如果机组安装条件不满足上述范围，可向设备生产厂家咨询。

注：不同厂家上述参数略有区别。

6. 新风供给设计

新风供给设计如表 6-92 所示。

新风供给设计　　　　　　　　　　　　　　　　　　　表 6-92

	场　　合	处 理 方 式
独立新风系统	在对新风要求比较高的场合，特别是对适度、洁净度要求比较高的场合	应再追加一套新风处理系统，处理方式一般与传统的集中空调系统一样。
与热回收器组合使用	在一般办公楼、学校等对新风要求比较低的场合	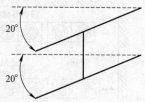 在于热回收器组合使用时，必须在负荷计算时考虑新风负荷
变制冷剂流量多联分体式空调系统新风处理机	在一般办公楼、学校等对新风要求比较低的场合	这是一种新型新风处理机，采用变制冷剂流量多联分体式机组，直接膨胀制冷与制热。通过变频控制以及室内电子膨胀阀控制，精确地加热和冷却新风，系统较简单。

场 合		处 理 方 式	
变制冷剂流量多联分体式空调系统新风处理机	在一般办公楼、学校等对新风要求比较低的场合	适合温度范围	−5～43℃
		室内外机冷媒管长度	≤175m
		室内外机高度落差	≤50m
		同一室外机系统室内机高度落差	≤18m
		出风控制温度	制冷：13～28℃；制热：18～30℃

注：不同厂家上述参数略有区别。

6.10.3 设计示例

1. 工程概况

奥林匹克公园多功能演播塔位于奥林匹克公园中心区中部。西侧与中轴线景观大道相接，北临中一路，东侧和国家体育场训练场相连。建筑占地面积 $1899m^2$，总建筑面积 $4299m^2$，地下面积 $663m^2$，首层休息大厅面积 $894m^2$，标准层演播室面积 $297m^2$，演播塔架总高 $135m$ 可上人塔楼总高 $99.6m$，塔屋顶高度 $107.05m$。塔楼共分 7 层，塔楼间距离 $13.5m$，首层为休息大厅，二～六层为演播室，顶层为会议室及管理。

2. 系统设计

（1）冷热负荷

空调总冷负荷为：1267kW；空调总热负荷为：562kW。

建筑面积冷指标为：$295W/m^2$；建筑面积热指标为：$131W/m^2$。

设备总供冷能力 1290kW（$t_w=33℃$），供热能力 1006kW（$t_w=-12℃$）。

（2）变制冷剂流量（热泵）多联机空调系统

1）空调室内机主要采用超薄型风管式室内机。值班室及二层以上卫生间采用顶棚嵌入式室内机，以调整风口送风速度。为减小冬季房间垂直温度梯度过大及保证冬季舒适度，空调采用导管内藏式室内机，室内机均设于被空调房间板下夹层，下送下回气流组织方式。露明冷媒管作外保护壳。

2）采用顶棚嵌入式室内机的空调房间，空调室内机配合室内装修应尽可能均匀布置。

3）空调室内机内均配有冷凝水提升泵，冷凝水排至冷凝水干管。

4）该工程空调控制方式采用有线控制器就近独立控制，有线控制器能够显示和设置温度风量等参数。控制器安装在室内墙上，具体位置应满足装修要求。

（3）新风系统

新风采用带热回收型新风换气机。

3. 附图（图 6-146～图 6-149）

图 6-146 空调（VRV）系统原理图

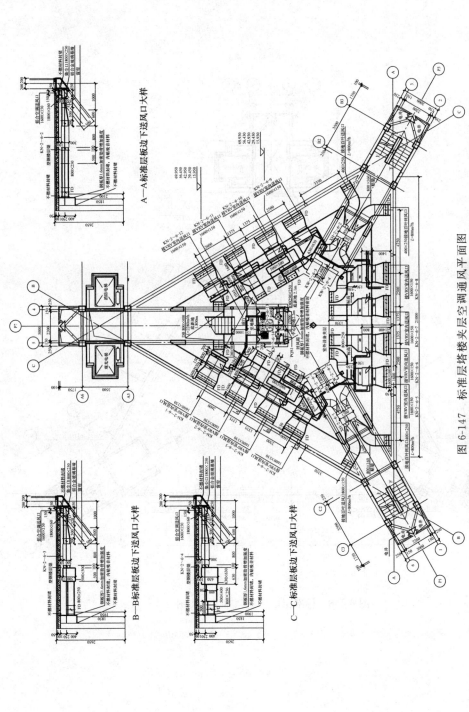

A—A标准层板边下送风口大样

B—B标准层板边下送风口大样

C—C标准层板边下送风口大样

图 6-147 标准层塔楼夹层空调通风平面图

注：1. 多联机室内机安装标高详节点；多联机室外机落地安装，基础 100mm 高；所有设备均设减震支吊架。
2. 凝结水干管起标点高为板底下 450mm；凝结水支管管径均为 DN25；凝结水干管管径均为 DN32；坡度 0.01，坡向卫生间地漏；凝结水管防凝露措施见设计说明；凝结水平干管始端设扫除口（堵头）。
3. 多联机室内机：接回风箱风管管径均为 800×250；接送风口风管径均为 1600×160。
4. 回风箱钢板厚 1.6mm；加密肋骨增强加强度；不燃材料封堵、密封，内贴吸声材料。

585

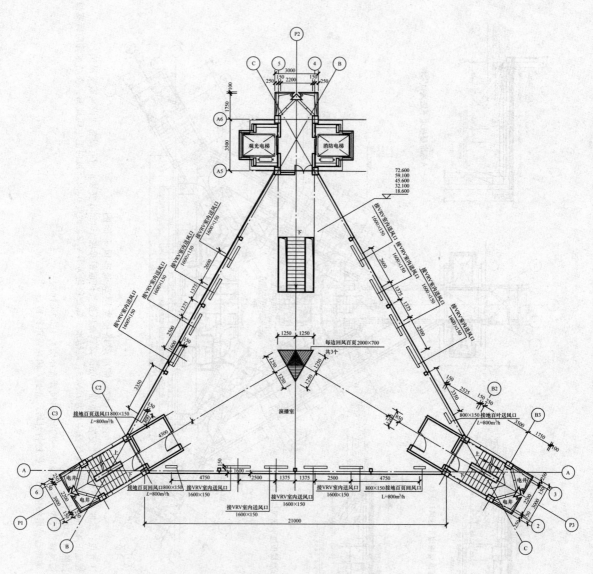

图 6-148　标准层塔楼空调通风平面图

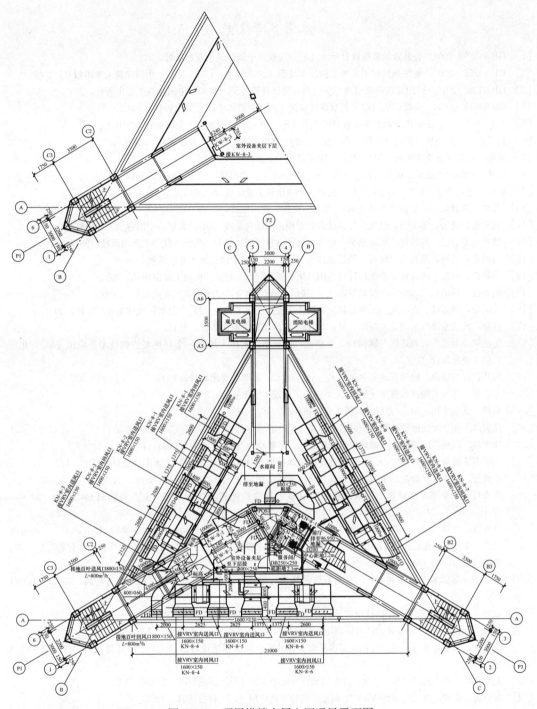

图 6-149 顶层塔楼夹层空调通风平面图

注：1. 多联机室内机安装标高详节点；多联机室外机落地安装，基础 100mm 高；新风换气机顶距梁底 100mm 安装；
所有设备均设减震支吊架。

2. 凝结水干管起点标高为板底下 450mm；凝结水支管管径均为 DN25；凝结水干管管径均为 DN32；坡度 0.01，
坡向卫生间地漏；凝结水管防凝露措施见设计说明；凝结水水平干管始端设扫除口（堵头）。

3. 多联机室内机：接回风箱风管管径均为 800×250；接送风口风管管径均为 1600×160。

4. 回风箱钢板厚 1.6mm；加密肋骨增加强度；不燃材料封堵，密封，内贴吸声材料。

本章参考文献

[1] GB 50189—2005. 公共建筑节能设计标准 [S]. 北京：中国建筑工业出版社，2005.

[2] GB 50366—2005. 地源热泵技术系统工程技术规范（2009 年版）[S]. 北京：中国建筑工业出版社，2009.

[3] GB50736—2012. 民用建筑供暖通风与空气调节设计规范 [S]. 北京：中国建筑工业出版社，2012.

[4] GB 50019—2003. 采暖通风与空气调节设计规范 [S]. 北京：中国计划出版社，2003.

[5] JGJ174—2010. 多联机空调系统工程技术规程 [S]. 北京：中国建筑工业出版社，2010.

[6] 陆耀庆. 实用供热空调设计手册（第二版）[M]. 北京：中国建筑工业出版社，2008.

[7] 徐伟. 地源热泵技术手册 [M]. 北京：中国建筑工业出版社，2011.

[8] 徐伟. 中国地源热泵发展研究报告（2013）[M]. 北京：中国建筑工业出版社，2013.

[9] 徐伟. 地源热泵工程技术指南 [M]. 北京：中国建筑工业出版社，2001.

[10] 陈东，谢继红. 热泵技术手册 [M]. 北京：化学工业出版社，2012.

[11] 马最良，姚杨，姜益强，倪龙. 热泵技术应用理论基础与实践 [M]. 北京：中国建筑工业出版社，2010.

[12] 姚杨，姜益强，马最良. 水环热泵空调系统设计（第二版）[M]. 北京：化学工业出版社，2011.

[13] 马最良，姚杨，姜益强. 暖通空调热泵技术 [M]. 北京：中国建筑工业出版社，2008.

[14] 马最良，吕悦. 地源热泵系统设计与应用（第二版）[M]. 北京：机械工业出版社，2014.

[15] 陆亚俊，马最良，邹平华. 暖通空调（第二版）[M]. 北京：中国建筑工业出版社，2007.

[16] 区正源，刘忠诚，肖小儿. 土壤源热泵空调系统设计及施工指南 [M]. 北京：机械工业出版社，2011.

[17] 陈晓. 地表水源热泵理论及应用 [M]. 北京：中国建筑工业出版社，2011.

[18] 蒋能照，刘道平，寿炜炜，姚国琦，王鹏英，沈莉华. 水源·地源·水环热泵空调技术及应用 [M]. 北京：机械工业出版社，2007.

[19] 刁乃仁，方肇洪. 地埋管地源热泵技术 [M]. 北京：高等教育出版社，2006.

[20] 李汉章. 建筑节能技术指南 [M]. 北京：中国建筑工业出版社，2006.

[21] 黄翔. 空调工程 [M]. 北京：机械工业出版社，2006.

[22] 汪训昌. 关于发展地源热泵系统的若干思考 [J]. 暖通空调，2007，37（3）：38-43.

[23] 汪训昌. 以科学发展规范地源热泵系统建设 [J]. 制冷与空调，2009，9（3）：15-21.

[24] 北京市统计局信息咨询中心. 北京市地源热泵示范项目节能效果分析 [J]. 太阳能信息，2005：121.

[25] 张佩芳，袁寿其. 地源热泵的特点及其在长江流域应用前景 [J]. 流体机械，2003，31（2）：9，50-52.

[26] 丁力行，陈季芬，彭梦珑. 土壤源热泵垂直单埋换热性能影响因素研究 [J]. 流体机械，2002，30（3）：47-48.

[27] 马最良，曹源. 闭式环路水源热泵空调系统运行能耗的静态分析. 哈尔滨建筑大学学报，1997，30（6）：68-74.

[28] 张强，李德英，张建东. VRV（变制冷剂流量）空调系统热回收型在建筑内区的应用及节能性分析 [J]. 建筑节能，2007，05（35）：9-11.

[29] 薛卫华，陈沛霖. 热泵式 VRV 空调系统制热运行能耗及其影响因素分析 [J]. 暖通空调，2001，31（4）：7-9.

[30] 侯立. VRV 空调系统工程设计中常见问题及分析 [J]. 甘肃科技，2008，24（20）：68-71.

[31] 刘健. VRV 空调系统新风设计改造应用 [J]. 陕西建筑，2009，07（169）：30-32.

[32] 黄亚波，马顺，罗勇. 变制冷剂流量多联机分体式空气调节系统设计浅议 [J]. 安徽建筑，2009，02（165）：143-144.

[33] 袁东立，张钦. 地源热泵与 VRV 技术的结合与运用实例 [J]. 供热制冷，2007：35-37.

[34] 崔治勇，张建. 普通舒适性 VRV 空调系统的特点及应用 [J]. 科技信息，2002：637.

[35] 胡毓杰，刘辉. 浅谈 VRV 空调系统室外机散热校核 [J]. 广西城镇建设，2009，06：111-113.

[36] 王瑛，叶欣. 水环热泵 VRV 空调系统循环水温优化 [J]. 低温建筑科技，2010，01（139）：105-107.

[37] 刘欣彤，孙国成. 大连某休闲广场地源热泵空调系统的设计方案介绍和比较 [J]. 制冷空调与电力机械，2007，28（5）：79-82.

[38] 仇君，李莉叶，朱晓慧. 地源热泵空调系统工作特性及应用分析 [J]. 节能，2008（8）：18-20.

[39] 刘临川，苗月季. 浅谈耦合式地源热泵空调系统的设计 [J]. 浙江建筑，2007，24（9）：32-34.

[40] 赵锋，文远高. 热泵空调系统能耗的温频法模拟与分析 [J]. 建筑节能，2007，35（6）：39-43.

［41］　陈帅，蔡颖玲，赵一轩，姜小敏. 土壤源热泵空调系统的节能特性分析［J］. 上海工程技术大学学报，2008，22（3）：244-247.

［42］　陈贺伟，杨昌智. 土壤源热泵空调系统地下土壤温度场变化的研究［J］. 建筑节能，2007，35（4）：51-54.

［43］　刘波，苏培. 浅谈水环热泵空调系统［J］. 山西建筑，2008，34（7）：207-208.

［44］　徐菱虹，卢琼华，胡平放，刘传乾. 水环热泵空调系统的经济性研究［J］. 流体机械，2008，36（02）：69-83.

［45］　卢琼华，胡平放，刘传乾，徐菱虹. 水环热泵空调系统的适用性研究［J］. 流体机械，2008，36（02）：63-66.

［46］　贺青龙，曹红奋. 水环热泵空调系统的应用研究［J］. 能源与环境，2008（01）：42-44.

［47］　王丽媛，孙利. 水环热泵空调系统全面水力平衡设计应用分析［J］. 供热制冷，2008（11）：16-18.

［48］　刑纪锋，杨开明. 可再生能源在水环热泵空调系统中的应用［J］. 制冷与空调，2009，23（2）：90-94.

［49］　孟海，刘刚，吕宇航. 过渡季节水环热泵的节能优化［J］. 建筑热能通风空调，2008，27（3）：42-44.

［50］　刘大伟，龚延风. 水环热泵空调水系统变流量节能控制探讨［J］. 暖通空调，2009，39（7）：152-156.

［51］　刘军. 太阳能水环热泵空调系统设计［J］. 暖通空调，2007，37（11）：85-89.

［52］　介鹏飞，李德英. VRV空调系统的节能性研究与应用［J］. 节能与环保，2009，02：32-34.

［53］　芦汉良，杨飞，张春锁. 水环式水源热泵在南京和园饭店空调工程的应用［J］. 暖通制冷设备，2003，（3）：42-45.

［54］　朱思明. 水源热泵在宾馆中央空调系统中的应用［J］. 制冷与空调，2004，4（2）：42-44.

第7章　冷热电三联供

本章执笔人
关文吉

男，满族，1955 年 2 月 5 日生。中国建筑设计院有限公司总工程师，教授级高级工程师，注册设备工程师。1982 年 1 月毕业于哈尔滨建筑工程学院，1988 年 3 月毕业于天津大学（1985 级硕士）。

社会兼职

中国建筑学会理事，中国建筑学会建筑热能动力分会常务副理事长。

代表工程

北京首都博物馆新馆，6.3 万 m²（工种负责人），鲁班奖，詹天佑奖，国家级银奖。

主要科研成果

国家"十一五"课题：高效能建筑设备系统设计关键技术研究，子课题负责人。

主要论著

变频调速在空调风系统中的应用，暖通空调，1997，6（独著）。

联系方式：guanwenji@263.net

徐宏庆

1989 年毕业于哈尔滨建筑工程学院，获硕士学位。

代表工程

人民大会堂改造工程、毛主席纪念堂改造工程、外交部办公楼二期等。

工程项目多次荣获中国土木工程詹天佑奖、全国绿色建筑创新奖一等奖、全国优秀工程勘察设计行业奖一等奖、鲁班奖、绿色建筑三星认证及美国绿色建筑 LEED 金奖等。

科研项目荣获华夏建设科学技术奖二等奖等。

获国务院政府特殊津贴专家。

主要论著

《蓄冷空调工程技术规程》、《多联机空调系统工程技术规程》、《民用建筑供暖通风与空气调节设计规范》、《第七届国际花卉博览会主场馆空调系统设计》、《BIAD 设备设计深度图示》等。

7.1　国家有关规范和标准

《燃气冷热电三联供工程技术规程》CJJ 145—2010

《节能建筑评价标准》GB/T 50668—2011

《民用建筑绿色设计规范》JGJ/T 229—2011

《输气管道工程设计规范》GB 50251—94

《工业金属管道工程质量检验评定标准》GB 50184—93

《城镇燃气设计规范》GB 50028—2006

《建筑设计防火规范》GB 50016—2006

《高层民用建筑设计防火规范》GB 50045—95

《原油和天然气工程设计防火规范》GB 50182—93

《工业企业煤气安装工程》GB 6222—86

《燃气用埋地聚乙烯管材》GB 15558.1—1995

《燃气用埋地聚乙烯管件》GB 15558.2—1995

《低压流体输送用大直径电焊钢管》GB/T 14080—94

《低压流体输送用镀锌焊接钢管》GB/T 3091—93

《低压流体输送用焊接钢管》GB/T 3092—93

《球墨铸铁管件》GB 132094—91

《离心铸造球墨铸铁管》GB 132095—91

《梯唇型橡胶圈接口铸铁管》GB 8714—88

《柔性机械接口铸铁管件》GB 8715—88

《柔性机械接口灰口铸铁管》GB 6483—86

《灰口铸铁管件》GB 3420—82

《砂型离心铸铁管》GB 3422—82

《连续铸铁管》GB 3422—82

《管道元件的公称通径》GB/T 1047—1995

《锅炉房设计规范》GB 50041—2008

《燃气锅炉房设计规范》

《城镇供热管网设计规范》CJJ 34—2010

7.2　冷热电三联供设计原则

7.2.1　冷热电三联供的意义

2009 年 12 月召开的哥本哈根会议达成两个共识，即全球平均气温不应比工业化开始之前高出 2℃及全球每年碳排量控制在 105 亿 t 碳当量（相当于 1990 年的一半）。天然气、清洁核能和可再生能源的利用比例大幅度增加，才可能实现碳量减排。使用天然气这种清洁能源，可以减少二氧化硫和粉尘排放量 100%，减少二氧化碳排放量 60%，减少氮氧化物排放量 50%，并可减少酸雨的形成，缓解地球温室效应，改善环境质量。因此，发展天然气能源是我国能源分布结构的首选。

天然气冷热电三联供技术是一项先进的功能技术，它首先利用天然气燃烧做功发电，生产高品位电能，再将低品位发电余热用于供热和制冷，充分实现能源梯级利用，最大限度地提高一次能源利用效率。

7.2.2　采用冷热电三联供能源供应方式的基本前提条件

（1）从建筑能源需求角度出发，首先，一幢建筑或建筑群，应有冷热需求，才有搞三联供的可能性。仅有单一冷或热的需求都不适于三联供系统。

（2）燃气供应有充分保证。燃气市场价格有优势。采用燃气作为主要能源经济合理。

（3）市政供热不能满足要求或价格高、不经济。

（4）建筑规模不宜太小，建筑供能面积宜 5 万 m² 以上。2 万～5 万 m² 可做，2～5 万 m² 以下不宜做三联供系统（规模小系统复杂投资高，收益总量小）。

（5）三联供系统电力宜与公共电网并网运行。当并网运行有困难时亦可孤网运行。孤网运行时发电机组应能自动跟踪用户的用电负荷。

（6）三联供系统的年平均能源综合利用效率应大于 70%。

7.2.3　三联供系统方案的确定

首先应明确是以电定冷热还是以冷热负荷定电。

1. 以电定冷热

在没有市政电网供应电力的情况下，建筑供电仅靠自发电，此时就是孤网自供电，发电机组装机容量应为建筑物供电的尖峰最大负荷。冷热系统设计应与冷热负荷需求相匹配。

当有市政电网供电且自发电又可以并入市政电网运行时，就叫并网供电。并网供电发电机组装机容量应考虑当地供电有无峰谷供电政策。当无峰谷供电政策时，并网供电发电机组装机容量可以根据尖峰负荷供电时间的长短来考虑。尖峰负荷供电时间长，发电机组装机容量可以选择建筑物供电的尖峰最大负荷；尖峰负荷供电时间短，发电机组装机容量可以低于建筑物供电尖峰最大负荷；还应考虑当非供冷，供暖期自发电和电网的电价。当有峰谷供电政策时，并网供电发电机组装机容量可以更小些，以减少发电机组设备初投。此时，尖峰供电时发电机发电，谷电时用市电网供电。

当发电机组装机容量确定后，其余热也就确定下来了，根据余热和建筑物冷热负荷确定供冷、供热系统装机。

2. 以冷热负荷定电

在有市政电网的条件下，可分为两种情况：一是自发电可以并网；二是自发电不能并网。

当自发电可以并网时，首先计算出建筑物冷热负荷，可以考虑全部利用发电余热作动力供冷、供热，此时发电量可能偏大，自用电以外余电并网出售。也可以同时考虑发电自用，冷热负荷用余热不足时用冷机及锅炉补充。

当自发电不能并网时，应少用自发电，充分利用自发电装机机组出力，冷热由冷机及锅炉补充。

7.3　冷热电三联供系统

7.3.1　冷热电三联供系统组成

如图7-1所示，冷热电三联供系统由发电机组、余热机组、冷水机组、锅炉、冷却塔、水泵等设备和管线组成。

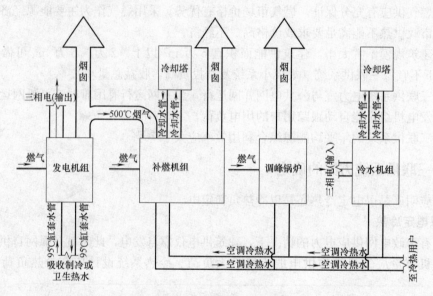

图7-1　三联供系统流程图

三联供系统工作原理：燃气发电机由燃气作动力发电，输出供给楼宇用电，产生副产品余热有两部分，其中一部分余热为500℃的高温烟气，这部分高温烟气进入吸收式补燃冷（温）水机组制取冷热供给楼宇，烟气热量不足由燃气补充，排烟温度为100℃；另一部分余热为95℃的缸套水，缸套水可以有两种用途：一是用于卫生热水热源，二是可以用于低温吸收式冷（温）水机组制冷、制热供给楼宇；余热机组及低温吸收式冷（温）水机组制冷时由冷却塔冷却。

发电机组余热利用不能满足楼宇冷热需求时，由电制冷冷水机组和燃气调峰锅炉补冷补热，冷水机组由冷却塔冷却。

7.3.2　冷热电三联供系统主要设备

1. 发电机组

应用于冷热电三联供系统的燃气发电机组较常用的是内燃发电机组，单台发电功率较小，为330～4401kW，外形尺寸为4900mm×1700mm×2000mm～12100mm×2500mm×

3000mm，重量为4900～49200kg；其外观如图7-2所示。其技术参数详见附表1-61。另一种是不常用的燃气轮机，单台发电功率较大。

2. 余热机组

余热机组是以发电机高温烟气和天然气为动力源的吸收式冷（温）水机组。为楼宇提供空调冷（温）水。冷量范围为233～11630kW，热量范围为179～8967kW；外形尺寸为3110mm×2000mm×2325mm～13000mm×4615mm×4440mm；运行重量为6300～114000kg。其技术参数详见附表1-17，其外观如图7-3所示。

图7-2　GE颜巴赫燃气内燃机组

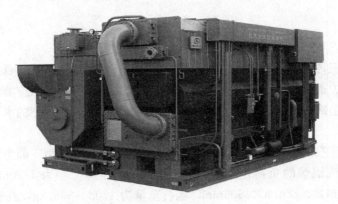

图7-3　余热机组

3. 制冷机组

制冷机组是以电为动力源的冷水机组，为楼宇提供空调冷水，由冷却塔冷却。分螺杆式和离心式两种。

螺杆式制冷机组调节范围为10％～100％，冷量范围为359～1455kW，外形尺寸为2595mm×1280mm×1820mm～4510mm×1720mm×2055mm，运行重量为3200～9460kg，机组COP值约5.2～5.9，其技术参数详见附录1，外观如图7-4所示。

图7-4　螺杆式冷水机组

离心式制冷机组调节范围为 40%～100%，冷量范围为 1406～9845kW，外形尺寸为 4256mm×1676mm×2402mm～6593mm×3646mm×4030mm，运行重量为 7687～42153kg，机组 COP 值约 5.3～5.6，其技术参数详见附表 1-15，其外观如图 7-5 所示。

图 7-5　离心式冷水机组

4. 调峰锅炉

调峰锅炉有三种可供选择，即燃气蒸汽锅炉、燃气热水锅炉及燃气真空锅炉。

燃气蒸汽锅炉适合于楼宇有蒸汽需求的情况，可以空调调峰及供应蒸汽二结合。燃气真空锅炉的优点是锅炉属于无压设备，不用考虑一次水系统运行状态的水处理（除氧、排污）问题。

中小型燃气蒸汽锅炉有立式和卧式两种，小型的为立式，中型一般为卧式。

立式燃气蒸汽锅炉的负荷范围为 0.5～4.0t/h，外形尺寸为 1120mm×2376mm×2622mm～3350mm×2665mm×3603mm，运行重量为 1208～6930kg，其技术参数详见附表 1-57，其外观如图 7-6 所示。

卧式燃气蒸汽锅炉负荷范围为 1～10t/h，外形尺寸为 4350mm×2240mm×2320mm～8380mm×3870mm×4326mm，运行重量为 4860～29600kg，其外观如图 7-7 所示，其技术参数详见附表 1-8。

图 7-6　立式燃气蒸汽锅炉　　　　　　图 7-7　卧式燃气蒸汽锅炉

大型蒸汽锅炉及热水锅炉可参阅附表 1-9。

卧式燃气真空锅炉的负荷范围为 $0.116 \sim 14mW$，外形尺寸为 $1810mm \times 800mm \times 1470mm \sim 10595mm \times 2600mm \times 3400mm$，运行重量为 $0.9 \sim 57.8t$，其技术参数详见附录 1，其外观如图 7-8 所示。

图 7-8　卧式燃气真空锅炉

5. 换热机组

换热机组一次热源有蒸汽和热水两种。

根据使用功能不同，换热机组可分为两种：一种是用于空调冷水（温水）换热，以热水为一次热源的多采用板式换热器，以蒸汽为一次热源的可以采用板式换热器或容积式换热器，另一种是用于卫生热水换热，多采用容积式换热器。

（1）采用板式换热器，流量范围为 $40 \sim 700m^3/h$，外形尺寸为 $2000mm \times 320mm \times 780mm \sim 2000mm \times 832mm \times 2165mm$，其技术参数详见附表 1-38，基本图示如图 7-9 所示。

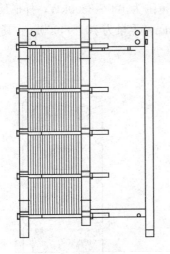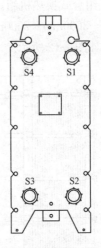

图 7-9　板式换热器

（2）采用 BHI 立式容积换热器（可用于采暖卫生热水换热），换热负荷范围为 $705 \sim 6170kW$，外形尺寸为 $\Phi300mm \times 2000mm \sim \Phi1600mm \times 3000mm$，重量为 $650 \sim 2045kg$。其技术参数详见附表 1-33，基本图示如图 7-10 所示。

（3）采用 BHI 卧式容积换热器（可用于供暖卫生热水换热），换热负荷范围为 705～6170kW，外形尺寸为 $\Phi300mm\times2000mm\sim\Phi1600mm\times3000mm$，重量为 650～2045kg。其技术参数详见附表 1-33，基本图示如图 7-11 所示。

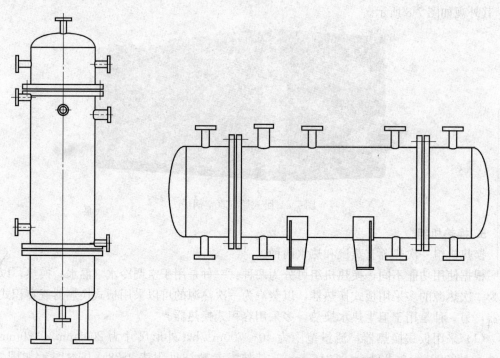

图 7-10 BHI 立式容积式换热器   图 7-11 BHI 卧式容积式换热器

（4）采用 VW 组合式换热机组，换热负荷范围为 100～3300kW，外形尺寸为 2200mm×1450mm×1800mm～3600mm×2500mm×2500mm，重量为 800～4000kg。其技术参数详见附表 1-39，基本图示如图 7-12 所示。

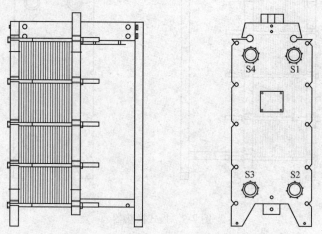

图 7-12 VW 组合式换热机组

6. 水泵

水泵有单吸泵、双吸泵及立式管道泵，噪声较低的还有屏蔽泵。

（1）单吸泵的流量范围为 $21.6 \sim 1500\text{m}^3/\text{h}$，扬程为 $10 \sim 74.7\text{mH}_2\text{O}$，运行重量为 $85 \sim 2440\text{kg}$，其技术参数详见附表 1-80，其外观如图 7-13 所示。

（2）双吸泵的流量范围为 $21.6 \sim 1500\text{m}^3/\text{h}$，扬程为 $10 \sim 74.7\text{mH}_2\text{O}$，运行重量为 $85 \sim 2440\text{kg}$，其技术参数详见附录 2.11，外观如图 7-14 所示。

图 7-13　单吸泵　　　　　　　　　　　图 7-14　双吸泵

（3）立式管道泵的流量范围为 $21.6 \sim 1500\text{m}^3/\text{h}$，扬程为 $10 \sim 74.7\text{mH}_2\text{O}$，运行重量为 $85 \sim 2440\text{kg}$，其技术参数详见附表 1-80，外观如图 7-15 所示。

（4）屏蔽泵的流量范围为 $3.6 \sim 2600\text{m}^3/\text{h}$，扬程为 $10 \sim 80\text{mH}_2\text{O}$，外形尺寸为 $400\text{mm} \times 100\text{mm} \times 640\text{mm} \sim 1700\text{mm} \times 520\text{mm} \times 2320\text{mm}$，运行重量为 $40 \sim 5000\text{kg}$。其技术参数详见附表 1-81～附表 1-87，外观如图 7-16 所示。

图 7-15　立式管道泵　　　　　　　　　图 7-16　屏蔽泵

7. 水处理及定压设备

三联供系统涉及的水处理有冷却水、空调循环水、热水锅炉循环水、蒸汽锅炉给水锅炉系统排污水等，详见本书第 11 章。

8. 冷却塔

冷却塔有开式冷却塔和闭式冷却塔两种。

开式冷却塔单台流量为 $50 \sim 500 \mathrm{m}^3/\mathrm{h}$，外形尺寸为 2000mm×2000mm×2000mm～2000mm×2000mm×2000mm，运行重量为 100～600kg。其技术参数详见附表 1-63，外观如图 7-17 所示。

闭式塔单台流量为 $50 \sim 500 \mathrm{m}^3/\mathrm{h}$，外形尺寸为 2000mm×2000mm×2000mm～2000mm×2000mm×2000mm，运行重量为 100～600kg，其技术参数详见附表 1-63，外观如图 7-18 所示。

图 7-17　开式冷却塔

图 7-18　闭式冷却塔

7.4　冷热电三联供各系统主要设备的选型（原则）

冷热电三联供各系统主要设备的选型应遵循以下原则：高效节能，安全可靠，经济耐用，搭配合理，有充足备件，便于检修。

7.5　冷热电三联供各系统的检测和监控设施与系统

冷热电三联供各系统应配备 DDC 自动控制系统，自动控制系统能够准确检测、记录、打印冷热电三联系统各种运行数据，控制设备、阀门等正常运行。

7.6　冷热电三联供能源和系统的环境保护

冷热电三联供能源和系统应注意对环境的保护。

（1）烟气的排放高度应高于周围主体建筑 1000mm。

（2）锅炉污水及其他污水排放温度不应高于 40℃。

（3）制冷剂应采用环保工质。

（4）站房外 1000mm 处噪声不应大于 55dB（A）。

7.7 冷热电三联供系统整体设计

冷热电三联供系统设计应力争节省站房建筑面积，节省设备初投资，充分发挥设备能力，缩短投资回收期。

7.7.1 冷热电三联供厂站选址和总体布置

冷热电三联供厂站选址和总体布置应遵循下列原则：站房宜尽可能布置在能源需求中心，单栋用能楼体站房燃气设备可布置在楼座地下一层靠外墙，并应设有泄爆外窗井，非燃气设备可布置在地下任何层；多栋用能楼体站房可设在中心楼座地下室，也可单建站房。

7.7.2 站房设计

（1）燃气设备的燃气系统进气应设进气小室，进气小室宜靠外墙布置并应有外窗。

（2）发电机房应靠外墙布置，发电机散热排风经大小头扩散风管直排室外。

（3）发电机房通风进气通道宜设两次90°折弯土建风道，以消除噪声向室外扩散。

（4）站房高度应考虑设备及风水电管线综合所占空间，梁下至设备最高点距离不宜小于2500mm，站房面积应满足安装和使用要求。

（5）地下站房内锅炉间的上方不得为经常有人停留的房间并不能为主要出入口。

（6）站房围护结构除泄爆口外应为防爆墙。外门应为甲级防火门并向外开。

（7）站房对外门窗及通风进出口应有消声措施，土建设计应执行《工业企业噪声控制规范》。

（8）为减少锅炉房泄爆面积及有利于锅炉房布置，锅炉房宜独立设置，尽量使其少占面积。

（9）站房应设两道甲级防火门并向外开。

（10）站房应设进出设备的安装孔，并考虑运输起吊安装设备方案。

（11）站房宜设置发电机房、冷冻机房、锅炉房、换热间、水泵间、水处理间、化验室、维修间、控制室、休息室和浴室卫生间。

1. 设备布置

站房内设备布置应保证有设备运行及安装通道和维修拆卸设备的场地，管壳式换热器前端应留有抽管束所需要的空间，板式换热器侧面应留有维修拆卸板片的空间（800mm），发电机组、冷水机组等大型设备间距及距墙不应小于1000mm；锅炉本体间距不得小于1000mm，前后距墙不得小于2000mm；水泵、软化水设备、软水箱、定压设备等间距及距墙不得小于400mm。

2. 管道布置

（1）在设备布置时，应充分考虑到设备接管及竖向管道的整齐美观和阀部件的安装位置。

（2）水平布置的管道尽可能在同一标高，若一层管道不能满足安装要求时，可设两层或局部翻弯。

（3）管道间距应满足焊接及保温施工要求，一般管道外壁间距为 150～200mm，同时还应考虑到管道侧向位移余量。

（4）在设备安装孔处不得安装管道。

（5）管道穿墙及楼板处应加装套管，套管内空隙应用非金属柔性材料封堵。管道穿屋面处应做好防雨水处理。

（6）管道设计布置时应尽可能考虑自然补偿和应力吸收。合理设置固定支架和补偿器，做好应力计算和结构设计。

（7）管道支吊架尽可能吊梁上，梁上做吊架有困难时可做地面支架。支吊架的位置和大小形式由结构专业根据动力专业所提供的荷载资料设计布置。支架基础上面应与建筑地面平齐。支架设置应尽量少且应整齐美观。

（8）阀门仪表安装布置原则为容易接近、便于操作维修、整齐美观。

（9）各设备进出口水管阀件配置：

1）发电机缸套水进机组回水管从机组向外排，依次经过的阀件为：变径弯头、软接、流量开关传感器、温度传感器、压力传感器、温度计、压力表、过滤器、电动蝶阀、蝶阀。

2）发电机缸套水出机组供水管从机组向外排，依次经过的阀件为：变径弯头、软接、温度传感器、压力传感器、温度计、压力表、蝶阀。

3）冷水机组进机组回水管从机组向外排，依次经过的阀件为：变径弯头、软接、流量开关传感器、温度传感器、压力传感器、温度计、压力表、过滤器、电动蝶阀、蝶阀。

4）冷水机组出机组供水管从机组向外排，依次经过的阀件为：变径弯头、软接、温度传感器、压力传感器、温度计、压力表、蝶阀。

5）冷水泵回水管从水泵向外排，依次经过的阀件为：变径弯头、软接、压力传感器、压力表、过滤器、压力表、蝶阀。

6）冷水泵出水管从水泵向外排，依次经过的阀件为：变径弯头、软接、压力传感器、压力表、止回阀、蝶阀。

7）冷却水泵回水管从水泵向外排，依次经过的阀件为：变径弯头、软接、压力表、过滤器、压力表、蝶阀。

8）冷水泵出水管从水泵向外排，依次经过的阀件为：变径弯头、软接、压力传感器、压力表、止回阀、蝶阀。

9）热水锅炉进机组回水管从机组向外排，依次经过的阀件为：变径管（或变径弯头）、软接、温度传感器、压力传感器、温度计、压力表、过滤器、电动蝶阀、蝶阀。

10）热水锅炉出机组供水管从机组向外排，依次经过的阀件为：变径管（或变径弯头）、软接、温度传感器、压力传感器、温度计、压力表、蝶阀。

7.7.3 冷热电负荷确定

冷热负荷来源应为对冷热需求楼群的逐时负荷计算或业主的委托书。冷热负荷计算应对每栋建筑分别逐时计算，然后将各楼逐时计算结果叠加，画出逐时冷热负荷柱状图，以供系统形式的确定和设备选型使用。对既有建筑，可按施工图计算真实冷热负荷。对规划中的楼群，由于可能还没有具体平面布置，其输入边界条件还不够具体，此时冷热负荷计算可以按整栋楼计算，输入边界条件可以假设，其大致有如下几项：①楼栋各类房间使用功能；②楼内常住人数；③设备使用功率；④照明功率。第①项是建筑规划中已有的，②、③、④项可以根据不同使用功能房间面积及指标计算，并征求业主意见调整。冷热负荷计算可采用 DEST 或红叶、天正计算软件。

电负荷的计算应在有业主供电总体方案的条件下进行，业主应明确哪些用电考虑采用自发电，哪些采用市政电网供电。可以建议业主自发电包括空调设备用电、白天照明及办公设备用电。

7.7.4　系统形式的确定

冷热电联供系统形式确定的大前提是以冷热定电还是以电定冷热。

1. 以冷热定电的三联供系统

当并网运行并且没有峰谷电价差时，可以根据冷热负荷柱状图确定冷热负荷全部由发电余热供给。多发出的电可以并网卖给电网公司。

当并网运行并且有峰谷电价差时，夜间谷电价时自发电就不经济了，不发电也就没有余热了，冬季供暖就没有热源了。此时应设燃气锅炉作为备用热源为夜间谷电时供热，同时考虑夏季夜间供冷问题。

2. 以电定冷热的三联供系统

当孤网运行时，自发电不能入网，必须全部自用。由于夜间电负荷小，不论有无峰谷电价政策，夜间自发电都不经济，所以此时应设燃气锅炉作为备用热源为夜间供热。白天自发电发多少应根据白天用电负荷匹配经济合理的发电机组台数，并综合分析冷热电联供的经济性。夏季供冷仅依靠发电余热是不够的，因此要设电制冷冷水机组。自发电量、燃气锅炉单台容量和台数以及电制冷机组单台容量和台数的确定是一个优化问题。应经过充分优化计算选择最经济合理的搭配。

7.7.5　系统控制要求

三联供系统应设置直接数字控制系统，用以检测、记录、打印运行数据和控制系统运行，使其良性优化运行，确保系统运行安全可靠、节能经济。

1. 系统主要构成

控制系统主要由控制主机、打印设备、传感器、单板机、执行器及控制线路组成。主机应能记录打印运行数据，在程序控制下优化运行模式。运行程序应由动力工程师编写控制策略，由编程人员完成程序编写。

2. 系统检测记录控制要点

系统主要检测记录要素为总电源状态（开关，电流，电压，功率）、电动设备电源状态（开关，电流，电压，功率）、设备运行状态（启停）、工质状态（温度、压力、流量、负荷），事故报警。

系统主要控制要素为总电源开关、电动设备电源开关、电动设备变频调节、主机负荷调节、电动开关阀启闭，电动调节阀调节，紧急状态下安全控制。

3. 动力系统控制策略

（1）不论是以电定冷热还是以冷热定电的三联供系统，首先应确定发电量。

（2）根据发电量确定发电余热。

（3）根据冷热负荷和余热量确定冷热水机组及锅炉的运行台数和运行负荷百分比。

（4）根据冷热水机组的运行模式确定冷热水循环水泵和冷却水泵的运行台数（变频水泵同时调整运行频率）。

（5）根据冷却水量确定冷却塔运行台数（冷却塔风扇变频时，同时调整其运行频率）。

（6）紧急状态下停机控制。

7.7.6 设备、阀件选型

三联供系统主要设备有发电机组、补燃机组、冷水机组、锅炉、换热机组、水泵、冷却塔、水处理设备及定压设备。

1. 发电机组

中小型发电机组一般为内燃机组，三联供系统发电机组多适于内燃机组，大型发电机组为燃气轮机。小型三联供系统可选择一台发电机组（800kW以下），中型以上一般2~3台机组。可根据所确定的发电量选择机组台数。

2. 补燃机组

补燃机组可生产空调用冷热水，可根据发电机组的烟气余热选择一台机组，当系统排烟量大，一台机组满足不了时可选择多台，但不宜过多。补燃机组最大负荷不应超过发电机烟气余热全供给时的供热能力。

3. 冷水机组

冷水机组以电为动力（自发电，不发电时电网供电），设备负荷应为总冷负荷减去补燃机组供冷量后的负荷数。总台数不宜少于2台，应考虑部分负荷运行时的最小制冷量，可大小搭配。在大小搭配时，小于1400kW的小型机组宜选择螺杆机，大于1400kW时宜选用离心机组。离心机组最小运行负荷不得小于机组标准工况的40%（机组变频除外）。

4. 调峰锅炉

当三联供系统孤网运行或有峰谷电价差夜间自发电不经济时，系统应设调峰锅炉。调峰锅炉宜选择2~3台燃气锅炉。调峰锅炉设计负荷应能满足不发电时三联供系统的供热需求。调峰锅炉有蒸汽锅炉和热水锅炉可供选择。

当用户有蒸汽需求时（如医院酒店的洗涤、厨房蒸煮、空调加湿等），宜选择蒸汽锅炉，小型系统（4t/h以下）宜选立式锅炉，占地面积小。中型以上宜选用卧式。蒸汽锅炉系统设计应考虑排烟热回收和连续排污热回收。建议烟气热回收后排烟温度不高于50℃；连续排污宜设置排污除氧水箱，连续排污污水经过排污除氧水箱回收热能，污水温度降至40℃后排至市政排水管网。

当用户没有蒸汽需求时，调峰锅炉宜选择卧式燃气真空热水锅炉。该锅炉的特点是无定压要求、无排污系统、节能环保、系统简单。设计供水水温范围为50~85℃，可用于地板供暖、散热器供暖和空调热源。目前燃气真空热水锅炉最大负荷可达到14MW。

5. 冷热水循环水泵

（1）冷水循环泵

空调冷水来源有补燃直燃机组和电驱动冷水机组，冷水循环泵宜分别配置。

根据系统大小和用户的不同使用情况，冷水循环泵可分为一次泵系统和二次泵系统。在工程规模较小、用户单一的情况下可采用一次泵系统；当工程规模较大，末端用户复杂（末端用户流量、耗用压头差异较大）时，宜采用二次泵系统。

一次泵或二次泵系统一次泵台数配备有两种方案可供选择：可与制冷主机台数相同，即一一对应配置（此时，水泵可定频运行也可变频运行）；可少于主机台数，例如冷水机组5台，可配置2台冷水循环泵（水泵应变频运行），补燃机组1台，配置1台冷水循环泵（变频运行）。

一次泵流量应按下式计算：

$$G=1.05Q/1.16n\Delta t \tag{7-1}$$

式中　G——一次泵流量，kg/h；

　　　Q——同类型机组制冷总量，kW；

　　　n——一次泵台数；

　　　Δt——机组冷水供回水温差，℃。

一次泵系统循环水泵扬程应按下式计算：

$$H=1.05(H_1+H_2+H_3) \tag{7-2}$$

式中　H——一次泵扬程，mH$_2$O；

　　　H_1——主机蒸发器水阻，mH$_2$O；

　　　H_2——一次泵冷水系统沿程及局部阻力（不包括主机），mH$_2$O；

　　　H_3——末端用户资用压头，mH$_2$O。

二次泵流量应按下式计算：

$$G_2=1.05Q_2/(1.16\Delta t_2) \tag{7-3}$$

式中　G_2——末端用户二次泵流量，kg/h；

　　　Q_2——末端用户冷负荷，kW；

　　　Δt_2——末端用户冷水供回水温差，℃。

二次泵系统循环水泵扬程应按下式计算：

$$H_2=1.05(H_{21}+H_{22}) \tag{7-4}$$

式中　H_2——二次泵扬程，mH$_2$O；

　　　H_{21}——二次泵冷水系统沿程及局部阻力，mH$_2$O；

　　　H_{22}——末端用户资用压头，mH$_2$O。

（2）热水循环泵

空调热水来源有补燃直燃机组、缸套水和燃气锅炉，热水循环泵宜分别配置。

当末端用户为二管制运行时，热水循环系统与冷水循环系统共用，只是冷热源不同，可根据水系统不同的流量压头选择水泵，台数和配置方式及运行模式相同，冷热水在分集水缸处冬夏季切换。

一次泵流量应按下式计算：

$$G=1.05Q/1.16n\Delta t \tag{7-5}$$

式中　G——一次泵流量，kg/h；

　　　Q——同类型机组制热总量，kW；

n——一次泵台数；

Δt——机组热水供回水温差，℃。

一次泵系统循环水泵扬程应按下式计算：

$$H=1.05(H_1+H_2+H_3) \tag{7-6}$$

式中 H——一次泵扬程，mH_2O；

H_1——主机（补燃机组、锅炉、缸套水）最大水阻，mH_2O；

H_2——一次泵冷水系统沿程及局部阻力（不包括主机），mH_2O；

H_3——末端用户资用压头，mH_2O。

二次泵流量应按下式计算：

$$G_2=1.05Q_2/(1.16\Delta t_2) \tag{7-7}$$

式中 G_2——末端用户二次泵流量，kg/h；

Q_2——末端用户热负荷，kW；

Δt_2——末端用户热水供回水温差，℃。

二次泵系统循环水泵扬程应按下式计算：

$$H_2=1.05(H_{21}+H_{22}) \tag{7-8}$$

式中 H_2——二次泵扬程，mH_2O；

H_{21}——二次泵热水系统沿程及局部阻力，mH_2O；

H_{22}——末端用户资用压头，mH_2O。

由于冷热水流量差异较大，建议二管制系统冷热水一次泵分开设置，不共用，若采用一次泵变频可根据系统压力、流量选择共用循环水泵。二管制二次泵系统，二次泵冬夏共用，可考虑每个末端用户2台，其流量为夏季两用，冬季一用一备。四管制系统二次泵2两用（每台50%），不作备用。

冷热水循环水泵当采用质量较好的水泵时可以不做现场备用，将备用水泵储存在库房中或由供货商及时提供，发生事故及时调配更换（主要考虑节省建筑面积）。二次泵一般不作备用。

（3）缸套水循环泵

缸套水是发电机组的冷却水，水温一般为98℃/78℃，是发电机发电的副产品，其余热可以回收利用，一般用于烟气热水型直燃机制冷制热或生活热水热源。建议每台发电机组配备2台缸套水循环泵，一用一备。

缸套水循环泵的流量按下式计算：

$$G_g=1.05G_{g0} \tag{7-9}$$

式中 G_{g0}——发电机组缸套水流量（由设备生产厂提供），kg/h；

G_g——缸套水循环泵的流量，kg/h。

缸套水循环泵的扬程按下式计算：

$$H_g=1.05(H_{g1}+H_{g2}+H_{g3}) \tag{7-10}$$

式中 H_{g1}——发电机组缸套阻力损失，mH_2O；

H_{g2}——缸套水系统管道沿程阻力及阀部件局部阻力之和，mH_2O；

H_{g3}——用热设备阻力损失，mH_2O。

当用热设备为热水烟气直燃机组时，H_{g3}为热水烟气直燃机组阻力损失；当用热设备为卫生热水容积式换热器时，H_{g3}为容积式换热器阻力损失。

6. 蒸汽锅炉给水泵

蒸汽锅炉给水泵一般为每台锅炉一用一备配置，

蒸汽锅炉给水泵流量应按下式计算：

$$G_Z = 1.1Q_Z \tag{7-11}$$

式中　G_Z——蒸汽锅炉给水泵流量，kg/h；

　　　　Q_Z——蒸汽锅炉额定蒸发量，kg/h。

蒸汽锅炉给水泵水泵扬程应按下式计算：

$$H_2 = 1.1\Delta P \tag{7-12}$$

式中　ΔP——锅炉蒸汽压力，mH_2O。

7. 冷热水系统定压补水泵（参见本书第10章）

8. 冷却塔

直燃机组、冷水机组都需要冷却塔冷却，冷却塔有闭式和开式两种。闭式冷却塔的特点是水质恒定，不受环境干扰，适用于对水质有较高要求的冷却系统，其工程造价较高。开式冷却塔的特点是工程造价低，水质比闭式冷却塔差，但能满足冷水机组的冷却要求。所以直燃机组、冷水机组一般采用开式冷却塔。

（1）开式冷却塔的位置设置原则

1）开式冷却塔的位置设置应高于冷水机组，确保运行和歇机状态下冷却水不外溢。

2）当至于屋面时，宜放在建筑最高屋面上，不宜放在高低不等屋面的较低屋面上。

3）当冷水机组置于地下室时，冷却塔可放在室外地坪上。但要与建筑及总图专业协商，满足美观防噪要求（最好安放在灌木林中）。

（2）开式冷却塔的冷却水量及台数

直燃机组和冷水机组的冷却塔宜分别独立设置。其单机的冷却水量和机组要求的冷却水温由厂家提供。冷却塔宜与制冷机对应配置，即冷机与冷却塔台数相同。冷却塔冷却水量应根据当地空气湿球温度和冷机冷却水量确定。

（3）多台冷却塔并联运行时，每台冷却塔进出水管应装电动蝶阀，当冷却塔停止运行时，关断进出水阀。多台冷却塔并联运行不宜采用回水管连通管方式。

（4）冷却塔风扇宜变频运行，好处是大部分时间可降频运行，节能降噪。

7.8　动力专业与相关专业互提资料

7.8.1　与建筑专业

（1）动力专业应提给建筑专业的资料。动力专业在确定了三联供系统方案之后，应初步选定系统主要设备，并根据设备及机房设计需求分批提供给建筑专业如下资料：机房位置、机房平面尺寸、机房层高、设备安装进出口位置尺寸、烟囱位置尺寸、进排风风口位置尺寸、水管风管竖井位置尺寸、排水沟位置尺寸、设备布置平面、管沟位置及尺寸、墙板留洞。

（2）建筑专业应提给动力专业的资料。建筑专业在与各专业协调后，将确定的动力机房位置、平面尺寸、层高、管井位置尺寸、烟囱位置尺寸、进排风百页位置尺寸、设备进出口位置尺寸、排水沟位置尺寸提供给动力专业。

7.8.2　与结构专业

（1）动力专业应提给结构专业的资料：动力设备基础平面布置尺寸、设备荷重、设备进出口位置尺寸及运输设备荷重、吊装设备及水管平面布置及荷重（支吊架要求）、管沟位置尺寸、墙板留洞、安装预埋铁件。

（2）结构专业应提给动力专业的资料：结构梁板图、结构设备基础图、留洞图、预埋件图、管井图。

7.8.3　与给排水专业

（1）动力专业应提给给排水专业的资料：自来水用水位置和水量、排水点位置和排水量。

（2）给排水专业应提给动力专业的资料：卫生热水一次热源热量及参数。

7.8.4　与电气专业

（1）动力专业应提给电气专业的资料：动力设备用电点位置电量电压、设备运行是变频还是定频；三联供系统监控要求及监控原理图；DDC 监控点平面位置及监控点物理模型（如电动开关阀门 $DN100$）。

（2）电气专业应提给动力专业的资料：发电机台数、发电量、发热量、排烟量排烟温度、燃烧空气量、缸套水量水温。

7.8.5　与暖通空调专业

（1）动力专业应提给暖通空调专业的资料：发电机直燃机锅炉排烟量及排烟温度、缸套水水量及温度、发电机直燃机锅炉燃烧空气量及发热量、机房换气次数及室温要求。

（2）暖通空调专业应提给动力专业的资料：空调冷热负荷（柱状分析图）、卫生热水热负荷、暖通空调运行控制策略及控制原理图。

7.9　动力专业施工图出图要求

7.9.1　动力专业施工图图纸

动力专业施工图应包括以下内容：图纸目录、使用标准图目录、图例；设计施工说明；主要设备表；动力工艺系统原理图（包括水管、蒸汽及凝结水管、烟气管、燃烧空气管）；动力工艺控制原理图；机房设备布置平面图；机房工艺管道平面图；机房设备基础平面图；机房剖面图。

7.9.2 设计施工说明应叙及的内容

1. 设计说明

(1) 工程概况：工程建设地点、未来服务对象、工程规模、发电量、并孤网形式、当地电力政策、供冷量、供热量、机房位置面积层高；

(2) 设计依据（国家及地方规范规程标准、设计任务书、政府部门批准文件、各专业相关资料）；

(3) 设计范围；

(4) 设计参数；

(5) 动力工艺原理叙述；

(6) 负荷分配表；

(7) 动力工艺系统设备简述；

(8) 动力工艺系统运行控制策略；

(9) 节能环保措施。

2. 施工说明

(1) 管材（水管、蒸汽管、风管、烟管）、阀门选型及连接；

(2) 系统工作压力及试压；

(3) 管道保温材料选择及保温做法；

(4) 管道冲洗；

(5) 设备基础浇注要求；

(6) 管道穿墙、变形缝做法；

(7) 安装标高及尺寸说明；

(8) 设备及阀部件进场验收要求。

7.10 设 计 示 例

7.10.1 三联供实例设计说明

1. 发电量的确定及发电机运行方式

该项目建设天然气冷热电三联供的分布式能源系统，根据初步规划，产业园地上建筑规模大约 17 万 m^2，地下面积约 8 万 m^2。该园区具有良好的热、电、冷负荷条件，园区的供热负荷为 8.024MW，常规供冷负荷为 10.470MW，常年供冷负荷为 1.531MW，生活热水负荷为 1.069MW，用电负荷为 6.951MW。

该项目设计原则为"以冷热定电"，根据冷热负荷确定内燃发电机建设规模为 6.698MW，按一期进行建设，站内设 2 台单机装机容量为 3.349MW 的内燃机发电机组。内燃机烟气及缸套水余热由烟气-热水溴化锂机组利用。作为产业园的分布式供能中心，对该区进行供冷、供热、供生活热水，同时发电并给园区用户供电，以提高能源利用效率。调峰采用 2 台直燃机和 2 台电制冷机。

根据《燃气冷热电三联供工程技术规程》CJJ 145—2010 的有关规定，联供系统的配置原则为电能自发自用，并网运行。该项目燃气内燃发电机组拟在供冷、供热期内 2 台机组运行，在过渡期内 1 台内燃机带生活热水负荷运行，所发电量自发自用，用电高峰时，向电网购买。

2. 项目设计冷热负荷

（1）地上建筑冷负荷特性分析

根据地上建筑物的功能，参考有关统计资料给出的供冷负荷逐时系数，对地上建筑的冷负荷特性进行分析。地上建筑物的最热月（8 月）的典型日冷负荷如图 7-19 所示。

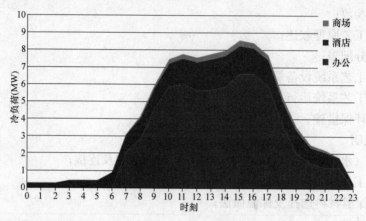

图 7-19　地上建筑物的典型日冷负荷逐时分析

（2）地上空调热负荷特性分析

根据地上建筑物的功能，参考有关统计资料给出的逐时系数，对地上建筑的空调热负荷特性进行分析。地上建筑物的最冷月（1 月）的典型日热负荷如图 7-20 所示。

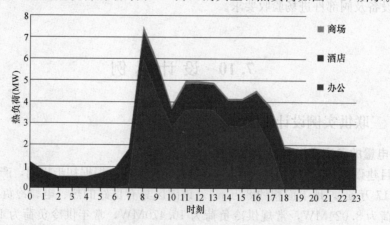

图 7-20　地上建筑物的典型日热负荷逐时分析

（3）地下建筑空调冷负荷特性分析

根据地下建筑物的功能，参考有关统计资料给出的逐时系数，对地下建筑的空调冷负荷特性进行分析。地下建筑物的最热月（8 月）的典型日冷负荷如图 7-21 所示。

（4）地下建筑空调热负荷特性分析

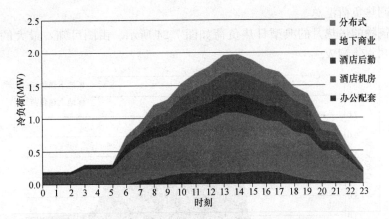

图 7-21　地下建筑物的典型日冷负荷逐时分析

根据地下建筑物的功能，参考有关统计资料给出的逐时系数，对地下建筑的空调热负荷特性进行分析。地下建筑物的最冷月（1 月）的典型日热负荷如图 7-22 所示。

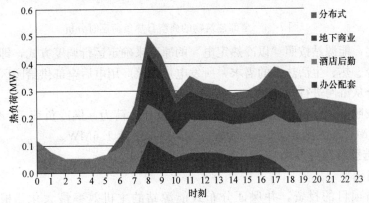

图 7-22　地下建筑物的典型日冷负荷逐时分析

（5）空调建筑冷负荷汇总

全部建筑物的最热月的典型日冷负荷如图 7-23 所示。由图可知，最大的冷负荷出现在 15 点，为 10.470MW。

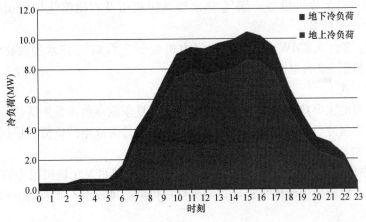

图 7-23　全部建筑物的典型日冷负荷逐时分析

（6）空调热负荷汇总

全部建筑物的最热月的典型日热负荷如图 7-24 所示。由图可知，最大的热负荷出现在 7 点，为 8.024 MW。

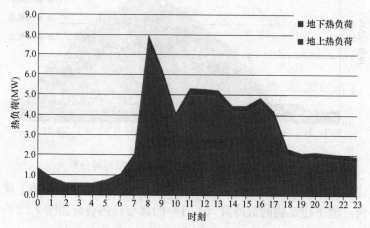

图 7-24 全部建筑物的典型日热负荷逐时分析

综上所述，能源站按照"以冷热定电"的原则来确定运行调度方式，即：优先满足园区内最大的冷、热、生活热水的需求，所发电量扣除厂用电后全部供给园区内各用户，电力的不足部分从市网进行补充。

该工程按照负荷分析的叠加最大负荷确定设计负荷为：供冷负荷 10.470MW；常年供冷负荷 1.5MW；供热负荷 8.024MW；生活热水负荷 1.6MW。

3. 机组选型及运行方式

（1）机组选型

为了节省项目的投资，并保证分布式能源站的主机效率最大化，根据园区的冷、热、电负荷需求及时空变化规律，同时考虑机组年利用小时数，按照主机装机"欠匹配"、"以冷热定电"的原则确定装机方案。主机内燃机发电机组带基本负荷，高峰时园区的冷、热负荷超出基本负荷部分由直燃机进行调峰。主机发出的电供给产业园内各用户使用，不足部分从电网购电进行补充。出于对机组可靠性的考虑，内燃机发电机组推荐采用进口的先进设备。烟气-热水溴化锂机组及直燃溴化锂机组等辅助设备选用国内技术领先的设备。

装机方案：2 台 3.3MW 级的内燃机发电机组＋2 台烟气-热水型溴化锂机组＋2 台直燃型溴化锂机组＋2 台电制冷机组。

（2）运行方式

由于该工程的主要热负荷为冬季供暖热负荷、夏季制冷负荷及生活热水负荷。冬季供暖热负荷、夏季制冷负荷为季节性间断负荷，热水负荷为常年性负荷。根据冷热负荷的性质，决定采取如下供冷、供热方式：

1）在冬季供暖季节，采用内燃机发电机组＋烟气-热水溴化锂机组＋直燃机相联合的供热方式。基本负荷由内燃机承担，直燃机只在热负荷量较小不能满足单台内燃机最小负荷时

以及热负荷高峰时期超出 2 台内燃机总的最大供热能力时运行。

2）在夏季制冷季节，同样采用内燃机发电机组＋烟气-热水溴化锂机组＋直燃机相联合供冷及供热水的方式。内燃机承担基本制冷负荷，并由内燃机的缸套水及中冷水或烟气提供生活热水负荷的用热。当制冷负荷量较小，不能满足单台内燃机最小负荷时及制冷负荷高峰时期超出 2 台内燃机总的最大供冷能力时，启动运行直燃机。电制冷机主要考虑在制冷季每天的后半夜运行，主要满足的酒店制冷负荷。当制冷负荷出现极端情况超出余热机组及直燃机组的供冷能力时，电制冷机也可以参与调峰。

3）在过渡季节，因存在生活热水负荷，考虑运行 1 台内燃机发电机组，并在额定工况下运行。

4）冬季供暖由能源站提供热媒热水，供/回水温度为 60℃/50℃。

5）夏季制冷由能源站提供符合制冷温度要求的冷水，供/回水温度为 7℃/14℃。

6）热水及冷水在二级泵站内进行加压后，直接送至用户的空调系统进行供暖和制冷。

同时，由能源站提供生活热水的一次热媒热水，供/回水温度为 70℃/50℃，在各热用户的分换热站内进行二次换热，转换成符合温度要求的生活热水并提供给各用户。

4. 节能措施

该工程的内燃机发电机组排放的热烟气及冷却内燃机的润滑油、缸套水等的热水进入烟气-热水溴化锂机组进行制冷、制热，提高能源的利用率。采用内燃机加烟气-热水溴化锂机组，全厂热效率可达到 78.6% 以上，比常规燃煤火力发电机组热效率高、技术先进、热经济性好。

5. 能源站布置

该工程能源站整体布置在产业园内部东侧绿地下。占地面积为 57.25m×24m，跨距为 12m，柱距分别为 6m 和 7.5m。站内分为三大功能区，由南向北依次为：电控楼、内燃机-溴化锂机间、直燃机间。其中电控楼为 3 层，地下三层地坪标高 −14.4m，布置电气低压盘柜和控制电子设备；地下二层标高 −10.2m，布置操作员站及化验室；地下一层地坪标高 −6.0m，布置新风机组。内燃机-溴化锂机间、直燃机间为地下单层，室内地坪标高 −14.4m，站顶标高 −3.0m，−3.0～−0.20m 为覆土绿化层。

站内由南向北依次布置有 2 台 3.3MW 级的内燃机发电机组、2 台烟气-热水型溴化锂机、2 台直燃型溴化锂机、2 台电制冷机及相关设备。能源站防爆泄压口（也作为吊装口）设置在内燃机-溴化锂机间、直燃机间上方绿地地带，防爆泄压口泄压面积约 156m²。机组烟囱沿建筑物内的竖井引至 C 或 D 座屋顶，出口标高 53m，烟囱共 3 根，其中内燃发电机组（烟气-热水溴化锂机组）烟囱 2 根，直径 1000mm，直燃机组的 2 根烟囱合并为 1 根，直径 1000mm。内燃机发电机组、烟气-热水型溴化锂机组、直燃型溴化锂机组、电制冷机组的冷却水供回水管路在能源站内通过与烟囱公用的竖井送至布置在产业园东侧 C、D 楼的屋顶的各冷却塔组处。烟囱及冷却水竖井尺寸为 5600mm×3500mm。

6. 环保措施

该工程以天然气为燃料，属于清洁能源发电项目。由于天然气中不含灰分，燃料燃烧充分，因此烟气排放中几乎不产生颗粒物，无烟尘排放。该工程所用天然气含硫量极低，基本不存在 SO_2 污染问题。故能源站废气主要污染因子为 NO_X。NO_X 的产生则还取决于设备形式和运行工况等，该工程选用的内燃机及直燃机排放的 NO_X 浓度均满足相关标准的要求。

能源站内的降噪、防噪措施如下：

（1）能源站主要噪声源的内燃发电机等均布置在地下厂房内。内燃机设备设置隔声罩，加隔声罩后设备 1m 外噪声值约为 85dB（A）。

（2）水泵选用屏蔽泵，安装减振基础，水泵进出水管道均应安装避振喉，穿墙的管道与墙壁接触的地方均用弹性材料包扎，这可避免因设备运转时产生的振动传播到上层建筑室内，引发固体声而造成噪声污染，设备减振基础的隔振效率大于 95%。

（3）进风和排风机均布置在地下能源站内，进风、出风管道内设置消声装置，进出风口露出地面部分的百页窗采用消声百页窗。

（4）烟囱加大管径，降低烟气流速，并将烟囱引至 C、D 座屋顶以上。

（5）冷却塔设置隔声栅板。

（6）能源站内墙面贴设吸声板。

7.10.2　施工图纸

1. 施工图总说明

（1）工程概况

该项目建天然气冷热电三联供的分布式能源系统，根据初步规划，园区地上建筑规模大约 17m^2，地下面积约 8 万 m^2。该园区具有良好的热、电、冷负荷条件，项目建设规模为 6.698MW，按一期进行建设，站内设 2 台单机装机容量为 3.349MW 的内燃机发电机组。内燃机烟气及缸套水余热由烟气-热水溴化锂机组利用，作为园区的分布式供能中心，对该区进行供冷、供热、供生活热水，同时发电并给园区用户供电以提高能源利用效率。项目调峰采用 2 台直燃机和 2 台电制冷机。

（2）设计依据

1）《能源站项目可行性研究报告》；

2）《能源站项目初步设计》；

3）《燃气内燃发电机组技术协议》；

4）《余热溴化锂冷（温）水机组及辅机集成系统技术协议》及设备资料；

5）《直燃型溴化锂冷（温）水机组及辅机集成系统技术协议》及设备资料；

6）《直燃型溴化锂冷（温）水机组及辅机集成系统（带生活热水功能）技术协议》及设备资料；

7）各辅机厂家提供的设备资料；

8）地方标准《分布式供能系统工程技术规程》DG/TJ 08-115—2008；

9）各专业有关的最新技术标准及规范。

（3）工艺设计的主要特点

1）装机方案：该工程的主机采用 2 台进口颜巴赫 JMS620 内燃机发电机组，2 台 BHEY262X160/390 型烟气-热水型溴化锂机组承担基本冷热电负荷，冷热调峰采用 2 台 HZXQII-349（14/7）H2M2 型直燃机和 2 台 RHSCW330×J 型电制冷机。

2）采用内燃机加烟气-热水溴化锂机组，提高能源的利用率，全厂热效率可达 78% 以上。

3）燃料：主燃料为北京市燃气公司提供的西气东输的陕京一线的中压天然气，在能源站外设置调压站以满足设备使用燃气压力要求。

4）采取节水措施，减少用水量。冷却塔装设除水器减少循环水的风吹损失；主要设备冷却采用闭式循环系统。

5）水源：冷却水水源采用市政自来水，化学水采用市政自来水。

6）水处理：该工程用水水源采用城市自来水。该工程为低温低压机组，水质要求不高，采用软化水，站内设置全自动软化水处理装置。

7）该工程以天然气为燃料，属于清洁能源发电项目。由于天然气中不含灰分，燃料燃烧充分，因此烟气排放中几乎不产生颗粒物，无烟尘排放。所用天然气含硫量极低，基本不存在 SO_2 污染问题。故能源站废气主要污染因子为 NO_X。NO_X 的产生则还取决于设备形式和运行工况等。采用不锈钢烟囱，烟囱沿 C、D 座外墙内侧引至座楼顶高空排放，烟囱出口标高为 53m。

（4）设计范围

1）烟气系统：引接烟道、烟板换热器、挡板门。

2）空调/供暖系统：溴化锂机、直燃机、电制冷机空调水分别引致空调水母管，通过供回水母管引致二级泵房集分水器，再供到用户。

3）冷却水系统：各机组冷却水单独配置，独立运行。

4）生活水系统：通过水-水板式换热器回收内燃机缸套水热量，通过板换热器回收烟气热量，直燃机卫生水作为调峰备用。

5）补水定压系统。

6）冷却塔制冷系统

7）内燃机润滑油系统。

（5）主要设备（表 7-1）

主要设备 表 7-1

编号	设备名称	型号规范	单位	数量	备注
1	内燃发电机组	J620 GS-F101，额定功率 3431kW，额定热耗量 kJ/kWh，排量 Nm³/kWh	台	2	钰门国际贸易（上海）有限公司
2	热水-烟气溴化锂机组	BHEY300K-160/390-75/9 5-38/32-7/14-300-k-Fc -Mc	台	2	远大空调有限公司
3	直燃机	HZXQII-349(14/7) H2M2，HZXQII-349(14/7)R2H2- W110	台	2	双良节能系统股份有限公司
4	电制冷机组	WCFX73RCN，制冷量 q=1784kW，冷冻水流量 G=209.5m³/h，冷却水流量 G=349.2m³/h	台	2	杭州华电华源环境工程有限公司

（6）工艺系统描述

1）烟气系统

单台内燃机排烟首先进入烟气-热水溴化锂机组作为热源，被冷却到 160℃（或 145℃）后，再进入烟气-热水换热器进一步进行热量回收，被继续冷却到 90℃，由单独设置的烟囱排出。考虑在过渡季节没有冷、热负荷，内燃机还需要生活热水负荷直接发电时，在烟气-热水溴化锂机组烟气进出口之间设置烟气旁路烟道，通过烟气切换阀门进行切换，以保证烟气-热水溴化锂机组检修时及过渡季节不影响内燃机的正常运行。每台内燃机分别设一路不锈钢烟道及烟囱，烟囱沿 C、D 座外墙内侧引至座楼顶高空排放，烟囱出口标高为 53m。

单台直燃机烟道设置烟气蝶阀，两台直燃机机组烟道汇集后，共用一根烟囱，和内燃机烟道一起沿 C、D 座外墙内侧引至座楼顶高空排放，烟囱出口标高为 53m。

2）供暖、空调水系统

夏季工况：内燃机的缸套水和高温的中冷水可进入烟气-热水溴化锂机组作为热源水，夏季置换出 7℃的冷水用于制冷；

冬季工况：内燃机的缸套水和高温的中冷水在冬季供暖工况下通过设置空调供暖换热器，换热后置换出 60℃的热水用于供暖，此时内燃机的缸套水和高温的中冷水不进入烟气-热水溴化锂机组。

生活热水：根据需要，内燃机的缸套水和高温的中冷水（95℃/75℃）通过设置的生活热水换热器置换出 70℃的热水，作为生活热水的一次热源水。

另外，烟气-热水溴化锂机组出来的 160℃（或 145℃）的烟气进入烟气-热水换热器换热后，也置换出 70℃的热水，该系统与上述置换出 70℃的生活热水系统并联，也作为生活热水的一次热源水的一部分，用以满足生活热水负荷的需要。

3）直燃机系统

当冷热负荷量较小，不能满足单台内燃机最小负荷或冷热负荷的需求大于内燃机所能提供的基本负荷时，直燃机组可直接生产符合用户参数要求的空调冷水（7℃/14℃）、供暖热水（60℃/50℃），作为空调供暖水的调峰冷热源。同时，当内燃机-溴化锂机系统所生产的生活热水量不足时，设定 2 号直燃机可生产一次生活热水热源水（70℃/50℃）。

4）电制冷系统

电制冷机组考虑在制冷季每天的后半夜运行，主要满足酒店的冷负荷要求。当冷负荷出现极端情况，超出余热机组及直燃机组的供冷能力时，电制冷机组可参与调峰。

考虑到园区网络机房常年需要供冷，2 台电制冷机组另外设置独立管路至二级泵房，作为备用冷源。

5）冷却塔制冷系统

冬季网络机房采用冷塔制冷技术，不开启电制冷设备，采用为冷水机组配置的冷却水系统，通过冷却塔与室外低温空气进行热交换，获取低温冷却水。

6）循环冷却水系统

内燃机冷却水系统采用闭式空冷高低温散热系统，2 台内燃机各设置一套。由于内燃机高（低）温散热器采取高位布置，故该工程采用高（低）温散热换热器用于内燃机侧（一次侧）与高（低）温散热器侧（二次侧）换热。高温散热系统如下：由一级中冷、缸套水、缸套水泵、高温散热换热器组成内燃机高温散热一次侧系统；由高温散热换热器、高温散热器水泵及高温散热器组成内燃机高温散热二次侧系统。低温散热系统如下：由二级中冷、中冷器循环水泵、低温散热换热器组成内燃机低温散热一次侧系统。由低温散热换热器、低温散热换热器水泵及低温散热器组成内燃机低温散热二次侧系统。高低温冷却水一、二次侧供回水管径均为 DN125。

溴化锂机组、直燃机组、电制冷机组采用闭式湿式循环冷却水系统，供水流程为：冷却塔→循环水泵→供水管→回水管→冷却塔。系统均由机械通风冷却塔、循环水泵、补水装置等组成。

7）定压补水系统

① 供暖空调定压补水系统：设置 2 台变频定压补水泵，2 台定压膨胀罐，设置空调回水母管和电制冷二级泵房支路两个定压点，定压值 100m。软化水由软水器制得，储存在软化水箱内。

② 生活水定压系统：设置两台变频定压补水泵，不设置膨胀罐，定压点设置在生活水泵入口母管，定压值 30m，软化水来自软化水箱。

③ 内燃机散热系统定压补水：设置两台变频定压补水泵，内燃机高（低）温散热换热器一次侧和二次侧各设一个定压点，定压点设置在水泵入口处，同时在水泵出口入各设一个 200L 的膨胀罐。设置专门的乙二醇水箱，乙二醇溶液靠移动式水泵补充。

8）内燃机润滑油系统

每台内燃机单独设置一台新油箱，润滑油靠重力自流到内燃机润滑油接口，润滑油补油通过手提式新油泵注入新油箱。设置 1 台废油箱，为 2 台内燃机合用，废油通过废油泵打到废油箱里。

（7）施工注意事项

1）设备安装

由于该工程工期紧、资料缺等实际情况所限，为了满足施工的需要，有些附属机械设备安装图在没有订货的情况下，经业主方认可，按照假想（如厂家样本、典型设计手册等）进行的设计。因此，设备基础施工和管道安装前，应根据实际到货设备仔细核对有关尺寸。

设备安装定位，除按照设备首页图外，还要注意与有关管道安装图核对接口位置。设备调整就位后，确保设备基础二次浇灌质量。

设备安装结构形式凡采用设备与基础框架连接时，应将框架与基础预埋钢板焊接牢固。

2）管道安装

蒸汽管道支吊架按照华北电力设计院编制的《管道支吊架设计手册》选用；该工程水管道均绘有支吊架安装示意图，其他管道支吊架均按所提供的支吊架设计手册编号列表，施工时按照编号组装成套后再安装。

管道保温材质和厚度应严格按照设计厚度及结构要求进行，确保安装后的管道重量接近计算重量，详见保温清册。

施工管径小于 $\phi89$ 未出图管道时，除按照首页图系统连接正确外，还应规划走向、合理布局，且应注意管道支吊架间距等，应避免出现袋型管线，阀门布置在便于操作处。

管道支吊架弹簧在出厂时所用销钉，待管道做水压试验完毕后方可拆卸。

鉴于该工程较为复杂，而且管道密集。因此，区域管道施工时需要精密组织、合理排序，以免造成不必要的返工。

2. 施工图纸（图 7-25～图 7-36）

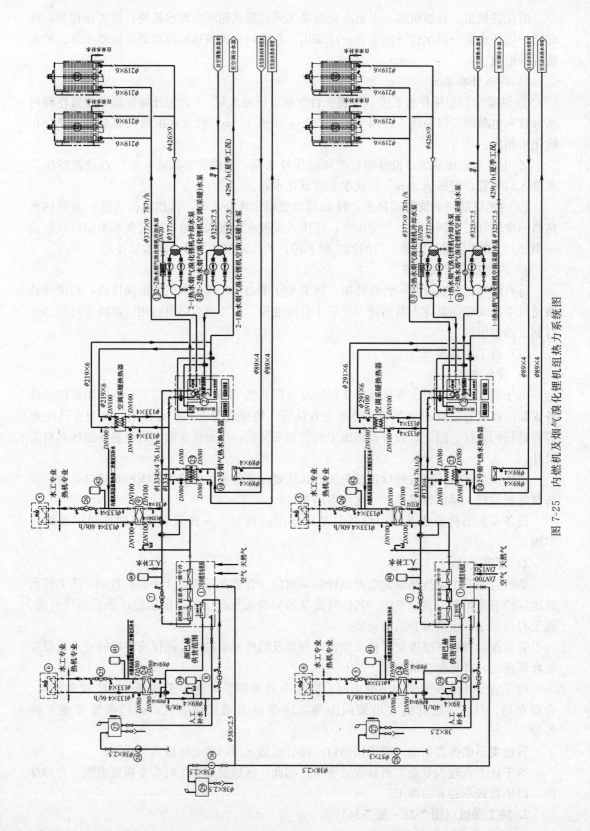

图 7-25 内燃机及烟气溴化锂机组热力系统图

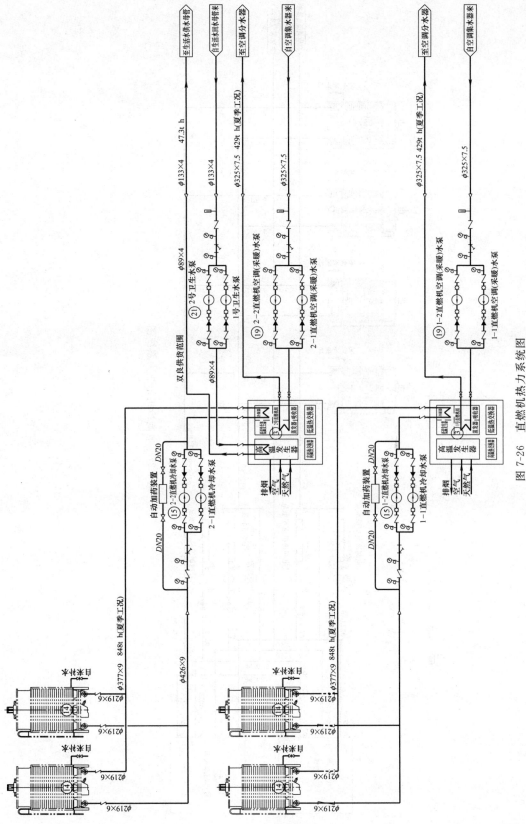

图 7-26 直燃机热力系统图

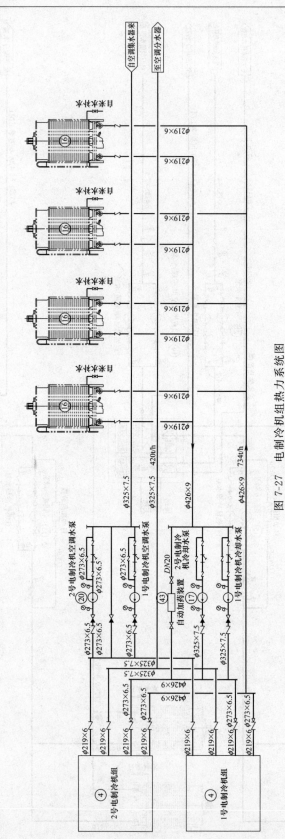

图 7-27　电制冷机组热力系统图

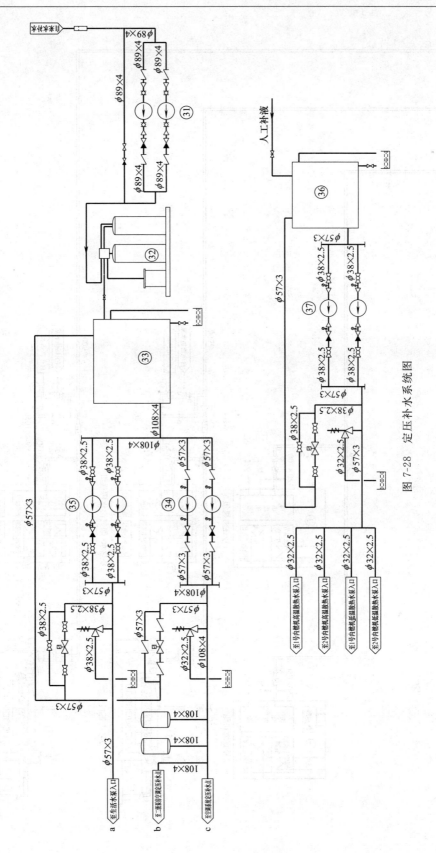

图 7-28 定压补水系统图

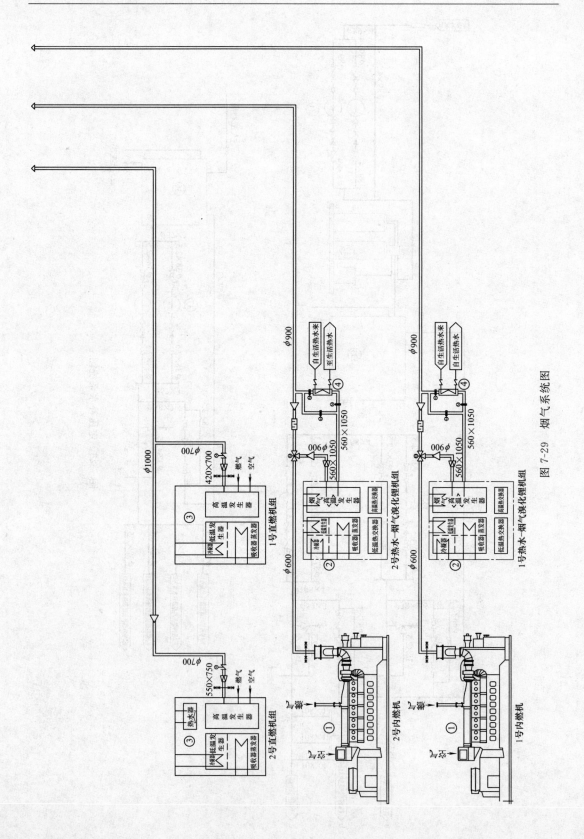

图 7-29 烟气系统图

编号	设备名称	型号规范	单位	数量	备注
38	空调系统定压膨胀罐	2.8m³	台	2	
37	消音器	DN600	台	2	GE供货
36	高温换热器二次侧膨胀罐	V=200L	台	2	
35	低温换热器二次侧膨胀罐	V=200L	台	2	
34	高温换热器一次侧膨胀罐	V=200L	台	2	
33	低温换热器一次侧膨胀罐	V=200L	台	2	GE供货
32	集成化换热机组	VW1500	台	2	哈瓦特换热机组（北京）有限公司
31	内燃机散热系统定压补水泵	SLG2-13,G=2.6m³/h,H=80m,N=1.5kW	台	2	
30	乙二醇溶液水箱	V=1m³	台	1	
29	生活水定压补水泵	GDL1-6,G=1m³h,H=30m	台	2	
28	空调系统定压补水泵	SLS50-315(1)B,Q=20m³/h,H=100m,N=22kW	台	2	
27	软化水箱	V=30m³	台	1	
26	软化水装置	G=30m³/h	台	1	
25	软化水装置升压泵	SL W65-100(1),G=35m³/h,H=14m,N=3kW	台	2	北京慧翔创新科技有限公司供货
24	废油泵	G=1t/h,H=10m	台	1	
23	废油箱	V=1m³	台	1	
22	新油箱	V=0.5m³	台	2	
21	高温散热器水泵	GLC 100-200-7.5/4,G=62.7m³/h,H=18.4m	台	2	
20	低温散热器水泵	GLC 100-200-5.5/4,G=66m³/h,H=16.1mm	台	2	
19	低温散热器换热器	BT20 CDS-10,218.14kW	台	2	
18	生活热水器	BT20 CDS-10,1777.13kW	台	2	
17	空调供暖换热器	BN100S CDL-10,1777.13kW	台	2	
16	直燃机卫生水泵	DFG65-200A/2/5.5,G=28m³/h,H=40m,P=5.5kW	台	2	双良供货,夏季两用,冬季一用一备
15	电制冷机空调水泵	GLC 150-250-18.5/4,G=230.5m³/h,H=17.8m	台	2	夏季两用,冬季一用一备
14	直燃机冷空调(供暖)水泵	DFG200-315（II）A/4/37,G=270m³/h,H=27.5m,P=37kW	台	4	双良供货,夏季两用,冬季一用一备
13	热水-烟气溴化锂机空调(供暖)水泵	G=215m³/h,H=28m,N=60kW	台	4	远大供货,夏季两用,冬季一用一备
12	电制冷机冷却水泵	GLC 200-250-37/4,G=384.1m³/h,H=22.4m	台	2	
11	直燃机冷却水泵	DFG250-400C/4/55,G=429m³/h,H=31m,P=55kW	台	4	
10	热水-烟气溴化锂机冷却水泵	G=375m³/h,H=16m,P=44kW	台	4	远大供货,夏季两用,冬季一用一备
9	生活水热水泵	GLC 65-160-7.5/2,G=40m³/h,H=32m,N=5kW	台	3	两用一备
8	烟气热水换热器	FU530×0.6-1.0-0.5,250kW	台	2	
7	内燃机高温换热器	BN100L CDL-10,1773kW	台	2	
6	内燃机低温冷却水泵	G=40m³/h,H=7.8m	台	2	GE供货
5	内燃机缸套水泵	TP 80-400,G=87.3m³/h,H=33.2m	台	2	
4	电制冷机组	WCFX73RCN,制冷量q=1784kW,冷冻水流量G=209.5m³/h,冷却水流量G=349.2m³/h	台	2	
3	直燃机	HZXQII-349（14/7）H2M2,HZXQII-349（14/7）R2H2-W110	台	2	
2	热水-烟气溴化锂机组	BHEY300K-160/390-75/9 5-38/32-7/17-300-k-Fc-Mc	台	2	
1	内燃发电机组	J620 GS-F101,额定功率3431kW,定额热耗量8276kJ/kWh,排量124.75Nm³/kWh,转速1500r/min	台	2	

图 7-30 设备明细表

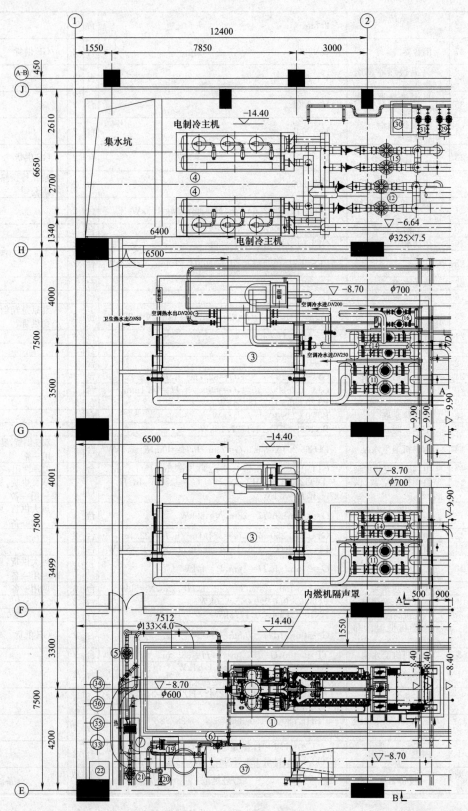

电制冷主机
集水坑
电制冷主机

卫生热水出DN80
空调热水出DN200
空调冷水进DN200
空调冷水进DN250

内燃机隔声罩

图 7-31 能源

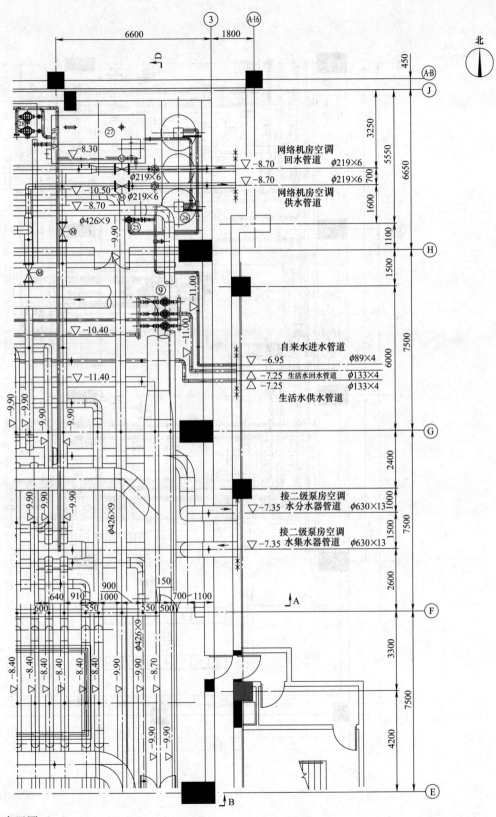

网络机房空调
回水管道 φ219×6

网络机房空调
供水管道 φ219×6

自来水进水管道
▽ −6.95 φ89×4
▽ −7.25 生活水回水管道 φ133×4
▽ −7.25 φ133×4
生活水供水管道

接二级泵房空调
▽ −7.35 水分水器管道 φ630×13

接二级泵房空调
▽ −7.35 水集水器管道 φ630×13

北

布置图（一）

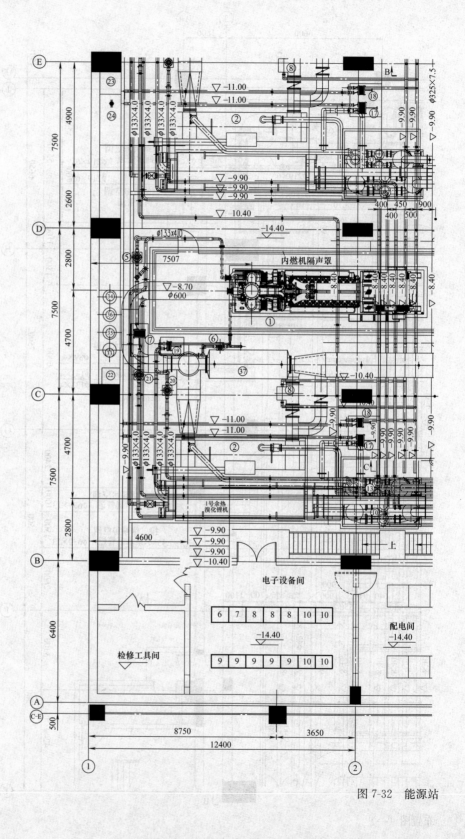

图 7-32 能源站

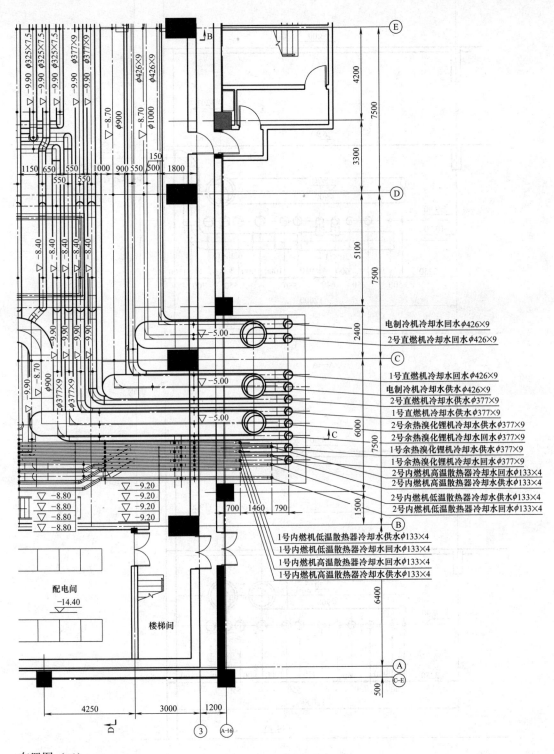

布置图（二）

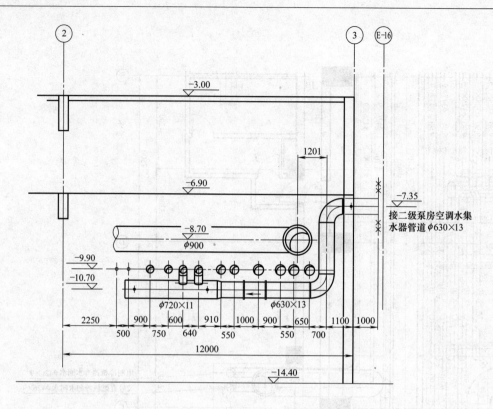

A—A

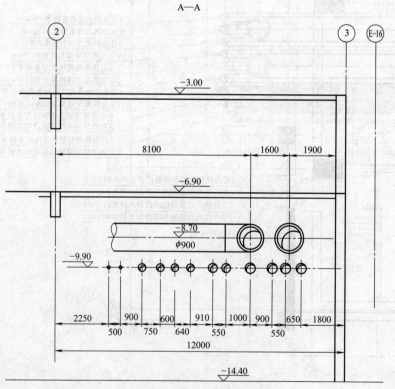

B—B

图 7-33　能源站断面图（一）

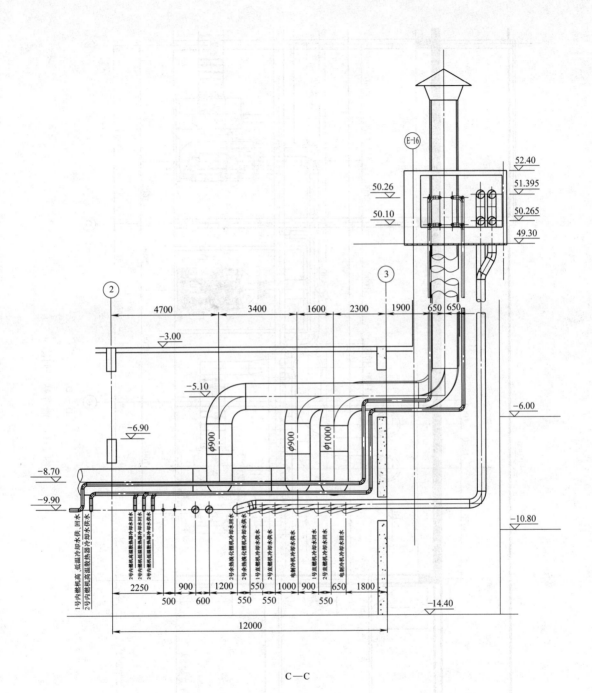

C—C

图 7-34 能源站布置图（二）

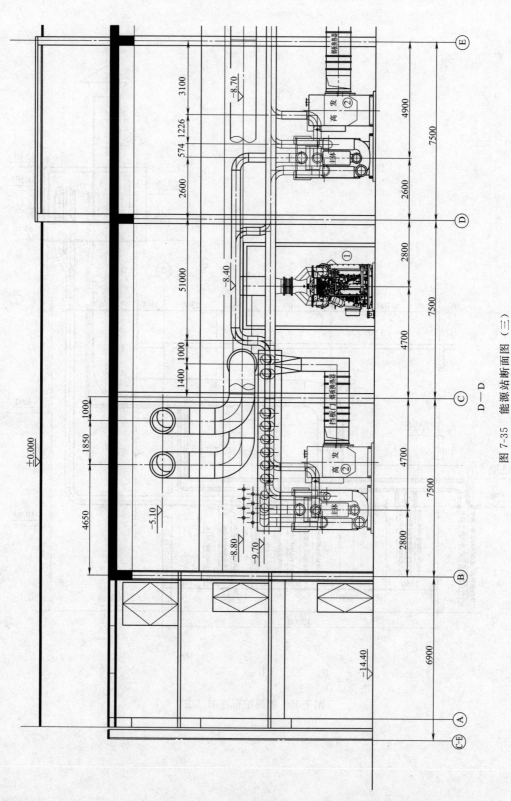

图 7-35　能源站断面图（三）

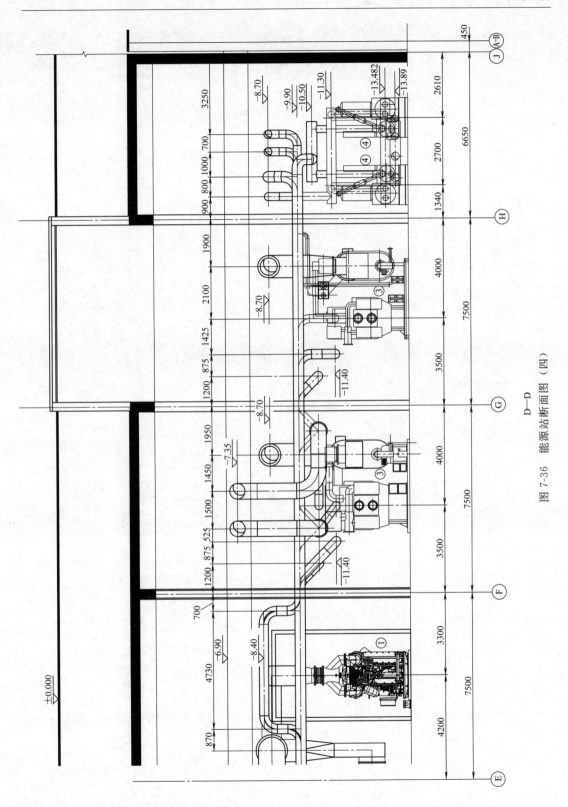

图 7-36 能源站断面图（四）

D—D

第8章 冰蓄冷系统

本章执笔人

宋孝春

男，汉族，中共党员，1963 年 3 月 20 日生。中国建筑设计院有限公司副总工程师，机电专业设计研究院院长，教授级高级工程师，注册设备工程师。1985 年毕业于北京建筑工程学院。

社会兼职

中国建筑学会建筑热能动力分会副理事长兼秘书长，全国工程建设标准设计专家委员会暖通空调专业委员。

代表工程

电力部国家电网调度控制中心，5.1 万 m² （工种负责人），获部直三等奖，国家质量银奖。

主要科研成果

公共建筑冷热源方案研究，课题负责人。

主要论著

电力部国家电网调度控制中心蓄冰空调系统设计，暖通空调，1998 （独著）。

联系方式：songxc@cadg.cn

李 娟

女，汉族，1983 年 11 月 3 日生。硕士研究生、工程师、注册设备工程师。2008 年毕业于北京工业大学。

社会兼职

全国区域能源专业委员会副秘书长。

代表工程

重庆市江北城 CBD 区域江水源热泵集中供冷供热项目能源站及配套工程，244 万 m² （工种负责人）。

主要科研成果

公共建筑冷热源方案研究，获院优秀课题（课题参加人）。

主要论著

黄山玉屏假日酒店江水源热泵冰蓄冷设计，暖通空调，2010。

联系方式：lijuan@cadg.cn

8.1　概　　述

8.1.1　冰蓄冷发展概述

随着国民经济的高速发展和人民生活水平的进一步提高，空调制冷系统在能源消耗总量中占有的比重越来越大。其中大部分空调冷源采用电制冷方式，在白天用电高峰时用电需求大，而晚上电力低谷阶段用电需求少，具有季节性强、时段性明显、冲击性高等特点。因此，空调负荷对电网负荷影响巨大，使城市电网用电高峰日趋紧张。2010 年度夏季期间，国家电网最大缺口达 3055 万 kW，16 个省级电网用电负荷增幅超过两位数。我国的电力目前主要依靠火力发电，至 2010 年，火电比例仍高达 73.44%。而我国的火力发电厂现在处于高峰电力严重不足，低谷电力又难以高效率运行的尴尬境地。面对日益发展的用电需求，为了平衡电力负荷的峰谷差现象，国内的部分电网、城市开始采用分时电价的收费方式，使低谷电价只相当于高峰电价的 1/2～1/5。

蓄冷空调系统可以有效地缓解电力负荷的峰谷差现象。蓄冷系统相对常规电制冷空调系统，一方面可以减少制冷主机的装机容量，相应减少变配电设备的投资和地区的电力装机容量；另一方面可以均衡电网用电负荷、移峰填谷，提高燃煤发电机组夜间低谷运行时段的发电效率，实现节能减排。20 世纪 80 年代以来，国内蓄冷技术得到了长足的发展，至 2010 年底，800 多个水蓄冷和冰蓄冷空调工程投入了使用，对改善和缓解电力供需矛盾、平抑电网峰谷差起到了积极作用，取得了很好的社会效益和经济效益，备受业内人士和电力公司的瞩目。

实践表明，一般冰蓄冷系统比常规电制冷系统初投资高，机房设备投资增加用15%～20%左右，由于峰谷分时电价政策的实行，利用夜间低平谷电价，每年可节省运转费用15%～35%，依靠电费省其增加投资的回收年限在 3～5 年。主机、辅机的水泵、冷却塔的台数和容量可部分减少，同时可减少制冷用电装机容量 30%左右，移峰电量与空调负荷率有关。冰蓄冷技术对电网经济运营及减缓电力生产供应矛盾是有利的，对投资人来讲，多投入的回报费也是很可观的（20%～30%）。

此外，冰蓄冷系统可提供超低温冷水，如外融冰可提供 1℃的超低温冷水，内融冰也可提供 3.3℃的低温冷水，低温冷水可降低冷水的输送费用和投资，促进了低温送风空调的应用和区域供冷能源项目的发展。冰蓄冷系统经常用到分布式能源以及区域能源规划项目中。

8.1.2　冰蓄冷基本原理

所谓蓄冷（Thermal Storage），即是在电力谷荷阶段（夜间），采用电动制冷机制冷，利用蓄冷介质的显热或潜热特性，用一定的方式将能量储存起来；在用电高峰期（白天）把冷量释放出来，以满足建筑物空调或生产工艺的需要。

蓄冷有水蓄冷、冰蓄冷、共晶盐蓄冷等几种形式，其中冰蓄冷应用最多，能源利用率较高。根据有关资料调查，几种电能储存技术的转换效率如下：抽水蓄能 65%～75%，压缩空气储能 65%～75%，超导电感储能 80%以上，新型蓄电池储能 75%～85%，水蓄冷 90%，冰蓄冷 80%。由于超导电感储能和新型蓄电池储能的大型化还未成熟，水蓄冷虽然比冰蓄冷的转换效率高，但由于槽的结构复杂，施工困难，初投资较高，泵动力较大，水处理麻烦，人工费用增加等原因，采用的较少。冰蓄冷每千克蓄冷量较水蓄冷多出 16 倍。因此，储存一定冷量时，水蓄冷比冰蓄冷需要很大容量的设备。提供同样容量的冷量，蓄冰水筒槽的容积，仅为水的 32%，即冰蓄冷比水蓄冷蓄存容积缩小了 68%。因此，在解决电力峰谷差诸方法中，冰蓄冷空调转换效率最高，是最佳选择。

在空调工程中采用冰蓄冷系统经济与否，主要取决于以下两个方面的因素：一是该地区电力供应部门的电力政策，是否采取了峰谷分时电价，低谷时段的电费是否低廉，有无相应的电费优惠条件等；二是用户建筑物空调冷负荷的特性，有无可能利用夜间低谷时段廉价电力进行制冷和蓄冷，在白天高峰时段利用夜间蓄存的冷量进行释冷和供冷。

1. 合适的电费结构及其优惠政策

某一地区的电费结构及其优惠政策是影响这一地区能否采用冰蓄冷系统的关键因素，电力峰谷差价越大，则采用冰蓄冷系统就越有利。有的资料介绍，峰谷电价比为 2：1～3：1时，可以放心使用冰蓄冷系统。这不能一概而论，需进行综合评估以后才能确定。至于优惠政策，通常是指采用冰蓄冷系统后，少收或免收电力增容费，有的电力部门还有移峰电力补贴。目前国内众多地区已经取消了电力增容费，有些地区对采用冰蓄冷系统进行优惠补贴，这对推广冰蓄冷系统在我国的应用有积极的促进作用。

2. 合适的空调冷负荷特性

一般说来，空调冷负荷在电力峰谷时段应有一定的不均衡性，即在白天电力高峰时段空调冷负荷比较大，夜间电力低谷时段空调冷负荷比较小，或无冷负荷，从而可以利用闲置的制冷机制冰蓄冷。通常情况下，具有以下特点的建筑物适合采用冰蓄冷系统：

(1) 在白天使用时间内空调冷负荷大，其余时间内无需冷负荷的场所，如办公楼、写字楼、银行、百货商场等。

(2) 在白天使用时间内空调冷负荷大，其余时间内冷负荷较小的场所，如宾馆、饭店等。

(3) 使用具有周期性，并且需要空调的时间短、冷负荷比较大的场所，如影剧院、体育馆、大会堂、教堂、餐厅等。

(4) 空调冷系统负荷变化大，需要减少高峰用电的场所，如某些工厂、车间等。

其他有可能采用冰蓄冷系统的场所：

(1) 用电限制的场所：

1) 电能的峰值供应量受到限制，以至于不采用蓄冷系统能源供应不能满足建筑空气调节的正常使用要求时；

2) 改造工程，既有冷源设备不能满足新的冷负荷的峰值需要，且在空调负荷的非高峰时段总制冷量存在富裕量时；

3) 必须设置部分应急冷源的场所。

(2) 需要低温冷水的场所：

1) 建筑空调系统采用低温送风方式或需要较低的冷水供水温度时；

2) 区域供冷系统中，采用较大的冷水温差供冷时。

8.2　冰蓄冷系统介绍

8.2.1　冰蓄冷系统分类

根据不同的制冰方式，冰蓄冷系统又可分成多种不同的类型，如图 8-1 所示。

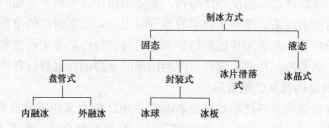

图 8-1　蓄冰系统分类

其中冰片滑落式、冰晶式为动态型，其他为静态型。目前，在国内外工程中应用较多的是盘管式蓄冰及封装式蓄冰。

1. 盘管式蓄冰装置

盘管式蓄冰装置由浸没在充满水的蓄冰槽内的金属或塑料盘管作为蓄冷介质与载冷剂的换热面，通过载冷剂在盘管内的流动使盘管外表面结冰，以蓄存冷量。盘管从结构上可分为蛇形盘管、圆形盘管和 U 形盘管等形式。

图 8-2　蛇形盘管

（1）蛇形盘管——钢制，连续卷焊（或无缝钢管焊接）而成的立置型蛇形盘管，外表面镀锌，管外径 26.67mm，冰层厚度为 25～30mm。可内融冰也可外融冰；取冷均匀，温度稳定。当采用外融冰方式时，为了融冰均匀，可在盘管下部设置压缩空气管，从管中泵送出空气，起搅拌作用。如图 8-2 所示。

（2）椭圆形截面蛇形盘管——钢制，连续卷焊而成的立置椭圆截面蛇形盘管，外表面镀锌，冰层厚度为 25mm。可内融冰也可外融冰，取冷均匀，温度稳定。

（3）圆形盘管——盘管为聚乙烯管，外径分别为 16mm 和 19mm，冰层厚度为 12.7mm。为内融冰方式，并做成整体式蓄冰桶。筒体为高密度聚乙烯板，外设保温层或采用双层玻璃纤维壁体，内夹保温材料，故耐腐蚀。如图 8-3 所示。

（4）U 形盘管——盘管由耐高温、耐低温的石蜡酯喷射成型，每片盘管由 200 根外径为 6.35mm 的中空管组成。管两端与直径 50mm 的集管相连。冰层厚度为 10mm，管径很细，载冷剂系统应加强过滤措施。U 形蓄冰盘管为内融冰式。如图 8-4 所示。

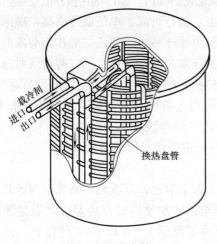

图 8-3 圆形盘管

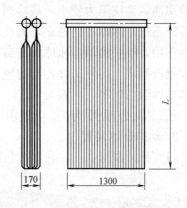

图 8-4 U形盘管

盘管式根据融冰方式可分为内融冰和外融冰。外融冰采用乙二醇水溶液作为载冷剂，采用开式蓄冰槽，低温乙二醇溶液在盘管内进行蓄冰，融冰时温度较高的空调回水直接送入盘管表面结有冰层的蓄冰水槽，使盘管表面上的冰层自外向内逐渐融化。外融冰盘管蓄冰装置有如下特点：融冰释冷速率高，系统阻力较小，融冰供水温度可低至 1℃，适宜大型区域供冷和低温送风工程。但是，为了使外融冰系统能达到快速融冰放冷，蓄冰槽内水的空间应占一半，也就是说蓄冰槽的蓄冰率（IPF）不大于 50％，故蓄冰槽容积较大。同时，由于盘管外表面冻结的冰层不均匀，易形成水流死角，而使冰槽局部形成永不融化的冰层，故需采取搅拌措施，如压缩空气，以促进冰的均匀融化。

内融冰采用乙二醇水溶液作为载冷剂，多数采用开式蓄冰槽，低温乙二醇溶液在盘管内进行蓄冰，融冰时来自用户或二次换热装置的温度较高的载冷剂仍在盘管内循环，通过盘管表面将热量传递给冰层，使盘管外表面的冰层自内向外逐渐融化进行取冷，供水温度为 2～5℃，适宜单体建筑的常温及低温送风工程。内融冰盘管蓄冰装置有如下特点：融冰温度较恒定，冰层自内向外融化时，由于在盘管表面与冰层之间形成薄的水层，其导热系数仅为冰的 25％左右，故融冰换热热阻较大，影响取冷速率。为了解决此问题，目前多采用细管、薄冰层蓄冰。

2. 封装式蓄冰装置

封装式蓄冰将蓄冷介质封装在球形或板型小容器内，并将许多蓄冷小容器密集地放置在密封罐或开式槽体内。载冷剂在小容器外流动，将其中蓄冷介质冻结或融化。封装式从结构上又分为冰球和冰板两种形式，现应用较多的是冰球。

（1）冰球——将蓄冷介质（一般为去离子水和冰成核添加剂），密封在球内，并将这些球密集地安置在蓄冰槽内。充冷时，低温乙二醇在蓄冰槽内循环，将冰球内的水逐渐冷却至结冰；释冷时，经空调负荷加热的乙二醇在蓄冰槽内循环，将冰球内的冰逐渐融化，使乙二醇降温，以供空调系统使用。冰球一般由复合塑料（高密度聚乙烯）制成空心球，壁厚 1.5mm，直径 98mm。单位蓄冷量 56kWh/m³，闭式系统膨胀量 3％。

（2）冰板——由高密度聚乙烯制成，大小为 815mm×304（或 90）mm×44.5mm 的中空冰板，板中充注去离子水。冰板有次序地放置在卧式圆形密封罐内，制冷剂在板外流动换热。

封装式蓄冰装置均为外融冰式，它有如下特点：运行可靠，单位取冷率高，融冰时换热效率高，系统阻力较小，载冷剂充注量大等。其中冰球系统采用乙二醇作为载冷剂，闭式管道系统。冰球各自独立，因此避免了冰盘管系统渗漏的危险性；乙二醇溶液对球体无腐蚀作用，维护简单。冰球具有高度可靠性（即使少数破损，也不影响使用）。冰罐（槽）由厚钢板制成，内外防腐，与薄壁钢盘管相比，运行过程中对乙二醇溶液 pH 要求不高、蓄冰槽的阻力较小，一般为 25Pa；一般提供 4℃乙二醇溶液（负荷侧为 5℃冷水），融冰时，乙二醇出口温度为 7℃，适用于常规空调系统，不适用于低温送风系统。

3. 动态制冰装置

（1）冰片滑落式　　在制冷机的板式蒸发器表面上淋水，其表面不断冻结薄冰片，然后滑落至蓄冰水槽内储存冷量。具有融冰速率高、供冷温度低（1～1.5℃）的特点，出水温度恒定，制冷与供冷可同时进行。比间接蒸发制冰的蒸发温度可提高 3～5℃，制冷效率提高约 10%～15%。此外，夏热冬冷地区可实现与蓄热水共用槽体，适用于尖峰空调负荷集中在一段时间内出现的建筑，整个系统工厂化生产、可靠、调试时间短，且能实现机房无人值守，投资节约，具有推广优势。如图 8-5 所示。

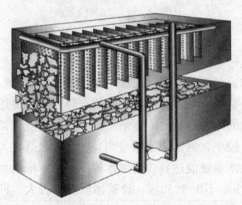

图 8-5　片冰机制冰示意图

（2）冰晶式蓄冰装置——将低浓度的载冷剂（乙二醇水溶液）经制冰机冷却至低于冻结点温度以下，产生细小（直径 100μm）、均匀的冰晶，与载冷剂形成泥浆状的冰水混合物，储存在蓄冰槽内。具有融冰速率高，供冷温度低（0～1℃）的特点，制冷与供冷可同时进行。过冷温度为 −2℃即可产生 2.5% 的直径约 100μm 的冰晶。由于单颗粒冰晶十分细小，冰晶在蓄冰水槽中分布十分均匀，水槽蓄冰率约 50%。结晶化的溶液可用泵直接输送。

动态蓄冰装置有如下特点：占地面积小，供冷温度较低，释冷速率高，冷量损失较大等，系统维护、保养要求较高，通常用于规模较小的蓄冷系统。动态蓄冰装置的运行特性与蓄冰槽内冰的数量无关，在整个蓄冷循环中保持不变，蓄冷过程稳定。同时，动态冰蓄冷可实现日蓄冰、周蓄冰的运行模式，蓄冰多少仅受蓄冰槽体积的限制，因此可以明显减小装机容量。

8.2.2　蓄冷模式

冰蓄冷系统以蓄冷量的大小和融冰策略来分，有两种模式：

1. 全负荷蓄冷

全负荷蓄冷是指蓄冷装置承担设计周期内平、峰段的全部空调负荷，即利用电价谷时段或非空调时段蓄冰，以满足全天空调负荷的要求，如图 8-6 所示。这种方案具有最明显的移峰填谷效果，节省电费开支效果最显著。但其制冷机组和蓄冰装置的容量较大，系统的初投资也较大，占地面积较多，并且伴有较大的冷量损失。只适合夜间无负荷且白天空调负荷较大而使用时间短或限制制冷用电的场合。

2. 部分负荷蓄冷

部分负荷蓄冷是指蓄冷装置只承担设计周期内平、峰段的部分空调负荷，即在电价谷时段，利用蓄冰装置储存一部分冷量，到空调时间融冰供冷，并配合制冷机运行，与制冷机共同分担空调负荷。

部分负荷蓄冷系统在过渡季节可以作为全蓄冷系统或避峰蓄冷系统运行，以最大限度地节省运行费用，适合于绝大多数建筑，如图 8-7 所示。这种方案与全负荷蓄冷方案相比，转移的尖峰电量小，但在空调负荷较大时，制冷机制冷与蓄冰装置融冰供冷同时进行，使得制冷机容量和蓄冰量均显著减少，其初投资大幅度降低。同时，由于转移了一定量的尖峰电量，与常规空调系统相比，运行费用明显降低。

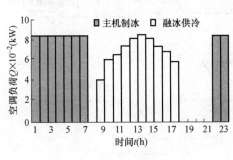

图 8-6 全负荷蓄冷

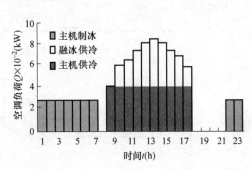

图 8-7 部分负荷蓄冷

8.2.3 系统形式

部分负荷蓄冷根据冷水机组和蓄冰装置在系统中的相对位置可分为串联系统和并联系统。串联系统又根据冷水机组的相对位置关系分为主机上游和主机下游两种形式。

1. 并联系统

双工况主机与蓄冰装置在系统中并联设置，如图 8-8 所示。两个设备均处在高温端（进口温度 8～11℃），能均衡发挥各自的效率。融冰泵可采用变频控制，所有电动阀双位开闭；但其配管、流量分配、冷媒温度控制、运转操作等较复杂。在蓄冷的过程中可以同时释冷，但绝大部分时间冷水机组和蓄冰装置均不能满负荷运行。适宜全蓄冷系统和供水温差小（5～6℃）的部分蓄冷系统。

2. 串联系统

双工况主机与蓄冰装置在系统中串联设置。控制点明确，运行稳定，可提供较大温差（≥7℃）供冷。串联系统适合于大温差冷冻水供冷和低温供冷的场所，冷水机组和蓄冰装置各负担一部分温差。

（1）主机上游——制冷机处于高温端，如图 8-9 所示。回水先流经冷水机组，使机组能在较高的蒸发温度下运行，制冷效率高，而蓄冰装置处于低温端，融冰效率低。适合融冰特性较理想的蓄冰装置或空调负荷平稳变化的工程。

（2）主机下游——回水先流经蓄冰装置，制冷机处于低温端，如图 8-10 所示。制冷效率低，而蓄冰装置处于高温端，融冰效率高。适合融冰特性欠佳的蓄冰装置、封装式蓄冰装置或空调负荷变幅较大的工程。

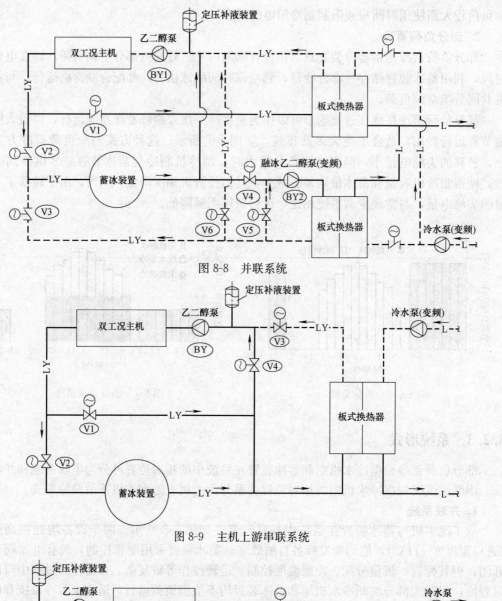

图 8-8 并联系统

图 8-9 主机上游串联系统

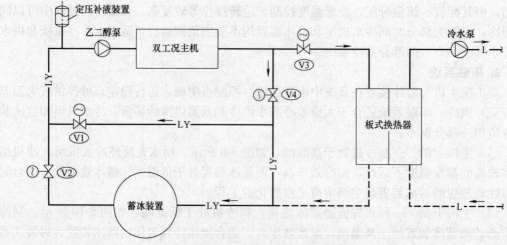

图 8-10 主机下游串联系统

8.3 冰蓄冷系统设计

冰蓄冷系统可按如下步骤设计：

(1) 对建筑物典型设计日空调冷负荷进行 24h 逐时负荷计算；

(2) 蓄冰系统的形式和运行策略的确定；

(3) 冷水机组和蓄冰装置的容量计算；

(4) 其他配套设备的选择计算；

(5) 编制蓄冷周期逐时运行图；

(6) 通过初投资和运行费用的计算进行经济分析，求得与常规制冷系统相对比的投资回收期。

8.3.1 典型设计日逐时负荷

冰蓄冷系统与常规空调系统设计时的负荷计算要求不同，应计算蓄冷—释冷周期的逐时空调冷负荷，且应考虑各种附加得热，其中包括建筑物内冷水泵与冷水管道的附加、室外冷水管道附加、蓄冰装置的附加（2%～3%）。当采用低温送风空调系统时，应根据室内外参数计算是否产生附加的潜热冷负荷。方案设计或初步设计阶段，无法对附加得热进行详细计算时，可以按设计蓄冷—释冷周期内总负荷的5%～10%估算总的附加得热。间歇运行的蓄冷空调系统负荷计算时，应计算初始降温冷负荷。可以采用动态能耗计算软件对间歇期和空调运行期进行模拟计算，或将开启空调系统前 0.5～1.5h 的负荷计入蓄冷系统负荷。

蓄冷系统的负荷计算应根据设计日逐时气象参数、建筑围护结构、人员、照明、内部设备以及工作制度，采用动态计算法逐时计算，绘制全日冷负荷曲线图，按式（8-1）计算确定设计日空调总冷量：

$$Q = \sum_{i=1}^{n} q_i \qquad (8-1)$$

式中 Q——设计日空调总冷量，（kWh）或（RTh）；

q_i——设计日 i 时刻冷负荷，kW 或 RT；

n——设计日空调系统运行小时数。

在方案阶段或初步设计阶段，可采用系数法或平均法，根据峰值负荷估计设计日逐时冷负荷。

1. 系数法

利用常规制冷估算负荷方法计算设计日峰值负荷，乘以不同功能建筑逐时冷负荷系数求得逐时冷负荷：

$$q_i = k \times q_{max} \qquad (8-2)$$

式中 k——逐时冷负荷系数，见表 8-1；

q_{max}——峰值小时冷负荷，kW 或 RT。

2. 平均法

设计日总冷负荷量应按式（8-3）计算：

$$Q = \sum_{i=1}^{n} q_i = n \times m \times q_{\max} = n \times q_p \tag{8-3}$$

式中 Q——设计日空调总冷量，kWh 或 RTh；

       q_i——i 时刻空调冷负荷，kW；

      $q_{\max}$——峰值小时冷负荷，kW；

       q_p——日平均冷负荷，kW；

       n——典型设计日空调系统运行小时数；

       m——平均负荷系数，等于日平均冷负荷与峰值小时冷负荷的比值，一般取
         0.75～0.85。

逐时冷负荷系数 k   表 8-1

时间	写字楼	宾馆	商场	餐厅	咖啡厅	夜总会	保龄球
1:00	0	0.16	0	0	0	0	0
2:00	0	0.16	0	0	0	0	0
3:00	0	0.25	0	0	0	0	0
4:00	0	0.25	0	0	0	0	0
5:00	0	0.25	0	0	0	0	0
6:00	0	0.50	0	0	0	0	0
7:00	0.31	0.59	0	0	0	0	0
8:00	0.43	0.67	0.40	0.34	0.32	0	0
9:00	0.70	0.67	0.50	0.40	0.37	0	0
10:00	0.89	0.75	0.76	0.54	0.48	0	0.30
11:00	0.91	0.84	0.80	0.72	0.70	0	0.38
12:00	0.86	0.90	0.88	0.91	0.86	0.40	0.48
13:00	0.86	1.00	0.94	1.00	0.97	0.40	0.62
14:00	0.89	1.00	0.96	0.98	1.00	0.40	0.76
15:00	1.00	0.92	1.00	0.86	1.00	0.41	0.80
16:00	1.00	0.84	0.96	0.72	0.96	0.47	0.84
17:00	0.90	0.84	0.85	0.62	0.87	0.60	0.84
18:00	0.57	0.74	0.80	0.61	0.81	0.76	0.86
19:00	0.31	0.74	0.64	0.65	0.75	0.89	0.93
20:00	0.22	0.50	0.50	0.69	0.65	1.00	1.00
21:00	0.18	0.50	0.40	0.61	0.48	0.92	0.98
22:00	0.18	0.33	0	0	0	0.87	0.85
23:00	0	0.16	0	0	0	0.78	0.48
24:00	0	0.16	0	0	0	0.71	0.30

8.3.2 系统设计

1. 蓄冰系统的形式

蓄冰系统的形式应根据蓄冷—释冷周期内冷负荷曲线、电网峰谷时段以及电价、蓄冰

系统的规模、蓄冰装置的蓄冷和释冷特性以及建筑物能够提供的设置蓄冰装置的空间等因素，经综合比较后确定。蓄冰装置的蓄冷和释冷特性应满足蓄冷空调的需求。

（1）全负荷蓄冷

总蓄冷量按在设计工况下平、峰段的逐时空调冷负荷的叠加值确定。

1）蓄冰装置有效容量：

$$Q_s = \sum_{i=1}^{24} q_i = n_i \times c_f \times q_c \qquad (8-4)$$

2）蓄冰装置名义容量：

$$Q_{so} = \varepsilon \times Q_s \qquad (8-5)$$

3）制冷机标定容量：

$$q_c = \frac{\sum\limits_{i=1}^{24} q_i}{n_1 \times C_f} \qquad (8-6)$$

式中　Q_s——蓄冰装置有效容量，kWh 或 RTh；

　　Q_{so}——蓄冰装置名义容量，kWh 或 RTh；

　　q_i——i 时刻空调冷负荷，kW；

　　ε——蓄冰装置的实际放大系数，一般取 $1.03\sim1.05$。

　　n_1——夜间制冷机在蓄冷工况下运行的小时数，h。

　　q_c——空调工况制冷机的标定制冷量，kWh 或 RTh；

　　C_f——制冷机制冰工况系数，即制冰工况与空调工况制冷能力的比值，一般活塞式制冷机约为 $0.6\sim0.65$；螺杆式制冷机约为 $0.65\sim0.70$；离心式制冷机约为 $0.62\sim0.65$；三级离心式制冷机约为 $0.70\sim0.80$。

（2）部分负荷蓄冰

总蓄冷量应根据工程的冷负荷曲线、电力峰谷时段划分、用电初装费、设备初投资费及其回收周期和设备占地面积等因素通过经济技术分析确定。

1）蓄冰装置有效容量

$$Q_s = n_1 \times C_f \times q_c \qquad (8-7)$$

2）蓄冰装置名义容量：

$$Q_{so} = \varepsilon \times Q_s \qquad (8-8)$$

3）制冷机名义制冷量：

$$q_c = \frac{\sum\limits_{i=1}^{24} q_i}{n_2 + n_1 \times C_f} \qquad (8-9)$$

式中　n_2——白天制冷机在空调工况下运行的小时数，h。

当白天制冷机在空调工况下运行时，如果计算得到的制冷机名义制冷量 q_c 大于该时段内的 n 个小时制冷机承担的逐时冷负荷 q_j、q_k、$\cdots$，则需对白天制冷机在空调工况下运行的小时数 n_2 进行修正。

$$n_2' = (n_2 - n) + \frac{q_j + q_k + \cdots}{q_c} \qquad (8-10)$$

对于部分负荷蓄冰系统，一般最佳蓄冷比例以 30％～70％之间为宜。

2. 蓄冰系统的运行温度

冰蓄冷系统的运行温度根据双工况主机和蓄冰装置及蓄冰系统形式确定。

（1）冷热源温度

1）蓄冰装置供冷温度为 3～5℃，低温系统供冷温度为 1～3℃。

2）双工况主机制冰工况供/回水温度（−5～−7）℃/（−1～−3）℃，制冷工况供/回水温度为（3～6）℃/（8～12）℃。以上温度参数需经蓄冰装置的蓄冰和融冰供冷特性曲线校核计算确定。

（2）水系统温度

1）空调冷水直接进入建筑物内各空调末端时，若采用内融冰方式，冷水供回水温差不应小于 6℃，供水温度不宜高于 6℃；若采用外融冰方式，冷水供回水温差不应小于 8℃，供水温度不宜高于 5℃。

2）当采用二次冷水时，若采用内融冰方式，一次冷水供回水温差不应小于 5℃，供水温度不宜高于 6℃；若采用外融冰方式，一次冷水供回水温差不应小于 6℃，供水温度不宜高于 5℃。

3）当空调系统采用低温送风方式时，其冷水供回水温度，应经经济技术比较后确定，供水温度不宜高于 5℃，一般取 3℃/13℃；

4）用于区域供冷时，空调冷水供回水温差不应小于 9℃。

3. 基载机组

在蓄冷周期内，当存在较为稳定并具有一定量的供冷负荷，且符合下列情况之一时，系统宜配置基载机组：

（1）基载冷负荷超过制冷主机单台空调制冷量的 20％。

（2）基载冷负荷超过 350kW。

（3）基载负荷下的空调总冷量（kWh）超过设计蓄冰冷量（kWh）的 10％。

基载机组的容量按保证蓄冷时段空调系统需要的冷负荷确定，基载机组与蓄冷系统并联设置。蓄冷时段所需冷量较少时，也可不设基载主机，由蓄冷系统同时蓄冷和供冷。设基载机组时各系统如图 8-11～图 8-13 所示。

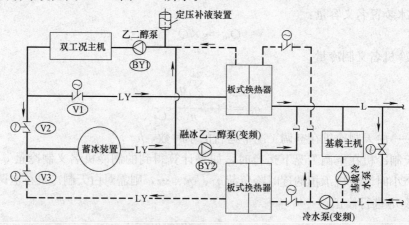

图 8-11　有基载机组的并联系统

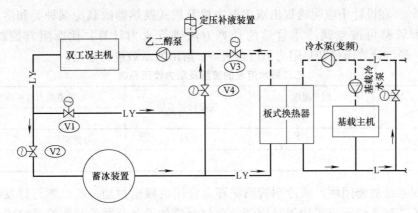

图 8-12　有基载机组的主机上游串联系统

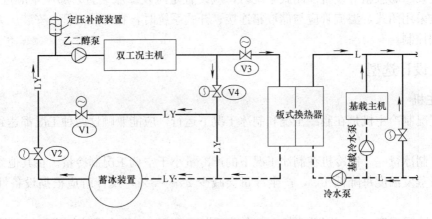

图 8-13　有基载机组的主机下游串联系统

4. 载冷剂

载冷剂的选择应符合下列要求：

（1）制冷机制冰时的蒸发温度应高于该浓度下溶液的凝固点，沸点应高于系统的最高温度。

（2）物理化学性能稳定。

（3）比热大、密度小、黏度低、导热好。

（4）无公害。

（5）溶液中应添加防腐剂和防泡沫剂。

（6）价格适中。

蓄冰系统一般采用乙二醇水溶液作为载冷剂。乙二醇（$C_2H_4(OH)_2$）是无色、无味的液体，挥发性低，腐蚀性弱，容易与水和许多有机化合物合使用。乙二醇的分子量为62.07，凝固点为$-12.7℃$，溶解潜热（$-12.7℃$）为187kJ/kg。乙二醇溶液与水相比黏度大、比热小、导热系数低，密度大，因此膨胀量大，导热差，且具有微弱的腐蚀性。工程中应选用专门配方的工业级缓蚀性乙二醇水溶液，其配比浓度应根据蓄冰系统工作温度范围确定，一般为25%～30%。

当管道内为乙二醇溶液时，一般双工况主机制冷量下降约2%，板式换热器传热系数下降约 10%。在设计中应明确提出双工况主机及板式换热器的载冷剂种类和溶液浓度需求，乙二醇管路可按空调冷水管道的计算方法进行水力计算，比摩阻宜控制在 50～200Pa/m，最终计算流量和总阻力值应按表 8-2 给出的系数进行修正。

乙二醇水溶液的流量及阻力修正系数　　　　　表 8-2

特性　载冷剂	相变温度（℃）	流量修正系数	管道阻力修正系数	
			−5	5℃
25%乙二醇	−10.7	1.08	1.360	1.220
30%乙二醇	−14.1	1.1	1.386	1.257

应确保系统的密闭性，载冷剂管路循环泵宜用机械密封型。乙二醇与锌发生化学反应，因此乙二醇系统不应采用镀锌钢管及含锌材质的设备。载冷剂管路系统应设置储液箱、补液泵、膨胀箱等设备。闭式系统时，应设置定压及膨胀装置，膨胀量应进行计算，膨胀箱宜采用闭式，溢流管应与储液箱连接；开式系统时，宜在回液管上安装压力传感器和电动阀控制。

8.3.3 设计选型

1. 主机

双工况制冷主机是在制冷工况和制冰工况下运行，应能兼顾这两种工况都达到较高的能效比。

（1）制冰量——制冷机在制冰工况下的产冷量小于空调工况制冷量。在其他参数不变时，一般蒸发温度每降低 1℃，产生冷量会减少 2%～3%，设计时应根据设备性能参数确定。

（2）冷凝温度——每降低 1℃，产冷量可提高 1.5%，风冷系统按当地逐时干球温度计算；水冷系统白天宜按进水温度 32℃，夜间蓄冰工况可按进水温度 30℃ 考虑，或根据当地晚间实际气象统计参数计算冷却塔出水温度。

（3）设计时要确定制冷机组蒸发温度和冷凝温度的范围，并由设备厂商提供该范围内的设备性能参数。常用的冷水机组特性如表 8-3 所示。

蓄冷制冷机特性　　　　　表 8-3

制冷机形式	最低供冷温度（℃）	制冷机效率（COP）		典型选用容量范围	
				空调工况下	
		制冷工况	制冰工况	（kW）	（RT）
往复式	−12～−10	4.1～5.4	2.9～3.9	90～350	25～150
螺杆式	−12～−7	4.1～5.4	2.9～3.9	180～1900	50～550
离心式	−15～−6	5.0～5.9	3.5～4.5	700～7000	200～2000
涡旋式	−9.0	3.8～4.5	1.2～1.3	70～210	20～60
吸收式	4.4	0.65～1.23	—	700～5600	200～1600

（4）设计时双工况主机台数不宜少于 2 台，不设备用。

2. 水系统及水泵

（1）乙二醇泵、冷却水泵应按双工况主机一对一匹配设置，应设置备用泵或互为备用。

（2）融冰泵流量按设计日峰值负荷中蓄冰槽所承担负荷与设计供回水温差确定。

（3）空调冷水泵根据系统规模确定，不应少于 2 台，不设置备用泵，宜采用变频控制。

（4）冷热源系统中水泵扬程承担各自回路阻力，不宜加裕量系数。

（5）可设置变频泵节约运行费用，但仍需要设置旁通阀来控制旁通管路，以满足制冷主机最低流量的约束。

（6）宜选用机械密封型水泵。

3. 热交换器

（1）空调水系统规模较小、工作压力较低时，可直接采用乙二醇溶液循环，否则宜采用板式热交换器换热的间接循环，向空调系统供冷。

（2）普遍采用板式换热器。板式换热器结构紧凑，传热效率高。

（3）热交换器选型应根据样本，按对数平均温差选取。

4. 溶液箱及补液箱

（1）对于无相变影响的内融冰、外融冰等系统的计算

1）闭式溶液膨胀装置的容积：

$$V=\frac{V_s(\rho_1/\rho_2-1)}{1-(\alpha_1+\alpha_2)} \tag{8-11}$$

2）开式溶液膨胀装置的容积：

$$V=V_s(\rho_1/\rho_2-1) \tag{8-12}$$

式中　V——膨胀装置的有效容积，m^3；

　　　V_s——最低温度 t_1 时，系统载冷剂的容量，m^3；

　　　ρ_1——最低温度 t_1 时，载冷剂的密度，kg/m^3；

　　　ρ_2——最高温度 t_2 时，载冷剂的密度，kg/m^3；

　　　α_1——最低温度 t_1 时，膨胀装置下部的剩余空间，一般 $\alpha_1=10\%$；

　　　α_2——最高温度 t_2 时，膨胀装置上部的气体空间，一般 $\alpha_2=20\%$。

（2）系统补液装置的容量

冰蓄冷系统补液装置的容量可按常规系统计算，系统补液量取系统水容量的 2%，补液泵流量取补液量的 2.5～5 倍，泵的扬程应附加 30～50kPa，并设置备用泵。

（3）储液箱的容量

载冷剂储液箱容量宜按系统储存 0.5～1.0h 的补水泵水量或 2～3 倍的系统膨胀的有效容积的较大值进行选取。

5. 蓄冰槽

多台蓄冰装置并联时，宜采用同程式配管；当采用异程式配管时，每个蓄冰槽进液管宜设平衡阀。外融冰蓄冰槽的数量大于 2 个时，水侧宜采用并联连接。

（1）做法

现场制作开式蓄冰槽时，材料可采用钢板、混凝土或玻璃钢，并应符合以下要求：

1）蓄冰槽必须满足系统承压要求，埋地蓄冰槽还应能承受土壤等荷载；

2) 蓄冰槽应严密、无渗漏；

3) 蓄冰槽及内部部件应做耐腐蚀处理；

4) 蓄冰槽应进行槽体结构和保温结构的设计。

槽体一般设置在建筑最底层，为钢筋混凝土结构时，可以与主体结构做成一体或分开设计，需校验结构荷载。当采用钢制或玻璃钢制整体式蓄冰槽时，为了保证安装与维护，槽体距墙壁或槽体之间一般应保证450mm的距离。

（2）体积

蓄冰槽的体积取决于槽中冰水百分比，一般蓄冰槽的体积为 $0.068\sim0.085\mathrm{m}^3/\mathrm{RTh}$（$0.02\sim0.025\mathrm{m}^3/\mathrm{kWh}$）。对于盘管式蓄冰装置来说，具体可根据盘管的尺寸与摆放空间，并留出盘管的安装空间，来确定蓄冰槽的长宽；蓄冰槽的高度可根据盘管高度加上冰槽底部做法、水面淹没盘管高度（$150\sim200\mathrm{mm}$），结冰时水的体积膨胀（需计算，一般不超过200mm）及管道溢水进冰槽的高度（需计算，一般不超过150mm），再加100mm的富裕高度计算。

（3）保温

蓄冰槽的冷量损失取决于表面积、槽壁导热系数、槽周围物质温度和槽体内蓄冷介质温度。蓄冰槽的保温应使表面温度不低于空气露点温度，整体保温设计要保证冷量损失最大不超过每日蓄冷量的5%。保温需采用闭孔型材料，一般可采用硬聚氨酯发泡保温层、憎水珍珠岩保温层或挤压聚苯乙烯保温板。在进行保温设计时要考虑蓄冰槽底部、槽壁的绝热。冰槽可设置盖板，降低冷损失，或者设置独立的蓄冰间，并将蓄冰间整体做保温。

冰槽可采用内保温或外保温形式。冰槽采用内保温时保温效果好，工艺要求高，安装设备时易将保温、防水层造成破坏，因此大型区域供冷外融冰系统冰槽宜采用冰槽外保温。一般具体顺序如图8-14所示（以内保温为例）。

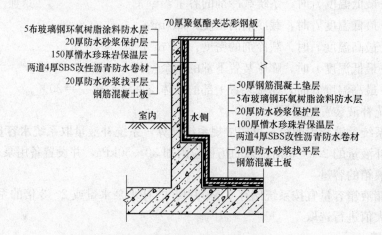

图8-14 憎水珍珠岩内保温结构

8.3.4 冰蓄冷系统的控制

冰蓄冷系统应配置较完善的检测及自动控制装置进行优化控制，解决各工况的转换操作、蓄冷系统供冷温度和空调供水温度的控制以及双工况主机和蓄冰装置供冷负荷的合理分配，并且可以实现以下控制内容：参数检测与设备状态显示；载冷剂及空调供回水温度的控制；空调负荷的预测、记忆；用电量、冷量的计量与监控；自动保护及报警。一般由一个中央控制站、若干个现场控制单元、若干个信号传感器和电磁、电动控制设备等组成，并应具有良好的人机操作界面，如图 8-15 所示。

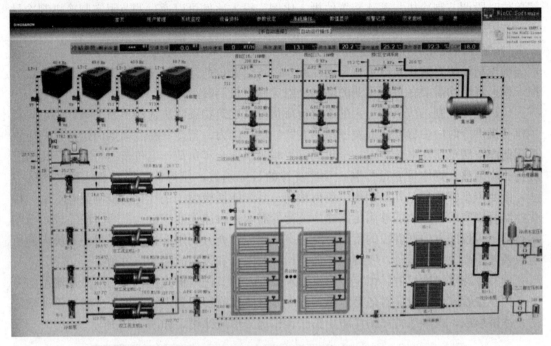

图 8-15　某工程冰蓄冷系统控制界面

（1）应合理配置电动阀（三通或二通）实现双工况主机蓄冰、主机单独供冷、蓄冰装置单独供冷及主机与蓄冰装置联合供冷四种工况运行方式的转换。

（2）应配置完善的检测和自动调节装置，实现各工况运行方式的能量调节及温度控制。

（3）主机蓄冷工况：封装式蓄冰装置根据给定的冷机蒸发温度测定蓄冰结束；开式蓄冷装置可根据液位变化或冰层厚度，测定蓄冰量来控制蓄冷工况或根据设定的制冷机进口后出口温度或温度差，当低于该设定值时蓄冷工况结束，也可以根据设定的时间控制蓄冷工况的结束。

（4）主机单独供冷：根据恒定冷机出口温度调整主机出力，同时根据负荷变化进行制冷机启停台数控制。

（5）蓄冰装置单独供冷：恒定蓄冰装置出口温度，调节进入蓄冰装置内载冷剂流量，控制融冰供冷量。

（6）联合供冷：恒定主机与蓄冰装置混合温度，进行主机的能量调节；调节进入蓄冰装置内的载冷剂流量，控制融冰供冷量。实现系统供冷负荷的控制。根据系统效率、运行费用及系统流程采用下列控制方式：

1）制冷机优先：设定制冷机出口温度，使其满负荷运行或限定制冷量运行；当空调系统的负荷超出制冷机的制冷量时，调节蓄冰装置的流量，以实现供水温度的恒定。

2）蓄冰装置优先：设定蓄冰装置的进、出口流量，使其满负荷运行或限定释冷量运行；当空调系统的负荷超出释冷量时，按设定的出口温度开启并运行制冷机，以实现供水温度的恒定。

3）比例控制：根据对系统的负荷预测和实际监测到的蓄冷装置的剩余冷量和融冰率，按单位时段调节制冷机与蓄冰装置的投入比例，投入比例可以通过调节限定制冷机制冷量或调节限定的蓄冰装置释冷量。

4）制冷机优先的控制策略简单，但要注意充分地利用蓄冰装置的蓄冷量；蓄冰装置优先的控制策略要防止蓄冷量过早地释放，以致空调负荷高峰时供水温度失控和供冷量失控，以上策略均需要在负荷预测的基础上限定制冷机制冷量。

（7）优化控制：应根据每天的逐时负荷预测及建筑物逐时负荷的不断积累，决定每日主机开机供冷时段，尽可能地发挥蓄冰装置的供冷能力。蓄冷—释冷周期内运行策略应根据周期内空调负荷与电价制定；全年运行策略应根据全年负荷、电价及运行费用变化情况进行相应调整。具体是通过控制一个经济性的目标函数，使得该目标函数达到极值的方法，由四个步骤实现：外温预测—负荷预测—系统能耗模型—最优化的控制策略求解。优化控制可以实现：融冰能够满足高峰冷负荷的需求；融冰作业于电力高峰时段完成，节约运行费用；夜间电力低谷段的蓄冰，应在次日用完，充分利用低谷电；尽量使系统内的所有设备处于高效率点运行，实现能耗最小；有对限电和设备故障的应急预案。

（8）冷冻水温度控制：恒定冷冻水供水温度，调节进入板式换热器的载冷剂流量。

（9）盘管式蓄冰时应对各蓄冰单元内的冰层厚度或蓄冰量进行监控，外融冰蓄冰槽应防止冰桥形成，内融冰蓄冰槽应防止膨胀容积部分形成冰帽，如图8-16所示。

图8-16　冰层厚度传感器（仅用于外融冰）

（10）运行策略：

1）电力低谷时段且无空调负荷，或设有基载冷机时，采用主机蓄冷工况，过渡季可以采取限定主机制冷量或调整台数的方法蓄冷；

2）在基载冷机供冷或电力平段或蓄冰装置检修时，采用主机单独供冷工况；

3）运行策略为全负荷蓄冷的电力高峰时段，采用蓄冰装置单独供冷工况；

4）运行策略为部分负荷蓄冷的电力高峰时段，采用联合供冷工况。

（11）监控对象：

1）制冷机的进、出口温度和流量；

2）蓄冰装置的进、出口温度和流量，蓄冷量和释冷量；

3）空调系统供回水温度和流量；

4）各电动阀门的阀位；

5）变频泵的频率；

6）其他必须监测的设备状态参数；

7）室外空气温湿度。

8.4 工 程 示 例

8.4.1 内融冰系统——某办公区冰蓄冷设计

1. 项目概况

（1）建筑规模及功能

该项目分为 A，B，C 三个区，总建筑面积 295759m^2。

（2）基本技术参数及可用资源

1）制冷期按 3～11 月，共计 9 个月（270d）计。

2）分时电价为：

峰段 09：00～12：00，16：00～22：00，0.9063 元/kWh；

平段 07：00～9：00，12：00～16：00，22：00～23：00，0.561 元/kWh；

谷段 23：00～07：00，0.322 元/kWh。

办公建筑白天平均电价为 0.73365 元/kWh。

基本电价为 33 元/（kW·月）（最大需量）。

2. 空调冷负荷

全项目总冷负荷为 28368kW（8068RT）；其中 A 区冷负荷为 5972kW（1699RT），B 区冷负荷为 12616kW（3588RT），C 区冷负荷为 9780kW（2782RT）。

集中供冷时的同时使用系数一般为 0.8～0.9，取 0.84，则总冷负荷为 23829kW（6777RT）。设计日冷负荷曲线如图 8-17 所示。

3. 冷源设计

该项目主要为办公建筑，空调基本上是在白天运行，夜间负荷很小，逐时空调负荷与电力峰谷相吻合，极适合冰蓄冷系统的经济运行，采用冰蓄冷方式，大温差低温送水是可行的，也是必要的。

采用主机上游串联内融冰系统，冷水供应温度可达 3.3℃，冷水输送温差可达 10℃（回水温度 13.3℃），比常规系统的冷水输送温差（5℃）高 5℃，即管道和输送设备可减少 50%，同时冷水输送能耗至少减少 50%。

（1）系统设计

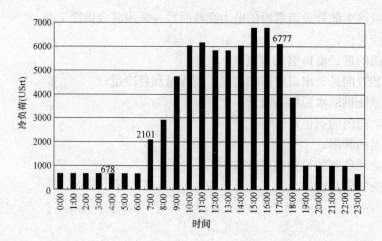

图 8-17 设计日冷负荷曲线

系统设计为部分负荷蓄冰，采用有二次基载的主机上游串联内融冰系统；冷水输送为二次泵变频变流量，用户段直接连接方式。

1）选用 3 台双工况冷水机组，白天供冷、夜间制冰，单台制冰量为 4114kW（1170 RT）；同时选用单工况基载离心式冷水机组 1 台，全天供冷，制冷量为 2813kW（800 RT）。

2）蓄冷设备选用 50 套 TSC-380 型蓄冰钢盘管，布置在混凝土水槽中，总蓄冷量为 66800kWh（19000RTh）。

3）设 3 台供冷板式换热器，单台换冷量 7705kW，乙二醇温度为 4℃/11.5℃，空调冷水温度为 5℃/13℃。

4）冷却水泵、冷却塔各 4 台，与制冷机组一对一匹配设置。采用逆流方形冷却塔，设在室外地面。

5）采用二次泵变流量水系统，基载冷水泵、融冰冷水泵为一次泵，定速运行，台数控制；根据最远端用户比例压差控制水泵频率。每栋楼直接连接，设冷量计量装置。

6）乙二醇系统和空调冷水系统采用补水泵加密闭隔膜式膨胀水罐定压方式。

7）室外管网采用车库内架空安装，支状敷设方式。

8）用户端采用直接连接方式，设冷量计量装置。

设计日负荷平衡图、制冷系统图、设备投资表分别如图 8-18、图 8-19 和表 8-4 所示。

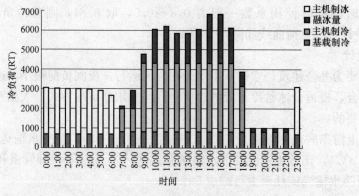

图 8-18 设计日负荷平衡图

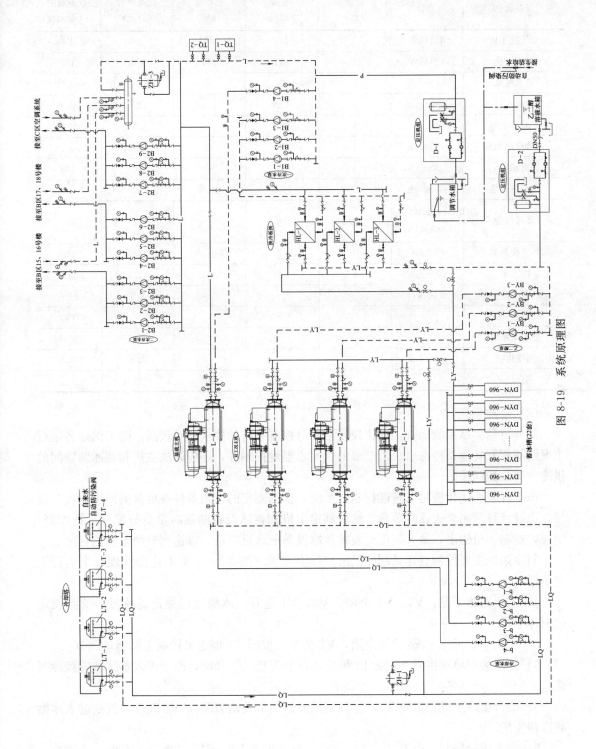

图 8-19 系统原理图

主要设备表 表 8-4

设备名称	参数	数量（台）	电量（kW）	总电量（kW）	设备单价（万元）	设备费用（万元）
双工况主机	4114kW	3	787	2361	200	600
基载主机	2813kW	1	511	511	160	160
乙二醇泵	865m³/h	3	75	225	10.13	40.52
冷却水泵	880m³/h	3	110	330	12.9	51.6
基载冷水泵	390m³/h	1	55	55	8.24	8.24
基载冷却水泵	635m³/h	1	75	75	10.18	10.18
冷却塔	900m³/h	3	30	90	46	138
基载冷却塔	650m³/h	1	18.5	18.5	32	32
蓄冰盘管	1336kWh（380 RTh）	50			14	700
板式换热器	7705kW	3			60	180
冷水泵	900m³/h	3	110	330	12.9	38.7
乙二醇	100%,7t				1.5	10.5
自控系统						150
变配电系统					0.05	199.78
制冷机房	1164.2m²				0.2	232.85
合计				3996		2552.4

（2）自控系统

部分负荷蓄冰系统运行工况比较复杂，对控制系统的要求相对较高，除了保证各运行工况间的相互转换及冷冻水、乙二醇的供回水温度控制外，还应解决主机和蓄冰装置间的供冷负荷分配问题。

该工程采用优化控制（智能控制）系统，根据测定的气象条件及负荷侧回水温度、流量，通过计算预测全天逐时负荷，然后制定主机和蓄冰设备的逐时负荷分配（运行控制）情况，控制主机输出，最大限度地发挥蓄冰设备融冰供冷量，以达到节约电费的目的。

制冷系统主要控制点详见制冷机房自控原理图（图 8-20），同时应能实现以下运行工况的控制：

1）主机蓄冰工况：V1、V3 全闭，V2、V4 全开，冰槽液位测定蓄冰量，蓄到设定值时停主机。

2）主机单独供冷工况：V2 全闭，V1 全开，根据 T1 恒定来控制主机能量调节。

3）蓄冷装置单独供冷工况：T1 恒定，调节 V1、V2 开度，改变进入蓄冰装置载冷剂流量。

4）联合供冷工况：恒定 T1，控制主机能量调节及调节 V1、V2 开度，改变进入冰槽载冷剂流量。

5）冷水供冷控制：以上 2）、3）、4）工况，恒定 T2，调节 V3、V4 开度，改变进入板式换热器的载冷剂流量；恒定负荷侧压差 ΔP，改变冷水泵频率，以均衡负荷侧供冷量。

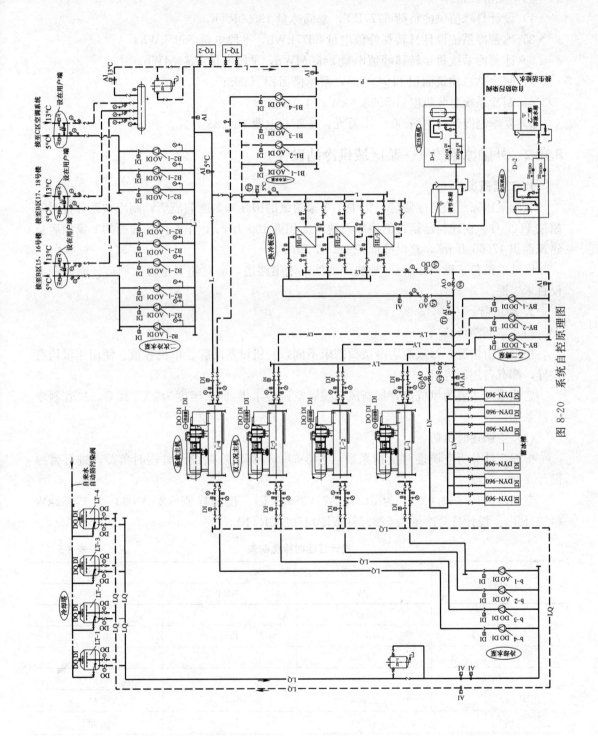

图 8-20 系统自控原理图

6）基载主机和基载冷水泵全天开启，恒定 T3，控制基载主机能量调节。

（3）经济性指标

1）设计日峰值供冷负荷 6777RT，总储冰量 19000RTh。

2）冰蓄冷系统设计日转移峰值电量 8677kWh，平段电量 7665kWh。

3）冰蓄冷系统每年转移峰值电量 2450MWh，平段电量 1964MWh。

4）制冷站总建筑面积 1164.2m²，蓄冰槽面积 7520m²。

5）制冷系统总装机电量 3995.5kW。

6）夏季制冷运行电费 602.61 万元，全年总电费 760.83 万元。

8.4.2 外融冰系统——某区域供冷站设计

1. 工程概况

我国某国家级旅游度假区，集中了多家顶级的国际知名度假酒店，制冷空调开机时间超过 11 个月，在建与已运行的酒店总建筑面积近 100 万 m²，中心广场西面的 8 家酒店总建筑面积 47.69 万 m²，总供冷面积 36.66 万 m²。

区域冷站位于度假区 E-08 地块，地处主干道路边，面对超五星级大酒店，面海距离仅百米之遥。

2. 冷负荷

（1）空调冷负荷

根据调研情况，每家酒店冷负荷需求不同，装机设备品牌、单机容量、使用年限均有差异，都有备用制冷机。

空调末端主要为风机盘管加新风系统，空调冷水供/回水温度为 7℃/12℃，二管制变水量系统。

（2）空调逐时负荷

根据统计分析空调逐时负荷系数（表 8-5），计算制冷站设计日逐时负荷，进行蓄冷设计。

空调冷负荷（13：00）为 31240kW（8885RT），夜间峰值（23：00）为 15932kW（4531RT）。设计日总冷量为 528263kWh（150245RTh）。

设计日逐时冷负荷表　　　　　　　　　　　　　　　表 8-5

时间	总负荷		负荷率
	kW	UsRT	%
0：00	15620	4443	0.50
1：00	15307	4354	0.49
2：00	14370	4087	0.46
3：00	13745	3909	0.44
4：00	12808	3643	0.41
5：00	12183	3465	0.39
6：00	16245	4620	0.52
7：00	19681	5598	0.63

续表

时间	总负荷		负荷率
	kW	UsRT	%
8：00	20931	5953	0.67
9：00	23430	6664	0.75
10：00	24679	7019	0.79
11：00	26241	7463	0.84
12：00	28428	8085	0.91
13：00	31240	8885	1.00
14：00	29053	8263	0.93
15：00	29053	8263	0.93
16：00	28428	8085	0.91
17：00	27491	7819	0.88
18：00	29053	8263	0.93
19：00	26241	7463	0.84
20：00	24367	6930	0.78
21：00	22805	6486	0.73
22：00	20931	5953	0.67
23：00	15932	4531	0.51
合计	528263	150245	17

3. 冷源设计

（1）系统设计

采用有二次基载的主机上游串联外融冰部分负荷冰蓄冷系统。

1）主机：选用 4 台双工况多级离心式冷水机组，白天供冷、夜间制冰，单台制冷量为 3867kW（1100RT），乙二醇供/回水温度为 5℃/10℃；单台制冰量为 2631kW（748RT），制冰供/回水温度为 -6℃/2.4℃。

2）基载主机：暂设设 2 台（满负荷时应为 4 台）单工况基载多级离心式冷水机组，全天供冷，单台制冷量为 4132kW（1175RT），冷水供/回水温度为 4℃/11℃。

3）蓄冷设备：选用 56 套 IPCB-456 型蓄冰钢盘管，布置在混凝土水槽中，总蓄冷量 89658kW（25500RTh）。

4）板式换热器：设 4 台融冰供冷板式换热器，单台换冷量 6250kW，空调冷水供/回水温度为 3℃/11℃，一次融冰冷水供/回水温度为 1.3℃/10℃。

5）设 3 台制冷板式换热器，与空调换冷后的一次水先与双工况主机的乙二醇换冷降温，再进入池水融冰，乙二醇供/回水温度为 3.5℃/9℃，一次冷水供/回水温度为 4℃/10℃。

6）制冷站基载主机供冷与蓄冰系统同时供冷时，供/回水温度为 3.3℃/11℃。

7）冷却水：冷却水泵、冷却塔各 6 台，采用逆流方形冷却塔，设在室外地面。冷却塔风机变频控制。

8）冷却泵、乙二醇泵与制冷机组一对一匹配设置，不设备用泵。

9）冷水泵：采用二次泵变流量水系统，基载冷水泵、融冰冷水泵为一次泵，定速运行，台数控制；设两组二次冷水泵，根据最远端用户比例压差控制水泵频率。

10）补水定压：乙二醇系统采用高位膨胀水箱定压方式，溶液箱设在二层，空调冷水系统采用闭式隔膜膨胀罐定压方式。

11）预留机位：从设计日负荷平衡表分析，夜间基载有些不足，夜间峰值差2181RT，供冷初期可先租用酒店制冷机组（＞2181RT 即可），补充基载负荷；待用户冷机报废后，可在站房内预留主机位置增设两台基载主机（2×1175RT）。

设计日负荷平衡图、设计日负荷平衡表、制冷系统图分别如图 8-21、表 8-6 和图 8-22所示。

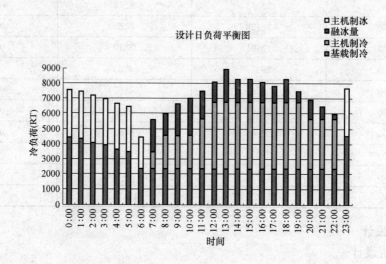

图 8-21　设计日负荷平衡图

（2）管网和用户端设计

1）室外管网：采用直埋保温管，支状敷设方式。

2）用户端：采用板式换冷器的间接连接方式。

3）管网二次水供/回水温度为 3.5℃/11℃，用户侧三次水供/回水温度为 7℃/12℃。

4）根据供水温度 7℃ 恒定调节进入板式换热器管网水的流量控制。用户侧冷水泵变频控制。

（3）机房布置

1）制冷站建筑总面积 3749m²，地下一层、地上两层，层高 6m。

2）制冷机、融冰板式换热器、水泵布置在地下一层，蓄冰槽、制冷板式换热器设在一层，变配电、管理用房在二层。

（4）自控设计

1）冰蓄冷系统：部分负荷蓄冰系统运行工况比较复杂，对控制系统的要求相对较高，除了保证各运行工况间的相互转换及冷冻水、乙二醇的供回水温度控制外，还应解决主机和蓄冰设备间的供冷负荷分配问题。

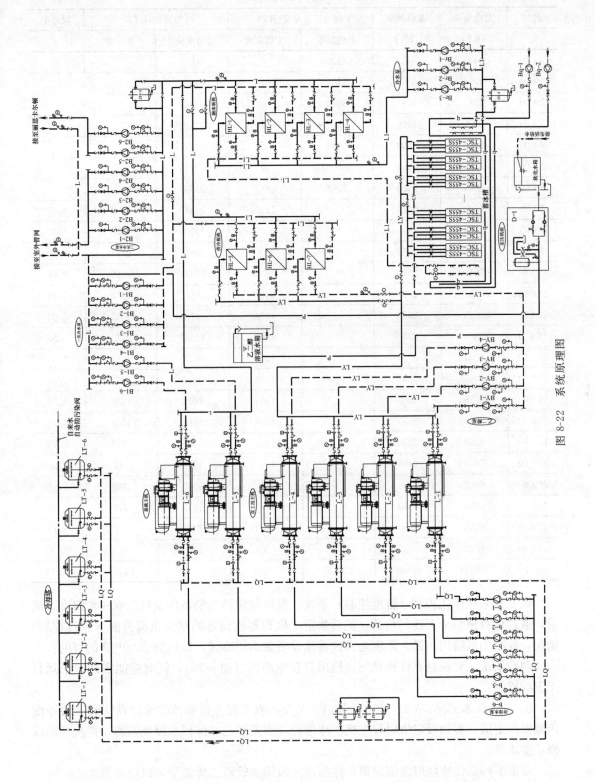

图 8-22 系统原理图

659

设计日负荷平衡表

表 8-6

时间	总冷负荷	基载制冷	制冷机制冷量(RT)		蓄冰槽(RT)		取冷率
	(RT)	(RT)	主机制冰	主机制冷	储冰量	融冰量	%
0：00	4443	4443	3120	0	8177		
1：00	4354	4354	3100	0	11272		
2：00	4087	4087	3080	0	14347		
3：00	3909	3909	3060	0	17402		
4：00	3643	3643	3020	0	20417		
5：00	3465	3465	3000	0	23412		
6：00	4620	2350	2088	0	25500		
7：00	5598	2350		1100	23347	2148	8.42
8：00	5953	2350		2200	21940	1403	5.50
9：00	6664	2350		2200	19821	2114	8.29
10：00	7019	2350		2200	17347	2469	9.68
11：00	7463	2350		3300	15528	1813	7.11
12：00	8085	2350		4400	14188	1335	5.24
13：00	8885	2350		4400	12048	2135	8.37
14：00	8263	2350		4400	10530	1513	5.93
15：00	8263	2350		4400	9012	1513	5.93
16：00	8085	2350		4400	7671	1335	5.24
17：00	7819	2350		4400	6598	1069	4.19
18：00	8263	2350		4400	5080	1513	5.93
19：00	7463	2350		4400	4361	713	2.80
20：00	6930	2350		3300	3076	1280	5.02
21：00	6486	2350		3300	2235	836	3.28
22：00	5953	2350		3300	1927	303	1.19
23：00	4531	4531	3140	0	5062		
合计	150245	68382	23608	56100		23493	92.13

该工程采用优化控制（智能控制）系统，根据测定的气象条件及负荷侧回水温度、流量，通过计算预测全天逐时负荷，然后制定主机和蓄冰设备的逐时负荷分配（运行控制）情况，控制主机输出，最大限度地发挥蓄冰设备融冰供冷量，以达到节约电费的目的。

制冷系统主要控制点详请见制冷机房自控原理图（图 8-23），同时应能实现以下运行工况的控制：

① 主机蓄冰工况：V2、V3 全闭，V1 全开，双工况主机制冰。通过盘管间冰层厚度传感器测定值，蓄到设定值时停主机。冰槽液位测定和乙二醇回水温度监测，再次判断或修正蓄冰量。

根据不同部位冰层厚度测定值，控制进入该端盘管乙二醇流量，以均衡蓄冰。

② 主机单独供冷工况：V1、V7、V9 全闭，V2、V3、V8 全开，根据 T2 恒定来控制

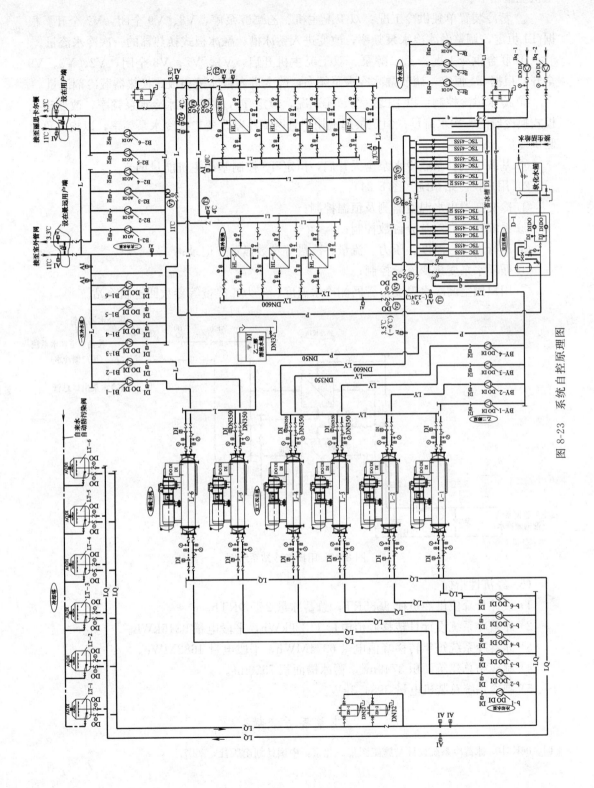

图 8-23 系统自控原理图

主机能量调节。

③ 蓄冷装置单独供冷工况：双工况主机、乙二醇泵停，V8、V9 全闭，V7 全开。根据 T1 恒定，调整融冰冷水泵频率，改变进入蓄冰槽、融冰板式换热器的一次冷水流量。

④ 联合供冷工况：乙二醇泵、双工况主机开启，V1、V7、V8 全闭，V2、V3、V9 全开。根据 T1 恒定，调节融冰冷水泵频率，改变进入蓄冰槽和板式换热器载冷剂流量。

⑤ 冷水供冷控制：以上②、③、④工况，恒定 T2，调节融冰冷水泵频率，改变进入板式换冷器的一次水流量；恒定最远端用户管网侧压差改变二次冷水泵频率，以均衡负荷侧供冷量。

⑥ 基载主机和基载冷水泵全天开启，恒定 T3 控制基载主机能量调节。

2）用户换冷站系统（图 8-24）：

① 冷交换器出水温度监测及恒温控制；

② 系统程序启停及分台数控制；

③ 运行设备、温度、压力、流量、冷量等参数显示、记录；

④ 循环水泵变频变流量控制；

⑤ 用户侧空调冷水温度，管网侧冷水温度、压力、冷量等参数回送制冷站。

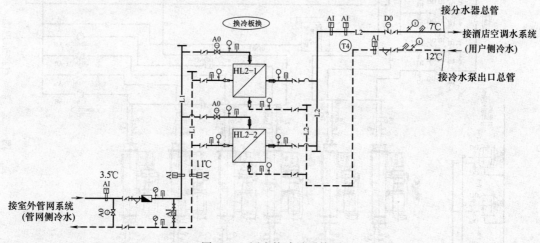

图 8-24　用户换冷站系统图

（5）经济性指标

1）设计日峰值供冷负荷 8885RT，总蓄冰量 25500RTh。

2）冰蓄冷系统设计日转移峰值电量 11829kWh，平段电量 9315kWh。

3）冰蓄冷系统每年转移峰值电量 6374MWh，平段电量 4682MWh。

4）制冷站总建筑面积 3749m²，蓄冰槽面积 7520m²。

5）制冷系统总装机电量 3984.3kW。

本章参考文献

[1] 06K610. 冰蓄冷系统设计与施工图集. 北京：中国计划出版社，2007.

第 9 章　柴油发电机房

本章执笔人

李超英

女，1958 年 10 月 22 日生。中国建筑设计院有限公司高级工程师。

代表工程

北京国际俱乐部（工种负责人），获北京优秀工程设计奖。

主要论著

1.《空调用电制冷机房设计与施工》07R202 国家建筑标准图集，2007。

2. 承德体育馆空调系统设计，暖通空调，2009，10（独著）。

3. 双风机全空气空调系统在体育馆中的应用，暖通空调，2011.11（独著）。

4.《承德奥林匹克体育中心体育场暖通设计》，中国建材工业出版社，2000.6（独著）。

联系方式：nuantong001@sina.com

郭　宇

女，1982 年 10 月 4 日生。中国建筑设计院有限公司工程师，注册设备工程师。2006 年 7 月毕业月天津城市建设学院（本科），2009 年 1 月毕业于北京建筑工程学院（硕士）。

代表工程

1. 中国建筑设计院有限公司创新科研示范中心，4.2 万 m^2（设计制图人）。

2. 安徽百戏园项目，5 万 m^2（工种负责人）。

3. 福建工商总局项目，4 万 m^2（工种负责人）。

主要论著

建筑供暖系统的水力平衡与节能，中国住宅设施，2008，12。

联系方式：87977688@qq.com

9.1 国家及地方有关规范和法规

《民用建筑供暖通风与空气调节设计规范》GB 50736—2012

《高层民用建筑设计防火规范》GB 50045—95（2005版）

《建筑设计防火规范》GB 50016—2006

《人民防空工程设计防火规范》GB 50098—2009

《人民防空地下室设计规范》GB 50038—2005

《民用建筑设计通则》GB 50352—2005

《民用建筑电气设计规范》JGJ 16—2008

《电子信息系统机房设计规范》GB 50174—2008

《平战结合人民防空工程设计规范》DB 11/994—2013

《工业金属管道设计规范》GB 50316—2000（2008年版）

《烟囱设计规范》GB 50051—2002

《压力管道安全技术监察规程-工业管道》TSGD 0001—2009

《工业设备及管道绝热工程设计规范》GB 50264—2013

《设备及管道绝热设计导则》GB/T 8175—2008

《工业企业设计卫生标准》GB Z1—2010

《声环境质量标准》GB 3096—2008

9.2 基 本 规 定

9.2.1 机房建筑设计

柴油机房（站）建筑设计要求与其使用类别（备用、应急备用或常用）、建设规模、主机特性等多种因素有关。一般应遵守以下基本原则：

1. 机房位置的选择

（1）机房宜靠近一级负荷或配电所设置。

（2）机房宜为独立建筑，也可布置于其他建筑的主体建筑或裙房的首层、地下一层或地下二层的靠外墙部位，但不应布置在地下三层及以下楼层，不应布置在人员聚集房间的上面一层、下面一层及贴邻房间的部位；不应布置在主体建筑或裙房的主要疏散口附近，发电机房、控制室及配电室不得设置在厕所、浴室或其他经常积水场所的正下方或贴邻部位。

2. 机（站）房内功能房间配置

柴油发电机房应根据其规模大小、使用类别，设置柴油发电机间、控制室、配电室、日用油箱间、备用器材储藏室及必需的生活间。工程设计时可根据具体情况进行合并或增减。

3. 机房建筑设计要求

（1）柴油发电机间、油箱间属丙类生产厂房，柴油发电机房的建筑耐火等级不应低于一级。

（2）发电机间宜有两个出入口；门应为甲级防火门，向外开启，并应采取隔声措施；发电机间与控制室、配电室之间的门应为甲级防火门、开向发电机间；观察窗应采取防火、隔声措施。

（3）储油间应采用防火墙与发电机间隔开，当必须在防火墙上开门时，应设置能自行关闭的甲级防火门。

（4）机组基础应采取减振措施，宜采取防油浸的设施，当机组设置在主体建筑内或地下层时，应防止与房屋产生共振。

（5）柴油发电站的土建设计应考虑站内最大外形尺寸设备安装吊运的通道或出入口。

（6）站房建筑应采取消声、隔声措施，保证噪声控制符合《声环境质量标准》GB 3096 和《工业企业设计卫生标准》GB Z1 的规定。

9.2.2 柴油发电机组选型

1. 柴油发电机组选型的一般规定

（1）机组容量与台数应根据所需电负荷大小和投入顺序以及单台电动机最大启动容量等因素综合确定。当电负荷较大时，可采用多机并列运行，机组台数宜为 2～4 台。当受并列条件限制时，可实施分区供电。当用电负荷谐波较大时，应考虑其对发电机的影响。

（2）在方案及初步设计阶段，柴油发电机容量可按配电变压器总容量的 10%～20% 进行估算。在施工图设计阶段，可根据一级负荷、消防负荷以及某些重要二级负荷的容量，按下列方法计算的最大容量确定：

1）按稳定负荷计算发电机容量；

2）按最大的单台电动机或成组电动机启动的需要，计算发电机容量；

3）按启动电动机时，发电机母线允许电压降计算发电机容量。

（3）当有电梯负荷时，在全电压启动最大容量笼型电动机情况下，发电机母线电压不应低于额定电压的 80%；当无电梯负荷时，其母线电压不应低于额定电压的 75%。当条件允许时，电动机可采用降压启动方式。

（4）有多台机组时，应选择型号、规格和特性相同的机组及配套设备。

（5）宜选用高速柴油发电机组和无刷励磁交流同步发电机，配自动电压调整装置。选用的机组应装设快速自启动装置和电源自动切换装置。

2. 柴油发电机组自动化规定

（1）机组与电力系统电源不应并网运行，并应设置可靠联锁。

（2）选择自启动机组应符合下列要求：

1）当市电中断供电时，单台机组应能自启动，并应在 30s 内向负荷供电；

2）当市电恢复供电后，应自动切换并延时停机；

3）当连续三次自启动失败时，应发出报警信号；

4）应自动控制负荷的投入和切除；

5）应自动控制附属设备、自动转换冷却方式和通风方式。

（3）机组并列运行时，宜采用手动准同期。当两台自启动机组需并车时，应采用自动同期，并应在机组间同期后再向负荷供电。

9.2.3 设备布置原则

柴油机房的设备布置应符合下列要求：

（1）机房设备布置应符合机组运行工艺要求，力求紧凑、保证安全及便于维护、检修。

（2）机组布置应符合下列要求：

1）机组宜并列布置；

2）柴油发电机间与控制室、配电室贴邻布置时，发电机的出线端与电缆沟宜布置在靠控制室、配电室侧；

3）各机组之间、机组与墙之间的净距应满足设备安装、运行操作、维护检修及布置辅助设备的需要，并不应小于表 9-1 的规定。

机组之间及机组外廓与墙壁的净距（m）　　　　　　　　表 9-1

项目 \ 容量（kW）	<64	75～150	200～400	500～1500	1600～2000
机组操作面	1.5	1.5	1.5	1.5～2.0	2.0～2.5
机组背面	1.5	1.5	1.5	1.8	2.0
柴油机端	0.7	0.7	1.0	1.0～1.5	1.5
机组间距	1.5	1.5	1.5	1.5～2.0	2.5
发电机端	1.5	1.5	1.5	1.8	2.0～2.5
机房净高	2.5	3.0	3.0	4.0～5.0	5.0～7.0

（3）设备布置时应认真考虑管线的布置，尽量减少管线的长度，避免交叉，减少弯曲。

（4）转动设备应有消声、隔振措施，保证良好的使用条件和操作环境。

（5）辅助设备宜布置在柴油机侧或靠机房侧墙，蓄电池宜靠近所属柴油机。

9.3 通风空调设计

9.3.1 通风空调设计基本规定

（1）柴油发电机房在运行过程中，燃料燃烧需要不断供给足量的氧气，柴油发动机、发电机、室内烟道会散发大量的余热，由于设备管道系统的不严密或其他原因，还可能散发 CO 和丙烯醛等有害物质，对室内空气造成污染，因此需要根据生产和环保要求设计通风空调系统，引入室外新鲜空气、排除废气。

（2）宜利用自然通风排除发电机间内的余热，当不能满足温度要求时，应设置机械通风装置；当机房设置在民用建筑的地下层时，应设置防烟、排烟、防潮及补充新风的设施；机房各房间温湿度要求宜符合表 9-2 的规定；安装自启动机组的机房，应满足自启动温度要求；当环境温度达不到启动要求时，应采用局部或整机预热措施；在湿度较高的地区，应考虑防结露措施。

机房各房间温湿度要求 表 9-2

房间名称	冬季		夏季	
	温度(℃)	相对湿度(%)	温度(℃)	相对湿度(%)
机房(就地操作)	15~30	30~60	30~35	40~75
机房(隔室操作、自动化)	5~30	30~60	32~37	≤75
控制及配电室	16~18	≤75	28~30	≤75
值班室	16~20	≤75	≤28	≤75

（3）柴油发电机房宜设置独立的进、排风系统；柴油发电机房的降温方式应符合下列要求：

1）当室内外空气温差较大时，宜利用室外空气降低发电机房温度；

2）当水量充足且水温能满足要求时，宜采用水冷方式降低发电机房温度；

3）当室内外空气温差较小且水量不足时，宜采用直接蒸发式冷风机组降低发电机房温度。

9.3.2 进排风系统设计

（1）机房设置在高层建筑物内时，机房内应有足够的新风进口及合理的排烟道位置。进风宜采用土建风道自然进风，可设置两个 90°转角用以隔声，土建风道风速不宜大于 6m/s。机房排烟应避开居民敏感区，排烟口宜内置排烟道至屋顶。当排烟口设置在裙房屋顶时，宜将烟气处理后再行排放。

（2）机组热风管设置应符合下列要求：

1）热风出口宜靠近且正对柴油机散热器；

2）热风管与柴油机散热器连接处应采用软接头；

3）热风出口的面积不宜小于柴油机散热器面积的 1.5 倍；

4）热风出口不宜设在主导风向一侧，当有困难时，应增设挡风墙；

5）当机组设在地下层，热风管无法平直敷设需拐弯引出时，其热风管弯头不宜超过两处。

（3）机房进风口设置应符合下列要求

1）进风口宜设在正对发电机端或发电机端两侧；

2）进风口面积不宜小于柴油机散热器面积的 1.6 倍；

3）当周围对环境噪声要求高时，进风口宜做消声处理。

（4）柴油发电机房通风系统进、排风量的计算方法：

1）当柴油发电机房采用空气冷却时，按消除柴油发电机房内余热计算进风量；

2）当柴油发电机房采用水冷却时，按排除柴油发电机房内有害气体所需的通风量经计算确定，有害气体的容许含量取：CO 为 $30mg/m^3$，丙烯醛为 $0.3mg/m^3$；或按大于或等于 $20m^3/(kWh)$ 计算进风量。

9.3.3　机房通风换气量计算

1. 柴油燃烧空气量

燃烧用空气量宜按照柴油发电机制造厂提供的用量取用，如无生产厂家资料，可取经验数据 $7Nm^3/kWh$ 计算，也可按照机组燃油消耗量 1kg 燃油需 20kg 标准状态下的空气量计算（1kg 柴油燃烧用理论空气量约 14.3kg 标态空气，考虑 1.4 左右的过量空气系数，取 20kg 标态空气）。

2. 柴油发电机房余热量计算

柴油发电机房内的余热量应包括柴油机的散热量 Q_1、发电机散热量 Q_2 和排烟管道的散热量 Q_y，即：

$$\sum Q_{yu} = Q_1 + Q_2 + Q_y \tag{9-1}$$

（1）柴油机的散热量可按下式计算：

$$Q_1 = 1.5 \times 10^{-4} \eta_1 \times q \times N_e \times B \tag{9-2}$$

式中　Q_1——柴油机的散热量，kW；

　　　η_1——柴油机工作时散向周围空气的热量系数，%，见表 9-3；

　　　q——柴油机燃料热值，可取 $q = 41.87MJ/kg$；

　　　N_e——柴油机额定功率，kW；

　　　B——柴油机的耗油率，kg/kWh，可按 0.2～0.24 选取，建议取 0.23。

柴油机工作时的散热量系数 η_1 值　　　　　　　　　　　表 9-3

N_e		η_1(%)
额定功率(kW)	额定马力(h·p)	
<37	<50	6
37～74	50～100	5～5.5
74～220	100～300	4～4.5
>220	>300	3.5～74

（2）发电机的散热量可按下式计算：

$$Q_2 = \frac{P(1-\eta_2)}{\eta_2} \tag{9-3}$$

式中　Q_2——发电机工作时的散热量，kW；

　　　P——发电机额定输出功率，kW；

　　　η_2——发电效率，%，具体由发电机型号确定。

部分国产柴油发电机的散热量计算值可按表 9-4 选用。

（3）标准大气压下柴油机功率修正系数 β：

当选用的柴油发电机房所在地为非标准大气压状况下应采用式（9-2）和式（9-3）分别计算出柴油机散热量 Q_1 和发电机散热量 Q_2 或查表 9-4，并考虑修正。

（4）柴油机热水热量计算：

$$Q_3 = 1.5 \times 10^{-4} \times \varepsilon \times Ne \times K_b \times q \tag{9-4}$$

式中　Q_3——柴油机废热水热量，kW；

ε——柴油机汽缸冷却水含热量，占燃料发热量的百分比；柴油机满负荷时，一般 ε＝20～30％，ε 值一般取 30％；

K_b——考虑散热损失的安全系数，一般取 0.85。

部分国产柴油机、发电机散热量 　　　　　　　　　表 9-4

柴油机			发电机		Q_1+Q_2 (kW)	备注
N_e		Q_1	P(kW)	Q_2(kW)		
(kW)	(HP)	(kW)				
7.4	10	1.465	5	1.135	2.600	
14.7	20	2.651	12	2.118	4.769	
33	45	6.279	24	3.586	9.865	
44	60	7.674	30	4.091	11.765	
59	80	8.953	40	5.198	14.151	
74	100	11.192	50	5.866	17.058	
88	120	10.998	75	7.873	18.861	
99	135	13.068	84	9.333	22.401	
136	185	16.940	120	13.333	30.273	$\eta_2=91\%$
184	250	22.892	160	17.778	40.670	
220	300	27.471	200	19.780	47.251	
330	450	36.00	300	21.888	57.888	$\eta_2=95.3\%$
550	750	61.047	400	19.727	80.774	

（5）柴油发电机排烟管的散热量：

排烟管向周围空气的散热量，分别与烟气温度、机房内空气温度、排烟管在机房内的长度、排烟管用的保温材料热物理参数、保温层厚度等因素有关。通常可按下式近似计算：

$$Q_y = L \times q_e \tag{9-5}$$

$$q_e = \frac{\pi(t_y - t_n)}{\frac{1}{2\lambda}\ln\frac{D}{d} + \frac{1}{\alpha D}} \tag{9-6}$$

式中　Q_y——柴油发电机排烟管的散热量，kW；

L——柴油发电机排烟管在机房内架空敷设的长度，m；

q_e——柴油发电机排烟管单位长度散热量，kW/m；

t_y——柴油发电机排烟管内的烟气计算温度，℃，可取 $t_y=300\sim500℃$；

t_n——柴油发电机排烟管周围空气温度，即机房内温度，℃，可取 $t_n=30℃$；

λ——柴油发电机排烟管保温材料导热系数，W/(m·℃)；

D——柴油发电机排烟管保温材料外径，m；

d——柴油发电机排烟管外径，m；

α——柴油发电机排烟管保温层外表面向周围空气的放热系数，W/(m²·℃)，对架空敷设于机房内的排烟管，可取 $\alpha=11.63W/(m^2·℃)$。

（6）保温层外表面温度校核：

按式（9-6）计算出 q_e 值后，可用式（9-7）对保温层表面温度进行校核计算：

$$t_2 = \frac{q_e}{\pi \times D \times \alpha} + t_n \tag{9-7}$$

式中　t_2——保温层外表面温度，℃；

　　　t_n——柴油发电机空气温度，℃；

　　　q_e——柴油发电机排烟管单位长度散热量，W/m；

　　　α——保温层外表面向周围空气的放热系数，W/(m² · ℃)，一般取 $\alpha = 11.63$W/(m² · ℃)。

设计计算时，必须代入相应的物理参数。

3. 风量计算

（1）当柴油发电机房采用水作为冷媒排除机房内余热时，按排除有害气体低于允许浓度确定进风量：

$$L_{jh} = N_e \times q \tag{9-8}$$

式中　L_{jh}——水冷时排除有害气体的进风量，m³/h；

　　　N_e——柴油机的额定功率，kW；

　　　q——排除有害气体的进风标准，m³/kWh。

对于国产 135，160，250 系列柴油机的进风标准：当排烟管为架空敷设时，按13.6～20.4m³/kWh 计算；当排烟管沿地沟敷设时，按 27.2～34m³/kWh 计算；增压柴油机按增压数计算；在实际设计中排除有害气体所需的通风量，可取经验数据 $q \geqslant 20$m³/kWh。

（2）当柴油发电机房冷却方式为风冷，即采用室外空气冷却机房时，机房进风量 L_j 按排除机房内余热确定，L_{jq} 和 L_{jh} 取一个大的。

$$L_{jq} = 3600 \frac{\sum Q_{yu}}{(t_n - t_w) \times c \times \rho} \tag{9-9}$$

式中　ΣQ_{yu}——机房内余热量，kW；

　　　t_n——机房排风或罩内排气温度，℃；

　　　t_w——夏季通风室外计算温度，℃；

　　　c——空气比热，1.01kJ/(kg · ℃)；

　　　ρ——空气密度，kg/m³。

（3）柴油发电机房排风量 L_P（m³/h），L_j 只考虑消除有害气体或消除余热，没有考虑燃烧空气量，所以总进风量应为 $L_j + L_r$，所以 $L_P = L_j$。

柴油发电机房是产生有害气体的房间，通风时要求负压排风，所以柴油发电机房的实际排风量应考虑附加系数，其附加系数为 10%～20%，即 $[1+(10\%～20\%)]L_p$。

9.4　柴油供应系统设计

9.4.1　柴油发电机房供油系统组成

柴油发电机房的供油系统一般由室外储油、输油系统和室内低压供油系统组成，主要设备有储油罐、输油泵、日用油箱、低压供油泵及其配套设备、仪表、管道（图9-1和图9-2）。

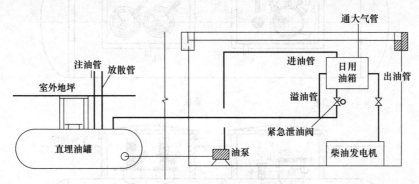

图9-1　油路系统示意图（一）

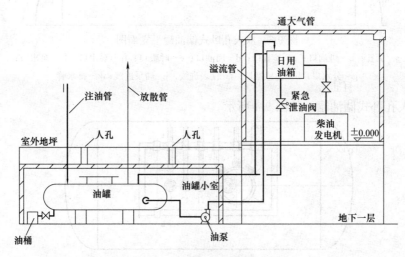

图9-2　油路系统示意图（二）

9.4.2　室外储油输油系统

（1）室外输油系统由储油罐、输油泵及储油罐至柴油发电机房的日用油箱间的输油管道组成。在民用工程中，室外储油罐一般多采用地埋式布置。柴油发电机房专用的储油罐宜靠近机房设置，储油罐与建筑物的防火间距应符合现行的建筑防火规范及其他规范相关规定。

（2）储油罐的台数和总储量：

1）用作备用电源或应急备用电源的小型柴油发电机房，其储油罐一般只设置一台，如因场地布置或用户有其他需要等原因也可布置2台或多台；用作主要电源或需较长时间使用的柴油发电机房，储油罐台数不宜少于2台。

2）柴油发电机房储油罐的总储存量应根据用户所在地燃油的供应和运输条件合理确定，一般考虑有7～15d的储备用量。

（3）卧式储油罐外形：

1）双人孔卧式储油罐如图9-3所示。

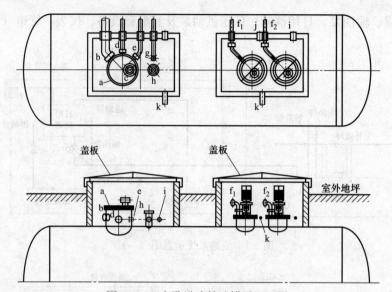

图 9-3　双人孔卧式储油罐平立面图

a—人孔；b—进油口；c—检查口；d—回油口；e—呼吸口；f₁—泵出口；f₂—泵出口；

g—分水口；h—传感器口；i—仪表进线；j—油泵进线；k—排水管

2）单人孔卧式储油罐，如图 9-4 所示。

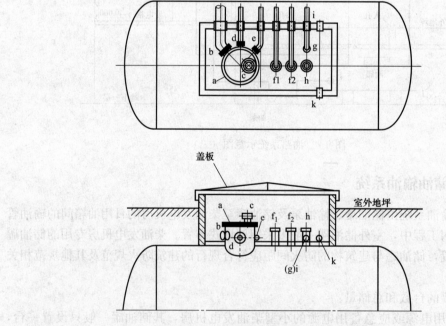

图 9-4　单人孔卧式储油罐平立面图

a— 人孔；b—进油口；c—检查口；d—回油口；e—呼吸口；f₁—出油口；f₂—出油口；

g—分水口；h—传感器口；i—仪表进线；k—排水管

（4）输油泵选型：

1）输油泵不应少于 2 台（一用一备）；

2）输油泵的流量不应小于柴油发电机房小时最大计算耗油量的 1.1 倍；

3）输油泵的扬程不应小于下列各项代数和的 1.2 倍：

① 输油系统的阻力（管道、阀件、过滤器等的阻力）；

② 储油罐最低油位和日用油箱最高油位间的油位差。

9.4.3 室内低压供油系统

1. 柴油机的耗油量计算

$$G_y = g_e \cdot N_e \tag{9-10}$$

式中　G_y——柴油机每小时耗油量，kg/h；

　　　g_e——柴油机燃油消耗率，kg/kWh；

　　　N_e——柴油机标定功率，kW。

G_y、g_e 和 N_e 可从柴油机性能参数中查到。

2. 日用油箱及配管

（1）日用油箱的储油量不应超过机组额定负荷下 8h 燃油量，且油箱容积不应超过 $1m^3$。

（2）日用油箱应配置进油管（由室外储油罐来油）、出油管（至柴油机）、回油管（有的燃烧器按回油设计）、通大气管（接至室外并配置止火器）、紧急卸油管、溢流管、排污管、人孔等配件。所有进出管上均应设置切断阀。排污管和紧急卸油管从箱底接出。通大气管应从箱顶接出。其他配管均由箱侧面或顶部接出。日用油箱还应配液位指示联锁报警器。日用油箱外形图及接管如图 9-5 所示。日用油箱的进油管上宜设置过滤器，过滤器前后配压力表和切断阀。

（3）日用油箱的安装高度应满足柴油发电机内高压喷油泵的油压要求，如不能满足，应在油箱出口设置燃油过滤器和低压供油泵以满足运行要求；日用油箱安装位置宜高于储油罐以便靠重力紧急泄油，当受条件限制、低于室外储油罐时，需在紧急卸油管上装管道泵，泄油时可手动和通过联锁信号开启，将油泄尽。

3. 方形日用油箱外形图及接管（图 9-5）

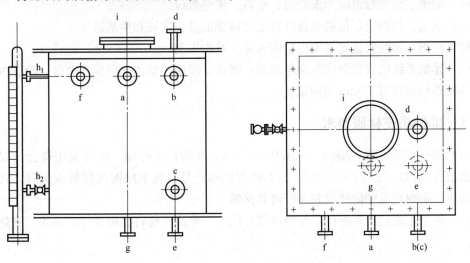

图 9-5　方形日用油箱外形及接管图

a—进油口；b—回油口；c—出油口；d—呼吸口；e—排污口；

f—预留口；g—紧急泄油口；h_1、h_2—液位计口；i—人孔

9.5 柴油发电机房排烟系统设计

柴油发电机组排烟温度过高、噪声大、振动比较强烈、散热量大、通常排烟温度约为 300～500℃，最高可达 650℃，机房噪声可达 100～110dB（A）。因此，排烟系统的设计直接关系到机房的运行安全、防火防灾、环境保护，必须给予足够的重视。

9.5.1 排烟系统的组成

排烟系统包括从每台柴油发电机组的总排烟管出口，经波纹管与排烟与排烟引管柔性连接。排烟引管上应设置消声器，每台柴油机的排烟引管和消声器均应单独配置，不得几台柴油机合用引烟管和消声器，排烟引管与水平烟道、烟囱相连，将柴油机的烟气排至室外。

每台机组宜采用独立排烟系统，当有 2 台或多台机组合用水平烟道和烟囱时，在每台机组的排烟引管上应设置止回阀，在排烟引管与总水平烟道连接处应采用避免各烟道间烟气干扰的特殊结构，以保证各台机组均能安全排烟。

水平烟道一般应保持 0.3%～0.5% 的坡度，在水平烟道的低凹点和烟囱底部应设置水封或泄水管道（配阀门），以排除排烟系统的凝结水。烟囱一般高出屋面 2m，烟囱出口处应设置防雨罩。

水平烟道和烟囱均应具备热力补偿措施，当不具备自然补偿条件时，应设置补偿器。烟道系统和烟囱应配置防静电装置和避雷装置。

9.5.2 烟道敷设

（1）烟道、烟囱敷设应力求简短、平直、架空敷设。

（2）烟道、烟囱应尽量避免通过对温度敏感的办公区域和生活居住区。

（3）排烟系统的管道支吊架应坚固可靠、减少振动。

（4）排烟系统的管道烟囱在穿越地面、楼板、屋面、墙体时应预埋套管，套管内侧与保温外壳外径间宜有 50mm 的间隙。

9.5.3 排烟系统材质要求

（1）排烟系统管道、烟囱，可采用 4～5mm 厚的钢板焊制，也可采用符合《双层不锈钢烟道及烟囱》CJ/T 288—2008 的不锈钢成型产品，当采用钢板焊制烟囱时，其内外表面还应涂刷耐高温的防锈漆和进行可靠保温。

（2）排烟系统的所有配件，如消声器、法兰、垫片、螺钉、螺母等，必须用耐热材质制作。

9.5.4 排烟系统烟道、烟囱流通截面的确定

单台机组排烟系统的流通截面需根据设备厂家提供的资料确定，多台机组合用烟道的

截面不小于各机组排烟管道截面总和。

9.6 工 程 示 例

9.6.1 工程说明

（1）该柴油供应系统为建筑内柴油发电机供应丙类燃料柴油。柴油发电机间共装设2250kVA，10kV 柴油发电机 8 台（7 用 1 备），满载时柴油用量 $Q=(8-1)\times0.393=2.75m^3/h$。

（2）该工程按照 12h 储油容量进行设计，总储油量不小于 $33m^3$。

（3）日用油箱设置远程液位计、油位指示及高低油位报警信号引至综合动力站值班室。

（4）日用油箱的回油管道上设有电动放空球阀，并与消防事故报警信号联锁控制；一旦发生火灾时能将日用油箱柴油排至室外地下贮油箱。

（5）柴油机送风机及回风口控制说明：冬季若同一房间两台柴油机同时运行开启，联锁该房间送风机开启（一台柴油机对应 4 台送风机）。若同一房间只有一台柴油机开启，则联锁该柴油机对应的 4 台送风机开启。此时，当房间温度传感器测得的房间温度低于5℃时，关闭一台送风机同时开启对应的回风口，保证房间温度小于 30℃且大于 5℃。当可调回风口开度达到最大时，房间温度仍低于 5℃时，再关闭一台送风机。最后要保证送风机至少开启一台。

（6）严禁在油箱、油泵间附近堆放可燃、易燃物质，严禁在该区域内动火和抽烟。

（7）柴油发电机排烟采用高空排放方式，减少污染。

9.6.2 设备表

该工程设备及其参数表如表 9-5～表 9-7 所示。

油路系统设备　　　　　　　　　　　　　　　　　　　　表 9-5

设备编号	设备名称	设备规格	数量	备注
FODT-1～8	日用油箱	容积 $1m^3$	8	
FOEP-1～8	紧急卸油泵	流量 $3.5m^3/h$，$H=33m$，$N=1.5kW$	8	

排风风机性能参数表　　　　　　　　　　　　　　　　　　表 9-6

序号	风机编号	风机形式	风量（m^3/h）	风压（Pa）	功率（kW）	转速（r/min）	电源/（PH/HZ）	数量（台）	服务区域	备注
1	EF-0109	离心风机	15000	470	7.5	<1500	380/3/50	1	一层柴油发电机房A1，A2 平时排风	

续表

序号	风机编号	风机形式	风量 (m³/h)	风压 (Pa)	功率 (kW)	转速 (r/min)	电源/ (PH/HZ)	数量 (台)	服务区域	备注
2	EF-0110	离心风机	15000	470	7.5	<1500	380/3/50	1	一层柴油发电机房 B1、B2 平时排风	
3	EF-0113~0120	离心风机	530	300	0.25	<1500	380/3/50	8	一层日用油箱间平时排风兼事故排风	防爆型

送风机性能参数表　　表 9-7

序号	风机编号	风机形式	风量 (m³/h)	风压 (Pa)	功率 (kW)	转速 (r/min)	电源/ (PH/HZ)	数量 (台)	服务区域	备注
1	SF-0106~0113	离心风机	30000	300	5.5	<1500	380/3/50	8	一层柴油发电机房 A1 平时送风	送风机前配粗效过滤器
2	SF-0114~0121	离心风机	30000	300	5.5	<1500	380/3/50	8	一层柴油发电机房 A2 平时送风	送风机前配粗效过滤器
3	SF-0122~0129	离心风机	30000	300	5.5	<1500	380/3/50	8	一层柴油发电机房 B1 平时送风	送风机前配粗效过滤器
4	SF-0130~0137	离心风机	30000	300	5.5	<1500	380/3/50	8	一层柴油发电机房 B2 平时送风	送风机前配粗效过滤器

9.6.3　图纸

该工程主要设计图纸如图 9-6～图 9-11 所示。

本章参考文献

[1]　GB 50736—2012. 民用建筑供暖通风与空气调节设计规范 [S]. 北京：中国建筑工业出版社，2012.

[2]　JGJ 16—2008. 民用建筑电气设计规范 [S]. 北京：中国建筑工业出版社，2008.

[3]　蔡进民，贺正岷，戚毅男编. 柴油电站设计手册 [M]. 北京：中国电力出版社，1997.

[4]　R111，R112. 油罐 [S]. 中国计划出版社，2006.

[5]　朱培根等编. 防空地下室设计手册暖通、给水排水、电气分册 [M].

[6]　住房和城乡建设部工程质量安全监管司. 全国民用建筑工程设计技术措施防空地下室 [M]. 北京：中国计划出版社，2009.

[7]　08FJ04. 防空地下室固定柴油电站 [S]. 北京：中国计划出版社，2008.

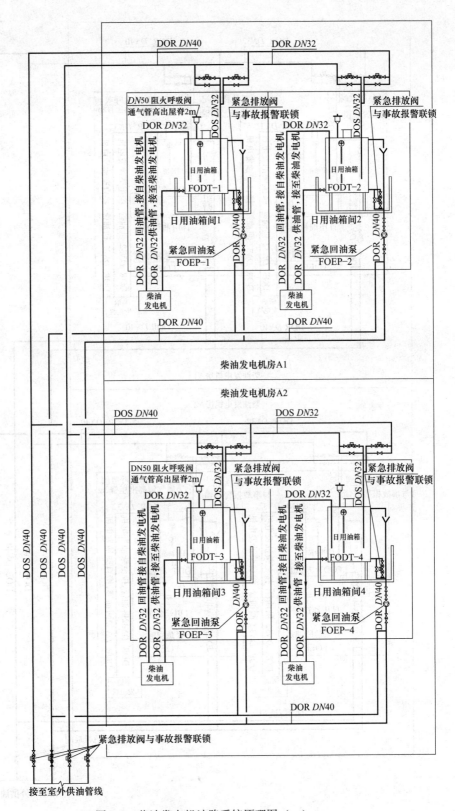

图 9-6 柴油发电机油路系统原理图（一）

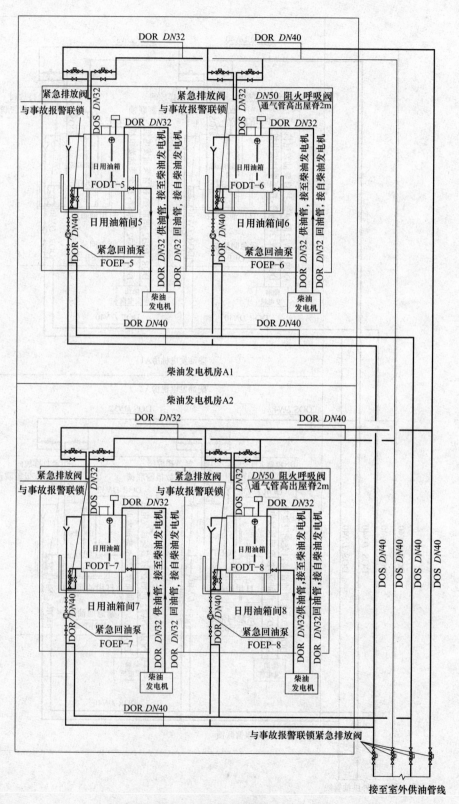

图 9-7　柴油发电机油路系统原理图（二）

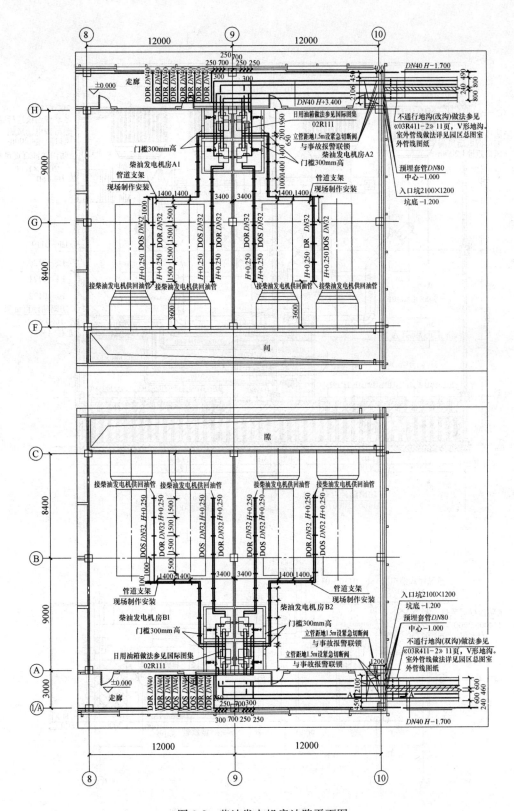

图 9-8 柴油发电机房油路平面图

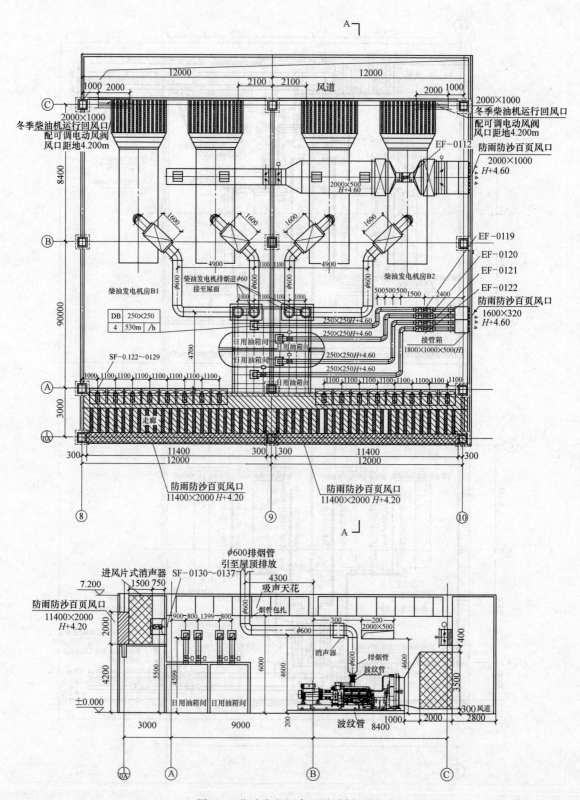

图 9-9　柴油发电机房通风平剖面图

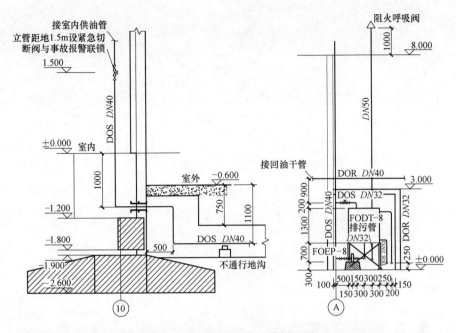

图 9-10 柴油发电机房油路剖面图

注：阻火透气帽和阻火呼吸阀见标准图 02R110-5-9。

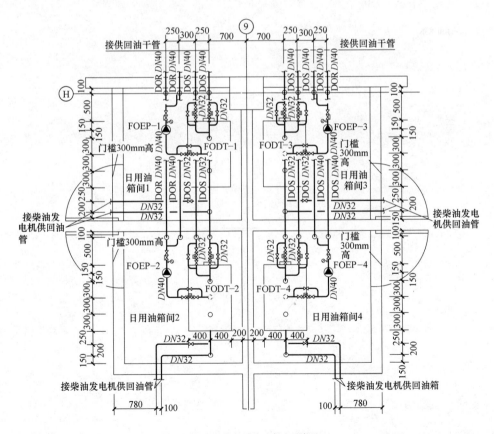

图 9-11 日用油箱间详图

第 10 章　汽水系统水力计算与水泵选型

本章执笔人

李　莹

女，汉族，1976 年 1 月 23 日生。中国建筑设计院有限公司主任工程师，高级工程师，注册设备工程师。1997 年 7 月毕业于重庆建筑大学（本科），2000 年 7 月毕业于清华大学（硕士）。

代表工程

1. 北京绿地中心，17.3 万 m²（专业负责人），超高层办公建筑。

2. 阳光保险集团北京 CBD 总部办公楼，12 万 m²（专业负责人），超高层办公建筑。

3. 银川绿地中心，38 万 m²（专业负责人），超高层办公建筑、酒店、商业。

4. 华都中心，23 万 m²（专业负责人）。

5. 海南美丽沙超高层住宅小区，77 万 m²（专业负责人），超高层住宅小区。

6. 国家体育场（鸟巢），25.1 万 m²（主要设计人）。

联系方式：ly@cadg.cn

10.1　汽水系统水力计算

10.1.1　水系统管道水力计算

流体在管道中流动的阻力包括沿程阻力和局部阻力，前者是由于流体黏滞性及其与管壁间的摩擦而受到的阻力；后者是流体流过管道附件时产生局部涡旋和撞击而受到的阻力。

流体的流动阻力可用下式表示：

$$\Delta P = \Delta P_y + \Delta P_j \tag{10-1}$$

其中，

$$\Delta P_y = \lambda \cdot \frac{l}{d} \cdot \frac{\rho v^2}{2} \tag{10-2}$$

$$\Delta P_j = \xi \cdot \frac{\rho v^2}{2} \tag{10-3}$$

式中　ΔP_y——沿程阻力，Pa；

ΔP_j——局部阻力，Pa；

λ——沿程摩擦阻力系数；

l——管长，m；

d——管子内径，m；

v——平均速度，m/s；

ρ——流体的密度，kg/m³；

ξ——局部阻力系数。

1. 沿程阻力的计算

沿程阻力的计算式（10-2）所示，式中沿程摩擦阻力系数 λ 值取决于管内流体的流动状态和管壁的粗糙程度，即：

$$\lambda = f(Re, \varepsilon) \tag{10-4}$$

$$RE = \frac{vd}{\gamma}, \varepsilon = k_s/d \tag{10-5}$$

式中　Re——雷诺数，判别流体流动状态的准则数；

v——平均速度，m/s；

d——管子内径，m；

γ——流体的运动黏滞系数，m²/s；

k_s——管壁的当量绝对粗糙度，m；

ε——管壁的相对粗糙度。

摩擦阻力系数的值是用试验方法确定的。根据实验数据整理的曲线，按照流体不通的流动状态，可整理出一些计算公式，如表 10-1 所示。

对于大部分热水供暖系统的管道，水的流动状态处于紊流状态（$Re > 4000$），即紊流光滑区、紊流过渡区和紊流粗糙区。

随着建筑节能的普及，供暖负荷减少，热水流量也相应变小。由于受管径级差的限制，在系统的局部管段内，水的流动状态可能处于层流状态或层流向紊流过度，即临界区。这时，摩擦阻力系数可按表 10-1 中相应公式计算。

圆管的沿程摩擦阻力系数的计算公式　　　　　　　　　　　　　表 10-1

流态	阻力区	判 别 公 式	λ 的计算公式
层流		$Re<2300$	$\lambda=\dfrac{64}{Re}$
过渡区		$2300<Re<4000$	$\lambda=0.0025Re^{\frac{1}{3}}$
紊流	光滑区	$4000<Re<26.98\left(\dfrac{d}{k_s}\right)^{\frac{8}{7}}$	1. $\lambda=\dfrac{0.3164}{Re^{0.25}}$ 2. $\dfrac{1}{\sqrt{\lambda}}=2\lg(Re\sqrt{\lambda}-0.8)$
	紊流过渡区	$26.98\left(\dfrac{d}{k_s}\right)^{\frac{6}{7}}<\dfrac{191.2}{\sqrt{\lambda}}\dfrac{d}{k_s}$	1. $\dfrac{1}{\lambda}=-2\lg\left(\dfrac{k_s}{3.7d}+\dfrac{2.51}{Re\sqrt{\lambda}}\right)$ 2. $\lambda=0.005\left[1+\left(2\times10^4\dfrac{k_s}{d}+\dfrac{10^6}{Re}\right)^{\frac{1}{3}}\right]$ 3. $\lambda=0.11\left(\dfrac{k_s}{d}+\dfrac{68}{Re}\right)^{0.25}$
	粗糙区	$Re>\dfrac{191.2}{\sqrt{\lambda}}\dfrac{d}{k_s}$	1. $\dfrac{1}{\sqrt{\lambda}}=2\lg\dfrac{3.7d}{k_s}$ 2. $\lambda=0.11\left(\dfrac{k_s}{d}\right)^{0.25}$

塑料管及铝塑复合管摩擦阻力系数可按照下式计算：

$$\lambda=\left\{\dfrac{0.5\left[\dfrac{b}{2}+\dfrac{1.312(2-b)\lg3.7\dfrac{d}{k_s}}{\lg Re_s}\right]}{\lg3.7\dfrac{d}{k_s}}\right\}^2 \tag{10-6}$$

$$b=1+\dfrac{\lg Re_s}{\lg Re_z} \tag{10-7}$$

$$Re_s=\dfrac{dv}{\gamma} \tag{10-8}$$

$$Re_z=\dfrac{500d}{k_s} \tag{10-9}$$

$$d=0.5(2d_w+\Delta d_w-4\delta-2\Delta\delta) \tag{10-10}$$

式中　b——水的流动相似系数；

　　Re_s——实际雷诺数；

　　Re_z——阻力平方区的临界雷诺数；

　　d_w——管子外径，m；

　　Δd_w——管外径允许误差，m；

　　　δ——管壁厚，m；

　　$\Delta\delta$——管壁厚允许误差，m。

对塑料管及铝塑复合管，当量粗糙度可取值为 $k_s=0.01\times10^{-3}$m。

供暖系统的热水流量 G（kg/h）和管道内热水流速 v（m/s）可按下式计算：

热水流量　　　　　　　　　　　$G=\dfrac{Q}{c\cdot\Delta t}\times3600$　　　　　　　　　　（10-11）

热水流速 $$v=\frac{G}{3600\frac{\pi d^2}{4}\rho}=\frac{G}{900\pi d^2\rho} \tag{10-12}$$

式中 Q——热负荷，W；

  c——水的比热容，取 4196.8J/(kg·℃)

  Δt——供回水温差，℃。

流体在管道中的流速不应超过表 10-2 中的数值。

水的密度和运动黏度随温度的升高而减小，为了减少供暖系统水力计算中沿程损失的误差，不同温度下热水的运动黏度和密度均采用拟合法确定（表 10-16）。

管道中流体的最大允许速度 (m/s)　　　　　　表 10-2

管径(mm)	热水			低压蒸汽				高压蒸汽	
	有特殊安静要求的室内管网	一般室内管网	生产厂房	蒸汽与凝水同向流动时		蒸汽与凝水逆向流动时		同向	逆向
				在水平管内	在立管内	在水平管内	在立管内		
15	0.5	0.8	1.0	14(7.0)	20	4.5	5	25	11
20	0.65	1.0	1.3	18(9.0)	22	5.0	6	40	16
25	0.8	1.2	1.5	22(12)	25	6.0	7	50	20
32	1.0	1.4	1.8	25(16)	30	7.0	9	55	22
40	1.0	1.8	2.0	30(17)	30	7.0	10	60	24
50	1.0	2.0	2.5	30(20)	30	7.5	11	70	28
>50	1.0	2.0	3.0	30(25)	30	7.5	14	80	32

注：低压蒸汽栏括弧内数值用于需要安静的建筑物如剧院、图书馆、住宅等。

为了简化设计计算，将不同管材（考虑钢材、玻璃钢和塑料）单位管长沿程阻力的计算结果整理成表，参见表 10-17～表 10-22。

水力计算表编制中，钢管内表面的平均绝对粗糙度取值为 $k=0.2\times10^{-3}$ m，玻璃钢内表面的平均绝对粗糙度取值为 $k=0.01\times10^{-3}$ m。塑料管及铝塑复合管的当量粗糙度 $k_s=0.01\times10^{-3}$ m。如工程实际情况与上述取值有差异，可按实际情况取值后依照前述公式进行计算。

2. 局部阻力的计算

局部阻力的计算如式（10-3）所示，水流过管路附件（如三通、弯头、阀门等）的局部阻力系数 ξ 值，可查表 10-23 和表 10-24，表中所给的数值都是用实验方法确定的。表 10-25 给出热水供暖系统局部阻力系数 $\xi=1$ 时的局部阻力损失动压值。

3. 简化计算法

（1）当量局部阻力法（动压头法）

当量局部阻力法的基本原理是将管段的沿程损失转变为局部损失来计算，如下式：

$$\Delta P=A(\xi_d+\textstyle\sum\xi)G^2=A\xi_{zh}G^2 \tag{10-13}$$

$$A=\frac{1}{900^2\pi^2 d^4\cdot2\rho} \tag{10-14}$$

式中 A——常数，因管径不同而异，Pa/(kg/h)²；

  ξ_d——当量局部阻力系数，$\xi_d=l\cdot\lambda/d$，不同管径的 λ/d 值见表 10-3。

  $\sum\xi$——管段的总局部阻力系数；

  ξ_{zh}——管段的折算局部阻力系数，$\xi_{zh}=\xi_d+\sum\xi$；

G——流量，m^3/h。

按式（10-13）制成水力计算表，如表 10-26 所示。

不同管径的 λ/d 值　　　　　表 10-3

d(mm)	15	20	25	32	40	50	70	80	100
λ/d	2.6	1.8	1.3	0.9	0.76	0.54	0.4	0.31	0.24

（2）当量长度法

当量长度法的基本原理是将管段的局部损失折合成沿程损失来计算：

$$\sum \xi \frac{\rho v^2}{2} = R l_d = \frac{\lambda}{d} l_d \frac{\rho v^2}{2} \tag{10-15}$$

$$l_d = \sum \xi \frac{d}{\lambda} \tag{10-16}$$

式中　l_d——管段中局部阻力的当量长度，m。

则管段的总阻力可表示为：

$$\Delta P = R(l + l_d) = R l_{zh} \tag{10-17}$$

式中　l_{zh}——管段的折算长度，m。

局部损失的当量长度可参见表 10-27 和表 10-28。

4. 热水、冷水管网水力计算要点

（1）供暖、通风、空调热负荷的热水管网，应按冬季室外计算温度下的热网供、回水温度和设计热负荷计算设计流量。同时，供应供暖、通风、空调热负荷和生活热水热负荷的热水管网，应按各种热负荷在不同室外温度下的流量曲线叠加得出的最大流量作为设计流量。冷水管网应按设计最高日冷负荷逐时曲线叠加得出的最大冷负荷计算设计流量。

（2）主干线宜按经济比摩阻确定管径。一般情况下，主干线平均比摩阻可按表 10-4 选用：

主干线平均比摩阻　　　　　表 10-4

主干线供回水管的总长度 $\sum l$(m)	主干线平均比摩阻(Pa/m)	主干线供回水管的总长度 $\sum l$(m)	主干线平均比摩阻(Pa/m)
$\sum l \leqslant 500$	60～100	$\sum l > 1000$	30～60
$500 < \sum l < 1000$	50～80		

（3）支干线、支线应按允许压力降确定管径，但供热介质流速不应大于 3.5m/s，支干线比摩阻不应大于 300Pa/m，支线比摩阻不宜大于 400Pa/m。

（4）供暖、通风、空调系统管网最不利用户的资用压头应考虑用户系统安装过滤装置、计量装置、调节装置的压力损失，且不应低于 50kPa。

（5）计算管网压力降时，应逐项计算管道沿程阻力、局部阻力和静水压差。估算时，输配管网局部阻力与沿程阻力的比值可按表 10-5 取用。

10.1.2　乙二醇水溶液系统管道水力计算

乙二醇水溶液系统管道的水力计算可按常规水系统的计算方法进行，但其流量和管道阻力应按表 10-6 的系数进行修正。

热水管道局部阻力与沿程阻力比值　　　　　表 10-5

补偿器类型	管道公称直径(mm)	局部阻力与沿程阻力的比值
套筒或波纹管补偿器(带内衬筒)	≤400	0.3
	450～1200	0.4
方形补偿器	≤250	0.6
	300～350	0.8
	400～500	0.9
	600～1200	1.0

乙烯乙二醇水溶液管道的流量和阻力修正系数　　　　　表 10-6

质量浓度(%)	相变温度(℃)	流量修正系数	管道阻力修正系数	
			溶液温度5℃	溶液温度-5℃
25	-10.7	1.08	1.220	1.360
30	-14.1	1.10	1.257	1.386

10.1.3　蒸汽系统水力计算

1. 蒸汽系统水力计算要点

（1）进行蒸汽管网水力计算时首先要注意以下几点：

1）应根据用户压力和温度要求，通过水力计算和热力计算，确定管道管径、保温厚度、热源出口蒸汽压力。无明确的蒸汽压力要求时，一般民用建筑用户常用蒸汽压力可参照表 10-7 选用。

民用建筑用户蒸汽压力（MPa）　　　　　表 10-7

蒸汽用途	设计蒸汽压力	蒸汽用途	设计蒸汽压力
生活热水换热	0.3～0.6	洗衣房、医院用汽	0.8～1.0
厨房设备(蒸具、消毒器、开水箱、洗碗机等)用汽	0.1～0.3	吸收式制冷	0.6～0.8

2）蒸汽管网的设计流量，应按各用户的最大蒸汽流量之和乘以同时使用系数确定。当供热介质为饱和蒸汽时，设计流量应考虑补偿管道热损失产生的凝结水的蒸汽量。

3）计算时应按设计流量进行设计计算，再按最小流量进行校核计算，保证在任何可能的工况下，满足最不利用户的压力和温度要求。当各用户间所需蒸汽参数相差较大、季节性热负荷占总热负荷比例较大或热负荷分期增长时，可采用双管制或多管制。

4）蒸汽管网设计时，应计算管段的压力损失和热损失，当供热介质为饱和蒸汽时，还宜计算管段的凝结水量、起点和终点蒸汽流量。应根据计算管段起点和终点蒸汽压力、温度，确定该管段起点和终点供热介质密度。计算管道压力降时，供热介质密度可取计算管段的平均密度。

5）蒸汽管网应根据管线起点压力和用户需要压力确定的允许压力降选择管道直径。

6）计算保温层厚度时，应选择蒸汽压力、温度、流量、环境温度组合的最不利工况进行计算。计算时供热介质温度应取计算管段在计算工况下的平均温度。

7）钢质蒸汽管道内壁当量粗糙度可取 0.2mm。

8）计算管网的压力损失时，应逐项计算管道沿程阻力和局部阻力。估算时，输配管网局部阻力与沿程阻力的比值，可按表 10-8 取用。

蒸汽管道局部阻力与沿程阻力比值　　　　　　　　　表 10-8

补偿器类型	管道公称直径(mm)	局部阻力与沿程阻力的比值
套筒或波纹管补偿器(带内衬筒)	≤400	0.4
	450～1200	0.5
方形补偿器	≤250	0.8
	300～500	1.0
	600～1200	1.2

（2）进行凝结水管网水力计算时首先要注意以下几点：

1）凝结水管道的设计流量，应按蒸汽管道的设计流量乘以用户凝结水回收率确定。间接换热的蒸汽供热系统凝结水应全部回收。

2）应根据热源和用户的条件确定凝结水系统形式，根据设计流量通过水力计算确定管道管径，水力计算时应考虑静水压差。

自流凝结水系统，适用于供汽压力小、供热范围小的蒸汽供热系统。自流凝结水管道的管径可按管网计算阻力损失不大于最小压差的 0.5 倍确定。

余压凝结水系统，适用于高压蒸汽供热系统。余压凝结水管道应计算管网阻力损失，按管段起点和终点最小压差选择管道直径。

压力凝结水系统，应在用户处设闭式凝结水箱，用水泵将凝结水送回热源，并应设置安全水封保证任何时候凝结水管都充满水。压力凝结水管道设计比摩阻可取 100Pa/m。

3）压力凝结水系统设计时应按设计凝结水量绘制凝结水管网的水压图，按水压图确定各用户凝结水泵扬程。

2. 低压蒸汽系统水力计算

（1）供汽管道计算

根据热负荷和推荐的流速按表 10-29 选用管径。但当供汽压力有限制时，可按预先计算出的单位长度压力损失 ΔP_m 值为依据选用管径，其计算式为：

$$\Delta P_m = \frac{(P-2000)\alpha}{l} \tag{10-18}$$

式中　P——起始压力，Pa；

$\quad\quad l$——供气管道最大长度，m；

$\quad\quad 2000$——管道末端为克服散热器压力损失而保留的剩余压力，Pa；

$\quad\quad \alpha$——摩擦阻力损失占压力损失的百分数，可取 0.6。

局部阻力计算与热水相同，其动压头值查表 10-30。

（2）凝水管道的确定

低压蒸汽的凝水为重力回水，分干式和湿式两种回水方式，直接查表 10-31。

3. 高压蒸汽系统水力计算

（1）蒸汽管道计算

一般采用当量长度法计算，蒸汽管道的管径可根据平均单位长度摩擦损失 ΔP_m，由表 10-32 查得。管内最大流速不得超过表 10-2 的规定。ΔP_m 值按下式求出：

$$\Delta P_m = \frac{0.5\alpha P}{l} \tag{10-19}$$

式中符号同前。

蒸汽管道总压力损失
$$\Delta P = \sum [\Delta P_m(l + l_d)] \tag{10-20}$$

式中 l_d——当量长度，查表 10-14。

（2）凝水管道的计算

由散热设备至疏水器间的管径按表 10-9 选用。

疏水器后的管径分开式和闭式两种，其管径根据凝水量的平均单位长度压力损失和计算负荷确定。开式凝水查表 10-30～表 10-32，闭式凝水查表 10-33～表 10-35。

由散热设备至疏水器间不同管径通过的负荷 表 10-9

管径(mm)	15	20	25	32	40	50	70	80	100	125	150
热量(kW)	9.3	30.2	46.5	98.8	128	246	583	860	1340	2190	4950

10.2 水 泵

水泵按工作原理分为叶片式泵、容积式泵、喷射式泵等。暖通空调中常用水泵有单级单吸清水离心泵和管道泵，定压、补水、给水泵要求扬程高、流量小，一般可采用多级泵。

10.2.1 单台泵的工作特性

1. 水泵的性能曲线

离心泵的性能曲线（G-H 曲线）一般有三种类型，如图 10-1 所示：

平坦型：流量变化很大时能保持基本恒定的扬程；

陡降型：流量变化时，扬程的变化相对地较大；

驼峰型：当流量自零逐渐增加时，相应的扬程最初上升，达到最高值后开始下降。此种类型的泵，在一定运行的条件下可能出现不稳定工作。

常用单级单吸离心泵的性能曲线如图 10-2 所示。

水泵的流量、扬程、轴功率和转速间的关系为：

$$G/G_1 = n/n_1 \tag{10-21}$$

$$H/H_1 = (n/n_1)^2 \tag{10-22}$$

$$N/N_1 = (n/n_1)^3 \tag{10-23}$$

式中 G、H、N——叶轮转速为 n（r/min）时的流量（m³/h）、扬程（m）和轴功率（kW）；

G_1、H_1、N_1——叶轮转速为 n_1 时的流量、扬程和轴功率。

2. 管路的特性曲线

水泵总是与一定的管路系统相连接的，在管路系统中，工作状况不仅取决于泵本身的性能，还和管路系统的状况有关。图 10-3 所示为管路特性曲线和泵的工作点，在图 10-3 中，*G-H* 为泵的性能曲线，*R* 为管路特性曲线。

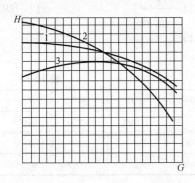

图 10-1 三种不同的 *G—H* 曲线

1—平坦型；2—陡降型；3—驼峰型

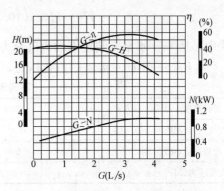

图 10-2 单级单吸离心泵的性能曲线

$$H=H_1+h= H_1+KG^2 \qquad (10\text{-}24)$$

式中 H_1——整个系统的静扬程，m；

h——总扬程，m。

$$h=\frac{\sum(\Delta P_\mathrm{m}+\Delta P_j)}{\rho g} \qquad (10\text{-}25)$$

式中 ΔP_m、ΔP_j——整个管路（包括吸入管和压出管路）的摩擦损失和局部阻力损失，Pa；

ρ——流体密度，kg/m³；

g——重力加速度，m/s²。

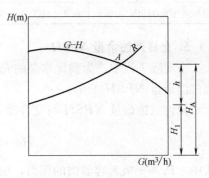

图 10-3 管路特性曲线

将泵的性能曲线和管路特性曲线按同一比例画在同一张纸上，可得出两曲线的交点 A，A 点即为泵在系统中运行的工作点。

3. 泵的轴功率 N_Z （kW）

泵的轴功率 N_Z 可按下式计算：

$$N_Z=\frac{\rho \cdot G \cdot H}{102 \cdot \eta} \qquad (10\text{-}26)$$

式中 η——水泵的效率，一般为 0.5～0.8。

水泵配用的电机容量 N （kW）计算如下：

$$N=K_A \cdot N_Z \qquad (10\text{-}27)$$

式中 K_A——电机容量安全系数，其值如表 10-10 所示。

电机容量安全系数　　　　　　　　　　　　　表 **10-10**

水泵轴功率(kW)	<1.0	1～2	2～5	5～10	10～25	25～60	60～100	>100
K_A	1.7	1.7～1.5	1.5～1.3	1.3～1.25	1.25～1.15	1.15～1.10	1.10～1.08	1.08～1.05

4. 允许吸上真空高度 H_S

样本给出的允许吸上真空高度 H_S，系指标准状态下（水温 20℃、水表面为一个标准大气压）运行时，泵可能有的最大值。如果水泵处于非标准状态下工作，其允许吸上真空高度 H_S（m）应按下式计算：

$$H_S = H_S - \left(10.33 - \frac{P_g}{\rho \cdot g}\right) + \left(0.24 - \frac{P_Z}{\rho \cdot g}\right) \tag{10-28}$$

式中　P_g——水泵安装地点的大气压力，Pa；见表 10-11；

　　　P_Z——不同水温下的汽化压力，Pa。见表 10-12。

不同海拔高度的大气压力　　　　　　　　　　　　　表 10-11

海拔高度（m）	−600	0	100	200	300	400	500	600
大气压力（MPa）	0.113	0.103	0.102	0.101	0.1	0.098	0.097	0.096
海拔高度（m）	700	800	900	1000	1500	2000	3000	4000
大气压力（MPa）	0.095	0.094	0.093	0.092	0.086	0.084	0.073	0.063

不同水温时的饱和蒸汽压力　　　　　　　　　　　　表 10-12

水温（℃）	0	5	10	15	20	30	40	50	60	70	80	90	100
饱和蒸汽压力（kPa）	0.6	0.9	1.2	1.7	2.4	4.3	7.5	12.5	20.2	31.7	48.2	71.4	103.3

5. 允许汽蚀余量 *NPSH*

在实际工程中，为确保水泵的安全运行，规定了一个安全的必须汽蚀余量，也称为允许汽蚀余量 *NPSH*（m）。

允许汽蚀余量 *NPSH* 与允许吸上真空高度 H_S 之间的关系为：

$$H_S = \frac{P_a - P_Z}{r} - NPSH + \frac{v_s^2}{2g} \tag{10-29}$$

式中　P_a——吸入容器内的压力，如敞开容器则为安装地点的大气压力，Pa；

　　　v_s——水泵吸入口处的流速，m/s。

6. 比转数 n_s

比转数是一个无因次相似准则数，是叶片泵叶片的相似特征值，其表达式为：

$$n_s = 3.65 \frac{n \cdot \sqrt{G}}{H^{0.75}} \tag{10-30}$$

当 $G = 0.075 \text{m}^3/\text{s}$ 时，$H = 1\text{m}$，比转数在数值上等于其自身的转速，即 $n_s = n$。当水泵转速 n 一定时，n_s 越大，扬程越低。同样扬程的水泵，n_s 越大，流量也越大。

10.2.2　泵的并联

1. 并联工作的管路特性曲线

（1）型号相同水泵的并联工作（图 10-4）

由图 10-4 可以看出：

$$G_{1+2} = 2G_1' < 2G_1, G_1' < G_1$$

这就说明，一台泵单独工作时的流量大于并联工作时每台泵的流量。两台泵并联工作时，其并联工作的流量不可能比单台泵工作时的流量成倍增加。

以两台相同泵并联工作的系统为例：水泵应以系

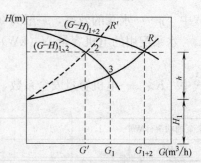

图 10-4　两台相同型号水泵的并联
注：1——两台水泵并联时的工作点；
2——并联工作时，每台水泵的工作点；
3——一台水泵单独工作时的工作点。

统所需扬程和单台泵需负担的流量（图10-4
中2点）为选择依据，显然，这样确定的泵
在并联工作时，均处于高效率工作点。如果
在管路特性不变的前提下，仅开启一台泵，
其工作点（图10-4中3点）则处于较大流量
和较低扬程下运行，此时水泵的效率较低，
通常消耗功率也会更大。要使单台泵运行时
处于高效率工作点（图10-4中2点），只要改
变管路特性曲线 R 至 R'（如阀门节流）。

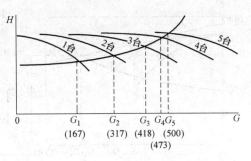

图10-5　五台同型号水泵的并联

此种情况在多台泵并联时就更为明显，图10-5和表10-13所示为5台同型号水泵并
联的工作特性曲线。

五台同型号水泵的并联　　　　　　　　　　　　表10-13

并联的运行泵台数	并联运行时设计总流量（m³/h）	设计工况下单台泵承担的流量（m³/h）	管路特性不变时启运台数的总流量（m³/h）	与选泵工况的流量偏移量（m³/h）
1			167(1×167)	67
2			317(2×158)	58.5
3	500	100	418(3×139)	39.3
4			473(4×118)	18.2
5			500(5×100)	0

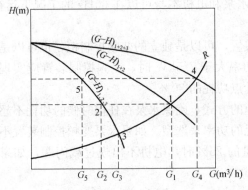

图10-6　相同的两台并联水泵增至三台的特性曲线

反之，对于一个确定的管路系统，其管
路特性曲线已定，企图通过增加水泵台数的
方法来获取系统流量的提高是不合理的。如
图10-6所示，两台相同的水泵并联运行的系
统，当管路特性不变时（即 R 不变），如增加
一台同型号的水泵，则3台泵并联运行水泵
的工作点由两台并联点（图10-6中1点）移
至（图10-6中4点）。此时，单台水泵的工作
点（图10-6中5点）偏离原高效工作点（图
10-6中2点），显然，3台泵并联的流量（G_4）
较两台泵并联运行的流量（G_1）增幅有限，
单台水泵担负的流量（G_5）较两台并联运行时单台水泵担负的流量（G_2）小。

（2）两台不同型号水泵的并联（图10-7）

由图10-7可见，当工作扬程大于A点时，性能曲线同第1台泵，只有当扬程小于A
点时，第2台泵才能投入工作。图10-7中点1为并联工作时的工作点，点2、点3为两台
水泵在联合工作时的工作点，点4、点5为两台水泵单独工作时的工作点。

$$G_{(1+2)} = G_1' + G_1$$

在联合工作中泵的流量小于单台工作时的流量，即

$$G_1' < G_1, G_2' < G_2, G_{(1+2)}' < G_1 + G_2$$

2. 并联水泵的转速控制

在多台变频泵并联的空调系统中，同一个并联回路中所有水泵应采用相同的规格，处

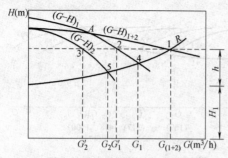

图 10-7　两台不同型号的水泵并联

于运行状态的水泵应在相同频率下运行，水泵调速的运行曲线应尽量接近负荷端的需求曲线。变频控制策略以达到远程末端压差恒定为基本要求，可以通过远程末端安装压差传感器作为控制信号，也可以采用能够实现远程末端压差恒定的其他技术。

相比"远程末端压差恒定"的控制策略，采用在机房供回水主管安装压差传感器的变频控制策略，节能量较小。

10.2.3　泵的变频

当水系统采用变流量系统时，要求相应水泵能够根据负荷变化调节转速，从而节省部分负荷下的水泵能耗，以降频运行的方式，消除传统工频运行加节流阀设计所带来的多余能耗。

在并联变频水泵应用中，水泵宜采用相同型号设备，易于控制并达到最佳的节能效果。尽量避免采用一部分变频、一部分定频的应用以及一个变频器对应多台水泵的做法。处于运行状态的水泵应在相同频率下运行，水泵调速的运行曲线应尽量接近负荷端的需求曲线。变频控制策略以达到远程末端压差恒定为基本要求，可以通过远程末端安装压差传感器作为控制信号，也可以采用能够实现远程末端压差恒定的其他技术。

水泵变频可以最高变频至 60Hz，前提是水泵和电机本身可以在 60Hz 的工况下运行，并且在所有频率区间电机功率满足要求。

在水泵变频时，必须有相应的变频控制装置，可以是独立的变频控制柜，也可以是集成在水泵上的变频器和变频控制器。当电机功率大于 7.5kW 时，变频控制装置应实现在 50%设计流量时，泵电机实际功耗不超过设计点功耗的 30%。

如果水泵变频控制装置能够通过调节转速的方式，确保水泵在任何时候的功耗不超过电机的额定功耗，电机功率可以按照设计工况的功率来选型。如果水泵变频控制装置不提供上述功能，必须确保水泵流量超过设计流量的 25%时，电机不出现过载问题，如果并联水泵的台数超过 3 台，应将该比例提高到 50%。

10.2.4　泵的选择

1. 水泵流量、扬程的确定

水泵流量 G（m^3/h）可按下式计算：

$$G=1.1\frac{Q}{\Delta t \cdot c \cdot \rho} \tag{10-31}$$

式中　Q——担负系统的总负荷，W；

Δt——系统的供、回水温差，℃；

c——水的比热容，$J/(kg \cdot ℃)$；

1.1——安全系数。

水泵扬程 h（m）的确定：

$$\Delta P=(1.1\sim 1.2)\sum(\Delta P_m+\Delta P_j)$$

$$h=\frac{\Delta P}{\rho g} \tag{10-32}$$

式中 ΔP——水泵压力，Pa；

   $\sum(\Delta P_m + \Delta P_j)$——系统摩擦阻力和局部阻力的总和，Pa；

          ρ——水的密度，kg/m^3；

          g——重力加速度，m/s；

    1.1～1.2——安全系数。

确定 G 和 h 值后，可按照水泵特性曲线选择水泵型号和配套电机。

2. 水泵选择注意事项

(1) 首先要满足最高运行工况的流量和扬程，并使水泵的工作状态处于高效率范围。

(2) 泵的流量和扬程应有 10%～20% 的富余量。

(3) 当流量较大时，宜考虑多台并联运行，并联台数不宜过多，一般不超过 3 台。

(4) 多台水泵并联运行时，应选择同型号水泵。

(5) 多台并联运行的水泵，应考虑部分台数运行时，系统工作状态点变化对泵工作点的影响，并采取应对措施。

(6) 选泵时必须考虑系统静压对泵体的作用，在选用水泵时应注明所承受的静压值。

(7) 水泵选型的效率影响因素：水泵的设计点效率应满足《公共建筑节能设计标准》GB 50189—2005 中空调冷热水的输送能效比中提出的相关的节能要求，以及《民用建筑供暖通风与空气调节设计规范》GB 50736—2012 中循环水泵的耗电输冷（热）比的要求。

(8) 水泵形式可根据实际情况参考以下原则进行选择：

1) 在水泵流量小于 $500m^3/h$ 情况下，可以采用卧式单吸泵或立式管道泵；

2) 在水泵流量大于 $500m^3/h$、小于 $1000m^3/h$ 情况下，可以根据具体情况采用卧式单吸泵、卧式双吸泵或立式管道泵；

3) 在水泵流量大于 $1000m^3/h$ 情况下，可以采用卧式双吸泵或立式双吸管道泵，但须确保水泵振动满足相关国家标准；

4) 在安装空间受限时，可采用立式管道泵或卧式双吸泵立式安装的设计。

10.3 系 统 定 压

供暖、空调水系统定压形式一般可分为高位开式膨胀水箱定压、气压罐定压和变频补水泵定压三种方式。定压形式的选择宜按下列方法进行：

(1) 条件允许时，尤其是当系统静水压力接近冷热源设备所能承受的工作压力时，宜采用高位膨胀水箱定压。

(2) 当设置高位膨胀水箱有困难时，可设置补水泵和气压罐定压。

(3) 当采用对系统含氧量严格要求的散热设备时，宜采用能容纳膨胀水量的下列闭式定压方式或其他除氧方式：采用高位常压密闭膨胀水箱定压；采用隔膜式气压罐定压，且宜根据不同水温时气压罐内的压力变化确定补水泵的启泵和停泵压力。

10.3.1　高位开式膨胀水箱定压补水

设置高位水箱的定压补水系统如图 10-8 所示。

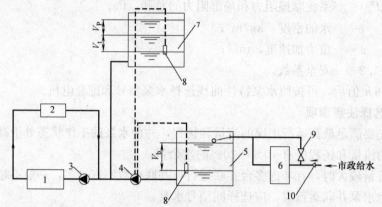

图 10-8　设置高位膨胀水箱的定压补水系统示意图
1—冷热源；2—供暖空调末端设备；3—循环泵；4—补水泵；5—补水箱；
6—软化设备；7—膨胀水箱；8—液位传感器；9—旁通阀；10—倒流防止器
V_p—系统膨胀水量；V_t—补水泵调节水量；V_b—补水贮水量

（1）闭式循环水系统的定压和膨胀应按下列原则设计：

1）定压点宜设在循环水泵的吸入侧，定压点最低压力应符合下列要求：

循环水温度 60℃＜t≤95℃ 的水系统，可取系统最高点的压力高于大气压力 10kPa；
循环水温度 t≤60℃ 的水系统，可取系统最高点的压力高于大气压力 5kPa。

2）系统的膨胀水量应能够回收。

3）膨胀管上不得设阀门，膨胀管的公称直径可参照表 10-14 确定。

膨胀管管径　　　　　　　　表 10-14

系统膨胀水量 V_p(L)	空调冷水	＜150	150～290	291～580	＞580
	空调热水或采暖水	＜600	600～3000	3001～5000	＞5000
膨胀管的公称直径(mm)		25	40	50	70

（2）膨胀水箱容积按下式计算：

$$V \geqslant V_{min} = V_t + V_p \tag{10-33}$$

式中　V——水箱的实际有效容积，L；

V_{min}——水箱的最小有效容积，L；

V_t——水箱的调节容积，不应小于 3min 平时运行的补水泵流量，且应保证水箱调节水位高差不小于 200mm；

V_p——系统最大膨胀水量。

（3）循环水系统的膨胀水量应按式（10-34）确定，常用系统单位水容量的最大膨胀量可参考表 10-15 估算，二管制空调系统热水和冷水合用膨胀水箱时，应取其较大值。

$$V_P = 1.1 \times \frac{\rho_1 - \rho_2}{\rho_2} 1000 V_C \tag{10-34}$$

式中　ρ_1、ρ_2——水受热膨胀前、后的密度，kg/m³；

V_C——系统水容量，m³；

（4）膨胀水箱设计要点：

常用系统单位水容量的最大膨胀量　　　　　　　　　　　　　　　表 10-15

系统类型	空调冷水	空调热水	供暖水	
供/回水温度(℃)	7/12	60/50	85/60	95/70
膨胀量(L/m³)	4.46	15.96	26.64	33.62

1）空调水系统采用冷水、热水共用的双管系统时，膨胀水箱有效容积的大小应按冬季工况确定。

2）膨胀水箱最低水位应高于供暖/空调水系统最高点 1.0m 以上。水箱高度大于或等于 1500mm 时，应设内、外人梯；水箱高度大于或等于 1800mm 时，应设两组玻璃管液位计，液位计可用法兰连接或螺纹连接，其搭设长度为 70～200mm。

3）膨胀管在重力循环系统中应安装在供水总管的顶端；在机械循环系统中应接至系统定压点上，一般接至水泵吸入口前。

4）循环管接至系统回水干管上，该点与定压点之间应保持不小于 1.5～3m 的水平距离。膨胀管和循环管应尽量减少弯管，并应避免存气。

5）信号管应接至易于观察的位置。

6）水箱的排水管阀门应设在便于操作的位置上，水箱排水管不可与建筑生活污水管直接相连。

7）膨胀管、溢水管和循环管上严禁设置阀门。

8）水箱水位的控制：

① 水位采用自动控制时，水位上限应低于溢水管接口下缘至少 100mm，水位下限应高于箱底 200mm。

② 当采用自来水为水箱直接进行补水且补水口低于溢水口时，应在补水管上设置倒流防止器。

③ 水箱可以采用的液位测量方法有：浮筒（球）式液位测量；浮球液位开关；电极式液位开关；电容式液位测量以及静压式液位测量等。安装方式见《物（液）位仪表安装图》Q3R421。

10.3.2　气压罐定压

（1）设置气压罐定压但不容纳膨胀水量的补水系统，可参照图 10-9 设置，且应符合下列要求：

1）气压罐容积按下式确定：

$$V \geqslant V_{min} = \frac{\beta \cdot V_t}{1 - \alpha_t} \tag{10-35}$$

式中　V——气压罐实际总容积，L；

　　V_{min}——气压罐最小容积，L；

　　V_t——调节容积，L，应不小于 3min 平时运行的补水泵流量（当采用变频泵时，上述补水泵流量可按额定转速时补水泵流量的 1/3～1/4 确定）；

　　β——容积附加系数，隔膜式气压罐取 1.05；

　　α_t——压力比，$\alpha_t = \frac{P_1 + 100}{P_2 + 100}$，$P_1$ 和 P_2 为补水泵启动压力和停泵压力（表压，kPa），应综合考虑气压罐容积和系统的最高运行工作压力的因素取值，宜取 0.65～0.85。

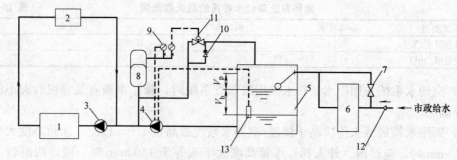

图 10-9　设置气压罐的定压补水系统示意图

1—冷热源；2—供暖空调末端设备；3—循环泵；4—补水泵；5—补水箱；6—软化设备；7—旁通阀；
8—气压罐；9—压力传感器；10—安全阀；11—泄水电磁阀；12—倒流防止器；13—液位传感器
V_p—系统膨胀水量；V_b—补水贮水量
注：1. 当气压罐容纳膨胀水量时，水箱可不留容纳膨胀水量的容积 V_p。
2. 单独供冷时，不设置软化设备。

2）气压罐工作压力值（表压 kPa）应按如下原则确定：

安全阀开启压力 P_4，不得使系统内管网和设备承受压力超过其允许工作压力。膨胀水量开始流回补水箱时电磁阀的开启压力 P_3，宜取 $P_3 = 0.9P_4$。补水泵启动压力 P_1（表压 kPa），应满足定压点的最低压力要求，并增加 10kPa 的裕量。补水泵停泵压力 P_2，也为膨胀水量停止流回补水箱时电磁阀的关闭压力，宜取 $P_2 = 0.9P_3$。

3）气压罐的设计要点：

①气压罐的定压点通常放在系统循环水泵吸入端。

②气压罐的配管应采用热浸镀锌钢管或热浸镀锌无缝钢管。

③气压罐应设有泄水装置，在管路系统上应设置安全阀、电接点压力表等附件。

④气压罐与补水泵可组合安装在钢支座上。应设置闭式（补）水箱，并应回收因膨胀导致的泄水。

（2）设置隔膜式气压罐定压且容纳膨胀水量的补水系统，应符合下列要求：

1）容纳膨胀水量的气压罐容积应按下式确定：

$$V_z \geqslant V_{Zmin} = V_{xmin} \frac{P_{2max} + 100}{P_{2max} - P_0} \tag{10-36}$$

式中　V_z——气压罐实际总容积，L；

V_{Zmin}——气压罐最小总容积，L；

V_{xmin}——气压罐应吸纳的最小水容积，L，同式（10-33）中 V_{min}；

P_0——无水时气压罐的起始充气压力（表压 kPa）；

P_{2max}——气压罐正常运行的最高压力（表压 kPa），即最高水温时的停泵压力。

2）气压罐工作压力值应按如下原则确定：充气压力 P_0，应满足定压点的最低压力要求。安全阀开启压力 P_3，不得使系统内管网和设备承受压力超过其允许工作压力。正常运行时最高压力 P_{2max}，宜取 $P_{2max} = 0.9P_3$。

（3）补水箱或软水箱的容积应按下列原则确定：

1）水源或软水能够连续供给系统补水量时，水箱补水贮水容积 V_b 可取 30～60min 的补水泵流量，系统较小时取较大值。

2）当膨胀水量回收至补水箱时，水箱的上部应留有相当于系统最大膨胀量 V_p 的泄压排水容积（图 10-9）。

10.3.3 变频补水泵定压

设置变频补水泵的定压补水系统如图 10-10 所示。

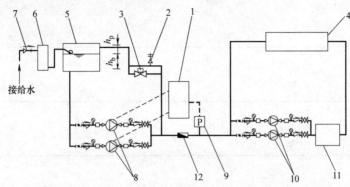

图 10-10 设置变频补水泵的定压补水系统示意图

1—变频控制器；2—安全阀；3—泄水电磁阀；4—末端用户；5—软化水箱；6—软化设备；7—倒流防止器；

8—补水泵；9—压力传感器；10—循环水泵；11—冷热源装置；12—水表

注：图中 h_b，h_p 分别为系统补水量和系统最大膨胀水量对应的水位高差。

1. 变频补水泵扬程

变频补水泵扬程应保证补水压力比系统补水点压力高 30~50kPa，也可按下式计算：

$$H_P = 1.15(P_A + H_1 + H_2 - \rho g h) \tag{10-37}$$

式中　P_A——系统补水点压力，Pa；

　　　H_1——补水泵吸入管路总阻力损失，Pa；

　　　H_2——补水泵压出管路总阻力损失，Pa；

　　　h——补水箱最低水位高出系统补水点的高度，m；

　　　ρ——水密度，kg/m³；

　　　g——重力加速度，m/s²。

2. 变频补水泵流量

补水泵总小时流量宜为系统水容量的 5%，不得超过 10%；系统较大时宜设置 2 台补水泵，一用一备，初期上水或事故补水时 2 台水泵同时运行。供暖系统、空调热水系统、冷热水合用的二管制空调系统，补水泵宜设置备用泵。

10.4　水力计算附表

水力计算中常用的参数如表 10-16～表 10-39 所示。

不同温度时水的运动黏度和密度　　　　　　　　　　表 10-16

温度(℃)	运动黏度(×10⁻⁶ m²/s)	密度(kg/m³)	温度(℃)	运动黏度(×10⁻⁶ m²/s)	密度(kg/m³)
40	0.659	992.24	70	0.415	977.899
45	0.603	990.25	75	0.389	974.849
50	0.556	988.07	80	0.366	971.84
55	0.515	985.73	85	0.345	968.57
60	0.479	983.284	90	0.326	965.344
65	0.445	980.63	95	0.310	961.816

表 10-17

10℃钢材管道水力计算表（管中流体为水）

| G | DN50 $d=53.00$ | | DN70 $d=68.00$ | | DN80 $d=80.50$ | | DN100 $d=106.00$ | | DN125 $d=131.00$ | | DN150 $d=156.00$ | | DN200 $d=207.00$ | |
kg/h	ΔP_m	v	ΔP_m	v	ΔP_m	v	ΔP_m	v	ΔP_m	v	ΔP_m	v	ΔP_m	v
1600	14.35	0.20												
1700	16.02	0.21												
1800	17.78	0.23												
1900	19.63	0.24												
2000	21.56	0.25												
2200	25.68	0.28												
2400	30.14	0.30												
2600	34.94	0.33	10.14	0.20										
2800	40.09	0.35	11.60	0.21										
3000	45.57	0.38	13.16	0.23										
3200	51.40	0.40	14.81	0.24										
3400	57.56	0.43	16.55	0.26										
3600	64.07	0.45	18.39	0.28	7.98	0.20								
3800	70.91	0.48	20.32	0.29	8.80	0.21								
4000	78.09	0.50	22.34	0.31	9.67	0.22								
4200	85.61	0.53	24.45	0.32	10.57	0.23								
4400	93.46	0.55	26.65	0.34	11.51	0.24								
4600	101.65	0.58	28.94	0.35	12.49	0.25								
4800	110.18	0.60	31.32	0.37	13.50	0.26								
5000	119.04	0.63	33.80	0.38	14.56	0.27								
5400	137.78	0.68	39.02	0.41	16.78	0.29								
5800	157.87	0.73	44.61	0.44	19.15	0.32								
6200	179.29	0.78	50.56	0.47	21.67	0.34	5.54	0.20						
6600	202.07	0.83	56.87	0.51	24.34	0.36	6.21	0.21						
7000	226.18	0.88	63.54	0.54	27.16	0.38	6.91	0.22						
7400	251.64	0.93	70.58	0.57	30.14	0.40	7.65	0.23						
7800	278.43	0.98	77.98	0.60	33.26	0.43	8.43	0.25						
8200	306.57	1.03	85.73	0.63	36.53	0.45	9.24	0.26						
8600	336.06	1.08	93.85	0.66	39.94	0.47	10.09	0.27						

续表

G (kg/h)	DN50 ΔP_m ($d=53.00$)	DN50 v ($d=53.00$)	DN70 ΔP_m ($d=68.00$)	DN70 v ($d=68.00$)	DN80 ΔP_m ($d=80.50$)	DN80 v ($d=80.50$)	DN100 ΔP_m ($d=106.00$)	DN100 v ($d=106.00$)	DN125 ΔP_m ($d=131.00$)	DN125 v ($d=131.00$)	DN150 ΔP_m ($d=156.00$)	DN150 v ($d=156.00$)	DN200 ΔP_m ($d=207.00$)	DN200 v ($d=207.00$)
9000	366.88	1.13	102.33	0.69	43.51	0.49	10.97	0.28						
10000	449.80	1.26	125.10	0.77	53.08	0.55	13.34	0.32	4.67	0.21				
11000	541.10	1.39	150.12	0.84	63.57	0.60	15.92	0.35	5.56	0.23				
12000	640.77	1.51	177.40	0.92	74.99	0.66	18.72	0.38	6.53	0.25				
13000	748.82	1.64	206.91	1.00	87.34	0.71	21.75	0.41	7.56	0.27				
14000	865.24	1.76	238.68	1.07	100.61	0.76	24.99	0.44	8.67	0.29	3.66	0.20		
15000	990.03	1.89	272.69	1.15	114.80	0.82	28.45	0.47	9.86	0.31	4.15	0.22		
16000	1123.19	2.02	308.94	1.22	129.92	0.87	32.13	0.50	11.11	0.33	4.67	0.23		
17000	1264.72	2.14	347.44	1.30	145.96	0.93	36.02	0.54	12.44	0.35	5.22	0.25		
18000	1414.62	2.27	388.19	1.38	162.92	0.98	40.14	0.57	13.84	0.37	5.80	0.26		
19000	1572.89	2.39	431.18	1.45	180.81	1.04	44.47	0.60	15.32	0.39	6.41	0.28		
20000	1739.53	2.52	476.41	1.53	199.61	1.09	49.02	0.63	16.86	0.41	7.05	0.29		
22000	2097.92	2.77	573.60	1.68	239.99	1.20	58.77	0.69	20.17	0.45	8.42	0.32		
24000			679.76	1.84	284.06	1.31	69.39	0.76	23.76	0.50	9.90	0.35	2.44	0.20
26000			794.89	1.99	331.80	1.42	80.87	0.82	27.63	0.54	11.50	0.38	2.82	0.21
28000			919.00	2.14	383.23	1.53	93.22	0.88	31.80	0.58	13.21	0.41	3.24	0.23
30000			1052.07	2.30	438.35	1.64	106.44	0.95	36.25	0.62	15.04	0.44	3.68	0.25
32000			1194.11	2.45	497.15	1.75	120.52	1.01	40.98	0.66	16.98	0.47	4.14	0.26
34000			1345.12	2.60	559.63	1.86	135.47	1.07	46.00	0.70	19.03	0.49	4.63	0.28
36000			1505.10	2.76	625.79	1.97	151.28	1.13	51.31	0.74	21.20	0.52	5.15	0.30
38000			1674.04	2.91	695.63	2.08	167.96	1.20	56.90	0.78	23.49	0.55	5.70	0.31
40000					769.15	2.18	185.51	1.26	62.77	0.83	25.89	0.58	6.27	0.33
42000					846.36	2.29	203.91	1.32	68.93	0.87	28.40	0.61	6.87	0.35
44000					927.25	2.40	223.18	1.39	75.37	0.91	31.03	0.64	7.49	0.36
46000					1011.82	2.51	243.32	1.45	82.10	0.95	33.77	0.67	8.14	0.38
48000					1100.07	2.62	264.32	1.51	89.11	0.99	36.62	0.70	8.82	0.40
50000					1192.00	2.73	286.19	1.58	96.40	1.03	39.59	0.73	9.52	0.41
52000					1287.61	2.84	308.91	1.64	103.98	1.07	42.67	0.76	10.25	0.43
54000					1386.90	2.95	332.51	1.70	111.85	1.11	45.87	0.79	11.00	0.45
56000							356.96	1.76	119.99	1.16	49.18	0.81	11.78	0.46
58000							382.28	1.83	128.43	1.20	52.60	0.84	12.59	0.48

续表

G	DN50 $d=53.00$ ΔP_m	DN50 $d=53.00$ v	DN70 $d=68.00$ ΔP_m	DN70 $d=68.00$ v	DN80 $d=80.50$ ΔP_m	DN80 $d=80.50$ v	DN100 $d=106.00$ ΔP_m	DN100 $d=106.00$ v	DN125 $d=131.00$ ΔP_m	DN125 $d=131.00$ v	DN150 $d=156.00$ ΔP_m	DN150 $d=156.00$ v	DN200 $d=207.00$ ΔP_m	DN200 $d=207.00$ v
kg/h														
60000							408.47	1.89	137.14	1.24	56.14	0.87	13.42	0.50
62000							435.52	1.95	146.14	1.28	59.79	0.90	14.28	0.51
64000							463.43	2.02	155.42	1.32	63.55	0.93	15.16	0.53
66000							492.20	2.08	164.99	1.36	67.43	0.96	16.07	0.55
68000							521.84	2.14	174.84	1.40	71.42	0.99	17.00	0.56
70000							552.35	2.21	184.97	1.44	75.53	1.02	17.97	0.58
75000							632.38	2.36	211.55	1.55	86.29	1.09	20.48	0.62
80000							717.82	2.52	239.90	1.65	97.75	1.16	23.16	0.66
85000							808.65	2.68	270.02	1.75	109.93	1.24	26.00	0.70
90000							904.88	2.84	301.92	1.86	122.82	1.31	29.00	0.74
95000							1006.50	2.99	335.58	1.96	136.41	1.38	32.17	0.78
100000									371.02	2.06	150.71	1.45	35.49	0.83
105000									408.24	2.17	165.72	1.53	38.97	0.87
110000									447.22	2.27	181.44	1.60	42.62	0.91
115000									487.98	2.37	197.87	1.67	46.43	0.95
120000									530.50	2.48	215.00	1.75	50.39	0.99
130000									620.88	2.68	251.40	1.89	58.81	1.07
140000									718.33	2.89	290.63	2.04	67.87	1.16
150000											332.69	2.18	77.58	1.24
160000											377.58	2.33	87.92	1.32
170000											425.30	2.47	98.91	1.40
180000											475.85	2.62	110.54	1.49
190000											529.24	2.76	122.82	1.57
200000											585.45	2.91	135.73	1.65
220000													163.49	1.82
240000													193.82	1.98
260000													226.72	2.15
280000													262.18	2.31
300000													300.21	2.48
320000													340.81	2.64
340000													383.98	2.81
360000													429.71	2.97

续表

G	DN250 $d=259.00$		DN300 $d=309.00$		DN350 $d=365.00$		DN400 $d=412.00$		DN450 $d=464.00$		DN500 $d=515.00$		DN600 $d=614.00$	
kg/h	ΔP_m	v	ΔP_m	v	ΔP_m	v	ΔP_m	v	ΔP_m	v	ΔP_m	v	ΔP_m	v
38000	1.88	0.20												
40000	2.07	0.21												
42000	2.26	0.22												
44000	2.46	0.23												
46000	2.67	0.24												
48000	2.89	0.25												
50000	3.12	0.26												
52000	3.35	0.27												
54000	3.60	0.28	1.50	0.20										
56000	3.85	0.30	1.61	0.21										
58000	4.11	0.31	1.72	0.22										
60000	4.38	0.32	1.83	0.22										
62000	4.65	0.33	1.94	0.23										
64000	4.94	0.34	2.06	0.24										
66000	5.23	0.35	2.18	0.24										
68000	5.53	0.36	2.30	0.25										
70000	5.84	0.37	2.43	0.26										
75000	6.64	0.40	2.76	0.28	1.21	0.20								
80000	7.50	0.42	3.11	0.30	1.37	0.21								
85000	8.41	0.45	3.49	0.32	1.53	0.23								
90000	9.37	0.47	3.88	0.33	1.70	0.24								
95000	10.37	0.50	4.29	0.35	1.88	0.25	1.03	0.20						
100000	11.43	0.53	4.72	0.37	2.07	0.27	1.14	0.21						
105000	12.54	0.55	5.18	0.39	2.26	0.28	1.24	0.22						
110000	13.70	0.58	5.65	0.41	2.47	0.29	1.35	0.23						
115000	14.90	0.61	6.14	0.43	2.68	0.31	1.47	0.24						
120000	16.16	0.63	6.65	0.44	2.90	0.32	1.59	0.25	0.89	0.20				
130000	18.83	0.69	7.74	0.48	3.37	0.35	1.85	0.27	1.03	0.21				
140000	21.69	0.74	8.90	0.52	3.87	0.37	2.12	0.29	1.18	0.23				

续表

G	DN250 d=259.00 ΔPm	v	DN300 d=309.00 ΔPm	v	DN350 d=365.00 ΔPm	v	DN400 d=412.00 ΔPm	v	DN450 d=464.00 ΔPm	v	DN500 d=515.00 ΔPm	v	DN600 d=614.00 ΔPm	v
kg/h														
150000	24.76	0.79	10.15	0.56	4.40	0.40	2.41	0.31	1.34	0.25	0.80	0.20		
160000	28.02	0.84	11.47	0.59	4.97	0.43	2.72	0.33	1.51	0.26	0.90	0.21		
170000	31.48	0.90	12.88	0.63	5.58	0.45	3.05	0.35	1.69	0.28	1.01	0.23		
180000	35.14	0.95	14.36	0.67	6.21	0.48	3.39	0.38	1.88	0.30	1.12	0.24		
190000	39.00	1.00	15.92	0.70	6.88	0.50	3.75	0.40	2.08	0.31	1.24	0.25		
200000	43.06	1.06	17.56	0.74	7.58	0.53	4.13	0.42	2.29	0.33	1.36	0.27		
220000	51.78	1.16	21.08	0.82	9.09	0.58	4.95	0.46	2.73	0.36	1.63	0.29	0.68	0.21
240000	61.29	1.27	24.92	0.89	10.72	0.64	5.83	0.50	3.22	0.39	1.92	0.32	0.80	0.23
260000	71.59	1.37	29.07	0.96	12.49	0.69	6.79	0.54	3.74	0.43	2.22	0.35	0.93	0.24
280000	82.69	1.48	33.54	1.04	14.40	0.74	7.81	0.58	4.30	0.46	2.56	0.37	1.07	0.26
300000	94.58	1.58	38.32	1.11	16.43	0.80	8.91	0.63	4.90	0.49	2.91	0.40	1.22	0.28
320000	107.27	1.69	43.42	1.19	18.60	0.85	10.08	0.67	5.54	0.53	3.29	0.43	1.37	0.30
340000	120.75	1.79	48.84	1.26	20.90	0.90	11.32	0.71	6.22	0.56	3.69	0.45	1.54	0.32
360000	135.02	1.90	54.57	1.33	23.33	0.96	12.63	0.75	6.93	0.59	4.11	0.48	1.71	0.34
380000	150.09	2.01	60.61	1.41	25.90	1.01	14.00	0.79	7.68	0.62	4.55	0.51	1.89	0.36
400000	165.96	2.11	66.97	1.48	28.60	1.06	15.45	0.83	8.47	0.66	5.01	0.53	2.08	0.38
420000	182.61	2.22	73.65	1.56	31.42	1.12	16.97	0.88	9.30	0.69	5.50	0.56	2.28	0.39
440000			80.64	1.63	34.39	1.17	18.56	0.92	10.17	0.72	6.01	0.59	2.49	0.41
460000			87.95	1.71	37.48	1.22	20.22	0.96	11.07	0.76	6.54	0.61	2.71	0.43
480000			95.57	1.78	40.70	1.28	21.95	1.00	12.01	0.79	7.10	0.64	2.94	0.45
500000			103.51	1.85	44.06	1.33	23.75	1.04	12.99	0.82	7.67	0.67	3.17	0.47
520000			111.76	1.93	47.55	1.38	25.62	1.08	14.01	0.85	8.27	0.69	3.42	0.49
540000			120.33	2.00	51.17	1.43	27.57	1.13	15.06	0.89	8.89	0.72	3.67	0.51
560000			129.21	2.08	54.93	1.49	29.58	1.17	16.16	0.92	9.53	0.75	3.93	0.53
580000			138.41	2.15	58.81	1.54	31.66	1.21	17.29	0.95	10.19	0.77	4.20	0.54
600000			147.92	2.22	62.83	1.59	33.81	1.25	18.45	0.99	10.88	0.80	4.48	0.56
620000			157.75	2.30	66.98	1.65	36.03	1.29	19.66	1.02	11.58	0.83	4.77	0.58
640000			167.90	2.37	71.26	1.70	38.32	1.33	20.90	1.05	12.31	0.85	5.07	0.60
660000			178.36	2.45	75.67	1.75	40.68	1.38	22.19	1.09	13.06	0.88	5.37	0.62

续表

G	DN250 d=259.00		DN300 d=309.00		DN350 d=365.00		DN400 d=412.00		DN450 d=464.00		DN500 d=515.00		DN600 d=614.00	
kg/h	ΔP_m	v	ΔP_m	v	ΔP_m	v	ΔP_m	v	ΔP_m	v	ΔP_m	v	ΔP_m	v
680000			189.13	2.52	80.22	1.81	43.12	1.42	23.50	1.12	13.83	0.91	5.69	0.64
700000					84.90	1.86	45.62	1.46	24.86	1.15	14.63	0.93	6.01	0.66
720000					89.71	1.91	48.19	1.50	26.26	1.18	15.45	0.96	6.35	0.68
740000					94.65	1.97	50.83	1.54	27.69	1.22	16.28	0.99	6.69	0.69
760000					99.72	2.02	53.54	1.58	29.16	1.25	17.14	1.01	7.04	0.71
780000					104.93	2.07	56.33	1.63	30.67	1.28	18.03	1.04	7.40	0.73
800000					110.26	2.13	59.18	1.67	32.21	1.32	18.93	1.07	7.76	0.75
820000					115.73	2.18	62.10	1.71	33.79	1.35	19.86	1.09	8.14	0.77
840000					121.33	2.23	65.09	1.75	35.41	1.38	20.81	1.12	8.53	0.79
860000					127.06	2.28	68.16	1.79	37.07	1.41	21.77	1.15	8.92	0.81
880000					132.93	2.34	71.29	1.84	38.77	1.45	22.77	1.17	9.32	0.83
900000					138.93	2.39	74.49	1.88	40.50	1.48	23.78	1.20	9.73	0.85
920000					145.05	2.44	77.76	1.92	42.27	1.51	24.82	1.23	10.16	0.86
940000					151.31	2.50	81.11	1.96	44.08	1.55	25.87	1.25	10.58	0.88
960000					157.71	2.55	84.52	2.00	45.93	1.58	26.95	1.28	11.02	0.90
980000					164.23	2.60	88.00	2.04	47.81	1.61	28.05	1.31	11.47	0.92
1000000					170.89	2.66	91.56	2.09	49.74	1.64	29.18	1.33	11.92	0.94
1050000					188.10	2.79	100.74	2.19	54.71	1.73	32.08	1.40	13.10	0.99
1100000							110.37	2.29	59.91	1.81	35.12	1.47	14.33	1.03
1150000							120.44	2.40	65.35	1.89	38.30	1.53	15.62	1.08
1200000							130.94	2.50	71.03	1.97	41.61	1.60	16.96	1.13
1250000							141.88	2.61	76.94	2.06	45.06	1.67	18.36	1.17
1300000							153.26	2.71	83.09	2.14	48.64	1.73	19.81	1.22
1350000							165.07	2.82	89.47	2.22	52.37	1.80	21.31	1.27
1400000							177.32	2.92	96.09	2.30	56.23	1.87	22.87	1.31
1450000							190.01	3.02	102.94	2.38	60.22	1.94	24.48	1.36
1500000									110.03	2.47	64.36	2.00	26.15	1.41
1550000									117.35	2.55	68.62	2.07	27.88	1.46
1600000									124.91	2.63	73.03	2.14	29.65	1.50

续表

G kg/h	DN250 d=259.00 ΔP_m	DN250 d=259.00 v	DN300 d=309.00 ΔP_m	DN300 d=309.00 v	DN350 d=365.00 ΔP_m	DN350 d=365.00 v	DN400 d=412.00 ΔP_m	DN400 d=412.00 v	DN450 d=464.00 ΔP_m	DN450 d=464.00 v	DN500 d=515.00 ΔP_m	DN500 d=515.00 v	DN600 d=614.00 ΔP_m	DN600 d=614.00 v
1650000									132.71	2.71	77.57	2.20	31.49	1.55
1700000									140.74	2.79	82.25	2.27	33.37	1.60
1750000									149.00	2.88	87.07	2.34	35.32	1.64
1800000									157.50	2.96	92.02	2.40	37.31	1.69
1850000									166.24	3.04	97.11	2.47	39.36	1.74
1900000									175.21	3.12	102.33	2.54	41.47	1.78
1950000									184.41	3.21	107.69	2.60	43.63	1.83
2000000									193.85	3.29	113.19	2.67	45.84	1.88
2100000											124.60	2.80	50.44	1.97
2200000											136.55	2.94	55.25	2.07
2300000											149.05	3.07	60.28	2.16
2400000											162.09	3.20	65.53	2.25
2500000											175.68	3.34	71.00	2.35
2600000											189.82	3.47	76.68	2.44
2700000													82.58	2.54
2800000													88.70	2.63
2900000													95.04	2.72
3000000													101.60	2.82
3100000													108.38	2.91
3200000													115.37	3.00
3300000													122.59	3.10
3400000													130.02	3.19
3500000													137.67	3.29
3600000													145.53	3.38
3700000													153.62	3.47
3800000													161.92	3.57
3900000													170.44	3.66
4000000													179.19	3.76
4100000													188.14	3.85
4200000													197.32	3.94

续表

| G | DN700 | | DN800 | | DN900 | | DN1000 | | DN1100 | | DN1200 | |
| | $d=702.00$ | | $d=802.00$ | | $d=900.00$ | | $d=998.00$ | | $d=1096.00$ | | $d=1194.00$ | |
kg/h	ΔP_{m}	v	ΔP_{m}	v	ΔP_{m}	v	ΔP_{m}	v	ΔP_{m}	v	ΔP_{m}	v
280000	0.55	0.20										
300000	0.63	0.22										
320000	0.71	0.23										
340000	0.79	0.24										
360000	0.88	0.26	0.46	0.20								
380000	0.97	0.27	0.50	0.21								
400000	1.07	0.29	0.55	0.22								
420000	1.17	0.30	0.61	0.23								
440000	1.28	0.32	0.66	0.24								
460000	1.39	0.33	0.72	0.25	0.41	0.20						
480000	1.51	0.34	0.78	0.26	0.44	0.21						
500000	1.63	0.36	0.84	0.28	0.48	0.22						
520000	1.75	0.37	0.90	0.29	0.51	0.23						
540000	1.88	0.39	0.97	0.30	0.55	0.24						
560000	2.01	0.40	1.04	0.31	0.59	0.24	0.35	0.20				
580000	2.15	0.42	1.11	0.32	0.63	0.25	0.38	0.21				
600000	2.29	0.43	1.18	0.33	0.67	0.26	0.40	0.21				
620000	2.44	0.45	1.26	0.34	0.71	0.27	0.43	0.22				
640000	2.59	0.46	1.33	0.35	0.75	0.28	0.45	0.23				
660000	2.74	0.47	1.41	0.36	0.80	0.29	0.48	0.23				
680000	2.90	0.49	1.49	0.37	0.84	0.30	0.51	0.24	0.32	0.20		
700000	3.07	0.50	1.58	0.39	0.89	0.31	0.53	0.25	0.34	0.21		
720000	3.24	0.52	1.66	0.40	0.94	0.31	0.56	0.26	0.35	0.21		
740000	3.41	0.53	1.75	0.41	0.99	0.32	0.59	0.26	0.37	0.22		
760000	3.59	0.55	1.84	0.42	1.04	0.33	0.62	0.27	0.39	0.22		
780000	3.77	0.56	1.94	0.43	1.09	0.34	0.65	0.28	0.41	0.23		
800000	3.96	0.57	2.03	0.44	1.14	0.35	0.68	0.28	0.43	0.24	0.28	0.20
820000	4.15	0.59	2.13	0.45	1.20	0.36	0.72	0.29	0.45	0.24	0.30	0.20
840000	4.34	0.60	2.23	0.46	1.25	0.37	0.75	0.30	0.47	0.25	0.31	0.21

续表

G	DN700 $d=702.00$		DN800 $d=802.00$		DN900 $d=900.00$		DN1000 $d=998.00$		DN1100 $d=1096.00$		DN1200 $d=1194.00$	
kg/h	ΔP_m	v	ΔP_m	v	ΔP_m	v	ΔP_m	v	ΔP_m	v	ΔP_m	v
860000	4.54	0.62	2.33	0.47	1.31	0.38	0.78	0.31	0.49	0.25	0.32	0.21
880000	4.74	0.63	2.43	0.48	1.37	0.38	0.82	0.31	0.51	0.26	0.34	0.22
900000	4.95	0.65	2.54	0.50	1.43	0.39	0.85	0.32	0.54	0.27	0.35	0.22
920000	5.16	0.66	2.65	0.51	1.49	0.40	0.89	0.33	0.56	0.27	0.37	0.23
940000	5.38	0.68	2.76	0.52	1.55	0.41	0.93	0.33	0.58	0.28	0.38	0.23
960000	5.60	0.69	2.87	0.53	1.61	0.42	0.96	0.34	0.61	0.28	0.40	0.24
980000	5.83	0.70	2.98	0.54	1.68	0.43	1.00	0.35	0.63	0.29	0.41	0.24
1000000	6.06	0.72	3.10	0.55	1.74	0.44	1.04	0.36	0.65	0.29	0.43	0.25
1050000	6.65	0.75	3.40	0.58	1.91	0.46	1.14	0.37	0.72	0.31	0.47	0.26
1100000	7.27	0.79	3.72	0.61	2.09	0.48	1.24	0.39	0.78	0.32	0.51	0.27
1150000	7.92	0.83	4.05	0.63	2.27	0.50	1.35	0.41	0.85	0.34	0.56	0.29
1200000	8.59	0.86	4.39	0.66	2.46	0.52	1.47	0.43	0.92	0.35	0.60	0.30
1250000	9.30	0.90	4.74	0.69	2.66	0.55	1.58	0.44	0.99	0.37	0.65	0.31
1300000	10.03	0.93	5.11	0.72	2.86	0.57	1.71	0.46	1.07	0.38	0.70	0.32
1350000	10.78	0.97	5.50	0.74	3.08	0.59	1.83	0.48	1.15	0.40	0.75	0.34
1400000	11.57	1.01	5.90	0.77	3.30	0.61	1.96	0.50	1.23	0.41	0.80	0.35
1450000	12.38	1.04	6.31	0.80	3.53	0.63	2.10	0.52	1.31	0.43	0.86	0.36
1500000	13.22	1.08	6.73	0.83	3.76	0.66	2.24	0.53	1.40	0.44	0.92	0.37
1550000	14.09	1.11	7.17	0.85	4.01	0.68	2.38	0.55	1.49	0.46	0.97	0.38
1600000	14.98	1.15	7.62	0.88	4.26	0.70	2.53	0.57	1.58	0.47	1.03	0.40
1650000	15.90	1.19	8.09	0.91	4.52	0.72	2.69	0.59	1.68	0.49	1.10	0.41
1700000	16.85	1.22	8.56	0.94	4.78	0.74	2.84	0.60	1.78	0.50	1.16	0.42
1750000	17.82	1.26	9.06	0.96	5.06	0.76	3.00	0.62	1.88	0.52	1.22	0.43
1800000	18.82	1.29	9.56	0.99	5.34	0.79	3.17	0.64	1.98	0.53	1.29	0.45
1850000	19.85	1.33	10.08	1.02	5.62	0.81	3.34	0.66	2.09	0.55	1.36	0.46
1900000	20.91	1.36	10.62	1.05	5.92	0.83	3.52	0.68	2.20	0.56	1.43	0.47
1950000	21.99	1.40	11.16	1.07	6.22	0.85	3.69	0.69	2.31	0.57	1.50	0.48
2000000	23.10	1.44	11.72	1.10	6.54	0.87	3.88	0.71	2.42	0.59	1.58	0.50
2100000	25.41	1.51	12.89	1.16	7.18	0.92	4.26	0.75	2.66	0.62	1.73	0.52

续表

G kg/h	DN700 d=702.00 ΔP$_m$	DN700 d=702.00 v	DN800 d=802.00 ΔP$_m$	DN800 d=802.00 v	DN900 d=900.00 ΔP$_m$	DN900 d=900.00 v	DN1000 d=998.00 ΔP$_m$	DN1000 d=998.00 v	DN1100 d=1096.00 ΔP$_m$	DN1100 d=1096.00 v	DN1200 d=1194.00 ΔP$_m$	DN1200 d=1194.00 v
2200000	27.82	1.58	14.10	1.21	7.85	0.96	4.66	0.78	2.90	0.65	1.89	0.55
2300000	30.34	1.65	15.37	1.27	8.56	1.01	5.07	0.82	3.16	0.68	2.06	0.57
2400000	32.97	1.72	16.70	1.32	9.29	1.05	5.50	0.85	3.43	0.71	2.23	0.60
2500000	35.70	1.80	18.08	1.38	10.05	1.09	5.95	0.89	3.71	0.74	2.41	0.62
2600000	38.55	1.87	19.51	1.43	10.85	1.14	6.42	0.92	4.00	0.77	2.60	0.65
2700000	41.51	1.94	21.00	1.49	11.67	1.18	6.91	0.96	4.30	0.80	2.79	0.67
2800000	44.57	2.01	22.54	1.54	12.52	1.22	7.41	1.00	4.61	0.83	3.00	0.70
2900000	47.74	2.08	24.14	1.60	13.41	1.27	7.93	1.03	4.93	0.85	3.20	0.72
3000000	51.02	2.15	25.79	1.65	14.32	1.31	8.47	1.07	5.27	0.88	3.42	0.74
3100000	54.41	2.23	27.49	1.71	15.26	1.35	9.02	1.10	5.61	0.91	3.64	0.77
3200000	57.91	2.30	29.25	1.76	16.23	1.40	9.59	1.14	5.97	0.94	3.87	0.79
3300000	61.52	2.37	31.07	1.82	17.24	1.44	10.18	1.17	6.33	0.97	4.11	0.82
3400000	65.23	2.44	32.94	1.87	18.27	1.49	10.79	1.21	6.71	1.00	4.35	0.84
3500000	69.05	2.51	34.86	1.93	19.33	1.53	11.41	1.24	7.09	1.03	4.60	0.87
3600000	72.99	2.59	36.83	1.98	20.42	1.57	12.06	1.28	7.49	1.06	4.85	0.89
3700000	77.03	2.66	38.87	2.04	21.54	1.62	12.72	1.31	7.90	1.09	5.12	0.92
3800000	81.18	2.73	40.95	2.09	22.69	1.66	13.39	1.35	8.32	1.12	5.39	0.94
3900000	85.44	2.80	43.09	2.15	23.87	1.70	14.09	1.39	8.75	1.15	5.67	0.97
4000000	89.80	2.87	45.28	2.20	25.09	1.75	14.80	1.42	9.19	1.18	5.95	0.99
4100000	94.28	2.94	47.53	2.26	26.33	1.79	15.53	1.46	9.64	1.21	6.24	1.02
4200000	98.86	3.02	49.83	2.31	27.60	1.84	16.27	1.49	10.10	1.24	6.54	1.04
4300000	103.55	3.09	52.19	2.37	28.90	1.88	17.04	1.53	10.57	1.27	6.84	1.07
4400000	108.35	3.16	54.60	2.42	30.23	1.92	17.82	1.56	11.05	1.30	7.15	1.09
4500000	113.26	3.23	57.07	2.48	31.58	1.97	18.62	1.60	11.55	1.33	7.47	1.12
4600000	118.28	3.30	59.58	2.53	32.97	2.01	19.43	1.63	12.05	1.36	7.80	1.14
4700000	123.41	3.38	62.16	2.59	34.39	2.05	20.27	1.67	12.57	1.38	8.13	1.17
4800000	128.64	3.45	64.79	2.64	35.84	2.10	21.12	1.71	13.09	1.41	8.47	1.19
4900000	133.99	3.52	67.47	2.70	37.32	2.14	21.98	1.74	13.63	1.44	8.81	1.22
5000000	139.44	3.59	70.20	2.75	38.83	2.18	22.87	1.78	14.18	1.47	9.17	1.24

续表

G	DN700 d=702.00		DN800 d=802.00		DN900 d=900.00		DN1000 d=998.00		DN1100 d=1096.00		DN1200 d=1194.00	
kg/h	ΔP_m	v	ΔP_m	v	ΔP_m	v	ΔP_m	v	ΔP_m	v	ΔP_m	v
5200000	150.67	3.73	75.84	2.86	41.94	2.27	24.69	1.85	15.30	1.53	9.89	1.29
5400000	162.33	3.88	81.69	2.97	45.16	2.36	26.59	1.92	16.47	1.59	10.64	1.34
5600000	174.43	4.02	87.76	3.08	48.50	2.45	28.55	1.99	17.68	1.65	11.42	1.39
5800000	186.96	4.17	94.05	3.19	51.97	2.53	30.58	2.06	18.94	1.71	12.23	1.44
6000000	199.93	4.31	100.55	3.30	55.55	2.62	32.68	2.13	20.23	1.77	13.07	1.49
6200000			107.27	3.41	59.25	2.71	34.85	2.20	21.57	1.83	13.93	1.54
6400000			114.21	3.52	63.07	2.80	37.09	2.27	22.95	1.89	14.82	1.59
6600000			121.36	3.63	67.01	2.88	39.40	2.35	24.38	1.94	15.74	1.64
6800000			128.73	3.74	71.07	2.97	41.78	2.42	25.85	2.00	16.68	1.69
7000000			136.32	3.85	75.25	3.06	44.23	2.49	27.36	2.06	17.65	1.74
7200000			144.13	3.96	79.55	3.15	46.75	2.56	28.91	2.12	18.65	1.79
7400000			152.15	4.07	83.96	3.23	49.34	2.63	30.51	2.18	19.68	1.84
7600000			160.39	4.18	88.50	3.32	51.99	2.70	32.15	2.24	20.73	1.89
7800000			168.84	4.29	93.15	3.41	54.72	2.77	33.83	2.30	21.81	1.94
8000000			177.52	4.40	97.92	3.50	57.52	2.84	35.55	2.36	22.92	1.99
8200000			186.41	4.51	102.82	3.58	60.38	2.91	37.32	2.42	24.06	2.04
8400000			195.51	4.62	107.83	3.67	63.32	2.99	39.13	2.48	25.22	2.09
8600000					112.96	3.76	66.32	3.06	40.98	2.53	26.41	2.14
8800000					118.21	3.85	69.40	3.13	42.88	2.59	27.63	2.18
9000000					123.57	3.93	72.54	3.20	44.81	2.65	28.88	2.23
9200000					129.06	4.02	75.76	3.27	46.79	2.71	30.15	2.28
9400000					134.67	4.11	79.04	3.34	48.82	2.77	31.45	2.33
9600000					140.39	4.20	82.39	3.41	50.88	2.83	32.78	2.38
9800000					146.24	4.28	85.82	3.48	52.99	2.89	34.13	2.43
10000000					152.20	4.37	89.31	3.55	55.14	2.95	35.52	2.48
10500000					167.63	4.59	98.34	3.73	60.71	3.09	39.09	2.61

续表

G	DN700 d=702.00		DN800 d=802.00		DN900 d=900.00		DN1000 d=998.00		DN1100 d=1096.00		DN1200 d=1194.00	
kg/h	ΔP_m	v	ΔP_m	v	ΔP_m	v	ΔP_m	v	ΔP_m	v	ΔP_m	v
11000000					183.80	4.81	107.81	3.91	66.54	3.24	42.84	2.73
11500000							117.71	4.09	72.64	3.39	46.76	2.86
12000000							128.05	4.26	79.01	3.54	50.85	2.98
12500000							138.82	4.44	85.64	3.68	55.11	3.10
13000000							150.03	4.62	92.54	3.83	59.54	3.23
13500000							161.67	4.80	99.70	3.98	64.14	3.35
14000000							173.74	4.98	107.14	4.13	68.91	3.48
14500000							186.25	5.15	114.84	4.27	73.86	3.60
15000000							199.20	5.33	122.80	4.42	78.97	3.72
15500000									131.04	4.57	84.26	3.85
16000000									139.54	4.71	89.71	3.97
16500000									148.31	4.86	95.34	4.10
17000000									157.34	5.01	101.14	4.22
17500000									166.64	5.16	107.11	4.34
18000000									176.21	5.30	113.25	4.47
18500000									186.05	5.45	119.56	4.59
19000000									196.15	5.60	126.04	4.72
19500000											132.70	4.84
20000000											139.52	4.97
20500000											146.52	5.09
21000000											153.68	5.21
21500000											161.02	5.34
22000000											168.53	5.46
22500000											176.21	5.59
23000000											184.06	5.71
23500000											192.08	5.83

注: d—管道内径, mm; v—平均流速, m/s; ΔP_m—沿程压力损失, Pa。

表 10-18

钢材管道相同管径不同温度下的 ΔP_{m} 修正系数曲线

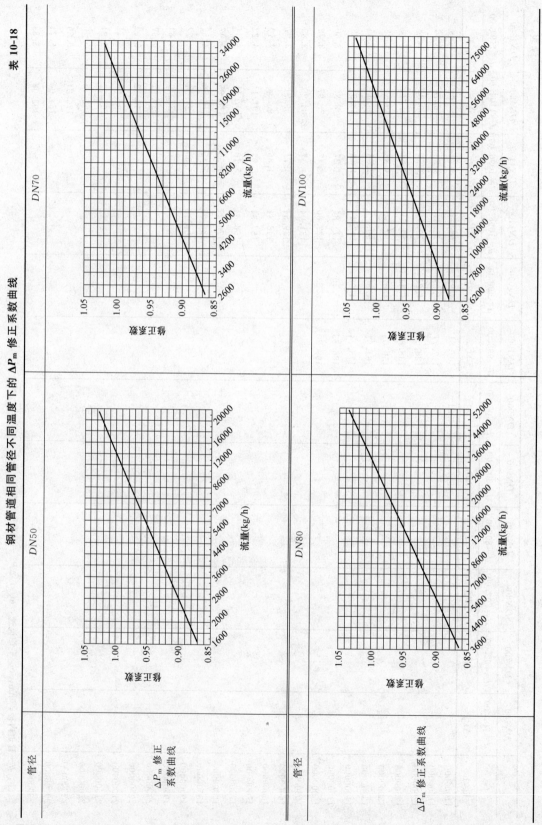

| 管径 | ΔP_{m} 修正系数曲线 | DN50 | DN70 |
| 管径 | ΔP_{m} 修正系数曲线 | DN80 | DN100 |

续表

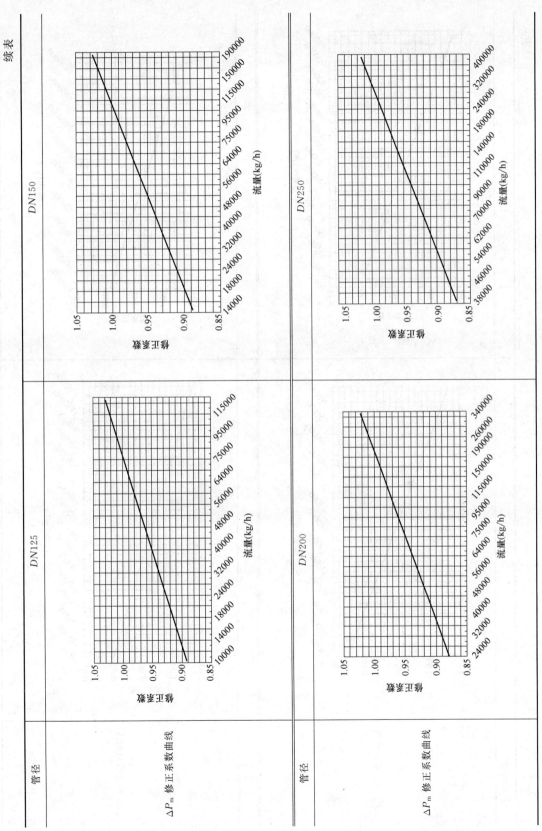

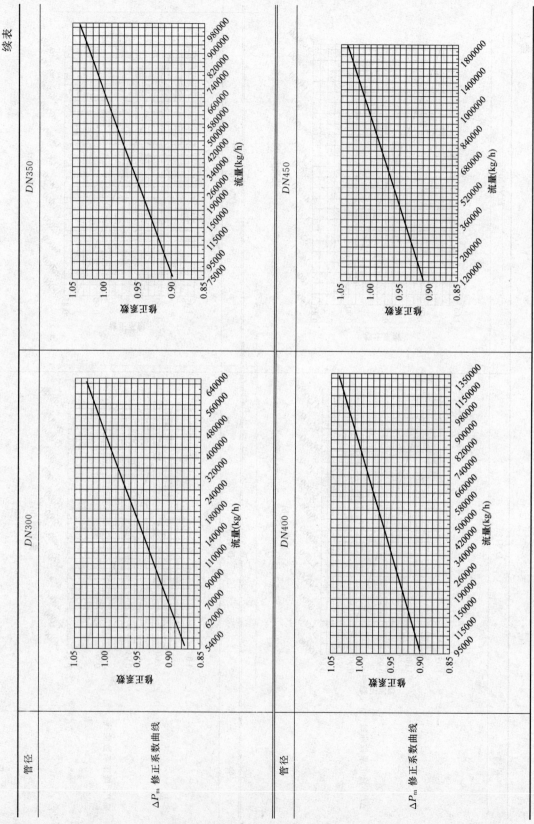

续表

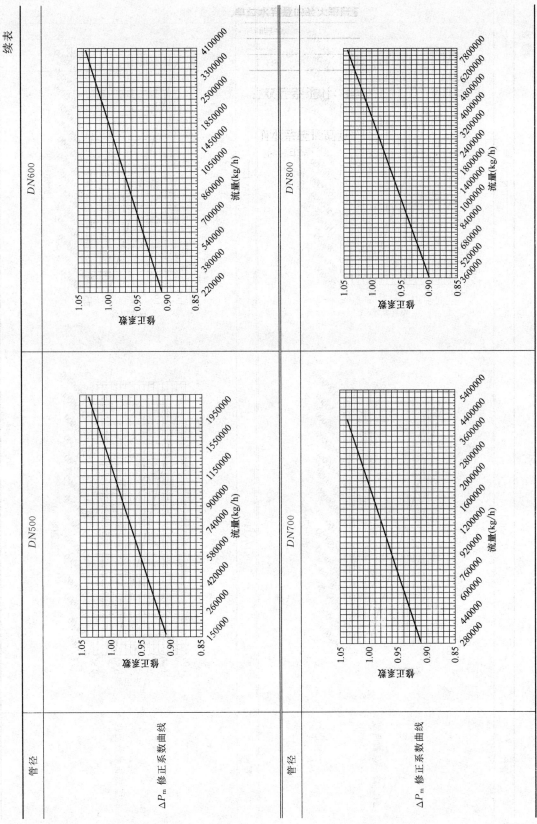

续表

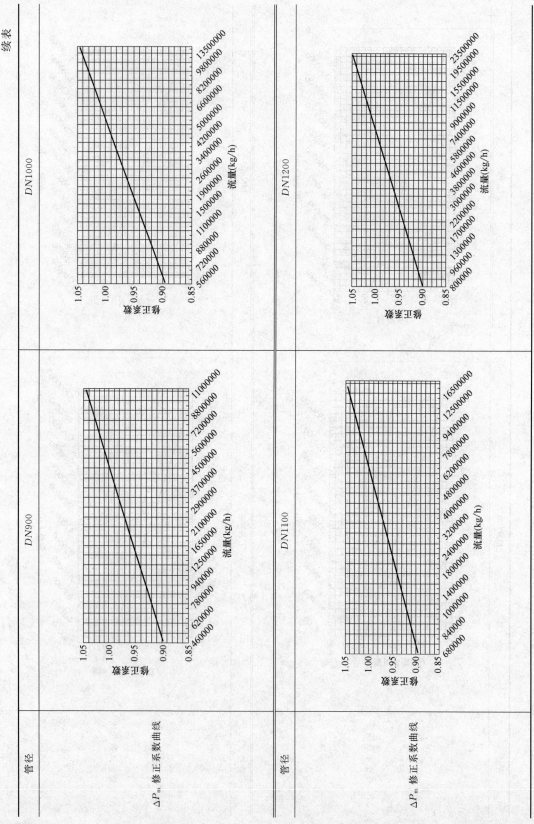

30℃塑料管水力计算表（管内流体为水）　　表 10-19

流速 v(m/s)	管内径/管外径(mm) 15.7/20		管内径/管外径(mm) 19.9/25		管内径/管外径(mm) 25.3/32	
	比摩阻 R(Pa/m)	流量 G (kg/h)	比摩阻 R(Pa/m)	流量 G (kg/h)	比摩阻 R(Pa/m)	流量 G (kg/h)
0.01	0.52	6.94	0.35	11.14	0.24	18.01
0.02	1.35	13.87	0.94	22.29	0.66	36.02
0.03	2.48	20.81	1.75	33.43	1.23	54.03
0.04	3.85	27.74	2.74	44.57	1.95	72.04
0.05	5.47	34.68	3.91	55.72	2.79	90.06
0.06	7.31	41.62	5.24	66.86	3.76	108.07
0.07	9.37	48.55	6.74	78.00	4.84	126.08
0.08	11.64	55.49	8.39	89.14	6.04	144.09
0.09	14.11	62.42	10.19	100.29	7.35	162.10
0.10	16.78	69.36	12.14	111.43	8.77	180.11
0.11	19.65	76.29	14.23	122.57	10.30	198.12
0.12	22.71	83.23	16.47	133.72	11.93	216.13
0.13	25.95	90.17	18.84	144.86	13.67	234.15
0.14	29.39	97.10	21.36	156.00	15.51	252.16
0.15	33.00	104.04	24.01	167.15	17.45	270.17
0.16	36.79	110.97	26.79	178.29	19.48	288.18
0.17	40.77	117.91	29.70	189.43	21.62	306.19
0.18	44.91	124.85	32.75	200.58	23.85	324.20
0.19	49.24	131.78	35.92	211.72	26.18	342.21
0.20	53.73	138.72	39.23	222.86	28.61	360.22
0.21	58.40	145.65	42.66	234.01	31.12	378.23
0.22	63.23	152.59	46.22	245.15	33.74	396.25
0.23	68.24	159.52	49.90	256.29	36.44	414.26
0.24	73.41	166.46	53.71	267.43	39.24	432.27
0.25	78.75	173.40	57.64	278.58	42.13	450.28
0.26	84.25	180.33	61.69	289.72	45.11	468.29
0.27	89.91	187.27	65.86	300.86	48.18	486.30
0.28	95.74	194.20	70.16	312.01	51.34	504.31
0.29	101.73	201.14	74.57	323.15	54.59	522.32
0.30	107.88	208.08	79.11	334.29	57.92	540.33
0.31	114.19	215.01	83.76	345.44	61.35	558.35
0.32	120.66	221.95	88.53	356.58	64.87	576.36
0.33	127.29	228.88	93.42	367.72	68.47	594.37
0.34	134.07	235.82	98.43	378.87	72.16	612.38
0.35	141.01	242.75	103.56	390.01	75.93	630.39
0.36	148.11	249.69	108.80	401.15	79.79	648.40
0.37	155.36	256.63	114.15	412.30	83.74	666.41
0.38	162.77	263.56	119.62	423.44	87.78	684.42
0.39	170.33	270.50	125.21	434.58	91.90	702.44

续表

流速 v(m/s)	管内径/管外径(mm)		管内径/管外径(mm)		管内径/管外径(mm)	
	15.7/20		19.9/25		25.3/32	
	比摩阻 R(Pa/m)	流量 G (kg/h)	比摩阻 R(Pa/m)	流量 G (kg/h)	比摩阻 R(Pa/m)	流量 G (kg/h)
0.40	178.04	277.43	130.91	445.72	96.10	720.45
0.41	185.91	284.37	136.72	456.87	100.39	738.46
0.42	193.93	291.31	142.65	468.01	104.76	756.47
0.43	202.10	298.24	148.69	479.15	109.22	774.48
0.44	210.42	305.18	154.84	490.30	113.76	792.49
0.45	218.90	312.11	161.11	501.44	118.38	810.50
0.46	227.52	319.05	167.49	512.58	123.09	828.51
0.47	236.29	325.99	173.98	523.73	127.88	846.52
0.48	245.21	332.92	180.58	534.87	132.75	864.54
0.49	254.28	339.86	187.29	546.01	137.71	882.55
0.50	263.50	346.79	194.11	557.16	142.74	900.56
0.51	272.87	353.73	201.04	568.30	147.86	918.57
0.52	282.38	360.66	208.08	579.44	153.06	936.58
0.53	292.04	367.60	215.23	590.59	158.35	954.59
0.54	301.85	374.54	222.49	601.73	163.71	972.60
0.55	311.80	381.47	229.86	612.87	169.16	990.61
0.56	321.90	388.41	237.34	624.01	174.68	1008.63
0.57	332.14	395.34	244.92	635.16	180.29	1026.64
0.58	342.53	402.28	252.62	646.30	185.98	1044.65
0.59	353.06	409.22	260.42	657.44	191.74	1062.66
0.60	363.74	416.15	268.33	668.59	197.59	1080.67
0.61	374.57	423.09	276.35	679.73	203.52	1098.68
0.62	385.53	430.02	284.47	690.87	209.52	1116.69
0.63	396.64	436.96	292.70	702.02	215.61	1134.70
0.64	407.89	443.89	301.04	713.16	221.78	1152.71
0.65	419.29	450.83	309.49	724.30	228.02	1170.73
0.66	430.82	457.77	318.04	735.45	234.35	1188.74
0.67	442.50	464.70	326.69	746.59	240.75	1206.75
0.68	454.33	471.64	335.46	757.73	247.23	1224.76
0.69	466.29	478.57	344.32	768.88	253.78	1242.77
0.70	478.39	485.51	353.30	780.02	260.43	1260.78
0.71	490.64	492.45	362.38	791.16	267.15	1278.79
0.72	503.02	499.38	371.56	802.30	273.95	1296.80
0.73	515.55	506.32	380.85	813.45	280.82	1314.81
0.74	528.22	513.25	390.24	824.59	287.77	1332.83
0.75	541.02	520.19	399.74	835.73	294.80	1350.84
0.76	553.97	527.12	409.34	846.88	301.91	1368.85
0.77	567.06	534.06	419.05	858.02	309.09	1386.86
0.78	580.28	541.00	428.86	869.16	316.35	1404.87

| 流速 v(m/s) | 管内径/管外径(mm) | | 管内径/管外径(mm) | | 管内径/管外径(mm) | |
| | 15.7/20 | | 19.9/25 | | 25.3/32 | |
	比摩阻 R(Pa/m)	流量 G (kg/h)	比摩阻 R(Pa/m)	流量 G (kg/h)	比摩阻 R(Pa/m)	流量 G (kg/h)
0.79	593.65	547.93	438.77	880.31	323.69	1422.88
0.80	607.15	554.87	448.79	891.45	331.11	1440.89
0.81	620.79	561.80	458.91	902.59	338.60	1458.90
0.82	634.57	568.74	469.14	913.74	346.17	1476.92
0.83	648.49	575.68	479.46	924.88	353.82	1494.93
0.84	662.54	582.61	489.89	936.02	361.54	1512.94
0.85	676.74	589.55	500.43	947.17	369.34	1530.95
0.86	691.07	596.48	511.06	958.31	377.22	1548.96
0.87	705.53	603.42	521.80	969.45	385.17	1566.97
0.88	720.14	610.36	532.64	980.59	393.20	1584.98
0.89	734.88	617.29	543.58	991.74	401.31	1602.99
0.90	749.76	624.23	554.63	1002.88	409.49	1621.00
0.91	764.77	631.16	565.77	1014.02	417.74	1639.02
0.92	779.93	638.10	577.02	1025.17	426.08	1657.03
0.93	795.21	645.03	588.37	1036.31	434.48	1675.04
0.94	810.64	651.97	599.82	1047.45	442.97	1693.05
0.95	826.19	658.91	611.37	1058.60	451.53	1711.06
0.96	841.89	665.84	623.03	1069.74	460.16	1729.07
0.97	857.72	672.78	634.78	1080.88	468.87	1747.08
0.98	873.68	679.71	646.64	1092.03	477.66	1765.09
0.99	889.78	686.65	658.59	1103.17	486.52	1783.10
1.00	906.02	693.59	670.65	1114.31	495.45	1801.12
1.01	922.39	700.52	682.81	1125.46	504.46	1819.13
1.02	938.89	707.46	695.06	1136.60	513.55	1837.14
1.03	955.53	714.39	707.42	1147.74	522.71	1855.15
1.04	972.30	721.33	719.88	1158.88	531.94	1873.16
1.05	989.21	728.26	732.44	1170.03	541.25	1891.17
1.06	1006.25	735.20	745.10	1181.17	550.63	1909.18
1.07	1023.42	742.14	757.86	1192.31	560.09	1927.19
1.08	1040.73	749.07	770.71	1203.46	569.62	1945.21
1.09	1058.17	756.01	783.67	1214.60	579.23	1963.22
1.10	1075.75	762.94	796.73	1225.74	588.91	1981.23
1.11	1093.45	769.88	809.89	1236.89	598.66	1999.24
1.12	1111.29	776.82	823.14	1248.03	608.49	2017.25
1.13	1129.27	783.75	836.50	1259.17	618.39	2035.26
1.14	1147.37	790.69	849.95	1270.32	628.37	2053.27
1.15	1165.61	797.62	863.50	1281.46	638.42	2071.28
1.16	1183.98	804.56	877.16	1292.60	648.54	2089.29
1.17	1202.48	811.49	890.91	1303.75	658.74	2107.31
1.18	1221.12	818.43	904.76	1314.89	669.01	2125.32
1.19	1239.89	825.37	918.70	1326.03	679.35	2143.33
1.20	1258.79	832.30	932.75	1337.17	689.77	2161.34

塑料管相同管径不同温度下的 ΔP_m 修正系数曲线   表 10-20

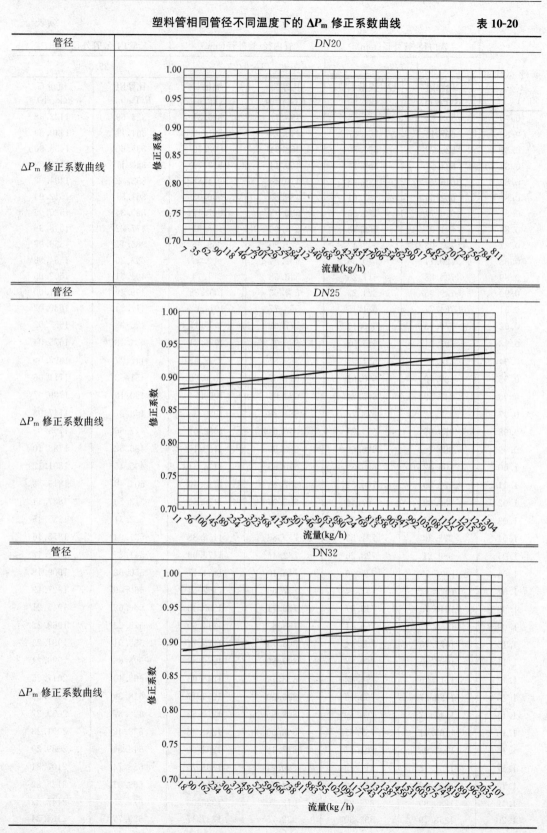

表10-21

10℃玻璃钢管水力计算表（管内流体为水）

G	DN200 d=204.00		DN250 d=255.00		DN300 d=306.00		DN350 d=357.00		DN400 d=408.00		DN450 d=459.00		DN500 d=510.00	
kg/h	ΔP_{m}	v	ΔP_{m}	v	ΔP_{m}	v	ΔP_{m}	v	ΔP_{m}	v	ΔP_{m}	v	ΔP_{m}	v
24000	2.38	0.20												
26000	2.74	0.22												
28000	3.13	0.24												
30000	3.53	0.26												
32000	3.96	0.27												
34000	4.41	0.29												
36000	4.89	0.31	1.68	0.20										
38000	5.38	0.32	1.85	0.21										
40000	5.90	0.34	2.03	0.22										
42000	6.43	0.36	2.21	0.23										
44000	6.99	0.37	2.40	0.24										
46000	7.57	0.39	2.60	0.25										
48000	8.17	0.41	2.80	0.26										
50000	8.79	0.43	3.01	0.27										
52000	9.43	0.44	3.23	0.28	1.35	0.20								
54000	10.09	0.46	3.46	0.29	1.44	0.20								
56000	10.77	0.48	3.69	0.30	1.54	0.21								
58000	11.47	0.49	3.93	0.32	1.64	0.22								
60000	12.19	0.51	4.17	0.33	1.74	0.23								
62000	12.93	0.53	4.43	0.34	1.85	0.23								
64000	13.69	0.54	4.69	0.35	1.95	0.24								
66000	14.47	0.56	4.95	0.36	2.07	0.25								
68000	15.26	0.58	5.22	0.37	2.18	0.26								
70000	16.08	0.60	5.50	0.38	2.29	0.26								
75000	18.21	0.64	6.23	0.41	2.60	0.28	1.24	0.21						
80000	20.46	0.68	6.99	0.44	2.91	0.30	1.39	0.22						
85000	22.82	0.72	7.79	0.46	3.25	0.32	1.55	0.24						
90000	25.31	0.77	8.64	0.49	3.60	0.34	1.72	0.25						
95000	27.91	0.81	9.52	0.52	3.96	0.36	1.89	0.26	1.00	0.20				

续表

G kg/h	DN200 d=204.00 ΔP_m	DN200 d=204.00 v	DN250 d=255.00 ΔP_m	DN250 d=255.00 v	DN300 d=306.00 ΔP_m	DN300 d=306.00 v	DN350 d=357.00 ΔP_m	DN350 d=357.00 v	DN400 d=408.00 ΔP_m	DN400 d=408.00 v	DN450 d=459.00 ΔP_m	DN450 d=459.00 v	DN500 d=510.00 ΔP_m	DN500 d=510.00 v
100000	30.62	0.85	10.44	0.54	4.35	0.38	2.07	0.28	1.09	0.21				
105000	33.45	0.89	11.40	0.57	4.74	0.40	2.26	0.29	1.19	0.22				
110000	36.40	0.94	12.40	0.60	5.16	0.42	2.46	0.31	1.30	0.23				
115000	39.45	0.98	13.44	0.63	5.59	0.43	2.66	0.32	1.40	0.24				
120000	42.62	1.02	14.51	0.65	6.03	0.45	2.88	0.33	1.51	0.26	0.86	0.20		
130000	49.29	1.11	16.77	0.71	6.97	0.49	3.32	0.36	1.75	0.28	0.99	0.22		
140000	56.41	1.19	19.18	0.76	7.96	0.53	3.79	0.39	2.00	0.30	1.13	0.24		
150000	63.97	1.28	21.73	0.82	9.02	0.57	4.29	0.42	2.26	0.32	1.28	0.25	0.77	0.20
160000	71.96	1.36	24.43	0.87	10.14	0.60	4.82	0.44	2.54	0.34	1.44	0.27	0.87	0.22
170000	80.38	1.45	27.28	0.93	11.31	0.64	5.38	0.47	2.83	0.36	1.61	0.29	0.97	0.23
180000	89.24	1.53	30.26	0.98	12.54	0.68	5.97	0.50	3.14	0.38	1.78	0.30	1.07	0.24
190000	98.52	1.62	33.39	1.03	13.83	0.72	6.58	0.53	3.46	0.40	1.96	0.32	1.18	0.26
200000	108.22	1.70	36.66	1.09	15.18	0.76	7.22	0.56	3.79	0.43	2.15	0.34	1.30	0.27
220000	128.89	1.87	43.62	1.20	18.05	0.83	8.58	0.61	4.51	0.47	2.56	0.37	1.54	0.30
240000	151.23	2.04	51.12	1.31	21.14	0.91	10.04	0.67	5.27	0.51	2.99	0.40	1.80	0.33
260000	175.23	2.21	59.18	1.42	24.46	0.98	11.61	0.72	6.10	0.55	3.46	0.44	2.08	0.35
280000			67.78	1.52	28.00	1.06	13.28	0.78	6.97	0.60	3.95	0.47	2.38	0.38
300000			76.91	1.63	31.75	1.13	15.06	0.83	7.90	0.64	4.48	0.50	2.69	0.41
320000			86.58	1.74	35.72	1.21	16.93	0.89	8.88	0.68	5.03	0.54	3.03	0.44
340000			96.78	1.85	39.91	1.29	18.91	0.94	9.92	0.72	5.62	0.57	3.38	0.46
360000			107.51	1.96	44.31	1.36	20.99	1.00	11.00	0.77	6.23	0.60	3.75	0.49
380000			118.76	2.07	48.92	1.44	23.16	1.06	12.14	0.81	6.87	0.64	4.13	0.52
400000			130.53	2.18	53.74	1.51	25.44	1.11	13.33	0.85	7.54	0.67	4.54	0.54
420000			142.83	2.29	58.77	1.59	27.81	1.17	14.57	0.89	8.24	0.71	4.96	0.57
440000			155.63	2.40	64.02	1.66	30.28	1.22	15.86	0.94	8.97	0.74	5.39	0.60
460000			168.95	2.50	69.46	1.74	32.85	1.28	17.19	0.98	9.73	0.77	5.85	0.63
480000			182.79	2.61	75.12	1.81	35.51	1.33	18.58	1.02	10.51	0.81	6.32	0.65
500000			197.13	2.72	80.98	1.89	38.27	1.39	20.02	1.06	11.32	0.84	6.80	0.68
520000					87.04	1.97	41.12	1.44	21.51	1.11	12.16	0.87	7.31	0.71

续表

G	DN200 d=204.00		DN250 d=255.00		DN300 d=306.00		DN350 d=357.00		DN400 d=408.00		DN450 d=459.00		DN500 d=510.00	
kg/h	ΔP_m	v	ΔP_m	v	ΔP_m	v	ΔP_m	v	ΔP_m	v	ΔP_m	v	ΔP_m	v
540000					93.31	2.04	44.07	1.50	23.05	1.15	13.03	0.91	7.83	0.73
560000					99.78	2.12	47.11	1.56	24.63	1.19	13.92	0.94	8.36	0.76
580000					106.46	2.19	50.25	1.61	26.27	1.23	14.84	0.97	8.91	0.79
600000					113.34	2.27	53.48	1.67	27.95	1.28	15.79	1.01	9.48	0.82
620000					120.41	2.34	56.80	1.72	29.68	1.32	16.77	1.04	10.07	0.84
640000					127.69	2.42	60.22	1.78	31.46	1.36	17.77	1.08	10.67	0.87
660000					135.17	2.49	63.73	1.83	33.29	1.40	18.80	1.11	11.28	0.90
680000					142.85	2.57	67.34	1.89	35.17	1.45	19.85	1.14	11.91	0.93
700000					150.73	2.65	71.03	1.94	37.09	1.49	20.93	1.18	12.56	0.95
720000					158.80	2.72	74.82	2.00	39.06	1.53	22.04	1.21	13.23	0.98
740000					167.08	2.80	78.70	2.06	41.08	1.57	23.18	1.24	13.91	1.01
760000					175.55	2.87	82.67	2.11	43.14	1.62	24.34	1.28	14.60	1.03
780000					184.22	2.95	86.73	2.17	45.25	1.66	25.53	1.31	15.31	1.06
800000					193.09	3.02	90.88	2.22	47.41	1.70	26.74	1.34	16.04	1.09
820000							95.13	2.28	49.62	1.74	27.98	1.38	16.78	1.12
840000							99.46	2.33	51.87	1.79	29.25	1.41	17.54	1.14
860000							103.89	2.39	54.17	1.83	30.54	1.44	18.31	1.17
880000							108.40	2.44	56.51	1.87	31.86	1.48	19.10	1.20
900000							113.01	2.50	58.90	1.91	33.20	1.51	19.90	1.22
920000							117.70	2.56	61.34	1.96	34.57	1.55	20.72	1.25
940000							122.49	2.61	63.82	2.00	35.97	1.58	21.55	1.28
960000							127.36	2.67	66.35	2.04	37.39	1.61	22.40	1.31
980000							132.33	2.72	68.93	2.08	38.83	1.65	23.27	1.33
1000000							137.38	2.78	71.55	2.13	40.31	1.68	24.15	1.36
1050000							150.41	2.92	78.31	2.23	44.10	1.76	26.41	1.43
1100000							163.98	3.06	85.34	2.34	48.05	1.85	28.77	1.50
1150000							178.12	3.19	92.67	2.45	52.16	1.93	31.23	1.57
1200000							192.80	3.33	100.27	2.55	56.42	2.02	33.77	1.63
1250000									108.16	2.66	60.84	2.10	36.41	1.70

续表

G	DN200 $d=204.00$		DN250 $d=255.00$		DN300 $d=306.00$		DN350 $d=357.00$		DN400 $d=408.00$		DN450 $d=459.00$		DN500 $d=510.00$	
kg/h	ΔP_{m}	v	ΔP_{m}	v	ΔP_{m}	v	ΔP_{m}	v	ΔP_{m}	v	ΔP_{m}	v	ΔP_{m}	v
1300000									116.32	2.76	65.42	2.18	39.14	1.77
1350000									124.77	2.87	70.15	2.27	41.96	1.84
1400000									133.49	2.98	75.04	2.35	44.88	1.91
1450000									142.50	3.08	80.08	2.44	47.88	1.97
1500000									151.78	3.19	85.28	2.52	50.98	2.04
1550000									161.33	3.30	90.62	2.60	54.17	2.11
1600000									171.17	3.40	96.13	2.69	57.45	2.18
1650000									181.28	3.51	101.78	2.77	60.81	2.25
1700000									191.66	3.61	107.59	2.86	64.27	2.31
1750000											113.54	2.94	67.82	2.38
1800000											119.65	3.02	71.46	2.45
1850000											125.91	3.11	75.18	2.52
1900000											132.32	3.19	79.00	2.59
1950000											138.89	3.28	82.90	2.65
2000000											145.60	3.36	86.89	2.72
2100000											159.47	3.53	95.14	2.86
2200000											173.94	3.70	103.75	2.99
2300000											189.01	3.86	112.70	3.13
2400000													122.00	3.27
2500000													131.65	3.40
2600000													141.65	3.54
2700000													152.00	3.67
2800000													162.69	3.81
2900000													173.73	3.95
3000000													185.11	4.08
3100000													196.84	4.22

续表

| G | DN600 $d=612.00$ ΔP_{m} | DN600 $d=612.00$ v | DN700 $d=714.00$ ΔP_{m} | DN700 $d=714.00$ v | DN800 $d=816.00$ ΔP_{m} | DN800 $d=816.00$ v | DN900 $d=918.00$ ΔP_{m} | DN900 $d=918.00$ v | DN1000 $d=1020.00$ ΔP_{m} | DN1000 $d=1020.00$ v | DN1200 $d=1220.00$ ΔP_{m} | DN1200 $d=1220.00$ v |
kg/h												
220000	0.64	0.21										
240000	0.75	0.23										
260000	0.87	0.25										
280000	0.99	0.26										
300000	1.12	0.28	0.53	0.21								
320000	1.26	0.30	0.60	0.22								
340000	1.40	0.32	0.67	0.24								
360000	1.56	0.34	0.74	0.25								
380000	1.72	0.36	0.82	0.26	0.43	0.20						
400000	1.88	0.38	0.90	0.28	0.47	0.21						
420000	2.06	0.40	0.98	0.29	0.52	0.22						
440000	2.24	0.42	1.07	0.31	0.56	0.23						
460000	2.43	0.43	1.15	0.32	0.61	0.24						
480000	2.62	0.45	1.25	0.33	0.66	0.26	0.37	0.20				
500000	2.82	0.47	1.34	0.35	0.71	0.27	0.40	0.21				
520000	3.03	0.49	1.44	0.36	0.76	0.28	0.43	0.22				
540000	3.24	0.51	1.54	0.37	0.81	0.29	0.46	0.23				
560000	3.47	0.53	1.65	0.39	0.87	0.30	0.49	0.24				
580000	3.69	0.55	1.76	0.40	0.92	0.31	0.52	0.24	0.32	0.20		
600000	3.93	0.57	1.87	0.42	0.98	0.32	0.56	0.25	0.34	0.20		
620000	4.17	0.59	1.98	0.43	1.04	0.33	0.59	0.26	0.36	0.21		
640000	4.42	0.60	2.10	0.44	1.10	0.34	0.63	0.27	0.38	0.22		
660000	4.67	0.62	2.22	0.46	1.17	0.35	0.66	0.28	0.40	0.22		
680000	4.93	0.64	2.34	0.47	1.23	0.36	0.70	0.29	0.42	0.23		
700000	5.20	0.66	2.47	0.49	1.30	0.37	0.74	0.29	0.44	0.24		
720000	5.47	0.68	2.60	0.50	1.37	0.38	0.77	0.30	0.47	0.24		
740000	5.75	0.70	2.73	0.51	1.43	0.39	0.81	0.31	0.49	0.25		
760000	6.04	0.72	2.87	0.53	1.51	0.40	0.85	0.32	0.51	0.26		
780000	6.33	0.74	3.01	0.54	1.58	0.41	0.89	0.33	0.54	0.27		

续表

G kg/h	DN600 $d=612.00$ ΔP_m	DN600 $d=612.00$ v	DN700 $d=714.00$ ΔP_m	DN700 $d=714.00$ v	DN800 $d=816.00$ ΔP_m	DN800 $d=816.00$ v	DN900 $d=918.00$ ΔP_m	DN900 $d=918.00$ v	DN1000 $d=1020.00$ ΔP_m	DN1000 $d=1020.00$ v	DN1200 $d=1220.00$ ΔP_m	DN1200 $d=1220.00$ v
800000	6.63	0.76	3.15	0.56	1.65	0.43	0.94	0.34	0.56	0.27		
820000	6.94	0.77	3.29	0.57	1.73	0.44	0.98	0.34	0.59	0.28	0.25	0.20
840000	7.25	0.79	3.44	0.58	1.81	0.45	1.02	0.35	0.62	0.29	0.26	0.20
860000	7.57	0.81	3.59	0.60	1.88	0.46	1.07	0.36	0.64	0.29	0.27	0.20
880000	7.89	0.83	3.75	0.61	1.97	0.47	1.11	0.37	0.67	0.30	0.28	0.21
900000	8.22	0.85	3.90	0.62	2.05	0.48	1.16	0.38	0.70	0.31	0.29	0.21
920000	8.56	0.87	4.06	0.64	2.13	0.49	1.21	0.39	0.73	0.31	0.31	0.22
940000	8.90	0.89	4.22	0.65	2.22	0.50	1.26	0.39	0.76	0.32	0.32	0.22
960000	9.25	0.91	4.39	0.67	2.30	0.51	1.30	0.40	0.78	0.33	0.33	0.23
980000	9.61	0.93	4.56	0.68	2.39	0.52	1.35	0.41	0.81	0.33	0.34	0.23
1000000	9.97	0.95	4.73	0.69	2.48	0.53	1.40	0.42	0.84	0.34	0.36	0.24
1050000	10.90	0.99	5.17	0.73	2.71	0.56	1.53	0.44	0.92	0.36	0.39	0.25
1100000	11.87	1.04	5.63	0.76	2.95	0.58	1.67	0.46	1.00	0.37	0.42	0.26
1150000	12.88	1.09	6.10	0.80	3.20	0.61	1.81	0.48	1.09	0.39	0.46	0.27
1200000	13.93	1.13	6.60	0.83	3.46	0.64	1.96	0.50	1.18	0.41	0.50	0.29
1250000	15.01	1.18	7.11	0.87	3.72	0.66	2.11	0.53	1.27	0.43	0.53	0.30
1300000	16.13	1.23	7.64	0.90	4.00	0.69	2.26	0.55	1.36	0.44	0.57	0.31
1350000	17.29	1.28	8.18	0.94	4.29	0.72	2.43	0.57	1.46	0.46	0.61	0.32
1400000	18.48	1.32	8.75	0.97	4.58	0.74	2.59	0.59	1.56	0.48	0.66	0.33
1450000	19.71	1.37	9.33	1.01	4.88	0.77	2.76	0.61	1.66	0.49	0.70	0.34
1500000	20.98	1.42	9.93	1.04	5.20	0.80	2.94	0.63	1.77	0.51	0.74	0.36
1550000	22.29	1.46	10.54	1.08	5.52	0.82	3.12	0.65	1.87	0.53	0.79	0.37
1600000	23.63	1.51	11.17	1.11	5.85	0.85	3.31	0.67	1.99	0.54	0.84	0.38
1650000	25.01	1.56	11.82	1.15	6.19	0.88	3.50	0.69	2.10	0.56	0.88	0.39
1700000	26.42	1.61	12.49	1.18	6.54	0.90	3.69	0.71	2.22	0.58	0.93	0.40
1750000	27.87	1.65	13.17	1.22	6.89	0.93	3.90	0.74	2.34	0.60	0.98	0.42
1800000	29.36	1.70	13.87	1.25	7.26	0.96	4.10	0.76	2.46	0.61	1.04	0.43
1850000	30.89	1.75	14.59	1.28	7.63	0.98	4.31	0.78	2.59	0.63	1.09	0.44
1900000	32.44	1.80	15.32	1.32	8.01	1.01	4.53	0.80	2.72	0.65	1.14	0.45

续表

G	DN600 d=612.00		DN700 d=714.00		DN800 d=816.00		DN900 d=918.00		DN1000 d=1020.00		DN1200 d=1220.00	
kg/h	ΔP_m	v	ΔP_m	v	ΔP_m	v	ΔP_m	v	ΔP_m	v	ΔP_m	v
1950000	34.04	1.84	16.08	1.35	8.41	1.04	4.75	0.82	2.85	0.66	1.20	0.46
2000000	35.67	1.89	16.84	1.39	8.80	1.06	4.97	0.84	2.99	0.68	1.26	0.48
2100000	39.04	1.98	18.43	1.46	9.63	1.12	5.44	0.88	3.26	0.71	1.37	0.50
2200000	42.55	2.08	20.08	1.53	10.49	1.17	5.92	0.92	3.56	0.75	1.49	0.52
2300000	46.20	2.17	21.79	1.60	11.38	1.22	6.43	0.97	3.86	0.78	1.62	0.55
2400000	49.99	2.27	23.57	1.67	12.31	1.28	6.95	1.01	4.17	0.82	1.75	0.57
2500000	53.92	2.36	25.42	1.74	13.27	1.33	7.49	1.05	4.49	0.85	1.89	0.59
2600000	57.99	2.46	27.33	1.81	14.27	1.38	8.05	1.09	4.83	0.88	2.03	0.62
2700000	62.20	2.55	29.31	1.87	15.30	1.44	8.63	1.13	5.17	0.92	2.17	0.64
2800000	66.55	2.65	31.35	1.94	16.36	1.49	9.23	1.18	5.53	0.95	2.32	0.67
2900000	71.04	2.74	33.45	2.01	17.45	1.54	9.84	1.22	5.90	0.99	2.48	0.69
3000000	75.67	2.84	35.62	2.08	18.58	1.59	10.48	1.26	6.28	1.02	2.64	0.71
3100000	80.43	2.93	37.85	2.15	19.74	1.65	11.13	1.30	6.67	1.05	2.80	0.74
3200000	85.33	3.02	40.15	2.22	20.93	1.70	11.80	1.34	7.07	1.09	2.97	0.76
3300000	90.37	3.12	42.50	2.29	22.16	1.75	12.49	1.39	7.48	1.12	3.14	0.78
3400000	95.54	3.21	44.93	2.36	23.41	1.81	13.19	1.43	7.91	1.16	3.32	0.81
3500000	100.85	3.31	47.41	2.43	24.70	1.86	13.92	1.47	8.34	1.19	3.50	0.83
3600000	106.30	3.40	49.96	2.50	26.03	1.91	14.66	1.51	8.78	1.22	3.68	0.86
3700000	111.88	3.50	52.57	2.57	27.38	1.97	15.42	1.55	9.24	1.26	3.87	0.88
3800000	117.60	3.59	55.24	2.64	28.77	2.02	16.20	1.60	9.70	1.29	4.07	0.90
3900000	123.45	3.69	57.98	2.71	30.19	2.07	17.00	1.64	10.18	1.33	4.27	0.93
4000000	129.44	3.78	60.78	2.78	31.64	2.13	17.81	1.68	10.67	1.36	4.47	0.95
4100000	135.56	3.87	63.64	2.85	33.12	2.18	18.65	1.72	11.16	1.39	4.68	0.98
4200000	141.82	3.97	66.56	2.92	34.64	2.23	19.50	1.76	11.67	1.43	4.89	1.00
4300000	148.21	4.06	69.54	2.99	36.19	2.29	20.37	1.81	12.19	1.46	5.11	1.02
4400000	154.73	4.16	72.59	3.06	37.76	2.34	21.25	1.85	12.72	1.50	5.33	1.05
4500000	161.39	4.25	75.70	3.12	39.37	2.39	22.15	1.89	13.26	1.53	5.55	1.07
4600000	168.19	4.35	78.87	3.19	41.02	2.45	23.08	1.93	13.81	1.57	5.78	1.09
4700000	175.11	4.44	82.10	3.26	42.69	2.50	24.01	1.97	14.37	1.60	6.01	1.12

续表

G	DN600 $d=612.00$		DN700 $d=714.00$		DN800 $d=816.00$		DN900 $d=918.00$		DN1000 $d=1020.00$		DN1200 $d=1220.00$	
kg/h	ΔP_m	v	ΔP_m	v	ΔP_m	v	ΔP_m	v	ΔP_m	v	ΔP_m	v
4800000	182.17	4.54	85.39	3.33	44.40	2.55	24.97	2.02	14.94	1.63	6.25	1.14
4900000	189.37	4.63	88.74	3.40	46.13	2.60	25.94	2.06	15.52	1.67	6.49	1.17
5000000	196.69	4.73	92.16	3.47	47.90	2.66	26.93	2.10	16.11	1.70	6.74	1.19
5200000			99.17	3.61	51.53	2.76	28.97	2.18	17.32	1.77	7.25	1.24
5400000			106.43	3.75	55.28	2.87	31.07	2.27	18.58	1.84	7.77	1.28
5600000			113.93	3.89	59.16	2.98	33.24	2.35	19.87	1.91	8.31	1.33
5800000			121.68	4.03	63.17	3.08	35.49	2.44	21.21	1.97	8.86	1.38
6000000			129.66	4.17	67.29	3.19	37.80	2.52	22.59	2.04	9.44	1.43
6200000			137.89	4.30	71.54	3.30	40.18	2.60	24.01	2.11	10.03	1.47
6400000			146.36	4.44	75.92	3.40	42.62	2.69	25.46	2.18	10.63	1.52
6600000			155.07	4.58	80.42	3.51	45.14	2.77	26.96	2.25	11.26	1.57
6800000			164.02	4.72	85.04	3.61	47.72	2.86	28.50	2.31	11.90	1.62
7000000			173.21	4.86	89.78	3.72	50.38	2.94	30.08	2.38	12.55	1.66
7200000			182.64	5.00	94.64	3.83	53.09	3.02	31.70	2.45	13.23	1.71
7400000			192.31	5.14	99.63	3.93	55.88	3.11	33.36	2.52	13.91	1.76
7600000					104.74	4.04	58.74	3.19	35.06	2.59	14.62	1.81
7800000					109.97	4.15	61.66	3.28	36.79	2.65	15.34	1.85
8000000					115.32	4.25	64.65	3.36	38.57	2.72	16.08	1.90
8200000					120.80	4.36	67.70	3.44	40.39	2.79	16.83	1.95
8400000					126.39	4.47	70.83	3.53	42.25	2.86	17.60	2.00
8600000					132.11	4.57	74.02	3.61	44.14	2.93	18.39	2.05
8800000					137.94	4.68	77.27	3.70	46.08	2.99	19.19	2.09
9000000					143.90	4.78	80.60	3.78	48.06	3.06	20.01	2.14
9200000					149.98	4.89	83.99	3.86	50.07	3.13	20.84	2.19
9400000					156.18	5.00	87.44	3.95	52.12	3.20	21.70	2.24
9600000					162.49	5.10	90.97	4.03	54.22	3.27	22.56	2.28
9800000					168.93	5.21	94.56	4.12	56.35	3.33	23.44	2.33
10000000					175.49	5.32	98.21	4.20	58.52	3.40	24.34	2.38
10500000					192.41	5.58	107.64	4.41	64.12	3.57	26.66	2.50

续表

G	DN600 d=612.00 ΔP_m	DN600 d=612.00 v	DN700 d=714.00 ΔP_m	DN700 d=714.00 v	DN800 d=816.00 ΔP_m	DN800 d=816.00 v	DN900 d=918.00 ΔP_m	DN900 d=918.00 v	DN1000 d=1020.00 ΔP_m	DN1000 d=1020.00 v	DN1200 d=1220.00 ΔP_m	DN1200 d=1220.00 v
kg/h												
11000000							117.48	4.62	69.96	3.74	29.07	2.62
11500000							127.73	4.83	76.04	3.91	31.59	2.73
12000000							138.39	5.04	82.36	4.08	34.20	2.85
12500000							149.46	5.25	88.93	4.25	36.91	2.97
13000000							160.94	5.46	95.73	4.42	39.72	3.09
13500000							172.83	5.67	102.77	4.59	42.62	3.21
14000000							185.12	5.88	110.05	4.76	45.63	3.33
14500000							197.82	6.09	117.57	4.93	48.72	3.45
15000000									125.33	5.10	51.92	3.57
15500000									133.33	5.27	55.21	3.69
16000000									141.56	5.44	58.60	3.81
16500000									150.03	5.61	62.08	3.92
17000000									158.74	5.78	65.66	4.04
17500000									167.68	5.95	69.34	4.16
18000000									176.86	6.12	73.11	4.28
18500000									186.27	6.29	76.98	4.40
19000000									195.92	6.46	80.94	4.52
19500000											85.00	4.64
20000000											89.15	4.76
20500000											93.40	4.88
21000000											97.74	4.99
21500000											102.17	5.11
22000000											106.70	5.23
22500000											111.33	5.35
23000000											116.04	5.47
23500000											120.86	5.59
24000000											125.76	5.71
24500000											130.76	5.83
25000000											135.86	5.95

续表

G	DN600		DN700		DN800		DN900		DN1000		DN1200	
	$d=612.00$		$d=714.00$		$d=816.00$		$d=918.00$		$d=1020.00$		$d=1220.00$	
kg/h	ΔP_m	v	ΔP_m	v	ΔP_m	v	ΔP_m	v	ΔP_m	v	ΔP_m	v
25500000											141.05	6.06
26000000											146.33	6.18
26500000											151.70	6.30
27000000											157.17	6.42
27500000											162.73	6.54
28000000											168.39	6.66
28500000											174.14	6.78
29000000											179.98	6.90
29500000											185.91	7.02
30000000											191.94	7.13
30500000											198.06	7.25

注：d—管道内径，mm；v—平均流速，m/s；ΔP_m—沿程压力损失，Pa。

表 10-22　玻璃钢管相同管径不同温度下的 ΔPm 修正系数曲线

管径	DN200	DN250
ΔP_m 修正系数曲线		

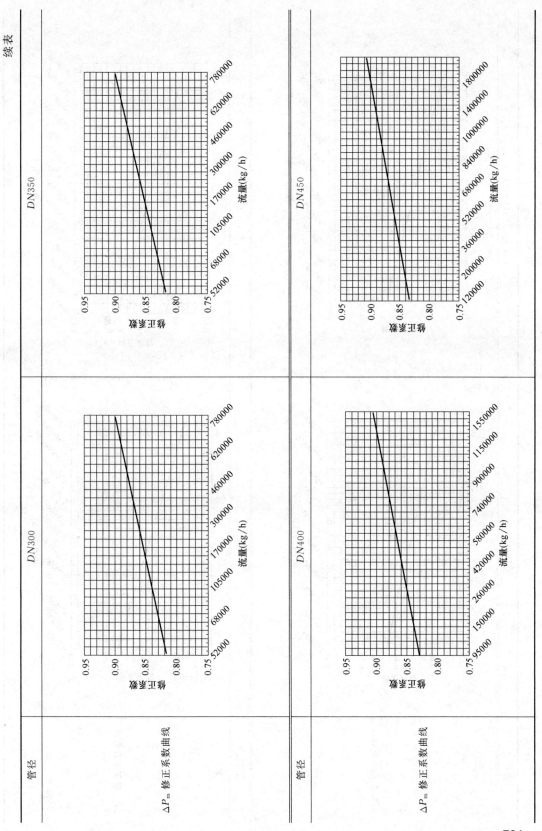

续表

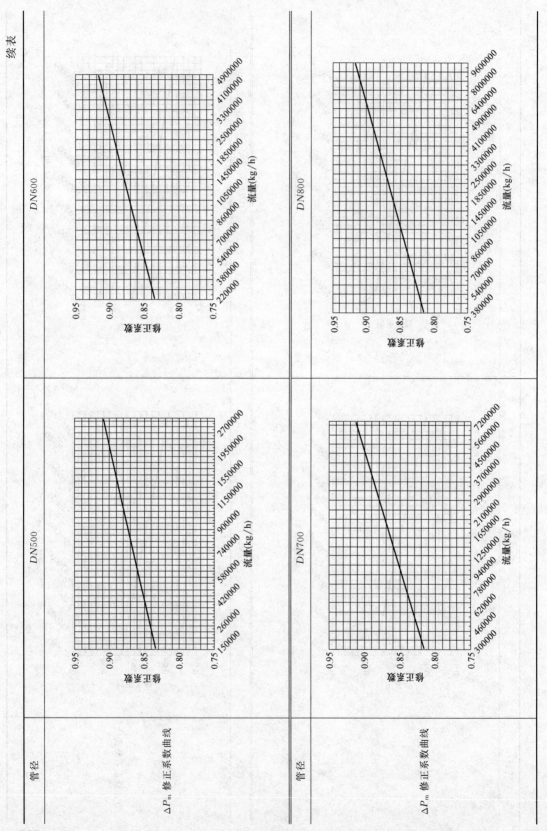

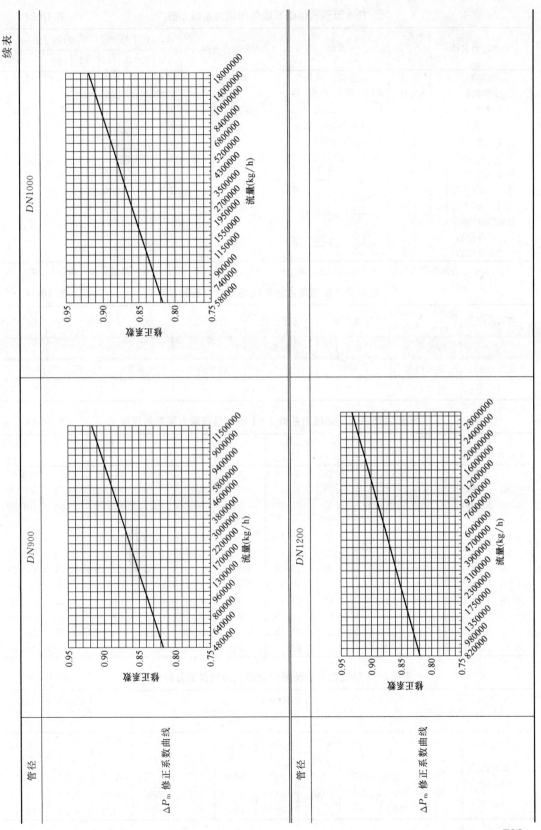

热水及蒸汽供暖系统局部阻力系数 ξ 值　　表 10-23

局部阻力名称	ξ	说明	局部阻力名称	在下列管径(DN)时的 ξ 值					
				15	20	25	32	40	≥50
散热器	2.0	以热媒在导管中的流速计算局部阻力	截止阀	16.0	10.0	9.0	9.0	8.0	7.0
钢制锅炉	2.0		旋塞	4.0	2.0	2.0	2.0		
突然扩大	1.0		斜杆截止阀	0.3	3.0	3.0	2.5	2.5	2.0
突然缩小	0.5	以其中较大的流速计算局部阻力	闸阀	1.5	0.5	0.5	0.5	0.5	0.5
直流三通(图①)	1.0		弯头	2.0	2.0	1.5	1.5	1.0	1.0
旁流三通(图②)	1.5		90度煨弯及乙字弯	1.5	1.5	1.0	1.0	0.5	0.5
合流三通(图③)	3.0		括弯(图⑥)	3.0	2.0	2.0	2.0	2.0	2.0
分流三通(图④)	3.0		急弯双弯头	2.0	2.0	2.0	2.0	2.0	2.0
直流四通(图④)	2.0		缓弯双弯头	1.0	1.0	1.0	1.0	1.0	1.0
分流四通(图⑤)	3.0								
方形补偿器	2.0								
套管补偿器	0.5								

注：表中三通局部阻力系数，未考虑流量比，是一种简化形式，对分流、合流三通尤其是立管三通误差较大。

塑料管及铝塑复合管系统局部阻力系数 ξ 值　　表 10-24

管路附件	曲率半径≥5do 的 90°弯头	直流三通	旁流三通	合流三通	分流三通	直流四通
ξ	0.3~0.5	0.5	1.5	1.5	3.0	2.0
管路附件	分流四通	乙字弯	括弯	突然扩大	突然缩小	压紧螺母接件
ξ	3.0	0.5	1.0	1.0	0.5	1.5

热水供暖系统局部阻力系数 ξ＝1 时的局部阻力损失动压值　　表 10-25

v (m/s)	P_d (Pa)	v (m/s)	P_d (Pa)	v (m/s)	P_d (Pa)	v (m/s)	P_d (Pa)	v (m/s)	P_d (Pa)	v (m/s)	P_d (Pa)
0.01	0.05	0.13	8.34	0.25	30.44	0.37	67.67	0.49	117.71	0.61	183.42
0.02	0.20	0.14	9.61	0.26	33.34	0.38	70.61	0.50	122.61	0.62	189.30
0.03	0.45	0.15	11.08	0.27	36.29	0.39	74.53	0.51	127.52	0.65	207.88
0.04	0.80	0.16	12.56	0.28	38.25	0.40	78.45	0.52	131.37	0.68	227.48
0.05	1.23	0.17	14.22	0.29	41.19	0.41	82.37	0.53	138.31	0.71	248.07
0.06	1.77	0.18	15.89	0.30	44.13	0.42	86.30	0.54	143.21	0.74	268.67
0.07	2.45	0.19	17.75	0.31	47.08	0.43	91.20	0.55	149.09	0.77	291.23
0.08	3.14	0.20	19.61	0.32	49.99	0.44	95.13	0.56	154.00	0.80	314.79
0.09	4.02	0.21	21.57	0.33	53.93	0.45	99.08	0.57	159.88	0.85	355.00
0.10	4.90	0.22	23.53	0.34	56.88	0.46	103.98	0.58	165.77	0.90	398.18
0.11	5.98	0.23	26.48	0.35	59.82	0.47	108.89	0.59	170.67	0.95	443.29
0.12	7.06	0.24	28.44	0.36	63.74	0.48	112.81	0.60	176.55	1.00	490.30

按 ξzh＝1 确定热水供暖系统管段阻力损失的管径计算表　　表 10-26

项目	DN(mm)									流速 v (m/s)	ΔP (Pa)
	15	20	25	32	40	50	70	80	100		
水流量 G(kg/h)	75	137	220	386	508	849	1398	2033	3023	0.11	5.9
	82	149	240	421	554	926	1525	2218	3298	0.12	7.0
	89	161	260	457	601	1004	1652	2402	3573	0.13	8.2
	95	174	280	492	647	1081	1779	2587	3848	0.14	9.5
	102	186	301	527	693	1158	1906	2772	4122	0.15	10.9

续表

项目	DN(mm)									流速 v	ΔP
	15	20	25	32	40	50	70	80	100	(m/s)	(Pa)
水流量 G(kg/h)	109	199	321	562	739	1235	2033	2957	4397	0.16	12.5
	116	211	341	597	785	1312	2160	3141	4672	0.17	14.0
	123	223	361	632	832	1390	2287	3326	4947	0.18	15.8
	130	236	381	667	878	1467	2415	3511	5222	0.19	17.6
	136	248	401	702	947	1583	2605	3788	5634	0.20	19.4
	143	261	421	738	970	1621	2669	3881	5771	0.21	21.4
	150	273	441	773	1016	1698	2796	4065	6046	0.22	23.5
	157	285	461	808	1063	1776	2923	4250	6321	0.23	25.7
	164	298	481	843	1109	1853	3050	4435	6596	0.24	27.9
	170	310	501	878	1155	1930	3177	4620	6871	0.25	30.4
	177	323	521	913	1201	2007	3304	4805	7146	0.26	32.9
	184	335	541	948	1247	2084	3431	4989	7420	0.27	35.4
	191	347	561	983	1294	2162	3558	5174	7695	0.28	38.0
	198	360	581	1019	1340	2239	3685	5359	7970	0.29	40.9
	205	372	601	1054	1386	2316	3812	5544	8245	0.30	43.7
	211	385	621	1089	1432	2393	3939	5729	8520	0.31	46.7
	218	397	641	1124	1478	2470	4067	5913	8794	0.32	49.7
	225	410	661	1159	1525	2548	4194	6098	9069	0.33	53.0
	232	422	681	1194	1571	2625	4321	6283	9344	0.34	56.2
	237	434	701	1229	1617	2702	4448	6468	9619	0.35	59.5
	245	447	721	1264	1663	2825	4575	6653	9894	0.36	63.0
	252	459	741	1300	1709	2856	4702	6837	10169	0.37	66.5
	259	472	761	1335	1756	2934	4829	7022	10443	0.38	70.1
	273	496	801	1405	1848	3088	5083	7392	10993	0.40	77.8
	286	521	841	1475	1940	3242	5337	7761	11543	0.42	85.7
	300	546	882	1545	2033	3397	5592	8131	12092	0.44	94.0
	314	571	922	1616	2125	3551	5846	8501	12642	0.46	102.8
	327	596	962	1686	2218	3706	6100	8870	13192	0.48	111.9
	341	621	1002	1756	2310	3860	6354	9240	13741	0.50	121.5
	375	683	1102	1932	2541	4246	6989	10164	15115	0.55	147.0
	409	745	1202	2107	2772	4632	7625	11088	16490	0.60	192.4
	443	807	1302	2283	3003	5018	8260	12012	17864	0.65	205.3
	477	869	1402	2459	3234	5404	8896	12936	19238	0.70	238.1
	511	931	1503	2634	3465	5790	9531	13860	20612	0.75	273.3
			1603	2810	3696	6176	10166	14784	21986	0.80	311.0
			3161	4158	6948	11437	16631	24734		0.90	393.5
			3512	4620	7720	12708	18479	27483		1.00	485.8
					9264	15250	22175	32979		1.20	699.6
					10808	17791	25871	38476		1.40	952.2

蒸汽供暖系统局部阻力的当量长度 l_d　　　　　　　　　　表 10-27

局部阻力名称	在下列管径 DN(mm)时的当量长度值 l_d(m)							
	20	25	32	40	50	70	80	100
$\xi=1$	0.597	0.83	1.22	1.39	1.82	2.81	4.05	4.95
柱形散热器	0.7	1.2	1.7	2.4	—	—	—	—
钢制锅炉	—	—	2.4	2.8	3.6	5.6	8.1	9.9
突然扩大	0.6	0.8	1.2	1.4	1.8	2.8	4.1	5
突然缩小	0.3	0.4	0.6	0.7	0.9	1.4	2	2.5
直流三通	0.6	0.8	1.2	1.4	1.8	2.8	4.1	5

局部阻力名称	在下列管径 DN(mm)时的当量长度值 l_d(m)							
	20	25	32	40	50	70	80	100
旁流三通	0.9	1.2	1.8	2.1	2.7	4.2	6.1	7.4
分(合)流三通	1.8	2.5	3.7	4.2	5.5	8.4	12.2	14.9
直流四通	1.2	1.7	2.4	2.8	3.6	5.6	8.1	9.9
分(合)流四通	1.8	2.5	3.7	4.2	5.5	8.4	12.2	14.9
"∏"形补偿器	1.2	1.7	2.4	2.8	3.6	5.6	8.1	9.9
集气罐	0.9	1.2	1.8	2.1	2.7	4.2	6.1	7.4
除污器	6	8.3	12.2	13.9	18.2	28.1	40.5	49.5
截止阀	6	7.5	11	11.1	12.7	19.7	28.4	34.7
闸阀	0.3	0.4	0.6	0.7	0.9	1.4	2	2.5
弯头	1.2	1.2	1.8	1.4	1.9	2.8	—	—
90°煨弯	0.9	0.8	1.2	0.7	0.9	1.4	2	2.5
乙字弯	0.9	0.8	1.2	0.7	0.9	1.4	2	2.5
括弯	1.2	1.6	2.4	2.8	3.6	5.6	—	—
急弯双弯头	1.2	1.6	2.4	2.8	3.6	5.6	—	—
缓弯双弯头	0.6	0.8	1.2	1.4	1.8	2.8	4.1	5

热水供暖系统局部阻力的当量长度 l_d（m）　　　　表 10-28

局部阻力名称	在下列管径 DN(mm)时的当量长度值 l_d(m)						
	15	20	25	32	40	50	70
$\xi=1$	0.343	0.516	0.652	0.99	1.265	1.76	2.3
柱形散热器	0.7	1	1.3	2	—	—	—
钢制锅炉	—	—	—	2	2.5	3.5	4.6
突然扩大	0.3	0.5	0.7	1	1.3	1.8	2.3
突然缩小	0.2	0.3	0.3	0.5	0.6	0.9	1.2
直流三通	0.3	0.5	0.7	1	1.3	1.8	2.3
旁流三通	0.5	1	1	1.5	1.9	2.6	3.5
分(合)流三通	1	1.6	2	3	3.8	5.3	6.9
裤衩三通	0.5	0.8	1	1.5	1.9	2.6	3.5
直流四通	0.7	1	1.3	2	2.5	3.5	4.6
分(合)流四通	1	1.6	2	3	3.8	5.3	6.9
"∏"形补偿器	0.7	1	1.3	2	2.5	3.5	4.6
集气罐	0.5	0.8	1	1.5	1.9	2.6	3.5
除污器	3.4	5.2	6.5	9.9	12.7	17.6	23
截止阀	5.5	5.2	5.9	8.9	10.1	12.3	16.1
闸阀	0.5	0.3	0.4	0.5	0.6	0.9	1.2
弯头	0.7	1	1	1.5	1.3	1.8	2.3
90°煨弯	0.5	0.8	0.7	1	0.6	0.9	1.2
乙字弯	0.5	0.8	0.7	1	0.6	0.9	1.2
括弯	1	1	1.3	2	2.5	3.5	4.6
急弯双弯头	0.7	1	1.3	2	2.5	3.5	4.6
缓弯双弯头	0.3	0.5	0.7	1	1.3	1.8	2.3

低压蒸汽管路系统水力计算表 （P＝5～20kPa，K＝0.2mm） 表 10-29

比摩阻 (Pa/m)	上行:通过热量 Q(W)；下行:蒸汽流速 v(m/s)						
	15	20	25	32	40	50	70
5	790	1510	2380	5260	8010	15760	30050
	2.92	2.92	2.92	3.67	4.23	5.1	5.75
10	918	2066	3541	7727	11457	23015	43200
	3.43	3.89	4.34	5.4	6.05	7.43	8.35
15	1090	2490	4395	10000	14260	28500	53400
	4.07	4.68	5.45	6.65	7.64	9.31	10.35
20	1239	2920	5240	11120	16720	33050	61900
	4.35	5.65	6.41	7.8	8.83	10.85	12.1
30	1500	3615	6340	13700	20750	40800	76600
	5.55	7.61	7.77	9.6	10.95	13.2	14.95
40	1759	4220	7330	16180	24190	47800	89400
	6.51	8.2	8.98	11.3	12.7	15.3	17.35
60	2219	5130	9310	20500	29550	58900	110700
	8.17	9.94	11.4	14	15.6	19.03	21.4
80	2510	5970	10630	23100	34400	67900	127600
	9.55	11.6	13.15	16.3	18.4	22.1	24.8
100	2900	6820	11900	25655	38400	76000	142900
	10.7	13.2	14.6	17.9	20.35	24.6	27.6
150	3520	8323	14678	31707	47358	93495	168200
	13	16.1	18	22.15	25	30.2	33.4
200	4052	9703	16975	36545	55668	108210	202800
	15	18.8	20.9	25.5	29.4	35	38.9
300	5049	11939	20778	45140	68360	132870	250000
	18.7	23.2	25.6	31.6	35.6	42.8	48.2

低压蒸汽系统局部阻力系数 ξ＝1 时的局部阻力损失动压值 表 10-30

v (m/s)	P_d (Pa)	v (m/s)	P_d (Pa)	v (m/s)	P_d (Pa)	v (m/s)	P_d (Pa)
5.50	9.58	10.50	34.93	15.50	76.12	20.50	133.16
6.00	11.40	11.00	38.34	16.00	81.11	21.00	139.73
6.50	13.39	11.50	41.90	16.50	86.26	21.50	146.46
7.00	15.53	12.00	45.63	17.00	91.57	22.00	153.36
7.50	17.82	12.50	49.50	17.50	97.04	22.50	160.41
8.00	20.28	13.00	53.50	18.00	102.66	23.00	167.61
8.50	22.89	13.50	57.75	18.50	108.44	23.50	174.89
9.00	25.66	14.00	62.10	19.00	114.38	24.00	182.51
9.50	28.60	14.50	66.60	19.50	120.48	24.50	190.19
10.00	31.69	15.00	71.29	20.00	126.74	25.00	198.03

低压蒸汽系统干式和湿式自流凝水水管管径计算表　　　　表 10-31

凝水管径(mm)	形成凝水时,由蒸汽放出的热(kW)				
	干式凝水管		湿式凝水管(垂直或水平的)		
			计算管段的长度(m)		
	水平管段	垂直管段	50 以下	50~100	100 以上
15	14.7	7	33	21	9.3
20	17.5	26	82	53	29
25	33	49	145	93	47
32	79	116	310	200	100
40	120	180	440	290	135
50	250	370	760	550	250
76×3	580	875	1750	1220	580
89×3.5	870	1300	2620	1750	875
102×4	1280	2000	3605	2320	1280
114×4	1630	2440	4540	3000	1600

蒸汽管道水力计算表　($k=0.2mm$)　　　　表 10-32

p(表压,MPa)		0.07		0.1		0.2		0.3		0.4		0.5		0.6	
DN	w	q_m (kg/h)	Δh (Pa/m)	q_m (kg/h)	Δh (Pa/m)	q_m (kg/h)	Δh (Pa/m)	q_m (kg/h)	Δh (Pa/m)	q_m (kg/h)	Δh (Pa/m)	q_m (kg/h)	Δh (Pa/m)	q_m (kg/h)	Δh (Pa/m)
15	10	6.7	114	7.8	134	11.3	193	14.9	256	18.4	317	21.8	374	25.3	435
	15	10	256	11.7	300	17	437	22.4	577	27.6	663	32.4	825	37.6	958
	20	13.4	446	15	535	22.7	780	29.8	1020	30.8	1260	43.7	1500	50.5	1730
20	10	12.2	78	14.1	80	20.7	184	27.1	174	33.5	216	39.8	256	46	295
	15	18.2	175	21.1	202	31.1	302	38.6	353	50.3	486	57.7	538	69	665
	20	24.3	310	28.2	369	41.4	535	54.2	695	67	862	79.6	1024	52	1180
25	15	29.4	131	34.4	153.5	50.2	325	65.8	294	81.2	362	95.2	439	111	497
	20	39.2	230	45.8	274	66.7	401	87.8	523	108	655	128	762	149	682
	25	49	356	57.3	426	83.3	618	110	317	136	1020	161	1190	186	1380
32	15	51.6	92	60.2	108	88	158	115	206	142	248	169	270	195	357
	20	67.7	158	80.2	191	117	271	154	367	190	447	226	548	260	617
	25	85.6	250	100	296	147	443	193	574	238	697	282	832	325	964
	30	103	356	120	430	176	633	230	823	284	1030	338	1210	390	1380
40	20	90.6	138	105	160	154	233	202	308	240	359	283	415	343	524
	25	113	214	132	252	194	368	258	484	311	592	354	647	428	816
	30	136	312	158	361	232	530	306	680	374	855	444	1020	514	1180
	35	157	415	185	495	268	715	354	947	437	1170	521	1400	594	1570
50	20	134	107	157	128	229	185	301	242	371	300	443	368	508	405
	25	168	169	197	197	287	287	377	370	485	470	554	561	636	637
	30	202	241	236	286	344	414	452	538	558	676	664	805	764	920
	35	234	327	270	390	400	565	530	939	650	930	776	1100	885	1240

续表

p(表压,MPa)		0.07		0.1		0.2		0.3		0.4		0.5		0.6	
DN	w	q_m (kg/h)	Δh (Pa/m)	q_m (kg/h)	Δh (Pa/m)	q_m (kg/h)	Δh (Pa/m)	q_m (kg/h)	Δh (Pa/m)	q_m (kg/h)	Δh (Pa/m)	q_m (kg/h)	Δh (Pa/m)	q_m (kg/h)	Δh (Pa/m)
65	20	257	71	299	85	437	123	512	162	706	196	838	236	970	271
	25	317	110	374	131	542	189	715	251	880	306	1052	370	1200	415
	30	280	157	448	188	650	274	856	360	1060	446	1262	532	1440	547
	35	445	216	525	258	762	374	1005	495	1240	607	1478	730	1685	816
80	25	454	91	528	106	773	155	1012	204	1297	270	1460	296	1713	342
	30	556	135	630	152	926	223	1213	291	1498	360	1776	425	2053	484
	35	634	177	738	206	1082	304	1415	396	1749	490	2074	580	2400	671
	40	726	232	844	270	1237	398	1620	520	1978	640	2370	757	2740	865
100	25	673	70	784	82	1149	121	1502	157	1856	185	2201	231	2547	267
	30	806	102	940	118	1377	174	1801	226	2220	280	2640	331	3058	384
	35	944	139	1099	161	1608	237	2108	310	2600	382	3083	452	3568	524
	40	1034	166	1250	208	1832	307	2396	400	2980	500	3514	587	4030	661
125	25	1034	52	1205	60	1762	89	2310	117	2852	143	3380	169	3910	196
	30	1241	75	1447	87	2118	128	2770	166	3420	206	4063	244	4690	282
	35	1450	102	1690	119	2477	175	3200	228	4000	281	4740	333	5485	389
	40	1600	133	1930	155	2826	228	3700	296	4560	366	5420	435	6264	490
150	25	1515	43	1768	50	2584	71	3380	96	4169	117	4960	140	5737	162
	30	1818	62	2120	71	3100	105	4066	138	5015	170	5760	189	6875	232
	35	2121	84	2404	98	3620	144	4739	187	5850	231	6948	275	8036	317
	40	2400	107	2830	128	4114	186	5416	244	6080	301	7920	352	9180	414
200	35	4038	61	4710	71	6880	105	9020	136	11250	172	13212	200	15290	231
	40	4616	80	5376	93	7880	137	10320	178	12720	220	15100	261	17450	301
	50	5786	125	6740	148	9800	212	12920	260	15910	353	18790	405	21880	472
	60	6930	180	8057	209	11750	304	15450	400	19060	495	22615	586	26200	680
250	30	5320	30	6318	36	9250	53	12120	71	14950	86	17730	100	20500	118
	35	6300	42	7370	45	10800	72	14120	94	17450	124	20680	138	23930	159
	40	7237	54	8430	64	12300	94	16145	123	19910	172	23640	180	27380	208
	50	9050	90	10530	101	15330	145	20190	192	24900	237	29560	281	34200	324
	60	14840	123	12650	144	18400	210	24200	276	28870	318	35450	403	41100	468
300	30	7718	25	8980	29	13150	42	17220	55	21240	68	25210	81	29180	93
	35	9018	34	10500	39	15370	53	20130	75	24010	92	29470	111	34080	128
	40	10280	44	11900	51	17520	75	22980	100	28370	121	33600	144	38800	166
	50	12860	69	14960	60	21800	117	25700	154	35400	189	42000	224	48540	260
	60	15430	99	17970	115	26180	168	34430	220	42500	273	50400	322	58380	375

续表

p(表压,MPa)		0.07		0.1		0.2		0.3		0.4		0.5		0.6	
DN	w	q_m (kg/h)	Δh (Pa/m)	q_m (kg/h)	Δh (Pa/m)	q_m (kg/h)	Δh (Pa/m)	q_m (kg/h)	Δh (Pa/m)	q_m (kg/h)	Δh (Pa/m)	q_m (kg/h)	Δh (Pa/m)	q_m (kg/h)	Δh (Pa/m)
15	10	28.7	492	32	548	35.4	605	39	671	42.2	724	45.6	781	48.8	835
	15	43	1110	48	1230	53.2	1370	54.8	1510	63.3	1630	68.4	1750	73	1870
	20	57.4	1970	63.8	2180	71	2410	78	2680	84.4	2890	91.2	3120	97.2	3310
20	10	52.2	335	58.2	384	64.5	415	70.5	450	76.6	492	83	534	89.4	576
	15	78.4	755	87.5	844	96.7	934	106	1020	115	1110	124	1190	134	1300
	20	104	1340	116	1490	129	1660	141	1800	153	1970	166	2130	179	2300
25	15	127	564	141	639	156	684	172	776	181	784	199	880	216	965
	20	169	1000	188	1120	208	1230	229	1360	242	1400	253	1420	286	1690
	25	211	1570	235	1740	250	1780	286	2130	302	2180	316	2220	358	2650
32	15	222	396	253	462	274	499	303	546	326	580	350	620	388	710
	20	296	706	338	822	367	887	404	997	435	1040	466	1100	517	1260
	25	370	1110	422	1280	457	1360	505	1520	543	1610	582	1720	646	198
	30	444	1590	506	1850	548	1955	606	2190	652	2330	699	2480	756	2710
40	20	389	594	435	665	480	737	527	805	573	875	613	930	663	1010
	25	430	968	533	997	600	1140	658	1260	710	1380	767	1460	830	1580
	30	584	1340	652	1500	720	1650	770	1820	858	1960	920	2090	995	2280
	35	666	1740	754	2000	840	2240	926	2490	997	2650	1075	2850	1150	3040
50	20	578	466	646	520	713	573	782	628	850	683	912	728	985	790
	25	724	730	805	806	892	896	979	985	1055	1070	1140	1140	1232	1240
	30	868	1050	970	1170	1070	1290	1174	1420	1276	1540	1370	1640	1480	1780
	35	1010	1440	1130	1590	1249	1750	1380	1950	1487	2090	1605	2260	1714	2400
65	20	1101	309	1230	344	1360	278	1490	398	1619	453	1748	490	1878	526
	25	1345	460	1530	534	1900	555	1870	656	2015	702	2170	755	2320	802
	30	1610	660	1830	763	2040	855	2240	940	2450	1010	2600	1080	2780	1150
	35	1885	903	2145	1050	2380	1170	2625	1300	2830	1400	3050	1500	3258	1580
80	25	1947	390	2176	426	2400	479	2636	529	2860	572	3034	615	3318	665
	30	2333	559	2676	659	2880	690	3159	757	3430	822	3700	885	3980	955
	35	2723	761	3041	850	3360	980	3682	1080	4005	1140	4323	1210	4650	1290
	40	3110	994	3480	1120	3840	1230	4216	1350	4576	1470	4940	1580	5306	1700
100	25	2868	302	3231	339	3565	375	3916	411	4250	435	4583	499	4930	516
	30	3470	437	3879	487	4280	515	4590	589	5100	631	5510	692	5915	743
	35	4050	594	4530	615	5000	737	5380	804	5960	875	5424	940	6905	1020
	40	4610	770	5118	848	5696	958	6240	1040	6780	1130	7276	1210	7872	1320
125	25	4440	222	4963	248	5482	294	6020	302	6530	327	7050	352	7570	379
	30	5334	321	5960	358	6578	395	7217	434	7840	430	8450	506	9080	544

续表

p(表压,MPa)		0.07		0.1		0.2		0.3		0.4		0.5		0.6	
DN	w	q_m (kg/h)	Δh (Pa/m)	q_m (kg/h)	Δh (Pa/m)	q_m (kg/h)	Δh (Pa/m)	q_m (kg/h)	Δh (Pa/m)	q_m (kg/h)	Δh (Pa/m)	q_m (kg/h)	Δh (Pa/m)	q_m (kg/h)	Δh (Pa/m)
125	35	6235	438	6960	488	7700	542	8438	593	9160	642	9880	692	10560	737
	40	7128	570	7950	687	8776	719	9628	721	10460	840	11280	902	12120	970
150	25	6501	184	7280	205	8032	226	8810	228	9565	270	10330	291	11100	313
	30	7810	264	8730	295	9150	330	10560	358	11480	388	12380	418	13300	450
	35	9120	359	10182	403	11250	443	12330	487	13400	530	14470	571	15520	613
	40	10400	467	11646	525	12876	580	14080	635	15336	1080	16560	750	17760	800
200	35	17350	262	19390	293	21410	324	23500	356	25500	386	27380	410	29600	448
	40	19330	343	22120	383	24440	421	26800	463	29140	503	31460	542	33980	590
	50	24600	537	23730	585	30680	665	33600	725	36500	787	39410	850	42300	915
	60	29720	770	33200	860	36770	950	40230	1040	43700	1130	49300	1230	50685	1310
250	30	23290	132	26010	148	28770	161	31520	172	34230	195	36720	204	39700	226
	35	27200	181	30380	202	33520	222	36800	245	39980	266	42800	282	46300	308
	40	31030	235	34700	264	38300	290	42050	319	45670	347	49900	384	52890	401
	50	38800	268	43380	412	48000	456	52600	500	57150	544	51700	584	66200	630
	60	46500	530	52000	593	57530	655	63000	717	58500	780	74000	845	78400	880
300	30	33100	106	37000	119	40840	131	44800	143	48700	156	52600	169	56500	182
	35	38700	145	43220	162	47760	178	52380	196	56850	213	61000	226	66000	247
	40	44180	189	49320	211	54500	232	59760	255	64900	277	69620	295	75250	321
	50	55140	294	61680	329	67180	353	74700	388	81200	433	87680	467	94000	503
	60	66220	425	74000	474	81920	524	89640	574	97500	625	105100	678	113000	724

开式高压凝水管径计算表（P＝200kPa）　　　　　　　　　　表 10-33

ΔP (Pa/m)	在下列管径时通过的热量(kW)											
	15	20	25	32	40	50	70	80	100	125	150	219×6
20	3.76	8.34	15.5	31.8	45.2	98.6	174	287	541	714	1570	3070
40	5.28	11.7	21.9	45.6	65	140	245	405	764	1010	2231	4310
60	6.46	14.4	26.8	55.7	78.7	171	299	296	939	1230	2712	5260
80	7.52	16.7	31	63.6	90.4	197	348	573	1080	1430	3150	6130
100	8.46	18.6	34.8	71.8	101	220	389	637	1200	1590	3470	6820
120	9.16	20.2	37.9	78.5	111	243	425	704	1330	1750	3830	7430
150	10.1	22.8	42.5	88.1	124	271	476	786	1480	1960	4290	8340
200	11.7	26.2	49	101	137	312	552	902	1700	2250	4920	9630
250	13.2	29.3	54.7	106	153	351	617	1010	1910	2540	5530	16800
300	14.4	32.2	59.9	124	169	382	672	1100	2090	2760	6010	11700
350	15.5	34.6	65	134	182	415	729	1200	2280	2980	6530	12700
400	16.6	37.2	69.5	143	195	444	777	1280	2420	3220	7020	13700
450	17.6	39.2	74	153	207	469	824	1360	2570	3410	7400	14500
500	20.2	41.3	77.5	160	218	493	869	1430	2710	3570	7810	15000

注：漏汽加二次蒸汽按 10% 计算，K＝0.5mm，ρ_{pj}＝5.8kg/m³。

开式高压凝水管径计算表 （P＝300kPa）　　表 10-34

ΔP (Pa/m)	在下列管径时通过的热量(kW)											
	15	20	25	32	40	50	70	80	100	125	150	219×6
20	3.05	6.81	12.6	25.8	36.5	81	141	235	440	580	1268	2490
40	4.35	9.51	18.4	37	52.4	114	200	328	622	829	1820	3523
60	5.28	11.6	21.7	45.1	64	140	242	401	763	854	2200	4270
80	6.1	13.4	25	52	73.4	160	284	470	904	1170	2540	4980
100	6.81	15	28	58.7	82.2	180	317	521	987	1310	2830	5500
120	7.52	16.4	30.8	64.6	90.4	196	346	572	1080	1430	3110	6110
150	8.22	18.3	34.5	72	101	218	388	640	1200	1585	3500	6850
200	9.4	21.1	39.9	83.4	117	252	446	740	1370	1820	4020	7830
250	10.6	23.7	44.6	92.8	130	283	505	822	1540	2060	4510	8830
300	11.5	25.9	49	101	142	309	552	904	1689	2230	4930	9680
350	12.4	28.2	52.8	109	153	335	599	975	1836	2410	5320	10500
400	13.4	30.3	56.4	117	164	362	638	1050	1960	2580	5730	11200
450	14.1	32.1	60.5	123	174	384	674	1100	2110	2760	5990	11900 12400
500	14.9	33.7	63.4	129	182	399	711	1160	2230	2900	6400	

注：漏汽加二次蒸汽按 15％计算，$K＝0.5\text{mm}$，$\rho_{pj}＝3.858\text{kg/m}^3$。

开式高压凝水管径计算表 （P＝400kPa）　　表 10-35

ΔP (Pa/m)	在下列管径时通过的热量(kW)											
	15	20	25	32	40	50	70	80	100	125	150	219×6
20	2.7	5.87	11	22.5	31.9	69.9	124	203	383	506	1113	2170
40	3.76	8.34	15.6	32.3	45.7	98.7	174	287	543	716	1570	3050
60	4.58	10.2	19	39.6	55.7	121	211	350	666	870	1910	3720
80	5.4	11.7	22.1	45.1	63.9	140	247	406	766	1012	2220	4350
100	5.99	13.3	24.7	51	71.6	156	277	452	853	1130	2470	4820
120	6.46	14.2	26.9	55.7	78.9	173	303	497	940	1233	2700	5260
150	7.16	16.1	30.1	62.5	88.1	193	337	557	1050	1390	3040	5900
200	8.34	18.6	34.6	72.3	102	221	390	636	1210	1600	3490	6810
250	9.28	20.9	38.8	80.4	114	248	438	716	1350	1800	3910	7630
300	10.2	22.8	42.3	88	124	271	476	785	1480	1880	4270	8340
350	11	24.4	46	94.7	135	295	517	846	1600	2110	4620	8900
400	11.7	26.4	49.2	102	144	314	352	904	1710	2280	4970	9640
450	12.4	27.8	52.3	107	153	334	585	963	1830	2410	5260	10200
500	13.2	29.1	55.6	113	161	349	613	1012	1910	2520	5570	10700

注：漏汽加二次蒸汽按 20％计算，$K＝0.5\text{mm}$，$\rho_{pj}＝2.9\text{kg/m}^3$。

闭式高压凝水管径计算表 （P＝200kPa）　　表 10-36

ΔP (Pa/m)	在下列管径时通过的热量(kW)											
	15	20	25	32	40	50	70	80	100	125	150	219×6
20	4.35	9.63	17.9	37	52.3	115	202	332	628	880	1810	3550
40	6.11	13.6	25.5	52.8	74.9	162	285	470	890	1170	2580	5000
60	7.52	16.6	31.1	64.6	91.1	198	348	575	1090	1430	3140	6690
80	8.69	19.1	35.9	74	105	229	404	640	1260	1660	3630	7080
100	9.75	21.6	40.3	83.4	117	256	451	740	1460	1840	4030	7870
120	10.6	23.5	44	91	129	281	493	813	1540	2030	4440	8660
150	11.7	26.3	49.3	102	144	315	552	910	1720	2280	4980	9690
200	13.6	30.1	56.7	117	167	362	637	1045	1970	2610	5710	11100

ΔP (Pa/m)	在下列管径时通过的热量(kW)											
	15	20	25	32	40	50	70	80	100	125	150	219×6
250	15.2	34.1	63.4	132	187	406	716	1174	2220	2940	6420	12500
300	16.7	37.1	69.5	144	204	444	780	1280	2420	3190	7000	13600
350	18	40.2	75.2	155	221	482	846	1386	1630	3460	7560	14800
400	19.3	43.1	80.7	167	236	513	904	1480	2810	3720	8120	15900
450	20.4	45.6	85.7	176	250	546	957	1570	2980	3950	8660	16800
500	21.5	47.9	90	186	263	573	1010	1660	3140	4130	9070	17600

注：漏汽加二次蒸汽按10%计算，$K=0.5$mm，$\rho_{pj}=7.88$kg/m³。

闭式高压凝水管径计算表 （$P=300$kPa） 表10-37

ΔP (Pa/m)	在下列管径时通过的热量(kW)											
	15	20	25	32	40	50	70	80	100	125	150	219×6
20	3.64	7.99	15	30.5	43.6	95	168	275	521	691	1510	2940
40	5.05	11.3	23.3	43.5	60.7	135	238	390	738	974	2140	4130
60	6.22	13.9	26.1	53.3	74.6	164	291	477	904	1160	2810	5070
80	7.16	15	30.1	61	86.9	189	336	552	1040	1370	3030	6070
100	7.99	17.9	33.7	68.4	97.2	213	376	613	1160	1540	3380	6550
120	8.81	19.5	36.4	75.2	106	233	409	669	1270	1680	3700	7140
150	9.87	21.8	39.9	83.4	119	260	458	752	1410	1880	4130	7970
200	11.4	25.2	47.2	96.5	137	301	528	866	1640	2170	4770	9210
250	12.8	28.4	53	108	153	337	595	975	1840	2430	5270	10300
300	14	30.8	57.8	117	169	366	646	1060	2020	2650	5840	11300
350	15	33.5	62.5	128	182	397	701	1140	2180	2870	6350	12200
400	16.1	35.6	66.9	136	195	426	752	1230	2350	3080	6790	13500
450	17	38.1	71.2	146	207	451	792	1310	2470	3250	7180	13800
500	19.3	40	74.9	152	218	474	834	1370	2610	3430	7530	14600

注：漏汽加二次蒸汽按15%计算，$K=0.5$mm，$\rho_{pj}=5.26$kg/m³。

闭式高压凝水管径计算表 （$P=400$kPa） 表10-38

ΔP (Pa/m)	在下列管径时通过的热量(kW)											
	15	20	25	32	40	50	70	80	100	125	150	219×6
20	3.05	6.81	12.7	26.2	36.9	81	143	235	444	585	1280	2510
40	4.35	9.63	18.1	37.3	52.8	115	202	332	626	834	1830	3520
60	5.28	11.7	22	45.6	65	140	245	406	767	1010	2220	4310
80	6.11	13.6	25.4	52.4	73.8	162	287	470	911	1170	2560	5030
100	6.93	15.4	28.4	59.1	83.4	182	321	526	998	1310	2870	5610
120	7.52	16.6	31.2	64.6	91.8	200	350	577	1090	1440	3150	6190
150	8.34	18.8	35	72.6	102	223	392	646	1220	1620	3530	6880
200	9.63	21.5	40.1	83.4	119	257	452	742	1400	1830	4060	7880
250	10.8	24.2	45.1	93.6	133	289	509	834	1570	2090	4550	8910
300	11.7	26.4	49.4	102	146	315	554	908	1710	2280	4970	9720
350	12.7	28.5	53.6	110	157	342	600	986	1870	2470	5380	10500
400	13.6	30.6	57.1	119	168	365	644	1060	2000	2650	5770	11300
450	14.4	32.4	60.8	126	177	386	681	1120	2130	2800	6110	11900
500	15.1	34.1	63.9	132	186	406	716	1170	2250	2940	6460	12500

注：漏汽加二次蒸汽按20%计算，$K=0.5$mm，$\rho_{pj}=3.95$kg/m³。

空调冷水局部阻力当量长度计算表　　　　表 10-39

管径 DN (mm)	球阀 止回阀	闸阀	90°弯头			45°弯头		180° 回弯	分(合) 流三通	直流三通		
			标准	R/D =1.5	R/D=1	标准	R/D=1			同径	变径 小 1/4	变径 小 1/2
15	5.5	0.2	0.5	0.3	0.8	0.2	0.4	0.8	0.9	0.3	0.4	0.5
20	6.7	0.3	0.6	0.4	1	0.3	0.5	1	1.2	0.4	0.6	0.6
25	8.8	0.3	0.8	0.5	1.2	0.4	0.6	1.2	1.5	0.5	0.7	0.8
32	12	0.5	1	0.7	1.7	0.5	0.9	1.7	2.1	0.7	0.9	1
40	13	0.5	1.2	0.8	1.9	0.6	1	1.9	2.4	0.8	1.1	1.2
50	17	0.7	1.5	1	2.5	0.8	1.4	2.5	3	1	1.4	1.5
65	21	0.9	1.8	1.2	3	1	1.6	3	3.7	1.2	1.7	1.8
80	26	1	2.3	1.5	3.7	1.2	2	3.7	4.6	1.5	2.1	2.3
100	37	1.4	3	2	5.2	1.6	2.6	5.2	6.4	2	2.7	3
125	43	1.8	4	2.5	6.4	2	3.4	6.4	7.6	2.5	3.7	4
150	52	2.1	4.9	3	7.6	2.4	4	7.6	9.1	3	4.3	4.9
200	62	2.7	6.1	4	—	3	—	10	12	4	5.5	6.1
250	85	3.7	7.6	4.9	—	4	—	13	15	4.9	6.7	7.6
300	98	4	9.1	5.8	—	4.9	—	15	18	5.8	7.9	9.1
350	110	4.6	10	7	—	5.5	—	17	21	7	9.1	10
400	125	5.2	12	7.9	—	6.1	—	19	24	7.9	11	12
450	140	5.8	13	8.8	—	7	—	21	26	8.8	12	13
500	160	6.7	15	10	—	7.9	—	25	30	10	13	15
600	186	7.6	18	12	—	9.1	—	29	35	12	15	18

本章参考文献

[1] 陆耀庆. 实用供暖通风设计手册（第二版）[M]. 北京：中国建筑工业出版社，2008.

[2] 住房和城乡建设部工程质量安全监管司. 2009 全国民用建筑工程设计技术措施 [M]. 北京：中国计划出版社，2009.

第 11 章　水处理

本章执笔人
夏树威

男，汉族，1968 年 4 月 26 日。中国建筑设计院有限公司机电院副总工程师、教授级高级工程师、注册公用设备（给排水）工程师。1992 年 7 月毕业于北京工业大学。

代表工程

青藏铁路拉萨火车站站房，2.3 万 m^2（专业负责人），获 2008 年全国优秀工程勘察设计（国家级）金奖。

主要科研成果

中国建筑设计院业务建设课题："医疗建筑给排水设计研究"，课题负责人。

主要论著

饮用水供水过程中藻类及其代谢产物的去除与再生长控制，城镇供水，2009，1（第一作者）。

王涤平

女，满族，1972 年 4 月 3 日生。中国建筑设计院中旭建筑设计院副总工程师、教授级高级工程师、注册公用设备（给排水）工程师。1994 年 7 月毕业于沈阳建筑大学。

代表工程

轻汽西厂区改造项目（主语城），25 万 m^2（专业负责人），2009 年度全国优秀工程勘察设计行业奖二等奖。

主要论著

1. 浅谈体育建筑的给排水设计，给水排水，2010，7（独著）。

2. 鄂尔多斯机场设计简介，亚洲给水排水，2009，7（独著）。

3. 海南大厦给排水设计简介，亚洲给水排水，2010，3（独著）。

11.1　水 质 标 准

民用锅炉给水、补水、锅水的水质，应符合现行国家标准《工业锅炉水质》GB/T 1576—2008 的规定。

11.1.1　水质标准

锅炉水质标准如表 11-1～表 11-6 所示。

采用锅外水处理的自然循环蒸汽锅炉和汽水两用锅炉水质　　　　表 11-1

项目	额定蒸汽压力 MPa		$P \leqslant 1.0$		$1.0 < P \leqslant 1.6$		$1.6 < P \leqslant 2.5$		$2.5 < P \leqslant 3.8$	
	补给水类型		软化水	除盐水	软化水	除盐水	软化水	除盐水	软化水	除盐水
给水	浊度 FTU		≤5.0	≤2.0	≤5.0	≤2.0	≤5.0	≤2.0	≤5.0	≤2.0
	硬度(mmol/L)		≤0.030	≤0.030	≤0.030	≤0.030	≤0.030	≤0.030	≤0.005	≤0.005
	pH 值(25℃)		7.0~9.0	8.0~9.5	7.0~9.0	8.0~9.5	7.0~9.0	8.0~9.5 ≤0.050	7.0~9.0	8.0~ 9.5
	溶解氧[①](mg/L)		≤0.10	≤0.10	≤0.10	≤0.050	≤0.050	≤0.050	≤0.050	≤0.050
	油(mg/L)		≤2.0	≤2.0	≤2.0	≤2.0	≤2.0	≤2.0	≤2.0	≤2.0
	全铁(mg/L)		≤0.30	≤0.30	≤0.30	≤0.30	≤0.30	≤0.10	≤0.10	≤0.10
	电导率(25℃)(μs/cm)		—	—	≤550	≤110	≤550	≤110	≤350	≤80
锅水	全碱度[②](mmol/L)	无过热器	6.0~26.0	≤10.0	6.0~24.0	≤10.0	6.0~16.0	≤8.0	≤12.0	≤4.0
		有过热器	—	—	≤10.4	≤10.0	≤12.0	≤8.0	≤12.0	≤4.0
	酚酞碱度(mmol/L)	无过热器	4.0~18.0	≤6.0	4.0~16.0	≤6.0	4.0~12.0	≤5.0	≤10.0	≤3.0
		有过热器	—	—	≤10.0	≤6.0	≤8.0	≤5.0	≤10.0	≤3.0
	pH 值(25℃)		10.0~12.0	10.0~12.0	10.0~12.0	10.0~12.0	10.0~12.0	10.0~12.0	9.0~12.0	9.0~11.0
	溶解固形物(mg/L)	无过热器	≤4000	≤4000	≤3500	≤3500	≤3000	≤3000	≤2500	≤2500
		有过热器	—	—	≤3000	≤3000	≤2500	≤2500	≤2000	≤2000

项目	额定蒸汽压力 MPa	$P \leqslant 1.0$		$1.0 < P \leqslant 1.6$		$1.6 < P \leqslant 2.5$		$2.5 < P \leqslant 3.8$	
	补给水类型	软化水	除盐水	软化水	除盐水	软化水	除盐水	软化水	除盐水
锅水	磷酸根③ (mg/L)	—	—	10.0~30.0	10.0~30.0	10.0~30.0	10.0~30.0	5.0~20.0	5.0~20.0
	亚硫酸根④ (mg/L)	—	—	10.0~30.0	10.0~30.0	10.0~30.0	10.0~30.0	5.0~10.0	5.0~10.0
	相对碱度⑤	≤0.20	≤0.20	≤0.20	≤0.20	≤0.20	≤0.20	≤0.20	≤0.20

注：1. 对于供汽轮机用汽的锅炉，蒸汽质量应执行 GB/T 12145 规定的额定蒸汽压力 3.8~5.8MPa 汽包炉标准。
　　2. 硬度、碱度的计量单位为一价基本单元物质的量的浓度。
　　3. 停（备）用锅炉启动时，锅水的浓缩倍率达到正常后，锅水的水质应达到 GB/T 1576—2008 的要求。
　① 溶解氧控制值适用于经过除氧装置处理后的给水。额定蒸发量大于或等于 10t/h 的锅炉，给水应除氧。额定蒸发量小于 10t/h 的锅炉如果发现局部腐蚀，也应采取除氧措施。对于供汽轮机用汽的锅炉给水含氧量应小于或等于 0.050mg/L。
　② 对蒸汽质量要求不高，并且无过热器的锅炉，锅水全碱度上限值可适当放宽，但放宽后锅水的 pH 值（25℃）不应超过上限。
　③ 适用于锅内加磷酸盐阻垢剂。采用其他阻垢剂时，阻垢剂残余量应符合药剂生产厂规定的指标。
　④ 适用于给水加亚硫酸盐除氧剂。采用其他除氧剂时，除氧剂残余量应符合药剂生产厂规定的指标。
　⑤ 全焊接结构锅炉，可不控制相对碱度。

单纯采用锅内加药处理的自然循环蒸汽锅炉和汽水两用锅炉水质　　表 11-2

水　样	项　目	标　准　值
给水	浊度（FTU）	≤20.0
	硬度（mmol/L）	≤4.0
	pH 值（25℃）	7.0~10.0
	油（mg/L）	≤2.0
锅水	全碱度（mmol/L）	8.0~26.0
	酚酞碱度（mmol/L）	6.0~8.0
	pH 值（25℃）	10.0~12.0
	溶解固形物（mg/L）	≤5000
	磷酸根① （mg/L）	10.0~50.0

注：1. 单纯采用锅内加药处理，锅炉受热面平均结垢速率不得大于 0.5mm/a。
　　2. 额定蒸发量小于或等于 4t/h，并且额定蒸汽压力小于或等于 1.3MPa 的蒸汽锅炉和汽水两用锅炉同时采用锅外水处理和锅内加药处理时，给水和锅水水质可参照本表的规定。
　　3. 硬度、碱度的计量单位为一价基本单元物质的量的浓度。
　① 适用于锅内加磷酸盐阻垢剂，采用其他阻垢剂时，阻垢剂残余量应符合药剂生产厂规定的指标。

采用锅外水处理的热水锅炉水质　　表 11-3

水　样	项　目	标　准　值
给水	浊度（FTU）	≤5.0
	硬度（mmol/L）	≤0.6
	pH 值（25℃）	7.0~11.0
	溶解氧① （mg/L）	≤0.1
	油（mg/L）	≤2.0
	全铁（mg/L）	≤0.3

续表

水　样	项　目	标　准　值
锅水	pH 值②(25℃)	9.0～11.0
	磷酸根③(mg/L)	5.0～50.0

注：硬度的计量单位为一价基本单元物质的量的浓度。
　① 溶解氧控制值适用于经过除氧装置处理后的给水。额定功率大于或等于 7.0MW 的承压热水锅炉给水应除氧；额定功率小于 7.0MW 的承压热水锅炉如果发现局部氧腐蚀，也应采取除氧措施。
　② 通过补加药剂使锅水 pH 值（25℃）控制在 9.0～11.0。
　③ 适用于锅内加磷酸盐阻垢剂。采用其他阻垢剂时，阻垢剂残余量应符合药剂生产厂规定的指标。

单纯采用锅内加药处理的热水锅炉水质　　　　　　　　　　表 11-4

水　样	项　目	标　准　值
给水	浊度(FTU)	≤20.0
	硬度①(mmol/L)	≤6
	pH 值(25℃)	7.0～11.0
	油(mg/L)	≤2.0
锅水	pH 值(25℃)	9.0～11.0
	磷酸根②(mg/L)	10.0～50.0

注：1. 对于额定功率小于或等于 4.20MW 水管式和壳管式的承压热水锅炉，同时采用锅外水处理和锅内加药处理时，给水和锅水水质也可参照本表的规定。
　2. 硬度的计量单位为一价基本单元物质的量的浓度
　① 使用与结垢物质作用后不生成固体不溶物的阻垢剂，给水硬度可放宽至小于或等于 8.0mmol/L。
　② 适用于锅内加磷酸盐阻垢剂。加其他阻垢剂时，阻垢剂残余量应符合药剂生产厂规定的指标。

贯流和直流蒸汽锅炉水质　　　　　　　　　　表 11-5

项目	锅炉类型	贯流锅炉			直流锅炉		
	额定蒸发压力(MPa)	P≤2	1.0<P≤2.5	2.5<P≤3.8	P≤2	1.0<P≤2.5	2.5<P≤3.8
给水	浊度(FTU)	≤5.0	≤5.0	≤5.0	—	—	—
	硬度(mmol/L)	≤0.030	≤0.030	≤0.005	≤0.030	≤0.030	≤0.005
	pH 值(25℃)	7.0～9.0	7.0～9.0	7.0～9.0	10.0～12.0	10.0～12.0	10.0～12.0
	溶解氧(mg/L)	≤0.10	≤0.050	≤0.050	≤0.10	≤0.050	≤0.050
	油(mg/L)	≤2.0	≤2.0	≤2.0	≤2.0	≤2.0	≤2.0
	全铁(mg/L)	≤0.30	≤0.30	≤0.10	—	—	—
	全碱度①(mmol/L)	—	—	—	6.0～16.0	6.0～12.0	≤12.0
	酚酞碱度(mmol/L)	—	—	—	4.0～12.0	4.0～10.0	≤10.0
	溶解固形物(mg/L)	—	—	—	≤3500	≤3000	≤2500
	磷酸根(mg/L)	—	—	—	10.0～50.0	10.0～50.0	5.0～30.0
	亚硫酸根(mg/L)	—	—	—	10.0～50.0	10.0～30.0	5.0～20.0
锅水	全碱度①(mmol/L)	2.0～16.0	2.0～12.0	≤12.0			

续表

项目	锅炉类型	贯流锅炉			直流锅炉		
	额定蒸发压力（MPa）	$P \leqslant 2$	$1.0 < P \leqslant 2.5$	$2.5 < P \leqslant 3.8$	$P \leqslant 2$	$1.0 < P \leqslant 2.5$	$2.5 < P \leqslant 3.8$
锅水	酚酞碱度（mmol/L）	1.6~12.0	1.6~10.0	$\leqslant 10.0$	—	—	—
	pH 值（25℃）	10.0~12.0	10.0~12.0	10.0~12.0	—	—	—
	溶解固形物（mg/L）	$\leqslant 3000$	$\leqslant 2500$	$\leqslant 2000$	—	—	—
	磷酸根②（mg/L）	10.0~50.0	10.0~50.0	10.0~20.0	—	—	—
	亚硫酸根③（mg/L）	10.0~50.0	10.0~30.0	10.0~20.0	—	—	—

注：1. 贯流锅炉汽水分离器中返回到下集箱的疏水量，应保证锅水符合 GB/T 1576—2008。

2. 直流锅炉汽水分离器中返回到除氧热水箱的疏水量，应保证给水符合 GB/T 1576—2008。

3. 直流锅炉给水取样点可设定在除氧热水箱出口处。

4. 硬度、碱度的计量单位为一价基本单元物质的量浓度

① 对蒸汽质量要求不高，并且无过热器的锅炉，锅炉全碱度上限值可适当放宽，但放宽后锅水的 pH 值（25℃）不应超过上限。

② 适用于锅内加磷酸盐阻垢剂。采用其他阻垢剂时，阻垢剂残余量应符合药剂生产厂规定的指标。

③ 适用于给水内加磷酸盐除氧剂。采用其他阻除氧剂时，除氧剂残余量应符合药剂生产厂规定的指标。

回水水质   表 11-6

硬度（mmol/L）		全铁（mg/L）		油（mg/L）
标准值	期望值	标准值	期望值	标准值
$\leqslant 0.060$	$\leqslant 0.030$	$\leqslant 0.060$	$\leqslant 0.030$	$\leqslant 2.0$

注：表 11-1~表 11-6 均摘自《工业锅炉水质》GB/T 1576—2008。

11.1.2 锅炉给水、补水的防垢软化及酸碱度处理

1. 锅炉水处理方式应符合下列要求

（1）民用锅炉房的给水一般采用自来水，悬浮物一般已达标；水处理宜尽量选择系统简单、操作方便的方式，应根据原水水质和锅炉给水、锅水标准、凝结水的回收量及锅炉排污率及投资建设方的具体情况确定水处理方式。

（2）处理后的锅炉给水，不应使锅炉产生的蒸汽对生产或生活使用造成有害影响。

（3）当原水水压不能满足水处理工艺要求时，应设置原水加压措施；当原水所含悬浮物过大时，应进行过滤预处理，使原水在进入软化水设备前达到相关规定。

（4）原水预处理方式的选择可按下列原则确定：

1）原水悬浮物含量小于或等于 50mg/L 时，宜采用过滤或接触混凝、过滤处理。

2）原水悬浮物含量＞50mg/L 时，宜采用混凝、澄清、过滤处理。

3）当原水含盐量较高时，经技术经济比较后，可采用预脱盐处理。

4）地下水含砂、含铁量较高，地表水有机物含量高时，均应采取去除措施。当原水胶体含量高，经核算锅炉蒸汽品质不能满足要求时，应采取相应的处理措施。

（5）采用锅炉内加药水处理时，应符合下列要求：

1）给水悬浮物含量不应大于 20mg/L；

2）蒸汽锅炉给水总硬度不应大于 4mmol/L，热水锅炉给水总硬度不应大于 6mmol/L；

3）应设置自动加药设施；

4）应设有锅炉排泥渣和清洗的设施。

（6）采用压力式机械过滤器过滤原水时，宜符合下列要求：

1）机械过滤器不宜少于 2 台，其中一台备用；

2）每台每昼夜反洗次数可按 1～2 次设计；

3）可采用反洗水箱的水进行反洗或采用压缩空气和水进行混合反洗；

4）原水经混凝、澄清后用石英砂或无烟煤作单层过滤滤料，或用无烟煤和石英砂作双层过滤滤料。

2. 化学水处理设备的选用

化学水处理设备宜选用组装成套设计的定型产品，选择时应考虑下列要求：

（1）锅炉房化学水处理设备的出力应能满足用户最大用量的要求，可按下式计算：

$$D=K(D_1+D_2+D_3+D_4+D_5+D_6+D_7)$$

式中　D——水处理设备出力，t/h；

　　　D_1——蒸汽用户凝结水损失，t/h；

　　　D_2——锅炉房自用蒸汽凝结水损失，t/h；

　　　D_3——锅炉连续排污损失，t/h；

　　　D_4——室外蒸汽管道和凝结水管道的漏损，t/h；

　　　D_5——供暖热水系统的补给水量，t/h；

　　　D_6——水处理系统的化学自用水量，t/h；

　　　D_7——其他用途的化学水消耗量，t/h；

　　　K——富裕系数，取 $K=1.1～1.2$。

（2）固定床离子交换器的设置不宜少于 2 台，其中一台为再生备用，每台每昼夜再生次数宜按 1～2 次设计。当软化水的消耗量较小时，也可设置 1 台，但其设计出力应满足离子交换器运行和再生时的软化水消耗量，且应设置足够容积的软化水箱。

（3）化学软化水设备的类型可按下列原则选择：

1）原水总硬度小于或等于 6.5mmol/L 时，宜采用固定床逆流再生离子交换器；原水总硬度小于 2mmol/L 时，可采用固定床顺流再生离子交换器；

2）原水总硬度小于 4mmol/L、水质稳定、软化水消耗量变化不大且设备能连续不间断运行时，可采用浮动床、流动床或移动离子交换器。

3）固定床离子交换器的设置不宜少于 2 台，其中 1 台为再生备用，每台再生周期宜按 12～24h 设计。当软化水的消耗量较小时，可设置 1 台，但其设计出力应满足离子交换器运行和再生时的软化水消耗量的需要。

出力小于 10t/h 的固定床离子交换器，宜选用全自动软水装置，其再生周期宜为 6～8h。

4）原水总硬度大于 6.5mmol/L，当一级钠离子交换器出水达不到水质标准时，可采用两级串联的钠离子交换系统。

5）原水碳酸盐硬度较高，且允许软化水残留碱度为 1.0～1.4mmol/L 时，可采用钠离子交换后加酸处理。加酸处理后的软化水应经除二氧化碳器脱气，软化水的 pH 值应能进行连续监测。

6）原水碳酸盐硬度较高，且允许软化水残留碱度为 0.35～0.5mmol/L 时，可采用弱酸性阳离子交换树脂或不足量酸再生氢离子交换剂的氢-钠离子串联系统处理。氢离子交换器应采用固定床顺流再生；氢离子交换器出水应经除二氧化碳器脱气。氢离子交换器及其出水、排水管道应防腐。

7）除二氧化碳器的填料层高度应根据填料的品种和尺寸、进出水中 CO_2 的含量、水温和所选定淋水密度下的实际解析系数等因素确定。除 CO_2 器风机的通风量，可按每 m^3 水耗用 15～20m^3 空气计算。

（4）钠离子交换再生用的食盐可采用干法或湿法储存，其储量应根据运输条件确定。当采用湿法储存时，应符合下列要求：

1）浓盐液池和稀盐液池宜各设 1 个，且宜采用混凝土建造，内壁贴防腐材料内衬；

2）浓盐液池的有效容积宜为 5～10d 食盐消耗量，其底部应设置慢滤层或设置过滤器；

3）稀盐液池的有效容积不应小于最大 1 台钠离子交换器 1 次再生盐液的消耗量；

4）宜设装卸平台和起吊设备。

（5）酸、碱再生系统的设计，应符合下列要求：

1）酸、碱槽的储量应按酸、碱液每昼夜的消耗量、交通运输条件和供应情况等因素确定，宜按储存 15～30d 的消耗量设计；

2）酸、碱计量箱的有效容积，不应小于最大 1 台离子交换器 1 次再生酸、碱液的消耗量；

3）输酸、碱泵宜各设 1 台，并应选用耐酸、碱腐蚀泵；卸酸、碱宜利用自流或采用输酸、碱泵抽吸；

4）输送并稀释再生用酸、碱液宜采用酸、碱喷射器；

5）储存和输送酸、碱液的设备、管道、阀门及其附件，应采取防腐和防护措施；

6）酸、碱储存设备布置应靠近水处理间；储存罐地上布置时，其周围应设有能容纳最大贮存罐 110％容积的防护堰，当围堰有排放设施时，其容积可适当减小；

7）酸储存罐和计量箱应采用液面密封设施，排气应接入酸雾吸收器；

8）酸、碱储存区内应设操作人员安全冲洗设施。

（6）凝结水箱、软化或除盐水箱和中间水箱的设置和有效容量，应符合下列要求：

1）凝结水箱宜设 1 个；当锅炉房常年不间断供热时，宜设 2 个或 1 个中间带隔板分为 2 个的凝结水箱。水箱的总有效容量宜按 20～40min 的凝结水回收量确定；

2）软化或除盐水箱的总有效容量，应根据水处理设备的设计出力和运行方式确定；当设有再生备用设备时，软化或除盐水箱的总有效容量应按 30～60min 的软化或除盐水消耗量确定；

3）中间水箱总有效容量宜按水处理设备设计出力 15～30min 的水量确定；中间水箱的内壁应采取防腐蚀措施。

（7）凝结水泵、软化或除盐水泵以及中间水泵的选择，应符合下列要求：

1）应有 1 台备用，当其中 1 台停止运行时，其余的总流量应满足系统水量要求；

2）有条件时，凝结水泵和软化或除盐水泵可合用 1 台备用泵；

3) 中间水泵应选用耐腐蚀泵。

（8）当化学软化水处理不能满足锅炉给水水质要求时，应采用离子交换、反渗透或电渗析等方式的除盐水处理系统。

除盐水处理系统排出的清洗水宜回收利用；酸、碱废水应经中和处理达标后排放。

（9）锅炉的汽包与锅炉管束为胀管连接时，所选择的化学水处理系统应能维持炉水的相对碱度小于 20%。当达不到要求时，应向锅水中加入缓蚀剂，缓蚀剂可采用 Na_2HPO_4。

11.1.3　锅炉给水除氧

（1）锅炉给水溶解氧含量应符合现行国家标准《工业锅炉水质》GB/T 1576—2008 的规定。

1) 锅炉给水的除氧宜采用大气式喷雾热力除氧器。除氧水箱下部宜装设再沸腾用的蒸汽管。

2) 当要求除氧后的水温不高于 60℃时，可采用真空除氧、解析除氧或其他低温除氧系统。

3) 热水系统补给水的除氧，可采用真空除氧、解析除氧或化学除氧。当采用亚硫酸钠加药除氧时，应监测锅水中亚硫酸根的含量。

（2）采用热力除氧应注意下列要求：

1) 热力除氧负荷调节有效范围一般为除氧器设计额定出力的 30%～120%。

2) 除氧器的进汽管上应装设自动调压装置。调压器的调节信号应取自除氧器。运行时保证除氧器内蒸汽压力在 0.02～0.03MPa（水温约 104℃）。

3) 除氧器进水管上应装流量调节装置，保持连续均匀给水，并保持除氧水箱内一定水位。

4) 除氧水箱底部沿长度方向应布置再沸腾蒸汽加热管。

5) 几台除氧器并联运行时，在除氧水箱之间应设置汽连通管和水平衡管。

6) 除氧水箱的布置高度，应保证锅炉给水泵在运行中不致产生气蚀。除氧水箱应配置便于操作、维修的平台、扶梯。设备上方应设置起吊装置。

（3）采用还原铁过滤除氧方式应注意下列要求：

1) 采用还原铁过滤除氧方式，应选用配备有还原铁除氧器和树脂除铁（Fe^{2+}）器的定型产品或具有上述两个功能的组合装置，保证进入锅炉的除氧水不含铁离子（Fe^{2+}）。

2) 还原铁应选用含铁量高、强度较大、不易粉化、不易板结的多孔性海绵铁粒（其堆积密度约为 $1.4t/m^3$）。

3) 除铁器内宜充装 Na 型强酸阳树脂滤料。

4) 系统设计时，应合理控制流经过滤层的水流压力和流速，当设备制造厂未提供运行要求时，一般可控制流经海绵铁层的流速为 15m/h 左右，流经树脂过滤层的流速为 25m/h 左右。

5) 反洗水泵的流量和扬程，其流量一般可按通过还原铁粒层的反洗强度为 18～20L/（m²·s）考虑，其扬程可按 10～15m 左右考虑。

（4）采用真空除氧方式应注意下列要求：

1）真空除氧器内应保持足够的真空度和水温，使除氧器内的水处于饱和沸腾状态，是保证除氧效果的关键。

2）除氧器的进水管上应配备流量调节装置；除氧水箱应有液位自动调节装置，保持水箱内水位在一定范围。

3）除氧器应配备根据进水温度调节真空度，或根据真空度调节进水温度的自动调节装置。

4）保证除氧器内真空度的要点是：

① 根据喷射器设计要求，保证足够的喷射水（或蒸汽）流量和压力；

② 在喷射水管上设置过滤器，防止喷射器堵塞；

③ 在除氧器抽气管上装常闭电磁阀，并和喷射泵联锁，停泵时立即关闭电磁阀；

④ 除氧器及其除氧水箱的布置高度，应保证给水泵有足够的灌注头；除氧设施应设置便于运行维护的平台、扶梯，其上方宜设置起吊设施；

⑤ 真空除氧系统的设备和管道应保持高度的气密性，管道连接应采用焊接，尽量减少螺纹连接件。

（5）采用解析除氧方式应注意下列要求：

1）喷射器的进口水压应满足喷射器设计要求，一般不得低于 0.4MPa。当水温超过 50℃时，在解析器的气体出口管道应加装冷凝器，防止水蒸气进入反应器。

2）除氧系统及其后的设备和管道应保持高度的严密性，管道系统除必须采用法兰或螺纹连接外，应采用焊接连接，除氧水箱应为密闭式水箱。

（6）采用化学药剂除氧应符合下列要求：

1）化学除氧方式只宜用于 ≤4t/h(2.8MW) 的小型锅炉或作辅助除氧方式。常用药剂有亚硫酸钠（Na_2SO_3）和二硫四氯化钠。采用 Na_2SO_3 除氧时，应监测水中的硫酸根含量。

2）药剂制配输送系统的设备和管道必须严密防止空气渗入。

3）采用亚硫酸钠除氧时，配置液质量浓度一般为 5%～10%，溶液箱容积宜不小于一昼夜的药液用量，压力式加药罐容积宜不小于 8h 的药液用量。

11.1.4 排污

排污分连续排污和定期排污两种。连续排污也叫表面排污，这种排污方法是连续不断地从汽包锅水表面层将浓度最大的锅水排出。它的作用是降低锅水中的含盐量和碱度，防止锅水浓度过高而影响蒸汽品质。定期排污又叫间断排污或底部排污，其作用是排除积聚在锅炉下部的水渣和磷酸盐处理后所形成的软质沉淀物。定期排污持续时间很短，但排出锅内沉淀物的能力很强。

（1）锅筒（锅壳）、立式锅炉的下脚圈、每组水冷壁下集箱的最低处、省煤器下联箱等应设定期排污装置和排污管道。蒸汽锅炉应根据锅炉本体的设计情况配置连续排污装置和管道。定期排污和连续排污的锅水应在排污降温池降温至 40℃ 以下后，才可排入室外管沟或下水道。

（2）锅炉房连续排污及其设施：

1) 蒸汽锅炉连续排污率应根据给水和锅水中的碱度及溶解固形物分别计算，取其中较大值为排污率。连续排污率按下式计算：

$$P = \frac{\rho A_0}{A - \rho A_0} \times 100\%$$

$$或\ P = \frac{\rho S_0}{S - \rho S_0} \times 100\%$$

$$连续排污量\ DLP = P \cdot D$$

式中　P——连续排污率，%，取上述两式中较大的计算值；

　　A_0——锅炉给水的碱度，mmol/L；

　　S_0——锅炉给水的溶解固形物含量，mg/L；

　　S——锅水所允许的溶解固形物指标，mg/L；其值见表11-1和表11-2；

　　A——锅水允许碱度指标，mmol/L；

　　ρ——锅炉补水率（或凝结水损失率），以小数表示；

　DLP——锅炉连续排污量，kg/h；

　　D——锅炉蒸发量，kg/h。

2) 采用锅外化学水处理时，蒸汽锅炉的排污率应符合下列要求：

① 蒸汽压力小于或等于 2.5MPa（表压）时，排污率不宜大于 10%；蒸汽压力大于 2.5MPa（表压）时，排污率不宜大于 5%；

② 锅炉产生的蒸汽供供热式汽轮发电机组使用，且采用化学软化水为补给水时，排污率不宜大于 5%；采用化学除盐水为补给水时，排污率不宜大于 2%。

（3）蒸汽锅炉的连续排污水的热量应合理利用。锅炉房宜根据总的连续排污量设置连续排污膨胀器和排污水换热器。连续排污扩容器的容积按下式计算：

$$V_{LP} = \frac{k D_2 \nu}{W}$$

式中　V_{LP}——连续排污扩容器容积，m³；

　　k——富裕系数，取 $k = 1.3 \sim 1.5$；

　　ν——二次蒸汽比容，m³/kg；

　　W——扩容器分离强度，一般取 $W = 800\text{m}^3/(\text{m}^3 \cdot \text{h})$；

　　D_2——二次蒸汽蒸发量，kg/h。

$$D_2 = \frac{D_{LP}(h\eta - h_1)}{(h_2 - h_1)x}$$

　D_{LP}——连续排污水量，kg/h；

　　h——锅炉饱和水比焓，kJ/kg；

　　h_1——扩容器出水比焓，kJ/kg；

　　h_2——二次蒸汽的比焓，kJ/kg；

　　η——排污管热损失系数，取 $\eta = 0.98$；

　　x——二次蒸汽的干度，取 $x = 0.97$。

（4）锅炉定期排污，排污量按下式计算：

1) 采用炉外水处理时，每次排污量按上锅筒水位变化控制，按下式计算：

$$G_d = n \cdot D \cdot h \cdot L$$

式中　G_d——每台锅炉一次定期排污量，m³/次；

　　　n——每台锅炉上锅筒个数，个；

　　　D——上锅筒直径，m；

　　　L——上锅筒长度，m；

　　　h——上锅筒水位排污前后高差，一般取 $h=0.1m$。

　　2）采用锅内加药水处理时，排污量按下式计算：

$$G_d=\frac{G(g_1+g_2)}{g-(g_1+g_2)}$$

式中　G_d——每台锅炉一次定期排污量，m³/次；

　　　g_1——给水溶解固形物的含量，mg/L；

　　　g_2——加药量，mg/L；

　　　G——排污间隔时间内的给水量，m³；

　　　g——锅炉最大允许溶解固形物含量，mg/L。

（5）锅炉排污系统的两种方式：

1）污水→排污膨胀器→换热器（小型锅炉房不设）→排污降温池（兑自来水降温40℃以下）→排入市政排水管网。这是传统的排污做法，系统复杂，不利于技能。

2）污水→排污除氧水箱（软水箱与热力除氧水箱一体，间接换热降温40℃以下）→排入市政排水管网。这种方式系统简单，排污热全部回收，不用兑自来水降温，节约水源，有利于节能减排。

（6）锅炉排污管道系统的设计应符合下列要求：

1）锅炉机组排污管道及其配备的阀门，按锅炉制造厂成套供货的产品进行布置安装。如锅炉制造厂成套配置的产品不符合《锅炉安全技术监察规程》的规定时，应按该"规程"的要求进行配置。

2）锅炉上的排污管和排污阀不允许采用螺纹连接，排污管不应高出锅筒或联箱的相应排污口的高度。

3）每台锅炉宜采用独立的定期排污管道，并分别接至排污膨胀器或排污降温池；当几台锅炉合用排污母管时，在每台锅炉接至排污母管的干管上必须装设切断阀，在切断阀前尚宜装设止回阀。

4）每台蒸汽锅炉的连续排污管道，应分别接至连续排污膨胀器。在锅炉出口的连续排污管道上，应装设节流阀。在锅炉出口和连续排污膨胀器进口处，应各设1个切断阀。2~4台锅炉宜合设1台连续排污膨胀器。连续排污膨胀器上应装设安全阀。

5）锅炉的排污阀及其管道不应采用螺纹连接。锅炉排污管道应减少弯头，保证排污畅通。

11.1.5　水处理设备的布置和化验室

（1）水处理设备应根据工艺流程和同类设备尽量集中的原则进行布置，并应便于操作、维修和减少主操作区的噪声。水处理间主要操作通道的净宽不应小于1.5m，辅助设备操作通道的净距不宜小于0.8m。所有通道均应适应检修的需要。

（2）锅炉房应设置化验室、化验设备配置应考虑下述要求（一般化验设备见表11-7）：

1）蒸汽锅炉房应配备测定悬浮物、总硬度、总碱度、pH值、溶解氧、溶解固形物、硫酸根（SO_4^{2-}）、氯化物（Cl^-）、含铁量、含油量等项目的设备和药品。当采用磷酸盐锅内水处理时，尚应能测定亚硫酸根（SO_3^{2-}）含量的设备。蒸汽压力＞2.5MPa且供汽轮机用汽的锅炉房，宜设置测定二氧化硅及电导率的设备。

2）装备热水锅炉的锅炉房应设置测量悬浮物、总硬度、pH值、含油量等的仪表设备。采用锅外化学水处理时，尚应配备测定溶解氧的设备。

3）总蒸发量＞20t/h或总出力＞14MW的锅炉房，以煤为燃料时，化验室宜具备测定燃料水分、挥发分、固定碳和飞灰、炉渣可燃物含量的设备；以油为燃料时，宜配备分析油的黏度和闪点的仪表设备。

4）总蒸发量≥60t/h或总出力≥42MW的锅炉房，化验室还宜能测定燃料的发热值。

5）化验室宜配备测定烟气中含氧量和CO、NOx、SO_2等含量的设备。燃油燃气锅炉房还宜配备测定烟气中氢、碳氢化合物等可燃物含量的仪表设备。

化验室常用设备 表11-7

类别	序号	设备名称		单位	数量	用 途	备注
汽水品质分析用设备	1	分析天平	称量200mg,感量0.1mg	台	1		
	2	工业天平	称量200mg 感量1mg	台	1		
	3	电热恒温干燥箱	350mm×400mm×400mm, 温度50～200℃	台	1	烘干仪表、药品试样	
	4	普通电炉	1kW	台	1		
	5	酸度计		只	1	用于测pH值	
	6	水浴锅	4孔式	个	1	配制试剂测定溶解固形物	
	7	溶解氧测定仪		台	1	测定溶解氧	
	8	干燥箱		台	1	干燥药品	
	9	比重计	1.0～1.2	支	5	测溶液密度	
煤、灰渣、烟气成分分析用设备	10	分析天平	称量200mg,感量0.1mg	台	1		
	11	高温电炉	1000℃	台	1	测灰分,挥发分固定碳	
	12	电热恒温干燥箱	50～200℃,尺寸 350mm×400mm×400mm	台	1	测水分	
	13	气体分析仪	奥氏气体分析仪	台	1	烟气分析	
	14	氧弹热量计		台	1	测煤发热值	
	15	袖珍计算器		个	1		
	16	带磨口玻璃瓶	$\phi 40 \times 25$	个	2	测水分	
	17	挥发分坩埚		个	2	测挥发分、固定碳	
	18	秒表		块	1		
	19	烟气含O_2量分析器					
	20	SO_2测试仪					
	21	NOx测试仪					
	22	可燃气含量分析仪					

（3）化验取样设备及取样方式应符合下列要求：

1）额定蒸发量≥1t/h的蒸汽锅炉和额定热功率≥0.7MW的热水锅炉应设锅水取样装置。

2）汽水系统中应装设必要的取样点。汽水取样冷却器宜相对集中布置。汽水取样头的形式、引出点和管材，应满足样品具有代表性和不受污染的要求。汽水样品的温度宜小于30℃。

3）除氧水、给水的取样管道，应采用不锈钢管。

4）高温除氧水、锅炉给水、锅水及疏水的取样系统必须设冷却器，水样温度应在30～40℃之间，水样流量为500～700mL/min。

5）测定溶解氧和除氧水的取样阀的盘根和管道，应严密不漏气。

11.2 供暖水系统、空调冷热水系统水处理

11.2.1 水质标准

供暖水系统、空调冷热水系统水质参考热水锅炉水质标准如表11-8和表11-9所示。

供暖水系统水质　　　　　　　　　　　　　　　　表11-8

水　样	项　　目	标　准　值
给水	浊度 FTU	≤5.0
	硬度(mmol/L)	≤0.6
	pH 值(25℃)	7.0～11.0
	油(mg/L)	≤2.0
	全铁(mg/L)	≤0.3
	磷酸根(mg/L)	5.0～50.0

集中空调循环冷水系统水质要求　　　　　　　　　表11-9

检　测　项	单位	补充水	循　环　水
pH(25℃)		7.5～9.5	7.5～10
浊度	NTU	≤5	≤10
电导率(25℃)	μS/cm	≤600	≤2000
Cl^-	mg/L	≤250	≤250
总铁	mg/L	≤0.3	≤1.0
钙硬度(以 $CaCO_3$ 计)	mg/L	≤300	≤300
总碱度(以 $CaCO_3$ 计)	mg/L	≤200	≤500
溶解氧	mg/L	—	≤0.1
有机磷(以 P 计)	mg/L	—	≤0.5

11.2.2 供暖水系统、空调冷热水系统水处理方式

供暖水系统、空调冷热水系统给水一般采用自来水，浊度指标一般已达标，水处理方式宜选择钠离子交换预处理成软化水，经综合水处理器过滤防垢处理、系统真空脱气除去不凝性气体的做法。

当给水水源非自来水，其浊度指标未达标，此时水源在钠离子交换处理前应进行浊度处理，可参照 11.1.2 节中厚水预处理方式的选择原则。

11.3 冷却水系统水处理

冷却水系统主要有开式冷却塔系统、闭式冷却塔系统、地源热泵地埋管冷却水系统、江水源热泵冷却水系统、海水源热泵冷却水系统、乙二醇冷却水系统、再生水热泵冷却水系统及污水源热泵冷却水系统。

11.3.1 开式冷却塔系统

开式冷却系统水质标准表 11-10～表 11-12 所示

集中空调间接供冷开式循环冷却水系统水质   表 11-10

检测项	单位	补充水	循 环 水
pH(25℃)		6.5～8.5	7.5～9.5
浊度	NTU	≤10	≤20 ≤10 （当换热设备为板式、翅片管式、螺旋板式）
电导率(25℃)	μS/cm	≤600	≤2300
钙硬度(以 $CaCO_3$ 计)	mg/L	≤120	—
总碱度(以 $CaCO_3$ 计)	mg/L	≤200	≤600
钙硬度＋总碱度 （以 $CaCO_3$ 计）	mg/L	—	≤1100
Cl^-	mg/L	≤100	≤500
总铁	mg/L	≤0.3	≤1.0
NH3-N[①]	mg/L	≤5	≤10
游离氯	mg/L	0.05～0.2 （管网末梢）	0.05～1.0(循环回水总管处)
COD_α	mg/L	≤30	≤100
异养菌总数	个/mL	—	≤1×10^5
有机磷(以 P 计)	mg/L	—	≤0.5

① 当补充水水源为地表水、地下水或再生水回用时，应对本指标项进行检测与控制。

集中空调间接供冷闭式循环冷却水系统循环水及补充水水质要求　　表 11-11

检测项	单位	补充水	循环水
pH(25℃)		7.5～9.5	7.5～10
浊度	NTU	≤5	≤10
电导率(25℃)	μS/cm	≤600	≤2000
Cl⁻	mg/L	≤250	≤250
总铁	mg/L	≤0.3	≤1.0
钙硬度(以 $CaCO_3$ 计)	mg/L	≤300	≤300
总碱度(以 $CaCO_3$ 计)	mg/L	≤200	≤500
溶解氧	mg/L	—	≤0.1
有机磷(以 P 计)	mg/L	—	≤0.5

蒸发式循环冷却水系统水质要求　　表 11-12

检测项	单位	直接蒸发式		间接蒸发式	
		补充水	循环水	补充水	循环水
pH(25℃)		6.5～8.5	7.0～9.5	6.5～8.5	7.5～9.5
浊度	NTU	≤3	≤3	≤3	≤5
电导率(25℃)	μS/cm	≤400	≤800	≤400	≤800
钙硬度(以 $CaCO_3$ 计)	mg/L	≤80	≤160	≤100	≤200
总碱度(以 $CaCO_3$ 计)	mg/L	≤150	≤300	≤200	≤400
Cl⁻	mg/L	≤100	≤200	≤150	≤300
总铁	mg/L	≤0.3	≤1.0	≤0.3	≤1.0
硫酸根离子(以 SO_4^{2-} 计)	mg/L	≤250	≤500	≤250	≤500
NH3-N[①]	mg/L	≤0.5	≤1.0	≤5	≤10
$COD_α$[①]	mg/L	≤3	≤5	≤30	≤60
菌落总数	CFU/mL	≤100	≤100	—	—
异养菌总数	个/mL	—	—	—	≤1×10⁵
有机磷(以 P 计)	mg/L	—	—	—	≤0.5

① 当补充水水源为地表水、地下水或再生水回用时，应对本指标项进行检测与控制。

开式冷却塔水系统要处理的问题是过滤、防垢、防腐、杀菌灭藻，有两种解决办法。

（1）采用 F 型综合水处理器，串联安装在冷却水主干管上，并加设旁通管，可同时解决过滤、防垢、防腐、杀菌灭藻问题。

（2）采用全自动加药罐（阻垢剂、缓蚀剂、杀菌灭藻剂），可解决防垢、防腐、杀菌灭藻问题。水系统还应安装过滤装置，过滤装置可采用 Y 形过滤器，可安装在主干管上，也可安装在冷却水泵入口支管上。

11.3.2　闭式冷却塔、地源热泵地埋管冷却水系统

（1）闭式式冷却塔、地源热泵地埋管冷却水系统可采用 D 型综合水处理器串联安装在冷却水主干管上，并加设旁通管，可解决过滤、防垢、防腐问题。

（2）闭式式冷却塔、地源热泵地埋管冷却水系统也采用全自动加药罐（阻垢剂、缓蚀剂），可解决防垢、防腐问题。水系统还应安装过滤装置，过滤装置可采用 Y 形过滤器，可安装在主干管上，也可安装在冷却水泵入口支管上。

11.3.3　江水源热泵冷却水系统

江水源热泵冷却水系统水源为江水，其主要问题是水的浊度问题。当江水浊度基本符合冷却水质要求时，冷却水系统可采用 F 型综合水处理器，串联安装在冷却水主干管上，并加设旁通管，可同时解决过滤、防垢、防腐、杀菌灭藻问题。当江水浊度不满足冷却水质要求时，可对江水做预处理。处理流程参照 11.1.2 节中原水预处理方式的选择原则。江水经过预处理后，再经 F 型综合水处理器处理，解决过滤、防垢、防腐、杀菌灭藻问题。

11.3.4　海水源热泵冷却水系统

海水源热泵冷却水系统的水源是海水，主要是盐腐蚀问题。一般处理过程为：过滤后经间接钛板换热器换热，换热后二次水作为冷却水。二次水处理参照闭式冷却塔冷却水系统。

11.3.5　乙二醇冷冻、冷却水系统

由于乙二醇溶液冰点低（表 11-13），所以常作为冷冻、冷却水工质。

乙二醇溶液冰点与浓度及密度的关系　　　　　　　　　　表 11-13

冰　点	浓度（%）	密度（20℃，mg/ml）
−10	28.4	1.034
−15	32.8	1.0426
−20	38.5	1.0506
−25	45.3	1.0586
−30	48.8	1.0627
−35	50	1.0671
−40	54	1.0713
−45	57	1.0746
−50	59	1.0786
−45	80	1.0958
−30	85	1.1001
−13	100	1.1130

乙二醇无色、无味液体，挥发性低、腐蚀性低，膨胀系数大于水，从 0℃ 上升到 50℃ 时，其膨胀量比水约大 30%；沸点为 197.4℃，冰点为 −11.5℃。

乙二醇溶液在使用中易产生酸性物质，对金属有腐蚀性。因此，应加入适量的磷酸氢二钠等以防腐蚀。

乙二醇有毒，但由于其沸点高，不会产生蒸气被人吸入体内而引起中毒。

乙二醇的吸水性强，储存的容器应密封，以防吸水后膨胀溢出。

乙二醇市场价在 10000 元/t，在满足使用要求情况下，乙二醇溶液浓度尽可能降低，以使系统投资经济。

11.3.6 再生水热泵冷却水系统

再生水是城市污水经过处理厂处理过的达到市政排放标准的排放水，其水温适合于热泵系统。再生水中含有大量污泥、毛发、泥沙等杂质，不能直接进入热泵冷却系统，利用再生水作为冷却水源时，常规流程有两种：

（1）再生水→自清洗过滤器→间接板式换热器→热泵冷却系统

由于再生水杂质较多，直接进入板式换热器很快就堵塞，因此应首先进入自清洗过滤器。自清洗过滤器具有自动反冲洗功能，当过滤器被杂质堵塞，压力检测超过设定压力时，自清洗过滤器会自动反洗，冲掉杂质排放至排水系统，压力减小至正常值时，系统正常运行。

再生水中的杂质有少部分会结成硬垢，不易被反洗掉。因此，需定时加药（弱酸）以酥松水垢反洗后排出。

（2）再生水→Y 形水过滤器→疏导式换热器→热泵冷却系统

疏导式换热器可以从根本上解决悬浮物堵塞滞留和杂质沉积及腐蚀问题，是再生水换热的优选设备。

11.3.7 污水源热泵冷却水系统

城市污水水温适合热泵系统，当城市污水不做处理直排至市政排水系统时，城市污水可以作为热泵冷却水源。当城市污水需要进入水处理厂处理成再生水排放时，城市污水不宜作热泵系统冷却水源。

当采用城市污水作为热泵冷却水源时，工程做法有以下两种：

（1）采用美国 FAFCO 公司生产的特殊换热设备沉降在污水池中，设备内部盘管内冷却水强迫对流换热、盘管外污水自然对流换热得热。设计时需经过热传热计算确定盘管换热面积和污水池的大小，选择合适的换热设备。设计污水池时注意检修时池内通风，防止检修人员中毒。

（2）采用国产疏导式换热器，可以从根本上解决悬浮物堵塞滞留和杂质沉积及腐蚀等问题，是污水换热的优选设备。

本章参考文献

[1] GB 1576—2008. 工业锅炉水质. 北京：中国标准出版社，2009.

[2] GB/T 9044—2012. 采暖空调系统水质. 北京：中国标准出版社，2013.

第 12 章　管材阀件和保温结构

本章执笔人

汪春华

男，汉族，1976 年 9 月 11 日生。中国建筑设计院有限公司机电五室主任工程师，高级工程师，注册设备工程师。1999 年 7 月毕业于武汉城市建设学院（现华中科技大学）。

代表工程

1. 北京数字出版中心，5 万 m² （工种负责人），北京市优秀工程二等奖。

2. 长春规划展览馆，6 万 m² （工种负责人），2013 年最佳 BIM 工程设计一等奖。

主要论著

1. 91SB1-1（2005）《采暖工程》，北京市优秀工程建设标准设计项目三等奖。

2. 北京数字出版中心通风空调系统设计，暖通空调，2007，6（第一作者）。

联系方式：wangch@cadg.cn

12.1 管　材

12.1.1 碳钢管

1. 焊接钢管

（1）焊接钢管技术要求

1）钢管牌号和化学成分：

① 钢管用钢的牌号及化学成分（熔炼分析）应符合《碳素结构钢》GB/T 700 中 Q215A、Q215B、Q235A、Q235B、和《低合金高强度结构钢》GB/T 1591 中 Q295A、Q295B、Q345A、Q345B 的规定。

② 化学成分按熔炼成分验收。成品化学成分的允许偏差应符合《钢化学分析用试样取样法及成品化学成分允许偏差》GB/T 222 中的有关规定。

2）制造工艺：钢管用电阻焊或埋弧焊的方法制造。

3）力学性能：焊接钢管的力学性能如表 12-1 所示。

焊接钢管的力学性能　　　　　　　　　　　　　　　　　　　　　　　　表 12-1

牌号	抗拉强度 σ_b(MPa) 不小于	屈服点 σ_s(MPa) 不小于	断后伸长率 σ_s(%)不小于	
			$D\leqslant168.3$	$D>168.3$
Q215A、Q215B	335	215	15	20
Q235A、Q235B	375	235		
Q295A、Q295B	390	295	3	18
Q345A、Q345B	510	345		

注：1. 公称外径不大于 114.3mm 的钢管，不测定屈服强度。
　　2. 公称外径大于 114.3mm 的钢管，测定屈服强度做参考，不作交货条件。

（2）焊接钢管标准

产品标准：《低压流体输送用焊接钢管》GB/T 3091—2001。

（3）焊接钢管的尺寸、外形、质量

1）焊接钢管的外径和壁厚

① 公称外径不大于 168.3mm 的钢管的外径和壁厚如表 12-2 所示。

钢管的公称外径、公称壁厚及理论质量　　　　　　　　　　　　　　　　表 12-2

公称口径 (mm)	公称外径 (mm)	普通钢管		加厚钢管	
		公称壁厚(mm)	理论质量(kg/m)	公称壁厚(mm)	理论质量(kg/m)
6	10.2	2.0	0.40	2.5	0.47
8	13.5	2.5	0.68	2.8	0.74
10	17.2	2.5	0.91	2.8	0.99
15	21.3	2.8	1.28	3.5	1.54

续表

公称口径(mm)	公称外径(mm)	普通钢管		加厚钢管	
		公称壁厚(mm)	理论质量(kg/m)	公称壁厚(mm)	理论质量(kg/m)
20	26.9	2.8	1.66	3.5	2.02
25	33.7	3.2	2.41	4.0	2.93
32	42.4	3.5	3.36	4.0	3.79
40	48.3	3.5	3.87	4.5	4.86
50	60.3	3.8	5.29	4.5	6.19
65	76.1	4.0	7.11	4.5	7.95
80	88.9	4.0	8.38	5.0	10.35
100	114.3	4.0	10.88	5.0	13.48
125	139.7	4.0	13.39	5.5	18.20
150	168.3	4.5	18.18	6.0	24.02

注：1. 表中的公称口径系近似内径的名义尺寸，不表示公称外径减去两个公称壁厚的内径。
  2. 根据需方要求，并在合同中注明，可供表中规定以外尺寸的钢管。

② 公称外径大于 168.3mm 的钢管的外径和壁厚如表 12-3 所示。

钢管的公称外径、公称壁厚及理论质量　　　　　　　　　　表 12-3

公称外径(mm)	公称壁厚(mm)														
	4.0	4.5	5.0	5.5	6.0	6.5	7.0	8.0	9.0	10.0	11.0	12.5	14.0	15.0	16.0
	理论质量(kg/m)														
177.8	17.14	19.23	21.31	23.37	25.42										
193.7	18.71	21.00	23.27	25.53	27.77										
219.1	21.22	23.82	26.4	28.97	31.53	34.08	36.61	41.65	46.63	51.57					
244.5	23.72	26.63	29.53	32.42	35.29	38.15	41.00	46.66	52.27	57.83					
273.0			33.05	36.28	39.51	42.72	45.92	52.28	58.60	64.68					
323.9			39.32	43.19	47.04	50.88	54.71	62.32	69.89	77.41	84.88	95.99			
355.6				47.49	51.73	55.96	60.18	68.58	76.93	85.23	93.48	105.77			
406.1				54.38	59.25	64.10	68.95	78.60	88.20	97.76	107.26	121.43			
457.2				61.27	66.76	72.25	77.72	88.62	99.48	110.29	121.04	137.09			
508				68.16	74.28	80.39	86.49	98.65	110.75	122.81	134.82	152.75			
559				75.08	81.83	88.57	95.29	108.71	112.07	135.39	148.66	168.47	188.17	201.24	214.26
610				81.99	89.37	96.74	104.10	118.77	133.39	147.97	162.49	184.19	205.78	220.10	234.38

公称外径(mm)	公称壁厚(mm)															
	6.0	6.5	7.0	8.0	9.0	10.0	11.0	13.0	14.0	15.0	16.0	18.0	19.0	20.0	22.0	25.0
	理论质量(kg/m)															
660	96.77	104.76	112.73	128.63	144.49	160.3	176.06	207.43	223.04	238.6	254.11	284.99	300.35	315.67	346.15	391.50
711	104.32	112.93	121.53	138.70	155.81	172.88	189.89	223.78	240.65	257.47	274.24	307.63	324.25	340.82	373.82	422.94
762	111.86	121.11	130.34	148.76	167.13	185.45	203.73	240.13	258.26	276.33	294.36	330.27	348.15	365.98	401.49	454.39
813	119.41	129.28	139.14	158.82	178.45	198.03	217.56	256.48	275.86	295.20	314.48	352.91	372.04	391.13	429.16	485.83

续表

公称外径(mm)	公称壁厚(mm)															
	6.0	6.5	7.0	8.0	9.0	10.0	11.0	13.0	14.0	15.0	16.0	18.0	19.0	20.0	22.0	25.0
	理论质量(kg/m)															
864	126.96	137.46	147.94	168.88	189.77	210.61	231.40	272.83	293.47	314.06	334.61	375.55	395.94	416.29	456.83	517.27
914	134.36	145.47	156.58	178.75	200.87	222.94	244.96	288.86	310.73	332.56	354.34	397.74	419.37	440.95	483.96	548.10
1016	149.45	161.82	174.18	198.87	223.51	248.09	272.63	321.56	345.95	370.29	394.58	443.02	467.16	491.26	539.30	610.99
1067	157.00	170.00	182.99	208.93	234.83	260.67	286.47	337.91	363.56	389.16	414.71	465.66	491.06	516.41	566.97	642.43
1118	164.54	178.17	191.79	218.99	246.15	273.25	300.30	354.26	381.17	408.02	434.83	488.30	514.96	541.57	594.64	673.88
1168	171.94	186.19	200.42	228.86	257.24	285.58	313.87	370.29	398.43	426.52	454.56	510.49	538.39	566.23	621.77	704.70
1219	179.49	194.35	209.23	238.92	268.56	298.16	327.70	386.64	416.04	445.39	474.68	533.13	562.25	591.38	649.44	736.15
1321	194.58	210.71	226.84	259.04	291.20	323.31	355.37	419.34	451.26	483.12	514.93	578.41	610.08	641.69	704.78	799.03
1422	209.52	226.90	244.27	278.97	313.62	348.22	382.77	451.72	486.13	520.48	54.79	623.25	657.40	691.51	759.57	861.30
1524	224.62	243.25	261.88	299.09	336.26	373.38	410.44	484.43	521.34	558.21	595.03	668.52	705.20	741.82	814.91	924.19
1626	239.71	259.61	279.49	319.22	358.90	398.53	438.11	517.13	556.56	595.95	635.28	713.80	752.99	792.13	870.26	987.08

③ 焊接钢管的外径、壁厚的允许偏差

焊接钢管的外径、壁厚的允许偏差如表 12-4 所示。

焊接钢管的外径、壁厚的允许偏差 表 12-4

公称外径 D(mm)	管体外径允许偏差	管端外径允许偏差(mm)（距离端 100mm 范围内）	壁厚允许偏差
$D \leqslant 48.3$	±0.5mm	—	±12.5%
$48.3 < D \leqslant 168.3$	±1.0%	—	
$168.3 < D \leqslant 508$	±0.75%	+2.4 −0.8	
$D > 508$	±1.0%	+3.0 −0.8	

2. 无缝钢管

（1）无缝钢管技术要求

1）钢管牌号和化学成分

① 钢管由 10、20、Q295、Q345 牌号的钢制造（根据需方要求，经供需双方协商，可生产其他型号的钢管）。

② 钢管牌号和化学成分（熔炼分析）应符合《优质碳素钢结构》GB/T 699 或《低合金高强度结构钢》GB/T 1591 的规定。钢管按熔炼成分验收。钢管的化学成分允许偏差应符合《钢化学分析用试样取样法及成品化学成分允许偏差》GB/T 222 的规定。

2）制造方法

① 钢的制造方法。钢应采用电炉、平炉或氧气转炉冶炼。

② 管坯的制造方法。管坯可采用热轧（挤压、扩）和冷拔（轧）无缝方法制造。

3）力学性能

无缝钢管的纵向力学性能如表 12-5 所示。

无缝钢管的纵向力学性能　　　　　　　　　表 12-5

牌号	抗拉强度（MPa）不小于	屈服点（MPa)		断后伸长率（%）
		$s \leqslant 16$	$s > 16$	
		不小于		
10	335～475	205	195	24
20	410～550	245	235	20
Q295	430～610	295	285	22
Q345	490～665	325	315	21

（2）无缝钢管标准

产品标准：《输送流体用无缝钢管》GB/T 8163—2008、《无缝钢管尺寸、外形、重量及允许偏差》GB/T 17395—2008。

（3）无缝钢管的尺寸、外形、重量

1）无缝钢管的外径和壁厚：钢管分热轧（挤压、扩）和冷拔（轧）两种。其外径和壁厚应符合《无缝钢管尺寸、外形、重量及允许偏差》GB/T 17395 的规定。

2）无缝钢管的外径、壁厚的允许偏差：无缝钢管的外径、壁厚的允许偏差如表 12-6 所示。

无缝钢管的外径、壁厚的允许偏差　　　　　　　表 12-6

钢管种类	钢管尺寸（mm）		允许偏差	
			普通级	高级
热轧（挤压，扩）管	外径 D	全部	±1%（最小±0.5）	……
	壁厚 s	全部	+15%　+0.45 −12.5%　−0.40	……
冷拔（轧）管	外径 D	6～10	±0.20	±0.15
		10～30	±0.40	±0.20
		30～50	±0.45	±0.30
		>50	±1%	±0.8%
	壁厚 s	≤1	±0.15	±0.12
		>1～3	+15% −12.5%	+12.5% −10%
		>3	+12.5% −10%	+10%

注：对外径不小于 351mm 的热扩管，壁厚允许偏差为±18%。

12.1.2　不锈钢管

1. 不锈钢管技术性能

（1）代号分类

钢管按供货状态分为 4 类：焊接状态 H、热处理状态 T、冷拔（轧）状态 WC、磨（抛）光状态 SP。

（2）牌号、化学成分及力学性能

1) 钢的牌号、化学成分（熔断分析）应符合 GB/T 12777 中表 6 的规定。

2) 钢管化学成分的允许偏差应符合 GB/T 222 中表 3 的规定。

3) 钢管的力学性能应符合 GB/T 222 中表 8 的规定。

（3）制造方法

钢管采用自动电弧焊或其他自动焊接方法制造。

2. 不锈钢管规格尺寸（GB/T 12771—2000）

钢管外径和壁厚的规格尺寸如表 12-7 所示。

钢管外径和壁厚　　　　　　　　　　　　　　　　　　表 12-7

壁厚(mm) 外径(mm)	0.3	0.4	0.5	0.6	0.8	1.0	1.2	1.4	1.5	1.8	2.0	2.2	2.5	2.8	3.0	3.2
8	×	×	×	×	×	×										
(9.5)	×	×	×	×	×	×										
12.0	×	×	×	×	×	×	×	×								
(12.7)	×	×	×	×	×	×	×	×	×							
13					×	×	×	×	×	×						
14					×	×	×	×	×	×	×					
16					×	×	×	×	×	×	⊙					
18					×	×	×	×	×	×	⊙					
19						×	×	×	×	×	⊙					
20					×	×	×	×	×	×	⊙	⊙				
(21.3)						×	×	×	×	×	⊙	⊙				
22						×	×	×	×	×	⊙	⊙				
25						×	×	×	×	×	⊙	⊙	⊙			
(25.4)						×	×	×	×	×	⊙	⊙	⊙			
(26.7)						×	×	×	×	×	⊙	⊙	⊙			
28							×	×	×	×	⊙	⊙	⊙			
30							×	×	×	×	⊙	⊙	⊙			
(31.8)							×	×	×	×	⊙	⊙	⊙	⊙	⊙	
32							×	×	×	×	⊙	⊙	⊙	⊙	⊙	⊙
(33.4)							×	×	×	×	⊙	⊙	⊙	⊙	⊙	⊙
36							×	×	×	×	⊙	⊙	⊙	⊙	⊙	⊙
38							×	×	×	×	⊙	⊙	⊙	⊙	⊙	⊙
(38.1)							×	×	×	×	⊙	⊙	⊙	⊙	⊙	⊙
40							×	×	×	×	⊙	⊙	⊙	⊙	⊙	⊙
(42.3)							×	×	×	×	⊙	⊙	⊙	⊙	⊙	⊙
45							×	×	×	×	⊙	⊙	⊙	⊙	⊙	⊙
48							×	×	×	×	×	⊙	⊙	⊙	⊙	
(48.3)							×	×	×	×	×	⊙	⊙	⊙	⊙	⊙
(50.8)							×	×	×	×	×	⊙	⊙	⊙	⊙	⊙

续表

外径(mm) \ 壁厚(mm)	0.3	0.4	0.5	0.6	0.8	1.0	1.2	1.4	1.5	1.8	2.0	2.2	2.5	2.8	3.0	3.2
57						×	×	×	×	×	⊙	⊙	⊙	⊙	⊙	
(60.3)						×	×	×	×	×	⊙	⊙	⊙	⊙	⊙	
(63.5)							×	×	×	×	⊙	⊙	⊙	⊙	⊙	⊙
76								×	×	×	⊙	⊙	⊙	⊙	⊙	⊙

外径(mm) \ 壁厚(mm)	1.5	1.8	2.0	2.2	2.5	2.8	3.0	3.2	3.5	3.6	4.0	4.2	4.6	4.8	5.0	5.5	6.0	8.0	10	12	14	16
(88.9)	×	×	⊙	⊙	⊙	⊙	⊙	⊙	⊙	⊙	⊙											
89		×	⊙	⊙	⊙	⊙	⊙	⊙	⊙	⊙	⊙											
(101.6)		×	⊙	⊙	⊙	⊙	⊙	⊙	⊙	⊙	⊙											
102		×	⊙	⊙	⊙	⊙	⊙	⊙	⊙	⊙	⊙											
108		×	⊙	⊙	⊙	⊙	⊙	⊙	⊙	⊙	⊙											
114			×	⊙	⊙	⊙	⊙	⊙	⊙	⊙	⊙	○	○	○	○							
(114.3)		×	⊙	⊙	⊙	⊙	⊙	⊙	⊙	⊙	⊙	○	○	○	○							
133			⊙	⊙	⊙	⊙	⊙	⊙	⊙	⊙	⊙	○	○	○	○	○	○					
(139.7)				⊙	⊙	⊙	⊙	⊙	⊙	⊙	⊙	○	○	○	○	○	○					
(141.3)				⊙	⊙	⊙	⊙	⊙	⊙	⊙	⊙	○	○	○	○	○	○					
159					⊙	⊙	⊙	⊙	⊙	⊙	⊙	○	○	○	○	○	○	○				
(168.3)						⊙	⊙	⊙	⊙	⊙	⊙	○	○	○	○	○	○	○				
219						⊙	⊙	⊙	⊙	⊙	⊙	○	○	○	○	○	○	○	○			
(219.1)						⊙	⊙	⊙	⊙	⊙	⊙	○	○	○	○	○	○	○	○			
273							⊙	⊙	⊙	⊙	⊙	○	○	○	○	○	○	○	○	○		
(323.9)							⊙	⊙	⊙	⊙	○	○	○	○	○	○	○	○	○	○	○	
325							⊙	⊙	⊙	⊙	○	○	○	○	○	○	○	○	○	○	○	
(355.6)															○	○	○	○	○	○	○	
377															○	○	○	○	○	○	○	
400															○	○	○	○	○	○	○	
(406.4)															○	○	○	○	○	○	○	
426																	○	○	○	○	○	
450																	○	○	○	○	○	
(457.2)																	○	○	○	○	○	
478																	○	○	○	○	○	
500																	○	○	○	○	○	
508																	○	○	○	○	○	
529																	○	○	○	○	○	
550																	○	○	○	○	○	
(558.8)																	○	○	○	○	○	
600																	○	○	○	○	○	
(609.6)																	○	○	○	○	○	○
630																	○	○	○	○	○	○

注：1. ×：采用冷轧板（带）制造；

○：采用热轧板（带）制造；

⊙：采用冷轧板（带）或热轧板（带）制造。

2. 括号内为英制单位换算的公制单位尺寸。

12.1.3　薄壁不锈钢管

薄壁不锈钢管是指壁厚为 0.6～2.0mm 的不锈钢钢管或不锈钢板，通过制管设备用自动氩弧焊等熔断焊焊接制成的管材。

1. 适用范围

工作压力不大于 1.6MPa，输送饮用净水、生活饮用水、热水和温度不大于 135℃的高温水。

2. 管材和管件的卫生要求

薄壁不锈钢管材和管件的卫生性能应符合《生活饮用水输配水设备及防护材料的安全性评价规范》GB/T 17219 的规定。

3. 薄壁不锈钢管材牌号、化学成分及力学性能（CJ/T 151—2001）

薄壁不锈钢管的牌号、化学成分及力学性能如表 12-8～表 12-10 所示。

不锈钢管的材料牌号　　　　　　　　　　　　　　　　表 12-8

牌　号	用　途
0Cr18Ni9(304)	饮用净水、生活饮用水、空气、医用气体、热水等管道
0Cr17Ni12Mo2(316)	耐腐蚀性比 0Cr18Ni9 更高的场合
00Cr17Ni14Mo2(316L)	海水

管材的化学成分　　　　　　　　　　　　　　　　　表 12-9

牌号	C	Si	Mn	P	S	Ni	Cr	Mo
0Cr18Ni9	≤0.07					8.00～11.00	17.00～19.00	—
0Cr17Ni12Mo2	≤0.08	≤1.00	≤2.00	≤0.0035	≤0.03	10.00～14.00	16.00～18.00	2.00～3.00
00Cr17Ni14Mo2	≤0.03					12.00～15.00		

管材的抗拉强度和延伸率　　　　　　　　　　　　　表 12-10

牌　号	抗拉强度(MPa)	延伸率(%)
0Cr18Ni9	≥520	≥35
0Cr17Ni12Mo2		
00Cr17Ni14Mo2	≥480	

4. 薄壁不锈钢管的基本尺寸

（1）薄壁不锈钢管的基本尺寸如表 12-11 所示（CJ/T 151—2001）。

薄壁不锈钢管的基本尺寸　　　　　　　　　　　　　表 12-11

公称通径 DN (mm)	管子外径 D_w (mm)	外径允许偏差 (mm)	壁厚 (mm)	重量 W(kg/m)	
				0Cr18Ni9	0Cr17Ni12Mo2 00Cr17Ni14Mo2
10	10	±0.10	0.6	0.8	$W=0.02491$ $(D_w-S) \times S$	$W=0.02507$ $(D_w-S) \times S$
	12					

公称通径 DN (mm)	管子外径 D_w (mm)	外径允许偏差 (mm)	壁厚 (mm)		重量 W(kg/m)	
					0Cr18Ni9	$0Cr17Ni12Mo2$ / $00Cr17Ni14Mo2$
15	14	±0.10	0.6	0.8		
	16					
20	20			1.0		
	22					
25	25.4		0.8			
	28					
32	35	±0.12	1.0	1.2	$W=0.02491$ $(D_w-S)\times S$	$W=0.02507$ $(D_w-S)\times S$
	38					
40	40					
	42	±0.15				
50	50.8					
	54	±0.18				
65	67	±0.20	1.5	1.5		
	70					
80	76.1	±0.23		2.0		
	88.9	±0.25				
100	102	±0.4%D_w	1.5			
	108					
125	133		2.0	3.0		
155	189					

注：1. 表中壁厚栏中厚壁管为不锈钢卡压式管件用。
2. 表中尺寸为 CJ/T 151—2001 中的尺寸。

（2）不锈钢卡压式管件连接用薄壁不锈钢管尺寸与公差如表 12-12 和表 12-13 所示。

Ⅰ系列管件连接用钢管的基本尺寸　　　　　　　　　　表 12-12

公称通径 DN (mm)	管子外径 D_w (mm)	外径允许偏差 (mm)	壁厚 T (mm)	重量 W(kg/m)	
				$0Cr_{18}Ni_9$	$0Cr_{17}Ni_{12}Mo_2$ / $00Cr_{17}Ni_{14}Mo_2$
15	18	±0.10	1.0	0.424	0.427
20	22	±0.11	1.2	0.622	0.626
25	28	±0.14		0.802	0.807
32	35	±0.18	1.5	1.252	1.260
40	42	±0.21		1.514	1.524
50	54	±0.27		1.962	1.975
65	76.1	±0.38	2.0	3.692	3.716
80	88.9	±0.44		4.330	4.358
100	108.0	±0.54		5.281	5.315

注：表中管子外径尺寸等同于 DINEN10312：1999 和 ISO1127，1992 标准。

Ⅱ系列管件连接用钢管的基本尺寸　　　　　表 12-13

公称通径 DN (mm)	管子外径 D_w (mm)	外径允许偏差 (mm)	壁厚 T (mm)	重量 W(kg/m)	
				$0Cr_{18}Ni_9$	$0Cr_{17}Ni_{12}Mo_2$ $00Cr_{17}Ni_{14}Mo_2$
15	15.88	±0.10	0.8	0.301	0.303
20	22.22	±0.11	1.0	0.529	0.532
25	28.58	±0.14		0.688	0.692
32	34	±0.18		0.988	0.987
40	42.70	±0.21	1.2	1.241	1.249
50	48.60	±0.27		1.417	1.426

注：表中管子外径尺寸等同于 JISG 3448—1997 标准。

5. 薄壁不锈钢管的连接方式

薄壁不锈钢管的连接方式如表 12-14 所示。

薄壁不锈钢管的连接方式　　　　　表 12-14

连接方式	原　　　理	适用范围(mm)
压缩式	将配管插入管件的管口,由螺母紧固,用螺旋力将管口部的套管通过密封圈压缩起密封作用,使配管与管件连接的方式	≤DN50
卡压式环压式	将配管插入管件的管口,用专用压紧工具从插入管口的外部中央到管口端部压紧,使配管与管件连接的方式	≤DN100
推进式(可挠曲式)	将配管插入管件的管口,用专用扳手将盖形螺母紧固,通过压紧密封圈密封,使配管与管件连接的方式	≤DN65
锥螺纹式	外螺纹螺套与配管作环状氩弧焊,由内螺纹管件以锥螺纹连接起密封作用,完成配管连接的方式	DN65～DN100
快接法兰式	法兰与配管作环状氩弧焊,用快夹使法兰间的密封垫压缩(原理同卡压式)后起密封作用,完成配管连接的方式	DN125～DN200
法兰式	法兰与配管作环状氩弧焊,用螺栓完成配管连接的方式	DN100 以上
焊接式	环状焊接用手工自动焊,有银焊和氩弧焊	大小管径均可
承插焊接式	将通常承插式的管件与配管作作环状氩弧焊起密封作用,完成配管连接的方式	大小管径均可
沟槽式	专用滚槽机压槽,用橡胶垫卡箍完成密封连接的方式	≥DN65

12.1.4　铸铁管

1. 球墨铸铁管及管件

（1）球墨铸铁管的性能、技术要求和允许压力

1）球墨铸铁管及管件的力学性能如表 12-15 所示

球墨铸铁管及管件的力学性能　　　　　表 12-15

铸件类型	最小抗拉强度 σ_b(MPa)	最小伸长率 ζ_s(%)	
	DN40～2600	DN40～1000	DN110～2600
离心球墨铸铁管	420	10	7
管件,非离心球墨铸铁管	420	5	5

注：1. 根据供需双方的协议,可检验屈服强度（$\sigma_{p0.2}$）的值。其中当 DN40～1000,ζ_s≥12%时,允许 $\sigma_{p0.2}$≥270MPa；或当公称管径>DN1000,ζ_s≥10%时,允许 $\sigma_{p0.2}$≥270MPa。其他情况下 $\sigma_{p0.2}$≥300MPa。
　　2. DN40～1000 的离心铸铁管壁厚等级超过 K12 时,最小伸长率为 7%。

2）布氏硬度

离心球墨铸铁管的布氏硬度值不得超过 230HB，非离心球墨铸铁管、管件和附件的布氏硬度值不得超过 250HB。焊接部件的焊接受热区的布氏硬度值硬度可高些。

3）卫生要求

离心球墨铸铁管、管件和附件无论长期还是短期用于生活用水安装铺设，这些部件都不应对该种生活用水产生有害影响。水质应符合《生活饮用水输配水设备及防护材料卫生安全评价规范》GB/T 17219 的规定。

4）密封要求

① 管材和管件的密封性

球墨铸铁管与管件都应在表 12-16 规定的试验压力下进行水压试验，试验过程中不应有渗漏、出汗。

球墨铸铁管与管件试验压力 表 12-16

DN	最小试验压力（MPa）		
	离心球墨铸铁管		非离心球墨铸铁管
	$K<9$	$K \geqslant 9$	所有厚度级别
40～300	$0.05(K+1)^2$	5.0	2.5
350～600	$0.05K^2$	4.0	1.6
700～1000	$0.05(K-1)^2$	3.2	1.0
1100～2000	$0.05(K-2)^2$	2.5	1.0
2200～2600	$0.05(K-3)^2$	1.8	1.0

② 柔性接头的密封性

球墨铸铁管柔性接头的密封性等均应符合《水及燃气管道用球墨铸铁管、管件和附件》GB/T 13295 的要求。

5）涂覆要求

一般情况下，管子和管件内外都应有涂层。

① 外涂层

根据使用时的外部条件，可使用下列涂层：外表面喷涂金属漆；外表面涂刷富锌涂料；外表面喷涂加厚金属锌层；聚乙烯管套；聚氨酯；聚乙烯；纤维水泥砂浆；胶带；沥青漆；环氧树脂。

外表面喷锌涂层应符合《球墨铸铁管外表面喷锌涂层》GB/T 17456，外表面涂刷富锌涂料应符合《球墨铸铁管外部镀锌第 2 部分：装饰层用富锌涂层》ISO 8179-2，外表面涂刷沥青漆应符合《球墨铸铁管沥青涂层》GB/T 17459，聚乙烯管套应符合《球墨铸铁管聚乙烯套管》ISO 8180，其他涂层要求根据协议技术要求执行。

② 内衬

根据使用时的内部条件，可使用下列内涂层：普通硅酸盐水泥（有或无掺合剂）砂浆；高铝（矾土）水泥砂浆；矿渣水泥砂浆；带有封面层的水泥砂浆；聚氨酯；聚乙烯；环氧树脂；环氧陶瓷；沥青漆。

内衬水泥砂浆应符合《球墨铸铁管 水泥砂浆离心法衬层 一般要求》GB/T 17457，

水泥砂浆内衬在养生 28d 后的抗压强度应不小于 50MPa。内涂刷沥青漆应符合《球墨铸铁管沥青涂层》GB/T 17459。其他涂层要求根据协议技术要求执行。

6）管材标准

产品标准：《水及燃气管道用球墨铸铁管、管件和附件》GB/T 13295—2003、《球墨铸铁管水泥砂浆离心法衬层一般要求》GB/T 17457—1998、《球墨铸铁管沥青涂层》GB/T 17459—1998、《球墨铸铁管外表面喷锌涂层》GB/T 17456—1998。

7）允许压力

① 定义

允许工作压力（PFA）：部件可长时间安全承受的内部压力，不包括冲击压。

最大允许工作压力（PMA）：部件在使用中可安全承受的最大内压力，包括冲击压。

允许试验压力（PEA）：新安装在地面上或是掩埋在地下的部件在短时间内可承受的最大流体静压力，此压力用以检测管线的完整和密封性。

注：该试验压力与系统试验压力（STP）不同，但同管线的设计压力有关。用来保证管线的完整性和密封性。

② 球墨铸铁管、管件及管道系统的允许压力

管道系统的允许压力：球墨铸铁管与管件的 PFA、PMA、PEA 的最大值见式（12-1）～式（12-3）。球墨铸铁管道系统应考虑合适的界限，防止在已安装管线上出现这些压力的极限值。

承插直管的允许压力：球墨铸铁承插直管的允许压力如表 12-17 所示，表中所示的 PFA、PMA、PEA 的最大值由以下公式计算得出。

允许工作压力（PFA）：

$$PFA = \frac{2 \cdot e \cdot \sigma_b}{D \cdot SF} \tag{12-1}$$

式中　e——球墨铸铁管最小壁厚，mm；

D——球墨铸铁管平均直径，mm；

σ_b——球墨铸铁管最低抗拉强度，MPa，$\sigma_b = 420$MPa（详见表 12-17）；

SF——安全系数，取 3。

最大允许工作压力（PMA）：计算公式同 PFA，但 $SF = 2.5$，因此，有

$$PMA = 1.2PFA \tag{12-2}$$

允许试验压力（PEA）：

$$PEA = PMA + 0.5MPa（通常情况） \tag{12-3}$$

当 PFA＝6.4MPa 时，PEA＝1.5PRA。

球墨铸铁承插直管的允许压力　　　　　　　　　　　　表 12-17

DN	K9 管的允许压力（MPa）			K10 管的允许压力（MPa）		
	PFA	PMA	PEA	PFA	PMA	PEA
40	6.4	7.7	9.6	6.4	7.7	9.6
50	6.4	7.7	9.6	6.4	7.7	9.6
60	6.4	7.7	9.6	6.4	7.7	9.6
65	6.4	7.7	9.6	6.4	7.7	9.6

DN	K9 管的允许压力（MPa）			K10 管的允许压力（MPa）		
	PFA	PMA	PEA	PFA	PMA	PEA
80	6.4	7.7	9.6	6.4	7.7	9.6
100	6.4	7.7	9.6	6.4	7.7	9.6
125	6.4	7.7	9.6	6.4	7.7	9.6
150	6.4	7.7	9.6	6.4	7.7	9.6
200	6.2	7.4	7.9	6.4	7.7	9.6
250	5.4	6.5	7.0	6.1	7.3	7.8
300	4.9	5.9	6.4	5.6	6.7	7.2
350	4.5	5.4	5.9	5.1	6.1	6.6
400	4.2	5.1	5.6	4.8	5.8	6.3
450	4.0	4.8	5.3	4.5	5.4	5.9
500	3.8	4.6	5.1	4.4	5.3	5.8
600	3.6	4.3	4.8	4.1	4.9	5.4
700	3.4	4.1	4.6	3.8	4.6	5.1
800	3.2	3.8	4.3	3.6	4.3	4.8
900	3.1	3.7	4.2	3.5	4.2	4.7
1000	3.0	3.6	4.1	3.4	4.1	4.6
1100	2.9	3.5	4.0	3.2	3.8	4.3
1200	2.8	3.4	3.9	3.2	3.8	4.3
1400	2.8	3.3	3.8	3.1	3.7	4.2
1500	2.7	3.2	3.7	3.0	3.6	4.1
1600	2.7	3.2	3.7	3.0	3.6	4.1
1800	2.6	3.1	3.6	3.0	3.6	4.1
2000	2.6	3.1	3.6	2.9	3.5	4.0
2200	2.6	3.1	3.6	2.9	3.5	4.0
2400	2.5	3.0	3.5	2.9	3.4	3.9
2600	2.5	3.0	3.5	2.8	3.4	3.9

注：对于其他壁厚等级，PFA，PMA，PEA 可用同样方法计算得出。

承接管件的允许压力：球墨铸铁管承接管件的 PFA、PMA、PEA 最大值如下：

· 除三通外的承接管件：PFA、PMA 和 PEA 等于表 12-17 所列 K9 管的 PFA、PMA、PEA 值；

· 承插三通：PFA、PMA 和 PEA 低于表 12-17 所列 K9 管的 PFA、PMA、PEA 值时，产品介绍应给出有关数据；

· 带一个法兰的管件：如双承单支盘三通、盘插管和盘承管，其 PFA、PMA、PEA 受法兰的限制，等于 12-18 中与 PN 和 DN 相关的值。

· 法兰管及盘接管件的 PFA、PMA 和 PEA 最大值如表 12-18 所示。

球墨铸铁法兰管及盘接管件允许压力（MPa）　　　　　　　表 12-18

DN(mm)	PN10 的允许压力			PN16 的允许压力			PN25 的允许压力			PN40 的允许压力		
	PFA	PMA	PEA	PFA	PMA	PEA	PFA	PMA	PEA	PFA	PMA	PEA
40～50	同 PN40			同 PN40			同 PN40			4.0	4.8	5.3
60～80	同 PN16			1.6	2.0	2.5	同 PN40			4.0	4.8	5.3
100～150	同 PN16			1.6	2.0	2.5	2.5	3.0	3.5	4.0	4.8	5.3
200～260	1.0	1.2	1.7	1.6	2.0	2.5	2.5	3.0	3.5	4.0	4.8	5.3
700～1200	1.0	1.2	1.7	1.6	2.0	2.5	2.5	3.0	3.5	—	—	—
1400～2600	1.0	1.2	1.7	1.6	2.0	2.5	—	—	—	—	—	—

（2）球墨铸铁管分类、规格尺寸

1）球墨铸铁管分类

① 按球墨铸铁管的口径分类

球墨铸铁管的口径可分为 DN40、DN50、DN60、DN65、DN89、DN100、DN125、DN150、DN200、DN250、DN300、DN350、DN400、DN450、DN500、DN600、DN700、DN800、DN900、DN1000、DN1100、DN1200、DN1400、DN1500、DN1600、DN1800、DN2000、DN2200、DN2400 和 DN2600 共 30 种。

② 按球墨铸铁管的对接形式分类

球墨铸铁管按管口的对接（接口）形式可分为滑入式（T 形）、机械式（K 形）和法兰式三类。

法兰式对接形式根据标准壁厚级别、DN 和 PN 又可分为：

a. 离心铸造焊接法兰管

DN40～450：K9-PN10、PN16、PN25 和 PN40；

DN500～600：K9-PN10、PN16 和 PN25、K10-PN40；

DN700～1600：K9-PN10、PN16 和 PN25；

DN800～2600：K9-PN10 和 PN16。

b. 离心铸造螺纹连接法兰管

DN40～450：K9 或 K10-PN10、PN16、PN25 和 PN40；

DN500～600：K9 或 K10-PN10、PN16 和 PN25、K10-PN40；

DN700～1200：K10-PN10、PN16 和 PN25；

DN1400～2600：K10-PN10 和 PN16。

c. 整体铸造法兰管

DN40～600：K12-PN10、PN16、PN25 和 PN40；

DN700～1600：K12-PN10、PN16 和 PN25；

DN1800～2600：K12-PN10 和 PN16。

2）球墨铸铁管规格尺寸

① 管材长度

a. 承插直管长度。球墨铸铁管的承插直管长度如表 12-19 所示。

承插直管长度（mm） 表 12-19

DN	标准长度 L_u
40 和 50	3000
60~600	4000 或 5000 或 5500 或 6000 或 9000
700~800	4000 或 5500 或 6000 或 7000 或 9000
900~2600	4000 或 5000 或 5500 或 6000 或 7000 或 8150 或 9000

b. 法兰直管长度。球墨铸铁管的法兰直管长度如表 12-20 所示。

法兰直管长度（mm） 表 12-20

管材类型	DN	标准长度 L
整体铸造法兰直管	40~2600	500 或 1000 或 2000 或 3000
螺纹连接或焊接法兰直管	40~600	2000 或 3000 或 4000 或 5000 或 6000
	700~1000	2000 或 3000 或 4000 或 5000 或 6000
	1100~2600	4000 或 5000 或 6000 或 7000

2. 建筑排水柔性接口铸铁管及管件

（1）建筑排水柔性接口铸铁管及管件的分类及性能

建筑排水柔性接口铸铁管及管件的分类及性能如表 12-21 所示。

建筑排水柔性接口铸铁管及管件的分类及性能 表 12-21

名称	柔性接口铸铁管	卡箍式铸铁管	柔性接口承插式铸铁管
产品标准	GB/T 12772—1999	CJ/T 177—2002	CJ/T 178—2003
接口形式	A 型法兰承插式接口	W 型卡箍式接口	I 型卡箍式接口	R,C 型法兰承插式接口
规格 DN(mm)	三耳 50~100 四耳 125~200	直管 50~300 管件 50~250	50~300	三耳 50~100 六耳 250 四耳 125~200 八耳 300
承口内径	同 CJ/T 178—2003	—	—	同 GB/T 12772—1999
插口外径	同 CJ/T 178—2003	同 CJ/T 178—2003	<CJ/T 178—2003	同 GB/T 12772—1999
壁厚	分为 TA,TB 二级	直管只有一种壁厚，管件分为 TA,TB 二级	直管和管件只有一种壁厚	直管和管件只有一种壁厚
试验压力(MPa)	0.2(直管水压试验)		0.35(耐水压试验)	
磷含量(%)	≯0.3	≯0.2		≯0.3
硫含量(%)	≯0.1	≯0.1		≯0.1
压扁强度试验(MPa)		≮300		
抗拉强度(MPa)	≮150	≮150		≮150

（2）管材标准

1）产品标准：《给排水用柔性接口铸铁管》GB/T 12772—1999，《建筑排水用卡箍式铸铁管及管件》CJ/T177—2002，《建筑排水用柔性接口承插式铸铁管及管件》CJ/T 178—2003。

2）工程技术标准：《建筑排水柔性接口铸铁管管道工程技术规程》CECS168：2004

（3）工艺要求

1）直管：应使用离心铸造工艺生产（离心铸造工艺：运用水平旋转离心式的铸造技术）。

2）管件：应使用机压砂型工艺生产（运用机械设备控制进行射压或机压砂型的铸造技术）。

（4）规格尺寸及质量

1）柔性接口铸铁管（GB/T 12772—1999）

① 接口形式：直管及管件按其接口形式分为 A 型柔性接口和 W 型无承口（管箍式）两种。

② 壁厚、长度和质量：A 型直管和管件的壁厚、长度和重量如表 12-22 所示。W 型直管的壁厚、长度和重量如表 12-23 所示。

A 型直管和管件的壁厚、长度和重量　　　　表 12-22

公称直径 D_g (mm)	外径 D_2 (mm)	壁厚 T(mm)		承口凸部重量 (kg)	直部 1m 重量 (kg)		有效长度 L(mm)								总长度 L_1(mm)	
							500		1000		1500		2000		1830	
		TA 级	TB 级		TA 级	TB 级	总重量(kg)									
							TA 级	TB 级	TA 级	TB 级	TA 级	TB 级	TA 级	TB 级	TA 级	TB 级
50	61	4.5	5.5	0.90	5.75	6.90	3.78	4.35	6.65	7.80	9.53	11.25	12.40	14.70	11.21	13.26
75	86	5	5.5	1.00	9.16	10.02	5.58	6.01	10.16	11.02	14.74	16.03	19.32	21.04	17.42	18.96
100	111	5	5.5	1.40	11.99	13.13	7.39	7.99	13.39	14.53	19.38	21.09	25.38	27.66	22.89	24.93
125	137	5.5	6	2.30	16.36	17.78	10.48	11.19	18.66	20.08	26.84	28.97	35.02	37.86	31.55	34.09
150	162	5.5	6	3.00	19.47	21.17	12.74	13.59	22.47	24.17	32.21	34.76	41.94	45.34	37.81	40.85
200	214	6	7	4.00	23.23	32.78	18.12	20.39	32.23	36.78	46.36	53.17	60.46	69.56	54.25	62.35

W 型直管的壁厚、长度和重量　　　　表 12-23

公称直径 D_g (mm)	外径 D_2 (mm)	壁厚 T (mm)	重量(kg)	
			$L=1500mm$	$L=3000mm$
50	61	4.3	8.3	16.5
75	86	4.4	12.2	24.4
100	111	4.8	17.3	34.6
125	137	4.8	21.6	43.1
150	162	4.8	25.6	51.2
200	214	5.8	41.0	81.9
250	268	6.4	56.8	113.6
300	318	7.0	74	148

2）卡箍式铸铁管（CJ/T 177—2002）

① 直管的规格尺寸和质量。直管的规格尺寸和质量如表 12-24 所示。

直管的规格尺寸和质量 表 12-24

公称直径	外径		壁厚				直管单位质量（kg）
			直管		管件		
DN	DE	外径公差	δ	公差	δ	公差	
50	58	+2.0 −1.0	3.5	−0.5	4.2	−0.7	13.0
75	83		3.5	−0.5	4.2	−0.7	18.9
100	110		3.5	−0.5	4.2	−0.7	25.2
125	135	+2.0	4.0	−0.5	4.7	−1.0	35.4
150	160		4.0	−0.5	5.3	−1.3	42.2
200	210		5.0	1.0	6.0	−1.5	69.3
250	274	+2.0 −2.5	5.5	1.0	7.0	−1.5	92.8
300	326		6.0	1.0	8.0	−1.5	129.7

注：表中质量为物理质量。

② 管件的规格尺寸和质量：管件与直管（或管件）连接时，各端最小直管段长度 l 不应小于表 12-25 的规定。

最小直管段长度（mm） 表 12-25

公称直径 DN	密封区 l	公称直径 DN	密封区 l
50	30	150	50
75	35	200	60
100	40	250	70
125	45	300	80

3）柔性接口承插式铸铁管（CJ/T 178—2003）

① 直管及管件接口形式：3 耳接口形式，4 耳接口形式，6 耳接口形式，8 耳接口形式。

② 直管及管件壁厚及管件长度、质量如表 12-26 所示。

直管及管件壁厚及管件长度、质量 表 12-26

公称直径 DN（mm）	外径 D_2（mm）	壁厚 T（mm）	承口凸部质量（kg）	直部 1m 质量（kg）	理论质量（kg）			
					有效长度 L(mm)			总长度 L_1(mm)
					500	1000	1500	1830
50	61	5.5	0.94	6.90	4.35	7.84	11.29	13.30
75	86	5.5	1.20	10.82	6.21	11.22	16.24	19.16
100	111	5.5	1.56	13.13	8.15	14.72	21.25	25.19
125	137	6.0	2.64	17.78	11.53	20.42	29.41	34.43
150	162	6.0	3.20	21.17	13.79	24.37	34.96	41.05
200	214	7.0	4.00	32.78	20.75	37.18	53.57	62.75
250	268	9.0	—	52.73	26.36	52.73	79.09	96.50
300	320	10.0	—	70.10	35.05	70.10	115.15	128.28

12.1.5　塑料管

1. 聚烯烃（PO）类管材：

（1）聚烯烃（PO）类管材分类

1）聚乙烯（PE）管

① 交联聚乙烯（PE-X）管：以密度大于 $0.94g/cm^3$ 的聚乙烯或乙烯共聚物，添加适量助剂，通过化学或物理的方法，使其线型的大分子交联成三维网状的大分子结构的管材。按照交联方法的不同，分为过氧化物交联聚乙烯（PE-X_a）、硅烷交联聚乙烯（PE-X_b）、电子束交联聚乙烯（PE-X_c）、偶氮交联聚乙烯（PE-X_d）等。采用机械接头连接。

② 耐热聚乙烯（PE-RT）管：以乙烯和辛烯共聚而成的特殊的线型中密度乙烯共聚物，添加适量助剂，经挤出成型的一种热塑性管材。可以采用热熔连接，根据材料不同，该管材有不同的许用应力。根据结构的不同，可分为带阻隔层的管材和不带阻隔层的管材。

③ 聚乙烯（PE80，PE100）管：主要适用于冷水。

2）聚丙烯（PP）管

① 无规共聚聚丙烯（PP-R）管：以丙烯和适量乙烯的无规共聚物，添加适量助剂，经挤出成型的热塑性管材，可热熔连接。

② 嵌段共聚聚丙烯（PP-B）管：以丙烯和乙烯的嵌段共聚物，添加适量助剂，经挤出成型的热塑性管材，可热熔连接。

3）聚丁烯（PB）管：由聚丁烯-1 树脂添加适量助剂，经挤出成型的热塑性管材，可热熔连接。

（2）聚烯烃（PO）类管材的规格尺寸

1）聚乙烯（PE）管

① 聚乙烯（PE80，PE100）管材规格尺寸如表 12-27 所示。

聚乙烯（PE80，PE100）管材的公称壁厚尺寸（mm）　　　　　　　表 12-27

公称外径 d_n	公称壁厚 e_n		公称外径 DN	公称壁厚 e_n	
	SDR13.6	SDR11		SDR13.6	SDR11
	S6.3	S5		S6.3	S5
20	—	—	200	14.7	18.2
25	—	2.3	225	16.6	20.5
32	—	3.0	250	18.4	22.7
40	—	3.7	280	20.6	25.4
50	—	4.6	315	23.2	28.6
63	4.7	5.8	355	26.1	32.2
75	5.6	6.8	400	29.4	36.3
90	6.7	8.2	450	33.1	40.9
110	8.1	10.0	500	36.8	45.4
125	9.2	11.4	560	41.2	50.8
140	10.3	12.7	630	46.3	57.2
160	11.8	14.6	710	52.2	—
180	13.3	16.4	800	58.8	—

② 聚乙烯（PE80，PE100）管件：管件按连接方式分为三类：熔接连接管件，机械连接管件，法兰连接管件。其中，熔接连接管件分为三类：电熔管件，插口管件，热熔承插连接管件。

注：管件适用的参考温度为20℃。

③ 交联聚乙烯（PE-X）管材规格尺寸如表12-28所示。

交联聚乙烯（PE-X）管材规格尺寸（mm）　　　　　　表12-28

公称外径 d_n	平均外径		最小壁厚 e_{min}（数值等于 e_n）			
	$d_{em,min}$	$d_{em,max}$	管系列			
			S6.3	S5	S4	S3.2
16	16.0	16.3	1.8 *	1.8 *	1.8	2.2
20	20	20.3	1.9 *	1.9	2.3	2.8
25	25	25.3	1.9	2.3	2.6	3.5
32	32	32.3	2.4	2.9	3.6	4.4
40	40	40.4	3.0	3.7	4.5	5.5
50	50	50.5	3.7	4.6	5.6	6.9
63	63.0	63.6	4.7	5.8	7.1	8.6
75	75.0	75.7	5.6	6.8	8.4	10.3
90	90.0	90.9	6.7	8.2	10.1	12.3
110	110	111.0	8.1	10.0	12.3	15.1
125	125.0	126.2	9.2	11.4	14.0	17.1
140	140.0	141.3	10.3	12.7	15.7	19.2
160	160.0	161.5	11.8	14.6	17.9	21.9

注：考虑到刚性与连接的要求，带 * 表示该厚度不按管系列计算。

④ 交联聚乙烯（PE-X）管件：管件与管材连接应符合以下要求：

a. 管件与管材连接应牢固可靠，经拉拔试验不得出现松脱现象。

b. 管件公称直径≤25mm，宜采用卡箍式或锥面卡套式连接；管件公称直径≥32mm，宜采用锥面卡套式或液压钳装配卡箍式连接。

⑤ 耐热聚乙烯（PE-RT）管材规格尺寸如表12-29所示

耐热聚乙烯（PE-RT）管材规格尺寸（mm）　　　　　　表12-29

公称外径 d_n	平均外径		管系列				
			S6.3	S5	S4	S3.2	S2.5
	$d_{em,min}$	$d_{em,max}$	公称壁厚 e_n				
12	12.0	12.3	—	—	—	—	2.0
16	16.0	16.3	—	—	2.0	2.2	2.7
20	20.0	20.3	—	2.0	2.3	2.8	3.4
25	25.0	25.3	2.0	2.3	2.8	3.5	4.2
32	32.0	32.3	2.4	2.9	3.6	4.4	5.4

续表

公称外径 d_n	平均外径		管系列				
			S6.3	S5	S4	S3.2	S2.5
	$d_{em,min}$	$d_{em,max}$	公称壁厚 e_n				
40	40.0	40.4	3.0	3.7	4.5	5.5	6.7
50	50.0	50.5	3.7	4.6	5.6	6.9	8.3
63	63.0	63.6	4.7	5.8	7.1	8.6	10.5
75	75.0	75.7	5.6	6.8	8.4	10.3	12.5
90	90.0	90.9	6.7	8.2	10.1	12.3	15.0
110	110.0	111.0	8.1	10.0	12.3	15.1	18.3
125	125.0	126.2	9.2	11.4	14.0	17.1	20.8
140	140.0	141.3	10.3	12.7	15.7	19.2	23.3
160	160.0	161.6	11.8	14.6	17.9	21.9	26.6

⑥ 耐热聚乙烯（PE-RT）管件：

a. 管件按连接方式分为三类：热熔承插连接管件、电熔连接管件、机械连接管件。

b. 管件按管系列 S 分类与管材相同，管件的壁厚应不小于相同管系列 S 的管材的壁厚。

2）聚丙烯（PP）管

① 无规共聚聚丙烯（PP-R）管材规格尺寸如表 12-30 所示。

无规共聚聚丙烯（PP-R）管材规格尺寸（mm）　　　表 12-30

公称外径 d_n	平均外径		管系列				
			S6.3	S5	S4	S3.2	S2.5
	$d_{em,min}$	$d_{em,max}$	公称壁厚 e_n				
12	12.0	12.3	—	—	—	2.0	2.4
16	16.0	16.3	—	2.0	2.2	2.7	3.3
20	20.0	20.3	2.0	2.3	2.8	3.4	4.1
25	25.0	25.3	2.3	2.8	3.5	4.2	5.1
32	32.0	32.3	2.9	3.6	4.4	5.4	6.5
40	40.0	40.4	3.7	4.5	5.5	6.7	8.1
50	50.0	50.5	4.6	5.6	6.9	8.3	10.1
63	63.0	63.6	5.8	7.1	8.6	10.5	12.7
75	75.0	75.7	6.8	8.4	10.3	12.5	15.1
90	90.0	90.9	8.2	10.1	12.3	15.0	18.1
110	110.0	111.0	10.0	12.3	15.1	18.3	22.1
125	125.0	126.2	11.4	14.0	17.1	20.8	25.1
140	140.0	141.3	12.7	15.7	19.2	23.3	28.1
160	160.0	161.6	14.6	17.9	21.9	26.6	32.1

注：表中壁厚不包括阻隔层厚度。

② 无规共聚聚丙烯（PP-R）管件：

a. 管件按连接方式分为两类：热熔承插连接管件和电熔连接管件。

b. 管件按管系列 S 分类与管材相同，按 GB/T 18742.2 的规定，管件的壁厚应不小于相同管系列 S 的管材的壁厚。

③ 嵌段共聚聚丙烯（PP-B）管材规格尺寸如表 12-31 所示。

嵌段共聚聚丙烯（PP-R）管材规格尺寸（mm）　　　　表 12-31

公称外径 d_n	平均外径		管系列		
			S5	S4	S3.2
	$d_{em,min}$	$d_{em,max}$	公称壁厚 e_n		
16	16.0	16.3	—	2.0	2.2
20	20.0	20.3	2.0	2.3	2.8
25	25.0	25.3	2.3	2.8	3.5
32	32.0	32.3	2.9	3.6	4.4
40	40.0	40.4	3.7	4.5	5.5
50	50.0	50.5	4.6	5.6	6.9
63	63.0	63.6	5.8	7.1	8.6
75	75.0	75.7	6.8	8.4	10.3
90	90.0	90.9	8.2	10.1	12.3
110	110.0	111.0	10.0	12.3	15.1
125	125.0	126.2	11.4	14.0	17.1
140	140.0	141.3	12.7	15.7	19.2
160	160.0	161.6	14.6	17.9	21.9

注：表中壁厚不包括阻隔层厚度。

④ 嵌段共聚聚丙烯（PP-B）管件：

a. 管件按连接方式分为两类：热熔承插连接管件和电熔连接管件.

b. 管件按管系列 S 分类与管材相同，按 GB/T 18742.2 的规定，管件的壁厚应不小于相同管系列 S 的管材的壁厚。

3）聚丁烯（PB）管

① 聚丁烯（PB）管材。聚丁烯（PB）管材的最小壁厚应符合表 12-32 的要求；但对于熔接连接的管材，最小壁厚为 1.9mm。聚丁烯（PB）管材的厚度值不包括阻隔层的厚度。

聚丁烯（PB）管材最小壁厚要求（mm）　　　　表 12-32

公称外径 d_n	公称壁厚 e_n					
	S10	S8	S6.3	S5	S4	S3.2
12	1.3	1.3	1.3	1.3	1.4	1.7
16	1.3	1.3	1.3	1.5	1.8	2.2
20	1.3	1.3	1.5	1.9	2.3	2.8

续表

公称外径 d_n	公称壁厚 e_n					
	S10	S8	S6.3	S5	S4	S3.2
25	1.3	1.5	1.9	2.3	2.8	3.5
32	1.6	1.9	2.4	2.9	3.6	4.4
40	2.0	2.4	3.0	3.7	4.5	5.5
50	2.4	3.0	3.7	4.6	5.6	6.9
63	3.0	3.8	4.7	5.8	7.1	8.6
75	3.6	4.5	5.6	6.8	8.4	10.3
90	4.3	5.4	6.7	8.2	10.1	12.3
110	5.3	6.6	8.1	10.0	12.3	15.1
125	6.0	7.4	9.2	11.4	14.0	17.1
140	6.7	8.3	10.3	12.7	15.7	19.2
160	7.7	9.5	11.8	14.6	17.9	21.9

② 聚丁烯（PB）管件：

a. 熔接管件按连接方式分为两类：热熔承插连接管件和电熔连接管件。

b. 管件按管系列 S 分类与管材相同，按 GB/T 19473.2 的规定，管件的主体壁厚应不小于相同管系列 S 的管材的壁厚。

（3）聚烯烃（PO）类管材物理力学性能（表 12-33）

聚烯烃（PO）类管材物理力学性能　　　　　表 12-33

管材种类 性能项目	聚烯烃(PO)类					
	聚乙烯(PE)管			聚丙烯(PP)管		聚丁烯(PB)管
	PE80,PE100	PE-X	PE-RT	PP-B	PP-R	
管材规格 DN(mm)	12~1000	16~160	12~160	16~160	12~160	12~160
适用范围	冷水	冷水,热水供暖	冷水,热水供暖	冷水	冷水,热水供暖	冷水,热水供暖
密度(g/cm³)	0.93~0.96			0.90		0.93
导热系数[W/(m·K)]	0.40~0.42			0.24		0.22
线膨胀系数 [mm/(m·℃)]	0.20			0.16		0.13
弹性模量(20℃)(MPa)	600~800			1000	800	350
材质系数 K	27	20	27	20		10
温度适用范围(℃)	−60~40	−60~95	−60~60	0~60	0~75	−20~95
长期使用温度(℃)	≤40	≤75	≤60	≤40	≤70	≤75(70)
耐燃性	易燃			易燃		易燃
断裂伸长率(%)	≥350			≥350		≥125
纵向回缩率(%)	≤3			≤2		≤2
拉伸强度(20℃) (MPa)						≥17

管材种类	聚烯烃(PO)类					
性能项目	聚乙烯(PE)管			聚丙烯(PP)管		聚丁烯(PB)管
	PE80,PE100	PE-X	PE-RT	PP-B	PP-R	
可回收性	较好	差	较好	差	较好	较好
抗气体渗透性	差	差	差	差	差	差
管件材质	与管材同质	金属	与管材同质	与管材同质		与管材同质
连接方式	热熔(SW)电熔(EF)	机械(M)	热熔(SW)电熔(EF)	热熔(SW)电熔(EF)		热熔(SW)电熔(EF)

注：1. 表中 20℃的弹性模量，拉伸强度均为参考值。

　　2. 聚乙烯（PE）管，聚丁烯（PB）管的低温抗冲性能优良。

（4）使用条件等级

表 12-34 是《冷热水系统用热塑性塑料管材和管件》（GB/T 18991—2003）规定的使用条件等级。选择管材时，必须根据工程使用情况和热媒温度，依据该表确定管材的使用条件等级。通常，可按下列规定确定：

1）生活热水供应系统：使用条件等级采用 1 级。

2）供水温度 $t_s \leqslant 60℃$ 的地面辐射供暖系统：使用条件等级采用 4 级。

3）供水温度 $60℃ < t_s \leqslant 85℃$ 的散热器供暖系统：使用条件等级采用 5 级。

使用条件等级　　　　　　　　表 12-34

等级	正常操作温度		工作温度		故障温度		应用举例
	温度(℃)	时间(a)	温度(℃)	时间(a)	温度(℃)	时间(h)	
1	20	50					
	60	49	80	1	95	100	生活热水(60℃)
2	70	49	80	1	95	100	生活热水(70℃)
3	30	20	50	4.5	65	100	地板下的低温供暖
	40	25					
4	40	20	70	2.5	100	100	地板下供暖和低温供暖
	60	25					
	20	2.5					
5	60	25	90	1	100	100	较高温度供暖
	80	10					
	20	14					

注：1. 表中所列使用条件等级的管道，同时满足 20℃，1.0MPa 下输送冷水具有 50a 使用寿命的要求。

　　2. 在我国，地面辐射供暖系统按 4 级选择管材，已非常安全。

　　3. 3 级基本上已不采用。

（5）管材系列的选用法

1）管材系列 S 值是管材环应力 σ（MPa）与管内壁承受压力 P（MPa）的比值，仅与管道尺寸有关：

$$S = \sigma/P = (D-e)/2e \tag{12-4}$$

2）管材系列 S 值，应小于管材系列计算最大值 $S_{cal,max}$。

3）$S_{cal,max}$ 值应取 σ_D/P_D 与 σ_{cold}/P_{cold} 中的较小值。

4）根据系列工作压力，使用条件等级和 $S_{cal,max}$ 值，由表 12-35～表 12-38 可直接查出应选用的管材系列值 S 值。

式中　D——管道外径，mm；

　　　　e——管道的壁厚，mm；

　　　　σ_D——管材许用应力，MPa；

　　　　P_D——系统的工作压力，MPa；

　　　　σ_{cold}——20℃冷水，使用寿命 50 年时的设计环应力，MPa；

　　　　P_{cold}——输送冷水时的设计压力，取 1.0MP。

PB 管的管系列 S 值选用表　　　　　　　　　　　　　表 12-35

工作压力 P_D(MPa)	使用条件等级	20℃,50 年,$P_D=1.0$MPa	1	2	4	5
	许用环应力 σ_D(MPa)	10.92	5.73	5.04	5.46	4.31
0.4	$S_{cal,max}$值	10.9	10.9	10.9	10.9	10.9
	应选用的管系列	10	10	10	10	10
0.6	$S_{cal,max}$值	10.9	9.5	8.4	9.1	7.2
	应选用的管系列	10	8	8	8	6.3
0.8	$S_{cal,max}$值	10.9	7.1	6.3	6.8	5.4
	应选用的管系列	10	6.3	6.3	6.3	5
1.0	$S_{cal,max}$值	10.9	5.7	5.0	5.4	4.3
	应选用的管系列	10	5.0	5.0	5.0	4

注：1. 工作压力 P_D 小于 0.4MPa，可按 $P_D=0.4$ 取值。

　　2. 表列使用条件等级下的许用环应力值，已对正常操作温度下的环应力值考虑了 1.5 倍的使用系数。

PE-X 管的管系列 S 值选用表　　　　　　　　　　　　表 12-36

工作压力 P_D(MPa)	使用条件等级	20℃,50 年,$P_D=1.0$MPa	1	2	4	5
	许用环应力 σ_D(MPa)	7.6	3.85	3.54	4.00	3.24
0.4	$S_{cal,max}$值	7.6	7.6	7.6	7.6	7.6
	应选用的管系列	6.3	6.3	6.3	6.3	6.3
0.6	$S_{cal,max}$值	7.6	6.4	5.9	6.6	5.4
	应选用的管系列	6.3	6.3	5.0	6.3	5.0
0.8	$S_{cal,max}$值	7.6	4.8	4.4	5.0	4.0
	应选用的管系列	6.3	4	4	5	4
1.0	$S_{cal,max}$值	7.6	3.8	3.5	4.0	3.2
	应选用的管系列	6.3	3.2	3.2	4	3.2

注：1. 工作压力 P_D 小于 0.4MPa，可按 $P_D=0.4$ 取值。

　　2. 表列使用条件等级下的许用环应力值，已对正常操作温度下的环应力值考虑了 1.5 倍的使用系数。

PE-RT 管的管系列 S 值选用表　　　　　　　　　表 12-37

工作压力 P_D(MPa)	使用条件等级	20℃,50 年,P_D=1.0MPa	1	2	4	5
	许用环应力 σ_D(MPa)	7.36	3.06	2.15	3.34	2.02
0.4	$S_{cal,max}$ 值	7.36	7.36	5.4	7.36	5.1
	应选用的管系列	6.3	6.3	5	6.3	5
0.6	$S_{cal,max}$ 值	7.36	5.1	3.6	5.6	3.4
	应选用的管系列	6.3	5	3.2	5	3.2
0.8	$S_{cal,max}$ 值	7.36	3.8	2.7	4.2	2.5
	应选用的管系列	6.3	3.2	2.5	4	2.5
1.0	$S_{cal,max}$ 值	7.36	3.1	2.15	3.3	2.0
	应选用的管系列	6.3	2.5	—	3.2	—

注：1. 工作压力 P_D 小于 0.4MPa，可按 P_D=0.4 取值。

2. 表列使用条件等级下的许用环应力值，已对正常操作温度下的环应力值考虑了 1.5 倍的使用系数。

3. 本表按照 CJ/T 175—2002 制作。

PP-R 管的管系列 S 值选用表　　　　　　　　　表 12-38

工作压力 P_D(MPa)	使用条件等级	20℃,50 年,P_D=1.0MPa	1	2	4	5
	许用环应力 σ_D(MPa)	6.93	3.09	2.13	3.30	1.9
0.4	$S_{cal,max}$ 值	6.93	6.9	5.3	6.9	4.8
	应选用的管系列	6.3	5	5	5	4
0.6	$S_{cal,max}$ 值	6.93	5.2	3.6	5.5	3.2
	应选用的管系列	6.3	5	3.2	5	3.2
0.8	$S_{cal,max}$ 值	6.93	3.9	2.7	4.1	2.4
	应选用的管系列	6.3	3.2	2.5	4	2
1.0	$S_{cal,max}$ 值	6.93	3.1	2.1	3.3	1.9
	应选用的管系列	6.3	2.5	2	3.2	—

注：1. 工作压力 P_D 小于 0.4MPa，可按 P_D=0.4 取值。

2. 表列使用条件等级下的许用环应力值，已对正常操作温度下的环应力值考虑了 1.5 倍的使用系数。

（6）管材系列 S 值范围：

各种管材的管系列范围如表 12-39 所示。

各种管材的管系列范围　　　　　　　　　表 12-39

管材种类	管系列 S 值							
	S10	S8	S6.3	S5	S4	S3.2	S2.5	S2
PB	○	○	○	○	○	○		
PE-X			○	○	○	○		
PE-RT			○	○	○	○	○	
PP-R				○	○	○	○	○

注：○表示有此系列。

（7）管材系列和管壁厚度的确定

考虑到施工过程中的附加压力、磨损、水击等不利条件，以及安装使用的刚性和连接要求等因素，工程设计中宜按下列要求提高，按表 12-35～表 12-38 选择的管系列和确定壁厚。

1）地面辐射供暖系统加热管的壁厚，不得小于 1.7mm。

2）热熔连接的管材，壁厚不得小于 1.9mm。

3）对应于不同管系列的热塑性塑料管材的通用壁厚与内径如表 12-40 所示。

热塑性塑料管的通用壁厚与内径（mm）   表 12-40

公称外径 (mm)		管系列 S 值							
		S2	S2.5	S3.2	S4	S5	S6.3	S8	S10
12	壁厚	2.4	2.0	1.7	1.4	1.3	1.3	1.3	1.3
	内径 d	7.2	8.0	8.6	9.2	9.4	9.4	9.4	9.4
16	壁厚	3.3	2.7	2.2	1.8(2)②	1.5(1.8)①	1.3(1.8)①	1.3	1.3
	内径 d	9.4	10.6	11.6	12.4(12)	13(12.4)	13(12.4)	13.4	13.4
20	壁厚	4.1	3.4	2.8	2.3	1.9(2.0)②	1.5(1.9)①	1.3	1.3
	内径 d	11.8	13.2	14.4	15.4	16.2(16)	17.0(16.2)	17.4	17.4
25	壁厚	5.1	4.2	3.5	2.8	2.3	1.9(2.0)③	1.5	1.3
	内径 d	14.8	16.6	18.0	19.4	20.4	21.2(21)	21.4	22.4
32	壁厚	6.5	5.4	4.4	3.6	2.9	2.4	1.9	1.6
	内径 d	19	21.2	23.2	24.8	26.2	27.2	28.2	28.8
40	壁厚	8.1	6.7	5.5	4.5	3.7	3.0	2.4	2.0
	内径 d	23.8	26.6	29	31	32.6	34.0	35.2	36.2
50	壁厚	10.1	8.3	6.9	5.6	4.6	3.7	3.0	2.4
	内径 d	29.8	33.4	36.2	38.8	40.8	42.6	44.0	45.2
63	壁厚	12.7	10.5	8.6	7.1	5.8	4.7	3.8	3.0
	内径 d	37.6	42	45.8	48.8	51.4	53.6	55.4	57
75	壁厚	15.1	12.5	10.3	8.4	6.8	5.6	4.5	3.6
	内径 d	44.8	50.0	54.4	58.2	61.4	63.8	66.0	67.8

注：1. 括号内的数值，系下列管材考虑到刚性与连接的要求，壁厚增加后的数值：①——PE-X 管，②——PP-R 管，③——PE-RT 管。

2. S8 和 S10 系列以及外径为 12mm 的 S3.2～S10 系列均为 PB 管的壁厚；当需要考虑刚性时，也应增大壁厚。

2. 氯乙烯及硬管类管材（主要用于冷水）

（1）分类

1）硬聚氯乙烯（PVC-U）管；

2）高抗冲聚氯乙烯［PVC-HI（AGR）］管；

3）氯化聚氯乙烯（PVC-C）管；

4）丙烯腈-丁二烯-苯乙烯（ABS）管。

（2）氯乙烯及硬管类管材的规格尺寸

1）硬聚氯乙烯（PVC-U）管

① 硬聚氯乙烯（PVC-U）管材的规格尺寸如表 12-41 所示。

硬聚氯乙烯 (PVC-U) 管材的规格尺寸 (mm)   表 12-41

公称外径 d_n	公称壁厚 e_n				
	S12.5	S10	S8	S6.3	S5
	SDR26	SDR21	SDR17	SDR13.6	SDR11
20	—	—	—	—	2.0
25	—	—	—	2.0	2.3
32	—	—	2.0	2.4	2.9
40	—	2.0	2.4	3.0	3.7
50	2.0	2.4	3.0	3.7	4.6
63	2.5	3.0	3.8	4.7	5.8
75	2.9	3.6	4.5	5.6	6.9
90	3.5	4.3	5.4	6.7	8.2
110	4.2	5.3	6.6	8.1	10.0
125	4.8	6.0	7.4	9.2	11.4
150	5.4	6.7	8.3	10.3	12.7
160	6.2	7.7	9.5	11.8	14.6
180	6.9	8.6	10.7	13.3	16.4
200	7.7	9.6	11.9	14.7	18.2
225	8.6	10.8	13.4	16.6	—
250	9.6	11.9	14.8	18.4	—
280	10.7	13.4	16.8	20.6	—
315	12.1	15.0	18.7	23.2	—
355	13.6	16.9	21.1	26.1	—
400	15.3	19.1	23.7	29.4	—
450	17.2	21.5	26.7	33.1	—
500	19.1	23.9	29.7	36.8	—
560	21.4	26.7	—	—	—
630	24.1	30.0	—	—	—
710	27.2	—	—	—	—
800	30.6	—	—	—	—

② 硬聚氯乙烯 (PVC-U) 管件：

a. 管件按连接方式不同，分为粘接式承口管件、弹性密封圈式承口管件、螺纹接头管件和法兰连接管件。

b. 管件按加工方式不同，分为注塑成型管件和管材弯管成型管件。

2) 氯化聚氯乙烯 (PVC-C) 管

① 氯化聚氯乙烯 (PVC-C) 管材规格尺寸如表 12-42 所示。

<table>
<tr><th rowspan="3">公称外径 d_n</th><th colspan="3">管系列</th><th>表 12-42</th></tr>
</table>

氯化聚氯乙烯 （PVC-C） 管材规格尺寸 （mm）　　　　表 12-42

公称外径 d_n	管系列		
	S6.3	S5	S4
	公称壁厚 e_n		
20	2.0	2.0	2.3
25	2.0	2.3	2.8
32	2.4	2.9	3.6
40	3.0	3.7	4.5
50	3.7	4.6	5.6
63	4.7	5.8	7.1
75	5.6	6.8	8.4
90	6.7	8.2	10.1
110	8.1	10.0	12.3
125	9.2	11.4	14.0
140	10.3	12.7	15.7
160	11.8	14.6	17.9

② 氯化聚氯乙烯 （PVC-C） 管件：管件按连接形式，分为溶剂粘连接形管件、法兰连接形管件及螺纹连接形管件。

3） 高抗冲聚氯乙烯 ［PVC-HI （AGR）］ 管

① 高抗冲聚氯乙烯 ［PVC-HI （AGR）］ 管材的规格尺寸如表 12-43 所示。

高抗冲聚氯乙烯 ［PVC-HI （AGR）］ 管材的规格尺寸及其偏差　　　　表 12-43

公称外径 d_n(mm)	外径允许偏差(mm)	壁厚 e_n(mm)	壁厚允许偏差(mm)
20	+0.3 0	2.0	+0.4 0
25	+0.3 0	2.0	+0.4 0
32	+0.3 0	2.4	+0.5 0
40	+0.3 0	3.0	+0.6 0
50	+0.3 0	3.7	+0.6 0
63	+0.3 0	4.7	+0.8 0
75	+0.3 0	5.6	+0.9 0
90	+0.3 0	6.7	+1.1 0
110	+0.4 0	7.2	+1.1 0

注：壁厚适用于管周上任意一点。

② 高抗冲聚氯乙烯 ［PVC-HI （AGR）］ 管件：

a. 管件按加工方式不同，分为注塑成型粘接式管件和注塑成型嵌入式管件。

b. 管件的壁厚不应小于同规格管材的壁厚。

4）丙烯腈-丁二烯-苯乙烯（ABS）管

① 丙烯腈-丁二烯-苯乙烯（ABS）管材的规格尺寸如表 12-44 所示。

丙烯腈-丁二烯-苯乙烯（ABS）管材的规格尺寸（mm）　　　　表 12-44

公称外径 d_n	管系列 S 和标准尺寸比 SDR									
	S10		S8		S6.3		S5		S4	
	SDR21		SDR17		SDR13.6		SDR11		SDR9	
	公称壁厚 e_n	壁厚公差	公称壁厚 e_n	壁厚公差	公称壁厚 e_n	壁厚公差	公称壁厚 e_n	壁厚公差	公称壁厚 e_n	壁厚公差
12	—	—	—	—	—	—	1.8	+0.4 / 0	1.8	+0.4 / 0
15	—	—	—	—	1.8	+0.4 / 0	1.8	+0.4 / 0	1.8	+0.4 / 0
20	—	—	—	—	1.8	+0.4 / 0	1.9	+0.4 / 0	2.3	+0.5 / 0
25	—	—	1.8	+0.4 / 0	1.9	+0.4 / 0	2.3	+0.5 / 0	2.8	+0.5 / 0
32	1.8	+0.4 / 0	1.9	+0.4 / 0	2.4	+0.5 / 0	2.9	+0.5 / 0	3.6	+0.6 / 0
40	1.9	+0.4 / 0	2.4	+0.5 / 0	3.0	+0.5 / 0	3.7	+0.6 / 0	4.5	+0.7 / 0
50	2.4	+0.5 / 0	3.0	+0.5 / 0	3.7	+0.6 / 0	4.6	+0.7 / 0	5.6	+0.8 / 0
63	3.0	+0.5 / 0	3.8	+0.6 / 0	4.7	+0.7 / 0	5.8	+0.8 / 0	7.1	+1.0 / 0
75	3.6	+0.6 / 0	4.7	+0.7 / 0	5.8	+0.8 / 0	6.8	+0.9 / 0	8.4	+1.1 / 0
90	4.3	+0.7 / 0	5.4	+0.8 / 0	6.7	+0.9 / 0	8.2	+1.1 / 0	10.1	+1.3 / 0
110	5.3	+0.8 / 0	6.6	+0.9 / 0	8.1	+1.1 / 0	10.0	+1.2 / 0	12.3	+1.5 / 0
125	6.0	+0.8 / 0	7.4	+1.0 / 0	9.2	+1.2 / 0	11.4	+1.4 / 0	14.0	+1.6 / 0
140	6.7	+0.9 / 0	8.3	+1.1 / 0	10.3	+1.3 / 0	12.7	+1.5 / 0	15.7	+1.8 / 0
160	7.7	+1.0 / 0	9.5	+1.2 / 0	11.8	+1.4 / 0	14.6	+1.7 / 0	17.9	+2.0 / 0
180	8.6	+1.1 / 0	10.7	+1.3 / 0	13.3	+1.6 / 0	16.4	+1.9 / 0	20.1	+2.3 / 0
200	9.6	+1.2 / 0	11.9	+1.4 / 0	14.7	+1.7 / 0	18.2	+2.1 / 0	22.4	+2.5 / 0
225	10.8	+1.3 / 0	13.4	+1.6 / 0	16.6	+1.9 / 0	20.5	+2.3 / 0	25.2	+2.8 / 0
250	11.9	+1.4 / 0	14.8	+1.7 / 0	18.4	+2.1 / 0	22.7	+2.5 / 0	27.9	+3.0 / 0
280	13.4	+1.6 / 0	16.6	+1.9 / 0	20.6	+2.3 / 0	25.4	+2.8 / 0	31.3	+3.4 / 0

续表

公称外径 d_n	管系列 S 和标准尺寸比 SDR									
	S10		S8		S6.3		S5		S4	
	SDR21		SDR17		SDR13.6		SDR11		SDR9	
	公称壁厚 e_n	壁厚公差	公称壁厚 e_n	壁厚公差	公称壁厚 e_n	壁厚公差	公称壁厚 e_n	壁厚公差	公称壁厚 e_n	壁厚公差
315	15	+1.7 0	18.7	+2.1 0	23.2	+2.6 0	28.6	+3.1 0	35.2	+3.8 0
355	16.9	+1.9 0	21.1	+2.4 0	26.1	+2.9 0	32.2	+3.5 0	39.7	+4.2 0
400	19.1	+2.2 0	23.7	+2.6 0	29.4	+3.2 0	36.3	+3.9 0	44.7	+4.7 0

注：1. 考虑管道的使用情况及安全，最小壁厚不得小于 1.8mm。

2. $e_{min} = e_n$。

3. 壁厚公差除了有其他规定之外，尺寸应与 GB/T 10798 一致的规定。

② 丙烯腈-丁二烯-苯乙烯（ABS）管件：

a. 管件按连接形式，分为溶剂粘接型管件和法兰连接型管件，法兰分为活法兰和呆法兰。

b. 管件的承口中部以里及管件的主体壁厚，最小壁厚不得小于同等规格的管材壁厚。

（3）氯乙烯及硬管类管材的物理力学性能（表 12-45）

氯乙烯及硬管类管材的主要物理力学性能　　　表 12-45

管材种类 性能项目	氯乙烯及硬管类			丙烯腈-丁二烯-苯乙烯（ABS）管
	氯乙烯类（PVC）管			
	PVC-U	PVC-C	PVC-HI（AGR）	
管材规格 DN(mm)	20～800	20～160	20～110	12～400
适用范围	冷水	冷水，热水	冷水	冷水
密度(g/cm³)	1.40～1.45	1.55	1.40～1.45	1.00～1.07
导热系数[W/(m·k)]	0.16	0.14	0.15	0.26
线膨胀系数[mm/(m·℃)]	0.07	0.06	0.06	0.11
弹性模量(20℃)(MPa)		3500	2800	
材质系数 K	30	34	33	30
温度适用范围(℃)	−10～40	−15～90	−30～50	−10～50
长期使用温度(℃)	≤40	≤75(50～80)	≤40	≤40
耐燃性	自熄			易燃
断裂伸长率(%)	≥80		≥140	
纵向回缩率(%)	≤5			≤5
拉伸强度(20℃)(MPa)	42～45	48～50	51～52	
维卡软化温度(℃)	≥80	≥110		
可回收性	较好	差	较好	差
抗气体渗透性	较好	较好	差	差
管件材质	与管材同质			
连接方式	溶剂型胶粘结，弹性密封圈连接			

注：1. 表中 20℃的弹性模量，拉伸强度均为参考值。

2. PVC-HI（AGR）管的低温抗冲性能优良。

3. 金属塑料复合管

（1）分类：

1）铝塑复合管（PAP）管

① 搭接焊铝塑复合管：一种嵌入金属层为搭接焊铝合金的铝塑复合管。按复合组分材料可分为两类：

a. 聚乙烯/铝合金/聚乙烯，代号 PAP（PE-AL-PE）；

b. 交联聚乙烯/铝合金/交联聚乙烯，代号 XPAP（PEX-AL-PEX），RPAP（PERT-AL-PERT）。

② 对接焊铝塑复合管：一种嵌入金属层为对接焊铝合金（或铝）管的铝塑复合管。按复合组分材料可分为五类：

a. 一型铝塑复合管：外层为聚乙烯塑料，内层为交联聚乙烯塑料，嵌入金属层为对接焊铝合金的铝塑复合管；可示意为：聚乙烯/铝合金/交联聚乙烯，代号 XPAP1（PE-AL-PEX）；

b. 二型铝塑复合管：内外层均为交联聚乙烯塑料，嵌入金属层为对接焊铝合金的铝塑复合管；可示意为：交联聚乙烯/铝合金/交联聚乙烯，代号 XPAP2（PEX-AL-PEX）；

c. 三型铝塑复合管：内外层均为聚乙烯塑料，嵌入金属层为对接焊铝合金的铝塑复合管；可示意为：聚乙烯/铝/聚乙烯，代号 PAP3（PE-AL-PE）；

d. 四型铝塑复合管：内外层均为聚乙烯塑料，嵌入金属层为对接焊铝合金的铝塑复合管；可示意为：聚乙烯/铝合金/聚乙烯，代号 PAP4（PE-AL-PE）；

e. 五型铝塑复合管：内外层均为耐热聚乙烯塑料，嵌入金属层为对接焊铝合金的铝塑复合管；可示意为：耐热聚乙烯/铝合金/耐热聚乙烯，代号 RPAP5（PERT-AL-PERT）。

③ 铝塑复合管选用原则：由于铝塑复合管是由聚乙烯和铝合金两种杨氏模量相差很大的材料组成的多层管，在承受内压时，厚度方向管环应力分布是不等值。无法考虑各种使用温度的累积作用，所以不能用 S 值来选择管材和确定其壁厚。通常，只能根据长期工作温度和允许工作压力进行选择。

④ 铝塑复合管的允许工作压力：铝塑复合管的允许工作压力可根据其长期工作温度由表 12-46 和表 12-47 确定。

搭接焊铝塑复合管的长期工作温度和允许工作压力表　　　　　表 12-46

流体类别	管材代号	长期工作温度（℃）	允许工作压力（MPa）
冷水	PAP	40	1.25
冷热水	PAP	60	1.00
		75*	0.82
		82*	0.69
	XPAP	75*	1.00
		82*	0.86

＊指采用中密度聚乙烯（乙烯和辛烯特殊共聚物）材料生产的复合管。

对接焊铝塑复合管的长期工作温度和允许工作压力表　　　表 12-47

流体类别	管材代号	长期工作温度（℃）	允许工作压力（MPa）
冷水	PAP3，PAP4	40	1.40
	XPAP1，XPAP2	40	2.00
冷热水	PAP3，PAP4	60	1.00
	XPAP1，XPAP2	75	1.50
	XPAP1，XPAP2，RPAP5	95	1.25

⑤ 铝塑复合管的管径和管壁厚度的确定如表 12-48 和表 12-49 所示。

搭接焊铝塑复合管的管径和管壁厚度（mm）　　　表 12-48

公称外径	12	16	20	25	32	40	50	63	75
参考内径	8.3	12.1	15.7	19.9	25.7	31.6	40.5	50.5	59.3
铝管层最小壁厚	0.18	0.18	0.23	0.23	0.28	0.33	0.47	0.57	0.67

注：引自《铝塑复合压力管第一部分：铝管搭接焊式铝塑管》GB/T 18997.1—2003。

对接焊铝塑复合管的管径和管壁厚度（mm）　　　表 12-49

公称外径	16	20	25(26)	32	40	50
参考内径	10.9	14.5	18.5(19.5)	25.5	32.4	41.4
铝管层最小壁厚	0.28	0.36	0.44	0.60	0.75	1.0

注：引自《铝塑复合压力管第一部分：铝管搭接焊式铝塑管》GB/T 18997.1—2003。

2）不锈钢塑料复合管（SNP，SNPR）

以挤出成型的塑料管为内层，对焊薄壁不锈钢管为外层，采用热熔胶或其他胶粘剂粘结复合而成的不锈钢塑料复合管。内层材料可采用聚乙烯（PE）、耐热聚乙烯（PE-RT）、聚丙烯（PP）、交联聚乙烯（PE-X）、硬聚氯乙烯（PVC-U）、丙烯腈-丁二烯-苯乙烯（ABS）等。热熔胶或其他胶粘剂应使塑料层与不锈钢层紧密粘合，并满足各种条件下的使用要求。

（2）金属塑料复合管规格尺寸

1）搭接焊铝塑复合管的规格尺寸如表 12-50 所示

搭接焊铝塑复合管的规格尺寸（mm）　　　表 12-50

公称外径 d_n	公称外径公差	参考内径 d_i	圆度		管壁厚 e_m		内层塑料最小壁厚 e_n	外层塑料最小壁厚 e_w	铝管层最小壁厚 e_a
			盘管	直管	最小值	公差			
12		8.3	≤0.8	≤0.4	1.6		0.7		0.18
16		12.1	≤1.0	≤0.5	1.7		0.9		
20		15.7	≤1.2	≤0.6	1.9	$+0.5$ 0	1.0		
25	$+0.3$ 0	19.9	≤1.5	≤0.8	2.3		1.1		0.23
32		25.7	≤2.0	≤1.0	2.9		1.2		0.28
40		31.6	≤2.4	≤1.2	3.9	$+0.6$ 0	1.7	0.4	0.33
50		40.5	≤3.0	≤1.5	4.4	$+0.7$ 0	1.7		0.47
63	$+0.4$ 0	50.5	≤3.8	≤1.9	5.8	$+0.9$ 0	2.1		0.57
75	$+0.6$ 0	59.3	≤4.5	≤2.3	7.3	$+1.1$ 0	2.8		0.67

2）对接焊铝塑复合管的规格尺寸如表 12-51 所示。

对接焊铝塑复合管的规格尺寸（mm）　　　　表 12-51

公称外径 d_n	公称外径公差	参考内径 d_i	圆度		管壁厚 e_m		内层塑料厚 e_n		外层塑料最小壁厚 e_w	铝管层壁厚 e_a	
			盘管	直管	公称值	公差	公称值	公差		公称值	公差
16		10.9	≤1.0	≤0.5	2.3		1.4			0.28	
20	+0.30	14.5	≤1.2	≤0.6	2.5	+0.50	1.5		0.3	0.36	
25	0	18.5	≤1.5	≤0.8			1.7			0.44	
32		25.5	≤2.0	≤1.0	3.0		1.6	±0.1		0.6	±0.4
40	+0.40 0	32.4	≤2.4	≤1.2	3.5	+0.60	1.9		0.4	0.75	
50	+0.50 0	41.4	≤3.0	≤1.5	4.0		2.0			1.00	

3）不锈钢塑料复合管的规格尺寸：以聚乙烯（PE）为内层材料的不锈钢塑料复合管的外径、壁厚（各层厚度）及允许偏差如表 12-52 所示。以其他塑料为内层材料的不锈钢塑料复合管，其内层壁厚应保证公称压力为 0.6MPa，外径尺寸与以聚乙烯（PE）为内层材料的不锈钢塑料复合管一致。

以聚乙烯（PE）为内层材料的不锈钢塑料复合管规格尺寸（mm）　　表 12-52

外径		总壁厚		不锈钢层		不圆度
公称外径 d_n	允许偏差	总壁厚	允许偏差	壁厚	允许偏差	
16	+0.20 −0.10	2.0	+0.30 0	0.30	±0.02	0.013d_n
20	+0.20 −0.10	2.0	+0.30 0	0.30	±0.02	
(22)	+0.20 −0.10	2.5	+0.30 0	0.30	±0.02	
25	+0.20 −0.10	2.5	+0.30 0	0.30	±0.02	
(28)	+0.20 −0.10	3.0	+0.30 0	0.40	±0.02	
32	+0.20 −0.10	3.0	+0.30 0	0.40	±0.02	
40	+0.22 −0.10	3.5	+0.40 0	0.40	±0.02	
50	+0.25 −0.10	4.0	+0.40 0	0.40	±0.02	0.015d_n
63	+0.25 −0.10	5.0	+0.50 0	0.50	±0.02	
75	+0.30 −0.10	6.0	+0.50 0	0.50	±0.02	
90	+0.40 −0.20	7.0	+0.60 0	0.60	±0.02	0.017d_n
110	+0.50 −0.20	8.0	+0.60 0	0.60	±0.02	
125	+0.60 −0.20	9.0	+0.70 0	0.80	±0.02	0.018d_n
160	+0.70 −0.30	10.0	+0.80 0	0.80	±0.02	

（3）金属塑料复合管的主要物理力学性能如表 12-53 所示。

金属塑料复合管材的主要物理力学性能　　　　　　　表 12-53

性能项目　　　　管材种类	金属塑料复合类			
	铝塑（PAP）复合管		不锈钢塑料复合管	
	PE-AL-PE	PEX-AL-PEX	SNP	SNPR
管材规格 DN(mm)	16～75	16～75	16～160	16～160
适用范围	冷水	冷水,热水	冷水	热水
导热系数[W/(m·K)]	0.45		0.4～0.45	
线膨胀系数[mm/(m·℃)]	0.025		0.012	
材质系数 K	30			
温度适用范围(℃)	−60～40	−60～95	−20～40	−20～95
长期使用温度(℃)	≤40	≤75	≤40	≤75
耐燃性	自熄		难燃	
拉伸强度(20℃)(MPa)	≥15(HDPE)	≥21(PEX)		
管件材质	金属		金属 PVC-U	金属
连接方式	机械(M)		机械(M)粘结	机械(M)

12.1.6　玻璃钢管

1. 玻璃钢管基本情况

玻璃钢管也称玻璃纤维缠绕夹砂管（RPM 管），主要以玻璃纤维及其制品为增强材料，以高分子成分的不饱和聚酯树脂、环氧树脂等为基体材料，以石英砂及碳酸钙等无机非金属颗粒材料为填料作为主要原料。管的标准有效长度为 6m 和 12m，其制作方法有定长缠绕工艺、离心浇铸工艺以及连续缠绕工艺三种。可根据产品的工艺方法、压力等级 PN 和刚度等级 SN 进行分级分类。

其中刚度等级 $SN=EI/D^3$，通常以 N/m^2 作单位。EI 为沿管轴方向单位长度内管壁环向弯曲刚度，D 为管道平均直径。压力等级 PN 有 0.1MPa、0.6MPa、1.0MPa、1.6MPa、2.0MPa、2.5MPa；刚度等级 SN 有 1250N/m^2、2500N/m^2、5000N/m^2、10000N/m^2。

2. 玻璃钢管的特点

（1）耐腐蚀性能好。由于玻璃钢的主要原材料由高分子成分的不饱和聚酯树脂和玻璃纤维组成，能有效抵抗酸、碱、盐等介质的腐蚀和未经处理的生活污水、腐蚀性土壤、化工废水以及众多化学液体的侵蚀，在一般情况下，能够长期保持管道的安全运行。

（2）抗老化性能和耐热性能好。玻璃钢管可在 −40～70℃ 温度范围内长期使用，采用特殊配方的耐高温树脂还可在 200℃ 以上的温度下正常工作。长期用于露天使用的管道，其外表面添加有紫外线吸收剂，来消除紫外线对管道的辐射，延缓玻璃钢管道的老化。

（3）抗冻性能好。在 −20℃ 以下，管内结冰后不会发生冻裂。

（4）重量轻、强度高、运输方便。玻璃钢管不但重量轻、强度高、可塑性强、运输与安装方便，还容易安装各种分支管，且安装技术简单。

(5) 水力条件好。内壁光滑、输送能力强，不结垢、不生锈、水阻小。

3. 玻璃钢管技术的基本要求

(1) 树脂

所用不饱和聚酯树脂应符合 GB/T 8237 的规定。

所用环氧树脂应符合 GB/T 13657 的规定。

用作引水管及饮用水管的树脂卫生标准必须符合 GB 13115 的规定。

(2) 增强材料

所用无碱无捻玻璃纤维纱应符合 GB/T 277 的规定。

所用中碱无捻玻璃纤维纱应符合 GB/T 278 的规定。

(3) 填料

SiO_2 含量大于 95%，含湿量应小于 0.2%。

$CaCO_3$ 含量大于 98%，含湿量应小于 0.2%。

(4) 外观质量

管的内表面应光滑平整，无龟裂、分层、针孔、杂质、贫胶区及气泡，管端面应平齐、无毛刺。管外表面无明显缺陷。

(5) 尺寸

直径偏差：外径系列应符合表 12-54 的规定，内径系列应符合表 12-55 的规定。

长度偏差：$\pm 0.005L$（L 为管的有效长度）。

壁厚：最小厚度应不小于经规定程序批准的图样和技术文件规定的标称厚度的 87.5%，平均厚度应不低于标称厚度。

管端面垂直度：符合表 12-56 的规定。

外径系列 RPM 管尺寸　　　　　　　　　　　　　表 12-54

公称直径 DN(mm)	外直径(mm)	偏差(mm)
200	208	+2.0，−2.0
250	259	+2.1，−2.0
300	310	+2.3，−2.0
400	412	+2.5，−2.0
500	514	+2.8，−2.0
600	616	+3.0，−2.0
700	718	+3.3，−2.0
800	820	+3.5，−2.0
900	922	+3.8，−2.0
1000	1024	+4.0，−2.0
1200	1228	+4.5，−2.0
1400	1432	+5.0，−2.0
1600	1636	+5.5，−2.0
1800	1840	+6.0，−2.0
2000	2044	+6.5，−2.0
2200	2248	+7.0，−2.0
2400	2452	+7.5，−2.0
2500	2554	+7.5，−2.0

内径系列 **RPM** 管尺寸　　　　　　　表 12-55

公称直径 DN(mm)	内直径范围(mm)		偏差(mm)
	最小	最大	
200	196	204	±1.5
250	246	255	±1.5
300	296	306	±1.8
400	396	408	±2.4
500	496	510	±3.0
600	596	612	±3.6
700	695	714	±4.2
800	795	816	±4.2
900	895	918	±4.2
1000	995	1020	±4.2
1200	1195	1220	±5.0
1400	1395	1420	±5.0
1600	1595	1620	±5.0
1800	1795	1820	±5.0
2000	1995	2020	±5.0
2200	2195	2220	±5.0
2400	2395	2420	±6.0
2500	2495	2520	±6.0

管端面垂直度要求　　　　　　　表 12-56

公称直径 DN(mm)	管端面垂直度偏差(mm)
DN<600	4
600≤DN<1000	6
DN≥1000	8

（6）内衬层：内表面厚度不小于 0.5mm，内表面和次内层厚度应不小于 1.2mm。

4. 玻璃钢管运输、贮存

（1）起吊和运输

玻璃钢管起吊宜用柔性绳索，若用铁链或钢索起吊，必须在吊索与管道棱角处填橡胶或其他柔性物。起吊时应轻起轻放，必须采用双点起吊，严禁单点起吊。运输时应固定牢靠，采用卧式堆放，严禁抛掷与剧烈撞击。

（2）贮存

产品应按类型、规格、等级分类堆放，远离热源，且不宜长期露天存放。堆放层数如表 12-57 所示。堆放时层与层之间用垫木隔开。

RPM 管堆放层数　　　　　　　表 12-57

公称直径 (mm)	200	250	300	400	500	600～700	800～1000	≥1400
层数	8	7	6	5	4	3	2	1

5. 玻璃钢管安装基本要求

(1) RPM 管道可以采用对接胶合连接、承插胶合连接、承插内外胶合连接、橡胶圈承插连接、法兰连接等形式。最常用的是橡胶圈承插连接和胶合连接。不论何种连接形式，在安装时应考虑温度变化引起的热膨胀和热应力。

(2) 管道沟槽底部的开挖宽度应满足下管、回填、夯实及安装操作的要求，一般为管径加两倍工作面宽度和支挡厚度，但管沟底的宽度不应小于 600mm。管沟工作面宽度符合表 12-58 的规定。管沟的底面要求平整而连续，不得有大于 40mm 的圆石或大于 25mm 尖角形碎石直接与管外壁接触。

RPM 管堆放层数 表 12-58

直径(mm)	工作面宽度(mm)
100～300	150
350～500	200
600～900	300
1000～1600	450
1800～2400	600

除特殊地质与地形条件，玻璃钢管敷设要求按国家或行业现行有关管道铺设规范或规程执行。沟槽是否采取支撑措施应根据沟槽的土质、地下水位、开槽断面、外荷载条件等因素由施工组织设计确定。支撑材料可选用钢材、木材或钢材木材混合用使。

管道回填前要检查管道的外观有无损伤及连接有无脱落等质量问题，管沟至管顶以上 500mm 范围内，回填土不得含有有机材料、冻土以及大于 50mm 的砖、石等硬物，回填夯实密度不得小于设计要求的密度。

6. 应注意的问题

(1) 由于玻璃钢管密度小，材质轻，在地下水位较高地区安装玻璃钢管极易浮管，必须考虑设置镇墩或雨水径流疏导等抗浮措施。

(2) 在已装玻璃钢管上开三通、修补管道裂缝等施工中，要求类似与厂房内的完全干燥条件且施工时使用的树脂及纤维布还需 7～8h 固化，而现场施工与补修一般很难达到此要求。

(3) 现有地下管线探测设备主要以探测金属管线为主，而非金属管道探测仪器价格昂贵，因此玻璃钢管埋地后目前无法探测，其他后续施工单位在施工中极易挖伤、损坏管道。

(4) 玻璃钢管防紫外线能力差。目前明装玻璃钢管通过在其表面制作 0.5mm 厚的富树脂层和紫外线吸收剂（厂内加工），来延缓老化时间。但随着运行时间的推移，富树脂层和紫外线吸收剂会遭到破坏，从而影响其使用寿命。

(5) 覆土深度要求较高。一般车行道下 SN5000 级玻璃钢管最浅覆土不小于 0.8m；最深覆土不大于 3.0m；SN2500 级玻璃钢管最浅覆土不小于 0.8m；最深覆土不大于 1.2m（12mm 厚钢板卷管最小和最深覆土分别为 0.7m 和 4.0m）。

（6）回填土中不得含有大于 50mm 的砖、石等硬物，以免损伤管道外壁。

12.2 阀 件

12.2.1 截止阀

1. 定义及分类

截止阀是利用阀瓣沿着阀座通道的中心移动来控制管路启闭的一种闭路阀，可用于各种压力和各种温度下输送各种液体和气体。截止阀可分为：

（1）直通式截止阀：介质的进出口两个通道在同一方向上，呈 180°的截止阀。

（2）直流式截止阀：阀杆与通道成一定角度的截止阀。

（3）柱塞式截止阀：常规截止阀的变形，其阀瓣和阀座是按柱塞的原理设计的；把阀瓣设计成柱塞，阀座设计成套环，靠柱塞和套环的配合实现密封。

（4）三通截止阀：具有三个通道的截止阀。

（5）角式截止阀：介质的进出口两个通道呈 90°的截止阀。

（6）针形截止阀：阀座孔的尺寸比公称通仅小的截止阀。

（7）上螺纹阀杆截止阀：阀杆螺纹在壳体外面的截止阀。

（8）下螺纹阀杆截止阀：阀杆螺纹在壳体内的截止阀。

2. 选型提示

（1）该阀阻力较大，关断可靠，但体积较大。

（2）生产工艺较简单，有金属密封，有橡胶密封。

（3）可手动调节。

（4）必要时可起到手动平衡的作用，且抗气蚀能力较强。

（5）DN50 及以下多为螺纹接口，多采用全铜结构。

（6）安装时注意水流方向。

（7）DN200 以上不宜采用截止阀。

选型计算公式：

$$Q = K_v \times \sqrt{\Delta P} \tag{12-5}$$

式中　Q——流量，m^3/h；

　　　K_v——阀门参数；

　　　ΔP——阀门前后压差，bar。

下面介绍一种蒸汽和热水系统中常用的截止阀

3. 波纹管密封截止阀 BSA1T

采用独特的波纹管密封设计，从而完全消除了阀杆填料密封泄漏的问题，满足最严格的泄漏等级要求。BSA 型截止阀带有节流阀芯，双波纹管密封，寿命更长久，其零泄漏的特性改善了设备的安全性，节约了大量能源，减少了维修费用，并为工业应用提供了清洁安全的工作环境。另外，BSA 系列波纹管密封截止阀还具有防波纹管扭转功能的防转销、防止误操作的锁紧螺母、节约空间的无提升手轮、开关位置显示等独特设计。它的典型应用流体包括：蒸汽和冷凝水；工艺流体；热水和冷水系统；热油系统；化学热流体；毒性流体；压缩空气和其他气体及水/乙二醇等工业流体。波纹管密封截止阀如图 12-1 和表 12-59～表 12-61 所示。

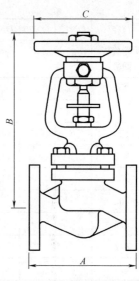

图 12-1　波纹管密封截止阀

波纹管密封截止阀产品参数　表 12-59

阀体设计条件	PN16	JIS/KS 10K
最大允许压力	16bar	14 bar
最高允许温度	300℃	220℃
最大工作压力	12.9bar	11bar
最大工作温度	230℃（软阀座）	220℃（软阀座）
	300℃（金属阀座）	220℃（金属阀座）
最低工作温度	−10℃	−10℃
冷态水压试验压力	24bar	20bar
密封	符合 EN 12266-1 A 级和 ISO 5208A 级密封	
连接方式	法兰	
可选项	大口径 BSA 截止阀有平衡阀芯的选项	

波纹管密封截止阀的规格　表 12-60

口径	A(mm)		B (mm)	C (mm)	重 量 (kg)
	PN16	JIS/KS 10K			
DN15	130	133	205	125	4
DN20	150	153	205	125	4
DN25	160	163	217	125	5
DN32	180	183	217	125	7
DN40	200	203	243	200	10
DN50	230	229	243	200	12
DN65	290	293	263	200	16
DN80	310	309	287	200	21
DN100	350	349	383	315	36
DN125	400	395	416	315	52
DN150	480	479	450	315	75
DN200	600	537	622	500	145

波纹管密封截止阀的流量参数　表 12-61

口径	DN15	DN20	DN25	DN32	DN40	DN50	DN65	DN80	DN100	DN125	DN150	DN200	DN250
手轮旋转圈数	对应手轮圈数下的 K_v 值，基于 EN60534-2-3,20℃水温												
0	0	0	0	0	0	0	0	0	0	0	0	0	0
0.5	1.2	1.2	1.4	2.2	4.4	4.1	5.6	10.4	12.0	21	28	66	110
1	1.7	1.7	2.0	3.7	5.0	5.0	7.0	11.5	14.3	23	30	81	140
1.5	2.7	2.9	2.9	5.0	5.5	6.0	9.2	13.6	24.5	26	33	97	150
2	3.6	4.0	4.6	7.9	7.6	7.2	11.6	16.3	34.1	42	46	111	165

口径	DN15	DN20	DN25	DN32	DN40	DN50	DN65	DN80	DN100	DN125	DN150	DN200	DN250
手轮旋转圈数	对应手轮圈数下的 K_v 值，基于 EN60534-2-3，20℃水温												
2.5	4.4	5.3	6.4	10.6	11.0	9.7	12.4	18.5	59.6	67	55	149	190
3	5.4	6.6	8.5	13.8	14.7	14.1	13.0	21.1	86.2	94	90	199	225
4			10.6	17.0	22.6	24.4	25.2	24.5	123.0	140	152	302	330
4.5			11.2	18.3	24.4	29.4	32.5	29.0	139.0	181	177	355	451
5			11.9	19.6	27.2	37.0	43.6	39.1	164.1	185	216	403	460
6					28.9	46.2	60.2	61.0	179.0	220	264	455	600
6.5					29.1	47.0	63.0	69.0	186.0	230	288	480	641
6.7					29.3	47.2	64.3	73.0		235	293	487	656
7							65.9	78.0		241	305	495	678
8							71.2	9.0		259	337	507	738
8.5							74.6	92.0			348	522	760
9.5								99.0			369		793
10								101.6					805
10.7													8.27

12.2.2　闸阀

1. 定义及分类

闸阀是启闭件（闸板）由阀杆带动，沿阀座密封面作升降运动的阀门。闸阀适用于供热和蒸汽管道及给水排水关启作为调流、切断和截流之用。闸阀的驱动方式有手动、电动和气动。它主要有以下几种形式：

（1）楔式闸阀：闸板的两侧密封面成楔状的闸阀。

（2）升降式闸阀：阀杆做升降运动，其传动螺纹在体腔外部的闸阀。

（3）旋转杆式闸阀：阀杆做旋转运动，其传动螺纹在体腔内部的闸阀。

（4）快速启闭闸阀：阀杆既做旋转又作升降运动的闸阀。

（5）缩口闸阀：阀体内的通道直径不同，阀座密封面处的直径小于法兰连接处的直径的闸阀。

（6）平板闸阀：有带导流孔和不带导流孔之分；带导流孔的平板闸阀能通球清管，不带导流孔的平板闸阀只能用作管路上的启闭装置。

（7）平形式闸阀：闸板的两侧密封面相互平行的闸阀。

下面介绍一种常应用于中央空调、集中供热系统中的闸阀——软密封闸阀。

2. 软密封闸阀

它利用其弹性阀板的微量变形达到良好的密封效果，有效地避免了传统闸阀由于杂物积于阀底凹槽造成阀门无法关闭的现象。软密封闸阀如图 12-2 和表 12-62 所示

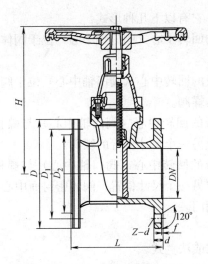

图 12-2　软密封闸阀

软密封闸阀的规格　　　　　　　　　　　　　　　　　　表 12-62

公称通径	L (mm)	H (mm)	D (mm)	D₁ (mm)		D₂ (mm)		Z-Φd (mm)		KVS
				1.0MPa	1.6MPa	1.0MPa	1.6MPa	1.0MPa	1.6MPa	
DN50	150	230	165	125		102		4-Φ18		270
DN65	170	260	185	145		122		4-Φ18		470
DN80	180	280	200	160		138		8-Φ18		900
DN100	190	310	220	180		158		8-Φ18		1600
DN125	200	360	250	210		188		8-Φ18		2150
DN150	210	397	285	240		212		8-Φ22		3680
DN200	230	500	340	295		268		8-Φ22	12-Φ22	2880
DN250	250	587	405	350	355	320		12-Φ22	12-Φ26	4306
DN300	270	685	460	400	410	370	378	12-Φ22	12-Φ26	6380

12.2.3　球阀

1. 定义

球阀是启闭件（球体）绕垂直于通路的轴线旋转的阀门。

2. 选型提示

（1）DN50 及以下采用全铜丝接，球体一般为不锈钢，密封环为四氟。

（2）DN50 以上一般采用法兰连接。

（3）驱动方式一般为手柄式、涡轮式和电动式。

12.2.4　蝶阀

1. 定义及分类

蝶阀是启闭件（蝶板）绕固定轴旋转的阀门。蝶阀结构简单、重量轻、体积小、开启迅速，可在任意位置安装。它有以下几种形式：

（1）中线蝶阀：蝶板的回转中心（阀门轴中心）位于阀体的中心线和蝶板的密封截面上的蝶阀。

（2）单偏心蝶阀：蝶板的回转中心（阀门轴中心）位于阀体的中心线上且与蝶板的密封截面形成一个尺寸偏置的蝶阀。

（3）双偏心蝶阀：蝶板的回转中心（阀门轴中心）与蝶板密封截面形成一个尺寸偏置，并与阀体的中心线形成另一个尺寸偏置的蝶阀。

（4）三偏心蝶阀：蝶板的回转中心（阀门轴中心）与蝶板密封截面形成一个尺寸偏置，并与阀体的中心线形成另一个尺寸偏置；阀体密封面中心线与阀座中心线（即阀体中心线）形成一个角偏置的阀门。

2. 选型提示

（1）连接形式：对夹式或法兰式。

（2）手动驱动方式：$DN150$ 以下手柄式；$DN150$ 及以上，建议采用涡轮式。

（3）建议采用中线蝶阀，因中线蝶阀可双面承压。

（4）$PN16$ 以上压力情况下，不宜采用蝶阀。

（5）$DN50$ 以下不宜采用蝶阀，可采用截止阀等。

3. 对夹式蝶阀

对夹式蝶阀如图 12-3、表 12-63 和表 12-64 所示。

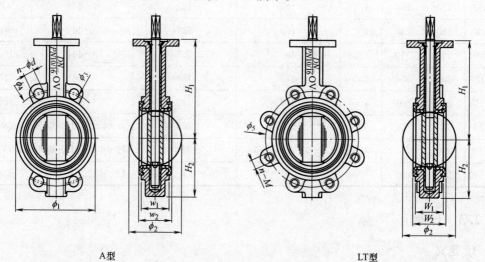

A 型　　　　　　　　　　　　　　　　　　　　LT 型

图 12-3　对夹式蝶阀

对夹式蝶阀的技术参数　　　　　　　　　　　　　　　　表 12-63

阀体规格	手动蝶阀	涡轮蝶阀	电动蝶阀
	$DN32\sim DN200$	$DN32\sim DN600$	$DN32\sim DN600$
阀体结构形式	A 型、LT 型		
公称压力	$PN10/PN16$		
工作温度	三元乙丙（EPDM）阀座		丁腈橡胶（NBR）
	$-10\sim110℃$		$-10\sim80℃$

阀体规格	手动蝶阀	涡轮蝶阀	电动蝶阀
	DN32~DN200	DN32~DN600	DN32~DN600
材质	阀体	球墨铸铁	
	阀板	奥氏体不锈钢(CF8M)	
	阀轴	不锈钢(SS420)	
	阀座	三元乙丙橡胶(EPDM)/丁腈橡胶(NBR)	
	表面	喷涂环氧树脂漆,颜色 RAL5002	
执行标准	设计标准	API609、BS5155、DIN PN10/PN16	
	连接侧法兰	DIN 2533-2000、DIN 2543-2000	
	检验标准	API 598	
CE 标记	三元乙丙(EPDM)阀座:≥DN150;三元乙丙(EPDM):全部		

对夹式蝶阀的规格 表 12-64

规格	$\Phi1$	$\Phi2$	W_1	W_2	H_1	H_2	A 型				LT 型		KVS
							PN10		PN16		$\Phi5$	$n\text{-}M$	
							$\Phi3$	Φd	$\Phi4$	Φd			
DN32	80	38.8	33	48	133	65	100	18	100	18	100	4-M16	28
DN40	88	40.3	33	50	133	70	110	18	110	18	110	4-M16	57
DN50	92	52.6	43	48	141	62	125	18	125	18	125	4-M16	108
DN65	104	64.4	46	50	153	72	145	18	145	18	145	4-M16	198
DN80	124	78.9	46	50	161	87	160	18	160	18	160	8-M16	330
DN100	154	104.1	52	58	179	106	180	18	180	18	180	8-M16	545
DN125	184	123.4	56	60	193	123	210	18	210	18	210	8-M16	890
DN150	205	155.9	56	60	204	137	240	22	240	23	240	8-M20	1410
DN200	265	202.9	60	64	247	174	295	22	295	23	295	12-M20	2356
DN250	316	250.9	68	73	280	209	350	22	355	27	355	12-M24	3780
DN300	366	301.6	78	83	324	250	400	22	410	27	410	12-M24	5590
DN350	438	334.3	76	80	370	267	—	—	470	28	470	16-M24	8080
DN400	491	390.2	86	90	400	301	—	—	525	31	525	16-M27	10553
DN450	540	441.4	105	109	422	326	—	—	585	31	585	20-M27	18965
DN500	592	492.5	131	136	480	358	—	—	650	34	650	20-M30	24300
DN600	714	593	152	156	562	444	—	—	770	37	770	20-M33	36850

（1）手动对夹式蝶阀（图 12-4 和表 12-65）

手动对夹式蝶阀规格（mm） 表 12-65

规格	DN32	DN40	DN50	DN65	DN80	DN100	DN125	DN150	DN200
L	200	200	200	200	200	200	200	200	320
H	71	71	71	71	71	71	71	71	71

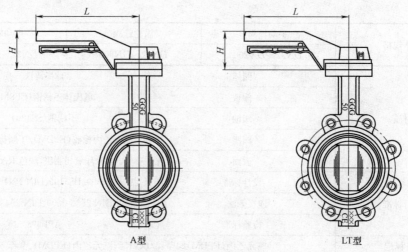

A型　　　　　　　　　　　LT型

图 12-4　手动对夹式蝶阀

（2）涡轮对夹式蝶阀（图 12-5 和表 12-66）

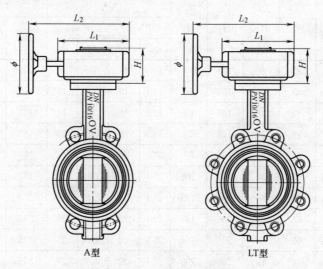

A型　　　　　　　　　　　LT型

图 12-5　涡轮对夹式蝶阀

涡轮对夹式蝶阀规格（mm）　　　　　　　　　　　　　　　表 12-66

规格	DN32	DN40	DN50	DN65	DN80	DN100	DN125	DN150	DN200	DN250	DN300	DN350	DN400	DN450	DN500	DN600
H	62	62	62	62	62	62	62	62	75	75	75	83	131	131	131	138
Φ	134	134	134	134	134	134	134	134	215	215	215	300	300	300	300	300
L_1	119.5	119.5	119.5	119.5	119.5	119.5	119.5	119.5	170	170	170	160	350	350	350	350
L_2	205	205	205	205	205	205	205	205	296	296	296	307	375	375	375	375

（3）电动对夹式蝶阀（图 12-6 和表 12-67）

电动对夹式蝶阀规格（mm）　　　　　　　　　　　　　　　表 12-67

规格	DN32	DN40	DN50	DN65	DN80	DN100	DN125	DN150	DN200	DN250	DN300	DN350	DN400	DN450	DN500	DN600
H	125	125	125	125	125	125	125	125	146	168	168	168	158	158	158	172
L_1	126	126	126	126	126	145	145	145	173	176	176	176	176	176	176	307
L_2	155	155	155	155	155	204	204	204	256	280	280	280	280	280	280	408

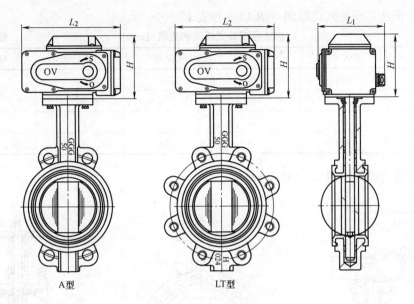

图 12-6　电动对夹式蝶阀

4. 法兰式蝶阀

（1）U 形法兰式蝶阀（图 12-7 和表 12-68）。

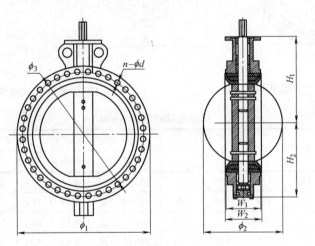

图 12-7　U 形法兰式蝶阀

U 形法兰式蝶阀的规格（mm）　　　　　　　　　　　　　表 12-68

规格	Φ2	W1	W2	H1	H2	PN10			PN16			KVS
						Φ1	Φ3	n-Φd	Φ1	Φ3	n-Φd	
DN700	695	164.4	169	637	526	895	840	12-31	910	840	12-37	42300
DN800	796	189.4	195	667	600	1015	950	12-34	1025	950	12-41	58300
DN900	865	203.4	211	715	666	1115	1050	16-34	1125	1050	16-41	73820
DN1000	965	215.9	224	795	731	1230	1160	16-37	1255	1170	16-44	102350
DN1200	1160	252.9	286	950.6	878	1455	1380	20-41	1485	1390	20-50	131150

（2）U 形法兰涡轮式式蝶阀（图 12-8 和表 12-69）。

U 形法兰涡轮式蝶阀的规格（mm）   表 12-69

规格	DN700	DN800	DN900	DN1000	DN1200
H	159	159	228	228	253
Φ	386	386	386	386	386
L₁	364	364	430	430	465
L₂	538	538	627	627	645

（3）双法兰蝶阀（图 12-9 和表 12-70）

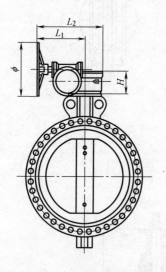
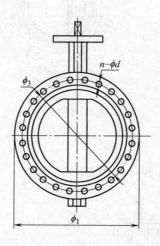
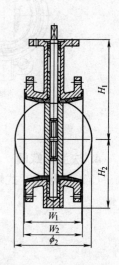

图 12-8　U 形法兰涡轮式蝶阀

图 12-9　双法兰式蝶阀

双法兰蝶阀规格（mm）   表 12-70

规格	Φ2	W₁	W₂	H₁	H₂	PN10			PN16			KVS
						Φ1	Φ3	n-Φd	Φ1	Φ3	n-Φd	
DN50	52	108	113	120	83	165	125	4-19	165	125	4-19	108
DN65	64	112	117	130	93	185	145	4-19	185	145	4-19	198
DN80	79	114	120	145	100	200	160	8-19	200	160	8-19	330
DN100	104	127	132	155	114	220	180	8-19	220	180	8-19	545
DN125	123	140	145	170	125	250	210	8-19	250	210	8-19	890
DN150	156	140	145	190	143	285	240	8-23	285	240	8-23	1410
DN200	203	152	159	210	156	340	295	8-23	340	295	12-23	2356
DN250	251	165	173	240	200	395	350	12-23	405	355	12-28	3780
DN300	301	178	185	276	221	445	400	12-23	460	410	12-28	5590
DN350	334	190	198	320	260	505	460	16-23	520	470	16-28	8080
DN400	390	216	227	343	295	565	515	16-28	580	525	16-31	10553
DN450	441	222	228	390	350	615	565	20-28	640	585	20-31	18965
DN500	492	229	235	448	346	670	620	20-28	715	650	20-34	24300

规格	$\Phi2$	W_1	W_2	H_1	H_2	PN10			PN16			KVS
						$\Phi1$	$\Phi3$	$n\text{-}\Phi d$	$\Phi1$	$\Phi3$	$n\text{-}\Phi d$	
DN600	593	267	276	518	433	780	725	20-31	840	770	20-37	36850
DN700	695	292	304	560	470	895	840	24-31	910	840	24-37	42300
DN800	796	318	329	620	521	1015	950	24-34	1025	950	24-41	58300
DN900	865	330	344	692	587	1115	1050	28-34	1125	1050	28-41	73820
DN1000	965	410	423	735	642	1230	1160	28-37	1255	1170	28-44	102350
DN1200	1160	470	483	917	783	1455	1380	32-41	1485	1390	32-50	131150

（4）双法兰涡轮式蝶阀（图 12-10 和表 12-71）

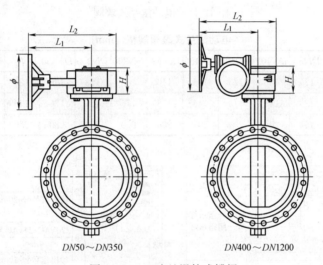

DN50～DN350   DN400～DN1200

图 12-10　双法兰涡轮式蝶阀

双法兰涡轮式蝶阀　　　　　　　　　　　　　表 12-71

规格	DN50	DN65	DN80	DN100	DN125	DN150	DN200	DN250	DN300	DN350
H	62	62	62	62	62	62	71	71	71	84
Φ	134	134	134	134	134	134	215	215	215	300
L_1	145	145	145	145	145	145	216	216	216	225
L_2	205	205	205	205	205	205	302	302	302	307

规格	DN400	DN450	DN500	DN600	DN700	DN800	DN900	DN1000	DN1200
H	131	131	131	138	159	159	228	228	253
Φ	300	300	300	300	386	386	386	386	386
L_1	264	264	269	307	364	364	430	430	465
L_2	374	374	279	441	538	528	627	627	645

（5）电动法兰式蝶阀（图 12-11、图 12-12、表 12-72 和表 12-73）

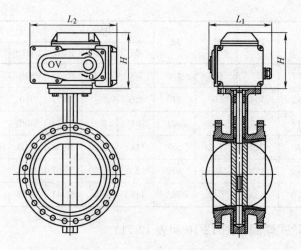

图 12-11 电动法兰式蝶阀

电动法兰式蝶阀规格（mm） 表 12-72

规格	DN50	DN65	DN80	DN100	DN125	DN150	DN200	DN250	DN300	DN350	DN400	DN450	DN500	DN600
H	125	125	125	125	125	125	146	168	168	168	158	158	158	172
L_1	126	126	126	145	145	145	173	176	176	176	176	176	176	307
L_2	155	155	155	204	204	204	256	280	280	280	280	280	280	408

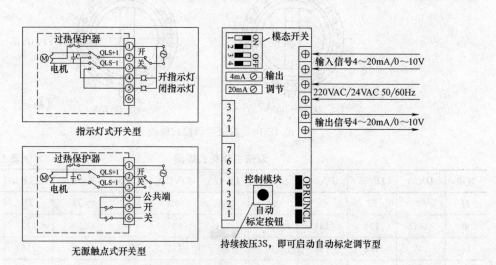

图 12-12 电动法兰式蝶阀电动执行器电气接线图

电动法兰式蝶阀电动执行器参数 表 12-73

执行器型号	BHC-05/DHC-05	BHC-10/DHC-10	BHC-25/DHC-25	BHC-100/DHC-100	BHC-200/DHC-200	BHC-400/DHC-400	BHC-600/DHC-600
输出扭矩	50Nm	100Nm	500Nm	1000Nm	2000Nm	4000Nm	6000Nm
功率	30W	80W	150W	300W	300W	500W	500W
重量	2.6kg	3.7kg	6.7kg	11.2kg	11.2kg	20kg	20kg

续表

执行器型号	BHC-05/DHC-05	BHC-10/DHC-10	BHC-25/DHC-25	BHC-100/DHC-100	BHC-200/DHC-200	BHC-400/DHC-400	BHC-600/DHC-600
配合阀体规格	$DN32\sim DN80$	$DN100\sim DN150$	$DN200$	$DN250\sim DN350$	$DN400\sim DN450$	$DN500$	$DN600\sim DN800$
工作电压	24VAC(适用于规格≤$DN200$)/220VAC/380VAC(适用于开关控制)						
动作时间	20s	30s	30s	50s	100s	150s	240s
自我保护	过热保护						
环境温度	$-10\sim60℃$						
手动操作	断电状态下可手动操作阀门						
防护等级	IP65						
限位功能	电子限位						
控制方式 开关型	无源触点、指示灯式						
控制方式 调节型	输入/输出:0~10VDC、4~20mA						

注：BHC——开关型，DHC——调节型。

12.2.5 平衡阀

1. 静态平衡阀（数字锁定平衡阀）

静态平衡阀通过调节自身开度改变阀门阻力，平衡各并联环路的阻力比值，使流量合理分配，达到实际流量与设计流量相同；消除水系统存在的部分区域过流从而导致部分区域欠流的冷热分配不均现象，有效避免了为照顾不利环路而加大流量运行的能源浪费现象，因此可节省冷/热量，同时还可以减少水泵运行费用。它具有良好的调节、截止功能，还具有开度显示和开度锁定功能。在供暖和空调系统中使用，可达到节能的效果。但当系统中压差发生变化时，不能系统变化而改变阻力系数，若需适应，则要重新进行手动调节（图12-13～图12-15，表12-73～表12-79）。

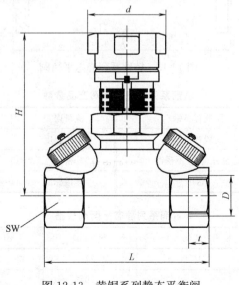

图12-13 黄铜系列静态平衡阀

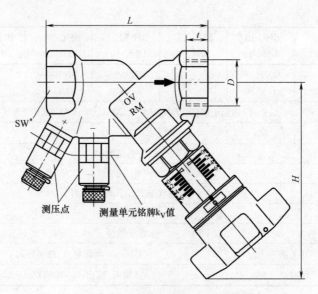

图 12-14　青铜系列静态平衡阀

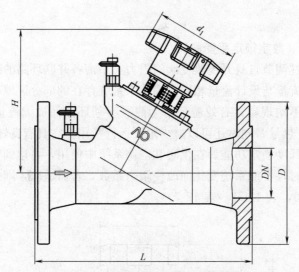

图 12-15　铸铁系列静态平衡阀

黄铜系列静态平衡阀产品参数

表 **12-74**

阀体	防脱锌黄铜	流量误差	5%
阀盖	防脱锌黄铜	工作温度	−10～ 120℃
其他	防脱锌黄铜/不锈钢	密封	PTFE/双面 O 形圈
最大工作压力	PN16	连接标准	螺纹连接符合 DIN 10226(BS21)

黄铜系列静态平衡阀规格

表 **12-75**

DN	D	L(mm)	H(mm)	d(mm)	kVS
15	1/2″	80	77	38	3.88
20	3/4″	82	79	38	5.71

DN	D	L(mm)	H(mm)	d(mm)	kVS
25	1″	92	81	38	8.89
32	1¹ᐟ⁴″	115	91	50	19.45
40	1¹ᐟ²″	130	100	50	27.51
50	2″	140	104	50	38.78

青铜系列静态平衡阀产品参数　　　　　　　表 12-76

阀体、阀盖	青铜	流量误差	5%
阀锥	铜合金	工作温度	−20℃～150℃
阀轴	铜合金	密封	PTFE/双面 O 形圈
最大工作压力	PN25	连接标准	螺纹连接符合 DlN 10226(BS21)

青铜系列静态平衡阀规格　　　　　　　　表 12-77

DN	D	L(mm)	H(mm)	t(mm)	kVS
10	3/8″	73	114	10.1	2.88
15	1/2″	80	114	13.2	3.88
20	3/4″	84	116	14.5	5.71
25	1″	97.5	119	16.8	8.89
32	1¹ᐟ⁴″	110	136	19.1	19.45
40	1¹ᐟ²″	120	138	19.1	27.51
50	2″	150	148	25.7	38.78

铸铁系列静态平衡阀产品参数　　　　　　　表 12-78

名称	VFC	VFR	VFN
阀体	灰铸铁		球墨铸铁
阀盖	青铜/球墨铸铁 (DN200～DN300)	青铜	青铜 (DN200～DN300)
阀锥	铜合金		青铜
阀轴	铜合金	不锈钢	铜合金
压力测试口	带有 EPDM 密封的黄铜		
最大工作压力	PN16		PN25
流量误差	±5%		
工作温度	−20～150℃	−20～150℃	−20～150℃
密封	PTFE		
连接方式	法兰连接		

	铸铁系列静态平衡阀规格							表 12-79		
DN	D(mm)			L	H	D	kVS			
	VFC	VFR	VFN	(mm)	(mm)	(mm)		VFC	VFR	VFN
20	105			150	118	70	4.77	2.89		
25	115			160	118	70	8.38	3.439		
32	140			180	136	70	17.08	5.335		
40	150			200	136	70	26.88	6.17		
50	165			230	145	70	36	8.431	9.45	
65	185		185	290	188	110	98	13.568	16.645	13.57
80	200		200	310	203	110	122.2	18.075	21.655	18.076
100	220		235	350	240	160	201	27.849	33	27.85
125	250		270	400	283	160	293	40.85	45.012	40.98
150	285		300	480	285	160	404	54	65.2	51.79
200	340		360	600	467	300	814.5	129.5	171.5	129.501
250	405		425	730	480	300	1200	196		196.25
300	460		485	850	515	300	1600	264.5		264.58
350	520			980	1035	520	2250	365		
400	580			1100	1075	520	3750	620		

（1）静态平衡阀选型

静态平衡阀的选型计算参见本书 12.2.1 节截止阀的计算公式（12-5）。

（2）选型提示

静态平衡阀选型时，若无法准确知道所安装处应补偿的阻力值，为了不增加系统阻力，则阀门全开情况下其前后压差不大于 5kPa。

2. 动态平衡阀

动态平衡阀的特点：能使系统流量自动平衡在要求的设定值；能自动消除水系统中因各种因素引起的水力失调现象，保持用户所需流量，克服"冷热不均"现象，提高供热、空调的室温合格率；能有效地克服"大流量，小温差"的不良运行方式，提高系统能效，实现经济运行。

动态平衡阀运行前一次性调节，可使系统流量自动恒定在要求的设定值。

（1）自力式压差控制阀

1）自力式压差控制阀是自动恒定压差的水力工况平衡用阀。压差值在一定范围内可以根据用户需要进行现场设定，设定值直读，给用户带来很多的灵活性。当系统压力波动时，作用在膜片上下端的力改变，膜片将带动阀芯动作，从而改变自身的阻力来补偿系统的阻力波动，使得所控环路压差恒定不变。应用于集中供热、中央空调等水系统中，有利于被控系统各用户和末端装置的自主调节，尤其适用于分户计量供暖系统和变流量空调系统（图 12-16～图 12-18 和表 12-80～表 12-85）。

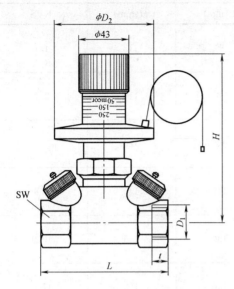

图 12-16 黄铜系列自力式压差控制阀

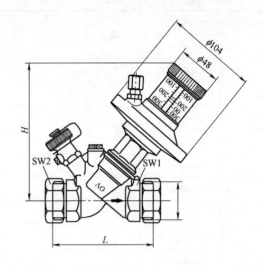

图 12-17 青铜系列自力式压差控制阀

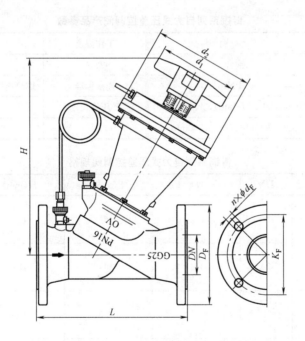

图 12-18 铸铁系列自力式压差控制阀

黄铜系列自力式压差控制阀产品参数 表 12-80

材质	黄铜	工作温度	−10～120℃
工作压力	PN16	密封	EPDV
最大允许压差	1.5bar	连接标准	螺纹连接符合 DIN 10226(BS21)
压差范围	50～300mbar/250～600mbar	导压管长度	1m

黄铜系列自力式压差控制阀规格 表 12-81

压差控制范围	DN	D	L(mm)	H(mm)	KVS
50~300mbar	15	1/2″	80	113	1.7
250~700mbar					
50~300mbar	20	3/4″	82	116	2.7
250~700mbar					
50~300mbar	25	1″	92	120	3.6
250~700mbar					
50~300mbar	32	11/4″	115	140	6.8
250~700mbar					
50~300mbar	40	11/2″	130	145	10.0
250~700mbar					
50~300mbar	50	2″	140	163	17.0
250~700mbar					

青铜系列自力式压差控制阀产品参数 表 12-82

阀体	青铜	工作温度	−10~ 120℃
阀轴、阀锥	铜合金	密封	EPDM
工作压力	PN16	连接标准	螺纹连接符合 DIN 10226(BS21)
最大允许压差	2bar(DN15~DN40),3bar(DN50)	导压管长度	1m
压差范围	50~300mbar/250~700mbar		

青铜系列自力式压差控制阀规格 表 12-83

压差控制范围	DN	D	L(mm)	H(mm)	KVS
50~300mbar	15	1/2″	80	155	2.5
250~700mbar					
50~300mbar	20	3/4″	84	157	5.0
250~700mbar					
50~300mbar	25	1″	97.5	160	7.5
250~700mbar					
50~300mbar	32	11/4″	110	169	10.0
250~700mbar					
50~300mbar	40	11/2″	120	175	15.0
250~700mbar					
50~300mbar	50	2″	150	210	34.0
250~700mbar					

铸铁系列自力式压差控制阀产品参数   表 12-84

阀体	铸铁	工作温度	−10～120℃
阀轴、阀锥	不锈钢	密封	EPDM 双面 O 形圈
工作压力	PN16	连接标准	法兰连接
最大允许压差	5bar	导压管长度	1m
压差范围	200～1000mbar/400～1800mbar		

铸铁系列自力式压差控制阀规格   表 12-85

压差控制范围	DN	D	L mm	H mm	D_F (mm)	K_F (mm)	d_1 (mm)	d_2 (mm)	KVS	$n×φd$
200～1000mbar	65	2$^{1/2}$″	290	375	185	145	160	206	52	4×19
400～1800mbar										
200～1000mbar	80	3″	310	395	200	160	160	206	75	8×19
400～1800mbar										
200～1000mbar	100	4″	350	410	220	180	160	206	110	8×19
400～1800mbar										
200～1000mbar	125	5″	400	450	250	210	160	206	145	8×19
400～1800mbar										
200～1000mbar	150	6″	480	450	285	240	160	206	170	8×32
400～1800mbar										

2）自力式压差控制阀选型。选型计算过程与静态平衡阀相同，但压差调节器的阀门前后压差值为设计要求。除阀门本身阻力外的系统供回水管路间的压差值为设计计算数值，此数值在压差调节器控制压差范围内即可，调试时现场设定。

3）安装注意事项。自力式压差控制阀安装位置如图 12-19 和图 12-20 所示。

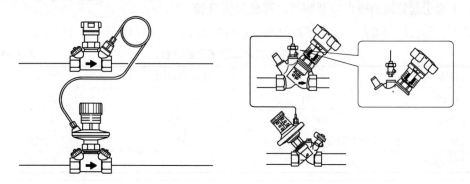

图 12-19   DN50 及以下口径压差只能安装在回水管（可以配合静态平衡阀一起使用）

（2）自力式流量控制阀

自力式流量控制阀是自动恒定流量的水力工况平衡用阀。可按需求设定流量，并将通过阀门的流量保持恒定，应用于集中供热，中央空调等水系统中，使管网的流量调节一次完成，把调网变为简单的流量分配，免除了热源切换时的流量重新分配工作，可有效的解决管网的水力失调。

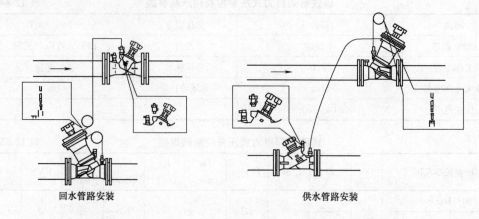

回水管路安装　　　　　　供水管路安装

图 12-20　*DN*65 以上口径压差调节器可以安装在供水管及回水管

1）动态平衡电动二通阀 EDTV

动态平衡电动二通阀具备动态平衡功能（恒定流量）和开关功能。阀体内置动态平衡阀胆，阀胆具有恒定流量的功能，根据设计流量在出厂时进行定制，确保通过的水流量始终维持在设备所需的设计流量上（图 12-21 和表 12-86～表 12-88）。

动态平衡电动二通阀为根据设计流量在出厂时进行定制的产品，使流量始终维持在末端设备所要求的设计流量，因此不存在系统过流量运行的情况，可减少冷热量的输出、水泵的运行费用、节约能源消耗、延长设备使用寿命、水系统无噪音产生，电热执行器具有缓开缓闭的动作特性，有效地避免了环路水锤的产生；不会引起管路的噪声以及颤动，降低风机盘管

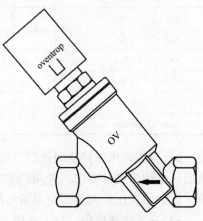

图 12-21　动态平衡电动二通阀

的疲劳度，延长使用寿命。动态平衡电动二通阀见图 12-21，表 12-86～表 12-88。

动态平衡电动二通阀产品参数　　　　　　表 12-86

阀体	黄铜	最大工作压差	*PN*25
阀胆	不锈钢	流量误差	±5％
弹簧	不锈钢	工作温度	−10～100℃
连接方式	螺纹连接符合 DIN 10226（BS21）	密封	NBR/EPDM
压差测试标准	GB/T 13927—92		

动态平衡电动二通阀规格　　　　　　表 12-87

规格	G	L(mm)	H(mm)	流量范围 （m³/h）	压差范围 （kPa）
*DN*15	1/2″	105	150	0.45～1.76	20～150
					25～240
					30～300

规格	G	L(mm)	H(mm)	流量范围 （m³/h）	压差范围 （kPa）
DN20	3/4″	105	150	0.45~1.76	20~150
					25~240
					30~300
DN25	1″	119	150	0.45~1.76	20~150
					25~240
					30~300

动态平衡电动二通阀的电热执行器的技术参数　　　　表 12-88

工作电压	功率	启闭时间	环境温度	电缆长度	防护等级
230V	2W	3min	0~60℃	1m	IP54
24V	2W	3min			

2）动态平衡电动二通阀选型

① 根据设计流量和阀门最大允许阻力损失确定动态平衡电动二通阀的规格和压差范围；

② 所选动态平衡电动二通阀压差范围的最小压差即为计算水泵扬程的设计压差。

3）动态平衡电动二通阀安装说明

① 安装前请详细阅读说明书，检查产品型号及参数，根据要求来定工作电压；

② 产品出厂前已经进行整机测试，应尽量避免现场拆卸及损坏驱动器；

③ 预留空间以方便维护调试；

④ 阀门尽量安装在回水管路，安装时应注意保证水流方向与阀体上箭头所指方向一致；

⑤ 安装时应保证阀门前后预留一定长度的直管段，一般在进口预留管道直径 3 倍长度的直管段，出口预留管道直径 2 倍长度的直管段。

（3）带电动自控功能的动态平衡阀（动态平衡电动调节阀）

由于对动态平衡阀的误解，往往误认为平衡阀也能平衡空调或供暖负荷，用平衡阀取代电动三通阀或二通阀，实际上动态平衡阀仅起到水力平衡的作用；而常用的电动二通或三通节流，又是适用承担负荷变化的需求。若要实现水力平衡与负荷调节合二为一，应选用带电动自动控制功能的动态平衡阀。该类型阀门的阀芯由电动可调部分和水力自动调节部分组成。前者依据负荷变化调节；后者按不同的压差调节阀芯的开度。适用于系统负荷变化较大的变流量系统，具有抗干扰能力强、工作状态稳定、调节精度高的特点。

1）动态平衡电动调节阀是在同一个设备上同时具有两种功能：

① 阀门具有比例积分的电动调节功能；

② 阀门同时具有动态平衡的功能，能动态地平衡系统的压力，使阀门的流量不受系统压力波动的影响。

2）功能特点：

① 在系统实际工作过程中当压力波动时，能动态地平衡系统的压力变化；

② 工作时的流量特性曲线与理想的流量特性曲线是一致的，没有偏离；

③ 特殊的设计保证了电动阀的调节只受控于控制信号的作用，而不受系统压力波动的影响，对应电动阀的任一开度位置，其流量都是唯一和恒定的；

④ 导压通道内置，方便现场保护，且通道方向保证了运行时杂物不会被冲到膜盒内，避免发生导压通道堵塞。

图 12-22 和表 12-89～表 12-91 为某品牌的动态平衡电动调节阀的规格及参数

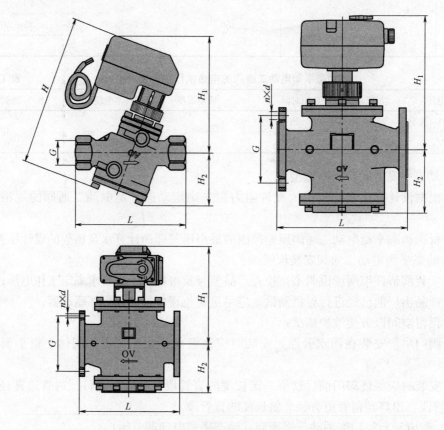

图 12-22 动态平衡电动调节阀

动态平衡电动调节阀产品参数 表 12-89

阀体	$DN15\sim DN32$ 黄铜；$DN40\sim DN150$ 球墨铸铁
阀胆	不锈钢
弹簧	不锈钢
连接方式	$DN15\sim DN32$ 螺纹连接；$DN40\sim DN150$ 法兰连接
压差测试标准	GB/T 13927—92
最大工作压差	$PN16$、$PN25$/黄铜；$PN16$/铸铁
流量误差	±5%
工作温度	−10～100℃
密封	NBR/EPDM

动态平衡电动调节阀规格   表 12-90

规格	压差范围 (kPa)	最大流量 (m³/h)	轴长 (mm)	阀门高度 (mm)	执行器 选型
DN15	30～400	1.4	120	178	AC-06
DN20	30～400	1.4	120	178	AC-06
DN25	30～400	2.4	140	192	AC-07
DN32	30～400	4.0	178	210	AC-07
DN40	30～420	8	200	332	BVA-03
DN50	30～420	14	230	365	BVA-03
DN65	30～420	24.5	290	401	BVA-03
DN80	30～420	35	310	423	BVA-04
DN100	30～420	50	350	449	BVA-04
DN125	30～420	70	400	523	AC-4
DN150	30～420	100	480	575	AC-4

动态平衡电动调节阀驱动器参数   表 12-91

型号	力/力矩	工作电源	输入信号	输出信号	功率	防护等级
AC-06	120N	24VAC	0～10V	0～10V	3W	IP43
AC-07	200N	24VAC	2～10V		3W	IP43
BVA-03	25Nm	24VAC	0～20mA		5.5W	IP54
BVA-04	65Nm	24VAC	4～20mA		11W	IP54
AC-4	100Nm	24VAC	0～10V/4～20mA	0～10V/4～20mA	12W	IP65
AC-4	100Nm	220VAC	0～10V/4～20mA	0～10V/4～20mA	60W	IP65

3）动态平衡电动调节阀选型

① 根据设计流量和阀门允许压差范围确定动态平衡电动调节阀的规格。

② 根据要求确定电动阀的工作电压、输入/输出信号等技术参数。

例：某空调箱的供回水主管管径为 DN80，设计流量为 28m³/h，要求所选阀门的计算阻力损失不高于 40kPa，工作电压为 24V，输入信号 4～20mA，输出信号 4～20mA。现选择动态平衡电动调节阀。

选型步骤：

① 根据要求的设计流量 28m³/h 和最大计算阻力损失值 40kPa 查样本；

② 规格为 DN80、流量为 30m³/h、压差范围为 30～420kPa 的动态平衡电动调节阀满足要求；

③ 动态平衡电动调节阀的工作电压为 24V，输入/输出信号均为 4～20mA；

④ 该动态平衡电动调节阀的计算压差为 30kPa（用于计算水泵扬程）。

3. 平衡阀的原理与选型

平衡阀的工作原理是通过改变阀芯与阀座的间隙（即开度），来改变流体流经阀门的流通阻力，从而达到调节流量的目的，它是一个局部阻力可以改变的节流元件。

平衡阀的阀门系数 K_v 是选择平衡阀的一个重要参数。它的定义是：当平衡阀全开，

阀前后压差为 $1kg/cm^2$ 时，流经平衡阀的流量值（m^3/h）。平衡阀全开时的阀门系数相当于普通阀门的流通阻力。如果平衡阀开度不变，则阀门系数 K_v 不变。也就是说，阀门系数由开度而定。通过实测获得不同开度下的阀门系数，平衡阀就可作为定流量调节流量的节流元件。若已知设计流量和平衡阀前后压力差，可由下式求得 K_v：

$$K_v = \alpha Q / \sqrt{\Delta P}$$

（12-6）

式中　　K_v——平衡阀的阀门系数；

　　　　Q——平衡阀的设计流量，m^3/h；

　　　　α——系数，由厂家提供；

　　　　ΔP——阀前后压差，kPa。

根据得出的阀门系数 K_v，查找厂家提供的平衡阀的阀门系数值，选择符合要求规格的平衡阀。

需要说明的是，按照管径选择同等公称管径规格的平衡阀是错误的。

4. 平衡阀的安装注意事项

（1）供回水环路建议安装在回水管路上。安装在水泵总管上的平衡阀，宜安装在水泵出口段下游，不宜安装在水泵吸入段，以防止压力过低，可能发生水泵气蚀现象。

（2）尽可能安装在直管段上。

（3）注意新系统与原有系统水流量的平衡。

（4）不应随意变动平衡阀的开度。

（5）不必再安装截止阀。

（6）系统增设（或取消）环路时应重新调试整定。

12. 2. 6　止回阀

止回阀是启闭件（阀瓣）靠介质作用力自动阻止介质逆流的阀门，其结构形式有升降式、旋启式、对夹式、微阻缓闭式、蝶式等。

1. 升降式止回阀

阀瓣垂直阀座孔轴线做升降运动的止回阀。

（1）弹簧载荷升降式止回阀：该阀不仅能降低水击压力，而且流道通畅，流阻很小。

（2）弹簧载荷环形阀瓣升降式止回阀：与常规的升降式止回阀相比，该阀阀瓣行程更小，加之弹簧载荷的作用，使其关闭迅速，更利于减低水击压力。

（3）多环形流道升降式止回阀：具有最小的阀瓣行程，关闭更为迅速。

2. 旋启式止回阀

阀瓣绕体腔内固定轴作旋转运动的止回阀。

（1）单瓣旋启式止回阀：只有一个阀瓣的旋启式止回阀。

（2）多旋启式止回阀：具有两个以上阀瓣的旋启式止回阀。

3. 蝶式止回阀

形状与蝶阀相似，其阀瓣绕固定轴（无摇杆）作旋转运动的止回阀。

4. 缓闭式止回阀

在旋启式或升降式止回阀上设置缓冲装置，形成缓闭止回阀，它能有效地防止水击。

5. 隔膜式止回阀

它是一种新的结构形式，它的使用受到温度和压力等的限制，但其防止水击压力比传统的旋启式止回阀小得多。锥形隔膜式止回阀：该阀安装在管道两法兰之间，其关闭速度极为迅速。

6. 球形止回阀

胶球（单球或多球）在介质作用下，在球罩内沿阀体中心线方向来回短行程滚动，以实现其开启与关闭动作。

下面介绍一种对夹双板止回阀和法兰消声止回阀．

对夹双板止回阀如图 12-23 和表 12-92 所示；法兰消声止回阀如图 12-24 和表 12-93 所示。

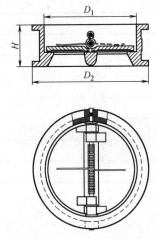

图 12-23　对夹双板止回阀

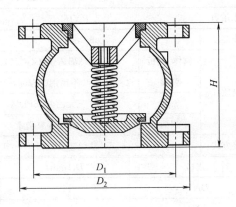

图 12-24　法兰消声止回阀

对夹双板止回阀规格　　　　表 12-92

工作压力		$PN16$		
工作温度		$0\sim120℃$		
材质	阀体	球墨铸铁(GGG50)		
	阀板	球板镀镍、不锈钢		
	弹簧、轴	不锈钢		
	密封	三元乙丙(EPDM)		
	表面	喷漆环氧脂漆		
规格	D_1(mm)		D_2(mm)	H(mm)
$DN40$	65		96	33
$DN50$	65		107	43
$DN65$	80		127	46
$DN80$	94		142	64
$DN100$	117		162	64
$DN125$	145		192	70
$DN150$	170		218	76
$DN200$	224		273	89

续表

规格	D_1(mm)	D_2(mm)	H(mm)
DN250	265	328	114
DN300	310	378	114
DN350	360	438	127
DN400	410	489	140
DN450	450	539	152
DN500	505	594	152
DN600	624	695	178

法兰消声止回阀规格　　　　　　　　　　　　　表 12-93

工作压力		PN16		
工作温度		5～80℃		
材质	阀体、阀板	球墨铸铁（GGG50）		
	弹簧	不锈钢（SS304）		
	密封	三元乙丙（EPDM）		
	表面	喷漆环氧脂漆		
连接方式		法兰连接		
规格	D_1(mm)		D_2(mm)	H(mm)
DN50	125		165	120
DN65	145		185	120
DN80	160		200	140
DN100	180		220	170
DN125	210		250	200
DN150	240		285	220
DN200	295		340	288
DN250	355		405	344
DN300	410		460	385

法兰消声止回阀主要安装于水泵出水口处，可在水流倒流前先行快速关闭，避免产生水锤、水击声和破坏性冲击，以达到静音、防止倒流和保护设备的目的。

12.2.7　疏水阀

1. 疏水阀的分类

疏水阀是自动排除凝结水并阻止蒸汽泄漏的阀门，它还能排除系统中积留的空气和其他不凝性气体。根据作用原理不同，可分为以下三种类型：

（1）机械型疏水阀：利用蒸汽和凝结水的密度不同，形成凝水液位，以控制凝水排水孔自动启闭工作的疏水阀。主要产品有浮筒式、钟形浮子式、自由浮球式、倒吊筒式疏水阀。

1) 自由浮球式疏水阀：由壳体内凝结水的液位变化导致启闭件（自由浮球）的开关动作，该阀能够排除饱和水，且能连续排放凝结水。

2) 浮筒式疏水阀：又称敞口向上浮子式蒸汽疏水阀，它是利用在凝结水中的浮筒，带动启闭件动作的疏水阀。

（2）热动力型疏水阀：利用蒸汽和凝水热动力学（流动）特性的来工作的疏水阀。主要产品有圆盘式、脉冲式、孔板或迷宫式疏水阀。

1) 圆盘式蒸汽疏水阀：利用蒸汽与凝结水的不同热力性质及其静压与动压的变化，使其阀片动作的蒸汽疏水阀。

2) 脉冲式蒸汽疏水阀：利用蒸汽在两极节流中的二次蒸发，导致蒸汽和凝结水的压力变化，而使启闭件动作的蒸汽疏水阀．

3) 孔板或迷宫式蒸汽疏水阀：由节流孔控制凝结水的排放量，并使凝结水气化，减少蒸汽的流出。

（3）热静力型（恒温型）疏水阀：利用蒸汽和凝水的温度不同引起恒温元件膨胀或变形来工作的疏水阀。主要产品有波纹管式、双金属片式和液体膨胀式疏水阀。

1) 波纹管式蒸汽疏水阀：在蛇形容器（波纹管）内封入沸点低、易挥发的液体作为感温元件，在波纹管上固定着阀瓣，随着温度变化，波纹管产生伸缩而启闭的疏水阀。

2) 双金属片式蒸汽疏水阀：利用双金属片受热变形，带动启闭件动作的蒸汽疏水阀，它不会发生闭塞现象。

3) 液体膨胀式疏水阀：属于蒸汽压力式，由凝结水的压力与可变形元件内挥发性液体的蒸汽压力之间的不平衡来驱动启闭件的动作，不会发生气堵。

由于疏水阀种类产品种类繁多，不可能全部叙述，下面仅介绍几种典型的疏水阀。

2. 热动力型疏水阀 TD16

（1）热动力型疏水阀产品性能（图 12-25、图 12-26 和表 12-94、表 12-95）

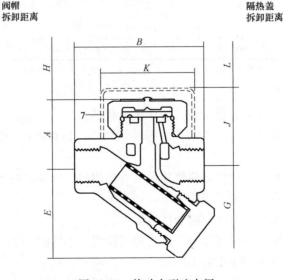

图 12-25　热动力型疏水阀

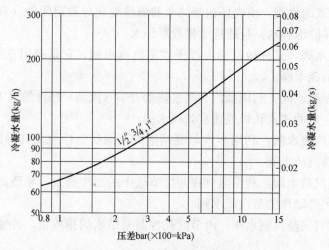

图 12-26　热动力型疏水阀排量图

热动力型疏水阀 TD16 产品参数 表 12-94

型号	TD16	最大允许压力	25bar
阀体材料	不锈钢	最大允许温度	300℃
口径和连接方式	1/2″,3/4″,1″BSP(BS21) 或 NPT 螺纹连接 DN15,DN20 和 DN25,PN16 法兰连接	最大工作压力	16bar
		最大工作温度	300℃
阀体设计条件	PN25	最大冷态测试压力	38bar

热动力型疏水阀 TD16 规格 表 12-95

口径	A(mm)	B(mm)	B_1(mm)	E(mm)	G(mm)	H(mm)	J(mm)	K(mm)	U(mm)	重量(kg)
1/2″	41	78	—	55	85	20	52	57	38	0.75
3/4″	44	85	—	60	100	20	52	57	38	0.95
1″	48	95	—	65	100	20	58	57	38	1.50
DN15	41	—	150	55	85	20	52	57	38	1.95
DN20	44	—	150	60	100	20	52	57	38	2.65
DN25	48	—	160	65	100	20	58	57	38	3.90

注：在工作状态下，最大工作背压不能超过进口压力的 80%，否则疏水阀不能关闭。

（2）特点

1）本体结构结实、简单、重量轻、操作压力范围大。

2）只有一个活动部件——一个硬化的不锈钢碟片，具有很长的使用寿命，同时可具止回阀的功能。

3）采用独特的三孔排水设计，使碟片受力方向均匀，减少磨损。

4）间歇式喷放排水及迅速紧密的关闭，保证无泄漏。

5）可承受过热、水锤、冷冻、腐蚀性冷凝水。

6）碟片落入阀座时发出的"咔嚓"声，便于检测工作性能。

7）在任何安装位置下均能正常工作。

根据上述通用性强、可靠性高的特点，TD16 型热动力疏水阀是蒸汽主管道、蒸汽伴

热线、夹套管、盘管加热式储存罐、槽以及复式平烫机等的理想选择

3. 浮球式蒸汽疏水阀 FT14 和 FT43

（1）浮球式疏水阀是利用蒸汽和冷凝水的密度差来工作的蒸汽疏水阀。这种类型的疏水阀操作十分便利，能在冷凝水负荷变化时有效工作，同时不受操作压力骤变的影响，并且排量很大，而且是随冷凝水的生成立即排放。由于这些特点，该疏水阀是换热器等需要精确温度控制的加热控制的理想选择。它的主要特点包括：

1）结构简单，维修方便。

2）采用自对中设计的连杆式浮球，安装方便。

3）可水平或垂直安装，有螺纹和法兰连接可供选择。

4）先进的设计，不锈钢内部结构，保证疏水阀具有良好的耐腐蚀和磨损性能。

5）标准产品中带有内置的排气阀或内置破蒸汽汽锁装置。

6）排水口低于水位，可避免主蒸汽的泄漏。

7）内置的排气阀确保疏水阀在启机工作时，具有良好的排空气性能和更大的冷凝水排量。

（2）浮球式蒸汽疏水阀 FT14 和 FT43 产品性能如图 12-27～图 12-29 和 12-96～表 12-100所示。

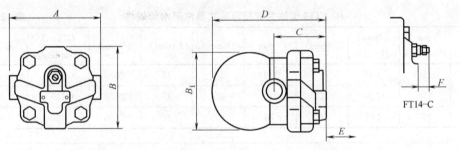

图 12-27　FT14 型螺纹连接浮球式蒸汽疏水阀

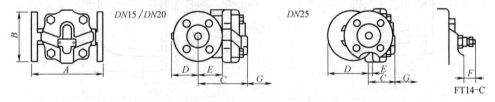

图 12-28　FT14 型法兰连接浮球式蒸汽疏水阀

浮球式蒸汽疏水阀产品参数　　　　　　　　　　表 12-96

型号	FT14	FT43
阀体材料	球墨铸铁	铸铁
口径和连接方式	$1/2''$,$3/4''$,$1''$,BSP 或 NPT 螺纹连接 $DN15$,$DN20$ 和 $DN25$，法兰 EN 1092 $PN16$,ANSI 150 和 JIS/KS 10	$DN25 \sim DN100$,标准法兰 EN 1092 $PN16$,可提供 JIS/KS 10 和 ANSI B 16.5 class 125
阀体设计条件	$PN16$	$PN16$
最大允许压力	16bar @ 100℃	16bar @ 120℃

续表

最大允许温度	250℃ @ 13bar	220℃ @ 12.1barg
最低允许温度	−10℃	0℃
最大工作压力	14bar	13barg @ 195℃
最大工作温度	250℃ @ 13bar	220℃ @ 12.1barg
最低工作温度	0℃	0℃
最大差压	FT14-4.5　　4.5bar FT14-10　　10bar FT14-14　　14bar	FT14-4.5　　4.5bar FT14-10　　10bar FT14-14　　14bar
最大冷态测试压力	24bar	24bar

FT14 型螺纹连接浮球式蒸汽疏水阀规格　　　　　表 12-97

口径	A(mm)	B(mm)	B₁(mm)	C(mm)	D(mm)	E(mm) (拆卸距离)	F(mm)	重量(kg)
1/2″	121	107	96	67	147	105	30	2.9
3/4″	121	107	96	67	147	105	30	2.9
1″	145	107	117	75	166	110	23	4.0

FT14 型法兰连接浮球式蒸汽疏水阀规格　　　　　表 12-98

口径	A(mm) PN/ANSI	A(mm) JIS/KS	B(mm)	C(mm)	D(mm)	E(mm)	F(mm)	G(mm) (拆卸距离)	重量(kg)
DN15	150	150	107	101	51	47	26.5	115	4.5
DN20	150	150	107	101	55	47	26.5	115	5.0
DN25	160	170	117	70	100	10	21.0	120	6.5

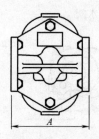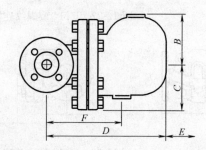

DN25, DN40, DN50

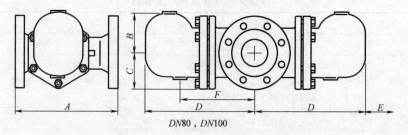

DN80, DN100

图 12-29　FT43 型浮球式蒸汽疏水阀

FT43 型浮球式蒸汽疏水阀（DN25～DN50）规格 表 12-99

口径	A(mm) PN16	A(mm) ANSI125	B(mm)	C(mm)	D(mm)	E(mm)	F(mm)	重量 (kg)
DN25	160	148	110	80	245	160	215	8.3
DN40	230	221	128	110	330	200	200	21.5
DN50	230	220	140	126	340	200	225	30.5

FT43 型浮球式蒸汽疏水阀（DN80，DN100）规格 表 12-100

口径	A(mm) PN16	A(mm) JIS/KS10	B(mm)	C(mm)	D(mm)	E(mm)	F(mm)	重量 (kg)
DN80	352	—	140	123	387	200	310	72
DN100	350	350	140	123	387	200	310	74

（3）FT14 型浮球式蒸汽疏水阀排量图如图 12-30 所示，FT43 型浮球式蒸汽疏水阀排量图如图 12-31 和图 12-32 所示。

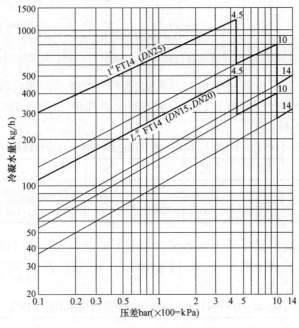

图 12-30　FT14 型浮球式蒸汽疏水阀排量图

图 12-30 中的冷凝水量系基于饱和蒸汽温度下的冷凝水。在启机阶段，冷凝水为冷态，疏水阀内部热静力排空阀打开，可增加冷凝水的排量。表 12-101 中列出了不同压差下排空阀所增加的冷水排量。

FT14 型浮球式蒸汽疏水阀不同压差下排空阀所增加的冷水排量 表 12-101

ΔP(bar)	0.5	1	2	3	4.5	7	10	14
1/2″,3/4″(DN5,DN20)	70	140	250	380	560	870	1130	1500
1″(DN25)	120	240	360	500	640	920	1220	1500

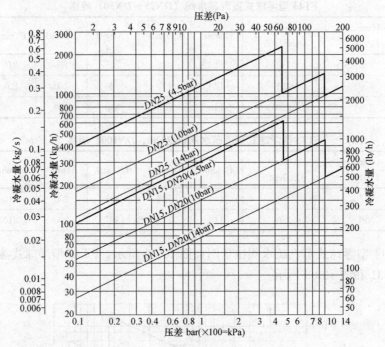

图 12-31　FT43 型浮球式蒸汽疏水阀排量图（DN15，DN20，DN25）

图 12-31 中的冷凝水量系基于饱和蒸汽温度下的冷凝水。在启机阶段，冷凝水为冷态，疏水阀内部热静力排空阀打开，可增加冷凝水的排量。表 12-102 中列出了不同压差下排空阀所增加的冷水排量。

FT43 型（DN15～DN25）不同压差下排空阀所增加的冷水排量（kg/h）　表 12-102

ΔP(bar)	0.5	1	2	3	4.5	7	10	14
DN5，DN20	400	450	520	580	620	750	900	1200
DN25	540	600	620	670	700	1000	1300	1600

图 12-32 中的冷凝水量系基于饱和蒸汽温度下的冷凝水。在启机阶段，冷凝水为冷态，疏水阀内部热静力排空阀打开，可增加冷凝水的排量。表 12-102 中列出了不同压差下排空阀所增加的冷水排量。

FT43 型（DN40～DN100）不同压差下排空阀所增加的冷水排量（kg/h）　表 12-103

ΔP(bar)	0.5	1	2	3	4.5	7	10	14
DN40，DN50	540	600	620	670	700	1000	1300	1600
DN80，DN100	1080	1200	1240	1340	1400	2000	2600	3200

4．疏水阀的选型

疏水阀的选型应根据系统的压力、温度、流量等情况确定。

（1）脉冲式宜用于压力较高的工艺设备上。

（2）钟形浮子式、可调热涨式、可调恒温式等疏水阀宜用在流量较大的装置。

（3）热动力式、可调双金属片式宜用于流量较小的装置。

（4）恒温式仅用于低压蒸汽系统上。

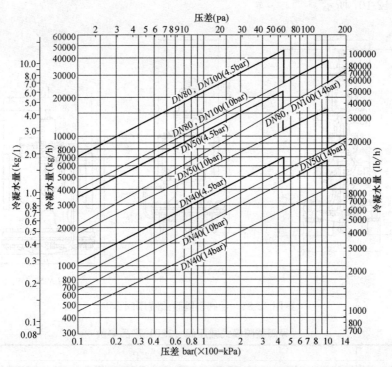

图 12-32　FT43 型浮球式蒸汽疏水阀排量图 （DN40～DN100）

5. 疏水阀的选择计算

选择疏水阀时，不能仅考虑最大的凝结水排放量，或简单按管径选用，而是应按实际工况的凝结水排放量与疏水阀前后的压差，并结合疏水阀的技术性能参数进行计算，确定疏水阀的规格和数量。

疏水阀的排出凝结水流量能力，应由厂家样本提供。

12.2.8　减压阀

1. 减压阀的分类

减压阀是通过启闭件的节流，将介质压力降低，并利用介质本身的能量，使阀后的压力自动满足预定要求的阀门。常用的减压阀有活塞式减压阀、薄膜式减压阀、波纹管式减压阀和供水减压阀。

（1）活塞式减压阀：以活塞作传感元件，来带动阀瓣运动的减压阀。

（2）薄膜式减压阀：采用薄膜作传感元件，来带动阀瓣运动的减压阀。

（3）波纹管式减压阀：采用波纹管机构来带动阀瓣升降运动的减压阀。

下面介绍几种常用的减压阀

（1）导阀型隔膜式减压阀 25P

25P 导阀型隔膜式自作用减压阀无需任何外部动力，且无论上游蒸汽压力或者下游用汽负荷如何变化，均能实现精确稳定的压力控制，其偏差不超过 ±0.1bar。另外，25P 减压阀可在同一个阀体上安装和互换一个或多个导阀，可同时实现温度控制、上游压力控制和远程开关控制等多种功能。导阀型隔膜式减压阀 25P 产性能参数如图 12-33 以及表

12-104～表 12-107 所示。

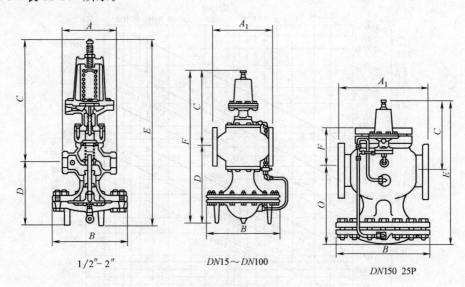

$1/2''\sim 2''$　　　$DN15\sim DN100$　　　$DN150\ 25P$

图 12-33　导阀型隔膜式减压阀 25P

导阀型隔膜式减压阀（25P）产品参数　　　　　表 12-104

型号	25P
阀体材料	$1/2''\sim 4''$　球墨铸铁，铸钢 $6''$　　铸铁，碳钢
口径和连接方式	$1/2''\sim 2''$，螺纹 BSPT（BS21）； $1/2''\sim 4''$，法兰 PN16（球墨铸铁）PN40（铸钢）； $6''$法兰 PN16 ANSI 125&250（铸铁）； $6''$，法兰 PN40 ANSI 150&300（碳钢）；
压力控制范围	黄色弹簧：0.2～2.1bar；蓝色弹簧：1.4～7.0bar；红色弹簧：5.6～14bar

导阀型隔膜式减压阀（25P）（DN15～DN100）规格　　　　　表 12-105

口径	BSP A(mm)	PN16 A_1(mm)	PN4 A_1(mm)	B(mm)	C(mm)	D(mm)	重量 (kg)
$DN15$	140	160	147	193	309	157	14
$DN20$	140	160	154	193	309	157	14
$DN25$	152	166	160	219	308	171	17
$DN32$	184	205	180	219	322	179	20
$DN40$	184	216	196	219	322	179	20
$DN50$	216	240	230	269	338	208	31
$DN65$	—	284	292	346	297	387	85
$DN80$	—	308	317	346	394	387	85
$DN100$	—	353	368	397	325	410	129

导阀型隔膜式减压阀（25P）（DN150）规格　　　　　表 12-106

口径	PN16 A_1	PN40 A_1	B(mm)	C(mm)	D(mm)	F(mm)	重量 (kg)
$DN150$	460	460	502	297	435	228	270

				导阀型隔膜式减压阀 K_v 值				表 12-107	
DN15	DN20	DN25	DN32	DN40	DN50	DN65	DN80	DN100	DN150
3.0	5.5	8.9	12.0	17.0	30.0	48.0	63.0	98.0	133

1）工作原理：导阀型隔膜式减压阀 25P 工作原理如图 12-34 所示。启动前正常的位置时主阀关闭，而导阀则由弹簧作用力打开。蒸汽由导阀经压力控制管进入主阀隔膜室，部分蒸汽则由控制孔流向下游。施加在主阀隔膜上的控制压力增大，打开主阀。

随着蒸汽流过主阀，下游压力上升，并由下游压力感应管反馈作用在导阀隔膜的下部，该作用力使导阀开度逐渐节流关小，与隔膜上部的弹簧作用力相平衡，从而维持主阀隔膜室内的压力，控制主阀的开度，输送适量的蒸汽，维持下游稳定的压力。当下游压力上升时，反馈压力增大，导阀关闭，主隔膜室的压力从控制孔释放，使主阀紧密关闭。

下游任何的负载变化或压力的波动，都会反馈在导阀隔膜的下方，从而调节主阀的开度，确保下游压力的准确和稳定。

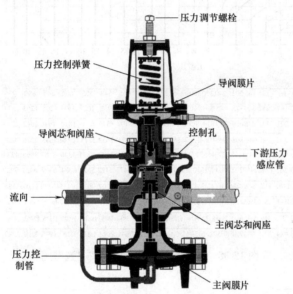

图 12-34　导阀型隔膜式减压阀 25P 工作原理图

2）使用优点：

① 无需外部动力，节约能源；

② 安装方便，调试容易；

③ 免维护；

④ 精确控制制程压力，改善制程效率，提高产品质量；

⑤ 本质安全，可用于危险区域；

⑥ 多种控制的组合，减少总的设备投资；

⑦ 压力调节臂大，控制精确；

⑧ 不受负载或上游供汽压力变动影响，可精确控制压力。

3）选型：

导阀型隔膜式减压阀 25P 选型图如图 12-35 所示。25P 根据上、下游的压力和蒸汽流量进行选型，一般而言至少会比管径小 1～2 号。

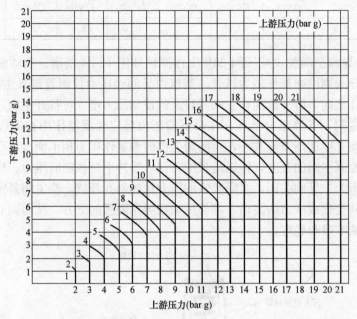

$1/2^{\circ}$

| | 30 | 60 | 90 | 135 | 145 | 201 | 240 | 270 | 300 | 335 | 375 | 420 | 465 | 510 | 555 | 600 | 645 | 690 | 735 |

$3/4^{\circ}$

| | 50 | 112 | 147 | 252 | 300 | 375 | 485 | 504 | 540 | 627 | 700 | 784 | 861 | 952 | 1027 | 1121 | 1205 | 1263 | 1373 |

1°

| | 90 | 131 | 271 | 407 | 436 | 626 | 724 | 814 | 905 | 1014 | 1131 | 1267 | 1409 | 1539 | 1676 | 1810 | 1946 | 2042 | 2213 |

$1.1/4^{\circ}$

| | 120 | 241 | 362 | 542 | 644 | 808 | 965 | 1064 | 1207 | 1352 | 1509 | 1480 | 1871 | 2052 | 2243 | 2414 | 2635 | 2776 | 2857 |

$1.1/2^{\circ}$

| | 172 | 245 | 517 | 778 | 846 | 1155 | 1273 | 1521 | 1724 | 1812 | 1155 | 2414 | 2931 | 2472 | 2831 | 3340 | 3367 | 3865 | 4224 |

2°

| | 201 | 263 | 305 | 1242 | 1459 | 2024 | 1241 | 2715 | 3017 | 3373 | 3771 | 4221 | 4477 | 5122 | 5512 | 6004 | 6407 | 6423 | 7222 |

$2.1/2^{\circ}$

| | 413 | 506 | 1446 | 2127 | 2456 | 3234 | 3314 | 4245 | 4877 | 5407 | 6034 | 6751 | 7430 | 8207 | 9031 | 9455 | 10373 | 11100 | 11877 |

3°

| | 613 | 1278 | 1914 | 2871 | 3505 | 4274 | 5100 | 5743 | 6373 | 7145 | 7474 | 8031 | 9363 | 10446 | 11802 | 12750 | 13715 | 14672 | 15629 |

4°

| | 991 | 1482 | 2974 | 4461 | 5452 | 6642 | 7331 | 8322 | 9914 | 11108 | 12352 | 15873 | 15846 | 16153 | 18840 | 19927 | 21315 | 22802 | 24249 |

6°

| | 1344 | 2683 | 4004 | 6015 | 7895 | 9010 | 10758 | 12108 | 13446 | 15061 | 16310 | 18827 | 20844 | 22861 | 24879 | 26896 | 28914 | 30841 | 32948 |

蒸汽排量 (kg/h)

图 12-35　导阀型隔膜式减压阀 25P 选型图

（2）供水减压阀

Y_{-110}. $Y_{13}T_{-8}$，$Y_{13}W_{-8}T$ 型减压阀规格如表 12-108 所示。

供水减压阀规格　　　　　　　　　　表 12-108

型号	公称直径 DN	外形尺寸（mm）				重量 (kg)	连接形式	适用介质
		H	H_1	H_2	L			
$Y_{13}W_{-8}T$	20	126	103	23	90	1.1	内螺纹	水
$Y_{13}W_{-8}T$	25	142	115	27	100	1.7		
$Y_{13}T_{-8}$	50	298	245	53	210	10.5		
Y_{-110}	20	133	52		100	2.2	内螺纹	≤90℃
	25	142	54		122	3.4		
	32	171	55		150	5.3		

2. 减压阀流量计算

临界压力比是确定蒸汽减压阀流量的关键因素，减压阀流量应按以下方式计算。

当减压阀的减压比大于临界压力比时，有：

饱和蒸汽： $q=462\{10p_1/V_1[(p_2/p_1)^{1.76}-(p_2/p_1)^{1.88}]\}^{0.5}$ (12-7)

过热蒸汽： $q=332\{10p_1/V_1[(p_2/p_1)^{1.54}-(p_2/p_1)^{1.77}]\}^{0.5}$ (12-8)

当减压阀的减压比等于或小于临界压力比时，有：

饱和蒸汽： $q=71(10p_1/V_1)^{0.5}$ (12-9)

过热蒸汽： $q=75(10p_1/v_1)^{0.5}$ (12-10)

式中　q——通过 $1cm^2$ 阀孔面积的流体流量，$kg/(cm^2 \cdot h)$；

p_1——阀孔前流体压力，MPa（abs）；

p_2——阀孔后流体压力，MPa（abs）；

V_1——阀孔前流体比体积，m^3/kg。

注：临界压力比 $\beta_L=P_L/P_1$，P_L 为临界压力，P_1 为初态压力，饱和蒸汽 $\beta_L=0.577$，过热蒸汽 $\beta_L=0.546$。

减压阀阀孔（座）面积计算见下式：

$$A=q_m/(\mu \cdot q)$$ (12-11)

式中　A——减压阀孔（座）流通面积，cm^2；

q_m——通过减压阀的蒸汽流量，kg/h；

μ——流量系数，$0.45\sim0.60$。

3. 减压阀的选择

减压阀应根据具体工况进行选择：

（1）波纹管式减压阀（直接作用式）带有平膜片或波纹管。独立结构，无需在下游安装外部传感线；调节范围大，用于工作温度≤200℃的蒸汽管路上，特别适用于减压为低压蒸汽的供暖系统。它是三种蒸汽减压阀中体积最小、使用最经济的一种。

（2）活塞式减压阀工作可靠，维修量小，减压范围较大，在相同的管径下，容量和精度（±5%）更高。与直接作用式减压阀相同的是无需外部安装传感线。适用于温度、压力较高的蒸汽管路上。

（3）薄膜式减压阀在相同的管径下，其容量比内导式活塞减压阀大。另外，由于带下游传感线，膜片对压力变化更为敏感，精确度可达±1%。

（4）供水减压阀结构简单、体积小、性能稳定、调节方便，适用于高层建筑冷热、热水供水管网系统中。

4. 选用减压阀应注意的问题

（1）一般宜选用活塞式减压阀，活塞式减压阀减压后的压力不应小于 0.15MPa，如需减至 0.07MPa 以下，应再设波纹式减压阀或用截止阀进行二次减压。

当减压前后压力比大于 5～7 时，应串联两个装置，如阀后蒸汽压力 P_2 较小，通常宜采用两级减压，以使减压阀工作时噪声和振动小，而且安全可靠。在热负荷波动频繁而剧烈时，为使第一级减压阀工作稳定，一、二级减压阀之间的距离应尽量加大。

（2）设计时除对型号、规格进行选择外，还应说明减压阀前后压差值和安全阀的开启压力，以便生产厂家合理配备弹簧。

（3）减压阀前后压差的选择范围应为：活塞式减压阀应大于 0.15MPa；波纹管式为 $0.05MPa<\Delta P<0.6MPa$。

（4）当压力差为 0.1～0.2MPa 时，可以串联安装两个截止阀进行减压。

（5）减压阀有方向性，安装时应注意不应将方向装反，并应使它垂直地安装在水平管道上，对于带有均压管的减压阀，均压管应连接在低压管道一侧。

（6）减压阀安装一律采用法兰截止阀，低压部分可采用低压截止阀，旁通管垂直、水平安装均可，可视现场情况确定。

（7）旁通管是安装减压阀的一个组成部分，当减压阀发生故障需检修时，可关闭减压阀两侧的截止阀，暂时通过旁通管进行供气。

（8）为便于减压阀的调整工作，减压阀两侧应分别装有高压和低压压力表。为防止减压后的压力超过允许的限度，阀后应装设安全阀。

（9）供蒸汽前为防止管路内的污垢和积存的凝结水使主阀产生水击、响动和磨损阀座密封面，可先将旁通管路的截止阀打开，使汽水混合的污垢于旁通管路通过，然后再开启减压阀。

12.2.9 除污器

除污器能将供暖制冷系统中的杂质分离出来，尤其是砂和铁锈组成的颗粒。这些杂质分离后沉淀在除污器的储污舱内，可允许较长周期的清洗，在系统运行时也可正常排污。

1. 除污器（或过滤器）的型号及规格

除污器（或过滤器）分立式直通除污器、卧式直通除污器、角通除污器和自动排污过滤器及变角形过滤器，其类型规格如表 12-109 所示。

表 12-109

除污器（或过滤器）规格表

类　型	规格 DN(mm)	备　注
立式直通除污器	40～300	工作压力为 600～1600kPa
卧式直通除污器	150～500	工作压力为 600～1600kPa
卧式角通除污器	150～450	工作压力为 600～1600kPa
2PG 自动排污过滤器	100～1000	工作压力为 1600kPa
变角形过滤器	50～450	工作压力为 1000～2500kPa

注：除污器局部阻力系数 ξ=4～6，过滤器局部阻力系数 ξ=1.5～3.0。

Y 形过滤器具有结构简单、流阻小、排污方便等特点。Y 形过滤器如图 12-36 和表 12-110 所示。

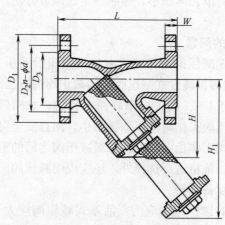

图 12-36　Y 形过滤器

Y 过滤器规格　　　　　　　　　　　　　　　　表 12-110

工作压力	PN16								
工作温度	−10〜145℃								
连接方式	法兰连接（DIN2533〜2000）								
材质	阀体:球墨铸铁（GGG50）								
滤网	不锈钢（SS304）								
垫圈	石墨、硅胶								
表面处理	喷涂环氧树脂漆								
规格	L(mm)	D_1(mm)	D_2(mm)	D_3(mm)	W(mm)	n-Φd	螺栓	H(mm)	H_1(mm)	网孔直径
DN50	230	165	125	99	23	4-Φ19	M16	150	255	1.5
DN65	290	185	145	118	20	4-Φ19	M16	175	293	1.5
DN80	310	200	160	132	22	8-Φ19	M16	205	335	1.5
DN100	350	220	180	156	24	8-Φ19	M16	235	383	1.5
DN125	400	250	210	184	26	8-Φ19	M16	272	440	1.5
DN150	480	285	240	211	26	8-Φ23	M20	304	490	1.5
DN200	600	340	295	266	30	12-Φ23	M20	380	610	2.5
DN250	730	405	355	319	32	12-Φ28	M24	406	870	2.5
DN300	850	460	410	370	32	12-Φ28	M24	510	1084	2.5
DN350	980	520	470	429	36	16-Φ28	M24	730	1195	2.5
DN400	1100	580	525	480	38	16-Φ31	M27	832	1360	3.5
DN450	1200	640	585	548	40	20-Φ31	M27	865	1392	3.5
DN500	1250	715	650	609	42	20-Φ34	M30	930	1506	3.5
DN600	1450	840	770	702	48	20-Φ37	M33	1135	1855	3.5

　　过滤器应按阀体上的流向箭头所示安装在水平或流向向下的垂直管道上。应用于蒸汽或气体的水平管道上时，过滤器阀体应保持水平面位置，而在液体系统中阀体应为垂直向下位置。为方便维修和更换，过滤器上下游应安装合适的截止阀。

2. 除污器（或过滤器）选用

　　除污器（或过滤器）用于清除和过滤管路中的杂质和污垢，以保证系统内水质的洁净，从而减少阻力和防止堵塞设备和管路。

　　（1）下列部位应设除污器：

　　1）供暖系统入口，装在调压装置之前；

　　2）锅炉房循环水泵吸入口；

　　3）各种换热设备之前；

　　4）各种小口径调压装置。

　　（2）除污器（或过滤器）的型号应按接管管径确定。

　　（3）除污器（或过滤器）的横断面中水的流速宜取 0.05m/s。

　　（4）当安装地点有困难时，宜采用体积小、不占用使用面积的管道式过滤器。

3. 除污器（或过滤器）的特性与安装

　　（1）自动排污过滤器的特性与安装

1）自动排污过滤器可在不停机的情况下自动实现冲洗过滤和反冲洗过滤，且不需要动力。

2）自动排污过滤器直接安装在管道上，不需专设支撑结构。可水平、垂直安装，垂直安装时，水流方向必须与重力方向一致。

3）排污口可由用户指定方位。

4）过滤器在额定流量下阻力小于 0.008MPa。

（2）变角形过滤器的特性与安装

1）过滤器用于热水供暖系统时，过滤网为 20 目；用于集中空调系统时，为 40～60 目。

2）局部阻力系数 $\xi = 1.96V^{0.907}$。

3）过滤器出口可以两个或三个，其管径可小于或等于进口管。

4）过滤器本体中心线与水平之间应尽可能保持 45°夹角。

5）颗粒状污物，较大颗粒沉降在过滤器底部，不需停机，打开排污阀即可；对贴附与滤网的较小颗粒，需关闭前后阀门，打开排污阀，快速启闭几次过滤器后方阀门，污物即可冲出。

6）纤维状污物，需关闭前后阀门，拆下排污盖，更换过滤网。

12.2.10　补偿器

1. 补偿器的分类

（1）方形补偿器

方形补偿器通常用管道加工成 Ω 形，加工简单、造价低廉，补偿量可以通过不同的长短边长度设计来满足要求。但是由于其尺寸较大，在一些建筑中使用受到了空间的限制。因此，它适合于小直径管道。

（2）套筒补偿器

套筒补偿器的最大特点是补偿量大、推力较小、造价较低；缺点是密封较为困难，容易发生漏水现象。因此，在建筑空调系统中的应用不多。

（3）波纹管补偿器

通常采用高性能不锈钢板制造成波纹状，其优点是安装方便，补偿量和管径均可根据需要选择，占用空间小、使用可靠；缺点是存在较大的轴向推力，造价较高。轴向型波纹管补偿器参数如表 12-111 和表 12-112 所示；角向型波纹管补偿器参数如表 12-113 所示；横向波纹管补偿器参数如表 12-114 所示。

轴向型波纹管补偿器（PN1.0MPa）　　　　　　　　表 12-111

序号	型号	公称直径 DN(mm)	轴向补偿量 X(mm)	刚度 K(N/mm)	有效面积 A(cm²)	最大外径 D(mm)	供货长度 L(mm)		质量 m(kg)	
							接管式 L(mm)	法兰式 L(mm)	接管式 m(kg)	法兰式 m(kg)
1	Z50-10/12	50	12＝±6	43	38.5	170	280	280	4	8
	Z50-10/24		24＝±12	22			334	334	5	9
	Z50-10/48		48＝±24	11			466	466	10	14
	Z50-10/72		72＝±36	7			598	656	13	17

序号	型号	公称直径 DN(mm)	轴向补偿量 X(mm)	刚度 K(N/mm)	有效面积 A(cm²)	最大外径 D(mm)	供货长度 L(mm)		质量 m(kg)	
							接管式 L(mm)	法兰式 L(mm)	接管式 m(kg)	法兰式 m(kg)
2	Z65-10/16	65	16＝±8	95	60.1	190	290	290	5	11
	Z65-10/32		32＝±16	48			355	355	6	12
	Z65-10/64		64＝±32	24			499	519	10	16
	Z65-10/96		96＝±48	16			660	738	13	19
3	Z80-10/18	80	18＝±9	67	86.5	205	300	300	6	13
	Z80-10/36		36＝±18	33			375	375	7	14
	Z80-10/72		72＝±36	17			548	548	11	18
	Z80-10/108		108＝±54	11			721	758	14	21
4	Z100-10/20	100	20＝±10	151	124	225	310	310	8	17
	Z100-10/40		40＝±20	76			396	396	9	18
	Z100-10/80		80＝±40	38			589	589	14	23
	Z100-10/120		120＝±60	25			782	840	24	33
5	Z125-10/24	125	24＝±12	118	179	255	329	329	10	20
	Z125-10/48		48＝±24	59			426	440	14	24
	Z125-10/96		96＝±48	30			652	746	21	32
	Z125-10/144		144＝±72	20			879	1054	28	39
6	Z150-10/24	150	24＝±12	120	229.5	290	329	329	14	27
	Z150-10/48		48＝±24	60			426	440	18	31
	Z150-10/96		96＝±48	30			652	746	27	40
	Z150-10/144		144＝±72	20			879	1054	37	50
7	Z175-10/30	175	30＝±15	121	325.1	320	349	334	19	34
	Z175-10/60		60＝±30	61			468	500	26	42
	Z175-10/120		120＝±60	30			736	960	41	58
	Z175-10/180		180＝±90	20			1004	1240	56	78
8	Z200-10/36	200	36＝±18	118	400.9	345	373	373	23	40
	Z200-10/70		70＝±35	59			492	542	28	47
	Z200-10/140		140＝±70	30			784	956	45	67
	Z200-10/210		210＝±105	20			1076	1367	58	82
9	Z250-10/40	250	40＝±20	100	598	415	375	383	33	53
	Z250-10/80		80＝±40	67			522	596	39	65
	Z250-10/160		160＝±80	33			844	1054	70	100
	Z250-10/240		240＝±120	22			1166	1512	97	125
10	Z300-10/60	300	60＝±30	139	860.1	470	452	520	48	74
	Z300-10/100		100＝±50	93			581	715	54	85
	Z300-10/200		200＝±100	46			962	1266	96	135
	Z300-10/300		300＝±150	31			1343	1817	127	175

续表

序号	型号	公称直径 DN(mm)	轴向补偿量 X(mm)	刚度 K(N/mm)	有效面积 A(cm²)	最大外径 D(mm)	供货长度 L(mm) 接管式 L(mm)	供货长度 L(mm) 法兰式 L(mm)	质量 m(kg) 接管式 m(kg)	质量 m(kg) 法兰式 m(kg)
11	Z350-10/60	350	60＝±30	176	1169.6	530	452	520	70	106
	Z350-10/100		100＝±50	109			581	715	80	126
	Z350-10/200		200＝±100	54			962	1266	126	176
	Z350-10/300		300＝±150	36			1343	1817	176	226
12	Z400-10/60	400	60＝±30	185	1492.3	590	452	520	84	130
	Z400-10/100		100＝±50	132			581	715	91	145
	Z400-10/200		200＝±100	66			962	1266	143	200
	Z400-10/300		300＝±150	44			1343	1817	199	460
13	Z450-10/60	450	60＝±30	181	1878.1	650	434	561	90	150
	Z450-10/100		100＝±50	104			581	773	102	160
	Z450-10/200		200＝±100	52			962	1324	160	225
	Z450-10/300		300＝±150	35			1343	1809	223	290
14	Z500-10/60	500	60＝±30	194	2297.5	715	434	561	99	165
	Z500-10/100		100＝±50	111			581	773	113	190
	Z500-10/200		200＝±100	55			962	1324	177	250
	Z500-10/300		300＝±150	37			1343	1809	247	320
15	Z600-10/60	600	60＝±30	219	3265.8	850	452	561	124	210
	Z600-10/100		100＝±50	146			564	773	132	215
	Z600-10/200		200＝±100	73			928	1324	204	295
	Z600-10/300		300＝±150	49			1292	1809	285	380
16	Z700-10/80	700	80＝±40	200	4439.2	950	680	868	150	290
	Z700-10/140		140＝±70	134			860	1108	170	320
	Z700-10/280		280＝±140	67			1440	1828	273	420
	Z700-10/420		420＝±210	45			2020	2548	351	505
17	Z800-10/80	800	80＝±40	258	5705.0	1090	680	868	171	361
	Z800-10/140		140＝±70	172			860	1108	190	390
	Z800-10/280		280＝±140	86			1440	1828	311	510
	Z800-10/420		420＝±210	57			2020	2548	400	595
18	Z900-10/80	900	80＝±40	369	7295.0	1210	680	868	192	415
	Z900-10/140		140＝±70	184			860	1108	210	465
	Z900-10/280		280＝±140	92			1440	1828	349	615
	Z900-10/420		420＝±210	61			2020	2548	450	715
19	Z1000-10/80	1000	80＝±40	335	8970.7	1320	680	868	213	473
	Z1000-10/140		140＝±70	201			860	1108	235	500
	Z1000-10/280		280＝±140	101			1440	1828	387	660
	Z1000-10/420		420＝±210	67			2020	2548	500	810

续表

序号	型号	公称直径 DN(mm)	轴向补偿量 X(mm)	刚度 K(N/mm)	有效面积 A(cm²)	最大外径 D(mm)	供货长度 L(mm) 接管式 L(mm)	法兰式 L(mm)	质量 m(kg) 接管式 m(kg)	法兰式 m(kg)
20	Z1100-10/80	1100	80＝±40	804	11537	1420	680	868	235	500
	Z1100-10/140		140＝±70	459			860	1108	276	660
	Z1100-10/280		280＝±140	229			1440	1828	426	760
	Z1100-10/420		420＝±210	153			2020	2548	560	910
21	Z1200-10/60	1200	60＝±30	1002	13519	1530	632		238	
	Z1200-10/120		120＝±60	501			824		280	
	Z1200-10/240		240＝±120	250			1368		440	
	Z1200-10/360		360＝±180	167			1912		580	

轴向型波纹管补偿器（PN1.6MPa）　　表 12-112

序号	型号	公称直径 DN(mm)	轴向补偿量 K(mm)	刚度 K(N/mm)	有效面积 A(cm²)	最大外径 D(mm)	供货长度 L(mm) 接管式	法兰式	质量 m(kg) 接管式	法兰式
1	Z50-16/12	50	12＝±6	145	38.5	170	280	280	4	9
	Z50-16/24		24＝±12	73			334	334	5	10
	Z50-16/48		48＝±24	36			466	466	10	15
	Z50-16/72		72＝±36	24			598	656	13	18
2	Z65-16/16	65	16＝±8	225	60.1	190	290	290	5	12
	Z65-16/32		32＝±16	113			355	355	10	13
	Z65-16/64		64＝±32	56			499	519	10	17
	Z65-16/96		96＝±48	38			660	738	13	20
3	Z80-16/18	80	18＝±9	159	86.5	205	300	300	6	14
	Z80-16/36		36＝±18	79			375	375	7	15
	Z80-16/72		72＝±36	40			548	548	11	19
	Z80-16/108		108＝±54	26			721	758	14	22
4	Z100-16/20	100	20＝±10	296	124.6	225	310	310	8	17
	Z100-16/40		40＝±20	148			396	396	9	19
	Z100-16/80		80＝±40	74			589	589	14	24
	Z100-16/120		120＝±60	49			782	840	24	34
5	Z125-16/24	125	24＝±12	231	179	255	329	329	10	22
	Z125-16/48		48＝±24	115			426	440	14	26
	Z125-16/96		96＝±48	58			652	746	21	34
	Z125-16/144		144＝±72	38			879	1054	28	41
6	Z150-16/24	150	24＝±12	234	229.5	290	329	329	14	30
	Z150-16/48		48＝±24	117			426	440	18	34
	Z150-16/96		96＝±48	58			652	746	27	43
	Z150-16/144		144＝±72	39			879	1054	37	53
7	Z175-16/30	175	30＝±15	182	325.1	320	349	334	19	36
	Z175-16/60		60＝±30	91			468	500	26	44
	Z175-16/120		120＝±60	45			736	960	41	60
	Z175-16/180		180＝±90	30			1004	1240	56	80

续表

序号	型号	公称直径 DN(mm)	轴向补偿量 K(mm)	刚度 K(N/mm)	有效面积 A(cm²)	最大外径 D(mm)	供货长度 L(mm)		质量 m(kg)	
							接管式	法兰式	接管式	法兰式
8	Z200-16/36	200	36＝±18	118	400.9	345	373	373	23	43
	Z200-16/70		70＝±35	59			492	542	28	50
	Z200-16/140		140＝±70	30			784	956	45	70
	Z200-16/210		210＝±105	20			1076	1367	58	85
9	Z250-16/40	250	40＝±20	196	598	415	375	383	33	63
	Z250-16/80		80＝±40	131			522	596	39	75
	Z250-16/160		160＝±80	65			844	1054	70	110
	Z250-16/240		240＝±120	44			1166	1512	97	135
10	Z300-16/60	300	60＝±30	165	860.1	470	452	520	48	84
	Z300-16/100		100＝±50	123			581	715	54	95
	Z300-16/200		200＝±100	62			962	1266	96	145
	Z300-16/300		300＝±150	38			1343	1817	127	185
11	Z350-16/60	350	60＝±30	218	1169.6	530	452	520	70	120
	Z350-16/100		100＝±50	136			581	715	80	140
	Z350-16/200		200＝±100	68			962	1266	126	190
	Z350-16/300		300＝±150	45			1343	1817	176	240
12	Z400-16/60	400	60＝±30	232	1492.3	590	452	520	84	150
	Z400-16/100		100＝±50	165			581	715	91	165
	Z400-16/200		200＝±100	83			962	1266	143	220
	Z400-16/300		300＝±150	55			1343	1817	199	480
13	Z450-16/60	450	60＝±30	227	1878.1	650	434	561	90	180
	Z450-16/100		100＝±50	130			581	773	102	190
	Z450-16/200		200＝±100	65			962	1324	160	255
	Z450-16/300		300＝±150	43			1343	1809	223	320
14	Z500-16/60	500	60＝±30	242	2997.5	715	434	561	99	215
	Z500-16/100		100＝±50	138			581	773	113	240
	Z500-16/200		200＝±100	69			962	1324	177	300
	Z500-16/300		300＝±150	46			1343	1809	247	370
15	Z600-16/60	600	60＝±30	263	3265.8	850	452	561	124	290
	Z600-16/100		100＝±50	175			564	773	132	295
	Z600-16/200		200＝±100	88			928	1324	204	375
	Z600-16/300		300＝±150	44			1292	1809	285	460
16	Z700-16/80	700	80＝±40	234	4439.2	950	680	868	150	350
	Z700-16/140		140＝±70	156			860	1108	170	380
	Z700-16/280		280＝±140	78			1440	1828	273	480
	Z700-16/420		420＝±210	52			2020	2548	351	565
17	Z800-16/80	800	80＝±40	295	5705.0	1090	680	868	171	421
	Z800-16/140		140＝±70	197			860	1108	190	450
	Z800-16/280		280＝±140	98			1440	1828	311	570
	Z800-16/420		420＝±210	66			2020	2548	400	655

序号	型号	公称直径 DN(mm)	轴向补偿量 K(mm)	刚度 K(N/mm)	有效面积 A(cm²)	最大外径 D(mm)	供货长度 L(mm)		质量 m(kg)	
							接管式	法兰式	接管式	法兰式
18	Z900-16/80	900	80＝±40	415	7295.0	1210	680	868	192	492
	Z900-16/140		140＝±70	207			860	1108	210	540
	Z900-16/280		280＝±140	104			1440	1828	349	690
	Z900-16/420		420＝±210	69			2020	2548	450	790
19	Z1000-16/80	1000	80＝±40	419	8970.7	1320	680	868	213	613
	Z1000-16/140		140＝±70	251			860	1108	235	640
	Z1000-16/280		280＝±140	157			1440	1828	387	800
	Z1000-16/420		420＝±210	105			2020	2548	500	950
20	Z1100-16/80	1100	80＝±40	1107	11537	1420	680	868	235	700
	Z1100-16/140		140＝±70	634			860	1108	276	800
	Z1100-16/280		280＝±140	316			1440	1828	426	900
	Z1200-16/420		420＝±210	207			2020	2548	560	1050
21	Z1200-16/60	1200	60＝±30	1308	13519	1530	632		238	
	Z1200-16/120		120＝±60	564			824		280	
	Z1200-16/240		240＝±120	327			1368		440	
	Z1200-16/360		360＝±180	218			1912		580	

角向型波纹管补偿器（PN0.6MPa，PN1.0MPa，PN1.6MPa） 表 12-113

序号	公称直径	角向移位 θ	弯曲刚度 K(N·m/度)	焊接端管		外形尺寸		质量 (kg)
				直径(mm)	壁厚(mm)	宽度(mm)	总长(mm)	
1	100	−5°～+5°	41	114	4	254	432	20
		−10°～+10°	21				464	23
		−15°～+15°	14				496	26
2	125	−5°～+5°	56	140	4.5	300	436	30
		−10°～+10°	28				472	33
		−15°～+15°	19				508	36
3	150	−5°～+5°	90	118	5	328	450	38
		−10°～+10°	45				500	41
		−15°～+15°	30				550	44
4	200	−5°～+5°	190	219	8	419	560	45
		−10°～+10°	95				620	48
		−15°～+15°	63				680	51
5	250	−5°～+5°	454	273	8	478	580	52
		−10°～+10°	227				660	55
		−15°～+15°	151				740	58

续表

序号	公称直径	角向移位 θ	弯曲刚度 $K(N \cdot m/度)$	焊接端管		外形尺寸		质量 (kg)
				直径(mm)	壁厚(mm)	宽度(mm)	总长(mm)	
6	300	$-5°\sim+5°$	664	324	8	524	580	62
		$-10°\sim+10°$	332				660	66
		$-15°\sim+15°$	221				740	70
7	350	$-5°\sim+5°$	733	356	9	636	700	72
		$-10°\sim+10°$	366				800	76
		$-15°\sim+15°$	244				900	80
8	400	$-5°\sim+5°$	1351	406	9	686	710	84
		$-10°\sim+10°$	675				820	88
		$-15°\sim+15°$	453				930	92
9	450	$-5°\sim+5°$	1783	457	9	737	710	100
		$-10°\sim+10°$	891				820	105
		$-15°\sim+15°$	594				930	110
10	500	$-5°\sim+5°$	2025	508	9	788	720	120
		$-10°\sim+10°$	1012				840	126
		$-15°\sim+15°$	675				960	132
11	600	$-5°\sim+5°$	3132	610	9	930	820	128
		$-10°\sim+10°$	1566				940	136
		$-15°\sim+15°$	1044				1060	144
12	700	$-5°\sim+5°$	4538	711	10	1051	830	152
		$-10°\sim+10°$	2269				960	160
		$-15°\sim+15°$	1513				1090	168

横向型波纹管补偿器（$PN0.6MPa$, $PN1.0MPa$, $PN1.6MPa$） 表 12-114

序号	公称直径 $DN(mm)$	横向位移 $y(mm)$	横向刚度 $K_y(N \cdot m/度)$	焊接端管		外形尺寸		质量 (kg)
				直径 $d(mm)$	壁厚 $s(mm)$	宽度 $B(mm)$	总长 $L(mm)$	
1	100	$-50\sim+50$	7	114	4	220	1050	45
		$-100\sim+100$	3				1250	50
		$-150\sim+150$	2				1450	55
		$-200\sim+200$	1				1650	60
2	125	$-50\sim+50$	1	140	4	250	1050	66
		$-100\sim+100$	4				1250	70
		$-150\sim+150$	3				1450	74
		$-200\sim+200$	2				1650	78
3	150	$-50\sim+50$	21	168	5	285	1090	80
		$-100\sim+100$	9				1290	85
		$-150\sim+150$	6				1490	90
		$-200\sim+200$	4				1690	95

序号	公称直径 DN(mm)	横向位移 y(mm)	横向刚度 K_y(N·m/度)	焊接端管		外形尺寸		质量 (kg)
				直径 d(mm)	壁厚 s(mm)	宽度 B(mm)	总长 L(mm)	
4	200	−100~+100	18	219	8	340	1340	98
		−150~+150	12				1600	106
		−200~+200	9				1860	114
		−250~+250	6				2120	122
5	250	−100~+100	28	273	8	410	1340	112
		−150~+150	19				1600	126
		−200~+200	14				1860	139
		−250~+250	9				2120	153
6	300	−150~+150	41	324	9	465	1520	145
		−200~+200	28				1780	162
		−250~+250	21				2040	179
		−300~+300	14				2300	196
7	350	−150~+150	42	356	9	530	1520	152
		−200~+200	31				1780	172
		−250~+250	21				2040	192
		−300~+300	12				2300	212
8	400	−150~+150	52	406	9	590	1790	180
		−200~+200	38				2050	202
		−250~+250	26				2310	224
		−300~+300	16				2570	246
9	450	−150~+150	68	457	9	650	1890	220
		−200~+200	51				2150	247
		−250~+250	34				2410	274
		−300~+300	21				2670	301
10	500	−150~+150	112	508	9	715	1890	270
		−200~+200	81				2150	302
		−250~+250	55				2410	334
		−300~+300	32				2670	366
11	600	−150~+150	59	610	9	850	2000	290
		−200~+200	36				2260	326
		−250~+250	24				2520	362
		−300~+300	17				2780	398

（4）球形补偿器

它是由球体及外壳组成。球体与外壳可相对折曲或旋转一定角度（一般可达 30°），以此进行热补偿。两个配对成一组。球形补偿器的球体与外壳间的密封性能良好、寿命较长。它的特点是能作空间变形，补偿能力大，适用于架空敷设上。球形补偿器的外形及尺寸如表 12-115 所示。

球形补偿器的外形及尺寸　　　　　　表 12-115

公称直径 DN(mm)	尺寸(mm)						螺栓		质量 (kg)	转动力矩 (N·M)
	L	L_1	O	C	T	d	n	螺纹		
32	155	95	155	100	16	18	4	M16	6.17	60
40	180	108	175	110	16	18	4	M16	12.8	100
50	215	125	205	125	16	18	4	M16	15.8	130
65	240	140	240	145	16	18	4	M16	24.5	330
80	265	155	280	160	20	18	8	M16	31.8	570
100	300	181	310	180	20	18	8	M16	52	1020
125	360	216	350	210	22	18	8	M16	71	1800
150	390	230	395	240	22	23	8	M20	77.2	2480
200	420	245	440	295	24	23	12	M20	108	5370
250	520	299	630	355	26	25	12	M22	203	9440
300	585	332	700	410	28	25	12	M22	282	16020
350	690	380	810	470	32	25	16	M22	428	24240
400	740	420	880	525	36	30	16	M27	532	25680
450	820	468	960	585	38	30	20	M27	720	52940
500	880	495	960	650	42	34	20	M30	899	66450
600	1030	570	1120	770	46	41	20	M36	1226	115240

2. 管道补偿设计原则

管道补偿设计的出发点是保证管道在使用过程中具有足够的柔性，防止管道因热胀冷缩、端点附加位移、管道支撑设置不当等造成管道泄漏、支架损坏、相连设备破坏和管道破坏等现象的发生。

（1）首先应考虑利用管道的转向等方式进行自然补偿。

（2）应根据不同的使用要求合理选择补偿器的类型，保证使用可靠、安全。

（3）合理设置固定支架、滑动导向支架等措施。

（4）应对管道的热伸长量进行计算。

3. 管道热膨胀量计算

各种热媒在管道中流动时，管道受热膨胀使其管道增长，其增长量应按下式计算：

$$\Delta X = 0.012(T_1 - T_2)L \tag{12-12}$$

式中　ΔX——管道的热伸长量；

　　　　T_1——热媒温度，℃；

　　　　T_2——管道安装时的温度，℃，一般按 -5℃ 计算，当管道架空敷设于室外时，应取供暖室外计算温度；

L——计算管道长度，m；

0.012——钢管的线膨胀系数，mm/(m·K)。

4. 设计要点

(1) 在考虑热补偿时，应充分利用管道的自然弯曲来吸收热力管道的温度变形，自然补偿每段臂长一般不宜大于 20～30m。

(2) 当地方狭小，方形补偿器无法安装时，可采用套管补偿器和波纹管补偿器。但套管补偿器易漏水、漏气，宜安装在地沟内，不宜安装在建筑物上部。波纹管补偿器材质为不锈钢制作，补偿能力大，耐腐蚀，但造价相对较高。

(3) 应进行固定支架和滑动导向支架的受力计算。固定支架承受的力一般包括：重力、推力、弹性力和摩擦力；滑动支架主要是承受重力和摩擦力。尤其要注意的是：当应用于垂直管道时，管道和水的重量应考虑在支架的剪切受力之中。

12.2.11　自动排气阀

(1) 自动排气阀的排气口一般宜接 DN15 的排气管，防止排气直接吹向平顶或侧墙，损坏建筑外装修，排气管上不应设阀门，排气管引向附近水池。

(2) 为便于检修，应在连接管上设一闸阀，系统运行时该阀应开启，有条件时，可在自动排气阀前加设 Y 形过滤器。

(3) 由于供暖系统（如水平串联系统）的缘故，散热器中的空气不能顺利排除时，可在散热器上装设手动放风阀。

12.2.12　温度计

温度计是判断和测量温度的仪器。从测温范围来看，在低温区域（<550℃）通常采用膨胀式、电阻式、热电式等接触式温度计；而在高温区域（>550℃）通常采用辐射式非接触温度计。下面据此介绍各种温度计种类和原理。

1. 低温区域

(1) 膨胀式温度计

利用气体、液体、固体热胀冷缩的性质测量温度。

1) 气体温度计：利用一定质量的气体作为工作物质的温度计。用气体温度计来体现理想气体温标为标准温标。用气体温度计所测得的温度和热力学温度相吻合。气体温度计是在容器里装有氢或氦气（多用氢气或氦气作测温物质，因为氢气和氦气的液化温度很低，接近于绝对零度，故它的测温范围很广），它们的性质可外推到理想气体。这种温度计有两种类型：定容气体温度计和定压气体温度计。定容气体温度计是气体的体积保持不变，压强随温度改变。定压气体温度计是气体的压强保持不变，体积随温度改变。

2) 液体温度计：利用作为介质的感温液体随温度变化而体积发生变化与玻璃随温度变化而体积变化之差来测量温度。温度计所显示的示值即液体体积与玻璃毛细管体积变化的差值。玻璃液体温度计的结构基本上是由装有感温液（或称测温介质）的感温泡、玻璃毛细管和刻度标尺三部分组成。感温泡位于温度计的下端，是玻璃液体温度计感温的部分，可容纳绝大部分的感温液，所以也称为贮液泡。感温泡或直接由玻璃毛细管加工制成（称拉泡）或由焊接一段薄壁玻璃管制成（称接泡）。感温液是封装在温度计感温泡内的测温介质，具有体膨胀系数大、黏度小、在高温下蒸气压低、化学性能稳定、不变质以及在较宽的温度范围内能保持液态等待点。常用的有水银以及甲苯、乙醇和煤油等有机液体。玻璃毛细管是连接在感温泡上的中心细玻璃管，感温液体随温度的变化在其中移动。标尺是将分度线直接刻在毛细管表面，同时标尺上标有数字和温度单位符号，用来表明所测温度的高低。这种温度计的优点是结构简单，使用方便，测量精度相对较高，价格低廉。缺点是测量上下限和精度受玻璃质量与测温介质的性质限制，且不能远传，易碎。

3) 双金属温度计：双金属温度计是一种测量中低温度的现场检测仪表。可以直接测量各种生产过程中的 $-80\sim500℃$ 范围内液体蒸汽和气体介质温度。双金属温度计的工作原理是利用两种不同温度膨胀系数的金属，为提高测温灵敏度，通常将金属片制成螺旋卷形状，当多层金属片的温度改变时，各层金属膨胀或收缩量不等，使得螺旋卷卷起或松开。由于螺旋卷的一端固定而另一端与可以自由转动的指针相连。因此，当双金属片感受到温度变化时，指针即可在一圆形分度标尺上指示出温度来。

（2）电阻温度计

根据导体电阻随温度而变化的规律来测量温度的温度计。分为金属电阻温度计和半导体电阻温度计。最常用的电阻温度计都采用金属丝绕制成的感温元件，主要有铂电阻温度计和铜电阻温度计，在低温下还有碳、锗和铑铁电阻温度计。精密的铂电阻温度计是目前最精确的温度计，温度覆盖范围约为 $14\sim903K$，其误差可低到万分之一摄氏度，它是能复现国际实用温标的基准温度计。我国还用一等和二等标准铂电阻温度计来传递温标，用它作标准来检定水银温度计和其他类型的温度计。电阻温度计使用方便可靠，它的测量范围为 $-260\sim600℃$ 左右。

（3）温差电偶温度计

利用温差电偶来测量温度的温度计。将两种不同金属导体的两端分别连接起来，构成一个闭合回路，一端加热，另一端冷却，则两个接触点之间由于温度不同，将产生电动势，导体中会有电流发生。因为这种温差电动势是两个接触点温度差的函数，所以利用这一特性制成温度计，若在温差电偶的回路里再接入一种或几种不同金属的导线，所接入的导线与接触点的温度都是均匀的，对原电动势并无影响，通过测量温差电动势来求被测的温度，这样就构成了温差电偶温度计。这种温度计测温范围很大。例如，铜和康铜构成的温差电偶的测温范围在 $200\sim400℃$ 之间；铁和康铜则被使用在 $200\sim1000℃$ 之间；由铂和铂铑合金（铑 10%）构成的温差电偶测温可达千摄氏度以上；铱和铱铑（铑 50%）可用在 $2300℃$；若用钨和钼（钼 25%）则可高达 $2600℃$。

2. 高温区域

辐射高温计根据物体的辐射能与温度之间的关系来测量温度的仪表。所有的物体当其温度高于绝对零度时都发射出辐射能量，其辐射能量的波长范围约为 $0.01\sim100\mu m$，对应最大能量的峰值波长随物体温度的增加而减小。探测元件从被测对象接收到的能量 W 可用斯特藩—波耳兹曼方程确定。通过测量能量 W 就可确定物体的温度 T_0。由于实际物体的真实温度大于辐射温度，而许多工业生产过程温度测量中的发射率相对保持恒定，可采用修正方法改善被测对象的黑体辐射条件或测定发射率 ε 来求出真实温度。辐射高温计分为全辐射高温计和部分辐射高温计。

（1）全辐射高温计

根据物体的全波长辐射能与温度之间的关系来测量温度,由光学系统、探测器、测量仪表和用于冷却及烟尘防护的辅助装置组成。被测物体向传感器方向发射的辐射经过透镜聚焦到探测元件上,所产生的相应信号可由测量仪表显示或记录。探测器通常采用响应波段较宽的热电堆,为提高灵敏度,热电堆往往需要由十几支、几十支的温差电偶串联组成,因而热惯性较大,时间常数一般为秒级以上。此外,热电堆的基准端温度应保持恒定或采取自动温度补偿措施。光学系统和探测元件对光谱辐射的响应有选择性,不可能完全接收全波长的辐射,因此这种辐射温度计也可称为宽带辐射温度计。全辐射高温计的优点是结构简单、使用方便、性能稳定、可以自动记录和远距离传送信号等。测温范围为 $100 \sim 2000^{\circ}\text{C}$,测温误差绝对值为 $8 \sim 12^{\circ}\text{C}$。

(2)部分辐射高温计

利用被测物体的部分波段辐射能与温度之间的关系来测量物体温度,又称窄带辐射温度计。部分辐射高温计由某一较窄响应波段的光学系统和探测元件组成。被测物体的部分热辐射经调制盘和滤色片后照到探测元件上,再经放大由仪表显示或记录。探测元件通常采用光导型或光生伏打型,它们决定传感器的响应波段。例如,采用硫化铅时响应波长范围约为 $0.6 \sim 3.0 \mu m$,时间常数为毫秒量级;如采用硅光电池,则响应波段约为 $0.4 \sim 1.1 \mu m$,时间常数可至微秒量级。采用红外辐射探测技术还可使辐射测温范围向低温扩展。部分辐射高温计有多种形式,如远程红外测温仪、红外线光源探测仪、红外线亮度测温仪、光电温度计等。这类传感器的优点是响应速度快、测量精度高、稳定性好、测量下限低、可测量微小目标,而且比较窄的敏感谱带可以减少或消除在瞄准光路中由于气体的吸收和发射率所造成的不良影响。部分辐射高温计常用于测量静止或运动的灼热体表面温度,如测量生产中的钢板、镀锡薄钢板、快速加工件、电机或电缆接头温度等。测温范围一般为 $100 \sim 1500^{\circ}\text{C}$,采用红外探测元件时可扩展至常温范围。

由于水银温度计在日常生活中使用较广,下面重点介绍一下水银温度计的使用。

3. 水银温度计的使用

使用温度计时,首先要看清它的量程(测量范围),然后看清它的最小分度值,也就是每一小格所表示的值。要选择适当的温度计测量被测物体的温度。测量时,温度计的液泡应与被测物体充分接触,且玻璃泡不能碰到被测物体的侧壁或底部;读数时,温度计不要离开被测物体,且眼睛的视线应与温度计内的液面相平。

(1)使用前应进行校验(可以采用标准液温多支比较法进行校验或采用精度更高级的温度计校验)。

(2)不允许使用温度超过该种温度计最大刻度值的测量值。

(3)温度计有热惯性,应在温度计达到稳定状态后读数。读数时应在温度凸形弯月面的最高切线方向读取,目光直视。

(4)切不可用作搅拌棒。

(5)水银温度计应与被测工质流动方向相垂直或呈倾斜状。

(6)水银温度计常常发生水银柱断裂的情况,消除方法有:

1)冷修法:将温度计的测温包插入干冰和酒精混合液中(温度不得超过 -38°C)进行冷缩,使毛细管中的水银全部收缩到测温包中为止。

2)热修法:将温度计缓慢插温度略高于测量上限的恒温槽中,使水银断裂部分与整个水银柱连接起来，再缓慢取出温度计，在空气中逐渐冷至室温。

（7）注意事项：水银温度计破裂洒落出来的汞必须立即用滴管、毛刷收集起来，并用水覆盖（最好用甘油），然后在污染处撒上硫磺粉，无液体后（一般约一周时间）方可清扫。

此温度计的读数没有估读值，或者说读出数的最后一位是准确值，不用再估读分度值后面的数字了。

12.2.13 压力表

1. 概念

以大气压力为基准，用于测量小于或大于大气压力的仪表。

2. 分类

（1）按其测量精确度，可分为精密压力表和一般压力表。

（2）按其指示压力的基准不同，可分为一般压力表、绝对压力表、差压表。

（3）按其测量范围，可分为真空表、压力真空表、微压表、低压表、中压表及高压表。

（4）按其组成，可分为液柱式、电子式和机械式。本节就机械式加以介绍。

3. 机械式压力表

在工业过程控制与技术测量过程中，由于机械式压力表的弹性敏感元件具有很高的机械强度以及生产方便等特性，使得机械式压力表得到越来越广泛的应用。

（1）组成：弹性敏感元件、齿轮传动机构、指针、外壳等。

（2）原理：压力表通过表内的敏感原件的弹性形变，再由表内机械转换机构将压力变形传导至指针，引起指针转动来显示压力。

（3）弹性敏感元件的种类：弹簧管（波登管）、膜片、膜盒、波纹管。机械式压力表据此分类。

（4）弹簧管式压力表。弹簧管（波登管）分为 C 型管、盘簧管、螺旋管等形式。弹簧管在内腔压力作用下，利用其所具有的弹性特性，可以方便地将压力转变为弹簧管自由端的弹性位移。弹簧管的测量范围一般在 0.1～250MPa。

目前，国内各生产厂家的压力表结构大同小异，主要由接口支撑部件、测量机构、传动放大机构和示数装置组成。压力表组成如图 12-37 所示。

工作原理是：当被测介质通过接口部件进入弹性敏感元件（弹簧管）内腔时，弹性敏感元件在被测介质压力的作用下其自由端

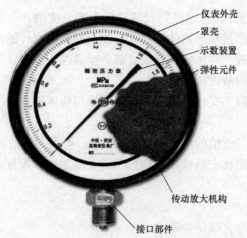

图 12-37 压力表组成

端会产生相应的位移，相应的位移则通过齿轮传动放大机构和杆机构转换为对应的转角位移，与转角位移同步的仪表指针就会在示数装置的度盘刻线上指示出被测介质的压力。

4. 型号表示

目前，我国没有统一的压力表型号命名规范，一些通用规格的仪表型号基本相近，耐振、隔膜、不锈钢等特殊仪表的型号差别很大。

(1) Y-□□：Y 系列一般压力表：一般压力表适用测量无爆炸、不结晶、不凝固、对铜和铜合金无腐蚀作用的液体、气体或蒸汽的压力。第一个字母 Y 表示压力表；横杠后面第一个框内为数字表示表壳公称直径（50，60，100，150）；第二个框内为字母表示结构形式（无代号表示径向无边；Z 轴向无边；ZQ 轴向带前边 T 径向带后边）Y 系列一般压力表技术参数如表 12-116 所示。

Y 系列一般压力表技术参数　　　　　　　　　　　　　表 12-116

型　　号	结构形式	精确度(%)	测量范围(MPa)
Y-50Z	轴向无边	±2.5	
Y-60	径向无边		
Y-60T	径向带后边		
Y-60Z	轴向无边		−0.1～0；−0.1～0.06；−0.1～0.15；−0.1～0.3；−0.1～0.5；−0.1～0.9；−0.1～1.5；−0.1～2.4；0～0.1；0～0.16；0～0.25；0～0.4；0～0.6；0～1.0；0～1.6；0～2.5；0～4；0～6；0～10；0～16；0～25；0～40；0～60
Y-60ZQ	轴向带前边		
Y-100	径向无边	±1.6	
Y-100T	径向带后边		
Y-100Z	轴向无边		
Y-100ZQ	轴向带前边		
Y-150	径向无边		
Y-150T	径向带后边		
Y-150Z	轴向无边		
Y-150ZQ	轴向带前边		

注：轴向可按要求带方形前边。

(2) Y□-□□：第一个字母 Y 表示压力表；第一个框内为字母则表示该表的形式；横杠后第一个框内为数字，数字表示表壳公称直径；最后面的框内为字母，表描述。例如：YA-100、150 氨压力表，YB-150A、150B 系列精密压力表，YE-100、150 系列膜盒压力表，YE-100B YE-150 系列不锈钢膜盒压力表。

(3) Y□□-□□：第一个字母 Y 表示压力表；第一个框内为字母则表示该表的结构形式；第二个框内为字母则表示其他功能性质或形式；横杠后第一个框内为数字，数字表示表壳公称直径；最后面的框内为字母，表描述。例如：YEJ-101、121 矩形膜盒压力表，YMC、MN 系列卫生型隔膜压力表，YML、MF 隔膜压力表，YPF 膜片压力表，YTN、YTN-B 系列耐震压力表，YTT-150 型差动远传压力表，YTZ-150 电阻远传压力表。

5. 技术参数关键名词介绍

(1) 精确度等级：压力表的精度等级是以它的允许误差占表盘刻度值的百分数来划分的，其精度等级数越大，允许误差占表盘刻度极限值越大。压力表的量程越大，同样精度等级的压力表，它测得压力值的绝对值允许误差越大。

经常使用的压力表的精度为 2.5 级、1.5 级。如果是 1.0 级和 0.5 级的属于高精度压力表，现在有的数字压力表已经达到 0.25 级。

（2）外径：表盘所指示的整个盘面，一般分大、中、小三种。小的一般为 60mm 以下，中等的为 60～150mm，大的为 150mm 以上。通过盘面玻璃或其他透明材料的表盘可以看到指针的示数，便于观测和记录。

（3）径向、轴向：径向指压力表的连接口径与表盘成 1 型，如图 12-38 所示；轴向指压力表的连接口径与表盘成 T 型，如图 12-39 所示。

图 12-38　径向压力表

图 12-39　轴向压力表

（4）选型：

1）按照使用环境和测量介质的性质选择。在腐蚀性较强、粉尘较多和易喷淋液体等环境恶劣的场合，应根据环境条件，选择合适的外壳材料及防护等级。

① 对一般介质的测量：压力在 -40～40kPa 时，宜选用膜盒压力表；压力在 40kPa 以上时，一般选用弹簧管压力表或波纹管压力计。

② 稀硝酸、醋酸及其他一般腐蚀性介质，应选用耐酸压力表或不锈钢膜片压力表。

③ 稀盐酸、盐酸气、重油类及其类似的具有强腐蚀性、含固体颗粒、黏稠液等介质，应选用膜片压力表或隔膜压力表。其膜片及隔膜的材质必须根据测量介质的特性选择。

④ 结晶、结疤及高黏度等介质，应选用法兰式隔膜压力表。

⑤ 在机械振动较强的场合，应选用耐振压力表或船用压力表。

⑥ 在易燃、易爆的场合，如需电接点信号时，应选用防爆压力控制器或防爆电接点压力表。

2）精确度等级的选择：

① 一般测量用压力表、膜盒压力表和膜片压力表，应选用 1.5 级或 2.5 级。

② 精密测量用压力表，应选用 0.4 级、0.25 级或 0.16 级。

3）外型尺寸的选择：

① 在管道和设备上安装的压力表，表盘直径为 100mm 或 150mm。

② 在仪表气动管路及其辅助设备上安装的压力表，表盘直径小于 60mm。

③ 安装在照度较低、位置较高或示值不易观测场合的压力表，表盘直径大于 150mm 或 200mm。

4）测量范围的选择：

① 测量稳定的压力时，正常操作压力值应在仪表测量范围上限值的 1/3～2/3。

② 测量脉动压力（如：泵、压缩机和风机等出口处压力）时，正常操作压力值应在仪表测量范围上限值的 1/3～1/2。

③ 测量高、中压力时，正常操作压力值不应超过仪表测量范围上限值的 1/2。

5）安装附件的选择：

① 测量水蒸气和温度大于 60℃ 的介质时，应选用冷凝管或虹吸器。

② 测量易液化的气体时，若取压点高于仪表，应选用分离器。

③ 测量含粉尘的气体时，应选用除尘器。

④ 测量脉动压力时，应选用阻尼器或缓冲器。

⑤ 在使用环境温度接近或低于测量介质的冰点或凝固点时，应采取绝热或伴热措施。

6. 安装取压点的选取

（1）压力取源部件的安装位置应选在介质流束稳定的地方。

（2）测量带有灰尘、固体颗粒或沉淀物等混浊介质的压力时，取源部件应倾斜向上安装。在水平的工艺管道上宜顺流束成锐角安装。

（3）压力取源部件在水平和倾斜的工艺管道上安装时，取压口的方位应符合下列规定：

1）测量气体压力时，在工艺管道的上半部。

2）测量液体压力时，在工艺管道的下半部与工艺管道的水平中心线成 0～45° 夹角的范围内。

3）测量蒸汽压力时，在工艺管道的上半部及下半部与工艺管道水平中心线成 0～45° 夹角的范围内。

12.3　热力设备，管道保温结构

12.3.1　保温材料

（1）供热管道常用的保温材料有：离心玻璃棉、岩棉、矿棉、膨胀珍珠岩以及它们的一些制品，其主要技术性能如表 12-117 所示。

（2）常用保护层材料：常用保护层材料有镀锌钢板、薄铝板、普通薄钢板（内外须涂刷防锈涂料）、复合铝箔等。

常用绝热材料及其制品的主要技术性能　　　　　　　　　表 12-117

材料名称	密度 （kg/m³）	导热系数 [W/(m·K)]	适用温度 （℃）	抗压强度 （MPa）	吸湿率 （％）	燃烧性	备　注
岩棉	27～200	0.0224～0.041	−250～650				
岩棉保温毡	40～130	≤0.049	≤400				适用范围广，密度较小，导热系数较小，价格低，施工简便，但刺激皮肤
岩棉板	50～200	≤0.048	≤400	≤5		不燃	
岩棉带	50～150	≤0.054	≤400				
岩棉板管壳	80～200	≤0.044	≤600				

材料名称	密度 (kg/m³)	导热系数 [W/(m·K)]	适用温度 (℃)	抗压强度 (MPa)	吸湿率 (%)	燃烧性	备　　注
矿渣棉	70～200	0.032～0.064	≤600				密度较小,耐高温,耐腐蚀,导热系数较小,价格低,填充后易沉陷,施工时刺激皮肤,且尘土大
矿棉毡	80～150	0.035～0.048	≤250		≤2	不燃	
矿棉保温板	70～330	<0.047	≤400				
矿棉保温带	90～140	<0.041	≤400				
矿棉管壳	80～220	0.035～0.052	≤400				
普通超细玻璃棉	≤20	0.041～0.049	−100～400				密度小,导热系数小,耐酸,抗腐,不蛀,化学稳定性好,无毒无味,价廉,寿命长,施工方便,对皮肤稍有刺激
玻璃棉毡	10～48	0.032～0.048	≤250		≤5	不燃	
玻璃面板	24～96	0.031～0.049	≤300				
玻璃棉管壳	45～90	≤0.043	≤350				
膨胀珍珠岩类							密度小,导热系数小,化学稳定性好,不腐蚀,无毒无味,价廉,资源丰富,适用范围广
散类(Ⅰ类)	<80	<0.052	−200～800				
散类(Ⅱ类)	80～150	0.052～0.064	−200～800			不燃	
散类(Ⅲ类)	150～250	0.064～0.076	−200～800				
水泥膨胀珍珠岩板管壳	250～400	0.058～0.087	−20～600	0.3～1			
水玻璃膨胀珍珠岩板管壳	200～300	0.056～0.065	≤650	0.5～1.2	<23		
憎水型膨胀珍珠岩板管壳	200～300	0.058～0.07		≥0.5			
膨胀蛭石	80～200	0.047～0.070	<1000				密度小,导热系数小,防火,抗菌,无毒,无味,常用于设备与建筑的保温隔热,价廉,施工方便
水泥膨胀蛭石板、砖、管瓦	350～500	0.07～0.168		≥0.25	2.5～6		
硅酸铝纤维制品	150～210	0.11～0.24	<1000				密度小,导热系数小,耐高温,价较高
微孔硅酸钙板、管	170～250	0.041～0.062	≤650	0.4～0.5		不燃	密度小,强度高,耐高温,无腐蚀,经久耐用
泡沫玻璃	140～180	0.049～0.070	−200～400	0.5～0.8	0.15～0.2	不燃	热膨胀系数小,尺寸稳定,不吸水,不透湿
泡沫塑料类							密度小,导热系数小,施工方便,不耐高温,一般适用于 65℃ 以下的低温管道;此类材料可燃,防火性能差,燃烧时烟密度较高,有阻燃与难燃之分
硬质聚氨酯泡塑制品	40～120	0.023～0.035	−60～110	≥0.20	1.6	自熄	
软质聚氨酯泡塑制品	32～45	≤0.042	−50～100			难燃	
发泡橡塑制品	40～120	≤0.043	−40～85		≤4	难燃	
酚醛泡沫制品	40～120	0.025～0.038	−180～130			难燃	密度小,导热系数小,燃烧时烟密度较小

12.3.2 设备、管道保温

1. 保温设计基本原则

在管道与设备的表面进行保温主要为了满足以下三方面的需要：首先是满足用户的使用需要，防止介质温度的过度降低，保证介质一定的参数；其次是为了节约能源，减少热损失，降低产品成本，提高经济效益；再次是为了改善工作环境，保护操作人员的安全，避免发生烫伤等伤害事故。

（1）设置保温的基本原则

1）外表面温度≥50℃的管道与设备；

2）生产中需要减小介质的温度降，保持介质温度稳定的管道，设备的外表面；

3）需要防止管道，设备中介质凝结和/或结晶的部位；

4）生产中不需要保温的管道与设备，其外表面温度超过 60℃，并需经过操作与维护，而又无法采用其他措施防止引起烫伤的部位；

5）在由于表面温度过高会引起（燃气，蒸汽，粉尘）爆炸起火的场合，运行时表面温度较高的管道与设备；

6）供暖系统的总立管。

（2）保温材料的选择原则

1）保温材料的允许使用温度应高于在正常操作情况下管道介质的最高温度；

2）材料的导热系数要低，在平均温度≤350℃时的导热系数应不大于 0.12W/(m·K)；

3）材料密度要低，不应大于 350 kg/m³，但应具有一定的机械强度；

4）不腐蚀金属，易于施工，造价低廉；

5）在高温条件下，经综合比较后，可选用复合材料。

（3）保护层材料的要求

1）保护层材料的允许使用温度应高于在正常操作情况下绝热层外表面的最高温度；

2）性能稳定，耐腐蚀，无裂缝，刚度大，不易老化，不易变形；

3）防水性能好（用于室外管道）；

4）施工方便，安装后外观整齐美观。

（4）保温厚度计算原则

1）应按"经济厚度"的方法计算；

2）按满足散热损失要求进行计算；

3）以满足介质输送时允许温降的条件，按热平衡方法计算；

4）防烫伤计算，计算最外层的表面温度。

在一般情况下应同时满足"经济厚度"与"散热损失"的要求，只有在用"经济厚度"的方法计算无法满足散热要求或无法使用"经济厚度"的方法计算时，允许只按本条要求进行。

2. 绝热层厚度计算方法

在管道与圆筒设备的外径大于 1000mm 时可按平面型计算绝热层厚度；其余按圆筒型计算绝热层厚度。

（1）按"经济厚度"的方法计算

1) 平面型绝热层经济厚度计算公式：

$$\delta = 1.8975 \times 10^{-3} \sqrt{\frac{P_E \cdot \lambda \cdot t |T_0 - T_a|}{P_T \cdot S}} - \frac{\lambda}{\alpha_s} \qquad (12\text{-}13)$$

式中　δ——绝热层厚度，m；

　　　P_E——能量价格，元/GJ；

　　　λ——绝热材料在平均设计温度下的导热系数，可按导热系数式（12-14）计算，W/(m·K)；

　　　t——年运行时间，h；

　　　T_0——管道或设备的外表面温度，当管道为金属材料时可取管内的介质温度，℃；

　　　T_a——环境温度，取管道或设备运行期间的平均气温，℃；

　　　P_T——绝热结构层单位造价，元/m³；

　　　α_s——绝热层外表面向周围环境的放热系数，可按放热系数式（12-30）计算，W/(m²·K)；

　　　S——绝热工程投资贷款年分摊率，%；一般在设计使用年限内按复利计算，见式（12-31）。

$$\lambda = \lambda_0 + A^* (T_0 + T_S)/2 \qquad (12\text{-}14)$$

式中　λ_0——绝热材料在 0℃时的导热系数，W/(m·K)；

　　　A——系数，通常由实验得出；

　　　T_S——绝热层外表面温度，℃。

部分绝热材料导热系数方程参见表 12-118。由于各厂家和各类型绝热材料的加工工艺、材料、成分等的差异，导热系数方程会有所不同，有的相差还比较大，也有采用温度分段和二次方程进行表达，因此该导热系数方程只能供参考，实际应用时应按厂家提供的资料确定。

2) 圆筒型绝热层经济厚度计算

计算应使绝热层外径 D_1 满足下列恒等式要求：

$$D_1 \ln \frac{D_1}{D_0} = 3.795 \times 10^{-3} \sqrt{\frac{P_E \cdot \lambda \cdot t \cdot |T_0 - T_a|}{P_T \cdot S}} - \frac{2\lambda}{\alpha_s} \qquad (12\text{-}15)$$

$$\delta = \frac{D_1 - D_0}{2} \qquad (12\text{-}16)$$

式中　t——年运行时间，h；

　　　D_0——管道或设备外径，m；

　　　D_1——管道或设备绝热层外径，m。

(2) 满足散热损失要求的计算

1) 平面型单层绝热结构热、冷损失量应按下式计算：

$$Q = \frac{T_0 - T_a}{\dfrac{\delta}{\lambda} + \dfrac{1}{\alpha_s}} \qquad (12\text{-}17)$$

式中　Q——单位面积绝热层外表面的热、冷量损失，W/m²。

部分绝热材料导热系数方程　　　　　　　　　　　　　　表 12-118

序号	绝热材料	导数系数方程	备　注
1	岩棉保温毡	$0.035+0.00016T_P$	
2	岩棉保温管壳	$0.035+0.00014T_P$	
3	超细玻璃棉板	$0.031+0.00017T_P$	
4	超细玻璃棉管壳	$0.031+0.00014T_P$	
5	水泥膨胀珍珠岩管壳	$0.058+0.00026T_P$	
6	微孔硅酸钙管壳	$0.049+0.00015T_P$	
7	硅酸铝纤维毡	$0.042+0.0002T_P$	
8	泡沫玻璃	$0.055+0.00022T_P$	$T_P>24℃$ 时
		$0.062+0.00011T_P$	$T_P≤24℃$ 时
9	聚苯乙烯泡塑制品	$0.032+0.00093T_P$	
10	硬质聚氨酯泡塑	$0.024+0.00014T_P$	保温时
		$0.0253+0.00009T_P$	保冷时
11	发泡橡塑制品	$0.0338+0.000138T_P$	
12	酚醛泡沫（密度 70～100kg/m³）	$0.027+0.0003T_P$	

注：T_P 为绝热材料内外表面温度的平均值。

2）圆筒型单层绝热结构热、冷损失量应按下式计算：

$$Q=\frac{T_0-T_a}{\frac{D_1}{2\lambda}\ln\frac{D_1}{D_0}+\frac{1}{\alpha_s}} \tag{12-18}$$

$$q=\pi\cdot D_1\cdot Q=\frac{T_0-T_a}{\frac{1}{2\pi\cdot\lambda}\ln\frac{D_1}{D_0}+\frac{1}{\alpha_s\cdot\pi\cdot D_1}} \tag{12-19}$$

式中　q——每米管道长度的热、冷损失量，W/m。

3）平面型单层最大允许热、冷损失下的绝热层厚度应按下式计算：

$$\delta=\lambda\left[\frac{(T_0-T_a)}{[Q]}-\frac{1}{\alpha_s}\right] \tag{12-20}$$

式中　$[Q]$——以每平方米绝热层外表面积为单位的最大允许热、冷损失量，W/m²；保温时，按表 12-119、表 12-120 要求取值。

4）圆筒型单层最大允许热、冷损失下的绝热层厚度计算时，应使其外径满足以下等式要求：

$$D_1\ln\frac{D_1}{D_0}=2\lambda\left[\frac{(T_0-T_a)}{[Q]}-\frac{1}{\alpha_s}\right] \tag{12-21}$$

5）当工艺要求采用每米管道长度的热、冷损失量进行计算时，应使其外径满足以下等式要求：

$$\ln\frac{D_1}{D_0}=2\lambda\left[\pi\frac{(T_0-T_a)}{[q]}-\frac{1}{D_1\alpha_s}\right] \tag{12-22}$$

式中　$[q]$——以每米管道长度为计算单位的最大允许热、冷损失量，W/m。

（3）满足介质输送时允许温降（升）的条件进行计算

1) 对于矩形管道，其温降（升）可按下式计算，当温降（升）不满足要求时，需调整绝热材料的厚度：

$$\Delta t = \frac{3.6K \cdot E \cdot l}{L \cdot \rho \cdot c}(T_n - T_a) \tag{12-23}$$

式中　Δt——介质通过管道的温降（升），正值为温降，负值为温升，℃；

　　　E——绝热材料外表面周长，m；

　　　l——管道的长度，m；

　　　T_n——通过绝热管道的介质的入口温度，当管道为钢质材料时，可视作为管道表面温度 T_0，℃；

　　　L——介质的流量，m^3/h；

　　　ρ——介质的密度，kg/m^3，空气密度一般取 1.2，水取 1000；

　　　c——介质的比热容，$kJ/(kg \cdot ℃)$；空气比热容一般取 1.013，水取 4.182；

　　　K——绝热管道的管壁和绝热层的传热系数，$W/(m^2 \cdot K)$。

$$K = \frac{l}{\dfrac{\delta}{\lambda} + \dfrac{1}{\alpha_s}} \tag{12-24}$$

2) 对于圆形管道，其温降（升）可按下式计算，当温降（升）不满足要求时，须调整绝热材料的厚度：

$$\Delta t = \frac{3.6q \cdot l}{L \cdot \rho \cdot c} \tag{12-25}$$

式中　q——以每米管道长度为计算单位的热（冷）损失量，W/m。

(4) 满足防烫伤要求的计算

为了防止烫伤，要求绝热层外层表面温度不高于 60℃。

1) 平面型防止人身烫伤绝热层厚度应按下式计算：

$$\delta = \frac{\lambda}{\alpha_s} \cdot \frac{T_0 - 60}{60 - T_a} \tag{12-26}$$

2) 圆筒型防止人身烫伤绝热层厚度计算中，绝热层外径应满足下列恒等式的要求：

$$D_1 \ln \frac{D_1}{D_0} = \frac{2\lambda}{\alpha_s} \cdot \frac{T_0 - 60}{60 - T_a} \tag{12-27}$$

3) 绝热结构外表面温度验算：

$$T_s = \frac{Q}{\alpha_s} + T_a \tag{12-28}$$

(5) 防管道内介质凝结的计算

延迟管道内的介质在停留时间内不冻结、凝结和结晶的计算中，应使绝热层外径 D_1 满足下列恒等式的要求：

$$\ln \frac{D_1}{D_0} = \frac{7.2B \cdot \pi \cdot \lambda \left(\dfrac{T_0 + T_{fr}}{2} - T_a\right) \cdot t_{fr}}{(T_0 - T_{fr})(V \cdot \rho \cdot c + V_p \cdot \rho_p \cdot c_p)} - \frac{2\lambda}{D_1 \cdot \alpha_s} \tag{12-29}$$

式中　B——管件及管道支吊架附加热损失系数，取 1.1～1.2（5 取小值，反之取大值）；

　　　T_{fr}——介质凝固点，℃；

　　　r——介质在管道内不出现凝固的停留时间，h；

V，V_P——分别为介质体积与管壁体积，m^3；

ρ，ρ_p——分别为介质密度与管壁密度，kg/m^3；

c，c_p——分别为介质的比热容与管壁的比热容，$kJ/(kg \cdot \text{℃})$；

α_s——冬季最多风向平均风速下的放热系数，$W/(m^2 \cdot K)$。

（6）保温计算参数的取值要求

1）最大允许散热量标准

管道与设备的最大允许散热量应满足国家标准《设备及管道绝热技术通则》GB/T 4272—2008 的要求，如表 12-119 和表 12-120 所示。

季节运行工况允许最大散热损失　　　　　　　　　　　　表 12-119

设备、管道及附件 外表面温度	323K （50℃）	373K （100℃）	423K （150℃）	473K （200℃）	523K （250℃）	573K （300℃）
允许最大散热损失 （W/m²）	116	163	203	244	279	308

常年运行工况允许最大散热损失表　　　　　　　　　　　表 12-120

设备、管道及附件外表面温度	K	323	373	423	473	523	573	623	673	723	773	823	873	923
	℃	50	100	150	200	250	300	350	400	450	500	550	600	650
允许最大散热损失	W/m²	58	93	116	140	163	186	209	227	244	262	279	296	314

2）金属设备与管道的外表面温度 T_0：

当金属设备与管道无内衬时，取介质的正常运行温度；

当金属设备与管道有内衬时，应按有外保温层存在的条件下进行传热计算确定。

3）环境温度 T_a：

① 室外保温经济厚度与热损失计算中，常年运行时，取历年年平均温度的平均值；供暖季节运行时，取历年运行期日平均温度的平均值。

② 室内保温经济厚度与热损失计算中，取 20℃。

③ 在地沟内保温经济厚度与热损失计算中，当外表温度 $T_0 \leqslant 80℃$ 以下时，T_a 取 20℃；当 T_0 在 81～110℃ 之间时，取 30℃；当 $T_0 \geqslant 110℃$ 时，取 40℃。

④ 防烫伤计算中，取历年最热月平均温度值。

⑤ 在防止设备管道内介质冷凝、冻结的计算中，T_a 应取冬季历年极端平均最低温度。

4）绝热层外表面放热系数 a_s 的计算式：

$$a_s = 1.163 \times (10 + 6\sqrt{v}) \tag{12-30}$$

式中　v——年平均风速，m/s。按下列原则取值：

① 在表面散热损失量和绝热结构外表面温度计算中，a_s 用式（12-30）计算，v 按年平均风速取值。

② 在保温结构表面温度现场校核计算中，a_s 用式（12-30）计算，v 按现场实际平均风速计算取值。

③ 在防烫和防结露计算中，a_s 取 $8.141W/(m^2 \cdot K)$。

④ 防冻计算中，a_s 用式（12-29）计算，v 取冬季最多风向平均风速。

5）年运行时间 t 和环境温度 T_a：

全年运行（8000h）的环境平均温度为 12℃；

季节运行（4200h）供暖期为 175d 左右的城市，冬季的环境平均温度为 -7.2℃；

季节运行（3000h）供采暖期为 125d 左右的城市，冬季的环境平均温度为 -1.7℃。

6）绝热工程投资贷款年分摊率 S 的计算式：

$$S=\frac{i\cdot(1+i)^n}{(1+i)^n-1}\tag{12-31}$$

式中　n——还贷年限；

　　　i——贷款的年利率。

还贷年限 n 一般为 4~10 年；贷款的年利率 i 根据实际情况取值，一般为 5%~10%。

3. 保温厚度选用表

（1）常年保温厚度选用表如下：

1）表 12-122：橡塑发泡经济保温厚度选用表；

2）表 12-123：8000h 运行，玻璃棉经济保温厚度选用表；

3）表 12-124：4200h 运行，玻璃棉经济保温厚度选用表；

4）表 12-125：3000h 运行，玻璃棉经济保温厚度选用表；

5）表 12-126：全年运行，允许最大热损失的最小保温厚度表；

6）表 12-127：季节运行，允许最大热损失的最小保温厚度表；

7）表 12-128：防烫伤最小保温厚度表。

（2）保温厚度选用表采用的基本数据：

1）保温厚度选用表计算采用的基本数据如表 12-121 所示。如使用环境、条件价格等差异较大时，应重新计算确定。

表 12-123 ～ 表 12-129 的计算基本参数　　　　　　表 12-121

表号 项目	表 12-123	表 12-124	表 12-125	表 12-126	表 12-127	表 12-128	表 12-129
年运行时间(h)	3000	8000	4200	3000	8000	4200	—
环境温度(℃)	20	12	-7.2	-1.7	12	-7.2	30
室外风速(m/s)	0(室内)	2(室外)	2(室外)	2(室外)	2(室外)	2(室外)	—
表面放热系数 [W/(m²·K)]	11.63	21.50	21.50	21.50	21.50	21.50	8.141
计算年限(a)	5						—
利率(%)	6						—
热价(1 元/GJ)	90(轻柴油)						—
热价(2 元/GJ)	55(天然气)						—
热价(3 元/GJ)	20(煤)						—
绝热材料	橡塑	玻璃棉管壳、玻璃棉板			玻璃棉管壳、板、毡		玻璃棉 管壳、板、

2）**热价**：由于燃料（轻柴油、天然气、煤）价格的不同，采用三种价格进行计算，

三种价格分别为 90 元/GJ、55 元/GJ、20 元/GJ(1×10^6 kJ)。由于燃料价格的变动性，此价格仅供参考。

3）贷款年分摊率 S：根据 n 取 5 年，i 取 6% 计算得投资贷款年分摊率 S 为 23.74%。

4）计算用绝热材料导热系数方程：

柔性发泡橡塑导热系数方程　　　　$0.0338+0.000138T_P$；

离心玻璃棉管壳导热系数方程　　　$0.031+0.00014T_P$；

离心玻璃棉板导热系数方程　　　　$0.031+0.00017T_P$；

离心玻璃棉毡导热系数方程　　　　$0.0325+0.00017T_P$。

5）绝热材料、安装等的单位造价如表 12-122 所示。

绝热结构价格　　　　　　　　　　　　表 12-122

绝热材料名称	价格(元/m³)	
发泡橡塑	管壳、板材	3400
离心玻璃棉	管壳	1600
	板材	1300

注：绝热结构价格包括绝热材料、防潮层、保护层、辅助材料及人工等价格。

橡塑发泡经济保温厚度选用表　　　　　　　表 12-123

热价(元/GJ)	90						55						20					
内表面温度(℃)	45		60		80		45		60		80		45		60		80	
公称直径(mm)	保温厚度 mm	单位散热量 W/m W/m²	保温厚度 mm	单位散热量 W/m W/m²	保温厚度 mm	单位散热量 W/m W/m²	保温厚度 mm	单位散热量 W/m W/m²	保温厚度 mm	单位散热量 W/m W/m²	保温厚度 mm	单位散热量 W/m W/m²	保温厚度 mm	单位散热量 W/m W/m²	保温厚度 mm	单位散热量 W/m W/m²	保温厚度 mm	单位散热量 W/m W/m²
15	18.8	5.5	23.2	8.1	28.0	11.4	15.2	6.1	18.9	8.9	22.8	12.6	9.3	7.8	11.8	11.4	14.7	15.8
20	19.8	6.2	24.4	9.1	29.6	12.7	15.9	7.0	19.9	10.1	23.8	14.2	9.7	9.1	12.4	13.1	15.1	18.1
25	20.3	6.6	25.1	9.7	30.5	13.5	16.3	7.5	20.4	10.9	24.5	15.2	9.9	10.0	12.6	14.3	15.5	19.6
32	21.0	7.3	25.9	10.6	31.6	14.7	16.8	8.2	21.1	12.0	25.5	16.6	10.1	11.2	13.0	15.9	16.0	21.7
40	21.7	8.1	26.8	11.6	32.7	16.1	17.3	9.3	21.7	13.2	26.4	18.2	10.3	12.7	13.3	17.8	16.5	24.2
50	22.6	9.3	28.0	13.3	34.2	18.3	17.9	10.8	22.6	15.3	27.7	20.9	10.6	15.1	13.8	21.0	17.1	28.3
70	23.7	11.2	29.4	15.9	36.1	21.6	18.7	13.2	23.9	18.4	29.0	25.0	10.9	18.9	14.8	26.0	17.8	34.6
80	24.2	12.5	30.2	17.6	37.1	23.8	19.1	14.8	24.2	20.6	29.6	27.7	11.1	21.5	14.5	29.4	18.1	38.8
100	24.8	14.4	31.1	20.1	38.3	27.3	19.5	17.1	24.9	23.6	30.5	31.6	11.3	25.2	14.8	34.3	18.5	45.0
125	25.4	16.8	32.0	23.3	39.6	30.9	19.9	20.1	25.5	27.5	31.4	36.6	11.4	30.1	15.0	40.5	18.9	53.0
150	26.0	19.3	32.7	26.5	40.6	35.0	20.2	23.3	26.0	31.6	32.1	41.8	11.6	25.2	15.4	47.0	19.2	61.2
200	26.8	24.9	33.9	33.9	42.2	44.2	20.8	30.4	26.8	40.8	33.2	53.4	11.7	46.9	15.7	62.1	19.7	80.1
250	27.2	29.9	34.6	40.4	43.3	52.4	21.1	36.8	27.3	49.0	33.9	63.8	11.8	57.5	15.9	75.6	20.0	97.0
300	27.6	34.7	35.1	46.7	44.0	60.2	21.3	42.9	27.6	56.9	34.4	73.7	11.9	67.6	16.0	88.6	20.5	112.0
350	27.8	39.5	35.5	53.0	44.6	68.0	21.4	49.0	27.7	64.8	34.5	83.5	12.0	77.7	16.1	101.5	20.6	128.1
设备	29.7	29.1	38.9	37.3	49.1	46.5	22.5	37.2	29.7	47.7	37.7	59.5	12.3	61.9	16.6	79.3	21.4	98.6

注：单位散热量中，W/m 为保温管道的单位长度热损失，W/m² 为保温设备的单位面积热损失。

离心玻璃棉管壳、板经济保温厚度选用表（室外，8000h）　　表 12-124

内表面温度 (℃)	热价 (元/GJ)	公称直径 (mm)	15	20	25	32	40	50	70	80	100	125	150	200	250	300	350	设备
50	90	保温厚度 (mm)	46.0	48.8	50.3	52.3	54.3	57.1	60.7	62.7	65.1	67.7	69.9	73.7	76.1	77.9	79.4	93.3
		单位热损失 (W/m)	5.0	5.5	5.8	6.3	6.8	7.5	8.7	9.4	10.5	11.8	13.2	16.1	28.7	21.2	23.6	14.0
	55	保温厚度 (mm)	38.1	40.2	41.5	43.1	44.7	47.0	49.8	51.3	53.2	55.2	56.8	59.6	61.4	62.7	63.7	72.8
		保温厚度 (mm)	5.5	6.1	6.5	7.0	7.6	8.5	9.9	10.8	12.1	13.7	15.3	19.0	22.3	25.3	28.4	18.0
	20	保温厚度 (mm)	25.4	26.8	27.5	28.5	29.5	30.9	32.5	33.4	34.4	35.5	36.3	37.7	38.6	39.2	39.7	43.4
		保温厚度 (mm)	6.8	7.6	8.1	8.9	9.7	11.1	13.2	14.6	16.5	19.1	21.7	27.5	32.8	37.7	42.7	29.7
100	90	保温厚度 (mm)	66.4	70.2	72.4	75.3	78.3	82.6	88.0	91.1	94.9	99.1	102.7	109.1	113.4	116.7	119.4	149.0
		单位热损失 (W/m)	10.9	11.9	12.4	13.3	14.2	15.6	17.7	29.1	21.0	23.3	25.6	30.8	35.2	39.3	43.3	22.4
	55	保温厚度 (mm)	54.9	58.1	59.9	62.2	64.7	68.2	72.6	75.0	78.1	81.3	84.1	89.0	92.2	94.7	96.7	116.4
		保温厚度 (mm)	11.8	12.9	13.6	14.6	15.7	17.4	19.9	21.5	23.7	26.5	29.4	35.6	41.1	46.2	51.2	28.6
	20	保温厚度 (mm)	36.8	38.9	40.1	41.6	43.2	45.4	48.1	49.6	51.3	53.2	54.8	57.4	59.1	60.2	61.3	70.0
		保温厚度 (mm)	14.3	15.8	16.8	18.1	19.6	22.1	25.7	28.1	31.5	35.7	40.1	49.8	58.4	66.5	74.6	47.4
150	90	保温厚度 (mm)	81.8	85.6	89.1	92.7	96.4	101.8	108.6	112.5	117.4	122.8	127.4	135.9	141.6	146.1	149.9	194.4
		单位热损失 (W/m)	17.1	18.5	19.4	20.6	21.9	24.0	27.0	28.9	31.5	34.8	38.1	45.2	51.2	56.8	62.3	29.3
	55	保温厚度 (mm)	67.5	71.4	73.6	76.6	79.6	84.0	89.5	92.7	96.6	100.8	104.5	111.0	115.4	118.8	121.6	152.2
		保温厚度 (mm)	18.5	20.1	21.1	22.5	24.0	26.5	30.0	32.3	35.5	39.4	43.3	51.9	59.3	66.3	73.1	37.5
	20	保温厚度 (mm)	45.4	48.2	49.7	51.6	53.6	56.4	60.0	61.9	64.3	66.8	69.0	72.7	75.1	76.9	78.3	91.6
		保温厚度 (mm)	22.1	24.2	25.6	27.5	29.6	33.1	38.1	41.4	46.0	51.9	57.8	70.9	82.4	93.2	103.9	62.2
200	90	保温厚度 (mm)	95.2	100.6	103.7	107.9	112.1	118.4	126.5	131.1	136.9	143.3	148.9	159.1	166.2	171.7	176.4	235.3
		单位热损失 (W/m)	23.7	25.6	26.7	28.3	30.1	32.8	36.7	39.2	42.6	46.8	51.0	60.0	67.6	74.6	81.5	35.6

续表

内表面温度(℃)	热价(元/GJ)	公称直径(mm)	15	20	25	32	40	50	70	80	100	125	150	200	250	300	350	设备
200	55	保温厚度(mm)	78.6	83.1.	85.7	89.1	92.6	97.8	104.4	108.1	112.8	117.9	122.3	130.3	135.8	140.0	143.6	184.5
		保温厚度(mm)	25.6	27.7	29.0	30.9	32.9	36.1	40.7	43.6	47.6	52.7	57.7	68.5	77.8	86.4	94.9	45.5
	20	保温厚度(mm)	53.0	56.0	57.7	60.0	62.4	65.7	69.9	72.3	75.2	78.3	80.9	85.6	88.6	90.9	92.8	111.3
		保温厚度(mm)	30.3	33.2	35.0	37.5	40.2	44.7	51.2	55.4	61.3	68.7	76.1	92.5	106.8	120.2	133.4	75.6
250	90	保温厚度(mm)	107.4	113.4	116.9	121.6	126.4	133.4	142.5	147.7	154.3	161.7	168.1	179.9	188.2	194.7	200.2	273.9
		单位热损失(W/m)	30.9	33.2	34.7	36.7	38.8	42.2	47.1	50.2	54.4	59.5	64.6	75.5	84.7	93.2	101.4	41.5
	55	保温厚度(mm)	88.6	93.6	96.5	100.4	104.4	110.2	117.7	121.9	127.3	133.2	138.3	147.6	154.1	159.1	163.3	214.9
		保温厚度(mm)	33.3	35.9	37.6	39.9	42.4	46.3	52.0	55.6	60.5	66.7	72.7	85.6	97.0	107.4	117.5	53.2
	20	保温厚度(mm)	59.7	63.1	65.1	67.7	70.3	74.2	79.0	81.7	85.1	88.7	91.8	97.3	101.0	103.8	106.1	129.9
		保温厚度(mm)	39.2	42.7	44.9	48.0	51.5	56.9	64.9	70.0	77.1	86.0	95.0	114.7	131.7	147.6	163.3	88.2
300	90	保温厚度(mm)	118.9	125.4	129.2	134.4	139.6	157.5	163.3	170.6	178.8	186.0	99.3	208.9	216.9	216.1	222.2	310.8
		单位热损失(W/m)	38.5	41.4	43.1	45.6	48.2	52.3	58.1	61.7	66.7	72.9	78.9	91.8	102.5	112.5	122.2	47.3
	55	保温厚度(mm)	98.0	103.5	106.7	111.0	115.4	121.8	130.1	134.8	140.8	147.4	153.2	163.8	171.1	176.8	181.5	244.0
		保温厚度(mm)	41.4	44.6	46.6	49.4	52.4	7.1	63.9	68.1	74.0	81.3	88.4	103.8	116.9	129.0	140.8	60.5
	20	保温厚度(mm)	66.1	69.8	72.0	74.9	77.9	82.1	87.6	90.6	94.4	98.6	102.1	108.5	112.7	116.0	118.7	147.8
		保温厚度(mm)	48.6	52.9	55.5	59.2	63.3	69.8	79.2	85.2	93.6	104.1	114.6	137.5	157.2	175.7	193.8	100.5

注：单位热损失中，保温设备的单位面积热损失的单位为 W/m²。

离心玻璃棉管壳、板经济保温厚度选用表（室外，4200h）　　表 12-125

内表面温度(℃)	热价(元/GJ)	公称直径(mm)	15	20	25	32	40	50	70	80	100	125	150	200	250	300	350	设备
50	90	保温厚度(mm)	41.5	43.9	45.2	47.0	48.8	51.3	54.4	56.2	58.3	60.5	62.4	65.6	67.7	69.0	70.3	81.3
		单位热损失(W/m)	7.7	8.5	9.0	9.6	10.4	11.7	13.5	14.7	16.4	18.6	20.7	25.6	29.8	33.9	37.9	23.3

续表

内表面温度(℃)	热价(元/GJ)	公称直径(mm)	15	20	25	32	40	50	70	80	100	125	150	200	250	300	350	设备
50	55	保温厚度(mm)	34.2	36.1	37.2	38.6	40.0	42.0	44.4	45.8	47.4	49.1	50.6	53.0	54.2	55.3	56.1	63.4
		保温厚度(mm)	8.5	9.4	10.0	10.8	11.7	13.2	15.4	16.9	19.0	21.6	24.3	30.3	35.8	40.8	45.9.	29.8
	20	保温厚度(mm)	22.9	24.0	24.7	25.5	26.4	27.6	29.0	29.7	30.6	31.6	32.3	33.6	34.3	34.4	34.8	37.7
		保温厚度(mm)	10.5	11.8	12.6	13.8	15.1	17.4	20.8	23.0	26.2	30.3	34.5	44.1	52.6	61.3	69.5	49.5
100	90	保温厚度(mm)	55.1	58.2	60.0	62.4	64.7	68.3	72.7	75.2	78.2	81.5	84.3	89.2	92.5	95.0	96.6	117.2
		单位热损失(W/m)	13.9	15.2	16.0	17.2	18.4	20.4	23.4	25.2	27.9	31.2	34.5	41.9	48.3	54.3	60.3	33.5
	55	保温厚度(mm)	45.5	48.1	49.6	551.5	53.5	56.3	60.0	61.6	64.2	66.7	68.8	72.5	74.9	76.7	78.7	91.4
		保温厚度(mm)	15.2	16.7	17.6	19.0	20.4	22.8	26.4	28.6	31.8	25.8	40.0	49.0	56.9	64.3	71.3	42.9
	20	保温厚度(mm)	30.5	32.2	33.1	34.4	35.6	37.4	39.5	40.6	42.0	43.4	44.5	46.5	47.6	48.5	49.2	54.7
		保温厚度(mm)	18.5	20.6	21.9	23.8	26.0	29.4	32.4	38.0	42.8	49.1	55.4	69.7	82.3	94.3	106.2	71.3
150	90	保温厚度(mm)	66.2	70.0	72.1	75.0	78.0	82.2	87.7	90.8	94.5	98.7	102.3	108.6	112.9	116.2	118.9	148.3
		单位热损失(W/m)	20.6	22.4	23.5	25.1	26.8	29.6	33.5	36.1	39.7	44.1	48.6	58.2	66.6	74.4	82.0	42.5
	55	保温厚度(mm)	54.6	57.7	59.5	61.8	64.2	67.6	71.9	74.3	77.3	80.8	83.6	88.4	91.6	94.0	95.7	115.9
		保温厚度(mm)	22.4	24.5	25.8	27.6	29.6	32.9	37.7	40.7	45.0	50.3	55.7	67.6	77.9	87.6	97.5	54.3
	20	保温厚度(mm)	36.6	38.6	9.7	41.2	43.0	45.2	47.8	49.2	51.1	53.1	54.3	57.1	58.8	60.0	61.0	69.6
		保温厚度(mm)	27.1	30.0	31.8	34.4	37.2	41.8	48.7	53.3	59.6	67.6	76.2	94.5	110.8	126.2	141.6	90.2
200	90	保温厚度(mm)	76.0	80.3	82.8	86.2	89.6	94.6	100.6	104.5	109.0	113.9	118.1	125.7	130.4	134.9	138.3	176.9
		单位热损失(W/m)	27.8	30.1	31.6	33.6	35.8	39.3	44.4	47.4	52.0	57.6	63.1	75.2	85.5	95.1	104.5	50.8
	55	保温厚度(mm)	62.7	66.2	68.3	71.0	73.9	78.0	83.1	86.0	89.5	93.4	95.8	102.7	106.6	109.7	112.1	138.5
		保温厚度(mm)	30.1	32.8	34.5	36.96	39.4	43.5	49.5	53.3	58.7	65.4	72.0	86.7	99.4	111.2	122.9	65.0

内表面温度(℃)	热价(元/GJ)	公称直径(mm)	15	20	25	32	40	50	70	80	100	125	150	200	250	300	350	设备
200	20	保温厚度(mm)	42.2	44.6	46.0	47.8	49.6	52.2	55.4	57.1	59.3	61.5	63.4	66.7	68.8	70.4	71.7	83.3
		保温厚度(mm)	36.1	39.8	42.1	45.3	48.9	54.7	63.4	69.0	76.9	87.0	97.1	119.7	139.5	158.2	176.8	108.0
250	90	保温厚度(mm)	85.2	90.0	92.8	96.5	100.3	105.9	113.0	117.1	122.2	127.9	132.7	141.4	147.7	152.5	156.5	204.4
		单位热损失(W/m)	35.5	38.4	40.2	42.7	45.4	49.7	55.8	59.7	65.2	71.8	78.5	92.9	105.0	116.4	127.5	58.8
	55	保温厚度(mm)	70.3	74.2	76.6	79.7	82.8	87.4	93.2	96.5	100.6	105.0	108.9	115.8	120.4	124.0	127.0	160.1
		保温厚度(mm)	38.4	41.8	43.8	46.7	49.8	54.8	62.1	66.7	73.1	81.1	89.1	106.6	121.6	135.6	149.3	75.3
	20	保温厚度(mm)	47.3	50.0	51.6	53.6	55.6	58.6	62.2	64.3	66.7	69.4	71.6	75.5	78.0	80.0	81.6	96.4
		保温厚度(mm)	45.8	50.3	53.1	57.0	61.4	68.4	78.8	85.5	95.0	107.0	119.0	145.7	169.1	190.1	212.6	125.0
300	90	保温厚度(mm)	93.8	99.1	102.1	106.2	110.4	116.6	124.5	128.9	134.8	141.0	146.5	156.5	163.5	168.9	173.5	230.9
		单位热损失(W/m)	43.8	47.3	49.4	52.4	55.6	60.7	68.0	72.6	79.0	86.8	94.6	111.3	125.5	138.6	151.4	66.6
	55	保温厚度(mm)	77.4	81.8	84.3	87.7	91.2	96.3	102.8	106.4	111.0	116.0	120.3	128.1	133.4	137.5	141.0	181.0
		保温厚度(mm)	47.3	51.3	53.7	57.2	60.9	66.8	75.3	80.8	88.3	97.7	107.1	127.4	144.7	160.7	176.7	85.2
	20	保温厚度(mm)	52.1	55.1	56.8	59.0	61.3	64.6	68.8	71.1	73.7	76.9	79.5	84.0	87.0	89.1	90.9	109.2
		保温厚度(mm)	56.2	61.5	64.8	69.5	74.6	82.9	95.0	102.8	114.0	127.7	141.6	172.4	199.0	224.6	249.3	141.5

注：单位热损失中，保温设备的单位面积热损失的单位为 W/m^2。

离心玻璃棉管壳、板经济保温厚度选用表（室外，3000h）　　表 12-126

内表面温度(℃)	热价(元/GJ)	公称直径(mm)	15	20	25	32	40	50	70	80	100	125	150	200	250	300	350	设备
50	90	保温厚度(mm)	35.1	37.0	38.1	39.6	41.0	43.1	45.6	47.0	48.6	50.4	51.9	54.3	55.9	57.0	57.8	65.5
		单位热损失(W/m)	7.6	8.5	9.0	9.7	10.5	11.9	13.9	15.2	17.0	19.4	21.8	27.1	31.8	36.4	40.8	36.4
	55	保温厚度(mm)	28.8	30.4	31.2	32.4	33.5	35.1	37.0	38.1	39.3	40.6	41.7	43.4	44.5	45.3	45.9	51.0
		保温厚度(mm)	8.4	9.4	10.0	10.9	11.9	13.5	16.0	17.6	19.9	22.8	25.8	32.5	38.5	44.2	49.8	33.7

续表

内表面温度(℃)	热价(元/GJ)	公称直径(mm)	15	20	25	32	40	50	70	80	100	125	150	200	250	300	350	设备
50	20	保温厚度(mm)	19.2	20.2	20.7	21.4	22.1	23.0	24.0	24.6	25.4	26.0	26.6	27.4	27.9	28.3	28.6	30.4
		保温厚度(mm)	10.7	12.1	13.0	14.4	15.8	18.3	22.1	24.6	28.1	32.8	37.6	48.5	58.2	67.5	76.8	56.5
100	90	保温厚度(mm)	47.5	50.1	51.8	53.8	55.8	58.8	62.4	64.5	67.0	69.7	71.9	75.9	78.5	80.4	81.9	97.0
		单位热损失(W/m)	14.3	15.7	16.5	17.8	19.1	21.3	24.5	26.6	29.6	33.3	37.0	45.3	52.5	59.3	66.1	38.8
	55	保温厚度(mm)	39.1	41.3	42.6	44.2	45.9	48.2	51.1	52.9	54.7	56.7	58.4	61.3	63.2	64.4	65.7	75.2
		保温厚度(mm)	15.6	17.3	18.3	19.7	21.4	24.0	27.8	30.3	33.9	38.5	43.1	53.4	62.4	70.9	79.4	49.4
	20	保温厚度(mm)	26.2	27.6	28.3	29.4	30.4	31.8	33.5	34.4	35.5	36.6	37.5	38.9	39.9	40.5	41.0	45.0
		保温厚度(mm)	19.3	21.5	23.0	25.1	27.5	31.3	37.1	41.0	46.4	53.5	60.7	77.2	91.5	105.4	119.2	82.6
150	90	保温厚度(mm)	57.4	60.7	65.5	65.1	67.6	71.3	75.9	78.5	81.7	85.2	88.1	93.3	96.8	99.5	101.6	123.6
		单位热损失(W/m)	21.3	23.3	24.5	26.2	28.1	31.1	35.5	38.4	42.3	47.3	52.3	63.3	72.8	81.7	90.4	49.6
	55	保温厚度(mm)	47.3	50.0	51.6	53.6	55.7	58.6	52.3	64.4	66.9	69.5	71.8	75.7	78.3	80.2	81.8	96.5
		保温厚度(mm)	23.3	25.6	27.0	29.0	31.2	34.8	40.0	43.4	48.2	54.3	60.4	73.9	85.7	96.9	107.9	63.5
	20	保温厚度(mm)	31.8	33.5	34.5	35.8	37.1	38.9	41.2	42.3	43.8	45.2	46.5	48.6	50.0	50.8	51.6	57.7
		保温厚度(mm)	28.3	31.5	33.5	36.3	39.5	44.7	52.4	57.6	64.8	74.2	83.6	104.8	123.6	141.5	159.1	105.5
200	90	保温厚度(mm)	66.2	70.0	72.1	75.1	78.0	82.3	87.7	90.8	94.6	98.8	102.3	108.7	113.0	116.2	118.9	148.3
		单位热损失(W/m)	28.9	31.5	33.0	35.2	37.6	41.5	47.1	50.7	55.7	61.9	68.1	81.7	93.4	104.4	115.2	59.6
	55	保温厚度(mm)	54.6	57.7	59.5	61.9	64.3	67.8	72.1	74.4	77.4	80.8	83.6	88.5	91.7	94.1	95.8	116.0
		保温厚度(mm)	31.5	34.4	36.2	38.8	41.6	46.1	52.8	57.2	63.2	70.6	78.2	94.9	109.4	123.0	136.7	76.2
	20	保温厚度(mm)	36.7	38.7	39.8	41.4	43.0	45.2	47.8	49.3	51.1	53.0	54.6	57.1	58.8	60.0	61.0	69.5
		保温厚度(mm)	38.0	42.0	44.6	48.1	52.2	58.7	68.4	74.8	83.7	95.1	106.7	132.7	155.5	177.2	198.7	126.7

续表

内表面温度(℃)	热价(元/GJ)	公称直径(mm)	15	20	25	32	40	50	70	80	100	125	150	200	250	300	350	设备
250	90	保温厚度(mm)	74.3	78.5	81.0	84.2	87.5	92.4	98.6	102.0	106.4	11.2	115.3	122.7	127.8	131.7	134.9	171.8
		单位热损失(W/m)	37.0	40.2	42.1	44.8	47.8	52.5	59.3	63.7	69.7	77.2	84.7	100.9	114.8	127.8	140.5	69.1
	55	保温厚度(mm)	61.3	64.8	66.8	69.5	72.2	76.2	81.1	83.9	87.4	91.2	94.4	100.2	104.0	106.9	109.3	134.4
		保温厚度(mm)	40.2	43.8	46.0	49.2	52.7	58.2	66.3	71.4	78.6	87.7	96.7	116.6	133.7	149.8	156.6	88.5
	20	保温厚度(mm)	41.2	43.2	44.9	46.6	48.4	51.1	54.0	55.7	57.8	60.0	61.8	65.0	67.0	68.5	69.7	80.8
		保温厚度(mm)	48.2	53.2	56.2	60.6	65.5	74.2	85.0	92.6	103.3	116.9	130.6	161.3	188.2	213.6	238.7	146.9
300	90	保温厚度(mm)	81.9	86.5	89.2	92.8	96.5	101.9	108.7	112.6	17.5	122.9	127.6	136.0	141.7	146.3	150.0	194.5
		单位热损失(W/m)	45.8	49.5	51.8	55.1	58.6	64.2	72.3	77.4	84.5	93.3	102.0	121.0	137.1	152.1	166.6	78.4
	55	保温厚度(mm)	67.6	71.2	73.4	76.4	79.4	83.8	89.3	92.4	96.3	100.6	104.2	110.7	115.1	118.5	121.2	151.6
		保温厚度(mm)	49.6	53.5	56.2	60.0	64.0	70.5	80.0	86.0	94.4	104.9	115.4	138.3	158.0	176.5	194.6	100.0
	20	保温厚度(mm)	45.5	48.1	49.5	51.5	53.5	56.3	59.7	61.7	64.0	66.6	68.7	72.4	74.8	76.6	78.0	91.6
		保温厚度(mm)	59.2	65.0	68.7	73.8	79.6	88.8	102.5	111.3	123.8	139.6	155.4	190.7	221.5	251.7	279.6	166.6

注：单位热损失中，保温设备的单位面积热损失的单位为 W/m²。

允许最大热损失的最小保温厚度表（全年运行，离心玻璃棉材料）　　表 12-127

内表面温度(℃)	50		100		150		200		250		300	
允许最大热损失(W/m²)	58		93		116		140		163		186	
公称直径(mm)	管壳	保温毡	管壳	保温毡	管壳	保温毡	管壳	保温毡	管壳	保温毡	管壳	保温毡
15	15	—	22	—	28	—	33	—	37	—	41	—
20	16		23		30		35		39		44	
25	16		24		31		36		41		45	
32	17		24		32		37		42		47	
40	17		25		33		39		44		48	
50	18		28		34		40		46		51	
70	18		28		36		43		49		54	
80	19		29		37		44		50		56	

内表面温度(℃)	50		100		150		200		250		300	
允许最大热损失（W/m²）	58		93		116		140		163		186	
公称直径(mm)	管壳	保温毡	管壳	保温毡	管壳	保温毡	管壳	保温毡	管壳	保温毡	管壳	保温毡
100	19		29		38		45		52		58	
125	20		30		39		47		54		60	
150	20		31		40		48		55		62	
200	20		32		42		50		58		65	
250	21	22	33	35	43	47	52	57	60	65	67	73
300	21	22	33	35	44	48	53	58	61	67	68	75
400		23		36		49		59		69		78
500		23		36		50		60		70		80
1000		23		37		51		63		74		84
设备	棉板23	24	棉板37	39	棉板52	54	棉板65	67	棉板77	79	棉板88	90

允许最大热损失的最小保温厚度表（季节运行，离心玻璃棉材料）（mm）　表 12-128

内表面温度(℃)	50		100		150		200		250		300	
允许最大热损失（W/m²）	116		163		203		244		279		308	
公称直径(mm)	管壳	保温毡	管壳	保温毡	管壳	保温毡	管壳	保温毡	管壳	保温毡	管壳	保温毡
15	12	—	16	—	20	—	22	—	26	—	29	
20	12		17		20		24		27		30	
25	12		17		21		24		28		31	
32	13		18		22		25		29		32	
40	13		18		22		26		30		33	
50	13		19		23		27		31		35	
70	14		20		24		28		33		37	
80	14		20		25		29		33		38	
100	14		20		26		30		34		39	
125	15		21		26		31		35		40	
150	15		21		27		31		36		41	
200	15		22		28		33		38		43	
250	15	16	22	24	28	30	33	36	38	42	44	49
300	15	16	22	24	29	31	34	37	39	43	45	49
400		16		24		31		37		44		50
500		16		25		32		38		45		52
1000		17		25		33		39		46		54
设备	棉板16	17	棉板25	26	棉板32	34	棉板39	40	棉板47	48	棉板55	56

防烫伤保温厚度表（离心玻璃棉材料）（mm）　　　　表 12-129

内表面温度(℃)	100		150		200		250		300		350	
计算参数	保温层外表面温度 60℃				环境温度 30℃							
公称直径(mm)	管壳	保温毡	管壳	保温毡	管壳	保温毡	管壳	保温毡	管壳	保温毡	管壳	保温毡
15	8	—	13	—	20	—	26	—	32	—	38	
20	8		13		20		26		33		40	
25	8		13		20		27		34		41	
32	8		14		21		28		35		42	
40	8		14		21		29		36		44	
50	8		14		22		30		38		46	
70	8		15		23		31		40		49	
80	8		15		24		32		41		50	
100	8		15		25		33		42		52	
125	8		15		25		34		44		54	
150	15		16		25		35		45		56	
200	8		16		26		36		47		58	
250	8	8	16	18	26	29	37	41	48	53	60	67
300	8	8	17	18	27	29	38	41	49	54	61	68
400		8		18		30		42		56		70
500		8		18		30		43		57		72
1000		8		19		31		44		59		75
设备	棉板 8	9	棉板 18	19	棉板 31	32	棉板 45	46	棉板 61	62	棉板 79	80

4. 常用保温结构图

常用保温结构图如图 12-40 和图 12-41 所示。

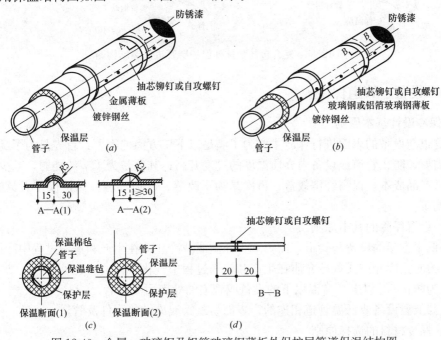

图 12-40　金属、玻璃钢及铝箔玻璃钢薄板外保护层管道保温结构图

图 12-40 为金属、玻璃钢及铝箔玻璃钢薄板外保护层管道保温结构图，主要为室外架空管道保温结构的形式，也可用于室内保温结构。其中 A-A（2）断面为考虑管子伸缩的连接方式，长由管段伸缩量决定，伸缩缝间距为 3.5～5mm。水平管道采用缝毡保温时，其管顶应预先敷设一层 10～30mm 厚棉毡，宽度为周长的 1/3，然后包扎缝毡，详见保温断面（1）。玻璃钢和铝箔玻璃钢薄板保护层接缝处宜采用胶粘剂粘合密封。

图 12-41 为复合包扎涂抹外保护层管道保温结构图。图中保温结构（a）和（b）用于室内架空管道；保温结构（c）和（d）用于室外地沟及潮湿环境；保温结构（c）中，乳化沥青涂层可用不饱和聚酯树脂，待乳化沥青干燥后，缠外层玻璃布；保温结构（d）中，油毡也可用 CPU 防水阻燃涂层；有防火要求时，应选用具有阻燃性的乳化沥青及不饱和聚酯树脂。

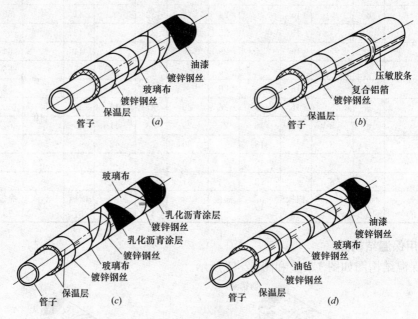

图 12-41　复合包扎涂抹外保护层管道保温结构图

12.3.3　设备、管道保冷

1. 保冷设计基本原则

在管道与设备的表面进行保冷主要为了满足以下三方面的需要：首先是为了满足用户使用的需要，防止管道或设备内介质温度的过度升高；其次是为了节约能源，减少冷量损失，降低产品成本，提高经济效益；再次是为了改善、改造环境，保护操作人员的安全，避免冻伤等。

（1）设置保冷的基本原则

1）低于常温的设备与管道，需要减少介质或载冷介质在生产和输送过程中冷损失者；

2）为防止冷介质或载冷介质在生产和输送过程中气化者；

3）为防止 0℃以上、常温以下的设备或管道的外表面凝露者；

4）与低温设备或低温管道相连的，表面易凝露或冻结的附件及管道。

（2）保冷材料的选择原则

1）保冷材料应是闭孔、憎水、不燃、难燃或阻燃材料，其氧指数不小于 30，室内使用时应不低于 32；

2）吸水率及含水率低，其质量分数分别不大于 3.3％和 1％；

3）材料应是无毒、无味、不腐烂，在低温下能长期使用；

4）应具有良好的化学稳定性，对设备与管道无腐蚀使用；当遭受火灾时，不至于大量逸散有毒气体，应符合 GB/T 8627，烟密度等级（SDR）不大于 75；

5）保冷材料的允许使用温度应低于在正常操作情况下管道介质的最低温度；

6）材料的导热系数要小，常温下，泡沫塑料及其制品的导热系数应不大于 0.0442W/(m·K)；

7）材料密度要低，泡沫塑料及其制品不应大于 60kg/m³，但应具有一定的机械强度，有机硬质成型制品的抗压强度不应小于 0.15MPa，无机硬质成型制品的抗压强度不应小于 0.3MPa；

8）在不稳定导热的情况下，仍能保持热物理与机械性能。

（3）主要辅助材料的选择原则

1）防潮层材料的抗蒸汽渗透性要好，防潮、防水能力强，其吸水率不大于 1％，具有不燃、难燃或阻燃性能，室内使用时的氧指数不小于 32；安全使用温度范围大，软化温度不低于 65℃，夏季不起泡，不流淌；冬季不开裂，不脱落。

2）保护层材料应是防水、防潮、抗大气腐蚀性好，强度高，寿命长，具有不燃、难燃或阻燃性能，室内使用时应为不燃或难燃材料。

3）胶粘剂、密封剂应在使用的低温范围内保持粘接性能，粘接强度在常温下应大于 0.15MPa，易固化，对保冷层材料不溶解，对金属壁无腐蚀，密封性好。

4）需要保冷的碳钢和铁素体合金管道、设备及其附件的外表面，在清净后不需刷防锈涂料。

（4）保冷厚度计算原则

1）为减少冷量损失，并防止外表面凝露的保冷工程，应按"经济厚度"的方法计算保冷厚度，并以热平衡法校核其外表面温度，该温度应高于环境空气的露点温度，否则须加厚重新计算，直至满足要求。

2）为防止外表面凝露以及防冻伤需计算最外层的表面温度时，应采用表面温度法计算保冷层厚度。该温度应高于环境空气的露点温度，否则须加厚重新计算。

3）工艺上要求控制冷损失量时，按满足冷损失要求进行计算，并以热平衡法校核其外表面温度，该温度应高于环境空气的露点温度，否则须加厚重新计算，直至满足要求。

4）以满足介质输送时允许温升的条件，按热平衡法计算。

2. 保冷材料及其制品的性能

常用的保冷材料有：聚苯乙烯泡塑制品、硬质聚氨酯泡塑制品、发泡橡塑制品、酚醛泡沫制品等。其主要技术性能如表 12-130 所示。

3. 常用辅助材料

（1）保护层

1）金属保护层

① 镀锌薄钢板：厚度为 0.3～0.8mm，直径 DN200 以下的采用 0.3mm；

常用绝热（保冷）材料及其制品的主要技术性能　　　　表 12-130

材料名称	密度 (kg/m³)	导热系数 [W/(m·K)]	适用温度 (℃)	抗压强度 (MPa)	吸湿率 (%)	燃烧性	备　注
泡沫塑料类							
聚苯乙烯泡塑料制品	15～50	0.032～0.046	−40～75	≥0.15		自熄	密度小，导热系数小，施工方便，不耐高温，一般适用于 65℃ 以下的低温水管道保温，个别适用温度稍高，聚氨酯类可现场发泡成型，强度高，但成本也高。此类材料可燃，防火性能差，燃烧时烟密度较高，有阻燃与难燃型之区别，使用时须注意
硬质聚氨酯泡塑制品	40～120	0.023～0.035	−60～110	≥0.20	1.6	自熄	
软质聚氨酯泡塑制品	32～45	≤0.042	−50～100				
硬质聚氯乙烯泡塑料制品	≤45	≤0.043	−35～80	≥0.18		自熄	
软质聚氯乙烯泡塑料制品	10	0.054					
发泡橡塑制品	40～120	≤0.043	−40～85		≤4	难燃	
酚醛泡沫制品	40～120	0.025～0.038	−180～130			难燃	密度小，导热系数小，燃烧时烟密度较小
沥青膨胀珍珠岩制品	280～400	0.07～0.104	−40～80	≥0.20			不老化，憎水，耐腐蚀，锯切方便，常用于低温潮湿的场所
聚异三氯氰酸酯(PIR)	>35	≤0.019	−196～130			难燃	导热系数低，低温下尺寸稳定，宜深保冷使用

② 铝合金板：厚度为 0.4～0.7mm，直径 DN200 以下的采用 0.4mm；

③ 不锈钢板：厚度为 0.3～0.5mm，直径 DN200 以下的采用 0.3mm。

2）复合保护层

① 玻璃布或复合铝箔：适合室内保冷；

② 油毡、玻璃布、冷沥青液涂层或玻璃钢：适合室外及地沟保冷。

（2）防潮层

1）涂抹防潮层：采用玻璃布沥青胶涂层，即在保冷层外缠玻璃布后涂抹沥青胶。

2）包缠防潮层：采用聚乙烯薄板、沥青玻璃布油毡、CPUJ 卷材、复合铝箔等。

4. 保冷厚度计算方法

在本书 12.3.2 介绍的节绝热层厚度计算方法，都适用于保冷工程中的绝热材料厚度计算，尚需补充的计算公式和计算参数的取值补充如下：

（1）防护冷层表面结露的保冷层厚度计算公式

1）平面型单层防结露绝热层厚度应按下式计算：

$$\delta = \frac{B\lambda}{\alpha_s} \cdot \frac{T_s - T_0}{T_a - T_d}$$　　　　(12-32)

式中　T_d——当地气象条件下最热月的露点温度，℃；

T_s——绝热层外表面温度，应高于环境露点温度 0.3℃ 以下，$T_s = T_d + 0.3$。

B——由于吸湿、老化等原因引起的保冷厚度增加的修正系数，视材料而定，通常可取 1.05～1.30；性能稳定的材料取低值，反之取高值。

2）圆筒型单层防绝热层外表面结露的绝热层厚度 δ 计算中，应使 D_1 满足下列恒等式要求：

$$D_1 \ln \frac{D_1}{D_0} = \frac{2\lambda}{\alpha_s} \cdot \frac{T_s - T_0}{T_a - T_d} \tag{12-33}$$

$$\delta = B \cdot \frac{D_1 - D_0}{2} \tag{12-34}$$

式中　D_1——防结露要求的最小绝热层外层，m；

（2）保冷管道最大允许冷损失量应按下列公式计算：

当 $T_a - T_d \leqslant 4.5$ 时：

$$[Q] = -(T_a - T_d)a_s \tag{12-35}$$

当 $T_a - T_d > 4.5$ 时：

$$[Q] = -4.5a_s \tag{12-36}$$

式中　T_a——取当地气象条件下夏季空气调节室外计算干球温度，℃；

　　　T_d——取当地气象条件下最热月的露点温度，℃；

　　　a_s——取 8.141W/（m² · K）。

（3）保冷计算参数的取值要求

1）环境温度 T_a 取值：

① 防结露厚度与最大允许冷损失下的厚度计算时，环境温度 T_a 应取夏季空气调节室外计算干球温度；

② 经济厚度计算时，环境温度 T_a 应取运行期日平均温度的平均值；

③ 表面温度和热损失的计算中，T_a 应取厚度计算时的对应值。

2）露点温度 T_d 应根据夏季空气调节室外计算干球温度和最热月月平均相对湿度查 $h-d$ 图而得。

3）导热系数 λ 应取绝热材料在平均设计温度下的导热系数，对软质材料应取安装密度下的导热系数。

4）保冷结构表面放热系数 a_s 取值：

① 防结露绝热厚度计算和允许冷损失量的厚度计算中，取 8.141W/（m² · K）；

② 经济厚度计算中，a_s 的取值见本章 12.3.2 节中的规定；室内时，风速取 0；

③ 表面温度、冷量损失的计算中，a_s 应取厚度计算时的对应值。

5）年运行时间 t：常年运行按 8000h 计算，间隙运行或按季节运行按设计或实际运行天数计。

6）绝热工程投资贷款年分摊率 S 的计算见式（12-31）。

5. 常用保冷材料厚度选用图表

（1）常用保冷材料的厚度选用表如下：

1）采用保冷材料的最小防结露厚度：

● 表 12-132：我国各主要城市的潮湿系数 θ 计算表；

● 图 12-44：发泡橡塑材料的最小防结露厚度；

● 图 12-45：硬质聚氨酯泡塑材料的最小防结露厚度；

● 图 12-46：离心玻璃棉及酚醛泡沫的平面型绝热最小防结露厚度。

使用时，首先应根据工程所在地的城市气象条件和冷介质的温度，查表 12-132 获得对应的潮湿系数 θ，然后根据这个潮湿系数 θ 查图 12-44～图 12-46 获得所需管道或设备的最小绝热厚度。

潮湿系数 θ 的计算公式如下：

$$\theta = \frac{T_s - T_0}{T_a - T_s} \tag{12-37}$$

2）经济绝热厚度：

① 表 12-133：建筑物内冷管道发泡橡塑的经济绝热厚度；

② 表 12-134：建筑物内冷管道硬质聚氨酯泡塑的经济绝热厚度；

③ 表 12-135：建筑物内离心玻璃棉和酚醛泡沫平面型保冷的经济绝热厚度。

（2）常用保冷厚度选用表采用的基本数据

1）常用保冷厚度选用图、表计算采用的基本数据见表 12-131。如使用环境、条件、价格等差异较大时，应重新计算确定。

常用保冷厚度选用图、表的计算基本参数　　　　　　　　　　表 12-131

图表	图 12-44	图 12-45	图 12-46	表 12-133	表 12-134	表 12-135
年运行时间(h)	—	—	—	2880		
环境温度(℃)	根据潮湿系数 θ			29(通风房间)		26(通风房间) 26(通风房间)
介质温度(℃)				$-13, -9, -5, -1, 3, 7, 11, 15$		
外表面放热系数 [W/(m²·K)]	8.141			11.63		
计算年限(a)	—			5		
利率(%)	—			6		
冷价(元/GJ)	—			70		
绝热材料	发泡橡塑	硬质聚氨酯泡塑	离心玻璃棉/酚醛泡沫	发泡橡塑	硬质聚氨酯泡塑	离心玻璃棉　　/酚醛泡沫
导热系数或方程	0.037	0.027	0.035/0.034	$0.0338 + 0.000138 T_P$	$0.0253 + 0.00009 T_P$	$0.031 + 0.00017 T_P$　　$0.027 + 0.0003 T_P$
绝热结构单价 (元/m³)	—	—	—	3600	2800	1300　　2400

注：图 12.3-3,4,5 中查得的方结露厚度，均未考虑绝热材料的老化因素。

2）冷价：冷价是以电制冷的螺杆式冷水机组、冷却塔、冷冻水泵、冷却水泵的基本组合为计算依据。由于全国各地的电价和水价相差很大，这里只能按一般情况进行假设，采用 70 元/GJ。

3）贷款年分摊率 S：按还贷年限 $n=5$ 年，贷款的年利率 $i=6\%$ 计算，投资贷款年分摊率 S 为 23.74%。

4）年运行时间：大多数公共建筑冷管道绝热是用于空调工程，夏季使用，因此采用 2880h。

5）计算用绝热材料导热系数方程：

柔性发泡橡塑导热系数方程　$0.0338+0.000138T_P$；

硬质聚氨酯泡塑导热系数方程　$0.0253+0.00009T_P$；

离心玻璃棉导热系数方程　$0.031+0.00017T_P$；

酚醛泡沫导热系数方程　$0.027+0.0003T_P$。

6）绝热材料，安装等的单位造价：绝热结构价格包括绝热材料、防潮层、保护层、辅助材料及人工等价格。

7）环境温度：采用夏季最热月的平均温度，这里采用29℃，可以满足全国绝大部分城市，保冷工程在通风房间内使用时的要求。

由于室外受风速、太阳辐射等众多因素的影响，只能根据实际条件计算确定保冷的经济厚度。

6. 常用保冷构造图

图12-42是金属外保护层的管道保冷结构图。适用于室内外架空管道的保冷工程。保护层为镀锌钢板或铝合金板。结构（a）和（b）适用于介质温度为－20～5℃的保冷工程。结构（c）适用于介质温度为6～20℃的保冷工程。当管道坡度较大时，为防止金属保护层下滑，可按结构（b）在环向搭接缝处设S形托板，每道环向缝不得少于2块，托板材料与金属保护层相同。

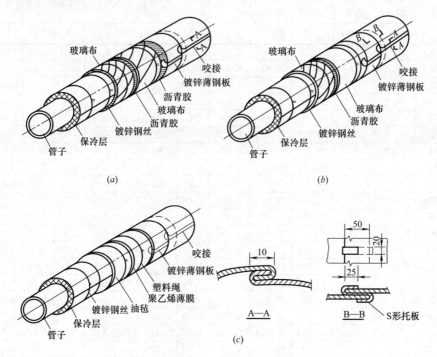

图12-42　金属外保护层的管道保冷结构图

图12-43是复合外保护层的管道保冷结构图。保冷结构（a）和（b）适用于室内架空管道，结构（c）适用于地沟或室内较潮湿的环境，也可用于室外。采用包缠防潮层时，须用塑料绳捆扎，见图12-42（c）。

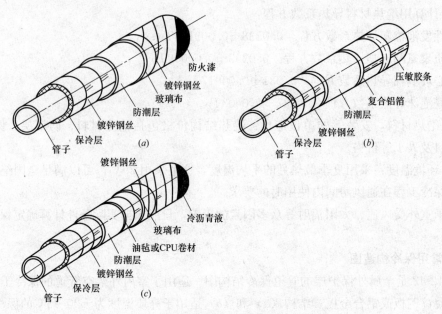

图 12-43　复合外保护层的管道保冷结构图

各主要城市的潮湿系数 θ 计算表　　　　　　　　　　　表 12-132

序号	城市	干球温度 T_a(℃)	相对湿度 φ(%)	露点湿度 T_d(℃)	露点加 0.3 T_s(℃)	T_a-T_d (℃)	各种介质温度条件下的潮湿系数 θ							
							−13℃	−9℃	−5℃	−1℃	3℃	7℃	11℃	15℃
1	北京	33.6	78	29.226	29.526	4.374	10.4	9.46	8.47	7.49	6.51	5.53	4.55	3.57
2	天津	33.9	78	29.516	29.816	4.384	10.5	9.51	8.53	7.55	6.57	5.59	4.61	3.63
3	承德	32.8	72	27.077	27.377	5.723	7.45	6.71	5.97	5.23	4.5	3.76	3.02	2.28
4	石家庄	35.2	75	30.091	30.391	5.109	9.02	8.19	7.36	6.53	5.7	4.86	4.03	3.2
5	大同	31	66	23.891	24.191	7.109	5.46	4.87	4.29	3.7	3.11	2.52	1.94	1.35
6	太原	31.6	72	25.925	26.225	5.675	7.3	6.55	5.81	5.07	4.32	3.58	2.83	2.09
7	运城	35.9	69	29.312	29.612	6.588	6.78	6.14	5.5	4.87	4.23	3.6	2.96	2.32
8	海拉尔	29.2	71	23.389	23.689	5.811	6.66	5.93	5.21	4.48	3.75	3.03	2.3	1.58
9	二连浩特	33.2	49	21.03	21.33	12.17	2.89	2.56	2.22	1.88	1.54	1.21	0.87	0.53
10	呼和浩特	30.7	64	23.095	23.395	7.605	4.98	4.43	3.89	3.34	2.79	2.24	1.7	1.15
11	沈阳	31.4	78	27.093	27.393	4.307	10.1	9.08	8.08	7.09	6.09	5.09	4.09	3.09
12	锦州	31.4	80	27.525	27.825	3.875	11.4	10.3	9.18	8.06	6.95	5.83	4.71	3.59
13	朝阳	33.6	73	28.082	28.382	5.518	7.93	7.16	6.4	5.63	4.86	4.1	3.33	2.56
14	大连	29	83	25.812	26.112	3.188	13.5	12.2	10.8	9.39	8	6.62	5.23	3.85
15	四平	30.7	78	26.414	26.714	4.286	9.96	8.96	7.96	6.95	5.95	4.95	3.94	2.94
16	长春	30.4	78	26.123	26.423	4.277	9.91	8.91	7.9	6.9	5.89	4.88	3.88	2.87
17	佳木斯	30.8	78	26.511	26.811	4.289	9.98	8.98	7.97	6.97	5.97	4.97	3.96	2.96
18	齐齐哈尔	31.2	73	25.774	26.074	5.426	7.62	6.84	6.06	5.28	4.5	3.72	2.94	2.16
19	哈尔滨	30.6	77	26.098	26.398	4.502	9.38	8.42	7.47	6.52	5.57	4.62	3.66	2.71
20	牡丹江	30.9	76	26.167	26.467	4.733	8.9	8	7.1	6.2	5.3	4.4	3.49	2.59
21	上海	34.6	83	31.284	31.584	3.316	14.8	13.5	12.1	10.8	9.48	8.15	6.82	5.5
22	徐州	34.4	81	30.661	30.961	3.739	12.8	11.6	10.5	9.29	8.13	6.97	5.8	4.64
23	淮阴	33.3	85	30.429	30.729	2.871	17	15.5	13.9	12.3	10.8	9.23	7.67	6.12
24	南京	34.8	81	31.05	31.350	3.75	12.9	11.7	10.5	9.29	8.13	6.97	5.8	4.64

序号	城市	干球温度 $T_a(℃)$	相对湿度 $\varphi(\%)$	露点湿度 $T_d(℃)$	露点加0.3 $T_s(℃)$	$T_a - T_d$ (℃)	各种介质温度条件下的潮湿系数 θ							
							−13℃	−9℃	−5℃	−1℃	3℃	7℃	11℃	15℃
25	杭州	35.7	80	31.707	32.008	3.993	12.2	11.1	10	8.94	7.86	6.77	5.69	4.61
26	衢州	35.9	76	30.999	31.299	4.901	9.63	8.76	7.89	7.02	6.15	5.28	4.41	3.54
27	温州	34.1	84	31.005	31.305	3.095	15.9	14.4	13	11.6	10.1	8.7	7.27	5.83
28	合肥	35.1	81	31.342	31.642	3.758	12.9	11.8	10.6	9.44	8.28	7.13	5.97	4.81
29	安庆	35.3	79	31.097	31.397	4.203	11.4	10.4	9.33	8.3	7.28	6.25	5.23	4.2
30	屯溪	35.6	79	31.389	31.689	4.211	11.4	10.4	9.38	8.36	7.33	6.31	5.29	4.27
31	福州	36	78	31.552	31.852	4.448	10.8	9.85	8.89	7.92	6.96	5.99	5.03	4.06
32	厦门	33.6	81	29.881	30.181	3.719	12.6	11.5	10.3	9.12	7.95	6.78	5.61	4.44
33	景德镇	36	79	31.777	32.077	4.223	11.5	10.5	9.45	8.43	7.41	6.39	5.37	4.35
34	南昌	35.6	75	30.477	30.777	5.123	9.08	8.25	7.42	6.59	5.76	4.93	4.1	3.27
35	赣州	35.5	70	29.18	29.48	6.32	7.06	6.39	5.73	5.06	4.4	3.73	3.07	2.41
36	潍坊	34.2	81	30.466	30.766	3.734	12.7	11.6	10.4	9.25	8.08	6.92	5.76	4.59
37	济南	34.8	73	29.236	29.536	5.564	8.08	7.32	6.56	5.8	5.04	4.28	3.52	2.76
38	商丘	34.7	81	30.953	31.253	3.747	12.8	11.7	10.5	9.36	8.2	7.04	5.88	4.71
39	郑州	35	76	30.129	30.429	4.871	9.5	8.63	7.75	6.88	6	5.13	4.25	3.38
40	南阳	34.4	80	30.443	30.743	3.957	12	10.9	9.77	8.68	7.59	6.49	5.4	4.31
41	宜昌	35.6	80	31.61	31.91	3.99	12.2	11.1	10	8.92	7.84	6.75	5.67	4.58
42	武汉	35.3	79	31.097	31.397	4.203	11.4	10.4	9.33	8.3	7.28	6.25	5.23	4.2
43	常德	35.5	75	30.38	30.68	5.12	9.06	8.23	7.4	6.57	5.74	4.91	4.08	3.25
44	长沙	36.5	75	31.345	31.645	5.155	9.2	8.37	7.55	6.72	5.9	5.07	4.25	3.43
45	零陵	34.9	72	29.093	29.393	5.807	7.7	6.97	6.24	5.52	4.79	4.07	3.34	2.61
46	韶关	35.3	75	30.187	30.487	5.113	9.04	8.21	7.37	6.54	5.71	4.88	4.05	3.22
47	广州	34.2	83	30.893	31.193	3.307	14.7	13.4	12	10.7	9.38	8.05	6.72	5.39
48	海口	35.1	83	31.772	32.072	3.328	14.9	13.6	12.2	10.9	9.6	8.28	6.96	5.64
49	桂林	34.2	78	29.807	30.107	4.393	10.5	9.56	8.58	7.6	6.62	5.65	4.67	3.69
50	梧州	34.8	80	30.832	31.132	3.968	12	10.9	9.85	8.76	7.67	6.58	5.49	4.4
51	南宁	34.4	82	30.876	31.176	3.524	13.7	12.5	11.2	9.98	8.74	7.5	6.26	5.02
52	成都	31.9	85	29.057	29.357	2.843	16.7	15.1	13.5	11.9	10.4	8.79	7.22	5.65
53	重庆	36.3	75	31.152	31.452	5.148	9.17	8.34	7.52	6.69	5.87	5.04	4.22	3.39
54	西昌	30.6	75	25.653	25.953	4.947	8.38	7.52	6.66	5.8	4.94	4.07	3.21	2.36
55	遵义	31.8	77	27.26	27.56	4.54	9.57	8.62	7.68	6.74	5.79	4.85	3.91	2.96
56	贵阳	30.1	77	25.614	25.914	4.486	9.3	8.34	7.39	6.43	5.47	4.52	3.56	2.61
57	兴仁	28.7	82	25.315	25.615	3.385	12.5	11.2	9.92	8.63	7.33	6.03	4.74	3.44
58	腾冲	26.3	90	24.524	24.824	1.776	25.6	22.9	20.2	17.5	14.8	12.1	9.36	6.65
59	昆明	26.3	83	23.174	23.474	3.126	12.9	11.5	10.1	8.66	7.25	5.83	4.41	3
60	拉萨	24	54	14.105	14.405	9.895	2.86	2.44	2.02	1.61	1.19	0.77	0.35	0
61	昌都	26.2	64	18.839	19.139	7.361	4.55	3.98	3.42	2.85	2.29	1.72	1.15	0.59
62	林芝	22.9	76	18.436	18.736	4.464	7.62	6.66	5.7	4.74	3.78	2.82	1.86	0.9
63	榆林	32.3	62	24.078	24.378	8.222	4.72	4.21	3.71	3.2	2.7	2.19	1.69	1.18
64	西安	35.1	72	29.285	29.585	5.815	7.72	7	6.27	5.55	4.82	4.09	3.37	2.64
65	汉中	32.3	81	28.615	28.915	3.685	12.4	11.2	10	8.84	7.66	6.47	5.29	4.11
66	敦煌	34.1	48	21.515	21.815	12.58	2.83	2.51	2.18	1.86	1.53	1.21	0.88	0.55
67	兰州	31.3	61	22.866	23.166	8.434	4.45	3.95	3.46	2.97	2.48	1.99	1.5	1
68	天水	30.9	72	25.253	25.553	5.647	7.21	6.46	5.71	4.97	4.22	3.47	2.72	1.97
69	西宁	26.4	65	19.277	19.577	7.123	4.77	4.19	3.6	3.02	2.43	1.84	1.26	0.67
70	格尔木	27	36	10.638	10.938	16.36	1.49	1.24	0.99	0.74	0.49	0.25	0	0

续表

序号	城市	干球温度 $T_a(℃)$	相对湿度 $\varphi(\%)$	露点湿度 $T_d(℃)$	露点加0.3 $T_s(℃)$	$T_a - T_d$ (℃)	各种介质温度条件下的潮湿系数 θ							
							−13℃	−9℃	−5℃	−1℃	3℃	7℃	11℃	15℃
71	玉树	21.9	69	15.945	16.245	5.955	5.17	4.46	3.76	3.05	2.34	1.64	0.93	0.22
72	银川	31.3	64	23.663	23.963	7.637	5.04	4.49	3.95	3.4	2.86	2.31	1.77	1.22
73	盐池	31.8	57	22.215	22.515	9.585	3.83	3.39	2.96	2.53	2.1	1.67	1.24	0.81
74	固原	27.7	71	21.952	22.252	5.748	6.47	5.74	5	4.27	3.53	2.8	2.07	1.33
75	克拉玛依	36.4	32	17.037	17.337	19.36	1.59	1.38	1.17	0.96	0.75	0.54	0.33	0.12
76	乌鲁木齐	33.4	44	19.466	19.766	13.93	2.4	2.11	1.82	1.52	1.23	0.94	0.64	0.35
77	吐鲁番	40.3	31	19.906	20.206	20.39	1.65	1.45	1.25	1.06	0.86	0.66	0.46	0.26
78	伊宁	32.9	58	23.529	23.829	9.371	4.06	3.62	3.18	2.74	2.3	1.86	1.41	0.97
79	和田	34.5	40	18.921	19.221	15.58	2.11	1.85	1.59	1.32	1.06	0.8	0.54	0.28
80	台北	33.6	77	29.002	29.302	4.598	9.84	8.91	7.98	7.05	6.12	5.19	4.26	3.33
81	香港	32.4	81	28.712	29.012	3.688	12.4	11.2	10	8.86	7.68	6.5	5.32	4.14

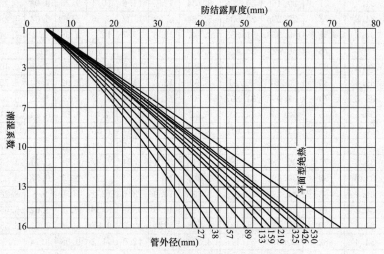

图 12-44　发泡橡塑材料的最小防结露厚度

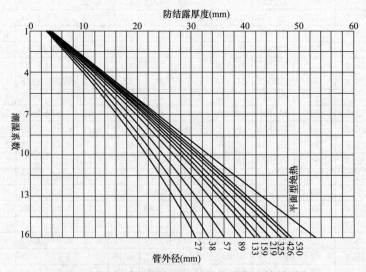

图 12-45　硬质聚氨酯泡塑材料的最小防结露厚度

表 12-133

建筑物内冷管道发泡橡塑的经济绝热厚度

管道表面温度 (℃)		公称直径 DN (mm)	20	25	32	40	50	70	80	100	125	150	200	250	300	350	400	450	500	600	800	平面	单位面积冷量损失 (W/m²)
		管道外径 (mm)	27	32	38	45	57	76	89	108	133	159	219	273	325	377	426	480	530	630	830		
−13		保护层厚度 (mm)	20.91	21.64	22.37	23.09	24.08	25.23	25.84	26.54	27.25	27.82	28.72	29.26	29.65	29.94	30.16	30.36	30.51	30.74	31.06	32.2	−41.4
		单位长度冷量损失 (W/m)	−8.96	−9.8	−10.8	−11.9	−13.7	−16.5	−18.3	−21.0	−24.4	−27.9	−36	−43.1	−50.0	−56.9	−63.3	−70.4	−76.9	−90.0	−116.0	—	
−9		保护层厚度 (mm)	20.06	20.75	21.45	22.13	23.06	24.14	24.71	25.36	26.03	26.55	27.39	27.89	28.24	28.51	28.71	28.89	29.03	29.24	29.53	30.56	−39.5
		单位长度冷量损失 (W/m)	−8.33	−9.12	−10.0	−11.1	−12.8	−15.4	−17.2	−19.7	−23.0	−26.3	−34.0	−40.8	−47.4	−53.9	−60.0	−66.8	−73.0	−85.5	−110.0	—	
−5		保护层厚度 (mm)	19.16	19.81	20.47	21.11	21.98	22.99	23.52	24.13	24.74	25.22	25.99	26.44	26.76	27.01	27.19	27.35	27.48	27.67	27.94	28.85	−37.5
		单位长度冷量损失 (W/m)	−7.7	−8.45	−9.31	−10.3	−11.9	−14.4	−16.0	−18.4	−21.5	−24.7	−32.0	−38.4	−44.6	−50.8	−56.7	−63.1	−69.0	−80.8	−104.0	—	

续表

公称直径 DN (mm)	管道外径 (mm)	管道表面温度 (℃)	—	20	25	32	40	50	70	80	100	125	150	200	250	300	350	400	450	500	600	800	平面	单位面积冷量损失 (W/m²)
				27	32	38	45	57	76	89	108	133	159	219	273	325	377	426	480	530	630	830		
		−1	保护层厚度 (mm)	18.18	18.79	19.4	20.0	20.8	21.74	22.22	22.78	23.34	23.78	24.47	24.88	25.17	25.39	25.55	25.59	25.81	25.98	26.21	27.02	−35.4
			单位长度冷量损失 (W/m)	−7.05	−7.74	−8.54	−9.46	−11.0	−13.3	−14.8	−17.1	−20.0	−23.0	−29.8	−35.9	−41.8	−47.6	−53.1	−59.1	−64.7	−75.9	−98.2	—	
		3	保护层厚度 (mm)	17.1	17.66	18.23	18.77	19.51	20.36	20.8	21.3	21.8	22.19	22.81	23.17	23.43	23.62	23.76	23.89	23.98	24.14	24.34	25.04	−33.1
			单位长度冷量损失 (W/m)	−6.36	−7.0	−7.74	−8.58	−9.99	−12.1	−13.6	−15.7	−18.4	−21.2	−27.5	−33.2	−38.7	−44.1	−49.2	−54.9	−60.1	−70.5	−91.4	—	
		7	保护层厚度 (mm)	15.89	16.4	16.92	17.41	18.07	18.83	19.21	19.66	20.1	20.44	20.98	21.29	21.5	21.67	21.79	21.9	21.98	22.11	22.28	22.87	−30.6
			单位长度冷量损失 (W/m)	−5.65	−6.23	−6.9	−7.67	−8.95	−10.9	−12.2	−14.2	−16.6	−19.2	−25.1	−30.3	−35.4	−40.4	−45.1	−50.3	−55.1	−64.8	−84.0	—	

续表

管道表面温度 (℃)	公称直径 DN (mm)	20	25	32	40	50	70	80	100	125	150	200	250	300	350	400	450	500	600	800	平面	单位面积冷量损失 (W/m²)
	管道外径 (mm)	27	32	38	45	57	76	89	108	133	159	219	273	325	377	426	480	530	630	830	—	
11	保护层厚度 (mm)	14.52	14.97	15.42	15.86	16.44	17.09	17.42	17.8	18.18	18.46	18.91	19.17	19.35	19.49	19.59	19.67	19.74	19.85	19.99	20.46	−27.8
	单位长度冷量损失 (W/m)	−4.89	−5.41	−6.01	−6.69	−7.84	−9.61	−10.8	−12.5	−14.8	−17.1	−22.4	−27.2	−31.7	−36.3	−40.6	−45.3	−49.7	−58.4	−75.9	—	
15	保护层厚度 (mm)	12.92	13.3	13.69	14.05	14.53	15.08	15.35	15.66	15.96	16.19	16.54	16.75	16.89	16.99	17.07	17.14	17.19	17.27	17.38	17.73	−24.6
	单位长度冷量损失 (W/m)	−4.08	−4.53	−5.05	−5.65	−6.65	−8.2	−9.25	−10.8	−12.7	−14.8	−19.5	−23.7	−27.7	−31.8	−35.6	−39.7	−43.6	−51.3	−66.8	—	

注：1. 采用的发泡橡塑导热系数计算方程为：$0.0338+0.000138T_P$，绝热材料的结构单位造价为 3600 元/m³。

2. 环境温度为 29℃，室内风速度为 0，年运行按 2880h 计，冷价按 70 元/GJ。

表 12-134

建筑物内冷管道硬质聚氨酯泡塑的经济绝热厚度

公称直径 DN (mm)	20	25	32	40	50	70	80	100	125	150	200	250	300	350	400	450	500	600	800	平面	单位面积冷量损失 (W/m²)
管道外径 (mm)	27	32	38	45	57	76	89	108	133	159	219	273	325	377	426	480	530	630	830		
管道表面温度(℃) −13 保护层厚度(mm)	20.93	21.66	22.4	23.12	24.1	25.26	25.86	26.57	27.28	27.85	28.76	29.3	29.68	29.97	30.19	30.39	30.54	30.78	31.1	32.24	−31.6
单位长度冷量损失 (W/m)	−6.83	−7.47	−8.21	−9.05	−10.4	−12.5	−14.0	−16.0	−18.6	−21.3	−27.4	−32.9	−38.1	−43.3	−48.2	−53.6	−58.6	−68.6	−88.5	—	
−9 保护层厚度(mm)	20.11	20.81	21.51	22.19	23.12	24.21	24.78	25.44	26.1	26.63	27.48	27.98	28.33	28.6	28.8	28.98	29.12	29.34	29.63	30.66	−30.1
单位长度冷量损失 (W/m)	−6.37	−6.97	−7.67	−8.46	−9.77	−11.8	−13.1	−15	−17.5	−20.1	−25.9	−31.1	−36.1	−41.1	−45.8	−50.9	−55.7	−65.2	−84.2	—	
−5 保护层厚度(mm)	19.23	19.89	20.55	21.19	22.06	23.08	23.61	24.22	24.84	25.32	26.1	26.56	26.88	27.12	27.31	27.47	27.6	27.8	28.06	28.99	−28.6
单位长度冷量损失 (W/m)	−5.88	−6.45	−7.11	−7.85	−9.09	−11.0	−12.2	−14.1	−16.4	−18.8	−24.4	−29.3	−34.1	−38.8	−43.2	−48.1	−52.6	−61.6	−79.7	—	

管道表面温度(℃)		公称直径 DN (mm)	20	25	32	40	50	70	80	100	125	150	200	250	300	350	400	450	500	600	800	平面	单位面积冷量损失 (W/m²)
		管道外径 (mm)	27	32	38	45	57	76	89	108	133	159	219	273	325	377	426	480	530	630	830	—	
—1		保护层厚度 (mm)	18.27	18.88	19.5	20.1	20.91	21.85	22.34	22.9	23.46	23.91	24.61	25.02	25.31	25.53	25.69	25.84	25.95	26.13	26.37	27.18	—27.0
		单位长度冷量损失 (W/m)	—5.39	—5.91	—6.53	—7.22	—8.38	—10.1	—11.3	—13.0	—15.3	—17.5	—22.7	—27.4	—31.8	—36.3	—40.5	—45.1	—49.3	—57.8	—74.8	—	
3		保护层厚度 (mm)	17.19	17.76	18.33	18.88	19.62	20.48	20.92	21.43	21.93	22.33	22.95	23.32	23.57	23.77	23.91	24.04	24.14	24.29	24.5	25.21	—25.2
		单位长度冷量损失 (W/m)	—4.86	—5.34	—5.91	—6.55	—7.61	—9.25	—10.4	—11.9	—14.0	—16.1	—21.0	—25.3	—29.4	—33.6	—37.5	—41.8	—45.7	—53.7	—69.5	—	
7		保护层厚度 (mm)	16.01	16.53	17.04	17.54	18.21	18.98	19.37	19.82	20.26	20.61	21.15	21.47	21.69	21.86	21.98	22.09	22.17	22.31	22.48	23.08	—23.2
		单位长度冷量损失 (W/m)	—4.31	—4.75	—5.26	—5.85	—6.82	—8.32	—9.33	—10.8	—12.7	—14.6	—19.1	—23.1	—26.9	—30.7	—34.3	—38.3	—41.9	—49.3	—63.9	—	

续表

公称直径 DN (mm)	20	25	32	40	50	70	80	100	125	150	200	250	300	350	400	450	500	600	800	平面	单位面积冷量损失 (W/m²)
管道外径 (mm)	27	32	38	45	57	76	89	108	133	159	219	273	325	377	426	480	530	630	830		
管道表面温度(℃) 11 — 保护层厚度 (mm)	14.67	15.13	15.58	16.02	16.61	17.28	17.62	18.0	18.38	18.68	19.13	19.4	19.58	19.72	19.82	19.91	19.98	20.09	20.23	20.71	
单位长度冷量损失 (W/m)	−3.73	−4.13	−4.58	−5.11	−5.98	−7.33	−8.23	−9.54	−11.3	−13.0	−17.1	−20.7	−24.1	−27.6	−30.9	−34.5	−37.8	−44.4	−57.7	—	−21.1
管道表面温度(℃) 15 — 保护层厚度 (mm)	14.56	15.02	15.47	15.9	16.48	17.14	17.48	17.86	18.23	18.52	18.97	19.24	19.41	19.55	19.65	19.74	19.81	19.91	20.05	20.53	
单位长度冷量损失 (W/m)	−3.82	−4.23	−4.7	−5.23	−6.13	−7.52	−8.45	−9.79	−11.5	−13.4	−17.5	−21.2	−24.8	−28.4	−31.7	−35.4	−38.8	−45.6	−59.3	—	−21.7

注：1. 采用的硬质聚氨酯泡塑型导热系数计算方程为：$0.0253+0.00009T_P$，绝热材料的结构单位造价为 2800 元/m³。

2. 环境温度为 29℃，室内风速为 0，年运行按 2880h 计，冷价按 70 元/G。

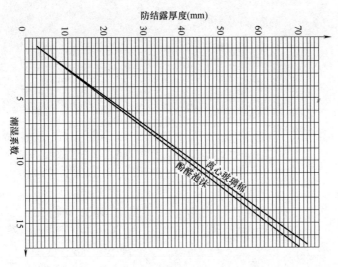

图 12-46　离心玻璃棉和酚醛泡沫平面型绝热最小防结露厚度

建筑物内离心玻璃棉和酚醛泡沫平面型保冷的经济绝热厚度（mm）　　表 12-135

保冷材料		离心玻璃棉		酚醛泡沫	
环境温度(℃)		29	26	29	26
设备表面温度(℃)	−13	54.55	52.1	38.1	36.1
	−9	52.2	49.7	36.7	34.7
	−5	49.7	47.0	35.2	33.1
	−1	47.0	44.1	33.4	31.2
	3	43.9	40.9	31.4	29.0
	7	40.5	37.2	29.1	26.5
	11	36.6	33.0	26.4	23.6
	15	32.2	28.0	23.2	20.0

注：室内通风房间的环境温度一般可按 29℃计，空调房间环境温度可按 26℃计。

本章参考文献

［1］　陆耀庆主编．实用供热空调设计手册［M］．北京：中国建筑工业出版社，2008．

［2］　中国建筑设计研究院主编．建筑给水排水设计手册（下）［M］．北京：中国建筑工业出版社，2008．

［3］　全国勘察设计注册工程师公用设备专业管理委员会秘书处．全国勘察设计注册公用设备工程师暖通空调专业考试复习教材（第三版）．北京：中国建筑工业出版社，2013．

第 13 章 系统控制

本章执笔人

赵国宇

　　首创集团高级工程师。毕业于沈阳建筑大学工业电气自动化专业（学士），清华大学经济管理学院工商管理专业（硕士）。

代表工程

　　1. 深圳蛇口大厦（专业负责人）。

　　2. 华北电管局指挥中心（专业负责人）。

　　3. 电力部调度指挥中心（专业负责人）。

　　4. 海口行政中心（项目经理）。

　　5. 海南会展中心（项目经理）。

主要论著

　　《常用风机控制标准图集》（第二主编）。

王　烈

　　女，汉族，1975 年 6 月 4 日生。联美（中国）投资有限公司地产集团电气总工程师，高级工程师，注册电气工程师。1999 年 7 月毕业于哈尔滨工业大学。

代表工程

　　1. 国家体育场（2008 年奥运主会场），25.8 万 m^2，中国建筑学会中国建筑设计金奖。

　　2. 中石化科研办公楼，17.5m^2，中国勘察设计协会建筑智能化二等奖，北京市规划委员会建筑智能专业一等奖。

主要论著

　　1.《电气施工速查手册》，中国建筑工业出版社，2007（译者）。

　　2. The Research and Application of Atmosphere Absorbance，CHINA ILLUMINATING ENGINEERING JOURNAL，2005。

李　琳

女，汉族，1982 年 3 月 24 日生。北京硕人时代节能工程有限公司总工，工程师。毕业于吉林建筑工程学院环境工程系安全工程专业（学士），北方工业大学机电工程学院控制工程专业（工程硕士）。

代表工程

1. 阳泉多热源联网监控系统改造项目（专业负责人）。

2. 北京大龙供热中心热网监控系统节能项目（专业负责人）。

主要论著及科研成果

1.《公共建筑设备运行节能监控技术规程》（地方标准）（第三主编）。

2. 2007 年承担"十一五"国家重大科技项目——"既有建筑供能系统关键技术研究"第九子课题："供热系统自动控制关键技术研究"。

13.1　概　　述

对于供热面积超过 40 万 m^2 或热力站超过 10 座的供热系统，应设置集中供热监控系统。集中供热监控系统可以实现如下 5 个方面的功能：

(1) 实时检测供热系统运行参数，及时了解工况。

(2) 自动调节水力工况，缓解冷热不均。

(3) 合理调控热源供热量，保证按需供热。

(4) 及时诊断系统故障，确保安全运行。

(5) 健全运行档案，达到量化管理，全面实现节能运行。

集中供热监控系统包括多级监控中心、通信系统、本地监控站以及本地监控站内现场控制器、监测仪表和执行器等组成。监控对象包括：锅炉房、热源首站、中继泵站、管网特殊位置或装置的参数、热力站、用户入口。锅炉房和热源首站一般建设独立的本地自动化控制系统，作为集中供热监控系统的子监控系统。

集中供热监控系统一般采用分布式计算机控制系统结构（图 13-1），采用中央与就地分工协作的方法。其优越性表现在：监控中心与现场控制站各负其责，一旦某个热力站的调节出现问题，也不会影响其他的热站。监控中心负责采集、分析数据、全网统一调度，而常规的控制、报警功能由现场控制器完成。

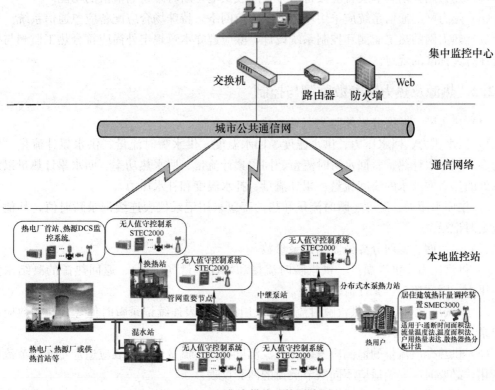

图 13-1　集中供热监控系统图

13.2 控 制 要 求

本节规定了城市集中供热热工监测与控制方面的要求。我国城市集中供热事业发展很快，供热规模不断扩大，但随之而来的供热失调造成系统内各用户冷热不均，以及缺少系统运行数据而无法对系统进行分析判断等问题。因此，热网迫切需要建立监测与控制系统。

本节只对热力网工艺系统提出"热工监测与控制"的设计要求，而自控专业本身的设计仍执行相应的自控专业设计标准和规范。

13.2.1 一般规定

（1）城市热力网应具备必要的热工参数监测与控制装置。规模较大的城市热力网应建立完备的计算机监控系统。

（2）多热源大型供热系统应联网运行，并按热源的运行经济性实现优化调度。

（3）城市热力网监测与控制系统硬件选型和软件设计应满足运行控制调节及生产调度要求，并应安全可靠、操作简便和便于维护管理。

（4）监测、控制系统中的仪表、设备、元件，设计时应选用先进的标准系列产品。安装在管道上的监测与控制部件，宜采用不停热检修的产品。

（5）热力网自动调节装置应具备信号中断或供电中断时维持当前值的功能。

（6）热力网的通信系统应采用城市公共通信网络，特殊场合应配备应急通信系统。

（7）热力网的热工监测和控制系统设计，除应遵守本章规定外尚应符合热工监测与控制设计有关标准的规定。

13.2.2 热源及热力网参数监测与控制

（1）热水网、源网分界处监测记录参数

1）供水压力、回水压力、供水温度、回水温度、供水瞬时流量、供水累计流量、供热功率、供水累计热量、回水瞬时流量、回水累计流量、回水热功率、回水累计热量以及热源处的热力网补水的瞬间流量、累计流量、补水温度和补水压力。

2）供回水压力、温度、瞬时流量和热功率应采用记录仪表连续记录瞬时值，其他参数应定时记录。

（2）蒸汽网、源网分界处监测记录参数

1）供汽压力、供汽温度、供汽瞬时流量和累计流量（热量）、返回热源的凝结水温度、压力、瞬间流量、累计流量。

2）供汽压力和温度、供汽瞬时流量应采用记录仪表连续记录瞬时值，其他参数应定时记录。

（3）供热介质流量的监测应考虑压力、温度补偿。流量监测仪表应适应不同季节流量的变化，必要时应安装适应不同季节负荷的两套仪表。

（4）用于供热企业与热源企业进行贸易结算的流量仪表的系统精度，热水流量仪表不应低于1%；蒸汽流量仪表不应低于2%。

（5）热源的调速循环水泵宜采用维持热力网最不利资用压头为给定值，自动或手动控制泵转速的方式运行。多热源联网运行基本热源满负荷后，其调速循环水泵应采用保持满负荷的调节方式，此时调峰热源的循环水泵应按热力网最不利资用压头控制泵转速的方式运行。

（6）循环水泵的入口和出口应具有超压保护装置。

（7）热力网干线的分段阀门处、除污器的前后以及重要分支节点处，应设压力监测点。对于具有计算机监控系统的热力网应实时监测管网干线运行的压力工况。

13.2.3　中继泵站参数监测与控制

（1）中继泵站参数监测要求：

1）监测、记录泵站进、出口母管的压力；

2）监测除污器前后的压力；

3）监测每台水泵吸入口及出口的压力；

4）监测泵站进口或出口母管的水温；

5）在条件许可时，宜监测水泵轴承温度和水泵电机的定子温度，并应设报警装置。

（2）大型供热系统输送干线的中继泵宜采用工作泵与备用泵自动切换的控制方式，工作泵一旦发生故障，联锁装置应保证启动备用泵，上述控制与联锁动作应有相应的声光信号传至泵站值班室。

（3）中继泵宜采用维持其供热范围内热力网最不利资用压头为给定值的自动或手动控制泵转速的方式运行，该给定值有可能随系统的负荷而变化。

中继水泵的入口和出口应设有超压保护装置。

13.2.4　热力站参数监测与控制

（1）热力站参数监测要求：

1）热水系统的热力站应监测、记录热力网和用户系统总管和各分支供热系统供水压力、回水压力、供水温度、回水温度，热力网侧总瞬时（累计）流量和瞬时（累计）热量，热网侧电动阀阀位和阀位给定，或热力网侧水泵频率和频率给定用户系统补水量，用户系统循环水泵及补水泵运行状态、频率等，生活热水耗水量。有条件时宜监测热力网侧各分支供热系统流量和热量。

2）蒸汽系统的热力站应监测、记录总供汽瞬时和累计流量、压力、温度和各分支系统压力、温度以及蒸汽侧电动阀阀位和阀位给定，需要时应监测各分支系统流量，用户系统循环水泵及补水泵运行状态、频率等。凝结水系统应监测凝结水温度、凝结水回收量。有二次蒸发器、汽-水换热器时，还应监测其二次侧的供回水压力、供回水温度。

（2）热水热力站自动控制要求：

1）对于直接连接混水泵供暖系统，温度调节应根据室外温度和温度调节曲线，根据用热需求分时段修正温度给定值调节热力网流量与混水流量的混合比，使供暖系统水温维持室外温度下的给定值；压差/流量调节应根据室外温度调节供水压力或供回水压差维持供暖系统有阶段水流量；同时用具有压力、温度报警及联锁保护功能。

　　2）对于间接连接供暖系统，温度调节应根据室外温度和温度调节曲线，按用热需求分时段修正温度给定值，调节换热器（换热器组）热力网侧流量，使供暖系统水温维持室外温度下的给定值；压差/流量调节应根据室外温度调节供水压力或供回水压差，维持供暖子系统流水流量；同时，用具有自动补水定压、压力、温度报警及联锁保护功能。

　　3）对于生活热水热负荷采用定值调节：

　　① 调节热力网流量使生活热水供水温度控制在设计温度±2℃以内；

　　② 控制热力网流量使热力网回水温度不超标，并以此为优先控制。

　　4）对于通风、空调热负荷，其调节方案应根据工艺要求确定。

　　5）热力站内的排水泵、生活热水循环泵、补水泵等应根据工艺要求自动启停。

　　（3）蒸汽热力站自动控制要求：

　　1）对于蒸汽负荷应根据用热设备需要设置减压、减温装置并进行自动控制。

　　2）供暖热水为介质的供暖、通风、空调和生活热水系统其控制方式应符合上条的规定。

　　3）凝结水泵应自动启停。

　　（4）当热力站需用流量（热量）进行贸易结算时，其流量仪表的系统精度，热水流量仪表不应低于1%；蒸汽流量仪表不应低于2%。

13.2.5　热力网调度自动化

　　（1）城市热力网宜建立包括控制中心和本地监控站的计算机监控系统。

　　（2）本地监控装置应具备监测参数的显示、存储、打印功能，参数超限、设备事故的报警功能，并应将以上信息向上级控制中心传送。本地监控装置还应具备供热参数的调节控制功能和执行上级控制指令的功能。

　　控制中心应具备显示、存储及打印热源、热力网、热力站等站、点的参数监测信息和显示各本地监控站的运行状态图形、报警信息等功能，并应具备向下级控制装置发送控制指令的能力。控制中心还应具备分析计算和优化调度的功能。

　　（3）大城市热力网计算机监控系统的通信网络，当有有线网络时应优先采用，尽可能利用公共通信网络。

13.3　监　控　中　心

13.3.1　监控中心组成

　　监控中心硬件宜由服务器、客户机、集中显示系统、电源系统和通信网络设备组成。服务器的数量根据监控点数、数据处理量和速度等需求确定，采用硬件冗余或虚拟化技术实现软冗余。监控中心应采用独立的服务器，不应与其他系统共享。

　　集中显示系统应具备对供热系统监测与调控的集中（全貌）显示功能，可以采用液晶拼接屏、DLP、投影、3D全息等形式。

　　电源系统宜采用双回路供电，经 UPS 后送入监控中心；应配置不少于 2h 的不间断电源。

通信网络应采用城市公共通信网络，宜采用冗余模式，可设置备用通道。监控中心应有网络安全隔离措施。

监控中心软件应由系统软件、支持软件与应用管理软件等组成。

13.3.2 监控中心功能

1. 监控系统运行

（1）具有组态功能，以工艺流程图画面实时监测热网运行状态。

（2）可采集、存储数据，可查询历史数据库和管理数据库。

（3）采用 Web 服务器/浏览器的方式对外开放，可通过网络浏览器在所需地点实现所有监控管理、远程访问与参数浏览。

（4）实时接收报警信息，提醒人员进行处理，并记录报警信息，形成报警日志。

（5）提供运行分析和运行参数预测所需的各类参数分配图表，可分析比较同类参数。

（6）可统一下发优化的参数和控制指令。

（7）可形成日、周、月等多种报表格式和所有重要参数的汇总表，自动定期生成报表。

（8）定期生成各种参数运行趋势曲线图。

（9）打印报表和曲线。

（10）多级权限管理，根据用户权限，对现场进行远程控制和参数设定调整。

（11）系统自动校时。

（12）支持各种开放数据接口协议，实现数据共享。

（13）宜具有巡检功能，能生成标准的水压图，监测热源出口、管网重要节点、热力站供、回水压力，监测管网承压和节点资用压头。

2. 数据分析、统计和存储功能

（1）根据管理需要，可对运行状态数据、控制指令、运行故障信息、报警信息等进行存储和统计。

（2）根据管理需要，统计、分析每日或任意日期内能耗、工况和供热质量，并进行存储。

3. 能耗管理

（1）监控中心软件应具有建立年度能源消耗计划，并支持多次修改、保存和下发上述计划的功能。

（2）可按系统统计水、电、燃料的分项消耗量，建立能耗台账；并按计划进行能耗考核。

（3）可按供暖期统计历年能耗消耗量，并生成报表和图表。

（4）具有成本分析功能。

（5）有条件的场合宜定期检测主要设备运行效率。

4. 故障诊断、报警

（1）超温、超压或低温、低压、低水位等自动报警。

（2）发生超温、超压、低温、低压等报警时应采用相应的紧急处理动作。

（3）水泵、变频器、阀门等设备故障报警。

（4）发生报警时，监控中心显示系统上应自动提示报警，并配备语音或声、光报警。

5. 其他业务管理

（1）辅助优化调度管理功能。

（2）可满足供热运行管理及其他应用系统的需求，可实现数据共享。

（3）软件能够和企业的其他信息管理系统相融合。

（4）视频监控功能，可实时查看设备的启停、检修等。

13.4　锅炉房、换热站、中继泵站、混水站、管网、二级网

13.4.1　锅炉房集中监控系统

锅炉房集中监控系统包括锅炉本体的监控和锅炉房公共部分的监控。

1. 锅炉本体控制系统

（1）燃煤锅炉本体应监测下列参数（图 13-2）：

1）锅炉进出口水温和水压；

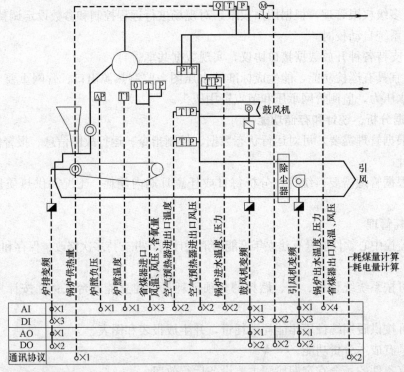

图 13-2　燃煤锅炉本体控制原理

2）锅炉进口瞬时流量、累计流量；

3）锅炉出口瞬时流量、累计流量、瞬时热量和累计热量；

4）省煤器进出口水温；

5）鼓引风机运行状态、故障状态和频率反馈与控制；

6）风、烟系统各段压力、温度和排烟含二氧化碳浓度；（具体如下：排烟温度、排烟含氧量或二氧化碳含量、炉膛出口烟气温度、对流受热面进出口烟气温度、省煤器出口烟气温度、湿式除尘器出口烟气温度、空气预热器出口热风温度、炉膛烟气压力、对流受热面进、出口烟气压力、省煤器出口烟气压力、空气预热器出口烟气压力、除尘器出口烟气压力、一次风压及风室风压、二次风压、给水调节阀开度、给煤（粉）机转速、鼓、引风进出口挡板开度或调速风机转速）。

7）应装设煤量、油量或燃气量计量仪表。燃煤锅炉应实现整车过磅计量，同时宜设置皮带计量、分炉计量，达到场前、带前、炉前三级计量，燃气（油）锅炉的气（油）量应安装连续计量装置并实现分炉计量；

8）单台额定热功率大于或等于 14MW 的热水锅炉，出口水温和循环水流量仪表应有现场记录式仪表。

（2）燃气锅炉本体应监测下列参数（图 13-3）：

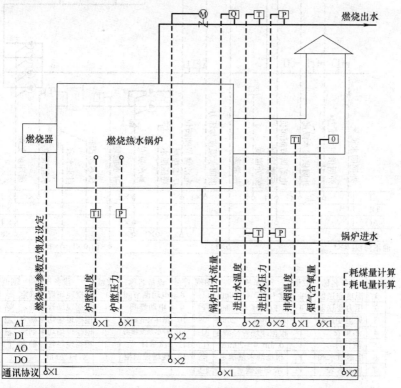

序号	设备名称	数量	设备规格	图例	序号	设备名称	数量	设备规格	图例
1	温度变送器	2	0~150℃ 4~20mA	T	5	电动蝶阀	1	根据现场管径确定	M
2	温度变送器	2	0~1300℃ 4~20mA	T1	6	现场控制柜	1	STEC2000	
3	压力变送器	3	0~1.6MPa 4~20mA	P	7	热量表	1	根据现场管径确定	Q
4	氧分析仪	1	0%~25%:4~20mA	O					

图 13-3 燃气锅炉本体控制原理

1）锅炉汽包压力、水位；

2）锅炉进出口温度、压力；

3）锅炉出口蒸汽瞬时流量、累计流量；

4）锅炉出口热水瞬时流量、累计流量、瞬时热量、累计热量；

5）锅炉进口瞬时流量、累计流量；

6）燃气流量；

7）排烟温度、压力、烟气含氧量；

8）燃气泄漏环境浓度；

9）风机运行状态、故障状态与变频反馈。

通常，随燃气锅炉带来一些检测热工仪表，可与燃烧器共享数据。

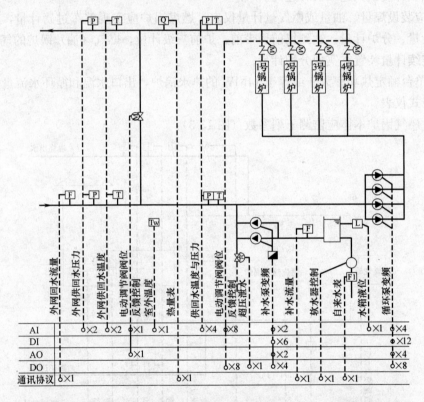

序号	设备名称	数量	设备规格	图例	序号	设备名称	数量	设备规格	图例
1	温度变送器	4	0~150℃ 4~20mA	T	8	电动调节阀	1	根据现场管径确定	⊗
2	压力变送器	4	0~1.6MPa 4~20mA	P	9	电动蝶阀	4	根据现场管径确定	⊠
3	外温变送器	1	−50~50℃ 4~20mA	Tw	10	循环泵变频器	4	根据现场功率确定	◼
4	热量表	1	根据现场管径确定	Q	11	补水泵变频器	2	根据现场功率确定	◼
5	液位计	1	0~4m 4~20mA	L	12	流量计	2	根据现场管径确定	F
6	电磁泄水阀	1	根据泄水量确定	⊗	13	现场控制柜	1	STEC2000	
7	自来水表	1	水专业确定	F					

图 13-4 热水锅炉房公共部分集中监控原理图

2. 锅炉房公共部分控制系统（图 13-4）

锅炉房公共部分应监测下列参数：

（1）锅炉房总供回水温度、压力；

(2) 补水总管压力、温度；

(3) 外网总供回水温度、压力；

(4) 凝结水箱、软化水箱液位；

(5) 自动电磁泄压阀开关状态；

(6) 各支路供/回水温度、压力；

(7) 锅炉启停状态；

(8) 补水瞬时流量、累计流量；

(9) 锅炉房总供水瞬时流量、累计流量、瞬时热量、累计热量；

(10) 锅炉房总回水瞬时流量、累计流量；

(11) 外网回水总管瞬时流量、累计流量；

(12) 燃气总管压力、流量；

(13) 锅炉房耗电量、自来水量。

3. 其他

锅炉房还应监控下列内容：

(1) 设定锅炉出水温度；

(2) 外网出水温度控制；

(3) 循环水泵变频控制；

(4) 补水泵变频控制实现自动补水定压；

(5) 自动泄压保护；

(6) 补水泵联锁保护；

(7) 鼓、引风进出口挡板开度或调速风机转速；

(8) 超温、超压或低温、低压、低水位报警等。

13.4.2　换热站

1. 蒸汽换热站监控系统（图 13-5）

(1) 蒸汽换热站应结合项目需求选取下列部分或全部监测参数：

1）蒸汽的温度、压力、瞬时流量、累计流量；

2）凝结水的温度、压力、瞬时流量、累计流量；

3）热水侧总供回水温度、压力、瞬时流量、累计流量；

4）热水侧总供水的瞬时热量和累计热量；

5）每台热交换器热水侧的进出水温度、压力、瞬时流量和累计流量；

6）补水的瞬时流量、累计流量；

7）自来水的压力、瞬时流量和累计流量；

8）软水器进、出水的流量；

9）软化水箱和凝结水箱液位；

10）管壳式换热器内凝结水液位；

11）用电量。

作为换热站还可以对以下参数进行监控：浸入报警、地面积水、烟感信号、换热站环境温度等。

（2）蒸汽换热站控制功能包括：

1）电动调节阀控制功能；

2）循环水泵变频控制；

3）补水泵启/停控制和变频控制；

4）自动定压补水功能；

5）防汽化联锁；

6）断电保护措施；

7）超温、超压或低温、低压、低水位自动报警及连联保护；

8）气候补偿自动调节供热量；

9）手动设定温度给定值、阀门开度给定值和频率给定值；

10）建立根据负荷调节水泵频率的调控曲线，并应按负荷变化修正调控曲线，变频调节循环泵；

11）应均衡控制循环泵的运行时间。

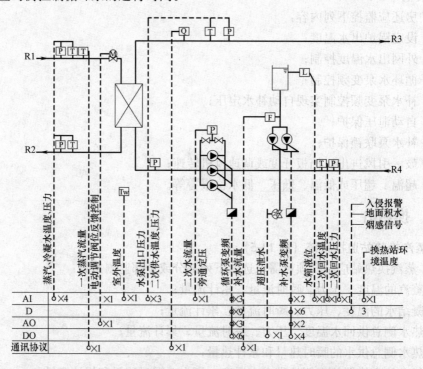

序号	设备名称	数量	设备规格	图例	序号	设备名称	数量	设备规格	图例
1	温度变送器	4	0~150℃ 4~20mA	Ⓣ	7	电动调节阀	1	根据现场管径确定	Ⓜ
2	压力变送器	6	0~1.6MPa 4~20mA	Ⓟ	8	循环泵变频器	3	根据现场功率确定	◪
3	流量计		根据现场管径确定	Ⓕ	9	补水泵变频器		根据现场功率确定	◪
4	电磁泄水阀	1	根据泄水量确定	◺	10	现场控制柜	1	STEC2000	
5	液位计	1	0~4m 4~20mA	Ⓛ	11	外温变送器	1	-50~50℃ 4~20mA	Ⓣw
6	热量表	1	根据现场管径确定	Ⓠ					

图 13-5　汽-水板式换热站集中监控原理图

2. 阀控水-水换热站监控系统（图 13-6）

（1）阀控水-水换热站应监测下列参数：

1）室外温度；

2）一次网总供水温度、压力、瞬时流量、累计流量、瞬时热量、累计热量；

3）一次网总回水温度、压力；

4）二次网总供水的温度、压力、瞬时流量、累计流量；

5）一次网总回水温度、压力；

6）一次系统各分支回水温度；

7）二次系统各分支回水温度；

8）供暖系统各分支回水压力；

9）自来水箱和软化水箱液位；

10）各系统补水的瞬时流量、累计流量；

11）热力站耗电量；

12）电动调节阀阀位反馈；

13）循环水泵启停状态、故障状态、频率反馈；

14）补水泵启停状态、故障状态、频率反馈；

15）变频器起停状态、电流等。

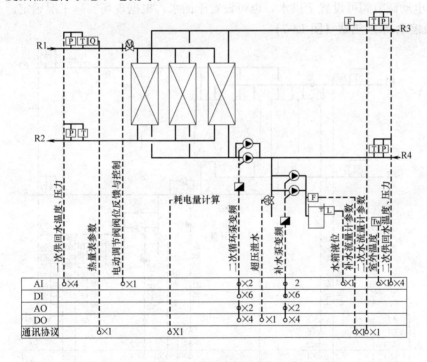

图 13-6　阀控水-水换热站集中监控原理图

（2）阀控水-水换热站应实现下列控制功能；

1）循环水泵启停控制和变频控制；

2）补水泵启停控制和变频控制；

3）自动定压补水功能；

4）防汽化联锁；

5）断电保护措施；

6）超温、超压或低温、低压、低水位自动报警及联锁保护；

7）气候补偿自动调节供热量；

8）分时、分区调节模式；

9）手动设定温度给定值、阀门开度给定值和频率给定值；

10）条件允许时宜采集末端用户室温；

11）用于供暖的水-水热力站应能限制一次侧回水温度；

12）建立根据负荷调节水泵频率的调控曲线，并应按负荷变化修正调控曲线，变频调节循环泵；

13）应均衡控制循环泵的运行时间；

14）电动调节阀可设置于供水，也可设置于回水，根据现场实际工况确定。

3. 泵控水-水换热站（图 13-7）

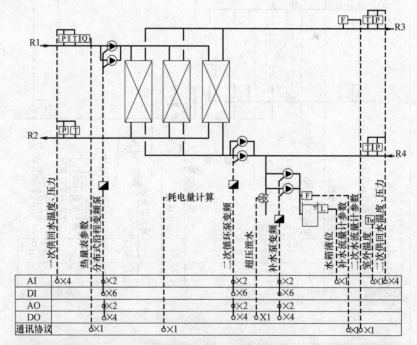

图 13-7　泵控水-水换热站集中监控原理图

泵控水-水换热站是取消一次网的电动调节阀，改为分布式沿程泵来抽取一次侧水流量，达到控制二次网供热量的目的。监测参数上，取消电动调节阀阀位反馈与控制，增加分布式沿程泵的启停状态与控制、频率反馈与控制。分布式水-水供热系统具有承压低、耗电量低、调节灵活等特点。

根据项目系统工况，分布式沿程泵安装在一次供水或回水管上。

13.4.3　中继泵站监控系统

（1）中继泵站应监测下列全部或部分参数（图13-8）：

1）泵站进出口总供回水的温度、压力；

2）中继泵进、出口压力；

3）中继泵运行状态、故障报警、频率反馈；

4）泄压电磁阀的运行状态；

5）变频器参数、电机线包温度、轴承温度、泵轴温、变频器柜内温度、液力耦合器进出口油温、油压和转速；

6）配电柜综合电参量（电压、电流、功率、功率因数、峰谷平电量）；

7）水泵间、变频柜间、变配电室的环境温度和相对湿度。

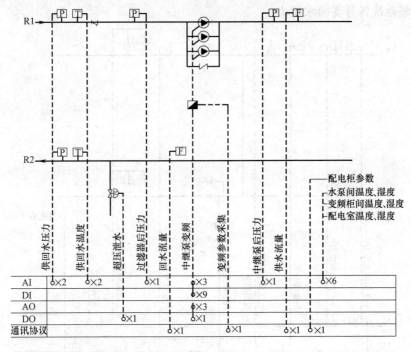

图 13-8　中继泵站集中监控原理图

（2）中继泵站应实现下列控制功能：

1）中继泵变频控制，具有出口压力、压差等控制策略；

2）工作泵与备用泵能自动切换；

3）自动超压泄水功能；

4）超压、低压报警及联锁保护功能。

13.4.4 混水站监控系统

1. 阀控混水站（图 13-9 和图 13-10）

（1）阀控混水站应监测下列参数：

1）室外温度；

2）一次网总供水温度、压力、瞬时流量、累计流量、瞬时热量、累计热量；

3）一次网总回水温度、压力；

4）二次网总供水的温度、压力、瞬时流量、累计流量；

5）二次网总回水温度、压力；

6）一次系统各分支回水温度；

7）二次系统各分支回水温度；

8）供暖系统各分支回水压力；

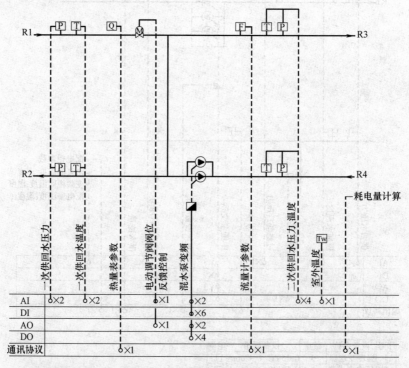

序号	设备名称	数量	设备规格	图例	序号	设备名称	数量	设备规格	图例
1	温度变送器	4	0~150℃ 4~20mA	Ⓣ	5	电动调节阀	1	根据现场管径确定	Ⓜ
2	压力变送器	4	0~1.6MPa 4~20mA	Ⓟ	6	混水泵变频器	2	根据现场功率确定	◣
3	流量计	1	根据现场管径确定	Ⓕ	7	外温变送器	1	−50~50℃ 4~20mA	Ⓣw
4	热量表	1	根据现场管径确定	Ⓠ	8	现场控制柜	1	STEC2000	

图 13-9　阀控混水站集中监控原理图（一）

9）热力站耗电量；

10）电动调节阀阀位反馈；

11）混水泵启停状态、故障状态、频率反馈；

12）变频器启停状态、电流等。

（2）阀控混水站应实现下列控制功能；

1）混水泵启停控制和变频控制；

2）断电保护措施；

3）超温、超压或低温、低压自动报警；

4）气候补偿自动调节供热量；

5）分时、分区调节模式；

6）手动设定温度给定值、阀门开度给定值和频率给定值；

7）条件允许时宜采集末端用户室温；

8）用于供暖的混水站应能控制二次侧热量；

9）建立根据负荷调节混水泵频率的调控曲线，并应按负荷变化修正调控曲线，变频调节混水泵；

10）应均衡控制混水泵的运行时间；

11）电动调节阀可设置于供水，也可设置于回水，根据现场实际工况确定。

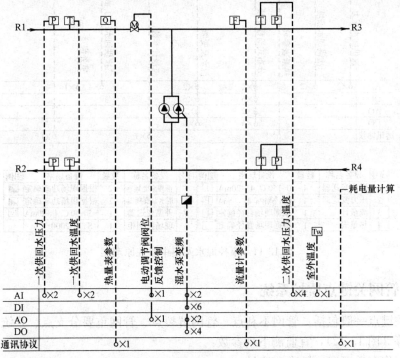

图 13-10　阀控混水站集中监控原理图（二）

2. 泵控混水站（图 13-11）

泵控混水站是取消一次网的电动调节阀，改为分布式沿程泵来抽取一次侧水流量，控制混水量，达到控制二次网供热量的目的。监测参数上，取消电动调节阀阀位反馈与控制，增加分布式沿程泵的启停状态与控制、频率反馈与控制。分布式混水泵系统具有承压低、耗电量低、调节灵活等特点。

根据项目系统工况，灵活调整分布式沿程泵和用户混水泵的安装位置，分布式沿程泵安装在一次供水或回水管上；用户混水泵在用户侧供水与回水管上。

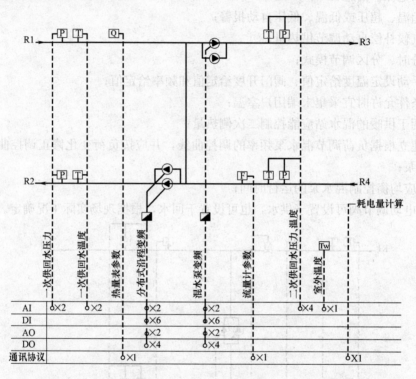

	一次供回水压力	一次供回水温度	热量表参数	分布式沿程变频	混水泵变频	流量计参数	二次供回水压力温度	室外温度	
AI	○×2	○×2	○×2		○×2		○×4	○×1	
DI				○×6	○×6				
AO				○×2	○×2				
DO				○×4	○×4				
通讯协议			○×1			○×1		○×1	

序号	设备名称	数量	设备规格	图例	序号	设备名称	数量	设备规格	图例
1	温度变送器	4	0~150℃ 4~20mA	Ⓣ	5	沿程泵变频器	2	根据现场功率确定	◣
2	压力变送器	4	0~1.6MPa 4~20mA	Ⓟ	6	混水泵变频器	2	根据现场功率确定	◣
3	流量计	1	根据现场管径确定	Ⓕ	7	外温变送器	1	-50~50℃ 4~20mA	Ⓣw
4	热量表	1	根据现场管径确定	Ⓠ	8	现场控制柜	1	STEC2000	

图 13-11　泵控混水站集中监控原理图

13.4.5　管网关键点监控系统

管网关键点一般包括：管网不利点、管网解裂点、管网重要分支点、系统压力最高点和最低点等（图 13-12），宜监测下列参数：

（1）工作介质温度、压力和流量；

（2）保温管道外表面温度等；

（3）补偿器的位移量、工作状态；

（4）地沟和检查室环境的温度、水位。

管网关键点的监控系统也可采用太阳能供电。

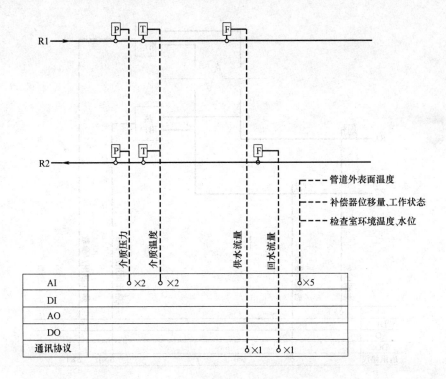

序号	设备名称	数量	设备规格	图例
1	温度变送器	2	0~150℃ 4~20mA	T
2	压力变送器	2	0~1.6MPa 4~20mA	P
3	流量计	2	根据现场管径确定	F
4	现场控制柜	1	STEC2000	

图 13-12 管网关键点集中监控原理图

13.4.6 二级网用户入口监控系统

宜对二级管网及用户以下数据进行监测（图 13-13）：

（1）集中供暖住宅的入口热量表参数；

（2）户用热计量系统参数；

（3）户用热计量系统的报警信息；

（4）二级管网最不利点压差；

（5）用户室内温度。

用户入口数据采集装置为楼栋处理器，主要用于采集用户与热表数据，上传到监控中心，同时接收并执行来自监控中心的信息提示或指令操作直接连接用户入口。

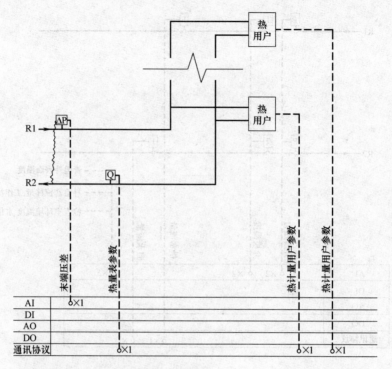

AI	○×1			
DI				
AO				
DO				
通讯协议	○×1		○×1	○×1

序号	设备名称	数量	设备规格	图例
1	热量表	1	根据现场管径确定	Q
2	压差变送器	1	0~1.6MPa 4~20mA	ΔP
3	楼栋处理器	1	SMEC-201G	

图 13-13　直接连接用户入口监控原图

13.5　热　泵

热泵系统控制原理如图 13-14 所示。

13.5.1　热泵系统监测参数

（1）取水潜水泵运行状态；

（2）换热器进、出水温度；

（3）冷却水泵运行状态；

（4）冷冻水泵运行状态。

13.5.2　热泵系统实现的控制功能

（1）换热器进、出水开关控制；

（2）冷却水泵启停控制；

（3）冷凝器进水开关控制；

（4）蒸发器出水开关控制；

（5）冷冻水泵启停控制。

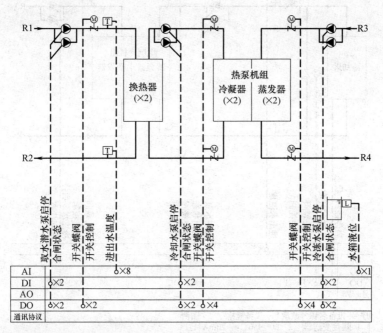

图 13-14　热泵监控原理图

13.6　三联供系统

三联供系统中电制冷机组、直燃机组和内燃发电机组控制原理如图 13-15～图 13-17 所示。

13.6.1　三联供系统监测参数

（1）电制冷机组冷却水进、出水温度；

（2）电制冷机组冷冻水进、出水温度；

（3）电制冷机组冷却水泵运行状态；

（4）电制冷机组冷冻水泵运行状态；

（5）直燃机组冷却水进、出水温度；

（6）直燃机组冷冻水进、出水温度；

（7）直燃机组冷却水泵运行状态；

（8）直燃机组冷冻水泵运行状态；

（9）内燃发电机组冷却水进、出水温度；

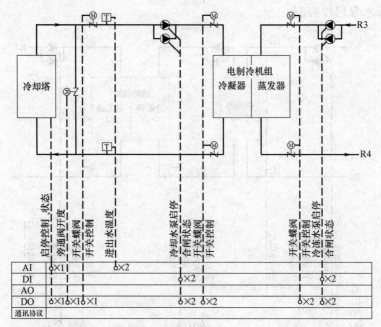

图 13-15 电制冷机组监控原理图

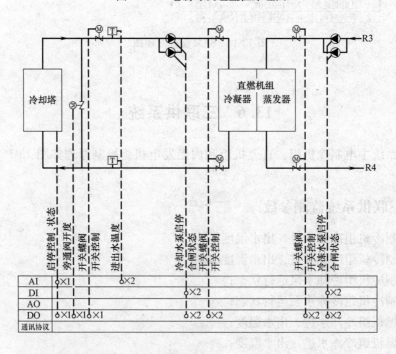

图 13-16 直燃机组监控原理图

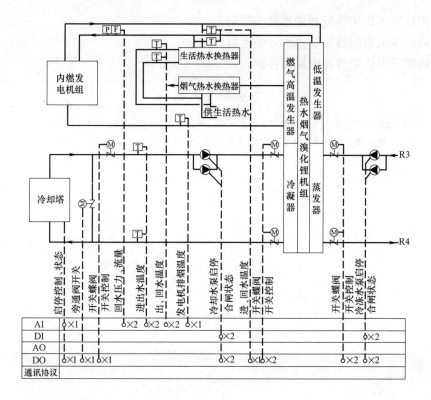

图 13-17 内燃发电机组监控原理图

（10）内燃发电机组冷冻水进、出水温度；

（11）内燃发电机组冷却水泵运行状态；

（12）内燃发电机组冷冻水泵运行状态；

（13）内燃发电机组排烟温度；

（14）生活热水换热器进回水温度；

（15）生活热水换热器出回水温度；

（16）缸套水回水流量、压力。

13.6.2　三联供系统控制参数

（1）电制冷机组冷却塔水泵启停控制；

（2）电制冷机组冷却塔旁通阀开度控制；

（3）电制冷机组冷却水泵启停控制；

（4）直燃机组冷凝器进水开关控制；

（5）直燃机组蒸发器出水开关控制；

（6）直燃机组冷冻水泵启停控制；

（7）内燃发电机组冷凝器进水开关控制；

（8）内燃发电机组蒸发器出水开关控制；

（9）内燃发电机组冷冻水泵启停控制。

本章参考文献

［1］　GB/T 50893—2013. 供热系统节能改造技术规范［S］. 北京：中国建筑工业出版社，2014.

［2］　陆耀庆主编. 实用供热空调设计手册（第二版）［M］. 北京：中国建筑工业出版社，2008.

附录

本章执笔人

许文发

男，汉族，1941 年 9 月 21 日生，教授，暖通空调专业工学硕士。泛华建设集团副总裁、专家委员会主任；住房和城乡建设部供热标准化技术委员会主任委员；中国城市建设研究院顾问总工。被评为国家级有突出贡献中青年专家；享受国务院津贴。现任全国区域能源专业委员会理事长；中国建筑节能协会技术委员会专家；中国建筑学会热能动力专业委员会副理事长。

先后获得建设部科技进步奖一等奖一项、二等奖二项；黑龙江省科技进步奖二等奖一项，共出版专著 3 部，发表论文 80 余篇，共指导博士、硕士、研究生 20 余名。

从事区域能源、建筑能源工程咨询、策划、可研、规划、设计、施工、运行管理工作十余年。先后参与了近百项冷、热、电三联供分布式能源和区域能源项目。

刘 磊

男，汉族，1989 年 6 月 3 日生。2013 年 7 月毕业于江西科技学院，热能动力专业工学学士。就职于中国建筑科学研究院。

附录1 设备数据

新型高效煤粉热水锅炉　　　　　　　　　　　　　　　　　附表 1-1

锅炉型号	额定热功率	额定出水压力	额定出口水温	额定进口水温	燃料品种	锅炉尺寸		锅炉热效率	备注
	MW	MPa	℃	℃		mm		%	
WNS2.8-1.0-/95/70-AⅢ	2.8	1.0	95	70	AⅢ	7840×2520×3160		87.2	快装
WNS4.2-1.0-/95/70-AⅢ	4.2	1.0	95	70	AⅢ	8144×2700×2980		88.6	快装
WNS7-1.25-/115/70-AⅢ	7	1.25	115	70	AⅢ	8140×3200×3460		90.2	快装
SZS7-1.25/115/70-AⅢ	7	1.25	115	70	AⅢ	8690×1651×3542		88.5	快装
SZS14-1.6/130/70-AⅢ	14	1.6	130	70	AⅢ	8720×5840×3910		89.4	散装
QXS29-1.6/130/70-AⅢ	29	1.6	130	70	AⅢ	10200×5970×18330		89.4	散装
QXS58-1.6/130/70-AⅢ	58	1.6	130	70	AⅢ	11325×7340×23850		90.5	散装
QXS70-1.6/130/70-AⅢ	70	1.6	130	70	AⅢ	15000×11000×28100		90.3	散装
QXS90-1.6-150/90-AⅢ	90	1.6	150	90	AⅢ	14600×10600×32000		90.5	散装
QXS116-1.6-150/90-AⅢ	116	1.6	150	90	AⅢ	31000×13000×38000		91	散装
备注	1. 厂家名称:山西蓝天环保设备有限公司; 2. 集团总部地址:山西省太原市长治路 227 号高新国际大厦 B 座; 3. 生产基地:山西省忻州市北义井工业园区; 4. 法人代表:郎凤娥; 5. 联系电话:400-686-7705								

新型高效煤粉蒸汽锅炉　　　　　　　　　　　　　　　　　附表 1-2

锅炉型号	额定蒸发量	额定蒸汽压力	额定出口蒸汽温度	燃料品种	锅炉尺寸		锅炉热效率	备注
	t/h	MPa	℃		mm		%	
WNS4-1.0-AⅢ	4	1.0	183.9	AⅢ	7855×2880×3143		88.71	快装
WNS6-1.25-AⅢ	6	1.25	193.4	AⅢ	6620×3285×3875		89.5	快装
SZS4-1.25-AⅢ	4	1.25	193.4	AⅢ	6000×2840×3680		89.5	快装
SZS6-1.25-AⅢ	6	1.25	193.4	AⅢ	6620×3285×3875		89.5	快装
SZS20-1.6-AⅢ	20	1.6	204.3	AⅢ	12480×9060×4710		89.74	散装
DHS35-1.6-AⅢ	35	1.6	204.3	AⅢ	12350×9484×20300		90.0	散装
DHS35-1.6/315-AⅢ	35	1.6	315	AⅢ	12400×9230×21500		90.0	散装
XG-40/3.82-M	40	3.82	450	AⅢ	15750×9530×23000		90.0	散装
DHS65-1.6-AⅢ	65	1.6	204.3	AⅢ	14600×13650×23850		90.0	散装
DHS75-1.6-AⅢ	75	1.6	204.3	AⅢ	16000×15740×26500		90.5	散装
XG-75/3.82-M	75	3.82	450	AⅢ	15200×12500×26500		90.5	散装
XG-75/5.29-M	75	5.29	485	AⅢ	19500×11500×27300		90.4	散装
XG75-3.82/450-M	75	3.82	450	AⅢ	16000×15740×26500		90.5	散装
XG-130/9.8-M	130	9.8	540	AⅢ	26600×12600×37200		91	散装
备注	1. 厂家名称:山西蓝天环保设备有限公司; 2. 集团总部地址:山西省太原市长治路 227 号高新国际大厦 B 座; 3. 生产基地:山西省忻州市北义井工业园区; 4. 法人代表:郎凤娥; 5. 联系电话:400-686-7705							

气固双燃环保热水锅炉 附表 1-3

锅炉型号	额定热功率	额定出水压力	额定出口水温	额定进口水温	燃料品种	锅炉尺寸	锅炉热效率	备注
	MW	MPa	℃	℃		mm	%	
WNS2.8-1.0-/95/70-AⅢ(Q)	2.8	1.0	95	70	AⅢ(Q)	7840×2520×3160	87.2	快装
WNS4.2-1.0-/95/70-AⅢ(Q)	4.2	1.0	95	70	AⅢ(Q)	8144×2700×2980	88.6	快装
WNS7-1.25-/115/70-AⅢ(Q)	7	1.25	115	70	AⅢ(Q)	8140×3200×3460	90.2	快装
SZS7-1.25/115/70-AⅢ(Q)	7	1.25	115	70	AⅢ(Q)	8690×1651×3542	88.5	快装
SZS14-1.0/115/70-AⅢ(Q)	14	1.0	115	70	AⅢ(Q)	8720×5840×3910	89.9	散装
SZS14-1.25/115/70-AⅢ(Q)	14	1.25	115	70	AⅢ(Q)	8660×5840×3910	89.9	散装
SZS14-1.6/130/70-AⅢ(Q)	14	1.6	130	70	AⅢ(Q)	8720×5840×3910	89.4	散装
QXS29-1.6/130/70-AⅢ(Q)	29	1.6	130	70	AⅢ(Q)	10200×5970×18330	89.4	散装
QXS58-1.6/130/70-AⅢ(Q)	58	1.6	130	70	AⅢ(Q)	11325×7340×23850	90.5	散装
QXS90-1.6-150/90-AⅢ(Q)	90	1.6	150	90	AⅢ(Q)	14600×10600×32000	90.5	散装
QXS90-2.5-150/90-AⅢ(Q)	90	2.5	150	90	AⅢ(Q)	14600×10600×32000	90.5	散装
备注	1. 厂家名称:山西蓝天环保设备有限公司; 2. 集团总部地址:山西省太原市长治路 227 号高新国际大厦 B 座; 3. 生产基地:山西省忻州市北义井工业园区; 4. 法人代表:郎凤娥; 5. 联系电话:400-686-7705							

气固双燃环保蒸汽锅炉 附表 1-4

锅炉型号	额定蒸发量	额定蒸汽压力	额定出口蒸汽温度	燃料品种	锅炉尺寸	锅炉热效率	备注
	t/h	MPa	℃		mm	%	
WNS4-1.0-AⅢ(Q)	4	1.0	183.9	AⅢ(Q)	7855×2880×3143	88.71	快装
WNS6-1.25-AⅢ(Q)	6	1.25	193.4	AⅢ(Q)	6620×3285×3875	89.5	快装
WNS10-1.25-AⅢ(Q)	10	1.25	193.4	AⅢ(Q)	9276×3700×3968	89.9	快装
SZS4-1.25-AⅢ(Q)	4	1.25	193.4	AⅢ(Q)	6000×2840×3680	89.5	快装
SZS6-1.25-AⅢ(Q)	6	1.25	193.4	AⅢ(Q)	6620×3285×3875	89.5	快装
SZS10-1.25-AⅢ(Q)	10	1.25	193.4	AⅢ(Q)	10010×4930×3440	89.0	快装
SZS20-1.6-AⅢ(Q)	20	1.6	204.3	AⅢ(Q)	12480×9060×4710	89.74	散装
DHS35-1.6-AⅢ(Q)	35	1.6	204.3	AⅢ(Q)	12350×9484×20300	90.0	散装
DHS65-1.6-AⅢ(Q)	65	1.6	204.3	AⅢ(Q)	14600×13650×23850	90.0	散装
DHS75-1.6-AⅢ(Q)	75	1.6	204.3	AⅢ(Q)	16000×15740×26500	90.5	散装
XG-75/3.82-M(Q)	75	3.82	450	M(Q)	16000×15740×26500	90.5	散装
XG-130/3.82-A(Q)	130	3.82	450	M(Q)	18180×11000×34500	90.5	散装
XG-130/3.82-P(Q)	130	3.82	450	P(Q)	18180×11000×34500	90.5	散装
XG-130/9.8-A(Q)	130	9.8	540	A(Q)	18180×11000×34500	90.8	散装
XG-130/9.8-P(Q)	130	9.8	540	P(Q)	18180×11000×34500	90.8	散装
XG-220/9.8-A(Q)	220	9.8	540	A(Q)	21827×13000×40000	90.8	散装
XG-220/9.8-P(Q)	220	9.8	540	P(Q)	21827×13000×40000	90.8	散装
备注	1. 厂家名称:山西蓝天环保设备有限公司; 2. 集团总部地址:山西省太原市长治路 227 号高新国际大厦 B 座; 3. 生产基地:山西省忻州市北义井工业园区; 4. 法人代表:郎凤娥; 5. 联系电话:400-686-7705						

燃油（气）环保热水锅炉　　　　　　　　　　　　　　　　　附表 1-5

锅炉型号	额定热功率	额定工作压力	额定出/回口水温	柴油使用量	天然气使用量	热效率	最大件运输重量	锅炉尺寸
	MW	MPa	℃	kg/h	Nm³/h	%	kg	mm
WNS1.4-1.0/95/70-Y(Q)	1.4	1.0	95/70	128	155	92.6	6656	4200×1900×2400
WNS2.8-1.0/95/70-Y(Q)	2.8	1.0	95/70	262	307	93.2	10152	5100×2400×2700
WNS4.2-1.0/95/70-Y(Q)	4.2	1.0	95/70	400	459	93.7	15000	5620×2620×2900
WNS5.6-1.0/115/70-Y(Q)	5.6	1.0	115/70	512	632	92.7	18500	6130×2800×3300
WNS7.0-1.1/95/70-Y(Q)	7	1.0	95/70	662	773	92.7	20700	6600×2800×3300
WNS10.5-1.0/115/70-Y(Q)	10.5	1.0	115/70	980	1190	93.2	30395	8200×3300×3500
WNS14-1.0/115/70-Y(Q)	14	1.0	115/70	1377	1537	93.2	40090	8500×3520×3530
WNS14-1.6/115/70-Y(Q)	14	1.6	115/70	1377	1537	93.2	40090	8500×3520×3530
SZS29-1.6/130/70-Y(Q)	29	1.6	130/70	2730	3081	95	3421	8100×7080×7230
SZS46-1.6/1.85714285714286-Y(Q)	46	1.6	130/70	4552	5137	95	3600	16600×7600×6000
SZS58-1.6/1.85714285714286-Y(Q)	58	1.6	130/70	5484.5	6196.5	95	4000	16980×8800×8714
QXS29-1.6/1.85714285714286-Y(Q)	29	1.6	130/70	2730	3081	95	6421	7900×2800×10500
QXS58-1.6/1.85714285714286-Y(Q)	58	1.6	130/70	5484.5	6196.5	95	6600	7900×5200×12030
备注	1. 厂家名称:山西蓝天环保设备有限公司; 2. 集团总部地址:山西省太原市长治路 227 号高新国际大厦 B 座; 3. 生产基地:山西省忻州市北义井工业园区; 4. 法人代表:郎凤娥; 5. 联系电话:400-686-7705							

燃油（气）环保蒸汽锅炉　　　　　　　　　　　　　　　　　附表 1-6

锅炉型号	额定蒸发量	额定工作压力	额定蒸汽温度	给水温度	柴油使用量	天然气使用量	热效率	最大件运输重量	锅炉尺寸
	t/h	MPa	℃	℃	kg/h	Nm³/h	%	kg	mm
WNS2-1.25-Y(Q)	2	1.25	194	20	128	158	91.3	7100	4200×1900×2400
WNS4-1.25-Y(Q)	4	1.25	194		262	332	91.3	11080	5100×2400×2700
WNS6-1.25-Y(Q)	6	1.25	194		400	497.5	91.3	14900	5620×26200×2900
WNS8-1.25-Y(Q)	8	1.25	194	104	512	627	91.3	21350	6130×2800×3300
WNS10-1.25-Y(Q)	10	1.25	194		662	829	91.3	27800	6600×2800×3300
WNS15-1.6-Y(Q)	15	1.6	204		980	1177	92.4	35300	8200×3300×3500

锅炉型号	额定蒸发量	额定工作压力	额定蒸汽温度	给水温度	柴油使用量	天然气使用量	热效率	最大件运输重量	锅炉尺寸
	t/h	MPa	℃	℃	kg/h	Nm³/h	%	kg	mm
WNS20-1.25-Y(Q)	20	1.25	194	104	1377	1638	92.4	42800	8300×3520×3530
WNS20-1.6-Y(Q)	20	1.6	204		1377	1638	92.4	42800	8300×3520×3530
SZS35-1.6-Y(Q)	35	1.6	204	104	2730	3081	95	34210	8100×7080×7230
SZS65-1.6-Y(Q)	65	1.6	204		4552	5137	95	40000	16600×7600×6000
SZS75-1.6-Y(Q)	75	1.6	204		5484.5	6196.2	95	56000	16980×8800×8714
SZS75-3.82-Y(Q)	75	3.82	350		5684.5	6296.5	95	66000	14980×8800×8750
备注	1. 厂家名称:山西蓝天环保设备有限公司; 2. 集团总部地址:山西省太原市长治路 227 号高新国际大厦 B 座; 3. 生产基地:山西省忻州市北义井工业园区; 4. 法人代表:郎凤娥; 5. 联系电话:400-686-7705								

循环流化床锅炉系列参数表　　　　　附表 1-7

锅炉型号	额定蒸发量	额定蒸汽压力	额定蒸汽温度	给水温度	参考燃料消耗量	锅炉热效率	最大件运输重量	锅炉尺寸
	t/h	MPa	℃	℃	kg/h (21MJ/kg)	%	kg	mm
XG-35/3.82-M	35	3.82	450	150	4500	88	12870	9532×16990×32350
XG-35/5.29-M	35	5.29	485	150		88	13990	12380×13000×26680
XG-75/3.82-M	75	3.82	450	150		89	18500	11000×15960×34390
XG-75/5.29-M	75	5.29	485	150	9700	89.5	19600	11700×15100×36400
XG-75/5.29-M	75	5.29	450	150		89	19600	11700×15100×33500
XG-130/3.82-M	130	3.82	450	150		89	21420	15600×23000×39000
XG-130/5.29-M	130	5.29	485	150	16800	89	23240	13660×19300×40750
XG-130/9.8-M	130	9.8	540	215		91	48800	14800×20500×43000
XG-240/9.8-M	240	9.8	540	215	31100	91.2	57800	12800×21780×43600
备注	1. 厂家名称:山西蓝天环保设备有限公司; 2. 集团总部地址:山西省太原市长治路 227 号高新国际大厦 B 座; 3. 生产基地:山西省忻州市北义井工业园区; 4. 法人代表:郎凤娥; 5. 联系电话:400-686-7705							

立式蒸汽锅炉   附表 1-8

型号	蒸发量 (kg/h)	额定压力 (MPa)	热效率 (%)	天然气耗量 (Nm³/h)	配电功率 (kW)	外形尺寸 (mm)	净重 (kg)
LSS0.5	500	1.0	93	40.9	1.6	1120×2367×2600	1208
LSS1.0	1000	1.0	92	82.7	3.9	1174×1965×2718	1880
LSS1.5	1500	1.0	95	121.4	7.2	1848×2010×2738	2100
LSS2.0	2000	1.0	95	163.1	6.1	3120×2550×3535	4710
LSS3.0	3000	1.0	95	224.6	8.7	3350×2645×3840	5840
LSS4.0	4000	1.0	95	321.0	22.7	3350×2665×3603	6930

注：1. 锅炉自配给水泵；
　　2. 厂名：青岛荏原环境设备有限公司；
　　3. 厂址：青岛市四方区傍海中路 1 号；
　　4. 联系人：袁颂东，010-65920181；13311561612

卧式蒸汽锅炉   附表 1-9

型号	蒸发量 (kg/h)	额定压力 (MPa)	热效率 (%)	天然气耗量 (Nm³/h)	配电功率 (kW)	外形尺寸 (mm)	净重 (kg)
WNS1	1000	1.25	92	84.2	3.0	4350×2240×2320	4860
WNS2	2000	1.25	93	159.9	4.8	6512×2510×2875	6200
WNS3	3000	1.25	93	240.0	9.5	7460×3150×3590	9250
WNS4	4000	1.25	93	316.2	13.2	8040×3030×3590	10500
WNS6	6000	1.25	92	487.2	19.5	6740×3080×3795	15600
WNS8	8000	1.25	95	608.6	25.5	8140×3870×4326	27500
WNS10	10000	1.25	95	808.3	29.5	8380×3870×4326	29610

注：1. 锅炉自配给水泵；
　　2. 厂名：青岛荏原环境设备有限公司；
　　3. 厂址：青岛市四方区傍海中路 1 号；
　　4. 联系人：袁颂东，010-65920181，13311561612

燃气真空热水机组设备参数表   附表 1-10

设备型号	额定供 热量	电源要求 (V/Hz)	配电功率 (kW)	燃气要求			烟道口径 (mm)	运行重量 (t)	外形尺寸 (长×宽× 高,mm)	参考价格 (万元)
				耗量 (Nm³/h)	口径 (In/mm)	压力 (kPa)				
ZRQ-10	116kW 10× 10⁴kcal/h	220/50	0.25	12.3	3/4″	2.5~4	DN100	0.9	1810× 800× 1470	9.1
ZRQ-20	232kW 20× 10⁴kcal/h	220/50	0.43	24.7	1″	3~5	DN150	1.9	2430× 960× 1600	11.3
ZRQ-30	350kW 30× 10⁴kcal/h	380/50	0.8	37.0	1″1/4	4~6	DN200	2.1	2680× 1000× 1670	15.5
ZRQ-40	465kW 40× 10⁴kcal/h	380/50	1.0	49.4	1″1/4	5~8	DN200	2.4	2730× 1000× 1750	16.2

续表

设备型号	额定供热量	电源要求（V/Hz）	配电功率（kW）	燃气要求 耗量（Nm³/h）	燃气要求 口径（In/mm）	燃气要求 压力（kPa）	烟道口径（mm）	运行重量（t）	外形尺寸（长×宽×高 mm）	参考价格（万元）
ZRQ-50	582kW 50×10⁴kcal/h	380/50	1.4	61.7	1″1/2	5～8	DN250	2.9	3090×1150×1900	20.0
ZRQ-60	700kW 60×10⁴kcal/h	380/50	1.4	74.1	1″1/2	6～8	DN250	3.1	3300×1150×2000	21.0
ZRQ-80	930kW 80×10⁴kcal/h	380/50	1.8	98.8	1″1/2	6～8	DN300	3.8	3320×1250×2000	22.7
ZRQ-100	1163kW 100×10⁴kcal/h	380/50	2.6	123.4	2″	10～15	DN300	4.5	3340×1360×2150	25.4
ZRQ-120	1400kW 120×10⁴kcal/h	380/50	4.0	148.1	2″	10～15	DN350	5.1	3540×1360×2160	28.4
ZRQ-150	1745kW 150×10⁴kcal/h	380/50	5.5	185.2	2″	10～15	DN400	7.1	4155×1600×2390	33.5
ZRQ-180	2100kW 180×10⁴kcal/h	380/50	6.5	222.2	2″	15～20	DN450	7.8	4572×1600×2390	41.5
ZRQ-200	2326kW 200×10⁴kcal/h	380/50	6.5	246.9	DN65	15～20	DN450	8.3	4622×1600×2430	44.5
ZRQ-240	2800kW 240×10⁴kcal/h	380/50	6.5	296.3	DN65	15～20	DN500	9.9	5275×1800×2660	51.0
ZRQ-300	3500kW 300×10⁴kcal/h	380/50	9.0	370.3	DN65	15～20	DN550	13.4	5525×2100×2860	63.0
ZRQ-360	4200kW 360×10⁴kcal/h	380/50	10.5	444.3	DN80	15～20	DN600	17.2	5925×2100×2990	68.0
ZRQ-420	4900kW 420×10⁴kcal/h	380/50	25.0	518.4	DN80	20～25	DN700	23.0	6425×2400×3010	100.0
ZRQ-480	5600kW 480×10⁴kcal/h	380/50	25.0	592.5	DN80	20～25	DN700	24.4	6725×2400×3350	115.0

| 设备型号 | 额定供热量 | 电源要求 (V/Hz) | 配电功率 (kW) | 燃气要求 | | | 烟道口径 (mm) | 运行重量 (t) | 外形尺寸 (长×宽×高 mm) | 参考价格 (万元) |
				耗量 (Nm³/h)	口径 (In/mm)	压力 (kPa)				
ZRQ-600	7000kW / 600×10⁴kcal/h	380/50	25.0	740.6	DN100	20~25	DN800	28.7	7400×2600×3470	135.0
ZRQ-900	10500kW / 900×10⁴kcal/h	380/50	45.0	1111.0	DN100	25~30	1000×700	46.5	9395×2450×3270	160.0
ZRQ-1200	14000kW / 1200×10⁴kcal/h	380/50	55.0	1481.0	DN125	25~30	1100×850	57.8	10595×2600×3400	200.0

备注

1. 机组内置承压不锈钢管换热器，标准承压 1.0MPa；耐压机型承压 1.6MPa、2.0MPa；

2. 机组内置换热器根据机组供回水温差不同可以分为 A\B\C 三种类型，即：

A 型：$\Delta t=10℃$，进出/口温度 50℃/60℃，适用于地暖、中央空调供暖循环；

B 型：$\Delta t=20℃$，进出/口温度 40℃/60℃，适用于卫生热水循环；

C 型：$\Delta t=25℃$，进出/口温度 50℃/75℃或 60℃/85℃，适用于暖气片供暖循环；

3. 一台机组可以内置 5 组换热器，5 个回路，可以同时供应供暖及生活热水；

4. 机组的外形尺寸为一回路，需多回路时请与力聚公司联系；

5. 机组能量调节范围 20%～100%；

6. 机组额定排烟温度 130±10℃；机组出烟口排气余压为 1～50Pa；建议天然气接管比表列燃气口径放大一号，保证气压稳定；

7. 厂名：浙江力聚热水机有限公司；网址：www.chinaliju.com.cn；电话：0571-88813033

力聚技术咨询 QQ：1254059346；浙江力聚真空锅炉 QQ 群（设计师群）：189249443

燃气冷凝真空热水机组参数表   附表 1-11

| 设备型号 | 额定供热量 | 配电功率 (kW) | 燃气要求 | | | 道口径 (mm) | 运行重量 (t) | 外形尺寸 (长×宽×高，mm) | 参考价格 (万元) |
			耗量 (Nm³/h)	口径 (In/mm)	压力 (kPa)				
ZRQ-60N-L	700kW / 60×10⁴kcal/h	1.4	67.7	1″1/2	6~8	DN250	3.8	3900×1150×1930	25.0
ZRQ-80N-L	930kW / 80×10⁴kcal/h	1.8	90.3	1″1/2	6~8	DN300	4.6	4020×1250×2000	26.7
ZRQ-100 N-L	1163kW / 100×10⁴kcal/h	2.6	112.9	2″	10~15	DN300	5.5	4040×1360×2270	30.4
ZRQ-120N-L	1400kW / 120×10⁴kcal/h	4.0	135.5	2″	10~15	DN350	6.5	4290×1360×2330	33.4
ZRQ-150N-L	1745kW / 150×10⁴kcal/h	5.5	169.3	2″	10~15	DN400	8.4	5005×1600×2530	39.5
ZRQ-180N-L	2100kW / 180×10⁴kcal/h	6.5	203.2	2″	15~20	DN450	8.8	5472×1600×2560	48.5
ZRQ-200N-L	2326kW / 200×10⁴kcal/h	6.5	225.8	DN65	15~20	DN450	9.5	5572×1600×2390	51.5

续表

设备型号	额定供热量	配电功率 (kW)	燃气要求			道口径 (mm)	运行重量 (t)	外形尺寸 (长×宽×高 mm)	参考价格 (万元)
			耗量 (Nm³/h)	口径 (In/mm)	压力 (kPa)				
ZRQ-240N-L	2800kW / 240×10⁴kcal/h	6.5	270.9	DN65	15~20	DN500	11.2	6275×1800×2560	58.0
ZRQ-300N-L	3500kW / 300×10⁴kcal/h	9.0	338.7	DN65	15~20	DN550	14.9	6625×2100×2860	73.0
ZRQ-360N-L	4200kW / 360×10⁴kcal/h	10.5	406.4	DN80	15~20	DN600	19	7125×2100×2910	78.0
ZRQ-420N-L	4900kW / 420×10⁴kcal/h	25.0	474.2	DN80	20~25	DN700	25.7	7535×2400×3010	112.0
ZRQ-480N-L	5600kW / 480×10⁴kcal/h	25.0	541.9	DN80	20~25	DN700	27.1	7945×2400×3290	127.0
ZRQ-600N-L	7000kW / 600×10⁴kcal/h	25.0	677.4	DN100	20~25	DN800	32.2	8294×2600×3400	150.0
ZRQ-900N-L	10500kW / 900×10⁴kcal/h	45.0	1016	DN100	25~30	DN800	51.5	9395×2450×3270	180.0
ZRQ-1200N-L	14000kW / 1200×10⁴kcal/h	55.0	1355	DN125	25~30	DN800	63.4	10595×2600×3400	230.0

备注

1. 冷凝燃气真空热水机组只适用于供暖工况,不适用于卫生热水工况;
2. 机组内置承压不锈钢管换热器,标准承压1.0MPa,耐压机型承压1.6MPa、2.0MPa;
3. 排烟温度与回水温度有关,当回水温度为50℃时,排烟温度≤80℃;
4. 由于排烟中含有一定量的水蒸气,建议采用不锈钢烟囱;
5. 由于机组会排放冷凝水,呈弱酸性,建议做好机房排水;
6. 燃气耗量按天然气低位热值8600kcal/Nm³计算;
7. 电源要求:3-380V/50Hz;
8. 厂名:浙江力聚热水机有限公司;网址:www.chinaliju.com.cn;电话:0571-88813033
   技术咨询QQ:1254059346;浙江力聚真空锅炉QQ群(设计师群):189249443

全预混燃气真空热水机组参数表　　　　　　　　　　　　附表1-12

设备型号	额定供热量	电源要求 (V/Hz)	配电功率 (kW)	燃气要求			烟道口径 (mm)	设备净重 (kg)	运行重量 (kg)	外形尺寸 (长×宽×高,mm)	参考价格 (万元)
				压力 (kPa)	耗量 (Nm³/h)	口径 (mm)					
YHZRQ-30	350kW / 30×10⁴kcal/h	220/50	0.4	2~10	37.1	DN40	DN250	1150	1330	1860×860×1700	15.5
YHZRQ-45	525kW / 45×10⁴kcal/h	220/50	0.7	2~10	55.7	DN40	DN300	1450	1730	2110×1000×1880	18.3
YHZRQ-60	700kW / 60×10⁴kcal/h	220/50	1.1	2~10	74.2	DN50	DN300	1950	2330	2210×1060×2080	21.0

备注:

1. 燃气耗量按天然气低位热值8600kcal/Nm³计算;最高使用压力1.0kPa,热效率94%;
2. 天然气压力适用范围2~10kPa,适用民用低压燃气;
3. 超低NOx排放<60mg/m³;
4. 超低噪声<55dB;
5. 比例调节运行,负荷调节范围20%~100%;
6. 全预混燃气真空热水机组内置两组换热器,可串联单回路供热,可并联双回路供热;
7. 厂名:浙江力聚热水机有限公司;网址:www.chinaliju.com.cn;电话:0571-88813033
   技术咨询QQ:1254059346;浙江力聚真空锅炉QQ群(设计师群):189249443

燃气蒸汽发生器技术参数　　　　　　　　　　　　　　　　附表 1-13

设备型号	额定蒸发量(kg/h)	配电功率(kW)	天然气			烟囱口径(mm)	运行重量(kg)	外形尺寸(长×宽×高,mm)	参考价格(万元)
			耗量(Nm³/h)	口径(mm)	压力(kPa)				
LJPZ0.4-1.0-Q	400	4.2	30	DN40	2～10	DN250	1700	2100×1200×1820	22.5
LJPZ0.5-1.0-Q	500	4.3	37	DN40	2～10	DN250	1750		23.5
LJPZ0.6-1.0-Q	600	4.7	45	DN40	2～10	DN250	1800		24.5
LJPZ0.75-1.0-Q	750	7.5	56	DN50	2～10	DN350	2550	2300×1600×2220	31.0
LJPZ1.0-1.0-Q	1000	8.5	74	DN50	2～10	DN350	2650		34.0
LJPZ1.5-1.0-Q	1600	15.0	120	2-DN50	2～10	2-DN350	5100	4600×1600×2220	62.0
LJPZ2.0-1.0-Q	2000	17.0	148	2-DN50	2～10	2-DN350	5300		68.0

备注	1. 蒸汽发生器水容积小于30L,根据《锅炉安全技术监察规程》,水容积小于30L的蒸汽锅炉不在锅炉监管范围之内,不用办理使用登记手续,不用年检; 2. 额定蒸汽压力1.0MPa,压力可调节范围0.5～1.0MPa; 3. 蒸汽发生器排烟温度100～150℃,热效率92%以上; 4. 表列天然气按低位热值8600kcal/Nm³计算; 5. 建议天然气接管比表列燃气口径放大一号,保证气压稳定; 6. 蒸汽发生器比例调节自动控制,负荷范围30%～100%; 7. 蒸汽发生器全自动排污,排污温度<40℃,无需排污降温池及排污扩容器;电源要求:3-380V/50Hz; 8. 厂名:浙江力聚热水机有限公司;网址:www.chinaliju.com.cn;电话:0571-88813033,技术咨询QQ:1254059346;浙江力聚真空锅炉QQ群(设计师群):189249443

烟气热回收设备烟气阻力 20～22Pa（YM1T～YM4T）　　　　　　附表 1-14

燃气冷凝热能回收装置型号	回收热量(kW)	节能率(%)	水管管径DN(mm)	进水流量(t/h)	水阻力(kPa)	烟气入口温度(℃)	烟气出口温度(℃)	烟气阻力(Pa)	燃气冷凝热能回收装置安装尺寸		
									长(mm)	宽(mm)	高(mm)
GR-1T	70	10	100	20	8	150～210	50～80	20	998.4	656.5	1011.6
GR-2T	140	10	125	40	10	150～210	50～80	20	1117.2	981.5	1101.6
GR-2T	140	10	125	40	15	150～210	50～80	22	1313.2	669.5	1392
GR-3T	210	10	150	60	30	150～210	50～80	22	1277.2	1001	1392
GR-4T	280	10	200	80	40	150～210	50～80	22	1568	1072.5	1612

备注	1. 产品可根据用户锅炉的吨位大小和使用用途,设计生产出相匹配的燃气冷凝热能回收装置。价格根据用户锅炉大小而定,设备节能率均在10%左右。 2. 厂址:四川成都崇州市经济开发区创新大道1号;法人:杨启明,电话028-8218833。邮箱 yangqiming666@163.com

烟气热回收设备烟气阻力 29Pa（YM2T～YM6T）　　　　　　　　附表 1-15

燃气冷凝热能回收装置型号	回收热量(kW)	节能率(%)	水管管径DN(mm)	进水流量(t/h)	水阻力(kPa)	烟气入口温度(℃)	烟气出口温度(℃)	烟气阻力(Pa)	燃气冷凝热能回收装置安装尺寸		
									长(mm)	宽(mm)	高(mm)
GR-2T	140	10	125	40	35	150～210	50～80	29	956.4	715	1302.4
GR-3T	210	10	150	60	35	150～210	50～80	29	1187.2	806	1522.4

续表

燃气冷凝热能回收装置型号	回收热量(kW)	节能率(%)	水管管径DN(mm)	进水流量(t/h)	水阻力(kPa)	烟气入口温度(℃)	烟气出口温度(℃)	烟气阻力(Pa)	燃气冷凝热能回收装置安装尺寸		
									长(mm)	宽(mm)	高(mm)
GR-4T	280	10	200	80	40	150~210	50~80	29	1323.2	1079	1522.4
GR-5T	350	10	200	100	45	150~210	50~80	29	1532	1079	1742.4
GR-6T	420	10	200	120	45	150~210	50~80	29	1570	1293.5	1742.4
备注	1. 产品可根据用户锅炉的吨位大小和使用用途,设计生产出相匹配的燃气冷凝热能回收装置。价格根据用户锅炉大小而定,设备节能率均在10%左右。 2. 厂址:四川成都崇州市经济开发区创新大道1号;法人:杨启明,电话028-8218833。邮箱 yangqiming666@163.com。										

烟气热回收设备（烟气阻力38Pa，YM4T～YM10T）　　　　附表1-16

燃气冷凝热能回收装置型号	回收热量(kW)	节能率(%)	水管管径DN(mm)	进水流量(t/h)	水阻力(kPa)	烟气入口温度(℃)	烟气出口温度(℃)	烟气阻力(Pa)	燃气冷凝热能回收装置安装尺寸		
									长(mm)	宽(mm)	高(mm)
GR-4T	280	10	200	80	35	150~210	50~80	38	1255.2	890.5	1632.8
GR-5T	350	10	200	100	40	150~210	50~80	38	1464	890.5	1852.8
GR-6T	420	10	200	120	45	150~210	50~80	38	1498	1072.5	1852.8
GR-7T	490	10	200	140	50	150~210	50~80	38	1520	1248	1852.8
GR-8T	560	10	200	160	50	150~210	50~80	38	1790.8	1189.5	2092.8
GR-9T	630	10	250	180	55	150~210	50~80	38	1820.8	1339	2092.8
GR-10T	700	10	250	200	55	150~210	50~80	38	1848.8	1488.5	2092.8
备注	1. 产品可根据用户锅炉的吨位大小和使用用途,设计生产出相匹配的燃气冷凝热能回收装置。价格根据用户锅炉大小而定,设备节能率均在10%左右。 2. 厂址:四川成都崇州市经济开发区创新大道1号;法人:杨启明,电话028-8218833。邮箱 yangqiming666@163.com。										

烟气直燃机 BZE（烟气 500℃ 燃气/燃油）　　　　附表1-17

型　　号		20	30	50	75	100	125	150	200	250	300	400	500	600	800	1000
制冷量	kW	233	349	582	872	1163	1454	1745	2326	2908	3489	4652	5815	6978	9304	11630
制热量	kW	179	269	449	672	897	1121	1349	1791	2245	2687	3582	4489	5385	7176	8967
卫生热水热量	kW	80	120	200	300	400	500	600	800	1000	1200	1600	—	—	—	—
冷水	流量 m³/h	28.6	42.9	71.4	107	143	179	214	286	357	429	571	714	857	1143	1429
冷水	压力损失 kPa	30	30	30	30	30	30	40	40	50	50	50	60	60	60	60
温水	流量 m³/h	15.3	23.1	38.5	57.9	77.1	96.4	116	153	193	231	308	385	463	617	771
温水	压力损失 kPa	20	20	20	20	20	20	30	30	40	40	50	50	60	60	
卫生热水	流量 m³/h	3.4	5.2	8.6	12.9	17.2	21.5	25.8	34.4	43	51.6	68.8	—	—	—	—
卫生热水	压力损失 kPa	20	20	20	20	20	20	30	30	40	40					

型　号			20	30	50	75	100	125	150	200	250	300	400	500	600	800	1000
冷却水	流量	m³/h	48.8	73.3	122	183	244	305	366	488	610	733	977	1221	1465	1953	2442
	压力损失	kPa	50	50	50	50	50	50	50	50	60	60	60	70	70	70	70
配电量		kW	2.5	4.2	5.8	6.1	9.8	9.8	11.6	16.7	16.7	21.7	25.2	31.9	40.7	49.9	63.3
溶液量		t	1.3	1.6	2.8	3.5	4.4	5.4	6.1	8.5	10	12.7	14.9	19	23.1	30.2	36.2
能源消耗	制冷	天然气 m³/h	16.9	25.4	42.2	63.4	84.5	106	127	169	212	254	340	424	509	679	848
		烟气 kg/h	458	690	1144	1720	2292	2870	3448	4593	5749	6900	9206	11505	13807	18414	23011
	制热	天然气 m³/h	19.2	28.8	48.1	71.9	96.1	120	144	192	241	288	384	481	577	769	961
		烟气 kg/h	458	690	1144	1720	2292	2870	3448	4593	5749	6900	9206	11505	13807	18414	23011
	卫生热水	天然气 m³/h	8.5	12.8	21.4	32	42.7	53.5	64	85	107	128	171	—	—	—	—
		烟气 kg/h	458	690	1144	1720	2292	2870	3448	4593	5749	6900	9206	—	—	—	—
运输重量		t	6	8.2	11	14	18	21	23	31	13	15	20	24	28	29	30
运行重量		t	6.3	8.6	11.5	15	19	22.5	25	34	41	47	57	72	86	95	114
长		cm	3110	3900	5150	5400	5400	6740	6600	6600	7800	8040	7935	10102	13000	13000	13000
宽		cm	2000	2065	2160	2350	2680	2645	2780	3380	3380	3740	4065	4300	4300	4510	4615
高		cm	2325	2365	2560	2775	2835	2920	3300	3415	3415	3695	3940	3680	3800	4440	4440

备注

1. 以上运输重量 250 万大卡以下为整机运输重量,250 万大卡以上需分体运输,为主机运输重量,且以上重量为设计重量,实际以出厂重量为准。

2. 以上尺寸为设计图,以实际竣工图为准。

3. 冷水额定出/入口温度:7℃/14℃(或 7℃/12℃);冷却水额定出/入口温度:37℃/30℃(或 37.5℃/32℃);温水额定出/入口温度:65℃/55℃;卫生热水额定出/入口温度:80℃/60℃;冷水允许最低出口温度:5℃;温水、卫生热水允许最高出口温度:95℃;冷却水允许初始最低入口温度:10℃;

4. 冷水允许流量调节范围:50%～120%;温水、卫生热水允许流量调节范围:65%～120%。

5. 冷水、冷却水、温水、卫生热水额定承压:0.8MPa(也可选高压型)。

6. 负荷调节范围:5%～115%。

7. 冷水、冷却水、温水、卫生热水污垢系数:0.086m² · K/kW。

8. 溶液指溴化锂含量 52% 之溶液,整机运输重量中含溶液。

9. 表中天然气热值:以 10kWh/m³(8600kcal/m³)计算(如采用其他热值燃气、柴油或再生油,可依此类推)。

10. 燃气标准订货压力:16～50kPa(1600～5000mmH₂O)(低于或高于此压力作特殊订货)。

11. 机房环境标准:温度 5～43℃,湿度≤85%。

12. 使用电源:三相 380V/50Hz。

13. 制冷额定气候条件:温度 36℃,湿度 50%(湿球 27℃)。

14. 表中 BZE、BZHE 单独采用烟气制冷量、制热量为 30%,若要求大于 30%,可作特殊订货。

15. 表中能源消耗指热源与燃料分别运行时的消耗量。

16. 产品设计寿命:25 年。

17. 厂家名称:远大空调有限公司,厂址:湖南省长沙市远大城;法人代表及电话:张跃,0731-84086688。

热水烟气机 BHE（烟气 500℃ 热水 98℃） 附表 1-18

型　号		20	30	50	75	100	125	150	200	250	300	400	500	600	800	1000
制冷量	kW	233	349	582	872	1163	1454	1745	2326	2908	3489	4652	5815	6978	9304	11630
制热量	kW	153	230	384	575	767	959	1151	1534	1918	2301	3068	3835	4602	6137	7671
卫生热水热量	kW	—	—	—	—	—	—	—	—	—	—	—	—	—	—	—
冷水 流量	m³/h	28.6	42.9	71.4	107	143	179	214	286	357	429	571	714	857	1143	1429
冷水 压力损失	kPa	30	30	30	30	30	30	40	40	50	50	50	60	60	60	60
温水 流量	m³/h	11.6	19.6	29.3	43.8	58.4	73	88.2	117	146	175	233	293	351	467	584
温水 压力损失	kPa	15	20	15	15	15	15	15	25	25	35	35	45	45	55	55
冷却水 流量	m³/h	52.5	73.3	131	196	262	327	393	525	655	787	1049	1311	1573	2097	2622
冷却水 压力损失	kPa	50	50	50	50	50	50	50	50	60	60	60	70	70	70	70
配电量	kW	1.7	3.2	4.3	4.6	6.8	6.8	6.8	10.2	10.2	11.7	13.2	17.7	20.7	25.9	34.9
溶液量	t	1.6	2.3	3.6	4.5	5.8	6.8	7.8	11	12.6	16.2	18.7	23.7	29.8	37.2	42
能源消耗 制冷 天然气	m³/h	—	—	—	—	—	—	—	—	—	—	—	—	—	—	—
能源消耗 制冷 烟气	kg/h	1527	2300	3814	5732	7639	9566	11494	15310	19165	22999	30688	38349	46024	61381	76703
		6.6	9.9	16.4	24.7	32.9	41.1	49.3	65.8	82.2	98.7	132	164	197	263	329
能源消耗 制热 天然气	m³/h	—	—	—	—	—	—	—	—	—	—	—	—	—	—	—
能源消耗 制热 烟气	kg/h	1527	2300	3814	5732	7639	9566	11494	15310	19165	22999	30688	38349	46024	61381	76703
能源消耗 卫生热水 天然气	m³/h	—	—	—	—	—	—	—	—	—	—	—	—	—	—	—
能源消耗 卫生热水 烟气	kg/h	—	—	—	—	—	—	—	—	—	—	—	—	—	—	—
运输重量	t	6.6	9	12	15	19	22.5	25.5	34	13	15	20	24	28	29	30
运行重量	t	7	9.7	12.7	16	20.5	25	28	37	43	57	67	85	109	120	133
长	cm	3110	3900	5150	5400	5400	6740	6600	6600	7800	8040	7935	10102	13000	13000	13000
宽	cm	2000	2065	2160	2350	2680	2645	2780	3380	3380	3740	4065	4300	4300	4510	4615
高	cm	2325	2365	2560	2775	2835	2920	3300	3415	3415	3695	3940	3680	3800	4440	4440

备注：

1. 以上运输重量 250 万大卡以下为整机运输重量，250 万大卡以上需分体运输，为主机运输重量，且以上重量为设计重量，实际以出厂重量为准。

2. 以上尺寸为设计图，以实际竣工图为准。

3. 冷水额定出/入口温度：7℃/14℃（或 7℃/12℃）；冷却水额定出/入口温度：37℃/30℃（或 37.5℃/32℃）；温水额定出/入口温度：65℃/55℃；卫生热水额定出/入口温度：80℃/60℃；冷水允许最低出口温度：5℃；温水、卫生热水允许最高出口温度：95℃；冷却水允许初始最低入口温度：10℃。

4. 冷水允许流量调节范围：50%～120%；温水、卫生热水允许流量调节范围：65%～120%。

5. 冷水、冷却水、温水、卫生热水额定承压：0.8MPa（也可选高压型）。

6. 负荷调节范围：5%～115%。

7. 冷水、冷却水、温水、卫生热水污垢系数：0.086m²·K/kW。

8. 溶液指溴化锂含量 52% 的溶液，整机运输重量中含溶液。

9. 表中天然气热值：以 10kWh/m³（8600kcal/m³）计算（如采用其他热值燃气、柴油或再生油，可依此类推）。

10. 燃气标准订货压力：16～50kPa（1600～5000mmH₂O）（低于或高于此压力作特殊订货）。

11. 机房环境标准：温度 5～43℃，湿度≤85%。

12. 使用电源：三相 380V/50Hz。

13. 制冷额定气候条件：温度 36℃，湿度 50%（湿球 27℃）。

14. 表中 BZE、BZHE 单独采用烟气制冷量，制热量为 30%，若要求大于 30%，可作特殊订货。

15. 表中能源消耗指热源与燃料分别运行时的消耗量。

16. 产品设计寿命：25 年。

17. 厂家名称：远大空调有限公司；厂址：湖南省长沙市远大城；法人代表及电话：张跃，0731-84086688。

热水烟气直燃机 BZHE（烟气 500℃ 热水 98℃ 燃气/燃油） 附表 1-19

型号		单位	20	30	50	75	100	125	150	200	250	300	400	500	600	800	1000
制冷量		kW	233	349	582	872	1163	1454	1745	2326	2908	3489	4652	5815	6978	9304	11630
制热量		kW	179	269	449	672	897	1121	1349	1791	2245	2687	3582	4489	5385	7176	8967
卫生热水热量		kW	80	120	200	300	400	500	600	800	1000	1200	1600	—	—	—	—
冷水	流量	m^3/h	28.6	42.9	71.4	107	143	179	214	286	357	429	571	714	857	1143	1429
	压力损失	kPa	30	30	30	30	30	30	40	40	40	50	50	60	60	60	60
温水	流量	m^3/h	15.3	23.1	38.5	57.9	77.1	96.4	116	153	193	231	308	385	463	617	771
	压力损失	kPa	20	20	20	20	20	20	30	30	40	40	50	50	60	60	60
卫生热水	流量	m^3/h	3.4	5.2	8.6	12.9	17.2	21.5	25.8	34.4	43	51.6	68.8	—	—	—	—
	压力损失	kPa	20	20	20	20	20	20	30	30	40	40	40	—	—	—	—
冷却水	流量	m^3/h	52.5	78.7	131	196	262	327	393	525	655	787	1049	1311	1573	2097	2622
	压力损失	kPa	50	50	50	50	50	50	50	50	60	60	60	70	70	70	70
配电量		kW	2.5	4.2	5.8	6.1	9.8	9.8	11.6	16.7	16.7	21.7	25.2	31.9	40.7	49.9	63.3
溶液量		t	1.4	1.7	2.9	3.6	4.5	5.6	6.3	8.7	10.5	13.1	15.4	19.7	23.8	30.9	37.2
能源消耗 制冷	天然气	m^3/h	16.9	25.4	42.2	63.4	84.5	106	127	169	212	254	340	424	509	679	848
	烟气	kg/h	458	690	1144	1720	2292	2870	3448	4593	5749	6900	9206	11505	13807	18414	23011
			6.6	9.9	16.4	24.7	32.9	41.1	49.3	65.8	82.2	98.7	132	164	197	263	329
能源消耗 制热	天然气	m^3/h	19.2	28.8	48.1	71.9	96.1	120	144	192	241	288	384	481	577	769	961
	烟气	kg/h	458	690	1144	1720	2292	2870	3448	4593	5749	6900	9206	11505	13807	18414	23011
能源消耗 卫生热水	天然气	m^3/h	8.5	12.8	21.4	32	42.7	53.5	64	85	107	128	171	—	—	—	—
	烟气	kg/h	458	690	1144	1720	2292	2870	3448	4593	5749	6900	9206	—	—	—	—
运输重量		t	6.5	8.6	11.5	15	19	22	24.5	33	13	15	20	24	28	29	30
运行重量		t	7	9.2	12.2	16	20	24	26.5	36	43	49	60	76	91	109	131
长		cm	3110	3900	5150	5400	5400	6740	6600	6600	7800	8040	7935	10102	13000	13000	13000
宽		cm	2000	2065	2160	2350	2680	2645	2780	3380	3380	3740	4065	4300	4300	4510	4615
高		cm	2325	2365	2560	2775	2835	2920	3300	3415	3415	3695	3940	3680	3800	4440	4440

备注

1. 以上运输重量 250 万大卡以下为整机运输重量，250 万大卡以上需分体运输，为主机运输重量，且以上重量为设计重量，实际以出厂重量为准。
2. 以上尺寸为设计图，以实际竣工图为准。
3. 冷水额定出/入口温度：7℃/14℃（或 7℃/12℃）；冷却水额定出/入口温度：37℃/30℃（或 37.5℃/32℃）；温水额定出/入口温度：65℃/55℃；卫生热水额定出/入口温度：80℃/60℃；冷水允许最低出口温度：5℃；温水、卫生热水允许最高出口温度：95℃；冷却水允许初始最低入口温度：10℃。
4. 冷水允许流量调节范围：50%～120%；温水、卫生热水允许流量调节范围：65%～120%。
5. 冷水、冷却水、温水、卫生热水额定承压：0.8MPa（也可选高压型）。
6. 负荷调节范围：5%～115%。
7. 冷水、冷却水、温水、卫生热水污垢系数：$0.086m^2 \cdot K/kW$。
8. 溶液指溴化锂含量 52% 的溶液。整机运输重量中含溶液。
9. 表中天然气热值：以 $10kWh/m^3$（$8600kcal/m^3$）计算（如采用其他热值燃气、柴油或再生油，可依此类推）。
10. 燃气标准订货压力：16～50kPa（1600～5000mmH_2O）（低于或高于此压力作特殊订货）。
11. 机房环境标准：温度 5～43℃，湿度≤85%。
12. 使用电源：三相 380V/50Hz。
13. 制冷额定气候条件：温度 36℃，湿度 50%（湿球 27℃）。
14. 表中 BZE、BZHE 单独采用烟气制冷量、制热量为 30%，若要求大于 30%，可作特殊订货。
15. 表中能源消耗指热源与燃料分别运行时的消耗量。
16. 产品设计寿命：25 年。
17. 厂家名称：远大空调有限公司；厂址：湖南省长沙市远大城；法人代表及电话：张跃，0731-84086688。

埋刮板输送机 附表 1-20

型　号	输送量(t/h)	输送速度(m/s)	电机功率(kW)
MS-16	11～25	0.16～0.30	2.2～7.5
MS-20	17～39	0.16～0.30	3.0～11
MS-25	23～54	0.16～0.30	4.0～18.5
MS-32	48～88	0.16～0.30	5.5～30
MZ-16	11～22	0.16～0.30	3.0～11
MZ-20	15～30	0.16～0.30	4.0～15
MZ-25	29～46	0.16～0.30	5.5～22
MC-20	15～30	0.16～0.30	3.0～11
MC-25	23～46	0.16～0.30	4.0～18.5

备注:生产厂:辽宁省营口明哲重工有限公司,地址:辽宁省盖州市西海工业园区,电话:0417-3444444

ZBC 重型板链除渣机 附表 1-21

型　号	速度(m/min)	槽体尺寸(宽×高,mm)	电机功率(kW)	除渣能力(t/h)
ZBC-40	4.8	471×620	3.0	2
ZBC-60	4.8	670×800	3.0	4
ZBC-70	4.8	710×800	4.0	6
ZBC-80	4.8	870×970	5.5	8
ZBC-90	4.8	910×910	7.5	10
ZBC-100	4.0	1000×910	11	15
ZBC-110	4.0	1110×980	15	20
ZBC-120	4.0	1210×980	18.5	30
ZBC-130	4.0	1310×910	按运输长度定	38
ZBC-140	4.0	1410×910	按按运输长度	45
ZBC-150	4.0	1510×910	按运输长度定	58

备注:生产厂:辽宁省营口明哲重工有限公司,地址:辽宁省盖州市西海工业园区,电话:0417-3444444

布袋除尘器 附表 1-22

序号	型　号	锅炉吨位(t/h)	烟气量(万 m³/h)	外形尺寸(mm)
1	LFM-40	40	10～12	6640×9660×12900
2	LFM-65	65	15～18	8560×9660×12900
3	LFM-80	80	18～20	10480×9660×12900
4	LFM-100	100	22～25	13100×9660×12900
5	LFM-130	130	28～32	14980×9600×12900
6	LFM-140	140	30～36	15720×9660×12900
7	LFM-220	220	38～40	20960×9660×12900
备注	厂名:沈阳伊特环保设备有限公司;厂址:沈阳市和平区市府大路 224 号 6-13-4;电话:024-22533901			

静电除尘器 附表 1-23

序号	型　号	锅炉吨位(t/h)	烟气量(万 m³/h)	外形尺寸(mm)
1	GEP-40	40	10～12	12640×5600×16700
2	GEP-65	65	15～18	11940×8000×17060
3	GEP-80	80	18～20	14940×8000×16700
4	GEP-100	100	22～25	15750×12660×20520
5	GEP-130	130	28～32	14250×10400×20700
6	GEP-140	140	30～36	14250×10400×20700
7	GEP-220	220	38～40	16200×10600×21710
备注	厂名:沈阳伊特环保设备有限公司;厂址:沈阳市和平区市府大路 224 号 6-13-4;电话:024-22533901			

脱硫塔 附表 1-24

序号	型　号	锅炉吨位(t/h)	烟气量(万 m³/h)	外形尺寸(mm)
1	SYP-40	40	10～12	φ3200×18000
2	SYP-65	65	15～18	φ3800×18500
3	SYP-80	80	18～20	φ4100×18500
4	SYP-100	100	22～25	φ4400×19500

序号	型　号	锅炉吨位(t/h)	烟气量(万 m³/h)	外形尺寸(mm)
5	SYP-130	130	28～32	φ5100×18500
6	SYP-140	140	30～36	φ5400×18500
7	SYP-220	220	38～40	φ6000×18500
备注	厂名:沈阳伊特环保设备有限公司,厂址:沈阳市和平区市府大路 224 号 6-13-4,电话:024-22533901			

脱硝塔　　　　　　　　　　　　　　　　　　　　　附表 1-25

序号	脱硝系统形式	锅炉吨位(t/h)	烟气量(万 m³/h)	外 形 尺 寸
1	SNCR 或 SCR	40	10～12	由于脱硝系统形式不确定性致使设备外形尺寸不能确定,具体设计需与设备厂家协作
2	SNCR 或 SCR	65	15～18	
3	SNCR 或 SCR	80	18～20	
4	SNCR 或 SCR	100	22～25	
5	SNCR 或 SCR	130	28～32	
6	SNCR 或 SCR	140	30～36	
7	SNCR 或 SCR	220	38～40	
备注	厂名:沈阳伊特环保设备有限公司,厂址:沈阳市和平区市府大路 224 号 6-13-4,电话:024-22533901			

空气压缩机　　　　　　　　　　　　　　　　　　　附表 1-26

型号	排气压力(MPa)	排气量(m³/h)	功率(kW)	外形尺寸(mm)	重量(kg)
BLT-7A	0.8	0.75	5.5	630×620×755	128
BLT-10A	0.8	1.25	7.5	650×650×855	251
BLT-15A	0.8	1.80	11	950×650×655	282
BLT-20A	0.8	2.15	15	950×650×855	315
BLT-25A	0.8	3.00	18.5	1100×865×1145	410
BLT-30A	0.8	3.60	22		415
BLT-40A	0.8	4.50	30	1100×865×1145	465
BLT-50A	0.8	6.20	37	1485×970×1630	800
BLT-60A	0.8	7.30	45	1485×970×1630	850
BLT-50AG	0.8	6.41	37	1485×970×1630	810
BLT-60AG	0.8	7.59	45	1485×970×1630	860
BLT-75AW	0.8	9.80	55	1585×1170×1800	1180
BLT-100AW	0.8	13.00	75	1585×1170×1800	1260
BTL-75AG/WG	0.8	10.00	55	1585×1170×1800	1170
BLT-100AG/WG	0.8	13.30	75	1585×1170×1800	1250
BLT-120A/W	0.8	16.90	90	1710×1170×1800	1450
备注	1. 设备噪声范围 62～72dB(A); 2. 机组有变频型; 3. 机组可以带储气罐和冷干机; 4. 生产厂:博莱特(上海)压缩机有限公司; 5. 代理商:北京金色华奕机电设备有限公司,电话 010-69250065				

冷冻式干燥机 附表 1-27

型号	处理量 （m³/min）	制冷剂	功率 （W）	外形尺寸 （mm）	重量 （kg）	空气进出口尺寸 （mm）	最大进气压力 （bar）
BLD5	0.5	R134a	175	500×350×450	19	20	
BLD9	0.9	R134a	175	500×350×450	19	20	
BLD11	1.1	R134a	300	500×350×450	20	20	16
BLD15	1.5	R134a	300	500×350×450	25	20	
BLD20	2.0	R134a	300	500×350×450	27	20	
BLD31	3.1	R410A	680	500×370×764	51	25	
BLD40	4.0	R410A	680	500×370×764	51	25	
BLD48	4.8	R410A	680	560×460×785	61	25	
BLD53	5.3	R410A	1050	560×460×785	68	25	
BLD68	6.9	R410A	1050	560×460×785	73	32	
BLD86	8.6	R410A	1500	560×580×899	90	32	13
BLD102	10.2	R410A	1500	560×580×899	90	32	
BLD132	13.2	R410A	1780	898×735×961	128	65	
BLD158	15.8	R410A	2210	898×735×961	146	65	
BLD188	18.8	R410A	2550	898×735×961	158	65	
BLD218	21.8	R410A	2360	898×735×961	185	65	
备注	生产厂:博莱特(上海)压缩机有限公司;代理商:北京金色华奕机电设备有限公司,电话 010-69250065						

过滤器 附表 1-28

型号	精度等级	处理量（m³/min）	除油（mg/m³）	除尘（μm）	接口尺寸
BLF-14B	B(粗)	1.4	0.20	0.50	DN15
BLF-14A	A(精)	1.4	0.01	0.01	DN15
BLF-23B	B(粗)	2.3	0.20	0.50	DN20
BLF-23A	A(精)	2.3	0.01	0.01	DN20
BLF-40B	B(粗)	4.0	0.20	0.50	DN25
BLF-40A	A(精)	4.0	0.01	0.01	DN25
BLF-71B	B(粗)	7.1	0.20	0.50	DN32
BLF-71A	A(精)	7.1	0.01	0.01	DN32
BLF-99B	B(粗)	9.9	0.20	0.50	DN32
BLF-99A	A(精)	9.9	0.01	0.01	DN32
BLF-128B	B(粗)	12.8	0.20	0.50	DN50
BLF-128A	A(精)	12.8	0.01	0.01	DN50
BLF-177B	B(粗)	17.7	0.20	0.50	DN50
BLF-177A	A(精)	17.7	0.01	0.01	DN50
BLF-227B	B(粗)	22.7	0.20	0.50	DN65
BLF-227A	A(精)	22.7	0.01	0.01	DN65
备注	生产厂:博莱特(上海)压缩机有限公司;代理商:北京金色华奕机电设备有限公司,电话 010-69250065				

不锈钢储气罐 （0.8MPa，1.6MPa） 附表 1-29

规格 容积/压力	容器总高度 （mm）	容器内经 （mm）	进气口径	出气口径	安全阀接口	排污阀接口
0.3/0.8	1308	600	DN32	DN32	DN20	DN15
0.3/1.6	1310	600	DN32	DN32	DN20	DN15
0.3/0.8	2058	600	DN32	DN32	DN20	DN15
0.3/1.6	2060	600	DN32	DN32	DN20	DN15
0.3/0.8	2189	850	DN65	DN65	DN25	DN15
0.3/1.6	2197	850	DN65	DN65	DN25	DN15
0.3/0.8	2513	900	DN65	DN65	DN25	DN15
0.3/1.6	2521	900	DN65	DN65	DN25	DN15
0.3/0.8	2770	1000	DN80	DN80	DN32	DN15
0.3/1.6	2778	1000	DN80	DN80	DN32	DN15
0.3/0.8	2932	1200	DN80	DN80	DN32	DN20
0.3/1.6	2950	1200	DN80	DN80	DN32	DN20
0.3/0.8	3022	1400	DN100	DN100	DN32	DN20
0.3/1.6	3064	1400	DN100	DN100	DN32	DN20
0.3/0.8	3522	1400	DN100	DN100	DN50	DN20
0.3/1.6	3564	1400	DN100	DN100	DN50	DN20
0.3/0.8	4322	1400	DN100	DN100	DN50	DN20
0.3/1.6	4364	1400	DN100	DN100	DN50	DN20
0.3/0.8	3696	1800	DN100	DN100	DN50	DN50
0.3/1.6	3738	1800	DN100	DN100	DN50	DN50
0.3/0.8	4296	1800	DN150	DN150	DN65	DN50
0.3/1.6	4338	1800	DN150	DN150	DN65	DN50
备注	1. 压力罐压力范围可达 4.0MPa； 2. 生产厂：上海申江压力容器有限公司					

真空泵 （卧式直连爪泵 GZWZ） 附表 1-30

型 号	抽速 （L/s）	功率 （kW）	进排气口径	冷却水量 （m³/h）	重量 （kg）	噪声 [dB/(A)]	外形尺寸 （长×宽×高，mm）
GZWZ-8DY1/DY2	8	1.1	DN25	0.3	65	65	686×293×360
GZWZ-15DY1/DY2	15	2.2	DN40	0.4	85	65	781×334×404
GZWZ-30DY1/DY2	30	4.0	DN40	0.5	220	70	933×373×476
备注	1. 输入电压 380V，电机转速 2900r/min； 2. 极限压力：≤50Pa； 3. 公司名称：中国航天科工集团二院； 4. 公司地址：北京市海淀区永定路 57 号； 5. 电话：010-88528249						

真空泵（立式直连爪泵 GZLZ） 附表 1-31

型 号	抽速 (L/s)	功率 (kW)	进排气口径	冷却水量 (m³/h)	重量 (kg)	噪声 [dB]	外形尺寸 (长×宽×高,mm)
GZLZ-8DY1/DY2	8	1.1	DN25	0.3	65	65	810×270×241
GZLZ-15DY1/DY2	15	2.2	DN40	0.4	95	65	1021×355×289
GZLZ-30DY1/DY2	30	4.0	DN40	0.5	250	70	1045×384×361
GZLZ-70DY1/DY2	70	11	DN50	0.7	550	70	1550×483×505
备注	1. 输入电压 380V,电机转速 2900r/min; 2. 极限压力:≤50Pa; 3. 公司名称:中国航天科工集团二院; 4. 公司地址:北京市海淀区永定路 57 号; 5. 电话:010-88528249							

真空泵（立式联排爪泵 GZLL） 附表 1-32

型 号	抽速 (L/s)	功率 (kW)	进排气口径	冷却水量 (m³/h)	重量 (kg)	噪声 [dB]	外形尺寸 (长×宽×高,mm)
GZLL-15DY1/DY2	15	2.2	DN40	0.4	95	65	530×360×557
GZLL-30DY1/DY2	30	4.0	DN40	0.5	250	65	800×500×594
GZLL-70DY1/DY2	70	7.5	DN50	0.7	550	70	860×500×635
GZLL-110DY1/DY2	110	15	DN65	0.8	750	75	900×535×786
GZLL-150DY1/DY2	150	18.5	DN80	1.0	950	75	1010×603×786
GZLL-200DY1/DY2	200	22	DN80	1.5	1250	75	1100×1000×1000
备注	1. 输入电压 380V,电机转速 2900r/min; 2. 极限压力:≤50Pa; 3. 公司名称:中国航天科工集团二院; 4. 公司地址:北京市海淀区永定路 57 号; 5. 电话:010-88528249							

BHI 系列换热器（供暖和生活热水工况）性能表（波纹管换热器）　　附表 1-33

型号	公称直径	设计压力		蒸汽（饱和压力）MPa	二次供水/回水温度（℃）	换热面积（m²）	传热量（kW）	满水重（kg）
		壳程（MPa）	管程（MPa）					
BHI300	300		1.0			2.9	705	650
						3.9	1030	
			1.6			4.9	1315	
BHI400	400		1.0			6.0	1700	980
						8.0	2165	
			1.6			10.0	2750	
BHI500	500	1.0	1.0	0.6	85/60	9.3	2620	1465
						12.4	3305	
			1.6			15.5	3770	
BHI600	600		1.0			20.1	5240	2045
			1.6			25.2	6760	
BHI300	300		1.0			3.8	765	650
						5.1	1085	
			1.6			6.4	1260	
BHI400	400		1.0			4.7	1290	980
						6.4	1920	
			1.6			7.8	2185	
BHI500	500	1.0	1.0	0.6	55/5	8.0	2115	1465
						10.5	2965	
			1.6			13.2	3790	
BHI600	600		1.0			17.7	4635	2045
			1.6			22.0	6170	
备注	1. 尺寸数据及设备满水重量按管程 1.6MPa，壳程 1.0MPa，最大出水量时的设备重量提供； 2. 选用型号时应标注换热面积； 3. 其他工况可联系厂家设计选型人员； 4. 公司名称:北京市伟业供热设备有限责任公司； 5. 公司地址:北京市朝阳区十八里店乡西直河年庄路； 6. 法人代表及联系电:李黎,010-65491117							

BHC 系列波纹管换热器生活热水工况性能表　　附表 1-34

型号	公称直径	设计压力		一次供水/回水温度（℃）	二次供水/回水温度（℃）	换热面积（m²）	传热量（kW）	满水重（kg）
		壳程（MPa）	管程（MPa）					
BHC300	300	1.0				12.8	455	1800
						16.0	630	
		1.6				19.2	695	
BHC400	400	1.0				23.5	730	2220
						29.4	980	
		1.6				35.2	1180	
BHC500	500	1.0	1.6	70/40	55/12	38.6	1045	3200
						48.3	1560	
		1.6				58.0	1670	
BHC600	600	1.0				56.0	1735	4100
						70.0	2085	
		1.6				84.0	2360	
备注	1. 尺寸数据及设备满水重量按管程 1.6MPa，壳程 1.6MPa，最大出水量时的设备重量提供； 2. 选用型号时应标注换热面积； 3. 其他工况可联系厂家设计选型人员； 4. 公司名称:北京市伟业供热设备有限责任公司,公司地址:北京市朝阳区十八里店乡西直河年庄路,法人代表及联系电:李黎,010-65491117							

THC 系列水-水波纹管换热器生活热水工况性能表　　　　　　附表 1-35

型号	公称直径	设计压力		一次供水/回水温度(℃)	二次供水/回水温度(℃)	换热面积(m²)	传热量(kW)	满水重(kg)
		壳程(MPa)	管程(MPa)					
THC300	300	1				12.2	201	1300
						16.3	268	
		1.6				20.3	334	
THC400	400	1				26.1	430	1750
						27.9	460	
		1.6	1.6	70/40	55/50	34.8	573	
						43.6	718	
THC500	500	1				44	725	2250
						58.7	967	
		1.6				73.4	1029	
THC600	600	1				66.6	1097	2600
						88.8	1463	
		1.6				111	1828	

备注
1. 尺寸数据及设备满水重量按管程 1.6MPa,壳程 1.6MPa,最大出水量时的设备重量提供;
2. 选用型号时应标注换热面积;
3. 其他工况可联系厂家设计选型人员;
4. 公司名称:北京市伟业供热设备有限责任公司,公司地址:北京市朝阳区十八里店乡西直河年庄路,法人代表及联系电:李黎,010-65491117

立式即热容积式换热器性能表　　　　　　附表 1-36

型号	公称直径	设计压力		总容积(m³)	热水量(t/h)	换热面积(m²)	满水重(kg)
		壳程(MPa)	管程(MPa)				
BHR-1200-1.6/1.0-L	1200	1.0		3.0	3~9	6.0;12.0;	5000
BHR-1200-1.6/1.6-L		1.6				14.5;17.9	
BHR-1400-1.6/1.0-L	1400	1.0		4.0	5~18	12.0;14.5;17.4;	6600
BHR-1400-1.6/1.6-L		1.6				23;27.9;32.8	
BHR-1600-1.6/1.0-L	1600	1.0		5.0	10~30	17.4;27.9;33.5;	7800
BHR-1600-1.6/1.6-L		1.6	1.6			39.0;46.0	
BHR-1800-1.6/1.0-L	1800	1.0		7.0	15~35	27.9;33.5;	11800
BHR-1800-1.6/1.6-L		1.6				39.0;46.0	
BHR-2000-1.6/1.0-L	2000	1.0		8.0	20~50	33.5;39.0;46.0;	16300
BHR-2000-1.6/1.6-L		1.6				61.0;70.0;81.0	

备注
1. 尺寸数据及设备满水重量按管程 1.6MPa,壳程 1.6MPa,最大出水量时的设备重量提供;
2. 选用型号时应标注换热面积;
3. 表中热水量按指定参数计算,参数为:水温度为 70℃,热水供应温度为 55℃;
4. 特殊工况可联系厂家设计选型人员;
5. 公司名称:北京市伟业供热设备有限责任公司,公司地址:北京市朝阳区十八里店乡西直河年庄路,法人代表及联系电:李黎,010-65491117

卧式波纹管即热容积式换热器性能表　　　　　附表 1-37

型　号	公称直径	设计压力		总容积 (m³)	热水量 (t/h)	换热面积 (m²)	满水重 (kg)
		壳程 (MPa)	管程 (MPa)				
BHR-1200-1.6/1.0-W	1200	1.0	1.6	3.0	5～20	10.0;15.0; 23.2;29.7;	6250
BHR-1200-1.6/1.6-W		1.6					
BHR-1400-1.6/1.0-W	1400	1.0		5.0	5～25	8.9;15.0;23.2; 29;35.0	8900
BHR-1400-1.6/1.6-W		1.6					
BHR-1600-1.6/1.0-W	1600	1.0		7.0	10～30	15.0;23.2;29.0; 35.0;44.6	11600
BHR-1600-1.6/1.6-W		1.6					
BHR-1800-1.6/1.0-W	1800	1.0		9.0	15～40	23.2;29;35.0; 44.6;55.7	16500
BHR-1800-1.6/1.6-W		1.6					
BHR-2000-1.6/1.0-W	2000	1.0		11.0	20～50	29.0;35.0;44.6; 55.7;87.1	20500
BHR-2000-1.6/1.6-W		1.6					
备注	1. 尺寸数据及设备满水重量按管程 1.6MPa,壳程 1.6MPa,最大出水量时的设备重量提供; 2. 选用型号时应标注换热面积; 3. 表中热水量按指定参数计算,参数为:水温度为 70℃,热水供应温度为 55℃; 4. 特殊工况可联系厂家设计选型人员; 5. 公司名称:北京市伟业供热设备有限责任公司,公司地址:北京市朝阳区十八里店乡西直河年庄路,法人代表及联系电:李黎,010-65491117						

板式换热器　　　　　附表 1-38

产品型号	接口尺寸 (mm)	最大流量 (m³)	最大换热面积 (m²)
WYGL-13	50	40	18
WYGC-26	100	170	122
WYGC-51	150	380	250
WYGC-60	200	680	212
WYGX-26	100	170	122
WYGX-42	100	170	200
WYGX-51	150	380	250
WYGX-60	200	680	212
WYM6M	50	45	35
WYTL6B	50/65	72	102
WYM10B	100	190	100
WYM10M	100	190	60
WYM15B	150	390	370
WYM15M	150	390	230
WYT20M	200	700	510
备注	1. 板式换热器 C 值、F 值及重量详见该司板式换热器计算书; 2. 表中设备尺寸均为承压 1.6MPa 等级,2.0MPa 及 2.5MPa 等级尺寸另请详询; 3. 公司名称:北京市伟业供热设备有限责任公司,公司地址:北京市朝阳区十八里店乡西直河年庄路,法人代表及联系电:李黎,010-65491117		

智能化小型换热机组

散热器供暖换热机组（水-水）

工况：一次热源 125℃/65℃，二次侧 85℃/60℃

机组型号	最大热负荷	参考外形尺寸			机组接管口径			重量
	kW	长 L(mm)	宽 W(mm)	高 H(mm)	一次侧	二次侧	补水侧	kg
HW100	100	2200	1450	1800	DN50	DN50	DN25	800
HW500	500	2400	1450	1900	DN50	DN65	DN25	1000
HW900	900	2400	1450	1900	DN65	DN80	DN25	1500
HW1300	1300	2700	1650	2000	DN65	DN100	DN25	2000
HW1700	1700	3000	1800	2100	DN80	DN125	DN25	2400
HW2100	2100	3100	1800	2300	DN80	DN125	DN25	2600
HW2500	2500	3100	1800	2300	DN100	DN150	DN32	2700
HW2900	2900	3100	2000	2300	DN100	DN150	DN32	2800
HW3300	3300	3400	2000	2300	DN100	DN150	DN32	3100

空调供暖换热机组（水-水）

工况：一次热源 115℃/55℃，二次侧 60℃/50℃

机组型号	最大热负荷	参考外形尺寸			机组接管口径			重量
	kW	长 L(mm)	宽 W(mm)	高 H(mm)	一次侧	二次侧	补水侧	kg
VW100	100	2200	1450	1800	DN50	DN100	DN25	800
VW500	500	2400	1450	2000	DN50	DN100	DN25	1000
VW900	900	2400	1450	2000	DN65	DN125	DN25	1700
VW1300	1300	3200	1650	2500	DN65	DN150	DN32	2200
VW1700	1700	3200	1800	2500	DN80	DN200	DN32	2500
VW2100	2100	3300	1800	2500	DN80	DN200	DN40	2900
VW2500	2500	3300	2000	2500	DN100	DN200	DN40	3200
VW2900	2900	3500	2100	2500	DN100	DN250	DN40	3500
VW3300	3300	3600	2500	2500	DN100	DN250	DN40	4000

生活热水换热机组（水-水）

工况：一次热源 70℃/40℃，二次侧 12℃/55℃

机组型号	最大热负荷	参考外形尺寸			机组接管口径			重量
	kW	长 L(mm)	宽 W(mm)	高 H(mm)	一次侧	二次侧	循环水侧	kg
TW250	250	2000	1450	1600	DN50	DN50	DN25	600
TW500	500	2200	1450	1600	DN65	DN50	DN25	800
TW750	750	2400	1650	1900	DN80	DN65	DN32	1000
TW1000	1000	2400	1650	1900	DN80	DN65	DN32	1300
TW1250	1250	2800	1800	2000	DN100	DN80	DN40	1500

续表

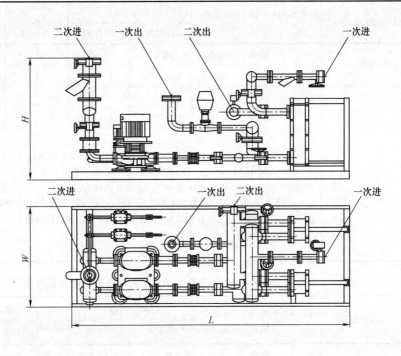

| 备注 | 1. 组中不同设备品牌影响机组尺寸及重量；
2. 板式换热器、水泵等具体台数根据需要确定；
3. 更多规格及布置形式另请详询；
4. 公司名称:北京市伟业供热设备有限责任公司,公司地址:北京市朝阳区十八里店乡西直河年庄路,法人代表及联系电:李黎,010-65491117 |

生污水—疏导板式（BS）系列—换热器技术参数表　　　附录 1-40

QKC-SDHRQ-BS-	换热面积 m²	运行模式	额定换热量(kW)	温度(℃)		接管	外形尺寸(mm)			运行重量(kg)
				污水侧	中介侧		长	宽	高	
A(B)-320(5)	320	取热	1250	12～7	4～9	250	5300	1100	2650	25.8
		取冷	1870	23～29.5	34～27.5					
A(B)-260(5)	260	取热	1010	12～7	4～9	200	5300	920	2650	21.8
		取冷	1520	23～29.5	34～27.5					
A(B)-200(5)	200	取热	780	12～7	4～9	150	4800	810	2550	17.4
		取冷	1170	23～29.5	34～27.5					
A(B)-150(5)	150	取热	585	12～7	4～9	125	4800	700	2250	12.8
		取冷	878	23～29.5	34～27.5					
A(B)-100(5)	100	取热	390	12～7	4～9	125	4300	810	1650	9.7
		取冷	585	23～29.5	34～27.5					
A(B)-065(5)	65	取热	254	12～7	4～9	100	4300	600	1650	7.3
		取冷	380	23～29.5	34～27.5					

QKC-SDHRQ-BS-	换热面积 m²	运行模式	额定换热量(kW)	温度(℃)		接管	外形尺寸(mm)			运行重量(kg)
				污水侧	中介侧		长	宽	高	
A(B)-032(5)	32	取热	125	12～7	4～9	100	3300	500	1650	4.6
		取冷	187	23～29.5	34～27.5					
A(B)-020(5)	20	取热	80	12～7	4～9	80	2300	500	1650	3.2
		取冷	117	23～29.5	34～27.5					

备注	1. 不需要对污水进行过滤,悬浮物和杂质可在设备内顺利流通; 2. 表中 QKC-SDHRQ——青岛科创污水或地表水疏导式换热器,BS——疏导板式系列(优点:体积小),A——碳素钢材质,B——非碳素钢材质; 3. 当实际参数与表中参数差距较大时,请联系厂家按实际参数量身定做;厂家名称:青岛科创新能源科技有限公司,厂家地址:青岛胶州市胶北办事处科创路7号,联系人:吴荣华,0532-83987879,wuronghua18@126.com

<h3 align="center">原生污水—疏导管式（GS）系列—换热器技术参数表　　　附表1-41</h3>

QKC-SDHRQ-BS-	换热面积 m²	运行模式	额定换热量(kW)	温度(℃)		接管(mm)	外形尺寸(mm)			运行重量(kg)
				污水侧	中介侧		长	宽	高	
A(B)-200(5)	320	取热	780	12～7	4～9	150	5300	910	2600	19.6
		取冷	1170	23～29.5	34～27.5					
A(B)-150(5)	150	取热	585	12～7	4～9	125	5300	710	2600	15.2
		取冷	878	23～29.5	34～27.5					
A(B)-100(5)	100	取热	390	12～7	4～9	125	3800	910	2100	11.3
		取冷	585	23～29.5	34～27.5					
A(B)-065(5)	65	取热	254	12～7	4～9	100	3800	710	1800	7.5
		取冷	380	23～29.5	34～27.5					
A(B)-150(4)	150	取热	585	12～7	4～9	200	5300	820	2650	17.2
		取冷	878	23～29.5	34～27.5					
A(B)-100(4)	100	取热	390	12～7	4～9	150	5200	650	2650	13.3
		取冷	585	23～29.5	34～27.5					
A(B)-075(4)	75	取热	293	12～7	4～9	125	4500	650	2400	10.5
		取冷	440	23～29.5	34～27.5					

备注	1. 不需要对污水进行过滤,悬浮物和杂质可在设备内顺利流通; 2. 表中 QKC-SDHRQ——青岛科创污水或地表水疏导式换热器,GS——疏导管式系列(优点:承压能力高),A——碳素钢材质,B——非碳素钢材质; 3. 当实际参数与表中参数差距较大时,请联系厂家按实际参数量身定做; 4. 厂家名称:青岛科创新能源科技有限公司,厂家地址:青岛胶州市胶北办事处科创路7号,联系人:吴荣华,0532-83987879,wuronghua18@126.com

已处理污水—疏导板式（BS）系列—换热器技术参数表　　　　附表 1-42

QKC-SDHRQ-BS-	换热面积（m²）	运行模式	额定换热量（kW）	温度（℃）		接管（mm）	外形尺寸（mm）			运行重量（kg）
				污水侧	中介侧		长	宽	高	
A(B)-520(5)	520	取热	1600	11～7	5～9	250	5300	1050	2600	29.6
		取冷	2400	23～29	32～26					
A(B)-400(5)	400	取热	1200	11～7	5～9	200	5300	830	2600	24.5
		取冷	1800	23～29	32～26					
A(B)-320(5)	320	取热	960	11～7	5～9	200	4800	830	2400	19.8
		取冷	1440	23～29	32～26					
A(B)-260(5)	260	取热	676	11～7	5～9	200	4800	750	2200	16.0
		取冷	1010	23～29	32～26					
A(B)-200(5)	200	取热	520	11～7	5～9	150	4000	830	2000	13.8
		取冷	780	23～29	32～26					
A(B)-150(5)	150	取热	390	11～7	5～9	125	4000	700	2000	11.8
		取冷	585	23～29	32～26					
A(B)-100(5)	100	取热	260	11～7	5～9	125	4000	700	1500	8.8
		取冷	390	23～29	32～26					
A(B)-065(5)	65	取热	169	11～7	5～9	100	2500	700	1500	5.5
		取冷	253	23～29	32～26					
A(B)-032(5)	32	取热	83	11～7	5～9	100	2500	620	1200	3.9
		取冷	125	23～29	32～26					
A(B)-020(5)	20	取热	53	11～7	5～9	80	2500	500	1200	3.1
		取冷	78	23～29	32～26					
备注										

备注：
1. 不需要对污水进行过滤，悬浮物和杂质可在设备内顺利流通；
2. 表中 QKC-SDHRQ——青岛科创污水或地表水疏导式换热器，BS——疏导板式系列（优点：体积小），A——碳素钢材质，B——非碳素钢材质；
3. 当实际参数与表中参数差距较大时，请联系厂家按实际参数量身定做；
4. 厂家名称：青岛科创新能源科技有限公司，厂家地址：青岛胶州市胶北办事处科创路 7 号，联系人：吴荣华，0532-83987879，wuronghua18@126.com

已处理污水—疏导管式（GS）系列—换热器技术参数表　　　　附表 1-43

QKC-SDHRQ-GS-	换热面积 m²	运行模式	额定换热量（kW）	温度（℃）		接管（mm）	外形尺寸（mm）			运行重量（kg）
				污水侧	中介侧		长	宽	高	
A(B)-260(5)	260	取热	676	11～7	5～9	200	5300	970	2400	21.6
		取冷	1010	23～29	32~26					
A(B)-200(5)	200	取热	520	11～7	5～9	150	4800	880	2400	18.1
		取冷	780	23～29	32～26					
A(B)-150(5)	150	取热	390	11～7	5～9	125	4800	750	2400	15.5
		取冷	585	23～29	32～26					

续表

QKC-SDHRQ-GS-	换热面积 m²	运行模式	额定换热量(kW)	温度(℃)		接管(mm)	外形尺寸(mm)			运行重量(kg)
				污水侧	中介侧		长	宽	高	
A(B)-100(5)	100	取热	260	11～7	5～9	125	4800	650	2000	10.9
		取冷	390	23～29	32～26					
A(B)-065(5)	65	取热	169	11～7	5～9	100	4800	650	1700	9.4
		取冷	253	23～29	32～26					
A(B)-032(5)	32	取热	83	11～7	5～9	100	2800	650	1700	4.8
		取冷	125	23～29	32～26					
A(B)-020(5)	20	取热	53	11～7	5～9	80	2800	650	1500	3.6
		取冷	78	23～29	32～26					
备注										

备注:
1. 不需要对污水进行过滤,悬浮物和杂质可在设备内顺利流通;
2. 表中 QKC-SDHRQ——青岛科创污水或地表水疏导式换热器,GS——疏导管式系列(优点:承压能力高),A——碳素钢材质,B——非碳素钢材质;
3. 当实际参数与表中参数差距较大时,请联系厂家按实际参数量身定做;
4. 厂家名称:青岛科创新能源科技有限公司,厂家地址:青岛胶州市胶北办事处科创路7号,联系人:吴荣华,0532-83987879,wuronghua18@126.com

地表水—疏导板式(BS)系列—换热器技术参数表　　　　附表 1-44

QKC-SDHRQ-BS-	换热面积 (m²)	运行模式	额定换热量(kW)	温度(℃)		接管(mm)	外形尺寸(mm)			运行重量(kg)
				污水侧	中介侧		长	宽	高	
A(B)-260(5)	260	取热	676	5～2	0～3	200	4500	930	2400	18.5
		取冷	1350	28～33	32～37					
A(B)-200(5)	200	取热	520	5～2	0～3	150	3700	930	2400	15.3
		取冷	1040	28～33	32～37					
A(B)-150(5)	150	取热	390	5～2	0～3	125	3700	750	2400	12.1
		取冷	780	28～33	32～37					
A(B)-100(5)	100	取热	260	5～2	0～3	125	3700	650	1900	8.4
		取冷	520	28～33	32～37					
A(B)-065(5)	65	取热	174	5～2	0～3	100	3700	650	1500	6.6
		取冷	348	28～33	32～37					
A(B)-032(5)	32	取热	86	5～2	0～3	100	2400	650	1300	3.7
		取冷	175	28～33	32～37					
A(B)-020(5)	20	取热	52	5～2	0～3	100	2400	650	1100	3.1
		取冷	104	28～33	32～37					

备注:
1. 不需要对地表水进行过滤,悬浮物和杂质可在设备内顺利流通;
2. 表中 QKC-SDHRQ——青岛科创污水或地表水疏导式换热器,BS——疏导板式系列(优点:体积小),A——碳素钢材质,B——非碳素钢材质;
3. 当实际参数与表中参数差距较大时,请联系我们按实际参数量身定做;
4. 厂家名称:青岛科创新能源科技有限公司,厂家地址:青岛胶州市胶北办事处科创路7号,联系人:吴荣华,0532-83987879,wuronghua18@126.com

地表水—疏导管式（GS）系列—换热器技术参数表　　　　附表 1-45

QKC-SDHRQ-GS-	换热面积 (m²)	运行模式	额定换热量(kW)	温度(℃)		接管 (mm)	外形尺寸(mm)			运行重量 (kg)
				污水侧	中介侧		长	宽	高	
A(B)-260(5)	260	取热	676	5～2	0～3	200	5300	880	2650	22.1
		取冷	1350	28～33	32～37					
A(B)-200(5)	200	取热	520	5～2	0～3	150	4800	880	2400	18.1
		取冷	1040	28～33	32～37					
A(B)-150(5)	150	取热	390	5～2	0～3	125	4800	750	2400	15.5
		取冷	780	28～33	32～37					
A(B)-100(5)	100	取热	260	5～2	0～3	125	4800	650	2000	10.9
		取冷	520	28～33	32～37					
A(B)-065(5)	65	取热	174	5～2	0～3	100	4800	650	2000	9.4
		取冷	348	28～33	32～37					
A(B)-032(5)	32	取热	86	5～2	0～3	100	2500	650	1700	4.4
		取冷	175	28～33	32～37					
A(B)-020(5)	20	取热	52	5～2	0～3	100	2000	650	1700	3.5
		取冷	104	28～33	32～37					
备注	1. 不需要对地表水进行过滤,悬浮物和杂质可在设备内顺利流通。 2. 表中 QKC-SDHRQ——青岛科创污水或地表水疏导式换热器,GS——疏导管式系列(优点:承压能力高),A——碳素钢材质,B——非碳素钢材质; 3. 当实际参数与表中参数差距较大时,请联系厂家按实际参量身定做; 4. 厂家名称:青岛科创新能源科技有限公司,厂家地址:青岛胶州市胶北办事处科创路7号,联系人:吴荣华,0532-83987879,wuronghua18@126.com									

工业污废水—疏导板式（BS）系列—换热器技术参数表　　　　附表 1-46

QKC-SDHRQ-BS-	换热面积 (m²)	运行模式	额定换热量(kW)	温度(℃)		接管 (mm)	外形尺寸(mm)			运行重量 (kg)
				污水侧	中介侧		长	宽	高	
A(B)-260(5)	260	取热	1700	25～15	10～20	200	5300	920	2500	21.8
A(B)-200(5)	200	取热	1300	25～15	10～20	150	4800	810	2500	17.4
A(B)-150(5)	150	取热	975	25～15	10～20	125	4800	700	2250	12.8
A(B)-100(5)	100	取热	650	25～15	10～20	125	4300	810	1650	9.7
A(B)-065(5)	65	取热	420	25～15	10～20	100	4300	600	1650	7.3
A(B)-032(5)	32	取热	210	25～15	10～20	100	3300	600	1650	4.6
A(B)-020(5)	20	取热	130	25～15	10～20	80	2300	500	1650	3.2
备注	1. 不需要对污水进行过滤,悬浮物和杂质可在设备内顺利流通。 2. 表中 QKC-SDHRQ——青岛科创污水或地表水疏导式换热器,BS——疏导板式系列(优点:体积小),A——碳素钢材质,B——非碳素钢材质; 3. 当实际参数与表中参数差距较大时,请联系厂家按实际参量身定做; 4. 厂家名称:青岛科创新能源科技有限公司,厂家地址:青岛胶州市胶北办事处科创路7号,联系人:吴荣华,0532-83987879,wuronghua18@126.com									

工业污废水—疏导管式（GS）系列—换热器技术参数表　附表 1-47

QKC-SDHRQ-BS-	换热面积（m²）	运行模式	额定换热量（kW）	温度（℃）		接管（mm）	外形尺寸(mm)			运行重量（kg）
				污水侧	中介侧		长	宽	高	
A(B)-200(5)	260	取热	1300	25～15	10～20	150	5300	910	2600	19.6
A(B)-150(5)	200	取热	975	25～15	10～20	125	5300	710	2600	15.2
A(B)-100(5)	150	取热	650	25～15	10～20	125	3800	910	2100	11.3
A(B)-065(5)	100	取热	420	25～15	10～20	100	3800	710	1800	7.5
A(B)-150(4)	65	取热	975	25～15	10～20	200	5200	820	2650	17.2
A(B)-100(4)	32	取热	650	25～15	10～20	150	5200	650	2650	13.3
A(B)-075(4)	20	取热	488	25～15	10～20	125	4500	650	2400	10.5

备注	1. 不需要对污水进行过滤,悬浮物和杂质可在设备内顺利流通; 2. 表中 QKC-SDHRQ——青岛科创污水或地表水疏导式换热器,GS——疏导管式系列(优点:承压能力高),A——碳素钢材质,B——非碳素钢材质; 3. 当实际参数与表中参数差距较大时,请联系厂家按实际参数量身定做; 4. 厂家名称:青岛科创新能源科技有限公司,厂家地址:青岛胶州市胶北办事处科创路 7 号,联系人:吴荣华,0532-83987879,wuronghua18@126.com

污水或地表水—宽流道式（KD）系列—换热器技术参数表　附表 1-48

QKC-SDHRQ-KD-	换热面积（m²）	运行模式	额定换热量（kW）	温度（℃）		接管（mm）	外形尺寸(mm)			运行重量（kg）
				污水侧	中介侧		长	宽	高	
A(B)-260(5)	260	取热	1010	12～7	4～9	200	5300	950	2400	20.3
		取冷	1520	23～29.5	34～27.5					
A(B)-200(5)	200	取热	780	12～7	4～9	150	4800	860	2350	16.4
		取冷	1170	23～29.5	34～27.5					
A(B)-150(5)	150	取热	585	12～7	4～9	125	4800	700	2350	13.3
		取冷	878	23～29.5	34～27.5					
A(B)-100(5)	100	取热	390	12～7	4～9	125	4800	650	1900	9.9
		取冷	586	23～29.5	34～27.5					
A(B)-065(5)	65	取热	254	12～7	4～9	100	3500	650	1900	7.3
		取冷	380	23～29.5	34～27.5					
A(B)-032(5)	32	取热	125	12～7	4～9	100	3000	650	1700	3.8
		取冷	187	23～29.5	34～27.5					
A(B)-020(5)	20	取热	80	12～7	4～9	80	2500	650	1700	2.8
		取冷	117	23～29.5	34～27.5					

备注	1. 不需要对污水进行过滤,悬浮物和杂质可在设备内顺利流通; 2. 表中 QKC-SDHRQ——青岛科创污水或地表水疏导式换热器,KD——宽流道系列,A——碳素钢材质,B——非碳素钢材质; 3. 当实际参数与表中参数差距较大时,请联系厂家按实际参数量身定做; 4. 厂家名称:青岛科创新能源科技有限公司,厂家地址:青岛胶州市胶北办事处科创路 7 号,联系人:吴荣华,0532-83987879,wuronghua18@126.com

YEWS-HP 系列螺杆式水/地源热泵机组（100-200TR)-R134a 土壤源应用性能参数表

附表1-49

产品型号	制冷工况										
	制冷性能			蒸发器				冷凝器			
	制冷量	输入功率	COP	出水温度	水流量	水压降	接管尺寸	出水温度	水流量	水压降	接管尺寸
	kW	kW	kW/kW	℃	L/s	kPa	mm	℃	L/s	kPa	mm
YEWS100HA50E-HP2	372	61.1	6.09	7	17.8	61	100	30	20.7	30	100
YEWS130HA50E-HP2	465	78.1	5.95	7	22.2	48	125	30	26	60	100
YEWS170HA50E-HP2	608	98.1	6.2	7	29.1	51	125	30	33.8	63	125
YEWS210HA50E-HP2	728	120.1	6.06	7	34.8	60	150	30	40.6	61	150

产品型号	制热工况								物理参数	
	制热性能		蒸发器			冷凝器				
	制热量	输入功率	进水温度	水流量	水压降	出水温度	水流量	水压降	运行重量	机组尺寸
	kW	kW	℃	L/s	kPa	℃	L/s	kPa	kg	长×宽×高(mm)
YEWS100HA50E-HP2	347	102.1	10	20.7	69	55	17.8	24	3200	2595×1280×1820
YEWS130HA50E-HP2	450	128.1	10	26	63	55	22.2	45	3950	3030×1280×1865
YEWS170HA50E-HP2	565	157.3	10	33.8	66	55	29.1	50	4150	3055×1350×1865
YEWS210HA50E-HP2	696.2	193.2	10	40.6	73	55	34.8	45	4480	3080×1430×1865

备注：
1. 厂家名称：约克(无锡)空调冷凝设备有限公司；
2. 厂址：中国，江苏省，无锡市高新技术产业开发区，长江路32号；
3. 联系方式：电话:0510-85216966；
4. 机组制热最高温度可达60℃，具体参数请联系江森自控当地销售办事处

YK-HP 离心式水/地源热泵机组（1520-10200kW）部分型号 -R134a

附表1-50

产品型号	制冷工况									
	制冷性能				蒸发器			冷凝器		
	制冷量	输入功率	COP	NPLV	进/出水温度	水流量	水压降	进/出水温度	水流量	水压降
	kW	kW	kW/kW	kW/kW	℃	L/s	kPa	℃	L/s	kPa
YKCRCQQ55ELG-HP	1406	256	5.46	5.78	12/7	67	73	30/35	79	89
YKCRCRQ55EMG-HP	1582	286	5.53	6.02	12/7	75	90	30/35	89	76
YKEQEPQ65ENG-HP	1758	308	5.71	6.22	12/7	84	75	30/35	98	86
YKEQEPQ75EGO-HP	1934	348	5.56	6.07	12/7	92	89	30/35	109	102
YKEREPQ75EOG-HP	2039	366	5.57	6.18	12/7	97	74	30/35	115	112
YKGQEVP85CRG-HP	2285	410	5.57	5.89	12/7	109	70	30/35	128	77
YKGQEVP85CSG-HP	2461	442	5.57	5.98	12/7	117	80	30/35	138	88
YKJPJPP95CTG-HP	2813	505	5.57	6.12	12/7	134	87	30/35	158	112
YKKQK3H95CWG-HP	3164	564	5.61	6.23	12/7	151	86	30/35	178	77
YKKRK4H96CWG-HP	3516	616	5.71	6.42	12/7	168	72	30/35	197	62
YKK5KRK150DAG-HP	3868	676	5.72	6.45	12/7	185	81	30/35	216	112

产品型号	制冷工况									
	制冷性能				蒸发器			冷凝器		
	制冷量	输入功率	COP	NPLV	进/出水温度	水流量	水压降	进/出水温度	水流量	水压降
	kW	kW	kW/kW	kW/kW	℃	L/s	kPa	℃	L/s	kPa
YKK6K4K150BG-HP	4219	752	5.61	6.52	12/7	201	74	30/35	237	87
YKM3MRK25DCG-HP	4571	825	5.54	6.14	12/7	218	70	35/35	258	103
YKM3MRK250CG-HP	4922	881	5.59	6.28	12/7	235	80	30/35	277	117
YKMSMSK250DCG-HP	5126	895	5.73	6.44	12/7	244	83	30/35	287	106
YKN4N4K35DGG-HP	5626	1039	5.41	5.98	12/7	268	81	30/35	317	94
YKQ3Q3K35DGG-HP	5977	1092	5.47	6.11	12/7	285	90	30/35	336	73
YKQ4QRK35DGG-HP	6329	1137	5.57	6.26	12/7	302	82	30/35	355	115
YKQ4Q4K350DHG-HP	6680	1213	5.51	6.32	12/7	319	91	30/35	376	67
YKR2RQK45DJG-HP	7735	1340	5.77	6.58	12/7	369	86	30/35	433	117
YKS5V3K45DJG-HP	8438	1462	5.77	6.73	12/7	402	82	30/35	472	78
YKZ2Z4K75DLG-HP	9142	1611	5.67	6.35	12/7	436	90	30/35	513	50
YKZ3Z4K75DLG-HP	10196	1807	5.64	6.54	12/7	486	84	30/35	572	61
HKCRCQQ55ELG-HP	1520	304	5.00	10	79	98	45	67	63	7980
YKCRCRQ55EMG-HP	1640	323	5.08	10	89	120	45	75	54	8139
YKEQEPQ65ENG-HP	1815	351	5.17	10	98	99	45	84	62	9253
YKEQEPQ75EOG-HP	1990	393	5.06	10	109	120	45	92	73	9344
YKEREPQ75EOG-HP	2008	393	5.11	10	115	100	45	97	80	9462
YKGQEVP85CRG-HP	2460	481	5.11	10	128	94	45	109	55	11728
YKGQEVP85CSG-HP	2620	510	5.14	10	138	107	45	117	63	11738
YKJPJPP95CTG-HP	2790	541	5.16	10	158	116	45	134	80	13782
YKKQK3H95CWG-HP	3438	659	5.22	10	178	115	45	151	55	14966
YKKRK4H95CWG-HP	3499	659	5.31	10	197	96	45	168	45	15738
YKK½KRK150DAG-HP	4050	784	5.17	10	216	108	45	185	82	17218
YKK6K4K150DBG-HP	4060	791	5.13	10	237	99	45	201	62	17163
YKM3MRK250DCG-HP	4856	942	5.15	10	258	95	45	218	73	21714
YKM3MRK250DCG-HP	4869	942	5.17	10	277	108	45	235	83	21714
YKMSMSK250DCG-HP	4980	941	5.29	10	287	111	45	244	76	22933
YKN4N4K35DGG-HP	6398	1278	5.01	10	317	110	45	268	67	24325
YKQ3Q3K35DGG-HP	6528	1287	5.07	10	336	121	45	285	82	26082
YKQ4QRK35DGG-HP	6620	1287	5.14	10	355	110	45	302	82	27330
YKQ4Q4K35DHG-HP	6916	1341	5.16	10	376	122	45	319	48	27046
YKR2RQK450JG-HP	7918	1525	5.19	10	433	155	45	369	84	32088
YKS5V3K45DJG-HP	8135	1554	5.23	10	472	109	45	402	56	35062
YKZ2Z4K75DLG-HP	10130	1942	5.22	10	513	120	45	436	36	43595
YKZ3Z4K75DLG-HP	10205	1942	5.25	10	572	112	45	486	44	44259
备注:	1. 厂家名称:约克(无锡)空调冷冻设备有限公司; 2. 厂址:中国,江苏省,无锡市高新技术产业开发区,长江路 32 号; 3. 联系方式:电话:0510-85216966; 4. 上述选型仅供参考,具体项目以选型报告为准。机组详情,请联系江森自控当地办事处									

YK 离心式高温热泵机组（5000-9000kW）部分型号-R134a　　附表 1-51

产品型号	机组性能			蒸发器			冷凝器		
	制热量	输入功率	制热COP	进/出水温度	水流量	水压降	进/出水温度	水流量	水压降
	kW	kW	kW/kW	℃	L/s	kPa	℃	L/s	kPa
YKQSQQU15DDGS-HP	7000	976	7.17	35/30	293	107	50/60	170	34
YKPSPQU25DGGS-HP	8000	1179	6.79	35/30	331	119	50/60	194	38
YKP4PSU25DJGS-HP	9000	1396	6.45	35/30	369	95	50/60	219	34
YKNSNQU15DFGS-HP	7000	1103	6.35	45/40	288	105	60/75	114	94
YKQ4QQU15DHGS-HP	8000	1289	6.21	45/40	328	81	60/75	130	62
YKQ4QQU15DJGS-HP	9000	1500	6.00	45/40	367	99	60/75	147	77

备注：
1. 厂家名称：约克(无锡)空调冷冻设备有限公司；
2. 厂址：中国,江苏省,无锡市高新技术产业开发区,长江路 32 号；
3. 联系方式：电话:0510-85216966；
4. 上述选型仅供参考,具体项目以选型报告为准。机组详情,请联系江森自控当地办事处

CYK 离心式高温热泵机组（3000-12000kW）部分型号-R134a　　附表 1-52

产品型号	机组性能			蒸发器			冷凝器		
	制热量	输入功率	制热COP	进水温度	出水温度	水流量	进水温度	出水温度	水流量
	kW	kW	kW/kW	℃	℃	L/s	℃	℃	L/s
CYKZSZRK7U25DLDJG	3003	1051	2.86	10.0	5.0	95	63.9	70.0	116
CYKXSXSK4U25DJDJG	4015	747	5.37	10.5	5.0	143	50.0	59.7	100
CYKZSZSK7U25DLDDG	4649	800	5.81	38.3	32.0	148	60.3	68.0	147
CYKKQKRH9H05CWCSG	5801	1366	4.25	10.0	5.0	215	42.0	50.0	175
CYKNSNRK2H25DCCUG	8532	1916	4.45	41.5	31.0	154	67.0	77.0	208
CYKKQKRP8G45CSCSG	9242	2045	4.52	8.9	4.0	349	57.2	65.0	280
CYKQQQQK3U15DDDFG	10170	1119	9.09	7.0	4.0	724	43.2	50.0	362
CYKKSKSH9H15CKCPG	11122	2677	4.15	8.9	4.0	413	50.0	65.0	180

备注：
1. 厂家名称：约克(无锡)空调冷冻设备有限公司；
2. 厂址：中国,江苏省,无锡市高新技术产业开发区,长江路 32 号；
3. 联系方式：电话:0510-85216966；
4. 上述参数仅供参考,具体项目以选型报告为准。机组详情,请联系江森自控当地办事处

YDST 蒸汽驱动单级离心式热泵应用示例-R134a　　附表 1-53

热电厂乏汽冷凝热余热回收集中供暖						热泵系统 供热侧		热泵系统 热源侧		热泵驱动侧			
热泵汽轮机 驱动蒸汽		热泵热 源水		热泵系统 供热水		总制热量		总余热回 收量		热泵汽轮机			
蒸汽 压力 (MPa)	蒸汽 温度 (℃)	进水 温度 (℃)	出水 温度 (℃)	进水 温度 (℃)	出水 温度 (℃)	(MW)	循环 水量 (m³/h)	(MW)	循环 水量 (m³/h)	进汽 焓值 (kJ/kg)	排汽 焓值 (kJ/kg)	抽汽量 (t/h)	汽轮机 功率 (kW)
2.8	400	25	20	55	75	60	2571	23.9	4097	3234	2703	45.1	6651
1.3	350	25	20	55	78	70	2609	24.2	4149	3151	2742	59.2	6728
0.8	350	25	20	55	80	80	2743	25.0	4286	3161	2810	71.1	6937

备注	1. 厂家名称:约克(无锡)空调冷冻设备有限公司; 2. 厂址:中国,江苏省,无锡市高新技术产业开发区,长江路 32 号; 3. 联系方式:电话:0510-85216966; 4. 上述选型仅供参考,具体项目以选型报告为准。机组详情,请联系江森自控当地办事处

烟气全热回收型热泵一体机参数表　　附表 1-54

设备型号	制热量 (kW)	对应燃气 锅炉额定 功率 (MW)	烟气进出/ 口温度 (℃)	热水进/ 出口温度 (℃)	燃气耗量 (Nm³/h)	电源容量 (kVA)	设备外形尺寸			运行 重量 (t)	参考价格 (万元)
							L	W	H		
RHP020D	1962	4.9			126.9	40	4680	3150	4850	20	100~190
RHP028D	2813	7			182.0	54.5	6850	3200	4950	26.3	140~280
RHP042D	4220	10.5			272.9	79	6850	4100	6500	35.3	200~420
RHP056D	5627	14	180/30	50/60	363.9	81	6950	5200	6300	53.1	280~560
RHP070D	7034	17.5			454.9	114	7375	6100	7460	63.3	350~700
RHP084D	8440	21			545.9	143.5	8450	6300	7240	79.1	420~680
RHP117D	11656	29			753.9	197.5	8450	6800	8000	100.4	580~930
RHP182D	18285	45.5			1182.6	283.5	10000	11000	9000	160.8	900~1400

备注	1. 该产品集成清华大学专利,采用直接接触式换热技术,回收燃气锅炉排烟余热制取供暖用高温热水,使排烟温度降至 30℃以下,并大幅消减 PM2.5 形成物的排放,同时还可回收排烟中的蒸汽凝水;该技术可节约 13%燃气耗量或增大 40%的供热能力,实现节能与环保的双重效果; 2. 燃烧器风机容量有可能根据燃烧量,燃料规格的变化而变化,详细设计时请查询; 3. 表中燃料的热值为低位热值:天然气 8500kcal/Nm³; 4. 脱硝功能可选,增加脱硝水泵,电功率变化以实际为准; 5. 厂家名称:烟台荏原空调设备有限公司; 6. 厂址:山东省烟台市福山区高新技术产业园区永达路 720 号,法人代表及电话:小川原万博,0535-6322320 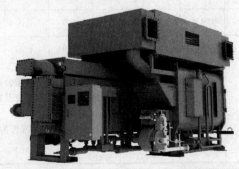

YEWS 高效螺杆式冷水机组（100-415TR）-R134a   附表 1-55

产品型号	机组性能			蒸 发 器					
	制冷量	输入功率	COP	出水温度	流程数	水流量	接管尺寸	水压降	污垢系数
	kW	kW	kW/kW	℃	程数	L/s	mm	kPa	m²·℃/kW
YEWS100HA50E	359	68.7	5.22	7	3	17.1	100	55	0.018
YEWS130HA50E	450	84.7	5.31	7	2	21.5	125	45	0.018
YEWS170HA50E	584	106.4	5.49	7	2	27.9	125	50	0.018
YEWS200HA50E	708	133.3	5.31	7	2	33.8	150	55	0.018
YEWS260HA50E	906	159	5.7	7	2	43.3	150	83	0.018
YEWS340HA50E	1192	204.7	5.82	7	2	57	150	80	0.018
YEWS415HA50E	1455	246.5	5.9	7	2	69.5	200	61	0.018

产品型号	冷凝器						物理参数	
	进水温度	流程数	水流量	接管尺寸	水压降	污垢系数	运行重量	机组尺寸
	℃	程数	L/s	mm	kPa	m²·℃/kW	kg	长×宽×高(mm)
YEWS100HA50E	30	2	21.4	100	29	0.044	3200	2595×1280×1820
YEWS130HA50E	30	2	26.9	100	55	0.044	3950	3030×1280×1865
YEWS170HA50E	30	2	34.9	125	70	0.044	4150	3055×1350×1865
YEWS200HA50E	30	2	42.3	150	57	0.044	4480	3080×1430×1865
YEWS260HA50E	30	2	54.1	150	90	0.044	7000	4295×1430×1920
YEWS340HA50E	30	2	71.2	200	84	0.044	7780	4315×1570×1995
YEWS415HA50E	30	2	86.9	200	91	0.044	9460	4510×1720×2055

备注	1. 厂家名称：约克(无锡)空调冷冻设备有限公司； 2. 厂址：中国，江苏省，无锡市高新技术产业开发区,长江路 32 号； 3. 联系方式：电话:0510-85216966； 4. 制冰机组参数请联系江森自控当地办事处

YVWA 变频螺杆式冷水机组（120-300TR）-R134a   附表 1-56

产品型号	机组性能			蒸 发 器				
	制冷量	输入功率	COP	出水温度	水流量	水压降	接管尺寸	污垢系数
	kW	kW	kW/kW	℃	L/s	kPa	mm	m²·℃/kW
YVWABDBCFXJEASIASA	521	99	5.28	7	24.9	25	125	0.018
YVWABDBBGXJEASIASA	596	117	5.1	7	28.5	32	125	0.018
YVWACBCBGXJEASIASA	642	121	5.3	7	30.7	69	125	0.018
YVWACBCBGXJEASIASA	689	131	5.26	7	32.9	50	125	0.018
YVWAM2M3EEAEASIASA	778	153	5.1	7	37.2	48	150	0.018
YVWAMBMCEEAEASIASA	819	147	5.58	7	39.1	74	150	0.018
YVWAM3M3EEAEASIASA	823	162	5.1	7	39.3	40	150	0.018
YVWAMCMCEEAEASIASA	882	159	5.57	7	42.2	59	150	0.018
YVWAM2MCFEBEASIASA	901	177	5.1	7	43	62	150	0.018
YVWAMDMDFEBEASIASA	974	177	5.5	7	46.5	56	150	0.018
YVWAMCM3FFBEASIASA	1009	198	5.1	7	48.2	75	150	0.018
YVWAMCM4FFBEASIASA	1042	203	5.13	7	49.8	79	150	0.018
YVWANDNEFFBEASIASA	1074	194	5.54	7	51.3	57	150	0.018

YK 离心式冷水机组（300-2900TR）部分型号-R134a　　附表 1-57

产品型号	机组性能					蒸发器			
	制冷量	输入功率	COP	NPLV	满载电流	进/出水温度	水流量	水压降	接管尺寸
	kW	kW	kW/kW	kW/TR	A	℃	L/s	kPa	mm
YKCCCPQ55EKG	1406	259	5.43	6.37	447	12/7	67	82	200
YKECEPQ75EOG	2039	377	5.41	6.48	651	12/7	97	107	250
YKEWEQQ75EOG	2110	393	5.37	6.61	678	12/7	101	59	250
YKGDEVP95CSG	2813	512	5.49	6.46	888	12/7	134	83	250
YKI2K4H95CWG	3516	657	5.35	6.54	1126	12/7	168	95	300
YKI6K4K15DAG	4219	779	5.42	6.87	1345	12/7	201	67	300
YKMBMRK25DBG	4922	851	5.78	7.02	56	12/7	235	118	350
YKN7N4K35DEG	5626	1047	5.37	6.65	67	12/7	268	114	350
YKQ8Q3K35DFG	6329	1146	5.52	6.89	74	12/7	302	76	350
YKR2R2K45DGG	7032	1275	5.52	6.85	83	12/7	335	73	450
YKR2R2K45DJG	7735	1430	5.41	6.76	95	12/7	369	86	450
YKS3V3K45DJG＊	8438	1548	5.45	6.66	103	12/7	402	109	450
YKZ1Z2K75DKG	9142	1638	5.58	6.87	105	12/7	436	121	450
YKZ2Z3K75DKG	9845	1746	5.64	7.06	112	12/7	469	102	450

产品型号	冷凝器				物理参数			
	进/出水温度	水流量	水压降	接管尺寸	长	宽	高	运行重量
	℃	L/s	kPa	mm	mm	mm	mm	kg
YKCCCPQ55EKG	32/37	79	111	200	4256	1676	2402	7687
YKECEPQ75EOG	32/37	115	112	250	4290	1880	2464	9181
YKEWEQQ75EOG	32/37	119	88	250	4290	1880	2464	9716
YKGDEVP95CSG	32/37	158	111	250	4324	2108	2678	11755
YKI2K4H95CWG	32/37	199	63	250	4997	2477	2748	14660
YKI6K4K15DAG	32/37	238	87	250	4997	2477	2968	16538
YKMBMRK25DBG	32/37	276	114	350	5221	2813	3332	21143
YKN7N4K35DEG	32/37	318	94	350	5831	2813	3329	23472
YKQ8Q3K35DFG	32/37	356	80	400	5891	3009	3439	26576
YKR2R2K45DGG	32/37	396	82	450	5902	3249	3586	28850
YKR2R2K45DJG	32/37	437	97	450	5902	3249	3697	30515
YKS3V3K45DJG＊	32/37	476	79	450	6511	3351	3829	34293
YKZ1Z2K75DKG	32/37	514	106	500	6593	3646	4030	40265
YKZ2Z3K75DKG	32/37	552	80	500	6593	3646	4030	42153

备注：	1. 厂家名称:约克(无锡)空调冷冻设备有限公司； 2. 厂址:中国,江苏省,无锡市高新技术产业开发区,长江路 32 号； 3. 联系方式:电话:0510-85216966； 4. 上述选型为部分型号,参数仅供参考,具体项目以选型报告为准。机组详情,请联系江森自控当地办事处

双工况离心式冷水机组参数表　　附表 1-58

型　号	工况	制冷量	输入功率	蒸发器		冷凝器		外形尺寸			运转重量
				流量	压损	流量	压损	长	宽	高	
		kW	kW	m³/h	kPa	m³/h	kPa	mm	mm	mm	t
RTGC07A17BC3C2A52	空调	2111	459	386.0	121.6	442.0	80.8	4970	2550	2470	13.2
	蓄冰	1479	364		136.1		81.9				
RTGC10A17BC7C6A55	空调	2816	608	515.0	115.1	589.0	87.2	5000	2900	2830	17.8
	蓄冰	1974	482		129		88.3				
RTGC15A15BBCBBD57	空调	3516	769	643.0	95.6	737.0	64.6	4700	3280	3240	24.6
	蓄冰	2463	602		106.7		65.5				
RTGC15A17BBDBCD58	空调	4221	906	772.0	111.1	882.0	78.2	4700	3280	3240	24.9
	蓄冰	2958	720		124.4		79.2				
RTGC15A37BBEBDD59	空调	4923	1049	900.0	129.6	1027.0	88.3	4700	3280	3240	25.1
	蓄冰	3447	845		144.9		89.4				
备注	1. 该机组利用峰谷电价差,通过"夜间制冰,白天融冰"方式,把电能转化为冷量储存起来,满足白天空调制冷需求,实现电力需求削峰填谷的目的;机组采用单压缩机双级设计,适用于高压头系统,部分负荷调节范围更广,机组可根据预设的空调工况和制冰工况之间自由切换运行;最低可制取-10℃的冷冻液,满足冰蓄冷以及众多工业领域对低温用冷的需求; 2. 蒸发器内的介质为浓度25%的乙二醇溶液; 3. 冷冻水污垢系数为0.018m²·K/kW,冷却水污垢系数为0.044m²·K/kW; 4. 空调工况冷冻水进/回水温度为10℃/5℃,冷却水进/回水温度为32℃/37℃; 5. 蓄冰工况冷冻水出水温度为-5.6℃,冷却水进水温度为30℃; 6. 厂家名称:烟台荏原空调设备有限公司; 7. 厂址:山东省烟台市福山区高新技术产业园区永达路720号; 8. 法人代表及电话:小川原万博,0535-6322320 										

蒸汽驱动多级离心式热泵应用示例—R134a　　附表 1-59

热电厂乏汽冷凝热余热回收集中供暖——典型工况						热泵系统供热侧参数		热泵系统热源侧参数		热泵驱动侧参数			
热泵汽轮机驱动蒸汽		热泵热源水		热泵系统供热水		总制热量		总余热回收量		热泵汽轮机			
蒸汽压力(MPa)	蒸汽温度(℃)	进水温度(℃)	出水温度(℃)	进水温度(℃)	出水温度(℃)	(MW)	循环水量(m³/h)	(MW)	循环水量(m³/h)	进汽焓值(kJ/kg)	排汽焓值(kJ/kg)	抽汽量(t/h)	汽轮机功率(kW)
2.8	400	23	15	60	110	65	1118	19.4	2086	3235	2767	59.6	7748
1.3	350	23	15	60	110	65	1118	17.6	1892	3152	2810	63.9	6071
0.8	350	23	15	60	110	65	1118	15.4	1656	3162	2884	66.6	5143

续表

城市污水余热回收集中供暖典型工况						热泵系统供热侧参数		热泵系统热源侧参数		热泵驱动侧参数			
热泵汽轮机驱动蒸汽		热泵热源水		热泵系统供热水		总制热量		总余热回收量		热泵汽轮机			
蒸汽压力(MPa)	蒸汽温度(℃)	进水温度(℃)	出水温度(℃)	进水温度(℃)	出水温度(℃)	(MW)	循环水量(m³/h)	(MW)	循环水量(m³/h)	进汽焓值(kJ/kg)	排汽焓值(kJ/kg)	抽汽量(t/h)	汽轮机功率(kW)
3.5	450	15	10	45	80	50	1229	21.8	3750	3337	2678	34	6224

烟气型溴化锂机组设备参数表　　　　　　　　附表 1-60

设备型号	制冷量(kW)	供暖量(kW)	烟气压力(kPa)	烟气温度(℃)	冷水温度供暖水温度冷却水温度(℃)	设备外形尺寸			电源容量(kVA)	运转重量(t)	参考价格(万元)
						L(mm)	W(mm)	H(mm)			
RGD015YG	528	443			12℃/7℃ 55.8℃/60℃ 32℃/37.5℃	3780	2090	2030	12.1	6.6	45～54
RGD025YG	879	739				3860	2400	2250	14.2	9.0	75～90
RGD036YG	1266	1064	3～5	250～700		4900	2550	2350	19.9	12.9	109～131
RGD050YG	1759	1477				4960	2750	2620	24.1	16.5	151～181
RGD083YG	2919	2335			12℃/7℃ 56℃/60℃ 32℃/37.5	7055	3690	3165	37.6	37.5	251～300
RGD135YG	4748	3798				7250	4730	3795	56.4	57.5	408～490
RGD182YG	6401	5121				8550	5700	4350	75.1	79.4	550～660
RGD200YG	7034	5627				8750	5740	4350	75.1	85.8	605～726

备注	1. 烟气(热水)型系列产品,引进日本荏原近 600 余项专利技术,回收烟气及高温水中的热量,满足工艺及空调用冷、供暖;此类型机组与发电机联合使用,可将能源综合利用率由 40% 提升至 75% 以上,不仅能降低污染物的排放,还可以大大缓解能源的季节性紧张的问题; 2. 上述参数随着余热源的不同会有适当调整; 3. 冷水、温水、冷却水可根据用户要求做调整; 4. 表中 L 为设备总长,W 为设备总宽,H 为设备总高; 5. 厂家名称:烟台荏原空调设备有限公司; 6. 厂址:山东省烟台市福山高新区永达街 720 号; 7. 法人代表及电话:小川原万博,0535-6322320 

GE 颜巴赫燃气内燃机组   附表 1-61

型号	发电功率(kW)	电效率(%)	热效率(%)	缸套水热量(kW)	缸套水流量(m³/h)	进气量(Nm³/h)	烟气温度(℃)	烟气量(Nm³/h)	长×宽×高(m)	重量(kg)
208	330	38.7	42.6	395	17	1333	500	1459	4.9×1.7×2	4900
312	637	40.5	46.5	372	24.6	2542	454	2690	4.7×1.8×2	8000
316	834	40	47.2	462	26.5	3344	485	3538	5.2×1.8×2	8800
320	1063	40.8	45.8	601	27.2	4256	460	4503	5.7×1.7×2	10500
412	889	42.8	43.4	461	20.8	3367	390	3551	5.4×1.8×2	10900
416	1189	43	43.4	617	26.5	4489	390	4734	6.2×1.8×2	12500
420	1487	43	43.4	744	35.8	5680	390	5995	7.1×1.9×2	14400
612	2004	45.1	41.6	1094	62.6	8467	390	8896	7.6×2.2×2	20600
616	2679	45.5	41.4	1445	62	11289	390	11862	8.3×2.2×2	26000
620	3352	45.6	41.3	1773	76.1	14111	390	14827	8.9×2.2×2	30700
624	4401	45.4	41.3	1908	109	17110	390	17970	12.1×2.5×3	49200

注：公司名称：所罗门股份有限公司钰门国际贸易（上海）有限公司

开式冷却塔   附表 1-62

型号	标准冷吨	电机功率(kW)	风量(m³/h)	重量(kg)	外形尺寸(mm)		
					长	宽	高
XES3E-8518-05K	256	7.5	116	6822	2584	5499	2994
XES3E-8518-06K	288	7.5	126	7238	2584	5499	3400
XES3E-8518-07L	365	11	154	8301	2584	5499	3806
XES3E-1020-06L	350	11	152	8671	2978	6109	3286
XES3E-1020-07L	388	11	165	9142	2978	6106	3692
XES3E-1222-06L	399	11	175	10719	3600	6566	3311
XES3E-1222-07M	487	15	207	11338	3600	6566	3718
XES3E-1222-100	693	22	282	15130	3600	6566	5004
XES3E-1222-120	744	22	300	16373	3600	6566	5816
XES3E-1222-130	769	22	308	16791	3600	6566	6223
XES3E-1222-140	799	22	319	16983	3600	6566	6629
XES3E-1424-07N	585	18.5	248	15622	4245	7328	3737
XES3E-1424-12P	931	30	374	20142	4245	7328	5867
XES3E-1424-13P	965	30	386	20768	4245	7328	6274
XES3E-1424-14P	1007	30	401	21486	4245	7328	6680
备注	1. 厂家名称：BAC 大连有限公司； 2. 厂址：辽宁省大连市高新园区广贤路 65 号； 3. 电话：0411-84793275，传真：0411-84793273						

闭式冷却塔 附表 1-63

型 号	风机功率（kW）	风量（m³/h）	水泵功率（kW）	重量（kg）	外形尺寸(mm)		
					长	宽	高
FXV-288-1QM	15	260	2×5.5	22539	3632	7328	5690
FXV-288-1QN	18.5	280	2×5.5	22539	3632	7328	5690
FXV-288-1Q0	22	297	2×5.5	22539	3632	7328	5690
FXV-288-1QP	30	328	2×5.5	22648	3632	7328	5690
FXV-288-1QQ	37	354	2×5.5	22653	3632	7328	5690
FXV-288-1QR	45	378	2×5.5	22753	3632	7328	5690
FXV-364-31N	18.5	328		24669	4245	8014	5740
FXV-364-31O	22	348	2×5.5	24472	4245	8014	5740
FXV-364-31P	30	384	2×5.5	24544	4245	8014	5740
FXV-364-31Q	37	417	2×5.5	24549	4245	8014	5740
FXV-364-31R	45	443	2×5.5	24649	4245	8014	5740
FXV-364-31S	55	479	2×5.5	24694	4245	8014	5740
备注	1. 厂家名称：BAC 大连有限公司； 2. 厂址：辽宁省大连市高新园区广贤路 65 号； 3. 电话：0411-84793275，传真：0411-84793273						

FAFCO 标准蓄冰槽 附表 1-64

项目	潜热容量		长	宽	高	船运重量	运行重量	乙二醇量（重量百分比 25%）	最大运行压力	蓄冰槽接管尺寸
单位	TRh	kWh	mm	mm	mm	kg	kg	L	kPa	mm
390 型	330	1160	5980	2840	1600	2929	20296	860	620	DN100
490 型	410	1442	5980	2840	1900	3278	24754	1004	620	DN100
590 型	500	1758	5980	2840	2200	3629	29243	1196	620	DN100
680 型	585	2057	6260	3100	2500	4497	34370	1388	620	DN100
780 型	670	2356	6260	3100	2800	5323	39353	1580	620	DN100
880 型	750	2637	6260	3100	3100	5664	43873	1772	620	DN100
980 型	845	2971	6196	3052	3677	6010	50337	1964	620	DN125
1080 型	925	3252	6196	3052	3977	6720	55276	2108	620	DN125
1180 型	1000	3516	6196	3052	4277	7050	59904	2300	620	DN125
备注	1. FAFCO 有权在不预先通知的情况下，更新表中的数据； 2. 制造商名称：FAFCO INC,总部地址：435 Otterson Drive,Chico CA,电话号码/传真：(530)332-2100/(530)332-2109； 3. 北京地区总代理：北京华清元泰新能源技术开发有限公司,地址：北京市海淀区北清路 68 号院用友软件园中区 13 号楼,电话：010-62434185									

蓄冰盘管　　　　　　　　　　　　　　　　　　　　　　　　附表 1-65

型号	高度	潜热能量		有效面积	乙二醇用量	每片重量	槽内净高(含配管)
单位	mm	RTh	kWh	m²	L	kg	mm
HX-8	1220	6.9	24.3	10.0	3.6	12.5	1700
HX-10	1530	8.6	30.2	12.6	4.6	15.7	2000
HXR-12	1830	10.4	36.6	15.2	5.5	18.9	2300
HXR-14	2140	12.2	42.9	17.8	6.6	22.6	2800
HXR-16	2440	14.0	49.2	20.5	7.4	26.3	3300
HXR-18	2750	15.8	55.6	23.1	8.5	29.1	3700
HXR-20	3050	17.6	61.9	25.7	9.4	31.8	4000
HXR-22	3360	19.3	67.9	28.2	10.2	34.9	4300
HXR-24	3660	21.1	74.2	30.8	11.3	38.5	4500
备注	1. FAFCO 有权在不预先通知的情况下,更新表中的数据; 2. 制造商名称:FAFCO INC,总部地址:435 Otterson Drive,Chico CA,电话号码/传真:(530)332-2100/(530)332-2109; 3. 北京地区总代理:北京华清元泰新能源技术开发有限公司,法定代表人:陈燕民,地址:北京市海淀区北清路 68 号院用友软件园中区 13 号楼,电话:010-62434185						

特殊换热设备(适用于生活污水、海水、工业废水等余热回收)　　　　附表 1-66

型　　号	尺寸	换热面积
	(m)	(m²)
SHXR-1	1.22×2.44	8
SHXR-2	1.22×3.05	10
SHXR-3	1.22×3.66	12
备注	1. FAFCO 有权在不预先通知的情况下,更新表中的数据; 2. 设备工作温度/最高设备承压:20℃/0.8MPa,60℃/0.5MPa,80℃/0.35MPa; 3. 耐热性说明:正常工作温度:16～71℃,最高连续工作温度:100℃,最高间歇工作温度(非承压条件):121℃,材料软化温度:170℃; 4. 制造商名称:FAFCO INC,总部地址:435 Otterson Drive,Chico CA,电话号码/传真:(530)332-2100/(530)332-2109; 5. 北京地区总代理:北京华清元泰新能源技术开发有限公司,法定代表人:陈燕民,地址:北京市海淀区北清路 68 号院用友软件园中区 13 号楼,电话:010-62434185	

单层排布碳钢和不锈钢蓄冰盘管　　　　　　　　　　　　　　附表 1-67

设备型号	蓄冰潜热容量(TH)	运输重量(kg)	乙二醇容量(L)	接管尺寸DN	尺寸(mm)						
					L	L₁	W	W₁	W₂	H	H₁
TSC-L92M	92	1065	400	80	2740	2965	1020	600	210	1515	1715
TSC-L185M	185	1940	740	80	5510	5735	1020	600	210	1515	1715
TSC-L231M	231	2380	915	80	5510	5735	1270	550	360	1515	1715
TSC-L296M	296	2990	1150	80	5510	5735	1620	600	510	1515	1715

设备型号	蓄冰潜热容量(TH)	运输重量(kg)	乙二醇容量(L)	接管尺寸(DN)	尺寸(mm)						
					L	L_1	W	W_1	W_2	H	H_1
TSC-L119M	119	1340	495	80	2740	2965	1020	600	210	1940	2140
TSC-L238M	238	2450	940	80	5510	5735	1020	600	210	1940	2140
TSC-L297M	297	3000	1175	80	5510	5735	1270	550	360	1940	2140
TSC-L380M	380	3770	1500	80	5510	5735	1620	600	510	1940	2140
备注	1. 表中尺寸 L 为不含接管尺寸的盘管长度,L_1 为包含接管尺寸的盘管长度,H 为不含接管尺寸和槽钢底座的盘管高度,H_1 为包含接管尺寸和槽钢底座的盘管高度,W 为盘管宽度,W_1 为宽度方向上进出口接管间距,W_2 为宽度方向上进出口接管距最近盘管边缘的距离; 2. 厂家名称:BAC 大连有限公司,厂址:辽宁省大连市高新园区广贤路 65 号,电话:0411-84793275,传真:0411-84793273										

双层排布碳钢和不锈钢蓄冰盘管   附表 1-68

设备型号	蓄冰潜热容量(TH)	运输重量(kg)	乙二醇容量(L)	接管尺寸	尺寸(mm)						
					L	L_1	W	W_1	W_2	H	H_1
TSC-L184M	184	2055	800	$DN80$	2740	2975	1020	200	210	3030	3230
TSC-L370M	370	3780	1480	$DN80$	5510	5745	1020	200	210	3030	3230
TSC-L462M	462	4640	1830	$DN80$	5510	5745	1270	200	360	3030	3230
TSC-L592M	592	5825	2300	$DN80$	5510	5745	1620	305	300	3030	3230
TSC-237M	237	2605	990	$DN80$	2740	2975	1020	200	210	3880	4080
TSC-476M	476	4800	1880	$DN80$	5510	5745	1020	200	210	3880	4080
TSC-594M	594	5880	2350	$DN80$	5510	5745	1270	200	360	3880	4080
TSC-761M	761	7385	3000	$DN80$	5510	5745	1620	305	300	3880	4080
备注	1. 表中尺寸 L 为不含接管尺寸的盘管长度,L_1 为包含接管尺寸的盘管长度,H 为不含接管尺寸和槽钢底座的盘管高度,H_1 为包含接管尺寸和槽钢底座的盘管高度,W 为盘管宽度,W_1 为宽度方向上进出口接管间距,W_2 为宽度方向上进出口接管距最近盘管边缘的距离; 2. 厂家名称:BAC 大连有限公司,厂址:辽宁省大连市高新园区广贤路 65 号,电话:0411-84793275,传真:0411-84793273										

三层排布碳钢和不锈钢蓄冰盘管   附表 1-69

设备型号	蓄冰潜热容量(TH)	运输重量(kg)	乙二醇容量(L)	接管尺寸	尺寸(mm)						
					L	L_1	W	W_1	W_2	H	H_1
TSC-L276M	276	3080	1200	$DN80$	2740	3100	1020	200	210	4545	4745
TSC-L555M	555	5665	2220	$DN80$	5510	5870	1020	200	210	4545	4745
TSC-L693M	693	6960	2745	$DN80$	5510	5870	1270	200	310	4545	4745
TSC-L888M	888	8735	3450	$DN80$	5510	5870	1620	250	410	4545	4745

续表

设备型号	蓄冰潜热容量 (TH)	运输重量 (kg)	乙二醇容量 (L)	接管尺寸 DN	尺寸(mm)						
					L	L_1	W	W_1	W_2	H	H_1
TSC-L357M	357	3905	1485	DN80	2740	3100	1020	200	210	5820	6020
TSC-L714M	714	7195	2820	DN80	5510	5870	1020	200	210	5820	6020
TSC-L891M	891	8820	3525	DN80	5540	5870	1270	200	310	5820	6020
TSC-L1140M	1140	11075	4500	DN80	5510	5670	1620	250	410	5820	6020
备注	1. 表中尺寸 L 为不含接管尺寸的盘管长度,L_1 为包含接管尺寸的盘管长度,H 为不含接管尺寸和槽钢底座的盘管高度,H_1 为包含接管尺寸和槽钢底座的盘管高度,W 为盘管宽度,W_1 为宽度方向上进出口接管间距,W_2 为宽度方向上进出口接管距最近盘管边缘的距离。 2. 厂家名称:BAC 大连有限公司,厂址:辽宁省大连市高新园区广贤路 65 号,电话:0411-84793275,传真:0411-84793273										

钢槽蓄冰装置 附表 1-70

设备型号	蓄冰潜热容量 (TH)	运输重量 (kg)	最大运行重量 (kg)	蓄冰水容量 (L)	盘管内乙二醇容量(L)	接管尺寸	尺寸(mm)				
							W	L	H	A	B
TSU-L184MW	184	4380	16820	10600	800	DN80	2400	3320	2120	375	975
TSU-L370MW	370	7410	30870	19990	1480	DN80	2400	6085	2120	375	975
TSU-L462MW	462	8750	38380	25250	1830	DN80	2980	6085	2120	560	1110
TSU-L592MW	592	10470	46430	30550	2300	DN80	3580	6085	2120	665	1265
TSU-L237MW	237	5260	20590	13290	990	DN80	2400	3320	2540	375	975
TSU-L476MW	476	8900	37810	24990	1880	DN80	2400	6085	2540	375	975
TSU-L594MW	594	10530	47040	31610	2350	DN80	2980	6085	2540	560	1110
TSU-L761MW	761	12620	56950	38200	3000	DN80	3580	6085	2540	665	1265
TSU-L776MW	776	14370	61910	42465	3045	DN100	2475	6055	3660	545	850
TSU-L850MW	850	15400	67520	46555	3340	DN100	2690	6055	3660	625	930
TSU-L924MW	924	16330	72580	50190	3660	DN100	2890	6055	3660	652	955
TSU-L1184MW	1184	19740	92225	64790	4600	DN100	3650	6055	3660	855	1160
备注	1. 表中尺寸 W 为蓄冰装置宽度,L 为蓄冰装置长度,H 为包含接管尺寸的蓄冰装置高度,A、B 分别为宽度方向上进出口接管距蓄冰装置边缘的距离; 2. 厂家名称:BAC 大连有限公司,厂址:辽宁省大连市高新园区广贤路 65 号,电话:0411-84793275,传真:0411-84793273										

制冷剂为乙烯乙二醇或丙烯乙二醇等载冷剂型(外融冰)钢槽蓄冰装置 附表 1-71

BCD 系列盘管	蓄冰潜热容量 (TH)	运输重量 (kg)	盘管内乙二醇容量 (L)	W (mm)	W_1 (mm)	W_2 (mm)	L (mm)	L_1 (mm)	H (mm)	H_1 (mm)
TSC-158B	158	1520	465	1055	295	380	5070	5295	1570	2325
TSC-175C	175	1680	510	1055	295	380	5070	5295	1760	2325
TSC-200B	200	1860	580	1350	395	475	5070	5295	1570	2325

续表

BCD 系列盘管	蓄冰潜热容量 (TH)	运输重量 (kg)	盘管内乙二醇容量 (L)	W (mm)	W_1 (mm)	W_2 (mm)	L (mm)	L_1 (mm)	H (mm)	H_1 (mm)
TSC-225C	225	2890	655	1350	395	475	5070	5295	1760	2325
TSC-265C	265	1635	778	1350	690	180	6045	6270	1760	2325
TSC-305D	305	2825	948	1645	590	380	5140	5365	1950	2465
TSC-360D	360	3130	1082	1645	590	380	6045	6270	1950	2465
备注	1. 表中尺寸 L 为不含接管尺寸的盘管长度，L_1 为包含接管尺寸的盘管长度，H 为不含接管尺寸和槽钢底座的盘管高度，H_1 为包含接管尺寸和槽钢底座的盘管高度，W 为盘管宽度，W_1 为宽度方向上进出口接管间距，W_2 为宽度方向上进出口接管距最近盘管边缘的距离； 2. 厂家名称：BAC 大连有限公司，厂址：辽宁省大连市高新园区广贤路 65 号，电话：0411-84793275，传真：0411-84793273										

制冷剂为氨或氟利昂等冷媒型（外融冰）钢槽蓄冰装置　　　附表 1-72

BCD 系列盘管	制冰量(kg)		运输重量 (kg)	盘管容积 (L)	氨充灌量 (kg)	W (mm)	W_1 (mm)	W_2 (mm)	L (mm)	L_1 (mm)	H (mm)	H_1 (mm)
	重力供液	泵供液										
TSC-193E	6620	7025	1220	360	156	1100	305	310	5070	5295	1545	2325
TSC-222F	7541	7984	1370	392	169	1100	305	310	5070	5295	1760	2325
TSC-235E	8090	8580	1465	425	190	1370	610	380	5070	5295	1545	2325
TSC-270F	9225	9750	1605	485	210	1370	610	380	5070	5295	1760	2325
TSC-323F	10984	11420	1805	549	240	1370	610	140	5740	5965	1760	2325
TSC-362G	12423	13018	2175	616	268	1615	610	350	5140	5365	1975	2465
TSC-427G	14643	15049	2420	709	308	1615	610	350	6045	6270	1975	2465
备注	1. 表中尺寸 L 为不含接管尺寸的盘管长度，L_1 为包含接管尺寸的盘管长度，H 为不含接管尺寸和槽钢底座的盘管高度，H_1 为包含接管尺寸和槽钢底座的盘管高度，W 为盘管宽度，W_1 为宽度方向上进出口接管间距，W_2 为宽度方向上进出口接管距最近盘管边缘的距离。 2. 厂家名称：BAC 大连有限公司，厂址：辽宁省大连市高新园区广贤路 65 号，电话：0411-84793275，传真：0411-84793273											

制冷剂为乙烯乙二醇或丙烯乙二醇冷媒型（外融冰）钢槽蓄冰装置　　　附表 1-73

BCD 系列盘管	蓄冰潜热容量 (TH)	运输重量 (kg)	最大运行重量 (kg)	空气泵功率 (kW)	蓄冰水容量 (L)	盘管内乙二醇容量 (L)	进出水管尺寸	W (mm)	H (mm)	L (mm)	A (mm)
TSU-200B	200	4400	19370	1.1	14385	580	DN100	1600	2315	5490	130
TSU-225C	225	4630	19555	1.1	14270	655	DN100	1600	2315	5490	130
TSU-315B	315	6170	29850	1.1	22710	925	DN150	2400	2315	5490	155
TSU-350C	350	6490	30210	1.1	22635	1020	DN150	2400	2315	5490	155
TSU-400B	400	7305	36880	3	28770	1155	DN150	2985	2315	5490	155
TSU-450C	450	7760	37515	3	28465	1280	DN150	2985	2315	5490	155
TSU-520B	520	9935	49490	3	38230	1635	DN150	2985	2315	7290	155

续表

BCD 系列盘管	蓄冰潜热容量（TH）	运输重量（kg）	最大运行重量（kg）	空气泵功率（kW）	蓄冰水容量（L）	盘管内乙二醇容量（L）	进出水管尺寸	W (mm)	H (mm)	L (mm)	A (mm)
TSU-590C	590	10345	50215	3	38005	1785	DN150	2985	2315	7290	155
TSU-710B	710	12840	67450	4	53750	2110	DN200	2985	2315	9705	180
TSU-950B	950	15925	86505	4	68130	2695	DN200	2985	2315	12725	180
TSU-800C	800	13610	68225	4	51140	2325	DN200	2985	2315	9705	180
TSU-1060C	1060	17195	87730	4	67300	3115	DN200	2985	2315	12725	180
TSU-1220D	1220	19550	102970	4	78350	3795	DN200	3585	2510	10925	180
TSU-1440D	1440	22090	118940	4	91220	4330	DN200	3585	2510	12725	180
备注											

备注：
1. 表中尺寸 W 为蓄冰装置高度，L 为不含接管尺寸的蓄冰装置长度，H 为包含接管尺寸的蓄冰装置高度，A 为高度方向上入水口接管距蓄冰装置底部的距离；
2. 厂家名称：BAC 大连有限公司，厂址：辽宁省大连市高新园区广贤路 65 号，电话：0411-84793275，传真：0411-84793273

制冷剂为氨或氟利昂冷媒型（外融冰）钢槽蓄冰装置　　　　附表 1-74

EFG 系列盘管	制冰量(kg)		运输重量（kg）	最大运行重量（kg）	空气泵功率（kW）	蓄冰水容量（L）	盘管容积（L）	氨充罐量（kg）	进出水管尺寸	W (mm)	H (mm)	L (mm)	A (mm)
	重力供液	泵供液											
TSU-235E	8090	8580	4010	19010	1.1	14535	425	190	DN100	1600	1450	5490	130
TSU-270F	9225	9750	4150	19100	1.1	14460	485	210	DN100	1600	1450	5490	130
TSU-365E	12510	13265	5490	29260	1.1	23090	680	295	DN150	2400	1450	5490	155
TSU-420F	14245	15080	5780	29530	1.1	22975	740	320	DN150	2400	1450	5490	155
TSU-450E	15420	16400	6375	36290	3	26800	825	360	DN150	2985	1450	5490	155
TSU-515F	17610	18590	6650	36515	3	28920	910	395	DN150	2985	1450	5490	155
TSU-590E	20255	21840	8255	48490	3	38760	1190	520	DN150	2985	1450	7290	155
TSU-675F	23205	24940	8730	48945	3	38610	1305	570	DN150	2985	1450	7290	155
TSU-810E	27550	29435	11025	65500	4	52195	1500	655	DN200	2985	1450	9705	180
TSU-920F	31515	33475	11515	65185	4	51855	1670	730	DN200	2985	1450	9705	180
TSU-1080E	36575	38615	13635	84460	4	68815	1900	830	DN200	2985	1450	12725	180
TSU-1230F	41940	43605	14270	85050	4	68510	2095	915	DN200	2985	1450	12725	180
TSU-1450G	49690	52070	16450	100065	4	79905	2465	1070	DN200	3585	1575	10925	180
TSU-1710G	58570	60195	18515	116305	4	93455	2835	1230	DN200	3585	1575	12725	180

备注：
1. 表中尺寸 W 为蓄冰装置高度，L 为不含接管尺寸的蓄冰装置长度，H 为包含接管尺寸的蓄冰装置高度，A 为高度方向上入水口接管距蓄冰装置底部的距离。
2. 厂家名称：BAC 大连有限公司，厂址：辽宁省大连市高新园区广贤路 65 号，电话：0411-84793275，传真：0411-84793273

柴油发电机组设备参数表　　　　　附表 1-75

型号	kVA	耗油量 (L/h)	排烟 温度 (℃)	排烟量 (m³/h)	冷却空 气量 (m³/s)	燃烧空 气量 (m³/h)	机组散 热量 (kW)	外形尺寸长× 宽×高(m)	运行 重量 (kg)
C33D5	30	7.1	448	89	1.45	126	6.3	1.7×0.9×1.2	645
C38D5	35	8.4	448	89	1.45	126	6.3	1.7×0.9×1.2	705
C55D5	50	11.5	380	124	1.45	173	10.2	1.7×1.0×1.3	776
C70D5	63	15	523	170	1.71	238	17.1	2.0×1.1×1.3	1038
C80D5	72	15	475	166	1.71	248	12.6	2.0×1.1×1.3	1050
C110D5	100	23	550	170	3.38	310	13.7	2.0×1.1×1.4	1200
C150D5	136	33	576	391	5.43	519	21	2.5×1.1×1.5	1216
C180D5	164	36	551	363	5.29	519	28.4	2.5×1.1×1.5	1444
C200D5	182	47	553	530	5.43	720	24	2.7×1.3×1.6	1900
C220D5	200	45	553	530	5.43	720	28	2.7×1.3×1.6	1900
C250D5	227	51	585	681	5.43	918	28	2.7×1.3×1.6	2000
C275D5	250	52.3	500	490	7.93	1118	30	3.2×1.1×2.0	2171
C300D5	275	57.3	500	490	7.93	1116	30	3.2×1.1×2.0	2394
C330D5	300	53	500	490	7.93	1116	30	3.2×1.1×2.0	2474
C350D5	320	69	574	1071	4.92	1300	50	3.6×1.1×2.1	3050
C400D5	300	76	524	1128	5.99	1469	46	3.6×1.1×2.1	3227
C440D5	400	75	550	1403	5.99	1459	53	3.6×1.1×2.2	3347
C5005	450	80	488	1255	10.44	1944	33	3.5×1.5×2.1	4117
C650D5	500	103	486	1255	10.44	1944	33	3.5×1.5×2.1	4220
C650D5A	590	122	579	1773	11.1	2285	83	3.5×1.3×2.0	4350
565DFGB	640	140	493	7153	13.7	2977	94	3.9×1.5×2.0	6040
660DFGD	750	147	464	7200	15	3300	90	4.1×1.5×2.0	6699
833DFHC	939	184	541	8748	15.5	3114	137	4.3×1.5×2.1	7450
888DFHD	1000	202	565	10728	18	3402	152	4.6×1.8×2.4	8000
906DFJD	1029	209	499	10983	15	4104	163	4.5×1.8×2.3	8350
C1250D5A	1125	231	529	12741	18.8	4714	154	4.6×2.1×2.3	9400
C1400D5	1250	261	520	13860	21.6	5778	150	5.2×2.0×2.3	10075
C1675D5A	1500	309	499	14520	21.7	5692	210	5.9×2.1×2.8	10626
C840D5	760	151	550	8316	16.31	3000	61	4.6×1.6×2.1	6873
C900D5	820	161	550	8868	16.31	3198	65	4.6×1.6×2.1	7023
C2000D5	1875	355	477	19200	26.4	8340	160	6.2×2.3×2.6	15152
C2250D5	2000	394	450	20220	26.4	8640	175	6.2×2.3×2.6	15366
C2500D5A	2250	446	485	22740	31.15	9360	200	6.2×2.5×3.2	17217
2660DQLB	3000	592	451	29266	46.7	13392	265	7.2×2.3×2.6	25280

注：最大排烟背压：C2000D5 型、C2250D5 型、C2500D5A 型、2660DQLB 型、888DFHD 型、C1400D5 型、C1675D5A 型机组 51mmhg，其他机组 76mmhg。

KCB 型齿轮油泵参数表　　　　　　　附录 1-76

型　号	流量 (m³/h)	进出口径 (mm)	转速 (r/min)	额定压力(MPa)	气蚀余量(m)	效率 (%)	电机功率(kW)	质量 (kg)
KCB-18.3	1.1	15	1400	1.45	5	44	1.5	62
KCB-33.3	2	15	1420	1.45	5	44	2.2	67
KCB-55	3.3	25	1400	0.33	3	41	1.5	64
KCB-83.3	5	40	1420	033	3	43	2.2	70
KCB-135	8	50	940	0.33	5	46	2.2	130
KCB-200	12	50	1440	0.33	5	46	4	135
KCB-300	18	70	960	0.36	5	42	5.5	175
KCB-483.3	29	70	1440	0.36	5.5	42	7.5	213
KCB-633	38	100	970	0.28	5	43	11	275
KCB-960	58	100	1470	0.28	5	43	18.5	305
KCB-1200	72	150	740	0.6	7	42	37	1070
KCB-1600	95	150	980	0.6	7	42	45	1070
KCB-1800	110	200	740	0.6	7.5	43	55	1470
KCB-2500	150	200	980	0.6	7.5	43	75	1470
KCB-2850	170	250	740	0.6	7	44	90	1750
KCB-3800	230	250	985	0.6	7	44	110	1750
KCB-4100	245	250	740	0.6	7	44	90	1750
KCB-5400	325	250	985	0.6	7	44	110	1750

注：生产厂：渤海泵业，厂址：河北省泊头市。

CYZ 型自吸式离心泵参数表　　　　　　　附录 1-77

型号	流量 (m³/h)	扬程(m)	转速 (r/min)	气蚀余量 (m)	首次自吸时间 (min/5m)	配用功率(kW)	进出口径(mm)	质量 (kg)
25CYZ-30	2.6	30	2850	3.5	2	1.1	25×25	26
40CYZ-20	6.3	20	2900	3.5	2	1.1	40×32	29
40CYZ-40	10	40	2900	3.5	1.5	4	50×40	35
50CYZ-12	15	12	2900	3.5	2.5	1.5	50×50	36
50CYZ-20	18	20	2900	3.5	2	2.2	50×50	41
50CYZ-35	14	35	2900	3.5	1.5	4	50×50	43
50CYZ-50	12.5	50	2900	3.5	1.5	5.5	50×50	48
50CYZ-60	15	60	2900	3.5	1.5	7.5	50×50	74
50CYZ-75	20	75	2900	3.5	1.5	11	50×50	82
80CYZ-13	35	13	2900	4	3.5	3	80×80	51
80CYZ-17	43	17	2900	4	2	4	80×80	52
80CYZ-25	50	25	2900	4	1.5	7.5	80×80	54
80CYZ-32	50	32	2900	4	1.5	7.5	80×80	66
80CYZ-55	60	55	2900	4	1.5	18.5	80×80	136

型号	流量 (m³/h)	扬程(m)	转速 (r/min)	气蚀余量 (m)	首次自吸时间 (min/5m)	配用功率(kW)	进出口径(mm)	质量 (kg)
80CYZ-70	60	70	2900	4	1.2	22	80×80	161
100CYZ-40	100	40	2900	4	2	22	100×100	184
100CYZ-40A	100	40	1470	4	1.5	22	100×100	310
100CYZ-65	100	65	2900	4	2	30	100×100	205
100CYZ-75	70	75	2900	4	2	30	100×100	108
150CYZ-55	160	65	2900	5	2	45	150×150	370
150CYZ-65	170	65	1470	5	1.3	55	150×150	504
200CYZ-63	280	63	1450	5		90	200×200	620

注：生产厂：渤海泵业，厂址：河北省泊头市。

ArmstrongDE 智能变频泵 附表 1-78

编号	水泵型号	流量		扬程 (m)	功率 (kW)	效率 (%)	尺寸(长× 宽×高,mm)	重量 (kg)
		L/s	m³/h					
1	40-200	7	25.2	25.0	4.0	56.31	406×436×830	117.9
2	50-200	14	50.4	40.0	11.0	66.38	457×515×1059	199.6
3	80-150	18	64.8	15.0	4.0	72.89	458×455×686	122.5
4	80-200	26	93.6	45.0	18.5	75.51	559×553×1090	235.4
5	80-250	12	43.2	18.0	5.5	68.81	533×463×891	185.5
6	100-150	18	64.8	8.0	2.2	71.06	559×474×923	129.3
7	100-200	22	79.2	8.0	3.0	77.00	635×525×926	155.1
8	150-250	35	126.0	20	11.0	79.96	813×572×1154	312.5
9	150-290	55.56	200.0	30	22.0	83.92	889×646×1234	430.9
10	200-250	100	360	25	37.0	84.45	991×570×1368	458.6
11	200-330	83.34	300	25	30.0	79.26	1067×716×1212	646.8
12	200-370	100	360	38	55.0	81.88	1238×771×1562	787.0
13	250-330	124	446.4	15.2	75.0	80.73	1194×912×1522	1232.4
14	250-375	170	612.0	40.0	90.0	82.78	1232×947×1629	1424.3
15	300-330	222.2	800	30	90.0	84.09	1181×875×1834	1629.4
16	300-430	300	1080.0	32.0	110.0	88.29	1321×1079×1888	1955.0
17	350-380	444.44	1600	37.0	250.0	85.74	1321×1205×2153	2762.4
18	400-380	555.56	2000	30	200.0	85.88	1651×1233×2324	2600.0
19	400-480	500	1800.0	50.0	315.0	86.42	1829×1255×2500	3728.5
20	500-480	1400	5040.0	50.0	900.0	84.50	2235×1459×5650	4378.6

备注	1. 超过315kW的智能变频泵为分体式，如果需要其他任何规格，请直接咨询厂家销售代表； 2. 公司名称：艾蒙斯特朗流体系统(上海)有限公司(外商独资企业)，公司地址：上海市奉贤区西渡镇沪杭公路1619号，法人：Charles Allan Armstrong，电话：021-3756 6696，上海办事处：联系人：蒋一民，电话：021-5237 0909，邮箱：yjiang@armstrongfluidtechnology.com；北京办事处：联系人：刘传之，电话：010-5108 8081，邮箱：cliu@armstrongfluidtechnology.com；广州办事处：联系人：张政，电话：138 2515 3498，邮箱：kzhang@armstrongfluidtechnology.com；成都办事处：联系人：徐卓，电话：186 1578 2009，邮箱：sxu@armstrongfluidtechnology.com

智能有源热平衡调节系统　　　　　附表 1-79

供热机组型号	最大热负荷 (kW)	最大温差 (℃)	额定流量 (m³/h)	最大工作流量 (m³/h)	额定扬程 (m)	最高介质温度(℃)
Thermosmart 400 Ra	400	20	17.2	24	6	95
ThermosmarT 600 Ra	600	20	25.8	30	6	95
ThermosmarT 1000 Ra	1000	20	43	60	8	95
ThermosmarT 2000 Ra	2000	20	86	100	10	95
ThermosmarT 2400 Ra	2400	20	103	165	12	95
ThermosmarT 200 Fl	200	10	17.2	24	6	95
ThermosmarT 300 Fl	300	10	25.8	30	6	95
ThermosmarT 500 Fl	500	10	43	60	8	95
ThermosmarT 1000 l	1000	10	86	100	10	95
ThermosmarT 1200Fl	1200	10	103	165	12	95

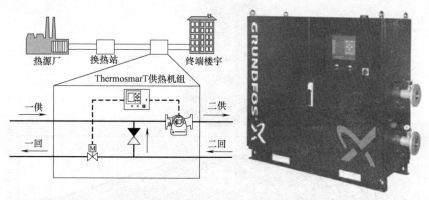

注：1. 系统优点：调节水力平衡。ThermosmarT 供热机组利用先进的温度控制算法有效地分配机组间的流量，使系统以大温差、小流量运行，从而科学地解决供热系统水力不平衡的问题，实现按需供热；

2. 智能变频控制：ThermosmarT 供热机组选用格兰富变频调速水泵，能够根据户外温度变化自动或手动调节供水温度和流量，即"质"、"量"双调，使系统能够适应更大的热负荷变化范围，从而使终端用户获得适宜的室内温度，并能够降低系统能耗；

3. 运行条件：压力：最小入口压力 1bar(0.1 MPa)，工作压力：10 bar(1 MPa)；温度：最低液体温度 2℃，最高液体温度 +95℃，环境温度：3～40℃；空气湿度：最大相对湿度 95%，最大海拔高度 1200m；防护等级：电气控制柜：IP54；

4. 格兰富集团法人：Mads Nipper(集团总裁)，苏州格兰富工厂地址：苏州工业园区青丘街 72 号(215126)，电话：0512-62831800，传真：0512-62831801

TP 管道泵系列-50HZ-铸铁、青铜、球墨铸铁叶轮　　　附表 1-80

型号	电功率 (kW)	供电规格	转速 (r/min)	流量 (m³/h)	扬程 (m)	运输体积 (m³)	毛重量 (kg)
TP32-460/2	4	3X380－415D	2900	21.6	30.6	0.22	85
TP32-580/2	5.5	3X380－415D	2900	22.7	43	0.22	97
TP40-470/2	5.5	3X380－415D	2900	29.2	32.5	0.58	119
TP40-580/2	7.5	3X380－415D	2900	29	46.1	0.58	129
TP50-830/2	18.5	3X380－415D	2900	56.7	68	0.58	207
TP50-900/2	22	3X380－415D	2900	61.1	74.7	0.58	222
TP65-720/2	22	3X380－415D	2900	61.5	72	0.58	221
TP65-930/2	30	3X380－415D	2900	85.8	78	0.58	339
TP80-570/2	22	3X380－415D	2900	47.8	57	0.58	226
TP80-700/2	30	3X380－415D	2900	132	59.7	0.58	343
TP100-390/2	22	3X380－415D	2900	174	33.7	0.96	245
TP100-480/2	30	3X380－415D	2900	156	49.4	0.96	383
TP150-450/4	45	3X380－415D	1485	290	41	3.13	794

续表

型号	电功率 (kW)	供电规格	转速 (r/min)	流量 (m³/h)	扬程 (m)	运输体积 (m³)	毛重量 (kg)
TP150-650/4	75	3X380—415D	1485	365	65	3.14	1090
TP200-320/4	55	3X380—415D	1485	564	27.4	2.29	939
TP200-660/4	132	3X380—415D	1490	634	57	3.13	1660
TP250-490/4	90	3X380—415D	1486	650	36	4.57	1450
TP250-660/4	160	3X380—415D	1490	800	50	4.57	1880
TP350-590/4	200	3X380—415D	1490	1400	10	5.88	2250
TP350-750/4	315	3X380—415D	1488	1500	56	5.88	2440

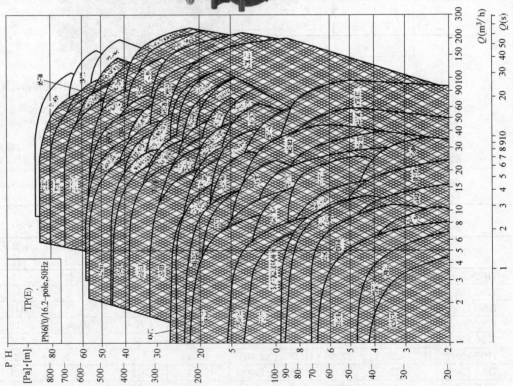

注：1. 以上产品为苏州工厂组装，所配电机 22kW 以下为格兰富电机，22kW 以上为西门子电机；功率在 3kW 以上(含)，供电规格为 3×380-415VD/660-690VY。表中仅列出部分产品型号，具体流量、扬程、效率、外形尺寸及水泵相关曲线请参考格兰富 WinCAPS 选型软件或咨询格兰富相关销售或经销商。

2. 格兰富集团法人：Mads Nipper(集团总裁)，苏州格兰富工厂地址：苏州工业园区青丘街 72 号(215126)，电话：0512-62831800，传真：0512-62831801

QPG（R）、QPS（R）型屏蔽式空调、锅炉循环泵设备参数表　　附表 1-81

型号	流量（m³/h）	扬程（m）	功率（kW）	转速（r/min）	噪声［dB(A)］	重量（kg）	安装尺寸			
							口径	L	A	H
QPG(R)25-130A	3.6	16	0.55	2900	41	40	DN25	400	100	640
QPG(R)25-130	4	20	0.75	2900	41	45	DN25	400	100	640
QPG(R)25-160A	3.7	28	1.1	2900	43	50	DN25	400	100	640
QPG(R)25-160	4	32	1.5	2900	43	55	DN25	400	100	640
QPG(R)40-100A	5.6	10	0.37	2900	41	55	DN40	400	100	640
QPG(R)40-100	6.3	12.5	0.55	2900	41	55	DN40	400	100	640
QPG(R)40-130A	5.6	16	0.75	2900	41	55	DN40	400	100	640
QPG(R)40-130	6.3	20	1.1	2900	41	55	DN40	400	100	640
QPG(R)40-160B	5.5	24	1.1	2900	43	55	DN40	400	100	640
QPG(R)40-160A	5.9	28	1.5	2900	43	57	DN40	400	100	640
QPG(R)40-160	6.3	32	2.2	2900	43	60	DN40	400	100	640
QPG(R)40-200B	5.3	36	2.2	2900	45	70	DN40	400	100	640
QPG(R)40-200A	5.9	44	3	2900	45	85	DN40	400	100	750
QPG(R)40-200	6.3	50	4	2900	45	90	DN40	400	100	750
QPG(R)50-100A	11	10	0.75	2900	41	60	DN50	420	100	640
QPG(R)50-100	12.5	12.5	1.1	2900	41	65	DN50	420	100	640
QPG(R)50-130A	11	16	1.1	2900	41	60	DN50	420	100	640
QPG(R)50-130	12.5	20	1.5	2900	41	65	DN50	420	100	640
QPG(R)50-160B	10.4	22	1.5	2900	43	80	DN50	420	100	640
QPG(R)50-160A	11.7	28	2.2	2900	43	85	DN50	420	100	640
QPG(R)50-160	12.5	32	3	2900	43	95	DN50	420	100	750
QPG(R)50-200B	10.4	36	3	2900	45	90	DN50	450	100	750
QPG(R)50-200A	11.7	44	4	2900	45	105	DN50	450	100	750
QPG(R)50-200	12.5	50	5.5	2900	45	110	DN50	450	100	750
QPG(R)65-100A	22.3	10	1.1	2900	43	80	DN65	420	110	660
QPG(R)65-100	25	12.5	1.5	2900	43	85	DN50	420	110	660
QPG(R)65-130A	22.3	16	2.2	2900	43	85	DN50	420	110	660
QPG(R)65-130	25	20	3	2900	43	100	DN50	420	110	770
QPG(R)65-160B	21.6	24	3	2900	45	90	DN50	450	110	770
QPG(R)65-160A	23.4	28	4	2900	45	100	DN50	450	110	770
QPG(R)65-160	25	32	4	2900	45	105	DN50	450	110	770
备注	1. QPG、QPS 为屏蔽式空调循环专用泵,输液温度≤60℃;QPGR、QPSR 为屏蔽式锅炉循环专用泵,输液温度≤150℃; 2. 表中尺寸 L 为水泵进、出口法兰间距,A 为进、出口法兰中心到泵底座安装高度,H 为水泵净总高度; 3. 表中性能参数仅为典型点性能参数取样点,详细性能参数可与生产厂家联系。 厂家名称:上海创科泵业制造有限公司,厂址:上海市青浦工业园区崧辉路 777 号,法人代表及电话:潘晓晖,021-59758880									

QPG（R）、QPS（R）型屏蔽式空调、锅炉循环泵设备参数表 附表 1-82

型号	流量（m³/h）	扬程（m）	功率（kW）	转速（r/min）	噪声[dB(A)]	重量（kg）	安装尺寸（mm）			
							口径	L	A	H
QPG(R)65-200B	21.8	38	5.5	2900	45	120	DN65	500	110	770
QPG(R)65-200A	23.4	44	7.5	2900	45	145	DN65	500	110	770
QPG(R)65-200	25	50	7.5	2900	45	150	DN65	500	110	770
QPG(R)65-250B	21.6	60	11	2900	50	200	DN65	550	110	840
QPG(R)65-250A	23.4	70	11	2900	50	200	DN65	550	110	840
QPG(R)65-250	25	80	15	2900	50	215	DN65	550	110	840
QPG(R)80-100A	44.7	10	2.2	2900	45	90	DN80	450	135	670
QPG(R)80-100	50	12.5	3	2900	45	100	DN80	450	135	780
QPG(R)80-130A	45	16	4	2900	45	115	DN80	450	135	780
QPG(R)80-130	50	20	5.5	2900	45	120	DN80	450	135	780
QPG(R)80-160B	43.3	24	5.5	2900	48	140	DN80	500	135	780
QPG(R)80-160A	46.7	28	7.5	2900	48	145	DN80	500	135	780
QPG(R)80-160	50	32	7.5	2900	48	150	DN80	500	135	780
QPG(R)80-200B	43.5	38	7.5	2900	50	180	DN80	550	135	780
QPG(R)80-200A	47	44	11	2900	50	200	DN80	550	135	850
QPG(R)80-200	50	50	15	2900	50	215	DN80	550	135	850
QPG(R)80-250B	43.3	60	15	2900	53	225	DN80	600	135	850
QPG(R)80-250A	46.7	70	18.5	2900	53	245	DN80	600	135	910
QPG(R)80-250	50	80	22	2900	53	260	DN80	600	135	910
QPG(R)100-220A	89	10	4	1450	48	220	DN100	700	245	920
QPG(R)100-220	100	12.5	5.5	1450	48	260	DN100	700	245	990
QPG(R)100-260A	89	16	7.5	1450	48	280	DN100	700	245	990
QPG(R)100-260	100	20	11	1450	48	300	DN100	700	245	1050
QPG(R)100-315B	86.6	24	11	1450	50	360	DN100	700	275	1080
QPG(R)100-315A	93.5	28	11	1450	50	360	DN100	700	275	1080
QPG(R)100-315	100	32	15	1450	50	380	DN100	700	275	1080
QPG(R)100-400B	87	38	15	1450	53	360	DN100	780	275	1090
QPG(R)100-400A	93.5	44	18.5	1450	53	400	DN100	780	275	1090
QPG(R)100-400	100	50	22	1450	53	450	DN100	780	275	1200
QPG(R)100-500B	87	60	30	1450	55	485	DN100	850	275	1200
QPG(R)100-500A	93.5	70	30	1450	55	485	DN100	850	275	1200

备注	1. QPG、QPS 为屏蔽式空调循环专用泵,输液温度≤60℃;QPGR、QPSR 为屏蔽式锅炉循环专用泵,输液温度≤150℃; 2. 表中尺寸 L 为水泵进、出口法兰间距,A 为进、出口法兰中心到泵底座安装高度,H 为水泵净总高度; 3. 表中性能参数仅为典型点性能参数取样点,详细性能参数可与生产厂家联系; 4. 厂家名称:上海创科泵业制造有限公司,厂址:上海市青浦工业园区崧辉路 777 号,法人代表及电话:潘晓晖,021-59758880

QPG（R）、QPS（R）型屏蔽式空调、锅炉循环泵设备参数表

附表 1-83

型号	流量（m³/h）	扬程（m）	功率（kW）	转速（r/min）	噪声〔dB(A)〕	重量（kg）	安装尺寸			
							口径	L	A	H
QPG(R)100-500	100	80	37	1450	55	500	DN100	850	275	1200
QPG(R)125-220A	143	10	7.5	1450	50	340	DN125	780	285	1040
QPG(R)125-220	160	12.5	11	1450	50	380	DN125	780	285	1100
QPG(R)125-260A	143	16	11	1450	50	420	DN125	780	285	1100
QPG(R)125-260	160	20	15	1450	50	440	DN125	780	285	1100
QPG(R)125-315B	138	24	15	1450	50	420	DN125	800	310	1140
QPG(R)125-315A	150	28	18.5	1450	50	450	DN125	800	310	1140
QPG(R)125-315	160	32	22	1450	50	480	DN125	800	310	1240
QPG(R)125-400B	138	37.5	22	1450	53	510	DN125	900	320	1250
QPG(R)125-400A	150	44	30	1450	53	530	DN125	900	320	1250
QPG(R)125-400	160	50	37	1450	53	560	DN125	900	320	1250
QPG(R)125-500B	138	60	37	1450	55	590	DN125	1000	320	1250
QPG(R)125-500A	150	70	45	1450	55	680	DN125	1000	320	1290
QPG(R)125-500	160	80	55	1450	55	710	DN125	1000	320	1290
QPG(R)150-220A	179	10	11	1450	53	400	DN150	780	320	1150
QPG(R)150-220	200	12.5	15	1450	53	420	DN150	780	320	1150
QPG(R)150-260A	184	17	15	1450	53	420	DN150	780	320	1150
QPG(R)150-260	200	20	18.5	1450	53	450	DN150	780	320	1150
QPG(R)150-315B	173	24	18.5	1450	55	530	DN150	850	290	1150
QPG(R)150-315A	187	28	22	1450	55	590	DN150	850	290	1250
QPG(R)150-315	200	32	30	1450	55	620	DN150	850	290	1250
QPG(R)150-400B	174	38	30	1450	58	630	DN150	900	320	1340
QPG(R)150-400A	187	44	37	1450	58	650	DN150	900	320	1340
QPG(R)150-400	200	50	45	1450	58	750	DN150	900	320	1400
QPG(R)150-500B	173	60	55	1450	58	950	DN150	1000	320	1400
QPG(R)150-500A	187	70	75	1450	58	1200	DN150	1000	320	1500
QPG(R)150-500	200	80	75	1450	58	1200	DN150	1000	320	1500
QPG(R)200-220A	280	10	15	1450	53	480	DN200	1000	390	1200
QPG(R)200-220	300	12.5	18.5	1450	53	510	DN200	1000	390	1200
QPG(R)200-260B	262	13	15	1450	53	500	DN200	1000	390	1200
QPG(R)200-260A	280	16	18.5	1450	53	560	DN200	1000	390	1200

备注	1. QPG、QPS 为屏蔽式空调循环专用泵,输液温度≤60℃;QPGR、QPSR 为屏蔽式锅炉循环专用泵,输液温度≤150℃; 2. 表中尺寸 L 为水泵进、出口法兰间距,A 为进、出口法兰中心到泵底座安装高度,H 为水泵净总高度; 3. 表中性能参数仅为典型点性能参数取样点,详细性能参数可与生产厂家联系;厂家名称:上海创科泵业制造有限公司,厂址:上海市青浦工业园区崧辉路 777 号,法人代表及电话:潘晓晖,021-59758880

QPG（R）、QPS（R）型屏蔽式空调、锅炉循环泵设备参数表　　附表 1-84

型号	流量（m³/h）	扬程（m）	功率（kW）	转速（r/min）	噪声〔dB(A)〕	重量（kg）	安装尺寸（mm）			
							口径	L	A	H
QPG(R)200-260	300	20	30	1450	53	590	DN200	1000	390	1310
QPG(R)200-315B	262	24	30	1450	55	530	DN200	1050	390	1313
QPG(R)200-315A	280	28	37	1450	55	650	DN200	1050	390	1313
QPG(R)200-315	300	32	45	1450	55	750	DN200	1050	390	1340
QPG(R)200-400C	245	32	37	1450	58	780	DN200	1050	390	1313
QPG(R)200-400B	262	38	45	1450	58	850	DN200	1050	390	1340
QPG(R)200-400A	280	44	55	1450	58	880	DN200	1050	390	1340
QPG(R)200-400	300	50	75	1450	58	1200	DN200	1050	390	1500
QPG(R)200-500B	262	60	75	1450	58	1300	DN200	1200	390	1500
QPG(R)200-500A	280	70	90	1450	58	1400	DN200	1200	390	1500
QPG(R)200-500	300	80	110	1450	58	1500	DN200	1200	390	1500
QPG(R)200-220(I)A	358	10	18.5	1450	55	530	DN200	1000	390	1200
QPG(R)200-220(I)	400	12.5	22	1450	55	590	DN200	1000	390	1310
QPG(R)200-260(I)B	322	13	18.5	1450	55	530	DN200	1000	390	1200
QPG(R)200-260(I)A	358	16	22	1450	55	590	DN200	1000	390	1310
QPG(R)200-260(I)	400	20	30	1450	58	620	DN200	1000	390	1313
QPG(R)200-315(I)B	346	24	37	1450	58	760	DN200	1050	390	1313
QPG(R)200-315(I)A	374	28	45	1450	58	830	DN200	1050	390	1340
QPG(R)200-315(I)	400	32	55	1450	58	900	DN200	1050	390	1340
QPG(R)200-400(I)B	346	38	55	1450	58	900	DN200	1050	390	1340
QPG(R)200-400(I)A	374	44	75	1450	58	1300	DN200	1050	390	1500
QPG(R)200-400(I)	400	50	75	1450	58	1300	DN200	1050	390	1500
QPG(R)200-500(I)B	346	60	90	1450	58	1400	DN200	1200	390	1500
QPG(R)200-500(I)A	374	70	110	1450	58	1500	DN200	1200	390	1500
QPG(R)200-500(I)	400	80	132	1450	58	1600	DN200	1200	390	1600
QPG(R)250-260A	500	17	37	1450	55	790	DN250	1200	415	1400
QPG(R)250-260	550	20	45	1450	55	860	DN250	1200	415	1470
QPG(R)250-315B	466	25	45	1450	58	900	DN250	1200	415	1430
QPG(R)250-315A	500	28	55	1450	58	960	DN250	1200	415	1430
QPG(R)250-315	550	32	75	1450	58	1300	DN250	1200	415	1530
QPG(R)250-400C	428	35	55	1450	58	900	DN250	1400	415	1430
备注	1. QPG、QPS 为屏蔽式空调循环专用泵,输液温度≤60℃；QPGR、QPSR 为屏蔽式锅炉循环专用泵,输液温度≤150℃； 2. 表中尺寸 L 为水泵进、出口法兰间距,A 为进、出口法兰中心到泵底座安装高度,H 为水泵净总高度； 3. 表中性能参数仅为典型点性能参数取样点,详细性能参数可与生产厂家联系； 4. 厂家名称:上海创科泵业制造有限公司,厂址:上海市青浦工业园区崧辉路 777 号,法人代表及电话:潘晓晖,021-59758880									

QPG（R）、QPS（R）型屏蔽式空调、锅炉循环泵设备参数表　附表 1-85

型号	流量 （m³/h）	扬程 （m）	功率 （kW）	转速 （r/min）	噪声 [dB(A)]	重量 （kg）	安装尺寸（mm）			
							口径	L	A	H
QPG(R)250-400B	460	37	75	1450	58	1300	DN250	1400	415	1530
QPG(R)250-400A	500	44	90	1450	58	1400	DN250	1400	415	1530
QPG(R)250-400	550	50	110	1450	58	1500	DN250	1400	415	1530
QPG(R)250-500B	480	60	132	1450	58	1700	DN250	1500	415	1630
QPG(R)250-500A	515	70	160	1450	58	1800	DN250	1500	415	1630
QPG(R)250-500	550	80	200	1450	58	2000	DN250	1500	415	1730
QPG(R)300-315C	510	17	37	1450	58	960	DN300	1200	460	1620
QPG(R)300-315B	550	21	45	1450	58	1030	DN300	1200	460	1650
QPG(R)300-315A	600	24	55	1450	58	1100	DN300	1200	460	1650
QPG(R)300-315	650	28	75	1450	58	1500	DN300	1200	460	1750
QPG(R)300-315(I)C	550	18	45	1450	58	1030	DN300	1200	460	1650
QPG(R)300-315(I)B	600	22	55	1450	58	1100	DN300	1200	460	1650
QPG(R)300-315(I)A	650	26	75	1450	58	1500	DN300	1200	460	1750
QPG(R)300-315(I)	700	30	75	1450	58	1500	DN300	1200	460	1750
QPG(R)300-400C	500	28	55	1450	60	1100	DN300	1200	460	1650
QPG(R)300-400B	550	33	75	1450	60	1500	DN300	1200	460	1750
QPG(R)300-400A	595	39	90	1450	60	1600	DN300	1200	460	1750
QPG(R)300-400	650	47	110	1450	60	1700	DN300	1200	460	1750
QPG(R)300-400(I)C	540	31	75	1450	60	1500	DN300	1200	460	1750
QPG(R)300-400(I)B	590	37	90	1450	60	1600	DN300	1200	460	1750
QPG(R)300-400(I)A	640	43	110	1450	60	1700	DN300	1200	460	1750
QPG(R)300-400(I)	700	52	132	1450	60	1800	DN300	1200	460	1850
QPG(R)300-500C	563	45	110	1450	63	1700	DN300	1300	460	1750
QPG(R)300-500B	625	56	160	1450	63	1900	DN300	1300	460	1850
QPG(R)300-500A	687	68	200	1450	63	2100	DN300	1300	460	1960
QPG(R)300-500	750	81	250	1450	63	2400	DN300	1300	460	1960
QPG(R)300-500(I)C	640	50	132	1450	63	1800	DN300	1300	460	1850
QPG(R)300-500(I)B	710	62	180	1450	63	2000	DN300	1300	460	1850
QPG(R)300-500(I)A	780	76	220	1450	63	2300	DN300	1300	460	1960
QPG(R)300-500(I)	850	90	280	1450	63	2500	DN300	1300	460	
QPG(R)350-300C	710	14	45	1450	58	1130	DN350	1300	480	1650

备注	1. QPG、QPS 为屏蔽式空调循环专用泵，输液温度≤60℃；QPGR、QPSR 为屏蔽式锅炉循环专用泵，输液温度≤150℃； 2. 表中尺寸 L 为水泵进、出口法兰间距，A 为进、出口法兰中心到泵底座安装高度，H 为水泵净总高度； 3. 表中性能参数仅为典型点性能参数取样点，详细性能参数可与生产厂家联系； 4. 厂家名称：上海创科泵业制造有限公司，厂址：上海市青浦工业园区崧辉路 777 号，法人代表及电话：潘晓晖，021-59758880

QPG（R）、QPS（R）型屏蔽式空调、锅炉循环泵设备参数表　　　附表 1-86

型号	流量 (m³/h)	扬程 (m)	功率 (kW)	转速 (r/min)	噪声 [dB(A)]	重量 (kg)	安装尺寸(mm)			
							口径	L	A	H
QPG(R)350-300B	780	17	55	1450	58	1200	DN350	1300	480	1650
QPG(R)350-300A	840	20	75	1450	58	2600	DN350	1300	480	1770
QPG(R)350-300	900	23	75	1450	58	2600	DN350	1300	480	1770
QPG(R)350-300(I)C	860	15	55	1450	58	1200	DN350	1300	480	1670
QPG(R)350-300(I)B	950	19	75	1450	58	1600	DN350	1300	480	1770
QPG(R)350-300(I)A	1020	23	90	1450	58	1700	DN350	1300	480	1770
QPG(R)350-300(I)	1100	25	110	1450	58	1800	DN350	1300	480	1770
QPG(R)350-370C	825	23	75	1450	58	1600	DN350	1300	480	1770
QPG(R)350-370B	900	27	90	1450	58	1700	DN350	1300	480	1770
QPG(R)350-370A	975	32	110	1450	58	1800	DN350	1300	480	1770
QPG(R)350-370	1050	37	132	1450	58	1900	DN350	1300	480	1870
QPG(R)350-370(I)C	865	24	90	1450	58	1700	DN350	1300	480	1770
QPG(R)350-370(I)B	950	28	110	1450	58	1800	DN350	1300	480	1770
QPG(R)350-370(I)A	1020	33	132	1450	58	1900	DN350	1300	480	1870
QPG(R)350-370(I)	1100	38	160	1450	58	2000	DN350	1300	480	1870
QPG(R)350-480C	920	37	132	1450	60	1900	DN350	1400	480	1870
QPG(R)350-480B	1050	45	180	1450	60	2200	DN350	1400	480	1870
QPG(R)350-480A	1100	55	220	1450	60	2400	DN350	1400	480	1980
QPG(R)350-480	1200	65	280	1450	60	2600	DN350	1400	480	2080
QPG(R)400-315C	1170	18	90	1450	58	1800	DN400	1500	490	1780
QPG(R)400-315B	1300	22	110	1450	58	1900	DN400	1500	490	1780
QPG(R)400-315A	1400	26	132	1450	58	2000	DN400	1500	490	1880
QPG(R)400-315	1500	30	160	1450	58	2100	DN400	1500	490	1880
QPG(R)400-315(I)C	1370	19	110	1450	58	1900	DN400	1500	490	1780
QPG(R)400-315(I)B	1520	24	132	1450	58	2000	DN400	1500	490	1880
QPG(R)400-315(I)A	1630	28	160	1450	58	2100	DN400	1500	490	1880
QPG(R)400-315(I)	1750	32	200	1450	58	2200	DN400	1500	490	1990
QPG(R)400-400C	1300	31	160	1450	60	2100	DN400	1600	490	1880
QPG(R)400-400B	1420	36	200	1450	60	2200	DN400	1600	490	1990
QPG(R)400-400A	1530	43	250	1450	60	2500	DN400	1600	490	1990
QPG(R)400-400	1650	50	315	1450	60	2900	DN400	1600	490	2090
备注	1. QPG、QPS 为屏蔽式空调循环专用泵,输液温度≤60℃;QPGR、QPSR 为屏蔽式锅炉循环专用泵,输液温度≤150℃; 2. 表中尺寸 L 为水泵进、出口法兰间距,A 为进、出口法兰中心到泵底座安装高度,H 为水泵净总高度; 3. 表中性能参数仅为典型点性能参数取样点,详细性能参数可与生产厂家联系; 4. 厂家名称:上海创科泵业制造有限公司,厂址:上海市青浦工业园区崧辉路 777 号,法人代表及电话:潘晓晖,021-59758880									

QPG（R）、QPS（R）型屏蔽式空调、锅炉循环泵设备参数表　　　　附表 1-87

型号	流量 （m³/h）	扬程 （m）	功率 （kW）	转速 （r/min）	噪声 [dB(A)]	重量 （kg）	安装尺寸（mm）			
							口径	L	A	H
QPG(R)400-400(I)C	1380	32	180	1450	60	2200	DN400	1600	490	1880
QPG(R)400-400(I)B	1500	38	220	1450	60	2400	DN400	1600	490	1990
QPG(R)400-400(I)A	1630	44	280	1450	60	2700	DN400	1600	490	2090
QPG(R)400-400(I)	1750	52	315	1450	60	2900	DN400	1600	490	2090
QPG(R)400-550C	1150	48	220	1450	63	2400	DN400	1700	490	1990
QPG(R)400-550B	1270	58	280	1450	63	2700	DN400	1700	490	2090
QPG(R)400-550A	1380	68	355	1450	63	3100	DN400	1700	490	2090
QPG(R)400-550	1500	82	450	1450	63	3600	DN400	1700	490	2190
QPG(R)400-550(I)C	1350	55	280	1450	63	2700	DN400	1700	490	2090
QPG(R)400-550(I)B	1480	67	355	1450	63	3100	DN400	1700	490	2090
QPG(R)400-550(I)A	1600	78	450	1450	63	3600	DN400	1700	490	2190
QPG(R)400-550(I)	1750	94	630	1450	63	4100	DN400	1700	490	2320
QPG(R)450-380C	1800	26	200	1450	60	2300	DN450	1600	520	2020
QPG(R)450-380B	2000	32	250	1450	60	2600	DN450	1600	520	2020
QPG(R)450-380A	2150	36	280	1450	60	2800	DN450	1600	520	2120
QPG(R)450-380	2300	42	355	1450	60	3200	DN450	1600	520	2120
QPG(R)450-380(I)C	2200	26	220	1450	60	2500	DN450	1600	520	2020
QPG(R)450-380(I)B	2400	32	280	1450	60	2800	DN450	1600	520	2120
QPG(R)450-380(I)A	2600	37	355	1450	60	3200	DN450	1600	520	2120
QPG(R)450-380(I)	2800	42	450	1450	60	3700	DN450	1600	520	2220
QPG(R)450-490C	1970	41	315	1450	63	3000	DN450	1700	520	2120
QPG(R)450-490B	2150	49	400	1450	63	3500	DN450	1700	520	2220
QPG(R)450-490A	2330	58	500	1450	63	3900	DN450	1700	520	2220
QPG(R)450-490	2500	67	630	1450	63	4200	DN450	1700	520	2320
QPG(R)450-490(I)C	2050	44	355	1450	63	3200	DN450	1700	520	2120
QPG(R)450-490(I)B	2230	52	450	1450	63	3700	DN450	1700	520	2220
QPG(R)450-490(I)A	2420	61	560	1450	63	4000	DN450	1700	520	2220
QPG(R)450-490(I)	2600	71	710	1450	63	5000	DN450	1700	520	2320
备注	1. QPG、QPS 为屏蔽式空调循环专用泵,输液温度≤60℃;QPGR、QPSR 为屏蔽式锅炉循环专用泵,输液温度≤150℃; 2. 表中尺寸 L 为水泵进、出口法兰间距,A 为进、出口法兰中心到泵底座安装高度,H 为水泵净总高度; 3. 表中性能参数仅为典型点性能参数取样点,详细性能参数可与生产厂家联系; 4. 厂家名称:上海创科泵业制造有限公司,厂址:上海市青浦工业园区崧辉路 777 号,法人代表及电话:潘晓晖,021-59758880									

单级单吸离心泵性能表

泵型号	流量 (m³/h)	扬程 (m)	转速 (r/min)	轴功率 (kW)	电机功率 (kW)	效率 (%)	必须气蚀余量(m)	泵组重量 (kg)
SB-Z50-32-155	40	29	2900	4.4	5.5	72	3.5	170
SB-Z65-50-152	60	28.1	2900	6.3	7.5	73	3.7	190
SB-Z80-65-146	80	28	2900	8.3	11	74	4.8	254
SB100-80-152	130	28	2900	12.1	15	82	5.4	297
SB125-100-150	210	20	2900	15.7	18.5	73	6.0	384
SB150-125-200/190	350	40	2950	47.07	55	81	6	689
SB-X50-32-120K	25	18.5	2840	1.85	2.2	68	5.5	146
SB-X65-50-169K	65	36	2930	8.5	11	75	3.0	235
SB-X80-50-200	60	50	2930	10.57	15	76	3.0	315
SB-X100-80-250	100	80	2950	29.05	45	75	3.8	500
SB-X125-100-180	200	35	2950	23.83	30	80	4.9	460
SB-X150-125-200/192A	320	40	2970	42.51	45	82	5.8	565
SB-X200-150-222	450	46	2970	68.75	75	82	5.8	970
SB-X100-80-70	100	45	1470	16.34	22	75	2.3	580
SB-X125-100-325	200	34	1470	23.15	30	80	2.6	630
SB-X150-125-370	280	40	1480	37.2	45	82	2.4	760
SB-X200-150-420	500	58	1485	90.78	110	87	2.2	1400

备注	单位名称:英伦泵业江苏有限公司,(原无锡市河埒水泵总厂),单位地址:无锡市梁青路乔巷 105 号,法定代表人:沈方华,手机:13601488803/13606173865,电话:0510-85890587,传真:0510-85893373  

单级双吸离心泵性能表

泵型号	流量 (m³/h)	扬程 (m)	转速 (r/min)	轴功率 (kW)	电机功率 (kW)	效率 (%)	必须气蚀余量(m)	泵组重量 (kg)
SB-X250-150-360A	250	35	1480	32.2	37	74	5.3	1162
SB-X250-200-500B	550	80	1480	157.61	200	76	4.8	2750
SB-X300-200-400	625	46	1485	94.33	110	83	3.4	1900
SB-X300-250-480	700	72	1480	171.57	200	80	3.6	2850
SB-X350-250-335A	750	29	1480	73.12	75	81	4.7	2000

续表

泵型号	流量 (m^3/h)	扬程 (m)	转速 (r/min)	轴功率 (kW)	电机功率 (kW)	效率 (%)	必须气蚀 余量(m)	泵组重量 (kg)
SB-X350-250-375	900	40	1485	119.56	132	82	4.5	2530
SB-X400-350-490	1200	72	1485	280.11	315	84	4.2	3700
SB-X450-400-500	1600	75	1490	380	450	86	5.0	5780
SB-X500-450-430	2000	55	1490	365.6	400	84	4.2	5400
SB-X600-500-475	2500	52	1490	416.5	500	85	5.8	5830
SB-X250P2-200-450A	400	58	1480	78.98	90	80	5.5	2100
SB-X300P2-250-500	750	80	1480	177.33	220	86	3.5	3000
SB-X350P2-300-480	700	32	990	71.77	90	85	1.5	2530
SB-X400P2-350-460	900	27	990	76.95	90	86	1.7	2800
SB-X300P2-250-635	750	127	1485	328.35	400	79	3.6	6180
SB-X400P2-300-560	1300	97	1485	400.27	500	78	3.3	6460
SB-X600P2-500-400	2500	40	1485	320.39	355	85	4.7	5530
备注	单位名称:英伦泵业江苏有限公司,单位地址:无锡市梁青路乔巷105号,法定代表人: 沈方华,手机:13601488803/13606173865,电话:0510-85890587,传真:0510-85893373 							

强效综合水处理器设备参数表　　附表 1-90

设备型号	输水 管径 (mm)	处理流量 (t/h)	功率 (W)	重量 (kg)	压力(MPa)	设备外形尺寸(mm)					参考价格 (万元)
						A	L	B	ϕC	P_{DN}	
WD-100A1.0ZH-A	100	50～80	160	344		1160	900	785	600	50	5～11
WD-125A1.0ZH-A	125	65～130	160	370		1220	900	820	600	50	5.5～12
WD-150A1.0ZH-A	150	80～160	170	375		1220	900	820	600	50	6～12.5
WD-200A1.0ZH-A	200	160～300	220	548		1310	1000	880	700	50	8～14
WD-250A1.0ZH-A	250	300～450	230	580	三种压力形式 分别为<1.0,< 1.6,<2.5,前型 号表示方法为< 1.0的设备	1380	1000	920	700	50	9.5～15.5
WD-300A1.0ZH-A	300	450～700	280	780		1530	1100	1040	800	50	10.5～17.5
WD-350A1.0ZH-A	350	700～1000	290	820		1610	1100	1095	800	50	12～19
WD-400A1.0ZH-A	400	1000～1200	350	1060		1760	1240	1220	900	80	13.5～22
WD-450A1.0ZH-A	450	1200～1500	360	1100		1860	1240	1290	900	80	15.5～23.5
WD-500A1.0ZH-A	500	1500～2000	420	1300		1950	1300	1375	1000	80	17～27.5
WD-600A1.0ZH-A	600	2000～3000	430	1380		2330	1500	1382	1200	150	18～30.5
WD-700A1.0ZH-A	700	3000～4800	450	1560		2330	1550	1382	1200	150	19.5～33.5
备注	1. 表中尺寸 A 为设备总高,尺寸 L 为设备进出水口中心距离,尺寸 B 为设备进出水口中心距 离地面的高度,尺寸 ϕC 为设备主体直径,P_{DN} 为设备排污口直径; 　2. 大于 DN700 以上的设备,小于 DN100 以下设备,可与生产厂家联系; 　3. 压损为:0.05～0.03MPa; 　4. 厂家名称:北京禹辉净化技术有限公司,厂址:北京平谷滨河工业开发区,法人代表及电 话:宛金晖,010-68230316										

全滤综合水处理器设备参数表　　　　　　　　　　　　　附表1-91

设备型号	输水管径 (mm)	处理流量 (t/h)	设备外形尺寸(mm)					功率 (W)	重量 (kg)	参考价格 (万元)
			A	L	B	ϕC	P_{DN}			
WD-100A1.0QLZH-AC	100	50～80	1330	1000	705	618	50	310	375	5.5～10.5
WD-125A1.0QLZH-AC	125	65～130	1330	1000	705	618	50	310	395	5.8～11
WD-150A1.0QLZH-AC	150	80～160	1330	1000	705	618	50	330	420	6～11.5
WD-200A1.0QLZH-AC	200	160～300	1600	1100	870	720	50	400	580	7.6～12.5
WD-250A1.0QLZH-AC	250	300～450	1600	1100	870	720	50	430	620	9.3～14
WD-300A1.0QLZH-AC	300	450～700	1790	1220	1020	820	50	470	820	11.5～15.5
WD-350A1.0QLZH-AC	350	700～1000	2040	1340	1190	920	50	470	860	13.5～17.5
WD-400A1.0QLZH-AC	400	1000～1200	2040	1340	1190	920	50	500	1110	14.5～19.5
WD-450A1.0QLZH-AC	450	1200～1500	2210	1400	1260	1020	100	530	1150	17～22
WD-500A1.0QLZH-AC	500	1500～2000	2210	1400	1260	1020	100	570	1370	19～23.5
WD-600A1.0QLZH-AC	600	2000～3000	2560	1640	1490	1220	100	600	1450	22～26.5
WD-700A1.0QLZH-AC	700	3000～4800	2560	1640	1490	1220	100	650	1630	26～30.5
WD-800A1.0QLZH-AC	800	4000～6300	2520	1660	1515	1220	100	700	1820	31～36.5
备注	1. 表中尺寸 A 为设备总高,尺寸 L 为设备进出水口中心距离,尺寸 B 为设备进出水口中心距离地面的高度,尺寸 ϕC 为设备主体直径,P_{DN} 为设备排污口直径; 2. 大于 $DN800$ 以上的设备,小于 $DN100$ 以下设备,可与生产厂家联系; 3. 厂家名称:北京禹辉净化技术有限公司,厂址:北京平谷滨河工业开发区,法人代表及电话:宛金晖,010-68230316									

旁流综合水处理器（强效杀菌型）设备参数表　　　　　　附表1-92

设备型号	进出水 管径	适配系统 管径	单机处理 流量(t/h)	设备外形尺寸(mm)			功率 (W)	重量 (kg)	参考价格 (万元)
				L	H	W			
WD-25PLZH/I-1.0	$DN25$	$DN200$ 及以下	2～6	1300	1300	600	350	220	4.8～7.8
WD-40PLZH/I-1.0	$DN40$	$DN250$	5～12	1300	1300	600	400	260	5～8
WD-50PLZH/I-1.0	$DN50$	$DN300$	10～25	1220	1116	650	500	300	5.5～8.5
WD-65PLZH/I-1.0	$DN65$	$DN350$	18～40	1220	1116	650	550	320	5.8～9.5
WD-80PLZH/I-1.0	$DN80$	$DN400$	25～50	1220	1120	650	600	350	6～10.5
WD-100PLZH/I-1.0	$DN100$	$DN450$	50～80	1220	1350	900	750	400	7.9～13.5
WD-125PLZH/I-1.0	$DN125$	$DN500$	65～130	1800	1500	1000	750	520	9～13.5
WD-150PLZH/I-1.0	$DN150$	$DN600$	80～160	1800	1650	1000	950	610	11.5～16.5
WD-200PLZH/I-1.0	$DN200$	$DN700$	160～300	2000	1500	1200	1000	800	15.5～22
备注	1. 大于 $DN200$ 以上的设备,小于 $DN25$ 以下设备,可与生产厂家联系; 2. 厂家名称:北京禹辉净化技术有限公司,厂址:北京平谷滨河工业开发区,法人代表及电话:宛金晖,010-68230316								

旁流综合水处理器（强效过滤型）设备参数表 附表 1-93

设备型号	进出水管径	适配系统管径	单机处理流量(t/h)	设备外形尺寸(mm)			重量(t)	参考价格（万元）
				L	H	W		
WD-50PLZH/Ⅱ-1.0	DN50	DN300 及以下	8～15	1750	2600	600	1.2	7.8～13.5
WD-65PLZH/Ⅱ-1.0	DN65	DN350	15～25	2050	2700	800	1.4	9～15.5
WD-80PLZH/Ⅱ-1.0	DN80	DN400	20～35	2400	2830	1000	1.6	11～18.5
WD-100PLZH/Ⅱ-1.0	DN100	DN450	30～55	2650	3200	1200	2	14～22.5
WD-125PLZH/Ⅱ-1.0	DN125	DN500	50～85	3150	3400	1600	2.6	16.5～25
WD-150PLZH/Ⅱ-1.0	DN150	DN600	80～130	3650	3600	2000	3.8	22～30.5
WD-200PLZH/Ⅱ-1.0	DN200	DN700	130～220	4200	3800	2500	6.2	27～36.5
WD-250PLZH/Ⅱ-1.0	DN250	DN800	210～350	4800	4000	3000	8	33～46
备注								

备注：
1. 大于 DN250 以上的设备，小于 DN50 以下设备，可与生产厂家联系；
2. 厂家名称：北京禹辉净化技术有限公司，厂址：北京平谷滨河工业开发区，法人代表及电话：宛金晖，010-68230316

物化综合水处理器设备参数表 附表 1-94

设备型号	输水管径	处理流量(t/h)	设备外形尺寸(mm)					功率(W)	重量(kg)	参考价格（万元）
			A	L	W	ϕB	P_{DN}			
WD-50WHZH/Ⅱ-1.0	DN50	10～25	1850	1580	980	550	50	350	730	5.5～13.5
WD-80WHZH/Ⅱ-1.0	DN80	25～50	1850	1580	980	550	50	350	760	5.5～14.5
WD-100WHZH/Ⅱ-1.0	DN100	50～80	1850	1580	980	550	50	370	810	5.8～14.8
WD-125WHZH/Ⅱ-1.0	DN125	65～130	1850	1640	980	550	50	370	870	5.6～14.5
WD-150WHZH/Ⅱ-1.0	DN150	80～160	1850	1730	980	600	50	380	920	6～14.5
WD-200WHZH/Ⅱ-1.0	DN200	160～300	1850	1830	980	690	50	420	1040	6.5～15.5
WD-250WHZH/Ⅱ-1.0	DN250	300～450	1850	1830	980	720	50	430	1100	8.5～16.5
WD-300WHZH/Ⅱ-1.0	DN300	450～700	1850	1920	980	770	50	450	1270	9.5～17.5
WD-350WHZH/Ⅱ-1.0	DN350	700～1000	1850	1980	980	770	50	450	1300	10.5～19.5
WD-400WHZH/Ⅱ-1.0	DN400	1000～1200	2030	2080	980	780	80	450	1480	12～21.5
WD-450WHZH/Ⅱ-1.0	DN450	1200～1500	2150	2180	1050	880	80	450	1510	13.5～22.5
WD-500WHZH/Ⅱ-1.0	DN500	1500～2000	2340	2180	1050	94	80	500	1680	15～24.5
WD-600WHZH/Ⅱ-1.0	DN600	2000～3000	2800	2300	1250	1020	100	500	1740	17.5～25.5
WD-700WHZH/Ⅱ-1.0	DN700	3000～4800	3120	2300	1250	1100	100	500	1880	18.5～27.5

备注：
1. 表中尺寸 A 为设备总高，尺寸 L 为设备进出水口中心距离，尺寸 B 为设备进出水口中心距离地面的高度，尺寸 W 为设备俯视宽度，P_{DN} 为设备排污口直径；
2. 大于 DN700 以上的设备，小于 DN50 以下设备，可与生产厂家联系；
3. 厂家名称：北京禹辉净化技术有限公司，厂址：北京平谷滨河工业开发区，法人代表及电话：宛金晖，010-68230316

吸吮式自清洗过滤器设备参数表　　　　附表 1-95

设备型号	输水管径	处理流量 (t/h)	设备外形尺寸(mm)					功率 (W)	重量 (kg)	参考价格 (万元)
			H	H_1	L	ϕC	P_{DN}			
WD-100XGL-1.0-AC	100	50～80	835	425	470	250	65	80	180	8～10.5
WD-125XGL-1.0-AC	125	65～130	865	435	500	300	65	80	200	8.5～10.8
WD-150XGL-1.0-AC	150	80～160	865	435	520	300	65	80	225	8.5～11
WD-200XGL-1.0-AC	200	160～300	1050	500	635	400	80	80	320	9.5～11.5
WD-250XGL-1.0-AC	250	300～450	1240	555	690	450	80	110	380	11～12.5
WD-300XGL-1.0-AC	300	450～700	1300	580	770	500	80	110	450	12.5～13.5
WD-350XGL-1.0-AC	350	700～1000	1420	650	885	600	80	110	680	13.5～14.5
WD-400XGL-1.0-AC	400	1000～1200	1425	655	915	600	80	110	710	15.5～16.5
WD-450XGL-1.0-AC	450	1200～1500	1575	715	1010	700	80	160	960	16.5～18.5
WD-500XGL-1.0-AC	500	1500～2000	1680	790	1010	700	100	160	990	18.5～22.5
WD-600XGL-1.0-AC	600	2000～3000	1845	915	1120	800	100	200	1300	22～22.8
WD-700XGL-1.0-AC	700	3000～4800	2005	1000	1240	900	100	200	1710	24～24.8
WD-800XGL-1.0-AC	800	4800～6500	2355	1165	1415	1000	125	200	2080	28～29.5

备　注	1. 表中尺寸 H 为设备总高,尺寸 H_1 为设备出水口中心距离底面的高度,尺寸 L 为设备长度,尺寸 ϕC 为设备主体直径,P_{DN} 为设备排污口直径; 2. 大于 $DN800$ 以上的设备,小于 $DN100$ 以下设备,可与生产厂家联系; 3. 厂家名称:北京禹辉净化技术有限公司,厂址:北京平谷滨河工业开发区,法人代表及电话:宛金晖,010-68230316

射频自动排污过滤器设备参数表　　　　附表 1-96

型号	输水管径 (mm)	处理流量 (t/h)	设备外形尺寸(mm)			净重 (kg)	参考价格 (万元)
			A	L	ϕC		
WD-80SPG-A	80	18～40	565	550	273	60	1.7～2.2
WD-100SPG-A	100	40～70	565	550	273	64	2.3～2.8
WD-125SPG-A	125	50～100	565	550	273	67	2.4～2.9
WD-150SPG-A	150	70～138	565	550	273	69 ·	2.8～3.3
WD-200SPG-A	200	138～260	600	600	325	95	3.3～3.8
WD-250SPG-A	250	260～430	760	850	478	185	4.4～4.9
WD-300SPG-A	300	430～660	760	850	478	198	5.5～6
WD-350SPG-A	350	660～840	925	1100	630	328	6～6.5
WD-400SPG-A	400	840～1000	925	1100	630	358	7～7.5
WD-450SPG-A	450	1000～1400	1025	1300	720	528	8～8.5
WD-500SPG-A	500	1400～2000	1140	1500	820	710	9～9.5

备注	1. 大于 $DN600$ 以上的设备,小于 $DN50$ 以下设备,可与生产厂家联系; 2. 厂家名称:北京禹辉净化技术有限公司,厂址:北京平谷滨河工业开发区,法人代表及电话:宛金晖,010-68230316

浮动上滤式过滤器设备参数表 附表 1-97

型号	输水管径 （mm）	处理流量 （t/h）	设备外形尺寸 （mm）	重量（t）	参考价格（万元）
WD-15FL	50	8～15	$\phi600\times2600$	1.8	6～9
WD-25FL	65	15～25	$\phi800\times2800$	2.4	6.8～10.3
WD-35FL	80	20～35	$\phi1000\times3000$	3.5	8.6～12.6
WD-55FL	100	30～55	$\phi1200\times3200$	5	10.6～14.8
WD-85FL	125	50～85	$\phi1600\times3400$	8.5	13～17.2
WD-130FL	150	80～130	$\phi2000\times3600$	13.5	15.9～20.3
WD-220FL	200	130～220	$\phi2500\times3800$	21.2	18.6～23.6
备注	1. 大于 $DN200$ 以上的设备，小于 $DN50$ 以下设备，可与生产厂家联系； 2. 厂家名称：北京禹辉净化技术有限公司，厂址：北京平谷滨河工业开发区，法人代表及电话：宛金晖，010-68230316				

压力式过滤器设备参数表 附表 1-98

型号	输水管径 （mm）	处理流量 （t/h）	设备外形尺寸 （mm）	重量 （t）	参考价格 （万元）
WD-5SL	50	3.5～5	$\phi800\times2900$	4.0	3.0～3.5
WD-10SL	80	6～10	$\phi1200\times3000$	7.8	5.0～5.5
WD-15SL	80	11～15	$\phi1400\times3200$	9.6	6.5～7
WD-20SL	100	14～20	$\phi1600\times3400$	10.8	7.5～8
WD-30SL	150	20～35	$\phi2000\times3600$	19.3	10～10.5
WD-50SL	150	35～50	$\phi2500\times3800$	28.0	14.5～15
备注	1. 大于 $DN150$ 以上的设备，小于 $DN50$ 以下设备，可与生产厂家联系； 2. 厂家名称：北京禹辉净化技术有限公司，厂址：北京平谷滨河工业开发区，法人代表及电话：宛金晖，010-68230316				

螺旋除渣器设备参数表 附表 1-99

型号	输水管径 （mm）	处理流量 （t/h）	连接方式	设备外形尺寸(mm) （$\phi C\times L\times H$）	排污口 （P_N）	参考价格 （万元）
WD-25LC/1.0	$DN25$	1～5	螺纹	$220\times340\times540$	20	0.5～0.8
WD-32LC/1.0	$DN32$	3～8	螺纹	$220\times340\times540$	20	0.54～0.84
WD-40LC/1.0	$DN40$	5～10	法兰	$220\times340\times540$	20	0.72～1.02
WD-50LC/1.0	$DN50$	10～18	法兰	$250\times430\times650$	32	0.74～1.04
WD-65LC/1.0	$DN65$	15～30	法兰	$250\times430\times650$	32	1～1.3
WD-80LC/1.0	$DN80$	18～40	法兰	$250\times430\times650$	32	1.1～1.4
WD-100LC/1.0	$DN100$	40～70	法兰	$430\times650\times1050$	50	1.6～1.9
WD-125LC/1.0	$DN125$	50～100	法兰	$430\times650\times1050$	50	1.8～2.1
WD-150LC/1.0	$DN150$	70～138	法兰	$720\times1020\times1500$	50	2～2.3
WD-200LC/1.0	$DN200$	138～260	法兰	$720\times1020\times1500$	50	2.7～3

型号	输水管径 (mm)	处理流量 (t/h)	连接方式	设备外形尺寸(mm) ($\phi C \times L \times H$)	排污口 (P_N)	参考价格 (万元)
WD-250LC/1.0	DN250	260～300	法兰	820×1180×1800	50	3.2～3.5
WD-300LC/1.0	DN300	430～660	法兰	820×1180×1800	50	3.7～4
WD-350LC/1.0	DN350	660～840	法兰	920×1300×2050	50	4.5～4.8
WD-400LC/1.0	DN400	840～1000	法兰	920×1300×2050	50	5.3～5.8
WD-450LC/1.0	DN450	1000～1400	法兰	1020×1420×2400	100	6.1～6.7
WD-500LC/1.0	DN500	1400～2000	法兰	1020×1420×2400	100	7～7.5
WD-600LC/1.0	DN600	2000～3000	法兰	1200×1650×2800	150	8.5～9.5
WD-700LC/1.0	DN700	3000～4800	法兰	1200×1650×2800	150	9.5～11.5
备注						

备注：
1. 大于DN700以上的设备，小于DN25以下的设备，可与生产厂家联系；
2. 厂家名称：北京禹辉净化技术有限公司，厂址：北京平谷滨河工业开发区，法人代表及电话：宛金晖，010-68230316

水系统自洁消毒器设备参数表　　　　附表1-100

型号	处理流量 (t/h)	适用条件		进出水 口管径	外形尺寸 (mm)	功率 (W)	重量 (kg)	承压 (MPa)	参考价格 (万元)
		饮用水箱 (m³)	消防水箱 (m³)						
ZM-Ⅰ	2	≤100	≤200	DN20	1400×700×350	≤300	90	≤0.1	6～7.5
	10	≤400	≤800	DN50	1400×800×500	≤800	230	≤0.6	13～14.5
ZM-Ⅱ	2	≤100	≤200	DN20	φ450×1000	≤300	36	/	3.6～4.4
ZM-Ⅲ	10	建议单台设备按系统 水容量1～3%设计		DN50	1400×1200×900	≤820	420	≤1.6	20.5～ 22.5

备注：
1. 电源：220V；
2. 厂家名称：北京禹辉净化技术有限公司，厂址：北京平谷滨河工业开发区，法人代表及电话：宛金晖，010-68230316

真空脱气机设备参数表　　　　附表1-101

型号	工作压 力范围 (MPa)	最大处理 水系统 容积(m³)	最大处 理水量 (t/h)	进出 口管 径	电源要求	运行功率 (kW)	外形尺寸(mm) (高×宽×深)	净重 (kg)	参考价格 (万元)
WD-A1.0TQ-C/H	≤1.0	200	4	DN20	220V/50Hz	1.1	1140×560×370	55	6.3～7.5
WD-A1.6TQ-C/H	≤1.6	230	6	DN20	220V/380V/50Hz	3	1300×600×450	90	7.9～9.3
WD-A2.5TQ-C/H	≤2.5	230	6	DN20	220V/380V/50Hz	3	1400×600×500	110	9.7～10.9

备注：
1. C/H-C型适用于中央空调系统；
2. H型适用于供热系统；
3. 环境温度：0～55℃；
4. 水系统温度A：0～90℃；水系统温度B：0～130℃；
5. 厂家名称：北京禹辉净化技术有限公司，厂址：北京平谷滨河工业开发区，法人代表及电话：宛金晖，010-68230316

定压补水真空脱气机组设备参数表　　　　　　　附表 1-102

设备名称	型号	补水量 (m³/h)	扬程 (m)	管径	装机功率 (kW)	适用系统水量 (m³)	L (mm)	W (mm)	H (mm)	L_1 (mm)	H (mm)	参考价格 (万元)
变频定压补水真空脱气机组	WD-2DBTQ/B-I	2	20~160	DN25	0.85~4.85	20~40	1100	1100	1600	50	130	5.5~6.5
	WD-3DBTQ/B-I	3	20~160	DN25	0.85~6.85	30~60	1100	1100	1600	60	130	6~7.5
	WD-4DBTQ/B-I	4	20~160	DN32	1.42~8.55	40~80	1200	1200	1600	70	130	6.3~7.8
	WD-6DBTQ/B-I	6	20~160	DN40	1.85~11.50	60~120	1200	1200	1600	80	130	6.7~8.2
	WD-8DBTQ/B-I	8	20~160	DN40	1.85~15.50	80~160	1300	1250	1600	80	135	7.5~9
	WD-10DBTQ/B-I	10	20~160	DN50	3.45~22.55	100~200	1300	1250	1600	85	145	8~9.5
	WD-12DBTQ/B-I	12	20~160	DN50	3.45~22.55	120~240	1500	1350	1700	85	145	8.5~10
	WD-14DBTQ/B-I	14	20~160	DN50	4.85~22.55	140~280	1500	1350	1700	85	145	9~10.5
	WD-16DBTQ/B-I	16	20~160	DN50	4.85~30.55	160~320	1500	1350	1700	85	145	9.5~11
膨胀罐定压补水真空脱气机组	WD-2DBTQ/P-I	2	20~160	DN25	0.81~4.65	20~40	1100	1100	1600	60	130	6.7~7.7
	WD-3DBTQ/B-I	3	20~160	DN25	0.81~6.45	30~60	1100	1100	1600	60	130	7.2~8.2
	WD-4DBTQ/B-I	4	20~160	DN32	1.32~8.30	40~80	1200	1200	1600	70	130	8.5~9.5
	WD-6DBTQ/B-I	6	20~160	DN40	1.75~11.30	60~120	1200	1200	1600	80	130	10~11
	WD-8DBTQ/B-I	8	20~160	DN40	1.75~15.30	80~160	1300	1250	1600	80	135	11~12.5
	WD-10DBTQ/B-I	10	20~160	DN50	3.25~22.30	100~200	1300	1250	1600	85	145	12.8~14.3
	WD-12DBTQ/B-I	12	20~160	DN50	3.25~22.30	120~240	1500	1350	1700	85	145	13~14.5
	WD-14DBTQ/B-I	14	20~160	DN50	4.65~22.30	140~280	1500	1350	1700	85	145	15.8~17.3
	WD-16DBTQ/B-I	16	20~160	DN50	4.65~30.30	160~320	1500	1350	1700	85	145	16.8~18.3
高位膨胀水箱定压补水真空脱气机组	WD-2DBTQ/S-I	2	20~160	DN25	0.81~4.65	20~40	1100	1100	1600	50	130	4.3~5.3
	WD-3DBTQ/B-I	3	20~160	DN25	0.81~6.45	30~60	1100	1100	1600	50	130	4.7~5.7
	WD-4DBTQ/B-I	4	20~160	DN32	1.32~8.30	40~80	1200	1200	1600	70	130	5.0~6.0
	WD-6DBTQ/B-I	6	20~160	DN40	1.75~11.30	60~120	1200	1200	1600	80	130	5.4~6.4
	WD-8DBTQ/B-I	8	20~160	DN40	1.75~15.30	80~160	1300	1250	1600	80	135	5.8~6.8
	WD-10DBTQ/B-I	10	20~160	DN50	3.25~22.30	100~200	1300	1250	1600	85	145	6.8~7.8
	WD-12DBTQ/B-I	12	20~160	DN50	3.25~22.30	120~240	1500	1350	1700	85	145	7.1~8.1
	WD-14DBTQ/B-I	14	20~160	DN50	4.65~22.30	140~280	1500	1350	1700	85	145	7.6~9.1
	WD-16DBTQ/B-I	16	20~160	DN50	4.65~30.30	160~320	1500	1350	1700	85	145	7.9~9.4
备注	厂家名称：北京禹辉净化技术有限公司，厂址：北京平谷滨河工业开发区，法人代表及电话：宛金晖，010-68230316											

模块式智能加药装置设备参数表　　　　　　　附表 1-103

设备型号	最大加药量 (L/h)	适用范围 (m³/h)	药桶数量 (个)	接头管径	外形尺寸(长×宽×高)(mm)	功率 (W)	运行重量 (kg)	参考价格 (万元)
WD-3JY-AC	15	<10000	3	DN15	820×820×1700	420	750	4.2~5.2
WD-3JY-ZC						450		5.9~6.9
WD-3JY-GZC						480		11.2~12.2

续表

设备型号	最大加药量 (L/h)	适用范围 (m³/h)	药桶数量 (个)	接头管径	外形尺寸(长×宽×高)(mm)	功率 (W)	运行重量 (kg)	参考价格 (万元)
WD-2JY-AC						280		3.1～4.1
WD-2JY-ZC	10	＜6500	2	DN15	820×820×1600	310	520	4.8～5.8
WD-2JY-GZC						340		10.1～11.1
WD-1JY-AC						160		1.7～2.7
WD-1JY-ZC	5	＜3200	1	DN15	600×800×1400	190	290	3.4～4.4
WD-1JY-GZC						220		8.7～9.7
备注	1. AC-全自动型,ZC-智能型,GZC-高级智能型; 2. 最大压力:1.6MPa; 3. 药桶容积:200L/个; 4. 厂家名称:北京禹辉净化技术有限公司,厂址:北京平谷滨河工业开发区,法人代表及电话:宛金晖,010-68230316								

全自动软水器设备参数表　　　　　　　　　　　　　　　附表 1-104

型号	产水量 (t/h)	管径 (mm)	树脂罐 (D×H) (mm)	树脂量 (L)	再生储盐罐 D×H (mm)	运行重量 (t)	放置空间 (长×宽×高,m)	运行模式	参考价格 (万元)
WD 1A	1	DN25	250×1400	50	380×860	0.1	1×1×2		0.92～1.9
WD-2A	2～3	DN25	350×1650	100	510×980	0.26	1×1×2.5		1.6～2.6
WD-3A	3～4	DN25	400×1650	125	510×980	0.3	1.5×2×2.5		1.7～2.7
WD-4A	4～5	DN25	500×1750	200	640×1150	0.4	1.5×2×2.5		2.9～3.9
WD-6A	6～8	DN40	600×1800	300	760×1300	0.8	2×1.5×3		5～6
WD-8A	8～10	DN40	750×1850	400	1000×1005	1	2.5×2×3	单阀单罐	5.6～6.6
WD-10A	10～15	DN50	800×1900	550	1000×1005	1.2	2.5×2×3		6.3～7.3
WD-15A	15～20	DN50	900×2100	750	1000×1300	1.5	2.5×2×3		6.8～7.8
WD-20A	20～30	DN50	1000×2200	850	1000×1300	2.5	3×2×3.5		8.2～9.2
WD-30A	30～40	DN80	1200×2400	1000	1210×1300	3	3×2×3.5		13～14
WD-40A	40～50	DN80	1400×2400	1400	1360×1650	4.5	3.5×3×4		15～16
WD-50A	50～55	DN80	1500×2400	1800	1360×1650	5	3.5×3×4		17～18
WD-1B	1	DN25	250×1400×2	100	380×860	0.36	1.5×1×2		1.7～2.2
WD-2B	1～2	DN25	300×1650×2	150	380×860	0.7	2×1×2.5	单阀双罐一用一备	2.2～3.2
WD-3B	2～3	DN25	350×1650×2	200	510×980	0.8	2×1×2.5		2.7～3.7
WD-4B	3～5	DN25	400×1650×2	250	510×980	1	2×1×2.5		3.2～4.2
WD-6B	6～8	DN40	500×1800×2	400	640×1150	1.25	2.5×2×2.5		5.7～6.7
WD-8B	8～12	DN40	600×1800×2	600	760×1300	1.6	3×2×3		6.5～7.5
WD-10B	10～15	DN50	750×1850×2	800	1000×1005	2.8	3×2×3		10.4～11.4
WD-15B	15～20	DN50	800×2000×2	1100	1000×1300	3.2	3.5×2×3		11～12
WD-20B	20～25	DN50	900×2100×2	1500	1000×1300	3.8	3.5×2×3	双阀双罐一用一备	11.2～12.2
WD-30B	30～40	DN80	1200×2200×2	2000	1210×1300	8	5×2×3.5		27.2～28.2
WD-40B	40～50	DN80	1400×2400×2	2800	1360×1650	11	5.5×2×4		29.1～30.1
WD-50B	50～55	DN80	1500×2400×2	3600	1360×1650	12	5.8×2.5×4		32.2～33.2

续表

型号	产水量 (t/h)	管径 (mm)	树脂罐 (D×H) (mm)	树脂量 (t)	再生储盐罐 D×H (mm)	运行重量 (t)	放置空间 (长×宽×高,m)	运行模式	参考价格 (万元)
WD-15C	10～20	DN40	750×1850×2	800	1000×1005×2	4	4.5×2×3.5	双阀双罐同时供水	9.7～10.7
WD-20C	15～30	DN50	800×1900×2	1100	1000×1005×2	6	4.5×2×3.5		11.5～12.5
WD-30C	20～40	DN50	1000×2200×2	1700	1000×1300×2	8	5.5×2.5×3.5		13.9～14.9
WD-45C	30～60	DN80	1200×2200×2	2000	1210×1300×2	8	5×2×3.5		30.1～31.1
WD-60C	40～80	DN80	1400×2400×2	2800	1360×1650×2	9	6×2.5×3.5		32.4～33.4
WD-75C	50～100	DN80	1500×2400×2	3600	1360×1650×2	12	8×2.5×4		35～36

备注
1. 100t/h的软化水装置设计、安装、方案根据现场实际情况而定；
2. 厂家名称：北京禹辉净化技术有限公司，厂址：北京平谷滨河工业开发区，法人代表及电话：宛金晖，010-68230316

除氧排污软水箱　　　　　　　　　　　　　　　附表1-105

| 型号 | 锅炉吨位 (t/h) | 软化水箱 | | | | | 除氧水箱 | | |
		软化水流量 (m³/h)	排污水流量 (m³/h)	软化水温 (℃)	排污水温 (℃)	外形尺寸 (mm)	软化水温 (℃)	排污水温 (℃)	外形尺寸 (mm)
P2.0	2.0	2.0	0.2	20/23	69/40	1600×1600×1400	23/100	100/69	1600×1600×1400
P4.0	4.0	4.0	0.4	20/23	69/40	2400×1600×1500	23/100	100/69	2400×1600×1500
P6.5	6.5	6.5	0.65	20/23	69/40	3000×1800×1800	23/100	100/69	3000×1800×1800
P10	10.0	10.0	1.0	20/23	69/40	4000×2000×1800	23/100	100/69	4000×2000×1800
P35	35	35	3.5	20/23	69/40	4000×4000×3000	23/100	100/69	4000×4000×3000
P75	75	75	7.5	20/23	69/40	6000×6000×3000	23/100	100/69	6000×6000×3000
P110	110	110	11	20/23	69/40	7000×7000×3000	23/100	100/69	7000×7000×3000

备注
1. 产品可根据用户锅炉总吨位大小，设计生产出相匹配的排污除氧水箱；
2. 厂址：四川成都崇州市经济开发区创新大道1号；法人：杨启明，电话028-8218833，邮箱yangqiming666@163.com

静态平衡阀　　　　　　　　　　　　　　　附表1-106

型号	口径	L(mm)	H(mm)	KVS	阀体材质	公称压力	工作温度
Hydrocontrol VFC	DN20	150	118	4.77	灰铸铁	PN16	−10～150℃
Hydrocontrol VFC	DN25	160	118	8.38	灰铸铁	PN16	−10～150℃
Hydrocontrol VFC	DN32	180	136	17.08	灰铸铁	PN16	−10～150℃
Hydrocontrol VFC	DN40	200	136	26.88	灰铸铁	PN16	−10～150℃
Hydrocontrol VFC	DN50	230	145	36.00	灰铸铁	PN16	−10～150℃
Hydrocontrol VFC	DN65	290	188	98.0	灰铸铁	PN16	−10～150℃
Hydrocontrol VFC	DN80	310	203	122.2	灰铸铁	PN16	−10～150℃
Hydrocontrol VFC	DN100	350	240	201.0	灰铸铁	PN16	−10～150℃
Hydrocontrol VFC	DN125	400	283	293.0	灰铸铁	PN16	−10～150℃

续表

型号	口径	L(mm)	H(mm)	KVS	阀体材质	公称压力	工作温度
Hydrocontrol VFC	DN150	480	285	404.0	灰铸铁	PN16	$-10\sim150$℃
Hydrocontrol VFC	DN200	600	467	814.5	灰铸铁	PN16	$-10\sim150$℃
Hydrocontrol VFC	DN250	730	480	1200.0	灰铸铁	PN16	$-10\sim150$℃
Hydrocontrol VFC	DN300	850	515	1600.0	灰铸铁	PN16	$-10\sim150$℃
Hydrocontrol VFC	DN350	980	560	2250.0	灰铸铁	PN16	$-10\sim150$℃
Hydrocontrol VFC	DN400	1100	655	3750.0	灰铸铁	PN16	$-10\sim150$℃
备注	1. L 为阀门长度,H 为进出水口中心至阀门最高点距离; 2. 流量偏差$\leqslant5\%$; 3. 另有 Hycocon VTZ 防脱锌黄铜材质静态平衡阀(DN15～DN50),Hydrocontrol VTR 青铜材质静态平衡阀(DN10～DN50),Hydrocontrol VFN 球墨铸铁材质静态平衡阀(DN50～DN300); 4. 厂家名称:欧文托普(中国)暖通空调系统技术有限公司,地址:北京经济技术开发区同济中路 5 号,联系电话:010-67883203						

动态压差平衡阀 **附表 1-107**

型号	压差控制范围	口径	L(mm)	H(mm)	KVS	阀体材质
Hydromat DTR	50～300mbar 250～700mbar	DN15	80	155	2.5	青铜
Hydromat DTR	50～300mbar 250～700mbar	DN20	84	157	5.0	青铜
Hydromat DTR	50～300mbar 250～700mbar	DN25	97.5	160	7.5	青铜
Hydromat DTR	50～300mbar 250～700mbar	DN32	110	169	10.0	青铜
Hydromat DTR	50～300mbar 250～700mbar	DN40	120	175	15.0	青铜
Hydromat DTR	50～300mbar 250～700mbar	DN50	150	210	34.0	青铜
Hydromat DFC	200～1000mbar 400～1800mbar	DN65	290	375	52	铸铁
Hydromat DFC	200～1000mbar 400～1800mbar	DN80	310	395	75	铸铁
Hydromat DFC	200～1000mbar 400～1800mbar	DN100	350	410	110	铸铁
Hydromat DFC	200～1000mbar 400～1800mbar	DN125	400	450	145	铸铁
Hydromat DFC	200～1000mbar 400～1800mbar	DN150	480	450	170	铸铁
备注	1. 公称压力 PN16,工作温度:$-10\sim120$℃; 2. L 为阀门长度,H 为进出水口中心至阀门最高点距离; 3. 另有 Hycocon DTZ 防脱锌黄铜材质动态压差平衡阀(DN15～DN50); 4. 厂家名称:欧文托普(中国)暖通空调系统技术有限公司,地址:北京经济技术开发区同济中路 5 号,联系电话:010-67883203					

动态平衡电动二通阀

型号	口径	L (mm)	H(mm)	流量范围(m³/h)	压差范围(kPa)
EDTV	DN15	105	150	0.45-1.76	20～150
					25～240
					30～300
EDTV	DN20	105	150	0.45-1.76	20～150
					25～240
					30～300
EDTV	DN25	119	150	0.45-1.76	20～150
					25～240
					30～300
备注	1. 公称压力 PN25,工作温度－10～120℃流量偏差≤5%; 2. 工作电压 220VAC,防护等级 IP44; 3. L 为阀门长度,H 为进出水口中心至阀门最高点距离; 4. 厂家名称:欧文托普(中国)暖通空调系统技术有限公司,地址:北京经济技术开发区同济中路5 号,联系电话:010-67883203				

动态平衡电动调节阀

型号	口径	压差范围(kPa)	最大流量(m³/h)	L (mm)	H (mm)	阀体材质	执行器选型
EDRV	DN15	30～400	1.4	120	178	黄铜	AC-06
EDRV	DN20	30～400	1.4	120	178	黄铜	
EDRV	DN25	30～400	2.4	140	192	黄铜	AC-07
EDRV	DN32	30～400	4.0	178	210	黄铜	
EDRV	DN40	30～420	8	200	332	球墨铸铁	BVA-03
EDRV	DN50	30～420	14	230	365	球墨铸铁	
EDRV	DN65	30～420	24.5	290	401	球墨铸铁	
EDRV	DN80	30～420	35	310	423	球墨铸铁	BVA-04
EDRV	DN100	30～420	50	350	449	球墨铸铁	
EDRV	DN125	30～420	70	400	523	球墨铸铁	AC-4
EDRV	DN150	30～420	100	480	575	球墨铸铁	
备注	1. 公称压力 PN16～PN25,工作温度－10～120℃,流量偏差≤5%; 2. 工作电压 24VAC,防护等级 IP43/IP54/IP65; 3. D 为阀门口径,L 为阀门长度,H 为进出水口中心至阀门最高点距离; 4. 厂家名称:欧文托普(中国)暖通空调系统技术有限公司,地址:北京经济技术开发区同济中路5 号,联系电话:010-67883203						

自控阀

型号	规格	阀体形式	KVS	L (mm)	H (mm)	材　质
Levalves B	DN15	二通	3	85	80	不锈钢
Levalves B	DN20		5	85	80	不锈钢

型号	规格	阀体形式	KVS	L (mm)	H (mm)	材　质
Levalves B	DN25	二通	8	90	86	不锈钢
Levalves B	DN32		13	105	92	不锈钢
Levalves B	DN40		21	120	100	不锈钢
Levalves B	DN50		35	140	107	不锈钢
Levalves Z	DN32	二通	13	180	157	铸铁
Levalves Z	DN40		21	200	170	铸铁
Levalves Z	DN50		35	230	175	铸铁
Levalves Z	DN65		52	290	195	铸铁
Levalves Z	DN80		88	310	200	铸铁
Levalves Z	DN100		140	350	227	铸铁
Levalves Z	DN125		210	400	246	铸铁
Levalves Z	DN150		320	480	270	铸铁
Levalves Z	DN200		410	495	355	铸铁
BVS	DN15	二通/三通	4	68	32	不锈钢
BVS	DN20		6.3	68	32	不锈钢
BVS	DN25		10	82	37	不锈钢
BVS	DN32		16	98	48	不锈钢
BVS	DN40		25	105	48	不锈钢
BVS	DN50		40	122	52	不锈钢
BVZ	DN65	二通	64	190	98	铸铁
BVZ	DN80		102	190	98	铸铁
BVZ	DN100		163	230	108	铸铁
BVZ	DN125		260	254	115	铸铁
BVZ	DN150		416	267	133	铸铁
备注	1. BVB、BVS、BVZ 为球阀阀体形式； 2. L 为阀门长度，H 为进出水口中心至阀门最高点距离； 3. 另 Levalves B 有三通阀体形式（DN15～DN50），Levalves Z 有三通阀体形式（DN65～DN200），BVB 黄铜材质二通电动调节阀； 4. 厂家名称：欧文托普（中国）暖通空调系统技术有限公司，地址：北京经济技术开发区同济中路 5 号，联系电话：010-67883203						

电动二通阀　　　　　　　　　　　　　　　　　　　附表 1-111

型号	规格	流量系数 KVS	关闭压差 (MPa)	工作温度 (℃)	公称压力 (MPa)	结构尺寸(mm)		阀体材质
						L	H	
SE81	DN20	2.8	0.3	－10～120	2.5	64	94	黄铜
SE81	DN25	4.0	0.25	－10～120	2.5	70	100	黄铜
SE81	DN32	8	0.2	－10～120	2.5	88	132	黄铜

型号	规格	流量系数 KVS	关闭压差 (MPa)	工作温度 (℃)	公称压力 (MPa)	结构尺寸(mm)		阀体材质
						L	H	
SF87	DN20	2.8	0.3	−10～120	2.5	64	94	黄铜
SF87	DN25	4.0	0.25	−10～120	2.5	70	100	黄铜
备注	1. SE81 为电热执行器,功率 3W,防护等级 IP44; 2. SF87 为电动执行器,功率 7W,防护等级 IP41; 3. L 为阀门长度,H 为进出水口中心至阀门最高点距离; 4. 厂家名称:欧文托普(中国)暖通空调系统技术有限公司,地址:北京经济技术开发区同济中路 5 号,联系电话:010-67883203							

温控阀　　　　　　　　　　　　　　　　　附表 1-112

型号	DN	L_1(mm)	L_2(mm)	L_3(mm)	L_4(mm)	H_1(mm)	H_2(mm)	KVS
AZ	10	52	22	52	85	47.5	28.5	1.1
AZ	15	58	26	59	95	50	28.5	1.1
AZ	20	66	29	63	106	53	28.5	1.1
AZ	25	75	34	80	125	61	28.5	1.1
AZ	32	86	39	90	150	68.5	33.5	1.1
备注	1. L_1 为角型阀进口中心至尾管距离,L_2 为角型阀进口至尾管中心距离,L_3 为直型阀尾管至阀盖中心距离,L_4 为直型阀进口至尾管距离,H_1 为进口至阀盖距离,H_2 为进口中心至阀盖距离; 2. 最高工作温度 120℃,工作压力 PN10,关闭压差 1bar; 3. 另有 A 及 AV6 型温控阀(DN10～DN32); 4. 厂家名称:欧文托普(中国)暖通空调系统技术有限公司,地址:北京经济技术开发区同济中路 5 号,联系电话:010-67883203							

蝶阀　　　　　　　　　　　　　　　　　　附表 1-113

规格	$\phi1$ (mm)	$\phi2$ (mm)	W_1 (mm)	W_2 (mm)	H_1 (mm)	H_2 (mm)	A 型(mm)				LT 型(mm)		KVS
							PN10		PN16		$\phi5$	n-M	
							$\phi3$	ϕd	$\phi4$	ϕd			
DN32	80	38.8	33	48	133	65	100	18	100	18	100	4-M16	28
DN40	88	40.3	33	50	133	70	110	18	110	18	110	4-M16	57
DN50	92	52.6	43	48	141	62	125	18	125	18	125	4-M16	108
DN65	104	64.4	46	50	153	72	145	18	145	18	145	4-M16	198
DN80	124	78.9	46	50	161	87	160	18	160	18	160	8-M16	330
DN100	154	104.1	52	58	179	106	180	18	180	18	180	8-M16	545
DN125	184	123.4	56	60	193	123	210	18	210	18	210	8-M16	890
DN150	205	155.9	56	60	204	137	240	22	240	23	240	8-M20	1410
DN200	265	202.9	60	64	247	174	295	22	295	23	295	12-M20	2356
DN250	316	250.9	68	73	280	209	350	22	355	27	355	12-M24	3780
DN300	366	301.6	78	83	324	250	400	22	410	27	410	12-M24	5590
DN350	438	334.3	76	80	370	267	—	—	470	28	470	16-M24	8080
DN400	491	390.2	86	90	400	301	—	—	525	31	525	16-M27	10553
DN450	540	441.4	105	109	422	326	—	—	585	31	585	20-M27	18965
DN500	592	492.5	131	136	480	358	—	—	650	34	650	20-M30	24300
DN600	714	593	152	156	562	444	—	—	770	37	770	20-M33	36850
备注	厂家名称:欧文托普(中国)暖通空调系统技术有限公司,地址:北京经济技术开发区同济中路 5 号,联系电话:010-67883203												

闸阀 附表 1-114

公称通径	L (mm)	H (mm)	D (mm)	D_1 (mm)		D_2 (mm)		$Z-\phi d$ (mm)		KVS
				1.0MPa	1.6MPa	1.0MPa	1.6MPa	1.0MPa	1.6MPa	
DN50	150	230	165	125		102		4—ϕ18		270
DN65	170	260	185	145		122		4—ϕ18		470
DN80	180	280	200	160		138		8—ϕ18		900
DN100	190	310	220	180		158		8—ϕ18		1600
DN125	200	360	250	210		188		8—ϕ18		2150
DN150	210	397	285	240		212		8—ϕ22		3680
DN200	230	500	340	295		268		8—ϕ22	12—ϕ22	2880
DN250	250	587	405	350	355	320		12—ϕ22	12—ϕ26	4306
DN300	270	685	460	400	410	370	378	12—ϕ22	12—ϕ26	6380
备注	厂家名称:欧文托普(中国)暖通空调系统技术有限公司,地址:北京经济技术开发区同济中路5号,联系电话:010-67883203									

Y形过滤器 附表 1-115

规格	L (mm)	D_1 (mm)	D_2 (mm)	D_3 (mm)	W (mm)	$n-\phi d$ (mm)	螺栓	H (mm)	H_1 (mm)	网孔直径 (mm)
DN50	230	165	125	99	23	4—ϕ19	M16	150	255	1.5
DN65	290	185	145	118	20	4—ϕ19	M16	175	293	1.5
DN80	310	200	160	132	22	8—ϕ19	M16	205	335	1.5
DN100	350	220	180	156	24	8—ϕ19	M16	235	383	1.5
DN125	400	250	210	184	26	8—ϕ19	M16	272	440	1.5
DN150	480	285	240	211	26	8—ϕ23	M20	304	490	1.5
DN200	600	340	295	266	30	12—ϕ23	M20	380	610	2.5
DN250	730	405	355	319	32	12—ϕ28	M24	406	870	2.5
DN300	850	460	410	370	32	12—ϕ28	M24	510	1084	2.5
DN350	980	520	470	429	36	16—ϕ28	M24	730	1195	2.5
DN400	1100	580	525	480	38	16—ϕ31	M27	832	1360	3.5
DN450	1200	640	585	548	40	20—ϕ31	M27	865	1392	3.5
DN500	1250	715	650	609	42	20—ϕ34	M30	930	1506	3.5
DN600	1450	840	770	702	48	20—ϕ37	M33	1135	1855	3.5
备注	厂家名称:欧文托普(中国)暖通空调系统技术有限公司,地址:北京经济技术开发区同济中路5号,联系电话:010-67883203									

截止阀 BSA1T 设备参数表　　　　　　　　　　附表 1-116

设备型号	设备口径	重量 （kg）	设备外形尺寸（mm）		
			A	B	C
BSA1T	DN15	4	130	205	125
BSA1T	DN20	4	150	205	125
BSA1T	DN25	5	160	217	125
BSA1T	DN32	7	180	217	125
BSA1T	DN40	10	200	243	200
BSA1T	DN50	12	230	243	200
BSA1T	DN65	16	290	263	200
BSA1T	DN80	21	310	287	200
BSA1T	DN100	36	350	383	315
BSA1T	DN125	52	400	416	315
BSA1T	DN150	75	480	450	315
BSA1T	DN200	145	600	622	315

公司名称：司派莎克工程（中国）
有限公司

地址：上海市闵行区浦江高科
技园区新骏路 800 号

电话：021-24163666

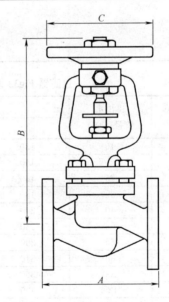

止回阀 DCV3/B 设备参数表　　　　　　　　附表 1-117

设备型号	设备口径	设备外形尺寸（mm）					重量 （kg）
		A	B	C	D	E	
DCV3/B	DN15	60	43	38	16	29	0.13
DCV3/B	DN20	69.5	53	45	19	35.7	0.19
DCV3/B	DN25	80.5	63	55	22	44	0.32
DCV3/B	DN32	90.5	75	68	28	54	0.55
DCV3/B	DN40	101	85	79	31.5	65.5	0.74

设备型号	设备口径（DN）	设备外形尺寸(mm)					重量（kg）
		A	B	C	D	E	
DCV3/B	DN50	115	95	93	40	77	1.25
DCV3/B	DN65	142	115	113	46	97.5	1.87
DCV3/B	DN80	154	133	128	50	111.5	2.42
DCV3/B	DN100	184	154	148	60	130	3.81

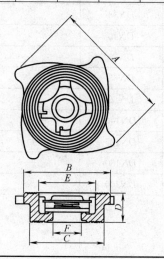

公司名称：司派莎克工程(中国)有限公司
地址：上海市闵行区浦江高科技园区新骏路800号
电话：021-24163666

过滤器 Fig33 设备参数表　　　　　附表 1-118

设备型号	进出水管径(DN)	设备外形尺寸			重量（kg）
		A	B	C	
Fig33	15	130	70	110	1.8
Fig33	20	150	80	130	2.7
Fig33	25	160	95	150	3.4
Fig33	32	180	135	225	6.0
Fig33	40	200	145	240	7.2
Fig33	50	230	175	300	10.9
Fig33	65	290	200	335	21.7
Fig33	80	310	210	340	25.9
Fig33	100	350	255	415	38.5
Fig33	125	400	300	510	63
Fig33	150	480	345	575	87
Fig33	200	600	435	730	153

公司名称：司派莎克工程(中国)有限公司
地址：上海市闵行区浦江高科技园区新骏路800号
电话：021-24163666

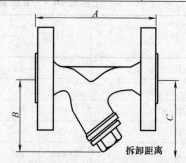

拆卸距离

热动力疏水阀 TD16 设备参数表　　　附表 1-119

设备型号	设备口径	设备外形尺寸			重量(t)
		A	B	E	
TD16	1/2″	41	78	55	0.75
TD16	3/4″	44	85	60	0.95
TD16	1″	48	95	65	1.50
TD16	DN15	41	150	55	1.95
TD16	DN20	44	150	60	2.65
TD16	DN25	48	160	65	3.90

公司名称:司派莎克工程(中国)有限公司

地址:上海市闵行区浦江高科技园区新骏路 800 号

电话:021-24163666

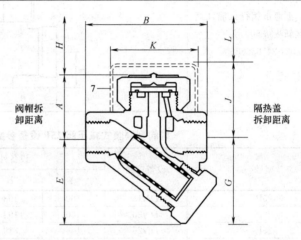

浮球疏水阀 FT43 设备参数表　　　附表 1-120

设备型号	设备口径	设备外形尺寸(mm)						重量(kg)
		A	B	C	D	E	F	
FT43	DN25	160	110	80	245	160	215	8.3
FT43	DN40	230	128	110	330	200	200	21.5
FT43	DN50	230	140	126	340	200	225	30.5
FT43	DN80	352	140	123	387	200	310	72
FT43	DN100	350	140	123	387	200	310	74

公司名称:司派莎克工程(中国)有限公司

地址:上海市闵行区浦江高科技园区新骏路 800 号

电话:021-24163666

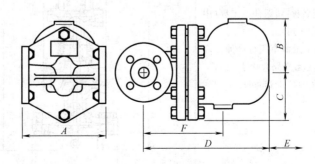

自动排气阀 AV13 设备参数表　　　　附表 1-121

型号	设备口径 DN	设备外形尺寸(mm)					重量 (kg)
		A	B	C	D	E	
AV13	3/8″	18	32	49	25	55	0.4
AV13	1/2″	20	38	53	25	55	0.4
AV13	3/4″	27	40	62	25	55	0.4

公司名称:司派莎克工程(中国)有限公司

地址:上海市闵行区浦江高科技园区新骏路 800 号

电话:021-24163666

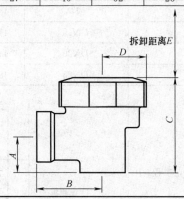

导阀型隔膜式减压阀 25P 设备参数表　　　　附表 1-122

型号	设备口径	设备外形及尺寸(mm)				重量 (kg)
		A	B	C	D	
25P	DN15	160	193	309	157	14
25P	DN20	160	193	309	157	14
25P	DN25	166	219	308	171	17
25P	DN32	205	219	322	179	20
25P	DN40	216	219	322	179	20
25P	DN50	240	269	338	208	31
25P	DN65	284	346	297	354	71
25P	DN80	308	346	294	387	85
25P	DN100	353	397	325	410	129
25P	DN150	460	502	297	435	270

公司名称:司派莎克工程(中国)有限公司

地址:上海市闵行区浦江高科技园区新骏路 800 号

电话:021-24163666

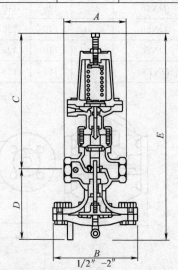

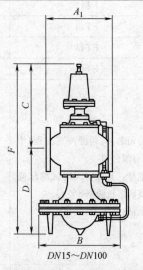

机械泵 MFP14 设备参数表　　　　　　　附表 1-123

型号	设备口径(mm)	设备外形及尺寸(mm)							重量(t)
		A	B	C	E	F	G	L	
MFP14	DN25	410	305	507	68	68	480	280	58
MFP14	DN40	440	305	527	81	81	480	280	63
MFP14	DN50	557	420	637.5	104	104	580	280	82
MFP14	80X50	573	420	637.5	119	104	580	280	98

公司名称：司派莎克工程(中国)有限公司

地址：上海市闵行区浦江高科技园区新骏路800号

电话：021-24163666

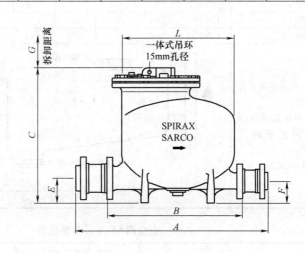

自动疏水阀泵 APT14 设备参数表　　　　　附表 1-124

型号	设备口径	设备外形及尺寸(mm)								重量(t)
		A	B	C	D	E	F	G	H	
APT14	1-1/2″X1″	350	198	246	385	304	258	57	250	45
APT14	DN40×DN50	389	198	246	385	304	258	57	250	45

公司名称：司派莎克工程(中国)有限公司

地址：上海市闵行区浦江高科技园区新骏路800号

电话：021-24163666

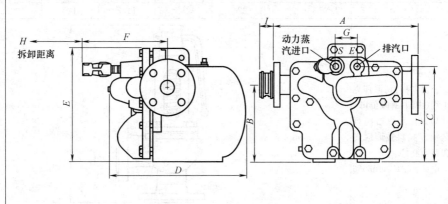

汽水分离器 S13 设备参数表

附表 1-125

型号	设备口径	设备外形及尺寸(mm)							重量(kg)
		A	B	C	D	E	F	G	
S13	DN40	111	156	89	365	1/2″	1″	94	14
S13	DN50	146	205	117	456	1/2″	1″	98	25
S13	DN65	178	249	146	406	3/4″	1-1/2″	98	28
S13	DN80	178	252	152	483	1″	1-1/2″	98	36
S13	DN100	223	315	197	692	1″	1-1/2″	118	60
S13	DN125	226	397	381	706	1″	1-1/2″	121	128
S13	DN150	226	397	381	706	1″	1-1/2″	121	130
S13	DN200	308	502	426	762	1-1/2″	1-1/2″	140	190

公司名称：司派莎克工程（中国）有限公司
　地址：上海市闵行区浦江高科技园区新骏路800号
　电话：021-24163666

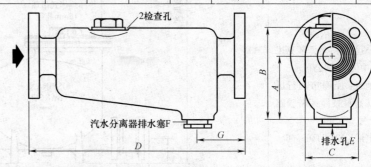

安全阀 SV60 设备参数表

附表 1-126

型号	设备口径	设备外形及尺寸(mm)				重量(kg)	
		A	B	C	D	SV604	SV607
SV60	DN20～32	85	95	385	17	10.5	10.5
SV60	DN25～40	100	105	435	23.8	12.5	11.5
SV60	DN32～50	110	115	450	30.6	16.0	15
SV60	DN40～65	115	140	520	38.0	18.0	18
SV60	DN50～80	120	150	535	50.1	20.0	22
SV60	DN65～100	140	170	710	59	40.0	38
SV60	DN80～125	160	195	790	73	56.0	53
SV60	DN100～150	180	220	835	91	77.0	75
SV60	DN125～200	200	250	1042	105	120.0	115
SV60	DN150～250	225	285	1165	125	190.0	180

公司名称：司派莎克工程（中国）有限公司
　地址：上海市闵行区浦江高科技园区新骏路800号
　电话：021-24163666

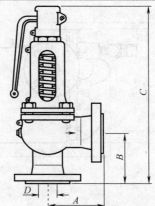

附录2 常用数据

干空气的物理参数 附表 2-1

温度 (℃)	密度 (kg/m³)	比热容 [kJ/(kg·K)]	导热系数 [W/(m·K)]	热扩散率 (10⁻²m²/h)	动力黏度 (10⁻⁶Pa·s)	运动黏度 (10⁻⁶m²/s)
−180	3.685	1.047	0.756	0.705	6.47	1.76
−150	2.817	1.038	1.163	1.45	8.73	3.10
−100	1.984	1.022	1.617	2.88	11.77	5.94
−50	1.523	1.013	2.035	4.73	14.61	9.54
−20	1.365	1.009	2.256	5.94	16.28	11.93
0	1.252	1.009	2.373	6.75	17.16	13.70
1	1.247	1.009	2.381	6.799	17.220	13.80
2	1.243	1.009	2.389	6.848	17.279	13.90
3	1.238	1.009	2.397	6.897	17.338	14.00
4	1.234	1.009	2.405	6.946	17.397	14.10
5	1.229	1.009	2.413	6.995	17.456	14.20
6	1.224	1.009	2.421	7.044	17.574	14.30
7	1.220	1.009	2.430	7.093	17.574	14.40
8	1.215	1.009	2.438	7.142	17.632	14.50
9	1.211	1.009	2.446	7.191	17.691	14.60
10	1.206	1.009	2.454	7.240	17.750	14.70
11	1.202	1.0095	2.461	7.282	17.799	14.80
12	1.198	1.0099	2.468	7.324	17.848	14.90
13	1.193	1.0103	2.475	7.366	17.897	15.00
14	1.189	1.0107	2.482	7.408	17.946	15.10
15	1.185	1.0112	2.489	7.450	17.995	15.20
16	1.181	1.0116	2.496	7.492	18.044	15.30
17	1.177	1.0120	2.503	7.534	18.093	15.40
18	1.172	1.0124	2.510	7.576	18.142	15.50
19	1.168	1.0128	2.517	7.618	18.191	15.60
20	1.164	1.013	2.524	7.660	18.240	15.70
21	1.161	1.013	2.530	7.708	18.289	15.791
22	1.158	1.013	2.535	7.756	18.338	15.882
23	1.154	1.013	2.541	7.804	18.387	15.973
24	1.149	1.013	2.547	7.852	18.437	15.064
25	1.146	1.013	2.552	7.900	18.486	16.155
26	1.142	1.013	2.559	7.948	18.535	16.246
27	1.138	1.013	2.564	7.996	18.584	16.337
28	1.134	1.013	2.570	8.044	18.633	16.428
29	1.131	1.013	2.576	8.092	18.682	16.519
30	1.127	1.013	2.582	8.140	18.731	16.610
31	1.124	1.013	2.589	8.191	18.780	16.709
32	1.120	1.013	2.596	8.242	18.829	16.808
33	1.117	1.013	2.603	8.293	18.878	16.907
34	1.113	1.013	2.610	8.344	18.927	17.006
35	1.110	1.013	2.617	8.395	18.976	17.105
36	1.106	1.013	2.624	8.446	19.025	17.204
37	1.103	1.013	2.631	8.497	19.074	17.303
38	1.099	1.013	2.638	8.548	19.123	17.402
39	1.096	1.013	2.645	8.599	19.172	17.501
40	1.092	1.013	2.652	8.650	19.221	17.600
50	1.056	1.017	2.733	9.14	19.61	18.60
60	1.025	1.017	2.803	9.65	20.1	19.60
70	0.996	1.017	2.861	10.18	20.4	20.45
80	0.968	1.022	2.931	10.65	20.99	21.70
90	0.942	1.022	3.001	11.25	21.57	22.90
100	0.916	1.022	3.070	11.80	21.77	25.78
120	0.870	1.026	3.198	12.90	22.75	26.20
140	0.827	1.026	3.326	14.10	23.54	28.45
160	0.789	1.030	3.442	15.25	24.12	30.60
180	0.765	1.034	3.570	16.50	25.01	33.17
200	0.723	1.034	3.698	17.80	25.89	35.82
250	0.653	1.043	3.977	21.2	27.95	42.8
300	0.598	1.047	4.291	24.8	29.71	49.9
350	0.549	1.055	4.571	28.4	31.48	57.5
400	0.508	1.059	4.850	32.4	32.95	64.9
500	0.450	1.072	5.396	40.0	36.19	80.4
600	0.400	1.089	5.815	49.1	39.23	98.1
800	0.325	1.114	6.687	68.0	44.52	137.0
1000	0.268	1.139	7.618	89.9	49.52	185.0
1200	0.238	1.164	8.455	113.0	53.94	232.5

注：摘自《实用供热空调设计手册》第二版（上册），陆耀庆主编，中国建筑工业出版社出版，2008年。

常用规格管道计算数据表

公称通径 DN(mm)	外径×壁厚 (mm)	管壁截面积 A (cm²)	流通截面积 A′ (cm²)	单位长度外表面积 I(m²/m)	截面二次矩 I_a(cm⁴)	截面系数 W(cm³)
普通低压流体输送焊接钢管						
10	17×2.25	1.04	1.23	0.053	0.41	0.48
15	21.3×2.75	1.60	1.96	0.067	1.00	0.94
20	26.8×2.75	2.08	3.56	0.084	2.53	1.89
25	33.5×3.25	3.09	5.73	0.105	3.58	2.14
32	42.3×3.25	3.99	10.06	0.133	7.65	3.62
40	48×3.5	4.89	13.20	0.150	12.18	5.07
50	60×3.5	6.21	22.05	0.188	24.87	8.29
65	75.5×3.75	8.45	36.30	0.237	54.52	14.44
80	88.5×4	10.62	50.87	0.278	94.9	21.46
100	114×4	13.85	88.20	0.358	209.2	36.71
125	140×4	17.08	136.8	0.440	395.3	56.47
150	165×4.5	22.68	191	0.518	730.8	88.6
无缝钢管						
6	10×2	0.50	0.28	0.031	0.043	0.085
8	12×2	0.63	0.50	0.038	0.082	0.14
10	14×2	0.75	0.785	0.044	0.14	0.21
15	18×2	1.01	1.54	0.057	0.32	0.36
20	25×2.5	1.77	3.14	0.079	1.13	0.91
	25×3	2.07	2.82	0.079	1.28	1.02
25	32×2.5	2.32	5.72	0.10	2.54	1.59
	32×3	2.73	5.31	0.10	2.90	1.81
32	38×2.5	2.79	8.55	0.119	4.42	2.32
	38×3	3.30	8.04	0.119	5.09	2.68
40	45×2.5	3.34	12.56	0.141	7.56	3.38
	45×3	3.96	11.94	0.141	8.77	3.90
50	57×3.5	5.88	19.63	0.179	21.13	7.41
65	73×3.5	7.64	34.14	0.229	46.27	12.68
	73×4	8.67	33.15	0.229	51.75	14.18
80	89×3.5	9.40	52.78	0.279	86.07	19.34
	89×4	10.68	51.50	0.279	96.9	21.71
	89×4.5	11.90	50.24	0.279	106.9	24.01
100	108×4	13.1	78.54	0.339	176.9	32.75
	108×5	16.2	75.4	0.339	215.0	39.81
125	133×4	16.2	122.7	0.418	337.4	50.73
	133×5	20.1	118.8	0.418	412.2	61.98

公称通径 DN(mm)	外径×壁厚 (mm)	管壁截面积 A (cm²)	流通截面积 A' (cm²)	单位长度外表面积 I(m²/m)	截面二次矩 Iₐ(cm⁴)	截面系数 W(cm³)
150	159×4.5	21.8	176.7	0.499	651.9	82.0
	159×6	28.8	169.6	0.499	844.9	106.3
200	219×6	40.1	336.5	0.688	2278	208
	219×7	46.6	332	0.688	2620	239
250	273×7	58.5	526.6	0.857	5175	379
	273×8	66.6	518.5	0.857	5853	429
300	325×8	79.63	749.5	1.02	10016	616
	325×9	89.30	739.3	1.02	11164	687
350	377×9	104.0	1012	1.18	17629	935
	377×10	115	1000	1.18	19431	1031
400	426×9	118	1307	1.34	25640	1204
	426×10	131	1294	1.34	28295	1328
一般低压流体输送用螺旋缝埋弧焊钢管						
200	219.1×6	40.1	336.5	0.688	2278	208
	219.1×7	46.6	332	0.688	2620	239
250	273×6	50.3	535	0.857	4485	329
	273×7	58.5	527	0.857	5175	379
300	323.9×6	59.9	764	1.02	7574	468
	323.9×7	69.7	754	1.02	8755	541
350	377×6	69.9	1046	1.18	12029	638
	377×7	81.4	1034	1.18	13922	739
	377×8	92.7	1023	1.18	15796	838
400	426×7	92.1	1333	1.34	20227	950
	426×8	105	1320	1.34	22953	1078
	426×9	118	1307	1.34	25640	1204
500	529×8	132	2067	1.66	44439	1680
	529×9	147	2051	1.66	49710	1879
600	630×8	156	2961	1.98	75612	2400
	630×9	176	2942	1.98	84658	2688
700	720×8	179	3891	2.26	113437	3151
	720×9	201	3869	2.26	127084	3530
800	820×9	229	5049	2.57	188595	4599
	820×10	254	5024	2.57	208782	5092
900	920×9	257	6387	2.89	267308	5811
	920×10	286	6359	2.89	296038	6436
1000	1020×9	286	7881	3.20	365250	7162
	1020×10	317	7850	3.20	404742	7936

常用钢管许用应力

附表 2-3

钢号	标准号	使用状态	厚度(mm)	δ_b (MPa)	δ_s (MPa)	≤20	100	150	200	250	300	350	400	425	450	475	500	525	550	575	600	使用温度下限(℃)
\multicolumn{23}{c}{碳素钢钢管（焊接管）}																						
Q235-A Q235-B	GB/T 14980 GB/T 13793		≤12	375	235	113	113	113	105	94	86	77	—	—	—	—	—	—	—	—	—	0
20	GB/T 13793		≤12.7	390	(235)	130	130	125	116	104	95	86	—	—	—	—	—	—	—	—	—	−20
\multicolumn{23}{c}{碳素钢钢管（无缝钢）}																						
10	GB 9948	热轧、正火	≤16	330	205	110	110	106	101	92	83	77	71	69	61	—	—	—	—	—	—	−29 正火状态
10	GB 6479 GB/T 8163	热轧、正火	≤15	335	205	112	112	108	101	92	83	77	71	69	61	—	—	—	—	—	—	
			16～40	335	195	112	110	104	98	89	79	74	68	66	61	—	—	—	—	—	—	
10	GB 3087	热轧、正火	≤26	333	196	111	110	104	98	89	79	74	68	66	61	—	—	—	—	—	—	
20	GB 8163	热轧、正火	≤15	390	245	130	130	130	123	110	101	92	86	83	61	—	—	—	—	—	—	−20
			16～40	390	235	130	130	125	116	104	95	86	79	78	61	—	—	—	—	—	—	
20	GB 3087	热轧、正火	≤15	392	245	131	130	130	123	110	101	92	86	83	61	—	—	—	—	—	—	
			16～26	392	226	131	130	124	113	101	93	84	77	75	61	—	—	—	—	—	—	
20	GB 9948	热轧、正火	≤16	410	245	137	137	132	123	110	101	92	86	83	61	—	—	—	—	—	—	
20G	GB 6479 GB 5310	正火	≤16	410	245	137	137	132	123	110	101	92	86	83	61	—	—	—	—	—	—	
			17～40	410	235	137	132	126	116	104	95	86	79	78	61	—	—	—	—	—	—	
\multicolumn{23}{c}{低合金钢钢管（无缝管）}																						
16Mn	GB 6479 GB 8163	正火	≤15	490	320	163	163	163	159	147	135	126	119	93	66	43	—	—	—	—	—	−40
			16～40	490	310	163	163	163	153	141	129	119	116	93	66	43	—	—	—	—	—	
15MnV	GB 6479	正火	≤16	510	350	170	170	170	170	166	153	141	129									20
			17～40	510	340	170	170	170	170	159	147	135	126									
09MnD		正火	≤16	400	240	133	133	128	119	106	97	88	—									−50
12CrMo 12CrMoG	GB 6479 GB 5310	正火加回火	≤16	410	205	128	113	108	101	95	89	83	77	75	74	72	71	50				−20
			17～40	410	195	122	110	104	98	92	86	79	74	72	71	69	68	50				
12CrMo	GB 9948	正火加回火	≤16	410	205	128	113	108	101	95	89	83	77	75	74	72	71	50				
15CrMo	GB 9948	正火加回火	≤16	440	235	147	132	123	116	110	101	95	89	87	86	84	83	58	37			
15CrMo 15CrMoG	GB 6479 GB 5310	正火加回火	≤16	440	235	147	132	123	116	110	101	95	89	87	86	84	83	58	37			
			17～40	440	225	141	126	116	110	104	95	89	86	84	83	81	79	58	37			
12Cr₁-MoVG	GB 5310	正火加回火	≤16	470	255	147	144	135	126	119	110	104	98	96	95	92	89	82	57	35		
12Cr2Mo 12Cr2MoG	GB 6479 GB 5310	正火加回火	≤16	450	280	150	150	150	147	144	141	138	134	131	128	119	89	61	46	37		
			17～40	450	270	150	150	147	141	138	134	131	128	126	123	119	89	61	46	37		
1Cr5Mo	GB 6479 GB 9948 GB 6479	退火	≤16	390	195	122	110	104	101	98	95	92	87	86	83	62	46	35	26	18		
			17～40	390	185	116	104	98	95	92	89	86	83	81	79	78	62	46	35	26	18	
10Mo-WVNb	GB 6479	正火加回火	≤16	470	295	157	157	157	156	153	147	141	135	130	126	121	97	—	—	—	—	
			17～40	470	285	157	157	156	150	147	141	135	129	121	119	111	97	—	—	—	—	

续表

钢号	标准号	使用状态	厚度(mm)	在下列温度(℃)下的许用应力(MPa) ≤20	100	150	200	250	300	350	400	425	450	475	500	525	550	575	600	625	650	675	700	使用温度下限(℃)
高合金钢钢管																								
0Cr13	GB/T 14976	退火	≤18	137	126	123	120	119	117	112	109	105	100	89	72	53	38	26	16	—	—	—	—	-20
0CrNi9 0Cr18Ni9	GB/T 12771 GB/T 14976	固溶	≤14	137	137	137	130	122	114	111	107	105	103	101	100	98	91	79	64	52	42	32	27	−196
			≤18	137	114	103	96	90	85	82	79	78	76	75	74	73	71	67	62	52	42	32	27	
0Cr18Ni11Ti 0Cr18Ni10Ti	GB/T 12771 GB/T 14976	固溶或稳定化	≤14	137	137	137	130	122	114	111	108	106	105	104	103	101	83	58	44	33	25	18	13	
			≤18	137	114	103	96	90	85	82	80	79	78	77	76	75	74	58	44	33	25	18	13	
0Cr17Ni12Mo2	GB/T 12771 GB/T 14976	固溶	≤14	137	137	137	134	125	118	113	111	110	109	108	107	106	105	96	81	65	50	38	30	
			≤18	137	117	107	99	93	87	84	82	81	81	80	79	78	78	76	73	65	50	38	30	
0Cr18Ni12Mo2Ti	GB/T 14976	固溶	≤18	137	137	137	134	125	118	113	111	110	109	108	107									
				137	117	107	99	93	87	84	82	81	81	80	79									
0Cr19Ni13Mo3	GB/T 14976	固溶	≤18	137	137	137	134	125	118	113	111	110	109	108	107	106	105	96	81	65	50	38	30	
				137	117	107	99	93	87	84	82	81	81	80	79	78	78	76	73	65	50	38	30	
00Cr19Ni11 00Cr19N10	GB/T 12771 GB/T 14976	固溶	≤14	118	118	118	110	103	98	94	91	89	—	—	—	—	—	—	—	—	—	—	—	
			≤18	118	97	87	81	76	73	69	67	66	—	—	—	—	—	—	—	—	—	—	—	
00Cr17Ni14Mo2	GB/T 12771 GB/T 14976	固溶	≤14	118	118	117	108	100	95	90	86	85	84											
			≤18	118	97	87	80	74	70	67	64	63	62											
00Cr19Ni13Mo3	GB/T 14976	固溶	≤18	118	118	118	118	118	118	113	111	110	109											
				118	117	107	99	93	87	84	82	81	81											

常用钢管标准、尺寸系列、材料及适用范围　　　　　附表2-4

标准号	标准名称	尺寸系列	材料	适用范围
GB/T 8163—1999	流体输送用无缝钢管	$D_0=6\sim630$ $t=0.25\sim75$	10,20,Q295, Q345(16Mn)	适用于设计温度<350℃,设计压力<10MPa的油品、油气和公用介质的输送
GB/T 3087—1999	低中压锅炉用无缝钢管	$D_0=10\sim426$ $t=1.5\sim26$	10,20	适用于设计压力<10MPa的过热蒸汽等介质
GB/T 9948—1998	石油裂化用无缝钢管	$D_0=10\sim273$ $t=1\sim20$	10,20,12CrMo, 15CrMo,1Cr2Mo, 1Cr5Mo,1Cr19Ni9	常用于不宜采用GB/T 8163的场合
GB/T 5310—1995	高压锅炉用无缝钢管	$D_0=10\sim426$ $t=1.5\sim26$	20G,12CrMoG, 15CrMoG,12Cr1MoVG, 1Cr18Ni9等14种	适用于高压过热蒸汽介质
GB/T 14976—2002	流体输送用不锈钢无缝钢管	热轧:$D_0=68\sim426$ $t=4.5\sim18$ 冷拔:$D_0=6\sim159$ $t=0.5\sim15$	0Cr18Ni9,00Cr19Ni10 0Cr18Ni10Ti 0Cr17Ni12Mo2 等19种	适用于腐蚀性、高温、低温的流体的输送

续表

标准号	标准名称	尺寸系列	材料	适用范围
GB/T 3091—2001	低压流体输送用焊接钢管	$D_0 = 6 \sim 150$ 壁厚有普通、加厚两种	Q195-A Q215-A Q235-A	加厚管适用于设计温度 $0 \sim 200℃$，设计压力$\leqslant 1.6MPa$ 的不可燃、无毒流体的输送；普通管适用于温度$-20 \sim 186℃$，设计压力$\leqslant 1.0MPa$ 的不可燃、无毒液体的输送
GB/T 13793—1992	直缝电焊钢管	$D_0 = 10 \sim 508$ $t = 0.5 \sim 12.7$	08F,08,10F,10,15F 15,20,Q195-A, Q215-A,Q235-A 等	适用于水、煤气、空气、供暖蒸汽等普通液体的输送

注：该表摘自《动力管道设计手册》，《动力管道设计手册》编写组编，机械工业出版社出版，2006 年。

无缝钢管常用规格（mm） 附表 2-5

公称直径 DN	常用规格	公称直径 DN	常用规格
10	$\phi14 \times 2$	125	$\phi133 \times 4$
15	$\phi18 \times 2, \phi22 \times 3$	150	$\phi159 \times 4.5$
20	$\phi25 \times 2.5, \phi28 \times 3$	200	$\phi219 \times 6$
25	$\phi32 \times 2.5, \phi32 \times 3$	250	$\phi273 \times 7$
32	$\phi38 \times 2.5, \phi38 \times 3$	300	$\phi325 \times 8$
40	$\phi45 \times 2.5, \phi45 \times 3$	350	$\phi377 \times 9$
50	$\phi57 \times 3.5$	400	$\phi426 \times 9$
65	$\phi73 \times 3.5, \phi73 \times 4$	450	$\phi478 \times 9$
80	$\phi89 \times 3.5, \phi89 \times 4$	500	$\phi529 \times 9$
100	$\phi108 \times 4$	600	$\phi630 \times 11$

注：该表摘自《动力管道设计手册》，《动力管道设计手册》编写组编，机械工业出版社出版，2006。

不锈钢无缝钢管常用规格（mm） 附表 2-6

公称直径 DN	常用规格	公称直径 DN	常用规格
10	$\phi14 \times 3$	65	$\phi73 \times 4$
15	$\phi18 \times 3$	80	$\phi89 \times 4$
20	$\phi25 \times 3$	100	$\phi108 \times 4$
25	$\phi32 \times 3.5$	125	$\phi133 \times 4.5$

长度的单位换算系数表 附表 2-7

	米(m)	英寸(in)	英尺(ft)	码(yd)	英里(mile)	(国际)海里(n mile)
1 米(m)	1	39.3701	3.2808	1.0936	6.214×10^{-4}	5.40×10^{-4}
1 英寸(in)	0.0254	1	0.0833	0.0278	1.578×10^{-5}	1.371×10^{-5}
1 英尺(ft)	0.3048	12	1	0.3333	1.894×10^{-4}	1.646×10^{-4}
1 码(yd)	0.9144	36	3	1	5.682×10^{-4}	4.937×10^{-4}
1 英里(mile)	1609.344	63360	5280	1760	1	0.8690
1(国际)海里(n mile)	1852	72913.4	6076.12	2025.37	1.1508	1

注：表中数据摘自《计量单位及其换算》，杜荷聪，陈维新，张振威 编，计量出版社出版，1982 年。

面积的单位换算系数表 附表 2-8

	平方米 (m^2)	市亩	公顷 (hm^2)	平方英寸 (in^2)	平方英尺 (ft^2)	平方码 (yd^2)	英亩 (acre)	平方英里 $(mile^2)$
1平方米 (m^2)	1	1.5×10^{-3}	1×10^{-4}	1550	10.7639	1.19599	2.471×10^{-4}	3.861×10^{-7}
DG21 市亩*	666.7	1	6.667×10^{-2}	1.033×10^{6}	7.176×10^{3}	797.3	0.1646	2.574×10^{-4}
1公顷 (hm^2)	10000	15	1	1550.0×10^{4}	107639	11959.9	2.47105	3.8610×10^{-3}
1平方英寸 (in^2)	6.4516×10^{-4}	9.677×10^{-7}	6.4516×10^{-8}	1	6.9444×10^{-4}	7.716×10^{-4}	1.594×10^{-7}	2.491×10^{-10}
1平方英尺 (ft^2)	0.092903	1.394×10^{-4}	9.2903×10^{-6}	144	1	0.111111	2.296×10^{-5}	3.587×10^{-8}
1平方码 (yd^2)	0.836127	1.254×10^{-3}	8.361×10^{-5}	1296	9	1	2.066×10^{-4}	3.228×10^{-7}
1英亩 (acre)	4046.86	6.073	0.404686	6272640	43560	4840	1	1.5625×10^{-3}
1平方英里 $(mile^2)$	2.58999×10^{6}	3.885×10^{3}	258.999	4.01449×10^{9}	2.78784×10^{7}	3.0976×10^{6}	640	1

注：1. 除带 * 外，表中数据摘自《计量单位及其换算》，杜荷聪，陈维新，张振威 编，计量出版社出版，1982。
2. "市亩"相关数值摘自《动力管道设计手册》，《动力管道设计手册》编制组 编，机械工业出版社出版，2006年。

体积、容积的单位换算系数表 附表 2-9

	立方米 (m^3)	立方分米(升) $[dm^3(L)]$	立方英寸 (in^3)	立方英尺 (ft^3)	立方码 (yd^3)	英加仑	美加仑
1立方米 (m^3)	1	1000	61023.7	35.3147	1.30795	219.969	264.172
1立方分米(升) $[dm^3(L)]$	0.001	1	61.0237	0.0353147	1.30795×10^{-3}	0.219969	0.264172
1立方英寸 (in^3)	1.63871×10^{-5}	1.63871×10^{-2}	1	5.78704×10^{-4}	2.14335×10^{-5}	3.60465×10^{-3}	4.32900×10^{-3}
1立方英尺 (ft^3)	0.0283168	28.3168	1728	1	0.0370370	6.22883	7.48052
1立方码 (yd^3)	0.764555	764.555	46656	27	1	168.2	202
英加仑	4.54609×10^{-3}	4.54609	277.420	0.160544	5.946×10^{-3}	1	1.20095
美加仑	3.78541×10^{-3}	3.78541	231	0.133681	4.951×10^{-3}	0.832674	1

注：表中数据摘自《计量单位及其换算》，杜荷聪，陈维新，张振威 编，计量出版社出版，1982 年。

力的单位换算系数表 附表 2-10

	牛顿 (N)	千克力 (kgf)	磅达 (pdl)	磅力 (lbf)	英吨力 (tonf)	盎司力 (ozf)
1牛顿 (N)	1	0.10197	7.2330	0.2248	1.004×10^{-4}	3.5969
1千克力 (kgf)	9.8067	1	70.9316	2.2046	9.842×10^{-4}	35.2740
1磅达 (pdl)	0.1383	0.0141	1	0.0311	1.388×10^{-5}	0.4973
1磅力 (lbf)	4.4482	0.4536	32.1740	1	4.464×10^{-4}	16
1英吨力 (tonf)	9964.02	1016.05	72069.9	2240	1	35840
1盎司力 (ozf)	0.2780	0.0283	2.0109	0.0625	2.790×10^{-5}	1

注：表中数据摘自《计量单位及其换算》，杜荷聪，陈维新，张振威 编，计量出版社出版，1982 年。

压强（压力）的单位换算系数表 附表 2-11

	帕斯卡 [Pa(N/m²)]	巴 (bar)	工程大气压 [at(kgf/cm²)]	标准大气压 (atm)	磅力每平方 英寸(lbf/in²)	毫米水柱 (mmH₂O)	毫米汞柱 (mmHg)
1 帕斯卡 [Pa(N/m²)]	1	1×10^{-5}	1.0197×10^{-5}	9.869×10^{-6}	1.4504×10^{-4}	0.101972	7.5006×10^{-3}
1 巴 (bar)	1×10^5	1	1.019716	0.986923	14.5038	1.01972×10^4	750.06
1 工程大气压 [at(kgf/cm²)]	9.8067×10^4	0.980665	1	0.9678	14.2233	1.00028×10^4	735.56
1 标准大气压 (atm)	1.01325×10^5	1.01325	1.0332	1	14.6959	1.03323×10^4	760.00
1 磅力每平方英寸 (lbf/in²)	6894.76	0.0689476	0.0703	0.0680	1	703.07	51.7149
1 毫米水柱 (mmH₂O)	9.8067	9.8067×10^{-5}	1.0000×10^{-4}	9.6784×10^{-5}	1.4223×10^{-3}	1	0.0736
1 毫米汞柱 (mmHg)	133.322	1.3332×10^{-3}	1.3595×10^{-3}	1.3158×10^{-3}	0.0193	13.5951	1

注：表中数据摘自《计量单位及其换算》，杜荷聪，陈维新，张振威 编，计量出版社出版，1982。

功、能、热的单位换算系数表 附表 2-12

	焦耳 (J)	千焦耳 (kJ)	千克力米 (kgf·m)	千卡 (kcal)	千瓦小时 (kWh)	英马力小时 (hph)	1英热单位 (Btu)
1 焦耳 (J)	1	1.0×10^{-3}	0.101972	2.388×10^{-4}	2.78×10^{-7}	3.725×10^{-7}	9.478×10^{-4}
1 千焦耳 (kJ)	1000	1	101.972	0.2388	2.78×10^{-4}	3.725×10^{-4}	0.9478
1 千克力米 (kgf·m)	9.8066	9.8066×10^{-3}	1	2.341×10^{-3}	2.724×10^{-6}	3.653×10^{-6}	9.291×10^{-3}
1 千卡 (kcal)	4186.8	4.1868	427.2	1	1.163×10^{-3}	1.55961×10^{-3}	3.96832
1 千瓦小时 (kW·h)	3.6×10^6	3600	3.671×10^5	859.845	1	1.341	3412.14
1 英马力小时 (hp·h)	2.684×10^6	2684	2.737×10^5	641.186	0.7457	1	2544.43
1 英热单位 (Btu)	1055.06	1.05506	107.6	0.2520	2.931×10^{-4}	3.930×10^{-4}	1

注：表中数据摘自《计量单位及其换算》，杜荷聪，陈维新，张振威 编，计量出版社出版，1982。

功率的单位换算系数表　　　　　　　　　　附表 2-13

	瓦特 (W)	千瓦 (Kw)	千卡每小时 (kcal/h)	英热单位 每小时 (But/h)	冷吨 *	美国冷吨 *	日本冷吨 *
1 瓦特(W)	1	0.001	0.8598	3.4121	0.258×10^{-3}	0.284×10^{-3}	0.267×10^{-3}
1 千瓦(kW)	1000	1	859.8	3412.1	0.258	0.284	0.267
1 千卡每小时 (kcal/h)	1.163	1.163×10^{-3}	1	3.9683	0.3×10^{-3}	0.33×10^{-3}	0.31×10^{-3}
1 英热单位 每小时(But/h)	0.293071	2.931×10^{-4}	0.252	1	7.6×10^{-5}	8.3×10^{-5}	7.85×10^{-5}
1 冷吨	3837.9	3.8379	3300	13100	1	1.0127	1.02167
1 美国冷吨	3516.9	3.5169	3024	12000	0.91636	1	1.06810
1 日本冷吨	3756.5	3.7565	3230	12820	0.97879	0.93620	1

注：带 * 相关数据摘自《动力管道设计手册》,《动力管道设计手册》编制组编制, 机械工业出版社, 2006 年。其他数据摘自《计量单位及其换算》, 杜荷聪、陈维新、张振威 编, 计量出版社出版, 1982 年。

密度的单位换算系数表　　　　　　　　　　附表 2-14

	千克每立方米 (kg/m³)	克每毫升 (g/ml)	克每毫升 [g/ml (1901)]	磅每立方英寸 (lb/in³)	磅每立方英尺 (lb/ft³)	英吨每立方码 (UKton/yd³)	磅每英加仑 (Lb/UKgal)	磅每美加仑 (lb/USgal)
1 千克每立方米 (kg/m³)	1	0.001	1.000028×10^{-3}	3.61273×10^{-5}	6.24280×10^{-2}	7.52480×10^{-4}	1.00224×10^{-2}	0.83454×10^{-2}
1 克每毫升(g/ml)	1000	1	1.000028	0.0361273	62.4280	0.752480	10.0224	8.34540
1 克每毫升 [g/ml(1901)]	999.972	0.999972	1	0.0361263	62.4262	0.752459	10.0221	8.34517
1 磅每立方英寸 (lb/in³)	27679.9	27.6799	27.6807	1	1728	20.8286	277.420	231
1 磅每立方英尺 (lb/ft³)	16.0185	0.0160185	0.0160189	5.78704×10^{-4}	1	0.0120536	0.160544	0.133681
1 英吨每立方码 (UKton/yd³)	1328.94	1.32894	1.32898	0.048011	82.9630	1	13.3192	11.0905
1 磅每英加仑 (lb/UKgal)	99.7763	0.0997763	0.0997791	3.60465×10^{-3}	6.22883	0.0750797	1	0.832674
1 磅每美加仑 (lb/USgal)	119.826	0.119826	0.119830	4.32900×10^{-3}	7.48052	0.0901670	1.20095	1

注：表中数据摘自《计量单位及其换算》, 杜荷聪、陈维新、张振威 编, 计量出版社出版, 1982 年。

体积流量的单位换算系数表　　　　　　　　　　　　附表 2-15

	立方米每秒 （m³/s）	立方米每小时（m³/h）	升每秒 （L/s）	立方英尺每秒（ft³/s）	立方码每秒* （yd³/s）	英加仑每秒* （UKgal/s）	美加仑每秒* （USgal/s）
1 立方米每秒（m³/s）	1	3600	1000	35.3147	1.3079	219.969	264.2
1 立方米每小时（m³/h）	2.77778×10⁻⁴	1	2.77778×10⁻¹	9.80963×10⁻³	0.4×10⁻³	0.0611025	0.0734
1 升每秒（l/s）	0.001	3.6	1	0.0353147	0.0013	0.219969	0.2642
1 立方英尺每秒（ft³/s）	0.0283168	101.941	28.3168	1	0.0370	6.22883	7.481
1 立方码每秒*（yd³/s）	0.7645	2752	764.5	27	1	168.2	202
1 英加仑每秒*（UKgal/s）	4.54609×10⁻³	16.3659	4.54609	0.160544	0.0059	1	1.2004
1 美加仑每秒*（USgal/s）	3.785×10⁻³	13.626	3.786	0.1337	0.0049	0.833	1

注：1. 除带 * 外，表中数据摘自《计量单位及其换算》，杜荷聪，陈维新，张振威 编，计量出版社出版，1982 年。
　　2. 带 * 相关数据摘自《动力管道设计手册》，《动力管道设计手册》编制组 编，机械工业出版社出版，2006 年。

温度的单位换算系数　　　　　　　　　　　　附表 2-16

	开氏度 T(K)	摄氏度（℃）	华氏度 t(℉)	兰氏度 r(°R)
开氏度 T(K)	T	$T-273.15$	$\frac{5}{9}T-459.67$	$\frac{9}{5}T$
摄氏度 θ(℃)	$\theta+273.15$	θ	$\frac{9}{5}\theta+32$	$\frac{9}{5}\theta+491.67$
华氏度（℉）	$\frac{5}{9}(t+459.67)$	$\frac{5}{9}(t-32)$	t	$t+459.67$
兰氏度°R	$\frac{5}{9}r$	$\frac{5}{9}(r-491.67)$	$r-459.67)$	r
水的冰点*	273.15	0	32	491.67
水的沸腾（标准大气压下）*	373.15	100	212	671.67

注：1. 除带 * 外，表中数据摘自《计量单位及其换算》，杜荷聪，陈维新，张振威 编，计量出版社出版，1982 年。
　　2. T——以开尔文为单位的温度；θ——以摄氏度为单位的温度；t——以华氏度为单位的温度；r——以兰氏度为单位的温度。

动力黏度的单位换算系数表　　　　　　　　　　　　附表 2-17

	帕斯卡秒 （Pa·s）	厘泊 （cP）	千克力秒每平方米（kgf·s/m²）	磅达秒每平方英尺（pdl·s/ft²）	磅力秒每平方英尺（lbf·s/ft²）	磅力小时每平方英尺（lbf·h/ft²）
1 帕斯卡秒（Pa·s）	1	1000	0.101972	0.671969	2.08854×10⁻²	5.80151×10⁻⁶
1 厘泊（cP）	0.001	1	1.01972×10⁻⁴	6.71969×10⁻⁴	2.08854×10⁻⁵	5.80151×10⁻⁹
1 千克力秒每平方米（kgf·s/m²）	9.80665	9806.65	1	6.58976	0.204816	5.68934×10⁻⁵
1 磅达秒每平方英尺（pdl·s/ft²）	1.48816	1488.16	0.151750	1	0.0310810	8.63360×10⁻⁵
1 磅力秒每平方英尺（lbf·s/ft²）	47.8803	4.78803×10⁴	4.88243	32.1740	1	2.77778×10⁻⁴
1 磅力小时每平方英尺（lbf·h/ft²）	1.72369×10⁵	1.72369×10⁸	1.75767×10⁴	1.15827×10⁵	3600	1

注：表中数据摘自《计量单位及其换算》，杜荷聪，陈维新，张振威 编，计量出版社出版，1982 年。

运动黏度的单位换算系数表　　　　　　　　　　　　附表 2-18

	斯托克斯 (St)	厘斯托克斯 (cSt)	平方米每秒 (m^2/s)	平方米 每小时(m^2/h)	平方英尺每秒 (ft^2/s)	平方英寸每秒 (in^2/s)
1 斯托克斯(St)	1	100	1×10^{-4}	0.36	1.07639×10^{-3}	0.155000
1 厘斯托克斯(cSt)	0.01	1	1×10^{-6}	0.0036	1.07639×10^{-5}	1.55000×10^{-3}
1 平方米每秒(m^2/s)	1×10^4	1×10^6	1	3600	10.7639	1.55000×10^3
1 平方米每小时(m^2/h)	2.77778	277.778	2.77778×10^{-4}	1	2.98998×10^{-3}	0.430556
1 平方英尺每秒(ft^2/s)	9.29030×10^2	9.29030×10^4	9.29030×10^{-2}	334.451	1	144
1 平方英寸每秒(in^2/s)	6.4516	645.16	6.4516×10^{-4}	2.32258	6.94444×10^{-3}	1

注：1. 表中数据摘自《计量单位及其换算》，杜荷聪、陈维新、张振威 编，计量出版社出版，1982 年。

　　2. 条件黏度（恩氏黏度）与运动黏度的换算：$\nu=0.0731°E-0.0631/°E$

式中 ν——运动黏度，St；$°E$——恩式黏度（$°E$）。

水质指标硬度的单位换算表　　　　　　　　　　　　附表 2-19

	毫摩尔每升 (mmol/L)	毫克每升(以 $CaCO_3$ 表示)(mg/L)	德国度 (10mgCaO/L)	百万分率 ($CaCO_3$)(ppm)
1 毫摩尔每升(mmol/L)	1	50.045	2.804	50.045
1 毫克每升 (以 $CaCO_3$ 表示)(mg/L)	0.02	1	0.056	1
1 德国度 (10mgCaO/L)	0.357	17.848	1	17.848
1 百万分率 ($CaCO_3$)(ppm)	0.02	1	0.056	1

注：1. 表中数据摘自《实用供热空调设计手册》（第二版）上册，陆耀庆主编，中国建筑工业出版社出版，2008 年。

　　2. 表中 mmol/L 的基本单元为 $\frac{1}{2}Ca^{2+}$、$\frac{1}{2}Mg^{2+}$。

水质指标碱度的单位换算表　　　　　　　　　　　　附表 2-20

	毫摩尔每升 (mmol/L)	毫克每升 (以 $CaCO_3$ 表示)(mg/L)	毫克每升 (Na_2CO_3) (mg/L)	毫克每升 (NaOH) (mg/L)	毫克每升 (HCO_3) (mg/L)	百万分率 ($CaCO_3$) (ppm)
1 毫摩尔每升(mmol/L)	1	50	53	40	61	50
1 毫克每升(以 $CaCO_3$ 表示)(mg/L)	0.02	1	1.06	0.8	1.22	1
1 毫克每升(Na_2CO_3)(mg/L)	0.0189	0.943	1	0.755	1.151	0.943
1 毫克每升(NaOH)(mg/L)	0.025	1.25	1.325	1	1.525	1.25
1 毫克每升(HCO_3)(mg/L)	0.0164	0.82	0.87	0.656	1	0.82
1 百万分率($CaCO_3$)(ppm)	0.02	1	1.06	0.8	1.22	1

注：1. 表中数据摘自《实用供热空调设计手册》（第二版）上册，陆耀庆主编，中国建筑工业出版社出版，2008 年。

　　2. 表中 mmol/L 的基本单元为 OH^-、HCO_3^-、$\frac{1}{2}CO_3^-$。

常用化合物的分子量　　　　　　　　　　　　附表 2-21

化合物名称	分子式	相对分子质量
氢氧化铝	$AL(OH)_3$	78.00
硫酸铝	$AL_2(SO_4)_3$	342.12
含水硫酸铝	$AL_2(SO_4)_3 \cdot 18H_2o$	666.42
氢氧化铁	$Fe(OH)_3$	106.87

续表

化合物名称	分子式	相对分子质量
氢氧化亚铁	$Fe(OH)_2$	89.86
硫酸亚铁	$FeSO_4$	151.91
含水硫酸亚铁	$FeSO_4 \cdot 7H_2O$	278.02
硫酸铁	$Fe_2(SO_4)_3$	399.88
氯化铁	$FeCL_3$	162.21
氢氧化钾	KOH	56.11
碳酸氢钙	$Ca(HCO_3)_2$	162.118
氢氧化钙	$Ca(OH)_2$	74.10
氧化钙	CaO	56.08
硫酸钙	$CaSO_4$	136.14
碳酸钙(大理石)	$CaCO_3$	100.09
磷酸钙(磷灰石)	$Ca_3(PO_4)_2$	310.19
氯化钙	$CaCL_2$	110.99
二氧化硅	SiO_2	60.086
碳酸氢镁	$Mg(HCO_3)_2$	146.34
氢氧化镁	$Mg(OH)_2$	58.33
硫酸镁	$MgSO_4$	120.37
碳酸镁(菱镁矿)	$MgCO_3$	84.32
氯化镁	$MgCL_2$	95.22
碳酸氢钠	$NaHCO_2$	84.00
氢氧化钠(火碱)	$NaOH$	40.00
硫酸钠	Na_2SO_4	142.04
碳酸钠(纯碱)	Na_2CO_3	105.99
含水碳酸钠	$Na_2CO_3 \cdot 10H_2O$	285.99
磷酸钠	Na_3PO_4	164.00
含水磷酸钠	$Na_3PO_4 \cdot 12H_2O$	379.94
氯化钠	$NaCL$	58.44
硫酸	H_2SO_4	98.08
硫酸根	SO_4^{2-}	96.06
二氧化碳	CO_2	44.00
碳酸根	CO_3^{2-}	60.01
碳酸氢根	HCO_3^-	61.02
磷酸根	PO_4^{3-}	95.02
盐酸根	HCL^-	36.46

注：表中数据摘自《锅炉房使用设计手册》（第二版），锅炉房使用设计手册编写组编，机械工业出版社出版，2001年。

饱和水的热物理参数

温度	绝对压力	密度	热焓	定压比热容	导热系数	热扩散率	动力黏度	运动黏度	膨胀系数	表面张力	普朗特效
t	$P \times 10^{-5}$	ρ	h'	C_p	$\lambda \times 10^2$	$a \times 10^6$	$\mu \times 10^6$	$\nu \times 10^6$	$\alpha_v \times 10^4$	$\gamma \times 10^4$	Pr
(℃)	(Pa)	(kg/m³)	(kJ/kg)	(kJ/kg·K)	[W/(m·K)]	(m²/s)	(Pa·s)	(m²/s)	(K⁻¹)	(N/m)	—
0	0.00611	999.9	0.00	4.212	55.1	13.1	1788	1.789	−0.81	756.4	13.67
10	0.01227	999.7	42.04	4.191	57.4	13.7	1306	1.306	0.87	741.6	9.52
20	0.02338	998.2	83.91	4.183	59.9	14.3	1004	1.006	2.09	726.9	7.02
30	0.04241	995.7	125.70	4.174	61.8	14.9	801.5	0.805	3.05	712.2	5.42
40	0.07375	992.2	167.50	4.174	63.5	15.3	653.3	0.659	3.86	696.5	4.31
50	0.12335	988.1	209.30	4.174	64.8	15.7	549.4	0.556	4.57	676.9	3.54
60	0.19920	983.1	251.10	4.179	65.9	16.0	469.9	0.478	5.22	662.2	2.99
70	0.3116	977.8	293.00	4.187	66.8	16.3	406.1	0.415	5.83	643.5	2.55
80	0.4736	971.8	355.00	4.195	67.4	16.6	355.1	0.365	6.40	625.9	2.21
90	0.7011	965.3	377.00	4.208	68.0	16.8	314.9	0.326	6.96	607.2	1.95
100	1.013	958.4	419.10	4.220	68.3	16.9	282.5	0.295	7.50	588.6	1.75
110	1.43	951.0	461.40	4.233	68.5	17.0	259.0	0.272	8.04	569.0	1.60
120	1.98	943.1	503.70	4.250	68.6	17.1	237.4	0.252	8.58	548.4	1.47
130	2.70	934.8	546.40	4.266	68.6	17.2	217.8	0.233	9.12	528.8	1.36
140	3.61	926.1	589.10	4.287	68.5	17.2	201.1	0.217	9.68	507.2	1.26
150	4.76	917.0	632.20	4.313	68.4	17.3	186.4	0.203	10.26	486.6	1.17
160	6.18	907.0	675.40	4.346	68.3	17.3	173.6	0.191	10.87	466.0	1.10
170	7.92	897.3	719.30	4.380	67.9	17.3	162.8	0.181	11.52	443.4	1.05
180	10.03	886.9	763.30	4.417	67.4	17.2	153.0	0.173	12.21	422.8	1.00
190	12.55	876.0	807.80	4.459	67.0	17.1	144.2	0.165	12.96	400.2	0.96
200	15.55	863.0	852.80	4.505	66.3	17.0	136.4	0.158	13.77	376.7	0.93
210	19.08	852.3	897.70	4.555	65.5	16.9	130.5	0.153	14.67	354.1	0.91
220	23.20	840.3	943.70	4.614	64.5	16.6	124.6	0.148	15.67	331.6	0.89
230	27.98	827.3	990.20	4.681	63.7	16.4	119.7	0.145	16.80	310.0	0.88
240	33.48	813.6	1037.50	4.756	62.8	16.2	114.8	0.141	18.08	285.5	0.87
250	39.78	799.0	1085.70	4.844	61.8	15.9	109.9	0.137	19.55	261.9	0.86
260	46.94	784.0	1135.70	4.949	60.5	15.6	105.9	0.135	21.27	237.4	0.87
270	55.05	767.9	1185.70	5.070	59.0	15.1	102.0	0.133	23.31	214.8	0.88
280	64.19	750.7	1236.80	5.230	57.4	14.6	98.1	0.131	25.79	191.3	0.90
290	74.45	732.3	1290.00	5.485	55.8	13.9	94.2	0.129	28.84	168.7	0.93
300	85.92	712.5	1344.90	5.736	54.0	13.2	91.2	0.128	32.73	144.2	0.97
310	98.70	691.1	1402.20	6.071	52.3	12.5	88.3	0.128	37.85	120.7	1.03
320	112.90	667.1	1462.10	6.574	50.6	11.5	85.3	0.128	44.91	98.10	1.11

温度	绝对压力	密度	热焓	定压比热容	导热系数	热扩散率	动力粘度	运动粘度	膨胀系数	表面张力	普朗特效
t	$P \times 10^{-5}$	ρ	h'	C_p	$\lambda \times 10^2$	$a \times 10^6$	$\mu \times 10^6$	$\nu \times 10^6$	$\alpha_v \times 10^4$	$\gamma \times 10^4$	Pr
(℃)	(Pa)	(kg/m³)	(kJ/kg)	(kJ/kg·K)	[W/(m·K)]	(m²/s)	(Pa·s)	(m²/s)	(K⁻¹)	(N/m)	—
330	128.65	640.2	1526.20	7.244	48.4	10.4	81.4	0.127	55.31	76.71	1.22
340	146.08	610.1	1594.80	8.165	45.7	9.17	77.5	0.127	72.10	56.70	1.39
350	165.37	574.4	1671.40	9.504	43.0	7.88	72.6	0.126	103.70	38.16	1.60
360	186.74	528.0	1761.50	13.984	39.5	5.36	66.7	0.126	182.90	20.21	2.35
370	210.53	450.5	1892.50	40.321	33.7	1.86	56.9	0.126	676.70	4.709	6.79

注：表中摘自《传热学》（第四版），杨世铭，陶文铨编著，高等教育出版社出版，2006 年。

饱和水与饱和蒸汽表（按压力排列）　　附表 2-23

绝对压力 P(MPa)	温度 t(℃)	比容(m³/kg)		热焓(kJ/kg)		汽化潜能 R(kJ/kg)
		饱和水比容 V'	饱和汽比容 V''	饱和水焓 h'	饱和汽焓 h''	
0.001	6.9828	0.0010001	129.209	29.34	2514.4	2485.0
0.005	32.8976	0.0010052	28.194	137.77	2561.6	2423.8
0.010	45.8328	0.0010102	14.675	191.83	2584.8	2392.9
0.015	53.9971	0.0010140	10.023	225.97	2599.2	2373.2
0.020	60.0864	0.0010172	7.6498	251.45	2609.9	2358.4
0.025	64.9916	0.0010199	6.2045	271.99	2618.3	2346.4
0.030	69.1240	0.0010223	5.2293	289.30	2625.4	2336.1
0.040	75.8856	0.0010265	3.9934	317.65	2636.9	2319.2
0.050	81.3453	0.0010301	3.2402	340.56	2646.0	2305.4
0.060	85.9539	0.0010333	2.7318	359.93	2653.6	2293.6
0.070	89.9591	0.0010361	2.3647	376.77	2660.1	2283.3
0.080	93.5124	0.0010387	2.0870	391.72	2665.8	2274.0
0.090	96.7134	0.0010412	1.8692	405.21	2670.9	2265.6
0.100	99.6320	0.0010434	1.6937	417.51	2675.4	2257.9
0.120	104.808	0.0010476	1.4281	439.36	2683.4	2244.1
0.140	109.315	0.0010513	1.2363	458.42	2690.3	2231.9
0.160	113.320	0.0010547	1.0911	475.38	2696.2	2220.9
0.180	116.933	0.0010579	0.97723	490.70	2701.5	2210.8
0.200	120.231	0.0010608	0.88544	504.70	2706.3	2201.6
0.220	123.270	0.0010636	0.80984	517.62	2710.6	2193.0
0.240	126.091	0.0010663	0.74645	529.63	2714.5	2184.9
0.260	128.727	0.0010688	0.69251	540.87	2718.2	2177.3
0.280	131.203	0.0010712	0.64604	551.44	2721.5	2170.1
0.300	133.540	0.0010735	0.60556	561.43	2724.7	2163.2

续表

绝对压力 P(MPa)	温度 t(℃)	比容(m^3/kg)		热焓(kJ/kg)		汽化潜能 R(kJ/kg)
		饱和水比容 V'	饱和汽比容 V''	饱和水焓 h'	饱和汽焓 h''	
0.320	135.754	0.0010757	0.56999	570.90	2727.6	2156.7
0.340	137.858	0.0010779	0.53846	579.92	2730.3	2150.4
0.360	139.865	0.0010799	0.51032	588.53	2732.9	2144.4
0.380	141.784	0.0010819	0.48505	596.76	2735.3	2138.6
0.400	143.623	0.0010839	0.46222	604.67	2737.6	2133.0
0.420	145.390	0.0010858	0.44150	612.27	2739.8	2127.5
0.440	147.090	0.0010876	0.42260	619.60	2741.9	2122.3
0.480	150.313	0.0010911	0.38936	633.50	2745.7	2112.2
0.500	151.844	0.0010928	0.37468	640.12	2747.5	2107.4
0.540	154.765	0.0010961	0.34846	652.76	2750.9	2098.1
0.580	157.518	0.0010993	0.32574	664.69	2754.0	2089.3
0.600	158.838	0.0011009	0.31547	670.42	2755.5	2085.0
0.640	161.376	0.0011039	0.29681	681.46	2758.2	2076.8
0.680	163.791	0.0011068	0.28027	691.98	2760.8	2068.8
0.700	164.956	0.0011082	0.27268	697.06	2762.0	2064.9
0.740	167.209	0.0011110	0.25870	706.90	2764.3	2057.4
0.780	169.368	0.0011137	0.24610	716.35	2766.4	2050.1
0.800	170.415	0.0011150	0.24026	720.94	2767.5	2046.5
0.840	172.448	0.0011176	0.22938	729.85	2769.4	2039.6
0.880	174.405	0.0011201	0.21945	738.45	2771.3	2032.8
0.900	175.358	0.0011213	0.21481	742.64	2772.1	2029.5
0.940	177.214	0.0011238	0.20610	750.82	2773.8	2023.0
0.980	179.009	0.0011262	0.19807	758.74	2775.4	2016.7
1.00	179.884	0.0011274	0.19429	762.61	2776.2	2013.6
1.05	182.015	0.0011303	0.18545	772.03	2778.0	2005.9
1.10	184.067	0.0011331	0.17738	781.13	2779.7	1998.5
1.15	186.048	0.0011359	0.16999	789.92	2781.3	1991.3
1.20	187.961	0.0011386	0.16320	789.43	2782.7	1984.3
1.25	189.814	0.0011412	0.15693	806.69	2784.1	1977.4
1.30	191.609	0.0011438	0.15113	814.70	2785.4	1970.7
1.35	193.350	0.0011464	0.14574	822.49	2786.6	1964.2
1.40	195.042	0.0011489	0.14072	830.07	2787.8	1957.7
1.45	196.688	0.0011514	0.13604	837.46	2788.9	1951.4
1.50	198.289	0.0011539	0.13166	844.67	2789.9	1945.2
1.55	199.850	0.0011563	0.12755	851.70	2790.8	1939.2

续表

绝对压力 P(MPa)	温度 t(℃)	比容(m³/kg)		热焓(kJ/kg)		汽化潜能 R(kJ/kg)
		饱和水比容 V'	饱和汽比容 V''	饱和水焓 h'	饱和汽焓 h''	
1.60	201.372	0.0011586	0.12369	858.56	2791.7	1933.2
1.65	202.857	0.0011610	0.12005	865.28	2792.6	1927.3
1.70	204.307	0.0011633	0.11662	871.84	2793.4	1921.5

注：1. 表中数据摘自《具有烟参数的水和水蒸气性质参数手册》，钟史明等编著，水利电力出版社出版，1989年。
2. 表中的绝对压力与表压力的换算方法：表压力（工程大气压）≈绝对压力 −0.1。

常用保温材料性能表 附表 2-24

序号	材料名称		使用密度（kg/m³）	最高使用温度(℃)	推荐使用温度[T_2]（℃）	常用导热系数 λ_0（平均温度 T_m=70℃时)[W/(m·K)]	导热系数参考方程[T_m 为平均温度(℃)][W/(m·K)]	抗压强度（MPa）
1	硅酸钙制品		170	650（Ⅰ型）	≤550	0.055	$\lambda=0.0479+0.00010185T_m+9.65015\times10^{-11}T_m^3$ ($T_m<800℃$)	≥0.5
				1000（Ⅱ型）	≤900			
			220	650（Ⅰ型）	≤550	0.062	$\lambda=0.0564+0.00007786T_m+7.8571\times10^{-8}T_m^2$ ($T_m<500℃$) $\lambda=0.0937+1.67397\times10^{-10}T_m^3$ ($T_m=500℃-800℃$)	≥0.6
				1000（Ⅱ型）	≤900			
2	复合硅酸盐制品	涂料	180～200（干态）	600	≤500	≤0.065	$\lambda=\lambda_0+0.00017(T_m-70)$	—
		毡	60～80	550	≤450	≤0.043	$\lambda=\lambda_0+0.00015(T_m-70)$	—
			81～130	600	≤500	≤0.044		
		管壳	80～180	600	≤500	≤0.048	—	≥0.3
3	岩棉制品	毡	60～00	500	≤400	≤0.044	$\lambda=0.0337+0.000151T_m$ ($-20℃\leqslant T_m\leqslant100℃$) $\lambda=0.0395+4.71\times10^{-5}T_m+5.03\times10^{-7}T_m^2$ ($100℃<T_m\leqslant600℃$)	—
		缝毡	80～130	650	≤550	≤0.043 ≤0.09 ($T_m=350℃$)	$\lambda=0.0337+0.000128T_m$ ($-20℃\leqslant T_m\leqslant100℃$) $\lambda=0.0407+2.52\times10^{-5}T_m+3.34\times10^{-7}T_m^2$ ($100℃<T_m\leqslant600℃$)	—
		板	60～100	500	≤400	≤0.044	$\lambda=0.0337+0.000151T_m$ ($-20℃\leqslant T_m\leqslant100℃$) $\lambda=0.0395+4.71\times10^{-5}T_m+5.03\times10^{-7}T_m^2$ ($100℃<T_m\leqslant600℃$)	—
			101～160	550	≤450	≤0.043 ≤0.09 ($T_m=350℃$)	$\lambda=0.0337+0.000128T_m$ ($-20℃\leqslant T_m\leqslant100℃$) $\lambda=0.0407+2.52\times10^{-5}T_m+3.34\times10^{-7}T_m^2$ ($100℃<TV_m\leqslant600℃$)	—
		管壳	100～150	450	≤350	≤0.044 ≤0.10 ($T_m=350℃$)	$\lambda=0.0314+0.000174T_m$ ($-20℃\leqslant T_m\leqslant100℃$) $\lambda=0.0384+7.13\times10^{-5}T_m+3.51\times10^{-7}T_m^2$ ($100℃<T_m\leqslant600℃$)	—

序号	材料名称		使用密度（kg/m³）	最高使用温度（℃）	推荐使用温度[T_2]（℃）	常用导热系数 λ_0（平均温度 T_m=70℃时）[W/(m·K)]	导热系数参考方程[T_m 为平均温度（℃）][W/(m·K)]	抗压强度（MPa）
4	玻璃棉制品	毯	24~40	400	≤300	≤0.046	$\lambda=\lambda_0+0.00017(T_m-70)$ （$-20℃\leqslant T_m\leqslant220℃$）	—
			41~120	450	≤350	≤0.041		
		板	24	400	≤300	≤0.047		
			32	400	≤300	≤0.044		
			40	450	≤350	≤0.042		
			48	450	≤350	≤0.041		
			64	450	≤350	≤0.040		
		毡	24	400	≤300	≤0.046		
			32	400	≤300	≤0.046		
			40	450	≤350	≤0.046		
			48	450	≤350	≤0.041		
		管壳	≥48	400	≤300	≤0.041		
5	矿渣棉制品	毡	80~100	400	≤300	≤0.044	$\lambda=0.0337+0.000151T_m$ （$-20℃\leqslant T_m\leqslant100℃$） $\lambda=0.0395+4.71\times10^{-5}T_m+5.03\times10^{-7}T_m^2$（$100℃<T_m\leqslant400℃$）	—
			101~130	500	≤350	≤0.043	$\lambda=0.0337+0.000128T_m$ （$-20℃\leqslant T_m\leqslant100℃$） $\lambda=0.0407+2.52\times10^{-5}T_m+3.34\times10^{-7}T_m^2$（$100℃<T_m\leqslant500℃$）	—
		板	80~100	400	≤300	≤0.044	$\lambda=0.0337+0.000151T_m$ （$-20℃\leqslant T_m\leqslant100℃$） $\lambda=0.0395+4.71\times10^{-5}T_m+5.03\times10^{-7}T_m^2$（$100℃<T_m\leqslant400℃$）	—
			101~130	450	≤350	≤0.043	$\lambda=0.0337+0.000128T_m$ （$-20℃\leqslant T_m\leqslant100℃$） $\lambda=0.0407+2.52\times10^{-5}T_m+3.34\times10^{-7}T_m^2$（$100℃<T_m\leqslant500℃$）	—
		管壳	≥100	400	≤300	≤0.044	$\lambda=0.0314+0.000174T_m$ （$-20℃\leqslant T_m\leqslant100℃$） $\lambda=0.0384+7.13\times10^{-5}T_m+3.51\times10^{-7}T_m^2$（$100℃<T_m\leqslant500℃$）	—
6	硅酸铝棉及其制品	1号毯	96	1000	≤800	≤0044	$\lambda=\lambda_0+0.0002(T_m-70)$ （$T_m\leqslant400℃$） $\lambda_H=\lambda_L+0.00036(T_m-400)$ （$T_m\geqslant400℃$） （式中 λ_L 取上式 $T_m=400℃$时的计算结果）	—
			128	1000	≤800			
		2号毯	96	1200	≤1000			
			128	1200	≤1000			
		1号毯	≤200	1000	≤800			
		2号毯	≤200	1200	≤1000			
		板、管壳	≤220	1100	≤1000			

续表

序号	材料名称		使用密度 (kg/m³)	最高使用温度(℃)	推荐使用温度[T_2] (℃)	常用导热系数 λ_0(平均温度 T_m=70℃时)[W/(m·K)]	导热系数参考方程[T_m 为平均温度(℃)][W/(m·K)]	抗压强度 (MPa)
6	硅酸铝棉及其制品	树脂结合毡	128	—	350	≤0.044	$\lambda_L=\lambda_0+0.0002(T_m-70)$	—
7	硅酸镁纤维毯	树脂结合毡	100±10，130±10	900	≤700	≤0.040	$\lambda=0.0397-2.741\times10^{-6}T_m+4.526\times10^{-7}T_m^2(70℃\leq T_m\leq500℃)$	—

注：表中数据摘自国家标准《工业设备及管道绝热工程设计规范》GB 50264—2013。

常用保冷材料性能表　　　　　　　　　　　　　　　　附表 2-25

序号	材料名称	使用密度 (kg/m³)	使用温度范围(℃)	推荐使用温度[T_2](℃)	常用导热系数 λ_0[W/(m·K)]	导热系数参考方程[T_m 为平均温度(℃)][W/(m·K)]	抗压强度 (MPa)
1	柔性泡沫橡塑制品	40~60	−40~105	−35~85	≤0.036 (0℃)	$\lambda=\lambda_0+0.0001T_m$	—
2	硬质聚氨酯泡沫塑料(PUR)制品	45~55	−80~100	−65~80	≤0.023 (25℃)	$\lambda=\lambda_0+0.000122(T_m-25)+3.51\times10^{-7}(T_m-25)^2$	≥0.2
3	泡沫玻璃制品 Ⅰ类	120±8	−196~450	−196~400	≤0.045 (25℃)	$\lambda=\lambda_0+0.000150(T_m-25)+3.21\times10^{-7}(T_m-25)^2$	≥0.8
	泡沫玻璃制品 Ⅱ类	160±10	−196~450	−196~400	≤0.064 (25℃)	$\lambda=\lambda_0+0.000155(T_m-25)+1.60\times10^{-7}(T_m-25)^2$	≥0.8
4	聚异氰脲酸酯(PIR)	40~50	−196~120	−170~100	≤0.029 (25℃)	$\lambda=\lambda_0+0.000118(T_m-25)+3.39\times10^{-7}(T_m-25)^2$	≥0.22
5	高密度聚异氰脲酸酯(HDPIR)	160±16	−196~120	−196~100	≤0.038 (25℃)	$\lambda=\lambda_0+0.000219(T_m-25)+0.43\times10^{-7}(T_m-25)^2$	≥1.6(常温) ≥2.0(196℃)
		240±24	−196~110	−196~100	≤0.045 (25℃)	$\lambda=\lambda_0+0.000235(T_m-25)+0.43\times10^{-7}(T_m-25)^2$	≥2.5(常温) ≥3.5(−196℃)
		320±32	−196~110	−196~100	≤0.050 (25℃)	$\lambda=\lambda_0+0.000341(T_m-25)+8.1\times10^{-7}(T_m-25)^2$	≥5(常温) ≥7.0(−196℃)
		450±45	−196~110	−196~100	≤0.080 (25℃)	$\lambda=\lambda_0+0.000309(T_m-25)+1.51\times10^{-7}(T_m-25)^2$	≥10(常温) ≥14(−196℃)
		550±55	−196~110	−196~100	≤0.090 (25℃)	$\lambda=\lambda_0+0.000338(T_m-25)+5.21\times10^{-7}(T_m-25)^2$	≥15(常温) ≥20(−196℃)

注：表中数据摘自国家标准《工业设备及管道绝热工程设计规范》GB 50264—2013。

附录3　企业简介

BAC 大连有限公司

BAC 公司创建于 1938 年，ISO 9001 认证单位。在世界各地有 17 个工厂和 200 个代理机构，主要产品包括蒸发式冷凝器，冷却塔，大、中型冰蓄冷设备和工业用流体冷却器等。

BAC 大连有限公司，是由大连冰山集团和美国 BAC 公司共同投资，于 1997 年 10 月成立的合资企业。主要从事制造和销售美国 BAC 公司最新研制开发的具有世界领先水平的蒸发式冷凝器、流体冷却系统和冰蓄冷装置等热交换设备。

山西蓝天环保设备有限公司

山西蓝天环保设备有限公司成立于 2006 年，注册资本 1 亿元，总部位于山西省太原市高新国际大厦，在太原市高新技术开发区、忻州科技创新园区、北京北科创业大厦、济南银座大厦分别建有研发基地，于忻州科技创新园区建设有生产基地，占地面积 1100 亩。员工 1000 余人。有年产 40000 蒸吨的锅炉成套装备生产线。

丹麦格兰富公司

丹麦格兰富公司是一家全球性泵业生产企业，成立于 1945 年，总部设在丹麦边昂布市。2011 年格兰富集团营业额为 170 亿丹麦克朗（约 210 亿元人民币），全球雇员 16000 人，在 45 个国家设有 80 家分公司，年产量 1600 万台水泵装置，年产循环泵约 500 万台，全球市场份额超过 50%，居世界第一位。

1994 年，格兰富进入中国市场。截至 2010 年底，在中国设有 1 个投资控股公司、1 个营销公司、15 个办事处、4 个生产厂、1 个研发中心，雇员 1600 人，年营业额 20 亿元人民币。

格兰富中国研发中心于 2007 年在苏州成立，是丹麦总部以外的第二大研发中心，拥有 60 名来自中国和丹麦的技术人员。

上海创科泵业制造有限公司

上海创科泵业制造有限公司原为清华泵业制造有限公司，始创于 20 世纪 90 年代，是中国屏蔽式空调、锅炉循环专用泵生产基地。

新公司于 2002 年 4 月在上海注册成立，2003 年 4 月正式投产。位于上海市青浦工业园区，占地面积达 30000m²，设计年生产能力为 20000 台屏蔽泵。公司以 QPG 型屏蔽式空调循环泵、QPGR 型屏蔽式锅炉循环泵、QPD 型屏蔽式高压多级离心泵、PDL 型屏蔽式生活给水变频泵、NP 型制冷机用屏蔽电泵和 CK 型电气控制柜为主导产品，辐射产品涉及：屏蔽电机、恒压供水设备、不锈钢冲压式多级离心泵、普通管道离心泵、消防泵组、排污泵、隔膜气压罐等领域。创科水泵应用于中国、美国、德国、韩国等近 20 个国家和地区的约 300000 套用户系统中。

北京市伟业供热设备有限责任公司

（以下简称伟业公司）隶属于北京市热力集团有限责任公司，创始于1974年，1998年正式注册成立为自主经营、自负盈亏的现代化企业。伟业公司位于北京市朝阳区十八里店乡西直河村，注册资金1600万元，拥有2万多平方米生产基地，现有职工100余人，是专业从事各类供热设备研发设计、生产、销售和服务的高新技术企业。

伟业公司拥有注册商标，具有国家D1、D2类压力容器设计、制造资质、B级压力管道元件制造资质，已通过ISO 9001质量体系认证、板式换热器安全注册认证、安全标准化生产认证。公司拥有各类机加工、焊接等专业制造设备。可按照各产品体系要求进行产品设计、生产制造。

北京禹辉净化技术有限公司

北京禹辉净化技术有限公司于1998年成立，位于北京市滨河工业开发区，公司占地面积5万m²、建筑面积4万m²，注册资金2800万元，员工总数200人，年产值1亿元。公司集科研、生产、销售、工程施工、技术服务、专业运行于一体，主要产品有"水博士"系列水处理器、"净博士"系列空气净化器，并承接应用"流离生化技术"等方法的污水处理工程。在国内主要省市设有多家分公司及直属办事处。目前在国内外拥有15000余个用户单位。

艾蒙斯特朗流体技术集团

　　艾蒙斯特朗流体技术集团是一家清水泵送和暖通空调系统解决方案提供商。公司成立于 1934 年，总部位于加拿大多伦多。2013 年集团营业额为 10 亿美元，全球雇员约 1200 人，工厂面积 6.1 万 m²，仓储面积 1 万 m²。公司在加拿大、美国、英国、印度和中国等国家设有制造厂，为客户提供建筑物暖通空调水系统全系列产品、冷冻机房控制系统、供水增压泵系和 FM/UL 认证消防泵系统等。

　　艾蒙斯特朗的主要产品有：DE 智能变频泵、DE 智能流体管理系统（iFMS）、DE 智能全变频增压系统（Booster）、集成泵控制系统（IPS）、DE 智能变频冷冻机房自动控制系统（IPC）、DE 冷冻机房优化装置（OPTI-VISOR™）、DE 集成式冷冻机房（IPP）、湿转子循环泵（Compass）、平衡阀、热交换器等。艾蒙斯特朗拥有 ISO 9001 质量标准证书以及 ISO 14001 相关环保认证。目前包括武汉国际博览中心、南京青奥城、上海大剧院、中华信托商业银行台湾总部等近千个项目采用了艾蒙斯特朗的解决方案。

约克（无锡）空调冷冻设备有限公司

　　约克（无锡）空调冷冻设备有限公司成立于 1996 年 12 月，位于无锡高新技术产业开发区。由当时的约克国际有限公司（美国）和当时的无锡锅炉厂（现并入无锡国联环保能源集团有限公司）合资成立。注册资金 2800 万美元，员工 1800 人，2013 年公司销售总额为人民币 24.79 亿元，主要产品为离心式、螺杆式冷水机组和工业冷冻设备。江森自控于 2005 年成功收购了全球最大的暖通空调和冷冻设备独立供应商约克国际，整合为江森自控建筑设施效益业务。

远大空调有限公司

远大空调有限公司创立于 1988 年，总部和研发基地设于中国湖南长沙远大城，注册资金 2 亿元，年销售额 50 亿元，厂区面积 1 平方公里，生产销售非电空调、冷热电联产系统。

远大一体化直燃机：以天然气为主要能源，提供制冷、制热、卫生热水。

远大冷热电联产的四种模式：烟气型：发电机向建筑送电，非电空调用烟气制冷制热，空调完全不用燃料；烟气及补燃型：发电机向建筑送电，非电空调用烟气制冷制热，不发电或少发电时用天然气补燃制冷制热；烟气、热水及补燃型：发电机向建筑送电，非电空调用烟气制冷制热，不发电或少发电时用天然气补燃制冷制热；蒸汽型：热电厂汽轮机利用高压蒸汽发电，发电送入城市电网，发电后低压蒸汽供给蒸汽非电空调。

英伦泵业（江苏）有限公司

英伦泵业江苏有限公司属于中英合资企业，河埒水泵总厂于 1980 年创建。位于无锡市西南梁溪大桥西侧梁溪河畔。公司占地面积 5 万 m^2，注册资金 5000 万元，员工总数 230 人。年产值 3.5 亿元。公司主要产品有"SB"系列清水离心泵及污水处理系统的污水泵系列。在国内主要省市有多家分公司及办事处。

青岛科创新能源科技有限公司

青岛科创新能源公司位于山东省青岛市胶州市胶北工业园区，注册资本5000万元，占地200余亩，主要从事污水源热泵、海水源热泵、工业余热热泵、余热回收利用及太阳能热利用等可再生能源建筑高效应用关键技术与产品的研发、制造、销售、系统设计、系统集成与安装、技术咨询服务等。

公司以污水及地表水源热泵系统成套关键技术与设备为主导，其中"基于疏导换热的污水及地表水源热泵供热供冷"项目开创了污水源热泵系统应用的新途径（疏导式换热器、疏导式热泵机组）。公司设有山东省低值能源供热技术研究中心、青岛市热泵供热工程技术研究中心等科研和技术交流平台。

美国华富可公司（FAFCO Inc.）

美国华富可公司（FAFCO Inc.）于1969年由Freeman A. Ford和Richard O. Rhodes在美国加州创建成立，年产值达1亿美元。

FAFCO公司主要从事特殊树脂换热器的研发和制造，产品主要应用于蓄冰盘管、太阳能换热以及特殊换热（包括回收污水、海水、工业废水等余热）等领域。公司拥有先进的Alpha和Medusa技术和换热器生产流水线。目前在美国加州奇科市和瑞士设立工厂，全球销售的特殊树脂换热器全部产于美国和瑞士。截止2013年底，公司已经生产超过1200万片换热片，冰蓄冷项目超过2500个。

钰门国际贸易（上海）有限公司

钰门国际贸易（上海）有限公司隶属于中国台湾所罗门集团，为 GE 颜巴赫燃气内燃机正式授权的中国华东区独家代理经销。

钰门国际提供自销售、项目管理、工程工务、安装、调试及长期维护与零配件供应，可满足不同需求等量身订制的整体服务。

钰门国际服务于大中华地区热电联供，冷热电三联供工程、各种可再生能源及高效燃气（包括天然气、沼气、填埋气、伴生气及各类特殊气体）工程。

所属之所罗门集团是我国台湾股票上市企业，代理美国康明斯柴油发电机组、美国洛克威尔自动控制系统。

烟台荏原空调设备有限公司

烟台荏原空调设备有限公司成立于 1996 年，由日本荏原制作所与烟台冰轮股份有限公司合资兴建。引进日本荏原 600 余项技术专利，在烟台生产溴化锂吸收式制冷机、冷温水机组、吸收式热泵机组、离心式冷水（热泵）机组、螺杆式冷水（热泵）机组以及开（闭）式冷却塔六大系列产品。烟台荏原具有机电设备安装工程的一级资质。

浙江力聚公司简介

浙江力聚热水机有限公司成立于 1997 年，总部位于浙江杭州，生产基地面积 12 万 m^2。力聚公司有员工 300 多人，公司主要产品：真空热水锅炉与免监检蒸汽发生器，年营业额 3.5 亿元。

真空热水锅炉额定功率 0.2～20t/h（0.1～14MW），适用燃料：轻柴油、天然气、电。冷凝型真空热水锅炉热效率达 103%；蒸汽发生器额定蒸发量 0.4～2.0t/h，蒸汽压力 1.0MPa，适用燃料：轻柴油、天然气，热效率达 94%。蒸汽发生器水容量＜30L，不属于特种设备监察范围，能实现自动常温排污（排污温度＜40℃），不需要设排污沉降池。

崇州杨明电子产品有限公司

2011 年注册成立，工厂坐落在四川成都崇州工业经济开发区，距成都市区及双流国际机场仅 30min 车程，公司注册资本 1000 万元，占地面积 65 亩，现有职工 108 人。崇州杨明电子产品有限公司前身为成都鑫众吉节能科技有限公司，专业从事燃气（油）工业锅炉节能产品的研发、制造，荣获多项国家级节能产品奖励，是国内唯一具备生产冷凝型燃气热能装置的厂家。近年来随着公司业务的发展，又新增了航空器材机械零部件及电子消费类产品机械零部件配套以及高精密塑胶等。

斯派莎克工程（中国）有限公司

斯派莎克在全球范围内使用专业知识和技术为广大蒸汽用户提供解决方案，从而显著提高其设备性能和系统效率，节约能源，满足您的可持续发展目标。

斯派莎克工程（中国）有限公司成立于 1995 年，总部设在上海，隶属拥有百年蒸汽行业节能历史的英国斯派莎克公司。十多年来我们一直致力于在中国推广有效的应用和控制蒸汽、热水、压缩空气等多种工业流体，销售和服务网络编布全中国。中国客户通过应用斯派莎克的技术和产品，对蒸汽系统进行改造，有效提高系统效率并节约能源，以"蒸汽行业之首选"的形象成为广大蒸汽使用者的最佳伙伴。

德国欧文托普公司

德国欧文托普公司 1851 年创立，以生产青铜和黄铜等金属制品为主。全球拥有 1000 多名员工，4000 余种产品。

1998 年，德国欧文托普在中国北京成立了代表处，主营五大系列产品：全面水力平衡系列、散热器温控阀、自控阀门系列、通用阀门系列、地面辐射采暖系统。主要供货首都机场 T3 航站楼、水立方、央视大楼、上海环球金融中心、广州电视观光塔、中科院南极中山科考站、西安咸阳国际机场等。

欧文托普德国总公司